Theoretische Plasmaphysik

Karl-Heinz Spatschek

Theoretische Plasmaphysik

Eine Einführung in die Grundlagen klassischer Plasmen

2. Auflage

Karl-Heinz Spatschek
Institut für Theoretische Physik I
Heinrich Heine Universität Düsseldorf
Düsseldorf, Nordrhein-Westfalen, Deutschland

ISBN 978-3-662-71425-6   ISBN 978-3-662-71426-3   (eBook)
https://doi.org/10.1007/978-3-662-71426-3

Die Deutsche Nationalbibliothek verzeichnet diese Publikation in der Deutschen Nationalbibliografie; detaillierte bibliografische Daten sind im Internet über https://portal.dnb.de abrufbar.

Planung/Lektorat: Caroline Strunz

Springer Spektrum ist ein Imprint der eingetragenen Gesellschaft Springer-Verlag GmbH, DE und ist ein Teil von Springer Nature.
Die Anschrift der Gesellschaft ist: Heidelberger Platz 3, 14197 Berlin, Germany

Vorwort zur 2. Auflage

Viele Jahre sind nach dem Erscheinen der ersten Auflage vergangen. In diesen Jahren hat die Plasmaphysik große Fortschritte gemacht. Trotzdem bilden die in der ersten Auflage vorgestellten Themen noch immer eine relevante Basis für anschließende Erweiterungen in verschiedene aktuelle Richtungen. Die jetzige Auflage trägt dieser Entwicklung Rechnung, ohne auf Basiselemente der ersten Auflage verzichten zu müssen. Der Preis ist allerdings eine nahezu Verdopplung der Seitenzahl, um den verschiedenen neueren Aspekten auch nur annähernd gerecht zu werden. Dabei ist das Ziel allerdings nicht, alle Fortschritte im Detail darzustellen. Der „Philosophie" der ersten Auflage folgend, ist die Idee hinter der Monografie, die gesicherten theoretischen Fundamente für den Aufbau der Plasmaphysik so darzustellen, dass sie für Studierende einen Einstieg in die „Basics" ermöglichen.

Die Plasmaphysik hat sehr viel Zukunftspotenzial. Momentan erkennbar sind Fortschritte in der magnetischen Fusion, der Laser-Plasma-Wechselwirkung, der Plasmatechnologie und der Plasmaastrophysik. Was die weitere Zukunft bringen kann und wird, ist natürlich offen. Aber es lohnt sich, für alle möglichen Anwendungen einen verlässlichen „Werkzeugkasten" zu besitzen, auf dem man dann bei Bedarf weiter aufbauen kann.

In der heutigen Zeit drängt sich die Frage auf, ob ein „Lehrbuch" überhaupt noch zeitgemäß ist. Gibt es nicht bereits jetzt KI-basierter „Chatbots", die ausführlich und augenscheinlich kompetent auf alle Fragen antworten? Chatbots sind ganz bestimmt hilfreiche Werkzeuge, sollten jedoch mit einer gesunden Portion Skepsis genutzt werden. Eigenverantwortung, kritisches Denken und ein Bewusstsein für potenzielle Schwächen der Technologie sind entscheidend. Um möglichst die Gefahren zu vermeiden, falschen Informationen zu erliegen, ist ein Training des eigenen kritischen Denkens nötig. Aber auch schon das Vermögen, die richtigen Fragen stellen zu können, muss geschult werden. Dazu werden die Universitäten in der Lehre, und auch besonders in der Forschung, wie schon in der Vergangenheit ihren Beitrag leisten müssen. Dieses Lehrbuch möge dabei helfen.

Die Wahl eines geeigneten Maßsystems der Elektrodynamik wird vielfach geführt. In der Plasmaphysik wird oft das Gaußsche System benutzt. Dennoch folgen wir hier der internationalen Empfehlung, die Maxwell-Gleichungen im SI-Einheitensystem zu verwenden. Sie stammt vom BIPM (Bureau International des Poids et Mesures). In den Veröffentlichungen des BIPM, insbesondere der „SSI-Broschüre", werden die Vorteile des SI-Systems hervorgehoben.

Letztlich noch ein persönliches Wort. Vielleicht mehr als das Bedürfnis, anderen etwas mitteilen zu wollen, dient das Schreiben eines Buches der eigenen Selbstreflexion. In Demut und selbst gewählter Disziplin eröffnet sich ein großartiges Betätigungsfeld, das mich – neben dem Verfassen von Originalpublikationen – an der Faszination Wissenschaft teilhaben lässt. Allen Kolleginnen und Kollegen im Fach Physik an der Heinrich-Heine-Universität Düsseldorf bin ich für die Arbeitsmöglichkeiten und vertrauensvolle Gespräche tief verbunden. In den vergangenen Jahren konnte ich mit Götz Lehmann neue Arbeitsfelder erschließen – dafür ebenfalls ein deutliches Danke. Der Springer-Verlag hat mich zu der zweiten Auflage ermuntert; Caroline Strunz, Claus-Dieter Bachem und Suresh Syasam, um nur einige zu nennen, haben mir in letzter Zeit sehr geholfen, das Projekt nicht nur in Angriff zu nehmen, sondern auch zu einem – hoffentlich zufriedenstellenden – Ende zu bringen. Für alle Unzulänglichkeiten, die sicher in der zweiten Auflage noch enthalten sind, tragen nicht sie, sondern ich die alleinige Verantwortung. Also kurz zusammengefasst: Allen, die mir das Verfassen der „Theoretischen Plasmaphysik" in zweiter Auflage ermöglichten, insbesondere aber auch meiner Frau Gertrud (Tuta), danke ich dafür sehr, sehr herzlich.

Düsseldorf   K.-H. Spatschek
im März 2025

Vorwort zur 1. Auflage

Physik ist „die Wissenschaft von den Naturvorgängen, die durch Beobachtung und Messung festgestellt, verfolgt, gesetzmäßig erfasst und damit mathematischen Darstellungen zugänglich gemacht werden können." Die Verbindung zur Mathematik wird insbesondere durch die Theoretische Physik gewährleistet. Der bekannte Physiker Richard Feynman behauptete gar, „diejenigen, die die Mathematik nicht verstehen, werden kaum zu den tiefsten Schönheiten der Natur vordringen können. Die Physiker können sich keiner anderen Sprache bedienen und wenn man mehr über die Natur lernen will, muss man die Sprache verstehen lernen, die sie spricht." Die Beschäftigung mit der Natur wird zu einem Dialog, wenn wir lernen, die richtigen Fragen zu stellen, und Geduld aufbringen, um die Antworten zu verstehen. Insofern sind wir in diesem Punkt manchmal glücklicher zu nennen als der Dichter Heinrich Heine, der in den „Fragen" beklagt:

Es murmeln die Wogen ihr ew'ges Gemurmel,

Es wehet der Wind, es fliehen die Wolken,

Es blinken die Sterne, gleichgültig und kalt,

Und ein Narr wartet auf Antwort.

In der Physik-Ausbildung sollen die Studenten lernen, „Fragen an die Natur" zu stellen, bekannte Antworten zu verstehen und offen für neue Aspekte zu sein. Die Theoretische Physik leistet dabei einen entscheidenden Beitrag. An der Heinrich-Heine-Universität Düsseldorf wird die Theoretische Physik in einem Grundkurs angeboten, der die Mechanik, Elektrodynamik, Quantentheorie I, Statistische Mechanik und Thermodynamik sowie die Quantentheorie II umfasst. Darüber hinaus gehören, wie an anderen Universitäten, Vorlesungen über Allgemeine Relativitätstheorie, Quantenelektrodynamik, Quantenchromodynamik, Statistische Physik usw. zu der Reihe der Ergänzungen und Spezialvorlesungen, die sich an den Grundkurs anschließen. Einige davon, wie z. B. die Vorlesungen über Theoretische Festkörperphysik und Theoretische Plasmaphysik, nehmen dabei eine zentrale Stellung ein, da sie das Angebot in den physikalischen Wahlpflicht-fächern – entsprechend den Forschungsschwerpunkten – wesentlich ergänzen. Während die Theoretische Festkörperphysik an den meisten Physik-Abteilungen eine „Standard-Vorlesung" ist, trifft dies an vielen Universitäten für die Theoretische Plasmaphysik nicht zu. Die Gründe dafür sind vielschichtig; sie haben ihre Ursache aber nicht in einer geringen Bedeutung der Theoretischen Plasmaphysik.

Über Theoretische Plasmaphysik existieren im deutschsprachigen Raum kaum Bücher, die den speziellen Anforderungen als Studien- und Begleittexte im Hauptstudium ange-messen sind. Ausnahmen, wie z. B. die hervorragende Darstellung von Artsimowitsch und Sagdeev, bestätigen nur die Regel – allerdings legen sie dann weniger Wert auf eine sys-tematische theoretische Fundierung aus den Prinzipien der Theoretischen Physik („first principles"). Andererseits gibt es in der englischsprachigen Literatur zahlreiche Mono-grafien (siehe die allgemeinen Literaturzitate am Ende des Buches), die einen sehr guten Überblick über die Plasmaphysik geben. Einige davon, insbesondere die Werke von Ecker, Balescu und Nicholson, möchte ich hier explizit erwähnen, da sie mich persönlich beson-ders geprägt haben; ich bin sicher, dass man das auch in den folgenden Kapiteln erkennen kann.

Es ist die Absicht dieses Buches, die Plasmaphysik als Gebiet der Theoretischen Physik vorzustellen, das im Anschluss an die Kursvorlesungen über Mechanik, Elek-trodynamik, Quantentheorie sowie Statistik und Thermodynamik als Ergänzungs- und Spezialvorlesung bei der Ausbildung der Physikstudenten und -studentinnen seinen Platz im Hauptstudium haben sollte. Das Buch baut auf den Grundkenntnissen auf, die in der Regel nach dem Besuch der Pflichtvorlesung Statistik und Thermodynamik vorhanden sind. Es behandelt (vorwiegend klassisch) mit den Methoden der Theoretischen Physik das Plasma als Vielteilchensystem. Auf die Gleichgewichtstheorie, die kinetische Beschrei-bung im Nichtgleichgewicht sowie die makroskopischen Modelle für Transportprozesse wird ebenso Wert gelegt wie auf die kollektiven Effekte von Nichtlinearitäten. Beim Auf-schreiben der einzelnen Kapitel wurde mir wieder einmal klar, dass die „Theoretische Plasmaphysik" ein Ergebnis intensiver Forschungsarbeit zahlreicher Autoren ist. Deshalb ist auch der Gebrauch des Personalpronomens *wir* bei der Darstellung der Fakten und ihrer Zusammenhänge als „Pluralis der Bescheidenheit" zu verstehen.

Dank gebührt vielen. An erster Stelle G. Ecker und R. Balescu, von denen ich wesent-liche Aspekte der Plasmaphysik lernen konnte. An zweiter Stelle den Mitarbeitern, mit denen ich in den letzten Jahren plasmaphysikalische Probleme, die auch zum Teil in dieses Buch einflossen, bearbeiten konnte. Ich möchte dabei besonders R. Blaha, Th. Eickermann, E.W. Laedke, Chr. Marquardt, H. Pietsch und H. Wenk nennen. Mein beson-derer Dank gilt darüber hinaus Frau R. Wohlgemuth, die das Manuskript dieses Buches mit einem Textsystem erstellt hat, Herrn E. Zügge für die Anfertigung der Figuren, sowie den Sekretärinnen G. Laufen und E. Gröters, die bei der endgültigen Druckvorlage mitgearbeitet haben.

Düsseldorf   K.-H. Spatschek
im Juni 1990

Competing Interests Der/die Autor*in hat keine für den Inhalt dieses Manuskripts relevanten Interessenkonflikte.

Inhaltsverzeichnis

Teil I
Allgemeine Grundlagen

Grundsätzliches im Überblick 1

Inhaltsverzeichnis

Zusammenfassung

In diesem ersten Kapitel wird versucht, wichtige Plasmaphänomene an einfachen Beispielen vorzustellen. Die Diskussion ist nicht vollständig und wird in späteren Kapiteln detaillierter dargestellt und ergänzt. Ziel ist, ein erstes „Gefühl" für die besonderen Eigenschaften von Plasmen zu entwickeln, von dem man sich bei den späteren detaillierteren und systematischeren Herleitungen (hoffentlich) leiten lassen kann.

1.1   Plasma als Vielteilchensystem

In diesem Abschnitt beginnen wir mit der Vorstellung des Plasmas als Vielteilchensystem elektrisch geladener Teilchen. Die Bestandteile und Parameter können sehr unterschiedlich sein. Dementsprechend ergeben sich Adjektive, die dem Wort *Plasma* vorangestellt werden. Einige typische Charakteristika werden erwähnt, doch konzentriert sich der erste Überblick dann auf klassische, (quasi-)neutrale Plasmen, die wir dem ersten Durchgang als Arbeitshypothese zugrunde legen.

© Der/die Autor(en), exklusiv lizenziert an Springer-Verlag GmbH, DE, ein Teil von Springer Nature 2025
K.-H. Spatschek, *Theoretische Plasmaphysik*,
https://doi.org/10.1007/978-3-662-71426-3_1

Ein System von geladenen Teilchen oder Quasiteilchen (Ionen, Elektronen, Moleküle, Quarks, Gluonen, Löcher usw.) wird unter recht unterschiedlichen Bedingungen *Plasma* genannt. Bei der Formulierung dieser Bedingungen treten in der Literatur Unterschiede auf, je nachdem ob man an ionisierten Gasen, Festkörpern, an voll- oder teilionisierten Systemen oder an makroskopisch neutralen oder nichtneutralen Anordnungen interessiert ist. Wie so oft werden die charakteristischen Eigenschaften und ihre Auswirkungen erst deutlich, wenn allgemeine Kenntnisse vorhanden sind, die einen Einblick in die grundsätzlich neuen Phänomene zulassen. Wir werden deshalb in diesem einleitenden Kapitel von einer einfachen und nicht allzu strengen Definition eines Plasmas als Vielteilchensystem geladener Teilchen ausgehen und erst später weiter vertiefen.

Ein Großteil der Materie im Universum tritt im Plasmazustand auf. Es wurde früher gesagt, dass ca. 99 % der Materie des Universums im Plasmazustand sind. Diese Schätzung bezieht sich jedoch nur auf die baryonische Materie, die wahrscheinlich nur 4,9 % des gesamten Materiehaushalts ausmacht. Baryonische Materie umfasst gewöhnliche Materie, aus der Sterne, Planeten und alle bekannten Lebewesen bestehen. Der „Rest" des Universums besteht hauptsächlich aus dunkler Materie und dunkler Energie (dunkle Materie zu ca. 26,8 % und dunkle Energie zu ca. 68,3 %). Über dunkle Materie und dunkle Energie wissen wir zurzeit wenig bis nichts.

Die Bezeichnung *Plasma* wurde von Langmuir, Tonks und ihren Mitarbeitern in den 1920er-Jahren eingeführt, als sie Prozesse in elektronischen Lampen untersuchten, die mit ionisierten Gasen gefüllt waren, d. h. Niederdruckentladungen. Das Wort *Plasma* scheint ein Fehlbegriff zu sein [1]. Das griechische $\pi\lambda\acute{\alpha}\sigma\mu\alpha$ bedeutet etwas Geformtes oder Hergestelltes. Ein Plasma neigt jedoch im Allgemeinen nicht dazu, sich äußeren Einflüssen anzupassen. Im Gegenteil, aufgrund des kollektiven Verhaltens verhält es sich oft, als hätte es einen eigenen Willen [1].

Die moderne Plasmaphysik entstand in den 1950er-Jahren, als die Idee eines thermonuklearen Reaktors aufkam. Glücklicherweise hat sich die moderne Plasmaphysik vollständig von der Waffenentwicklung (Stichwort z. B. Wasserstoffbombe) abgekoppelt. Der Fortschritt der modernen Plasmaphysik lässt sich in vielen Monografien nachverfolgen, z. B. [2–20].

Der Plasmazustand wird manchmal als der vierte Zustand der Materie bezeichnet. Nach dem festen, flüssigen und gasförmigen Zustand erreichen wir ihn mit steigender Temperatur, wenn die thermische Energie ausreicht, Bindungen aufzubrechen und zu ionisieren.

Einfach ausgedrückt, können Plasmen durch zwei Parameter charakterisiert werden, nämlich die Dichte der geladenen Teilchen n und die Temperatur T. Die Dichte variiert über etwa 28 Größenordnungen, z. B. von 10^6 bis 10^{34} m^{-3}. Die kinetische Energie $k_B T$, wobei k_B die Boltzmann-Konstante ist, kann über etwa sieben Größenordnungen variieren, z. B. von $0,1$ bis 10^6 eV.

Plasmen erscheinen in der Weltraum- und Astrophysik [21–23], bei der Laser-Materie-Wechselwirkung [24, 25], in der Technologie [26], in der Kernfusion (magnetischer oder gravitativer Einschluss, Laserfusion) [15, 27–30] usw. Technische Plasmen, magnetische Fusionsplasmen und lasergenerierte Plasmen stellen die Hauptanwendungen der Plasmaphysik auf der Erde dar. Weltraumplasmen, wie sie z. B. in der Magnetosphäre der Erde vorkommen, sind für unser Leben auf der Erde sehr wichtig. Dort trifft z. B. ein kontinuierlicher Strom geladener Teilchen, hauptsächlich Elektronen und Protonen, der als Sonnenwind bezeichnet wird, auf die Magnetosphäre der Erde, die uns vor dieser Strahlung schützt. Typische Parameter des Sonnenwinds sind $n = 5 \times 10^6$ m^{-3}, $k_B T_i = 10$ eV und $k_B T_e = 50$ eV. Es können aber auch Temperaturen der Größenordnung $k_B T = 1$ keV auftreten. Die Driftgeschwindigkeit beträgt etwa 300 km/s.

Wir könnten zahlreiche weitere Beispiele für wichtige Plasmen anführen: stellare Kerne und Atmosphären, die heiß genug sind, um im Plasmazustand zu sein. Freie Elektronen und Löcher in Halbleitern. Und so weiter.

Beim weiteren Vorgehen lassen wir uns von zwei Gesichtspunkten leiten: Wir müssen einerseits die enorm wichtigen – aber einen Themenkreis für sich darstellenden – Fragen der Struktur der einzelnen „Teilchen" ausgrenzen und wollen andererseits die charakteristischen Erscheinungen eines Vielteilchensystems mit langreichweitiger Wechselwirkung in möglichst einfacher Form herauskristallisieren. Wir starten deshalb zunächst mit der Arbeitshypothese, nach der ein Plasma ein makroskopisch neutrales Gas aus vielen elektrisch geladenen (und zusätzlich gegebenenfalls neutralen) Teilchen ist, dessen Verhalten wesentlich durch *kollektive* Freiheitsgrade bestimmt wird. Diese Festlegung erfordert einige erklärende Worte; Verallgemeinerungen folgen später.

Da im Plasma in der Regel ionisierte Materie vorhanden ist, sollten wir etwas über den Ionisationsgrad wissen. Dazu mehr im nächsten Abschnitt. Hier schon einmal vorab: Die Stärke der Ionisiation lässt sich grob in vielen Fällen mit der Saha-Gleichung

$$\boxed{\frac{n_i n_e}{n_n} = \frac{2g_1}{g_0} \left(\frac{m_e}{2\pi}\right)^{3/2} \hbar^{-3} (k_B T_e)^{3/2} e^{-E_i/(k_B T_e)}} \tag{1.1}$$

abschätzen. Vorausgesetzt wird ein Ionisationsgleichgewicht. In dieser Formel bedeuten: n_e die Teilchendichte der Elektronen, n_n die der Neutralen, n_i die der einfach Ionisierten, g_v die entsprechenden statistischen Gewichte ($g = 2$ für Elektronen, $g = (2S + 1)(2L + 1)$ für Atome oder Ionen), k_B die Boltzmann-Konstante $k_B = 1{,}3807 \times 10^{-16}$ erg/K, T_e die Elektronentemperatur, m_e die Elektronenmasse und E_i die Ionisationsenergie. Für die Temperaturmessung notieren wir wegen $1 eV \mathrel{\widehat{=}} 1{,}6022 \times 10^{-12}$ erg die Entsprechung $1 eV \mathrel{\widehat{=}} 1{,}1605 \times 10^4$ K. Einfache Berechnungen zeigen, dass ein Ionisationsgrad nahe eins bereits bei Temperaturen (in eV) erreicht wird, die unterhalb der Ionisationsenergie liegen.

Je nach Ionisationsgrad unterscheidet man *voll ionisierte* oder „heiße" und *schwach ionisierte* oder „kalte" (Niedertemperatur-)Plasmen. In sehr heißen Plasmen sind Mehrelektronenatome überwiegend mehrfach ionisiert. In dem Ensemble geladener Teilchen soll gemäß der getroffenen Festlegung im Mittel die potentielle Energie eines Teilchens aufgrund seiner Wechselwirkung mit den nächsten Nachbarn wesentlich geringer als seine (mittlere) kinetische Energie sein. Dies sind dann *ideale* Plasmen, im Gegensatz zu *nichtidealen* Plasmen.

An dieser Stelle wird bereits deutlich, warum ein Plasma nicht lediglich ein – wenn auch kompliziertes – Übungsbeispiel für die klassische Elektrodynamik ist. So wie die Elektrodynamik im Rahmen von Kursvorlesungen behandelt wird, handelt es sich bei ihr um eine Theorie der elektromagnetischen Felder und der Bewegung von Teilchen in äußeren (vorgegebenen) Feldern. Die kollektiven Effekte, die bei der Bewegung vieler Teilchen unter Berücksichtigung der langreichweitigen Wechselwirkung auftreten, stellen demgegenüber neue Erscheinungen dar, die die spezifischen Eigenschaften des Plasmas ausmachen. Die elektrischen Ladungen in Plasmen erzeugen elektromagnetische Felder, die ihrerseits wieder Kräfte auf die Ladungen ausüben und deren Dynamik beeinflussen. Die Beschreibung eines Plasmas muss daher bereits im einfachsten Fall in selbstkonsistenter Weise durch die mechanischen und elektrodynamischen Grundgleichungen gemeinsam erfolgen. Es ist zu beachten, dass nicht notwendig in allen Plasmen die Coulomb-Kräfte die einzige bzw. wesentliche Form der Wechselwirkung darstellen. Generell sollen kollektive Prozesse in Plasmen immer Vorgänge sein, an denen eine große Zahl von Teilchen in geordneter Weise teilnimmt.

Ähnlich wie in der Festkörperphysik, wo auch die Bausteine und die Wechselwirkung zwischen ihnen bekannt sind, sollte man nicht die Fälle möglicher Phänomene unterschätzen, die schon ein Vielteilchensystem mit Coulomb-Wechselwirkung reizvoll erscheinen lassen. Der Reiz, aber auch die Schwierigkeit, beim konkreten Bearbeiten von Problemen der Plasmaphysik liegt in der Erfordernis, Kenntnisse aus allen Bereichen der Physik, sei es Quantentheorie oder Hydrodynamik, Thermodynamik und Statistik oder nichtlineare Dynamik, Atomphysik oder Elektrodynamik, einbringen zu müssen.

Eine detailliertere Behandlung von Plasmen erfordert offensichtlich wegen des Vielteilchencharakters Methoden der statistischen Physik. Dabei kann es sich je nach Zustand um Gleichgewichts- oder Nichtgleichgewichtsstatistik handeln. Nur wenige Erscheinungen lassen sich bereits im Rahmen sehr einfacher Modelle, z. B. des Ein-Teilchen-Modells für die Bewegung einzelner geladener Teilchen in vorgegebenen elektromagnetischen Feldern, berechnen. Im Rahmen der Magnetohydrodynamik wird das Plasma als leitfähiges kontinuierliches Medium angesehen, das mit den Gleichungen der Hydro- und Elektrodynamik beschrieben werden kann. Das Zwei-Flüssigkeiten-Modell erlaubt die getrennte Behandlung von Ionen und Elektronen. Im Allgemeinen ist jedoch eine kinetische Beschreibung angebracht, die die verschiedenen neuen Phänomene, z. B. auch die Welle-Teilchen-Wechselwirkung, erfassen kann.

Die charakteristischen Plasmaparameter überstreichen viele Größenordnungen. Die Umgebung der Erde stellt ein uns nahes *natürliches* Plasma dar. Aber auch im *Labor* treten häufig Plasmen auf bzw. werden für eine mögliche Energiegewinnung (Kernfusion) erzeugt.

Kollektive Effekte treten in Plasmen in Konkurrenz zu Elementarprozessen wie z. B. elastischen und inelastischen Stößen oder Strahlungsprozessen. Die Elementarprozesse führen zum Energietransfer zwischen den verschiedenen Teilchensorten und untereinander. Erfolgt der Energietransfer hauptsächlich durch Stöße zwischen den materiellen Teilchen (vor allem durch Elektronenstöße), heißt das Plasma *stoßbestimmt*. Ein *strahlungsbestimmtes* Plasma liegt vor, wenn die Energie überwiegend durch Emission und Absorption von Photonen transferiert wird. Überwiegen dagegen die kollektiven Effekte, so spricht man von einem *stoßfreien* Plasma.

Eine wesentliche Eigenschaft fast aller Plasmen ist die Quasineutralität. Darunter versteht man die elektrische Neutralität bis in Teilvolumina, die klein im Vergleich zu dem gesamten Plasmavolumen sind. Die Quasineutralität (bis zu Volumenelementen der Größe λ_D^3) beruht darauf, dass jeder Ladungsüberschuss aufgrund der starken elektrischen Felder, die er hervorruft, schnell wieder ausgeglichen wird. Die Debye-Länge λ_D, auf die wir gleich zurückkommen, spielt dabei eine entscheidende Rolle. *Neutrale* Plasmen sind solche, die makroskopisch neutral sind. In jüngster Zeit haben aber auch *nichtneutrale* Plasmen erheblich an Bedeutung gewonnen. Es zeigt sich, dass ein Ensemble von Elektronen oder Ionen in einer elektromagnetischen Falle ziemlich gut eine Materieform verkörpert, die als Ein-Komponenten-Plasma bezeichnet werden kann. Die neuesten Experimente in Mikroplasmen, die aus wenigen in einer Paul-Falle eingeschlossenen geladenen Teilchen bestehen, erlauben, nichtideales Verhalten in (stark gekoppelten) Systemen systematisch zu studieren.

1.2 Ionisationsgrad

In diesem Abschnitt kommen wir auf die Saha-Gleichung (1.1) zurück. Wir geben Hinweise, wie man zu dieser Gleichung kommt, diskutieren ihren Anwendungsbereich und verallgemeinern anschließend.

Ein Plasma kann teilweise oder vollständig ionisiert sein. Der Ionisationsgrad hängt von mehreren Parametern ab. Zunächst bestimmen wir den Ionisationsgrad auf der Grundlage der thermischen Ionisation in einem System aus Wasserstoffatomen (H), Elektronen (e) und Protonen (p) [Ionen].

Saha-Gleichung

Die Saha-Gleichung ist nach dem Astrophysiker Meghnad Saha [31] benannt, der sie erstmalig im Jahr 1920 herleitete.

Die Saha-Gleichung stellt eine Beziehung zwischen den freien Teilchen (zum Beispiel Elektronen e und Protonen p) und den in Atomen gebundenen Teilchen (H) her. Um die Saha-Gleichung herzuleiten, nehmen wir thermodynamisches Gleichgewicht und Stoßionisation an. Die Energieniveaus seien E_n. Wir setzen $E = 0$, wenn das Elektron frei (nicht gebunden) und seine Geschwindigkeit null ist, und $E = E_n < 0$, wenn das Elektron sich in einem gebundenen Zustand des Wasserstoffatoms ($Z = 1$) befindet. Unter Verwendung der einfachen Bohr-Energieformel für $n = 1$ ignorieren wir die höheren n-Niveaus. Es gelte

$$E_n \approx \frac{Z}{n^2} \times (-13{,}6)\ \text{eV} \ . \tag{1.2}$$

Der erste angeregte Zustand liegt bereits nahe an der Frei-Gebunden-Grenze im Vergleich zum Grundzustand. Wenn genügend Energie vorhanden ist, um ein Elektron vom Grundzustand $n = 1$ in den angeregten Zustand $n = 2$ zu bringen, wird nur wenig mehr (etwa ein Drittel) benötigt, um es direkt zu ionisieren. Daher die Beschränkung auf $n = 1$.

Beispiel 1.1 (Statistische Begründung der Saha-Gleichung)
Für unabhängige Teilchen berechnen wir zunächst die *Einzelteilchenzustandssummen* für Elektronen, Protonen und Wasserstoffatome, die jeweils die folgende Form haben[1] [32]

$$Z = \sum_n e^{-E(n)/k_B T} \ . \tag{1.3}$$

Die Summation erstreckt sich über alle Zustände (frei oder gebunden) mit den Energien $E(n)$. Die Summen in den Zustandssummen sind für freie Teilchen tatsächlich Integrale, da die Teilchen eine kontinuierliche Impulsverteilung haben. Die Entartung der Zustände (oder statistischen Gewichte) g_ν mit $g_e = g_p = 2$ und $g_H = 4$ (für Wasserstoff) muss berücksichtigt werden. Daher ergibt sich für freie Elektronen und Protonen (Ionen)

$$Z_j = \frac{1}{h^3} \int g_j e^{[-p^2/(2m_j)]/(k_B T_j)} d^3 r d^3 p \quad \text{für} \quad j = e, p \ . \tag{1.4}$$

Die Integrale können wegen der Isotropie, und damit $d^3 p = 4\pi p^2 dp$, einfach ausgerechnet werden

$$Z_e = \frac{2V}{h^3}(2\pi m_e k_B T_e)^{3/2} \ , \tag{1.5}$$

$$Z_p = \frac{2V}{h^3}(2\pi m_p k_B T_p)^{3/2} \ . \tag{1.6}$$

Hierbei sind m_e bzw. m_p die Elektronen- und Protonenmassen. Im Gleichgewicht gilt für die Temperaturen $T = T_e = T_p = T_H$. Eine ähnliche Berechnung führt für frei bewegliche Wasserstoffatome, die aus einem gebundenen Elektron-Proton-Paar (im Grundzustand) bestehen, zu folgendem Ergebnis

$$Z_H = \frac{4V}{h^3}(2\pi m_H k_B T_H)^{3/2} e^{E_i/k_B T_H} \tag{1.7}$$

---

[1] Wir behalten die Boltzmann-Konstante k_B hier bei, wie es in den meisten Büchern zur Statistischen Physik üblich ist.

mit $E_0 = -13{,}6\,\mathrm{eV} \equiv -E_i$, wobei E_i die Ionisationsenergie ist.

Es sei Z die gesamte Zustandssumme (bitte nicht mit der Atomzahl Z verwechseln) für $N_e \equiv N_p$ *freie* Elektronen (bzw. Protonen). Die Gesamtzahl N sei die Summe aller Elektronen und Protonen (ob frei oder gebunden). Es gilt daher $N = N_H + N_p$. Für nicht-unterscheidbare Teilchen in einer Gruppe folgt

$$Z(V, T, N_e, N_p, N_H) = \frac{Z_e^{N_e}}{N_e!} \frac{Z_p^{N_p}}{N_p!} \frac{Z_H^{N_H}}{N_H!} \; . \tag{1.8}$$

Daraus ergibt sich die freie Energie

$$F = -k_B T \ln Z \; . \tag{1.9}$$

Die tatsächlich in der Natur realisierten Teilchendichten sind diejenigen, die ein Minimum der freien Energie ergeben.

Um den wahrscheinlichsten Zustand zu finden, differenzieren wir daher die freie Energie (1.9). Für große N benutzen wir die stirlingsche Formel

$$\ln N! \approx N \ln N - N \; , \tag{1.10}$$

die zu

$$\begin{aligned}
-\frac{F}{k_B T} \approx{}& N_e \ln Z_e + N_p \ln Z_p + N_H \ln Z_H - N_e \ln N_e \\
&+ N_e - N_p \ln N_p + N_p - N_H \ln N_H + N_H
\end{aligned} \tag{1.11}$$

führt. Mit $N_H = N - N_p$ und $N_p = N_e$ finden wir durch Nullsetzen

$$\frac{\mathrm{d}F}{\mathrm{d}N_e} \sim \ln Z_e + \ln Z_p - \ln Z_H - \ln N_e - \ln N_e + \ln(N - N_e) = 0 \; . \tag{1.12}$$

In anderen Worten

$$\frac{Z_e Z_p}{Z_H} = \frac{N_e^2}{N - N_e} \; . \tag{1.13}$$

Nutzen wir die einzelnen Zustandssummen und $m_H \approx m_p$, so folgt

$$\frac{V}{h^3}(2\pi m_e k_B T)^{3/2} e^{-E_i/(k_B T)} = \frac{N_e^2}{N - N_e} \; . \tag{1.14}$$

Als Nächstes führen wir Teilchendichten $N_e/V = n_e$, $N_p/V = n_p$, und $N_H/V = n_H \equiv n_n$ ein. Die Saha-(Gleichgewichts-)Formel lautet dann

$$\begin{aligned}
\frac{n_i n_e}{n_n} &= \frac{2g_1}{g_0} \left(\frac{m_e}{2\pi}\right)^{3/2} \hbar^{-3} (k_B T_e)^{3/2} \mathrm{e}^{-E_i/(k_B t_e)} \equiv K(T_e) \\
&\approx 2{,}4 \times 10^{15} \, (T_e[K])^{3/2} \, e^{-E_i/(T_e[eV])} \quad [\mathrm{cm}^{-3}] \\
&\approx 3 \times 10^{21} \, (T_e[eV])^{3/2} \, e^{-E_i/(T_e[eV])} \quad [\mathrm{cm}^{-3}]
\end{aligned}$$

(1.15)

Nochmals, n_e ist die Elektronendichte, n_n die Dichte der Wasserstoffatome, n_i ist die Dichte der Ionen (Protonen), g_ν bezeichnet die statistischen Gewichte ($g_1 = 2$ für Elektronen und Protonen, $g_0 = 4$ für Wasserstoff), $k_B = 1{,}3807 \times 10^{-16}$ erg/K ist die Boltzmann Konstante, T_e ist die Elektronentemperatur, m_e die Elektronenmasse und $E_i = 13{,}6\,\mathrm{eV}$ ist die Ionisationsenergie. Man beachte 1 eV $\hat{=} 1{,}6022 \times 10^{-12}$ erg, 1 eV $\hat{=} 1{,}1605 \times 10^4$ K. ∎

Für Wasserstoff können wir die Saha-Formel auch in der Form

$$\frac{\alpha_i \alpha_e}{\alpha_n} = \frac{2g_1}{n g_0} \frac{1}{\lambda_e^3} \, e^{-E_i/k_B T_e}$$

(1.16)

schreiben, wobei die Ionisationsgrade

$$\alpha_e = \frac{N_e}{N} \quad , \quad \alpha_i = \frac{N_i}{N} \quad , \quad \alpha_n = \frac{N_H}{N}$$

(1.17)

eingeführt wurden. Wir haben die thermische De-Broglie-Wellenlänge

$$\lambda_e = \sqrt{\frac{h^2}{2\pi m_e k_B T}}$$

(1.18)

benutzt. Es gilt natürlich

$$N = N_H + N_i \equiv N_H + N_e \quad , \quad N_e \equiv N_i \quad , \quad n = \frac{N}{V} \; .$$

(1.19)

Entscheidende Parameter sind die Temperatur $T \equiv T_e$ und die Dichte n. Für die Einführung des Druckes p nutzen wir im klassischen Fall die Zustandsgleichung

$$pV = \sum_\mu N_\mu k_B T_\mu = (1 + \alpha_e) N k_B T \; .$$

(1.20)

Aufgelöst nach n führt uns das zu

$$n = \frac{p}{(1 + \alpha_e) k_B T} \; ,$$

(1.21)

sodass wir

$$\frac{\alpha_i \alpha_e}{\alpha_n (1 + \alpha_e)} = \frac{2g_1}{g_0} \frac{k_B T}{p \lambda_e^3} \, e^{-E_i/k_B T_e}$$

(1.22)

erhalten. Für Wasserstoff gilt

Abb. 1.1 Auswertung der Saha-Formel (1.25) für Wasserstoff ($E_i = 13{,}6\,\text{eV}$) bei einem Druck von $p = 1$ bar

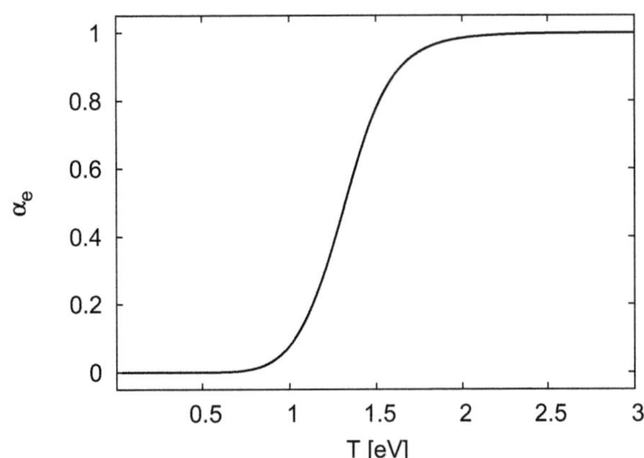

$$\alpha_n \equiv \alpha_H = 1 - \alpha_e \quad , \quad \alpha_i \equiv \alpha_e \, , \tag{1.23}$$

und damit

$$\frac{\alpha_e^2}{(1 - \alpha_e)(1 + \alpha_e)} = \frac{k_B T}{p \lambda_e^3}\, e^{-E_i/k_B T} \equiv \frac{1}{p\mathcal{K}_p(T)} \, . \tag{1.24}$$

Die Lösung dieser quadratischen Gleichung für α_e ist

$$\alpha_e = \frac{1}{\sqrt{1 + p\mathcal{K}_p(T)}} \quad , \quad \mathcal{K}_p(T) = \frac{\lambda_e^3}{k_B T}\, e^{E_i/k_B T} \, . \tag{1.25}$$

Die Auswertung in Abhängigkeit von p und T führen wir für

$$m_e \approx 9{,}109 \times 10^{-31}\,\text{kg} \quad , \quad h \approx 6{,}626 \times 10^{-34}\,\text{Js}$$
$$1\,eV \approx 1{,}602 \times 10^{-19}\,\text{J} \quad , \quad 1\,\text{bar} = 10^5\,\text{N/m}^2$$
$$E_i \approx 13{,}6057\,\text{eV} \quad , \quad k_B \approx 1{,}3807 \times 10^{-16}\,\text{erg/K}$$

durch. Das Ergebnis ist in Abb. 1.1 dargestellt.

Analog könnten wir auch den Ionisationsgrad bei vorgegebener Gesamtdichte $n = N/V$ auswerten. Die Rechnung führt dann zu

$$\alpha_e = \frac{1}{2n\mathcal{K}_n(T)}\left[\sqrt{1 + 4n\mathcal{K}_n(T)} - 1\right] \quad , \quad \mathcal{K}_n(T) = \frac{\mathcal{K}_p(T)}{k_B T} \, . \tag{1.26}$$

Ionisations- und Rekombinationskoeffizient

Die Saha-Gleichung gibt das statistische Gleichgewicht zwischen Ionisation und Rekombination im Gleichgewicht wieder. Die Prozesse können wir durch Stoßionisation

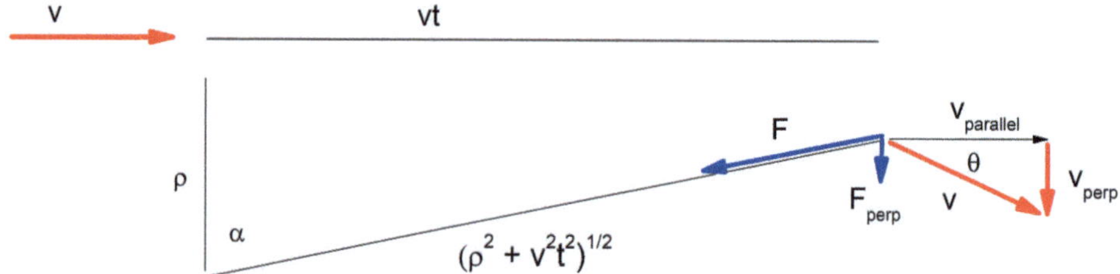

Abb. 1.2 Stoßgeometrie für ein Elektron, das aus dem Unendlichen mit der Geschwindigkeit v auf ein Proton trifft und unter dem Winkel θ gestreut wird. Links: Die Situation zu Zeiten weit vor dem Stoß. Rechts: Die Situation zu einem wesentlich späteren Zeitpunkt

$$H + e^- \rightarrow H^+ + e^- + e^- \tag{1.27}$$

und Dreier-Rekombination

$$H^+ + e^- + e^- \rightarrow H + e^- \tag{1.28}$$

darstellen. Da keine weiteren Komponenten involviert sind, spricht man auch von Stoßionisation und Dreierstoßrekombination.

Um auf Nichtgleichgewichtssituationen verallgemeinern zu können, definiert man auch separat Ionisations- und Rekombinationskoeffizienten.

Der Wirkungsquerschnitt für den Ionisationsprozess durch Stöße kann leicht abgeschätzt werden. Die folgende Abschätzung behandelt den Stoßprozess auf atomarer Skala (Bohr-Radius) in einem (im Prinzip nichtgültigen) klassischen Modell. Trotzdem sind die Ergebnisse nah an der exakten quantenmechanischen Berechnung.

Beispiel 1.2 (Dynamik eines Elektrons im Coulomb-Feld)
Wenn sich ein Elektron einem H-Atom auf atomarer Dimension nähert, betrachten wir die Streuung am Kern (Proton). Nehmen wir große Geschwindigkeiten an, sodass der Streuwinkel θ klein ist. Das Elektron wird im Coulomb-Feld eines Protons beschleunigt. Wenn ρ der *konstante* Stoßparameter ist, ist die Stärke F der gesamten Kraft ungefähr proportional zu $e^2/(\rho^2 + v_e^2 t^2)$, wobei $v \equiv v_e$ der charakteristische Geschwindigkeitsbetrag des Elektrons ist. Der nächste Punkt beim Anflug sei bei $t = 0$. Die senkrechte Komponente $F_\perp \equiv F_{perp}$ ist (ungefähr) um den Faktor $\rho/(\rho^2 + v_e^2 t^2)^{1/2}$ kleiner; s. Abb. 1.2. Deshalb erhalten wir für die Änderung der senkrechten Geschwindigkeitskomponente ungefähr

$$\frac{dv_\perp}{dt} \approx \frac{1}{4\pi\varepsilon_0} \frac{e^2}{m_e} \frac{\rho}{(\rho^2 + v_e^2 t^2)^{3/2}} \, . \tag{1.29}$$

Integration liefert

$$v_\perp \approx \frac{1}{4\pi\varepsilon_0} \frac{e^2}{m_e} \int_{-\infty}^{\infty} \frac{\rho}{(\rho^2 + v_e^2 t^2)^{3/2}} \, dt = \frac{1}{4\pi\varepsilon_0} \frac{2e^2}{m_e v_e \rho} \, . \tag{1.30}$$

Der Energiegewinn

$$\Delta E_\perp \equiv \frac{m_e v_\perp^2}{2} \approx \frac{1}{(4\pi\varepsilon_0)^2}\frac{e^4}{E\rho^2} \equiv \varepsilon \ , \quad E = \frac{m_e v_e^2}{2} \tag{1.31}$$

steht zur Ionisation zur Verfügung. Die letzte Beziehung können wir in der Form

$$\rho^2 = \frac{1}{(4\pi\varepsilon_0)^2}\frac{e^4}{E\,\varepsilon} \tag{1.32}$$

schreiben. Es handelt sich um eine Beziehung zwischen Stoßparameter ρ, Anfangsenergie E und maximalem Energieübertrag ε. ∎

Mit den Ergebnissen des gerade diskutierten Beispiels der Dynamik eines Elektrons im Coulomb-Feld eines Protons lässt sich der differentielle Wirkungsquerschnitt $d\sigma$ bei vorgegebener Anfangsenergie E formulieren,

$$d\sigma = |2\pi\rho d\rho| = \frac{1}{(4\pi\varepsilon_0)^2}\frac{\pi e^4}{E\varepsilon^2}\,d\varepsilon \ . \tag{1.33}$$

Für $\varepsilon > E_i$, wobei E_i die Ionisationsenergie ist, findet Ionisation statt. Durch Integration des differentiellen Wirkungsquerschnitts von E_i bis E finden wir den (totalen) Thomson-Wirkungsquerschnitt.

$$\sigma_T = \frac{1}{(4\pi\varepsilon_0)^2}\frac{\pi e^4}{E^2 E_i}\,(E - E_i) \ . \tag{1.34}$$

Das Maximum wird für $E = 2E_i$ erreicht. Sein Wert ist

$$\sigma_{T,max} = \frac{1}{(4\pi\varepsilon_0)^2}\frac{\pi e^4}{4E_i^2} \approx \pi a_B^2 \approx 10^{-16}\ \text{cm}^2 \ . \tag{1.35}$$

Hier ist a_B der Bohr-Radius

$$a_B = \frac{4\pi\varepsilon_0\hbar^2}{m_e e^2} \approx 0{,}529 \times 10^{-10}\ \text{m} \ . \tag{1.36}$$

Aus quantenmechanischen Rechnungen entnehmen wir die Ionisationsenergie

$$E_i = \frac{m_e e^4}{8\varepsilon_0^2 h^2} \ . \tag{1.37}$$

Für große Energien fällt der gerade abgeschätzte Wirkungsgrad σ_T wie $1/E$. Exaktere Rechnungen liefern eine Proportionalität $\ln(E)/E$ für $E \gg E_i$.

Multipliziert man den Wirkungsquerschnitt mit der Geschwindigkeit und der Dichte der Streupartikel, erhält man die Wahrscheinlichkeit der Stoßionisation pro Zeit. Insgesamt ist die Rate natürlich auch proportional zur Dichte der einfallenden Partikel. Für die *Stoßioni-*

sation und (Dreier-)Rekombination ergibt sich dann die Teilchenbilanz

$$\boxed{\frac{dn_e}{dt} = \alpha n_e n_H - \beta n_e^2 n_p} \, , \tag{1.38}$$

wobei

$$< \sigma_T v_e > \equiv \alpha \tag{1.39}$$

Ionisationskoeffzient durch Elektronen aufgrund von Stößen (Stoßionisationskoeffizient) genannt wird. Die Bilanz (1.38) ist nicht an ein thermodynamisches Gleichgewicht gebunden.

Mit β haben wir den Rekombinationskoeffizienten bezeichnet. Es ist interessant, dass wir diesen Koeffizienten der Dreierstoßrekombination unter der Annahme eines Gleichgewichts (oder allgemeiner eines stationären Zustands) leicht ausrechnen können. Es gilt dann nämlich

$$\beta = \frac{n_H < \sigma_T v_e >}{n_e n_p} \equiv \frac{\alpha}{K(T)} \, . \tag{1.40}$$

Bei der letzten Umformung wurde $K(T)$ als rechte Seite der Saha-Gleichung (1.15) eingesetzt.

Koronaformel

Befindet sich ein Plasma nicht im thermodynamischen Gleichgewicht durch Stöße, so ist zur Berechnung seines Ionisationsgrades die Kenntnis aller Elementarprozesse für Ionisation und Rekombination erforderlich.

Die wesentlichen Elementarprozesse sind Photoionisation und die Ionisation durch Elektronenstöße, sowie Rekombination unter Aussendung von Lichtquanten und durch Dreierstöße. Für jeden dieser vier Prozesse können Formeln angegeben werden. Im Gegensatz zu der Situation bei der Saha-Gleichung können sich auch Stoßionisationen und Photorekombinationen bilanzieren. Durch Gleichsetzung ihrer Zahl ergibt sich eine neue Ionisationsformel, z. B. für die Sonnenkorona, aus der man mithilfe des bekannten Intensitätsverhältnisses der grünen und roten Koronalinie die Temperatur der Sonnenkorona bestimmen kann.

Starten wir zunächst mit Photoionisation

$$H + \hbar\omega \rightarrow H^+ + e^- \tag{1.41}$$

und Photoionisation

$$H^+ + e^- \rightarrow H + \hbar\omega \, . \tag{1.42}$$

Diese können zusammen mit den bereits diskutierten Prozessen in der Ratengleichung

$$\boxed{\frac{dn_e}{dt} = \alpha n_e n_H - \beta n_e^2 n_p + \mu n_H - \gamma n_e n_p} \tag{1.43}$$

auftreten. Neu erscheinen μ für Photionisation und γ für Strahlungsrekombination.

Befinden wir uns im thermodynamischen Gleichgewicht *und* haben eine detaillierte Bilanz zwischen Strahlungsionisation und -rekombination, so gilt

$$\mu = \gamma \frac{n_e n_p}{n_H} \equiv \gamma \, K(T) \, . \tag{1.44}$$

Oft kann in verschiedenen (optisch dünnen) Systemen die Strahlung leicht entkommen, und die Photonendichte im Plasma ist geringer als im Gleichgewicht. Dann spielt die Photoionisation keine Rolle. Haben wir darüber hinaus ein sehr dünnes Plasma, so ist die Dreier-Rekombination vernachlässigbar. Im Bereich

$$\frac{\mu}{\alpha} \ll n_e \ll \frac{\gamma}{\beta} \tag{1.45}$$

folgt dann eine Gleichgewichtsverteilung aus der Balance von Stoßionisation und Photorekombination, die auch als Korona- oder Elwert-Formel

$$\boxed{\frac{n_p}{n_H} = \frac{\alpha}{\gamma}} \tag{1.46}$$

bekannt ist. Sie ist für viele astrophysikalische Situationen geeignet. Die Anwendungsbedingung wird oft in der Form [33]

$$10^{12} t_I^{-1} < n_e \, [\text{cm}^{-3}] < 10^{16} (T_e \, [\text{eV}])^{7/2} \tag{1.47}$$

geschrieben, wobei t_I eine normierte Ionisierungszeit ist. Der Photorekombinationskoeffizient kann auch durch [34]

$$\gamma \approx 2{,}7 \times 10^{-13} \, T_e^{-1/2} \left[\frac{\text{cm}^3}{\text{sec}} \right] \quad \text{im Bereich} \ \ 1 < T_e \, [\text{eV}] < 15 \tag{1.48}$$

approximiert werden, während für die Dreier-Rekombination oft

$$\beta \approx 8{,}75 \times 10^{-27} (T_e \, [\text{eV}])^{-4{,}5} \left[\frac{\text{cm}^6}{\text{s}} \right] \tag{1.49}$$

benutzt wird [33]. Mehr findet man in dem Buch von H. Griem [35].

1.3   Modellzonen

In diesem Abschnitt widmen wir uns der Frage, mit welchen Methoden der Theoretischen Physik wir die Physik eines Plasmas ergründen können. Kann ein Plasma immer mit Methoden der klassischen Statistik und Thermodynamik beschrieben werden? Wann muss quantenmechanisch gerechnet werden? Stoßen wir mit Plasmen in den speziell relativistischen oder gar allgemein relativistischen Bereich vor? Hierzu geben wir auf der Basis der Theoretischen Physik erste Antworten.

In der Plasmaphysik sind Temperatur und Dichte zwei charakteristische Parameter. Die Begriffe „heiß" und „kalt" sind natürlich relativ, wenn es um die vorliegende Temperatur geht. Ähnlich verhält es sich bei der Dichte, wenn von hohen und niedrigen Dichten die Rede ist. In diesem Abschnitt wollen wir ein besseres Verständnis für die relevanten Größenordnungen entwickeln.

Im Bereich der magnetischen Einschließung bedeutet z. B. „heiß" so hohe Temperaturen, um das Lawson-Kriterium zu erfüllen. Dann befinden wir uns im Temperaturbereich

$$10\,\text{keV} \le k_B T \le 20\,\text{keV} . \tag{1.50}$$

Das Lawson-Kriterium [36] lautet[2]

$$\boxed{n k_B T \tau_E \ge 3 \times 10^{21}\ \text{m}^{-3}\,\text{keV}\,\text{s}} . \tag{1.51}$$

Hierbei ist τ_E die Energieeinschlusszeit.

Relativistische Beschreibung

Als Erstes wollen wir uns damit befassen, ob eine *speziell-relativistische* Behandlung erforderlich ist. Als grobe Schätzung für die Notwendigkeit einer speziell-relativistischen Beschreibung postulieren wir

$$\boxed{v_{the}^2/c^2 \ge 0{,}01} , \tag{1.52}$$

mit der thermischen Elektronengeschwindigkeit

$$v_{the} = (k_B T_e/m_e)^{1/2} . \tag{1.53}$$

Die Festlegung auf 1 % ist natürlich etwas willkürlich. Größenordnungsmäßig finden wir dann die Notwendigkeit einer relativistischen Modellierung für Temperaturen

$$k_B T_e \ge 0{,}01\,m_e c^2 \approx 0{,}005\ \text{MeV} = 5\ \text{keV} \,\hat{=}\, 50\,000\,000\ \text{K} . \tag{1.54}$$

---

[2] John D. Lawson war ein britischer Ingenieur, der am 15 Januar 2008 im Alter von 84 Jahren verstarb. Er ist insbesondere für sein Fusionskriterium aus dem Jahr 1955 bekannt, das er 1957 publizierte: „Some Criteria for a Power Producing Thermonuclear Reactor", Proc. Phys. Soc. 70, 6–10 (1957).

Zu diesem Ergebnis führten die genäherten Werte

$$m_e c^2 \approx 0{,}5 \text{ MeV}, \quad 1 \text{ eV} \,\hat{\approx}\, 10\,000 \text{ K} \,. \tag{1.55}$$

Genauere Werte können z. B. aus Ref. [33] entnommen werden.

In der Plasmaastrophysik werden oft große Systeme (Masse M, Radius R) diskutiert. Dann kann eine allgemein-relativistische Beschreibung notwendig werden [18]. Aus der Allgemeinen Relativitätstheorie (ART) lässt sich abschätzen, dass ihre Besonderheiten in Betracht gezogen werden müssen, wenn die Gravitationsenergie vergleichbar mit der Energie der Ruhemasse wird:

$$\boxed{\frac{\frac{GM^2}{R}}{Mc^2} \approx 0{,}7 \left(\frac{M}{10^{33}\text{ g}}\right)\left(\frac{R}{1 \text{ km}}\right)^{-1} \gtrsim \mathcal{O}(1) \quad \rightsquigarrow \quad \text{ART}} \,. \tag{1.56}$$

G ist die Gravitationskonstante. Ein Objekt mit der Masse unserer Sonne müsste also einen Radius von einem Kilometer besitzen, damit wir die Grenzen der newtonschen Theorie sprengen.

Quantenmechanische Beschreibung

Quantenmechanische Effekte werden bedeutend, wenn der Entartungsparameter $n_e \lambda_{dB}^3$ größer als 1 wird. Im *nichtrelativistischen* Grenzfall benutzen wir zur Abschätzung die (thermische) De-Broglie-Wellenlänge

$$\lambda_{dB} \equiv \lambda_e = h/\sqrt{2\pi m_e k_B T_e} \,, \tag{1.57}$$

sodass

$$\boxed{n_e \gg \left(\frac{m_e k_B T_e}{\hbar^2}\right)^{3/2}} \tag{1.58}$$

zum Kriterium für eine quantenmechanische Beschreibung wird. Den mittleren Teilchenabstand (hier für Elektronen) schätzt man oft durch

$$\lambda_n \,\hat{=}\, \lambda_{n_e} \approx n_e^{-1/3} \tag{1.59}$$

ab. Quantenmechanische Effekte gewinnen also an Bedeutung wenn die De-Broglie-Wellenlänge in die Größenordnung des mittleren Teilchenabstands kommt (oder größer wird).

Im *relativistischen* Fall benutzen wir die Energieformel

$$E^2 = c^2 p^2 + m_e^2 c^4 \tag{1.60}$$

zusammen mit den Relationen $E \sim k_B T_e$ und $\lambda_{dB} \sim h/p$. Daraus schätzen wir $p = p(T_e)$ ab. Im *ultrarelativistischen* Fall gilt $p \sim k_B T_e/c$. Daraus folgt dann

$$n_e \gg \left(\frac{k_B T_e}{\hbar c} \right)^3 \tag{1.61}$$

als Notwendigkeit einer quantenmechanischen Formulierung.

Abb. 1.3 zeigt die Einordnung von Plasmen im Parameterraum, der durch Temperatur und Dichte (vereinfacht) gebildet wird. Interessant wird dabei neben der nichtrelativistischen und klassischen Region auch der ideale Bereich, den wir nun diskutieren.

Ideale oder nichtideale Plasmen

Die *ideale* Näherung erfordert $|E_{pot}|/|E_{kin}| \ll 1$, d. h. die Kleinheit der Wechselwirkungsenergie E_{pot} zwischen den Teilchen im Vergleich zu ihrer kinetischen Energie. Für Coulomb-Wechselwirkung gilt

$$E_{pot} \sim \frac{1}{4\pi\varepsilon_0} e^2 / \lambda_n \sim n_e^{1/3} \, , \tag{1.62}$$

während wir klassisch die kinetische Energie aus

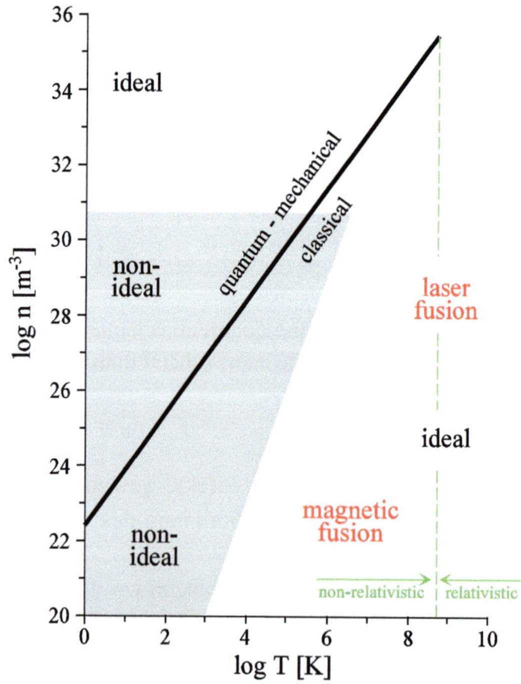

Abb. 1.3 Skizze der verschiedenen Modellbereiche in Abhängigkeit von Temperatur T und Teilchendichte n

$$E_{kin} = \frac{3}{2} k_B T_e \quad \text{[klassisch]} \tag{1.63}$$

berechnen. Mit der Debye-Länge für Elektronen

$$\lambda_{De} = (\varepsilon_0 k_B T_e / n_e e^2)^{1/2} \tag{1.64}$$

folgt für das Verhältnis, und damit für die *klassische Idealitätsbedingung*,

$$\boxed{n_e \lambda_{De}^3 \gg 1} \, . \tag{1.65}$$

Das Ergebnis ist anders im Falle einer quantenmechanisch notwendigen Beschreibung. Dann approximieren wir die kinetische Energie durch

$$E_{kin} \approx \frac{p_F^2}{2m_e} \sim \frac{h^2 n_e^{2/3}}{m_e} , \tag{1.66}$$

mit dem Fermi-Impuls

$$p_F = \sqrt[3]{\frac{3n_e}{8\pi}} h \, . \tag{1.67}$$

Daraus folgt die *quantenmechanische Idealitätsbedingung*

$$\boxed{\lambda_B \equiv \frac{e^2 m_e}{4\pi \varepsilon_0 n_e^{1/3} \hbar^2} \ll 1} \, . \tag{1.68}$$

Der Ausdruck λ_B auf der linken Seite wird Brueckner-Parameter genannt.

Die Unterschied zwischen (1.65) und (1.68) ist physikalisch sehr bedeutsam. Im klassischen Fall gilt bezüglich der Dichteabhängigkeit

$$\frac{E_{Coulomb}}{k_B T_e} \sim n_e^{1/3} \, , \tag{1.69}$$

während im Quantenfall

$$\frac{E_{Coulomb}}{p_F^2 / 2m_e} \sim n_e^{-1/3} \tag{1.70}$$

ist. Im Gegensatz zum klassischen Fall werden quantenmechanisch sehr dichte Plasmen ideal! Dies ist in Abb. 1.3 veranschaulicht.

Ein anderer wichtiger Aspekt betrifft die Einordnung der Temperaturen. In quantenmechanisch entarteten Systemen spricht man oft von „niedrigen" Temperaturen, wenn

$$k_B T_e \ll \varepsilon_F \equiv \sqrt{m_e^2 c^4 + c^2 p_F^2} \tag{1.71}$$

gilt; ε_F ist die Fermi-Energie. Trotzdem können die Temperaturen so hoch sein, dass eine relativistische Beschreibung nötig wird. Das ist für

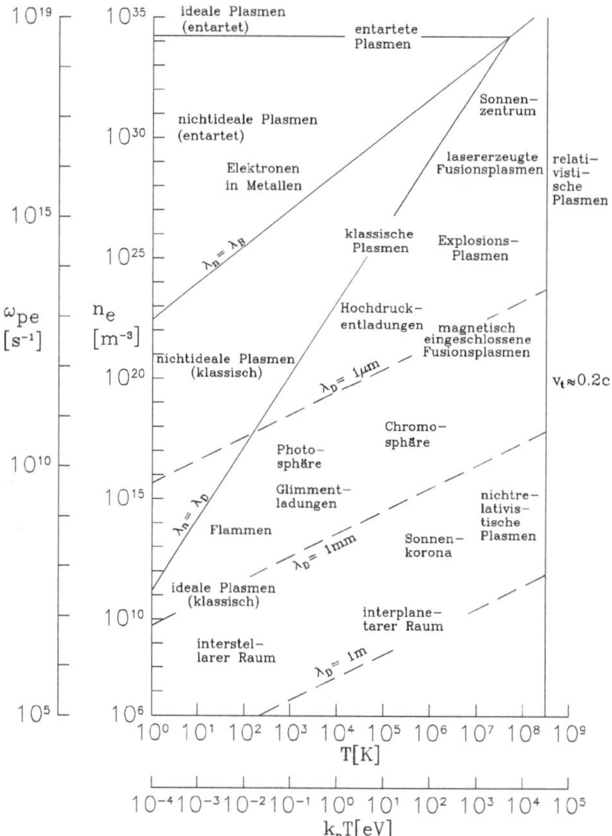

Abb. 1.4 Nomogramm für typische Plasmaskalen in Abhängigkeit von Teilchendichte und Temperatur. Die Elektronenplasmafrequenz $\omega_{pe} = (n_e e^2/\varepsilon_0 m_e)^{1/2}$ gibt eine charakteristische inverse Zeitskala an

$$p_F > m_e c \tag{1.72}$$

der Fall. Anders ausgedrückt, für

$$n_e \gg \left(\frac{m_e c}{h}\right)^3 \tag{1.73}$$

müssen wir relativistisch rechnen, obwohl die Temperaturen vielleicht als „niedrig" bezeichnet werden.

In Abb. 1.4 haben wir einige Plasmakonfigurationen aufgeführt, von denen man zusammen mit Abb. 1.3 leicht die Beschreibungsmethode finden kann. Im Folgenden zeigen wir drei Beispiele.

Beispiel 1.3 (Typische Werte bei der magnetischen Fusion)
Bei der Entwicklung einer Theorie müssen wir den Parameterbereich festlegen, auf den sie anwendbar sein soll. Im Folgenden zeigen wir typische Parameter[3] für ein magnetisches Fusionsplasma.

$$T \approx 10 \text{ keV} \quad , \quad B \approx 4 \text{ T} \,\hat{=}\, 4 \times 10^4 \text{ Gauß} ,$$
$$n_e \approx n_i := n \approx 10^{14} \text{ cm}^{-3} . \tag{1.74}$$

Dafür ist die Elektronen-Debye-Länge von der Größenordnung

$$\lambda_D \approx 7{,}43 \times 10^2 \, T^{1/2} \, n^{-1/2} \text{ [cm]} \approx 7 \times 10^{-3} \text{ cm} . \tag{1.75}$$

Die thermische De-Broglie-Wellenlänge, der mittlere Teilchenabstand und die thermische Geschwindigkeit sind entsprechend

$$\lambda_{dB} \approx 2{,}76 \times 10^{-8} \, T^{-1/2} \text{ [cm]} \approx 3 \times 10^{-10} \text{cm} , \tag{1.76}$$
$$\lambda_n \approx n^{-1/3} \text{ [cm]} \approx 10^{-5} \text{cm} , \tag{1.77}$$
$$v_{the} \approx 4{,}19 \times 10^7 \, T^{1/2} \text{ [cm/s]} \approx 4 \times 10^9 \text{cm/s} . \tag{1.78}$$

∎

Beispiel 1.4 (Temperaturen in der Sonnenatmosphäre)

- Die Photosphäre, von der wir das sichtbare Licht empfangen, ist die unterste Schicht der Sonnenatmosphäre. Die zur Lichtemission gehörige mittlere Temperatur beträgt 5778 K.
- Oberhalb der Photosphäre, die eine Dicke von 400–500 km hat, befindet sich die Chromosphäre mit einer Dicke von fast 2000 km. Die Chromosphäre besteht überwiegend aus Wasserstoff und Helium. Ihre Gasdichte nimmt nach außen hin deutlich ab.
- Darüber befindet sich die Korona, ein vollständig ionisiertes Plasma aus Wasserstoff und Helium. Die Temperaturen in der Korona sind sehr hoch; sie können 1 Mio. K übersteigen. Die Aufklärung der Heizmechanismen, die zu den hohen Temperaturen führen, gehört zu den bevorzugten Themen der aktuellen Sonnenforschung. ∎

Beispiel 1.5 (Werte eines Weißen Zwerges)
Wir präsentieren nun das Beispiel eines Weißen Zwerges mit typischen Parametern für ein dichtes System. Charakteristisch für einen Weißen Zwerg ist, dass Quanteneffekte eine wichtige Rolle spielen.

---

[3] Nur in den nächsten Formeln sollte B in Gauß-Einheiten eingesetzt werden, wie es oft in Fusionsanwendungen gemacht wird [33]. Sofern nicht anders angegeben, ist in diesem Abschnitt T in eV und B in Gauß.

- Das Quantenkriterium ($n\lambda_{dB}^3 \geq 1$) wird am ehesten von den Elektronen erfüllt, da $\lambda_{dB} \sim m^{-1/2}$.
- Im Entartungsfall ($T \to 0$) wird der Druck P unabhängig von der Temperatur.
- Im Quantenfall bedeuten niedrige Temperaturen $kT \ll \varepsilon_F = \sqrt{m^2 c^4 + c^2 p_F^2}$ mit $p_F = \left(\frac{3n}{8\pi}\right)^{1/3} h$.
- Obwohl die Temperaturen niedrig sein können, kann eine ultrarelativistische Behandlung erforderlich sein. Die Bedingungen hierfür sind $c^2 p_F^2 \gg m^2 c^4$ und $kT \ll c p_F$.

Diese Situation tritt bei Weißen Zwergen auf, die beispielsweise aus Helium bestehen und eine Gesamtmasse M sowie eine Massendichte ρ haben. Die zentrale Temperatur beträgt T. Weiße Zwerge sind Sterne mit ungefähr der Masse der Sonne, jedoch einem viel kleineren Radius (etwa um den Faktor 10^{-2}). Die Kernfusion ist abgeschlossen. Der Druck, der einen Kollaps verhindert, wird durch das entartete Elektronengas (d. h. den Fermi-Druck) bereitgestellt. Die effektive Oberflächentemperatur beträgt $T_{eff} \approx 8{,}000$ K, was zu ihrem weißen Erscheinungsbild führt. Einer der bekanntesten Weißen Zwerge ist Sirius B.

Typische Werte für Weiße Zwerge sind

$$M \approx 10^{33}\ \text{g}, \quad \rho \approx 10^7\ \text{g cm}^{-3}, \quad T \approx 10^7\ \text{K}. \tag{1.79}$$

Bei dieser Temperatur ist Helium nahezu vollständig ionisiert. Jedes Heliumatom besteht aus vier Nukleonen und zwei Elektronen. Wir haben $m_{He}c^2 \approx 4\ \text{GeV} \gg k_B T \approx 1\ \text{keV}$, d. h., sie sind „kalt". Ähnlich sind auch die Elektronen „kalt", weil $m_e c^2 \approx 511\ \text{keV} \gg 1\ \text{keV}$. Mit insgesamt N Elektronen ergibt sich die Gesamtmasse zu $M \approx N(m_e + 2m_n) \approx 2m_n N$, wobei m_n die Masse eines Nukleons ist. Daraus lässt sich die Elektronendichte in Abhängigkeit von der gegebenen Massendichte ρ in der Größenordnung bestimmen:

$$n_e = \frac{N}{V} \approx \frac{M}{2m_n}\frac{\rho}{M} = \frac{\rho}{2m_n} \approx 3 \times 10^{30}\ \text{cm}^{-3}. \tag{1.80}$$

Wir befinden uns also in der oberen linken Ecke von Abb. 1.3.

Als Nächstes berechnen wir den Fermi-Impuls

$$p_F = \left(\frac{3n_e}{8\pi}\right)^{1/3} h \approx 5 \times 10^{-17}\ \frac{\text{g cm}}{\text{s}} \approx 0{,}9\ \frac{\text{MeV}}{c}. \tag{1.81}$$

Beachte, dass $c p_F$ die gleiche Größenordnung wie $m_e c^2$ erreicht. Dies bedeutet, dass relativistische Effekte wichtig werden, obwohl das Elektronengas als „kalt" bezeichnet wird. Die De-Broglie-Wellenlänge für Heliumkerne ist recht klein,

$$\lambda_{dBHe} = \left(\frac{h^2}{2\pi m k_B T}\right)^{1/2} \approx 247\ \text{fm} \equiv 247 \times 10^{-13}\ \text{cm}. \tag{1.82}$$

Durch die Einführung der Dichte der Heliumkerne $n = n_e/2$ finden wir $n\lambda_{dBHe}^3 \approx 2{,}27 \times 10^{-2} \ll 1$. Als wichtige Konsequenz kann auf das System der Heliumkerne die klassische Statistik angewendet werden, was zum Heliumdruck

$$P_{He} \approx n_{He}k_B T \approx 1{,}5 \times 10^{-12} \frac{\text{MeV}}{\text{fm}^3} \tag{1.83}$$

führt. Andererseits benötigen die Elektronen eine quantenmechanische Beschreibung. Die Quantenstatistik führt für $y_F = p_F/m_e c \approx 2$ zu

$$P_e \approx \frac{\pi m_e^4 c^5}{3\,h^3}\, A(2) \approx \frac{\pi m_e^4 c^5}{3\,h^3}\, 26{,}7 \approx 10^{-9} \frac{\text{MeV}}{\text{fm}^3}\ . \tag{1.84}$$

Hierbei ist $A(y_F)$ eine in der Quantenstatistik für Fermionen wohlbekannte Funktion. Abschließend stellen wir fest, dass der Elektronendruck dominiert, da $P_e \gg P_{He}$. Hauptsächlich wirkt der Elektronendruck dem gravitativen Kollaps entgegen.

Für eine detaillierte Diskussion muss die Form der Funktion $A(y_F)$ bekannt sein. Die Chandrasekhar-Masse ergibt sich aus dieser Beziehung und kann leicht nachgeschlagen werden [22]. ∎

1.4   Quasineutralität und Debye-Abschirmung

In diesem Abschnitt stellen wir eine sehr bedeutende Eigenschaft eines Plasmas vor, nämlich die Debye-Abschirmung. In einer gleichgewichtsnahen Situation wird ein geladenes Teilchen, z.B. ein Ion, bevorzugt von Elektronen umgeben, die effektiv abschirmen. Das Plasma wird dann als quasineutral bezeichnet, wenn man (z.B. bei einfach geladenen Ionen und $n_e = n_i$) über Längen größer als die entsprechende Debye-Länge die Coulomb-Potentiale effektiv nicht mehr wahrnehmen kann.

Negative Ladungsdichteschwankungen $\delta\rho = -e\delta n$ (e ist der Betrag der Elementarladung) erzeugen elektrostatische Potentialschwankungen $\delta\phi$,

$$\nabla^2 \delta\phi = \frac{1}{\varepsilon_0} e\delta n\ . \tag{1.85}$$

Grob abgeschätzt erhalten wir

$$\nabla^2 \delta\phi \sim \frac{\delta\phi}{l^2}\ , \tag{1.86}$$

wobei l eine charakteristische Fluktuationsskale ist. Damit folgt

$$\delta\phi \approx \frac{1}{\varepsilon_0} e\delta n\, l^2\ . \tag{1.87}$$

Auf der anderen Seite kann die charakteristische potentielle Energie $-e\delta\phi$ nicht größer sein als die mittlere kinetische Energie der Teilchen, die wir näherungsweise durch $k_B T$ angeben (wir messen die Temperatur in Kelvin, k_B ist die Boltzmann-Konstante, und wir ignorieren numerische Faktoren). Somit wird

$$\frac{\delta n}{n} \lesssim \frac{\varepsilon_0 k_B T}{n e^2 l^2} \; . \tag{1.88}$$

Wir erkennen, dass eine typische Länge erscheint, nämlich die Debye-Länge (weitere Details werden in den nächsten Kapiteln gegeben)

$$\boxed{\lambda_D = \sqrt{\frac{\varepsilon_0 k_B T}{n_{e0} e^2}}} \; , \tag{1.89}$$

sodass

$$\frac{\delta n}{n} \lesssim \frac{\lambda_D^2}{l^2} \; . \tag{1.90}$$

Ein Plasma ist auf Abständen, die viel größer als der Debye-Radius sind, quasineutral. Wenn die Plasmalänge mit λ_D vergleichbar ist, handelt es sich nicht um ein „echtes" Plasma, sondern eher um einen Haufen geladener Teilchen.

Die Debye-Länge ist die Abschirmlänge in einem Plasma (wir diskutieren im Moment nicht, welche Spezies, Elektronen oder Ionen, den Abschirmungsprozess dominieren). Beginnen wir erneut mit der Poisson-Gleichung

$$\nabla^2 \phi = \frac{1}{\varepsilon_0} e(n_e - n_i) \; . \tag{1.91}$$

Unter der Annahme, dass Elektronen und Ionen boltzmannverteilt sind (nehmen wir an, bei derselben Temperatur T, die wir in eV messen, d.h. $k_B T \to T$), haben wir

$$n_e = n_{e0} e^{e\phi/T} \approx n_{e0}(1 + e\phi/T) \; , \quad n_i = n_{e0} e^{-e\phi/T} \approx n_{e0}(1 - e\phi/T) \; . \tag{1.92}$$

Bei sphärischer Symmetrie erhalten wir

$$\nabla^2 \phi = \frac{d^2\phi}{dr^2} + \frac{2}{r}\frac{d\phi}{dr} = \frac{2e^2 n_{e0}}{\varepsilon_0 T}\phi \; . \tag{1.93}$$

Dies ist eine homogene lineare Differentialgleichung. Der Amplitudenparameter ist frei. Es ist einfach zu überprüfen, dass für $r \neq 0$ eine Lösung gegeben ist durch

$$\Phi = \frac{e}{r} e^{-\sqrt{2}r/\lambda_D} \; . \tag{1.94}$$

Damit ist das Potential in einem Plasma exponentiell mit der Debye-Länge als Abschirmungsdistanz abgeschirmt.

Beispiel 1.6 (Debye Potential)

Die bisherige Berechnung ist jedoch noch nicht vollständig. Bisher fehlt die zentrale Ladung q, die die Abschirmwolke erzeugt. Dies spiegelt sich in dem Faktor wider, dass die Amplitude noch frei ist. Es ist offensichtlich, dass wir anstelle von (1.91) und (1.93) die folgende inhomogene linearisierte Poisson-Boltzmann-Gleichung lösen sollten:

$$\nabla^2 \phi = -\frac{1}{\varepsilon_0} q\, \delta(\mathbf{r}) - \frac{1}{\varepsilon_0} \sum_{s=e,i} q_s\, n_s$$

$$\approx \kappa^2 \phi - \frac{1}{\varepsilon_0} q \delta(\mathbf{r}) \,, \tag{1.95}$$

wobei der Index s die Teilchensorte (Elektronen oder Ionen) spezifiziert. Die Testladung q befinde sich bei $\mathbf{r} = 0$. Wir definieren

$$\kappa^2 = \sum_s \frac{n_s q_s^2}{\varepsilon_0 T} \hat{=} \frac{2}{\lambda_D^2} \,. \tag{1.96}$$

Als Lösung erhalten wir ein abgeschirmtes Potential q, d. h.

$$\phi = \frac{1}{4\pi\varepsilon_0} \frac{q}{r} e^{-\kappa r} \,. \tag{1.97}$$

Am einfachsten erhält man die Lösung durch Fourier-Transformation

$$\phi_{\mathbf{k}} = \int d^3 r\, e^{-i\mathbf{k}\cdot\mathbf{r}} \phi(\mathbf{r}) \,, \tag{1.98}$$

die unmittelbar zu

$$\phi_{\mathbf{k}} = \frac{1}{\varepsilon_0} \frac{q}{k^2 + \kappa^2} \tag{1.99}$$

führt. Die Rücktransformation führt zu

$$\phi(\mathbf{r}) = \frac{1}{(2\pi)^3} \int d^3 k\, e^{i\mathbf{k}\cdot\mathbf{r}} \phi_{\mathbf{k}} = \frac{1}{4\pi\varepsilon_0} \frac{1}{\pi} \int_{-1}^{1} dx \int_{0}^{\infty} dk\, k^2 \frac{q}{k^2 + \kappa^2} e^{ikrx}$$

$$= \frac{1}{4\pi\varepsilon_0} \frac{2}{\pi} \int_{0}^{\infty} dk\, k\, \frac{q}{k^2 + \kappa^2} \frac{\sin(kr)}{r} = \frac{1}{4\pi\varepsilon_0} \frac{q}{r} e^{-\kappa r} \,, \tag{1.100}$$

da

$$\int_{0}^{\infty} \frac{x^{2m+1} \sin(ax)}{(x^2 + z)^{n+1}} \, dx = \frac{(-1)^{n+m}}{n!} \frac{\pi}{2} \frac{d^n}{dz^n} \left(z^m e^{-a\sqrt{z}} \right) \,. \tag{1.101}$$

Wir haben die Zahlen $n = m = 0$, $a = r$, $x = k$, und $z = \kappa^2$ gesetzt. ∎

Beispiel 1.7 (Induzierte Raumladung)

Berechnen wir nun die induzierte Raumladung. Dazu teilen wir auf:

$$\phi(r) = \frac{1}{4\pi\varepsilon_0}\frac{q}{r}\,e^{-\kappa r} = \phi^{Cb} + \phi^{ind}\,. \tag{1.102}$$

Das „normale" Coulomb-Potential haben wir mit ϕ^{Cb} abgekürzt. Es ist also das induzierte Potential

$$\phi^{ind} = \frac{1}{4\pi\varepsilon_0}\frac{q}{r}\left(e^{-\kappa r} - 1\right)\,. \tag{1.103}$$

Die induzierte Raumladung ρ^{ind} ist für die Abschirmung verantwortlich. Sie kann aus

$$\nabla^2\phi^{ind} \equiv \frac{1}{r^2}\frac{d}{dr}\left(r^2\frac{d\phi^{ind}}{dr}\right) = -\frac{1}{\varepsilon_0}\rho^{ind} \tag{1.104}$$

berechnet werden. Differentiation führt direkt zu

$$\rho^{ind} = -\frac{q\kappa^2}{4\pi r}\,e^{-\kappa r}\,. \tag{1.105}$$

Durch Integration über den gesamten Raum erhalten wir das erwartete Ergebnis

$$\int d^3r\,\rho^{ind} = -q\,. \tag{1.106}$$

Das Vorzeichen der Abschirmungsladungsverteilung ist entgegengesetzt zu dem Vorzeichen der Testladung q. Durch die Abschirmung kommt es zu einer Umverteilung der Ladungen im Vergleich zur idealen Plasmasituation (in Letzterer wird das Wechselwirkungspotential vernachlässigt). ■

Das Bild der Debye-Abschirmung ist nur gültig, wenn sich genügend Teilchen in der Ladungswolke befinden. Wir können die Anzahl N_D der Teilchen in einer Debye-Sphäre berechnen,

$$N_D = n\,\frac{4}{3}\pi\lambda_D^3\,; \tag{1.107}$$

eine effektive Abschirmung über eine Debye-Länge erfordert

$$N_D \gg 1\,. \tag{1.108}$$

Ein Plasma mit der charakteristischen Dimension L kann als quasineutral betrachtet werden, vorausgesetzt, dass die Dimension L deutlich größer ist als die Debye-Länge λ_D. Mathematisch ausgedrückt:

$$\lambda_D \ll L\,. \tag{1.109}$$

Dies bedeutet, dass auf Skalen, die viel größer als die Debye-Länge sind, die elektrischen Ladungen im Plasma so verteilt sind, dass das Plasma insgesamt neutral erscheint, obwohl lokal kleine Ladungsinhomogenitäten auftreten können.

Beispiel 1.8 (Maximale Abschirmlänge)
Es ist leicht zu zeigen, dass das größte kugelförmige Volumen eines Plasmas, das spontan elektronenfrei werden könnte, einen Radius von einigen Debye-Längen hat. Betrachten wir eine Kugel mit gleichmäßig verteilten Ionen und der Dichte $n_i(\mathbf{r}) = $ const. Vom Zentrum der Kugel aus wird die radiale Koordinate r eingeführt. Die bis zum Radius r eingeschlossene Ladung beträgt $Q = \frac{4\pi e\, n_i r^3}{3}$, und das elektrische Feld besitzt nur eine radiale Komponente

$$E_r = \frac{1}{4\pi\varepsilon_0}\frac{Q}{r^2} = \frac{n_i e r}{3\varepsilon_0} \; . \tag{1.110}$$

Hieraus finden wir die elektrostatische Feldenergie W in der Kugel mit Radius r als:

$$W = \frac{\varepsilon_0}{2}\int_0^r E_r^2 4\pi r^2 dr = \frac{2\pi r^5 n_i^2 e^2}{45\varepsilon_0} \; . \tag{1.111}$$

Betrachten wir nun das Szenario, bei dem die von Ionen gefüllte Kugel durch das Entfernen von Elektronen geschaffen wurde, weiter im Detail. Bevor die Elektronen die Kugel verließen, hatten sie die kinetische Energie

$$E_{kin} = \frac{3}{2} n_e T_e \times \frac{4}{3}\pi r^3 \; . \tag{1.112}$$

Die elektrostatische Energie W existierte nicht, als die (neutralisierenden) Elektronen sich ursprünglich in der Kugel befanden, um die Ionenladung auszugleichen. Mit anderen Worten, W muss der Arbeit entsprechen, die von den Elektronen beim Verlassen der Kugel verrichtet wurde. Die kinetische Energie E_{kin} war den Elektronen verfügbar. Durch das Gleichsetzen

$$W = E_{kin} \tag{1.113}$$

finden wir den maximalen Radius oder das größte kugelförmige Volumen, das spontan elektronisch entleert werden könnte. Eine kurze Berechnung führt zu

$$r_{\text{max}}^2 = 45\varepsilon_0 \frac{T_e}{n_e e^2} \tag{1.114}$$

oder

$$r_{\text{max}} \approx 7\lambda_{De} \; . \tag{1.115}$$

∎

1.5   Individuelle und kollektive Effekte

In diesem Abschnitt stellen wir individuelle und kollektive Prozesse an typischen Beispielen vor. Individuelle Effekte resultieren z. B. aus Stoßprozessen. Diese vergleichen wir mit kollektiven Plasmaschwingungen.

Für das Verständnis unserer zunächst benutzten Definition eines (stoßfreien) Plasmas ist es schon jetzt nötig, ein Gefühl für kollektive Effekte zu entwickeln. Letztere sind im Gegensatz zu individuellen Prozessen einzelner Teilchen zu sehen, für die wir vermutlich ein elementareres Verständnis besitzen, z. B. wenn wir den Stoßprozess eines Teilchens mit einem anderen verfolgen. Besteht ein Plasma nun lediglich aus einer Vielzahl von recht irregulär herumirrenden Teilchen, die in einer nicht näher bestimmbaren Abfolge individuell miteinander stoßen? Mitnichten, denn das Plasma ist in der Lage, Wellenbewegungen zuzulassen, die eine kohärente Bewegung über große Abstände erfordern. Darüber später mehr.

An dieser Stelle sei an einen wichtigen Effekt erinnert, den wir gerade besprochen haben und der für die Klassifizierung von Plasmen bedeutend ist. Löst man etwa die Poisson-Gleichung für ein Testteilchen in einem Elektronen-Ionen-System, so findet man in einer linearen Rechnung unter der Annahme nach Boltzmann verteilter Elektronen und Ionen, dass im Plasma das Potential ϕ wesentlich schneller abfällt als im Vakuum. Der anschauliche Grund ist, dass sich in der Nähe einer z. B. positiven Ladung bevorzugt negative Ladungen ansammeln, die zu einer Abschirmung beitragen. Anstelle der coulombschen r^{-1}-Abhängigkeit findet man in großen Abständen die asymptotische Form $(q/r)\exp(-r/\lambda_D)$, wobei q die Ladung des Testteilchens und λ_D die totale Debye-Länge ist. In Formeln gilt

$$\lambda_D^{-2} = \lambda_{De}^{-2} + \lambda_{Di}^{-2}, \tag{1.116}$$

mit den Debye-Längen λ_{De} und λ_{Di} für Elektronen (e) und einfach geladene Ionen (i),

$$\lambda_{De,i}^{-2} = \frac{n_{e,i}e^2}{\varepsilon_0 k_B T_{e,i}}. \tag{1.117}$$

Hierbei bedeutet n die Teilchendichte und T die Temperatur der Elektronen oder Ionen. Um eine ungefähre Vorstellung von der Größe der Debye-Länge zu haben, schreiben wir

$$\lambda_{De,i}[cm] \approx 7{,}43 \times 10^2 \left(T_{e,i}[\text{eV}]/n_{e,i}[\text{cm}^{-3}]\right)^{1/2}. \tag{1.118}$$

Wenn für ein Plasma die makroskopische Dimension, d. h. seine charakteristische Länge L, wesentlich größer als die Debye-Länge ist,

$$L \gg \lambda_D, \tag{1.119}$$

sprechen wir von einem quasineutralen bzw. weitgehend neutralen System. Die Abschirmung eines Ions durch Elektronen über die charakteristische Länge λ_{De} stellt einen typischen kollektiven Prozess dar.

Im Folgenden benutzen wir klassische Argumente, d. h., wir rechnen nichtrelativistisch ($v/c \ll 1$) und vernachlässigen Quanteneffekte ($\hbar \to 0$, d. h., die thermische De-Broglie-Wellenlänge ist wesentlich kleiner als der mittlere Teilchenabstand bzw. der klassische Wechselwirkungsradius $r_w = e^2/4\pi\varepsilon_0 k_B T$).

Vergleichen wir den mittleren Teilchenabstand $\sim n^{-1/3}$ mit der Debye-Länge, dann können kollektive Abschirmungseffekte natürlich nur vorhanden sein, wenn die Debye-Länge sehr viel größer als der mittlere Teilchenabstand ist. In der Abschätzung bedeutet dies

$$4\pi\varepsilon_0 k_B T_{e,i}/n^{1/3} e^2 \gg 1. \tag{1.120}$$

Die linke Seite hat eine plausible physikalische Bedeutung. Führen wir den Plasmaparameter

$$\Lambda = \frac{4\pi}{3} n \lambda_D^3, \tag{1.121}$$

mit λ_D gleich λ_{De} oder λ_{Di}, ein, dann bedeutet die gerade durchgeführte Abschätzung, dass die Teilchenzahl in der Debye-Zone, Λ, sehr viel größer als eins sein muss.

Eine andere Betrachtung führt zu demselben Ergebnis. Vergleichen wir die mittlere potentielle Energie $\sim n^{1/3} e^2$ eines Teilchens mit der mittleren kinetischen Energie $\sim k_B T$, so finden wir, dass bei

$$\Lambda \gg 1 \tag{1.122}$$

der Anteil der kinetischen Energie deutlich überwiegt. Jetzt schließt sich der Kreis, denn wir sehen, dass bei wesentlichen kollektiven Effekten die mittlere kinetische Energie die mittlere potentielle Energie dominieren muss.

Kollektive Plasmaschwingungen

Um das Bild noch weiter abzurunden, diskutieren wir noch charakteristische Zeitskalen für kollektive und individuelle Prozesse. Legen wir als mittlere Teilchengeschwindigkeit die thermische Geschwindigkeit

$$v_t = (k_B T/m)^{1/2} \tag{1.123}$$

zugrunde, wobei wir für Elektronen $m = m_e$ und $T = T_e$ setzen (und analog für Ionen den Index i benutzen), so erhalten wir aus

$$\omega = v_t/\lambda_D \tag{1.124}$$

die beiden charakteristischen Frequenzen

$$\omega_{pe} = \left(\frac{n_0 e^2}{\varepsilon_0 \, m_e} \right)^{1/2}$$

(1.125)

und

$$\omega_{pi} = \left(\frac{n_0 e^2}{\varepsilon_0 \, m_i} \right)^{1/2} ,$$

(1.126)

mit $\omega_{pe} \gg \omega_{pi}$. Gewöhnlich ersetzt man in diesen Definitionen n_0 (mittlere Teilchendichte) durch n_e (Teilchendichte der Elektronen) bzw. n_i. In Analogie zur totalen Debye-Länge lässt sich eine totale Plasmafrequenz über

$$\omega_p^2 = \omega_{pe}^2 + \omega_{pi}^2$$

(1.127)

definieren.

Beispiel 1.9

Ein „Gedankenexperiment" beginnt mit einer Kugel des Radius r, die gleichmäßig mit Elektronen und Protonen gefüllt ist, sodass das gesamte System global neutral ist. Wäre jedoch nur eine Spezies, beispielsweise Elektronen, vorhanden, hätte die Kugel eine Ladung q_e, was zu einem radialen Feld an der Oberfläche **E** führen würde,

$$q_e = -\frac{4\pi}{3} r^3 \, e \, n_e , \quad \rightsquigarrow \quad |E| = \frac{1}{4\pi \varepsilon_0} \frac{q_e}{r^2} .$$

(1.128)

Die Feldstärke könnte enorm groß sein, abhängig von der Größe der Kugel und der Elektronendichte. Wie bereits erwähnt, beginnen wir unser „Gedankenexperiment" mit homogen verteilten Elektronen und Protonen, sodass außerhalb der Kugel kein elektrisches Feld existiert.

Nun wollen wir die Elektronenkugel vom Radius r auf den Radius $r + x$ mit $x \ll r$ ausdehnen, wodurch eine Elektronenschale mit der Dicke x entsteht. Da die Gesamtanzahl N der Elektronen und Protonen konstant bleibt, wird die Elektronendichte auf

$$n_e = n_{e0} + \delta n_e \approx \frac{N}{\frac{4\pi}{3} r^3 \left(1 + 3\frac{x}{r} \right)} \approx n_{e0} - 3 n_{e0} \frac{x}{r}$$

(1.129)

reduziert. Innerhalb der Kugel mit dem Radius r haben wir nun eine positive Überschussladung

$$\Delta q \approx 4\pi n_{e0} e r^2 x ,$$

(1.130)

die eine elektrische Feldkomponente

$$E \approx \frac{1}{4\pi \varepsilon_0} 4\pi \, e \, n_{e0} x$$

(1.131)

hervorruft. Ein Elektron in der Kugelschale erfährt die radiale Kraft

$$K \equiv m_e \frac{d^2 x}{dt^2} = -eE = -\frac{1}{\varepsilon_0} e^2 n_{e0} x , \tag{1.132}$$

die sie in die ursprüngliche Kugel zurückzieht. Ein Überschwingen wird auftreten, was zu Oszillationen mit der Elektronenplasmafrequenz

$$\omega_{pe} = \sqrt{\frac{e^2 n_e}{\varepsilon_0 m_e}} \tag{1.133}$$

führt. In diesem Szenario haben wir die Ionen fixiert, da ihre Masse im Vergleich zur Elektronenmasse groß ist.

Die Debye-Länge steht in Verbindung mit der Plasmafrequenz durch

$$\lambda_D = \frac{v_{th}}{\omega_p} . \tag{1.134}$$

∎

Um ein Gefühl für die Größenordnung der Plasmafrequenzen zu bekommen, geben wir

$$\omega_{pe}[rad/s] \approx 5{,}64 \times 10^4 (n_e[cm^{-3}])^{1/2} \tag{1.135}$$

an.

Individuelle Stöße

Wenn wir jetzt wiederum die Frage stellen, wann kollektive Effekte die individuellen Beiträge dominieren, fehlt zum Vergleich die charakteristische Frequenz für individuelle Prozesse. Letztere bezeichnet man gewöhnlich als Stoßfrequenz, die wir als mittlere inverse Zeit für eine (deutliche) Ablenkung verstehen. Doch wie können wir in einem Plasma mit langreichweitiger und permanenter Wechselwirkung eine solche Frequenz exakt definieren? Darauf kommen wir später zurück; hier nur einige vage Bemerkungen, die darauf beruhen, dass man die maximale effektive Wechselwirkungslänge durch die Debye-Länge abschätzen kann. Wegen der geringen potentiellen Energie sprechen wir von (im Mittel) schwachen Stößen, allerdings finden in der Debye-Zone viele, d. h. Λ, solch schwacher Stöße statt. Das Resultat, die Ablenkung, ist also ein Produkt einer kleinen und einer großen Zahl. Um es auszurechnen, bedienen wir uns der klassischen Ergebnisse der Rutherford-Streuung; siehe Abb. 1.2. Trifft ein Elektron mit dem Stoßparameter ρ und der Anfangsgeschwindigkeit v_0 auf ein Ion, so bleibt der Drehimpuls $L = m_e r^2 \dot{\theta} = m_e \rho v_0$ erhalten. Für die Änderung des Ablenkwinkels θ mit der Zeit t gilt

$$dt = \frac{m_e r^2}{L} d\theta \approx \frac{\rho}{v_0} \frac{d\theta}{\sin^2 \theta} , \tag{1.136}$$

wobei wir hier der Einfachheit halber auf die Unterscheidung zwischen Labor- und Schwerpunktsystem (bei $m_i \gg m_e$) verzichten. Ferner wurde für schwache Stöße im letzten Schritt $\rho \approx r \sin \theta$ benutzt, d. h., es wurde so getan, als ob (in nullter Ordnung) die Bahn gerade verlaufen würde. Dabei misst r den Abstand des Ions vom Elektron, und wir haben $\theta = 0$ bei $t = -\infty$ gesetzt. Um die Geschwindigkeitskomponenten senkrecht zur Anfangsgeschwindigkeit zu berechnen, benutzen wir

$$v_\perp = \frac{1}{m_e} \mid \int_{-\infty}^{+\infty} dt \, F_\perp(t) \mid, \tag{1.137}$$

wobei aufgrund der Coulomb-Wechselwirkung ($c \to \infty$) die Kraftkomponente senkrecht zur Anfangsgeschwindigkeit durch

$$F_\perp = -\frac{1}{4\pi\varepsilon_0} \frac{e^2}{r^2} \sin\theta \tag{1.138}$$

gegeben ist. Für eine ungestörte Bewegung, d. h. bei Vernachlässigung der Wechselwirkung zwischen Elektron und Ion, gilt $\rho \approx r \sin\theta$. Werten wir damit aus, so folgt in „gerader Bahn-Näherung"

$$v_\perp \approx \frac{e^2}{4\pi\varepsilon_0 m_e \rho v_0} \int_0^\pi d\theta \, \sin\theta = \frac{1}{4\pi\varepsilon_0} \frac{2e^2}{m_e v_0 \rho}. \tag{1.139}$$

An dieser Formel sehen wir, dass signifikante Geschwindigkeitsänderungen mit $v_\perp > v_0$ bei $\rho < \rho_0 \equiv 2e^2/4\pi\varepsilon_0 m_e v_0^2$ auftreten; allerdings gilt die Herleitung nur für $v_\perp \ll v_0$. Wir überstrapazieren daher die Rechnung, indem wir einen Teil der (individuellen) Stoßfrequenz wie folgt abschätzen: Eine *beträchtliche* Stoßwirkung tritt bei $\rho < \rho_0$ auf. Der Stoßquerschnitt wird daher zu $\pi\rho_0^2$ angenommen. Wie viele Stöße erfährt nun ein Elektron pro Zeiteinheit? Dazu müssen wir die Zahl der Ionen in dem „Zylinder" mit dem „Volumen" $\pi\rho_0^2 v_0$ als mögliche Stoßpartner berücksichtigen, woraus

$$v_s \approx \pi\rho_0^2 v_0 n_0 = \frac{1}{(4\pi\varepsilon_0)^2} \frac{4\pi n_0 e^4}{m_e^2 v_0^3} \tag{1.140}$$

folgt.

Schätzen wir v_0 durch v_{te} ab, so folgt größenordnungsmäßig

$$v_s \approx \omega_{pe}/\Lambda. \tag{1.141}$$

Es ist interessant, dass mindestens die gleiche Größenordnung für die Gesamtwirkung der vielen Kleinwinkelstreuungen herauskommt, wenn man die Stöße mit Stoßparametern zwischen ρ_0 und der Abschirmlänge λ_D berücksichtigt.

Dazu jetzt einige Argumente. Wir können (1.139) für die *geringe* Abweichung $\Delta v_\perp$ bei einem Stoß benutzen ($v_\perp \equiv \Delta v_\perp$) und bei dN unabhängigen Stößen

$$d \left\langle (\Delta v_\perp)^2 \right\rangle \approx dN v_\perp^2 \approx dN \frac{4e^4}{m_e^2 v_0^2 \rho^2} \frac{1}{(4\pi \varepsilon_0)^2} \tag{1.142}$$

ansetzen. Bei Stößen mit den Stoßparametern zwischen ρ und $\rho + d\rho$ gilt

$$v_c dN = 2\pi \rho d\rho v_0 n_0, \tag{1.143}$$

wobei v_c so definiert wird, dass am Ende $\left\langle (\Delta v_\perp)^2 \right\rangle \approx v_0^2 \approx v_{te}^2$ sein soll. Somit erhalten wir aus (1.142) [durch Integration, wobei über (1.143) auf der rechten Seite die Integrationsvariable p eingeführt wird]

$$v_c \approx \frac{1}{(4\pi \varepsilon_0)^2} \frac{8\pi n_0 e^4}{m_e^2 v_0^3} \int_{\rho_0}^{\lambda_D} \frac{1}{p} dp, \tag{1.144}$$

oder wegen

$$\ln(\lambda_D / \rho_0) \approx \ln \Lambda \tag{1.145}$$

$$\boxed{v_c \approx \frac{1}{(4\pi \varepsilon_0)^2} \frac{8\pi n_0 e^4}{m_e^2 v_0^3} \ln \Lambda} \ . \tag{1.146}$$

Wenn wir mit (1.140) vergleichen, finden wir als Unterschied den Faktor $2 \ln \Lambda > 1$. So ganz verwunderlich ist dieses Ergebnis nicht, da nach unserer Definition eines Plasmas nur für einen geringen Teil der Teilchen die potentielle Energie mit der kinetischen vergleichbar ist, was für einzelne große Ablenkungen erforderlich ist. Es stellt sich heraus, dass sich viele kleine Ablenkungen zu einem größeren Effekt summieren als wenige starke Ablenkungen. Die späteren genaueren kinetischen Rechnungen werden diese heuristische Argumentation stützen.

Als Nächstes besprechen wir detaillierter die einzelnen Kollisionsfrequenzen. Zuvor aber nochmals einige generelle Bemerkungen zu Stoßfrequenz und Wirkungsquerschnitt in einem Beispiel.

Beispiel 1.10 (Stoßfrequenz und Wirkungsquerschnitt)

Binäre Kollisionen entsprechen dem klassischen Zwei-Körper-Problem. An dieser Stelle sollte erwähnt werden, dass das Zwei-Körper-Problem mit Coulomb-Wechselwirkung auf ein effektives Ein-Teilchen-Problem reduziert werden kann, wenn wir in das Schwerpunktsystem (COM) übergehen. Dann tritt die reduzierte Masse auf. Wenn eine Masse viel größer als die andere ist (oder wenn wir die Position des Streuers fixieren, was effektiv bedeutet, dass wir eine unendlich große Masse des Streuers annehmen), verschwindet der Unterschied zwischen COM- und Laborsystem. Die nächsten Überlegungen können als Berechnungen für einen festen Streuer interpretiert werden, wiederholen nochmals Rechnungen zur Stoßfrequenz und zielen auf den Wirkungsquerschnitt ab.

Eine Ladung $q = +e$ streut einen Elektronenstrahl mit der Ladung $-e$. Die eingehende Teilchenstromdichte ist $j = n_e v_e$. Pro Zeiteinheit werden $2\pi\rho d\rho\, j$ Teilchen gestreut, wenn sie durch eine Ringfläche $2\pi\rho d\rho$ hindurchgehen. Jedes Teilchen wird unter einem spezifischen Winkel θ gestreut. Asymptotisch ist die Änderung des *longitudinalen* (d.h. in Richtung der ursprünglichen Ausbreitung) Impulses eines einzelnen Teilchens

$$\Delta p_0 = -m_e v_e (1 - \cos\theta)\ . \tag{1.147}$$

Wir können die Gesamtkraft auf den *Strahl* (in Anwesenheit eines fixen Streuers) definieren. Deren Betrag ist

$$F_e = -\int_0^\infty m v_e (1 - \cos\theta)\, j\, 2\pi\rho d\rho \,\hat{=}\, - m_e v_e j \sigma\ . \tag{1.148}$$

Hier haben wir feste Anfangsgeschwindigkeiten der Größe v_e angenommen. Der Ausdruck

$$\sigma = \int_0^\infty (1 - \cos\theta)\, 2\pi\rho d\rho \tag{1.149}$$

wird als Transportquerschnitt (für Impulsübertragung) bezeichnet. Um Letzteres zu bewerten, benötigen wir die funktionale Abhängigkeit $\theta = \theta(\rho)$. Diese kann aus Standardlehrbüchern der klassischen Mechanik [37] entnommen werden. Es gilt

$$\tan\frac{\theta}{2} = \frac{1}{4\pi\varepsilon_0}\frac{e^2}{m_e \rho v_e^2}\ . \tag{1.150}$$

Nebenbei bemerkt: Diese Beziehung lässt sich leicht für kleine Streuwinkel $\theta \ll 1$ plausibel machen. Dann kann die Geradebahnnäherung bei der Auswertung der Integrale angenommen werden. Zum Beispiel erhalten wir für die transversale Impulsänderung

$$\Delta p_{0\perp} \approx m_e v_e \theta = \int_{-\infty}^\infty F_\perp dt \approx \frac{1}{4\pi\varepsilon_0}\int_{-\infty}^\infty \frac{e^2\rho}{(\rho^2 + v_e^2 t^2)^{3/2}}\, dt$$
$$= \frac{1}{4\pi\varepsilon_0}\frac{2e^2}{\rho v_e}\ , \tag{1.151}$$

wobei wir $\sin\theta \approx \theta$ und $\cos\alpha \approx \rho/\sqrt{\rho^2 + \mathbf{v}_e^2 t^2}$ angenähert haben. Der Winkel θ ist der Streuwinkel und α ist der Winkel zwischen der Gesamtkraft und der senkrechten Komponente.

Um den Streuquerschnitt (1.149) auszuwerten, setzen wir $1 - \cos\theta \approx \theta^2/2$ und erhalten

$$\sigma = \frac{1}{(4\pi\varepsilon_0)^2}\frac{4\pi e^4}{m_e^2 v_e^4}\int_0^\infty \frac{1}{\rho}\, d\rho\ . \tag{1.152}$$

Offensichtlich ist das Integral logarithmisch divergent. Wir definieren als untere Grenze

$$\rho_{min} = \frac{1}{4\pi\varepsilon_0}\frac{e^2}{m_e v_e^2} \,, \tag{1.153}$$

die zur 90°-Streuung gehört. Beachte, dass $\tan(\pi/4) = 1$. Weitere Details sind im Kapitel über Transporttheorie zu finden. Bei sehr kleinen Kollisionsparametern (starken Kollisionen) wird eine klassische Behandlung unzulänglich sein. Die obere Grenze $\rho_{max} = \lambda_D$ wird als Debye-Länge postuliert, bedingt durch die Abschirmung des Potentials des Streuers. Daher berechnen wir anstelle von (1.152)

$$\sigma = \frac{1}{(4\pi\varepsilon_0)^2}\frac{4\pi e^4}{m_e^2 v_e^4}\int_{\rho_{min}}^{\rho_{max}}\frac{1}{\rho}d\rho \,. \tag{1.154}$$

Wiederum ist der Ausdruck

$$\ln\Lambda = \ln\frac{\rho_{max}}{\rho_{min}} = \ln 16\pi^2\varepsilon_0^{5/2}\frac{3(k_B T)^{3/2}}{e^3\sqrt{n}} \tag{1.155}$$

proportional zum Logarithmus der Anzahl der Partikel in der Debye-Kugel und wird als Coulomb-Logarithmus bezeichnet. In magnetischen Fusionsplasmen liegt er in der Größenordnung von 10 bis 20. Wir haben in (1.155)

$$\frac{1}{2}m_e v_e^2 \approx \frac{3}{2}k_B T \tag{1.156}$$

benutzt. Natürlich werden innerhalb einer näherungsweisen Behandlung auch leicht unterschiedliche Schätzungen verwendet. Das Ergebnis für den Querschnitt ist nun

$$\sigma = \frac{1}{(4\pi\varepsilon_0)^2}\frac{4\pi e^4}{m_e^2 v_e^4}\ln\Lambda \,. \tag{1.157}$$

Als Größenordnung ergibt sich

$$\sigma \sim \frac{10^{-12}}{(E[eV])^2}cm^2 \,, \tag{1.158}$$

mit der kinetischen Energie $E = \frac{1}{2}m_e v_e^2$. ∎

Stoßfrequenzen für Impuls- und Energieübertragung
Der Transportquerschnitt ermöglicht es uns, die *Impulsübertragungsrate* zwischen Partikeln zu bestimmen. Betrachten wir einen Elektronenstrahl in einem kalten Plasma. Dann nehmen wir weiterhin an, dass die Streuer als fest betrachtet werden. Sei n_i die Ionendichte. Wenn wir n_i Streuer pro Volumeneinheit haben, dann wird die durchschnittliche Kraft, die auf ein einzelnes Teilchen des Strahls wirkt,

$$\mathbf{F}_e = -m_e \mathbf{v}_e \, j \, \sigma \, n_i \frac{1}{n_e} = -m_e v_e \sigma \, n_i \mathbf{v}_e \ . \tag{1.159}$$

Aufgrund dieser Kraft wird die mittlere Geschwindigkeit der Elektronen verringert,

$$\frac{d\mathbf{v}_e}{dt} = \frac{\mathbf{F}_e}{m_e} = -n_i \sigma \, v_e \mathbf{v}_e \equiv -\nu_{ei} \mathbf{v}_e \ . \tag{1.160}$$

Hier ist $\mathbf{v}_e$ die relative Geschwindigkeit zwischen Elektron und Ion. Bei einem festen Streuer bleibt die Gesamtenergie eines Elektrons unverändert. Die longitudinale Geschwindigkeitskomponente des gestreuten Elektrons ändert sich gemäß (1.147), oder näherungsweise als

$$\Delta v_e = -v_e (1 - \cos\theta) \approx -v_e \frac{\theta^2}{2} \ . \tag{1.161}$$

Somit wächst die Winkelverbreiterung,

$$\frac{d\theta^2}{dt} = 2\sigma \, n_i v_e \ . \tag{1.162}$$

Die charakteristische Zeit

$$\tau_{ei} = \frac{1}{n_i \sigma \, v_e} \equiv \frac{1}{\nu_{ei}} \tag{1.163}$$

ist invers zu ν_{ei}.

Die Stoßfrequenz folgt aus dem Stoßquerschnitt, nachdem er mit $n_i v_e$ multipliziert wurde. Das genäherte Ergebnis ist also

$$\nu_{ei} = \frac{1}{(4\pi\varepsilon_0)^2} \frac{4\pi e^4 n_i}{m_e^2 v_e^3} \ln\Lambda \ . \tag{1.164}$$

Das Verhältnis zwischen der einzelnen Kollisionsfrequenz und der kollektiven Plasmafrequenz ist proportional zum Kehrwert der Anzahl der Partikel in einer Debye-Kugel,

$$\frac{\nu_{ei}}{\omega_{pe}} \sim \frac{1}{n\lambda_{De}^3} \ , \tag{1.165}$$

bei $n_i \approx n_e \approx n$. Beachte, dass sich nach der Zeit $T \approx \nu_{ei}^{-1}$ die Größe θ^2 beträchtlich ändert. Wir können charakteristische Werte berechnen anhand von

$$\nu_{ei} \sim 6 \times 10^{-5} \frac{n_i [\mathrm{cm}^{-3}]}{(E[\mathrm{eV}])^{3/2}} \, \mathrm{s}^{-1} \ . \tag{1.166}$$

Die mittlere freie Weglänge der Elektronen ergibt sich zu

$$\lambda_{mfpe} = \frac{1}{n_i \sigma} \sim 10^{12} \frac{(E[\mathrm{eV}])^2}{n_i [\mathrm{cm}^{-3}]} \, \mathrm{cm} \, . \tag{1.167}$$

Bei einer Maxwell-Verteilung gilt für das mittlere Energiequadrat

$$< E^2 > = \frac{15}{4} (k_B T)^2 \, . \tag{1.168}$$

Damit bestimmen wir die Temperaturabhängigkeiten der charakteristischen Größen.

Wenn wir Längen in cm, Dichten in cm^{-3} und Temperaturen in eV messen, erhalten wir die charakteristischen Werte

$$\sigma \sim \frac{3 \times 10^{-13}}{T^2} \, \mathrm{cm}^2 \, , \tag{1.169}$$

$$\nu_{ei} \sim 3 \times 10^{-5} \frac{n}{T^{3/2}} \, \mathrm{s}^{-1} \, , \tag{1.170}$$

$$\lambda_{mfpe} \sim 3 \times 10^{12} \frac{T^2}{n} \, \mathrm{cm} \, . \tag{1.171}$$

Beispiel 1.11 (Rechnung im Schwerpunktsystem)
Wenn die Massen des Streuers (m_2) und des gestreuten Teilchens (m_1) ähnlich sind oder $m_1 \gg m_2$, transformieren wir in das Schwerpunktsystem mit dem Schwerpunkt $\mathbf{R}$. Unter Verwendung von $\mathbf{r} = \mathbf{r}_2 - \mathbf{r}_1$ für die Differenz der Ortsvektoren und der reduzierten Masse $m_{12} = m_1 m_2/(m_1 + m_2)$, haben wir

$$\mathbf{r}_1 = \mathbf{R} - \frac{m_2}{m_1 + m_2}\mathbf{r} \, , \quad \mathbf{r}_2 = \mathbf{R} + \frac{m_1}{m_1 + m_2}\mathbf{r} \tag{1.172}$$

und finden daraus

$$m_{12}\ddot{\mathbf{r}} = -Z_1 Z_2 e^2 \frac{\mathbf{r}}{r^3} \, . \tag{1.173}$$

Im Folgenden nehmen wir an, dass der Streuer die Ladung $Z_2 e$ hat, während das gestreute Teilchen die Ladung $-Z_1 e$ besitzt. Man erhält ein effektives Zweikörperproblem, ähnlich der Behandlung für feste Streuer. Die Masse muss durch die reduzierte Masse ersetzt werden, und die Position des Streuers wird durch den relativen Abstand ersetzt. Wir können die vorherigen Formeln sofort übertragen, z. B. kann (1.157) nun geschrieben werden als

$$\sigma = \frac{1}{(4\pi\varepsilon_0)^2} \frac{4\pi Z_1^2 Z_2^2 e^4}{m_{12}^2 v^4} \ln \Lambda \, , \tag{1.174}$$

und die allgemeine Formel für die Stoßfrequenz (um das einfallende Teilchen 1 um einen Winkel von 90° abzulenken, in Anwesenheit von n_2 Streuern pro Volumeneinheit) lautet

$$\nu_{12} = v\sigma n_2 = \frac{1}{(4\pi\varepsilon_0)^2} \frac{4\pi Z_1^2 Z_2^2 e^4 n_2 \ln \Lambda}{m_{12}^2 v^3} \, . \tag{1.175}$$

Beachte, dass wir die Frequenz für Geschwindigkeitsablenkungen berechnet haben. Somit gibt ν_{12} direkt die Frequenz für den Impulstransfer im Schwerpunktsystem an. Wir werden die *Impuls*streuungsfrequenzen als ν_{ee}, ν_{ii}, ν_{ei} und ν_{ie} für die verschiedenen möglichen Wechselwirkungen zwischen den Spezies benennen. Die Kehrwerte werden mit $\tau \sim \nu^{-1}$ bezeichnet. ∎

Als typische Geschwindigkeit nehmen wir $v \sim v_{th}$. Wir beziehen alle Stoßfrequenzen auf ν_{ee}. Beachte, dass für die reduzierte Masse $m_{ee} \sim m_e/2 \sim m_e$ gilt und $v \sim T^{1/2}/m_e^{1/2}$ für diesen Fall ist. Wenn wir ν_{ei} berechnen, haben wir $m_{ei} \sim m_e$ und $v \sim T^{1/2}/m_e^{1/2}$, d.h. (abgesehen von einem Faktor 2) die gleichen Werte, und daher

$$\boxed{\nu_{ei} \sim \nu_{ee}} \, . \tag{1.176}$$

Als Nächstes berechnen wir ν_{ii}. Jetzt gilt $m_{ii} \sim m_i/2$ und $v \sim T^{1/2}/m_i^{1/2}$. Daher wird

$$\boxed{\nu_{ii} \sim \sqrt{\frac{m_e}{m_i}} \, \nu_{ee}} \, . \tag{1.177}$$

In all diesen Fällen sind die Unterschiede zwischen dem Laborsystem und dem Schwerpunktsystem tolerierbar, da wir in den aktuellen Abschätzungen Faktoren der Größenordnung 2 ignorieren.

Besondere Vorsicht ist jedoch bei der Berechnung von ν_{ie} geboten. Die Transformation in das Laborsystem ist notwendig, einfach, aber nicht unmittelbar offensichtlich. Eine einfachere Methode zur Abschätzung von ν_{ie} ist die Impulserhaltung im Laborsystem, die zu $m_i \Delta \mathbf{v}_i = -m_e \Delta \mathbf{v}_e$ führt, wobei Δ die Änderung der Größe als Ergebnis der Kollision bedeutet. Für einen Frontalzusammenstoß haben wir näherungsweise $\Delta \mathbf{v}_e \approx 2\mathbf{v}_i$, und daher gilt $|\Delta \mathbf{v}_i|/|\mathbf{v}_i| \approx 2m_e/m_i$. Um also $|\Delta \mathbf{v}_i|/|\mathbf{v}_i|$ von der Größenordnung eins zu erreichen, sind m_i/m_e Kollisionen erforderlich. Daher

$$\boxed{\nu_{ie} \sim \frac{m_e}{m_i} \, \nu_{ee}} \, . \tag{1.178}$$

Die Energiestreuung wird durch die Zeit charakterisiert, die ein einfallendes Teilchen benötigt, um seine kinetische Energie auf das Zielteilchen zu übertragen. Die Frequenzen für den Energieübertrag bei Kollisionen werden als ν_{ee}^E, ν_{ii}^E, ν_{ei}^E und ν_{ie}^E bezeichnet.

Nun betrachten wir *Energie*änderungen. Wenn ein bewegtes Elektron einen Frontalzusammenstoß mit einem ruhenden Elektron macht, dann stoppt das einfallende Elektron, während das ursprünglich ruhende Elektron mit dem gleichen Impuls und der gleichen Energie davonfliegt, die das einfallende Elektron hatte. Daraus schließen wir, dass

$$\boxed{v_{ee}^{E} \sim v_{ee}} \ . \tag{1.179}$$

Ähnlich sieht es aus, wenn ein Ion auf ein Ion trifft,

$$\boxed{v_{ii}^{E} \sim v_{ii} \sim \sqrt{\frac{m_e}{m_i}}\, v_{ee}} \ . \tag{1.180}$$

Schließlich vergleichen wir die Energieänderungen während Elektron-Ion- und Ion-Elektron-Kollisionen. Die Impulsänderung des Elektrons ist $-2m_e \mathbf{v}_e$ während einer Kollision eines Elektrons mit einem Ion. Aus der Impulserhaltung folgt $m_i \mathbf{v}_i = 2m_e \mathbf{v}_e$. Die auf das Ion übertragene Energie beträgt $\frac{1}{2} m_i v_i^2 = 4(m_e/m_i) m_e v_e^2/2$. Ein Elektron muss m_i/m_e Stöße durchführen, um seine gesamte Energie auf die Ionen zu übertragen. Daher

$$\boxed{v_{ei}^{E} \sim \frac{m_e}{m_i}\, v_{ee}} \ . \tag{1.181}$$

Ähnlich wird bei einer Ion-Elektron-Kollision ein zunächst ruhendes Elektron mit der doppelten Geschwindigkeit des einfallenden Ions davonfliegen. Das Elektron gewinnt Energie $\frac{1}{2} m_e v_e^2 \sim 2(m_e/m_i) m_i v_i^2$. Wieder sind etwa m_i/m_e Stöße notwendig, damit das Ion seine gesamte Energie auf die Elektronen überträgt, das heißt

$$\boxed{v_{ie}^{E} \sim \frac{m_e}{m_i}\, v_{ee}} \ . \tag{1.182}$$

Diese groben Abschätzungen haben eine wichtige Konsequenz, nämlich dass wir selbst in Nichtgleichgewichtssituationen ein Elektron-Ion-Plasma mit einem Zwei-Fluid-Modell beschreiben können. Die Relaxation zu approximativen Maxwell-Verteilungen erfolgt schnell in jeder Komponente (am schnellsten bei den Elektronen), während der Austausch zwischen den Komponenten auf einer deutlich langsameren Zeitskala stattfindet.

Makroskopische Reibungskraft

Wir betrachten nun ein thermisches Elektron-Ion-Plasma. Die Geschwindigkeitsverteilungs-funktionen werden angenommen als

$$f_i(\mathbf{v}') = \left(\frac{m_i}{2\pi T_i}\right)^{3/2} \exp\left(-\frac{m_i(\mathbf{v}' - \mathbf{u}_i)^2}{2T_i}\right) \tag{1.183}$$

und

$$f_e(\mathbf{v}') = \left(\frac{m_e}{2\pi T_e}\right)^{3/2} \exp\left(-\frac{m_e(\mathbf{v}' - \mathbf{u}_e)^2}{2T_e}\right) . \tag{1.184}$$

In dieser Konfiguration ist die Stromdichte

$$\mathbf{j} = n_i e \mathbf{u}_i - n_e e \mathbf{u}_e . \tag{1.185}$$

Es ist sinnvoll, in das System der mittleren Geschwindigkeit $\mathbf{u}_e$ der Elektronen zu transformieren und damit eine relative Geschwindigkeit zu definieren:

$$\mathbf{u}_{rel} = \mathbf{u}_i - \mathbf{u}_e \equiv \mathbf{u} . \tag{1.186}$$

In dem neuen System sind die Verteilungsfunktionen

$$f_i(\mathbf{v}) = \left(\frac{m_i}{2\pi T_i}\right)^{3/2} \exp\left(-\frac{m_i(\mathbf{v} - \mathbf{u}_{rel})^2}{2T_i}\right) \tag{1.187}$$

und

$$f_e(\mathbf{v}) = \left(\frac{m_e}{2\pi T_e}\right)^{3/2} \exp\left(-\frac{m_e v^2}{2T_e}\right) . \tag{1.188}$$

Da die thermische Geschwindigkeit der Ionen viel kleiner ist als die der Elektronen, ist die Geschwindigkeitsverteilung der Ionen viel enger als die der Elektronenverteilung, und die Ionen können ungefähr als monoenergetischer Strahl betrachtet werden. Wenn sie auf n_e Elektronen pro Volumeneinheit treffen, berechnen wir die Nettokraft auf die Ionen, indem wir die vorherigen Ausdrücke verwenden und das *actio = reactio*-Prinzip anwenden. Unter Verwendung von (1.159) gehen wir für einen Moment in das System über, in dem die Ionen in Ruhe sind, sodass die Elektronen die Geschwindigkeit $\mathbf{v}_e - \mathbf{u}$ haben. Dann kann $\mathbf{F}_e$ in der Form (1.159) verwendet werden. Setzen wir $\mathbf{F}_i = -\mathbf{F}_e$, so finden wir

$$\mathbf{F}_i = -m_e |\mathbf{u} - \mathbf{v}_e| \sigma n_e (\mathbf{u} - \mathbf{v}_e) , \tag{1.189}$$

mit ($Z_1 = 1$, $Z_2 = Z$)

$$\sigma \approx \frac{1}{(4\pi\varepsilon_0)^2} \frac{4\pi Z^2 e^4}{m_e^2 |\mathbf{u} - \mathbf{v}_e|^4} \ln\Lambda . \tag{1.190}$$

Übrigens würden ähnliche Formeln für eine schnelle Elektronenkomponente in einem thermischen Plasma gelten. Angenommen, wir haben einen Anteil an Streuern in einem bestimmten Geschwindigkeitsbereich. Dann ersetzen wir

$$n_e \rightarrow dn_e = n_e f_e(\mathbf{v}')d^3v' \,. \tag{1.191}$$

Wir schreiben die Reibungskraft für dn_e Streuer pro Volumeneinheit um. Unter Berücksichtigung der relativen Geschwindigkeit $\mathbf{u} - \mathbf{v}'$ der gestreuten Teilchen erhalten wir

$$d\mathbf{F}_i = -\frac{1}{(4\pi\varepsilon_0)^2}\frac{4\pi Z^2 \ln \Lambda e^4 n_e}{m_e}\frac{\mathbf{u} - \mathbf{v}'}{|\mathbf{u} - \mathbf{v}'|^3} f_e(\mathbf{v}')d^3v' \,. \tag{1.192}$$

Beim Mitteln über die möglichen Geschwindigkeiten der Streuer muss man das Integral

$$\mathbf{I} = \int \frac{\mathbf{u} - \mathbf{v}'}{|\mathbf{u} - \mathbf{v}'|^3} f_e(\mathbf{v}')d^3v' \tag{1.193}$$

berechnen. Seine Form erinnert an das Integral über eine Ladungsverteilung, das beim Lösen der Poisson-Gleichung erscheint [38]. Wenn die Verteilungsfunktion f isotrop ist, entspricht das Integral einem elektrischen Feld, das durch eine sphärisch symmetrische Ladungsverteilung mit „Radiusvektor" $\mathbf{u}$ verursacht wird. Wir wissen, dass das radiale elektrische Feld in einem Abstand u nur durch die Ladung innerhalb der Kugel mit „Radius" u verursacht wird, d. h.

$$\mathbf{I} = \frac{\mathbf{u}}{u^3}\int_0^u f_e(v')4\pi v'^2 dv' \,. \tag{1.194}$$

Beispiel 1.12
Für Leser, die nicht mit der Diskussion des Poisson-Integrals vertraut sind, präsentieren wir eine „Rechnung für Einsteiger". Beginnen wir mit

$$\int \frac{\mathbf{u} - \mathbf{v}'}{|\mathbf{u} - \mathbf{v}'|^3} f_e(\mathbf{v}')d^3v' = -\nabla_u \int \frac{1}{|\mathbf{u} - \mathbf{v}'|} f_e(\mathbf{v}')d^3v' \,. \tag{1.195}$$

Als Nächstes führen wir sphärische Koordinaten für die Integration auf der rechten Seite ein, führen die Integration über den azimutalen Winkel durch und erhalten nach einer einfachen Umformung

$$\begin{aligned}
\int \frac{1}{|\mathbf{u} - \mathbf{v}'|} &f_e(\mathbf{v}')d^3v' \\
&= 2\pi \int_0^\infty dv' v'^2 \int_{-1}^{+1} d(\cos\vartheta')\frac{d}{\cos\vartheta'}\sqrt{u^2 + v'^2 - 2uv'\cos\vartheta'}\left(-\frac{f_e(v')}{uv'}\right) \\
&= 4\pi \left\{\frac{1}{u}\int_0^u v'^2 f_e(v')dv' + \int_u^\infty v' f_e(v')dv'\right\} \,.
\end{aligned} \tag{1.196}$$

Durch Anwenden des Operators $-\nabla_u$ auf die rechte Seite erhalten wir (1.194). ∎

Für kleine relative Geschwindigkeiten im Vergleich zur thermischen Elektronengeschwindigkeit, $u \ll v_{th}$, erhalten wir

$$\int_0^u f_e(v')4\pi v'^2 dv' \approx f_e(0)\frac{4\pi}{3}u^3 \, , \tag{1.197}$$

und demnach für eine Maxwell-Verteilung

$$\mathbf{I} \approx \frac{\sqrt{2}}{3\sqrt{\pi}}\left(\frac{m_e}{T_e}\right)^{3/2}\mathbf{u} \, . \tag{1.198}$$

Andererseits, für große Geschwindigkeiten u

$$\mathbf{I} \sim \frac{\mathbf{u}}{u^3} \, . \tag{1.199}$$

Zusammenfassend ergibt sich für kleine Geschwindigkeiten im Vergleich zur thermischen Elektronengeschwindigkeit

$$\mathbf{F}_i = -\frac{1}{(4\pi\varepsilon_0)^2}\frac{4\sqrt{2\pi}}{3}\frac{Z^2\ln\Lambda e^4 n_e}{m_e}\left(\frac{m_e}{T_e}\right)^{3/2}\mathbf{u} \, , \tag{1.200}$$

d. h. dass die Reibungskraft mit der Geschwindigkeit ansteigt. Wenn jedoch die Driftgeschwindigkeit größer wird als die thermische Geschwindigkeit, erhalten wir eine abnehmende Reibungskraft, $F \sim u^{-2}$. Dabei ist u die mittlere Geschwindigkeitsdifferenz. Die Reibungskraft erreicht ein Maximum in der Nähe der thermischen Elektronengeschwindigkeit.

Wir wenden diese Ergebnisse nun auf das Problem des Stromflusses durch Plasma an. Im Gleichgewicht muss die durch das elektrische Feld erzeugte treibende Kraft durch die Reibung ausgeglichen werden, d. h. für die Ionen

$$\mathbf{F}_i + Ze\mathbf{E} = 0 \, . \tag{1.201}$$

Wenn die Driftgeschwindigkeit jedoch viel größer wird als die thermische Elektronengeschwindigkeit, können Kollisionen die Beschleunigung der Teilchen nicht mehr stoppen, und die Teilchen laufen davon. Mit anderen Worten, wenn das angelegte elektrische Feld zu groß wird,

$$E > \frac{F_{max}}{Ze} \, , \tag{1.202}$$

erhalten wir „Runaways“. Das kritische Feld wird Dreicer-Feld genannt:

$$E_{Dr} \approx \frac{1}{(4\pi\varepsilon_0)^2} \frac{\ln\Lambda\, n_e e^3 Z}{T_e} \sim \ln\Lambda\, \frac{e}{\lambda_D^2} \ .$$
(1.203)

Eine detailliertere kinetische Berechnung führt zu [16]

$$E_{Dr} \approx \frac{0{,}43}{(4\pi\varepsilon_0)^2} \frac{2\pi \ln\Lambda\, n_e e^3 Z}{T_e} \approx 5{,}6 \times 10^{-18} n_e Z \frac{\ln\Lambda}{T_e} \frac{V}{m} \ .$$
(1.204)

Um die typischen Verhaltensweisen für $u \ll v_{th}$ und $u \gg v_{th}$ zu verdeutlichen, lösen wir die Impulsgleichung

$$m_i \frac{d\mathbf{u}}{dt} = \mathbf{F}_i + Ze\mathbf{E}$$
(1.205)

in zwei Bereichen. In beiden Fällen wählen wir eine eindimensionale Beschreibung.

Im Bereich kleiner Geschwindigkeiten hat die Impulsgleichung die Form

$$\frac{du}{dt} = -a\,u + b \ ,$$
(1.206)

(mit Konstanten a und b, die leicht zu bestimmen sind). Ihre Lösung für $u = u_0 = 0$ bei $t = t_0 = 0$ ist

$$u(t) = \frac{b}{a}\left(1 - e^{-at}\right) \ \rightarrow \ \frac{b}{a} \quad \text{for} \quad t \rightarrow \infty \ .$$
(1.207)

Für kleine Geschwindigkeiten (Felder), gibt es einen stationären Leitungszustand

$$j \sim enu \sim ne\frac{eE}{mv_{ei}} \sim \frac{\varepsilon_0 \omega_p^2}{v_{ei}} E \sim \sigma E \ .$$
(1.208)

Die Leitfähigkeit ist umgekehrt proportional zur Stoßfrequenz. Da Letztere mit steigender Temperatur abnimmt, finden wir

$$\sigma \sim T_e^{3/2} \ ,$$
(1.209)

d. h., die elektrische Leitfähigkeit heißer Plasmen wird sehr groß. Der Widerstand η ist umgekehrt proportional zur Leitfähigkeit σ,

$$\eta = \frac{1}{\sigma} \ ,$$
(1.210)

und sinkt damit mit der Temperatur. Der aus der Kinetik erhaltene Wert [16] ist

$$\eta \approx \frac{1}{(4\pi\varepsilon_0)^2} \frac{8\sqrt{\pi} \ln\Lambda\, Ze^2 m_e^{1/2}}{3\sqrt{2}\,T_e^{3/2}} \ .$$
(1.211)

Für praktische Anwendungen können wir verwenden

$$\eta \approx 1{,}03 \times 10^{-4} \frac{Z \ln \Lambda}{T_e^{3/2}} \text{ Ohm m} ,\qquad (1.212)$$

wobei T_e in eV gemessen wird.

Im Bereich großer Geschwindigkeiten hat die Impulsgleichung die Form

$$\frac{du}{dt} = -\frac{g}{u^2} + b ,\qquad (1.213)$$

(mit Konstanten g und b, die wiederum leicht zu bestimmen sind). Ihre Lösung für $u = u_0 > \sqrt{\frac{g}{b}}$ bei $t = t_0 = 0$ ist

$$u - u_0 + \frac{1}{2}\sqrt{\frac{g}{b}} \ln \left[1 - 2\frac{\sqrt{\frac{g}{b}}}{u + \sqrt{\frac{g}{b}}} \right]_{u_0}^{u} = bt .\qquad (1.214)$$

Es ist leicht zu sehen, dass t eine monoton steigende Funktion von u für $u > \sqrt{\frac{g}{b}}$ ist. Mit anderen Worten,

$$u \to bt \quad \text{for} \quad t \to \infty .\qquad (1.215)$$

Dieses asymptotische Verhalten spiegelt das sogenannte „Runawayphänomen" wider.

Zusammenfassung und Ausblick

Für das Verhältnis von individuellen zu kollektiven Effektiven finden wir

$$\boxed{\frac{\nu_c}{\omega_{pe}} \approx \frac{\ln \Lambda}{\Lambda} \approx \frac{1}{\Lambda} \ll 1} ,\qquad (1.216)$$

und wiederum taucht als Konsistenzbedingung $\Lambda \gg 1$ auf.

In den folgenden Kapiteln untersuchen wir Systeme geladener Teilchen bei großen Zahlen (Λ) von Teilchen in der Debye-Zone. Wir wissen jetzt bereits, dass unter dieser Voraussetzung kollektive Prozesse eine wesentliche Rolle spielen. Wir werden die Untersuchungen mit den Methoden – und den Ansprüchen – der Theoretischen Physik führen, d. h., wir starten mehr oder weniger von „first principles" und versuchen weitestgehend eine geschlossene mathematische Formulierung bzw. Lösung. Wie bereits angedeutet, können wir allerdings nicht immer den Anspruch auf Vollständigkeit erheben; dazu sind die Probleme des Plasmas und die mit ihm verbundenen Anwendungen zu vielschichtig. Die Auswahl der Themen erfolgt unter verschiedenen Gesichtspunkten: Ein wesentlicher besteht darin, dass der hier dargestellte Stoff Grundlage einer Vorlesung „Theoretische Plasmaphysik" im Kurs der Theoretischen Physik, auch für spätere „Nichtplasmaphysiker(innen)", sein sollte. Ein anderer, und sicherlich nicht der unwesentlichste, richtet sich nach dem persönlichen Geschmack. In diesem Sinne werden wir zunächst unsere Kenntnisse der klassischen Mechanik und Elektrodynamik auf ein Plasma anwenden, um als notwendige Voraussetzung für spätere Überlegungen eine Vorstellung von den Bahnen geladener Teilchen in äußeren elektromagnetischen Feldern zu besitzen. Anschließend diskutieren wir unter der Voraussetzung des thermodynamischen Gleichgewichts das statistische Verhalten eines Plasmas. Der wesentliche Teil des Buches wird sich mit Nichtgleichgewichtsphänomenen befassen. Im Rahmen eines Kurses der Theoretischen Physik kann dieser Teil als eine Erweiterung bzw. Fortsetzung der Vorlesung „Thermodynamik und Statistik" aufgefasst werden. Fragen der kinetischen Beschreibung eines Vielteilchensystems werden ebenso angesprochen wie die Möglichkeit einer makroskopischen Beschreibung und deren Konsequenzen für die Transportprozesse. Größere Tiefe – mit dem Anspruch, spezifische Plasmaprozesse genauer zu untersuchen – wird in den Kapiteln über Vlasov-Systeme angestrebt. Dort behandeln wir im Wesentlichen die wichtigen Fragen der Wellen und Instabilitäten. Letztlich dürfen in einer solchen Darstellung nichtlineare Effekte nicht unberücksichtigt bleiben. Sie gewinnen in jüngster Zeit zunehmend an Bedeutung, sowohl im Hinblick auf die Grundlagenforschung wie auch bei der Interpretation experimenteller Beobachtungen.

Bewegung einzelner Teilchen

2

Inhaltsverzeichnis

Zusammenfassung

Teilchen bewegen sich in einem Plasma unter dem Einfluss von Feldern. Letztere können von außen vorgegeben sein, d. h. in Form von sogenannten äußeren elektrischen und magnetischen Feldern. Daneben findet noch eine Wechselwirkung der Teilchen untereinander aufgrund sogenannter innerer Felder, z. B. Coulomb-Felder in elektrostatischer Näherung, statt. Die inneren Felder ignorieren wir in diesem Kapitel. In diesem Kapitel betrachten wir die Bewegung von Teilchen in vorgegebenen elektromagnetischen Feldern. Letztere können räumlich inhomogen sein. Die zeitliche Abhängigkeit, falls überhaupt vorhanden, wird bei der Betrachtung der Driftbewegung als schwach angenommen. Die speziellen Aspekte der (relativistischen) Bewegung eines Teilchens in einer elektromagnetischen Welle werden in einem separaten Abschnitt behandelt. Spezielle Aspekte der Fermi-Beschleunigung werden separat behandelt. Das Kapitel wird mit der Bewegung eines Teilchens unter dem Einfluss stochastischer Kräfte, d. h. im Rahmen des Langevin-Ansatzes, abgeschlossen.

© Der/die Autor(en), exklusiv lizenziert an Springer-Verlag GmbH, DE, ein Teil von Springer Nature 2025
K.-H. Spatschek, *Theoretische Plasmaphysik*,
https://doi.org/10.1007/978-3-662-71426-3_2

2.1 Überblick über Driften

In diesem Abschnitt diskutieren wir physikalisch – d. h. nicht immer mit größter mathematischer Strenge, wie sich einzelne, geladene Plasmateilchen in vorgegebenen äußeren Feldern bewegen. Die Felder sind meist nicht einfach, da sie räumlich inhomogen oder gekrümmt sein können. Auch werden zeitliche Variationen zugelassen.

Wir beginnen mit einem sehr einfachen Beispiel. Wenn sich ein geladenes Teilchen mit der Ladung q und der Masse m in einem konstanten Magnetfeld $\mathbf{B} = B\hat{z}$ bewegt, lautet die nichtrelativistische Bewegungsgleichung:

$$m\frac{d\mathbf{v}}{dt} = q\mathbf{v} \times \mathbf{B} \ . \tag{2.1}$$

Die Lösung für die z-Komponente ist trivial, nämlich $v_z = $ const. Wenn wir die Gyrationsfrequenz

$$\boxed{\Omega = \frac{qB}{m}} \tag{2.2}$$

einführen, folgen die anderen Komponenten aus

$$\frac{d^2 v_x}{dt^2} = -\Omega^2 v_x, \quad \frac{d^2 v_y}{dt^2} = -\Omega^2 v_y \tag{2.3}$$

mit den Lösungen

$$v_x = a_x \sin(\Omega t + \delta_x) \ , \quad v_y = a_y \cos(\Omega t + \delta_y) \ . \tag{2.4}$$

Die Lösungen enthalten Integrationskonstanten a und δ, die sich aus den Anfangsbedingungen ergeben. Wenn wir für $t = 0$ postulieren, dass $v_x = 0$ (und damit $\delta_x = 0$) und

$$v_y(t = 0) = a_y \cos\delta_y \equiv \pm v_\perp \ , \quad \text{mit } v_\perp = const = (v_x^2 + v_y^2)^{1/2} \tag{2.5}$$

gelten, werden die Lösungen einfach. Wegen

$$\frac{dv_x}{dt} = \Omega v_y \tag{2.6}$$

können wir in

$$v_x = a_x \sin \Omega t \ , \quad v_y = (\pm v_\perp) \cos \Omega t - (\pm v_\perp) \tan\delta_y \sin \Omega t \tag{2.7}$$

die Konstanten als $a_x = \pm v_\perp$ und $\delta_y = 0$ bestimmen. Das führt zu

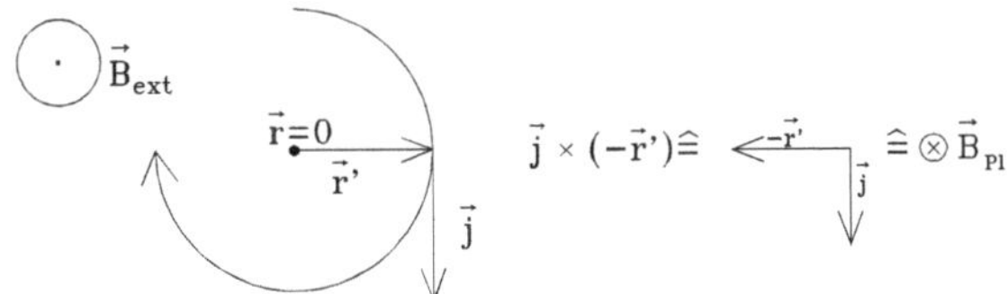

Abb. 2.1 Skizze der Richtung der Stromdichte von geladenen Teilchen, die sich in einem äußeren Magnetfeld bewegen, das aus der Bildebene heraus zeigt. Unter Verwendung des Integranden des Biot-Savart-Gesetzes findet man die Richtung des erzeugten Magnetfelds, das in die Bildebene hinein zeigt

$$v_x = \pm v_\perp \sin \Omega t , \quad v_y = \pm v_\perp \cos \Omega t. \tag{2.8}$$

Das Ergebnis ist einfach zu interpretieren. Teilchen mit positiver Ladung haben $\Omega > 0$, und wir erhalten – in Richtung des Magnetfelds blickend – eine gegen den Uhrzeigersinn verlaufende helikale Bewegung, unabhängig vom Vorzeichen $\pm v_\perp$. Die Integration führt zu

$$x = x_0 \mp \frac{v_\perp}{\Omega} \cos \Omega t , \quad y = y_0 \pm \frac{v_\perp}{\Omega} \sin \Omega t. \tag{2.9}$$

Der Larmor-Radius

$$r_L = v_\perp / |\Omega| \tag{2.10}$$

bestimmt die Breite der Helix.

Die Kreisströme in der x, y-Ebene sind verantwortlich für das diamagnetische Verhalten des Plasmas. Das Biot-Savart-Gesetz

$$\mathbf{B}_{Pl}(\mathbf{r}) = \frac{\mu_0}{4\pi} \int \frac{\mathbf{j}(\mathbf{r}') \times (\mathbf{r} - \mathbf{r}')}{|\mathbf{r} - \mathbf{r}'|^3} dV' \tag{2.11}$$

erlaubt ($\mathbf{j}$ ist die Stromdichte), die Richtung des erzeugten Magnetfelds $\mathbf{B}_{Pl}$ zu bestimmen. Dieses ist entgegengesetzt zum ursprünglichen äußeren Magnetfeld $\mathbf{B} = \mathbf{B}_{ext}$ gerichtet; siehe Abb. 2.1.

Beziehen wir nun ein externes elektrisches Feld $\mathbf{E}$ ein. Seine Komponente $E_\parallel \neq 0$ entlang $\mathbf{B}$ verursacht eine Beschleunigung. In der Ebene senkrecht zu $\mathbf{B}$ wird die Bewegung bestimmt durch

$$\frac{d\mathbf{v}_\perp}{dt} = \frac{q}{m} \mathbf{v}_\perp \times \mathbf{B} + \frac{q}{m} \mathbf{E}_\perp . \tag{2.12}$$

Wir spalten die Geschwindigkeit $\mathbf{v}_\perp$ in $\mathbf{v}_\perp := \mathbf{w}_D + \mathbf{u}$ auf, wobei

$$\boxed{\mathbf{w}_D = \frac{\mathbf{E}_\perp \times \mathbf{B}}{B^2}} . \tag{2.13}$$

Nach einfacher Rechnung erhalten wir

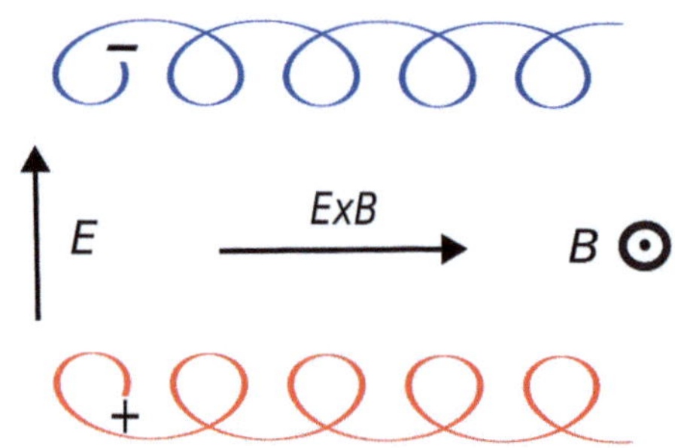

Abb. 2.2 Skizze der $E \times B$-Drift geladener Teilchen. Die Teilchen starten bei + bzw. −

$$\frac{d\mathbf{u}}{dt} = \frac{q}{m}\mathbf{u} \times \mathbf{B} \, . \tag{2.14}$$

> Die Geschwindigkeit $\mathbf{w}_D$ wird als $E \times B$-Geschwindigkeit bezeichnet. Ihre Richtung ist unabhängig vom Vorzeichen der Ladung. Dies wird in Abb. 2.2 verdeutlicht.

Da (2.13) proportional zu $1/B$ ist, könnte man annehmen, dass es für $B \to 0$ divergiert. Allerdings wird, wenn $\mathbf{w}_D \to c$, eine relativistische Berechnung notwendig, die die Divergenz verhindert.

Die Aufspaltung in zwei Geschwindigkeiten ist der Ausgangspunkt für die „Guiding Center Approximation" [39]. Das Zentrum der (schnellen) Kreisbewegung wird als „guiding center" (Gyrationszentrum) bezeichnet. Es bewegt sich in der Ebene senkrecht zum Magnetfeld mit der $E \times B$-Driftgeschwindigkeit (zusätzlich zur Bewegung entlang des Magnetfelds). Relativ zum Gyrationszentrum tritt eine Rotation mit der Geschwindigkeit $\mathbf{u}$ auf, die im Allgemeinen schneller ist als die Drift. Im Fall von homogenen und konstanten geradlinigen magnetischen und elektrischen Feldern ist die Zerlegung exakt.

Nun betrachten wir die Bewegung eines Teilchens in einem inhomogenen Magnetfeld. Zuerst nehmen wir an, dass die Magnetfeldlinien weiterhin gerade sind (parallel zur z-Achse). Es soll kein elektrisches Feld vorhanden sein. Die räumliche Inhomogenität führt zu einer neuen Längenskala, die durch die Inhomogenitätslänge L charakterisiert wird,

$$\frac{1}{L} \sim |\nabla \ln B| \, . \tag{2.15}$$

Die folgenden Rechnungen machen die Annahme

$$r_L/L \ll 1 \, . \tag{2.16}$$

Es ist die zentrale Annahme in der „Guiding Center Approximation". Für $\mathbf{B} = B(x)\hat{z}$ können wir das Vektorpotential in der Form $\mathbf{A} = (0, A_y(x), 0)$ annehmen. Dann ist $Q_x \equiv x$

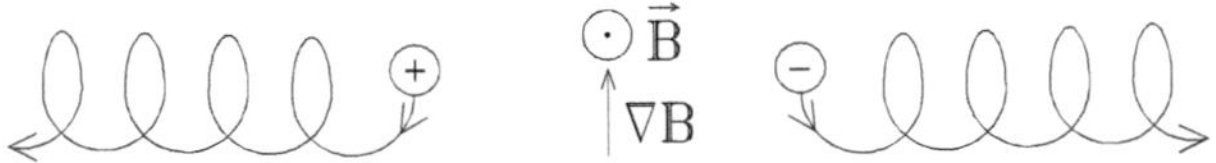

Abb. 2.3 Skizze der ∇B-Drift eines geladenen Teilchens

die einzige nichtzyklische Koordinate. Ausgehend vom Hamiltonian (Hamilton-Funktion) führt man den kanonischen Impuls $\mathbf{P} = m\mathbf{v} + q\mathbf{A}$ ein, sodass der Hamiltonian für die Teilchenbewegung in der Form

$$H = \frac{P_x^2}{2m} + V(Q_x) \tag{2.17}$$

geschrieben werden kann, wobei

$$V(Q_x) = \frac{[P_y - qA_y(Q_x)]^2}{2m} + \frac{P_z^2}{2m} \, . \tag{2.18}$$

Wir haben die konstanten Komponenten P_y und P_z eingeführt, die zu den zyklischen Koordinaten y bzw. z konjugiert sind. Die Bewegung wird dadurch effektiv eindimensional. Die Lösungen hängen von $A_y(x)$ ab. Nehmen wir an, dass Letzteres ein Minimum bei $x = 0$ hat. Abhängig vom Wert von $H = $ const bleibt die Bewegung in einem endlichen x-Bereich. Natürlich gibt es zusätzlich die Bewegung entlang der z- und y-Achse. Beachte, dass $P_y = $ const nicht bedeutet, dass $\dot{y} = $ const in y-Richtung ist. Wie wir sehen werden, ist die Bewegung in y-Richtung eine Drift, die sogenannte ∇B-Drift.

Berechnen wir nun die gemittelten Kräfte in x- und y-Richtung. Die Mittelung erfolgt über die (angenommen schnelle) Kreisbewegung. Beginnend mit der y-Komponente erhalten wir aus der Lorentz-Kraft $\mathbf{F} = q\mathbf{v} \times \mathbf{B}$

$$F_y = -qv_x B_z(x) \, . \tag{2.19}$$

Durch Ersetzen der genauen Position x und der Geschwindigkeit durch die Kreisbewegung erhalten wir nach einer Taylor-Entwicklung

$$F_y \approx -qv_\perp \sin \Omega t \left[B_0 - \frac{v_\perp}{\Omega} \cos \Omega t \frac{\partial B}{\partial x} \right] , \tag{2.20}$$

wobei $B_0 = B_z(0)$. Zeitmittelung führt zu $\langle F_y \rangle \approx 0$. Die Berechnung von F_x führt zu

$$F_x \approx qv_\perp \cos \Omega t \left[B_0 - \frac{v_\perp}{\Omega} \cos \Omega t \frac{\partial B}{\partial x} \right] , \tag{2.21}$$

und nach Mittelung

$$\langle F_x \rangle \approx -\frac{qv_\perp^2}{2\Omega} \frac{\partial B}{\partial x} \, . \tag{2.22}$$

Eine mittlere Kraft wirkt auf das Teilchen in der Ebene senkrecht zum Magnetfeld. Ähnlich wie bei der Berechnung für ein konstantes elektrisches Feld, die zur $E \times B$-Drift führt, finden wir jetzt durch Ersetzen von $q\mathbf{E} \to \langle F_x \rangle \hat{x}$

$$\mathbf{w}_D \approx \frac{1}{q} \frac{\langle \mathbf{F} \rangle \times \mathbf{B}}{B^2} \approx -\frac{v_\perp^2}{2\Omega B^2} \nabla B \times \mathbf{B} , \tag{2.23}$$

was auch als

$$\boxed{\mathbf{v}_{\nabla B} = \mathrm{sign}(q)\frac{1}{2}|v_\perp||r_L|\frac{\mathbf{B} \times \nabla B}{B^2}} \tag{2.24}$$

geschrieben werden kann. Diese Geschwindigkeit wird ∇B-Drift genannt; siehe Abb. 2.3.

Nun berücksichtigen wir gekrümmte Magnetfelder. Wenn wir davon ausgehen, dass sich die Teilchen genähert entlang der Magnetfeldlinien bewegen, erfahren sie eine Zentrifugalkraft

$$\mathbf{F} = m\omega \times (\mathbf{r} \times \omega) , \tag{2.25}$$

was zu

$$\mathbf{F} \approx \frac{mv_\parallel^2}{R_c^2}\mathbf{R}_c \tag{2.26}$$

führt. Hier ist R_c der lokale Krümmungsradius, und $v_\parallel$ ist die lokale Geschwindigkeit entlang einer Magnetfeldlinie. Ähnlich wie bei der Berechnung der $E \times B$-Drift (bei der $q\mathbf{E}_\perp$ durch $\mathbf{F}$ ersetzt wird), erhalten wir

$$\boxed{\mathbf{v}_R = \frac{mv_\parallel^2}{qB^2}\frac{\mathbf{R}_c \times \mathbf{B}}{R_c^2}} . \tag{2.27}$$

Diese Geschwindigkeit wird Krümmungsdrift genannt.

Im Allgemeinen tritt die Krümmungsdrift zusammen mit der ∇B-Drift auf. Verdeutlichen wir das am Beispiel eines Magnetfelds, das in Zylinderkoordinaten nur eine θ-Komponente hat. Die z-Komponente von $\nabla \times \mathbf{B} = 0$ führt zu

$$(\nabla \times \mathbf{B})_z \equiv \frac{1}{r}\frac{\partial}{\partial r}(rB_\theta) \overset{!}{=} 0 , \quad \to \quad B_\theta \sim \frac{1}{r} . \tag{2.28}$$

Da die Stärke des Magnetfelds mit dem Radius variiert, führt dies zu

$$\frac{\nabla B}{B} = -\frac{\mathbf{R}_c}{R_c^2} . \tag{2.29}$$

Eine ∇B-Drift folgt in der Form

$$\mathbf{v}_{\nabla B} = \frac{1}{2}\frac{m}{q}v_\perp^2 \frac{\mathbf{R}_c \times \mathbf{B}}{R_c^2 B^2} . \tag{2.30}$$

Zusammen mit der Krümmungsdrift führt dies zu

$$\mathbf{v}_R + \mathbf{v}_{\nabla B} = \frac{m}{q} \frac{\mathbf{R}_c \times \mathbf{B}}{R_c^2 B^2} \left[v_\parallel^2 + \frac{1}{2} v_\perp^2 \right] . \tag{2.31}$$

Beispiel 2.1 (Kraft in Spiegelanordnungen)
Ein Beispiel, das aus Spiegelmaschinen stammt, nimmt ein zylindrisch symmetrisches
Magnetfeld mit $B_\theta = 0$ an. Für eine spezifische Form der Bewegung können wir annehmen,
dass $\partial_\theta = 0$. Unter dieser Annahme führt $\nabla \cdot \mathbf{B} = 0$ zu

$$\frac{1}{r} \frac{\partial}{\partial r}(r B_r) + \frac{\partial B_z}{\partial z} = 0 . \tag{2.32}$$

Für eine magnetische Flasche mit

$$|B_z| \gg |B_r| \tag{2.33}$$

und nur einer schwachen Abhängigkeit von B_z von r, finden wir ungefähr

$$B_r \approx -\frac{1}{2} r \left. \frac{\partial B_z}{\partial z} \right|_{r=0} \neq 0 . \tag{2.34}$$

Aus der r-Komponente von $\mathbf{B}$ erhalten wir eine z-Komponente der Lorentz-Kraft

$$F_z \approx -q v_\theta B_r \approx \frac{1}{2} q v_\theta r \left. \frac{\partial B_z}{\partial z} \right|_{z=0} . \tag{2.35}$$

Um die Größenordnung abzuschätzen, approximieren wir $v_\theta \approx \pm v_\perp$ und $r \approx r_L$ und finden

$$F_\parallel \approx -\frac{\mu}{B} [\mathbf{B} \cdot \nabla \mathbf{B}]_\parallel , \quad \mu = \frac{1}{2} \frac{m v_\perp^2}{B} . \tag{2.36}$$

Das magnetische Moment μ tritt als Faktor auf. ∎

Schließlich betrachten wir inhomogene elektrische Felder. Wir beginnen mit räumlicher
Inhomogenität. Wenn wir

$$\mathbf{E} = E_x \hat{x} \equiv E_0 \cos kx \, \hat{x} \tag{2.37}$$

annehmen, können wir die Feldanschrift als Fourier-Komponente einer allgemeineren Form
betrachten. Für $\mathbf{B} = B \hat{z}$ folgen die Bewegungsgleichungen in der Form

$$\frac{dv_x}{dt} = \Omega v_y + \frac{q}{m} E_x(x) , \quad \frac{dv_y}{dt} = -\Omega v_x . \tag{2.38}$$

Wir können zusammenfassen,

$$\frac{d^2 v_y}{dt^2} = -\Omega^2 v_y - \Omega^2 \frac{1}{B} E_x(x) \; ; \tag{2.39}$$

in dieser Formulierung benötigen wir jedoch die Trajektorie $x = x(t)$. Für starke Magnetfelder verwenden wir in niedrigster Ordnung

$$x \approx x_0 - \frac{v_\perp}{\Omega} \cos \Omega t \; . \tag{2.40}$$

Eine exakte Lösung ist dennoch schwierig. Qualitativ erwarten wir eine $E \times B$-Bewegung plus Kreisbewegung. Bei der Mittelung über die schnelle Kreisbewegung sollte die gemittelte Geschwindigkeitskomponente v_x verschwinden, und damit

$$\left\langle \frac{d^2 v_x}{dt^2} \right\rangle \stackrel{!}{=} 0 = -\Omega^2 \langle v_x \rangle + \frac{\Omega}{B} \left\langle \frac{dE_x}{dt} \right\rangle \approx -\Omega^2 \langle v_x \rangle + \frac{\Omega}{B} \frac{\partial E_x}{\partial x} \langle v_x \rangle \; , \tag{2.41}$$

$$\left\langle \frac{d^2 v_y}{dt^2} \right\rangle \approx -\Omega^2 \langle v_y \rangle - \Omega^2 \frac{E_0}{B} \left\langle \cos \left[k x_0 - \frac{k v_\perp}{\Omega} \cos \Omega t \right] \right\rangle \stackrel{!}{=} 0 \; . \tag{2.42}$$

Unter Verwendung der Additionstheoreme und der Annahme kleiner Gyroradien finden wir

$$\langle v_y \rangle \approx -\frac{E_0}{B} \cos(k x_0) \left[1 - \frac{1}{4} k^2 r_L^2 \right] \; , \tag{2.43}$$

was als „Finite Larmor-Radiuskorrektur" zur $E \times B$-Drift bekannt ist, manchmal geschrieben als

$$\boxed{\mathbf{v}_D = \left(1 + \frac{1}{4} r_L^2 \nabla^2 \right) \frac{\mathbf{E} \times \mathbf{B}}{B^2}} \; . \tag{2.44}$$

Für zeitabhängige elektrische Felder wählen wir

$$\mathbf{E} = E_0 e^{i\omega t} \hat{x} + c.c. \tag{2.45}$$

In der x, y-Ebene lauten die Bewegungsgleichungen

$$\frac{d^2 v_x}{dt^2} = -\Omega^2 (v_x - v_p) \; , \quad \frac{d^2 v_y}{dt^2} = -\Omega^2 (v_y - v_E) \; . \tag{2.46}$$

Dabei haben wir definiert

$$v_p = \frac{i\omega}{\Omega} \frac{E_x}{B} \; , \quad v_E = -\frac{E_x}{B} \; . \tag{2.47}$$

Für $\omega^2 \ll \Omega^2$ lauten die Lösungen

$$v_x \approx v_\perp \cos \Omega t + v_p \; , \quad v_y \approx -v_\perp \sin \Omega t + v_E \; . \tag{2.48}$$

In y-Richtung tritt eine $E \times B$-Drift auf, während wir in x-Richtung die Polarisationsdrift finden.

$$\boxed{\mathbf{v}_p = \frac{1}{\Omega B}\frac{d\mathbf{E}}{dt}}\,. \tag{2.49}$$

Zusammenfassend lassen sich bei starken Magnetfeldern die Bewegungen in eine schnelle Kreisbewegung $\mathbf{v}_\perp$ und eine Driftbewegung $\mathbf{w}$ zerlegen, d. h. $\mathbf{v} = \mathbf{w} + \mathbf{v}_\perp$.

Bei schwachen Inhomogenitäten haben wir eine dominierende $E \times B$-Drift $\mathbf{w}_D \equiv \mathbf{v}_{E\times B}$ sowie Gradienten- und Polarisationsdriften

$$\boxed{\mathbf{w}_\perp = \mathbf{v}_{E\times B} + \frac{\mu}{qB^3}\mathbf{B}\times\nabla\frac{B^2}{2} + \frac{m}{qB^2}\mathbf{B}\times\dot{\mathbf{v}}_{E\times B}}\,. \tag{2.50}$$

Der Punkt über $\mathbf{v}_{E\times B}$ steht für die zeitliche Ableitung. Die Bewegung parallel zum Magnetfeld gehorcht

$$\boxed{\frac{dv_\parallel}{dt} = \frac{q}{m}E_\parallel - \frac{\mu}{mB}[(\mathbf{B}\cdot\nabla)\mathbf{B}]_\parallel}\,. \tag{2.51}$$

Beispiel 2.2 (Invarianz des magnetischen Moments)
Wir bestimmen eine „Erhaltungsgröße" mit der Driftnäherung.

Wenn wir Erhaltungsgrößen innerhalb der Guiding-Center-Näherung ableiten, sind diese möglicherweise nicht exakt, sondern gelten nur für das approximierte System. Solche Erhaltungsgrößen werden als adiabatische Invarianten bezeichnet.

Wir diskutieren nun das magnetische Moment als adiabatische Invariante. Wir beginnen mit der Energieerhaltung

$$\frac{d}{dt}\left[\frac{1}{2}mv^2\right] = q\mathbf{v}\cdot\mathbf{E} \tag{2.52}$$

und mitteln über die schnelle Kreisbewegung. Wir bemerken, dass $\langle v^2\rangle \approx \langle v_\parallel^2\rangle + \langle v_\perp^2\rangle$. Der Term

$$q\langle\mathbf{v}_\perp\cdot\mathbf{E}\rangle = \frac{q}{T}\int\mathbf{E}\cdot\mathbf{v}_\perp dt = \frac{q}{T}\oint\mathbf{E}\cdot d\mathbf{s} \tag{2.53}$$

kann zu

$$\frac{q}{T}\int\frac{\partial\mathbf{B}}{\partial t}\cdot d\mathbf{F} \approx \mu\frac{\partial B}{\partial t} \tag{2.54}$$

vereinfacht werden. Hier wurde die Fläche als $F \approx \pi r_L^2$ approximiert und die Kreisbewegungsperiode $T = 2\pi/\Omega$ verwendet. Die gemittelte Energieerhaltungsgleichung (2.52) lautet jetzt

$$\left\langle \frac{d}{dt}\left(\frac{1}{2}mv_\perp^2\right)\right\rangle \approx \mu\frac{\partial B}{\partial t} - mv_\parallel\left\langle \frac{dv_\parallel}{dt} - \frac{q}{m}E_\parallel\right\rangle$$

$$\approx \mu\frac{\partial B}{\partial t} + \mu\mathbf{v}\cdot\nabla B \equiv \mu\frac{dB}{dt}\,. \tag{2.55}$$

Aus

$$\frac{d}{dt}(B\mu) = \mu\frac{dB}{dt} \tag{2.56}$$

finden wir

$$\boxed{\frac{d\mu}{dt} = 0}\,, \tag{2.57}$$

d. h. die Invarianz des magnetischen Moments.   ∎

2.2   Physikalisch motivierte Zeitmittelung

Wie wir gesehen haben, verändert ein Magnetfeld die Teilchenbahnen erheblich. Nun stellen wir systematischere Verfahren vor, um die Driften zu ermitteln. Hier konzentrieren wir uns zunächst auf die *physikalisch* motivierte systematische Mittelung über die schnelle Gyrobewegung. Eine andere, stärker *mathematisch* fundierte Methode, die auf Lie-Transformationen basiert, stellen wir im nächsten Abschnitt vor.

Wie bereits besprochen, lässt sich die Bewegung eines Teilchens in eine gemittelte Driftbewegung und eine schnelle Gyrobewegung zerlegen. Es ist nützlich, den Vektor ρ vom Larmor-Zentrum zum Teilchen einzuführen. Dessen Betrag entspricht dem Larmor-Radius (auch als r_L bezeichnet), siehe Abb. 2.4. Mit der Gyrationsfrequenz $\Omega = \frac{qB}{m}$ (das Vorzeichen wird durch die Ladung bestimmt) schreiben wir

$$\rho = -\frac{1}{\Omega}\mathbf{v}\times\mathbf{b}\,, \tag{2.58}$$

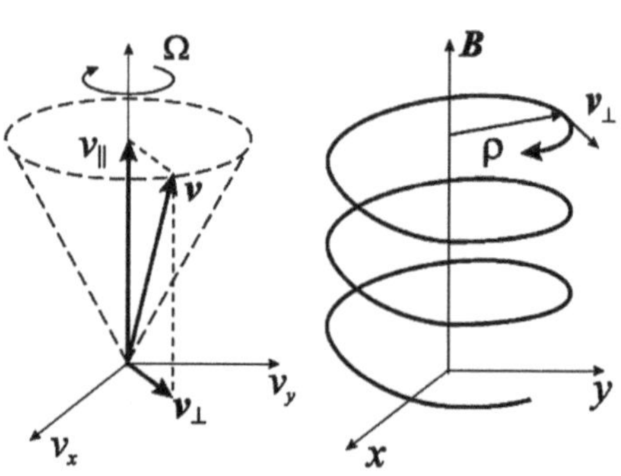

Abb. 2.4 Bezeichnungen für Gyration und Drift. Links im Geschwindigkeitsraum, rechts im Konfigurationsraum

wobei $\mathbf{b} = \mathbf{B}/B$ ist. Wir führen auch den Radiusvektor $\mathbf{R}$ des Führungszentrums der Teilchen (Zentrum der Larmor-Helix) ein,

$$\mathbf{R} = \mathbf{r} - \rho = \mathbf{r} + \frac{1}{\Omega}\mathbf{v} \times \mathbf{b} \, . \tag{2.59}$$

In dieser Gleichung müssen wir Ω und $\mathbf{b}$ an der Position des Teilchens nehmen. Wir berechnen $d\mathbf{R}/dt$:

$$\dot{\mathbf{R}} = \dot{\mathbf{r}} + \frac{1}{\Omega}\dot{\mathbf{v}} \times \mathbf{b} + \frac{1}{\Omega}\mathbf{v} \times \dot{\mathbf{b}} - \frac{\dot{\Omega}}{\Omega^2}\mathbf{v} \times \mathbf{b} \, . \tag{2.60}$$

Benutzen wir die newtonsche Bewegungsgleichung mit der Lorentz-Kraft, so folgt

$$\dot{\mathbf{R}} = \mathbf{v} + \frac{1}{\Omega}\left(\frac{q}{m}\mathbf{E} \times \mathbf{b} + \Omega(\mathbf{v} \times \mathbf{b}) \times \mathbf{b}\right) + \frac{1}{\Omega}\mathbf{v} \times \dot{\mathbf{b}} - \frac{\dot{\Omega}}{\Omega^2}\mathbf{v} \times \mathbf{b} \, . \tag{2.61}$$

Da $(\mathbf{v} \times \mathbf{b}) \times \mathbf{b} = -\mathbf{v} + (\mathbf{v} \cdot \mathbf{b})\mathbf{b} = -\mathbf{v}_\perp$, folgt

$$\dot{\mathbf{R}} = v_\parallel \mathbf{b} + \frac{q}{\Omega m}\mathbf{E} \times \mathbf{b} + \frac{1}{\Omega}\mathbf{v} \times \dot{\mathbf{b}} - \frac{\dot{\Omega}}{\Omega^2}\mathbf{v} \times \mathbf{b} \equiv I + II + III + IV \, . \tag{2.62}$$

Diese Gleichung ist exakt. Sie enthält Terme, die langsam veränderlich sind, und Terme, die schnell oszillieren. Um Driften zu extrahieren, müssen wir diese Gleichung über die schnelle Larmor-Bewegung mitteln. Wir beginnen mit dem ersten Term $I = v_\parallel \mathbf{b}$. Er enthält keinen kleinen Parameter ε, wenn wir den Kleinheitsparameter als das Verhältnis des Larmor-Radius r_L zur charakteristischen Länge L für die Variationen der Felder definieren. Wir entwickeln alle Felder um das Führungszentrum in eine Taylor-Reihe.

$$\mathbf{b}(\mathbf{r}) = \mathbf{b}(\mathbf{R} + \rho) \approx \mathbf{b}(\mathbf{R}) + (\rho \cdot \nabla)\mathbf{b}(\mathbf{R}) \, . \tag{2.63}$$

Der letzte Term hier ist von der Größenordnung ε. Wenn wir jedoch über den Larmor-Radius mitteln, verschwindet er, da $\langle \rho \rangle = 0$ ist. Daraus folgt

$$\langle I \rangle = v_\parallel \mathbf{b}(\mathbf{R}) \, . \tag{2.64}$$

Der zweite Term $II = \frac{q}{m\Omega}\mathbf{E} \times \mathbf{b}$ ist bereits klein, da das elektrische Feld in einem gut leitenden Plasma nicht zu groß sein kann. Daher können wir die Felder am Gyrationszentrum betrachten, und es ergibt sich

$$\langle II \rangle = \frac{1}{B^2(\mathbf{R})}\mathbf{E}(\mathbf{R}) \times \mathbf{B}(\mathbf{R}) \, . \tag{2.65}$$

Jetzt gehen wir zum dritten Term $III = \Omega^{-1}\mathbf{v} \times d\mathbf{b}/dt$. Hier gilt

$$\dot{\mathbf{b}} = \frac{d\mathbf{b}}{dt} = \frac{\partial \mathbf{b}}{\partial t} + (\mathbf{v} \cdot \nabla)\mathbf{b} \, . \tag{2.66}$$

Für zeitunabhängige Magnetfelder schreiben wir

$$\mathbf{III} = \frac{1}{\Omega}\mathbf{v} \times (\mathbf{v} \cdot \nabla)\mathbf{b} \, . \tag{2.67}$$

Zum Mitteln verwenden wir die Indexnotationen mit Summation über wiederholte Indizes und führen den vollständig antisymmetrischen Tensor dritter Ordnung $\varepsilon_{\alpha\beta\gamma}$ ein, um zu finden:

$$III_\alpha = \frac{1}{\Omega}\varepsilon_{\alpha\beta\gamma}v_\beta v_\nu \frac{\partial b_\gamma}{\partial x_\nu} \, . \tag{2.68}$$

Dieser Ausdruck enthält bereits eine kleine räumliche Ableitung an der Position des Gyrationszentrums, sodass wir nur die Geschwindigkeiten mitteln müssen.

$$\langle III_\alpha \rangle = \frac{1}{\Omega}\varepsilon_{\alpha\beta\gamma}\frac{\partial b_\gamma}{\partial x_\nu}\langle v_\beta v_\nu \rangle \, . \tag{2.69}$$

Die Mittelung muss hier invariant sein bezüglich Rotationen um die Richtung $\mathbf{b}$. Dann sollte das Ergebnis eine lineare Kombination aus invarianten Tensoren und den Komponenten von $\mathbf{b}$ sein, nämlich

$$\langle v_\beta v_\nu \rangle = A\delta_{\beta\nu} + Bb_\beta b_\nu + C\varepsilon_{\beta\nu\mu}b_\mu \, . \tag{2.70}$$

Die Konstante C muss null sein, da der Mittelwert nicht vom Vorzeichen des Magnetfelds abhängen kann. Die Faktoren A und B finden wir durch Kontraktion mit $\delta_{\beta\nu}$ und $b_\beta b_\nu$, was zu $v^2 = 3A + B$, $v_\parallel^2 = A + B$ führt. Dann gilt

$$\langle v_\beta v_\nu \rangle = \frac{1}{2}v_\perp^2 \left\{ \delta_{\beta\nu} - b_\beta b_\nu \right\} + v_\parallel^2 b_\beta b_\nu \, , \tag{2.71}$$

und abschließend

$$\langle III_\alpha \rangle = \frac{v_\perp^2}{2\Omega}\varepsilon_{\alpha\beta\gamma}\left\{ \frac{\partial b_\gamma}{\partial x_\beta} - b_\beta b_\nu \frac{\partial b_\gamma}{\partial x_\nu} \right\} + \frac{v_\parallel^2}{\Omega}\varepsilon_{\alpha\beta\gamma}b_\beta b_\nu \frac{\partial b_\gamma}{\partial x_\nu} \, . \tag{2.72}$$

Indem wir zur Vektornotation zurückkehren, schreiben wir

$$\langle III \rangle = \frac{v_\perp^2}{2\Omega}\left\{ \nabla \times \mathbf{b} - [\mathbf{b}, (\mathbf{b} \cdot \nabla)\mathbf{b}] \right\} + \frac{v_\parallel^2}{\Omega}[\mathbf{b}, (\mathbf{b} \cdot \nabla)\mathbf{b}] \, . \tag{2.73}$$

Um die Darstellung transparenter zu gestalten, haben wir die Notation $\mathbf{a} \times \mathbf{b} \equiv [\mathbf{a}, \mathbf{b}]$ eingeführt. Man kann den Ausdruck etwas vereinfachen. Wegen

$$[\mathbf{b}, \nabla \times \mathbf{b}] = \underbrace{\nabla \frac{b^2}{2}}_{=0} - (\mathbf{b} \cdot \nabla)\,\mathbf{b} = -(\mathbf{b} \cdot \nabla)\,\mathbf{b} \, , \tag{2.74}$$

ergibt sich

$$\langle III \rangle = \frac{v_\perp^2}{2\Omega}\mathbf{b}\,(\mathbf{b} \cdot \nabla \times \mathbf{b}) + \frac{v_\parallel^2}{\Omega}[\mathbf{b}, (\mathbf{b} \cdot \nabla)\,\mathbf{b}] \, . \tag{2.75}$$

Widmen wir uns noch dem letzten, vierten Term $IV = -\frac{\dot{\Omega}}{\Omega^2}\mathbf{v} \times \mathbf{b}$. Es gilt

$$\dot{\Omega} = \frac{d\Omega}{dt} = \frac{\partial\Omega}{\partial t} + (\mathbf{v} \cdot \nabla)\Omega = (\mathbf{v} \cdot \nabla)\Omega \ . \tag{2.76}$$

Ähnlich wie zuvor berechnen wir

$$\langle IV \rangle = -\left\langle \frac{1}{\Omega^2}\, v_\nu \frac{\partial\Omega}{\partial x_\nu}\, \varepsilon_{\alpha\beta\gamma}\, v_\beta b_\gamma \right\rangle = -\frac{1}{\Omega^2}\, \frac{\partial\Omega}{\partial x_\nu}\, \varepsilon_{\alpha\beta\gamma}\, b_\gamma \langle v_\nu v_\beta \rangle$$

$$= -\frac{1}{\Omega^2}\, \frac{\partial\Omega}{\partial x_\nu}\, \varepsilon_{\alpha\beta\gamma} b_\gamma \left\{ \frac{1}{2} v_\perp^2 \delta_{\beta\nu} + \left(v_\parallel^2 - \frac{1}{2} v_\perp^2 \right) b_\beta b_\nu \right\} \ . \tag{2.77}$$

Wegen $\varepsilon_{\alpha\beta\gamma} b_\beta b_\gamma = [\mathbf{b}, \mathbf{b}]_\alpha = 0$ erhalten wir abschließend

$$\langle IV \rangle = -\frac{v_\perp^2}{2\Omega^2}\, [\nabla\Omega, \mathbf{b}] \ . \tag{2.78}$$

In der Zusammenfassung ergibt sich also

$$\dot{\mathbf{R}} = \left(v_\parallel + \frac{v_\perp^2}{2\Omega}\, \mathbf{b} \cdot \nabla \times \mathbf{b} \right) \mathbf{b} + \frac{1}{B}\, [\mathbf{E}, \mathbf{b}] + \frac{v_\parallel^2}{\Omega}[\mathbf{b}, (\mathbf{b}\cdot\nabla)\mathbf{b}] + \frac{v_\perp^2}{2\Omega B}\, [\mathbf{b}, \nabla B] \ . \tag{2.79}$$

Die Korrektur zur parallelen Geschwindigkeit $v_\parallel$ im ersten Term ist normalerweise klein und kann vernachlässigt werden. Die letzten drei Terme beschreiben Driften: die elektrische, zentrifugale bzw. Gradientendrift.

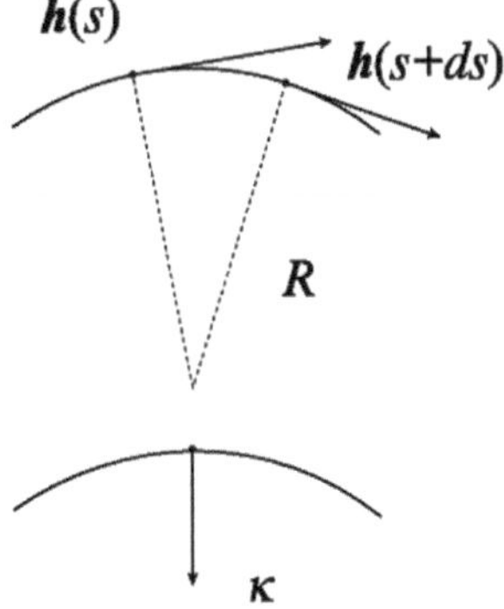

Abb. 2.5 Zur Definition des Krümmungsvektors eines Magnetfelds

Für die Zentrifugaldrift erwähnen wir, dass

$$(\mathbf{b} \cdot \nabla)\mathbf{b} = \frac{\partial \mathbf{b}}{\partial s} = \kappa \tag{2.80}$$

der Krümmungsvektor einer Magnetfeldlinie ist. Es gilt $|\kappa| = 1/R$ mit dem Krümmungsradius R; siehe Abb. 2.5. Mit dem Krümmungsvektor κ schreibt sich die Zentrifugaldrift

$$\mathbf{v}_{cd} = \frac{v_\parallel^2}{\Omega}\, \mathbf{b} \times \kappa \ . \tag{2.81}$$

Wenn $\mathbf{n}$ der Normalenvektor zur Teilchenbahn ist, bleibt die Zentrifugaldrift entlang der Binormalen $\tilde{\mathbf{b}} = \mathbf{b} \times \mathbf{n}$ gerichtet. Diese Drift hängt vom Vorzeichen der Ladung ab.

Im Vakuum, wo $\nabla \times \mathbf{B} = 0$ gilt, sind sich die Zentrifugal- und Gradientendriften ähnlich. Um dies zu beweisen, verwenden wir die Gleichung $[\mathbf{b}, \nabla \times \mathbf{b}] = -\kappa$. und

$$\nabla \times \mathbf{b} = \nabla \times \frac{\mathbf{B}}{B} = \frac{1}{B}\underbrace{\nabla \times \mathbf{B}}_{=0} + \left[\nabla \frac{1}{B}, \mathbf{B}\right] \ . \tag{2.82}$$

Weiterhin gilt

$$-\kappa = [\mathbf{b}, \nabla \times \mathbf{b}] = -\left[\mathbf{b}, \left[\frac{\nabla B}{B}, \mathbf{b}\right]\right] = -\frac{\nabla B}{B} + \mathbf{b}\left(\mathbf{b} \cdot \frac{\nabla B}{B}\right) \ , \tag{2.83}$$

und nach Anwendung von $\mathbf{b}\times$

$$[\mathbf{b}, \nabla B] = B[\mathbf{b}, \kappa] \ , \tag{2.84}$$

sodass Gradienten- und Zentrifugaldrift kombiniert werden können,

$$\mathbf{v}_{\text{grad}} + \mathbf{v}_{\text{cd}} = \frac{v_\parallel^2 + \frac{1}{2}v_\perp^2}{\Omega}\,[\mathbf{b}, \kappa] = \frac{v_\parallel^2 + \frac{1}{2}v_\perp^2}{\Omega R}\,[\mathbf{b}, \mathbf{n}] \ . \tag{2.85}$$

Insgesamt lässt sich sagen, dass die Bewegung des Gyrationszentrums in erster Näherung durch

$$\dot{\mathbf{R}} = v_\parallel \mathbf{b} + \frac{1}{B}[\mathbf{E}, \mathbf{b}] + \frac{v_\parallel^2}{\Omega}\,[\mathbf{b}, \kappa] + \frac{v_\perp^2}{2\Omega B}\,[\mathbf{b}, \nabla B] \tag{2.86}$$

gegeben ist.

2.3   Mathematischer Hintergrund

In diesem Abschnitt gehen wir noch etwas systematischer im *mathematischen* Sinn vor, indem wir die Zeitmittelung durch eine Lie-Transformation ersetzen. Die Rechnungen gehen auf Littlejohn und Balescu zurück [40–46].

Vom theoretischen Standpunkt erhebt sich die Frage, ob man die im letzten Abschnitt dargestellte Aufspaltung der Bewegung eines Teilchens in eine Gyration und eine Drift des Gyrationszentrums auch mathematisch exakt begründen kann. Im Rahmen der klassischen Mechanik wurde der für eine solche Fragestellung relevante Formalismus in Form der kanonischen Transformation entwickelt. Können wir eine entsprechende Transformation hier durchführen, wobei die Koordinaten des Gyrationszentrums als neue Koordinaten auftreten? In dieser scharfen Form wurde die Frage nach der Gültigkeit der „Guiding Center Approximation", hauptsächlich von Littlejohn und Balescu, gestellt. Ältere Untersuchungen gaben sich mit Mittelungen über die Gyrationsphasen zufrieden, mit der Konsequenz, dass die nötigen Voraussetzungen für eine aufbauende statistische Theorie fehlten.

Im Folgenden zeigen wir, dass die Einführung der Koordinaten eines Gyrationszentrums durchaus in den hamiltonschen Formalismus – mit allerdings erweiterten Transformationen, den sogenannten pseudokanonischen Transformationen – passt.

In hamiltonschen Systemen entwickelt sich eine dynamische Funktion f aufgrund der Bewegung des Systems gemäß

$$\dot{f} = [f, H]. \tag{2.87}$$

In der klassischen Mechanik ist die Lie-Klammer $[\ldots, \ldots]$ identisch mit der Poisson-Klammer. Da wir mit Gl. (2.87) eine durchaus wichtige Verallgemeinerung anstreben, hier vorab einige klärende Worte. Die Eigenschaften einer Lie-Algebra sind durch algebraische Strukturen und die Verknüpfung in Form der sogenannten Lie-Klammer festgelegt. Eine algebraische Struktur wird der Menge aller $a, b, \ldots \in D$ dadurch aufgeprägt, dass $\alpha a, \alpha a + \beta b, a \cdot b$ und a^{-1} definiert sind und ebenfalls zu der Menge D gehören sollen. Weiter muss $[a, b] \in D$ sein, wobei die Lie-Klammer die folgenden Relationen erfüllt: $[a, b] = -[b, a], [\alpha a, b] = \alpha[a, b], [\alpha a + \beta b, c] = \alpha[a, c] + \beta[b, c], [a \cdot b, c] = a \cdot [b, c] + b \cdot [a, c], [[a, b], c] + [[b, c], a] + [[c, a], b] = 0$. Man kann jede Lie-Klammer ausrechnen, wenn man die sogenannten fundamentalen Lie-Klammern $[q_i, q_j], [q_i, p_j], [p_i, p_j]$ für alle i und j der Koordinaten q_i und Impulse p_j kennt. Diese Aussage manifestiert sich in der Formel

$$[a(q, p), b(q, p)] = \sum_{i,j} \left\{ \frac{\partial a}{\partial q_i} \frac{\partial b}{\partial q_j} [q_i, q_j] + \frac{\partial a}{\partial q_i} \frac{\partial b}{\partial p_j} [q_i, p_j] \right.$$
$$\left. + \frac{\partial a}{\partial p_i} \frac{\partial b}{\partial q_j} [p_i, q_j] + \frac{\partial a}{\partial p_i} \frac{\partial b}{\partial p_j} [p_i, p_j] \right\}. \tag{2.88}$$

Wenn wir die fundamentalen Lie-Klammern vermöge

$$[q_i, q_j] = 0, \qquad \text{für alle i, j,} \tag{2.89}$$

$$[p_i, p_j] = 0, \qquad \text{für alle i, j,} \tag{2.90}$$

$$[q_i, p_j] = \delta_{ij}, \qquad \text{für alle i, j,} \tag{2.91}$$

definieren, stimmt (2.88) mit der Poisson-Klammer überein, d. h.

$$[a, b] = \sum_i \left\{ \frac{\partial a}{\partial q_i} \frac{\partial b}{\partial p_i} - \frac{\partial a}{\partial p_i} \frac{\partial b}{\partial q_i} \right\}. \tag{2.92}$$

Die Variablen q_i, p_i heißen dann kanonisch konjugiert.

Eine Transformation $Q_i = Q_i(q, p)$, $P_i = P_i(q, p)$ heißt kanonisch, wenn auch für die neuen Variablen Q_i, P_i die fundamentalen Lie-Klammern die Gestalt

$$[Q_i, Q_j] = [P_i, P_j] = 0, \qquad [Q_i, P_j] = \delta_{ij} \tag{2.93}$$

haben. Aus den Kursvorlesungen ist dann bekannt, dass auch in den neuen Variablen kanonische Gleichungen gelten, allerdings mit einer neuen Hamilton-Funktion K, die sich beim Fehlen der expliziten Zeitabhängigkeit in einfacher Weise aus der alten ergibt: $K(Q, P) = H(q(Q, P), p(Q, P))$.

Bei einer pseudokanonischen Transformation müssen die neuen Variablen nicht (2.93) erfüllen, allerdings sollen die Transformationsgleichungen nach wie vor invertierbar sein. Anstelle von (2.93) treten

$$[Q_i, Q_j] = F_{ij}(Q, P), \qquad \text{für alle i, j,} \tag{2.94}$$

$$[P_i, P_j] = G_{ij}(Q, P), \qquad \text{für alle i, j,} \tag{2.95}$$

$$[Q_i, P_j] = H_{ij}(Q, P), \qquad \text{für alle i, j,} \tag{2.96}$$

mit bekannten Funktionen F_{ij}, G_{ij}, und H_{ij}.

Aufgrund dieser fundamentalen Lie-Klammern lässt sich damit jede Lie-Klammer, also auch

$$\dot{Q}_i = [Q_i, K(Q, P)], \tag{2.97}$$

$$\dot{P}_i = [P_i, K(Q, P)], \tag{2.98}$$

ausrechnen. Gl. (2.97) und (2.98) treten anstelle der kanonischen Gleichungen. Zum Beispiel lautet (2.97) explizit

$$\dot{Q}_i = \sum_j \left\{ F_{ij}(Q, P) \frac{\partial K(Q, P)}{\partial Q_j} + H_{ij}(Q, P) \frac{\partial K(Q, P)}{\partial P_j} \right\}. \tag{2.99}$$

Neben dem bereits erwähnten tritt noch ein weiterer Unterschied zu kanonischen Transformationen auf. Die Funktionaldeterminante ist nicht gleich eins. Es gilt vielmehr

$$J^2 \equiv \left| \frac{\partial(q, p)}{\partial(Q, P)} \right|^2 = \frac{1}{|\det \Sigma|}, \tag{2.100}$$

wobei die Elemente Σ_{kl} über

$$\Sigma_{kl} = [z_k, z_l] \tag{2.101}$$

definiert sind, mit $\mathbf{z} = (Q_1 \ldots, P_1 \ldots)$.

Beispiel 2.3 (Pseudokanonische Transformation)
Um ein einfaches Beispiel zu erwähnen: Man kann zeigen, dass die Transformation von $\mathbf{r}$ und $\mathbf{p}$ (Koordinaten und Impulse eines Teilchens der Masse m und mit der Ladung e im äußeren Magnetfeld) nach $\mathbf{r}$ und $\mathbf{v}$ (Koordinaten und Geschwindigkeiten, mit $m\mathbf{v} = \mathbf{p} - (e/c)\mathbf{A}(\mathbf{x})$, wobei $\mathbf{A}$ das Vektorpotential ist) nicht kanonisch, aber pseudokanonisch ist. ∎

Nach diesem Exkurs zu den Grundlagen der klassischen Mechanik jetzt zurück zu dem Problem der Bewegung eines Teilchens in äußeren Feldern. Es ist das große Verdienst von Littlejohn und Balescu, darauf hingewiesen zu haben, dass die Aufspaltung in Gyration und Drift sauber im Rahmen einer hamiltonschen Theorie mit pseudokanonischen Transformationen durchgeführt werden kann.

Etwas Geometrie ist nötig, um die Rechnung im Detail durchzuführen. Zunächst gehen wir von einem raumfesten Koordinatensystem aus, das allerdings bei komplizierteren Magnetfeldgeometrien nicht besonders geeignet ist. Es bietet sich vielmehr ein lokales, an die Magnetfeldlinien $\mathbf{x}(s)$ adaptiertes, Koordinatensystem an. Im allgemeinen Fall hat es in einem Punkt die Richtungen der Tangente $\hat{b}$, Normalen $\hat{N}$ bzw. Binormalen $\hat{\beta}$ (siehe

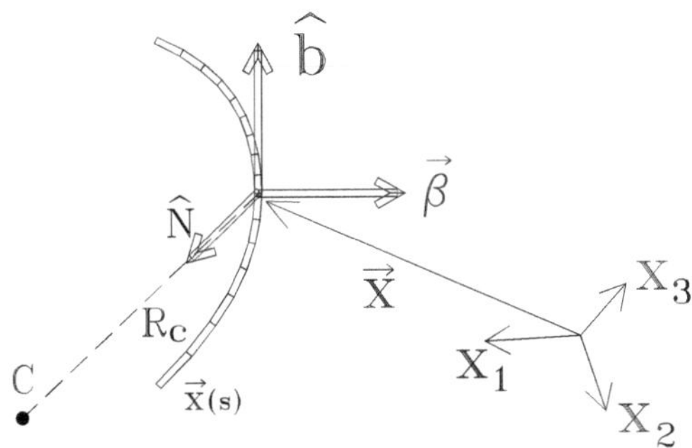

Abb. 2.6 Lokales Koordinatensystem an einem Punkt der gekrümmten Magnetfeldlinie $\mathbf{x}(s)$

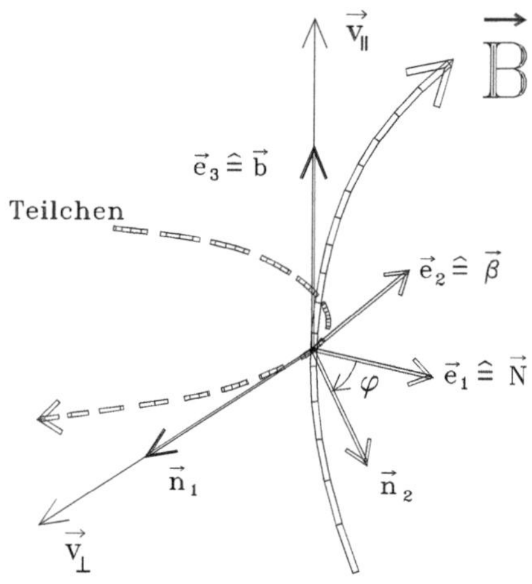

Abb. 2.7 Lokales Koordinatensystem am Ort **q** des Teilchens

Abb. 2.6). Der Drehsinn ist über

$$\mathbf{e}_1 \equiv \hat{N} = \hat{\beta} \times \hat{b}, \tag{2.102}$$

$$\mathbf{e}_2 \equiv \hat{\beta} = \hat{b} \times \hat{N}, \tag{2.103}$$

$$\mathbf{e}_3 \equiv \hat{b} = \hat{N} \times \hat{\beta} \tag{2.104}$$

festgelegt. Man muss im Folgenden beachten, dass diese Vektoren ortsabhängig sind. Um nun die Geschwindigkeiten darzustellen, gehen wir an den Ort **q** des Teilchens, konstruieren vermöge der durch **q** gehenden Magnetfeldlinie ein lokales Koordinatensystem und projizieren die Teilchenbahn in die Ebene senkrecht zu $\mathbf{e}_3$. Nennen wir den Tangenteneinheitsvektor an die Teilchengeschwindigkeit am Ort **q** $\mathbf{n}_1(\mathbf{q})$, und $\mathbf{n}_2(\mathbf{q})$ den im positiven Drehsinn orthogonalen Vektor, dann erhalten wir in der Ebene senkrecht zu $\mathbf{e}_3$ einen einfachen Zusammenhang zwischen $\mathbf{n}_\nu$ und $\mathbf{e}_\nu$ (siehe Abb. 2.7). Trivialerweise gilt

$$\mathbf{n}_1(\mathbf{q}, \varphi) = -\sin\varphi\, \mathbf{e}_1(\mathbf{q}) - \cos\varphi\, \mathbf{e}_2(\mathbf{q}), \tag{2.105}$$

$$\mathbf{n}_2(\mathbf{q}, \varphi) = \cos\varphi\, \mathbf{e}_1(\mathbf{q}) - \sin\varphi\, \mathbf{e}_2(\mathbf{q}). \tag{2.106}$$

Die Geschwindigkeit des Teilchens stellt sich als

$$\mathbf{v} = v_\parallel \mathbf{e}_3(\mathbf{q}) + v_\perp \mathbf{n}_1(\mathbf{q}, \varphi) \tag{2.107}$$

dar.

Das Ziel der nachfolgenden Überlegungen ist, ausgehend von den Variablen **q**, $v_\parallel$, $v_\perp$ und φ für den Ort und die Geschwindigkeit eines Teilchens, pseudokanonische Transformationen anzugeben, die zu den „Gyrationskoordinaten" führen. Zunächst sind wir natürlich in der Lage, sofort die Hamilton-Funktion

$$H = \frac{m}{2}(v_\parallel^2 + v_\perp^2) + eV(\mathbf{q}) \tag{2.108}$$

und die dynamischen Gleichungen für $\mathbf{q}$, $v_\parallel$, $v_\perp$ und φ anzuschreiben. Letztere folgen mit den fundamentalen Lie-Klammern (das sind bis zu dieser Stelle noch die Poisson-Klammern mit den Variablen $\mathbf{q}$ und $\mathbf{p}$), z. B. $[\mathbf{q}, v_\parallel] = \mathbf{b}/m$ usw. Das Ergebnis ist [siehe zum Beispiel das hervorragende Buch von R. Balescu, „Transport Processes in Plasmas" (North-Holland, Amsterdam 1988)]

$$\dot{\mathbf{q}} = v_\parallel \mathbf{b} + v_\perp \mathbf{n}_1, \tag{2.109}$$

$$\dot{v}_\parallel = v_\perp \mathbf{n}_2 \cdot \mathbf{D} + \frac{e}{m}\mathbf{b} \cdot \mathbf{E}, \tag{2.110}$$

$$\dot{v}_\perp = -v_\parallel \mathbf{n}_2 \cdot \mathbf{D} + \frac{e}{m}\mathbf{n}_1 \cdot \mathbf{E}, \tag{2.111}$$

$$\dot{\varphi} = \frac{eB}{m} + \mathbf{b} \cdot \mathbf{D} - \frac{v_\parallel}{v_\perp}\mathbf{n}_1 \cdot \mathbf{D} - \frac{e}{mv_\perp}\mathbf{n}_2 \cdot \mathbf{E}, \tag{2.112}$$

mit

$$\mathbf{D} := v_\parallel \nabla \times \mathbf{b} + v_\perp \nabla \times \mathbf{n}_1. \tag{2.113}$$

Die Transformation von $\mathbf{q}$, $\mathbf{p}$ nach $\mathbf{q}$, $v_\parallel$, $v_\perp$, φ ist nicht kanonisch; die Funktionaldeterminante ist $|J| = v_\perp$.

Die Herleitung der Bewegungsgleichungen ist im Prinzip einfach; wir überprüfen sie einmal für den Fall konstanter und homogener $\mathbf{E}$- und $\mathbf{B}$-Felder. Wir können dann alle Beiträge von $\mathbf{D}$ auf den rechten Seiten vergessen. Der Grund dafür liegt darin, dass $\nabla \times \mathbf{b} = 0$ gilt und in diesem Fall $\mathbf{n}_1$ nur eine Funktion von φ ist und damit nicht von $\mathbf{q}$ abhängt. Wir erhalten aus den allgemeinen Gleichungen sofort

$$\dot{\mathbf{q}} = v_\parallel \mathbf{b} + v_\perp \mathbf{n}_1, \tag{2.114}$$

$$\dot{v}_\parallel = \frac{e}{m}\mathbf{b} \cdot \mathbf{E}, \tag{2.115}$$

$$\dot{v}_\perp = \frac{e}{m}\mathbf{n}_1 \cdot \mathbf{E}, \tag{2.116}$$

$$\dot{\varphi} = \frac{eB}{m} - \frac{e}{mv_\perp}\mathbf{n}_2 \cdot \mathbf{E}. \tag{2.117}$$

Wir können aus diesen Gleichungen leicht die uns bekannte Form der Bewegungsgleichungen gewinnen,

$$\ddot{\mathbf{q}} = \frac{e}{m}(\mathbf{b}\cdot\mathbf{E})\mathbf{b} + \frac{e}{m}\mathbf{n}_1(\mathbf{n}_1\cdot\mathbf{E}) - \mathbf{n}_2 v_\perp \left[\frac{eB}{m} - \frac{e}{mv_\perp}\mathbf{n}_2\cdot\mathbf{E}\right]$$

$$= \frac{e}{m}\mathbf{E} - \mathbf{n}_2 v_\perp \frac{eB}{m} = \frac{e}{m}\left[\mathbf{E} + \mathbf{v}\times\mathbf{B}\right]. \tag{2.118}$$

Gehen wir zurück zu den allgemeinen Gleichungen. Genauere Betrachtung führt zu der Erkenntnis, dass der Gyrationsterm

$$\dot{\varphi} \approx \frac{eB}{m} \tag{2.119}$$

eine besondere Rolle spielt. Verglichen mit den übrigen Beiträgen geben wir diesem Term eine größere Ordnung. Wir sagen: Im Gültigkeitsbereich der Driftnäherung soll dieser Term dominieren. Vergleichen wir etwa mit den Beiträgen, die von $\mathbf{D}$ herrühren, dann finden wir, dass der Gyrationsterm um den Faktor

$$L/r_L \gg 1 \tag{2.120}$$

größer ist. Daneben sorgt das elektrische Feld noch für eine Beschleunigung und Änderung der Winkelgeschwindigkeit. Wir werden fordern, dass diese Effekte des elektrischen Feldes nicht zu groß sein sollen. (Physikalisch bedeutet dies, dass etwa die $E \times B$-Drift nicht die gleiche Größenordnung wie die momentane Teilchengeschwindigkeit erreichen darf, d.h. $v_{E\times B} \ll v_t$.) Die Bedingung (2.120) bzw. die äquivalente Forderung

$$\omega/\Omega \ll 1, \tag{2.121}$$

wobei ω eine charakteristische Frequenz sein soll, stellt zusammen mit der Beschränkung auf nicht allzu große elektrische Felder die wesentliche Voraussetzung für die nun durchzuführende Driftapproximation dar. Formal gewährleisten wir diese Bedingungen, indem wir Ω durch Ω/ε ersetzen, wobei ε ein Kleinheitsparameter sein soll (siehe z. B. das bereits zitierte Buch von Balescu).

Die Bewegungsgleichungen haben unter Berücksichtigung des eben Gesagten die folgende Struktur:

$$\frac{dX}{dt} = S(X, \varphi), \tag{2.122}$$

$$\frac{d\varphi}{dt} = \frac{1}{\varepsilon}\Omega + R(X, \varphi), \tag{2.123}$$

wobei X die Variablen $\mathbf{q}$, $v_\parallel$ und $v_\perp$ zusammenfasst. Die Funktionen R und S, deren genaue Gestalt uns im Moment nicht interessiert, hängen von allen Variablen ab; sie sind auf jeden Fall von geringerer Größenordnung als der Gyrationsterm. An dieser Stelle wird nochmals klar, dass physikalisch eine Mittelung über die schnellveränderliche Gyrationsphase naheliegt. Eine solche Mittelungsprozedur, die durchaus erfolgreich zur Berechnung der verschiedenen Driften angewandt werden kann, ist vom theoretischen Standpunkt unbefriedigend, da sie nicht in den kanonischen Formalismus der Mechanik passt und spätestens bei der statistischen Beschreibung eines Plasmas zu Schwierigkeiten führt. Das ist der Grund,

weshalb wir im Folgenden den systematischen und mit der hamiltonschen Transformationstheorie konsistenten Weg zur Elimination der raschen Phasenabhängigkeit referieren.

Variablentransformationen von X, φ zu Y, ϕ sollen so durchgeführt werden, dass die
Bewegungsgleichungen sukzessive in den verschiedenen Ordnungen in ε die Gestalt

$$\frac{dY}{dt} = S_0(Y) + \varepsilon S_1(Y) + \ldots, \tag{2.124}$$

$$\frac{d\phi}{dt} = \frac{1}{\varepsilon}\Omega(Y) + R_0(Y) + \varepsilon R_1(Y) + \ldots, \tag{2.125}$$

annehmen, mit der wesentlichen Bedingung, dass die Funktionen $S_0, S_1, \ldots, R_0, R_1, \ldots$
nicht von ϕ abhängen. Wenn uns das gelingt, können wir einen Teil von Y als „Driftkoordinaten" (guiding center coordinates) interpretieren.

Beispiel 2.4 (Elimination der Phase)
Am besten schauen wir uns das prinzipielle Vorgehen einmal an einem einfachen Beispiel
an. Wir wählen den übersichtlichen Fall konstanter **E**- und **B**-Felder. Wir haben bereits
gesehen, dass die Variablen $\mathbf{q}$, $v_\parallel$, $v_\perp$ und φ über eine pseudokanonische Transformation
mit $\mathbf{q}$ und $\mathbf{p}$ in Zusammenhang gebracht werden können. Die Bewegungsgleichungen haben
die gewünschte Struktur; wir denken uns zusätzlich $\Omega = eB/m$ durch Ω/ε ersetzt. Jetzt
machen wir eine Transformation

$$\mathbf{Q} = \mathbf{q} + \varepsilon\kappa(\mathbf{q}, v_\parallel, v_\perp, \varphi) + \mathcal{O}(\varepsilon^2), \tag{2.126}$$

$$U = v_\parallel + \varepsilon v_\parallel(\mathbf{q}, v_\parallel, v_\perp, \varphi) + \mathcal{O}(\varepsilon^2), \tag{2.127}$$

$$W = v_\perp + \varepsilon v_\perp(\mathbf{q}, v_\parallel, v_\perp, \varphi) + \mathcal{O}(\varepsilon^2), \tag{2.128}$$

$$\phi = \varphi + \varepsilon\psi(\mathbf{q}, v_\parallel, v_\perp, \varphi) + \mathcal{O}(\varepsilon^2), \tag{2.129}$$

die zumindest bis zur Ordnung ε die Struktur (2.124) und (2.125) liefern soll (beachte: Y
fasst die neuen Variablen $\mathbf{Q}$, U und W zusammen). In den neuen Variablen beabsichtigen
wir eine Form der Hamilton-Funktion

$$H = H(\mathbf{Q}, U, W) = \frac{m}{2}(U^2 + W^2) - e\mathbf{E}\cdot\mathbf{Q} + \mathcal{O}(\varepsilon^2). \tag{2.130}$$

Einsetzen der obigen Transformationsgleichungen liefert für diese Form von H die Bedingung, dass $v_\parallel$ und $v_\perp$ eine sehr ähnliche funktionale Gestalt haben, nämlich

$$v_\perp = -\frac{v_\parallel}{v_\perp}v_\parallel + \frac{e}{mv_\perp}\kappa\cdot\mathbf{E}. \tag{2.131}$$

Wir erfüllen dies, indem wir

$$v_\parallel = v_\perp\beta(\mathbf{q}, v_\parallel, v_\perp, \varphi), \tag{2.132}$$

$$v_\perp = -v_\parallel\beta(\mathbf{q}, v_\parallel, v_\perp, \varphi) + \frac{e}{mv_\perp}\kappa\cdot\mathbf{E}, \tag{2.133}$$

mit einer einzigen Funktion β, ansetzen.

Als Nächstes steht die Berechnung der verschiedenen Lie-Klammern an. Dabei steht das Ziel im Vordergrund, bis einschließlich zur Ordnung ε^1 in den Bewegungsgleichungen für $\mathbf{Q}$, U und W die φ-Abhängigkeit zu unterdrücken. Die Berechnung der neuen Bewegungsgleichungen stellt ein interessantes technisches Detail dar. In einem systematischen Vorgehen starten wir (für konstante $\mathbf{E}$- und $\mathbf{B}$-Felder) von den Lie-Klammern

$$[q_i, q_j] = 0, \quad [\mathbf{q}, v_\parallel] = \frac{1}{m}\mathbf{b}, \quad [\mathbf{q}, v_\perp] = \frac{1}{m}\mathbf{n}_1, \tag{2.134}$$

$$[\mathbf{q}, \varphi] = -\frac{1}{mv_\perp}\mathbf{n}_2, \quad [v_\parallel, v_\perp] = 0, \quad [v_\parallel, \varphi] = 0, \tag{2.135}$$

$$[v_\perp, \varphi] = -\frac{1}{\varepsilon}\frac{\Omega}{mv_\perp}, \tag{2.136}$$

die wiederum in einfachster Form aus den Poisson-Klammern für $\mathbf{q}$ und $\mathbf{p}$ folgen. Für die Berechnung der neuen Lie-Klammern $[Q_i, Q_j]$, $[\mathbf{Q}, U]$, $[\mathbf{Q}, W]$, $[Q, \phi]$, $[U, W]$, $[U, \phi]$ und $[W, \phi]$ ziehen wir die Vorschrift (2.88) heran. ∎

Beispiel 2.5 (Berechnung von Lie-Klammern)
Greifen wir ein Beispiel heraus:

$$[\mathbf{Q}, W] = [\mathbf{q} + \varepsilon\kappa, v_\perp - \varepsilon v_\parallel\beta + \varepsilon\frac{e}{mv_\perp}\kappa \cdot \mathbf{E}]$$

$$= [\mathbf{q}, v_\perp] + \varepsilon\left\{[\kappa, v_\perp] - [\mathbf{q}, v_\parallel\beta] + \frac{e}{m}\left[\mathbf{q}, \frac{1}{v_\perp}\kappa \cdot \mathbf{E}\right]\right\} + \dots$$

$$= [\mathbf{q}, v_\perp] + \varepsilon\frac{\partial\kappa}{\partial\varphi}[\varphi, v_\perp] + \mathcal{O}(\varepsilon), \tag{2.137}$$

wenn wir nur Terme bis zur Ordnung ε^0 betrachten. Dabei müssen wir beachten, dass $[\varphi, v_\perp] \sim \mathcal{O}(\frac{1}{\varepsilon})$ ist. Da $[\mathbf{q}, v_\perp] = \frac{1}{m}\mathbf{n}_1(\varphi)$ von φ explizit abhängt, andererseits aber in niedrigster Ordnung keine φ-Abhängigkeit erwünscht ist, unterdrücken wir durch die Wahl

$$\kappa = -\frac{v_\perp}{\Omega}\mathbf{n}_2 \tag{2.138}$$

die explizite φ-Abhängigkeit in niedrigster Ordnung. Es gilt dann

$$[\mathbf{Q}, W] = 0 + \mathcal{O}(\varepsilon). \tag{2.139}$$

∎

Auf ähnliche Weise werden die Funktionen β und ψ festgelegt, indem man in den neuen Variablen $\mathbf{Q}$, U, W und ϕ die Lie-Klammern so bestimmt, dass sie in niedrigster Ordnung keinen oszillierenden Anteil besitzen. Man erhält als eine mögliche Wahl

$$\beta = 0, \tag{2.140}$$

$$\psi = -\frac{e}{m\Omega v_\perp}\mathbf{n}_1 \cdot \mathbf{E}. \tag{2.141}$$

Es ist recht interessant und wichtig anzumerken, dass ein derartiges Vorgehen die Winkelabhängigkeit sogar in der nächsten Ordnung unterdrückt. Um es deutlich zu machen: Die Transformationen

$$\mathbf{Q} = \mathbf{q} - \varepsilon\frac{v_\perp}{\Omega}\mathbf{n}_2(\varphi) + \mathcal{O}(\varepsilon^2), \tag{2.142}$$

$$U = v_\parallel + \mathcal{O}(\varepsilon^2), \tag{2.143}$$

$$W = v_\perp - \varepsilon\frac{e}{m\Omega}\mathbf{E}\cdot\mathbf{n}_2(\varphi) + \mathcal{O}(\varepsilon^2), \tag{2.144}$$

$$\phi = \varphi - \varepsilon\frac{e}{m\Omega v_\perp}\mathbf{E}\cdot\mathbf{n}_1(\varphi) + \mathcal{O}(\varepsilon^2) \tag{2.145}$$

führen zu den neuen fundamentalen Lie-Klammern

$$[Q_i, Q_j] = -\varepsilon\frac{c}{eB}\varepsilon_{ijk}b_k + \mathcal{O}(\varepsilon^2), \tag{2.146}$$

$$[\mathbf{Q}, U] = \frac{1}{m}\mathbf{b} + \mathcal{O}(\varepsilon^2), \tag{2.147}$$

$$[\mathbf{Q}, W] = 0 + \mathcal{O}(\varepsilon^2), \tag{2.148}$$

$$[\mathbf{Q}, \phi] = 0 + \mathcal{O}(\varepsilon^2), \tag{2.149}$$

$$[U, W] = 0 + \mathcal{O}(\varepsilon^2), \tag{2.150}$$

$$[U, \phi] = 0 + \mathcal{O}(\varepsilon^2), \tag{2.151}$$

$$[W, \phi] = -\frac{1}{\varepsilon}\frac{\Omega}{mW} + \mathcal{O}(\varepsilon). \tag{2.152}$$

Damit folgen dann aus der neuen Hamilton-Funktion

$$H = \frac{1}{2}m[U^2 + W^2] - e\mathbf{E}\cdot\mathbf{Q} + \mathcal{O}(\varepsilon^2) \tag{2.153}$$

die Bewegungsgleichungen

$$\dot{\mathbf{Q}} = U\mathbf{b} + \varepsilon\frac{\mathbf{E}\times\mathbf{B}}{B^2} + \mathcal{O}(\varepsilon^2), \tag{2.154}$$

$$\dot{U} = \frac{e}{m}\mathbf{E}\cdot\mathbf{b} + \mathcal{O}(\varepsilon^2), \tag{2.155}$$

$$\dot{W} = 0 + \mathcal{O}(\varepsilon^2), \tag{2.156}$$

$$\dot{\phi} = \frac{1}{\varepsilon}\Omega + \mathcal{O}(\varepsilon). \tag{2.157}$$

Dieses Ergebnis ist aus verschiedenen Gründen bemerkenswert, aber auch einsichtig:

1. Die $E \times B$-Drift folgt im Rahmen einer systematischen Entwicklung in erster Ordnung in ε.

2. $\mathbf{Q}$ kann als der „anschaulich verständliche" Ort des Gyrationszentrums angesehen werden.

3. Im Rahmen der Transformationstheorie stellt sich heraus, dass wir nicht W mit $v_\perp$ bzw. ϕ mit φ identifizieren dürfen. Auch hierfür liefert eine einfache geometrische Betrachtung anschaulich einleuchtende Gründe.

Wir sollten uns daran erinnern, dass die gerade aufgezeigte und keinesfalls triviale Rechnung nur für den Fall konstanter elektrischer und magnetischer Felder gültig ist. Sie zeigt uns zwar in einfacher Weise das prinzipielle Vorgehen, muss jedoch für den allgemeinen Fall inhomogener Felder entscheidend verallgemeinert werden. Das wesentliche Verdienst dabei gebührt Littlejohn; die klare Darstellung von Balescu verdient ebenfalls Erwähnung. Wir beschränken uns im Folgenden darauf, die Ergebnisse zu referieren.

Im allgemeinen Fall stationärer, aber räumlich inhomogener Felder führen die Transformationen

$$\mathbf{Q} = \mathbf{q} - \frac{\varepsilon}{\Omega} v_\perp \mathbf{n}_2 + \left(\frac{\varepsilon}{\Omega}\right)^2 v_\perp^2 \left\{ \frac{3}{8}\mathbf{b}\left[\mathbf{n}_2 \cdot (\nabla \times \mathbf{n}_1) + \mathbf{n}_1 \cdot (\nabla \times \mathbf{n}_2)\right] \right.$$
$$\left. + \frac{v_\parallel}{v_\perp}(\mathbf{n}_2\mathbf{b} + 2\mathbf{b}\mathbf{n}_2) \cdot (\nabla \times \mathbf{b}) - \frac{1}{4B}(\mathbf{n}_2\mathbf{n}_2 - \mathbf{n}_1\mathbf{n}_1) \cdot \nabla B \right\}, \qquad (2.158)$$

$$U = v_\parallel + \frac{\varepsilon}{\Omega} v_\perp^2 \left\{ \frac{1}{4}\left[\mathbf{n}_1 \cdot (\nabla \times \mathbf{n}_1) - \mathbf{n}_2 \cdot (\nabla \times \mathbf{n}_2) + 2\mathbf{b} \cdot (\nabla \times \mathbf{b})\right] \right.$$
$$\left. + \frac{v_\parallel}{v_\perp}\mathbf{n}_1 \cdot (\nabla \times \mathbf{b}) \right\}, \qquad (2.159)$$

$$W = v_\perp + \frac{\varepsilon}{\Omega} v_\parallel v_\perp \left\{ -\frac{1}{4}\left[\mathbf{n}_1 \cdot (\nabla \times \mathbf{n}_1) - \mathbf{n}_2 \cdot (\nabla \times \mathbf{n}_2) + 2\mathbf{b} \cdot (\nabla \times \mathbf{b})\right] \right.$$
$$\left. - \frac{v_\parallel}{v_\perp}\mathbf{n}_1 \cdot (\nabla \times \mathbf{b}) - \frac{v_\perp}{v_\parallel}\frac{e}{m}\mathbf{n}_2 \cdot \mathbf{E} \right\}, \qquad (2.160)$$

$$\phi = \varphi + \frac{e}{\Omega} \left\{ \frac{v_\parallel^2}{v_\perp}\mathbf{n}_2 \cdot (\nabla \times \mathbf{b}) - v_\perp \mathbf{b} \cdot (\nabla \times \mathbf{n}_2) \right.$$
$$+ \frac{1}{4}v_\parallel\left[\mathbf{n}_2 \cdot (\nabla \times \mathbf{n}_1) + \mathbf{n}_1 \cdot (\nabla \times \mathbf{n}_2)\right] + v_\perp\frac{1}{B}\mathbf{n}_1 \cdot \nabla B$$
$$\left. - \frac{e}{mv_\perp}\mathbf{n}_1 \cdot \mathbf{E} \right\} \qquad (2.161)$$

zum Ziel. Hierbei ist $\nabla = \partial/\partial\mathbf{q}$, und alle Felder und Vektoren sind am Ort $\mathbf{q}$ mit der Phase φ zu bilden. Die neue Hamilton-Funktion lautet

$$H = \frac{m}{2}(U^2 + W^2) + eV(Q) + \mathcal{O}(\varepsilon^2). \tag{2.162}$$

Für die Bewegungsgleichungen benötigt man die fundamentalen Lie-Klammern (wobei jetzt nur die relevanten Ordnungen angegeben werden und konsistenterweise die Felder am Ort $\mathbf{Q}$ mit $\nabla = \partial/\partial\mathbf{Q}$ gebildet werden)

$$[Q_i, Q_j] = -\varepsilon(m\Omega)^{-1}\varepsilon_{ijk}b_k, \tag{2.163}$$

$$[\mathbf{Q}, U] = m^{-1}\mathbf{b}^*, \tag{2.164}$$

$$[\mathbf{Q}, W] = \varepsilon(W/2mB\Omega)\mathbf{b} \times \nabla B, \tag{2.165}$$

$$[\mathbf{Q}, \phi] = \varepsilon(m\Omega)^{-1}\mathbf{b} \times (\nabla\mathbf{n}_1 \cdot \mathbf{n}_2), \tag{2.166}$$

$$[U, W] = -(W/2mB)\mathbf{b}^* \cdot \nabla B, \tag{2.167}$$

$$[U, \phi] = -m^{-1}\mathbf{b}^* \cdot (\nabla\mathbf{n}_1 \cdot \mathbf{n}_1) + \frac{1}{2m}\mathbf{b} \cdot (\nabla \times \mathbf{b}), \tag{2.168}$$

$$[W, \phi] = -\varepsilon^{-1}\frac{\Omega}{mW} + \varepsilon\frac{W}{2mB\Omega}(\nabla B) \cdot (\nabla \times \mathbf{b}), \tag{2.169}$$

mit

$$\mathbf{b}^* = \mathbf{b} + \frac{\varepsilon}{\Omega}U\mathbf{b} \times (\mathbf{b} \cdot \nabla)\mathbf{b}. \tag{2.170}$$

Mit diesen Ergebnissen lassen sich in niedrigster Ordnung die Bewegungsgleichungen leicht berechnen.

$$\dot{\mathbf{Q}} = U\mathbf{b} + \frac{\varepsilon}{\Omega}\left\{ \frac{W^2}{2B}\mathbf{b} \times \nabla B + U^2\mathbf{b} \times (\mathbf{b} \cdot \nabla)\mathbf{b} + \frac{e}{m}\mathbf{E} \times \mathbf{b} \right\}, \tag{2.171}$$

$$\dot{U} = -\frac{W^2}{2B}\mathbf{b} \cdot \nabla B + \frac{e}{m}\mathbf{E} \cdot \mathbf{b}$$
$$\quad - \varepsilon\frac{U}{\Omega}[\mathbf{b} \times (\mathbf{b} \cdot \nabla)\mathbf{b}] \cdot \left[\frac{W^2}{2B}\nabla B - \frac{e}{m}\mathbf{E} \right], \tag{2.172}$$

$$\dot{W} = \frac{UW}{2B}\mathbf{b} \cdot \nabla B + \varepsilon\frac{W}{2B\Omega}\left\{ U^2[\mathbf{b} \times (\mathbf{b} \cdot \nabla)\mathbf{b}] - \frac{e}{m}\mathbf{b} \times \mathbf{E} \right\} \cdot \nabla B, \tag{2.173}$$

$$\dot{\phi} = \frac{1}{\varepsilon}\Omega + U\mathbf{b} \cdot \mathbf{R} - \frac{1}{2}U\mathbf{b} \cdot (\nabla \times \mathbf{b}), \tag{2.174}$$

wobei $\mathbf{R} = \nabla\mathbf{e}_1 \cdot \mathbf{e}_2 = \nabla\mathbf{n}_1 \cdot \mathbf{n}_2$ ist. Eine einfache Kontrolle zeigt, dass
1. für homogene Felder der bereits explizit diskutierte Spezialfall folgt;
2. $\dot{\mathbf{Q}}$ in der Ordnung ε die bekannten Driftgeschwindigkeiten systematisch liefert;

> 3. U die parallele Geschwindigkeit des Gyrationszentrums ist, wobei
> 4. die „parallele Kraftkomponente" $m\dot{U}$ nicht nur durch das elektrische Feld, sondern auch durch ∇B und zentrifugale Beiträge, geliefert wird.

An dieser Stelle gehen wir nicht weiter ins Detail, sondern besinnen uns auf die Ausgangsfragestellung. Wenn wir die Ergebnisse zusammenfassen, so können wir sagen, dass eine systematische und theoretisch zufriedenstellende Einführung der Koordinaten und Driftgeschwindigkeiten von Gyrationszentren gelingt. Die wesentliche Forderung, dass die Bewegung der Gyrationszentren ϕ-unabhängig wird, lässt sich allerdings auf verschiedene Arten realisieren; die gerade dargestellte ist eine von mehreren Möglichkeiten. Der Satz von Variablen $\mathbf{Q}$, U, W wird als natürlich bei einer kartesischen Koordinatenwahl bezeichnet. Sehr gebräuchlich ist ferner ein System, bei dem anstelle von W

$$M = \frac{m}{2}\,\frac{W^2}{B(\mathbf{Q})} \tag{2.175}$$

eingeführt wird. In einer anderen Darstellung kann z. B. W durch M und U durch

$$E = \frac{m}{2}(U^2 + W^2) + eV(\mathbf{Q}) \tag{2.176}$$

ersetzt werden. Diese äquivalenten Formulierungen haben deshalb Vorteile, weil Konstanten der Bewegung bzw. adiabatische Erhaltungsgrößen eingeführt werden. Zur Verdeutlichung dieser Aussage berechnen wir

$$\dot{M} = [M, H]. \tag{2.177}$$

Eine einfache Rechnung liefert

$$
\begin{aligned}
\dot{M} &= \frac{m}{2}\left[\frac{W^2}{B(\mathbf{Q})}, \frac{m}{2}(U^2 + W^2) + eV\right] \\
&= \frac{m^2}{4}\frac{1}{B}[W^2, U^2] + \frac{m^2}{4}W^2[B^{-1}(\mathbf{Q}), U^2] + \frac{m^2}{4}W^2[B^{-1}(\mathbf{Q}), W^2] \\
&\quad + \frac{m}{2}\frac{e}{B}[W^2, V(\mathbf{Q})] + \frac{em}{2}W^2[B^{-1}(\mathbf{Q}), V(\mathbf{Q})] \\
&= \frac{m^2}{B}UW\frac{W}{2mB}\mathbf{b}^* \cdot \nabla B - \frac{m^2}{2}W^2 U\frac{1}{B}\nabla B \cdot \frac{1}{m}\mathbf{b}^* \\
&\quad - \varepsilon\frac{m^2}{2}W^3\frac{W}{2mB\Omega}\nabla B \cdot (\mathbf{b} \times \nabla B) - \frac{em}{B}W\nabla V \cdot \varepsilon\frac{W}{2mB\Omega}(\mathbf{b} \times \nabla B) \\
&\quad + \frac{em}{2}W^2\frac{1}{B^2}\left(-\frac{\partial B}{\partial Q_i}\right)\frac{\partial V}{\partial Q_j}\left(-\varepsilon\frac{\varepsilon_{ijk}b_k}{m\Omega}\right) + \mathcal{O}(\varepsilon^2) \\
&= 0 + \mathcal{O}(\varepsilon^2). \tag{2.178}
\end{aligned}
$$

Wir sehen auch, dass in der Grenze $\varepsilon \to 0$ die Größe M mit dem magnetischen Moment μ übereinstimmt.

Für die späteren Anwendungen in der Statistik ist es sinnvoll, zum Abschluss die drei Möglichkeiten mit den Variablensätzen $\mathbf{Q}, U, W, \phi$ bzw. $\mathbf{Q}, U, M, \phi$ bzw. $\mathbf{Q}, E, M, \phi$, einschließlich der Resultate für die Funktionaldeterminanten, einander gegenüberzustellen.

Zu $\mathbf{Q}, U, W, \phi$ gehört die Hamilton-Funktion

$$H = \frac{m}{2}(U^2 + W^2) + eV(\mathbf{Q}), \tag{2.179}$$

sowie die Funktionaldeterminante

$$|J| = \left[1 + \frac{\varepsilon}{\Omega}U\mathbf{b} \cdot (\nabla \times \mathbf{b})\right]W. \tag{2.180}$$

Bei $\mathbf{Q}, U, M, \phi$ gilt

$$H = \frac{m}{2}U^2 + MB(\mathbf{Q}) + eV(\mathbf{Q}) \tag{2.181}$$

sowie

$$|J| = \frac{B}{m}\left[1 + \frac{\varepsilon}{\Omega}U\mathbf{b} \cdot (\nabla \times \mathbf{b})\right]. \tag{2.182}$$

Letztlich ergibt sich bei $\mathbf{Q}, E, M, \phi$

$$H = E \tag{2.183}$$

sowie

$$|J| = \frac{B}{m^2}\left[1 + \frac{\varepsilon}{\Omega}U\mathbf{b} \cdot (\nabla \times \mathbf{b})\right]/|U|, \tag{2.184}$$

mit

$$|U|^2 = \frac{2}{m}[E - eV(\mathbf{Q})] - \frac{2M}{m}B(\mathbf{Q}). \tag{2.185}$$

Bezüglich aller weiteren Details verweisen wir auf die Spezialliteratur und die exzellente Darstellung von Balescu.

2.4 Adiabatische Invarianten

In diesem Abschnitt widmen wir uns nochmals den adiabatischen Invarianten und fassen die drei bekanntesten Möglichkeiten zusammen: magnetisches Moment, Impulsintegral gefangener Teilchen und magnetischer Fluss in einer „Driftschale".

Die adiabatischen Invarianten sind genäherte Konstanten der Bewegung. Sie sind umso genauer konstant, je besser die Driftnäherung ist. Die adiabatischen Invarianten können systematisch berechnet werden.

Magnetisches Moment als „erste" adiabatische Invariante

Beginnen wir mit dem magnetischen Moment. Die Energieerhaltung wird benutzt (wir kehren zu der Ladung q zurück, anstelle von e, das im vorherigen Abschnitt verwendet wurde):

$$\boxed{\frac{1}{2}\frac{d}{dt}v^2 = \mathbf{v}\cdot\dot{\mathbf{v}} = \mathbf{v}\cdot\left(\frac{q}{m}\mathbf{E} + \frac{q}{m}\mathbf{v}\times\mathbf{B}\right) = \frac{q}{m}\mathbf{v}\cdot\mathbf{E}}\,. \tag{2.186}$$

Nach Mittelung über die schnelle Gyration erhalten wir in niedrigster Ordnung

$$\frac{1}{2}\frac{d}{dt}\langle v^2\rangle \approx \frac{q}{m}\,v_{\parallel}\,\mathbf{b}\cdot\mathbf{E}\,. \tag{2.187}$$

Das elektrische Feld muss am Ort des Gyrationszentrums berechnet werden. Die Änderung der parallelen Geschwindigkeitskomponente $v_{\parallel}$ ergibt sich aus

$$\dot{v}_{\parallel} = \frac{d}{dt}(\mathbf{b}\cdot\mathbf{v}) = \mathbf{v}\cdot\left[\frac{\partial\mathbf{b}}{\partial t} + \mathbf{v}\cdot\nabla\mathbf{b}\right] + \frac{q}{m}\mathbf{E}\cdot\mathbf{b}\,. \tag{2.188}$$

Der erste Term auf der rechten Seite kann vernachlässigt werden, wenn das Magnetfeld nicht explizit zeitabhängig ist. Der zweite Term kann wie folgt vereinfacht werden. Wir mitteln über die schnelle Rotation

$$\langle\mathbf{v}\,[\mathbf{v}\cdot\nabla\mathbf{b}]\rangle = \langle v_\alpha\, v_\beta\rangle\frac{\partial b_\alpha}{\partial x_\beta} \tag{2.189}$$

und wenden die einsteinsche Summenkonvention an. Wir führen nun die Darstellung

$$\langle v_\alpha\, v_\beta\rangle = \frac{v_\perp^2}{2}\,\delta_{\alpha\beta} + \frac{2v_{\parallel}^2 - v_\perp^2}{2}\,b_\alpha\, b_\beta \tag{2.190}$$

ein und können anschließend weiter vereinfachen.

Diese Form wurde bereits zuvor hergeleitet. Eine weitere Möglichkeit, die Darstellung zu verstehen, besteht darin, zunächst die Äquivalenz zu zeigen, indem man ein lokales Koordinatensystem $\mathbf{b} \equiv \hat{z}$ annimmt. Dann erweist sich die Darstellung als richtig, indem einfach beide Seiten für $\alpha, \beta = x, y, z$ berechnet werden. Jedes andere rechteckige Koordinatensystem folgt durch Rotation. Die oben gezeigte Tensordarstellung ist rotationsinvariant.

Setzen wir die Darstellung (2.190) in (2.189) ein, erhalten wir zwei Terme auf der rechten Seite. Der erste lautet

$$\frac{v_\perp^2}{2}\frac{\partial b_\alpha}{\partial x_\alpha} = \frac{v_\perp^2}{2}\,\nabla\cdot\mathbf{b}\,. \tag{2.191}$$

Der zweite verschwindet wegen

$$b_\alpha\, b_\beta\frac{\partial b_\alpha}{\partial x_\beta} = b_\beta\frac{\partial}{\partial x_\beta}\frac{b^2}{2} = 0\,. \tag{2.192}$$

Abschließend berechnen wir

$$\nabla \cdot \mathbf{b} = \nabla \cdot \frac{\mathbf{B}}{B} = -\frac{\mathbf{B} \cdot \nabla B}{B^2} = -\frac{1}{B}\,\mathbf{b} \cdot \nabla B \; . \tag{2.193}$$

Indem wir zusammenfassen, kommen wir zu

$$\dot{v}_\parallel = \frac{q}{m}\,\mathbf{E} \cdot \mathbf{b} - \frac{1}{2}\frac{v_\perp^2}{B}\,\mathbf{b} \cdot \nabla B \; . \tag{2.194}$$

Wenn wir die Energieerhaltung (2.186) verwenden, können wir die Änderung des Quadrats der senkrechten Geschwindigkeitskomponente wie folgt formulieren:

$$\frac{d}{dt}\frac{v_\perp^2}{2} \equiv \frac{d}{dt}\left(\frac{v^2}{2} - \frac{v_\parallel^2}{2}\right) = \frac{1}{2}\,v_\perp^2 v_\parallel\,\frac{1}{B}\,\mathbf{b} \cdot \nabla B \; . \tag{2.195}$$

Die rechte Seite erfordert weitere Überlegungen. Wenn wir die Änderung der Magnetfeldstärke B während der Bewegung des Gyrationszentrums berechnen, erhalten wir in der niedrigsten (gemittelten) Ordnung in stationären Magnetfeldern

$$\frac{dB}{dt} = \frac{\partial B}{\partial t} + \mathbf{v} \cdot \nabla B \approx v_\parallel \mathbf{b} \cdot \nabla B \; . \tag{2.196}$$

Das bedeutet

$$\frac{d}{dt}\,v_\perp^2 \approx \frac{v_\perp^2}{B}\,\frac{dB}{dt} \tag{2.197}$$

bzw.

$$\frac{d}{dt}\left(\frac{v_\perp^2}{B}\right) \approx 0 \; . \tag{2.198}$$

Das magnetische Moment eines Teilchens bleibt entlang seiner Trajektorie (ungefähr) invariant,

$$\mu = \frac{mv_\perp^2}{2B} \approx const \; . \tag{2.199}$$

Beispiel 2.6 (Adiabatische Heizung)

Wenn das Magnetfeld (explizit) zeitabhängig ist, ergibt sich gemäß der Maxwell-Gleichung

$$\nabla \times \mathbf{E} = -\frac{\partial \mathbf{B}}{\partial t} \tag{2.200}$$

ein induziertes elektrisches Feld. Betrachten wir den einfachen Fall, dass das Magnetfeld räumlich homogen ist. Dann ist die Arbeit des elektrischen Feldes während eines Gyrationszyklus

$$q \oint \mathbf{E} \cdot d\mathbf{l} = q \int \nabla \times \mathbf{E} \cdot d\mathbf{F} \approx q\pi\rho^2 \left(-\frac{\partial \mathbf{B}}{\partial t} \right) \cdot \hat{n} \ . \tag{2.201}$$

Beachte für gyrierende Teilchen der Ladung q, dass sign $\{q\,\hat{n} \cdot \mathbf{B}\} = -1$ ist. Daher ist die Energieänderung pro Zeiteinheit

$$-\frac{|\Omega|}{2\pi}\, q\pi\rho^2\, \frac{\partial \mathbf{B}}{\partial t} \cdot \hat{n} = \frac{|q|}{2}\, \frac{|q|\mathbf{B}}{m} \cdot \frac{\partial \mathbf{B}}{\partial t} \left(\frac{mv_\perp}{qB} \right)^2 = \mu\, \frac{\partial B}{\partial t}\ . \tag{2.202}$$

Diese Arbeit kann verwendet werden, um ein Plasma zu erhitzen (adiabatische Heizung).

∎

Die „zweite" adiabatische Invariante

Adiabatische Invarianten werden diskutiert, weil perfekte Symmetrie in der Realität fast nie erreicht wird. Dies führt zur praktischen Frage, wie Erhaltungsgrößen sich verhalten, wenn Symmetrien „gut", aber nicht perfekt sind.

Beispiel 2.7 (Adiabatische Invariante des mathematischen Pendels)
Eine gute Übung, um diese Frage zu untersuchen, ist das mathematische Pendel, wenn die Zeitsymmetrie nicht exakt ist. Wir realisieren dieses Problem durch eine langsam zeitlich veränderliche Resonanzfrequenz $\omega(t)$, d. h., die Bewegungsgleichung lautet

$$\frac{d^2x}{dt^2} + \omega^2(t)x = 0\ . \tag{2.203}$$

Langsame Veränderung bedeutet im vorliegenden Fall

$$\frac{1}{\omega}\, \frac{d\omega}{dt} \ll \omega\ , \tag{2.204}$$

das heißt, die Frequenz ändert sich langsam über eine Periode. Zur Lösung der Bewegungsgleichung machen wir den Ansatz

$$x(t) = Re\left[A(t)e^{i\int^t \omega(t')dt'} \right]\ , \tag{2.205}$$

der sich an der Lösung für konstantes ω orientiert. Das Einsetzen dieses Ansatzes in die Pendelgleichung führt zu

$$i\frac{d\omega}{dt}\, A + 2i\omega\, \frac{dA}{dt} + \frac{d^2A}{dt^2} = 0\ . \tag{2.206}$$

Der letzte Term auf der linken Seite wird für langsame Variationen vernachlässigt. Dann wird

$$-\frac{2}{A}\frac{dA}{dt} \approx \frac{1}{\omega}\frac{d\omega}{dt} \; ; \tag{2.207}$$

d. h., die Amplitude A variiert auch nur schwach

$$A \sim \frac{1}{\sqrt{\omega(t)}} \, , \tag{2.208}$$

und die Energie ist kein exaktes Erhaltungsintegral. Das Wirkungsintegral

$$S = \oint v\,dx \tag{2.209}$$

jedoch, wenn die Integration über eine Oszillationsperiode durchgeführt wird. Später zeigen wir, dass wir allgemeiner $\oint P\,dQ = S = \text{const}$ formulieren können. Sei τ das Intervall zwischen zwei Zeiten, zu denen $dx/dt = 0$ und d^2x/dt^2 das gleiche Vorzeichen haben. Wir berechnen

$$S = \int_{t_0}^{t_0+\tau} v\,\frac{dx}{dt}\,dt = x\,\frac{dx}{dt}\Big|_{t_0}^{t_0+\tau} - \int_{t_0}^{t_0+\tau} x\,\frac{d^2x}{dt^2}\,dt = \int_{t_0}^{t_0+\tau} \omega^2 x^2\,dt \, . \tag{2.210}$$

Setzen wir hier

$$x(t) = x(t_0)\sqrt{\frac{\omega(t_0)}{\omega(t)}}\,\cos\left(\int_{t_0}^{t}\omega(t')\,dt'\right) \tag{2.211}$$

ein, so folgt nach einfacher Rechnung

$$S = x^2(t_0)\omega(t_0)\int_0^{2\pi}\cos^2\xi\,d\xi = \pi x^2(t_0)\omega(t_0) = \text{const} \, , \tag{2.212}$$

wobei $\xi = \int_{t_0}^{t'}\omega(t'')\,dt''$ benutzt wurde. $\blacksquare$

Nun wenden wir uns der Verallgemeinerung für einen Hamiltonian H mit einem langsam veränderlichen Parameter $\lambda(t)$ zu,

$$H(P, Q; \lambda(t)) = E(t) \, . \tag{2.213}$$

Wir haben

$$\frac{dS}{dt} = \frac{d}{dt} \oint P \, dQ = \frac{d}{dt} \int\limits_{Q(t)}^{Q(t+\tau)} P\left(E(t), Q, \lambda(t)\right) dQ$$

$$= \underbrace{P \left.\frac{dQ}{dt}\right|_{Q(t)}^{Q(t+\tau)}}_{=0} + \int\limits_{Q(t)}^{Q(t+\tau)} \left.\frac{\partial P}{\partial t}\right|_Q dQ \ . \tag{2.214}$$

Beachte

$$\left.\frac{\partial P}{\partial t}\right|_Q = \left.\frac{\partial P}{\partial E}\right|_{Q,\lambda} \frac{dE}{dt} + \left.\frac{\partial P}{\partial \lambda}\right|_{Q,E} \frac{d\lambda}{dt} \tag{2.215}$$

und

$$1 = \frac{\partial H}{\partial P} \left.\frac{\partial P}{\partial E}\right|_{Q,\lambda} \ , \quad 0 = \frac{\partial H}{\partial P} \left.\frac{\partial P}{\partial \lambda}\right|_{Q,E} + \frac{\partial H}{\partial \lambda} \ . \tag{2.216}$$

Daher gilt

$$\frac{dS}{dt} = \oint \left(\frac{\partial H}{\partial P}\right)^{-1} \left[\frac{dE}{dt} - \frac{\partial H}{\partial \lambda} \frac{d\lambda}{dt}\right] dQ \ . \tag{2.217}$$

Mit den hamiltonschen Gleichungen folgt

$$\frac{dE}{dt} = \frac{\partial H}{\partial P} \frac{dP}{dt} + \frac{\partial H}{\partial Q} \frac{dQ}{dt} + \frac{\partial H}{\partial \lambda} \frac{d\lambda}{dt} = \frac{\partial H}{\partial \lambda} \frac{d\lambda}{dt} \ , \tag{2.218}$$

und damit

$$\boxed{\frac{dS}{dt} = 0} \ . \tag{2.219}$$

Als Nächstes wenden wir dies auf den Fall eines stationären Magnetfelds mit räumlicher Inhomogenität an, bei dem sich die Feldlinien zusammenpressen. Die Dichte der Feldlinien ist proportional zur Stärke der Magnetfelder. Da die Magnetfeldlinien keine Divergenz aufweisen, sind sie endlos und müssen sich biegen, wenn sie zusammengedrückt werden. Für $\partial B_z / \partial z \neq 0$ ist eine radiale Komponente B_r erforderlich, sodass $\mathbf{B} = B_z \hat{z} + B_r \hat{r}$. In einem mit der Gyrationsgeschwindigkeit $\mathbf{v}_{\perp g}$ bewegten Bezugssystem gibt es nur eine einzige senkrechte Geschwindigkeitskomponente aufgrund der Gyration, und $\mathbf{v}_{\perp g} \perp \mathbf{B}$. Die parallele Geschwindigkeit ist von diesem Wechsel des Bezugssystems nicht betroffen. Wenn wir s als die Entfernung entlang des Magnetfelds einführen, können wir schreiben

$$\dot{s} = v_{\parallel} \ , \quad \dot{\mu} = 0 \ , \quad \frac{d}{dt} \frac{mv^2}{2} = m \left(v_{\parallel} \dot{v}_{\parallel} + v_{\perp} \dot{v}_{\perp}\right) \ . \tag{2.220}$$

Wegen $\dot{\mu} = 0$ gilt

$$v_{\perp} \dot{v}_{\perp} = \frac{1}{2} v_{\perp}^2 \frac{\dot{B}}{B} \ , \tag{2.221}$$

wobei

$$\dot{B} = v_\parallel \, \frac{\partial B}{\partial s} \; . \tag{2.222}$$

Aus der Energieerhaltung folgt

$$m v_\parallel \dot{v}_\parallel = q E_\parallel v_\parallel - v_\parallel \, \mu \, \frac{\partial B}{\partial s} \; . \tag{2.223}$$

Führen wir

$$\psi := - \int^{s} E_\parallel \, ds \tag{2.224}$$

ein, so gilt nichtrelativistisch

$$\dot{p}_\parallel = -q \frac{\partial \psi}{\partial s} - \mu \frac{\partial B}{\partial s} \; . \tag{2.225}$$

Hier ist $p_\parallel = m v_\parallel$ in Abwesenheit von Strömen entlang des Magnetfelds, da dann $A_\parallel = 0$. Daher lautet der Hamiltonian in den Variablen s und $p_\parallel$

$$\mathcal{H} = \mathcal{H}(s, p_\parallel) = \frac{p_\parallel^2}{2m} + q\psi + \mu B \; . \tag{2.226}$$

Er führt zu den kanonischen Gleichungen

$$\dot{s} = \frac{\partial \mathcal{H}}{\partial p_\parallel} = v_\parallel \, , \tag{2.227}$$

$$\dot{p}_\parallel = -\frac{\partial \mathcal{H}}{\partial s} = -q E_\parallel - \mu \, \frac{\partial B}{\partial s} \; . \tag{2.228}$$

Nehmen wir Bezug auf das Ergebnis für S in einer allgemeinen hamiltonschen Formulierung, so sollte die Größe

$$\mathcal{J} = \oint p_\parallel ds \tag{2.229}$$

invariant sein, sofern jede Zeitabhängigkeit eines magnetischen „Potentialtrogs" („magnetic well") im Vergleich zur Schwingungsfrequenz der gefangenen Teilchen langsam ist, und jede räumliche Inhomogenität des Magnetfelds so allmählich ist, dass sich die Schwingungstrajektorie des Teilchens von einer Reflexion zur nächsten nur geringfügig ändert. Beachte, dass wir hier berechnen

$$p_\parallel = \sqrt{2m(\mathcal{H} - q\psi - \mu B)} \; . \tag{2.230}$$

Wir werden diese Invarianz verwenden, wenn wir den Fermi-Beschleunigungsprozess besprechen.

Die „dritte" adiabatische Invariante

Die erste adiabatische Invariante μ bezieht sich auf die schnelle Gyration eines geladenen Teilchens, die zweite auf das Schwingen in einem magnetischen Trog. Nun betrachten wir die Bewegung von Teilchen in einer zylindrisch symmetrischen Konfiguration mit einem axialen Feld. Der Zylinder wird als symmetrisch im poloidalen Winkel θ angenommen. Der Drehimpuls ist eine Erhaltungsgröße. Wir nehmen an, dass A_θ die einzige Nicht-Null-Komponente von $\mathbf{A}$ ist. Die θ-Komponente der exakten Bewegungsgleichung in zylindrischen Koordinaten lautet

$$m(r\ddot{\theta} + 2\dot{r}\dot{\theta}) = -\frac{q}{r}\left(r\dot{A}_\theta + \dot{r}A_\theta + r\dot{r}\,\frac{\partial A_\theta}{\partial r} + r\dot{z}\frac{\partial A_\theta}{\partial z}\right)\,. \tag{2.231}$$

Die rechte Seite kann in Form einer totalen Ableitung umgeschrieben werden, sodass

$$m(r\ddot{\theta} + 2\dot{r}\dot{\theta}) = -\frac{q}{r}\,\frac{d}{dt}\,(rA_\theta)\,. \tag{2.232}$$

Multiplizieren mit r und leichtes Umschichten führt zu

$$\frac{d}{dt}\left(mr^2\dot{\theta} + q\,rA_\theta\right) \equiv \frac{d}{dt}\left[r\,(mv_\theta + q\,A_\theta)\right] \equiv \frac{dP_\theta}{dt} = 0\,. \tag{2.233}$$

Das axiale Feld ist

$$B_z = (\nabla \times \mathbf{A}) \cdot \hat{z} = \frac{1}{r}\frac{\partial}{\partial r}\,(rA_\theta)\,. \tag{2.234}$$

Durch Integration erhalten wir

$$A_\theta(r) = \frac{1}{r}\int_0^r r'B_z(r')dr'\,. \tag{2.235}$$

Beim Vergleich der Terme, die zu P_θ beitragen, finden wir

$$\frac{mv_\theta}{|qA_\theta|} \sim \frac{|mv_\perp|}{|qrB_z|} \sim \frac{\rho}{r} \ll 1\,. \tag{2.236}$$

Daher wird für Abstände größer als der Larmor-Radius $\rho \equiv r_L$

$$2\pi rA_\theta = 2\pi \int r'B_z(r')dr' \equiv \int_F \mathbf{B} \cdot d\mathbf{F} \approx \text{const.} \tag{2.237}$$

Der magnetische Fluss innerhalb einer Driftschale ist adiabatisch konstant.
   Die Flächen $\psi \equiv rA_\theta = \text{const}$ erfüllen

$$\mathbf{B} \cdot \nabla \psi \equiv \mathbf{B} \cdot \nabla (r A_\theta) = 0 \qquad (2.238)$$

und sind als Flussflächen des Magnetfelds bekannt.

Dass die Magnetfeldlinien innerhalb der Flächen $\psi = $ const liegen, folgt aus den folgenden Berechnungen:

$$\mathbf{B} \cdot \nabla \psi = B_r \frac{\partial (r A_\theta)}{\partial r} + B_z \frac{\partial (r A_\theta)}{\partial z}$$

$$= -\frac{\partial A_\theta}{\partial z} \frac{\partial (r A_\theta)}{\partial r} + \frac{1}{r} \frac{\partial}{\partial r}(r A_\theta) \frac{\partial (r A_\theta)}{\partial r} = 0 \, . \qquad (2.239)$$

Somit sind die Teilchen durch die Erhaltung des Drehimpulses gezwungen, sich auf den Flussflächen des Magnetfelds zu bewegen, mit Ausnahme von Auslenkungen in der Größenordnung des Larmor-Radius.

Ausgewählte Anwendungen

Elektron-Zyklotron-Emission

Ein beschleunigtes geladenes Teilchen strahlt. Offensichtlich ist die Kreisbewegung eine beschleunigte Bewegung. Daher strahlt ein geladenes Teilchen in einem starken Magnetfeld. Die Strahlungsfrequenz liegt in der Größenordnung der Gyrofrequenz (und der Harmonischen). Unter der Annahme, dass die abgestrahlte Intensität einer Planck-Verteilung folgt, schätzen wir ab, dass ein Elektron in einem Magnetfeld von 3 T bei einer Temperatur von $k_B T_e \approx 1 \, keV$ mit einer Frequenz unterhalb des Maximums der Planck-Verteilung strahlt. Daher können wir das Rayleigh-Jeans-Gesetz $I \sim \omega^2 T_e$ verwenden. Da die Intensität proportional zur Temperatur ist, kann bei bekannter Magnetfeldstärke eine Messung von I zur Bestimmung der Temperatur T_e verwendet werden.

Drift in einem einfachen Torus

Wenn wir einen Zylinder zu einem Torus biegen, könnte man meinen, dass sich so leicht ein magnetisches Einschlussgerät für Plasma konstruieren ließe. Führen wir magnetische Feldlinien ein, die parallel zur ursprünglichen Achse des Zylinders verlaufen. Der einfachste Weg, dieses „Einschlussfeld" zu erreichen, besteht darin, Linienströme entlang der Z-Achse zu verwenden; siehe Abb. 2.8. Dann nimmt die Magnetfeldstärke mit dem Abstand zur Torusachse Z ab, also $\sim 1/R$. Wie in der Abbildung gezeigt, führen aufgrund der ∇B-Drift Elektronen und Ionen eine Bewegung in entgegengesetzte Richtungen aus, wodurch ein Raumladungsfeld parallel zur Torusachse entsteht. Schließlich ergibt sich zusammen mit

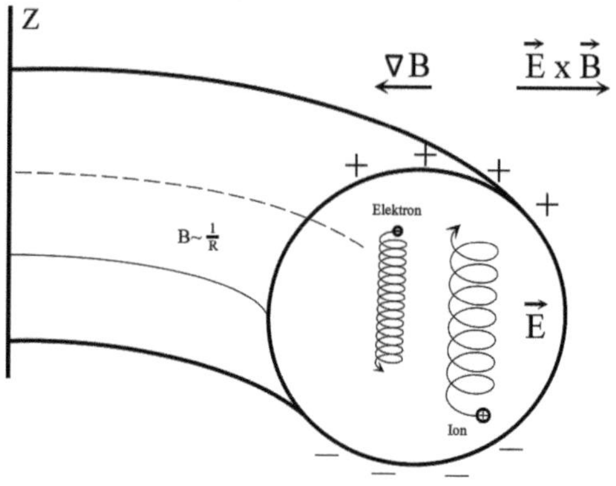

Abb. 2.8 Ladungstrennung in einem „einfachen" Torus

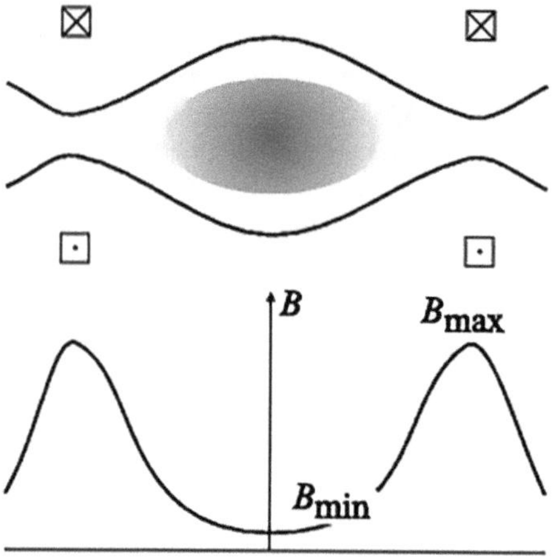

Abb. 2.9 Der magnetische Spiegel benutzt die Invarianz des magnetischen Moments μ

dem Magnetfeld eine $E \times B$-Bewegung des gesamten Plasmas nach außen. Daher wird das einfache Gerät nicht funktionieren. Eine Lösung dieses Dilemmas ist eine helikale Feldstruktur der Magnetfeldlinien, wie sie in Tokamaks realisiert wird.

Magnetischer Spiegel

Als Beispiel für gefangene Driftbahnen betrachten wir Teilchen, die in einer magnetischen Flasche gefangen sind, die aus zwei Magnetspiegeln besteht, wie in Abb. 2.9 skizziert.

Ein Teilchen, das am Magnetfeldminimum B_{min} startet und anfangs $v_{\parallel 0}$ und $v_{\perp 0}$ besitzt, bewegt sich in Richtung des Magnetfeldmaximums. Da $\mu = $ const, wächst seine senkrechte Geschwindigkeit, während die parallele Geschwindigkeit abnimmt. Der Umschlagpunkt tritt an der Stelle ein, an der $v_{\parallel} = 0$ ist. Die Bedingung für die Magnetfeldstärke B am Umschlagpunkt lautet

$$\mu \sim \frac{v_{\perp 0}^2}{B_{\text{min}}} = \frac{v_{\perp}^2}{B} \overset{!}{=} \frac{v_0^2}{B} . \tag{2.240}$$

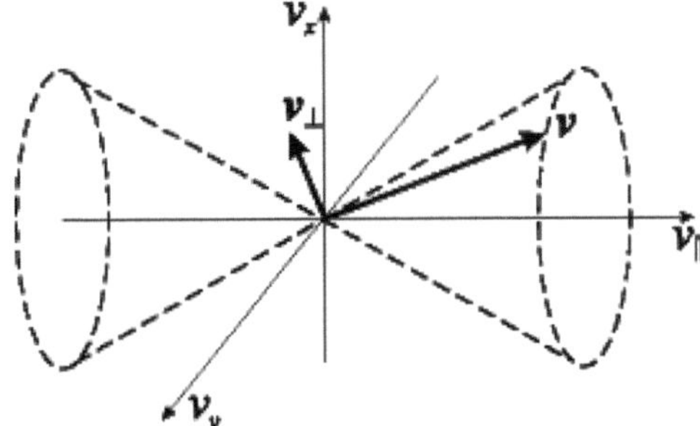

Abb. 2.10 Streuung von Teilchen aus einer magnetischen Spiegelanordnung (magnetische Flasche) heraus

Es ist also

$$B = \frac{v_0^2}{v_{\perp 0}^2}\, B_{\min} \equiv \frac{B_{\min}}{\sin^2 \theta}\,. \tag{2.241}$$

Der Winkel θ wird als Pitchwinkel bezeichnet und ist definiert durch

$$\sin \theta = \frac{v_{\perp 0}}{v_0}\,. \tag{2.242}$$

Wir können einen Kegelwinkel θ_K durch

$$\sin^2 \theta_K = \frac{B_{\min}}{B_{\max}} \tag{2.243}$$

definieren. Wie in Abb. 2.9 und Abb. 2.10 gezeigt, können alle Teilchen innerhalb des Kegels

$$\theta < \theta_K \tag{2.244}$$

nicht durch die magnetische Flasche eingefangen werden.

Van-Allen-Gürtel
Unsere Erde besitzt ein dipolartiges Magnetfeld. Die Feldlinien werden durch den Sonnenwind stark verformt. Beim Annähern an die Pole nimmt die Magnetfeldstärke zu. Teilchen, die vom Sonnenwind stammen, können durch Kollisionen in die magnetische Struktur gestreut werden. Dann werden sie im Erdmagnetfeld gefangen und pendeln zwischen den Polen hin und her. Erneute Kollisionen können auf die Teilchen einwirken und sie in den Verlustkegel streuen, was schließlich die Polarlichter (Aurora) verursacht. Die Krümmung der Magnetfeldlinien führt zu einer Krümmungsdrift. Elektronen und Ionen bewegen sich aufgrund dieser Krümmungsdrift in entgegengesetzte Richtungen, beispielsweise entlang des Äquators. In einem geschlossenen System mit Rotationssymmetrie entsteht im Mittel kein Raumladungsfeld. Es fließt jedoch ein Strom von Osten nach Westen. Dieser Strom erzeugt ein Magnetfeld. Letzteres modifiziert das ursprüngliche Erdmagnetfeld.

Fermi-Beschleunigungsmechanismus

Die zweite adiabatische Invariante in Kombination mit Spiegel-Einfang/-Freisetzung bildet die Grundlage des Fermi-Mechanismus zur Beschleunigung von kosmischen Strahlungsteilchen auf ultrarelativistische Geschwindigkeiten. Betrachten wir ein Teilchen, das anfänglich in einer magnetischen Spiegelanordnung gefangen ist. Es sei $\theta > \theta_K$ für diese Teilchen anfänglich erfüllt. Nun nehmen wir an, dass der Abstand zwischen den Magnetspiegeln langsam verringert wird. Dadurch verkürzt sich die Pendelstrecke L der gefangenen Teilchen allmählich. Aufgrund der (adiabatischen) Invarianz der zweiten adiabatischen Invariante nimmt die parallele Geschwindigkeit des Teilchens bei jedem Pendeln zu. Der stetige Anstieg von $v_\parallel$ bedeutet, dass der Geschwindigkeitswinkel abnimmt. Schließlich gilt $\theta < \theta_K$, und das Teilchen kann mit hoher paralleler Geschwindigkeit an einem Ende des Spiegels entkommen. Dieser Mechanismus sorgt für ein langsames Aufpumpen auf sehr hohe Energien, gefolgt von einer plötzlichen und automatischen Ausstoßung energiereicher Teilchen.

Wegen der besonderen Bedeutung in der Plasmaastrophysik widmen wir der Fermi-Beschleunigung einen separaten (nachfolgenden) Abschnitt.

2.5   Fermi-Beschleunigung

Beschleunigungsmodelle
Fermi [47] hat bereits 1949 einen Beschleunigungsmechanismus für kosmische Teilchen vorgeschlagen. Energiegewinn durch Interaktion mit bewegten magnetisierten Plasmagebieten ist die Grundlage. Wir unterscheiden heute, ob die Wirkung von willkürlich verteilten Plasmawolken herrührt (Mechanismus I) oder ob Reflexion an starken Schockwellen (Mechanismus II) für den Energiegewinn sorgt.

Typ I

Abb. 2.11 zeigt Teilchen im Laborsystem, die auf magnetisierte Plasmawolken treffen. Die Geschwindigkeiten $\mathbf{u}_i$ der Plasmawolken seien isotrop verteilt. Greifen wir eine mit der Geschwindigkeit $\mathbf{u}$ heraus. Auf diese trifft das Teilchen mit der Geschwindigkeit $\mathbf{v}_1$, wie in Abb. 2.11 dargestellt. Über Polarkoordinaten definieren wir den Winkel θ_1:

$$\mathbf{u} \cdot \mathbf{v}_1 = u v_1 \cos\theta_1 \ . \tag{2.245}$$

Offensichtlich ist $\theta_1 = \pi$ für antiparallelen Einfall und $\theta_1 = 0$ für parallelen Einfall; $\cos\theta_1$ variiert dann von -1 bis $+1$.

Für (ultra-)relativistische Teilchen gilt

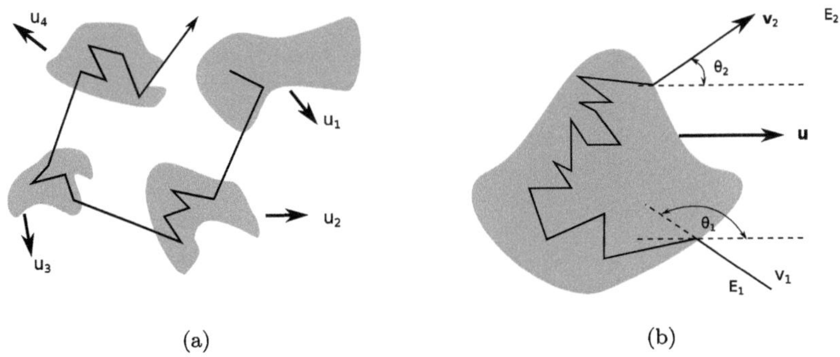

Abb. 2.11 Isotrope Streuung von Teilchen an stochastisch verteilten Plasmawolken. **a** Sukzessive Wechselwirkungen mit verschiedenen Plasmawolken. **b** Geometrie der Streuung an einer Plasmawolke

$$E_1 = \sqrt{c^2 p_1^2 + m^2 c^4} \approx p_1 c \quad \text{bei} \quad \gamma \gg 1 \,. \tag{2.246}$$

Nach mehrfacher isotroper Streuung innerhalb der magnetisierten Plasmawolke (isotrope Streuung allerdings im Schwerpunktsystem der Wolke!) tritt das Teilchen unter dem Winkel θ_2 mit der Energie E_2 aus. Ungestrichene Größen gelten im Laborsystem.

Mittels der Lorentz-Transformation transformieren wir in das Schwerpunktsystem der Wolke. Energie und Impuls bilden einen Vierervektor $(E, \mathbf{p}c)$, der sich wie ein Lorentz-Vektor transformiert. Da $v_1 \approx c$, bekommen wir für die Energie im (gestrichenen) Wolkensystem

$$E_1' \approx \gamma E_1 (1 - \beta \cos\theta_1) \,, \quad \beta = \frac{u}{c} \,, \quad \gamma = \frac{1}{\sqrt{1-\beta^2}} \,. \tag{2.247}$$

Die Streuung an den Magnetfeldern im Wolkensystem sei elastisch, sodass $E_1' \approx E_2'$ gilt. Auch sei der Streuwinkel θ_2' im Wolkensystem isotrop verteilt. Rücktransformation ins Laborsystem führt unter dieser Voraussetzung zu

$$E_2 = \gamma E_2' (1 + \beta \cos\theta_2') = \gamma^2 E_1 (1 + \beta \cos\theta_2')(1 - \beta \cos\theta_1) \,. \tag{2.248}$$

Jetzt mitteln wir über verschiedene Realisierungen der Streuung im Wolkensystem. Isotropie führt zu

$$\langle \cos\theta_2' \rangle = 0 \,. \tag{2.249}$$

Das Gleiche gilt nicht für die θ_1-Mittelung, weil die Stoßwahrscheinlichkeit von der Relativgeschwindigkeit

$$v_{rel} = v - u \cos\theta_1 \tag{2.250}$$

abhängt. Die Mittelung mit der Gewichtung durch die Relativgeschwindigkeit führt zu

$$\langle \cos\theta_1 \rangle = \frac{\int_{-1}^{+1} \cos\theta_1 (v - u\cos\theta_1) d\cos\theta_1}{\int_{-1}^{+1} (v - u\cos\theta_1) d\cos\theta_1} = -\frac{u}{3v} \approx -\frac{\beta}{3} \; . \tag{2.251}$$

Damit folgt für die mittlere Energie des gestreuten Teilchens

$$\langle E_2 \rangle = \gamma^2 E_1 \left(1 + \frac{1}{3}\beta^2\right) = E_1 \frac{1 + \frac{1}{3}\beta^2}{1 - \beta^2} \approx E_1 \left(1 + \frac{4}{3}\beta^2 + \mathcal{O}(\beta^4)\right) \; . \tag{2.252}$$

Die mittlere relative Energieänderung berechnen wir nach

$$\boxed{\left\langle \frac{\Delta E}{E} \right\rangle = \frac{\langle E_2 \rangle - E_1}{E_1} \approx \frac{4}{3}\beta^2 \; .} \tag{2.253}$$

Teilchen gewinnen also Energie. Der Energiezuwachs ist hier von zweiter Ordnung in der Geschwindigkeit der Wolke.

Typ II

Ein effektiverer Energietransfer als bei der Wechselwirkung mit Plasmawolken erfolgt durch die Streuung an einer Schockwelle. Eine Schockwelle ist eine Druckwelle, die sich mit Überschallgeschwindigkeit (oder Über-Alfvén-Geschwindigkeit in MHD) u ausbreitet. Dabei richtet sich die Referenzgeschwindigkeit nach der Rückstellkraft. Ist der magnetische Druck viel größer als der kinetische Gasdruck, breiten sich Störungen nicht mit der Schallgeschwindigkeit

$$v_S = \sqrt{\frac{\gamma P}{\rho}} \; , \tag{2.254}$$

sondern mit der Alfvén-Geschwindigkeit

$$v_A = \sqrt{\frac{B}{\mu_0 \rho}} \tag{2.255}$$

aus.

Das Gas vor und hinter der Schockfront wird durch Druck P, Massendichte ρ und Temperatur T charakterisiert.

Beispiel 2.8

Drei Schockbedingungen folgen aus Massen-, Energie- und Impulskontinuität. Bezüglich der Strömungsgeschwindigkeiten s. Tab. 2.1. Wir nehmen einen scharfen (unsteten) Übergang zwischen dem vorderen Bereich *(upstream)* und dem hinteren *(downstream)* Bereich an.

Aus der Kontinuitätsgleichung für den Massenfluss [48]

Tab. 2.1 Schockparameter, zum einen in dem System, in dem das einströmende Gas ruht (Laborsystem), und zum anderen im System der sich bewegenden Schockfront

Variable	Laborsystem	Schockfrontsystem
Frontgeschwindigkeit	$\mathbf{u}$	0
Dichte vor der Front	ρ_1	ρ_1
Dichte hinter der Front	ρ_2	ρ_2
Druck vor der Front	P_1	P_1
Druck hinter der Front	P_2	P_2
Temperatur vor der Front	T_1	T_1
Temperatur hinter der Front	T_2	T_2
Gasgeschwindigkeit vor der Front	$\mathbf{u}_1 = 0$	$\mathbf{v}_1 = -\mathbf{u}$
Gasgeschwindigkeit hinter der Front	$\mathbf{u}_2$	$\mathbf{v}_2 = \mathbf{u}_2 - \mathbf{u}$

$$\frac{\partial \rho}{\partial t} + \frac{\partial (\rho v)}{\partial x} = 0 \tag{2.256}$$

folgt (im mit der Schockfront bewegten System)

$$\rho_1 v_1 = \rho_2 v_2 \quad [\text{Bedingung 1}] . \tag{2.257}$$

Die Impulsflussgleichung

$$\rho \frac{dv}{dt} = -\frac{\partial P}{\partial x} \tag{2.258}$$

im stationären Schockfrontsystem, d. h.

$$\rho v \frac{dv}{dx} + \frac{dP}{dx} = 0 , \tag{2.259}$$

liefert mit $d(\rho v)/dx = 0$

$$P_1 + \rho_1 v_1^2 = P_2 + \rho_2 v_2^2 \quad [\text{Bedingung 2}] . \tag{2.260}$$

Die Energiedichte des Gases ist

$$\mathcal{E} = \frac{1}{2}\rho v^2 + \varepsilon + P \tag{2.261}$$

mit der inneren Energiedichte

$$\varepsilon = \frac{1}{\gamma - 1} P \rightarrow \frac{3}{2} P , \quad P = nkT = \frac{\rho}{m} kT \tag{2.262}$$

Tab. 2.2 Lösungen für die relativen Schockwerte in der Grenze großer Mach-Zahlen und (zusätzlich) $\gamma = \frac{5}{3}$

Verhältnisse	$M_1^2 \gg 1$	$M_1^2 \gg 1$ und $\gamma = \frac{5}{3}$
$\frac{P_2}{P_1}$	$\frac{2\gamma}{\gamma+1} M_1^2$	$\frac{5}{4} M_1^2$
$\frac{\rho_2}{\rho_1} = \frac{v_1}{v_2}$	$\frac{\gamma+1}{\gamma-1}$	4
$\frac{T_2}{T_1}$	$\frac{2\gamma(\gamma-1)}{(\gamma+1)^2} M_1^2$	$\frac{5}{16} M_1^2$

und der Enthalpiedichte

$$\varepsilon + P = \frac{\gamma}{\gamma - 1} P \ . \tag{2.263}$$

Insgesamt ergibt sich aus der Erhaltung des Energieflusses

$$\frac{1}{2} v_1^2 + \frac{\varepsilon_1 P_1}{\rho_1} = \frac{1}{2} v_2^2 + \frac{\varepsilon_2 P_2}{\rho_1} \qquad \text{[Bedingung 3]} \ . \tag{2.264}$$

∎

Die drei Schockbedingungen, zusammen mit den im Beispiel aufgezeigten Zusammenhängen zwischen den physikalischen Größen, lassen Lösungen für die Quotienten

$$\frac{\rho_2}{\rho_1} = \frac{v_1}{v_2} = \frac{(\gamma + 1)M_1^2}{(\gamma - 1)M_1^2 + 2} \ , \tag{2.265}$$

$$\frac{P_2}{P_1} = \frac{2\gamma M_1^2}{\gamma + 1} - \frac{\gamma - 1}{\gamma + 1} \ , \tag{2.266}$$

$$\frac{T_2}{T_1} = \frac{[2\gamma M_1^2 - \gamma(\gamma - 1)][(\gamma - 1)M_1^2 + 2]}{(\gamma + 1)^2 M_1^2} \tag{2.267}$$

zu. Dabei haben wir die Mach-Zahl

$$M_1 = \frac{v_1}{\sqrt{\gamma P_1 / \rho_1}} \tag{2.268}$$

eingeführt.

Für einen „starken" Schock ($M_1 \gg 1$) und den Adiabatenindex 5/3 sind die Ergebnisse in Tab. 2.2 vereinfacht. Berücksichtigen wir

$$v_1 = -u \approx 4v_2 = 4(u_2 - u) \ , \tag{2.269}$$

so folgt für einen starken Schock $u_2 = \frac{3}{4}u$.

Wenn wir die Streuung von Teilchen an einer Schockfront mit der Geschwindigkeit **u** berechnen, haben wir zwei Unterschiede zur vorangegangenen Rechnung zu beachten. Erstens haben wir $u \to \frac{3}{4}u$ zu ersetzen.

Zweitens, und das ist prinzipiell wichtiger, treten Eingangswinkel nur zwischen π und $\pi/2$ auf, Ausgangswinkel nur zwischen 0 und $\pi/2$. Das sieht man am besten in Abb. 2.12. In anderen Worten:

$$\frac{\pi}{2} \le \theta_1 \le \pi \,, \quad 0 \le \theta_2' \le \frac{\pi}{2} \,. \tag{2.270}$$

Innerhalb dieser Grenzen sind die Winkel gleich verteilt. Wenn wir also die auch hier gültige Formel (2.248), d. h.

$$E_2 = \gamma^2 E_1 (1 + \beta \cos \theta_2')(1 - \beta \cos \theta_1) \,, \tag{2.271}$$

benutzen, führen wir wiederum Mittelungen aus, und zwar

$$\langle E_2 \rangle = \gamma^2 E_1 (1 + \beta \langle \cos \theta_2' \rangle)(1 - \beta \langle \cos \theta_1 \rangle) \,. \tag{2.272}$$

Allerdings gilt jetzt

$$\langle \cos \theta_1 \rangle = \frac{\int_{-1}^{0} \cos \theta_1 \, d \cos \theta_1}{\int_{-1}^{0} d \cos \theta_1} = -\frac{1}{2} \,, \tag{2.273}$$

$$\langle \cos \theta_2' \rangle = \frac{\int_{0}^{+1} \cos \theta_2' \, d \cos \theta_2'}{\int_{0}^{+1} d \cos \theta_2'} = \frac{1}{2} \,, \tag{2.274}$$

sodass sich

$$\langle E_2 \rangle = \gamma^2 E_1 \left(1 + \frac{1}{2}\beta \right)^2 = E_1 \frac{(1 + \frac{1}{2}\beta)^2}{1 - \beta^2} \approx E_1 (1 + \beta) \tag{2.275}$$

ergibt. Man beachte

$$u_2 = \frac{3}{4}u \rightarrow \beta = \frac{3}{4}\frac{u}{c} \,. \tag{2.276}$$

Für den relativen Energiezuwachs führt das zu

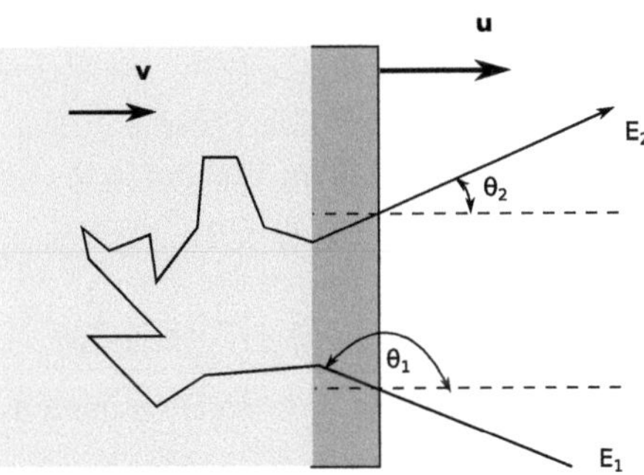

Abb. 2.12 Für den Typ II der Fermi-Beschleunigung an einer Schockfront wird die Geometrie des Streuprozesses gezeigt. Ein Teilchen trifft frontal auf die Schockfront, wird in dem Schock gestreut und verlässt anschließend den Schock mit einer größeren Energie E_2

$$\boxed{\left\langle \frac{\Delta E}{E} \right\rangle = \frac{\langle E_2 \rangle - E_1}{E_1} \approx \beta \approx \frac{3}{4}\frac{u}{c} \, .}$$

(2.277)

Im Gegensatz zu dem Ergebnis für Streuung an Plasmawolken ist bei der Schockwellenbeschleunigung der Energiezuwachs von erster Ordnung in β. Deshalb hält man diesen Prozess für effektiver. Bei den Auslösern für kosmische Teilchenbeschleunigung werden aus den verschiedenen Möglichkeiten (Schockwellen von Supernovae, Pulsare, aktive galaktische Kerne, Schwarze Löcher, Gammastrahlungsausbrüche usw.) die Schockwellen von Supernovae favorisiert.

2.6   Bewegung eines Elektrons in einer elektromagnetischen Welle

Einen besonders interessanten und auch für Anwendungen wichtigen Fall stellt die Bewegung von Elektronen in einer elektromagnetischen Welle dar. Bei der Welle denken wir an einen Laser. Wird das Elektron bevorzugt in eine bestimmte Richtung gedrückt? Nimmt es Energie in der Welle auf, und wenn ja, für wie lange? Das sind Fragen, die wir hier diskutieren.

Ein ebene Lichtwelle, die sich in x-Richtung ausbreitet, kann durch ein Vektorpotential beschrieben werden:

$$\mathbf{A}(\mathbf{r}, t) = \Re\{\mathbf{A}_0 e^{i\psi}\} \, ,$$

(2.278)

wobei $\mathbf{r}$ und t Raum- und Zeitkoordinaten sind, $\mathbf{A}_0 = A_0 \hat{e}_y$ für lineare Polarisation (LP) und $\mathbf{A}_0 = A_0(\hat{e}_y \pm i\hat{e}_z)$ für zirkulare Polarisation (ZP). Die Vorzeichen + und - bezeichnen dabei rechts- bzw. linkszirkulare Polarisation. Die Phase $\psi = \mathbf{k} \cdot \mathbf{r} - \omega t$ enthält den Wellenzahlvektor $\mathbf{k} = k\hat{e}_x$. Die Dispersionsrelation im Vakuum ist $\omega = kc$ mit $k = |\mathbf{k}| = 2\pi/\lambda$; c ist die Lichtgeschwindigkeit im Vakuum. Die elektrischen und magnetischen Felder erhält man dann als

$$\mathbf{E} = \Re\left\{i\omega\mathbf{A}_0 e^{i\psi}\right\}, \quad \mathbf{B} = \Re\{i\mathbf{k} \times \mathbf{A}_0 e^{i\psi}\} \, ,$$

(2.279)

wobei der Poynting-Vektor $\mathbf{S} = \mathbf{E} \times \mathbf{H}$ ist. Letzterer bestimmt die Intensität (Energie pro Flächeneinheit und pro Zeiteinheit) des Lichts

$$I = |\mathbf{S}| = \frac{\omega k}{2\mu_0} \, A_0^2 \times \begin{cases} [1 - \cos(2\psi)], & \text{für LP} \\ 2, & \text{für ZP} \, . \end{cases}$$

(2.280)

Man sollte beachten, dass die Intensität bei linearer Polarisation mit doppelter Phase oszilliert, aufgrund von $\sin^2 x = [1 - \cos(2x)]/2$. Andererseits ist die Intensität bei zirkularer

Polarisation unabhängig von der Phase. Dies führt zu einem bedeutenden Unterschied bei der Wechselwirkung mit Materie. Für die (über die Oszillationen) gemittelte Intensität $I_0 = \langle I \rangle$ gilt

$$I_0 \lambda^2 = \zeta \frac{\omega k \lambda^2}{2\mu_0} A_0^2 = \zeta \frac{2\pi^2}{\mu_0} c A_0^2 \,, \qquad (2.281)$$

mit $\zeta = 1$ für lineare und $\zeta = 2$ für zirkulare Polarisation.

Die relativistische Schwellenintensität wird erreicht, wenn Elektronen, die von der Lichtwelle eingefangen werden, (nahezu) Lichtgeschwindigkeit erreichen. Für nichtrelativistische Elektronen mit $|\mathbf{v}| \ll c$ lautet die Bewegungsgleichung

$$m \frac{d\mathbf{v}}{dt} = -e \left(\mathbf{E} + \mathbf{v} \times \mathbf{B} \right) \approx -e\mathbf{E} \qquad (2.282)$$

mit den genäherten Lösungen

$$\mathbf{v} \approx \Re \left\{ \frac{e\mathbf{E}}{im\omega} \right\} = \frac{eA_0}{m} \begin{cases} \hat{e}_y \cos\psi & \text{für LP} \\ (\hat{e}_y \cos\psi \mp \hat{e}_z \sin\psi) & \text{für ZP} \end{cases}, \qquad (2.283)$$

$$\mathbf{r} \approx \Re \left\{ \frac{e\mathbf{E}}{m\omega^2} \right\} = -\frac{eA_0}{m\omega} \begin{cases} \hat{e}_y \sin\psi & \text{für LP} \\ (\hat{e}_y \sin\psi \mp \hat{e}_z \cos\psi) & \text{für ZP} \end{cases}. \qquad (2.284)$$

Mit der dimensionslosen Lichtamplitude

$$a_0 = \frac{eA_0}{mc} \,, \qquad (2.285)$$

können wir (2.281) in der Form

$$\boxed{I_0 \lambda^2 = \zeta \frac{2\pi^2}{\mu_0} P_0 a_0^2 = \zeta \left[1{,}37 \times 10^{18} \frac{W}{cm^2} \mu m^2 \right] a_0^2} \qquad (2.286)$$

schreiben. Per Definition wird die relativistische Schwelle bei $a_0 = 1$ erreicht, d. h. wenn die Oszillationsgeschwindigkeit sich der Lichtgeschwindigkeit c annähert. Natürlich unterscheiden sich die Elektronenbahnen dann von der oben abgeleiteten einfachen transversalen Schwingung. Wir werden diese im Folgenden im Detail herleiten. Gl. (2.286) beinhaltet die relativistische Leistungseinheit

$$P_0 = \frac{4\pi}{\mu_0} \frac{m^2 c^3}{e^2} = 8{,}67 \, \text{GW} \,. \qquad (2.287)$$

Diese kann als das Produkt der Spannung $\frac{mc^2}{e} = 511 \, \text{kV}$, entsprechend der Ruheenergie des Elektrons, und der elektrischen Stromeinheit $J_0 = \frac{4\pi}{\mu_0} \frac{mc}{e} = 17 \, \text{kA}$ geschrieben werden, was in Beziehung zum Alfvén-Strom $J_A = J_0 \beta \gamma$ steht, wobei $\beta = \frac{v}{c}$ und $\gamma = \frac{1}{\sqrt{1-\beta^2}}$ ist. Ströme, die größer als J_A sind, können aufgrund magnetischer Selbstinteraktion nicht im Vakuum transportiert werden.

Beispiel 2.9 (Stromeinheiten)

Vergleichen wir kurz die elektrische Stromeinheit J_0 im SI-System (Ampère) mit der entsprechenden cgs-Einheit. Wenn wir eine Einheit für den elektrischen Strom aus den physikalischen Konstanten e (dies sei die Einheit für eine Ladung Q gemessen in Einheiten M für Masse, L für Länge und T für Zeit), m (Einheit M für Masse) und der Geschwindigkeit c konstruieren, stellen wir im cgs-System für Ladung durch Zeit fest

$$[J] = \frac{M^{1/2}L^{3/2}}{T^2} \sim m^X c^Y e^Z \sim M^X \left(\frac{L}{T}\right)^Y \left(\frac{M^{1/2}L^{3/2}}{T}\right)^Z , \tag{2.288}$$

was zu

$$X + \frac{1}{2}Z = \frac{1}{2} , \quad Y + \frac{3}{2}Z = \frac{3}{2} , \quad Y + Z = 2 . \tag{2.289}$$

führt. Die Lösung $X = 1$, $Y = 3$, $Z = -1$ führt zu $J_0 = \frac{mc^3}{e}$ was mit der obigen Formel für $\mu_0 = 4\pi/c^2$ übereinstimmt. ∎

Beispiel 2.10 (Vakuumimpedanz)

Eine weitere Bemerkung betrifft die Beziehung (2.281). Für zirkulare Polarisation ($\zeta = 2$) schreiben wir sie in der Form

$$I_0 = \frac{1}{\mu_0}\frac{k}{\omega}E^2 = \frac{1}{\mu_0 c}E^2 = \sqrt{\frac{\varepsilon_0}{\mu_0}}E^2 \equiv \frac{E^2}{Z_0} , \tag{2.290}$$

mit der Impedanz des Vakuums

$$Z_0 = \sqrt{\frac{\mu_0}{\varepsilon_0}} = 376{,}73 \ \Omega . \tag{2.291}$$

∎

Eine exakte analytische Beschreibung der Elektronenbahnen ist möglich für einzelne Elektronen in einer ebenen Lichtwelle beliebiger Amplitude. Für eine übersichtliche Ableitung ist es wichtig, geeignete Symmetrien und Invarianten des Problems zu nutzen. Die relativistische Lagrange-Funktion eines Teilchens mit Ladung q, das sich in elektromagnetischen Potentialen $\mathbf{A}$ und ϕ bewegt, ist gegeben durch

$$L(\mathbf{r}, \mathbf{v}, t) = -mc^2\sqrt{1 - \frac{v^2}{c^2}} + q\,\mathbf{v}\cdot\mathbf{A} - q\phi . \tag{2.292}$$

Für eine ebene elektromagnetische Welle gilt $\Phi = 0$. Aus den Euler-Lagrange-Gleichungen

$$\frac{d}{dt}\frac{\partial L}{\partial \mathbf{v}} - \frac{\partial L}{\partial \mathbf{r}} = 0 , \tag{2.293}$$

folgen die Bewegungsgleichungen

$$\frac{d\mathbf{p}}{dt} = q\,(\mathbf{E} + \mathbf{v} \times \mathbf{B})\;. \tag{2.294}$$

Der kanonische Impuls ist $\mathbf{p}^{\mathrm{can}} \equiv \frac{\partial L}{\partial \mathbf{v}} = m\gamma\mathbf{v} + q\mathbf{A} \equiv \mathbf{p} + q\mathbf{A}$ mit $\gamma = \dfrac{1}{\sqrt{1-\frac{v^2}{c^2}}}$.

Für eine ebene Lichtwelle existieren zwei Symmetrien, die zwei Erhaltungsgrößen implizieren. Die ebene Symmetrie liefert $\frac{\partial L}{\partial \mathbf{r}_\perp} = 0$ und folglich die Erhaltung des kanonischen Impulses in transversaler Richtung.

$$\boxed{\partial L/\partial \mathbf{v}_\perp = \mathbf{p}_\perp + q\,\mathbf{A}_\perp = \text{const}}\;. \tag{2.295}$$

Die zweite Invariante resultiert aus der Wellenform von $\mathbf{A} \equiv \mathbf{A}(t - x/c)$. Wir nutzen die Beziehung $\frac{dH}{dt} = -\frac{\partial L}{\partial t}$ für die Hamilton-Funktion $H(\mathbf{x}, \mathbf{P}, t) = E(t)$, die die zeitabhängige Energie des Teilchens ausdrückt. Man erhält

$$\frac{dE}{dt} = -\frac{\partial L}{\partial t} = c\frac{\partial L}{\partial x} = c\frac{d}{dt}\frac{\partial L}{\partial v_x} = c\frac{dp_x^{can}}{dt} = c\frac{dp_x}{dt}\;. \tag{2.296}$$

Unter Berücksichtigung, dass $A_x = 0$ für eine ebene Lichtwelle gilt, erhält man

$$\boxed{E - cp_x = C}\;, \tag{2.297}$$

wobei C eine Konstante ist. Für Elektronen, die anfangs, d. h. wenn keine Welle vorhanden ist, in Ruhe sind, haben wir $C = mc^2$. Wenn keine potentielle Energie ($\Phi = 0$) vorhanden ist, ist die kinetische Energie die Gesamtenergie minus Ruheenergie, und man findet

$$E_{kin} \equiv E - mc^2 = p_x c\;. \tag{2.298}$$

Beachte, dass aufgrund der berühmten Einstein-Formel $E = \gamma mc^2$ (m ist die Ruhemasse) auch für die kinetische Energie gilt

$$E_{kin} \equiv E - mc^2 = (\gamma - 1)mc^2\;. \tag{2.299}$$

Die beiden Beziehungen für die kinetische Energie werden plausibler, wenn man die kanonischen Gleichungen heranzieht. Ausgehend von der relativistischen Lagrange-Funktion finden wir die Hamilton-Funktion, indem wir zuerst die kanonischen Impulse über

$$\frac{\partial L}{\partial \mathbf{v}} = \mathbf{p}^{can} \equiv \mathbf{P} \tag{2.300}$$

definieren. Die Hamilton-Funktion $H(\mathbf{P}, \mathbf{q}, t)$ folgt durch die Legendre-Transformation

$$H = \sum_k P_k \dot{q}_k - L\;. \tag{2.301}$$

Wir bekommen

$$\mathbf{P}_\perp = \mathbf{p}_\perp + q\mathbf{A}_\perp\,, \quad \mathbf{P}_\parallel = \mathbf{p}_\parallel = p_x\hat{x}\,, \quad \mathbf{A}_\parallel \equiv A_x\hat{x} = 0\,, \tag{2.302}$$

$$H = \frac{mc^2}{\sqrt{1 - \dfrac{v_\perp^2}{c^2} - \dfrac{v_\parallel^2}{c^2}}} \equiv mc^2\sqrt{1 + \frac{p_\perp^2}{m^2c^2} + \frac{p_\parallel^2}{m^2c^2}}\,. \tag{2.303}$$

Die Hamilton-Funktion H hängt nicht von den senkrechten Koordinaten ab; daher gilt $\mathbf{P}_\perp = \text{const}$. Da dieser Wert konstant ist, können wir ihn durch die Anfangsbedingung bestimmen, z. B. dass das Elektron in Ruhe ist, bevor die Welle eintrifft. Dann setzen wir $\mathbf{P}_\perp = 0$. Äquivalente Formulierungen der Hamilton-Funktion sind

$$\boxed{H = mc^2\sqrt{1 + \frac{q^2 A_\perp^2}{m^2c^2} + \frac{P_\parallel^2}{m^2c^2}} \equiv mc^2\gamma}\,. \tag{2.304}$$

Die letzteren Formulierungen zeigen auf sehr klare Weise, dass die relevanten Variablen in der Hamilton-Funktion $x - ct$ und $P_x \equiv P_\parallel$ sind, d. h. $H = H(x - ct, P_x)$. Die Energie $E \equiv H = mc^2\gamma$ ist die Gesamtenergie. Wenn das Elektron anfangs, d. h. bevor die Welle eintrifft, in Ruhe ist, entspricht die Energie der Ruheenergie mc^2. Das bedeutet, dass $H - mc^2$ die kinetische Energie ist, wie oben verwendet. Zwei kanonische Gleichungen müssen noch berücksichtigt werden. Die erste,

$$\frac{dx}{dt} = \frac{\partial H}{\partial P_x}, \tag{2.305}$$

führt zur wohlbekannten Relation $p_x = \gamma m v_x$. Die andere,

$$\frac{dP_x}{dt} = -\frac{\partial H}{\partial x}, \tag{2.306}$$

ist äquivalent zu

$$\frac{dp_x}{dt} = -\frac{\partial H}{\partial x} = -\frac{q^2}{2m\gamma}\frac{\partial A^2}{\partial x}\,. \tag{2.307}$$

Weiter berechnen wir

$$\frac{dH}{dt} = \frac{1}{2\gamma}\frac{q^2}{m}\frac{\partial A^2}{\partial t} + \frac{1}{2\gamma}\frac{q^2}{m}\frac{\partial A^2}{\partial x}\dot{x} + \frac{p_x}{\gamma m}\frac{dp_x}{dt}\,. \tag{2.308}$$

Einsetzen auf der rechten Seite von (2.307) führt zu

$$\frac{dH}{dt} = \frac{1}{2\gamma}\frac{q^2}{m}\frac{\partial A^2}{\partial t}\,. \tag{2.309}$$

Da alle Felder nur von $\xi = x - ct$ abhängen, ersetzen wir $\frac{\partial}{\partial t} \hat{=} -c\frac{\partial}{\partial x}$ und erhalten

$$\frac{dH}{dt} = c\frac{dp_x}{dt}\,. \tag{2.310}$$

Diese Gleichung kann integriert werden, mit dem Ergebnis

$$\boxed{H - cp_x = C}\,, \tag{2.311}$$

wobei die Konstante $C = mc^2$ für Teilchen gilt, die sich anfangs in Ruhe befinden.

> Zusammenfassend lässt sich sagen, dass für ein Elektron in einer ebenen Welle von endlicher Dauer die relativistische Bewegungsgleichung exakt integriert werden kann. Für ein Elektron, das sich anfangs in Ruhe befindet, liefern die Erhaltungsgrößen
>
> $$\tilde{\mathbf{p}}_\perp \equiv \frac{\mathbf{p}_\perp}{mc} = \mathbf{a} \equiv \frac{e\mathbf{A}_\perp}{mc} = (0, a_y, a_z)\,, \quad \gamma - 1 = \tilde{p}_x\,. \tag{2.312}$$

Der γ-Faktor lässt sich auch schreiben als

$$\gamma = \frac{1}{\sqrt{1 - \frac{v^2}{c^2}}} = \sqrt{1 + \frac{p^2}{m^2 c^2}}\,, \tag{2.313}$$

da $\mathbf{p} = \gamma m \mathbf{v}$. Ausgehend von

$$\gamma - 1 = \frac{p_x}{mc} \tag{2.314}$$

erhalten wir aus dem Quadrat

$$\gamma = 1 + \frac{p_\perp^2}{2m^2 c^2}\,. \tag{2.315}$$

Daher gilt

$$\gamma - 1 = \tilde{p}_x = \frac{\tilde{p}_\perp^2}{2} = \frac{a^2}{2}\,. \tag{2.316}$$

Eine unmittelbare und sehr wichtige Beobachtung an dieser Stelle ist, dass $E_{kin} \sim \tilde{E}_{kin} \sim \gamma - 1 \sim a^2$ direkt mit der Lichtamplitude a gekoppelt ist und auf null zurückfällt, sobald das Elektron das Lichtfeld verlässt.

> Das Elektron kann in einer ebenen Lichtwelle keine Nettoenergie gewinnen. Es bedarf einer Symmetriebrechung (Abkehr von der strikten Annahme einer ebenen Welle), um einen Nettoenergiegewinn zu erzielen. Diese tritt typischerweise in experimentellen Konfigurationen auf, z. B. aufgrund eines endlichen Strahldurchmessers oder zusätzlicher Wechselwirkungen.

Aus den letzten Gleichungen, mit $\beta = \mathbf{v}/c$ und $q = -e$, ergeben sich die „Bewegungsgleichungen"

$$\tilde{p}_x = \gamma \beta_x = \frac{\gamma}{c} \frac{dx}{dt} = a^2/2 \,, \tag{2.317}$$

$$\tilde{p}_y = \gamma \beta_y = \frac{\gamma}{c} \frac{dy}{dt} = a_y \,, \tag{2.318}$$

$$\tilde{p}_z = \gamma \beta_z = \frac{\gamma}{c} \frac{dz}{dt} = a_z \,. \tag{2.319}$$

Da $\gamma = 1 + a^2/2$, erhalten wir für $a \gg 1$

$$\beta_x = \frac{a^2/2}{1 + a^2/2} \to 1, \ \beta_y = \frac{a_y}{1 + a^2/2} \to 0, \ \beta_z = \frac{a_z}{1 + a^2/2} \to 0 \tag{2.320}$$

und auch $\tan \theta = p_\perp/p_x \to 0$. Das bedeutet, dass sich das Elektron, obwohl es bei niedrigen Feldstärken $|a| \ll 1$ transversal zur Ausbreitungsrichtung oszilliert, bei relativistischen Laserintensitäten mit $|a| \gg 1$ immer mehr in der Richtung der Lichtausbreitung bewegt.

Die Integration der Bewegungsgleichungen für einen gegebenen Lichtimpuls $\mathbf{a}(t - x/c)$ ist in der Variable „Eigenzeit" $\tau = t - x(t)/c$ einfach durchzuführen. Wir haben

$$\gamma \frac{d}{dt} = \gamma \frac{d\tau}{dt} \frac{d}{d\tau} = \gamma \left(1 - \frac{1}{c} \frac{dx}{dt} \right) \frac{d}{d\tau} = \left(1 + \frac{a^2}{2} - \frac{a^2}{2} \right) \frac{d}{d\tau} = \frac{d}{d\tau} \,, \tag{2.321}$$

und daher $d\tau = dt/\gamma$. Damit erhalten die Gleichungen die einfache Form

$$\frac{dx}{d\tau} = c \frac{a^2}{2} \,, \quad \frac{dy}{d\tau} = ca_y \,, \quad \frac{dz}{d\tau} = ca_z \,. \tag{2.322}$$

Beispiel 2.11 (Elektronenbewegung bei zirkularer Polarisation)
Für *zirkulare* Polarisation mit

$$\mathbf{a}(\mathbf{r}, t) = \Re \left\{ a_0 (\hat{e}_y \pm i\hat{e}_z) e^{-i\omega\tau} \right\} \tag{2.323}$$

wird die Bewegung des Elektrons besonders einfach. Da $a^2 = a_y^2 + a_z^2 = a_0^2/2$ und $\gamma = 1 + a_0^2/2$, hängt die kinetische Energie $E_{kin} = a_0^2/2$ nur durch die Einhüllende $a_0(\tau)$ von der Zeit ab, jedoch nicht durch die schnell oszillierende Phase $\psi = -\omega\tau$ des Laserimpulses. Für *konstantes* a_0 erhalten wir $\tau = t/\gamma$, und damit die Trajektorie

$$x(t) = (ca_0^2/2)\tau = \frac{a_0^2/2}{1 + a_0^2/2} \, ct \,, \tag{2.324}$$

$$y(t) = \frac{ca_0}{\omega} \sin(\omega t/\gamma) \,, \tag{2.325}$$

$$z(t) = \mp \frac{ca_0}{\omega} \cos(\omega t/\gamma) \,. \tag{2.326}$$

Sie beschreibt ein Elektron, das sich mit konstanter Geschwindigkeit auf einer Helix bewegt.

∎

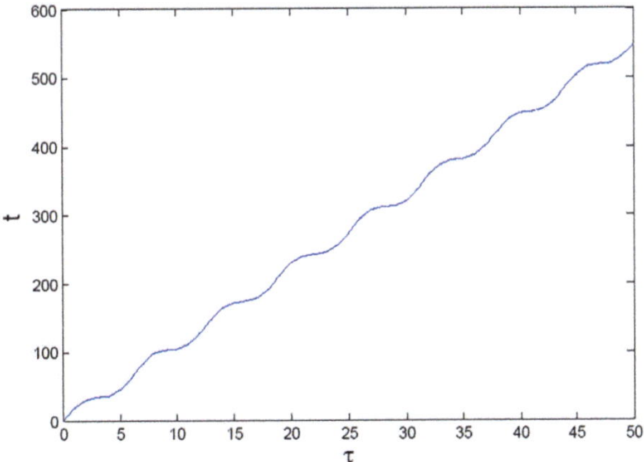

Abb. 2.13 Die Relation (2.332) zwischen der Zeit t und τ für typische Parameter

Für *lineare* Polarisation ist die Bewegung des Elektrons komplexer. Angenommen, wir haben einen rechteckigen Impuls (über N Perioden mit konstanter Amplitude a_0), d. h.

$$a_y = a_0 \cos(\omega\tau) \quad \text{für} \quad 0 < \tau < N(2\pi/\omega) \,, \tag{2.327}$$

$$a_z \equiv 0, \quad a^2 = a_y^2 = a_0^2 \cos^2(\omega\tau) \,. \tag{2.328}$$

Das Elektron kann anfangs in Ruhe sein und sich bei $x = y = z = 0$ befinden. Die Trajektorien werden dann in der Form

$$x(\tau) = \frac{ca_0^2}{2} \int_0^\tau \cos^2(\omega\tilde{\tau})d\tilde{\tau} = \frac{ca_0^2}{4} \left[\tau + \frac{1}{2\omega} \sin(2\omega\tau) \right] \,, \tag{2.329}$$

$$y(\tau) = ca_0 \int_0^\tau \cos(\omega\tilde{\tau})d\tilde{\tau} = \frac{ca_0}{\omega} \sin(\omega\tau) \tag{2.330}$$

erhalten. Der Parameter τ muss implizit über $\tau = t - x(t(\tau))/c$ als Funktion von t bestimmt werden. Eine Bemerkung zu letzterer Beziehung: Aus $\gamma d\tau = dt$ und

$$\gamma = 1 + \frac{a^2}{2} = 1 + \frac{a_0^2}{2} \cos^2(\omega\tau) \,, \tag{2.331}$$

finden wir durch direkte Integration

$$t = \tau + \frac{a_0^2}{4} \left[\tau + \frac{1}{2\omega} \sin(2\omega\tau) \right] \,. \tag{2.332}$$

Beachte, dass t eine *monoton steigende* Funktion von τ ist; siehe Abb. 2.13. Damit besteht die Bewegung offenbar aus einer allgemeinen Drift in x-Richtung, wenn man den nichtoszillierenden Teil $t \approx \tau(1 + a_0/4)$ benutzt,

$$x_d(t) \approx \frac{a_0^2}{a_0^2 + 4}\, ct \,, \tag{2.333}$$

und einer überlagerten Figur-8-Bewegung im Bezugssystem der Drift,

$$y(\tau) = \frac{a_0}{k}\, \sin(\omega\tau) \,, \tag{2.334}$$

$$x(\tau) - x_d \approx \frac{ca_0^2}{4}\tau - \frac{ca_0^2}{a_0^2 + 4}t + \frac{1}{8\omega}ca_0^2 \sin(2\omega\tau) = \frac{1}{2k}\frac{a_0^2}{4 + a_0^2}\, \sin(2\omega\tau) \,, \tag{2.335}$$

bei $k = \omega/c$.

Zusammenfassend lässt sich sagen, dass bei relativistischen Laseramplituden die Bewegung eines Elektrons überwiegend in Richtung des Lasers erfolgt. Wenn ein Elektron anfangs in Ruhe ist und dann von einem Impuls elektromagnetischer Strahlung mit endlicher Länge eingeholt wird, kommt das Elektron nach dem Ende des Laserimpulses wieder zur Ruhe, hat jedoch eine Verschiebung erfahren. Wichtig ist, dass keine Nettoenergie übertragen wurde.

2.7　Langevin-Näherung

In diesem Abschnitt besprechen wir einige grundlegende Effekte von Stößen auf die Bewegung einzelner Teilchen. Vieles kann man aus den sogenannten eindimensionalen (1D) Langevin-Gleichungen lernen, die die Bewegung eines einzelnen Teilchens in einem Fluid aus vielen leichten Teilchen modellieren. Die Stöße mit den Bestandteilen des Fluids werden durch eine stochastische Kraft $f(t)$ beschrieben.

Die Wirkung vieler schwacher Stöße können wir durch eine stochastische Kraft modellieren. Die stochastische Kraft kennzeichnen wir durch $f(t)$. Wenn man annimmt, dass ihr Mittelwert $\langle f(t) \rangle$ null ist, schließt man explizit die Reibungskraft $-m\zeta v$ aus, wobei ζ der Reibungskoeffizient (entsprechend der Kollisionsfrequenz) ist. Das newtonsche Gesetz für die Bewegung des (schweren) Teilchens mit der Masse m unter dem Einfluss vieler leichter Stöße lautet dann :

$$\boxed{m\dot{v} = -m\zeta v + f(t)} \,. \tag{2.336}$$

Hier gehen wir davon aus, dass kein externes Feld vorhanden ist (daher wird Gl. (2.336) als freie Langevin-Gleichung bezeichnet). Die stochastische Kraft wird durch ihren Mittelwert

$\langle f(t) \rangle$ und ihre Korrelation charakterisiert, z. B.

$$\langle f(t)\, f(t') \rangle \equiv \phi(t - t') = \lambda \delta(t - t') \tag{2.337}$$

für eine Deltakorrelation im Fall, dass die Korrelationszeit τ_c sehr klein ist (weißes Rauschen). Die Lösung von (2.336) ist

$$v(t) = v_0 e^{-\zeta t} + \frac{1}{m}\, e^{-\zeta t} \int\limits_0^t d\tau\; e^{\zeta \tau} f(\tau). \tag{2.338}$$

Sie lässt sich leicht mit der Methode der Variation der Konstanten finden. Da wir nicht an der exakten Bewegung, sondern nur am mittleren Verhalten interessiert sind, berechnen wir $\langle [v(t)]^2 \rangle$. Für $t \gg \zeta^{-1}$ erhält man

$$\langle v^2 \rangle \to \frac{\lambda}{2\zeta m^2}\,. \tag{2.339}$$

Beachte, dass für $t \gg \zeta^{-1}$ der Einfluss der Anfangsgeschwindigkeit v_0 verloren gegangen ist. Ein einzelnes Teilchen sollte nach vielen Kollisionen ($t \to \infty$) thermalisiert sein,

$$\frac{1}{2} m \langle v^2 \rangle \approx \frac{T}{2}\,. \tag{2.340}$$

Dies führt direkt zur Einstein-Beziehung

$$\boxed{\lambda = 2\,\zeta\, m\, T}\,, \tag{2.341}$$

d. h., der Reibungskoeffizient ist proportional zur quadratischen Amplitude der stochastischen Kraft. Auch die Geschwindigkeitskorrelationsfunktion ergibt sich unmittelbar,

$$\langle v(t)v(t') \rangle = \frac{\lambda}{2\zeta m^2}\, e^{-\zeta |t-t'|} + \left(v_0^2 - \frac{\lambda}{2\zeta m^2} \right) e^{-\zeta (t+t')}$$

$$\to \frac{\lambda}{2\zeta m^2}\, e^{-\zeta |t-t'|} \quad \text{for} \quad t, t' \gg \zeta^{-1}\,. \tag{2.342}$$

Die Korrelationsfunktion zeigt für lange Zeiten einen exponentiellen Abfall mit der charakteristischen Zeit ζ^{-1}.

Für den Transport ist die mittlere quadratische Abweichung $\langle [x(t)]^2 \rangle$ von grundlegender Bedeutung. Da x durch zeitliche Integration von v folgt, kann sie direkt mit der Geschwindigkeitskorrelationsfunktion (2.342) in Beziehung gesetzt werden. Im Langzeitlimit erhalten wir

$$\langle [x(t)]^2 \rangle \approx \int\limits_0^t d\tau \int\limits_0^t d\tau'\; \frac{\lambda}{2\zeta m^2}\, e^{-\zeta |\tau - \tau'|}\,. \tag{2.343}$$

Wenn wir das Integral in zwei Anteile aufspalten, gilt

$$\int\limits_0^t d\tau \int\limits_0^\tau d\tau' e^{-\zeta(\tau-\tau')} + \int\limits_0^t d\tau \int\limits_\tau^t d\tau' e^{-\zeta(\tau'-\tau)}$$

$$= \int\limits_0^t d\tau \, \frac{1}{\zeta} \, e^{-\zeta\tau} \left[e^{\zeta\tau} - 1 \right] + \int\limits_0^t d\tau \, \frac{1}{(-\zeta)} \, e^{\zeta\tau} \left[e^{-\zeta t} - e^{-\zeta\tau} \right]$$

$$= \frac{t}{\zeta} + \frac{1}{\zeta^2} \left[e^{-\zeta t} - 1 \right] - \frac{e^{-\zeta t}}{\zeta^2} \left[e^{\zeta t} - 1 \right] + \frac{t}{\zeta}$$

$$\sim \frac{2}{\zeta} \, t \quad \text{for large t .} \tag{2.344}$$

Daher folgt

$$\left\langle [x(t)]^2 \right\rangle \approx \frac{\lambda}{\zeta^2 m^2} \, t \; . \tag{2.345}$$

Die „standardmäßige" Definition des (ortsunabhängigen) Diffusionskoeffizienten D lautet

$$\langle x^2 \rangle = 2Dt \; , \tag{2.346}$$

und damit

$$D = \frac{\lambda}{2\zeta^2 m^2} = \frac{T}{\zeta m} \equiv \mu T \; , \tag{2.347}$$

wobei $\mu = 1/\zeta m$ die Beweglichkeit (Mobilität) ist. Beachte, dass für ein (unmagnetisiertes) 1D-System der Diffusionskoeffizient proportional zum Quadrat der thermischen Geschwindigkeit und umgekehrt proportional zur Stoßfrequenz ist.

Eine wichtige Bemerkung betrifft die Gl. (2.346). Warum nennen wir D den Diffusionskoeffizienten? Zur Veranschaulichung betrachten wir zunächst ein sehr einfaches 1D-Modell. Das Modell besteht aus einer linearen Kette, bei der Teilchen zu den Zeiten $\Delta t, 2\Delta t, \ldots$ mit einer konstanten Schrittlänge Δx und gleichen Wahrscheinlichkeiten von $\frac{1}{2}$ nach links oder rechts springen können. Die Wahrscheinlichkeit, nach insgesamt n Sprüngen r Schritte in eine Richtung gemacht zu haben, ist

$$P_n(r) = \frac{n!}{r!(n-r)!} \left(\frac{1}{2} \right)^n . \tag{2.348}$$

Wir führen nun die „physikalischen" Variablen $t = n\Delta t$ und $x = r\Delta x - (n-r)\Delta x$ ein, um das mittlere Quadrat

$$\langle x^2 \rangle = 4(\Delta x)^2 \sum_{r=0}^n \left(r - \frac{n}{2} \right)^2 P_n(r) \tag{2.349}$$

zu berechnen. Bei der Auswertung der Beiträge auf der rechten Seite können wir $p = q = 1/2$ verwenden.

$$\sum_{r=0}^{n} P_n(r) = (p + q)^n = 1 \,, \tag{2.350}$$

$$\sum_{r=0}^{n} r\, P_n(r) = p\, \frac{\partial}{\partial p}\, (p + q)^n = \frac{n}{2} \,, \tag{2.351}$$

$$\sum_{r=0}^{n} r^2 P_n(r) = p\, \frac{\partial}{\partial p}\, p\, \frac{\partial}{\partial p}\, (p + q)^n = \frac{n}{2} + \frac{n(n-1)}{4} \,, \tag{2.352}$$

wobei wir jetzt etwas allgemeiner

$$P_n(r) = \frac{n!}{r!(n-r)!}\, p^r\, q^{n-r} \,. \tag{2.353}$$

setzen. Die Berechnung führt zu

$$\langle x^2 \rangle = \frac{(\Delta x)^2}{\Delta t}\, t = 2Dt \,. \tag{2.354}$$

Beachte, dass $\langle x \rangle = 0$ ist, und daher beschreibt die letzte Formel den mittleren quadratischen Weg, der linear mit der Zeit wächst.

Der Nettoteilchenfluss $\Gamma = nv$ an einem bestimmten Punkt x_0 ergibt sich aus dem Gleichgewicht der Flüsse in positiver und negativer Richtung. Dabei beschreibt $n(x)$ die (anfängliche) Verteilung der Teilchen. Wir zählen die Anzahl der Sprünge in beide Richtungen, und daraus folgt

$$\Gamma = \Gamma_+ - \Gamma_- = \frac{1}{2\Delta t} \left[\int_{x_0 - \Delta x}^{x_0} n(x)\, dx - \int_{x_0}^{x_0 + \Delta x} n(x)\, dx \right] \tag{2.355}$$

in der Kontinuumsnäherung. Eine Taylor-Entwicklung von n bis zur ersten Ordnung, d. h. in der Form

$$n(x) \approx n(x_0) + \frac{dn}{dx_0} x \,, \tag{2.356}$$

wird in den Integranden benutzt. Das führt zu

$$\Gamma \approx - \frac{(\Delta x)^2}{2\Delta t} \left. \frac{dn}{dx} \right|_{x_0} \equiv -D\, \frac{dn}{dx} \,. \tag{2.357}$$

Die 1D-Kontinuitätsgleichung erscheint nun in der Form

$$\frac{\partial n}{\partial t} = -\frac{\partial \Gamma}{\partial x} = \frac{\partial}{\partial x} \left(D\, \frac{\partial n}{\partial x} \right) \,. \tag{2.358}$$

Beispiel 2.12 ($3D$-Verallgemeinerung)
Allgemeiner ($3D$) schreiben wir

$$\mathbf{j}(x) = -D \, \nabla \, n \, (x) \,\hat{=}\, - D \, \frac{\partial n}{\partial x} \tag{2.359}$$

für die bislang benutzte $1D$-Formulierung, die sich zu

$$\frac{\partial n}{\partial t} + \nabla \cdot \mathbf{j} = 0 \tag{2.360}$$

verallgemeinert.   ∎

Räumlich eindimensional erhalten wir die Diffusionsgleichung

$$\frac{\partial n}{\partial t} - D \, \frac{\partial^2 n}{\partial x^2} = 0 \, , \tag{2.361}$$

wobei wir der Einfachheit halber (meist) einen konstanten Diffusionskoeffizienten annehmen.

Beispiel 2.13 (Lösung der $1D$-Diffusionsgleichung)
Startend bei der Zeit $t = 0$, bei der alle Partikel am Punkt $x = 0$ konzentriert sind, d. h. $n(x, t = 0) = N \, \delta(x)$, ist die Lösung der Gl. (2.361)

$$n(x, t) = \frac{N}{\sqrt{4\pi \, Dt}} \, e^{-\frac{x^2}{4Dt}} \, . \tag{2.362}$$

Diese Lösung wird für $n(x, t = 0) = N\delta(x)$ erhalten, wenn wir die Fourier-Transformation einführen:

$$\tilde{n}(k, t) = \int\limits_{-\infty}^{\infty} dx \, n(x, t) e^{ikx} \, . \tag{2.363}$$

Nach räumlicher Fourier-Transformation lautet die Diffusionsgleichung

$$\frac{\partial \tilde{n}}{\partial t} = -Dk^2 \tilde{n} \, , \tag{2.364}$$

mit der offensichtlichen Lösung

$$\tilde{n}(k, t) = A e^{-Dk^2 t} \, . \tag{2.365}$$

Die Integrationskonstante A kann aus der Anfangsbedingung bestimmt werden. Da $\tilde{n}(k, t = 0) = N$, bekommen wir $A = N$. Anwendung der inversen Transformation führt zu

$$n(x,t) = \frac{N}{2\pi} \int_{-\infty}^{\infty} dk\; e^{-ikx} e^{-Dk^2 t} = \frac{N}{\sqrt{4\pi D t}}\; e^{-x^2/4Dt}\;. \tag{2.366}$$

∎

Verallgemeinern wir nun die obigen Ergebnisse für die $1D$-Langevin-Gleichung (ohne externe Felder) zu einer Langevin-Gleichung, die für Erwartungen in heißen und magnetisierten Systemen geeigneter ist. Dazu müssen wir die Lorentz-Kraft einbeziehen, und das Problem wird im Wesentlichen $3D$. Eine geeignete Verallgemeinerung mit einem Magnetfeld in z-Richtung ist

$$\frac{d\mathbf{q}(t)}{dt} = \mathbf{v}(t)\;, \tag{2.367}$$

$$\frac{d\mathbf{v}_\perp(t)}{dt} = \Omega\;(\mathbf{v}_\perp \times \hat{e}_z) - \nu\,\mathbf{v}_\perp + \mathbf{a}(t)\;, \tag{2.368}$$

$$\frac{dv_z(t)}{dt} = -\nu\,v_z + a_z(t)\;. \tag{2.369}$$

Wir werden auf dieses System im Kapitel über stochastischen Transport auch wieder zurückkommen. Da die gegenwärtige Verallgemeinerung immer noch ein lineares (inhomogenes) System ist, kann sie explizit gelöst werden. Ähnlich wie im einfachen $1D$-Fall kann für lange Zeiten t ein charakteristisches Verhalten beim Lösen der Geschwindigkeitskorrelationsfunktion und des mittleren quadratischen Weges festgestellt werden. Die stoßbedingte Kraft hat eine mittlere Komponente $-m\nu\mathbf{v}(t)$ und eine zufällige, schwankende Komponente $m\mathbf{a}(t)$. Dabei werden die Kollisionen als eine Kraft modelliert, die im Durchschnitt eine Reibung proportional zur Geschwindigkeit erzeugt. Das haben wir bereits erwähnt. In der detaillierteren Beschreibung ist die momentane Intensität und Richtung der Reibungskraft zufällig, wie durch $m\mathbf{a}(t)$ beschrieben. Die Konstante ν wird mit der Stoßfrequenz identifiziert. Die Funktion $\mathbf{a}(t)$ ist nur durch ihre statistischen Eigenschaften definiert. Ein gaußscher Prozess ist vollständig durch seine ersten beiden Momente definiert. Wir nehmen an, dass $\mathbf{a}(t)$ ein stationärer, deltakorrelierter gaußscher Prozess (weißes Rauschen) ist, sodass die ersten und zweiten Momente $\langle a_r(t)\rangle = 0$ und $\langle a_r(t)a_s(t+\tau)\rangle = A\delta_{rs}\delta(\tau)$ sind, für $r,s = x,y,z$. Die Konstante wird später festgelegt.

Angenommen, die Geschwindigkeit des Testpartikels zu $t = 0$ hat den Wert $\mathbf{v}(0) = \mathbf{v}_0$ mit Wahrscheinlichkeit 1. Wir behandeln die Langevin-Gleichung zunächst als gewöhnliche Differentialgleichung für eine gegebene Realisierung $\mathbf{a}(t)$. Dabei führen wir einen Propagator ein,

$$G(t) = \begin{pmatrix} e^{-\nu t}\cos(\Omega t) & e^{-\nu t}\sin(\Omega t) & 0 \\ e^{-\nu t}\sin(\Omega t) & e^{-\nu t}\cos(\Omega t) & 0 \\ 0 & 0 & e^{-\nu t} \end{pmatrix}\;. \tag{2.370}$$

Für $t \geq 0$ können wir die Lösung in der Form

$$\mathbf{v} = G(t) \cdot \mathbf{v}_0 + \int_0^t d\theta\, G(\theta) \cdot \mathbf{a}(t - \theta) \tag{2.371}$$

schreiben. Das erste Moment ergibt sich nach einfacher Mittelung,

$$\langle \mathbf{v}(t) \rangle = G(t) \cdot \mathbf{v}_0 . \tag{2.372}$$

Die Geschwindigkeitsautokorrelationsfunktionen, für $t_1 > t_2$, erhält man z. B. als

$$R_{xx}(t_1, t_2) \equiv \langle v_x(t_1) v_x(t_2) \rangle \tag{2.373}$$

$$= e^{-\nu(t_1+t_2)} \left[\cos(\Omega t_1)\cos(\Omega t_2) v_{0x}^2 + \sin(\Omega t_1)\sin(\Omega t_2) v_{0y}^2 \right]$$

$$+ \frac{A}{2\nu}\, e^{-\nu(t_1-t_2)} \left[1 - e^{-2\nu t_2} \right] \cos\left[\Omega(t_1 - t_2) \right] .$$

Die Autokorrelationsfunktion R_{yy} wird auf ähnliche Weise gewonnen. Die parallele Autokorrelationsfunktion R_{zz} folgt aus R_{xx}, indem man $\Omega = 0$ setzt. Als Nächstes mitteln wir über verschiedene Anfangsgeschwindigkeiten $\mathbf{v}_0$. Nehmen wir an, dass diese maxwellverteilt sind mit der Geschwindigkeitsverteilungsfunktion

$$f(\mathbf{v}_0) = \frac{1}{(2\pi)^{3/2} v_{th}^3}\, \exp\left(-\frac{v_0^2}{2 v_{th}^2} \right) , \tag{2.374}$$

wobei $v_{th} = \sqrt{\frac{T}{m}}$. Wir definieren

$$\bar{R}_{xx}(t_1, t_2) = \int d^3 v_0\, f(\mathbf{v}_0) R_{xx}(t_1, t_2) \tag{2.375}$$

und erhalten nach einiger Algebra

$$\bar{R}_{xx}(t_1, t_2) = \frac{1}{2} \left\{ \frac{A}{\nu}\, e^{-\nu|t_1-t_2|} + \left(2 v_{th}^2 - \frac{A}{\nu} \right) e^{-\nu(t_1+t_2)} \right\} \cos\left[\Omega(t_1 - t_2) \right] . \tag{2.376}$$

In dieser Form ist die Autokorrelationsfunktion nicht stationär, es sei denn $A = 2 v_{th}^2 \nu$. Wir fassen zusammen und definieren dabei $\tau = t_1 - t_2$:

$$\bar{R}_{xx}(\tau) = v_{th}^2 e^{-\nu|\tau|} \cos(\Omega\tau) , \quad \bar{R}_{zz}(\tau) = v_{th}^2 e^{-\nu|\tau|} . \tag{2.377}$$

Die momentane Position

$$x(t) = x(0) + \int_0^t d\theta\, v_x(\theta) \equiv x(0) + \delta x(t) \tag{2.378}$$

liefert dann für die mittlere quadratische Abweichung

$$\langle \delta x^2(t) \rangle = \int_0^t dt_1 \int_0^t dt_2 \, \bar{R}_{xx}(t_1 - t_2) \, . \tag{2.379}$$

Für das innere Integral auf der rechten Seite verwenden wir für festes t_1 die neue Variable $\tau = t_1 - t_2$, um mittels partieller Integration zu erhalten

$$\langle \delta x^2(t) \rangle = -\int_0^t dt_1 \int_{t_1}^{t_1 - t} d\tau \, \bar{R}_{xx}(\tau) = \int_0^t dt_1(t - t_1)\bar{R}_{xx}(t_1) + \int_0^t dt_1 t_1 \bar{R}_{xx}(t_1 - t) \, . \tag{2.380}$$

Der letzte Term auf der rechten Seite ergibt dasselbe Resultat wie der erste. Das wird leicht ersichtlich, wenn man die Variable $\bar{t}_1 = t - t_1$ einführt und die Tatsache nutzt, dass $\bar{R}_{xx}(-\bar{t}_1) = R_{xx}(\bar{t}_1)$ ist. Somit folgt

$$\langle \delta x^2(t) \rangle = 2 \int_0^t d\tau(t - \tau)\bar{R}_{xx}(\tau) \, . \tag{2.381}$$

Wir sind nun in der Lage, den Diffusionskoeffizienten

$$D_\perp(t) = \frac{1}{2} \frac{d}{dt} \langle \delta x^2(t) \rangle = \int_0^t d\tau \, \bar{R}_{xx}(\tau) \tag{2.382}$$

zu bestimmen. Man findet

$$D_\perp(t) = v_{th}^2 \, \frac{v + [\Omega \sin(\Omega t) - v \cos(\Omega t)]e^{-vt}}{v^2 + \Omega^2} \, . \tag{2.383}$$

Im asymptotischen Grenzfall folgt

$$\boxed{D_\perp = \lim_{t \to \infty} D_\perp(t) = v_{th}^2 \, \frac{v}{v^2 + \Omega^2}} \, . \tag{2.384}$$

Der parallele, noch zeitabhängige Diffusionskoeffizient ist

$$D_\parallel(t) = v_{th}^2 \, \frac{1 - e^{-vt}}{v} \, , \tag{2.385}$$

mit dem asymptotischen Wert

$$\boxed{D_\parallel = \frac{v_{th}^2}{v}} \, . \tag{2.386}$$

Zusammenfassend haben wir

$$D_{\parallel} \approx \frac{T}{\nu m} \tag{2.387}$$

und

$$D_{\perp} = \frac{T}{m}\,\frac{\nu}{\Omega^2 + \nu^2}\,, \tag{2.388}$$

wobei $\Omega = qB/m$ die Zyklotronfrequenz ist. Für starke Magnetfelder $\Omega \gg \nu$ gilt näherungsweise

$$D_{\perp} \approx \frac{T}{m}\,\frac{\nu}{\Omega^2} \sim \frac{T\nu}{B^2}\,. \tag{2.389}$$

Beachte, dass der senkrechte Diffusionskoeffizient nun proportional zur Kollisionsfrequenz und umgekehrt proportional zum Quadrat der Magnetfeldstärke ist. Diese Vorhersage spricht für eine gute magnetische Einschließung durch starke Magnetfelder. Leider sieht die Realität anders aus.

Gleichgewichtsstatistik eines Plasmas 3

Inhaltsverzeichnis

Zusammenfassung

Das Vielteilchensystem Plasma ist im thermodynamischen Gleichgewicht mit den bekannten Methoden der Gleichgewichtsstatistik und Thermodynamik beschreibbar. Insofern stellen die Rechnungen dieses Kapitels „nur" eine Anwendung der in der entsprechenden Kursvorlesung entwickelten Prinzipien dar. Allerdings sind die Auswertungen selbst im klassischen Fall keinesfalls trivial; im Gegenteil: In Systemen mit innerer Wechselwirkung stößt man schnell auf sehr große mathematische Schwierigkeiten, deren Auflösungen bis heute Gegenstand intensiver Forschung sind. Quantenstatistik wird in diesem Kapitel nicht betrieben. Sie ist insbesondere bei komplexen Plasmen von großer Bedeutung.

3.1 Grundlagen

In diesem Abschnitt beginnen wir mit einigen Grundlagen der statistischen Beschreibung, bei der nicht augenblickliche Werte zufälliger Variablen interessieren, sondern das „mittlere" (thermodynamische) Verhalten des Systems. Wir führen die Zustandssumme ein und erinnern daran, wie aus der Zustandssumme die thermodynamischen Variablen (im Gleichgewicht) gewonnen werden können.

© Der/die Autor(en), exklusiv lizenziert an Springer-Verlag GmbH, DE, ein Teil von Springer Nature 2025
K.-H. Spatschek, *Theoretische Plasmaphysik*,
https://doi.org/10.1007/978-3-662-71426-3_3

Den Mittelwert $\langle \dots \rangle$ einer Größe $F(q, p)$, die von allen Orten $\mathbf{q}_i$ und kanonisch konjugierten Impulsen $\mathbf{p}_i$ der Teilchen $i = 1, \dots, N$ (abgekürzt: q, p) abhängt, schreiben wir als

$$\langle F \rangle = \int d^{3N}q \, d^{3N}p \, F(q, p)\rho(q, p; t). \tag{3.1}$$

Dieser Ausdruck bedarf einiger erläuternder Worte. Wir mitteln mit einer Gewichtsfunktion ρ, die wiederum von allen Koordinaten und Impulsen abhängt. Die Festlegung von ρ wird uns im Folgenden noch intensiv beschäftigen. Integriert wird in (3.1) über den Γ-Raum, der von den Koordinaten und Impulsen aller Teilchen aufgespannt wird. Bei N Teilchen handelt es sich also um einen $6N$-dimensionalen Raum. In diesem hochdimensionalen Raum wird der augenblickliche (mikroskopische) Zustand durch einen Punkt (die Ergode) dargestellt. Die zeitliche Entwicklung des Systems entspricht also der Bewegung der Ergode im Γ-Raum.

Zu einer statistischen Beschreibung des gesamten Systems gelangen wir, indem wir eine Vielzahl von Punkten im Γ-Raum betrachten, d. h. ein Ensemble von Systemen. Begrifflich muss also der folgende Unterschied klar sein: Ein System besteht aus vielen (N) miteinander wechselwirkenden Teilchen. Zwei Systeme des Ensembles wechselwirken *nicht* miteinander. Die Frage, welche Systeme in dem konstruierten Ensemble überhaupt zugelassen werden, wird ausführlich in der Vorlesung „Statistik und Thermodynamik" diskutiert. Hier nur die beiden Anmerkungen, dass die innere Dynamik der einzelnen Systeme durch ein und dieselbe Hamilton-Funktion bestimmt ist und alle Systeme mit den vorgegebenen makroskopischen Größen verträglich sein müssen. Das betrachtete Ensemble wird oft virtuelles Ensemble oder gibbssches Ensemble genannt. Seine Dichte benutzen wir zur Mittelung. An dieser Stelle geht das „Prinzip der gleichen A-priori-Wahrscheinlichkeit" ein: Jeder mikroskopische Zustand, der zulässig ist, hat das gleiche Gewicht. Für die Dichte ρ im Γ-Raum gilt wegen der fehlenden Wechselwirkung der Ergoden, die zu verschiedenen Systemen gehören, eine Kontinuitätsgleichung

$$\frac{\partial \rho}{\partial t} + \sum_{i=1}^{3N} \left[\frac{\partial (\rho \dot{q}_i)}{\partial q_i} + \frac{\partial (\rho \dot{p}_i)}{\partial p_i} \right] = 0 \,. \tag{3.2}$$

Die Dichte ist inkompressibel, da

$$\nabla \cdot \mathbf{v}_\Gamma \equiv \sum_{i=1}^{3N} \left(\frac{\partial \dot{q}_i}{\partial q_i} + \frac{\partial \dot{p}_i}{\partial p_i} \right) = 0 \tag{3.3}$$

wegen der kanonischen Gleichungen der Mechanik erfüllt ist.

Benutzen wir dies in (3.2), so folgt

$$\frac{d\rho}{dt} = 0 \tag{3.4}$$

bzw.

$$\boxed{\frac{\partial \rho}{\partial t} = \{H, \rho\}} \tag{3.5}$$

Diese Gleichung, bekannt unter dem Namen Liouville-Gleichung, gilt in der angegebenen Form nur für kanonisch konjugierte Variablen mit der Poisson-Klammer $\{\dots, \dots\}$. Die quantenmechanische Verallgemeinerung mit der Dichtematrix $\hat{\rho}$ ist die Von-Neumann-Gleichung

$$i\hbar \frac{\partial \hat{\rho}}{\partial t} = [H, \hat{\rho}]; \tag{3.6}$$

die quantenmechanische Mittelung ergibt sich aus $\hat{\rho}$ vermöge Spurbildung

$$\langle \hat{A} \rangle = \mathrm{Sp}(\hat{A}\hat{\rho}). \tag{3.7}$$

Eine Diskussion des klassischen Grenzfalls legt bei N ununterscheidbaren Teilchen den Übergang

$$\mathrm{Sp}(\hat{A}\hat{\rho}) \longrightarrow \int \dots \int \frac{d^{3N}p\, d^{3N}q}{h^{3N} N!} A\rho \tag{3.8}$$

fest. Über die Ergodenhypothese identifizieren wir das Ensemblemittel mit dem Messmittel und dem Zeitmittel.

Die Liouville-Gleichung ist – trotz ihrer einfachen Gestalt bei der kompakten Schreibweise (3.5) – eine äußerst komplizierte partielle Differentialgleichung, deren allgemeine Lösung praktisch unmöglich ist. Eine erste Vereinfachung ist dann möglich, wenn man sich auf Gleichgewichtszustände beschränkt, in denen keine *explizite* Zeitabhängigkeit in ρ auftreten soll,

$$\frac{\partial \rho}{\partial t} = \dot{\rho} = 0, \tag{3.9}$$

sodass im klassischen Fall

$$\{H, \rho\} = 0 \tag{3.10}$$

gilt. Diese Gleichung für ρ wird nicht nur durch jede Funktion von H erfüllt, sondern allgemein von jeder Funktion der Erhaltungsgrößen. Welche Konstanten der Bewegung letztlich für eine statistische Beschreibung relevant sind, kann hier nicht eingehend diskutiert werden; es ist jedoch klar, dass die Energie eine ausgezeichnete Rolle spielt.

Verschiedene Gesamtheiten, von denen das mikrokanonische, das kanonische und das großkanonische Ensemble besondere Bedeutung besitzen, können für ρ herangezogen werden. Es seien hier beispielhaft das kanonische Ensemble mit

$$\rho = \frac{1}{h^{3N} N! Z} e^{-\beta H} \tag{3.11}$$

und das großkanonische Ensemble mit

$$\rho = \frac{1}{h^{3N} N! Z_g} e^{-\beta H - \alpha N} \tag{3.12}$$

angegeben. Den „Normierungen" oder Zustandssummen

$$\boxed{Z = \frac{1}{h^{3N} N!} \int \cdots \int d^{3N} p\, d^{3N} q\, e^{-\beta H}}\,, \tag{3.13}$$

$$Z_g = \sum_{N=0}^{\infty} \frac{1}{h^{3N} N!} \int \cdots \int d^{3N} p\, d^{3N} q\, e^{-\beta H - \alpha N} \tag{3.14}$$

kommt beim Übergang zur thermodynamischen Beschreibung eine zentrale Rolle zu. Die kanonische Zustandssumme Z hängt mit der freien Energie F über

$$\boxed{F = -\theta \ln Z} \tag{3.15}$$

zusammen, wobei $\theta = k_B T = 1/\beta$ gilt. Eine Begründung dieser Relation lässt sich vielleicht am einfachsten anhand der folgenden Überlegung ins Gedächtnis rufen: Die freie Energie ergibt sich aus der inneren Energie U und der Entropie S,

$$F = U - TS, \tag{3.16}$$

und damit folgt für das Differential

$$dF = dU - T dS - S dT. \tag{3.17}$$

Zu F gehören die natürlichen Variablen Temperatur T, Volumen V und Teilchenzahl N (wobei man, um allgemeine Kräfte zuzulassen, oft anstelle von V die Bezeichnung $\mathbf{a}$ einführt, mit der Konsequenz, dass der Druck p durch $-\mathbf{A}$ ersetzt wird und damit $p dV \widehat{=} -\mathbf{A} \cdot d\mathbf{a}$ gilt). Für eine Umformung der rechten Seite von (3.17) auf eine Differentialform mit dT, dV und dN bemühen wir die Hauptsätze der Thermodynamik. Danach gilt

$$dS = dQ/T \tag{3.18}$$

und

$$dQ = dU + p dV - \mu dN, \tag{3.19}$$

wobei μ das chemische Potential ist, das mit α über $\alpha = -\beta \mu$ zusammenhängt. Eingesetzt in (3.17) folgt

$$dF = \frac{F - U}{T} dT - p dV + \mu dN. \tag{3.20}$$

Vergleichen wir dies mit der Differentialform von (3.15),

$$dF = -\ln Z \, d\theta - \theta \frac{1}{Z} dZ, \tag{3.21}$$

wobei

$$dZ = \frac{\partial Z}{\partial N} dN + \frac{1}{h^{3N} N!} \int \cdots \int d^{3N}p \, d^{3N}q \left[\frac{H}{\theta^2} d\theta - \frac{1}{\theta} \frac{\partial H}{\partial V} dV \right] e^{-H/\theta}$$

$$= \frac{\partial Z}{\partial N} dN + \left[\frac{1}{\theta^2} U d\theta + \frac{1}{\theta} p dV \right] \tag{3.22}$$

gilt. Auf die Definition des Druckes kommen wir später noch einmal zurück. Eine einfache Umformung,

$$d(-\theta \ln Z) = \frac{(-\theta \ln Z - U)}{T} dT - p dV + \frac{\partial}{\partial N}(-\theta \ln Z) dN, \tag{3.23}$$

und der Vergleich mit (3.20) führen zu der Identifikation (3.15). Ähnlich folgt z.B. $pV = \theta \ln Z_g$ für die großkanonische Zustandssumme Z_g und das großkanonische Potential pV, mit den natürlichen Variablen T, V und μ. Bleiben wir jedoch bei der kanonischen Gesamtheit (wir wissen ja: Die Ergebnisse dürfen im thermodynamischen Limes $N \to \infty$, $N/V = const$ nicht von der Wahl des Ensembles abhängen; wir können uns den für uns angenehmsten Weg aussuchen!), so ergeben sich die übrigen thermodynamischen Größen aus

$$S = -\left. \frac{\partial F}{\partial T} \right|_{N,V} \quad , \quad p = -\left. \frac{\partial F}{\partial V} \right|_{T,N}, \tag{3.24}$$

$$\mu = \left. \frac{\partial F}{\partial N} \right|_{T,V} \quad , \quad c_V = \left. \frac{\partial (F + TS)}{\partial T} \right|_{N,V}. \tag{3.25}$$

Damit ist das weitere Vorgehen im Rahmen einer Gleichgewichtsstatistik des Plasmas vorgezeichnet: Wir müssen die Zustandssumme berechnen. Wenn wir das hier rein klassisch tun werden, vernachlässigen wir die Effekte, die von Bindungen herrühren. Dieses Vorgehen wird durch die Vorstellung bestimmt, dass die Zustandssumme in zwei Teile faktorisiert; der eine Anteil beschreibt die freien Teilchen und der andere die Bindungen. Die Rechtfertigung eines solchen Modells ist schwierig und wir müssen diesbezüglich auf die Spezialliteratur verweisen. Wir definieren hier Teilchen als frei, z.B. ein Ion und ein benachbartes Elektron, wenn ihr Abstand r eine bestimmte Distanz überschreitet. Gewöhnlich fordert man

$r^2 \geq \lambda_B \cdot r_w$, mit der De-Broglie-Wellenlänge λ_B und dem klassischen Wechselwirkungsradius r_w. Wir werden den unteren Grenzabstand beachten, wenn wir die Hamilton-Funktion für ein Elektronen-Ionen-System in der Form

$$H = \frac{1}{2}\sum_{j=1}^{N}\left[\frac{p_j^2}{m} + \frac{P_j^2}{M}\right] + \frac{k}{2}\sum_{\substack{i,j \\ i \neq j}}^{N}\left[\frac{e^2}{|\mathbf{R}_i - \mathbf{R}_j|} + \frac{e^2}{|\mathbf{r}_i - \mathbf{r}_j|}\right] - k\sum_{i,j}^{N}\frac{e^2}{|\mathbf{R}_i - \mathbf{r}_j|} \qquad (3.26)$$

anschreiben. Als Abkürzung für das SI-Einheitensystem haben wir vorübergehend die sogenannte Coulomb-Konstante $k = \frac{1}{4\pi\varepsilon_0}$ eingeführt. Die kanonische Zustandssumme für N einfach geladene Ionen (Masse M) an den Orten $\mathbf{R}_i$ mit den Impulsen $\mathbf{P}_i$ und N Elektronen (Masse m) an den Orten $\mathbf{r}_i$ mit den Impulsen $\mathbf{p}_i$ ist dann

$$Z = \frac{1}{h^{6N}(N!)^2}\int \cdots \int d^{3N}p\, d^{3N}P\, d^{3N}r\, d^{3N}R\, e^{-\beta H}, \qquad (3.27)$$

wobei $H = H(\mathbf{r}, \mathbf{p}, \mathbf{R}, \mathbf{P})$ eingesetzt werden muss. Wir sehen, dass der Gibbs-Faktor $\exp(-\beta H)$ in einen Impuls- und einen Ortsanteil aufspaltet. Um den Impulsanteil auszurechnen, müssen Integrale des Typs

$$\int_0^\infty x^2 e^{-a^2 x^2}dx = \frac{\sqrt{\pi}}{4a^3} \qquad (3.28)$$

berechnet werden.

Beispiel 3.1 (Ideales-Gas-Näherung)
Zur Übung diskutieren wir jetzt den Fall, in dem die Wechselwirkung in der Hamilton-Funktion vernachlässigt werden kann. Diese Approximation ist als Näherung des idealen Gases bekannt. In diesem Fall folgt

$$Z = \frac{1}{h^{6N}(N!)^2}\left[\frac{2\pi m^{1/2}M^{1/2}}{\beta}\right]^{3N} V^{2N}, \qquad (3.29)$$

und damit kann die freie Energie sehr einfach über

$$F = -k_B T \ln Z \qquad (3.30)$$

berechnet werden. Wenn wir beispielsweise an dem Druck interessiert sind, wird wegen

$$p = -\left.\frac{\partial F}{\partial V}\right|_{T,N} \qquad (3.31)$$

nur die Volumenabhängigkeit wichtig. Die einfache Rechnung führt zu

$$p = \frac{2Nk_B T}{V} \qquad (3.32)$$

bei $2N$ Teilchen im Volumen V mit der (Elektronen- gleich Ionen-)Temperatur T. Ganz
entsprechend folgt

$$E = -\frac{\partial}{\partial \beta} \ln Z = \frac{3}{2}(2N)k_B T. \tag{3.33}$$

Diese Formeln sind, ebenso wie die weiteren für die Entropie, die spezifische Wärme usw.,
aus der Statistik-Vorlesung über ideale Gase bekannt. Wir können sie als Ausgangspunkte
für die Rechnungen einschließlich Wechselwirkung ansehen.   ∎

An dieser Stelle lassen sich bereits die Erwartungen bezüglich der Ergebnisse einer
exakten Rechnung etwas konkretisieren: Da die (mittlere) potentielle Energie eines
Teilchens wesentlich kleiner als seine (mittlere) kinetische Energie sein soll, dürften
bezüglich der thermodynamischen Variablen die Beiträge der potentiellen Energie
im Gibbs-Faktor keine allzu große Rolle spielen. Diese Erwartung legt nahe, dass
die Abweichungen vom idealen Gasgesetz wahrscheinlich nur Korrekturen von der
Ordnung Λ^{-1} (inverse Teilchenzahl in der Debye-Zone) sein werden.

Wir können an dieser Stelle mehr für die weitere Rechnung lernen, wenn wir uns einige
Ergebnisse der klassischen Statistik für nichtideale (imperfekte) Gase in Erinnerung rufen.
Die gesamte Zustandssumme für ein System von N Teilchen (Masse m) mit der potentiellen
Energie ϕ spalten wir in zwei Anteile auf,

$$Z = \frac{1}{N!h^{3N}} \int \cdots \int d^{3N}p \, d^{3N}q \, e^{-H(p,q)/k_B T}$$

$$= J(T)Q(T,V), \tag{3.34}$$

wobei

$$H = \frac{1}{2m} \sum_i \mathbf{p}_i^2 + \phi(\mathbf{q}_1, \ldots, \mathbf{q}_N) \tag{3.35}$$

und $\phi = \sum_{i<j} \phi_{ij}$ gilt. Die Funktionen J und Q sind als

$$J(T) = \frac{1}{h^{3N}} \left[\int_{-\infty}^{\infty} \exp(-p^2/2mk_B T)dp \right]^{3N} = \left[\frac{2\pi m k_B T}{h^2} \right]^{3N/2}, \tag{3.36}$$

$$Q(T,V) = \frac{1}{N!} \int \cdots \int d^3q_1 \ldots d^3q_N \exp(-\phi/k_B T) \tag{3.37}$$

definiert. Den Faktor $\exp(-\phi/k_B T)$ bezeichnet man gewöhnlich als verallgemeinerten
Boltzmann-Faktor.

Eine wesentliche Rolle bei der Berechnung der Abweichungen spielt die Zwei-Teilchen-Verteilungsfunktion

$$n^{(2)}(\mathbf{r}_1, \mathbf{r}_2) := \frac{N(N-1)\int \dots \int d^3 r_3 \dots d^3 r_N \, \exp(-\phi/k_B T)}{\int \dots \int d^3 r_1 \dots d^3 r_N \, \exp(-\phi/k_B T)}, \tag{3.38}$$

die die Wahrscheinlichkeit dafür angibt, zwei Teilchen an den Orten $\mathbf{r} = \mathbf{r}_1$ und $\mathbf{r} = \mathbf{r}_2$ vorzufinden. Es ist leicht zu sehen, dass z. B. die gesamte Energie exakt als

$$E = -\frac{\partial \ln Z}{\partial \beta} = \frac{3}{2} N k_B T + (V/2) \int d^3(|\mathbf{r}_1 - \mathbf{r}_2|) \, \phi_{12} \, n^{(2)}(\mathbf{r}_1, \mathbf{r}_2) \tag{3.39}$$

geschrieben werden kann, sofern ϕ_{12} nur vom Abstand der beiden Teilchen abhängt. Der erste Term auf der rechten Seite stellt den Beitrag der kinetischen Energie dar, der zweite den der potentiellen Energie. Unsere Erwartung, dass in einem Plasma der zweite Term um einen Faktor $1/\Lambda$ kleiner ist als der erste, wird jetzt für die Energie recht evident.

Abschließend noch einige klärende Worte zu der Zustandsgleichung, die aus

$$\boxed{p = k_B T \left. \frac{\partial \ln Q}{\partial V} \right|_{T,N}} \tag{3.40}$$

folgt. Um die Differentiation bezüglich des Volumens besser zu verstehen, denken wir uns das System in einem Würfel mit der Kantenlänge L eingeschlossen; $V = L^3$. Wir gehen zu dimensionslosen Ortsvariablen über, indem wir mit L normieren. Dies hat zur Folge, dass die Integrationsgrenzen konstant (0 und 1) werden und bei der Differentiation nach dem Volumen keine Rolle spielen. Es gilt

$$Q(T, V) = \frac{L^{3N}}{N!} \int_0^1 \dots \int_0^1 d^3\left(\frac{r_1}{L}\right) \dots d^3\left(\frac{r_N}{L}\right)$$

$$\times \exp\left[-\frac{1}{k_B T} \sum_{i<j} \phi_{ij}\left(\frac{|\mathbf{r}_i - \mathbf{r}_j|L}{L}\right) \right]. \tag{3.41}$$

Wegen

$$\frac{\partial}{\partial V} = \frac{1}{3V} L \frac{\partial}{\partial L} \tag{3.42}$$

berechnen wir

$$L \frac{\partial \ln Q}{\partial L} = 3N - \frac{1}{k_B T} \sum_{j<k} \frac{\int \dots \int d^3\left(\frac{r_1}{L}\right) \dots d^3\left(\frac{r_N}{L}\right) |\mathbf{r}_j - \mathbf{r}_k| \phi'_{jk} e^{-\beta\phi}}{N! Q/L^{3N}}$$

$$= 3N - \frac{N(N-1)}{2k_B T} \frac{\int \dots \int d^3 r_1 \dots d^3 r_N |\mathbf{r}_1 - \mathbf{r}_2| \phi'_{12} e^{-\beta\phi}}{\int \dots \int d^3 r_1 \dots d^3 r_N e^{-\beta\phi}}. \tag{3.43}$$

Es gilt deshalb

$$pV = Nk_BT - \frac{1}{6}V \int d^3(|\mathbf{r}_1 - \mathbf{r}_2|)\, |\mathbf{r}_1 - \mathbf{r}_2|\, \phi'_{12}\, n^{(2)}(\mathbf{r}_1, \mathbf{r}_2), \tag{3.44}$$

und wiederum kann erwartet werden, dass in einem Plasma (in der hier gewählten Näherung) der erste Term auf der rechten Seite gewinnt. Die gerade durchgeführte Rechnung lässt uns auch in klassischer Weise verstehen, wie der Druck mit der Änderung der Energieeigenwerte bei Volumenvariationen zusammenhängt. Im nächsten Abschnitt schauen wir uns die Auswertungen für ein klassisches Plasma genauer an.

3.2 Clusterintegrale

Wir beschäftigen uns in diesem Abschnitt mit der Berechnung des Wechselwirkungsanteils

$$Q' := \int d^{3N}r\, d^{3N}R \exp\left[-\beta \sum_{i,j}^{N} \phi_{ij}\right] \tag{3.45}$$

für ein System, das durch die Hamilton-Funktion (3.26)

$$H = \frac{1}{2}\sum_{j=1}^{N}\left[\frac{p_j^2}{m} + \frac{P_j^2}{M}\right] + \frac{k}{2}\sum_{\substack{i,j \\ i \neq j}}^{N}\left[\frac{e^2}{|\mathbf{R}_i - \mathbf{R}_j|} + \frac{e^2}{|\mathbf{r}_i - \mathbf{r}_j|}\right] - k\sum_{i,j}^{N}\frac{e^2}{|\mathbf{R}_i - \mathbf{r}_j|} \tag{3.46}$$

beschrieben wird, wobei ϕ_{ij} die (coulombsche) Wechselwirkungsenergie zwischen zwei Teilchen i und j abkürzen soll. Bei der Summation können die Teilchen der gleichen Teilchensorte oder unterschiedlichen Teilchensorten (Elektronen und Ionen) angehören.

Wir erkennen leicht, dass sich aufgrund der Zweierwechselwirkung die Exponentialfunktion in der Wechselwirkungsenergie als ein Produkt sehr vieler Exponentialfunktionen schreiben lässt. Wir greifen nun, zu Demonstrationszwecken, den Beitrag zu Q' heraus, der von der Wechselwirkung zwischen gleichartigen Teilchen stammt, d. h. mit der Coulomb-Konstanten k

$$Q'' := \int d^{3N}r \exp\left[-\beta \sum_{i,j}^{N} \phi_{ij}\right], \tag{3.47}$$

$$\phi_{ij} = k\frac{e^2}{|\mathbf{r}_i - \mathbf{r}_j|}\; ; \tag{3.48}$$

i und j gehören zur gleichen Teilchensorte (z. B. Elektronen) und die Summation im Exponenten von Q'' erstreckt sich über alle möglichen Wechselwirkungsbeiträge innerhalb der Teilchensorte. Man kann diese Summationsvorschrift auch genauer durch $\frac{1}{2}\sum_{i,j}^{N}{}'$ kennzeichnen, wobei der Strich $(')$ bedeutet, dass $i = j$ ausgeschlossen wird, und der Faktor $\frac{1}{2}$ sicherstellt, dass bei unabhängiger Summation über i und j Wechselwirkungen nicht doppelt gezählt werden. Äquivalent ist die Einschränkung $i > j$. Bei manchen Zwischenrechnungen werden wir jedoch diese Einschränkung nicht explizit aufschreiben, um die Notation nicht unnötig zu verkomplizieren.

Im Rahmen der Statistik schreibt man nun Q'' mittels f-Bindungen,

$$Q'' = \int d^{3N}r \prod_{i,j}(1 + f_{ij}), \tag{3.49}$$

mit der sogenannten Mayer-Funktion

$$f_{ij} = \exp(-\beta\phi_{ij}) - 1. \tag{3.50}$$

Bei der Produktbildung über i und j gilt eine ähnliche Einschränkung wie gerade diskutiert, d. h. $i > j$. Zunächst hat f_{ij} im Gegensatz zu $\exp(-\beta\phi_{ij})$ eine vorteilhafte Eigenschaft: Die Mayer-Funktion verschwindet für $|\mathbf{r}_i - \mathbf{r}_j| \to \infty$. Im Gebiet der Abstoßung gilt $f_{ij} < 0$. Die Einführung der f_{ij} bringt den Vorteil mit sich, dass wir das asymptotische Verhalten der auftretenden Integranden etwas schneller und einfacher erkennen. Ansonsten haben wir bislang nichts gewonnen.

Zur Auswertung der Zustandssumme gibt es verschiedene Verfahren, z. B. die Kumulantenentwicklung, oder die Virialentwicklung usw. Wir schildern im Folgenden eine Graphenmethode, die zu einer Virialentwicklung führt. Dabei versucht man, die verschiedenen Beiträge zu Q'' zu ordnen, indem man die sogenannten Clusterintegrale,

$$b_1 = \frac{1}{V} \int d^3r_1 = 1, \tag{3.51}$$

$$b_2 = \frac{1}{2V} \int d^3r_1 d^3r_2 f_{12} \equiv \frac{1}{2} \int_0^{\infty} 4\pi r^2 dr f(r), \tag{3.52}$$

$$b_3 = \frac{1}{3!V} \int d^3r_1 d^3r_2 d^3r_3 [f_{31}f_{21} + f_{32}f_{31} + f_{32}f_{12} + f_{32}f_{31}f_{12}] \tag{3.53}$$

usw. definiert. Die Vorschrift wird etwas einsichtiger, wenn wir uns die Formeln Schritt für Schritt veranschaulichen. Bei einem Cluster b_l greifen wir l Teilchen heraus, die miteinander in Wechselwirkung stehen, also z. B. bei $l = 2$ zwei Teilchen, die wir mit 1 und 2 bezeichnen, bei $l = 3$ drei Teilchen, die mit 1, 2 und 3 gekennzeichnet sind, usw. Im Allgemeinen ist ein Clusterintegral über

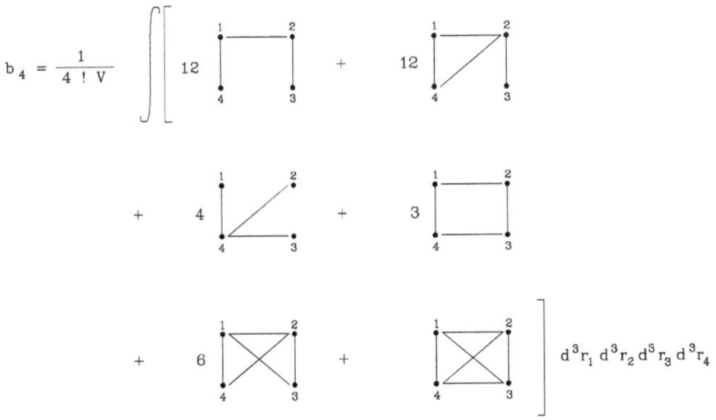

Abb. 3.1 Schematische Darstellung des Clusterintegrals b_4

$$\boxed{b_l = \frac{1}{l!V} \int \ldots \int d^3r_1 \ldots d^3r_l \sum \prod_{l \geq i > j \geq 1} f_{ij}} \tag{3.54}$$

definiert. In b_l sind die Summe und das Produkt so zu verstehen, dass man bei l herausgegriffenen Teilchen $1, \ldots, l$ alle möglichen Verbindungen in Diagrammen darstellt (das Produkt erstreckt sich über alle Bindungen in einem Diagramm) und dann über alle Diagramme summiert. Der Leser mag das am Beispiel von b_4 nachvollziehen (s. Abb. 3.1). Wichtig ist, dass jedes Teilchen mit jedem, zumindest über Bindungen mit anderen Teilchen, „verbunden“ ist.

Folgende Eigenschaften der Clusterintegrale sind wichtig. Ausgehend von einem festen Index l lassen sich einige Beiträge einfach aufsummieren. Wählen wir zur Demonstration b_4, so haben wir in Abb. 3.1 bereits angedeutet, dass insgesamt zwölf Diagramme vom ersten Typ das gleiche Ergebnis liefern. Die zugehörigen Integranden lauten

$$\begin{aligned} &f_{41}f_{12}f_{23}, \quad f_{12}f_{23}f_{34}, \quad f_{23}f_{34}f_{41}, \\ &f_{34}f_{41}f_{12}, \quad f_{31}f_{12}f_{24}, \quad f_{12}f_{24}f_{43}, \\ &f_{24}f_{43}f_{31}, \quad f_{43}f_{31}f_{12}, \quad f_{41}f_{13}f_{32}, \\ &f_{13}f_{32}f_{24}, \quad f_{32}f_{24}f_{41}, \quad f_{24}f_{41}f_{13}. \end{aligned} \tag{3.55}$$

Ähnlich sieht es für die anderen Diagrammtypen aus. (Beim Aufsummieren muss man beachten, dass eine Veränderung des „Drehsinns“ einer geschlossenen Teilchenordnung zu keinen neuen Konstellationen führt!) Weiter ist wichtig, dass die Clusterintegrale b_l volumenunabhängig sind. Dies erklärt sich daraus, dass wir beim Ausführen der Integrationen einen Teilchenort ($\mathbf{r}_1$) als Referenzpunkt einführen und anstelle der restlichen Teilchenkoordinaten die Abstände zum Referenzpunkt wählen können. Dann ergibt die Integration über

$\mathbf{r}_1$ einen Volumenfaktor V (der gegen den Vorfaktor $1/V$ herausfällt); unter der Annahme der Lokalisiertheit der Mayer-Funktionen (mit einer effektiven Reichweite λ_{De}) liefern die restlichen Integrationen über die Differenzkoordinaten keine Volumenabhängigkeit mehr. Auf diese Annahme kommen wir noch weiter unten zurück.

Letztlich sollten wir darauf hinweisen, dass im Integranden von Q'' das Produkt

$$\prod_{N \geq i > j \geq 1} (1 + f_{ij}) = 1 + \sum_{i>j} f_{ij} + \sum_{i,j} \sum_{k,l} f_{ij} f_{kl} + \dots \tag{3.56}$$

genau die Beiträge liefert, die wir in den Clusterintegralen b_l zusammengefasst haben. Das wirft die Frage auf, wie sich $Q'' \equiv N!Q$ (für N Elektronen) mithilfe der b_l berechnen lässt. Das Ergebnis

$$Q'' = N! \sum_{m_l,\, \Sigma l m_l = N} \prod_l (V b_l)^{m_l}/m_l! \tag{3.57}$$

werden wir jetzt begründen.

Dazu zunächst einige Vorbemerkungen. Wenn wir einen *speziellen* Cluster vor uns haben, bedeutet das, dass ganz bestimmte Teilchen, z. B. die Teilchen 2, 3, 4, 5, 10, 13, 14, 16, 17, 18, 21 und 24 in Abb. 3.2 bei $N = 24$, aus den N Teilchen am „Wechselwirkungsprozess" teilnehmen. Physikalisch wechselwirkt natürlich jedes Teilchen mit jedem. Die gerade gemachte Aussage ist so zu verstehen, dass wir die in (3.56) auftretenden Produktterme der $f's$ durch f-Bindungen repräsentieren und eine f-Bindung f_{23} „Wechselwirkung" von Teilchen 2 mit Teilchen 3 nennen. Diese Art der „Wechselwirkung" hat also nichts mit der (physikalischen) Coulomb-Wechselwirkung gemein.

In einem speziellen Cluster treten einzelne ($l = 1$) Teilchen ohne jede Bindung auf, ferner Zweiergruppen ($l = 2$), die mit keinem anderen Teilchen „wechselwirken", nur in sich verbundene Dreiergruppen ($l = 3$) usw. Mit l kennzeichnen wir die Zahl der Teilchen in einer Untergruppe (Untercluster), wobei die l Teilchen nur untereinander, aber nicht mit weiteren Teilchen, verbunden sind. Die Zahl der in einem speziellen Cluster vorhandenen Untercluster, bestehend aus l Teilchen, nennen wir m_l. In dem Beispiel der Abb. 3.2 ist also $m_1 = 12, m_2 = 3, m_3 = 2, m_4 = 0$ usw.

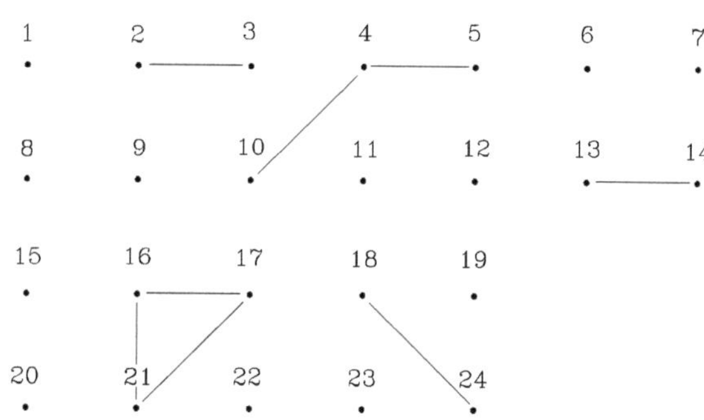

Abb. 3.2 Beispiel einer Clusterkonfiguration bei $N = 24$

Bezüglich der in der Zustandssumme auftretenden Integrationen spielt bei ununterscheidbaren Teilchen die Teilchennummer keine besondere Rolle; wichtig ist vielmehr nur die Charakterisierung eines Summanden durch m_l Untercluster der Teilchenzahl l. Bei der Begründung der Formel (3.57) bietet sich jetzt das folgende Vorgehen an: Zunächst wählen wir alle Diagramme, die dieselben spezifischen Teilchen zu Clustern zusammenfassen. Innerhalb dieser speziellen Cluster kann das „Bindungsschema" unterschiedlich sein.

Aus diesen speziellen Diagrammen sortieren wir diejenigen heraus, die einen bestimmten speziellen Cluster C der Teilchen $1, \ldots, s$ enthalten. Wir schreiben dafür (indem wir C „ausklammern")

$$\sum \prod f_{ij} = \left[\prod_C f_{ij} \right] \cdot R, \tag{3.58}$$

wobei R den „Restanteil" bedeutet. Jetzt summieren wir über alle möglichen speziellen Cluster, die die spezifizierten Punkte $1, \ldots, s$ enthalten und integrieren über die Koordinaten von $1, \ldots, s$, um

$$b_l l! \, V \cdot R \tag{3.59}$$

zu erhalten. Das Verfahren dehnen wir auf den Rest R aus. Damit ergibt sich für den Beitrag aller Diagramme, die dieselben Teilchen zu Clustern verbinden,

$$\prod_l (b_l l! V)^{m_l}, \tag{3.60}$$

wobei wir noch vorausgesetzt haben, dass die Verteilung in m_1 isolierte Teilchen, m_2 Paare, $\ldots, m_l$ l-Untercluster usw. vorgegeben sei. Es gibt nun

$$N! / \prod_l m_l! (l!)^{m_l} \tag{3.61}$$

Möglichkeiten, die Teilchen entsprechend aufzuteilen. Zur Begründung führen wir das folgende Gedankenexperiment durch. Wir denken uns m_1 „Schachteln" aufgestellt, in die genau ein Teilchen „passt", m_2 „Schachteln", in die genau 2 Teilchen „passen", $\ldots, m_l$ „Schachteln" für jeweils genau l Teilchen usw. Wir denken uns die „Schachteln" hintereinander aufgereiht und ordnen die Teilchen parallel dazu in einer Kette. Es gibt genau $N!$ Möglichkeiten, die N Teilchen in einer Kette anzuordnen, und damit auf die „Schachteln" aufzuteilen, vorausgesetzt, wir können die Teilchen unterscheiden. Innerhalb einer „Schachtel" sind die Teilchenvertauschungen jedoch schon bei der Aufsummation und -integration zu den b_l berücksichtigt, sodass $(l!)^{m_l}$ Möglichkeiten entfallen. Das erklärt den letzten Faktor in (3.61). Ferner sind die einzelnen „Schachteln" für l Teilchen nicht unterscheidbar, sodass ein zusätzlicher Faktor $m_l!$ auftritt. Insgesamt erhalten wir also den Vorfaktor (3.61). Die Ausdrücke (3.60) und (3.61) liefern zusammen (3.57).

Obwohl es uns gelungen ist, den Anteil Q'' der Zustandssumme durch die b_l auszudrücken, sind wir noch weit von quantitativen Ergebnissen entfernt. An dieser Stelle bieten sich zwei unterschiedliche Vorgehensweisen (mit gleichen Ergebnissen) an: Zum einen bringt der Übergang zur großen Zustandssumme Z_g hier einige formale Vereinfachungen, zum anderen kann in der Grenze $N \to \infty$ (3.57) mit den üblichen Methoden der Statistik ausgewertet werden. Wir wählen den zweiten (handwerklichen) Weg und schätzen $Q''/N!$ durch den maximalen Term in der Summe (3.57) über die m_l ab. Dieses Vorgehen ist erlaubt, weil die Zahl ν der Summanden insgesamt von der Größenordnung

$$\ln \nu \approx \pi \left(\frac{2}{3} N \right)^{\frac{1}{2}} \tag{3.62}$$

ist, der maximale Term T_m (s. u.) jedoch von der Ordnung $\exp(N)$. Aus

$$T_m \leq \frac{Q''}{N!} \leq \nu T_m \tag{3.63}$$

folgt dann in der Grenze $N \to \infty$

$$\ln \frac{Q''}{N!} \approx \ln T_m. \tag{3.64}$$

Im nächsten Schritt rechnen wir das Maximum von

$$\sum_l \ln \left[(V b_l)^{m_l} / m_l! \right] \tag{3.65}$$

unter der Nebenbedingung

$$\sum_l m_l l = N \tag{3.66}$$

aus. Wir variieren dazu

$$L := \sum_l \left\{ \ln \left[(V b_l)^{m_l} / m_l! \right] + (\ln F) m_l l \right\} \tag{3.67}$$

mit dem Lagrange-Multiplikator $\lambda = - \ln F$. Es folgen wegen der stirlingschen Formel

$$\ln m_l! \approx m_l \ln m_l - m_l \tag{3.68}$$

die Euler-Gleichungen

$$\ln \left[V b_l \right] - \ln m_l = - \ln F^l. \tag{3.69}$$

Wir erhalten deshalb

$$m_l = V b_l F^l, \tag{3.70}$$

und für den maximalen Term

$$\ln T_m = N \left(\sum_{l=1}^{N} \frac{V}{N} b_l F^l - \ln F \right). \tag{3.71}$$

F selbst folgt aus der Nebenbedingung

$$\sum_{l=1}^{N} l \frac{V}{N} b_l F^l = 1. \tag{3.72}$$

Damit gilt

$$\boxed{\ln \frac{Q''}{N!} \approx N \left(\sum_{l=1}^{N} \frac{V}{N} b_l F^l - \ln F \right)}. \tag{3.73}$$

Wir können diese Anschrift noch wesentlich vereinfachen. Jedes der Integrale b_l enthält Einzeldiagramme mit unterschiedlichen Bindungen zwischen den l Teilchen. Zum Beispiel enthält b_4 ein Integral über $f_{21} f_{31} f_{41}$, das jedoch vereinfacht werden kann. Wenn wir die Koordinate 1 als Bezugspunkt wählen, kann unabhängig über die Koordinaten 2, 3 und 4 integriert werden. Dieser Anteil von b_4 reduziert sich also auf $V b_2^3$. Cluster, die so zerlegt werden können, heißen reduzibel. Das Integral (in b_4) mit dem Integranden $f_{21} f_{32} f_{31}$ kann nicht auf b_l mit $l < 4$ reduziert werden. Solche Diagramme heißen irreduzibel. Wir definieren deshalb die irreduziblen Clusterintegrale

$$\beta_k = \frac{1}{k! V} \int \sum_{(irr)} \prod_{k+1 \geq j > i \geq 1} f_{ij} d^3 r_1 \ldots d^3 r_{k+1}, \tag{3.74}$$

wobei nur über irreduzible Darstellungen summiert wird. Diese formale Definition wird sofort nachvollziehbar, wenn man z. B. $\beta_2, \beta_3, \ldots$ sukzessive konstruiert. Das irreduzible Clusterintegral β_3 ist in Abb. 3.3 schematisch dargestellt.

Jetzt der interessante Punkt: Es gilt

$$b_l = \frac{1}{l^2} \sum_{n_k} \prod_k (l \beta_k)^{n_k} / n_k! \,, \tag{3.75}$$

wobei die Laufindizes k und n_k durch

$$\sum_{k=1}^{l-1} k n_k = l - 1 \tag{3.76}$$

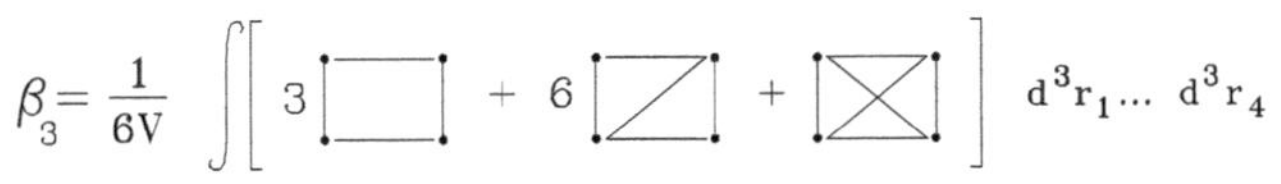

$$\beta_3 = \frac{1}{6V} \int \left[3\,\square + 6\,\boxtimes + \boxtimes \right] d^3 r_1 \ldots d^3 r_4$$

Abb. 3.3 Schematische Darstellung des irreduziblen Clusterintegrals β_3

festgelegt sind. Bei $l = 4$ haben wir z. B. die Sätze

$$n_1 = 0, \, n_2 = 0, \, n_3 = 1;$$
$$n_1 = 1, \, n_2 = 1, \, n_3 = 0;$$
$$n_1 = 3, \, n_2 = 0, \, n_3 = 0; \tag{3.77}$$

sie führen aufgrund der Definition (3.75) zu

$$b_4 = \frac{1}{16}\left\{\frac{(4\beta_1)^3}{3!} + 4\beta_1 4\beta_2 + 4\beta_3\right\}$$
$$= \frac{2}{3}\beta_1^3 + \beta_1\beta_2 + \frac{1}{4}\beta_3. \tag{3.78}$$

Diesen Zusammenhang haben wir in Abb. 3.4 veranschaulicht. Dabei wird auch noch einmal klargestellt, wie die schematischen Darstellungen der Clusterintegrale zu verstehen sind. Die Relation (3.75) hat eine wichtige Konsequenz. Wir können nunmehr die Lösung von (3.72) explizit angeben:

$$F = \frac{1}{v}\exp\left(-\sum_k \beta_k v^{-k}\right), \tag{3.79}$$

mit

$$v = V/N. \tag{3.80}$$

Außerdem gelingt es, (3.73) entscheidend zu vereinfachen:

$$\ln\frac{Q''}{N!} = N\left[1 + \sum_{k=1}^{N}\frac{1}{k+1}\beta_k v^{-k} + \ln v\right]. \tag{3.81}$$

Dieses Ergebnis stellt einen gewaltigen Erfolg dar. Wenn wir etwa pV berechnen, folgt

$$pV = Nk_B T\left[1 - \sum_{k=1}^{N}\frac{k}{k+1}\beta_k v^{-k}\right], \tag{3.82}$$

die Virialentwicklung der Zustandsgleichung. Zum Vergleich mit der Literatur führen wir W über

$$Q'' = V^N \exp(NW) \tag{3.83}$$

ein. Dann liefert (3.81)

$$W = \sum_{k=1}^{N}\frac{\beta_k}{k+1}n^k \tag{3.84}$$

mit $n = v^{-1} = N/V$ in der Grenze $N \to \infty$. Die Zustandsgleichung (3.82) lässt sich auch als

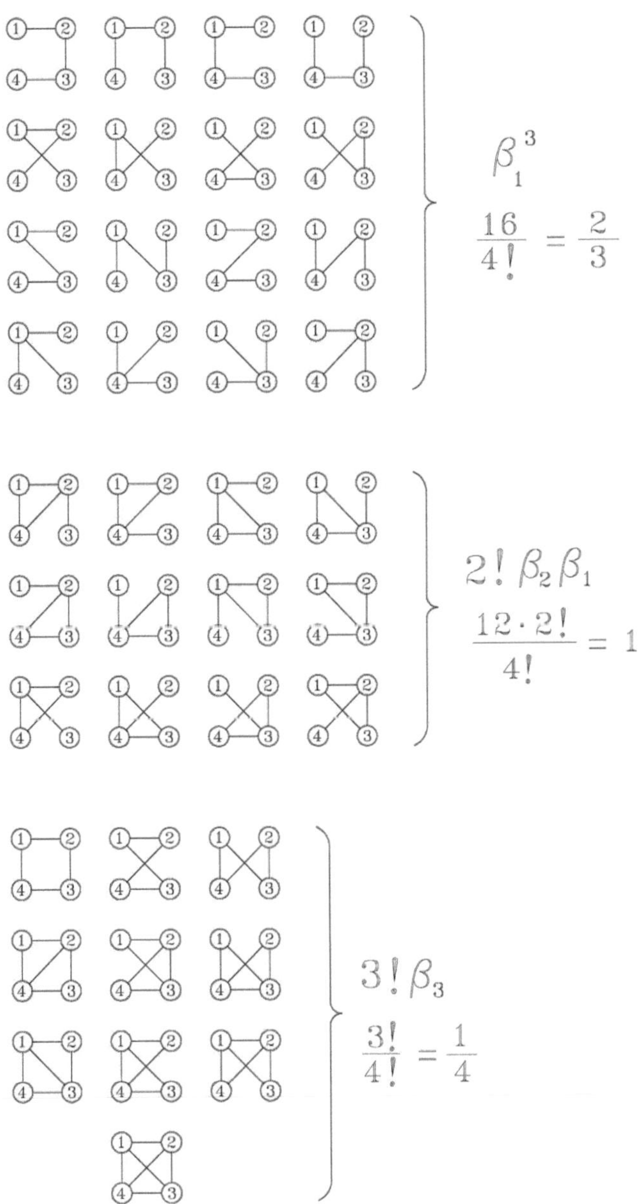

Abb. 3.4 Zusammenhang zwischen reduziblen und irreduziblen Clusterintegralen am Beispiel von b_4

$$\frac{pV}{Nk_BT} = 1 - n\frac{\partial W}{\partial n} \tag{3.85}$$

schreiben.

Wir könnten uns eigentlich am Ziel wähnen, wenn nicht am Ende noch eine Überraschung stünde. Versuchen wir nämlich, z. B.

$$\beta_1 = \frac{1}{V}\int d^3r_1 d^3r_2 f_{12} = 4\pi\int dr\, r^2\left[e^{-\beta\phi_{12}(r)} - 1\right] \tag{3.86}$$

zu berechnen, so stellen wir wegen $\phi_{12}(r) \sim r^{-1}$ bei $r \to \infty$ Divergenzen fest, sofern wir nicht die Debye-Abschirmung heranziehen. (Über die spezifischen Probleme in zweikomponentigen Systemen sprechen wir hier nicht!) Glücklicherweise ist ein Teil der Probleme hausgemacht. Die Divergenz proportional r wird in neutralen Systemen durch die Summation über die verschiedenen Komponenten behoben. Die Divergenzen, verursacht durch Integranden, die proportional r^0 und r^{-1} sind, können durch Umordnungen und konvergenzerzeugende Faktoren aufgrund von Teilsummationen vermieden werden. Wir können hier nicht die umfassende Literatur dazu wiedergeben, sondern beschränken uns darauf, im nächsten Abschnitt an einem einfachen Beispiel das prinzipielle Vorgehen darzustellen.

3.3　Debye-Hückel-Theorie für ein Elektronen-Gas

In diesem Abschnitt demonstrieren wir am Beispiel eines Elektronengases (d. h. eines effektiv „einkomponentigen" Plasmas mit „ausgeschmiertem" Ionenhintergrund), dass durch Summation über verschiedene Graphen die Divergenzen überwunden werden können. Im Grunde benutzen wir Ergebnisse von Abé und Mayer zur Rechtfertigung von Summationen über Prototypgraphen, auf die wir aber hier nicht in allen Details eingehen wollen. Insofern ist das Vorgehen im Folgenden nicht immer ausführlich begründet; nach diesem Abschnitt dürfte aber zum Mindesten klarer geworden sein, dass manche der geschilderten Divergenzprobleme durch eine Renormierung der Bindungen überwunden werden können. Die Debye-Wechselwirkung ergibt sich nach einer Aufsummation von Coulomb-Beiträgen; sie garantiert die Endlichkeit der Integrale.

Wir starten mit der Fourier-Darstellung des Wechselwirkungspotentials ϕ_{ij}, ohne den Coulomb-Vorfaktor $k \equiv \frac{1}{4\pi\varepsilon_0}$, und nutzen

$$\frac{e^2}{r} = \frac{1}{V}\sum_{\mathbf{q}\neq 0}\frac{4\pi e^2}{q^2}e^{i\mathbf{q}\cdot\mathbf{r}}, \tag{3.87}$$

was wir zunächst kurz begründen.

Beispiel 3.2 (Fourier-Darstellung der Wechselwirkung)

Der Zusammenhang mit der Integraldarstellung ist wegen

$$\sum_{\mathbf{q}\neq 0} \longrightarrow \frac{V}{(2\pi)^3}\int d^3q \tag{3.88}$$

und $dq_x = (2\pi/L_x)dn_x$ usw. unmittelbar klar. (In der Summation über $\mathbf{q}$ haben wir $dn_x = dn_y = dn_z = 1$.) Damit folgt für die rechte Seite von (3.87)

$$\frac{1}{(2\pi)^3}\int \frac{4\pi e^2}{q^2}e^{i\mathbf{q}\cdot\mathbf{r}}d^3q = -\frac{e^2}{\pi}\int e^{iqr\cos\delta}d(\cos\delta)dq$$

$$= \frac{2}{\pi}\frac{e^2}{r}\int_0^\infty d(qr)\frac{\sin qr}{qr}$$

$$= \frac{e^2}{r}, \tag{3.89}$$

was unmittelbar (3.87) liefert. ∎

Für f_{ij} benutzen wir die formale Entwicklung

$$f_{ij} = e^{-\beta\phi_{ij}} - 1 = \sum_{\nu=1}^{\infty}\frac{1}{\nu!}(-\beta\phi_{ij})^\nu, \tag{3.90}$$

mit der wir in

$$W = \sum_{k=1}^{\infty}\frac{\beta_k}{k+1}n^k \tag{3.91}$$

eingehen. Es folgt

$$W = \sum_{k=1}^{\infty}\frac{n^k}{(k+1)!}\sum_{(irr)}\int\cdots\int\prod_{k+1\geq i>j\geq 1}\sum_{\nu_{ij}=1}^{\infty}\frac{(-\beta\phi_{ij})^{\nu_{ij}}}{\nu_{ij}!}d^3r_2\ldots d^3r_{k+1}. \tag{3.92}$$

Hier hat sich jetzt ein grundsätzlicher Wandel vollzogen: An die Stelle der früheren „f_{ij}-Bindungen" treten jetzt die realeren „ϕ_{ij}-Bindungen". Das Produkt über spezifische ϕ_{ij}, ϕ_{kl} usw. veranschaulichen wir wieder durch Cluster, die durch Umordnungen und Teilaufsummationen der früheren entstehen. Wir greifen nun einen bestimmten Typ von Clustern, die sogenannten Ringcluster (siehe Abb. 3.5), heraus. Diese beschreiben Integrale über Produkte der Form $\phi_{12}\,\phi_{23}\,\phi_{34}\ldots\phi_{l1}$. Schauen wir uns einmal das Beispiel

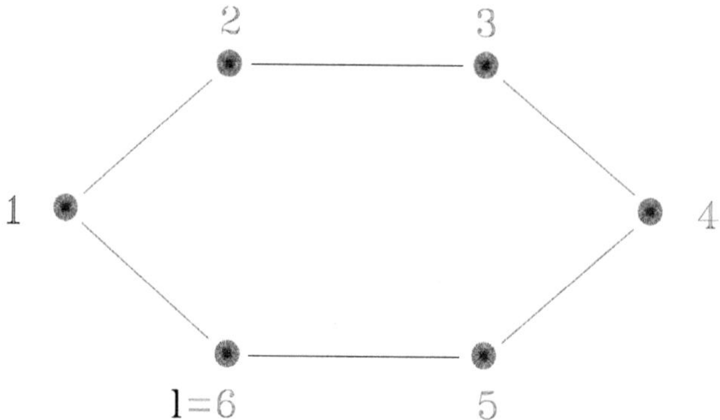

Abb. 3.5 Beispiel eines Ringclusters

$$I_l := \int \ldots \int \phi_{12}\phi_{23}\ldots\phi_{l1}d^3r_2\ldots d^3r_l$$

$$= \frac{1}{V^l}\int\left\{\sum_{\mathbf{q}_1} v(\mathbf{q}_1)e^{i\mathbf{q}_1\cdot(\mathbf{r}_1-\mathbf{r}_2)}\ldots\sum_{\mathbf{q}_l} v(\mathbf{q}_l)e^{i\mathbf{q}_l\cdot(\mathbf{r}_l-\mathbf{r}_1)}\right\}d^3r_2\ldots d^3r_l$$

$$= \frac{1}{V}\sum_{\mathbf{q}} v^l(\mathbf{q}) \tag{3.93}$$

an, wobei $v(\mathbf{q}) = 4\pi e^2/q^2$ ist. Die Integrationen über $\mathbf{r}_2, \ldots, \mathbf{r}_l$ liefern $\mathbf{q}_1 = \mathbf{q}_2 = \cdots = \mathbf{q}_l$ und Volumenfaktoren. Zurückgehend zu W, wie in (3.92) angeschrieben, betrachten wir in der Summe über v_{ij} nur den jeweils ersten Term $v_{ij} = 1$. Produkte von ϕ_{ij} entstehen aufgrund der Produktbildung über i und j mit $k + 1 \geq i > j \geq 1$. Hier wollen wir nur die Ringdiagramme einbeziehen, also zum Beispiel für $k = 3$ den Term $\phi_{12}\,\phi_{23}\,\phi_{34}$, unter Berücksichtigung aller Permutationen der Elektronen $1, 2, 3, 4 = k + 1$. Zur Vereinfachung der Sprechweise definieren wir

$$l = k + 1 \tag{3.94}$$

und beachten, dass l Teilchen $(l - 1)!/2$ verschiedene Ringe bilden können. Der Faktor $\frac{1}{2}$ entsteht hier, weil der Drehsinn bei der Anordnung in einem Ring keine Rolle spielt. Wir erkennen, dass unter diesen Annahmen

$$\sum_{(irr)}\int\ldots\int\prod_{k+1\geq i>j\geq 1}\sum_{v_{ij}=1}^{\infty}\frac{(-\beta\phi_{ij})^{v_{ij}}}{v_{ij}!}d^3r_2\ldots d^3r_{k+1}$$

$$\longrightarrow (-\beta)^l\frac{(l-1)!}{2}I_l \tag{3.95}$$

übergeht und

$$W_{Ring} = \frac{1}{V} \sum_{l=2}^{\infty} \frac{1}{2l} (-1)^l \beta^l n^{l-1} \sum_{\mathbf{q} \neq 0} v^l(\mathbf{q}) \tag{3.96}$$

ist. Im Folgenden approximieren wir W durch W_{Ring}, d.h. $W \approx W_{Ring}$. Der Rest ist Algebra: Man erkennt auf der rechten Seite von (3.96) leicht die Reihenentwicklung von ln, d.h.

$$W \approx \frac{1}{2nV} \sum_{\mathbf{q} \neq 0} \left\{ -\ln[1 + \beta n v(\mathbf{q})] + \beta n v(\mathbf{q}) \right\}. \tag{3.97}$$

Der Übergang zur Kontinuumsapproximation liefert für N Elektronen

$$W \approx \frac{1}{2n} \frac{1}{(2\pi)^3} \int d^3q \left\{ -\ln[1 + \beta n v(\mathbf{q})] + \beta n v(\mathbf{q}) \right\}$$

$$= \frac{1}{2n_e} \frac{4\pi}{(2\pi)^3} \kappa_{De}^3 \int_0^\infty dx\, x^2 \left\{ \frac{1}{x^2} - \ln\left(1 + \frac{1}{x^2}\right) \right\}. \tag{3.98}$$

Die Auswertung des Integrals führt zu

$$W = \frac{\kappa_{De}^3}{12\pi n_e} \tag{3.99}$$

mit $\kappa_{De}^2 = \lambda_{De}^{-2} = n_e e^2 \beta / \varepsilon_0$ und $n_e = n$. Für die Zustandsgleichung bedeutet dies

$$\boxed{\frac{pV}{Nk_BT_e} \approx 1 - \frac{1}{24\pi} \frac{1}{n_e \lambda_{De}^3}}, \tag{3.100}$$

d.h. genau das Ergebnis, das wir größenordnungsmäßig erwartet haben.

Natürlich stellt sich die Frage, wie wir die Vernachlässigung der restlichen Beiträge, die nicht durch die Ringapproximation erfasst werden, rechtfertigen können. Zur Beantwortung dieser Frage können wir hier nur die Ergebnisse der recht umfangreichen Spezialliteratur, z.B. [49–51], zitieren. Es stellt sich heraus, dass alle weiteren Beiträge Korrekturen zu der gerade angegebenen Abweichung von mindestens der Ordnung

$$\frac{r_w}{\lambda_{De}} \sim \frac{1}{n_e \lambda_{De}^3} \sim \frac{1}{\Lambda} \tag{3.101}$$

sind! Hierzu einige erklärende Worte. Wir gingen zu Anfang dieses Abschnitts von den „f-Clustern" zu den „ϕ-Clustern" über. Dazu ist zu sagen, dass irreduzible Cluster irreduzibel bleiben, jetzt jedoch wegen der Entwicklung der Exponentialfunktion zwischen zwei Punkten Mehrfachbindungen auftreten können. Die gesamten Diagramme ordnet man in Einzeldiagramme (die in neutralen Systemen nichts beitragen), in Ringe (deren Beiträge wir gerade berechnet haben) und einen Rest, bei dem mindestens zwei Punkte mehr als zwei

Verbindungen haben. Jedem Graphen des Restes kann ein Prototypgraph zugeordnet werden, bei dem alle Punkte Knoten mindestens dritter Ordnung (mit drei Verbindungen) sind. In jedem Prototypgraphen können wir Bindungen zu Ketten „aufblähen", um alle Graphen des Restes zu erhalten. Oder umgekehrt, durch „Schrumpfen" von Ketten in Graphen des Restes kommen wir zu Prototypgraphen. Der äußerst interessante Punkt ist, dass alle Beiträge des Restes, die durch „Schrumpfen" der Bindungen zu einem Prototypgraphen führen, sich einfach durch den Prototypgraphen mit debyeabgeschirmten Bindungen berechnen lassen. Dazu ein Plausibilitätsargument. Wenn wir die bei der Debye-Hückel-Approximation benutzten Ringe zu einer Doppelbindung mit Abschirmung „schrumpfen" lassen, ergibt sich ein effektiver Beitrag zu W von der Größenordnung

$$W_{eff} = \frac{n_e}{2} \frac{\beta^2}{2} e^4 \int_0^\infty \frac{e^{-2\kappa_{De}r}}{r^2} 4\pi r^2 \, dr$$

$$= \frac{1}{32\pi n_e \lambda_{De}^3}. \tag{3.102}$$

In etwa stimmt das mit (3.99) überein. Die Prototypgraphen zwischen zwei Punkten (jedoch mit mindestens drei Bindungen) liefern zu W_{Ring} eine Korrektur von der Ordnung

$$W_{Proto}^{(2)} \approx \frac{r_w}{\lambda_{De}} W_{Ring}, \tag{3.103}$$

die Beiträge der Prototypgraphen mit drei Teilchen (und wiederum mindestens drei Bindungen) ergeben

$$W_{Proto}^{(3)} \approx \frac{r_w^2}{\lambda_{De}^2} W_{Ring}, \tag{3.104}$$

usw.

> Damit ist hinreichend nahegelegt, dass das Debye-Hückel-Ergebnis (3.100) die Korrekturen richtig bis einschließlich zu Ordnung $r_w/\lambda_{De} \sim 1/n_e \lambda_{De}^3$ beschreibt.

Heuristische Bestimmung einer Zustandsgleichung
Nach all den Diskussionen einer stark mathematisch geprägten Graphentheorie nun eine stärker physikalisch geprägte Herleitung thermodynamischer Zusammenhänge für ein klassisches Plasma.

Wir haben bereits in der Einleitung das Abschirmungsproblem einer stationären Testladung gelöst. Das Vorzeichen der Abschirmungsladungsverteilung ist entgegengesetzt zum Vorzeichen der Testladung q_a. Die Abschirmung verursacht eine Umverteilung der Ladungen im Vergleich zur idealen Plasmasituation (in Letzterer wird das Wechselwirkungspotential vernachlässigt). Die Korrelationsenergie ergibt sich aus der allgemeinen Formel für die elektrostatische Energie einer Ladungsverteilung

$$W = \frac{1}{2} \int d^3r \, \rho(\mathbf{r}) \phi(\mathbf{r}) \, . \tag{3.105}$$

In diese Formel setzen wir ein:

$$\rho(\mathbf{r}) = \rho_a^{ind}(r) \quad , \quad \phi(\mathbf{r}) = \phi_a^{Cb}(r) \, . \tag{3.106}$$

Die Verwendung von ϕ_a^{ind} ist offensichtlich, da wir die Energieänderung aufgrund der Umverteilung der Ladungen berechnen wollen. Im Allgemeinen wird $\phi = \phi_a^{Cb} + \phi_a^{ind}$ im Integranden erscheinen. Der zweite Term führt jedoch zur Selbstenergie. Für die Energieverschiebung müssen wir daher das Integral

$$\Delta E_a = -\frac{1}{2}\frac{1}{4\pi\varepsilon_0}\frac{q_a^2\kappa^2}{4\pi} \int d^3r \, \frac{1}{r^2}\, e^{-\kappa r} = -\frac{1}{2}\frac{1}{4\pi\varepsilon_0}q_a^2\kappa^2 \int\limits_0^\infty dr\, e^{-\kappa r} = -\frac{1}{2}\frac{1}{4\pi\varepsilon_0}q_a^2\kappa \tag{3.107}$$

auswerten. Die Energieverschiebung des Plasmas, das aus N_e Elektronen und $N_i = N_e = N/2$ Protonen besteht, ist

$$U^{int} = -\frac{1}{2}\frac{1}{4\pi\varepsilon_0}\sum_s N_s q_s^2 \kappa = -\frac{N}{2}\frac{1}{4\pi\varepsilon_0}e^2\kappa \sim N\sqrt{\frac{N}{TV}}\, , \tag{3.108}$$

wobei wir an $\kappa^2 = \frac{2}{\lambda_D^2}$ erinnern. Das thermodynamische Potential, das sich auf die natürlichen Variablen N, T und V bezieht, ist die Freie Energie $F = U - TS$. Wir haben

$$U = F + TS = F - T\left(\frac{\partial F}{\partial T}\right)_{N,V} = -T^2\frac{\partial}{\partial T}\left(\frac{F}{T}\right)_{N,V} \, . \tag{3.109}$$

Mit der Aufspaltung einer thermodynamischen Größe A in

$$A = A^{ideal} + A^{interaction} \equiv A^{id} + A^{int} \, , \tag{3.110}$$

finden wir

$$\frac{F^{int}}{T} = -\int^T dT\, \frac{U^{int}}{T^2} \, . \tag{3.111}$$

Nun gilt

$$U^{int} = \frac{C}{\sqrt{T}} \tag{3.112}$$

als Funktion von T. Daher folgt

$$\frac{F^{int}}{T} = -C\int^T \frac{dT}{T^{5/2}} = \frac{2}{3}\frac{C}{T^{3/2}} = \frac{2}{3}\frac{U^{int}}{T} \, . \tag{3.113}$$

Das Ergebnis hat wichtige Konsequenzen. Die Freie Energie wird durch den Term

$$F^{int} = -\frac{1}{3}\frac{1}{4\pi\varepsilon_0}\sum_s N_s q_s^2 \kappa = -\frac{N}{3}\frac{1}{4\pi\varepsilon_0}e^2\sqrt{\frac{Ne^2}{\varepsilon_0 k_B T V}} \tag{3.114}$$

modifiziert, wobei ein Elektronen-Protonen-Plasma $N = N_e + N_i$ enthält. Die Druckkorrektur folgt aus

$$p^{int} = -\left.\frac{\partial F^{int}}{\partial V}\right|_{T,N} = -\frac{1}{6}\frac{1}{4\pi\varepsilon_0}\sum_s n_s q_s^2 \kappa = -\frac{1}{24\pi}\kappa^3 k_B T \ . \tag{3.115}$$

Dies ist genau das Ergebnis, das man mit der Diagrammtechnik in der Ringnäherung erhält.

Beispiel 3.3 (Korrekturen weiterer thermodynamischer Größen)
Das gegenwärtige Verfahren ist nicht nur anwendbar, um die Druckkorrektur zu berechnen. Da wir die Korrektur der Freien Energie (im Vergleich zur idealen Gasnäherung) erhalten haben, haben wir auch Zugriff auf die Korrekturen der anderen thermodynamischen Variablen. Das chemische Potential muss korrigiert werden durch

$$\mu_a^{int} = \left.\frac{\partial F^{int}}{\partial N_a}\right|_{T,V} = -\frac{1}{2}\frac{1}{4\pi\varepsilon_0}q_a^2\kappa \ . \tag{3.116}$$

Für die Entropiekorrektur gilt entsprechend

$$S^{int} = -\left.\frac{\partial F^{int}}{\partial T}\right|_{V,N} = -\frac{1}{6}\frac{1}{4\pi\varepsilon_0}\sum_a N_a \frac{q_a^2\kappa}{T} \ . \tag{3.117}$$

Wenn wir mit den entsprechenden Dichten fortfahren, stehen die folgenden Ausdrücke zur Verfügung:

$$f^{int} \equiv \frac{F^{int}}{V} = -\frac{k_B T}{12\pi}\kappa^3 \ , \tag{3.118}$$

$$u^{int} \equiv \frac{U^{int}}{V} = -\frac{k_B T}{8\pi}\kappa^3 \ , \tag{3.119}$$

$$s^{int} \equiv \frac{S^{int}}{V} = -\frac{k_B}{24\pi}\kappa^3 \ . \tag{3.120}$$

■

Wir beenden hier die Diskussion der thermodynamischen Variablen und betonen erneut, dass diese Einführung nur einen Eindruck von den Problemen vermitteln kann, denen man bei genaueren Berechnungen begegnet.

Als Ergebnis der hier gezeigten Abschätzungen stellen wir fest, dass im Grenzfall, in dem die Anzahl der Teilchen in der Debye-Sphäre gegen unendlich geht, die Eigenschaften des idealen Plasmas zunehmend anwendbar werden.

3.4 Debye-Abschirmung und Mikrofelder

Da wir bislang die Abschirmung des Coulomb-Potentials durch Ladungswolken mit dem Resultat der Debye-Abschirmung zwischen zwei Teilchen noch nicht exakt begründet haben, wenden wir uns in diesem Abschnitt diesem Problemkreis zu. Außerdem berechnen wir die elektrische Mikrofeldverteilung in einem Plasma, die über den Stark-Effekt für diagnostische Zwecke sehr bedeutsam ist.

Um in einem Plasma das effektive Potential, etwa eines Ions am Ort $\mathbf{R}$, exakt zu berechnen, ist die Lösung der Poisson-Gleichung

$$\nabla^2 \varphi = -\frac{1}{\varepsilon_0} e \delta(\mathbf{r} - \mathbf{R}) + \frac{1}{\varepsilon_0} e \left[n_e(\mathbf{r}) - n_i(\mathbf{r}) \right] \tag{3.121}$$

nötig. Im Prinzip ist die weitere Auswertung der Poisson-Gleichung klar: Wir müssen in dieser exakten Anschrift die Summe über diracsche Deltafunktionen für $n_e(\mathbf{r})$ und $n_i(\mathbf{r})$ eintragen. Damit wird das Problem in der vollen Allgemeinheit zwar formal lösbar, die Lösung enthält aber sämtliche Teilchenpositionen und ist daher viel zu kompliziert. Wir sollten bedenken, dass wir an einer mikroskopischen und detaillierten Lösung, die alle Fluktuationen beinhaltet, gar nicht interessiert sind. Wir verändern deshalb die Fragestellung, indem wir nach dem mittleren Potential fragen.

Beginnen wir zunächst mit der Phasenraumdichte ρ. Im elektrostatischen Fall faktorisiert ρ in einen orts- und einen impulsabhängigen Anteil. Wenn wir nach der Aufenthaltswahrscheinlichkeit im Ortsraum, unabhängig von den aktuellen Teilchengeschwindigkeiten, fragen, können wir über alle Impulse integrieren und erhalten aus ρ

$$P_N(\mathbf{r}_1, \ldots, \mathbf{r}_N) = \frac{\exp\left(-\sum \phi_{ij}/2k_B T\right)}{\int d^3 r_1 \ldots d^3 r_N \exp\left(-\sum \phi_{ij}/2k_B T\right)} . \tag{3.122}$$

Diese Anschrift gilt für ein System von N Teilchen; in einem Plasma gehören sie zu unterschiedlichen Sorten (Elektronen und Ionen).

Die Integration über den Impulsraum führt natürlich zu einem Informationsverlust. Der ist aus zwei Gründen in diesem Zusammenhang nicht weiter tragisch. Erstens interessiert bei der Lösung der Poisson-Gleichung die Impulsverteilung sowieso nicht und zweitens ist die Geschwindigkeitsverteilung im Gleichgewicht trivialerweise eine Maxwell-Verteilung.

Die Verteilung P_N enthält noch viel zu viele Informationen (und Koordinaten); für eine direkte Rechnung ist (3.122) nicht geeignet. Man reduziert deshalb P_N, indem man über Koordinaten ganzer Teilchensätze integriert. Beispielsweise entsteht die spezifische molekulare Verteilungsfunktion P_s (mit $s < N$) nach der Vorschrift

$$P_s\left(\mathbf{r}_1, \ldots, \mathbf{r}_s\right) = \int P_N\left(\mathbf{r}_1, \ldots, \mathbf{r}_N\right) d^3 r_{s+1} \ldots d^3 r_N. \tag{3.123}$$

Physikalisch bedeutet diese Reduktion, dass wir nur noch nach den Aufenthaltswahrscheinlichkeiten der ersten s Teilchen an bestimmten Orten fragen, unabhängig davon, wo sich die restlichen $N - s$ Teilchen befinden. Wenn es nun gelänge, für $P_1(\mathbf{r}_1)$ [für Elektronen bzw. Ionen] einen einfachen Ausdruck herzuleiten, wären wir bei der Bestimmung des Potentials φ einen wesentlichen Schritt weitergekommen. Wir wollen die auftretenden Schwierigkeiten am Beispiel von P_s schildern und dabei zunächst Komplikationen durch verschiedene Teilchensorten ignorieren. Da sich wegen der Wechselwirkungsterme die Definitionsgleichung für P_s nicht einfach auswerten lässt, versuchen wir, eine Differentialgleichung für P_s herzuleiten. Beginnen wir mit $s = 1$ und bezeichnen den Gradienten bezüglich $\mathbf{r}_1$ mit ∇_1. Dann folgt aufgrund der Definition (3.123)

$$\nabla_1 P_1(\mathbf{r}_1) = -\frac{1}{k_B T} \sum_{j=2}^{N} \int (\nabla_1 \phi_{1j}) P_2(\mathbf{r}_1, \mathbf{r}_j) d^3 r_j. \tag{3.124}$$

Eine weitere Vereinfachung ist nicht möglich. Gl. (3.124) zeigt den typischen Hierarchiecharakter: Wir erhalten keine geschlossene Differentialgleichung für P_1; vielmehr ist P_1 durch P_2 bestimmt. Wenn wir darangehen, eine Differentialgleichung für P_2 aufzustellen, taucht P_3 auf usw. Eine einfache Rechnung führt für $s = 1, 2, \ldots, N - 1$ zu

$$\boxed{k_B T \, \nabla_i \ln P_s = -\sum_{j=1}^{s}{}'(\nabla_i \phi_{ij}) - \sum_{j=s+1}^{N} \int (\nabla_i \phi_{ij}) \frac{P_{s+1}}{P_s} d^3 r_j} \, , \tag{3.125}$$

wobei $i = 1, \ldots, s$. In dieser Formel hängt P_s von den Koordinaten $\mathbf{r}_1, \ldots, \mathbf{r}_s$ ab und P_{s+1} noch zusätzlich von der Koordinate $\mathbf{r}_j$. Der Strich am Summationssymbol schließt $j = i$ aus und ∇_i bedeutet eine Differentiation nach der i-ten Koordinate.

Gl. (3.125) hat eine einfache physikalische Bedeutung. Schreiben wir die exakte Formel für die Kraft auf das i-te Teilchen (mit $i \leq s$)

$$\mathbf{F}_i = -\sum_{j=1}^{N}{}'(\nabla_i \phi_{ij}) \tag{3.126}$$

und mitteln über alle möglichen Orte der Teilchen $s + 1, \ldots, N$, d.h., wir multiplizieren mit dem verallgemeinerten Boltzmann-Faktor P_N und integrieren über die Teilchenorte $\mathbf{r}_{s+1}, \ldots, \mathbf{r}_N$, so folgt mit einer geeigneten Normierung

$$\langle \mathbf{F}_i \rangle_s = k_B T \, \nabla_i \, \ln \, P_s. \tag{3.127}$$

Damit hat $-k_B T \ln P_s \equiv \langle W_i \rangle_s$ die anschauliche Bedeutung des Potentials der mittleren Kraft. Ferner liest sich jetzt (3.125) so, dass sich die mittlere Kraft auf das i-te Teilchen in der s-Konfiguration zusammensetzt aus der exakten Kraft, verursacht durch die übrigen Teilchen in der s-Konfiguration, und dem gemittelten Beitrag der restlichen Teilchen.

Man beachte, dass $P_{s+1}(\ldots, \mathbf{r}_j)/P_s(\ldots)$ die konditionale Wahrscheinlichkeit für den Aufenthalt eines Teilchens j am Ort $\mathbf{r}_j$ angibt, unter der Voraussetzung, dass die ersten s Teilchen an den Orten $\mathbf{r}_1, \ldots \mathbf{r}_s$ sind.

Wenn wir wieder auf $s = 1$ spezialisieren, gewinnen wir aus (3.127) die Boltzmann-Verteilung

$$P_1(\mathbf{r}_1) = \frac{\exp\left[-\langle W \rangle / k_B T\right]}{\int d^3 r_1 \, \exp\left[-\langle W \rangle / k_B T\right]}, \tag{3.128}$$

mit $\langle W \rangle \equiv \langle W_1 \rangle_1$ als Potential der mittleren Kraft auf ein Teilchen, wobei die Mittelung über alle anderen Teilchenpositionen erfolgt.

Wir beantworten nun die Frage, ob das Potential der mittleren Kraft mit der mittleren potentiellen Energie übereinstimmt. Für $s = 1$ erhalten wir

$$\langle \phi_1 \rangle_1 \equiv \langle \phi \rangle = \frac{\int e^{-\Sigma \phi_{ij}/2k_B T} \sum_{j=2}^{N} \phi_{1j} d^3 r_2 \ldots d^3 r_N}{\int e^{-\Sigma \phi_{ij}/2k_B T} \, d^3 r_2 \ldots d^3 r_N}$$

$$= \sum_{j=2}^{N} \int \phi_{1j} \frac{P_2(\mathbf{r}_1, \mathbf{r}_j)}{P_1(\mathbf{r}_1)} d^3 r_j \,, \tag{3.129}$$

und somit im Allgemeinen *nicht* $\langle \phi \rangle = \langle W \rangle$, da auf der rechten Seite ∇_1 nicht nur auf ϕ_{1j} wirken würde [vergl. (3.125) und (3.127)]. Wir können aber sofort eine Näherung angeben, bei der $\langle \phi \rangle = \langle W \rangle$ gilt, nämlich

$$\boxed{P_2(\mathbf{r}_1, \mathbf{r}_j) = P_1(\mathbf{r}_1) P_1(\mathbf{r}_j)} \,. \tag{3.130}$$

Diese sogenannte Ein-Teilchen-Näherung gibt uns für die Aufenthaltswahrscheinlichkeit $P_1(\mathbf{r}_1)$ eine Boltzmann-Verteilung, bei der das mittlere Potential im Exponenten auftaucht. Damit gelingt endlich eine geschlossene und einfache Anschrift der gemittelten Poisson-Gleichung (3.121), die als Poisson-Boltzmann-Gleichung bekannt ist. Bevor wir sie explizit diskutieren, zwei Anmerkungen. Die Ein-Teilchen-Näherung besagt physikalisch, dass die Teilchen 1 und j völlig unkorreliert sind; Teilchen j nimmt den Ort $\mathbf{r}_j$ unabhängig davon ein, wo Teilchen 1 sich befindet. Ein anderer Punkt: Wir haben bisher die Teilchen als unterscheidbar vorausgesetzt und interpretieren $P_1(\mathbf{r}_1)$ als die Wahrscheinlichkeit, Teilchen Nummer 1 am Ort $\mathbf{r}_1$ anzutreffen. Tatsächlich interessiert uns aber in der gemittelten Poisson-Gleichung lediglich die Verteilung der Elektronen und Ionen insgesamt; ob nun Elektron Nummer 1 oder Elektron Nummer 27 (wenn wir sie überhaupt unterscheiden können) am Ort $\mathbf{r}_1$ ist, interessiert uns eigentlich überhaupt nicht. Das kann man mathematisch dadurch fassen, dass man zur allgemeinen Verteilungsfunktion übergeht, z. B.

$$P^{(1)} = \frac{N}{2} P_1. \tag{3.131}$$

Bei der Zwei-Teilchen-Verteilungsfunktion müssen wir im Prinzip beachten, ob zu der Zweierkonfiguration zwei Elektronen oder zwei Ionen oder ein Elektron und ein Ion gehören. In der Grenze $N \to \infty$ gleichen sich jedoch die kombinatorischen Faktoren an, und deshalb definieren wir

$$P^{(2)} = \left(\frac{N}{2}\right)^2 P_2 \tag{3.132}$$

bei $N/2$ Elektronen und $N/2$ Ionen. Es ist klar, dass wir mit den jeweiligen allgemeinen Ein-Teilchen-Verteilungsfunktionen in die Poisson-Gleichung eingehen müssen.

Für die gemittelten elektrischen Potentiale

$$\varphi \equiv \langle \phi \rangle / q_\nu \tag{3.133}$$

– der Index ν steht für Ionen bzw. Elektronen ($\nu = e, i$) – erhalten wir die Poisson-Boltzmann-Gleichung

$$\boxed{\nabla^2 \varphi = -\frac{1}{\varepsilon_0} \sum_{\nu=e,i} \frac{q_\nu N_\nu \exp(-q_\nu \varphi / k_B T_\nu)}{\int \exp(-q_\nu \varphi / k_B T_\nu) d^3 r}}, \tag{3.134}$$

wobei wir zur besseren Darstellung $N_i = N_e = N/2$ eingeführt haben und mit $q_i = e$ bzw. $q_e = -e$ die Ladung der Ionen bzw. Elektronen kennzeichnen. Wählen wir den Nullpunkt des gemittelten Potentials geeignet, so entsteht

$$\nabla^2 \varphi = -\frac{1}{\varepsilon_0} \varrho \left[e^{-q_i \varphi / k_B T_i} - e^{-q_e \varphi / k_B T_e} \right], \tag{3.135}$$

mit der Ladungsdichte

$$\varrho = e \frac{N}{2V}. \tag{3.136}$$

Am einfachsten sieht man in einer Linearisierung, dass das mittlere Potential mit der Debye-Länge als charakteristischer Länge abfällt.

Physikalisch bedeutet dieses Ergebnis, dass Raumladungsfelder über Entfernungen von der Größe einer Debye-Länge verschwinden und in einem neutralen Plasma nennenswerte Feldeffekte nur in einer schmalen Randschicht auftreten.

Für eine physikalische Interpretation, nach der das effektive Wechselwirkungspotential zwischen zwei Teilchen das Debye-Potential ist, reicht unsere bisherige Rechnung noch nicht aus. Für diesen Gesichtspunkt greifen wir zwei Teilchen (1 und 2) heraus, setzen $s = 2$ und berechnen die mittlere potentielle Energie. Anstelle von (3.129) haben wir jetzt z. B. für $i = 1$ ($i = 2$ ergibt sich entsprechend)

$$\langle \phi_i \rangle_2 = \phi_{i2} + \sum_{j=3}^{N} \int \phi_{ij} \frac{P_3(\mathbf{r}_i, \mathbf{r}_2, \mathbf{r}_j)}{P_2(\mathbf{r}_i, \mathbf{r}_2)} d^3 r_j. \tag{3.137}$$

Die mittlere potentielle Energie der $s = 2$ Konfigurationen ($\mathbf{r}_i = \mathbf{r}_1$ bzw. $\mathbf{r}_i = \mathbf{r}_2$),

$$\langle \phi \rangle^{(2)} = \phi_{12} + \sum_{i=1,2} \sum_{j=3}^{N} \int \phi_{ij} \frac{P_3(\mathbf{r}_1, \mathbf{r}_2, \mathbf{r}_j)}{P_2(\mathbf{r}_1, \mathbf{r}_2)} d^3 r_j, \tag{3.138}$$

hängt ebenfalls von $\mathbf{r}_1$ und $\mathbf{r}_2$ ab, genauer gesagt von $r = |\mathbf{r}_1 - \mathbf{r}_2|$. Die Wechselwirkungsenergie der Teilchen, die alle nicht zur ($s = 2$)-Konfiguration gehören, haben wir nicht angeschrieben. Es gilt nun

$$\sum_{i=1,2} \nabla_i \langle \phi \rangle^{(2)} \approx \sum_{i=1,2} \nabla_i \langle \phi_i \rangle_2, \tag{3.139}$$

wenn Dreierkorrelationen vernachlässigt werden.

Beispiel 3.4 (Begründung von (3.139))
Um diese Umformung einzusehen, schreiben wir in der Paarnäherung

$$P_2(\mathbf{r}_1, \mathbf{r}_2) \approx P_1(\mathbf{r}_1) P_1(\mathbf{r}_2) \tag{3.140}$$

und für die bedingte Wahrscheinlichkeit

$$\frac{P_3(\mathbf{r}_1, \mathbf{r}_2, \mathbf{r}_j)}{P_2(\mathbf{r}_1, \mathbf{r}_2)} \approx P_1(\mathbf{r}_j) \prod_{i=1,2} \left[1 + g_{ij}(\mathbf{r}_i, \mathbf{r}_j) \right], \tag{3.141}$$

bei Vernachlässigung aller höheren Korrelationen (einschließlich der Produkte von g-Funktionen). Nach der Anwendung des Operators $\sum_{i=1,2} \nabla_i$ auf (3.137) und (3.138) erhalten wir in der Näherung (3.140) und (3.141) Gleichheit der jeweils rechten Seiten, wenn

$$\sum_{j=3}^{N} \int \phi_{1j}\, P_1(\mathbf{r}_j)\nabla_2\, g_{2j}\, d^3 r_j + \sum_{j=3}^{N} \int \phi_{2j}\, P_1(\mathbf{r}_j)\nabla_1\, g_{1j} d^3 r_j \overset{!}{=} 0 \tag{3.142}$$

gilt. Führen wir im ersten Integral auf der linken Seite von (3.142) $\tilde{\mathbf{r}}_j := \mathbf{r}_j - \mathbf{r}_1$ und im zweiten Integral $\tilde{\mathbf{r}}_j := \mathbf{r}_j - \mathbf{r}_2$ als neue Integrationsvariablen ein, so folgt unter der Annahme der Homogenität $[P_1(\mathbf{r}_j) \approx const]$ und bei Isotropie $[g_{2j}(\mathbf{r}_2 - \mathbf{r}_1 - \tilde{\mathbf{r}}_j) = g_{2j}(|\mathbf{r}_2 - \mathbf{r}_1 - \tilde{\mathbf{r}}_j|);\ g_{1j}(\mathbf{r}_1 - \mathbf{r}_2 - \tilde{\mathbf{r}}_j) = g_{1j}(|\mathbf{r}_1 - \mathbf{r}_2 - \tilde{\mathbf{r}}_j|) = g_{1j}(|\mathbf{r}_2 - \mathbf{r}_1 + \tilde{\mathbf{r}}_j|)]$ die Beziehung (3.142).

Ausgehend von (3.125) können wir eine weitere Relation herleiten, wenn wir (3.137) in der Paarapproximation benutzen. Man beachte dabei, dass für $i = 1$ oder $i = 2$

$$\int \phi_{ij} \nabla_i \frac{P_3(\mathbf{r}_1, \mathbf{r}_2, \mathbf{r}_j)}{P_2(\mathbf{r}_1, \mathbf{r}_2)} d^3 r_j = const \tag{3.143}$$

mit ähnlichen Argumenten wie den eben benutzten folgt. Die Konstanten können später [siehe (3.144)] aus der Asymptotik bestimmt werden; wir dürfen sie o. B. d. A. zu null setzen. Damit finden wir

$$-k_B T \sum_{i=1,2} \nabla_i \ln P_2 \approx \sum_{i=1,2} \nabla_i \langle \phi_i \rangle_2 \approx \sum_{i=1,2} \nabla_i \langle \phi \rangle^{(2)}\,. \tag{3.144}$$

■

Die Beziehung (3.144) zeigt uns, dass

$$P_2 \sim \exp[-\langle \phi \rangle^{(2)}/k_B T] \tag{3.145}$$

ein sinnvoller Ansatz ist. Im Rahmen der Approximation (3.140) folgt ferner aus (3.144)

$$P_1(\mathbf{r}_2) \sim \exp[-\langle \phi_2 \rangle_2/k_B T]\,. \tag{3.146}$$

Jetzt sind wir in der Lage, zu einer geschlossenen Gleichung für $\langle \phi_2 \rangle_2$ zu kommen. Die spätere Interpretation geht davon aus, dass wir $i = 2$ setzen und das Teilchen 1 mit der Ladung q_1 als Testteilchen annehmen. Gl. (3.137) gibt nach Division durch q_2 das mittlere elektrische Potential $\langle \phi_2 \rangle_2/q_2$ des Testteilchens 1 am Ort $\mathbf{r}_2$ an. Für die Rechnung benötigen wir den Zusammenhang

$$\nabla_i^2 \phi_{ij} = -\frac{1}{\varepsilon_0} q_i q_j \delta(\mathbf{r}_j - \mathbf{r}_i)\,, \tag{3.147}$$

nachdem wir auf (3.137) den Laplace-Operator bezüglich der Koordinate $\mathbf{r}_i = \mathbf{r}_2$ angewandt haben. Auf der rechten Seite von (3.137) benutzen wir anschließend

$$\nabla_2^2 \left[\phi_{2j} \frac{P_3(\mathbf{r}_1, \mathbf{r}_2, \mathbf{r}_j)}{P_2(r_1, \mathbf{r}_2)} \right] \approx \left[\nabla_2^2 \phi_{2j} \right] P_1(\mathbf{r}_j) \sim \delta(\mathbf{r}_2 - \mathbf{r}_j) P_1(\mathbf{r}_2)$$

$$\sim \delta(\mathbf{r}_2 - \mathbf{r}_j) \exp[-\langle \phi_2 \rangle_2/k_B T] \tag{3.148}$$

und erhalten damit aus (3.137) eine verallgemeinerte Poisson-Boltzmann-Gleichung für
$\varphi(\mathbf{r}) = \langle \phi_2 \rangle_2 / q_2$ an der Stelle $\mathbf{r}_2 - \mathbf{r}_1 = \mathbf{r}$. Der Einfachheit halber schreiben wir diese
Gleichung für ein abschirmendes Elektronengas an, wobei wir aus physikalischen Gründen
die Proportionalitätskonstante in (3.148) sofort festlegen können. Es gilt $(q_2 = -e)$

$$\nabla^2 \varphi = -\frac{1}{\varepsilon_0} q_1 \delta(\mathbf{r}) + \frac{1}{\varepsilon_0} e[n_{e0} \exp(e\varphi/k_B T_e) - n_{e0}]. \tag{3.149}$$

Man kann nun zeigen, dass die Linearisierung in $e\varphi/k_B T_e$ mit der Vernachlässigung höherer
Korrelationen konsistent ist und erhält als Lösung von

$$-\nabla^2 \varphi + \frac{n_{e0} e^2}{\varepsilon_0 k_B T_e} \varphi = \frac{1}{\varepsilon_0} q_1 \delta(\mathbf{r}) \tag{3.150}$$

das Debye-Potential

$$\boxed{\varphi(\mathbf{r}) = \frac{1}{4\pi\varepsilon_0} \frac{q_1}{r} \exp(-r/\lambda_{De})} . \tag{3.151}$$

Damit haben wir im Rahmen der Gleichgewichtsstatistik die debyesche Abschirmung
begründet. Man muss natürlich erwähnen, dass wir insbesondere die konsistente Vernachlässigung höherer Korrelationen nicht konsequent weiterverfolgt haben. Die diesbezügliche
Rechnung wird, insbesondere wenn man mehrere Komponenten im Plasma unterscheidet,
recht unübersichtlich; sie führt jedoch zu keinen neuen bzw. veränderten Einsichten.

Ein Wort muss jedoch noch zur physikalischen Interpretation der Vernachlässigung
der Korrelationen gesagt werden. Es darf natürlich nicht so sein, dass (3.140) und
(3.141) – in der für die Approximation (3.148) benutzten Form – jede Korrelation
zwischen Teilchen 1 und den „abschirmenden" Teilchen $j = 3, 4, \dots$ ausschließen.
In der Tat benötigen wir nur $g_{2j}(\mathbf{r}_2, \mathbf{r}_j) \approx 0$, da wir den Laplace-Operator bezüglich
der Koordinate $\mathbf{r}_2$ anwenden. Das physikalische Bild, nach dem die Korrelation zwischen Testteilchen 1 und abschirmenden Teilchen $j = 3, 4, \dots$ vorhanden ist, jedoch
die Korrelationen der abschirmenden Teilchen untereinander vernachlässigt werden,
macht durchaus Sinn.

Nachdem wir das mittlere elektrische Feld eines Teilchens über das mittlere Potential berechnen können, interessiert als Nächstes die Verteilung der Felder um den Mittelwert. Das
Problem ist in voller Allgemeinheit recht schwierig. Es handelt sich darum, die Wahrscheinlichkeitsverteilung einer abhängigen Größe $\mathbf{E}$, die sich aus vielen Einzelbeiträgen
zusammensetzt, d. h.

$$\mathbf{E}(\mathbf{r}) \equiv \mathbf{E}(\mathbf{r}; \mathbf{r}_1, \dots) = \sum_{j=1}^{N} \mathbf{E}_j(\mathbf{r}, \mathbf{r}_j), \tag{3.152}$$

zu berechnen. Allgemein gilt

$$\boxed{W(\mathbf{E}) = \int \ldots \int \delta\left[\mathbf{E} - \mathbf{E}(\mathbf{r})\right] \rho \, d^{3N}r \, d^{3N}p}\,. \tag{3.153}$$

Die Schwierigkeiten mit der diracschen Deltafunktion können wir umgehen, indem wir zur Fourier-Transformierten

$$W(\xi) = \int e^{-i\xi\cdot\mathbf{E}} W(\mathbf{E}) d^3 E$$

$$= \int \ldots \int e^{-i\xi\cdot\mathbf{E}(\mathbf{r})} \rho \, d^{3N}r \, d^{3N}p \tag{3.154}$$

übergehen.[1] Es fällt natürlich sofort auf, dass für elektrostatische Felder die Integration über den Impulsraum trivial wird und damit

$$\boxed{W(\xi) = \int \ldots \int e^{-i\xi\cdot\Sigma\mathbf{E}_j} \, P_N \, d^{3N}r} \tag{3.155}$$

folgt. Bei der Auswertung der rechten Seite treten ähnliche Schwierigkeiten auf wie bei der Berechnung der Zustandssumme. Eine clusterähnliche Entwicklung wurde von Baranger und Mozer [52] erfolgreich angewandt. Wir wollen hier auf diese Art der Auswertung nicht näher eingehen, sondern nur die älteren Ansätze diskutieren, die allerdings schon einen beachtlichen Einblick vermitteln.

Um die Ergebnisse von Holtsmark [53] darzustellen, führen wir

$$\varepsilon_j = \exp(-i\xi \cdot \mathbf{E}_j) - 1 \tag{3.156}$$

ein und erhalten aus (3.155)

$$W(\xi) = \int \ldots \int \prod_{j=1}^{N} (1 + \varepsilon_j) P_N \, d^{3N}r. \tag{3.157}$$

Ferner benutzen wir in der Holtsmark-Theorie die Ein-Teilchen-Näherung

$$P_N = P_1(\mathbf{r}_1) \ldots P_1(\mathbf{r}_N). \tag{3.158}$$

Schauen wir uns das Produkt über alle möglichen Faktoren $(1 + \varepsilon_j)$ von $j = 1$ bis $j = N$ genauer an, so erkennen wir, dass es sich als eine Summe über Terme der Gestalt $\varepsilon_1\varepsilon_2 \ldots \varepsilon_s$ darstellen lässt. Da wir ununterscheidbare Teilchen voraussetzen, also auf die

---

[1] Beachte dass ξ ein Vektor ist, obwohl der griechische Buchstabe im Druck oft nicht in Vektornotation erscheint.

Indizes 1, 2, ... nicht im Einzelnen achten müssen, benötigen wir lediglich die Information, wie viele Terme genau s Faktoren ε_1 bis ε_s enthalten. Der entsprechende kombinatorische Faktor ist natürlich

$$\frac{N!}{(N-s)!s!} \cdot \tag{3.159}$$

In der Ein-Teilchen-Näherung können wir die Integrale über die einzelnen Summanden als

$$\int \ldots \int \varepsilon_1 \ldots \varepsilon_s \, P_N \, d^{3N}r = \left[\int \varepsilon_1 P_1 d^3 r_1 \right]^s \tag{3.160}$$

schreiben. Insgesamt erhalten wir also

$$W(\xi) = \sum_{s=0}^{N} \frac{N!}{(N-s)!s!} \left[\int \varepsilon_1 P_1 d^3 r_1 \right]^s . \tag{3.161}$$

Wenn wir die Teilchenkorrelationen völlig vernachlässigen und

$$P_1 = 1/V \tag{3.162}$$

setzen, erhalten wir in der Näherung $N \to \infty$,

$$\frac{N!}{(N-s)!} \approx N^s, \tag{3.163}$$

das Ergebnis

$$\boxed{W(\xi) \approx \exp\left\{ n \int \left(e^{-i\xi \cdot \mathbf{E}_1} - 1 \right) d^3 r_1 \right\}}, \tag{3.164}$$

wobei wir $n = \frac{N}{V}$ gesetzt haben. Zur Berechnung des Integrals im Exponenten von (3.164) benutzen wir das Feld eines Ions (Ortsvektor $\mathbf{r}_1$)

$$\mathbf{E}_1 = -\frac{1}{4\pi\varepsilon_0} \frac{e\mathbf{r}_1}{r_1^3} \equiv -\frac{e^* \mathbf{r}_1}{r_1^3} \tag{3.165}$$

für die „niederfrequente" Mikrofeldverteilung, wobei wir der Einfachheit halber den Aufpunkt in den Nullpunkt gelegt haben. Es folgt

$$\int \left(e^{-i\xi \cdot \mathbf{E}_1} - 1 \right) d^3 r_1 = -\frac{4}{15} (2\pi e^* \xi)^{3/2}. \tag{3.166}$$

Die Rücktransformation

$$W(\mathbf{E}) = \frac{1}{(2\pi)^3} \int e^{i\xi\cdot\mathbf{E}} W(\xi) d^3\xi$$

$$= \frac{1}{2\pi^2 E} \int_0^\infty \sin(\xi E) \exp\left\{-\frac{4n}{15}(2\pi e^*\xi)^{3/2}\right\} \xi d\xi \tag{3.167}$$

ist nicht mehr vollständig analytisch durchführbar. Anstelle der Verteilung des elektrischen Feldvektors $\mathbf{E}$ können wir nach der Verteilung des Betrags von $\mathbf{E}$ fragen und dafür wegen der Isotropie des Systems

$$W(E) = 4\pi E^2 W(\mathbf{E}) \tag{3.168}$$

definieren. Anschließend normieren wir mit einer mittleren Feldstärke

$$E_0 = e^*/r_0^2, \tag{3.169}$$

wobei $r_0 \approx 0{,}465 r_n$ ist. Führen wir $\beta = E/E_0$ ein, so ergibt sich

$$\boxed{W(\beta) = \frac{2}{\pi\beta} \int_0^\infty x \sin x \, e^{-(x/\beta)^{3/2}} \, dx} \; . \tag{3.170}$$

Die asymptotischen Formen

$$W(\beta) \sim \begin{cases} \frac{4}{3\pi}\beta^2 & \text{für } \beta \to 0, \\[2ex] \frac{3}{2}\beta^{-5/2} & \text{für } \beta \to \infty \end{cases}$$

sind ebenfalls bekannt. Das gesamte Integral (3.170) ist in Abb. 3.6 dargestellt. Natürlich ist die Rechnung von Holtsmark [53] nur unter sehr groben Annahmen gültig. Es ist klar, dass diese Annahmen lediglich in sehr dünnen Plasmen anwendbar sein können.

Abb. 3.6 Holtsmark-Verteilung (3.170)

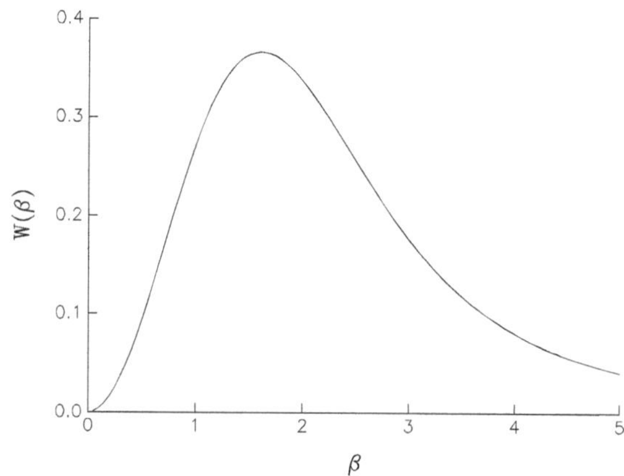

Da wir im vorangegangenen Abschnitt bereits diskutiert haben, dass *ein* Plasmaeffekt die Abschirmung der Coulomb-Felder ist, liegt es nahe, die Holtsmark-Rechnung dadurch zu verbessern, dass man anstelle der Coulomb-Felder (3.165) nach Debye abgeschirmte Felder benutzt. Eine derartige Auswertung – mit allen übrigen Annahmen der vorangegangenen Rechnung – haben Ecker und Müller [54] mit großem Erfolg vorgenommen und Abweichungen zu Holtsmark [53] erhalten.

Eine noch weiterführende Rechnung stammt von Baranger und Mozer [52], die eine clusterähnliche Entwicklung durchgeführt haben. Eine solche Rechnung ermöglicht eine Trennung in einen hochfrequenten und einen niederfrequenten Anteil der Mikrofeldverteilung. Es ist klar, dass eine effektive Abschirmung genügend Zeit zur Ausbildung der Abschirmwolken voraussetzt; bei schnell veränderlichen Prozessen muss daher unsere bisherige Rechnung entscheidend verändert werden. In diesem Sinne haben wir in diesem Abschnitt nur die niederfrequente Mikrofeldkomponente dargestellt.

Kinetische Beschreibung eines Plasmas · 4

Inhaltsverzeichnis

Zusammenfassung

Kinetik eines Vielteilchensystems bezeichnet in der Physik die dynamische Beschreibung eines Systems von vielen Teilchen auf der Grundlage statistischer Methoden. Dabei wird anstelle der Betrachtung jedes einzelnen Teilchens eine Wahrscheinlichkeitsverteilung (Verteilungsfunktion) der Teilchenzustände verwendet. In der kinetischen Gastheorie (neutraler Teilchen) bestimmt sich die Verteilung aus der Boltzmann-Gleichung. Kollisionen zwischen Teilchen spielen eine zentrale Rolle für die Entwicklung der Verteilungsfunktion. Aus Letzterer lassen sich makroskopische Eigenschaften wie Druck, Temperatur und Transportphänomene ableiten. Die Ladungen der Plasmateilchen führen zu Besonderheiten, auf die wir in diesem Kapitel eingehen. Wir stellen die verschiedenen kinetischen Gleichungen, die in Gebrauch sind, vor.

4.1 BBGKY-Hierarchie

In diesem Abschnitt beginnen wir mit dem grundsätzlichen Problem, eine in sich geschlossene Bestimmungsgleichung (kinetische Gleichung) für die Ein-Teilchen-

© Der/die Autor(en), exklusiv lizenziert an Springer-Verlag GmbH, DE, ein Teil von Springer Nature 2025
K.-H. Spatschek, *Theoretische Plasmaphysik*,
https://doi.org/10.1007/978-3-662-71426-3_4

Verteilungsfunktion eines Vielteilchensystems herzuleiten. Das Hierarchieproblem ist grundsätzlich und kann nur durch physikalisch motivierte Annahmen mathematisch gelöst werden.

Startpunkt einer Nichtgleichgewichtsbeschreibung des Plasmas ist die Liouville-Gleichung

$$\frac{\partial \rho}{\partial t} = \{H, \rho\} \tag{4.1}$$

in kanonisch konjugierten Orts- und Impulsvariablen q und p. Im Gleichgewicht haben wir die linke Seite von (4.1) zu null gesetzt; das wollen wir jetzt nicht mehr tun. Es bietet sich aber auch hier die im vorigen Kapitel mit Erfolg angewandte Methode der Reduzierung an. Zur Unterscheidung von Ergebnissen des vorigen Kapitels wählen wir für die reduzierte Ein-Teilchen-Verteilungsfunktion die neue Bezeichnung

$$f^\alpha(\mathbf{q}, \mathbf{p}; t) \equiv f_1^\alpha(\mathbf{q}_1, \mathbf{p}_1; t) := N_\alpha \int d^3q_2 \dots d^3q_N d^3p_2 \dots d^3p_N\, \rho, \tag{4.2}$$

wobei der Index α die Teilchensorte angibt, zu der das herausgegriffene Teilchen (1) gehört. Analog definiert man Zwei-Teilchen-Verteilungsfunktionen

$$f_2^{\alpha\alpha}(\mathbf{q}_1, \mathbf{p}_1, \mathbf{q}_2, \mathbf{p}_2; t) = N_\alpha(N_\alpha - 1) \int d^3q_3 \dots d^3q_N d^3p_3 \dots d^3p_N \rho, \tag{4.3}$$

$$f_2^{\alpha\beta}(\mathbf{q}_1, \mathbf{p}_1, \mathbf{q}_2, \mathbf{p}_2; t) = N_\alpha N_\beta \int d^3q_3 \dots d^3q_N d^3p_3 \dots d^3p_N\, \rho, \tag{4.4}$$

wieder in Abhängigkeit von der Teilchensorte der herausgegriffenen Teilchen. Natürlich werden wir wegen der großen Zahlen $N_\alpha - 1 \approx N_\alpha$ benutzen, sodass die Asymmetrie zwischen den Definitionen (4.3) und (4.4) verschwindet.

Solange wir ein Plasma ohne äußeres Magnetfeld betrachten, ist es nicht nötig, den Formalismus so zu verallgemeinern, dass pseudokanonische Transformationen angewandt werden müssen. Die Transformation von Impulsen $\mathbf{p}_j$ auf die Geschwindigkeiten $\mathbf{v}_j$ über

$$\mathbf{p}_j = m\mathbf{v}_j \tag{4.5}$$

ist in magnetfeldfreien Situationen so einfach, dass wir direkt den Übergang

$$f_1^\alpha(\mathbf{q}_1, \mathbf{v}_1; t) = m_\alpha^3\, f_1^\alpha(\mathbf{q}_1, \mathbf{p}_1 = m\mathbf{v}_1; t) \tag{4.6}$$

mit der richtigen Normierung vollziehen können.

Wenn wir jetzt aus der Liouville-Gleichung durch Reduktion eine Gleichung für die Ein-Teilchen-Verteilungsfunktion herleiten wollen, stoßen wir auf ein ähnliches Hierarchieproblem wie im Gleichgewicht.

Um die Rechnung im Detail durchführen zu können, schreiben wir die Liouville-Gleichung als

$$\frac{\partial \rho}{\partial t} = L\rho \tag{4.7}$$

mit dem Liouville-Operator

$$L = \sum_{j=1}^{N} \left[\{H, \mathbf{q}_j\} \cdot \frac{\partial}{\partial \mathbf{q}_j} + \{H, \mathbf{p}_j\} \cdot \frac{\partial}{\partial \mathbf{p}_j} \right]$$

$$= -\sum_{j=1}^{N} \left[\frac{\partial H}{\partial \mathbf{p}_j} \cdot \frac{\partial}{\partial \mathbf{q}_j} - \frac{\partial H}{\partial \mathbf{q}_j} \cdot \frac{\partial}{\partial \mathbf{p}_j} \right]. \tag{4.8}$$

Die Hamilton Funktion (mit $\mathbf{p}_j = m_j \mathbf{v}_j$) lautet

$$H = H(\mathbf{q}, \mathbf{v}) = \sum_{j=1}^{N} \left[\frac{m_j}{2} \mathbf{v}_j^2 + e_j \phi(\mathbf{q}_j) \right] + \sum_{i<j} \phi_{ij}(\mathbf{q}_i, \mathbf{q}_j), \tag{4.9}$$

wobei $\phi(\mathbf{q}_j)$ das skalare Potential eines äußeren elektrischen Feldes $\mathbf{E}_0$ am Ort des j-ten Teilchens (mit der Ladung e_j) bezeichnet und

$$\phi_{ij} = \frac{1}{4\pi\varepsilon_0} \frac{e_i e_j}{|\mathbf{q}_i - \mathbf{q}_j|} \tag{4.10}$$

die potentielle Energie bei coulombscher Wechselwirkung darstellt. Setzen wir (4.9) in den Liouville-Operator ein, so erhalten wir

$$L = -\sum_{j=1}^{N} \left[\mathbf{v}_j \cdot \frac{\partial}{\partial \mathbf{q}_j} - \frac{e_j}{m_j} \frac{\partial \phi}{\partial \mathbf{q}_j} \cdot \frac{\partial}{\partial \mathbf{v}_j} \right] + \sum_{j=1}^{N} \sum_{i=1}^{j-1} \frac{1}{m_j} \frac{\partial \phi_{ij}}{\partial \mathbf{q}_j} \cdot \frac{\partial}{\partial \mathbf{v}_j},$$

$$= L^{(1)} + L^{(2)}, \tag{4.11}$$

d. h., es ergibt sich ein (erster) Anteil $L^{(1)}$, der lediglich als Ein-Teilchen-Propagator zu verstehen ist, und ein Wechselwirkungsbeitrag $L^{(2)}$. Bei einer Reduzierung von (4.7) im Hinblick auf die Funktionen (4.2) ist $L^{(1)}$ relativ einfach zu handhaben, insbesondere wenn wir festsetzen, dass die Wahrscheinlichkeitsdichten für $|\mathbf{q}_j|, |\mathbf{p}_j| \to \infty$ verschwinden. Wir greifen ein Teilchen der Sorte $\alpha = e, i$ heraus und integrieren über alle Orte und

Geschwindigkeiten der anderen Teilchen. Ohne Beschränkung der Allgemeinheit wählen wir als Argumente der Ein-Teilchen-Verteilungsfunktion $\mathbf{q}_1$, $\mathbf{v}_1$ und t; die Verteilungsfunktion selbst kennzeichnen wir mit dem Index α. Aus dem Anteil

$$\left[\frac{\partial \rho}{\partial t}\right]^{(1)} = L^{(1)} \rho \tag{4.12}$$

folgt

$$\left[\frac{\partial}{\partial t} f^\alpha(\mathbf{q}_1, \mathbf{v}_1; t)\right]^{(1)} = L_1^\alpha \, f^\alpha(\mathbf{q}_1, \mathbf{v}_1; t), \tag{4.13}$$

mit

$$L_j^\alpha = -\mathbf{v}_j \cdot \frac{\partial}{\partial \mathbf{q}_j} - \frac{e_\alpha}{m_\alpha} \mathbf{E}_0(\mathbf{q}_j) \cdot \frac{\partial}{\partial \mathbf{v}_j}. \tag{4.14}$$

dass bei der Berechnung von

$$N_\alpha \int d^3 q_2 \ldots d^3 p_N L^{(1)} \rho = L_1^\alpha \, f^\alpha \tag{4.15}$$

tatsächlich nur der Teil L_1^α von $L^{(1)}$ (d.h. $j = 1$) beiträgt, liegt daran, dass aufgrund von möglichen partiellen Integrationen

$$\int d^3 q_2 \ldots d^3 p_N \, L_j^\alpha \, \rho = -\int \ldots d^3 q_j d^3 p_j \ldots \left[\frac{\partial H}{\partial \mathbf{p}_j} \cdot \frac{\partial \rho}{\partial \mathbf{q}_j} - \frac{\partial H}{\partial \mathbf{q}_j} \cdot \frac{\partial \rho}{\partial \mathbf{p}_j}\right]$$

$$= 0, \ \text{für } j \neq 1 \tag{4.16}$$

gilt; alle restlichen Terme verschwinden.

Hier sei die weitere Nebenbemerkung gestattet, dass bei Anwesenheit eines äußeren Magnetfelds, zusätzlich zum äußeren elektrischen Feld $\mathbf{E}_0$, der Operator L_1^α um den Lorentz-Term erweitert werden muss, sodass

$$\boxed{L_j^\alpha = -\mathbf{v}_j \cdot \frac{\partial}{\partial \mathbf{q}_j} - \frac{e_\alpha}{m_\alpha} \left[\mathbf{v}_j \times \mathbf{B}(\mathbf{q}_j) + \mathbf{E}_0(\mathbf{q}_j)\right] \cdot \frac{\partial}{\partial \mathbf{v}_j}} \tag{4.17}$$

gilt. Dazu später mehr.

Zur vollständigen Reduktion der Liouville-Gleichung (4.7) berechnen wir nun den Beitrag von $L^{(2)}$. Jetzt kommen die Definitionen (4.3) und (4.4) zum Tragen; wir müssen nur aufpassen, ob die Wechselwirkung zwischen Teilchen der gleichen Sorte oder zwischen Teilchen unterschiedlicher Sorten stattfindet. Die Faktoren $1/(N_\alpha N_\beta)$ bzw. $1/N_\alpha^2$ fallen gegen die Anzahl gleicher Summanden heraus, sodass

$$\left[\frac{\partial}{\partial t} f^\alpha(\mathbf{q}_1, \mathbf{v}_1; t)\right]^{(2)} = \sum_{\beta=e,i} \int d^3 q_2 \, d^3 v_2 \, L_{12}^{\alpha\beta} f_2^{\alpha\beta}(\mathbf{q}_1, \mathbf{v}_1, \mathbf{q}_2, \mathbf{v}_2; t) \tag{4.18}$$

folgt, mit

$$L_{jk}^{\alpha\beta} = \frac{\partial \phi_{jk}}{\partial \mathbf{q}_j} \cdot \left[\frac{1}{m_\alpha} \frac{\partial}{\partial \mathbf{v}_j} - \frac{1}{m_\beta} \frac{\partial}{\partial \mathbf{v}_k} \right]. \tag{4.19}$$

Man beachte, dass das Teilchen am Ort $\mathbf{r}_j$ mit der Geschwindigkeit $\mathbf{v}_j$ zur Sorte α gehören soll und das andere Teilchen (k) zur Sorte β, wobei auch $\alpha = \beta$ zugelassen ist. Im Operator $L_{12}^{\alpha\beta}$ sollen die Indizes 1 und 2 unterschiedliche Teilchen kennzeichnen. Generell gilt für die hier definierten Operatoren L_1^α und $L_{12}^{\alpha\beta}$, dass die unteren Indizes 1 bzw. 1 2 die Koordinaten angeben, nach denen differenziert wird.

Fassen wir die Beiträge (4.13) und (4.18) zusammen, so erhalten wir die erste Gleichung der BBGKY(Bogoliubov, Born, Green, Kirkwood, Yvon)-Hierarchie,

$$\partial_t f^\alpha(\mathbf{q}_1, \mathbf{v}_1; t) = L_1^\alpha \, f^\alpha(\mathbf{q}_1, \mathbf{v}_1; t)$$
$$+ \sum_{\beta=e,i} \int d^3 q_2 \, d^3 v_2 \, L_{12}^{\alpha\beta} \, f^{\alpha\beta}(\mathbf{q}_1, \mathbf{v}_1, \mathbf{q}_2, \mathbf{v}_2; t). \tag{4.20}$$

Wir haben bei den Funktionen f^α und $f^{\alpha\beta}$ die unteren Indizes 1 bzw. 1 2 weggelassen, da die Bezeichnung auch so eindeutig ist. Ferner kürzen wir

$$\frac{\partial}{\partial t} = \partial_t, \qquad \frac{\partial}{\partial \mathbf{q}} = \partial_\mathbf{q}, \qquad \frac{\partial}{\partial \mathbf{v}} = \partial_\mathbf{v} \tag{4.21}$$

ab, um etwas Schreibarbeit zu sparen. Desgleichen gelte

$$d^6 1 \equiv d^3 q_1 \, d^3 v_1, \qquad d^6 2 \equiv d^3 q_2 \, d^3 v_2, \qquad \text{usw.} \tag{4.22}$$

dort, wo durch diese unkonventionelle Abkürzung keine Konfusion zu erwarten ist.

Die Gl. (4.20) konfrontiert uns mit einem Hierarchieproblem, das wir schon im Gleichgewicht kennengelernt haben: Für die Ein-Teilchen-Verteilungsfunktion erhalten wir keine geschlossene Gleichung. Die Zwei-Teilchen-Verteilungsfunktion, die auf der rechten Seite von (4.20) auftaucht, ist selbst wieder durch $f_3^{\alpha\beta\gamma}(\mathbf{q}_1, \mathbf{v}_1, \mathbf{q}_2, \mathbf{v}_2, \mathbf{q}_3, \mathbf{v}_3; t)$ bestimmt usw.

Um dennoch aus (4.20) brauchbare Schlüsse ziehen zu können, müssen wir physikalische Argumente heranziehen. Definieren wir die Zweierkorrelationsfunktion $g^{\alpha\beta}$ über

$$\boxed{f^{\alpha\beta}(\mathbf{q}_1, \mathbf{v}_1, \mathbf{q}_2, \mathbf{v}_2; t) = f^\alpha(\mathbf{q}_1, \mathbf{v}_1; t) f^\beta(\mathbf{q}_2, \mathbf{v}_2; t) + g^{\alpha\beta}(\mathbf{q}_1, \mathbf{v}_1, \mathbf{q}_2, \mathbf{v}_2; t)} , \tag{4.23}$$

so können wir zunächst nur annehmen, dass $g^{\alpha\beta}$ lediglich vom Abstand abhängt und für $|\mathbf{q}_1 - \mathbf{q}_2| \to \infty$ verschwindet. Ferner sind in der Grenze $N \to \infty$ die Normierungen so gewählt, dass

$$\int d^3q_1 d^3q_2 d^3v_1 d^3v_2 \; g^{\alpha\beta} = 0 \tag{4.24}$$

ist. Die Dreierkorrelation $g^{\alpha\beta\gamma}$ ist analog über

$$\boxed{f^{\alpha\beta\gamma} = f^\alpha f^\beta f^\gamma + f^\alpha g^{\beta\gamma} + f^\beta g^{\alpha\gamma} + f^\gamma g^{\alpha\beta} + g^{\alpha\beta\gamma}} \tag{4.25}$$

definiert. Die Argumente $\mathbf{q}_1, \mathbf{v}_1, \mathbf{q}_2, \ldots$ haben wir nicht mehr explizit angeschrieben; die Zuordnung ergibt sich aus den oberen Indizes α, β und γ, wobei Teilchen 1 zur Sorte α, Teilchen 2 zur Sorte β und Teilchen 3 zur Sorte γ gehört.

Die wesentliche Annahme, die wir bei allen weiteren Rechnungen machen, lautet

$$g^{\alpha\beta\gamma}(\mathbf{q}_1, \mathbf{v}_1, \mathbf{q}_2, \mathbf{v}_2, \mathbf{q}_3, \mathbf{v}_3; t) \approx 0, \tag{4.26}$$

d. h., wir vernachlässigen sämtliche Dreierkorrelationen. Die Approximation, zwar aus der Not geboren, erweist sich in „verdünnten" Plasmen als recht gut. Erinnern wir uns an die Übereinkunft, nach der in einem Plasma die mittlere potentielle Energie eines Teilchens sehr viel kleiner als seine mittlere kinetische Energie sein soll. Wir haben diesen Sachverhalt durch $\Lambda \gg 1$ ausgedrückt. Da $\Lambda \sim n^{-1/2}$ ist, wird die Teilchenzahl in der Debye-Zone bei hinreichender Verdünnung groß. Wenn die Teilchen im Mittel weit voneinander entfernt sind, kann die Kopplung zwischen drei Teilchen vernachlässigt werden („weak coupling approximation").

Die Gl. (4.20), (4.23), (4.25) und (4.26) erlauben eine geschlossene Formulierung für f^α und $g^{\alpha\beta}$,

$$\partial_t f^\alpha(\mathbf{q}_1, \mathbf{v}_1; t) = L_1^\alpha f^\alpha(\mathbf{q}_1, \mathbf{v}_1; t) + \sum_{\beta=e,i} \int d^6 2 \, L_{12}^{\alpha\beta} \, f^\alpha(\mathbf{q}_1, \mathbf{v}_1; t) f^\beta(\mathbf{q}_2, \mathbf{v}_2; t)$$

$$+ \sum_{\beta=e,i} \int d^6 2 \, L_{12}^{\alpha\beta} g^{\alpha\beta}(\mathbf{q}_1, \mathbf{v}_1, \mathbf{q}_2, \mathbf{v}_2; t), \tag{4.27}$$

$$\partial_t g^{\alpha\beta}(\mathbf{q}_1, \mathbf{v}_1, \mathbf{q}_2, \mathbf{v}_2; t) = (L_1^\alpha + L_2^\beta) g^{\alpha\beta}(\mathbf{q}_1, \mathbf{v}_1, \mathbf{q}_2, \mathbf{v}_2; t) + L_{12}^{\alpha\beta} g^{\alpha\beta}(\mathbf{q}_1, \mathbf{v}_1, \mathbf{q}_2, \mathbf{v}_2; t)$$

$$+ \sum_{\gamma=e,i} \int d^6 3 \left[L_{13}^{\alpha\gamma} f^\alpha(\mathbf{q}_1, \mathbf{v}_1; t) g^{\beta\gamma}(\mathbf{q}_2, \mathbf{v}_2, \mathbf{q}_3, \mathbf{v}_3; t) \right.$$

$$+ L_{23}^{\beta\gamma} f^\beta(\mathbf{q}_2, \mathbf{v}_2; t) g^{\alpha\gamma}(\mathbf{q}_1, \mathbf{v}_1, \mathbf{q}_3, \mathbf{v}_3; t) \qquad\qquad (4.28)$$

$$\left. + (L_{13}^{\alpha\gamma} + L_{23}^{\beta\gamma}) f^\gamma(\mathbf{q}_3, \mathbf{v}_3; t) g^{\alpha\beta}(\mathbf{q}_1, \mathbf{v}_1, \mathbf{q}_2, \mathbf{v}_2; t) \right] + L_{12}^{\alpha\beta} f^\alpha(\mathbf{q}_1, \mathbf{v}_1; t) f^\beta(\mathbf{q}_2, \mathbf{v}_2; t).$$

Das gerade angegebene System, für dessen Herleitung als einzige Annahme die Vernachlässigung der Dreierkorrelation (4.26) gebraucht wurde, ist noch immer viel zu kompliziert, um einer einfachen mathematischen Behandlung zugänglich zu sein.

Bevor wir uns mit dem Problem der Reduzierung von (4.27) und (4.28) auf traktable kinetische Gleichungen befassen, kommen wir noch einmal auf die Frage zurück, wie ein äußeres Magnetfeld $\mathbf{B}$ die Operatoren L_1^α und $L_{12}^{\alpha\beta}$ beeinflusst. Zum Teil wurde die Antwort schon in (4.17) gegeben; hier jetzt der systematische Weg.

Wenn wir nach wie vor $\mathbf{q}$ und $\mathbf{v}$ als Koordinaten benutzen, gehen wir von (4.8) in der Form

$$L = \sum_{j=1}^{N} \left[[H, \mathbf{q}_j] \cdot \frac{\partial}{\partial \mathbf{q}_j} + [H, \mathbf{v}_j] \cdot \frac{\partial}{\partial \mathbf{v}_j} \right] \qquad\qquad (4.29)$$

aus. Bezüglich des Anteils, der als Summe von Ein-Teilchen-Beiträgen geschrieben werden kann, ändert sich nicht viel. Die Berechnung der Lie-Klammern erfolgt in der üblichen Art und Weise und führt unmittelbar zu (4.17), da $[H, \mathbf{q}_j] = -\mathbf{v}_j$ unverändert bleibt und

$$[H, \mathbf{v}_j] = -\frac{e_j}{m_j} \left[\mathbf{v}_j \times \mathbf{B}(\mathbf{q}_j) + \mathbf{E}_0(\mathbf{q}_j) \right] \qquad\qquad (4.30)$$

für den wechselwirkungsfreien Anteil gilt. Den Operatoranteil $L_{12}^{\alpha\beta}$ gewinnen wir aus dem rein ortsabhängigen Wechselwirkungspotential in H. Somit wird $L_{12}^{\alpha\beta}$ nicht gegenüber (4.19) durch ein äußeres $\mathbf{B}$-Feld verändert.

Der Lie-Formalismus zeigt natürlich erst seine volle Stärke, wenn wir die Variablen $\mathbf{q}$ und $\mathbf{v}$ verlassen und stattdessen zu den Koordinaten der Gyrationszentren und Driftgeschwindigkeiten übergehen. In diesem Fall erfordert die Rechnung, insbesondere was die Definition von f_1^α und die Reduktion aus der Liouville-Dichte angeht, einige umfangreichere Überlegungen, auf die wir im Abschnitt „Driftkinetische Gleichung" zurückkommen.

In den folgenden Abschnitten beschäftigen wir uns mit den Gl. (4.27) und (4.28), genauer gesagt, mit deren Vereinfachungen und approximativen Lösungen. Dabei stehen zwei Schritte im Vordergrund:

Im ersten Schritt wird Gl. (4.28) vereinfacht. Es sind im Wesentlichen drei Approximationen in der Literatur bekannt. Die *erste* Näherung stammt von Vlasov; in ihr setzt man $g^{\alpha\beta} = 0$. In der *zweiten* Approximation, nach Landau, streicht man in (4.1.28) für schwache Kopplung ($g^{\alpha\beta} \ll f^\alpha f^\beta$) alle Terme, in denen das Teilchen 3 beiträgt. Sie führt also zu

$$\left[\partial_t - L_1^\alpha - L_2^\beta\right] g^{\alpha\beta}(\mathbf{q}_1, \mathbf{v}_1, \mathbf{q}_2, \mathbf{v}_2; t) = L_{12}^{\alpha\beta}\, f^\alpha(\mathbf{q}_1, \mathbf{v}_1; t) f^\beta(\mathbf{q}_2, \mathbf{v}_2; t). \qquad (4.31)$$

Man nennt dies eine Zweierstoßannahme (in Anlehnung an den boltzmannschen Ansatz).

In der *dritten* Approximation, nach Balescu und Lenard, werden Beiträge des dritten Teilchens zum Teil berücksichtigt:

$$\left[\partial_t - L_1^\alpha - L_2^\beta\right] g^{\alpha\beta}(\mathbf{q}_1, \mathbf{v}_1, \mathbf{q}_2, \mathbf{v}_2; t) = L_{12}^{\alpha\beta}\, f^\alpha(\mathbf{q}_1, \mathbf{v}_1; t) f^\beta(\mathbf{q}_2, \mathbf{v}_2; t)$$
$$+ \sum_{\gamma=e,i} \int d^6 3 \left[L_{13}^{\alpha\gamma}\, f^\alpha(\mathbf{q}_1, \mathbf{v}_1; t) g^{\beta\gamma}(\mathbf{q}_2, \mathbf{v}_2, \mathbf{q}_3, \mathbf{v}_3; t) \right.$$
$$\left. + L_{23}^{\beta\gamma}\, f^\beta(\mathbf{q}_2, \mathbf{v}_2; t) g^{\alpha\gamma}(\mathbf{q}_1, \mathbf{v}_1, \mathbf{q}_3, \mathbf{v}_3; t) \right]. \qquad (4.32)$$

Vergleicht man mit (4.28), so erkennt man, dass in allen Fällen die Beiträge

$$\left[L_{12}^{\alpha\beta} + \sum_{\gamma=e,i} \int d^6 3 [L_{13}^{\alpha\gamma} + L_{23}^{\beta\gamma}] f^\gamma(\mathbf{q}_3, \mathbf{v}_3; t) \right] g^{\alpha\beta}(\mathbf{q}_1, \mathbf{v}_1, \mathbf{q}_2, \mathbf{v}_2; t) \qquad (4.33)$$

als höhere Korrekturen zur Entwicklung von $g^{\alpha\beta}(\mathbf{q}_1, \mathbf{v}_1, \mathbf{q}_2, \mathbf{v}_2; t)$ vernachlässigt werden. Im Gegensatz zu (4.31) werden jedoch bei Balescu und Lenard dynamische Abschirmungseffekte berücksichtigt.

Wenn im zweiten Schritt die Gleichung für $g^{\alpha\beta}$ exakt gelöst werden würde (nehmen wir für den Moment an, wir könnten das!), hinge $g^{\alpha\beta}$ im Allgemeinen („nichtmarkovsch") von der gesamten zeitlichen Geschichte ab. Im Rahmen einer kinetischen Theorie nimmt man jedoch an, dass $g^{\alpha\beta}$ bezüglich der Zeit nur funktional über f abhängt,

$$\boxed{g^{\alpha\beta}(t) \approx g^{\alpha\beta}[f(t)]}\,. \qquad (4.34)$$

Wir werden diese Annahme, die das sogenannte kinetische Regime definiert, später noch genauer diskutieren.

Das Ziel im nächsten Abschnitt ist, eine einzige kinetische Gleichung der Gestalt

$$\partial_t f^\alpha(\mathbf{q}_1, \mathbf{v}_1; t) = L_1^\alpha f^\alpha(\mathbf{q}_1, \mathbf{v}_1; t) + \sum_{\beta=e,i} \int d^3 q_2 d^3 v_2 L_{12}^{\alpha\beta} \, f^\alpha(\mathbf{q}_1, \mathbf{v}_1; t) f^\beta(\mathbf{q}_2, \mathbf{v}_2; t)$$

$$+ K^\alpha\{f^\alpha(t)\} \tag{4.35}$$

aus (4.27) und (4.28) bzw. deren Vereinfachungen herzuleiten und zu diskutieren. Dabei fasst der Zweierstoßterm K^α die Effekte aufgrund naher Stöße, die über $g^{\alpha\beta}$ die Kinetik beeinflussen, zusammen. Der zweite Term auf der rechten Seite von (4.35) berücksichtigt die Beeinflussung des Teilchens 1 durch das mittlere Feld all der übrigen Teilchen. Um das genauer zu erkennen, formen wir um:

$$\sum_{\beta=e,i} \int d^3 q_2 d^3 v_2 L_{12}^{\alpha\beta} \, f^\alpha f^\beta$$

$$= \sum_{\beta=e,i} \int d^3 q_2 d^3 v_2 \frac{\partial \phi_{12}^{\alpha\beta}}{\partial \mathbf{q}_1} \cdot \left[\frac{1}{m_\alpha} \frac{\partial}{\partial \mathbf{v}_1} - \frac{1}{m_\beta} \frac{\partial}{\partial \mathbf{v}_2} \right] f^\alpha(\mathbf{q}_1, \mathbf{v}_1; t) f^\beta(\mathbf{q}_2, \mathbf{v}_2; t)$$

$$= \left[\frac{\partial}{\partial \mathbf{q}_1} \sum_{\beta=e,i} \int d^3 q_2 d^3 v_2 \, \phi_{12}^{\alpha\beta} f^\beta(\mathbf{q}_2, \mathbf{v}_2; t) \right] \cdot \frac{1}{m_\alpha} \frac{\partial f^\alpha(\mathbf{q}_1, \mathbf{v}_1; t)}{\partial \mathbf{v}_1}$$

$$\equiv -\frac{e_\alpha}{m_\alpha} \langle \mathbf{E}(\mathbf{q}_1; t) \rangle \cdot \frac{\partial f^\alpha}{\partial \mathbf{v}_1} . \tag{4.36}$$

Dabei haben wir das mittlere Feld $\langle \mathbf{E} \rangle$, das von all den übrigen Teilchen am Ort $\mathbf{q}_1$ hervorgerufen wird, über

$$\langle \mathbf{E}(\mathbf{q}_1; t) \rangle = -\frac{\partial}{\partial \mathbf{q}_1} \langle \phi(\mathbf{q}_1; t) \rangle, \tag{4.37}$$

$$\langle \phi(\mathbf{q}_1; t) \rangle = \sum_{\beta=e,i} \frac{1}{4\pi \varepsilon_0} e_\beta \int d^3 q_2 d^3 v_2 \frac{1}{|\mathbf{q}_1 - \mathbf{q}_2|} f^\beta(\mathbf{q}_2, \mathbf{v}_2; t) \tag{4.38}$$

definiert. Die Interpretation folgt daraus unmittelbar.

Insbesondere sehen wir aus der Anschrift der kinetischen Gleichung für $f^\alpha \equiv f^\alpha(\mathbf{q}_1, \mathbf{v}_1; t)$,

$$\frac{\partial f^\alpha}{\partial t} + \mathbf{v}_1 \cdot \frac{\partial f^\alpha}{\partial \mathbf{q}_1} + \frac{e_\alpha}{m_\alpha} \left[\mathbf{v}_\alpha \times \mathbf{B}(\mathbf{q}_1) + \mathbf{E}_0(\mathbf{q}_1) \right] \cdot \frac{\partial f^\alpha}{\partial \mathbf{v}_1} + \frac{e_\alpha}{m_\alpha} \langle \mathbf{E}(\mathbf{q}_1; t) \rangle \cdot \frac{\partial f^\alpha}{\partial \mathbf{v}_1}$$

$$= K^\alpha\{f^\alpha(t)\}, \tag{4.39}$$

dass auf ein Teilchen 1 insgesamt das elektrische Feld

$$\mathbf{E}(\mathbf{q}_1) = \mathbf{E}_0(\mathbf{q}_1) + \langle \mathbf{E}(\mathbf{q}_1; t) \rangle \tag{4.40}$$

wirkt. Dazu kommen noch die Einflüsse der nahen Stöße.

4.2   Vlasov-Gleichung und Landau-Dämpfung

In diesem Abschnitt diskutieren wir Eigenschaften der Vlasov-Gleichung. Insbesondere nach einer Linearisierung finden wir das dynamische Verhalten nahe eines stationären Zustands. Linearisierung um eine Maxwell-Verteilung führt zur Landau-Dämpfung.

Um einen weiteren Einblick in die kollektiven Effekte eines Plasmas zu gewinnen, vernachlässigen wir in diesem Abschnitt den Einfluss der Zweierstöße und setzen

$$\boxed{K^\alpha = 0} \; . \tag{4.41}$$

Diese Näherung ist als Vlasov-Näherung bekannt. Die Vlasov-Gleichung lautet für ein System von Teilchen in einem äußeren elektrischen Feld $\mathbf{E}_0$

$$\frac{\partial f^\alpha(\mathbf{q}_1, \mathbf{v}_1; t)}{\partial t} + \mathbf{v}_1 \cdot \frac{\partial f^\alpha(\mathbf{q}_1, \mathbf{v}_1; t)}{\partial \mathbf{q}_1}$$

$$+ \frac{e_\alpha}{m_\alpha} \left[\mathbf{v}_1 \times \mathbf{B}(\mathbf{q}_1) + \mathbf{E}_0 + \mathbf{E}(\mathbf{q}_1; t) \right] \cdot \frac{\partial f^\alpha(\mathbf{q}_1, \mathbf{v}_1; t)}{\partial \mathbf{v}_1} = 0, \tag{4.42}$$

wobei in elektrostatischer Näherung ($\nabla \times \mathbf{E} = 0$, $\mathbf{B}$ von außen vorgegebenes Magnetfeld) $\mathbf{E}$ durch die Poisson-Gleichung

$$\nabla \cdot \mathbf{E} = \frac{1}{\varepsilon_0} \sum_{\beta = e,i} e_\beta \int d^3 v_1 \, f^\beta(\mathbf{q}_1, \mathbf{v}_1; t) \tag{4.43}$$

gegeben ist. Diese Anschrift ist identisch mit (4.39) und (4.40), wobei wir bei dem selbstkonsistenten Feld E die Mittelungsklammern weggelassen haben. Die Gl. (4.43) entspricht der Beziehung (4.38). Im allgemeinen Fall müssen wir neben (4.70) den vollständigen Satz der Maxwell-Gleichungen

$$\nabla \cdot \mathbf{B} = 0, \tag{4.44}$$

$$\nabla \times \mathbf{E} = -\frac{\partial \mathbf{B}}{\partial t}, \tag{4.45}$$

$$\nabla \times \mathbf{B} = \mu_0 \mathbf{j} + \mu_0 \varepsilon_0 \frac{\partial \mathbf{E}}{\partial t}, \tag{4.46}$$

mit

$$\mathbf{j} = \sum_{\beta = e,i} e_\beta \int d^3 v_1 \, f^\beta(\mathbf{q}_1, \mathbf{v}_1; t) \, \mathbf{v}_1 \tag{4.47}$$

benutzen. Wegen der selbstkonsistenten Felder $\mathbf{E}$ und $\mathbf{B}$ ist die Vlasov-Gleichung eine nichtlineare Integrodifferentialgleichung, deren Lösung keinesfalls trivial ist. Wie wir bereits früher angedeutet haben, ist die Vernachlässigung von K^α in einem Plasma bei vielen Teilchen in der Debye-Zone angemessen, solange nicht spezielle Fragen des Transports zur Diskussion stehen. Wir ziehen zu einem besseren Verständnis dieses wichtigen Punktes noch andere Begründungen der Vlasov-Gleichung heran.

Beispiel 4.1 (Klimontovich-Formulierung)

Die (mittlere) Aufenthaltswahrscheinlichkeit eines Teilchens, beschrieben durch f^α, lässt sich nicht nur aus der Liouville-Gleichung durch Reduktion, sondern auch aus den sogenannten Klimontovich-Gleichungen durch Mittelung gewinnen. Die Klimontovich-Gleichungen beschreiben die exakte Dynamik *eines* Systems über die *exakte* Teilchendichte (für Punktteilchen) im Γ-Raum, mit

$$F = \sum_{j=1}^{N} F_j \equiv \sum_{j=1}^{N} \delta(\mathbf{q} - \mathbf{q}_j(t))\delta(\mathbf{v} - \mathbf{v}_j(t)). \tag{4.48}$$

Berechnet man die zeitliche Ableitung von F_j, so muss die exakte Dynamik jedes einzelnen Teilchens j berücksichtigt werden:

$$\dot{\mathbf{q}}_j(t) = \mathbf{v}_j(t), \tag{4.49}$$

$$m_j \dot{\mathbf{v}}_j(t) = e_j \mathbf{E}[\mathbf{q}_j(t); t] + e_j \mathbf{v}_j \times \mathbf{B}[q_j(t); t], \tag{4.50}$$

wobei $\mathbf{E}$ und $\mathbf{B}$ die exakten elektrischen und magnetischen Felder bezeichnen, die das Teilchen j auf seiner Bahn sieht. Wegen der Eigenschaften der Deltafunktion folgt die Gleichung

$$\boxed{\partial_t F_j(\mathbf{q}, \mathbf{v}; t) + \mathbf{v} \cdot \partial_{\mathbf{q}} F_j(\mathbf{q}, \mathbf{v}; t) + \frac{e_j}{m_j}(\mathbf{E} + \mathbf{v} \times \mathbf{B}) \cdot \partial_{\mathbf{v}} F_j(\mathbf{q}, \mathbf{v}; t) = 0} \,. \tag{4.51}$$

Formal hat diese Gleichung Ähnlichkeit mit der Vlasov-Gleichung (4.42), allerdings ist ihre Bedeutung gänzlich anders. Die Gl. (4.51) ist exakt und enthält noch die vollständige Dynamik des gesamten Systems. Das drückt sich auch darin aus, dass die Ein-Teilchen-Verteilungsfunktion F_j als mikroskopische Dichte alle Fluktuationen enthält und über die Maxwell-Gleichungen noch eine Kopplung an die exakten Bewegungen aller übrigen Teilchen besteht. Will man von dieser allzu detaillierten Information Abstand nehmen, so mittelt man F_j, um zu einer „ausgeschmierten" Verteilungsfunktion zu gelangen. Wie das im Einzelnen geschieht (durch eine Ensemble-, Zeit- oder Messmittelung), soll uns im Moment nicht interessieren. Wir schreiben

$$F_j(\mathbf{q}, \mathbf{v}; t) = \langle F_j \rangle + \delta F_j \equiv f^\alpha + \delta f^\alpha \tag{4.52}$$

und erhalten aus (4.51) durch Mittelung

$$\frac{\partial f^{\alpha}(\mathbf{q}, \mathbf{v}; t)}{\partial t} + \mathbf{v} \cdot \frac{\partial f^{\alpha}(\mathbf{q}, \mathbf{v}; t)}{\partial \mathbf{q}}$$

$$+ \frac{e_{\alpha}}{m_{\alpha}} \left[\mathbf{v} \times \langle \mathbf{B}(\mathbf{q}; t) \rangle + \mathbf{E}_0 + \langle \mathbf{E}(\mathbf{q}; t) \rangle \right] \cdot \frac{\partial f^{\alpha}(\mathbf{q}, \mathbf{v}; t)}{\partial \mathbf{v}}$$

$$= -\frac{e_{\alpha}}{m_{\alpha}} \left\langle (\delta \mathbf{E} + \mathbf{v} \times \delta \mathbf{B}) \cdot \frac{\partial \delta f^{\alpha}}{\partial \mathbf{v}} \right\rangle. \tag{4.53}$$

Vergleichen wir jetzt mit der Vlasov-Gleichung (4.42), so stellen wir Übereinstimmung der linken Seiten fest. Offensichtlich ist die rechte Seite von (4.53) identisch mit K^{α}. Der zu mittelnde Ausdruck

$$(\delta \mathbf{E} + \mathbf{v} \times \delta \mathbf{B}) \cdot \frac{\partial \delta f^{\alpha}}{\partial \mathbf{v}} \tag{4.54}$$

stellt ein Produkt von aufgrund der diskreten Teilchenstruktur stark fluktuierenden Größen dar. Die Beeinflussung des mittleren Verhaltens durch derartige Stöße hatten wir in der Einleitung als Effekt der Ordnung $1/\Lambda$ abgeschätzt. Hierzu jetzt das ergänzende Argument. ∎

Beispiel 4.2 (Diskretheitseffekte)

In einem Gedankenexperiment denken wir uns jedes der N_{α} Teilchen in Teilstücke aufgebrochen. Die gesamte Teilchenzahl wächst dann vermöge der Vorschrift $N_{\alpha} \to \infty, m_{\alpha} \to 0, e_{\alpha} \to 0$,

$$N_{\alpha} e_{\alpha} = const, \quad e_{\alpha}/m_{\alpha} = const, \quad v_{\alpha} = const. \tag{4.55}$$

Diese Prozedur lässt die Plasmafrequenzen ω_{pe} und ω_{pi} sowie die Debye-Längen λ_{De} und λ_{Di} unbeeinflusst und erfordert $T_{\alpha} \to 0$ und $\Lambda \to \infty$. In jedem noch so kleinen, aber endlichen Volumen befinden sich jetzt unendlich viele Teilchen („Spaltprodukte") und nach den allgemeinen Resultaten der Statistik verschwindet die relative Stärke der Fluktuationen, z. B. $\delta f^{\alpha}/f^{\alpha}$, wegen

$$\delta f^{\alpha} \sim N_{\alpha}^{1/2} \sim \Lambda^{1/2}. \tag{4.56}$$

Andererseits gilt aufgrund der Maxwell-Gleichungen

$$\delta \mathbf{E}, \delta \mathbf{B} \sim e_{\alpha} \delta f^{\alpha} \sim N_{\alpha}^{-1} N_{\alpha}^{1/2} \sim N_{\alpha}^{-1/2} \sim \Lambda^{-1/2}, \tag{4.57}$$

sodass das Produkt (4.54), und damit K^{α}, bei dem Gedankenexperiment unverändert bleibt. Betrachten wir allerdings die linke Seite von (4.53), so wächst deren Größenordnung proportional $N_{\alpha} \sim \Lambda$ an.

Dies erklärt die Aussage, dass in einem Plasma Stoßeffekte gegenüber kollektiven Effekten um einen Faktor $1/\Lambda$ kleiner sind und die Vlasov-Gleichung als stoßfreie Boltzmann-Gleichung genau die kollektiven Effekte berücksichtigt. Für unser reales physikalisches System bedeutet dies, dass in der Grenze $\Lambda \to \infty$ die Vlasov-Gleichung exakt wird.

∎

Zurück zur Vlasov-Gleichung (4.42) in elektrostatischer Näherung. Um einige entscheidende Phänomene möglichst einfach herauszuarbeiten, vereinbaren wir die folgenden Näherungen:

$$\mathbf{E}_0 = \mathbf{B} = 0 \tag{4.58}$$

und ausgeschmierter, neutralisierender Ionen-Hintergrund. Die letzte Annahme ist nur in einem stoßfreien Plasma ($\Lambda \to \infty, \omega \gg \nu_{ei} \sim \omega_{pe}/\Lambda \to 0$) gut, wenn hochfrequente Prozesse betrachtet werden. Bei hochfrequenten Prozessen ($\omega \simeq \omega_{pe} \gg \omega_{pi}$) können die Ionen wegen ihrer großen trägen Massen den schnellveränderlichen Feldern nicht unmittelbar folgen. Allerdings, nachdem wir dieses einfache Modell ausgewertet haben, werden wir auf die entsprechenden Modelle mit Ionendynamik relativ leicht verallgemeinern können.

Wir linearisieren die (nichtlineare) Vlasov-Gleichung (4.42) um einen homogenen stationären Zustand $f_0^e(\mathbf{v})$ und lassen im weiteren Verlauf den Index $\alpha = e$ ($e_e = -e$) weg,

$$\boxed{f(\mathbf{q}, \mathbf{v}; t) = f_0(\mathbf{v}) + f_1(\mathbf{q}, \mathbf{v}; t)} \ . \tag{4.59}$$

Für f_0 können wir eine Funktion der Konstanten der Bewegung eines einzelnen Teilchens annehmen. Ohne äußere Felder kommen als Integrale die kinetische Energie und die Impulskomponenten infrage. Damit kann f_0 eine beliebige Funktion von v_x, v_y und v_z sein. Mittels der *linearisierten* Gleichung wollen wir die (anfängliche) zeitliche Entwicklung einer *kleinen* Störung verfolgen.

$$\partial_t f_1 + \mathbf{v} \cdot \nabla f_1 - \frac{e}{m_e}\mathbf{E}_1 \cdot \partial_\mathbf{v} f_0 = 0, \tag{4.60}$$

$$\nabla \cdot \mathbf{E}_1 = -\frac{1}{\varepsilon_0} e \int d^3 v f_1 \tag{4.61}$$

lauten die linearisierten Gleichungen für die Elektronenkomponente bei ausgeschmiertem Ionenhintergrund

$$n_i = \int f^i(\mathbf{q}, \mathbf{v}; t) d^3 v = \int f_0(\mathbf{v}) d^3 v. \tag{4.62}$$

Wir versuchen jetzt einen naiven Normalmodenansatz ($q_x = x$)

$$\boxed{f_1 \sim e^{ikx - i\omega t}}, \tag{4.63}$$

und erhalten damit aus (4.60) und (4.61)

$$f_1 = \frac{ie E_{1x}}{m_e} \frac{\partial f_0/\partial v_x}{\omega - k v_x}, \tag{4.64}$$

$$ik\varepsilon_0 E_{1x} = -e \int d^3v f_1.$$ \hfill (4.65)

Diese beiden Gleichungen können wir zur „Dispersionsrelation"

$$1 = -\frac{\omega_{pe}^2}{k} \int_{-\infty}^{+\infty} du \, \frac{dg(u)/du}{\omega - ku}$$ \hfill (4.66)

zusammenfassen, wobei

$$g(u) = \frac{1}{n_{e0}} \int dv_y dv_z \, f_0(u = v_x, v_y, v_z)$$ \hfill (4.67)

als Abkürzung eingeführt wurde. Bei gegebenem f_0 folgt g also unmittelbar. Die Gl. (4.66) stellt einen Zusammenhang zwischen ω und k dar, allerdings mit einigen noch auszuräumenden Problemen.

Das Problem der resonanten Teilchen mit

$$v_x = \omega/k$$ \hfill (4.68)

klammern wir zunächst dadurch aus, dass wir nur spezielle Situationen mit

$$\left. \frac{dg(u)}{du} \right|_{u=\omega/k} = 0$$ \hfill (4.69)

betrachten.

Beispiel 4.3 (Strahlenansatz)
Nehmen wir das einfache Beispiel

$$f_0(\mathbf{v}) = \sum_{\nu=1}^{4} n_\nu \, \delta(\mathbf{v} - \mathbf{V}_\nu),$$ \hfill (4.70)

das zu

$$\frac{e^2}{\varepsilon_0 m_e} \sum_{\nu=1}^{4} \frac{n_\nu}{(kU_\nu - \omega)^2} = 1$$ \hfill (4.71)

mit $U_\nu = V_{\nu x}$ führt. Die linke Seite von (4.71) ist eine positive Funktion ($n_\nu > 0$) mit vier Polstellen bei $\omega = kU_\nu$, $\nu = 1, \dots, 4$. Für $\omega \to \pm\infty$ strebt diese Funktion gegen null. Daraus können wir schließen, dass zu jedem (festen) k mindestens zwei und höchstens acht verschiedene reelle ω-Werte existieren, die (4.71) erfüllen. Nun ist der Ansatz (4.70) recht speziell: Wir haben f_0 aus vier Strahlen mit den „scharfen" Geschwindigkeiten $\mathbf{V}_\nu$, $\nu = 1, \dots, 4$ zusammengesetzt. Hätten wir anstelle der vier Strahlen wesentlich mehr Strahlen genommen, so könnten zu bestimmten k-Werten entsprechend viele (reelle) ω-Werte existieren. Fassen wir insbesondere eine kontinuierliche Geschwindigkeitsverteilung f_0 als Grenzfall unendlich vieler Strahlen auf, so können zu bestimmten Werten von k unendlich viele ω existieren. Gl. (4.66) ist demnach (noch) keine (wohldefinierte) Dispersionsrelation! In einer naiven Normalmodenanalyse („normal mode analysis") erhalten wir viele uninteressante („false") Moden. In einem realen System können wir keine derart künstliche Anfangsbedingung konstruieren; wir haben immer eine Phasenmischung zwischen den „Strahlen".

Eine genauere Analyse nach Landau zeigt, dass dieses Problem, ebenso wie das der resonanten Teilchen, durch eine korrekte Behandlung des Anfangswertproblems gelöst werden kann.   ∎

Wir gehen deshalb noch einmal zu (4.60) und (4.61) zurück und machen lediglich den Ansatz

$$f_1 \sim f_1(\mathbf{v}; t)e^{ikx}, \tag{4.72}$$

der zu

$$\partial_t f_1 + ikv_x f_1 - \frac{e}{m_e} E_{1x} \frac{\partial f_0}{\partial v_x} = 0, \tag{4.73}$$

$$ikE_{1x} = -\frac{1}{\varepsilon_0} e \int f_1 \, d^3 v, \tag{4.74}$$

führt, wobei, wegen $\nabla \times \mathbf{E} \approx 0$, $E_{1y} = E_{1z} = 0$ gilt.

Das lineare Integrodifferentialgleichungssystem (4.73) und (4.74) lösen wir durch Laplace-Transformation:

$$F(p, \mathbf{v}) = \int_0^\infty f_1(\mathbf{v}; t)e^{-pt} dt, \tag{4.75}$$

$$f_1(\mathbf{v}; t) = \frac{1}{2\pi i} \int_{\sigma - i\infty}^{\sigma + i\infty} F(p, \mathbf{v})e^{pt} dp. \tag{4.76}$$

Bei der Rücktransformation (4.76) in der komplexen p-Ebene ist zu beachten, dass der Integrationsweg (parallel zur imaginären p-Achse) rechts von allen Singularitäten der Funktion $F(p, \mathbf{v})$ verläuft (siehe Abb. 4.1). Multiplizieren wir beide Seiten von (4.73) mit e^{-pt} und integrieren über t von 0 bis ∞, so ergibt sich

$$(p + ikv_x)F(p, \mathbf{v}) - \frac{e}{m_e} E_{1x}(p) \frac{\partial f_0}{\partial v_x} = f_1(\mathbf{v}; 0) \tag{4.77}$$

und entsprechend aus der zweiten Gl. (4.74)

$$ikE_{1x}(p) = -\frac{1}{\varepsilon_0} e \int F(p, \mathbf{v})d^3 v. \tag{4.78}$$

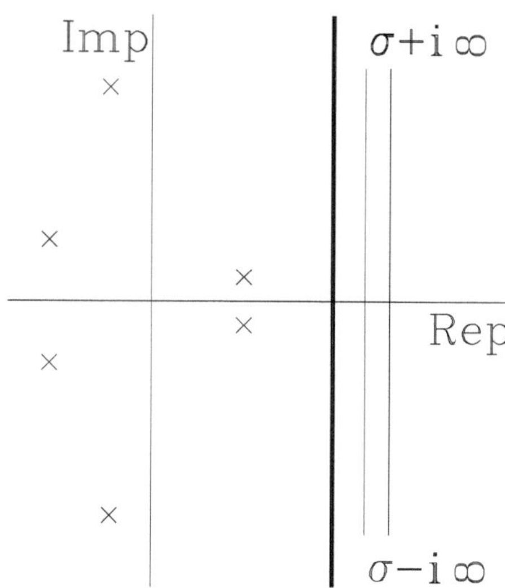

Abb. 4.1 Kontur Re $p = \sigma$ für die Rücktransformation (4.76) in der komplexen p-Ebene. Die Kreuze kennzeichnen die Singularitäten von $F(p, \mathbf{v})$

Mit der Abkürzung (4.67) und entsprechend

$$G(u) = \int dv_y dv_z f_1(u = v_x, v_y, v_z; 0) \tag{4.79}$$

folgt dann aus (4.77) und (4.78)

$$E_{1x}(p) = -\frac{e}{ik\varepsilon_0} \; \frac{\displaystyle\int_{-\infty}^{+\infty} \frac{G(u)}{p + iku} du}{1 - \dfrac{\omega_{pe}^2}{k} \displaystyle\int \frac{dg}{du} \frac{du}{ku - ip}}. \tag{4.80}$$

Daraus gewinnen wir $E_{1x}(t)$ durch Rücktransformation

$$\boxed{E_{1x}(t) = \frac{1}{2\pi i} \int_{\tilde{\sigma}-i\infty}^{\tilde{\sigma}+i\infty} E_{1x}(p)\, e^{pt}\, dp}. \tag{4.81}$$

Die Kontur ist dabei so zu führen, dass $\tilde{\sigma}$ größer als alle Werte von Re p_v ist, wobei p_v die Singularitäten von $E_{1x}(p)$ kennzeichnet. Nach (4.80) werden die Singularitäten von $E_{1x}(p)$ in der Regel durch die Nullstellen des Nenners auf der rechten Seite von (4.80) bestimmt. Für die folgende Diskussion nehmen wir stabile Verteilungsfunktionen an, für die Re $p_v < 0$ ist, sodass $\tilde{\sigma} = 0$ gewählt werden kann.

Die Rücktransformation (4.81) lässt sich relativ einfach mit Methoden der Funktionentheorie durchführen. Dazu setzen wir $E_{1x}(p)$ in die gesamte p-Ebene analytisch fort. Man beachte, dass zunächst $E_{1x}(p)$ nur definiert ist für Re $p \geq 0$. Dementsprechend gehen wir zunächst davon aus, dass die Funktion im Nenner auf der rechten Seite von (4.80), nämlich

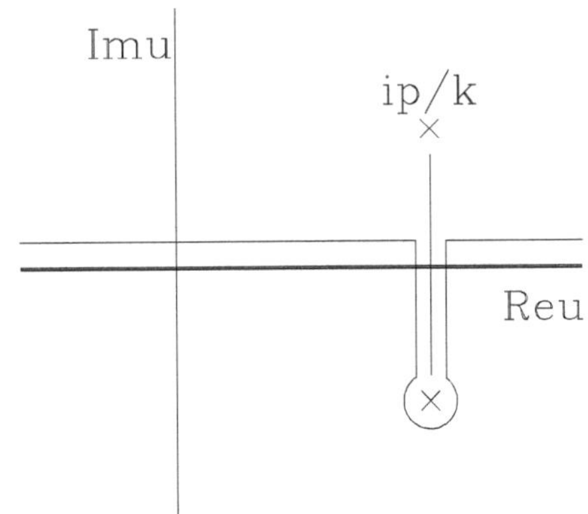

Abb. 4.2 Deformation des Integrationsweges in der komplexen u-Ebene nach Landau

$$H(p) := \frac{\omega_{pe}^2}{k^2} \int_{-\infty}^{+\infty} \frac{dg}{du} \frac{du}{u - \frac{ip}{k}} , \tag{4.82}$$

für Re $p > 0$ definiert ist. Schauen wir uns dieses Integral genauer an, so können wir uns $g(u)$ über die reelle u-Achse hinaus in eine komplexe u-Ebene fortgesetzt denken; der Integrand hat dann einen Pol bei $u = ip/k$ in der oberen u-Halbebene. Wenn wir jetzt $E_{1x}(p)$ in den Bereich Re $p < 0$ analytisch fortsetzen wollen, müssen wir das mit $H(p)$ ebenfalls tun und sicherstellen, dass beim Übergang von Re $p > 0$ zu Re $p < 0$ keine Unstetigkeiten entstehen. Dies erreichen wir durch die Deformation des Integrationsweges in der komplexen u-Ebene nach Landau (s. Abb. 4.2): Der Pol bei $u = ip/k$ darf die Integrationskontur nicht überschreiten. Wenn wir die Plemelj-Formel

$$\frac{1}{x \pm i0} = \mathcal{P} \frac{1}{x} \mp i\pi \, \delta(x) \tag{4.83}$$

und die Integrationsformel

$$\int_{-\infty}^{+\infty} \frac{f(x)}{x \pm i0} dx = \lim_{\varepsilon \to 0} \left[\int_{|x| \geq \varepsilon} \frac{f(x)}{x} dx + \int_{C_\pm} \frac{f(z)}{z} dz \right] , \tag{4.84}$$

wobei C_+ (bzw. C_-) ein kleiner Halbkreisbogen vom Radius ε in der oberen (unteren) komplexen z-Halbebene ist, heranziehen und für Re $p > 0$ von der Definition (4.82) ausgehen, liefern diese Überlegungen

$$H(p) = \frac{\omega_{pe}^2}{k^2} \int_{-\infty}^{+\infty} \frac{dg/du}{u - \frac{ip}{k}} du \quad \text{für Re } p > 0 \,, \tag{4.85}$$

$$H(p) = \frac{\omega_{pe}^2}{k^2} \left[\mathcal{P} \int_{-\infty}^{+\infty} \frac{dg/du}{u - \frac{ip}{k}} du + i\pi \frac{dg}{du}\Big|_{\frac{ip}{k}} \right] \quad \text{für Re } p = 0 \,, \tag{4.86}$$

$$H(p) = \frac{\omega_{pe}^2}{k^2} \left[\int_{-\infty}^{+\infty} \frac{dg/du}{u - \frac{ip}{k}} du + 2\pi i \frac{dg}{du}\Big|_{\frac{ip}{k}} \right] \quad \text{für Re } p < 0 \,. \tag{4.87}$$

Nach dieser Klärung können wir zur Auswertung der Formel (4.60) zurückkehren und auch $\tilde{\sigma} > 0$ zulassen, sofern instabile Verteilungsfunktionen vorliegen. Die Definitionen (4.85)–(4.87) verallgemeinern sich dann in offensichtlicher Weise.

Wir wählen einen Weg, wie er in Abb. 4.3 dargestellt ist; er entsteht aus der Kontur von $\tilde{\sigma} - i\infty$ nach $\tilde{\sigma} + i\infty$ durch Verschieben in Richtung von negativen Realteilen von p um $\tilde{\sigma} + s$, allerdings nur in dem Bereich $p_- \le \text{Im } p \le p_+$ für $|p_-|, |p_+| \to \infty$. Wir erhalten dann von den Polstellen p_j, mit

$$\boxed{H(p_j) = 1}\,, \tag{4.88}$$

den Beitrag

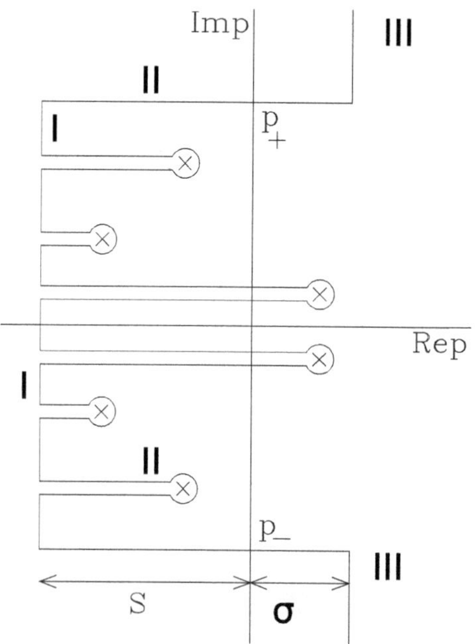

Abb. 4.3 Deformation der Kontur $\Re p = \tilde{\sigma}$ zur Auswertung der Landau-Dämpfung

$$E_{1x}(t) = \sum_j \exp(p_j t) \mathrm{Res}(p_j). \tag{4.89}$$

Für $t \to \infty$ dominiert der Summand, der von dem Pol mit dem größten Realteil stammt, und alle übrigen Beiträge (Wegstücke I, II und III in Abb. 4.3) können vernachlässigt werden. Die Beiträge der Wegstücke I sind proportional zu $\exp(-st)$. Bei den Wegstücken II ist zu beachten, dass, für $|p| \to \infty$, $|E_{1x}(p)| \sim 1/|p|$ sehr klein wird. Die Integranden längs der Wege III oszillieren sehr stark und die Integrale verschwinden für $|p_+|, |p_-| \to \infty$. All dies zusammen führt in der Grenze $t \to \infty$ zu dem Ergebnis

$$E_{1x}(t) \approx \mathrm{Res}(p) \exp(pt), \tag{4.90}$$

wobei p die Polstelle mit dem größten Realteil ist. Für die Berechnung einer stoßfreien Dämpfungsrate nimmt also die Lösung der Dispersionsrelation (4.66), bzw.

$$\boxed{\varepsilon(k, \omega = ip) := 1 - \frac{\omega_{pe}^2}{k^2} \int \frac{dg}{du} \frac{du}{u - \frac{\omega}{k}} = 0} \tag{4.91}$$

mit der Landau-Vorschrift, die entscheidende Stellung ein.

Beispiel 4.4 (Landau-Dämpfung für kleine Raten)
Bevor wir dieses Problem ausführlich angehen, stellen wir eine einfache Rechnung für schwache Dämpfung und große Phasengeschwindigkeiten vor. Schwache Dämpfung soll heißen

$$\gamma / \omega_r \ll 1, \tag{4.92}$$

wobei $\gamma = p_r = \mathrm{Im}\,\omega$ gesetzt wurde und $\omega_r = \mathrm{Re}\,\omega$ bedeutet. Wir können dann in (4.91) eine Taylor-Entwicklung um die Stelle $\omega = \omega_r$ vornehmen. Da ferner $\mathrm{Im}\,\varepsilon \sim \gamma$ für kleine γ ist, schreibt sich die Taylor-Entwicklung in erster Ordnung in γ als

$$\mathrm{Re}\,\varepsilon(k, \omega_r) + i\,\mathrm{Im}\,\varepsilon(k, \omega_r) + i\gamma \left. \frac{\partial \mathrm{Re}\,\varepsilon(k, \omega)}{\partial \omega} \right|_{\omega_r} = 0, \tag{4.93}$$

woraus

$$\mathrm{Re}\,\varepsilon(k, \omega_r) \approx 0 \tag{4.94}$$

und

$$\gamma = -\frac{\mathrm{Im}\,\varepsilon(k, \omega_r)}{\partial \mathrm{Re}\,\varepsilon(k, \omega)/\partial \omega|_{\omega_r}} \tag{4.95}$$

folgt. Diskutieren wir zunächst $\varepsilon(k, \omega_r)$, wobei wir auf den Ausdruck (4.86) zurückgreifen können. Wir erhalten

$$\varepsilon(k, \omega_r) = 1 - \frac{\omega_{pe}^2}{k^2} \mathcal{P} \int_{-\infty}^{+\infty} \frac{dg/du}{u - \frac{\omega_r}{k}} du - i\pi \frac{\omega_{pe}^2}{k^2} \left. \frac{dg}{du} \right|_{u = \frac{\omega_r}{k}}, \tag{4.96}$$

woraus

$$\text{Re } \varepsilon(k, \omega_r) = 1 - \frac{\omega_{pe}^2}{k^2} \mathcal{P} \int_{-\infty}^{+\infty} \frac{dg/du}{u - \frac{\omega_r}{k}} du \tag{4.97}$$

und

$$\text{Im } \varepsilon(k, \omega_r) = -\pi \frac{\omega_{pe}^2}{k^2} \frac{dg}{du}\bigg|_{u=\frac{\omega_r}{k}} \tag{4.98}$$

folgt. Die approximative Berechnung von $\partial \text{Re } \varepsilon / \partial \omega|_{\omega_r}$ führen wir nach der Formel

$$\frac{\partial \text{Re } \varepsilon(k, \omega)}{\partial \omega}\bigg|_{\omega_r} = \frac{\partial \text{Re } \varepsilon(k, \omega_r)}{\partial \omega_r} = -\frac{\omega_{pe}^2}{k^2} \frac{\partial}{\partial \omega_r} \mathcal{P} \int_{-\infty}^{+\infty} \frac{dg/du}{u - \frac{\omega_r}{k}} du \tag{4.99}$$

durch.

Konkrete Auswertungen können wir erst nach Spezifizierung der Verteilungsfunktionen f_0 bzw. g vornehmen. Ohne beispielsweise eine Maxwell-Verteilung

$$f_0 = \frac{n_0}{(2\pi)^{3/2} v_{te}^3} \exp\left[-(v_x^2 + v_y^2 + v_z^2)/2v_{te}^2\right] \tag{4.100}$$

bzw.

$$\boxed{g(u) = \frac{1}{(2\pi)^{1/2} v_{te}} \exp\left[-u^2/2v_{te}^2\right]} \tag{4.101}$$

anzunehmen, lässt sich nur noch ein kleiner Schritt durchführen. Wenn wir nämlich in den Bereich großer Phasengeschwindigkeiten ω_r/k gehen (diese Aussage bedeutet, dass wir nur solche Lösungen ω_r und k betrachten, für die der Quotient ω_r/k einer großen Geschwindigkeit entspricht, bei der wir $g(u = \omega_r/k)$ bereits fast null setzen können), so liefert (4.97) nach partieller Integration

$$\begin{aligned}
\text{Re } \varepsilon(k, \omega_r) &\approx 1 - \frac{\omega_{pe}^2}{k^2} \int_{-\infty}^{+\infty} \frac{g(u)}{\left(u - \frac{\omega_r}{k}\right)^2} du \\
&\approx 1 - \frac{\omega_{pe}^2}{\omega_r^2} \int_{-\infty}^{+\infty} du\, g(u) \left[1 + \frac{2uk}{\omega_r} + \frac{3u^2 k^2}{\omega_r^2} + \dots\right] \\
&\approx 1 - \frac{\omega_{pe}^2}{\omega_r^2} - \frac{3k^2 v_{te}^2 \omega_{pe}^2}{\omega_r^4}.
\end{aligned} \tag{4.102}$$

Dabei haben wir

$$\int du\, u\, g(u) = 0 \tag{4.103}$$

vorausgesetzt. Wenn wir also

$$\omega_r^2 \approx \omega_{pe}^2 + 3k^2 v_{te}^2 \tag{4.104}$$

als Lösung von (4.94) benutzen und in (4.95)

$$\left.\frac{\partial \mathrm{Re}\,\varepsilon}{\partial \omega}\right|_{\omega_r} \approx \frac{2}{\omega_{pe}} \qquad (4.105)$$

einsetzen, folgt

$$\gamma \approx \frac{\pi \omega_{pe}^3}{2k^2} \left.\frac{dg(u)}{du}\right|_{u=\frac{\omega_r}{k}}. \qquad (4.106)$$

Mit der Maxwell-Verteilung (4.101) ergibt sich daraus

$$\gamma \approx -\omega_{pe} \left(\frac{\pi}{8}\right)^{1/2} (k\lambda_{De})^{-3} \exp\left[-\frac{1}{2}(k\lambda_{De})^{-2} - \frac{3}{2}\right]. \qquad (4.107)$$

∎

Die Abhängigkeit der Dämpfungsrate $|\gamma|/\omega_{pe}$ von $k\lambda_{De}$ ist in Abb. 4.4 dargestellt. Wir erkennen ein Maximum bei $k\lambda_{De} \approx 0,5$, sollten bei der Interpretation jedoch beachten, dass die bisherige Herleitung nur für $|\gamma/\omega_{pe}| \ll 1$ und $k\lambda_{De} \ll 1$ gilt.

Das Ergebnis (4.107), gewonnen aus der Maxwell-Verteilung (4.101), legt die Interpretation nahe, dass Teilchen mit Geschwindigkeiten größer als die Phasengeschwindigkeit in der Welle abgebremst und umgekehrt Teilchen mit Geschwindigkeiten kleiner als die Phasengeschwindigkeit in der Welle beschleunigt werden. Eine monoton fallende Verteilungsfunktion ($g'(u) < 0$) repräsentiert mehr Teilchen mit einer geringeren als mit einer höheren Geschwindigkeit (als eine herausgegriffene Phasengeschwindigkeit) und führt damit zu einem Nettoenergieverlust der Welle (aufgrund eines Nettoenergiegewinns der Teilchen).

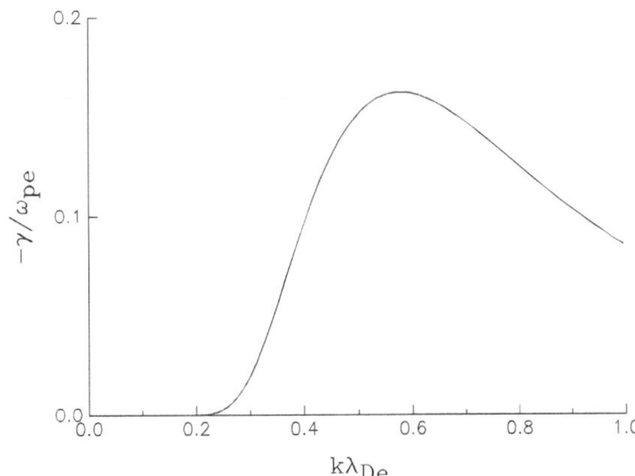

Abb. 4.4 Landau-Dämpfungsrate γ [in ω_{pe}] als Funktion von $k\lambda_{De}$

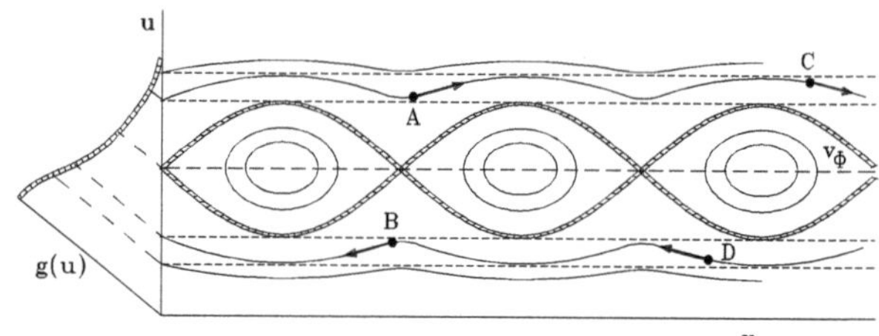

Abb. 4.5 Bahnkurve im x, u-Phasenraum für die Diskussion der Landau-Dämpfung

Diese Interpretation ist jedoch nicht ganz richtig, wie man aus einem Phasenportrait entnehmen kann. In Abb. 4.5 haben wir für eine eindimensionale Situation „Bahnkurven" im „x, u-Phasenraum" dargestellt. Für die potentielle Energie ist dabei (zur Zeit $t = 0$) eine Verteilung proportional zu $\cos(kx)$ angenommen. Es gilt dann (im Bezugssystem mit der Phasengeschwindigkeit v_ϕ)

$$E = \frac{1}{2}m_e u^2 + a\cos(kx), \tag{4.108}$$

und verschiedene Kurven in Abb. 4.5 gehören zu verschiedenen Parameterwerten von E. Die Welle (und damit die gesamte Struktur) bewegt sich mit der Phasengeschwindigkeit

$$v_\phi = \frac{\omega}{k} \tag{4.109}$$

nach rechts. Die Symmetrielinie in Abb. 4.5 ist $u = v_\phi$, und man sollte im Gedächtnis behalten, dass wegen der monoton fallenden Verteilungsfunktion $g(u)$ weniger Teilchen eine höhere als eine geringere Geschwindigkeit haben, d. h.

$$g(u_1) > g(v_\phi) > g(u_2) \quad \text{für} \quad u_1 < v_\phi < u_2. \tag{4.110}$$

Schauen wir uns jetzt typische Konstellationen (z. B. A, B, C und D in Abb. 4.5) an, so erkennen wir, dass auch Teilchen mit $u > v_\phi$ (z. B. bei A) kinetische Energie in der Anfangsphase gewinnen! Wegen $g(u_D) > g(u_B)$ und $g(u_A) > g(u_C)$ findet insgesamt ein effektiver Gewinn kinetischer Energie in der Anfangsphase statt.

Beispiel 4.5 (Landau-Dämpfung aus Energiebilanz)
Um diesen Effekt etwas quantitativer abzuschätzen, bestimmen wir aus der linearisierten Kraftbilanz

$$m_e\left(\frac{\partial u_1}{\partial t} + u\frac{\partial u_1}{\partial x}\right) = -eE_1\sin(kx - \omega t) \tag{4.111}$$

und der linearisierten Kontinuitätsgleichung

$$\frac{\partial n_1}{\partial t} + u\frac{\partial n_1}{\partial x} = -n_u\frac{\partial u_1}{\partial x} \tag{4.112}$$

die Störungen n_1 und u_1. Dabei ist diese Berechnung so zu verstehen, dass wir uns die gesamte Teilchenanordnung aus Strahlen der Geschwindigkeiten u, mit den zugehörigen Teilchendichten n_u, zusammengesetzt denken. Die Wahrscheinlichkeitsverteilung der Strahlen wird durch $g(u)$ bestimmt. Mit den adäquaten Lösungen

$$u_1 = -\frac{eE_1}{m_e} \frac{\cos(kx - \omega t) - \cos(kx - kut)}{\omega - ku}, \tag{4.113}$$

$$n_1 = -n_u \frac{eE_1 k}{m_e} \frac{\cos(kx - \omega t) - \cos(kx - kut) - (\omega - ku)t \sin(kx - kut)}{(\omega - ku)^2} \tag{4.114}$$

lässt sich die Kraftdichte auf ein Einheitsvolumen eines Strahls,

$$F_u \approx -eE_1 \sin(kx - \omega t)[n_u + n_1], \tag{4.115}$$

berechnen. Die Energiedichteänderung pro Zeiteinheit

$$\frac{dW}{dt} \approx (u + u_1)F_u \tag{4.116}$$

schreibt sich nach einer Ortsmittelung

$$\left\langle \frac{dW}{dt} \right\rangle_u \approx \frac{e^2 E_1^2}{2m_e} n_u \left[\frac{\sin(\omega t - kut)}{\omega - ku} \right.$$
$$\left. + ku \frac{\sin(\omega t - kut) - (\omega - ku)t \cos(\omega t - kut)}{(\omega - ku)^2} \right]. \tag{4.117}$$

Wir summieren anschließend über alle Strahlbeiträge,

$$\sum_u \left\langle \frac{dW}{dt} \right\rangle_u \stackrel{\wedge}{=} n_0 \int \frac{g(u)}{n_u} \left\langle \frac{dW}{dt} \right\rangle_u du$$
$$\approx \frac{\varepsilon_0}{2} E_1^2 \omega_{pe}^2 \int_{-\infty}^{+\infty} g(u) \frac{d}{du} \left[u \frac{\sin(\omega t - kut)}{\omega - ku} \right] du. \tag{4.118}$$

Im Fall der elektrostatischen Plasmaoszillationen setzt sich die gesamte Wellenenergiedichte

$$W_w = \frac{\varepsilon_0}{2} E_1^2 \tag{4.119}$$

zu gleichen Teilen aus der elektrostatischen Feldenergiedichte und der kinetischen Oszillationsenergiedichte zusammen (siehe den nächsten Abschnitt). Somit lässt sich (4.119) auch in der Form

$$\frac{dW_w}{dt} = -W_w \omega_{pe}^2 \int_{-\infty}^{+\infty} g(u) \frac{d}{du} \left[u \frac{\sin(\omega t - kut)}{\omega - ku} \right] du \tag{4.120}$$

schreiben. Nach partieller Integration und dem Übergang

$$\delta\left(u - \frac{\omega}{k}\right) = \frac{k}{\pi}\lim_{t\to\infty}\frac{\sin(\omega - ku)t}{\omega - ku} \tag{4.121}$$

folgt

$$\frac{dW_w}{dt} = W_w\pi\frac{\omega_{pe}^3}{k^2}g'\left(\frac{\omega}{k}\right) \approx 2\gamma W_w. \tag{4.122}$$

Die letzte Anschrift folgt wegen $W_w \sim E_1^2$ und $E_1 \sim \exp(\gamma t)$. Die so berechnete Dämpfungsrate

$$\boxed{\gamma \approx \frac{\pi}{2}\frac{\omega_{pe}^3}{k^2}g'\left(u = \frac{\omega}{k}\right)} \tag{4.123}$$

stimmt mit dem Ausdruck (4.107) überein. ∎

Trotz dieser schönen Übereinstimmungen ist damit noch nicht alles über die Physik der Landau-Dämpfung gesagt. Bei allen weiteren Interpretationen spielt die Phasenmischung („phase mixing") eine herausragende Rolle. Dieser Aspekt, auf den wir hier nicht mehr vertiefend eingehen wollen, wurde insbesondere von van Kampen eingehend untersucht.

4.3   Z-Funktion und dispersives Verhalten

Im letzten Abschnitt legten wir unser Hauptaugenmerk auf eine Demonstration kollektiver Dämpfungseffekte. Wir haben dabei die Dispersionsrelation (4.91) exakt hergeleitet und anschließend approximativ ausgewertet. In diesem Abschnitt werden wir die bisherige approximative Auswertung durch die Einführung der Plasmadispersionsfunktion mit einer eindeutigen und in allen Bereichen praktikablen Berechnungsvorschrift verbessern.

Wir legen eine Maxwell-Verteilung für g zugrunde. Aus der bisherigen Diskussion wissen wir bereits, dass Lösungen von $\varepsilon = 0$, mit ε nach (4.91), existieren, für die

$$\text{Re } p < 0 \tag{4.124}$$

gilt. Auf diesen Lösungszweig beschränken wir uns in diesem Abschnitt. Mit der Landau-Vorschrift für die Integrationskontur schreiben wir ($\theta_e = k_B T_e$)

$$\frac{k^2}{\omega_{pe}^2} = -\frac{(m_e/\theta_e)^{3/2}}{(2\pi)^{1/2}} \left\{ \int_{-\infty}^{+\infty} \frac{u \exp(-m_e u^2/2\theta_e)}{u - ip/k} du \right.$$

$$\left. + 2\pi i \frac{ip}{k} \exp\left[-\frac{m_e}{2\theta_e} \left(\frac{ip}{k} \right)^2 \right] \right\}. \tag{4.125}$$

Dieser Ausdruck lässt sich in den dimensionslosen Variablen

$$t := u \left(\frac{m_e}{2\theta_e} \right)^{1/2}, \qquad \zeta := \frac{ip}{k} \left(\frac{m_e}{2\theta_e} \right)^{1/2} \tag{4.126}$$

einfacher schreiben, nämlich als

$$\boxed{ -k^2 \lambda_{De}^2 = \frac{1}{\sqrt{\pi}} \int_{-\infty}^{+\infty} \frac{t e^{-t^2}}{t - \zeta} dt + 2i\sqrt{\pi}\, \zeta e^{-\zeta^2} }. \tag{4.127}$$

Der Integrand im ersten Term auf der rechten Seite dieser Gleichung kann wie folgt umgeformt werden:

$$\frac{t}{t - \zeta} = \frac{t(t + \zeta)}{t^2 - \zeta^2} \rightarrow \frac{t^2}{t^2 - \zeta^2} = \frac{t^2 - \zeta^2 + \zeta^2}{t^2 - \zeta^2}, \tag{4.128}$$

wobei die ungeraden Terme in t bei der Integration verschwinden. Nach einigen Rechenschritten folgt

$$-k^2 \lambda_{De}^2 = 1 + \frac{1}{\sqrt{\pi}} \zeta^2 e^{-\zeta^2} \left\{ \int_{-\infty}^{+\infty} \frac{e^{-(t^2-\zeta^2)}}{t^2 - \zeta^2} dt + \frac{2\pi i}{\zeta} \right\}$$

$$\equiv J(\zeta). \tag{4.129}$$

Mit der Darstellung

$$\frac{e^{-(t^2-\zeta^2)}}{t^2 - \zeta^2} = -\int_0^1 e^{-(t^2-\zeta^2)s}\, ds + \frac{1}{t^2 - \zeta^2} \tag{4.130}$$

und den Formeln

$$\int_{-\infty}^{+\infty} \frac{1}{t^2 - \zeta^2} dt = -\frac{i\pi}{\zeta} \tag{4.131}$$

sowie

$$\int_{-\infty}^{+\infty} e^{-(t^2-\zeta^2)s} dt = \sqrt{\pi}\, \frac{1}{\sqrt{s}}\, e^{\zeta^2 s} \tag{4.132}$$

lassen sich weitere Vereinfachungen erzielen. Mit $v = i\zeta\sqrt{s}$ erhält man schließlich

$$J(\zeta) = 1 + 2i\zeta e^{-\zeta^2} \left\{ \frac{1}{2}\sqrt{\pi} + \int_0^{i\zeta} e^{-v^2} dv \right\}$$

$$= 1 + 2i\zeta e^{-\zeta^2} \int_{-\infty}^{i\zeta} e^{-v^2} \, dv. \tag{4.133}$$

In der Literatur ist die Abkürzung

$$Z(\zeta) := 2i e^{-\zeta^2} \int_{-\infty}^{i\zeta} e^{-v^2} dv \tag{4.134}$$

üblich. Mit ihr schreibt sich die Relation (4.129) als

$$k^2 \lambda_{De}^2 = -[1 + \zeta Z(\zeta)] \equiv \frac{1}{2} Z'(\zeta). \tag{4.135}$$

Aus Vollständigkeitsgründen stellen wir jetzt noch einen Zusammenhang mit der ebenfalls in der Literatur gebräuchlichen G-Funktion her. Es gilt

$$\boxed{G(\zeta) \equiv Z(-\zeta) = \frac{1}{\sqrt{\pi}} \int_{-\infty}^{+\infty} \frac{e^{-p^2}}{\zeta - p} \, dp} \, . \tag{4.136}$$

Bei der letzten Relation ist der Integrationsweg entlang der reellen p-Achse oberhalb der Polstelle mit Im $\zeta < 0$. Für Im $\zeta > 0$ muss man den Integrationsweg so deformieren, wie im letzten Abschnitt eingehend erläutert.

Beispiel 4.6 (Zusammenhang zwischen Z- und G-Funktion)
Zum Beweis von (4.136) nutzen wir die folgenden Relationen:

$$G(z) = \frac{1}{\sqrt{\pi}} \int \frac{e^{-\xi^2}}{z - \xi} \, d\xi, \tag{4.137}$$

$$zG(z) - 1 = \frac{1}{\sqrt{\pi}} \int \frac{\xi e^{-\xi^2}}{z - \xi} \, d\xi, \tag{4.138}$$

$$G'(z) = -\frac{2}{\sqrt{\pi}} \int \frac{\xi e^{-\xi^2}}{z - \xi} d\xi, \tag{4.139}$$

aus denen die Differentialgleichung

$$\frac{1}{2}G' + zG - 1 = 0 \tag{4.140}$$

folgt. Die Lösung der homogenen Gleichung finden wir sofort zu

$$G = ce^{-z^2}. \tag{4.141}$$

Variation der Konstanten c führt zu der speziellen Lösung

$$G(z) = 2e^{-z^2} \int_0^z e^{p^2} dp \tag{4.142}$$

von (4.140). Kombinieren wir aus (4.141) und (4.142) die Lösung, die $G(z = 0) = i\sqrt{\pi}$ erfüllt, so gilt

$$\begin{aligned} G(z) &= \left[2 \int_0^z e^{p^2}\, dp + i\sqrt{\pi}\right] e^{-z^2} \\ &= 2e^{-z^2} \int_{-i\infty}^z e^{p^2} dp. \end{aligned} \tag{4.143}$$

Mit $p = iv$ und $z = \zeta$ folgt schließlich

$$G(-\zeta) = 2ie^{-\zeta^2} \int_{-\infty}^{i\zeta} e^{-v^2} dv = Z(\zeta), \tag{4.144}$$

d. h. der noch fehlende Zusammenhang (4.136). ∎

Man beachte, dass die so bzw. nach (4.136) definierte Z-Funktion beispielsweise mit der von D.L. Book im „NRL Plasma Formulary" angegebenen übereinstimmt. Für viele Anwendungen ist nicht die vollständige Kenntnis der gesamten G-Funktion oder Z-Funktion nötig. Für kleine Argumente ($|z| \ll 1$) gilt

$$G(z) \approx i\sqrt{\pi}\, e^{-z^2} + 2z\left(1 - \frac{2}{3}z^2 + \frac{4}{15}z^4 - \ldots\right), \tag{4.145}$$

wohingegen für große Argumente ($|z| \gg 1$)

$$G(z) \approx i\sigma\sqrt{\pi}\, e^{-z^2} + \frac{1}{z}\left(1 + \frac{1}{2z^2} + \frac{3}{4z^4} + \ldots\right) \tag{4.146}$$

approximiert werden kann. Dabei ist σ bei $z = x + iy$ als Abkürzung für

$$\sigma = \begin{cases} 0 \text{ für } y > 1/x, \\ 1 \text{ für } |y| < 1/x, \\ 2 \text{ für } -y > 1/x \end{cases} \tag{4.147}$$

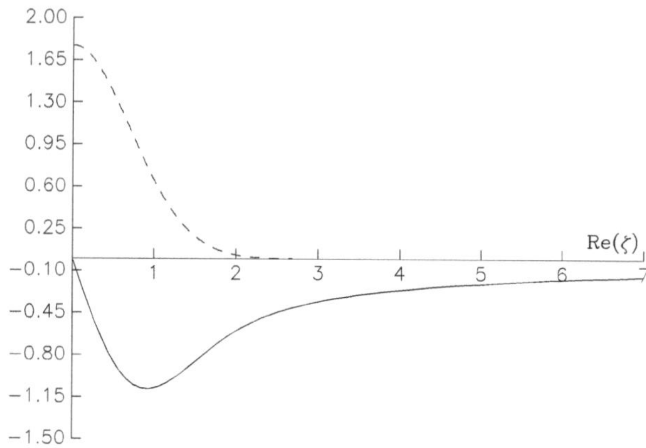

Abb. 4.6 Realteil (durchgezogene Linie) und Imaginärteil (gestrichelte Linie) der Z-Funktion für Im $\zeta = 0$

eingeführt. Es existieren Tabellen, in denen die G- bzw. Z-Funktion in allen relevanten Argumentbereichen aufgeführt sind. Moderne Personalcomputer gestatten jedoch mithilfe einfacher Programme die unmittelbare Berechnung für alle gewünschten Parameter. In den Abb. 4.6, 4.7 und 4.8 geben wir drei Beispiele.

Nachdem wir das mathematische Rüstzeug zur Verfügung gestellt haben, können wir jetzt daran gehen, konkrete physikalische Probleme zu bearbeiten. Im Rahmen der linearen (elektrostatischen) Vlasov-Theorie ergibt sich (für die Sorte $j = e, i$) der „Dichteresponse" δn_j aufgrund eines elektrischen Feldes E [vergl. (4.64)]

$$\delta n_j = \frac{i q_j E n_{j0}}{2 k m_j v_{tj}^2} Z'(\zeta_j), \tag{4.148}$$

wobei der Strich ($'$) Differentiation der Z-Funktion nach dem Argument

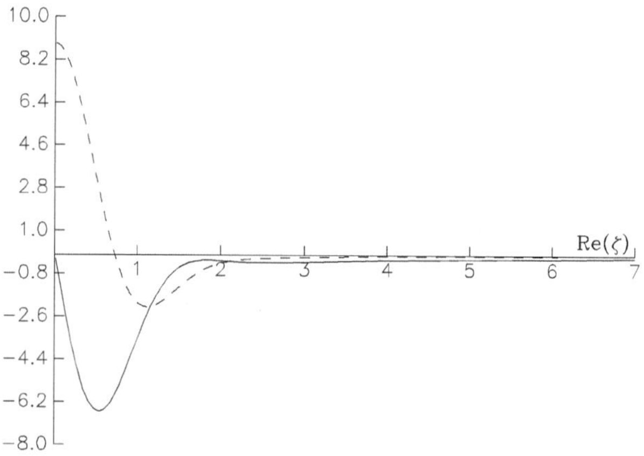

Abb. 4.7 Realteil (durchgezogene Linie) und Imaginärteil (gestrichelte Linie) der Z-Funktion für Im $\zeta = -1$

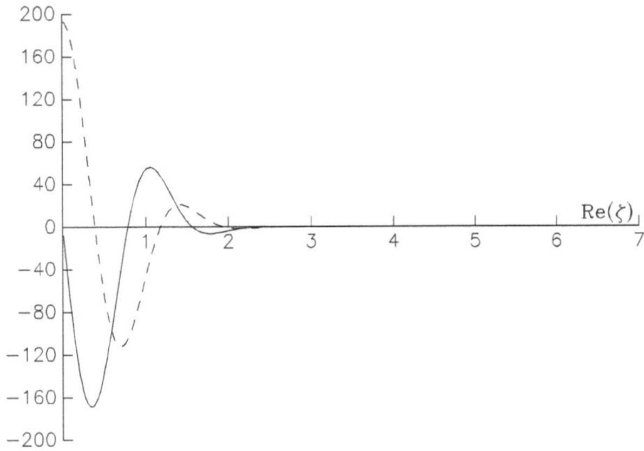

Abb. 4.8 Realteil (durchgezogene Linie) und Imaginärteil (gestrichelte Linie) der Z-Funktion für Im $\zeta = -2$

$$\zeta_j = \frac{ip}{k}\left[\frac{m_j}{2\theta_j}\right]^{1/2} \tag{4.149}$$

bedeutet und $v_{tj} = (\theta_j/m_j)^{1/2}$ ist. Setzen wir diesen „Response" in die Poisson-Gleichung ein, so folgt aus

$$\nabla \cdot \mathbf{E} = \frac{1}{\varepsilon_0}\sum_j q_j \delta n_j \tag{4.150}$$

für ein Elektronen-Ionen-Plasma

$$\boxed{k^2 = \frac{\omega_{pe}^2}{2v_{te}^2}Z'(\zeta_e) + \frac{\omega_{pi}^2}{2v_{ti}^2}Z'(\zeta_i)} \tag{4.151}$$

als Dispersionsrelation [vergl. (4.91)]. Wir erkennen unmittelbar, dass für hochfrequente Wellen ($\omega \geq \omega_{pe}$) der Ionenbeitrag in guter Näherung vernachlässigt werden kann ($\omega_{pi} \approx 0$) und sich die Dispersionsrelation zu

$$k^2\lambda_{De}^2 = \frac{1}{2}Z'(\zeta_e) \tag{4.152}$$

ergibt. Behandeln wir zunächst den einfachsten Fall großer Phasengeschwindigkeiten, d. h. kleiner k-Werte mit

$$\frac{\omega}{k} \gg v_{te}, \tag{4.153}$$

so ist für die Berechnung des Realteils der Frequenzen die Dämpfung unerheblich und wir erhalten aus (4.152)

$$k^2\lambda_{De}^2 \approx \frac{k^2 v_{te}^2}{\omega^2} + 3\frac{k^4 v_{te}^4}{\omega^4}, \tag{4.154}$$

mit der approximativen Lösung

$$\boxed{\omega^2 \approx \omega_{pe}^2 \left(1 + 3k^2\lambda_{De}^2\right)} \, . \tag{4.155}$$

Für kleine Werte von $k\lambda_{De}$ verläuft die Berechnung des Dämpfungsdekrements ähnlich wie im vorangegangenen Abschnitt dargestellt. Wir können die asymptotische Entwicklung (4.145) nutzen und von

$$k^2\lambda_{De}^2 \approx \frac{k^2 v_{te}^2}{\omega^2} - i\sqrt{\pi}\,\frac{\omega}{k}\,\frac{1}{\sqrt{2}}\,\frac{1}{v_{te}}e^{-\omega^2/k^2 2v_{te}^2} \tag{4.156}$$

ausgehen. Mit (4.155) für den Realteil von ω, Re $\omega \approx \omega_{pe}$, und $\omega = $ Re $\omega + i\gamma$ folgt in niedrigster Ordnung die Elektronen-Landau-Dämpfung

$$\boxed{\frac{\gamma}{\omega_{pe}} \approx -\left(\frac{\pi}{8}\right)^{1/2}(k\lambda_{De})^{-3}\exp\left[-\frac{1}{2}(k\lambda_{De})^{-2} - \frac{3}{2}\right]} \, , \tag{4.157}$$

in völliger Übereinstimmung mit dem Ausdruck (4.107). Für größere Werte von $k\lambda_{De}$ ($k\lambda_{De} \geq 0{,}2$) wird jedoch der approximative Ausdruck (4.157) inakkurat. Tatsächlich steigt die Lösung von (4.152) weiter monoton an, mit einem charakteristischen Wert von $\gamma/\omega_{pe} \approx 1$ für $k\lambda_{De} \approx 1$. Der in Abb. 4.4 dargestellte Verlauf ist also nur für $k\lambda_{De} \ll 1$ gültig.

Ein anderer Aspekt ist bei der Lösung von (4.152) ebenfalls interessant. Die Gleichung ist weder für den Realteil noch für den Imaginärteil von ω linear. Demgemäß erhalten wir mehrere Lösungszweige. Die anderen Zweige, neben (4.155), sind jedoch so stark gedämpft, dass wir ihnen keine physikalische Bedeutung zuschreiben können.

Im niederfrequenten Bereich existiert jedoch ein weiterer relevanter Lösungszweig. Wir gehen zu seiner Berechnung zurück zu (4.151) und untersuchen Lösungen für

$$\zeta_e \ll 1, \tag{4.158}$$

sodass wir

$$Z'(\zeta_e) \approx -2 \tag{4.159}$$

setzen können. Dann lautet die Dispersionsrelation (4.151) approximativ

$$1 + k^2\lambda_{De}^2 \approx \lambda_{De}^2 \frac{\omega_{pi}^2}{2v_{ti}^2}Z'(\zeta_i). \tag{4.160}$$

In Analogie zur Berechnung der Plasmaschwingungen der Elektronen nehmen wir zunächst $\zeta_i \gg 1$ für kleine k an, um eine analytische Lösung zu ermöglichen. Mit der Entwicklung (4.146) finden wir leicht für den Realteil

$$1 + k^2\lambda_{De}^2 \approx \lambda_{De}^2\omega_{pi}^2\left(\frac{k^2}{\omega^2} + 3\frac{k^4}{\omega^4}v_{ti}^2\right) \tag{4.161}$$

mit der approximativen Lösung

$$\omega^2 \approx \frac{k^2 c_s^2}{1 + k^2\lambda_{De}^2} \tag{4.162}$$

für Ionenschallwellen. Hierbei wird

$$c_s = [k_B(T_e + 3T_i)/m_i]^{1/2} \tag{4.163}$$

als Ionenschallgeschwindigkeit bezeichnet. Für $T_e \gg T_i$ erhalten wir die Ionenschallgeschwindigkeit bei der Elektronentemperatur

$$c_s \approx (k_B T_e/m_i)^{1/2}. \tag{4.164}$$

Die Berechnung der Dämpfung erfordert wiederum eine genauere Einbeziehung des Imaginärteils. Anstelle von (4.161) benutzen wir dazu

$$\frac{k^2 v_{ti}^2}{\omega^2}\left(1 + 3\frac{T_i}{T_e}\right) - i\left(\frac{\pi}{2}\right)^{1/2}\frac{\omega}{k}\frac{1}{v_{ti}}e^{-\omega^2/2k^2 v_{ti}^2} \approx \frac{T_i}{T_e}\left(1 + k^2\lambda_{De}^2\right). \tag{4.165}$$

Setzen wir wiederum $\omega = \mathrm{Re}\,\omega + i\gamma$ und benutzen für den Realteil von ω ((4.162), so liefert eine Rechnung analog zu der für die Elektronen-Landau-Dämpfung

$$\frac{\gamma}{\mathrm{Re}\,\omega} \approx -\left(\frac{\pi}{8}\right)^{1/2}\frac{T_e}{T_i}\left(3 + \frac{T_e}{T_i}\right)e^{-(3+T_e/T_i)/2}. \tag{4.166}$$

Diese Formel gilt für $k\lambda_{De} \ll 1$ und $T_e/T_i \gg 1$; die letzte Bedingung stellt $\zeta_i \gg 1$ sicher, unter der wir die analytische Rechnung durchführen konnten. Eine bessere numerische Lösung von (4.160) ist daher für die durchaus häufig auftretende Situation $1 \leq T_e/T_i \leq 10$ notwendig. Sie zeigt, dass die relative Dämpfungsrate (4.166) auch in diesem Bereich monoton mit T_i/T_e wächst.

Wir beschließen diesen Abschnitt mit einigen einfachen Anmerkungen und Interpretationen der Dispersion in Plasmen.

Beispiel 4.7 (Suszeptibilitäten)
Die Dispersionrelation

$$\varepsilon = 0 \tag{4.167}$$

mit

$$\varepsilon = 1 - \sum_j \frac{\omega_{pj}^2}{k^2}\,\mathbf{k}\cdot\int\frac{\partial f_j/\partial\mathbf{v}}{\mathbf{k}\cdot\mathbf{v} - \omega}d^3v \tag{4.168}$$

ist bewusst mit ε als Dielektrizitätskonstante geschrieben; f_j ist hier die (bei der Integration über die Geschwindigkeiten) auf eins normierte Ein-Teilchen-Verteilungsfunktion für ein Teilchen der Sorte j. Aus der Elektrodynamik wissen wir, dass es durchaus hilfreich ist, Suszeptibilitäten χ_j einzuführen, wobei

$$\boxed{\varepsilon = 1 + \sum_j \chi_j}\,, \tag{4.169}$$

gilt. Durch Vergleich mit (4.158) folgt unmittelbar

$$\chi_j = -\frac{\omega_{pj}^2}{k^2}\mathbf{k}\cdot\int\frac{\partial f_j/\partial\mathbf{v}}{\mathbf{k}\cdot\mathbf{v}-\omega}d^3v = -\frac{\omega_{pj}^2}{2v_{tj}^2 k^2}Z'(\zeta_j); \tag{4.170}$$

dabei ist wiederum $\mathbf{k} = k\hat{x}$ und $v_x = u$. ∎

Beispiel 4.8 (Polarisation)
Nach diesen mathematischen Umformungen ist vielleicht eine einfache physikalische Interpretation angebracht, die wir für Elektronenoszillationen angeben. Ein Elektron oszilliert in einem elektrischen Feld

$$\mathbf{E} = \mathbf{E}_0 e^{i(\mathbf{k}\cdot\mathbf{r}-\omega t)}\,; \tag{4.171}$$

aus der Bewegungsgleichung folgt für die Auslenkungen $\delta\mathbf{r}$

$$\delta\ddot{\mathbf{r}} = \frac{q_e}{m_e}\mathbf{E}_0\,e^{-i(\omega-\mathbf{k}\cdot\mathbf{v})t}\,e^{i\mathbf{k}\cdot(\mathbf{r}_0+\delta\mathbf{r})}$$

$$\approx \frac{q_e}{m_e}\mathbf{E}_0\,e^{i[\mathbf{k}\cdot\mathbf{r}_0-(\omega-\mathbf{k}\cdot\mathbf{v})t]}. \tag{4.172}$$

Hierbei erscheint die Doppler-Verschiebung $\omega - \mathbf{k}\cdot\mathbf{v}$ wegen $\mathbf{r} = \mathbf{r}_0 + \mathbf{v}t + \delta\mathbf{r}$. Aus der genäherten Lösung

$$\delta\mathbf{r} \approx -\frac{q_e}{m_e}\frac{\mathbf{E}}{(\omega-\mathbf{k}\cdot\mathbf{v})^2} \tag{4.173}$$

können wir das Dipolmoment

$$\mathbf{p} = q_e\delta\mathbf{r} \approx -\frac{q_e^2\mathbf{E}}{m_e(\omega-\mathbf{k}\cdot\mathbf{v})^2} \tag{4.174}$$

und durch Summation die Polarisation

$$\boxed{\mathbf{P} = -\frac{n_{e0}q_e^2}{m_e}\mathbf{E}\int\frac{f_e d^3v}{(\omega-\mathbf{k}\cdot\mathbf{v})^2}} \tag{4.175}$$

berechnen. Die bekannte Definitionsgleichung $\mathbf{D} = \mathbf{E} + 4\pi\mathbf{P} = \varepsilon\mathbf{E}$, mit $\varepsilon = 1 + \chi$, führt dann zu der in (4.170) angegebenen Suszeptibilität. ∎

Es ist ferner interessant, dass mithilfe der Dielektrizitätskonstanten ε die gesamte Wellen-energiedichte in einer ω-Mode vermöge

$$\boxed{U = \frac{\varepsilon_0 E^2}{4} \frac{\partial}{\partial \omega}(\varepsilon \omega)} \tag{4.176}$$

berechnet werden kann.

Beispiel 4.9 (Energiedichte)

Schauen wir uns eine Begründung dieses Zusammenhangs einmal an. Konzentrieren wir uns beispielsweise auf eine hochfrequente Mode und starten mit der (eindimensionalen) Vlasov-Gleichung für Elektronen. Wir multiplizieren mit $m_e v$ bzw. $\frac{1}{2} m_e v^2$ und mitteln anschließend über den Ort in der Form

$$\langle \ldots \rangle := \frac{k}{2\pi} \int_0^{2\pi/k} dx \ldots, \tag{4.177}$$

d. h. über eine Wellenlänge, wobei wir Schwingungen der Form

$$E = E(t) \sin(kx - \omega t) \tag{4.178}$$

mit langsam veränderlicher Amplitude $E(t)$ betrachten. Dieses Vorgehen führt zu

$$\partial_t \langle \int m_e v f \, dv \rangle \equiv \frac{dP}{dt} = q_e \langle E \int f \, dv \rangle, \tag{4.179}$$

$$\partial_t \langle \int \frac{1}{2} m_e v^2 f \, dv \rangle \equiv \frac{dK}{dt} = q_e \langle E \int v f \, dv \rangle. \tag{4.180}$$

Zur Berechnung der Mittelwerte auf den rechten Seiten müssen wir die gestörte Verteilung $f = f_0 + f_1$ genähert bestimmen. Aus

$$\frac{df_1}{dt} = -\frac{q_e}{m_e} f_0' \, E(t) \sin(kx - \omega t) \tag{4.181}$$

finden wir durch Integration

$$\begin{aligned}
\frac{m_e}{q_e} f_1 =\, & f_0' \, E(t) \frac{\cos(kx - \omega t)}{kv - \omega} - f_0' \frac{dE}{dt} \frac{\sin(kx - \omega t)}{(kv - \omega)^2} \\
& + \int_{-\infty}^{t} \frac{d^2 E}{d\tau^2} f_0' \frac{\sin(kx_0 + kv\tau - \omega\tau)}{(kv - \omega)^2} d\tau.
\end{aligned} \tag{4.182}$$

Nutzen wir dies in (4.179) und (4.180), so folgt unter Vernachlässigung des Beitrags proportional zu $d^2 E / dt^2$

$$P \approx -\frac{\omega_{pe}^2}{n_{e0}} \frac{\varepsilon_0 E^2}{4} \int \frac{f_0' \, dv}{(kv - \omega)^2} \,, \tag{4.183}$$

$$K \approx -\frac{\omega_{pe}^2}{n_{e0}} \frac{\varepsilon_0 E^2}{4} \int \frac{f_0' \, v \, dv}{(kv - \omega)^2}. \tag{4.184}$$

Die Gesamtenergie einer Schwingung setzt sich aus den elektrostatischen und kinetischen Energiebeiträgen zusammen,

$$U = \frac{\varepsilon_0 E^2}{4} + K. \tag{4.185}$$

Eine kurze Rechnung liefert

$$\begin{aligned}
U &\approx \frac{\varepsilon_0 E^2}{4} \left[1 - \frac{\omega_{pe}^2}{k n_{eo}} \int \frac{f_0'(kv - \omega)}{(kv - \omega)^2} dv - \frac{\omega}{k} \frac{\omega_{pe}^2}{n_{e0}} \int \frac{f_0' \, dv}{(kv - \omega)^2} \right] \\
&\approx \frac{\varepsilon_0 E^2}{4} \frac{\partial}{\partial \omega} (\varepsilon \omega), \tag{4.186}
\end{aligned}$$

womit (4.176) nachgewiesen ist. Der gerade aufgezeigte Weg kann und soll nur den exakten Rechengang skizzieren. Auf eine Einbeziehung weiterer Komponenten (Ionen) und elektromagnetischer Anteile verzichten wir an dieser Stelle. ∎

Abschließend sei nur noch vermerkt, dass zwischen Energiedichte U und Impulsdichte P der Welle der Zusammenhang

$$\frac{U}{\omega} = \frac{P}{k} \tag{4.187}$$

besteht.

4.4   Landau-Fokker-Planck-Gleichung

Wir kehren nun wieder zu dem Ausgangsgleichungssystem (4.27) und (4.28) zurück und machen die Näherung (4.31). Das führt zu einer kinetischen Gleichung, die nach Landau, Fokker und Planck benannt ist.

Der Übersicht halber schreiben wir die relevanten Gleichungen noch einmal auf:

$$\partial_t f^\alpha(1;t) = L_1^\alpha\, f^\alpha(1;t) + \sum_\beta \int d^6 2\, L_{12}^{\alpha\beta}\, f^\alpha(1;t) f^\beta(2;t)$$

$$+ \sum_\beta \int d^6 2\, L_{12}^{\alpha\beta}\, g^{\alpha\beta}(1,2;t), \tag{4.188}$$

$$\partial_t g^{\alpha\beta}(1,2;t) - (L_1^\alpha + L_2^\beta) g^{\alpha\beta}(1,2;t) = L_{12}^{\alpha\beta}\, f^\alpha(1;t)\, f^\beta(2;t). \tag{4.189}$$

Die Symbole 1 bzw. 2 in den Argumenten kürzen die Koordinaten $\mathbf{q}_1, \mathbf{v}_1$ bzw. $\mathbf{q}_2, \mathbf{v}_2$ ab. Die weitere Aufgabe besteht darin, (4.189) für $g^{\alpha\beta}$ zu lösen, das Ergebnis in die erste Gl. (4.188) einzusetzen und eine kinetische Gleichung von der Gestalt (4.39) zu erhalten. Dabei behandeln wir die rechte Seite von (4.189) als Inhomogenität und lösen mithilfe des Propagators $U_{12}^{\alpha\beta}$. Letzterer ist über die Operatorgleichung

$$\boxed{\partial_t U_{12}^{\alpha\beta}(t) - (L_1^\alpha + L_2^\beta) U_{12}^{\alpha\beta}(t) = 0} \tag{4.190}$$

mit der Anfangsbedingung

$$U_{12}^{\alpha\beta}(0) = 1 \tag{4.191}$$

definiert. Es löst

$$g^{\alpha\beta}(1,2;t) = U_{12}^{\alpha\beta}(t) g^{\alpha\beta}(1,2;0) \tag{4.192}$$

(4.189) ohne Inhomogenitätsterm. Es ist ebenso einfach einzusehen, dass

$$\boxed{\begin{aligned} g^{\alpha\beta}(1,2;t) &= U_{12}^{\alpha\beta}(t) g^{\alpha\beta}(1,2;0) \\ &+ \int_0^t d\tau\, U_{12}^{\alpha\beta}(t-\tau) L_{12}^{\alpha\beta}\, f^\alpha(1;\tau) f^\beta(2;\tau) \end{aligned}} \tag{4.193}$$

die volle Gl. (4.189) erfüllt. Dieser Ausdruck zeigt sehr schön, wie zur Berechnung der Korrelationsfunktion zur Zeit t Beiträge von allen vorangegangenen Zeiten „aufgesammelt" werden müssen. Setzen wir $g^{\alpha\beta}$ aus (4.193) in (4.188) ein, so erhalten wir als Beitrag der Korrelationsfunktion zu der zeitlichen Entwicklung von f^α

$$K^\alpha = \sum_\beta \int d^6 2 \int_0^t d\tau\, L_{12}^{\alpha\beta}\, U_{12}^{\alpha\beta}(t-\tau) L_{12}^{\alpha\beta}\, f^\alpha(1;\tau) f^\beta(2;\tau)$$

$$+ \sum_\beta \int d^6 2\, L_{12}^{\alpha\beta}\, U_{12}^{\alpha\beta}(t) g^{\alpha\beta}(1,2;0). \tag{4.194}$$

Diesen Ausdruck können wir in einer kinetischen Gleichung (im noch zu definierenden kinetischen Regime) aus zwei Gründen nicht akzeptieren:

1. Er enthält über die Ein-Teilchen-Verteilungsfunktionen Beiträge zu *allen* zurückliegenden Zeiten $0 \leq \tau \leq t$.
2. Die Anfangskorrelation $g(1, 2; 0)$ taucht noch explizit auf.

Wir wollen jetzt diskutieren, wie diese Schwierigkeiten in physikalisch relevanten Situationen umgangen werden können. Dazu müssen wir uns die einzelnen Beiträge in (4.194) genauer ansehen.

Zunächst erkennen wir aus der Struktur von (4.190), dass wir einen Produktansatz der Form

$$\boxed{U_{12}^{\alpha\beta}(t) = U_1^{\alpha}(t)U_2^{\beta}(t)} \tag{4.195}$$

machen können, wobei für U_1^{α} bzw. U_2^{β} die Gleichungen

$$\partial_t U_1^{\alpha}(t) = L_1^{\alpha}\, U_1^{\alpha}(t), \tag{4.196}$$

$$\partial_t U_2^{\beta}(t) = L_2^{\beta}\, U_2^{\beta}(t) \tag{4.197}$$

gelten. Wenn wir nun die Wirkung von U_1^{α} auf die Verteilungsfunktion f^{α} in den Termen auf der rechten Seite von (4.194) studieren wollen, brauchen wir dort nur die Effekte in niedrigster Ordnung zu berücksichtigen. Also nicht allgemein, aber bei der Bearbeitung von K^{α} benutzen wir

$$U_1^{\alpha}(t)f^{\alpha}(1; 0) = f^{\alpha}(1; t) = f^{\alpha}(\mathbf{q}_1(-t), \mathbf{v}_1(-t);\ 0). \tag{4.198}$$

Dieser Schluss folgt aus einem Vergleich von (4.196) mit den führenden Termen von (4.188). Der Zusammenhang (4.198) besagt ferner, dass der Operator $U_1^{\alpha}(t)$ eine Zeitverschiebung um $-t$ in den Koordinaten und Geschwindigkeiten gemäß den Bewegungsgleichungen in äußeren Feldern bewirkt.

Schauen wir uns jetzt den zweiten Term auf der rechten Seite von (4.194) an:

$$\sum_{\beta} \int d^6 2\, L_{12}^{\alpha\beta}\, U_{12}^{\alpha\beta}\, g^{\alpha\beta}(1, 2; 0)$$

$$= \sum_{\beta} \int d^3r\, d^3v_2\, L_{12}^{\alpha\beta}\, U_1^{\alpha}\, U_2^{\beta}\, g^{\alpha\beta}(\mathbf{q}_1, \mathbf{r}, \mathbf{v}_1, \mathbf{v}_2; 0)$$

$$= \sum_{\beta} \int d^3r\, d^3v_2\, L_{12}^{\alpha\beta}\, g^{\alpha\beta}[\mathbf{q}_1(-t), \mathbf{r}(-t), \mathbf{v}_1(-t), \mathbf{v}_2(-t); 0]. \tag{4.199}$$

Wir haben die Differenzkoordinate $\mathbf{r} = \mathbf{q}_2 - \mathbf{q}_1$ eingeführt und die Zeitverschiebung vorgenommen. Dabei gilt etwa in einem äußeren Magnetfeld für den Ort eines Teilchens der

Sorte α

$$\mathbf{q}(-t) = \begin{pmatrix} q_x - \Omega_\alpha^{-1} v_y(\cos \Omega_\alpha t - 1) - \Omega_\alpha^{-1} v_x \sin \Omega_\alpha t \\ q_y + \Omega_\alpha^{-1} v_x(\cos \Omega_\alpha t - 1) - \Omega_\alpha^{-1} v_y \sin \Omega_\alpha t \\ q_z - v_z t \end{pmatrix}. \tag{4.200}$$

Interessant ist dabei die z-Komponente; wir erhalten beispielsweise $r_z(-t) = q_{2z} - q_{1z} - (v_{2z} - v_{1z})t \sim t$. Wir wissen andererseits, dass die Korrelationsfunktion $g^{\alpha\beta}$ für Abstände $r \geq \lambda_D$ sehr klein wird. Somit verschwindet für Zeiten

$$t \geq \frac{\lambda_D}{v_{2z} - v_{1z}} \sim \frac{\lambda_D}{v_t} \sim \omega_p^{-1} \tag{4.201}$$

der Einfluss der Anfangsverteilung $g^{\alpha\beta}(1, 2; 0)$. Etwas genauer setzen wir, da die charakteristischen Korrelationszeiten (= mittlere Zeitdauer eines Stoßes) für Elektronen und Ionen verschieden sind,

$$t \geq \tau_c = \max(\omega_{pe}^{-1}, \omega_{pi}^{-1}). \tag{4.202}$$

Der Bereich (4.202) definiert das kinetische Regime mit

$$U_{12}(t)g^{\alpha\beta}(1, 2; 0) \approx 0. \tag{4.203}$$

Schauen wir uns jetzt den ersten Beitrag auf der rechten Seite von (4.194) an. Wir substituieren zunächst für $t - \tau$ wiederum τ und erhalten

$$\sum_\beta \int d^6 2 \int_0^t d\tau \, L_{12}^{\alpha\beta} \, U_{12}^{\alpha\beta}(\tau) \, L_{12}^{\alpha\beta} \, f^\alpha(1; t - \tau) f^\beta(2; t - \tau). \tag{4.204}$$

Dann nutzen wir (4.195) und (4.198) in der Form

$$f^\alpha(1; t - \tau) = U_1^\alpha(-\tau) f^\alpha(1; t) \tag{4.205}$$

(und entsprechend für Teilchen 2), wobei natürlich

$$U_1^\alpha(\tau) U_1^\alpha(-\tau) = 1 \tag{4.206}$$

gilt. Eine relativ einfache Rechnung führt dann zu

$$K^\alpha \approx \sum_\beta \int d^3 v_2 \int d^3 r \int_0^t d\tau \frac{1}{m_\alpha} \frac{\partial}{\partial \mathbf{v}_1} \cdot \left[\nabla \phi_{\alpha\beta}(\mathbf{r}(\tau)) \right] \left[\nabla \phi_{\alpha\beta}(\mathbf{r}(-\tau)) \right] \tag{4.207}$$

$$\cdot \left\{ U_1^\alpha(\tau) \frac{1}{m_\alpha} \frac{\partial}{\partial \mathbf{v}_1} U_1^\alpha(-\tau) - U_2^\beta(\tau) \frac{1}{m_\beta} \frac{\partial}{\partial \mathbf{v}_2} U_2^\beta(-\tau) \right\} f^\alpha(1; t) f^\beta(2; t).$$

Der Gradient ∇ wird bezüglich der Differenzkoordinate $\mathbf{r}$ gebildet. Wegen der beiden Faktoren $\phi_{\alpha\beta}(\mathbf{r}(\tau))$ und $\phi_{\alpha\beta}(\mathbf{r}(-\tau))$ im Integranden und der Tatsache, dass diese als Gewichtsfaktoren bei der Integration den Bereich auf

$$\boxed{0 \;\leq\; r \;\leq\; r_c}\,, \tag{4.208}$$

$$\boxed{0 \;\leq\; \tau \;\leq\; \tau_c} \tag{4.209}$$

beschränken, trägt nur ein kleiner Bereich zum Integral bei. Das ist für die folgenden Abschätzungen wichtig, bei denen die Korrelationslänge $r_c \approx \max(\lambda_{De}, \lambda_{Di})$ sowie $\tau_c \approx \omega_{pi}^{-1}$ als Integrationsgrenzen benutzt werden.

Beispiel 4.10 (Auswertung im kinetischen Bereich)
Man findet

$$U_1^\alpha(\tau)\frac{\partial}{\partial \mathbf{v}_1}U_1^\alpha(-\tau)f_1^\alpha(1;t) \approx \frac{\partial}{\partial \mathbf{v}_1}\, f_1^\alpha(1;t) \tag{4.210}$$

auf folgendem Weg. Die Verschiebung $U_1^\alpha(-\tau)$ wirkt bezüglich der Koordinaten wie in (4.200) [bis auf das Vorzeichen] dargestellt. Es gilt ferner

$$\mathbf{v}(-t) = \begin{pmatrix} v_x \cos \Omega_\alpha t - v_y \sin \Omega_\alpha t \\ v_y \cos \Omega_\alpha t + v_x \sin \Omega_\alpha t \\ v_z \end{pmatrix}. \tag{4.211}$$

Damit können wir

$$U_1^\alpha(\tau)\frac{\partial}{\partial \mathbf{v}_1}U_1^\alpha(-\tau)f^\alpha(1;t) \tag{4.212}$$

$$\begin{aligned}
= \Big\{ &\hat{x}\Big[\frac{1}{\Omega_\alpha}\sin\Omega_\alpha\tau\,\frac{\partial}{\partial x} + \frac{1}{\Omega_\alpha}(\cos\Omega_\alpha\tau - 1)\frac{\partial}{\partial y} + \cos\Omega_\alpha\tau\,\frac{\partial}{\partial v_x} - \sin\Omega_\alpha\tau\frac{\partial}{\partial v_y}\Big] \\
+ &\hat{y}\Big[-\frac{1}{\Omega_\alpha}(\cos\Omega_\alpha\tau - 1)\frac{\partial}{\partial x} + \frac{1}{\Omega_\alpha}\sin\Omega_\alpha\tau\,\frac{\partial}{\partial y} + \sin\Omega_\alpha\tau\,\frac{\partial}{\partial v_x} + \cos\Omega_\alpha\tau\frac{\partial}{\partial v_y}\Big] \\
+ &\hat{z}\Big[\tau\,\frac{\partial}{\partial z} + \frac{\partial}{\partial v_z}\Big]\Big\} f^\alpha(1;t) \approx \Big[\frac{\partial}{\partial \mathbf{v}_1} + \tau\,\frac{\partial}{\partial \mathbf{q}_1}\Big]f^\alpha(1;t) + \mathcal{O}(\Omega_\alpha\tau_c)
\end{aligned}$$

abschätzen. Ohne Magnetfeld ($\Omega_\alpha = 0$) bleiben natürlich nur die beiden ersten Terme auf der rechten Seite. Auch mit Magnetfeld vernachlässigen wir die Beiträge des Magnetfelds unter der Annahme

$$|\Omega_\alpha|\tau_c \ll 1. \tag{4.213}$$

Wegen der Beschränkung der τ-Integration auf $\tau \leq \tau_c$ gilt

$$\tau\,\frac{\partial}{\partial q_1}f^\alpha \;:\; \frac{\partial}{\partial v_1}f^\alpha \sim \frac{\tau_c v_{t\alpha}}{L_H} \ll 1. \tag{4.214}$$

Zunächst haben wir in der Annahme, dass die Ein-Teilchen-Verteilungsfunktion vom Ort nur über die hydrodynamischen Momente (Dichte, Temperatur usw.) abhängt, eine hydrodynamische Längenskala

$$\boxed{L_H^{-1} \sim |\nabla \ln f^\alpha|} \tag{4.215}$$

eingeführt, für die wir

$$L_H \gg r_c \sim \lambda_{De} \tag{4.216}$$

annehmen. Die charakteristische hydrodynamische Zeitskala

$$\boxed{\tau_H^\alpha = L_H/v_{t\alpha}} \tag{4.217}$$

ist dann natürlich wesentlich größer als die Korrelationszeit τ_c, woraus die Abschätzung (4.214) folgt. Die Rechnung (4.212) liefert also (4.210). ∎

Auf ähnliche Art und Weise beweist man

$$
\begin{aligned}
f^\alpha(1;t)f^\beta(2;t) &= f^\alpha(\mathbf{q}_1,\mathbf{v}_1;t)f^\beta(\mathbf{q}_1+\mathbf{r},\mathbf{v}_2;t) \\
&\approx f^\alpha(\mathbf{q}_1,\mathbf{v}_1;t)\left[f^\beta(\mathbf{q}_1,\mathbf{v}_2;t) + \mathbf{r}\cdot\frac{\partial}{\partial\mathbf{q}_1}f^\beta(\mathbf{q}_1,\mathbf{v}_2;t) + \dots \right] \\
&\approx f^\alpha(\mathbf{q}_1,\mathbf{v}_1;t)f^\beta(\mathbf{q}_1,\mathbf{v}_2;t),
\end{aligned}
\tag{4.218}
$$

wobei Terme der Ordnung r_c/L_H vernachlässigt wurden. [Man erinnere sich: Die Abschätzung ist nur für den Integranden im Integrationsbereich (4.208) und (4.209) nötig.] Schließlich findet man noch auf die gleiche Weise

$$\phi_{\alpha\beta}(\mathbf{q}_2(-\tau) - \mathbf{q}_1(-\tau)) \approx \phi_{\alpha\beta}(\mathbf{r} - (\mathbf{v}_2 - \mathbf{v}_1)\tau), \tag{4.219}$$

wobei Terme der Ordnung $\Omega_\alpha\tau_c$ vernachlässigt wurden.

Setzen wir das alles in (4.207) ein, so folgt

$$
\boxed{
\begin{aligned}
K^\alpha \approx \sum_\beta \int d^3v_2\, \frac{1}{m_\alpha}\, &\frac{\partial}{\partial v_{1\nu}} \mathcal{T}_{\nu\mu}^{\alpha\beta}(\mathbf{g}) \\
&\times \left(\frac{1}{m_\alpha}\frac{\partial}{\partial v_{1\mu}} - \frac{1}{m_\beta}\frac{\partial}{\partial v_{2\mu}} \right) f^\alpha(\mathbf{q}_1,\mathbf{v}_1;t)f^\beta(\mathbf{q}_1,\mathbf{v}_2;t),
\end{aligned}
}
\tag{4.220}
$$

mit der Bezeichnung

$$\mathbf{g} = \mathbf{v}_2 - \mathbf{v}_1 \tag{4.221}$$

und der Summationskonvention über die doppelt auftretenden Indizes ν und μ. In dem Tensor

$$\mathcal{T}^{\alpha\beta}(\mathbf{g}) := \int d^3r \int_0^\infty d\tau\, [\nabla\phi_{\alpha\beta}(\mathbf{r})]\, [\nabla\phi_{\alpha\beta}(\mathbf{r} - \mathbf{g}\tau)] \tag{4.222}$$

greift die Bereichsvorschrift (4.208), (4.209). Die Berechnung von $\mathcal{T}^{\alpha\beta}$ nutzt die Coulomb-Wechselwirkung (siehe jedoch die spätere Diskussion bezüglich der Abschirmung) mit

$$\phi_{\alpha\beta}(\mathbf{r}) = \int d^3k \, e^{i\mathbf{k}\cdot\mathbf{r}} \tilde{\phi}_{\alpha\beta}(\mathbf{k}) \tag{4.223}$$

und

$$\tilde{\phi}_{\alpha\beta} = \frac{1}{2\pi^2} \frac{1}{4\pi\varepsilon_0} \frac{e_\alpha e_\beta}{k^2}. \tag{4.224}$$

Die kurze Rechnung

$$\mathcal{T}^{\alpha\beta}(\mathbf{g}) = \int d^3r \int_0^\infty d\tau \int e^{i(\mathbf{k}+\mathbf{k}')\cdot\mathbf{r} - i\mathbf{k}'\cdot\mathbf{g}\tau} (i\mathbf{k})(i\mathbf{k}') \tilde{\phi}_{\alpha\beta}(\mathbf{k}) \tilde{\phi}_{\alpha\beta}(\mathbf{k}') d^3k \, d^3k'$$

$$= 8\pi^4 \int d^3k \, \mathbf{k}\,\mathbf{k}\, \tilde{\phi}_{\alpha\beta}^2(\mathbf{k}) \delta(\mathbf{k}\cdot\mathbf{g})$$

$$= 8\pi^4 \int_0^\infty dk\, k^4 \tilde{\phi}_{\alpha\beta}^2(k) \int_{-1}^1 d\cos\theta \int_0^{2\pi} d\varphi$$

$$\times \delta(kg\cos\theta) \begin{pmatrix} \sin\theta\ \cos\varphi \\ \sin\theta\ \sin\varphi \\ \cos\theta \end{pmatrix} \begin{pmatrix} \sin\theta\ \cos\varphi \\ \sin\theta\ \sin\varphi \\ \cos\theta \end{pmatrix}$$

$$= [1 - \hat{z}\hat{z}] \, T^{\alpha\beta}, \tag{4.225}$$

mit

$$T^{\alpha\beta} = 8\pi^5 \int_0^\infty dk\, k^4 \, \tilde{\phi}_{\alpha\beta}^2(k) \int_{-1}^1 d\mu (1-\mu^2)\delta(kg\mu), \tag{4.226}$$

führt schnell zu wesentlichen Vereinfachungen. Zunächst bemerken wir, dass der Ausdruck (4.226) weiter ausgewertet werden kann,

$$T^{\alpha\beta} = \frac{8\pi^5}{g} \int_0^\infty dk\, k^3 \, \tilde{\phi}_{\alpha\beta}^2(k) \equiv \frac{A^{\alpha\beta}}{g}. \tag{4.227}$$

Damit schreibt sich der Tensor $\mathcal{T}^{\alpha\beta}$ in einem System mit $\mathbf{g} = g\hat{z}$ als

$$\boxed{\mathcal{T}_{\nu\mu}^{\alpha\beta}(\mathbf{g}) = \left(\delta_{\nu\mu} - \frac{g_\nu g_\mu}{g^2}\right) \frac{A^{\alpha\beta}}{g}}, \tag{4.228}$$

wobei für Coulomb-Wechselwirkung

$$\boxed{A_{Coulomb}^{\alpha\beta} = 2\pi \left(\frac{1}{4\pi\varepsilon_0}\right)^2 e_\alpha^2 e_\beta^2 \int_0^\infty dk\, \frac{1}{k}} \tag{4.229}$$

an der oberen wie an der unteren Grenze logarithmisch divergiert. Das war im Grunde zu erwarten.

Große $k \to \infty$ korrespondieren zu kleinen Abständen, bei denen die Annahme der schwachen Kopplung zusammenbricht. Kleine $k \to 0$ gehören zu großen Abständen, bei denen die Coulomb-Wechselwirkung aufgrund der Debye-Abschirmung nicht zum Tragen kommt. Die letztere Problematik wurde von Balescu und Lenard erfolgreich bearbeitet, wobei in der Gleichung für die Korrelationsfunktion $g^{\alpha\beta}$ die Abschirmung durch ein drittes Teilchen berücksichtigt wurde. Wir kommen darauf im nächsten Abschnitt zurück.

Hier sei nur vermerkt, dass sich die allgemein dynamische Abschirmung in der Grenze $v_1 \to 0$ zu der effektiven statischen Wechselwirkung

$$\phi_{\alpha\beta}^{effektiv} = \frac{1}{4\pi\varepsilon_0} e_\alpha e_\beta \frac{e^{-\lambda_D r}}{r} \tag{4.230}$$

mit

$$\tilde{\phi}_{\alpha\beta}^{effektiv} = \frac{e_\alpha e_\beta}{2\pi^2} \frac{1}{4\pi\varepsilon_0} \frac{1}{k^2 + \kappa_D^2} \tag{4.231}$$

reduziert.

Das Problem der engen Stöße ist im Allgemeinen schwierig zu behandeln. Wir benutzen hier ein Abschneideverfahren, das k auf den Bereich

$$k < k_{max} \approx \frac{12\pi\varepsilon_0 k_B T_\alpha}{e_\alpha^2} \tag{4.232}$$

beschränkt, wobei $e_\alpha^2/12\pi\varepsilon_0 k_B T_\alpha$ der Stoßparameter für 90^0-Ablenkung ist.

Mit diesen Einschränkungen finden wir

$$
\begin{aligned}
A^{\alpha\beta} &\approx 8\pi^5 \int_0^{k_{max}} dk\, k^3 \left[\tilde{\phi}_{\alpha\beta}^{effektiv} \right]^2 \\
&= \pi \left(\frac{1}{4\pi\varepsilon_0} \right)^2 e_\alpha^2 e_\beta^2 \left[\frac{\kappa_D^2}{k_{max}^2 + \kappa_D^2} - 1 + \ln \frac{k_{max}^2 + \kappa_D^2}{\kappa_D^2} \right] \\
&\approx 2\pi \left(\frac{1}{4\pi\varepsilon_0} \right)^2 e_\alpha^2 e_\beta^2 \ln \Lambda_B
\end{aligned}
\tag{4.233}
$$

wegen

$$\ln \Lambda \sim \ln \frac{k_{max}}{\kappa_D} = \ln \frac{12\pi\varepsilon_0 \lambda_D k_B (T_e + T_i)}{2e^2} = \ln \Lambda_B \,. \tag{4.234}$$

Fassen wir zusammen: Im Rahmen der Landau-Näherung schreibt sich der Stoßterm K^α als

$$K^\alpha = \sum_{\beta=e,i} 2\pi \left(\frac{1}{4\pi\varepsilon_0}\right)^2 e_\alpha^2 e_\beta^2 \ln \Lambda_B \int d^3v_2 \frac{1}{m_\alpha} \frac{\partial}{\partial v_{1\nu}} G_{\nu\mu}(\mathbf{g})$$
$$\times \left[\frac{1}{m_\alpha}\frac{\partial}{\partial v_{1\mu}} - \frac{1}{m_\beta}\frac{\partial}{\partial v_{2\mu}}\right] f^\alpha(\mathbf{q}_1, \mathbf{v}_1; t) f^\beta(\mathbf{q}_1, \mathbf{v}_2; t) \tag{4.235}$$

mit dem Landau-Tensor

$$G_{\nu\mu}(\mathbf{g}) = \frac{g^2 \delta_{\mu} - g_\nu g_\mu}{g^3} . \tag{4.236}$$

In (4.235) ist $\ln \Lambda_B$ ein gemittelter Coulomb-Logarithmus, wie er auf der rechten Seite von (4.234) definiert ist. Auf die Unterschiede, die auf einer genaueren Analyse der Abschirmung (durch Elektronen und Ionen) beruhen, gehen wir hier nicht näher ein.

Eine Begründung für das Abschneiden bei kleinen k-Werten findet man in dem späteren Kapitel über die Lenard-Balescu-Gleichung.

Wir diskutieren im Folgenden die Landau-Gleichung zunächst für ein einkomponentiges Elektronenplasma. Wegen

$$\partial_{\mathbf{v}_1} \partial_{\mathbf{v}_1} g = \frac{g^2 \underline{\underline{1}} - \mathbf{g}\mathbf{g}}{g^3} \tag{4.237}$$

erhalten wir dann

$$\frac{df(\mathbf{v}_1)}{dt} = \left(\frac{1}{4\pi\varepsilon_0}\right)^2 \frac{2\pi e^4 \ln \Lambda_B}{m_e^2} \partial_{\mathbf{v}_1} \cdot \left[(\partial_{\mathbf{v}_1} f(\mathbf{v}_1)) \cdot \partial_{\mathbf{v}_1}\partial_{\mathbf{v}_1} \int d^3v_2 \, g f(\mathbf{v}_2)\right.$$
$$\left. - f(\mathbf{v}_1) \int d^3v_2 \partial_{\mathbf{v}_1}(\partial_{\mathbf{v}_1} \cdot \partial_{\mathbf{v}_1}) g f(\mathbf{v}_2)\right] . \tag{4.238}$$

Hierbei wurde im zweiten Term auf der rechten Seite partiell integriert und anschließend $\partial_{\mathbf{v}_2} g = -\partial_{\mathbf{v}_1} g$ benutzt. Ferner haben wir den Vlasov-Anteil auf der linken Seite durch d/dt abgekürzt und nur die relevanten Variablen angeschrieben. Jetzt ziehen wir den zweiten Operator $\partial_{\mathbf{v}_1}$ im ersten Term der rechten Seite vor,

$$\frac{df}{dt} = \left(\frac{1}{4\pi\varepsilon_0}\right)^2 \frac{2\pi e^4 \ln \Lambda_B}{m_e^2} \left\{\partial_{\mathbf{v}_1}\partial_{\mathbf{v}_1} : \left[f(\mathbf{v}_1)\partial_{\mathbf{v}_1}\partial_{\mathbf{v}_1} \int d^3v_2 \, g f(\mathbf{v}_2)\right]\right.$$
$$\left. - 2\partial_{\mathbf{v}_1} \cdot \left[f(\mathbf{v}_1) \int d^3v_2 \partial_{\mathbf{v}_1}(\partial_{\mathbf{v}_1} \cdot \partial_{\mathbf{v}_1}) g f(\mathbf{v}_2)\right]\right\} . \tag{4.239}$$

Letztlich nutzen wir noch

$$\left(\partial_{\mathbf{v}_1} \cdot \partial_{\mathbf{v}_1}\right) g = \frac{2}{g} \tag{4.240}$$

aus, um die Landau-Gleichung in der Fokker-Planck-Form zu erhalten.

Die Landau-Fokker-Planck-Gleichung lautet dann

$$\frac{df(\mathbf{v}_1)}{dt} = -\partial_{\mathbf{v}_1} \cdot [\mathbf{A} f(\mathbf{v}_1)] + \frac{1}{2}\partial_{\mathbf{v}_1}\partial_{\mathbf{v}_1} : [\mathcal{B}\, f(\mathbf{v}_1)] \,. \tag{4.241}$$

Es tauchen zwei Koeffizienten auf. Der Koeffizient der dynamischen Reibung ist

$$\mathbf{A} = \left(\frac{1}{4\pi\varepsilon_0}\right)^2 \frac{8\pi e^4 \ln \Lambda_B}{m_e^2}\partial_{\mathbf{v}_1} \int d^3 v_2 \frac{f(\mathbf{v}_2)}{|\mathbf{v}_1 - \mathbf{v}_2|}, \tag{4.242}$$

während der Diffusionskoeffizient

$$\mathcal{B} = \left(\frac{1}{4\pi\varepsilon_0}\right)^2 \frac{4\pi e^4 \ln \Lambda_B}{m_e^2}\partial_{\mathbf{v}_1}\partial_{\mathbf{v}_1} \int d^3 v_2 |\mathbf{v}_1 - \mathbf{v}_2| f(\mathbf{v}_2) \tag{4.243}$$

ist. In dieser Standardform einer Fokker-Planck-Gleichung beschreibt der Reibungsterm die Reduktion der Teilchenbewegung in der ursprünglichen Richtung aufgrund der vielen schwachen Stöße, während der Diffusionsterm das Anwachsen der transversalen Komponente berücksichtigt.

Man beachte, dass aus (4.242) die inverse Relaxationszeit zu $\tau_R^{-1} \approx \omega_{pe} \ln \Lambda_B/\Lambda_B$ abgeschätzt werden kann.

Beispiel 4.11 (Plausibilitätsbetrachtung zur Fokker-Planck Form)
Für das Verständnis der Gleichung (4.241) ist eine elementare Plausibilitätsbetrachtung hilfreich. Wenn wir von einer statistischen Beschreibung vieler Coulomb-Stöße mit kleinen Ablenkungen ausgehen, definieren wir die Wahrscheinlichkeit $W(\mathbf{v}, \Delta\mathbf{v})$ dafür, dass sich nach einer Zeit Δt die Geschwindigkeit eines Teilchens um $\Delta\mathbf{v}$ von $\mathbf{v}$ auf $\mathbf{v} + \Delta\mathbf{v}$ verändert hat. Für die Ein-Teilchen-Verteilungsfunktion hat das

$$f(\mathbf{q}, \mathbf{v}; t + \Delta t) = \int d^3\Delta v\, f(\mathbf{q},\ \mathbf{v} - \Delta\mathbf{v}; t) W(\mathbf{v} - \Delta\mathbf{v}, \Delta\mathbf{v}) \tag{4.244}$$

zur Folge. Wenn wir jetzt die Veränderung der Verteilungsfunktion aufgrund von Coulomb-Stößen bestimmen,

$$\frac{df}{dt}\Delta t \approx f(\mathbf{q}, \mathbf{v}; t + \Delta t) - f(\mathbf{q}, \mathbf{v}; t), \tag{4.245}$$

so benutzen wir in (4.244) eine Taylor-Entwicklung

$$f(\mathbf{q}, \mathbf{v} - \Delta\mathbf{v}; t) W(\mathbf{v} - \Delta\mathbf{v}, \Delta v) \approx f(\mathbf{q}, \mathbf{v}; t) W(\mathbf{v}, \Delta\mathbf{v})$$

$$- \frac{\partial(f W)}{\partial \mathbf{v}} \cdot \Delta\mathbf{v} + \sum_{\nu,\mu} \frac{1}{2}\frac{\partial^2(f W)}{\partial v_\nu \partial v_\mu}\Delta v_\nu \Delta v_\mu - \dots . \tag{4.246}$$

Jetzt führen wir

$$\int d^3\Delta v\, W(\mathbf{v}, \Delta\mathbf{v}) = 1 , \tag{4.247}$$

$$\int d^3\Delta v\, W(\mathbf{v}, \Delta\mathbf{v})\Delta\mathbf{v} = \langle\Delta\mathbf{v}\rangle_t \Delta t , \tag{4.248}$$

$$\int d^3\Delta v\, W(\mathbf{v}, \Delta\mathbf{v})\Delta v_\nu\Delta v_\mu = \langle\Delta v_\nu\Delta v_\mu\rangle_t \Delta t \tag{4.249}$$

ein. Die erste Relation folgt aus der Normierung der Wahrscheinlichkeit. Die beiden weiteren Definitionen nutzen die statistische Unabhängigkeit der einzelnen Stöße aus, mit dem Ergebnis, dass der Gesamteffekt proportional zu Δt ist. (Schauen wir uns beispielsweise das Produkt $\Delta v_\nu\Delta v_\mu = \sum_i\sum_j\Delta v_\nu^i\Delta v_\mu^j \approx \sum_i\Delta v_\nu^i\Delta v_\mu^i$ mit den Beiträgen der Stöße i und j an, so erkennen wir, dass nur die Produktbeiträge der einzelnen Stöße beitragen. Das Resultat ist proportional zur Zahl der Stöße und damit proportional zu Δt.) Aus ergibt sich (4.245) damit

$$\frac{df}{dt} = -\frac{\partial}{\partial\mathbf{v}}\cdot[\langle\Delta\mathbf{v}\rangle_t f] + \frac{1}{2}\sum_{\nu,\mu}\frac{\partial^2}{\partial v_\nu\partial v_\mu}[\langle\Delta v_\nu\Delta v_\mu\rangle_t f], \tag{4.250}$$

in strenger Analogie zu (4.241). ∎

Beispiel 4.12 (Auswertung für eine Maxwell-Verteilung)
Es ist ferner interessant, die Koeffizienten $\mathbf{A}$ und $\mathcal{B}$ für eine Maxwell-Verteilung

$$f = \frac{n_{e0}b^3}{\pi^{3/2}}\exp(-b^2v_1^2) \tag{4.251}$$

auszuwerten. Es gilt

$$\mathbf{A} = -\left(\frac{1}{4\pi\varepsilon_0}\right)^2\frac{8\pi e^4 n_{e0}\ln\Lambda_B}{m_e^2 v_1^3}\mathbf{v}_1\phi_1(bv_1), \tag{4.252}$$

$$B_{\nu\mu} = \left(\frac{1}{4\pi\varepsilon_0}\right)^2\frac{4\pi e^4 n_{e0}\ln\Lambda_B}{m_e^2}\frac{\partial^2}{\partial v_{1\nu}\partial v_{1\mu}}\left[\left(1+\frac{1}{2b^2 v_1^2}\right)\phi(bv_1) + \frac{1}{\pi^{1/2}bv_1}e^{-b^2v_1^2}\right], \tag{4.253}$$

mit

$$\phi(x) = \frac{2}{\sqrt{\pi}}\int^x e^{-x^2}dx, \tag{4.254}$$

$$\phi_1(x) = \phi(x) - x\frac{d\phi}{dx}. \tag{4.255}$$

Berechnet man damit die rechte Seite von (4.241), so folgt

$$\frac{df}{dt} = 0 \, . \tag{4.256}$$

Wir ziehen daraus den Schluss, dass der Elektron-Elektron-Stoßterm eine Tendenz zur Maxwellisierung zeigt; diese Aussage bestätigen numerische Rechnungen. ∎

Wir kommen zum Schluss dieses Abschnitts wieder auf den allgemeineren Stoßterm K^α zurück. Es ist nicht schwierig, für

$$K^\alpha = K^{\alpha e} + K^{\alpha i} \tag{4.257}$$

die Relationen

$$\int d^3 v_1 \, K^\alpha = 0 \, , \tag{4.258}$$

$$\sum_\alpha m_\alpha \int d^3 v_1 \, \mathbf{v}_1 \, K^\alpha = 0, \tag{4.259}$$

$$\sum_\alpha \frac{1}{2} m_\alpha \int d^3 v_1 \, v_1^2 \, K^\alpha = 0 \tag{4.260}$$

zu beweisen. Diese physikalisch sinnvollen Ergebnisse drücken die Erhaltung der Teilchenzahl, des Gesamtimpulses und der Gesamtenergie aus.

Nicht uninteressant sind die darüber hinausgehenden Ergebnisse für die Stöße innerhalb einer Komponente

$$\int d^3 v_1 \, K^{\alpha\alpha} = 0, \text{ für } \alpha = e, i, \tag{4.261}$$

$$m_\alpha \int d^3 v_1 \, \mathbf{v}_1 \, K^{\alpha\alpha} = 0, \text{ für } \alpha = e, i, \tag{4.262}$$

$$\frac{1}{2} m_\alpha \int d^3 v_1 \, v_1^2 \, K^{\alpha\alpha} = 0, \text{ für } \alpha = e, i. \tag{4.263}$$

Kombinieren wir diese detaillierten Bilanzen mit den früher erhaltenen globalen, können wir schließen, dass sich die Übertragungsraten durch Elektronen-Ionen- bzw. Ionen-Elektronen-Stöße (übertragen wird jeweils von der ersten auf die zweite Komponente) für den Impuls und die Energie gerade die Waage halten.

Bezüglich der Elektronen-Ionen-(K^{ei}-) bzw. Ionen-Elektronen-(K^{ie}-)Stoßterme gibt es approximative Formen von Lorentz, auf die wir später noch zurückkommen.

Wir können eine Reibungskraftdichte und eine Wärmeaustauschdichte definieren,

$$\mathbf{R}^\alpha = m_\alpha \int d^3 v\, \mathbf{v}\, K^\alpha \,, \tag{4.264}$$

$$Q^\alpha = \frac{1}{2} m_\alpha \int d^3 v\, |\mathbf{v} - \mathbf{u}^\alpha|^2 K^\alpha \,. \tag{4.265}$$

Diese erfüllen die folgenden Beziehungen

$$\mathbf{R}^e = \mathbf{R}^{ei} = -\mathbf{R}^{ie} = -\mathbf{R}^i \,, \tag{4.266}$$

$$Q^e = Q^{ei} = -Q^{ie} - \left(\mathbf{u}^e - \mathbf{u}^i \right) \cdot \mathbf{R}^{ei} \,, \tag{4.267}$$

$$Q^i = Q^{ie} \approx -3 n_i \frac{Z}{\tau_e} \frac{m_e}{m_i} (T_i - T_e) \,. \tag{4.268}$$

> Diese Beziehungen drücken Erhaltungssätze aus, zeigen jedoch zusätzlich den schwachen Energieaustausch zwischen Elektronen und Ionen. Letzterer ist der Grund dafür, dass Elektronen- und Ionentemperaturen separat als plasmadynamische Variablen eingeführt werden.

Wenn wir die Reibungskraft durch Stoßfrequenzen $\nu \sim 1/\tau$ ausdrücken, können wir schreiben

$$\mathbf{R}^{ei} = -\nu_{ei} m_e n_e (\mathbf{u}_e - \mathbf{u}i) \,, \quad \mathbf{R}^{ie} = -\nu_{ie} m_i n_i (\mathbf{u}_i - \mathbf{u}_e) \,. \tag{4.269}$$

Die Stoßfrequenzen können auf einfache Weise aus dem linearisierten Stoßterm bestimmt werden. Kollisionen zwischen gleichartigen Teilchen erhalten die Anzahl, den Impuls und die Energie jeder Spezies; sie verteilen den Impuls und die Energie sehr effizient untereinander und sind verantwortlich für lokale (nahezu) Gleichgewichtszustände (nach einer Zeit τ_α). Kollisionen zwischen ungleichen Teilchen tauschen Impuls und Energie zwischen den Spezies aus; sie übertragen Energie zwischen Ionen und Elektronen extrem langsam [charakteristische Zeit $(m_i/m_e)\tau_\alpha$]. Da für die Relaxationszeiten ($\tau \sim 1/\nu$) gilt

$$\boxed{\tau_{ee} \sim \tau_{ei} \sim \tau_e \quad (Z = 1) \,, \quad \tau_{ie} \gg \tau_{ii} \sim \tau_i} \,, \tag{4.270}$$

gehen nur zwei Zeiten ein, nämlich [33]

$$\boxed{\tau_e = \frac{3(4\pi\varepsilon_0)^2}{4\sqrt{2\pi}} \frac{m_e^{1/2} T_e^{3/2}}{n_i\, Z^2\, e^4\, \ln\Lambda}} \,, \quad \boxed{\tau_i = \frac{3(4\pi\varepsilon_0)^2}{4\sqrt{\pi}} \frac{m_i^{1/2} T_i^{3/2}}{n_i\, Z^4\, e^4\, \ln\Lambda}} \,. \tag{4.271}$$

Hierbei ist $\ln\Lambda \equiv \ln(r_{\max}/r_{\min})$ der Coulomb-Logarithmus, wie in [33] definiert. Typischerweise gilt $\ln\Lambda \approx 10 - 20$. Genauere Werte sind in [33] angegeben. Beachte, dass wir eine leicht abweichende Definition des Coulomb-Logarithmus verwenden, nämlich

$$\ln \Lambda_B = 4\pi\varepsilon_0 \frac{3(T_e + T_i)\lambda_D}{2Ze^2} \,, \quad \lambda_D = \left[\frac{Ze^2(n_eT_e + n_iT_i)}{\varepsilon_0 T_eT_i(1+Z)} \right]^{-12} . \tag{4.272}$$

Die charakteristischen Zeiten erhält man aus den Lösungen der kinetischen Gleichungen. Die charakteristischen Zeiten und Stoßfrequenzen sind in Formelsammlungen wie [33] zu finden. Aus den Größenordnungen schließen wir, dass ein Fusionsplasma nicht notwendigerweise stoßbestimmt ist, insbesondere im heißen Kern. Aufgrund der Einschluss- und Einfanggeometrien können jedoch die Teilchen, obwohl die mittleren freien Weglängen viel länger als die senkrechte Maschinendimensionen sein mögen, lange genug im Plasma verbleiben, bevor sie die Wände erreichen. Daher kann erwartet werden, dass selbst schwache Kollisionen zum Transport beitragen.

Die Herleitung der Relaxationszeiten ist eine der Hauptaufgaben der kinetischen Theorie. Betrachtet man die Abhängigkeiten von den Parametern, so stellen wir fest, dass die Relaxationszeiten mit der Temperatur zunehmen. Aus einem sehr einfachen Modell können wir dann den spezifischen Widerstand abschätzen,

$$\eta \equiv \frac{1}{\sigma} \sim \frac{m_e}{e^2 n \tau_e} . \tag{4.273}$$

Daher wird der spezifische Widerstand eines Plasmas mit steigender Temperatur abnehmen. Die Frage, wie genauere Ergebnisse für die Plasma-(Transport-)Koeffizienten erzielt werden können, gehört zur Transporttheorie. Wir erläutern das prinzipielle Vorgehen am folgenden Beispiel.

Beispiel 4.13 (Resistivität eines Plasmas)
Angenommen, das System ist räumlich homogen und stationär in Anwesenheit eines kleinen elektrischen Feldes **E**. Wir nähern die Landau-Fokker-Planck-Gleichung an durch

$$-\frac{e}{m_e}\mathbf{E} \cdot \frac{\partial f_{e0}}{\partial \mathbf{v}} \approx \frac{n_i Z^2 e^4 \ln \Lambda_B}{8\pi \varepsilon_0^2 m_e^2 v^3} \left[\frac{1}{\sin\theta} \frac{\partial}{\partial\theta} \left(\sin\theta \frac{\partial f_e}{\partial\theta} \right) + \frac{1}{\sin^2\theta} \frac{\partial^2 f_e}{\partial\phi^2} \right] . \tag{4.274}$$

Hierbei haben wir ein Polarkoordinatensystem im Geschwindigkeitsraum verwendet, wobei die z-Achse in Richtung des elektrischen Feldes zeigt. Die Annahme der Azimutalsymmetrie ($\partial/\partial\phi = 0$) ist naheliegend. Beachte auch, dass wir das elektrische Feld als Störung behandeln, was es erlaubt, die Verteilungsfunktion nullter Ordnung f_{e0} als Maxwell-Verteilung anzunehmen; $f_e = f_{e0} + f_{e1}$. Dies führt zu

$$\frac{eEv}{T_e} f_{e0}\cos\theta \approx \frac{n_i Z^2 e^4 \ln \Lambda_B}{8\pi \varepsilon_0^2 m_e^2 v^3} \frac{1}{\sin\theta} \frac{\partial}{\partial\theta} \left(\sin\theta \frac{\partial f_{e1}}{\partial\theta} \right) . \tag{4.275}$$

Die Lösung f_{e1} folgt schnell zu

$$f_{e1} \approx -\frac{4\pi \varepsilon_0^2 m_e^2 E v^4 f_{e0}\cos\theta}{n_i Z^2 e^3 T_e \ln \Lambda_B} . \tag{4.276}$$

Die Berechnung der z-Komponente der elektrischen Stromdichte führt für $n_e = Zn_i$ zu

$$
\begin{aligned}
j_z &= -e \int f_{e1} v \cos\theta \, d^3v \approx \frac{8\pi\varepsilon_0^2 m_e^2 E}{n_i Z^2 e^2 T_e \ln\Lambda_B} \int_0^\infty v^7 f_{e0} \, dv \int_0^\pi \cos^2\theta \sin\theta \, d\theta \\
&= \frac{32\sqrt{\pi}\,\varepsilon_0^2 E (2T_e)^{32}}{\sqrt{m_e}\, Z e^2 \ln\Lambda_B} \,.
\end{aligned}
\tag{4.277}
$$

Daraus können wir die Resistivität ablesen:

$$
\eta = \frac{\sqrt{m_e}\, Z e^2 \ln\Lambda_B}{32\sqrt{\pi}\,\varepsilon_0^2 (2T_e)^{32}} \,.
\tag{4.278}
$$

Das einfache Modell führt bereits zu einem ziemlich genauen Ergebnis. Trotz der Vereinfachungen, wie der Annahme einer Maxwell-Verteilung für die Verteilungsfunktion nullter Ordnung und der Behandlung des elektrischen Feldes als Störung, liefert dieses Modell eine realistische Schätzung für die Leitfähigkeit und den elektrischen Widerstand des Plasmas.

∎

> Die resultierenden Plasmaeigenschaften, wie z. B. die Abnahme des spezifischen Widerstands mit steigender Temperatur, stimmen gut mit experimentellen Beobachtungen überein. Dies zeigt, dass auch einfache Modelle in der Plasmaphysik oft ausreichen, um wesentliche physikalische Einsichten und relativ genaue Vorhersagen zu liefern.

4.5　Lenard-Balescu-Gleichung

> In diesem Abschnitt verbessern wir die Landau-Fokker-Planck-Gleichung, indem wir die Abschirmung durch ein drittes Teilchen berücksichtigen.

Dazu kehren wir zu den Ausgangsgleichungen (4.27) und (4.28) zurück und machen die Näherung (4.32). Um unnötige Schreibarbeit zu sparen, beschränken wir uns auf ein räumlich homogenes System ohne äußere Felder. Außerdem geben wir die wesentlichen Rechenschritte nur für ein einkomponentiges Plasma an. Diese Einschränkungen sind vertretbar, da es uns hier nur auf den neuen Effekt der Abschirmung ankommt und alle jetzt unberücksichtigten Beiträge im letzten Abschnitt ausführlich diskutiert wurden. Wir starten also von den Gleichungen

$$
\boxed{d_t f(\mathbf{v}_1, t) = \int d^6 2\, L_{12}\, g(1, 2),}
\tag{4.279}
$$

$$\partial_t g(1,2) + \mathbf{v}_1 \cdot \partial_{\mathbf{q}_1} g(1,2) + \mathbf{v}_2 \cdot \partial_{\mathbf{q}_2} g(1,2) = L_{12}\, f(\mathbf{v}_1;t)\, f(\mathbf{v}_2;t)$$
$$+ \int d^6 3\, [L_{13}\, f(\mathbf{v}_1;t) g(2,3) + L_{23}\, f(\mathbf{v}_2;t) g(1,3)]\,, \tag{4.280}$$

mit den Abkürzungen $d_t f = \partial_t f - L_1 f$ sowie

$$g(1,2) = g(\mathbf{q}_1 - \mathbf{q}_2, \mathbf{v}_1, \mathbf{v}_2; t), \tag{4.281}$$

$$g(2,3) = g(\mathbf{q}_2 - \mathbf{q}_3, \mathbf{v}_2, \mathbf{v}_3; t), \tag{4.282}$$

$$g(1,3) = g(\mathbf{q}_1 - \mathbf{q}_3, \mathbf{v}_1, \mathbf{v}_3; t). \tag{4.283}$$

> Wegen der räumlichen Homogenität hängen die Korrelationsfunktionen g nur von den Abständen ab, also z. B. nicht einzeln von $\mathbf{q}_1$ und $\mathbf{q}_2$, sondern nur von $\mathbf{q}_1 - \mathbf{q}_2$.

Für ein Coulomb-System (bestehend aus Elektronen mit ausgeschmiertem Ionenhintergrund) können wir ferner den Operator

$$L_{jk}^{\alpha\beta} = \frac{\partial \phi_{jk}}{\partial \mathbf{q}_j} \cdot \left[\frac{1}{m_\alpha} \frac{\partial}{\partial \mathbf{v}_j} - \frac{1}{m_\beta} \frac{\partial}{\partial \mathbf{v}_k} \right] \tag{4.284}$$

durch

$$L_{jk} = -\left(\mathbf{a}_{jk} \cdot \frac{\partial}{\partial \mathbf{v}_j} + \mathbf{a}_{kj} \cdot \frac{\partial}{\partial \mathbf{v}_k} \right) \tag{4.285}$$

ersetzen, wobei

$$\mathbf{a}_{jk} = \frac{1}{4\pi\varepsilon_0} \frac{e^2}{m_e\,|\,\mathbf{q}_j - \mathbf{q}_k\,|^3} (\mathbf{q}_j - \mathbf{q}_k) \tag{4.286}$$

ist.

> Wir wissen bereits, dass die Korrelationsfunktionen g auch auf einer schnellen Zeitskala variieren und dass keine „exakte" Lösung des Systems (4.279) und (4.280) nötig ist. Wir werden uns auch hier auf das kinetische Regime beschränken und demgemäß in der Gleichung für f nur den Anteil $g(\ldots; t = \infty)$ berücksichtigen.

In Analogie zum Vorgehen bei der Landau-Dämpfung transformieren wir zunächst nach Fourier im Ort. Dabei treten die neuen Variablen $\mathbf{k}_1$ (für $\mathbf{q}_1$) und $\mathbf{k}_2$ (für $\mathbf{q}_2$) auf. Wegen der Homogenität erhalten wir jedoch nur Beiträge für $\mathbf{k}_2 = -\mathbf{k}_1$. Aus (4.279) und (4.280) folgt dann

$$d_t f(\mathbf{v}_1; t) = -\frac{i(2\pi)^3}{m_e} \partial_{\mathbf{v}_1} \int d^3 v_2 \, d^3 k_1 \mathbf{k}_1 \varphi(k_1) g(\mathbf{k}_1, \mathbf{v}_1, \mathbf{v}_2; t = \infty), \tag{4.287}$$

$$\begin{aligned}
\partial_t g(\mathbf{k}_1, \mathbf{v}_1, \mathbf{v}_2; t) &+ i\mathbf{k}_1 \cdot (\mathbf{v}_1 - \mathbf{v}_2) g(\mathbf{k}_1, \mathbf{v}_1, \mathbf{v}_2; t) \\
&= \frac{(2\pi)^3}{m_e} i\mathbf{k}_1 \cdot \partial_{\mathbf{v}_1} f(\mathbf{v}_1) \varphi(k_1) \int d^3 v_3 \, g(\mathbf{k}_1, \mathbf{v}_2, \mathbf{v}_3; t) \\
&- \frac{(2\pi)^3}{m_e} i\mathbf{k}_1 \cdot \partial_{\mathbf{v}_2} f(\mathbf{v}_2) \varphi(k_1) \int d^3 v_3 \, g(\mathbf{k}_1, \mathbf{v}_1, \mathbf{v}_3; t) \\
&+ \frac{\varphi(k_1)}{m_e} i\mathbf{k}_1 \cdot \left(\partial_{\mathbf{v}_1} - \partial_{\mathbf{v}_2} \right) f(\mathbf{v}_1) f(\mathbf{v}_2).
\end{aligned} \tag{4.288}$$

Die Abkürzung $\varphi(k_1)$ wurde über

$$\mathbf{a}_{12}(\mathbf{k}_1) = \frac{-i\mathbf{k}_1}{m_e} \varphi(k_1) = -\frac{1}{4\pi\varepsilon_0} \frac{i\mathbf{k}_1 e^2}{2\pi^2 k_1^2 m_e} \tag{4.289}$$

eingeführt [vergl. (4.224)]. Im Folgenden stützen wir uns in der Darstellung auf die Originalarbeiten von Balescu und Lenard sowie auf eine Zusammenfassung von Nicholson [6]. Das Problem besteht darin, im kinetischen Regime eine approximative Lösung von (4.288) zu finden, die in (4.287) eingesetzt werden kann. Wir bedienen uns zur Vermeidung unübersichtlich langer Formeln einer formalen Schreibweise, indem wir (4.288) in der Form

$$\partial_t g + V_1 g + V_2 g = S(\mathbf{k}_1, \mathbf{v}_1, \mathbf{v}_2) \tag{4.290}$$

abkürzen, wobei S den letzten Term auf der rechten Seite von (4.288), d. h. den Quellterm für g, repräsentiert. Bezüglich der Dynamik von g kann er als zeitlich konstant vorausgesetzt werden. Die Bedeutung der Operatoren V_1 und V_2 ergibt sich durch unmittelbaren Vergleich mit (4.288), z. B. enthält V_1 neben dem konvektiven Term $i k_1 \cdot \mathbf{v}_1$ einen Beitrag von dem ersten Term auf der rechten Seite von (4.288). Es sei betont, dass es sich bei V_1 und V_2 um Operatoren handelt, und wenn wir sie im Folgenden wie Zahlen behandeln, also beispielsweise mit ihnen „Divisionen" durchführen, so soll es sich dabei nur um Abkürzungen für Inversionen usw. handeln. Diese Inversionen werden wir weiter unten explizit ausführen.

Laplace-Transformation von (4.290) führt zu ($p = -i\omega$)

$$\begin{aligned}
-\, g(\mathbf{k}_1, \mathbf{v}_1, \mathbf{v}_2; t = 0) &- i\omega g(\mathbf{k}_1, \mathbf{v}_1, \mathbf{v}_2; \omega) + V_1 \, g(\mathbf{k}_1, \mathbf{v}_2, \mathbf{v}_3; \omega) \\
&+ V_2 \, g(\mathbf{k}_1, \mathbf{v}_1, \mathbf{v}_3; \omega) = -\frac{1}{i\omega} S(\mathbf{k}_1, \mathbf{v}_1, \mathbf{v}_2).
\end{aligned} \tag{4.291}$$

Formal nach g aufgelöst, folgt

$$g(\dots; \omega) = \frac{g(\dots; t = 0) - S/i\omega}{-i\omega + V_1 + V_2}. \tag{4.292}$$

Durch Rücktransformation erhalten wir

$$g(\ldots; t) = \frac{1}{2\pi} \int_C d\omega \frac{g(\ldots; t = 0) - S/i\omega}{-i\omega + V_1 + V_2} e^{-i\omega t}, \qquad (4.293)$$

wobei die Kontur C in der komplexen ω-Ebene parallel zur reellen ω-Achse oberhalb aller Singularitäten verläuft.

Bei der Auswertung der rechten Seite von (4.293) stellt sich heraus, dass alle Nullstellen von $-i\omega + V_1 + V_2$ in der komplexen ω-Ebene einen negativen Imaginärteil haben, sofern die Verteilungsfunktion f stabil ist (s.u.). Es bleibt von (4.293) $\omega = 0$ als Singularität mit dem größten Imaginärteil. Durch ähnliche Betrachtungen wie bei der Auswertung der Landau-Dämpfung folgt für $t \to +\infty$

$$\boxed{g(\ldots; t = \infty) = \lim_{\omega \to 0} \frac{S}{-i\omega + V_1 + V_2}}. \qquad (4.294)$$

Wir wollen die Inversion in (4.294) explizit durchführen und benutzen dazu den von Nicholson angegebenen „Trick":

$$\frac{1}{-i\omega + V_1 + V_2} = \int_0^\infty dt\, e^{(i\omega - V_1 - V_2)t} \qquad (4.295)$$

$$= \int_0^\infty dt\, e^{i\omega t} \int_{C_1} \frac{d\omega_1}{2\pi} \frac{e^{-i\omega_1 t}}{-i\omega_1 + V_1} \int_{C_2} \frac{d\omega_2}{2\pi} \frac{e^{-i\omega_2 t}}{-i\omega_2 + V_2}$$

$$= \int_{C_1} \frac{d\omega_1}{2\pi} \int_{C_2} \frac{d\omega_2}{2\pi} \frac{1}{-i\omega_1 + V_1} \frac{1}{-i\omega_2 + V_2} \frac{1}{-i(\omega - \omega_1 - \omega_2)},$$

der es erlaubt, die Operatoren V_1 und V_2 einzeln zu behandeln (anstelle von $V_1 + V_2$). In (4.295) sind die Konturen C_1 und C_2 parallel zur reellen ω_1- bzw. ω_2-Achse so zu wählen, dass $\mathrm{Im}\,\omega > \mathrm{Im}\,\omega_1 + \mathrm{Im}\,\omega_2$ erfüllt ist.

Als Erstes berechnen wir

$$\alpha := \frac{1}{-i\omega_1 + V_1} S, \qquad (4.296)$$

d.h., wir lösen

$$S(\mathbf{k}_1, \mathbf{v}_1, \mathbf{v}_2) = (-i\omega_1 + i\mathbf{k}_1 \cdot \mathbf{v}_1)\alpha(\mathbf{k}_1, \mathbf{v}_1, \mathbf{v}_2)$$

$$- i \frac{(2\pi)^3}{m_e} \mathbf{k}_1 \cdot \partial_{\mathbf{v}_1} f(\mathbf{v}_1)\varphi(k_1) \int d^3 v_3\, \alpha(\mathbf{k}_1, \mathbf{v}_3, \mathbf{v}_2). \qquad (4.297)$$

Zunächst ergibt sich sehr leicht das Resultat für die integrierte Lösung

$$\int d^3 v_3\, \alpha(\mathbf{k}_1, \mathbf{v}_3, \mathbf{v}_2) = \frac{1}{\varepsilon(\mathbf{k}_1, \omega_1)} \int d^3 v_3 \frac{S(\mathbf{k}_1, \mathbf{v}_3, \mathbf{v}_2)}{-i\omega_1 + i\mathbf{k}_1 \cdot \mathbf{v}_3}, \qquad (4.298)$$

wobei für die Dielektrizitätskonstante ε der Integrationsweg nach Landau gewählt werden muss. Mit (4.298) lässt sich sofort die Lösung von (4.297) angeben,

$$\alpha(\mathbf{k}_1, \mathbf{v}_1, \mathbf{v}_2) = \frac{1}{-i\omega_1 + i\mathbf{k}_1 \cdot \mathbf{v}_1} \tag{4.299}$$

$$\times \left[S(\mathbf{k}_1, \mathbf{v}_1, \mathbf{v}_2) + i \frac{(2\pi^3)\mathbf{k}_1 \cdot \partial_{\mathbf{v}_1} f(\mathbf{v}_1)\varphi(k_1)}{m_e \varepsilon(\mathbf{k}_1, \omega_1)} \int d^3 v_3 \frac{S(\mathbf{k}_1, \mathbf{v}_3, \mathbf{v}_2)}{-i\omega_1 + i\mathbf{k}_1 \cdot \mathbf{v}_3} \right].$$

Beispiel 4.14 (Propagatorinversion)

Die nächste Inversion $(-i\omega_2 + V_2)^{-1} \alpha(\mathbf{k}_1, \mathbf{v}_1, \mathbf{v}_2)$ lässt sich ähnlich durchführen; wir erhalten letztendlich

$$\int d^3 v_2 \, g(\mathbf{k}_1, \mathbf{v}_1, \mathbf{v}_2; t = \infty) = \lim_{\omega \to 0} \int_{C_1} \frac{d\omega_1}{2\pi} \int_{C_2} \frac{d\omega_2}{2\pi} \tag{4.300}$$

$$\times \frac{1}{\varepsilon(-\mathbf{k}_1, \omega_2)} \frac{1}{-i(\omega - \omega_1 - \omega_2)} \int d^3 v_2 \frac{1}{-i\omega_2 - i\mathbf{k}_1 \cdot \mathbf{v}_2} \alpha(\mathbf{k}_1, \mathbf{v}_1, \mathbf{v}_2),$$

wobei wir noch den Ausdruck (4.299) für α einsetzen müssen. ∎

Anschließend führen wir die ω_2-Integration aus; dabei bedenken wir, dass $\omega - \omega_1$ oberhalb der Integrationskontur C_2 liegt und dass man die Integrationskontur in der oberen Halbebene schließen kann (der zusätzliche Beitrag ist vernachlässigbar, da der Integrand $\sim \omega_2^{-2}$ ist). Es trägt also nur der Pol bei $\omega_2 = \omega - \omega_1$ bei. Aus (4.299) und (4.300) folgt dann

$$\int d^3 v_2 \, g(\mathbf{k}_1, \mathbf{v}_1, \mathbf{v}_2; t = \infty) = \lim_{\omega \to 0} \int d^3 v_2 \int_{C_1} \frac{d\omega_1}{2\pi} \frac{1}{\varepsilon(-\mathbf{k}_1, \omega - \omega_1)}$$

$$\times \frac{1}{-i(\omega - \omega_1) - i\mathbf{k}_1 \cdot \mathbf{v}_2} \frac{1}{-i\omega_1 + i\mathbf{k}_1 \cdot \mathbf{v}_1} \left[\frac{i\mathbf{k}_1}{m_e} \varphi(k_1) \cdot \left(\partial_{\mathbf{v}_1} - \partial_{\mathbf{v}_2} \right) f(\mathbf{v}_1) f(\mathbf{v}_2) \right.$$

$$\left. - \frac{i(2\pi)^3 \mathbf{k}_1 \cdot \partial_{\mathbf{v}_1} f(\mathbf{v}_1)\varphi^2(k_1)}{m_e^2 \, \varepsilon(\mathbf{k}_1, \omega_1)} \int d^3 v_3 \frac{\mathbf{k}_1 \cdot (\partial_{\mathbf{v}_3} - \partial_{\mathbf{v}_2})}{\omega_1 - \mathbf{k}_1 \cdot \mathbf{v}_3} f(\mathbf{v}_3) f(\mathbf{v}_2) \right]. \tag{4.301}$$

Eine etwas umfangreichere Rechnung, in der allerdings im Wesentlichen nur die Definition der Dielektrizitätskonstante ε ausgenutzt wird, führt zu

$$\int d^3 v_2 \, g(\mathbf{k}_1, \mathbf{v}_1, \mathbf{v}_2; t = \infty) = \lim_{\omega \to 0} \int_{C_1} \frac{d\omega_1}{2\pi} \frac{1}{-i\omega_1 + i\mathbf{k}_1 \cdot \mathbf{v}_1}$$

$$\times \left\{ \left[1 - \frac{1}{\varepsilon(-\mathbf{k}_1, \omega - \omega_1)} \right] \left[-\frac{f(\mathbf{v}_1)}{(2\pi)^3} + \frac{\mathbf{k}_1 \cdot \partial_{\mathbf{v}_1} f(\mathbf{v}_1)\varphi(k_1)}{m_e \varepsilon(\mathbf{k}_1, \omega_1)} \int d^3 v_2 \frac{f(\mathbf{v}_2)}{\omega_1 - \mathbf{k}_1 \cdot \mathbf{v}_2} \right] \right.$$

$$\left. + \frac{i\mathbf{k}_1 \cdot \partial_{\mathbf{v}_1} f(\mathbf{v}_1)\varphi(k_1)}{m_e \varepsilon(\mathbf{k}_1, \omega_1)\varepsilon(-\mathbf{k}_1, \omega - \omega_1)} \int d^3 v_2 \frac{f(\mathbf{v}_2)}{-i(\omega - \omega_1) - i\mathbf{k}_1 \cdot \mathbf{v}_2} \right\}. \tag{4.302}$$

Die einzelnen Beiträge auf der rechten Seite von (4.302) können funktionentheoretisch ausgewertet werden. Dabei ist zu beachten, dass die Werte $\omega_1 = \omega + \mathbf{k}_1 \cdot \mathbf{v}_2$ und die Nullstelle von $\varepsilon(-\mathbf{k}_1, \omega - \omega_1) = 0$ oberhalb der Integrationskontur C_1 in der komplexen ω-Ebene liegen. Unterhalb der Kontur C_1 liegen – mit dem größten Imaginärteil – die Werte

$\omega_1 = \mathbf{k}_1 \cdot \mathbf{v}_1$ und $\omega_1 = \mathbf{k}_1 \cdot \mathbf{v}_2$. Der Beitrag

$$-\int_{C_1} \frac{d\omega_1}{2\pi} \frac{1}{-i\omega_1 + i\mathbf{k}_1 \cdot \mathbf{v}_1} \left[1 - \frac{1}{\varepsilon(-\mathbf{k}_1, \omega - \omega_1)} \right] \frac{f(\mathbf{v}_1)}{(2\pi)^3}$$

$$\approx -\frac{f(\mathbf{v}_1)}{(2\pi)^3} \left[1 - \frac{1}{\varepsilon(-\mathbf{k}_1, \omega - \mathbf{k}_1 \cdot \mathbf{v}_1)} \right] \qquad (4.303)$$

wurde ausgewertet, indem die Kontur C_1 in der unteren Halbebene geschlossen wurde. Ferner gilt

$$\int_{C_1} \frac{d\omega_1}{2\pi} \frac{1}{-i\omega_1 + \mathbf{k}_1 \cdot \mathbf{v}_1} \int d^3 v_2 \frac{1}{\varepsilon(\mathbf{k}_1, \omega_1)} \frac{f(\mathbf{v}_2)}{\omega_1 - \mathbf{k}_1 \cdot \mathbf{v}_2} = 0 ; \qquad (4.304)$$

das sieht man am einfachsten, wenn man C_1 in der oberen Halbebene schließt. Es verbleibt noch weiter

$$\lim_{\omega \to 0} \int_{C_1} \frac{d\omega_1}{2\pi} \frac{1}{-i\omega_1 + i\mathbf{k}_1 \cdot \mathbf{v}_1} \frac{1}{\varepsilon(-\mathbf{k}_1, \omega - \omega_1)} \frac{1}{\varepsilon(\mathbf{k}_1, \omega_1)} \qquad (4.305)$$

$$\times \mathbf{k}_1 \cdot \partial_{\mathbf{v}_1} f(\mathbf{v}_1) \frac{\varphi(k_1)}{m_e} \int d^3 v_2 \, f(\mathbf{v}_2) \left[\frac{-1}{\omega_1 - \mathbf{k}_1 \cdot \mathbf{v}_2} + \frac{1}{\omega_1 - \omega - \mathbf{k}_1 \cdot \mathbf{v}_2} \right].$$

In der Grenze $\omega \to 0$ können wir die Kontur C_1 nahe an die reelle ω-Achse heranführen. Außerdem benötigen wir auf der rechten Seite von (4.287) nur den Imaginärteil von g, d. h., es interessieren uns nur die Imaginärteile von (4.303) und (4.305). Den Imaginärteil von (4.305) gewinnt man über die Plemelj-Formel und die daraus resultierende Beziehung

$$\mathrm{Re} \lim_{\omega \to 0} \frac{1}{\omega_1 - \mathbf{k}_1 \cdot \mathbf{v}_1} \left[\frac{-1}{\omega_1 - \mathbf{k}_1 \cdot \mathbf{v}_2} + \frac{1}{\omega_1 - \omega - \mathbf{k}_1 \cdot \mathbf{v}_2} \right] \qquad (4.306)$$

$$= 2\pi^2 \delta(\omega_1 - \mathbf{k}_1 \cdot \mathbf{v}_1) \delta(\omega_1 - \mathbf{k}_1 \cdot \mathbf{v}_2).$$

Eine kurze Rechnung führt zu dem Ergebnis

$$\pi \mathbf{k}_1 \cdot \partial_{\mathbf{v}_1} f(\mathbf{v}_1) \frac{\varphi(k_1)}{m_e} \int d^3 v_2 \frac{\delta[\mathbf{k}_1 \cdot (\mathbf{v}_1 - \mathbf{v}_2)] f(\mathbf{v}_2)}{|\varepsilon(\mathbf{k}_1, \mathbf{k}_1 \cdot \mathbf{v}_1)|^2} \qquad (4.307)$$

für den Imaginärteil von (4.305). Eine Berechnung des Imaginärteils von (4.303) führt zu

$$\frac{f(\mathbf{v}_1)}{(2\pi)^3} \frac{\mathrm{Im}\, \varepsilon(\mathbf{k}_1, \mathbf{k}_1 \cdot \mathbf{v}_1)}{|\varepsilon(\mathbf{k}_1, \mathbf{k}_1 \cdot v_1)|^2} \qquad (4.308)$$

$$= -\frac{\pi \, f(\mathbf{v}_1) \varphi(k_1)}{m_e |\varepsilon(\mathbf{k}_1, \mathbf{k}_1 \cdot \mathbf{v}_1)|^2} \int d^3 v_2 \left[\mathbf{k}_1 \cdot \partial_{\mathbf{v}_2} f(\mathbf{v}_2) \right] \delta[\mathbf{k}_1 \cdot (\mathbf{v}_1 - \mathbf{v}_2)].$$

Nutzen wir die Ergebnisse (4.302)–(4.308) in (4.287), so erhalten wir die Balescu-Lenard-Gleichung (die Reihenfolge bei der Namensnennung variiert in der Literatur)

$$d_t f(\mathbf{v}_1, t) = -\frac{8\pi^4}{m_e^2} \partial_{\mathbf{v}_1} \int d^3 k_1 \, d^3 v_2 \, \varphi^2(k_1) \frac{\mathbf{k}_1 \mathbf{k}_1}{|\varepsilon(\mathbf{k}_1, \mathbf{k}_1 \cdot \mathbf{v}_1)|^2}$$
$$\times \, \delta[\mathbf{k}_1 \cdot (\mathbf{v}_1 - \mathbf{v}_2)] \left\{ f(\mathbf{v}_1) \partial_{\mathbf{v}_2} \, f(\mathbf{v}_2) - f(\mathbf{v}_2) \partial_{\mathbf{v}_1} \, f(\mathbf{v}_1) \right\} \, . \tag{4.309}$$

Um besser mit der Landau-Gleichung vergleichen zu können, schreiben wir den Stoßterm, d. h. die rechte Seite von (4.309) als

$$\overline{K} = \frac{1}{m_e^2} \partial_{\mathbf{v}} \cdot \int d^3 v' \, \mathcal{Q}(\mathbf{v}, \mathbf{v}') \cdot (\partial_{\mathbf{v}} - \partial_{\mathbf{v}'}) f(\mathbf{v}) f(\mathbf{v}'), \tag{4.310}$$

bei $\mathbf{v} = \mathbf{v}_1$ und $\mathbf{v}' = \mathbf{v}_2$. Hierbei gilt für den Tensor

$$\boxed{\mathcal{Q} = 8\pi^4 \int d^3 k \frac{\mathbf{k}\mathbf{k}\, \varphi^2(k)}{|\varepsilon(\mathbf{k}, \mathbf{k} \cdot \mathbf{v})|^2} \delta[\mathbf{k} \cdot (\mathbf{v} - \mathbf{v}')]} \, . \tag{4.311}$$

Dieses Ergebnis vergleichen wir mit (4.220) und (4.225). Wir erkennen vollständige Übereinstimmung bis auf den Abschirmfaktor $|\varepsilon|^2$ im Nenner auf der rechten Seite von (4.311). Für kleine Werte von $\mathbf{k} \cdot \mathbf{v}$, d. h. im sogenannten statischen Limes, gilt $\varepsilon \approx 1 + 1/k^2 \lambda_{De}^2$, und die Landau-Näherung mit Debye-Feldern wird verständlich. Für große Geschwindigkeiten ist $\varepsilon \approx 1$, und die Rechnung des vorangegangenen Paragraphen wird relevant. Auf eine detaillierte Umformung von (4.311) in allen Geschwindigkeitsbereichen verzichten wir an dieser Stelle, da eine analoge Rechnung im vorangegangenen Abschnitt durchgeführt wurde.

Der grundsätzliche Unterschied besteht darin, dass wir jetzt aufgrund der Abschirmung keine Divergenz mehr bei kleinen k-Werten erhalten; die Divergenz bei großen k-Werten (kleinen Abständen) bleibt nach wie vor bestehen. Wir sehen insbesondere, dass in der statischen Näherung

$$\varepsilon \approx 1 + \frac{1}{k^2 \lambda_{De}^2} \tag{4.312}$$

ein effektives Potential auftritt, wie es bereits in (4.231) benutzt wurde. Die Ergebnisse von Lenard und Balescu führen also in eleganter Weise zu einem befriedigenden Abschluss der kinetischen Gleichungen, zumindest was die Konvergenz bei kleinen Wellenzahlen betrifft.

Zur Verbesserung des physikalischen Verständnisses wenden wir uns jetzt der Frage zu, warum $\varphi^2/|\varepsilon|^2$ die effektive Wechselwirkung zwischen zwei Teilchen mit ihren entsprechenden Abschirmwolken richtig beschreibt. Dazu bemühen wir das sogenannte Testteilchenmodell, in dem die Bewegung eines einzelnen Teilchens im Vlasov-Plasma untersucht werden kann. (Das Problem der Abschirmung eines ruhenden Teilchens haben wir schon früher behandelt; dort wurde das Potential als debyesch erkannt.)

Das Testteilchen bewege sich mit der Geschwindigkeit $\mathbf{v}'$ in einem Plasma mit der Ladungsdichte

$$\rho_p = \sum_\alpha q_\alpha \int d^3v\, f^\alpha(\mathbf{v}), \tag{4.313}$$

die zusammen mit der Ladungsdichte der Punktladung in die Poisson-Gleichung

$$\nabla^2\phi = -\frac{1}{\varepsilon_0} q\delta(\mathbf{r} - \mathbf{r}'_0 - \mathbf{v}'t) - \frac{1}{\varepsilon_0}\rho_p \tag{4.314}$$

eingeht. Die kollektive Reaktion des Plasmas berechnen wir über die linearisierte Vlasov-Gleichung

$$\frac{\partial \delta f^\alpha}{\partial t} + \mathbf{v}\cdot\nabla\delta f^\alpha = \frac{q_\alpha}{m_\alpha}(\nabla\phi)\cdot\partial_{\mathbf{v}} f_0^\alpha. \tag{4.315}$$

Laplace-Transformation in der Zeit und Fourier-Transformation im Ort führt zu

$$(p + i\mathbf{k}\cdot\mathbf{v})\delta f_k^\alpha = \frac{q_\alpha}{m_\alpha}\phi_k i\mathbf{k}\cdot\partial_{\mathbf{v}}\, f_0^\alpha, \tag{4.316}$$

$$k^2\phi_k = \frac{q\,\exp(-i\mathbf{k}\cdot\mathbf{r}'_0)}{\varepsilon_0(p + i\mathbf{k}\cdot\mathbf{v}')(2\pi)^3} + \frac{1}{\varepsilon_0}\sum_\alpha q_\alpha \int \delta f^\alpha d^3v. \tag{4.317}$$

Kombination von (4.316) und (4.317) liefert

$$\phi_k = \frac{q\,\exp(-i\mathbf{k}\cdot\mathbf{r}'_0)}{(2\pi)^3\varepsilon_0 k^2(p + i\mathbf{k}\cdot\mathbf{v}')\varepsilon(\mathbf{k}, ip)}. \tag{4.318}$$

Bei dieser Rechnung haben wir das ungestörte Plasma als quasineutral mit einer Maxwell-Verteilung angenommen. Die Bahn des Testteilchens ist als Gerade vorausgesetzt; Abweichungen von der geraden Bahn (in höheren Näherungen) werden vernachlässigt. Die Reaktion des Plasmas wird bis zur Ordnung $1/\Lambda$ durch die Vlasov-Näherung gut beschrieben. Aus (4.318) berechnen wir $\phi(\mathbf{r}, t)$ durch Rücktransformation. Da wir momentan an Einschwingvorgängen nicht interessiert sind, gehen wir in den zeitasymptotischen Grenzfall. Zunächst folgt aus (4.318)

$$\phi_k(\mathbf{k}, t) = \frac{q\exp(-i\mathbf{k}\cdot\mathbf{r}'_0)\exp(-i\mathbf{k}\cdot\mathbf{v}'t)}{\varepsilon_0(2\pi)^3 k^2\varepsilon(\mathbf{k}, \mathbf{k}\cdot\mathbf{v}')}$$
$$+ \sum_j \frac{q\exp(-i\mathbf{k}\cdot\mathbf{r}'_0)\exp(p_j t)}{(2\pi)^3\varepsilon_0 k^2(p_j + i\mathbf{k}\cdot\mathbf{v}')d\varepsilon/dp\,|_{p_j}} \tag{4.319}$$

bei einer Auswertung nach dem Residuensatz. Die Nullstellen von $\varepsilon(\mathbf{k}, ip)$ wurden mit p_j bezeichnet. Der zweite Term auf der rechten Seite von (4.319) ist in der Grenze $t \to \infty$ bei einem stabilen Vlasov-Plasma vernachlässigbar. Letztendlich erhalten wir aus (4.319)

$$\boxed{\phi(\mathbf{r}, t) \approx \frac{q}{(2\pi)^3 \varepsilon_0} \int \frac{\exp[i\mathbf{k} \cdot (\mathbf{r} - \mathbf{r}'_0 - \mathbf{v}'t)]}{k^2 \varepsilon(\mathbf{k}, \mathbf{k} \cdot \mathbf{v}')} d^3k} \ . \tag{4.320}$$

Dieser Ausdruck begründet hinreichend das Auftreten der abgeschirmten Potentiale in (4.311). Wir betrachten jetzt noch einige Grenzfälle explizit.

Beispiel 4.15 (Abschirmung eines Testteilchens)
Für kleine Geschwindigkeiten des Testteilchens ($v' \ll v_{ti}$) können wir

$$\varepsilon(\mathbf{k}, \mathbf{k} \cdot \mathbf{v}') \approx 1 + \frac{1}{k^2 \lambda_D^2} \tag{4.321}$$

approximieren und erhalten in einem maxwellschen Plasma das erwartete Debye-Potential

$$\phi(\mathbf{r}, t) = \frac{1}{4\pi\varepsilon_0} \frac{q}{|\mathbf{r} - \mathbf{r}'_0 - \mathbf{v}'t|} \exp\left\{-|\mathbf{r} - \mathbf{r}'_0 - \mathbf{v}'t|/\lambda_D\right\} \tag{4.322}$$

mit einer Abschirmung durch Elektronen und Ionen. Bei großen Geschwindigkeiten ($v' \gg v_{te}$) ist $\varepsilon \approx 1$ und

$$\phi(\mathbf{r}, t) = \frac{1}{4\pi\varepsilon_0} \frac{q}{|\mathbf{r} - \mathbf{r}'_0 - \mathbf{v}'t|} \tag{4.323}$$

bleibt unabgeschirmt. Eine abschirmende Ladungswolke kann sich bei derart schnellveränderlichen Vorgängen nicht einstellen. Im mittleren Geschwindigkeitsbereich ($v_{ti} \ll v' \ll v_{te}$) tragen lediglich die Elektronen zu einer Abschirmung bei, da

$$\varepsilon(\mathbf{k}', \mathbf{k} \cdot \mathbf{v}') \approx 1 + \frac{1}{k^2 \lambda_{De}^2} \tag{4.324}$$

approximiert werden kann. Das Potential ϕ entspricht (4.322), allerdings mit der Elektronen-Debye-Länge als Abschirmlänge. ■

Zusammenfassend: Die Balescu-Lenard-Gleichung löst auf selbstkonsistente Weise das Problem des Abschneidens bei großen Wechselwirkungslängen. Sie ist deshalb vom theoretischen Standpunkt aus gesehen sehr bedeutend.

Für praktische Abschätzungen sind jedoch (extreme) Vereinfachungen, beispielsweise in der Form

$$K^e = v_{ee}(f_{e0} - f_e) + v_{ei}(\overline{f}_{e0} - f_e) \ , \tag{4.325}$$

$$K^i = \nu_{ie}(\overline{f}_{i0} - f_i) + \nu_{ii}(f_{i0} - f_i) \,, \tag{4.326}$$

mit Maxwell-Verteilungen (z. B. auch mit $T_i = \overline{T}_e$, $\overline{T}_i = T_e$, $u^i = \overline{u}^e$, $\overline{u}^i = u^e$, wobei u^α die mittleren Geschwindigkeiten kennzeichnet) sehr nützlich. Dabei sind die Frequenzen $\nu_{\alpha\beta}$ in etwa mit den Relaxationsraten für den Impuls („slowing down rates") $\nu_s^{\alpha\beta} = (1 + m_\alpha/m_\beta)\psi[m_\beta(u^\alpha)^2/2k_BT_\beta]\nu_0^{\alpha\beta}$ gleichzusetzen, wobei $\nu_0^{\alpha\beta} \approx (n\lambda_{D\alpha}^3)^{-1}\omega_{p\alpha}\ln\Lambda_B$ und $\psi(x) = 2\pi^{-1/2}\int_0^x dt\, t^{1/2}e^{-t}$ gilt. Wir verzichten hier auf eine eingehendere Diskussion dieser Zusammenhänge – ebenso wie auf eine Berechnung der Relaxationszeiten für die Temperatur usw. – und verweisen auf die Spezialliteratur bzw. das nachfolgende Kapitel.

4.6 Boltzmann-Gleichung und Lorentz-Stoßterm

In den vergangenen Abschnitten haben wir kinetische Gleichungen vom Fokker-Planck-Typ kennengelernt, die für nicht allzu große Werte von Λ die Dynamik in voll ionisierten Plasmen richtig beschreiben. Wesentlich bei der Herleitung war, dass große Bahnablenkungen der geladenen Teilchen nicht etwa durch einmalige Stöße, sondern vielmehr als Resultat vieler Ablenkungen mit kleinen Winkeln auftreten. Wir wollen uns jetzt mit zwei anschließenden Fragen beschäftigen: Erstens, was ist – in der kinetischen Beschreibung – der grundsätzliche Unterschied zu einem schwach ionisierten Plasma? Zweitens, kann man für Abschätzungen eine etwas einfachere, approximative Form des Stoßterms angeben?

Im Fall eines schwach ionisierten Plasmas können die individuellen Stöße zwischen geladenen Teilchen vernachlässigt werden, während die kurzreichweitige Wechselwirkung der geladenen Teilchen mit den Neutralen dominiert. Die kinetische Gleichung für derartige Gegebenheiten hat, zumindest was den Stoßterm betrifft, zunächst gar keine spezifischen Plasmaeigenschaften. Sie kann aus der kinetischen Gastheorie entlehnt werden und ist als Boltzmann-Gleichung bekannt. Wir benutzen sie hier nach einer kurzen Plausibilitätsbetrachtung zur Charakterisierung der wesentlichen Unterschiede zu dem voll ionisierten Fall. In der Schreibweise (4.39), d. h.

$$\frac{\partial f^\alpha}{\partial t} + \mathbf{v}\cdot\nabla f^\alpha + \frac{1}{m_\alpha}\mathbf{F}\cdot\partial_\mathbf{v} f^\alpha = K^\alpha, \tag{4.327}$$

muss jetzt der Stoßterm K^α ($\alpha = e, i$) neu berechnet werden. Die Zweierstoßannahme und das molekulare Chaos sind die beiden wichtigsten Eckpfeiler bei der Festlegung von K^α, wenn man die Boltzmann-Gleichung aus der BBGKY-Hierarchie herleiten will (siehe z. B. das bereits zitierte Buch von G. Ecker). Darüber hinaus werden Wände nicht berücksichtigt und der Einfluss von äußeren Kräften auf den Stoßprozess vernachlässigt. Die Geschwin-

digkeit eines Teilchens und sein Ort werden als unkorreliert angenommen. Wir folgen hier
– da die Frage nach der Herleitung aus der BBGKY-Hierarchie nicht im Zentrum unseres
Interesses steht – der ursprünglichen Herleitung von Boltzmann.

Zur Berechnung der Dynamik von Streuer und gestreutem Teilchen greifen wir eine
Auftrefffläche $bdbd\varphi = (d\sigma/d\Omega)d\Omega$ heraus, wobei b der Stoßparameter ist und φ den
Azimutwinkel kennzeichnet. Der Fluss von Teilchen der Sorte α auf diese Fläche (mit
Geschwindigkeiten in dem Volumenelement des Geschwindigkeitsraums d^3v um $\mathbf{v}$) ist

$$f^\alpha(\mathbf{r}, \mathbf{v}; t)|\mathbf{v} - \mathbf{v}_1|d^3v\, b\, db\, d\varphi. \tag{4.328}$$

Berücksichtigt man die Zahl der Streuteilchen mit einer Geschwindigkeit $\mathbf{v}_1$ (im Volumenelement d^3v_1), d. h. $f^\beta(\mathbf{r}, \mathbf{v}_1; t)d^3v_1$, dann finden pro Zeiteinheit im Einheitsvolumen

$$f^\alpha(\mathbf{r}, \mathbf{v}; t)|\mathbf{v} - \mathbf{v}_1|f^\beta(\mathbf{r}, \mathbf{v}_1; t)\, b\, db\, d\varphi\, d^3v_1 d^3v \tag{4.329}$$

Stöße statt. Hier geht zum ersten Mal die Annahme des molekularen Chaos ein: Die Zahl
der Teilchenpaare in einem Volumenelement d^3r, deren Geschwindigkeiten in d^3v_1 um $\mathbf{v}_1$
und d^3v um $\mathbf{v}$ liegen, ist gerade durch $f^\alpha(\mathbf{r}, \mathbf{v}; t)f^\beta(\mathbf{r}, \mathbf{v}_1; t)d^3r\, d^3r\, d^3v\, d^3v_1$ gegeben.
Die Veränderung von f^α tritt dadurch ein, dass durch die Zweierstöße einerseits Teilchen
aus dem betrachteten Geschwindigkeitsbereich „herausgestreut" und andererseits Teilchen
aus dem Geschwindigkeitsbereich ($\mathbf{v}', \mathbf{v}' + d\mathbf{v}'$ bzw. $\mathbf{v}'_1, \mathbf{v}'_1 + d\mathbf{v}'_1$) in den betrachteten
Geschwindigkeitsbereich „hineingestreut" werden. Berechnen wir zunächst den Verlust

$$-d^3v \sum_\beta \int d^3v_1 |\mathbf{v} - \mathbf{v}_1| f^\alpha(\mathbf{r}, \mathbf{v}; t) f^\beta(\mathbf{r}, \mathbf{v}_1; t)\, b\, db\, d\varphi, \tag{4.330}$$

indem wir (4.329) über die Geschwindigkeiten der Streuer integrieren und über alle Streu-
sorten summieren. Der Gewinn aus dem Geschwindigkeitsbereich ($\mathbf{v}', \mathbf{v}' + d\mathbf{v}'$) schreibt
sich formal ähnlich, nämlich als

$$+d^3v' \sum_\beta \int d^3v'_1 |\mathbf{v}\,' - \mathbf{v}\,'_1| f^\alpha(\mathbf{r}, \mathbf{v}'; t) f^\beta(\mathbf{r}, \mathbf{v}'_1; t)b'db'd\varphi'. \tag{4.331}$$

Um die beiden Ausdrücke (4.330) und (4.331) kombinieren zu können, müssen wir Symmetrien und Erhaltungssätze beim Streuvorgang ausnutzen. Wir haben es mit Zweierstößen
der Art $\{\mathbf{v}, \mathbf{v}_1\} \rightarrow \{\mathbf{v}', \mathbf{v}'_1\}$ bzw. $\{\mathbf{v}', \mathbf{v}'_1\} \rightarrow \{\mathbf{v}, \mathbf{v}_1\}$ zu tun. Diese Stöße sind zueinander
invers, d. h., wir können die Symmetrie des differentiellen Streuquerschnitts verwenden,

$$\boxed{b\, db\, d\varphi = b'db'd\varphi'}\,. \tag{4.332}$$

Aus den Erhaltungssätzen für Impuls und Energie haben wir

$$\boxed{m_\alpha \mathbf{v} + m_\beta \mathbf{v}_1 = m_\alpha \mathbf{v}' + m_\beta \mathbf{v}'_1,} \tag{4.333}$$

$$\boxed{\frac{1}{2}m_\alpha|\mathbf{v}|^2 + \frac{1}{2}m_\beta|\mathbf{v}_1|^2 = \frac{1}{2}m_\alpha|\mathbf{v}'|^2 + \frac{1}{2}m_\beta|\mathbf{v}_1'|^2.} \tag{4.334}$$

Führt man die neuen Variablen

$$\mathbf{V} = \left(m_\alpha\mathbf{v} + m_\beta\mathbf{v}_1\right)/\left(m_\alpha + m_\beta\right), \tag{4.335}$$

$$\mathbf{u} = \mathbf{v}_1 - \mathbf{v} \tag{4.336}$$

ein und definiert auf analoge Weise die Variablen $\mathbf{V}'$ und $\mathbf{u}'$, so kann man die Erhaltungssätze (4.333) und (4.334) in der Form

$$\mathbf{V} = \mathbf{V}', \tag{4.337}$$

$$|\mathbf{u}| = |\mathbf{u}'| \tag{4.338}$$

schreiben. Ein Stoß dreht (im Schwerpunktsystem) lediglich $\mathbf{u}$ in $\mathbf{u}'$, ohne den Betrag zu ändern. Die Streuwinkel sind θ und der bereits eingeführte Azimutwinkel φ. Wir stellen uns vor, dass $\mathbf{V}$ und $\mathbf{u}$ bei konstanten θ und φ in $\mathbf{V} + d\mathbf{V}$ und $\mathbf{u} + d\mathbf{u}$ abgeändert werden. Wir betrachten also zwei Stöße mit leicht veränderten Anfangsbedingungen. Dann ändern sich $\mathbf{V}'$ und $\mathbf{u}'$ entsprechend in $\mathbf{V}' + d\mathbf{V}'$ und $\mathbf{u}' + d\mathbf{u}'$. Da $\mathbf{V} = \mathbf{V}'$ ist, haben wir $d\mathbf{V} = d\mathbf{V}'$. Bei festgehaltenem θ muss ebenfalls $d\mathbf{u} = d\mathbf{u}'$ sein. Also haben wir

$$d^3V\,d^3u = d^3V'd^3u', \tag{4.339}$$

da wir jedes Volumenelement als Produkt, z. B. $d^3V = dV_x dV_y dV_z$ schreiben können. Mit (4.335) und (4.336) lässt sich leicht die Funktionaldeterminante berechnen und damit

$$d^3V\,d^3u = d^3v\,d^3v_1 \tag{4.340}$$

beweisen. Entsprechendes gilt für die gestrichenen Größen. Wenn man demnach bei konstant gehaltenen Streuwinkeln $\mathbf{v}$ und $\mathbf{v}_1$ abändert, so ändern sich $\mathbf{v}'$ und $\mathbf{v}_1'$ derart, dass

$$d^3v\,d^3v_1 = d^3v'd^3v_1' \tag{4.341}$$

gilt. Energie- und Impulserhaltung liefern demnach

$$|\mathbf{v}' - \mathbf{v}_1'|d^3v'd^3v_1' = |\mathbf{v} - \mathbf{v}_1|d^3v\,d^3v_1. \tag{4.342}$$

Damit erhalten wir

$$K^\alpha = \sum_\beta \int d^3v_1 b\, db\, d\varphi\, |\mathbf{v} - \mathbf{v}_1| \left[f^\alpha(\mathbf{r}, \mathbf{v}'; t) f^\beta(\mathbf{r}, \mathbf{v}_1'; t) \right.$$

$$\left. - f^\alpha(\mathbf{r}, \mathbf{v}; t) f^\beta(\mathbf{r}, \mathbf{v}_1; t) \right] \tag{4.343}$$

für den Stoßterm in der Boltzmann-Gleichung. Bei dem Verständnis dieses Terms müssen wir bedenken, dass $\mathbf{v}'$ und $\mathbf{v}_1'$ bei vorgegebener Wechselwirkung mit $\mathbf{v}$ und $\mathbf{v}_1$ über den Stoßprozess in Beziehung gebracht werden können. Im schwach ionisierten Fall und für $\alpha = e$ entfällt die Summation über β, da als Stoßpartner β nur Neutralteilchen infrage kommen.

Es ist auch klar, dass die Zweierstoßannahme in einem voll ionisierten Plasma mit vielen Teilchen in der Debye-Zone während des effektiven Wechselwirkungsprozesses nicht brauchbar ist.

Für einfache Rechnungen approximiert man den Stoßterm K^α oft durch

$$K^\alpha \approx \frac{f_0^\alpha - f^\alpha(\mathbf{r}, \mathbf{v}; t)}{\tau_\alpha}, \tag{4.344}$$

wobei τ_α die Relaxationszeit oder mittlere freie Flugzeit ist. Im Allgemeinen ist τ_α geschwindigkeitsabhängig; in der Approximation (4.344) wird aber in der Regel ein gemitteltes τ_α eingesetzt.

Der sogenannte Krook-Ansatz (4.344) soll nichts weiter ausdrücken als die Relaxation der Verteilungsfunktion f^α auf eine Gleichgewichtsverteilung f_0^α hin, wobei f_0^α i. Allg. als lokale Maxwell-Verteilung

$$f_0^\alpha = n_\alpha(\mathbf{r}, t) \left(\frac{m_\alpha}{2\pi k_B T_\alpha} \right)^{3/2} \exp\left(-m_\alpha v^2 / 2k_B T_\alpha \right) \tag{4.345}$$

angesetzt wird. Diese Festlegung, zusammen mit

$$n_\alpha(\mathbf{r}, t) = \int f^\alpha(\mathbf{r}, \mathbf{v}; t) d^3v, \tag{4.346}$$

garantiert zumindest die Teilchenerhaltung. Ein verbessertes Modell, das neben der Teilchenzahl auch die Energie und den Impuls erhält, wurde von Bhatnagar, Gross und Krook vorgeschlagen. Man bezeichnet Modelle, in denen für die Stoßprozesse quasistationäre Verteilungen der Streuer angenommen werden, auch als Lorentz-Modelle.

Wir wollen auf diese Besonderheiten in schwach ionisierten Plasmen hier nicht weiter eingehen, sondern uns fragen, ob entsprechende Vereinfachungen auch in voll ionisierten Plasmen möglich sind. Wir haben es dann mit zwei Komponenten recht unterschiedlicher Massen zu tun, und wir können nicht erwarten, dass für beide Komponenten die vereinfachten Formen der Stoßterme identisch sind. Für die Stöße von Elektronen mit Ionen können wir in Analogie zu den Stößen von Elektronen mit Neutralteilchen die Masse der Ionen als sehr groß annehmen und damit die Ionen als quasistationär voraussetzen. Für die Verteilungsfunktionen f^e und f^i bedeutet dies, dass die Elektronenverteilungsfunktion sehr viel breiter als die Ionenverteilungsfunktion ist.

Das Maximum von f^e liege bei $\mathbf{u}_e$, während das von f^i bei $\mathbf{u}_i$ liege. Für die Differenzgeschwindigkeit gelte

$$\boxed{|\mathbf{u}_e - \mathbf{u}_i| \ll v_{te}} \, , \tag{4.347}$$

und wir setzen ebenfalls

$$\boxed{\frac{T_i}{T_e} \ll \frac{m_i}{m_e}} \tag{4.348}$$

voraus.

Schauen wir uns jetzt den Landau-Tensor (4.236) an, der von der Differenzgeschwindigkeit $\mathbf{v}_1 - \mathbf{v}_2$ abhängt. Wählen wir als Bezug die Geschwindigkeit $\mathbf{u}_e$, so können wir bezüglich $\mathbf{v}_2 - \mathbf{u}_e$ entwickeln, da im Stoßterm f^i als Gewichtsfunktion auftritt, die für größere Werte von $|\mathbf{v}_2 - \mathbf{u}_e|$ sehr schnell abklingt. Mit

$$G_{rs}(\mathbf{v}_1 - \mathbf{u}_e - (\mathbf{v}_2 - \mathbf{u}_e)) \approx G_{rs}(\mathbf{v}_1 - \mathbf{u}_e) - (v_{2\nu} - u_{e\nu})\partial_{v_{1\nu}}G_{rs}(\mathbf{v}_1 - \mathbf{u}_e)$$
$$+ \frac{1}{2}(v_{2\nu} - u_{e\nu})(v_{2\mu} - u_{e\mu})\partial_{v_{1\nu}}\partial_{v_{1\mu}}G_{rs}(\mathbf{v}_1 - \mathbf{u}_e) - \dots \tag{4.349}$$

erhalten wir approximativ für das Integral

$$\int d^3v_2 G_{rs}(\mathbf{v}_1 - \mathbf{v}_2)\left(\partial_{v_{1s}} - \frac{m_e}{m_i}\partial_{v_{2s}}\right)f^e(\mathbf{v}_1)f^i(\mathbf{v}_2) \tag{4.350}$$
$$\approx n_i\left\{G_{rs}(\mathbf{v}_1) + (u_{e\nu} - u_{i\nu})\left[\partial_{v_{1\nu}}G_{rs}(\mathbf{v}_1)\right]\right.$$
$$\left. + \frac{1}{2}\alpha_{nm}\left[\partial_{v_{1n}}\partial_{v_{1m}}G_{rs}(\mathbf{v}_1)\right]\right\}\partial_{v_{1s}}f^e(\mathbf{v}_1).$$

Damit ergibt sich eine Lorentz-Form des Stoßterms von Elektronen mit Ionen. Dieser Stoßterm hängt nicht sehr detailliert von der Form der Ionenverteilungsfunktion ab; es gehen nur die ersten Momente n_i, $\mathbf{u}_i$, T_i, π^i_{nm} ein, wenn wir die Definitionen

$$G_{rs}(\mathbf{v}_1) := \frac{|\mathbf{v}_1 - \mathbf{u}_e|^2\,\delta_{rs} - (v_{1r} - u_{er})(v_{1s} - u_{es})}{|\mathbf{v}_1 - \mathbf{u}_e|^3}, \tag{4.351}$$

$$\alpha_{nm} := k_B\frac{T_i}{m_i}\delta_{nm} + \frac{1}{n_i m_i}\pi_{nm}^i + (u_{en} - u_{in})(u_{em} - u_{im}) \tag{4.352}$$

berücksichtigen. Hierbei ist π_{nm}^i der dissipative Drucktensor. Tatsächlich sind die beiden ersten Terme auf der rechten Seite von (4.352) klein im Vergleich zum dritten, sodass die gesamte Form des Stoßterms nicht sehr kompliziert wird.

Anders ist die Situation, wenn wir die Stöße der Ionen mit den Elektronen vereinfachen wollen. Zwar lässt sich der Landau-Tensor wieder entwickeln, doch sind jetzt die Geschwindigkeitsabweichungen klein, über die nicht integriert wird. Im Integranden bleibt die Elektronenverteilungsfunktion zusammen mit Funktionen der Elektronengeschwindigkeit (verursacht durch den Landau-Tensor), die nicht zu einfachen Momenten führen. Der gesamte (vereinfachte) Stoßterm für Ionen-Elektronen-Stöße hängt dann doch stärker von den Details der Elektronenverteilungsfunktion ab, als im umgekehrten Fall der Elektronen-Ionen-Stöße die Ionenverteilungsfunktion eingeht.

4.7   Kinetik für stark magnetisierte Plasmen

Zum Abschluss des Kapitels über kinetische Gleichungen für ein Plasma befassen wir uns mit einem weiteren wichtigen Spezialfall. Natürlich gibt es eine Vielzahl interessanter Fälle, die man noch diskutieren könnte, allerdings würde eine vollständige Übersicht bei Weitem den Rahmen dieses Buches sprengen. Auf die Problematik bei nichtidealen Plasmen gehen wir am Ende des Buches ein. Hier sei exemplarisch nur der Fall eines stark magnetisierten klassischen Plasmas herausgegriffen, in dem die Bewegung der einzelnen Teilchen sehr gut durch die Driftapproximation erfasst wird. Dann liegt es nahe, nach einer Beschreibung zu suchen, in der die Gyrationszentren als Quasiteilchen auftreten.

Die Idee hinter den folgenden Überlegungen ist, die kinetische Beschreibung eines magnetisierten Plasmas zu vereinfachen (bei $\rho_i/L \ll 1$). Betrachten wir die Teilchen, so können wir ihre Bewegung in schnelle Gyrationen (mit kleinem Gyroradius ρ) und eine Drift in Richtung senkrecht zum Magnetfeld unterteilen. Die Bewegung parallel zum Magnetfeld ist weitgehend ungehindert, daher halten wir $v_\parallel$ als unabhängige Variable bei.

Aus vereinfachter Sicht werden die exakten Partikelpositionen durch die Gyrozentren ersetzt, die senkrechten Geschwindigkeiten identifiziert als Driftgeschwindigkeiten, und $\mathbf{r}$, $v_\parallel$, t bleiben als unabhängige Variablen erhalten. Wie wir im nächsten Unterabschnitt sehen werden, führt eine solche Strategie zur **driftkinetischen** Gleichung.

Jedoch sollten wir im Gedächtnis behalten, dass durch die Ersetzung der Partikelpositionen durch ihre Gyrozentren Raumskalen von der Größenordnung des Gyroradius nicht mehr aufgelöst werden können. Beachte, dass wir eine große Skala L haben (von der Größenordnung des toroidalen kleinen Radius oder der Dichtegradientenskala). Schnelle Variationen können für kleine, aber nicht notwendigerweise lineare Abweichungen vom stationären Zustand auftreten.

Wenn die Wellenlängen der schnellen Variationen von der Größenordnung des Ionen-Larmor-Radius ρ_i werden, variieren auch elektrische Felder auf der schnellen Skala, und die Teilchen erleben unterschiedliche Feldstärken während ihrer Gyrobewegung. Diesen Effekt zu berücksichtigen, ist das Ziel der sogenannten **gyrokinetischen** Beschreibung, die im zweiten Unterabschnitt diskutiert wird.

Allerdings sollten wir bezüglich Letzterer erwähnen, dass die volle nichtlineare Theorie mehrere Probleme verursacht; siehe [55, 56] und die dortigen Referenzen. Der Hauptgrund ist, dass beim Unterteilen von f in

$$f = f_{slow} + \Delta f_{fast} \tag{4.353}$$

$\Delta \ll 1$ für magnetisierte Plasmen erforderlich ist, da das Plasma sonst für $\Delta \sim \mathcal{O}(1)$ und $\lambda_{fast} \sim \rho_i$ effektiv entmagnetisiert wäre. Im Folgenden präsentieren wir nur einen kurzen Überblick über das allgemeine Verfahren. Für weitere Details verweisen wir auf die Literatur [55, 56] und die dortigen Referenzen.

Driftkinetische Gleichung

Gehen wir zunächst rein *anschaulich* vor, so führen wir für die Quasiteilchen einen Ortsvektor $\mathbf{q}$, das magnetische Moment μ und die (zum äußeren Magnetfeld) parallele Geschwindigkeitskomponente $v_\parallel$ als Koordinaten ein. Die Gyrationsphase erscheint nicht; wir denken uns eine Mittelung über die schnelle Gyration vollzogen.

Um eine kinetische Gleichung für

$$f = f_D(v_\parallel, \mu, \mathbf{q}; t) \tag{4.354}$$

(in Vlasov-Näherung) anschreiben zu können, gehen wir wiederum vom Liouville-Satz aus und schreiben

$$\boxed{\partial_t f_D + \nabla_\perp \cdot (\mathbf{v}_D f_D) + v_\parallel \partial_z f_D + \partial_{v_\parallel}\left(\frac{F_\parallel}{m} f_D\right) = 0}\,, \qquad (4.355)$$

wobei $\mathbf{v}_D$ die Driftgeschwindigkeit der Teilchen (Elektronen oder Ionen) und $F_\parallel$ die Komponente der treibenden Kraft parallel zum Magnetfeld ist. Die Terme $\mathbf{v}_D$ und $F_\parallel$ wurden ausführlich in früheren Kapiteln diskutiert und bedürfen hier keiner erneuten Herleitung. Für zeitabhängige Felder müssen wir insbesondere für Ionen die Polarisationsdrift zusätzlich berücksichtigen. Wegen der unterschiedlichen Massen sind die Driftgeschwindigkeiten für Elektronen und Ionen unterschiedlich. In der driftkinetischen Gleichung für Ionen benutzen wir

$$\mathbf{v}_{Di} = \frac{\mathbf{E} \times \mathbf{B}}{B^2} + \frac{1}{|\Omega_i|B}\frac{d\mathbf{E}}{dt} + \frac{v_\parallel^2}{|\Omega_i|}(\nabla \times \mathbf{b})_\perp + \frac{\mu_i}{eB}\mathbf{b} \times \nabla_\perp B + v_\parallel \frac{\mathbf{B}_\perp}{B}\,, \qquad (4.356)$$

während für Elektronen

$$\mathbf{v}_{De} = \frac{\mathbf{E} \times \mathbf{B}}{B^2} - \frac{v_\parallel^2}{|\Omega_e|}(\nabla \times \mathbf{b})_\perp - \frac{\mu_e}{eB}\mathbf{b} \times \nabla_\perp B + v_\parallel \frac{\mathbf{B}_\perp}{B} \qquad (4.357)$$

genähert gilt.

Beispiel 4.16 (Formulierung für Elektronen mit anderen Variablen)
Wie gerade erwähnt, sollte eine kinetische Gleichung für magnetisierte Plasmen viel einfacher als z. B. die Landau-Fokker-Planck-Gleichung sein, da sie Details auf der Gyroradiusskala unterdrückt. Die Leitzentren (Gyrationszentren) haben eine Geschwindigkeit $\mathbf{v}_{gc} = \hat{b}v_\parallel + \mathbf{v}_d$, mit den Driftgeschwindigkeiten $\mathbf{v}_d = \mathbf{v}_E + \frac{1}{\Omega}\,\hat{b}\,\times\left(\frac{\mu}{m}\,\nabla B + v_\parallel^2\,\check{}\right)$. Letztere bestehen aus der $E \times B$-Drift $\mathbf{v}_E$ und der Krümmungsdrift ($\check{} = \hat{b}\cdot\nabla\hat{b}$). Beachte, dass in nullter Ordnung und mit der Skalierung

$$\Delta \equiv 0 \quad , \quad \frac{v_E}{v_{th}} \sim \delta \quad , \quad \partial_t \sim \delta\,\Omega \qquad (4.358)$$

die Elektronenpolarisationsdrift von höherer Ordnung ist. μ ist der Betrag des magnetischen Moments

$$\mu = \frac{mv_\perp^2}{2B} \quad , \quad \frac{d\mu}{dt} = \mathcal{O}(\delta) \;; \qquad (4.359)$$

μ ist eine adiabatische Invariante.

Die gesamte Energie eines Gyrationszentrums ist die Summe aus kinetischer und potentieller Energie,

$$U = \frac{mv_\parallel^2}{2} + \mu\,B + e\,\phi\,. \qquad (4.360)$$

Beachte, dass die letzten beiden Terme die potentielle Energie eines Gyrationszentrums darstellen. Bei der Berechnung der zeitlichen Änderung der Energie machen wir den Ansatz

$$\frac{d}{dt}\left[\frac{m}{2}\, v_\parallel^2\right] \approx \mathbf{v}_{gc} \cdot [e\mathbf{E} - \nabla(\mu\, B)] \tag{4.361}$$

für die Änderung der kinetischen Energie. Der zweite Term auf der rechten Seite berücksichtigt die Spiegelkraft $\mathbf{F}_m = -\nabla(\mu\, B)$. Man findet

$$\frac{dU}{dt} \equiv \left(\frac{\partial}{\partial t} + \mathbf{v}_{gc} \cdot \nabla\right) U \approx e\,\frac{d\phi}{dt} + \mu\,\frac{dB}{dt} + \mathbf{v}_{gc} \cdot [e\mathbf{E} - \nabla(\mu\, B)]$$

$$= e\,\frac{d\phi}{dt} + \mu\,\frac{dB}{dt} - e\,\mathbf{v}_{gc} \cdot \frac{\partial \mathbf{A}}{\partial t}\,. \tag{4.362}$$

Ohne die genaue Berechnung durchzuführen (siehe die Bemerkungen weiter unten), erwarten wir, dass die über Gyrophasen gemittelte Verteilungsfunktion $\bar{f} = \bar{f}(\mathbf{r}, U, t)$ der driftkinetischen Gleichung gehorcht:

$$\boxed{\frac{\partial \bar{f}}{\partial t} + \mathbf{v}_{gc} \cdot \nabla\,\bar{f} + \frac{dU}{dt}\,\frac{\partial \bar{f}}{\partial U} = 0}\,. \tag{4.363}$$

In diese Form der driftkinetischen Gleichung müssen wir uns noch den Ausdruck für dU/dt eingesetzt denken. ∎

Beispiel 4.17 (Driftinstabilität)

Bevor wir uns der theoretischen Begründung von (4.355) zuwenden, sei zunächst der enorme Vorteil dieser driftkinetischen Beschreibung demonstriert. Wir berechnen die Leitfähigkeit eines Plasmas bestehend aus Teilchen der Ladung e und der Masse m mit einer räumlich inhomogenen Dichteverteilung $n_0(\mathbf{r})$. Ferner setzen wir rein elektrostatische Störungen, die in der Ebene senkrecht zum linear (in $q_x = x$-Richtung) angenommenen Dichtegradienten verlaufen, voraus. In einem System mit geraden Magnetfeldlinien lautet $\mathbf{v}_D$

$$\mathbf{v}_D = \frac{\mathbf{E} \times \mathbf{B}}{B^2} + \frac{1}{\Omega B}\,\frac{d\mathbf{E}}{dt}\,. \tag{4.364}$$

Setzen wir

$$f_D = f_0 + f_1 \tag{4.365}$$

und

$$\mathbf{E} \approx -\nabla\varphi_1 = -i(k_\perp \hat{y} + k_\parallel \hat{z})\varphi_1 \tag{4.366}$$

in (4.355) ein, wobei $F_\parallel = eE_\parallel$ ist, so ergibt sich nach Linearisierung

$$f_1 = \left[\frac{\frac{e}{m} i k_\parallel \frac{\partial f_0}{\partial v_\parallel} + \frac{i k_\perp}{B}\frac{\partial f_0}{\partial x}}{i(k_\parallel v_\parallel - \omega)} - \frac{m}{eB^2}k_\perp^2\, f_0\right] \varphi_1\,. \tag{4.367}$$

Der letzte Term auf der rechten Seite von (4.367) stammt von der Polarisationsdrift

$$\mathbf{v}_p = \frac{1}{\Omega B}\frac{d\mathbf{E}}{dt}\,, \tag{4.368}$$

wobei

$$\frac{d}{dt} \to -i(\omega - k_\parallel v_\parallel) \tag{4.369}$$

bei einer Fourier-Transformation substituiert werden kann. Üblicherweise nähert man f_0 durch eine Maxwell-Verteilung in $v_\parallel$ mit x-abhängiger Dichte, sodass nach entsprechender Multiplikation mit e und Integration aus (4.367) über die Definition

$$\partial_t \int e f_1 dv_\parallel d\mu \equiv e\partial_t n_1 = -\nabla \cdot \mathbf{j}_1 \equiv \sigma \nabla^2 \varphi_1 \tag{4.370}$$

$$\sigma = \frac{-i\varepsilon_0 \omega \omega_p^2}{k^2 v_t^2}\left[1 + \frac{\omega - \omega^*}{\sqrt{2}k_\parallel v_t}Z\left(\frac{\omega}{\sqrt{2}k_\parallel v_t}\right)\right] - i\varepsilon_0 \omega \frac{\omega_p^2}{\Omega^2}\frac{k_\perp^2}{k^2} \tag{4.371}$$

entsteht. Hierbei ist

$$\omega^* = -\frac{k_\perp \kappa_n v_t^2}{\Omega} \tag{4.372}$$

die Driftfrequenz mit

$$\kappa_n = -\frac{\partial \ln f_0}{\partial x}\,. \tag{4.373}$$

Verglichen mit einem homogenen Plasma tritt eine Doppler-Verschiebung auf, wobei die Stärke der Verschiebung um $\omega^* \equiv k_\perp v_d$ von der Stärke der effektiven diamagnetischen Drift v_d abhängt. Die Frequenz ω^* gehört zur sogenannten Driftmode; deren physikalische Interpretation erfordert jedoch eine etwas genauere Rechnung.

Zunächst einmal erkennt man aus (4.371), dass Re $\sigma < 0$ für $\omega < \omega^*$ wird. Wie wir später sehen werden, bedeutet dies das Auftreten einer Instabilität, in diesem Fall der Driftinstabilität (oder auch universelle Instabilität genannt). Beschränken wir uns auf den Fall $\beta < m_e/m_i$, um weiterhin elektrostatisch rechnen zu können, und verlangen, dass die Wellenlängen größer als die mittleren Gyrationsradien sind (sowohl für Elektronen wie für Ionen), so ist in σ der Beitrag der Polarisationsdrift vernachlässigbar. Wir können deshalb

$$\sigma \approx -\frac{i\varepsilon_0 \omega \omega_p^2}{k^2 v_t^2}\left[1 + \frac{\omega - \omega^*}{\sqrt{2}k_\parallel v_t}Z\left(\frac{\omega}{\sqrt{2}k_\parallel v_t}\right)\right] \tag{4.374}$$

anstelle von (4.371) benutzen. Darüber hinaus legen wir den Bereich der interessierenden Phasengeschwindigkeit zu

$$v_{te} \gg \frac{\omega}{k_\parallel} \gg v_{ti} \tag{4.375}$$

fest. Das bedeutet, dass wir für Elektronen und Ionen (4.374) in unterschiedlichen Näherungen auswerten. Eine kurze Rechnung führt dann (über die Quasineutralitätsbedingung $\sigma_i + \sigma_e \approx 0$) zu der Dispersionsrelation

$$\varepsilon \approx \frac{1}{k^2 \lambda_{De}^2} + \frac{\omega_{pi}^2 k_\perp^2}{\Omega_i^2 k^2} - \frac{\omega_{pi}^2 k_\parallel^2}{\omega^2 k^2} + \frac{\omega_{pe}^2 k_\perp}{|\Omega_e|\omega k^2} \frac{\partial}{\partial x} \ln n_0$$
$$+ i \frac{\pi e}{\varepsilon_0 k_\parallel k^2 B} \left(k_\perp \frac{\partial}{\partial x} - |\Omega_e| k_\parallel \frac{\partial}{\partial v_\parallel} \right) f_{oe} \left(\frac{\omega}{k_\parallel} \right) \approx 0. \tag{4.376}$$

Der Realteil der Dispersionsbeziehung liefert

$$\omega^2 \left(1 + \frac{c_s^2 k_\perp^2}{\Omega_i^2} \right) - \omega k_\perp v_{de} - c_s^2 k_\parallel^2 = 0 \, , \tag{4.377}$$

mit der diamagnetischen Drift

$$v_{de} = \frac{\omega_{pe}^2 \lambda_{De}^2}{|\Omega_e|} \kappa_n \, . \tag{4.378}$$

Führt man den Parameter

$$\delta = 1 + \frac{c_s^2 k_\perp^2}{\Omega_i^2} \tag{4.379}$$

ein, so findet man die Lösungen

$$\boxed{\omega = \frac{1}{2\delta} \left[k_\perp v_{de} \pm \sqrt{(k_\perp v_{de})^2 + 4\delta c_s^2 k_\parallel^2} \right]} \, . \tag{4.380}$$

Bei festgehaltenem $k_\perp$ beschreibt (4.380) zwei Zweige $\omega = \omega(k_\parallel)$: einen modifizierten ionenakustischen Zweig $\omega \approx k_\parallel c_s / \sqrt{\delta}$ und die (elektrostatischen) Driftwellen $\omega \approx \omega^*/\delta$.

Die Anwachsrate γ der Driftinstabilität lässt sich am einfachsten in dem Bereich berechnen, in dem der Imaginärteil der Dielektrizitätskonstanten ε klein ist. Dann werten wir

$$\gamma \approx - \left. \frac{\operatorname{Im} \varepsilon}{\partial \varepsilon / \partial \omega} \right|_{\omega_0} \tag{4.381}$$

aus. Wir fassen uns hier kurz, da wir in einem späteren Abschnitt auf die genauere Auswertung noch zurückkommen. Es sei hier nur das Resultat

$$\boxed{\gamma \approx \sqrt{\pi \tilde{\beta}} \frac{1}{k_\parallel} \left(\frac{k_\parallel v_{de}}{\delta} \right)^2 \left(1 - \frac{1}{\delta} \right) \exp\left[-\tilde{\beta} \left(\frac{\omega}{k_\parallel} \right)^2 \right]} \, , \tag{4.382}$$

mit $\tilde{\beta} = m_e / 2 k_B T_e$, zitiert.   ∎

Wie bereits mehrfach gesagt wurde, erfordert eine zufriedenstellende Ableitung der driftkinetischen Gleichung aus der Landau-Fokker-Planck-Gleichung ein systematischeres Verfahren. Neben der Transformation zu neuen Variablen [von $\mathbf{r}, \mathbf{v}$ zu $\mathbf{Y}$ (Gyrozentrum), U, μ, und φ (Gyrophase)] muss auch der Stoßterm neu überdacht werden. Die grundlegende Idee besteht darin, die Landau-Fokker-Planck-Gleichung in die neuen Variablen umzuschreiben und zu erkennen, dass die Variation der Verteilungsfunktion bezüglich der Gyrophase φ schnell ist. Dieses Verhalten legt nahe, einen Mehrzeitenformalismus zu verwenden.

Darüber hinaus wird jeder Teil der Verteilungsfunktion in einen gyrophasengemittelten und einen schnell oszillierenden Teil aufgeteilt. Wir werden das gleich tun (für eine systematische Ableitung siehe Balescu [57]), um zu

$$\boxed{\frac{\partial \bar{f}}{\partial t} + \left(v_\parallel \hat{b} + \mathbf{v}_d \right) \cdot \nabla_Y \bar{f} - ev_\parallel \, \hat{b} \cdot \frac{\partial \mathbf{A}}{\partial t} \frac{\partial \bar{f}}{\partial U} \approx \overline{K_0\{f_0, f_1\}} - \overline{K_1\{f_0, f_0\}}} \tag{4.383}$$

zu gelangen. Die rechte Seite wird den mittleren linearen Stoßterm darstellen. Seine Auswertung ist keineswegs trivial. Beachte, dass die räumliche Ableitung jetzt in Bezug auf das Gyrationszentrum $\mathbf{Y}$ erfolgt. Darüber hinaus haben wir die driftkinetische Gleichung für eine Spezies mit elektrischer Ladung e (einschließlich eines Vorzeichens) geschrieben. Im Allgemeinen erhalten wir driftkinetische Gleichungen für jede Spezies separat.

Fangen wir nun mit der systematischen Herleitung von (4.383) an. Dabei wählen wir den von Balescu vorgeschlagenen Weg. Die kinetische Gleichung in den Variablen $\mathbf{q}$, $v_\parallel$, $v_\perp$ und φ lässt sich wegen (2.109)–(2.112) in der abgekürzten Form

$$\frac{\partial f^\alpha}{\partial t} + \left[v_\parallel \mathbf{b} + v_\perp \mathbf{n}_1 \right] \cdot \frac{\partial f^\alpha}{\partial \mathbf{q}}$$

$$+ \left[v_\perp \mathbf{n}_2 \cdot \mathbf{D} + \frac{q_\alpha}{m_\alpha} \mathbf{b} \cdot \mathbf{E} \right] \frac{\partial f^\alpha}{\partial v_\parallel} + \left[-v_\parallel \mathbf{n}_2 \cdot \mathbf{D} + \frac{q_\alpha}{m_\alpha} \mathbf{n}_1 \cdot \mathbf{E} \right] \frac{\partial f^\alpha}{\partial v_\perp}$$

$$+ \left[\frac{1}{\varepsilon} \Omega_\alpha + \mathbf{b} \cdot \mathbf{D} - \frac{v_\parallel}{v_\perp} \mathbf{n}_1 \cdot \mathbf{D} - \frac{q_\alpha}{m_\alpha v_\perp} \mathbf{n}_2 \cdot \mathbf{E} \right] \frac{\partial f^\alpha}{\partial \varphi} = K^\alpha \tag{4.384}$$

schreiben. Dabei bedeutet $K^\alpha = K^\alpha(f, f)$ den Stoßterm, den wir hier aber nicht detaillierter anschreiben wollen (bzw. in der Vlasov-Näherung sogar unberücksichtigt lassen). Ferner muss bemerkt werden, dass wir die Gyrationsfrequenz Ω_α als „groß" durch den Vorfaktor $\frac{1}{\varepsilon}$ gekennzeichnet haben. Hier ist ε der kleine (dimensionslose) Entwicklungsparameter (und nicht die Dielektrizitätskonstante oder Ähnliches).

Die Variablen der Ein-Teilchen-Verteilungsfunktion der Sorte α,

$$f^\alpha = f^\alpha \left(\mathbf{q}, v_\parallel, v_\perp, \varphi; t \right), \tag{4.385}$$

haben wir ausführlich in der Driftnäherung diskutiert. An dieser Stelle ist eine erinnernde Bemerkung angebracht. Aufgrund der hamiltonschen Struktur der kinetischen Gleichung (bis auf den Stoßterm) lässt sich über die entsprechenden fundamentalen Lie-Klammern die Transformation auf die neuen (pseudokanonischen) Variablen sofort anschreiben.

Um die Drift-Approximation in die kinetische Theorie einzuführen, machen wir all die pseudokanonischen Transformationen, die systematisch die Phase φ aus den Bewegungsgleichungen heraustransformieren, wie bereits früher beschrieben wurde. Bei der Betrachtung der möglichen Variablensätze für die driftkinetische Gleichung fällt ferner auf, dass noch mehr (u. U. adiabatische) Konstanten der Bewegung eingeführt werden können als bislang diskutiert. Neben dem magnetischen Moment M bietet sich die Energie $\mathcal{E}$ an. Mit der parallelen Geschwindigkeitskomponente $v_\parallel^\alpha$ und der Driftgeschwindigkeit $\mathbf{v}_D^\alpha$ können wir für

$$f^\alpha = f^\alpha(\mathbf{q}, \mathcal{E}, M, \phi; t) \tag{4.386}$$

schreiben:

$$\frac{\partial f^\alpha}{\partial t} + \left[v_\parallel^\alpha \mathbf{b} + \varepsilon \mathbf{v}_D^\alpha \right] \cdot \frac{\partial f^\alpha}{\partial \mathbf{q}} + q_\alpha v_\parallel^\alpha E_\parallel \frac{\partial f^\alpha}{\partial \mathcal{E}} \tag{4.387}$$

$$+ \left[\frac{1}{\varepsilon} \Omega_\alpha + v_\parallel^\alpha \mathbf{b} \cdot \mathbf{R} - \frac{1}{2} v_\parallel^\alpha \mathbf{b} \cdot (\nabla \times \mathbf{b}) \right] \frac{\partial f^\alpha}{\partial \phi} = K^\alpha \,,$$

wobei $v_\parallel^\alpha$ durch $\mathcal{E}, M, \phi$ und $\mathbf{q}$ über

$$v_\parallel^\alpha = \left\{ \frac{2}{m_\alpha} \left[\mathcal{E} - q_\alpha V(\mathbf{q}) - M B(\mathbf{q}) \right] \right\}^{1/2} \tag{4.388}$$

ausgedrückt werden muss. Der Entwicklungsparameter ε wurde (4.387) beibehalten, um für eine spätere Entwicklung die Größenordnungen zu kennen. An (4.387) ist darüber hinaus bemerkenswert, dass bis auf die (adiabatische) Konstanz von $\mathcal{E}$ und M keine weitere Annahme gemacht wurde, also insbesondere die Phase ϕ noch explizit auftaucht. Obwohl (4.387) bereits eine gewisse Ähnlichkeit mit (4.355) hat, sind noch wesentliche Schritte erforderlich, um zur driftkinetischen Beschreibung zu gelangen. Insbesondere die Abhängigkeit von der Gyrophase ϕ darf – bis zu einer bestimmten Ordnung in ε – auf der linken Seite nicht mehr explizit auftauchen. Die driftkinetische Gleichung können wir nach einer Entwicklung von f^α in Potenzen von ε erhalten,

$$\boxed{f^\alpha = f_0^\alpha + \varepsilon f_1^\alpha + \varepsilon^2 f_2^\alpha + \ldots} \tag{4.389}$$

Bekanntlich kann eine derartige Störungsreihe zu Konvergenzschwierigkeiten (im Langzeitverhalten) führen, sofern man nicht durch einen Mehrzeitenformalismus für die Elimination zeitlich anwachsender Beiträge („secular terms") Sorge trägt. Das Standardverfahren benutzt die formal unabhängigen Variablen

$$t_{-1} = \varepsilon^{-1} t, \quad t_0 = t, \quad t_1 = \varepsilon t, \ldots \tag{4.390}$$

als Argumente in den Beiträgen f_0^α, f_1^α, f_2^α usw. In (4.387) wird also $\partial/\partial t$ durch

$$\frac{\partial}{\partial t} \rightarrow \frac{1}{\varepsilon}\frac{\partial}{\partial t_{-1}} + \frac{\partial}{\partial t_0} + \varepsilon\frac{\partial}{\partial t_1} + \varepsilon^2\frac{\partial}{\partial t_2} + \ldots \tag{4.391}$$

ersetzt. Die Abhängigkeit von der Zeit t_{-1} soll die Abhängigkeit von der schnellen Gyration ausdrücken; t_0 charakterisiert die Zeit der Relaxation und t_1 können wir uns z. B. als hydrodynamische Zeit vorstellen. Alle Funktionen f_ν^α in (4.389) denken wir uns mit den verschiedenen Zeitvariablen $t_{-1}, t_0, t_1, \ldots$ angeschrieben. Anschließend führen wir den Ansatz (4.389) in (4.387) ein und sammeln systematisch die verschiedenen Ordnungen in ε. In den Ordnungen ε^{-1} und ε^0 erhalten wir sofort

$$\frac{\partial f_0^\alpha}{\partial t_{-1}} = -\Omega_\alpha \frac{\partial f_0^\alpha}{\partial \phi} \,, \tag{4.392}$$

$$\frac{\partial f_1^\alpha}{\partial t_{-1}} + \frac{\partial f_0^\alpha}{\partial t_0} + v_\parallel^\alpha \mathbf{b} \cdot \frac{\partial f_0^\alpha}{\partial \mathbf{q}} + \left[v_\parallel^\alpha \mathbf{b} \cdot \mathbf{R} - \frac{1}{2} v_\parallel^\alpha \mathbf{b} \cdot (\nabla \times \mathbf{b}) \right] \frac{\partial f_0^\alpha}{\partial \phi}$$

$$= K_0^\alpha - \Omega_\alpha \frac{\partial f_1^\alpha}{\partial \phi} \,, \tag{4.393}$$

während sich in der Ordnung ε^1

$$\frac{\partial f_2^\alpha}{\partial t_{-1}} + \frac{\partial f_1^\alpha}{\partial t_0} + \frac{\partial f_0^\alpha}{\partial t_1} + v_\parallel^\alpha \mathbf{b} \cdot \frac{\partial f_1^\alpha}{\partial \mathbf{q}} + \mathbf{v}_D^\alpha \cdot \frac{\partial f_0^\alpha}{\partial \mathbf{q}}$$

$$+ \left[v_\parallel^\alpha \mathbf{b} \cdot \mathbf{R} - \frac{1}{2} v_\parallel^\alpha \mathbf{b} \cdot (\nabla \times \mathbf{b}) \right] \frac{\partial f_1^\alpha}{\partial \phi} + \Omega_\alpha^{(1)} \frac{\partial f_0^\alpha}{\partial \phi} + q_\alpha v_\parallel^\alpha E_\parallel \frac{\partial f_0^\alpha}{\partial \mathcal{E}}$$

$$= K_0^\alpha \{f_0, f_1\} + K_1^\alpha \{f_0, f_0\} - \Omega_\alpha \frac{\partial f_2^\alpha}{\partial \phi} \tag{4.394}$$

ergibt. Hierin kennzeichnet $\Omega_\alpha^{(1)}$ die Terme in erster Ordnung in ε, die in der Bewegungsgleichung für ϕ auftreten. Die Beiträge des Stoßterms K in erster Ordnung in ε schreiben wir nur formal an. Um zu traktablen Gleichungen zu gelangen, folgen wir Balescu und spalten alle Beiträge zur Verteilungsfunktion $\left(f_\nu^\alpha\right)$ in einen (über die Gyrationsphase ϕ) gemittelten Anteil $\overline{f}_\nu^\alpha$ und einen oszillierenden Anteil $\tilde{f}_\nu^\alpha$ auf. Aus (4.392) erhält man dann sofort, dass $\overline{f}_0^\alpha$ nicht von t_{-1} abhängt, während die ursprüngliche Gl. (4.392) für den oszillierenden Anteil $\tilde{f}_0^\alpha$ die offensichtliche Lösung

$$\tilde{f}_0^\alpha(\mathbf{q}, \mathcal{E}, M, \phi; t_{-1}, t_0, t_1, \ldots) = \tilde{f}_0^\alpha(\mathbf{q}, \mathcal{E}, M, \phi - \Omega_\alpha t_{-1}; t_{-1} = 0, t_0, t_1, \ldots) \tag{4.395}$$

besitzt.

Aus physikalischen Gründen setzen wir diese Lösung gleich null. Die Begründung für dieses Vorgehen ergibt sich aus dem Ergebnis für die mittlere (senkrechte) Geschwindigkeitskomponente (in der Ordnung ε^0), das wir erhalten, wenn wir die stark oszillierende (senkrechte) Geschwindigkeitskomponente mit f_0^α mitteln. Da dann offensichtlich nur $\tilde{f}_0^\alpha$ beiträgt, erhalten wir bei $\tilde{f}_0^\alpha \neq 0$ eine Drift bereits in nullter Ordnung (ε^0), im Widerspruch zur mikroskopischen Theorie der Driftgeschwindigkeiten. In erster Ordnung erhalten wir also $f_0^\alpha = \overline{f}_0^\alpha(q, \mathcal{E}, M; t_0, t_1, \dots)$, wobei die funktionale Form von $\overline{f}_0^\alpha$ noch nicht bestimmt ist.

Wenden wir uns jetzt der Gl. (4.393) zu. Für den oszillierenden Anteil finden wir

$$\left(\frac{\partial}{\partial t_{-1}} + \Omega_\alpha \frac{\partial}{\partial \phi} \right) \tilde{f}_1^\alpha = \tilde{K}_0^\alpha \left\{ \overline{f}_0, \overline{f}_0 \right\}, \tag{4.396}$$

während die gemittelte Verteilungsfunktion aus

$$- \frac{\partial \overline{f}_1^\alpha}{\partial t_{-1}} = \left(\frac{\partial}{\partial t_0} + v_\parallel^\alpha \mathbf{b} \cdot \frac{\partial}{\partial \mathbf{q}} \right) \overline{f}_0^\alpha - \overline{K_0^\alpha \left\{ \overline{f}_0, \overline{f}_0 \right\}} \tag{4.397}$$

folgt. In der letzten Gl. (4.397) hängt die rechte Seite nicht von t_{-1} ab, sodass die Zeitintegration trivial wird. Um jedoch eine Divergenz wie t_{-1} bei $\overline{f}_1^\alpha$ zu vermeiden, müssen wir die rechte Seite gleich null setzen, was die Bestimmungsgleichung

$$\left(\frac{\partial}{\partial t_0} + v_\parallel^\alpha \mathbf{b} \cdot \frac{\partial}{\partial \mathbf{q}} \right) \overline{f}_0^\alpha = \overline{K_0^\alpha \left\{ \overline{f}_0, \overline{f}_0 \right\}} \tag{4.398}$$

für $\overline{f}_0^\alpha = \overline{f}_0^\alpha(q, \mathcal{E}, M; t_0, \dots)$ liefert. Letztlich erhalten wir aus (4.394) nach Mittelung

$$\begin{aligned} - \frac{\partial \overline{f}_2^\alpha}{\partial t_{-1}} = {} & \frac{\partial \overline{f}_1^\alpha}{\partial t_0} + \frac{\partial \overline{f}_0^\alpha}{\partial t_1} + v_\parallel^\alpha \mathbf{b} \cdot \frac{\partial \overline{f}_1^\alpha}{\partial \mathbf{q}} + q_\alpha v_\parallel^\alpha E_\parallel \frac{\partial \overline{f}_0^\alpha}{\partial \mathcal{E}} \\ & + \mathbf{v}_D^\alpha \cdot \frac{\partial \overline{f}_0^\alpha}{\partial \mathbf{q}} - \overline{K_0^\alpha \left\{ f_0, f_1 \right\}} - \overline{K_1^\alpha \left\{ f_0, f_0 \right\}}. \end{aligned} \tag{4.399}$$

Ohne zusätzliche Annahmen für den Stoßterm kommen wir an dieser Stelle nicht weiter. Wir nehmen an, dass – auch – die Stoßbeiträge auf der rechten Seite von (4.399) nicht von t_{-1} abhängen. Um also wiederum Divergenzen in der Zeit t_{-1} zu vermeiden, müssen wir

$$\boxed{\begin{aligned} \frac{\partial \overline{f}_1^\alpha}{\partial t_0} & + \frac{\partial \overline{f}_0^\alpha}{\partial t_1} + v_\parallel^\alpha \mathbf{b} \cdot \frac{\partial \overline{f}_1^\alpha}{\partial \mathbf{q}} + \mathbf{v}_D^\alpha \cdot \frac{\partial \overline{f}_0^\alpha}{\partial \mathbf{q}} + q_\alpha v_\parallel^\alpha E_\parallel \frac{\partial \overline{f}_0^\alpha}{\partial \mathcal{E}} \\ & = \overline{K_0^\alpha \left\{ f_0, f_1 \right\}} + \overline{K_1^\alpha \left\{ f_0, f_0 \right\}} \end{aligned}} \tag{4.400}$$

setzen. Auf die Form der Stoßterme gehen wir nicht weiter ein. Die Gl. (4.400) ist die gesuchte driftkinetische Gleichung. Sie ist in anderen Variablen formuliert als unsere ursprüngliche Anschrift (4.355). Trotzdem erkennt man, dass sie z. B. für das am Anfang dieses Kapitels angesprochene Problem der Driftwellen (ohne Stoßterme) zum gleichen Ergebnis führt. Um das nachzurechnen, muss man zunächst die möglichen Lösungen für $\overline{f}_0^\alpha$

[aus (4.398)] diskutieren. Nimmt man eine maxwellähnliche Lösung an und berücksichtigt (4.388), so führen Fourier-Transformationen in t_0 und $\mathbf{q}$ zu (4.367).

> Die bisherige Diskussion sollte aufzeigen, dass sich mit den Methoden der Theoretischen Physik (hier: pseudokanonische Transformationen und Lie-Formalismus) eine saubere Herleitung der driftkinetischen Gleichung angeben lässt, die nicht von zum Teil undurchsichtigen Mittelungsprozeduren Gebrauch machen muss. Es wird darüber hinaus ebenfalls klar, dass wir mit den pseudokanonischen Transformationen und Lie-Klammern einen Formalismus an der Hand haben, der es ermöglicht, auch weitaus kompliziertere Situationen zu untersuchen. Wir denken dabei an gekrümmte und verscherte Magnetfeldlinien, die in Fusionsmaschinen häufig auftreten. Eine detaillierte Untersuchung des Plasmatransports muss in derartigen Anordnungen von einer wohlbegründeten theoretischen Beschreibung ausgehen, für die die Beispiele dieses Kapitels nur Ausgangsbasen sein können.

Gyrokinetische Näherung

Bisher haben wir angenommen, dass die Felder sich nicht schnell ändern (auf der Skala des Gyroradius). Es ist jedoch möglich, dass sich Instabilitäten mit $k_\perp \rho_i \sim \mathcal{O}(1)$ entwickeln. Nehmen wir zunächst, aus Demonstrationsgründen, an, dass die Störungen elektrostatisch sind, mit dem elektrischen Feld $\mathbf{E}_1$. Während seiner Gyration wird das Teilchen unterschiedliche elektrische Feldstärken erfahren, was zu einer zusätzlichen gemittelten $E \times B$-Geschwindigkeit führt:

$$\langle \mathbf{v}_1 \rangle_{es} \approx \frac{1}{B_0} \langle \mathbf{E}_1(\mathbf{r}) \rangle \times \hat{b} \, . \tag{4.401}$$

Wir bezeichnen wir die aktuelle Position eines Teilchens mit $\mathbf{r} = \mathbf{Y} + \rho$, wobei

$$\rho = -\frac{v_\perp}{\Omega} \, \mathbf{n}_2 = -\frac{v_\perp}{\Omega} \left(\cos \varphi \, \hat{e}_1 - \sin \varphi \, \hat{e}_2 \right) \, . \tag{4.402}$$

Diskutieren wir nun eine (lineare) Mode

$$\mathbf{E}_1(\mathbf{r}) = \mathbf{E}_1 \, e^{i \mathbf{k}_\perp \cdot \rho} \equiv \mathbf{E}_1(\mathbf{Y}) \, e^{i \mathbf{k}_\perp \cdot (\mathbf{Y} + \rho)} \, , \tag{4.403}$$

wobei unterschiedliche Argumente unterschiedliche Amplituden kennzeichnen.

Wir finden nach Mittelung

$$\langle \mathbf{E}_1(\mathbf{r})\rangle \equiv \mathbf{E}_1 \int \frac{d\varphi}{2\pi}\, e^{i\frac{v_\perp}{\Omega}(k_2 \sin\varphi - k_1 \cos\varphi)} = \mathbf{E}_1\, J_0\left(\frac{v_\perp}{\Omega} k_\perp\right) \equiv -i\mathbf{k}_\perp\, \phi_A\, J_0(\rho k_\perp)$$

(4.404)

mit $k_1 = k_\perp\, \cos\psi$ und $k_2 = k_\perp\, \sin\psi$. Dann erhalten wir in stoßfreier Näherung für elektrostatische Störungen die linearisierte gyrokinetische Gleichung

$$\frac{\partial \bar{f}_1}{\partial t} + \left(v_\parallel \hat{b} + \mathbf{v}_d\right)\cdot \nabla_Y\, \bar{f}_1 - e v_\parallel\, \hat{b}\cdot \frac{\partial \mathbf{A}}{\partial t}\, \frac{\partial \bar{f}_1}{\partial U}$$

$$\approx i\, \frac{1}{B_0}\, J_0(\rho k_\perp)\, \phi_A\, (\mathbf{k}\times\hat{b})\cdot\nabla_Y\, \bar{f}_0 \qquad (4.405)$$

Beachte, dass $\bar{f} = \bar{f}_0 + \bar{f}_1$, wobei $\bar{f}_1$ die (kleine) Reaktion auf die (elektrostatische) schnelle Feldstörung $\mathbf{E}_1(\mathbf{r})$ ist.

Im Falle von (zusätzlichen) schnellen magnetischen Störungen $\mathbf{B}_1(\mathbf{r})$ treten weitere Terme erster Ordnung auf. Die Lösung der linearisierten Bewegungsgleichung

$$m\, \frac{d\mathbf{v}}{dt} = e\left[\mathbf{v}_1 \times \mathbf{B}_0 + \mathbf{v}\times\mathbf{B}_1\right] \qquad (4.406)$$

ist einfach, wenn wir uns an die Herleitung der $E \times B$-Drift erinnern:

$$\mathbf{v}_1 \approx -\frac{1}{B_0}\, \hat{b}\times(\mathbf{v}\times\mathbf{B}_1) = -\mathbf{v}\,\frac{\hat{b}\cdot\mathbf{B}_1}{B_0} + \mathbf{B}_1\,\frac{\hat{b}\cdot\mathbf{v}}{B_0} = -\mathbf{v}_\perp\,\frac{B_{1\parallel}}{B_0} + \mathbf{B}_{1\perp}\,\frac{v_\parallel}{B_0}\,. \qquad (4.407)$$

Gemittelt erhalten wir dann zusätzlich

$$\langle \mathbf{v}_1\rangle_{em} = -\frac{1}{B_0}\,\langle B_{1\parallel}\,\mathbf{v}_\perp\rangle + \frac{v_\parallel}{B_0}\,\langle \mathbf{B}_{1\perp}\rangle$$

$$\approx -i\,\frac{v_\perp}{B_0}\, B_{A\parallel}\, J_1(\rho k_\perp)\, \hat{k}_\perp\times\hat{b} + i\,\frac{v_\parallel}{B_0}\, \mathbf{k}_\perp\times\hat{b}\, A_{A\parallel}\, J_0(\rho k_\perp)\,. \qquad (4.408)$$

Da das Feld auch zeitabhängig sein wird $\sim e^{-i\omega t}$, ist die Energie nicht mehr konstant, und wir müssen

$$\left\langle \frac{dU}{dt}\right\rangle = -i\,\omega\, e\left[\langle\phi_1\rangle - \frac{1}{c}\,\langle\mathbf{v}\cdot\mathbf{A}_1\rangle\right] \qquad (4.409)$$

$$\approx -i\,\omega\, e\left[J_0(k_\perp\rho)\phi_A - i\,\frac{v_\perp}{c}\, J_1(k_\perp\rho)(\hat{k}_\perp\times\hat{b})\cdot\mathbf{A}_{A\perp} - \frac{v_\parallel}{c}\, J_0(k_\perp\rho)A_{A\parallel}\right]$$

berücksichtigen. Zusätzlich erscheinen dann die Terme

$$-\langle\mathbf{v}_1\rangle_{em}\cdot\nabla_Y\,\bar{f}_0 - \langle\mathbf{v}_1\rangle_{es}\cdot\nabla_Y\,\bar{f}_0 - \left\langle\frac{dU}{dt}\right\rangle\frac{\partial\bar{f}_0}{\partial U} \qquad (4.410)$$

auf der rechten Seite der linearisierten gyrokinetischen Gleichung. Diese Terme können zusammengefasst werden, was schließlich zu

$$
\begin{aligned}
&\frac{\partial \bar{f}_1}{\partial t} + \left(v_\parallel \, \hat{b} + \mathbf{v}_d \right) \cdot \nabla_Y \, \bar{f}_1 - \frac{e}{c} \, v_\parallel \, \hat{b} \cdot \frac{\partial \mathbf{A}}{\partial t} \frac{\partial \bar{f}_1}{\partial U} \\
&\approx i \left[J_0(k_\perp \rho) \left\{ \phi_A - \frac{v_\parallel}{c} \, A_{A\parallel} \right\} + \frac{v_\perp}{c k_\perp} \, J_1(k_\perp \rho) B_{A\parallel} \right] \\
&\quad \times \left\{ e \, \omega \, \frac{\partial \bar{f}_0}{\partial U} + \frac{c}{B_0} \left(\mathbf{k}_\perp \times \hat{b} \right) \cdot \nabla_Y \, \bar{f}_0 \right\} .
\end{aligned}
\tag{4.411}
$$

führt. Dies ist die (stoßfreie) linearisierte gyrokinetische Gleichung für schnelle Störungen (auf der Skala der Gyration). Wie bereits erwähnt, bricht die Linearisierung zusammen, wenn große Störungen auftreten; wir müssen dann zur (nichtreduzierten) Beschreibung durch die Landau-Fokker-Planck- oder Balescu-Lenard-Guernsey-Gleichungen zurückkehren.

Makroskopische Beschreibung 5

Inhaltsverzeichnis

Zusammenfassung

In diesem Kapitel gehen wir zur sogenannten makroskopischen Beschreibung (auch Fluidbeschreibung) von Plasmen über, die weniger Informationen als die kinetische Formulierung enthält. Das Wissen über eine Verteilungsfunktion f liefert uns die statistischen Informationen im $\mathbf{r}, \mathbf{p}$-Phasenraum zu jedem Zeitpunkt t. (Hier gehen wir nicht auf den Unterschied zwischen den Beschreibungen mit $\mathbf{p}$ oder $\mathbf{v}$ ein, wie bereits zuvor erwähnt.) Wenn wir an den Details im Geschwindigkeitsraum nicht interessiert sind, können wir über die Geschwindigkeiten integrieren, um Gleichungen für die sogenannten Momente der Verteilungsfunktion zu erhalten. Natürlich enthält eine endliche Anzahl von Momenten mathematisch gesehen weniger Informationen als die Verteilungsfunktion selbst. Wir sollten erwähnen, dass die physikalischen Konsequenzen der reduzierten, makroskopischen Beschreibung auch von den Zeit- und Ortsvariablen abhängen. Wir nehmen an, dass die Momente (langsam) auf den sogenannten hydrodynamischen Zeit- und Raumskalen variieren, die im Allgemeinen von den charakteristischen mikroskopischen Variationen abweichen.

Wir werden die makroskopische Theorie für Plasmen in den nächsten Abschnitten entwickeln. Zunächst definieren wir die Momente. Wenn wir die Gleichungen für die Momente herleiten wollen, stoßen wir auf ein Hierarchieproblem, ähnlich den Schwierigkeiten bei der Ableitung einer (geschlossenen) kinetischen Gleichung. Um zu veranschaulichen, welche Schritte notwendig sind, um ein geschlossenes System von Gleichungen für die ersten drei Momente zu erreichen, fassen wir aus pädagogischen Gründen zunächst die aus der Theorie neutraler Gase bekannten Schritte zusammen. Dabei präsentieren wir nicht alle Details der Berechnungen, da diese später erscheinen, wenn wir das Plasma-pendant entwickeln.

5.1   Momente und ihre Bestimmungsgleichungen

In diesem Abschnitt starten wir mit der Definition relevanter plasmadynamischer Momente und den zugehörigen Momentegleichungen. Auf das Hierarchieproblem wird hingewiesen; es wird aber noch nicht gelöst.

Die Geschwindigkeitsmittelung einer Größe $(\dots)$ geschieht durch Integration über den Geschwindigkeitsraum nach folgender Vorschrift:

$$\langle \cdots \rangle_\alpha = \frac{\int d^3 v \cdots f^\alpha}{\int d^3 v\, f} \ . \tag{5.1}$$

Wir können plasmadynamische (im Fall neutraler Flüssigkeiten hydrodynamische) Variablen wie Teilchendichte, mittlere Geschwindigkeit und Temperatur einführen. Für die Spezies α definieren wir die Teilchendichte

$$n_\alpha\,(\mathbf{r}, t) = \int d^3 v\, f^\alpha \tag{5.2}$$

(beachte die „Normierung" der Ein-Teilchen-Verteilungsfunktion), die mittlere Geschwindigkeit

$$\mathbf{u} = \langle \mathbf{v} \rangle \tag{5.3}$$

und die Temperatur (wiederum gemessen in eV; die Boltzmann-Konstante k_B wird weggelassen)

$$T_\alpha = \frac{1}{3} m_\alpha \langle |\mathbf{v} - \mathbf{u}_\alpha|^2 \rangle \ , \tag{5.4}$$

um nur die niedrigsten Momente zu nennen.

Für die Herleitung der dynamischen Gleichungen für die Momente beginnen wir mit der kinetischen Gleichung in allgemeiner Form

$$\frac{\partial f^\alpha}{\partial t} + \mathbf{v} \cdot \frac{\partial f^\alpha}{\partial \mathbf{r}} + \frac{1}{m_\alpha} \mathbf{F}_\alpha \cdot \frac{\partial f^\alpha}{\partial \mathbf{v}} = K^\alpha \{ f^\alpha(t) \} \ , \tag{5.5}$$

wobei $\mathbf{F}$ die Kraft und K^α der Stoßterm ist. Bei der Herleitung der Gleichungen für die Momente berücksichtigen wir, dass $\mathbf{r}$, $\mathbf{v}$ und t unabhängig sind. Außerdem gilt $f^\alpha \to 0$, wenn $v \to \infty$.

Wir beginnen mit dem nullten Moment n_α. Dessen dynamische Gleichung erhält man sofort, indem man beide Seiten von (5.5) über den Geschwindigkeitsraum integriert. Die Unabhängigkeit der Variablen sowie der Satz von Gauß führen zu

$$\boxed{\frac{\partial n_\alpha}{\partial t} + \nabla \cdot (n_\alpha \mathbf{u}_\alpha) = 0} \ . \tag{5.6}$$

Als Nächstes multiplizieren wir Gl. (5.5) mit $\mathbf{v}$ und integrieren über den Geschwindigkeitsraum,

$$\int d^3 v \, \mathbf{v} \left[\frac{\partial f^\alpha}{\partial t} + \mathbf{v} \cdot \frac{\partial f^\alpha}{\partial \mathbf{r}} + \frac{1}{m_\alpha} \mathbf{F}_\alpha \cdot \frac{\partial f^\alpha}{\partial \mathbf{v}} \right] = \int d^3 v \, \mathbf{v} K^\alpha \{ f^\alpha(t) \} \ . \tag{5.7}$$

Bevor wir mit der Auswertung des zweiten Integrals fortfahren, führen wir die Variable

$$\mathbf{v}' = \mathbf{v} - \mathbf{u}_\alpha \tag{5.8}$$

ein. Da $\mathbf{u} = \mathbf{u}(\mathbf{r}, t)$ ortsabhängig ist, wird auch $\mathbf{v}'$ ortsabhängig sein. Daher können wir im zweiten Term auf der rechten Seite den Operator $\partial / \partial \mathbf{r}$ zuerst vorziehen (da er nicht auf $\mathbf{v}$ wirkt, sondern auf $\mathbf{v}'$). Außerdem nehmen wir an, dass die Kraft nur von $\mathbf{r}$ abhängt oder, im allgemeineren Fall, die Lorentz-Form annimmt,

$$\mathbf{F}_\alpha = q_\alpha \left[\mathbf{E}(\mathbf{r}, t) + \mathbf{v} \times \mathbf{B}(\mathbf{r}, t) \right] \ . \tag{5.9}$$

Damit wird der dritte Term

$$\int d^3 v \, \mathbf{v} q_\alpha \left[\mathbf{E}(\mathbf{r}, t) + \mathbf{v} \times \mathbf{B}(\mathbf{r}, t) \right] \cdot \frac{\partial f^\alpha}{\partial \mathbf{v}} = n_\alpha q_\alpha \left[\mathbf{E}(\mathbf{r}, t) + \mathbf{u}_\alpha \times \mathbf{B}(\mathbf{r}, t) \right] \ . \tag{5.10}$$

Wir kürzen den Stoßbeitrag durch

$$\boxed{\int d^3 v \, \mathbf{v} K^\alpha \{ f^\alpha(t) \} = \frac{1}{m_\alpha} \mathbf{R}_{\alpha \alpha'}} \tag{5.11}$$

ab, wobei

$$\mathbf{R}_{\alpha \alpha'} = -\nu_{\alpha \alpha'} \, m_\alpha n_\alpha \left(\mathbf{u}_\alpha - \mathbf{u}_{\alpha'} \right) \ , \quad \alpha, \alpha' = e, i \tag{5.12}$$

geschrieben wird. Alle Beiträge berücksichtigend, finden wir

$$\boxed{\begin{aligned} &\frac{\partial (n_\alpha \mathbf{u}_\alpha)}{\partial t} + \frac{\partial}{\partial \mathbf{r}} \cdot (n_\alpha \mathbf{u}_\alpha \mathbf{u}_\alpha) \\ &= n_\alpha \frac{q_\alpha}{m_\alpha} \left[\mathbf{E}(\mathbf{r}, t) + \mathbf{u}_\alpha \times \mathbf{B}(\mathbf{r}, t) \right] - \frac{1}{m_\alpha} \frac{\partial}{\partial \mathbf{r}} \cdot \overleftrightarrow{\mathbf{P}}_\alpha + \frac{1}{m_\alpha} \mathbf{R}_{\alpha \alpha'} \cdot \end{aligned}} \tag{5.13}$$

Wir haben den Drucktensor

$$\overleftrightarrow{P}_\alpha \equiv \overleftrightarrow{\mathbf{P}}_\alpha = m_\alpha \int d^3v'\,\mathbf{v}'\mathbf{v}'\,f^\alpha \,, \quad P_{\alpha\,i\,j} = m_\alpha \int d^3v'\,v_i'\,v_j'\,f^\alpha \tag{5.14}$$

eingeführt. Ohne die Geschwindigkeitsverschiebung um $\mathbf{u}_\alpha$ hätten wir den Spannungstensor

$$\overleftrightarrow{\mathcal{P}}_\alpha = m_\alpha \int d^3v\,\mathbf{v}\mathbf{v}\,f^\alpha \,, \quad \mathcal{P}_{\alpha\,i\,j} = m_\alpha \int d^3v\,v_i\,v_j\,f^\alpha \,. \tag{5.15}$$

Es gilt

$$\overleftrightarrow{\mathcal{P}}_\alpha = \overleftrightarrow{P}_\alpha + m_\alpha \mathbf{u}_\alpha \mathbf{u}_\alpha \,. \tag{5.16}$$

Darüber hinaus haben wir definiert

$$\frac{\partial}{\partial \mathbf{r}} \cdot \overleftrightarrow{P}_\alpha \equiv \nabla \cdot \overleftrightarrow{P}_\alpha \,, \quad \left[\nabla \cdot \overleftrightarrow{P}_\alpha\right]_j = m_\alpha \sum_{i=1}^{3} \frac{\partial}{\partial x_i} \int d^3v\,v_i'\,v_j'\,f^\alpha \,. \tag{5.17}$$

Wir schreiben also

$$\left[\frac{\partial}{\partial \mathbf{r}} \cdot (n_\alpha \mathbf{u}_\alpha \mathbf{u}_\alpha)\right]_j \equiv [\nabla \cdot (n_\alpha \mathbf{u}_\alpha \mathbf{u}_\alpha)]_j = \sum_{i=1}^{3} \frac{\partial}{\partial x_i} \left(n_\alpha u_{\alpha\,i}\,u_{\alpha\,j}\right) \,. \tag{5.18}$$

Der Drucktensor $\overleftrightarrow{P}_\alpha$ als höheres Moment ist soweit unbekannt. Für eine isotrope Verteilungsfunktion in $\mathbf{v}'$ sind die Diagonalelemente gleich $n_\alpha k_B T_\alpha$ für eine Maxwell-Verteilung), und die Nichtdiagonalelemente verschwinden. Wenn im Folgenden eine isotrope Verteilung angenommen wird, führen wir den skalaren Druck ein,

$$p_\alpha = \frac{m_\alpha}{3} \int d^3v\,\mathbf{v}' \cdot \mathbf{v}'\,f^\alpha \,. \tag{5.19}$$

Insgesamt schreiben wir

$$\overleftrightarrow{P}_\alpha = p_\alpha \overleftrightarrow{I} + \overleftrightarrow{\pi}_\alpha \equiv p_\alpha I + \overleftrightarrow{\pi}_\alpha \,, \tag{5.20}$$

wenn keine bevorzugte Richtung auftritt; $\overleftrightarrow{\pi}_\alpha$ wird der dissipative Anteil des Drucktensors genannt.

Des Weiteren, unter Verwendung von

$$\frac{\partial(n_\alpha \mathbf{u}_\alpha)}{\partial t} + \frac{\partial}{\partial \mathbf{r}} \cdot (n_\alpha \mathbf{u}_\alpha \mathbf{u}_\alpha) = \mathbf{u}_\alpha \frac{\partial n_\alpha}{\partial t} + \mathbf{u}_\alpha \nabla \cdot (n_\alpha \mathbf{u}_\alpha) + n_\alpha \frac{\partial \mathbf{u}_\alpha}{\partial t} + n_\alpha\,(\mathbf{u}_\alpha \cdot \nabla)\,\mathbf{u}_\alpha \tag{5.21}$$

sowie der Teilchendichte-Kontinuitätsgleichung, enden wir bei

$$\boxed{\frac{\partial \mathbf{u}_\alpha}{\partial t} + (\mathbf{u}_\alpha \cdot \nabla)\,\mathbf{u}_\alpha = \frac{q_\alpha}{m_\alpha}\left[\mathbf{E} + \mathbf{u}_\alpha \times \mathbf{B}\right] - \frac{1}{m_\alpha n_\alpha}\nabla P_\alpha + \frac{1}{m_\alpha n_\alpha}\mathbf{R}_{\alpha\,\alpha'}}\,. \tag{5.22}$$

Als Nächstes multiplizieren wir (5.5) mit $\frac{1}{2}m_\alpha v^2$ und integrieren über den Geschwindigkeitsraum,

$$\frac{m_\alpha}{2}\int d^3v\, v^2\left[\frac{\partial f^\alpha}{\partial t} + \mathbf{v}\cdot\frac{\partial f^\alpha}{\partial \mathbf{r}} + \frac{1}{m_\alpha}\mathbf{F}_\alpha\cdot\frac{\partial f^\alpha}{\partial \mathbf{v}}\right] = \frac{m_\alpha}{2}\int d^3v\, v^2 K^\alpha\{f^\alpha(t)\}\,. \tag{5.23}$$

Wir verwenden erneut die Transformation (5.8) und werten termweise aus. Der erste Term auf der linken Seite führt sofort zu

$$\frac{m_\alpha}{2}\int d^3v\, v^2\frac{\partial f^\alpha}{\partial t} = \frac{\partial}{\partial t}\left(\frac{3}{2}p_\alpha + \frac{m_\alpha}{2}n_\alpha u_\alpha^2\right)\,. \tag{5.24}$$

Der zweite Term kann als

$$\frac{m_\alpha}{2}\nabla\cdot\int d^3v\, v^2\mathbf{v} f^\alpha = \nabla\cdot\left(\mathbf{Q}_\alpha + \overset{\leftrightarrow}{P}_\alpha\cdot\mathbf{u}_\alpha + \frac{3}{2}p_\alpha\mathbf{u}_\alpha + \frac{m_\alpha}{2}n_\alpha u_\alpha^2\mathbf{u}_\alpha\right) \tag{5.25}$$

geschrieben werden, wobei die Wärmestromdichte

$$\boxed{\mathbf{q}_\alpha \equiv \frac{m_\alpha}{2}\int d^3v'\, v'^2\mathbf{v}' f^\alpha} \tag{5.26}$$

definiert wurde. Letztere steht in folgender Beziehung zur Energieflussdichte

$$\mathbf{Q}_\alpha \equiv \frac{m_\alpha}{2}\int d^3v\, v^2\mathbf{v} f^\alpha \tag{5.27}$$

über

$$\mathbf{Q}_\alpha = \mathbf{q}_\alpha + \overset{\leftrightarrow}{P}_\alpha\cdot\mathbf{u}_\alpha + \frac{3}{2}p_\alpha\mathbf{u}_\alpha + \frac{1}{2}m_\alpha n_\alpha u_\alpha^2\mathbf{u}_\alpha\,. \tag{5.28}$$

Der dritte Term, der die Kraft enthält, ist einfach zu bestimmen. Zunächst ordnen wir um,

$$\frac{q_\alpha}{2}\int d^3v\, v^2\left[\mathbf{E} + \mathbf{v}\times\mathbf{B}\right]\cdot\frac{\partial f^\alpha}{\partial \mathbf{v}} = -\frac{q_\alpha}{2}\int d^3v\, v^2\frac{\partial}{\partial \mathbf{v}}\cdot\left[\mathbf{E} + \mathbf{v}\times\mathbf{B}\right] f^\alpha\,, \tag{5.29}$$

um nach partieller Integration zu finden

$$\frac{q_\alpha}{2}\int d^3v\, v^2\left[\mathbf{E} + \mathbf{v}\times\mathbf{B}\right]\cdot\frac{\partial f^\alpha}{\partial \mathbf{v}} = -q_\alpha n_\alpha\mathbf{E}\cdot\mathbf{u}_\alpha\,. \tag{5.30}$$

Der Beitrag des Stoßterms wird wiederum abgekürzt, jetzt in der Form

$$\frac{m_\alpha}{2}\int d^3v\, v^2 K^\alpha\{f^\alpha(t)\} \equiv -\left.\frac{dW}{dt}\right|_\alpha\,. \tag{5.31}$$

Alles zusammen liefert

$$\frac{\partial}{\partial t}\left(\frac{3}{2}P_\alpha + \underbrace{\frac{m_\alpha}{2}n_\alpha u_\alpha^2}_{*}\right) + \nabla\cdot\left(\mathbf{q}_\alpha + \frac{5}{2}p_\alpha\mathbf{u}_\alpha + \underbrace{\frac{m_\alpha}{2}n_\alpha u_\alpha^2\mathbf{u}_\alpha}_{**}\right) = q_\alpha n_\alpha\mathbf{E}\cdot\mathbf{u}_\alpha - \left.\frac{dW}{dt}\right|_\alpha .$$

$$(5.32)$$

Die mit $*$ und $**$ markierten Terme können weiter vereinfacht werden, indem die Kontinuitätsgleichung (5.6) und die Impulsgleichung (5.22) verwendet werden. Wir erhalten

$$* = n_\alpha\left(\frac{\partial}{\partial t} + \mathbf{u}_\alpha\cdot\nabla\right)\frac{m_\alpha u_\alpha^2}{2} .\qquad(5.33)$$

Die rechte Seite kann weiter vereinfacht werden, indem eine zusätzliche Identität verwendet wird. Dazu multiplizieren wir (5.22) mit $\mathbf{u}_\alpha$. Wir setzen ebenfalls

$$\mathbf{u}_\alpha\cdot\nabla\mathbf{u}_\alpha = \nabla\left(\frac{u_\alpha^2}{2}\right) - \mathbf{u}_\alpha\times\nabla\times\mathbf{u}_\alpha\qquad(5.34)$$

in

$$\mathbf{u}_\alpha\cdot\left\{\frac{\partial\mathbf{u}_\alpha}{\partial t} + (\mathbf{u}_\alpha\cdot\nabla)\,\mathbf{u}_\alpha\right\} = \mathbf{u}_\alpha\cdot\left\{\frac{q_\alpha}{m_\alpha}\left[\mathbf{E} + \mathbf{u}_\alpha\times\mathbf{B}\right] - \frac{1}{m_\alpha n_\alpha}\nabla p_\alpha + \frac{1}{m_\alpha n_\alpha}\mathbf{R}_{\alpha\,\alpha'}\right\}$$

$$(5.35)$$

ein, um zu erhalten

$$** = \mathbf{u}_\alpha\cdot\{q_\alpha n_\alpha\mathbf{E} - \nabla p_\alpha + \mathbf{R}_{\alpha\,\alpha'}\} .\qquad(5.36)$$

Damit schreibt sich die Energiegleichung als

$$\boxed{\left(\frac{\partial}{\partial t} + \mathbf{u}_\alpha\cdot\nabla\right)\frac{3p_\alpha}{2} + \frac{5}{2}p_\alpha\nabla\cdot\mathbf{u}_\alpha = -\nabla\cdot\mathbf{q}_\alpha - \mathbf{R}_{\alpha\,\alpha'}\cdot\mathbf{u}_\alpha - \left.\frac{dW}{dt}\right|_\alpha}\ .\qquad(5.37)$$

Wir haben folgende Ersetzung vorgenommen:

$$\frac{3}{2}p_\alpha\nabla\cdot\mathbf{u}_\alpha + \overleftrightarrow{P}_\alpha : \nabla\mathbf{u}_\alpha = \frac{5}{2}p_\alpha\nabla\cdot\mathbf{u}_\alpha .\qquad(5.38)$$

5.2   Abschneiden der Hierarchie im Boltzmann-Fall

In diesem Abschnitt referieren wir kurz, wie man im klassischen und seit Jahrzehnten wohlbekannten Fall der neutralen Gase zu einer makroskopischen Beschreibung mit Fluidgleichungen kommt. Diese Kenntnis werden wir später nutzen, um eine Transporttheorie für Plasmen zu entwickeln.

Die statistische Beschreibung neutraler Teilchen im klassischen Regime ist als die berühmte Boltzmann-Gleichung bekannt.

$$\frac{\partial f_1}{\partial t} + \mathbf{v}_1 \cdot \frac{\partial f_1}{\partial \mathbf{r}_1} + \frac{\mathbf{F}}{m} \cdot \frac{\partial f_1}{\partial \mathbf{v}_1} = \int d^3 v_2 \int d\Omega\, \sigma(\Omega) |\mathbf{v}_2 - \mathbf{v}_1| \left(f_2' f_1' - f_2 f_1 \right) . \tag{5.39}$$

Die Boltzmann-Gleichung ist eine geschlossene Integrodifferentialgleichung für die Ein-Teilchen-Verteilungsfunktion f, wobei hier und im Folgenden – wann immer angebracht – der Index auf die Variablen hinweist, d. h. $f_1 = f(\mathbf{r}_1, \mathbf{v}_1, t)$. Die linke Seite von Gl. (5.39) ist der freie Strömungsterm, während die rechte Seite den binären Stoßterm darstellt. Aus der Boltzmann-Gleichung gewinnt man die hydrodynamischen Gleichungen. Der Zweck der kinetischen Plasmatheorie ist es, die entsprechende(n) plasmadynamischen Gleichung(en) für ein System geladener Teilchen abzuleiten. Wir wollen nun zeigen, wie die hydrodynamische Beschreibung am Beispiel der Boltzmann-Gleichung mit der kinetischen Theorie verknüpft ist.

Hierarchische Form der Momentengleichungen
Durch direkte Integration, wie bereits im vorherigen Abschnitt besprochen, erhalten wir die allgemeingültigen Gleichungen

$$\boxed{\frac{\partial n}{\partial t} + \nabla \cdot (n\mathbf{u}) = 0 \, ,} \tag{5.40}$$

$$\boxed{\left(\frac{\partial}{\partial t} + \mathbf{u} \cdot \nabla \right) \mathbf{u} = \frac{1}{m}\mathbf{F} - \frac{1}{mn} \nabla \cdot \overleftrightarrow{P} \, ,} \tag{5.41}$$

$$\boxed{\left(\frac{\partial}{\partial t} + \mathbf{u} \cdot \nabla \right) T = -\frac{2}{3n} \nabla \cdot \mathbf{q} - \frac{2}{3mn} \overleftrightarrow{P} : \overleftrightarrow{\Lambda} \, .} \tag{5.42}$$

Verschiedene Momente tauchen auf. Die Komponenten des Drucktensors $\overleftrightarrow{P}$ sind

$$P_{ij} = mn \langle (v_i - u_i)(v_j - u_j) \rangle \, . \tag{5.43}$$

Außerdem erscheint der Wärmefluss

$$\mathbf{q} = \frac{1}{2} mn \langle (\mathbf{v} - \mathbf{u}) |\mathbf{v} - \mathbf{u}|^2 \rangle \, . \tag{5.44}$$

Letztendlich haben wir noch die Abkürzung

$$\Lambda_{ij} = \frac{1}{2} m \left(\frac{\partial u_i}{\partial x_j} + \frac{\partial u_j}{\partial x_i} \right) \tag{5.45}$$

als Komponenten eines Tensors $\overleftrightarrow{\Lambda}$.

Es ist sehr wichtig zu betonen, dass wir die hydrodynamischen Gleichungen für Dichte, mittlere Geschwindigkeit und Temperatur noch nicht erhalten haben, da die höheren Momente (noch) nicht bekannt sind. Die Berechnung von z. B. dem Drucktensor und dem Wärmefluss ist die äußerst nichttriviale Aufgabe der Transporttheorie. Letztere nutzt die kinetische Theorie recht effektiv, wie nun an unserem einführenden Beispiel eines neutralen Fluids dargestellt wird.

Abschneiden der Hierarchie, Transportkoeffizienten und Euler-Gleichungen
Wir kürzen die Anschrift der zugrunde liegenden kinetischen Gleichung in der Form

$$\boxed{\frac{\partial f}{\partial t} + Df = \frac{1}{\varepsilon} J(f|f)} \tag{5.46}$$

ab. Hier wurde eine sehr wichtige Annahme eingeführt. Wir nehmen an, dass das (neutrale) System stoßbestimmt ist, indem wir den (großen, aber nur symbolischen) Faktor $1/\varepsilon$ vor dem Kollisionsterm einführen. Bei einer Gleichung dieser Art ist die Methode der Mehrskalenanalyse die geeignete Lösungsmethode. In der Theorie neutraler Fluide ist sie unter dem Namen Chapman-Enskog-Methode bekannt. Wir entwickeln

$$f = f^{(0)} + \varepsilon f^{(1)} + \varepsilon^2 f^{(2)} + \cdots , \quad f^{(v)} = f^{(v)}(\mathbf{r}, \mathbf{v}; t_0, t_1, t_2, ...) , \tag{5.47}$$

$$\frac{\partial}{\partial t} \to \frac{\partial}{\partial t_0} + \varepsilon \frac{\partial}{\partial t_1} + \varepsilon^2 \frac{\partial}{\partial t_2} + \cdots , \tag{5.48}$$

und erhalten in niedrigster Ordnung

$$\boxed{J^{(0)}\left(f^{(0)}|f^{(0)}\right) = 0} . \tag{5.49}$$

Ihre Lösung ist die berühmte Maxwell-Verteilung

$$f^{(0)}(\mathbf{r}, \mathbf{v}; t) = n \left(\frac{m}{2\pi T}\right)^{3/2} \exp\left[-\frac{m}{2T}(\mathbf{v} - \mathbf{u})^2\right] ; \tag{5.50}$$

die hydrodynamischen Variablen erscheinen als Parameter. (Es ist wichtig zu beachten, dass die Parameter, die in der Verteilungsfunktion niedrigster Ordnung erscheinen, per Definition die exakten hydrodynamischen Größen sind.) Mithilfe der Maxwell-Verteilung können wir die höheren Momente auswerten.

Durch das Einsetzen der Ergebnisse in die allgemeinen Gleichungen für die ersten drei Momente ergeben sich die berühmten Euler-Gleichungen (wobei manchmal nur die zweite Gleichung als Euler-Gleichung bezeichnet wird)

$$\frac{\partial n}{\partial t} + \nabla \cdot (n\mathbf{u}) = 0 \,, \tag{5.51}$$

$$\left(\frac{\partial}{\partial t} + \mathbf{u} \cdot \nabla\right)\mathbf{u} = \frac{\mathbf{F}}{m} - \frac{1}{mn}\nabla p \,, \tag{5.52}$$

$$\left(\frac{\partial}{\partial t} + \mathbf{u} \cdot \nabla\right)T = -\frac{2}{3}T\nabla \cdot \mathbf{u} \,. \tag{5.53}$$

Der Faktor 3/2 stammt von der spezifischen Wärmekapazität bei konstantem Volumen.

$$c_V = \frac{3}{2} \,, \tag{5.54}$$

Die drei Gleichungen, bestehend aus der Massenerhaltungsgleichung, der Impulsbilanz und der Temperaturgleichung, sind die hydrodynamischen Gleichungen in dissipationsfreien Fluiden. Meist wird das gesamte System als Euler-Gleichungen bezeichnet. Viskosität tritt nicht auf.

In der vorliegenden Näherung können die Temperaturgleichung und die Kontinuitätsgleichung zur Zustandsgleichung kombiniert werden:

$$\frac{dn}{dt} - c_V \frac{n}{T}\frac{dT}{dt} = 0 \tag{5.55}$$

führt zu

$$\frac{d}{dt}\left(nT^{-c_V}\right) = 0 \,. \tag{5.56}$$

Mit $p = nT$ finden wir

$$pn^{-5/3} = const \,. \tag{5.57}$$

Beispiel 5.1 (Schallwellendispersion aus den Euler-Gleichungen)
Durch die Linearisierung der Euler-Gleichungen um einen Zustand mit konstanter Dichte (n_0) und konstanter Temperatur (T_0) sowie unter der Annahme, dass die Strömungsgeschwindigkeit nullter Ordnung ($\mathbf{u}_0 = 0$) verschwindet, ergeben sich die linearisierten Euler-Gleichungen

$$\frac{\partial \delta n}{\partial t} = -n_0 \nabla \cdot \delta\mathbf{u} \,, \quad mn_0\frac{\partial \delta\mathbf{u}}{\partial t} = -\nabla\delta p \,, \quad \frac{\delta n}{n_0} = \frac{3}{2}\frac{\delta T}{T_0} \,. \tag{5.58}$$

Die ersten beiden Gleichungen führen zu

$$\frac{\partial^2 \delta n}{\partial t^2} = \frac{1}{m}\nabla^2 \delta p \,. \tag{5.59}$$

Mit $\delta p = n_0 \delta T + T_0 \delta n$ finden wir sofort

$$\frac{\partial^2 \delta p}{\partial t^2} = \frac{5T_0}{3m} \nabla^2 \delta p \ . \tag{5.60}$$

So erhalten wir Wellen (longitudinale Oszillationen) mit der Phasengeschwindigkeit

$$\boxed{c_s = \sqrt{\frac{5T_0}{3m}}} \ . \tag{5.61}$$

Das sind die bekannten Schallwellen.   ∎

Navier-Stokes-Gleichungen in nächster Näherung
Eine bessere Beschreibung wird erreicht, wenn höhere Ordnungskorrekturen einbezogen
werden. Die Gleichung für $f^{(1)}$ ist

$$\boxed{\left(\frac{\partial}{\partial t_0} + D\right) f^{(0)} = J^{(1)}\left(f^{(0)} | f^{(1)}\right)} \ , \tag{5.62}$$

mit den Nebenbedingungen

$$\int d^3 v f^{(1)} \begin{pmatrix} 1 \\ \mathbf{v} \\ v^2 \end{pmatrix} = 0 \ . \tag{5.63}$$

Ihre Lösung ist eine ziemlich anspruchsvolle Aufgabe. Wir schreiben in verkürzter Form
(mit Summation über wiederholte Indizes)

$$f^{(1)} = -\left[\frac{1}{T}\frac{\partial T}{\partial x_i} g_i \mathcal{F}(g) + \frac{1}{T}\Lambda_{ij}\left(g_i g_j - \frac{1}{3}\delta_{ij} g^2\right)\mathcal{G}(g)\right] f^{(0)} \ , \tag{5.64}$$

wobei $\mathbf{g} := \mathbf{v} - \mathbf{u}$. Die Funktionen $\mathcal{F}$ und $\mathcal{G}$ können beispielsweise durch Reihenlösungen
gefunden werden. Wir erörtern hier die Einzelheiten dieser Berechnung nicht. Stattdes-
sen präsentieren wir im nächsten Abschnitt eine vereinfachte Lösung, die auf dem Krook-
Stoßterm basiert.

Unter Berücksichtigung der ersten Ordnung sind die grundlegenden Gleichungen
die Kontinuitätsgleichung, die Navier-Stokes-Gleichung und die Wärmeleitungsgleichung:

$$\frac{\partial n}{\partial t} + \nabla \cdot (n\mathbf{u}) = 0 \,, \tag{5.65}$$

$$\left(\frac{\partial}{\partial t} + \mathbf{u} \cdot \nabla\right)\mathbf{u} = \frac{\mathbf{F}}{m} - \frac{1}{mn}\nabla\left(p - \frac{\mu}{3}\nabla \cdot \mathbf{u}\right) + \frac{\mu}{mn}\nabla^2\mathbf{u} \,, \tag{5.66}$$

$$\left(\frac{\partial}{\partial t} + \mathbf{u} \cdot \nabla\right)T = -\frac{2}{3}(\nabla \cdot \mathbf{u})\,T + \frac{2K}{3nm}\nabla^2 T \,. \tag{5.67}$$

Der Drucktensor und der Wärmefluss sind in dieser Näherung

$$P_{ij} = p\delta_{ij} - \frac{2\mu}{m}\left(\Lambda_{ij} - \frac{m}{3}\delta_{ij}\nabla \cdot \mathbf{u}\right) \,, \tag{5.68}$$

$$\mathbf{q} = -K\,\nabla T \,, \tag{5.69}$$

wobei Viskosität und Wärmeleitfähigkeit sich zu

$$\mu = \frac{m^2}{15T}\int d^3g\, g^4\, f^{(0)}\mathcal{G}(g) \,, \tag{5.70}$$

$$K = \frac{m}{6T}\int d^3g\, g^4\, f^{(0)}\mathcal{F}(g) \,, \tag{5.71}$$

ergeben.

Beispiel 5.2 (Krook-Stoßterm)
Jetzt vereinfachen wir den Stoßterm der Boltzmann-Gleichung

$$\left(\frac{\partial f}{\partial t}\right)_{coll} \equiv \int d^3v_2 \int d\Omega\sigma(\Omega)|\mathbf{v}_2 - \mathbf{v}_1|\left(f_2'f_1' - f_2 f_1\right) \,, \tag{5.72}$$

für die Berechnung von $f^{(1)}$. Mit

$$\delta f_\nu \equiv f_\nu - f_\nu^{(0)} \,, \tag{5.73}$$

wobei der Index ν die Variablen $\mathbf{r}$, $\mathbf{v}_\nu$, t charakterisiert, wollen wir den linearisierten Stoßterm als

$$\left(\frac{\partial f}{\partial t}\right)_{coll} \approx \int d^3v_2 \int d\Omega\sigma(\Omega)|\mathbf{v}_2 - \mathbf{v}_1|\left(f_2^{(0)'}\delta f_1' - f_2^{(0)}\delta f_1 + f_1^{(0)'}\delta f_2' - f_1^{(0)}\delta f_2\right)$$
$$\tag{5.74}$$

schreiben. Da wir erwarten, dass jeder Term auf der rechten Seite von ähnlicher Ordnung
ist, wählen wir den zweiten Term für die Abschätzung aus:

$$- \delta f_1 \int d^3 v_2 \int d\Omega \sigma(\Omega) |\mathbf{v}_2 - \mathbf{v}_1| f_2^{(0)} \equiv -\frac{\delta f_1}{\tau} \; . \tag{5.75}$$

Dies legt die folgende Näherung nahe:

$$\boxed{\left(\frac{\partial f}{\partial t}\right)_{coll} \approx -\frac{f - f^{(0)}}{\tau}} \; , \tag{5.76}$$

die als Krook-Modell bekannt ist. ∎

Vereinfachte Lösung mit einem Krook-Stoßterm
Die nullte Ordnung $f^{(0)}$ ist ein wohlbekannter maxwellscher Ausdruck, der – neben der expliziten Geschwindigkeitsabhängigkeit – von $\mathbf{r}$ und t über n, T und $\mathbf{u}$ abhängt.

Die Verteilungsfunktion erster Ordnung folgt nun direkt aus

$$\left(\frac{\partial}{\partial t} + \mathbf{v} \cdot \nabla + \frac{\mathbf{F}}{m}\right) f^{(0)} \approx \frac{f^{(1)}}{\tau} \; . \tag{5.77}$$

Bei der Berechnung der linken Seite beachten wir die folgenden Ableitungen:

$$\frac{\partial f^{(0)}}{\partial n} = \frac{f^{(0)}}{n} \; , \quad \frac{\partial f^{(0)}}{\partial T} = \frac{1}{T}\left(\frac{m}{2T}g^2 - \frac{3}{2}\right) f^{(0)} \; , \tag{5.78}$$

$$\frac{\partial f^{(0)}}{\partial u_i} = \frac{m}{T} g_i f^{(0)} \; , \quad \frac{\partial f^{(0)}}{\partial v_i} = -\frac{m}{T} g_i f^{(0)} \; . \tag{5.79}$$

Mit diesen Ableitungen wird die Lösung erster Ordnung

$$f^{(1)} \approx -\tau f^{(0)} \left[\frac{1}{n}\hat{D}n + \frac{1}{T}\left(\frac{m}{2T}g^2 - \frac{3}{2}\right)\hat{D}T + \frac{m}{T}\sum_j g_j \hat{D}u_j - \frac{1}{T}\mathbf{F}\cdot\mathbf{g}\right] \; , \tag{5.80}$$

mit

$$\hat{D} \equiv \frac{\partial}{\partial t} + \mathbf{v}\cdot\nabla \; . \tag{5.81}$$

Es gilt

$$\hat{D}n = -n\nabla\cdot\mathbf{u} + \mathbf{g}\cdot\nabla n \; , \quad \hat{D}T = -\frac{2}{3}T\nabla\cdot\mathbf{u} + \mathbf{g}\cdot\nabla T \; , \tag{5.82}$$

$$\hat{D}u_j = \frac{1}{nm}\frac{\partial p}{\partial x_j} + \frac{F_j}{m} + \sum_i g_i \frac{\partial u_j}{\partial x_i} \; , \quad p = nT \; . \tag{5.83}$$

Approximativ können wir also schreiben

$$f^{(1)} \approx -\tau \left[\frac{1}{T} \sum_i \frac{\partial T}{\partial x_i} g_i \left(\frac{m}{2T} g^2 - \frac{5}{2} \right) + \frac{1}{T} \sum_{i,j} \Lambda_{ij} \left(g_i g_j - \frac{1}{3} \delta_{ij} g^2 \right) \right] f^{(0)} .$$

$$\tag{5.84}$$

Die schon eingeführten Funktionen $\mathcal{F}$ und $\mathcal{G}$ nehmen jetzt folgende Gestalt an:

$$\mathcal{F} \approx \tau \left(\frac{m}{2T} g^2 - \frac{5}{2} \right) , \quad \mathcal{G} \approx \tau . \tag{5.85}$$

Als Nächstes berechnen wir die Wärmestromdichte $\mathbf{q}$. Die Verteilungsfunktion erster Ordnung $f^{(1)}$ trägt zu $\mathbf{q}$ in der Form $-K \nabla T$ bei, wobei

$$K = \frac{m^2 \tau}{6T} \int d^3 g \, g^4 \left(\frac{m}{2T} g^2 - \frac{5}{2} \right) f^{(0)} = \frac{5}{2} \tau T n . \tag{5.86}$$

In ähnlicher Weise berechnen wir den Drucktensor $\overleftrightarrow{P}$, um die Darstellung zu erhalten:

$$P_{ij} = p \delta_{ij} + \pi_{ij} , \quad \pi_{ij} = -\frac{\tau m}{T} \sum_{k,l} \Lambda_{kl} \int d^3 g \, g_i g_j \underbrace{(g_k g_l - \frac{1}{3} \delta_{kl} g^2)}_{(1)} f^{(0)} . \tag{5.87}$$

Bei der detaillierten Bestimmung der Komponenten stellen wir fest, dass π_{ij} ein symmetrischer Tensor mit verschwindender Spur ist. Sein erster Teil, der von den unterklammerten Termen (1) stammt, wird proportional zu Λ_{ij} sein,

$$\pi_{ij}^{(1)} \sim \Lambda_{ij} . \tag{5.88}$$

Der zuvor definierte Tensor Λ_{ij} ist ebenfalls symmetrisch, hat jedoch eine nichtverschwindende Spur

$$\sum_i \Lambda_{ii} = m \sum_i \frac{\partial u_i}{\partial x_i} = m \nabla \cdot \mathbf{u} . \tag{5.89}$$

Das führt zu dem Ansatz

$$\pi_{ij} \sim \left(\Lambda_{ij} - \frac{m}{3} \delta_{ij} \nabla \cdot \mathbf{u} \right) . \tag{5.90}$$

Um den Proportionalitätsfaktor zu bestimmen, ist es ausreichend, eine Komponente zu berechnen, z. B.

$$\pi_{12} = -\frac{\tau m}{T} \sum_{k,l} \Lambda_{kl} \int d^3 g \, g_1 g_2 (g_k g_l - \frac{1}{3} \delta_{kl} g^2) f^{(0)} = -2 \frac{\tau m}{T} \Lambda_{12} \int d^3 g \, g_1^2 g_2^2 f^{(0)}$$

$$= -2 \frac{\tau n T}{m} \Lambda_{12} \equiv -2 \frac{\mu}{m} \Lambda_{12} . \tag{5.91}$$

Daraus folgt dann

$$\pi_{ij} = p \delta_{ij} - 2 \frac{\mu}{m} \left(\Lambda_{ij} - \frac{m}{3} \delta_{ij} \nabla \cdot \mathbf{u} \right) . \tag{5.92}$$

Der dissipative Teil des Drucktensors enthält die Viskosität.

$$\mu = \tau n T \ .$$
(5.93)

Für das Verhältnis folgt

$$\frac{K}{\mu} = \frac{5}{2} = \frac{5}{3} c_V \ .$$
(5.94)

5.3   Allgemeiner Ausblick und erste Auswertungen

In diesem Abschnitt wagen wir einen Ausblick auf die makroskopische Beschreibung von in Plasmen. Einfache Modelle und deren Konsequenzen werden vorgestellt. Wir enden mit einer ersten Vorstellung der Braginskii-Gleichungen.

Grundsätzlich werden die plasmadynamischen Gleichungen auf ähnliche Weise wie für neutrale Gase hergeleitet, dort ausgehend von der Boltzmann-Gleichung. In Plasmen führen jedoch die langreichweitigen Coulomb-Kräfte zu signifikanten Unterschieden. Wir skizzieren das Verfahren, ausgehend von der Landau-Fokker-Planck-Gleichung. Diese bildet die Grundlage der klassischen Plasmatransporttheorie. Die neoklassische Transporttheorie basiert auf der driftkinetischen Gleichung, die jedoch hier nicht behandelt wird. Für Anwendungen in der Fusionsplasmaphysik verweisen wir beispielsweise auf [15, 57, 58].

Wir beginnen mit der Erinnerung, dass die Transporttheorie auf kinetischen Gleichungen basiert. Man reduziert die Informationen, indem man Gleichungen für die Momente der Verteilungsfunktion(en) ableitet. Nach der Definition der hydrodynamischen Variablen können wir sofort exakte – wenn auch nicht abgeschlossene – Gleichungen ableiten, indem wir die kinetische Gleichung integrieren. Für die plasmadynamischen Variablen berechnen wir

$$\boxed{n_\alpha(\mathbf{r}, t) = \int d^3 v f^\alpha(\mathbf{v}, \mathbf{r}, t) \ ,}$$
(5.95)

$$\boxed{n_\alpha(\mathbf{r}, t)\mathbf{u}_\alpha(\mathbf{r}, t) = \int d^3 v \mathbf{v} f^\alpha(\mathbf{v}, \mathbf{r}, t) \ ,}$$
(5.96)

$$\boxed{n_\alpha T_\alpha = \frac{1}{3} m_\alpha \int d^3 v |\mathbf{v} - \mathbf{u}^\alpha|^2 f^\alpha(\mathbf{v}, \mathbf{r}, t) \ .}$$
(5.97)

Der skalare Druck ist $p_\alpha = n_\alpha T_\alpha$, wenn die Temperatur in eV gemessen wird.

Direkte Integration der Landau-Fokker-Planck-Gleichung führt zu

$$\partial_t n_\alpha + \nabla \cdot \left(n_\alpha \mathbf{u}^\alpha\right) = 0 \,, \tag{5.98}$$

$$\partial_t \left(m_\alpha n_\alpha u_r^\alpha\right) + \nabla_m \left(m_\alpha n_\alpha u_r^\alpha u_m^\alpha + \delta_{rm} n_\alpha T_\alpha + \Pi_{rm}^\alpha\right)$$
$$- e_\alpha n_\alpha \left(E_r + \varepsilon_{rmn} u_m^\alpha B_n\right) = R_r^\alpha \,, \tag{5.99}$$

$$n_\alpha \partial_t T_\alpha = -n_\alpha \left(\mathbf{u}^\alpha \cdot \nabla\right) T_\alpha - \frac{2}{3} n_\alpha T_\alpha \nabla \cdot \mathbf{u}^\alpha - \frac{2}{3} \Pi_{mn}^\alpha \nabla_m u_n^\alpha - \frac{2}{3} \nabla_m q_m^\alpha + \frac{2}{3} Q^\alpha \,, \tag{5.100}$$

wobei

$$R_r^\alpha \equiv m_\alpha \int K^\alpha v_r d^3v \,, \quad Q^\alpha \equiv \frac{1}{2} m_\alpha \int K^\alpha |\mathbf{v} - \mathbf{u}^\alpha|^2 d^3v \,. \tag{5.101}$$

Ähnlich berechnen wir den dissipativen Anteil des Drucktensors

$$\Pi_{rs}^\alpha(\mathbf{r}, t) = m_\alpha \int d^3v [v_r - u_r^\alpha][v_s - u_s^\alpha] f^\alpha(\mathbf{v}, \mathbf{r}, t)$$
$$- \frac{1}{3} m_\alpha \delta_{rs} \int d^3v |\mathbf{v} - \mathbf{u}^\alpha|^2 f^\alpha(\mathbf{v}, \mathbf{r}, t) \tag{5.102}$$

und die Wärmeflussdichte

$$q_r^\alpha(\mathbf{r}, t) = \frac{1}{2} m_\alpha \int d^3v [v_r - u_r^\alpha] |\mathbf{v} - \mathbf{u}^\alpha|^2 f^\alpha(\mathbf{v}, \mathbf{r}, t) \,. \tag{5.103}$$

Beide sind noch nicht explizit bekannt.

Die dynamischen Gleichungen für die Massendichte ρ, die Ladungsdichte σ, die mittlere Massenbewegung $\mathbf{u}$ und die elektrische Stromdichte $\mathbf{j}$ ergeben sich hieraus durch Summen oder Differenzen.

Beachte, dass all diese Gleichungen weiterhin die exakte Verteilungsfunktion(en) $f^\alpha(\mathbf{v}, \mathbf{r}, t)$ enthalten. Zur weiteren Vereinfachung betrachtet man nur Phänomene, die auf einer hydrodynamischen Skala ablaufen, die viel langsamer ist als die Stoßzeit(en). Dann kann angenommen werden, dass die Verteilungsfunktion(en) $f^\alpha(\mathbf{v}, \mathbf{r}, t)$ nahe an einer Maxwell-Verteilung

$$f_0^\alpha = n_\alpha \left(\frac{m_\alpha}{2\pi T_\alpha}\right)^{3/2} \exp\left[-\frac{m_\alpha |\mathbf{v} - \mathbf{u}^\alpha|^2}{2 T_\alpha}\right] \,, \tag{5.104}$$

mit variierenden (also noch exakten) Ausdrücken n_α, $\mathbf{u}^\alpha$ und T_α sind.

Die kleinen Abweichungen χ^α, wobei

$$\boxed{f^\alpha = f_0^\alpha \left[1 + \chi^\alpha\right]} \,, \tag{5.105}$$

werden in einer bestimmten Basis, z. B. Hermite-Polynomen, entwickelt. Mit spezifischen Abschneidemaßnahmen (die im Kapitel über die lineare Transporttheorie behandelt werden) können die Transportgleichungen bis zu einem gewünschten Genauigkeitsgrad berechnet werden. Man erhält dann einen abgeschlossenen Satz sogenannter Zwei-Flüssigkeiten-Gleichungen. Für weitere Einzelheiten siehe z. B. das ausgezeichnete Buch von Balescu [44, 57].

An dieser Stelle müssen wir eine wichtige Anmerkung machen. Wenn wir innerhalb der Transporttheorie nach (iterierten) approximativen Lösungen der kinetischen Gleichung(en) suchen, nutzen wir als dominierenden Teil eine Maxwell-Verteilung. Für eine Maxwell-Verteilung verschwindet der Stoßterm, was eine Voraussetzung der nullten Ordnung im stoßdominierten Regime ist. Wenn wir später wellenkinetische Gleichungen betrachten, berücksichtigen wir ebenfalls in der niedrigsten Ordnung verschwindende Stoßterme, jedoch im entgegengesetzten Grenzfall vernachlässigbarer Teilchenkollisionen.

Ein einfaches Zwei-Flüssigkeiten-Modell

Bis jetzt haben wir die ersten drei Momentengleichungen für Plasmen in der Zwei-Flüssigkeiten-Näherung vorgestellt. Sie haben jedoch einen Nachteil, nämlich dass sie kein geschlossenes Gleichungssystem bilden. Weitere „Abschneidungen" sind notwendig. Die Transporttheorie wird das systematische Verfahren dafür bereitstellen.

> Für einen ersten Einblick in standardisierte Probleme der Plasmadynamik können jedoch einfache Modelle hilfreich sein. Wir werden im Folgenden ein einfaches Zwei-Flüssigkeiten-Modell unter Verwendung von Ad-hoc-Argumenten bereitstellen. Wir betrachten eine Situation mit (ungefähr) einer isotropen Maxwell-Verteilung und wenden die Annahme eines skalaren Drucks an. Als Ergebnis erwarten wir ein Modell, das den Euler-Gleichungen ähnlich ist.

Zuerst betrachten wir die Energieerhaltung und ignorieren die Stoßbeiträge, die den Energieaustausch zwischen den Komponenten beschreiben. Dies könnte für sogenannte stoßfreie Plasmen angemessen sein. Dennoch ist der unbekannte Wärmeflussbeitrag vorhanden. Wir erwarten, dass, wenn die Wärmeleitfähigkeit groß wird, der Beitrag mit der Wärmeflussdichte dominieren wird, es sei denn, die Temperatur wird räumlich einheitlich. Bei Phänomenen mit niedriger Phasengeschwindigkeit im Vergleich zur thermischen Geschwindigkeit wird der Wärmeübergang die Temperaturen ausgleichen, und wir werden konstante Temperaturen postulieren. Mit anderen Worten, für

$$\boxed{\frac{v_{phase}}{v_{th\,\alpha}} \ll 1 \;\Rightarrow\; T_\alpha = const \;(\text{isotherm})} \;. \tag{5.106}$$

Die entgegengesetzte Grenze ist die adiabatische Näherung, wenn der Wärmefluss ignoriert wird:

$$\boxed{\frac{v_{phase}}{v_{th\,\alpha}} \gg 1 \;\Rightarrow\; \left(\frac{\partial}{\partial t} + \mathbf{u}_\alpha \cdot \nabla\right)\frac{N p_\alpha}{2} + \frac{N+2}{2}\,p_\alpha \nabla \cdot \mathbf{u}_\alpha \approx 0 \quad \text{(adiabatisch)}}\,.$$

$$(5.107)$$

Die adiabatische Zustandsgleichung kann nach der Einführung von

$$\gamma = \frac{N+2}{N}\,, \quad N = 1,2,3 \text{ Dimensionszahl des Systems} \tag{5.108}$$

präzisiert werden. Weiter benutzen wir

$$\left(\frac{\partial}{\partial t} + \mathbf{u}_\alpha \cdot \nabla\right)p_\alpha + \gamma\, p_\alpha \nabla \cdot \mathbf{u}_\alpha = \frac{dp_\alpha}{dt} - \gamma\, p_\alpha \frac{1}{n_\alpha}\frac{dn_\alpha}{dt}\,. \tag{5.109}$$

Integration führt zu

$$p_\alpha \sim n_\alpha^\gamma\,, \quad p_\alpha = \frac{p_{\alpha 0}}{n_{\alpha 0}^\gamma}n_\alpha^\gamma \quad \text{(adiabatisch)}. \tag{5.110}$$

Im umgekehrten Fall haben wir

$$p_\alpha = n_\alpha T_\alpha\,, \quad T_\alpha = const \quad \text{(isotherm)}. \tag{5.111}$$

In einem stoßfreien, unmagnetisierten, isotropen Plasma können wir als einfachste Zwei-Flüssigkeiten-Gleichungen

$$\boxed{\frac{dn_\alpha}{dt} + \nabla \cdot (n_\alpha \mathbf{u}_\alpha) = 0\,,} \tag{5.112}$$

$$\boxed{m_\alpha n_\alpha \left(\frac{d\mathbf{u}_\alpha}{dt} + \mathbf{u}_\alpha \cdot \nabla \mathbf{u}_\alpha\right) = e_\alpha n_\alpha \mathbf{E} - \nabla p_\alpha\,,} \tag{5.113}$$

verwenden, wobei wir das System durch eine der obigen Druckgleichungen $p_\alpha = p_\alpha(n_\alpha)$ abschließen. Natürlich sollten zusätzlich die Maxwell-Gleichungen für die elektrischen und magnetischen Felder verwendet werden.

Beispiel 5.3 (Elektronen-Plasma-Schwingungen)
Wir präsentieren nun eine kurze Ableitung der Elektronen-Plasma-Oszillationen (Langmuir-Schwingungen), die wir bereits innerhalb der kinetischen Beschreibung diskutiert haben. Aus der kinetischen Theorie wissen wir bereits, dass für die reelle Frequenz ungefähr gilt:

$$\omega^2 \approx \omega_{pe}^2 + 3k^2 v_{th\,e}^2\,. \tag{5.114}$$

Wenn wir also eine erneute Herleitung im Rahmen des Zwei-Flüssigkeiten-Modells anstreben, nutzen wir die Tatsache, dass die Oszillationen hochfrequent sind, $\omega \geq \omega_{pe}$, und im Langwellenlimit die Phasengeschwindigkeit sehr groß wird, $\omega/k \gg v_{th\,e}$ für $k \to 0$. Als

Folge dessen können wir eine adiabatische Zustandsgleichung für die Elektronen verwenden mit

$$p_e \sim n_e^{\gamma} \,, \quad \text{mit } \gamma = 3 \text{ für } N = 1 \,. \tag{5.115}$$

Die hochfrequente Natur der Elektronen-Plasma-Oszillationen erlaubt es, die Ionen als unbeweglichen Hintergrund zu betrachten. Durch Linearisierung der einfachen Zwei-Flüssigkeiten-Gleichungen um $n_{e0} = n_{i0} \equiv n_0 = \text{const}$ und $\mathbf{u}_{e0} = 0$ erhalten wir für $\delta n_e \equiv \delta n$ und $\delta\mathbf{u}_e \equiv \delta\mathbf{u}$

$$\frac{\partial \delta n}{\partial t} = -\nabla \cdot (n_0 \delta\mathbf{u}) \,, \tag{5.116}$$

$$m_e n_0 \frac{\partial \delta\mathbf{u}}{\partial t} = -3T_e \nabla \delta n - e n_0 \delta\mathbf{E} \,, \tag{5.117}$$

$$\nabla \cdot \delta\mathbf{E} = -\frac{1}{\varepsilon_0} e \delta n \,. \tag{5.118}$$

Wir betrachten im eindimensionalen Modell eine Fourier-Mode $\delta n \sim \delta u_x \sim \delta E_x \sim e^{ikx - i\omega t}$ und lassen im Folgenden den Index x weg. Das lineare homogene Gleichungssystem für die Fourier-Amplituden lautet

$$-\omega \delta n = -k n_0 \delta u \,, \quad -m n_0 i \omega \delta u = -3T_e i k \delta n - e n_0 \delta E \,, \quad i k \delta E = -\frac{1}{\varepsilon_0} e \delta n \,. \tag{5.119}$$

Es gibt nichttriviale Lösungen unter der Voraussetzung

$$\boxed{\omega^2 = \omega_{pe}^2 + 3\frac{T_e}{m_e} k^2} \,. \tag{5.120}$$

Diese Bedingung wird leicht gefunden, indem man z. B. δn und δE aus den obigen Gleichungen eliminiert. Die Dispersionsrelation ist das erwartete Ergebnis, das wir bereits aus der kinetischen Theorie abgeleitet haben. ∎

Beispiel 5.4 (Ionen-Schall-Wellen)

In einem unmagnetisierten Plasma existiert auch ein zweiter Lösungsast, der allgemein als der akustische Zweig bezeichnet wird. In einem Elektron-Ionen-Plasma ist er als die ionenakustische Oszillation bekannt. Für seine Ableitung können wir den Fall $T_e \gg T_i$ annehmen, was zu

$$v_{thi} \ll \frac{\omega}{k} \ll v_{the} \tag{5.121}$$

führt. Am Ende werden wir feststellen, dass dies eine konsistente Annahme ist. Offensichtlich müssen wir aufgrund der betrachteten Niederfrequenz jetzt die Ionendynamik in den Bewegungsgleichungen berücksichtigen. Die Elektronenträgheit kann vernachlässigt werden, da die Frequenzen deutlich unterhalb der Elektronenplasmafrequenz liegen. Die Elektronen sind annähernd boltzmannverteilt.

Nach Linearisierung und Fourier-Transformation des einfachen Zwei-Flüssigkeiten-Modells mit adiabatischen Ionen und isothermen Elektronen in einer eindimensionalen Beschreibung erhalten wir

$$- \omega \delta n_i = -k n_0 \delta u_i \; , \quad -m_i n_{0i} \omega \delta u_i = e n_0 \delta E \; , \tag{5.122}$$

$$0 \approx -T_e i k \delta n_e - e n_0 \delta E \; , \quad i k \delta E = \frac{1}{\varepsilon_0} e \left(\delta n_i - \delta n_e \right) \; , \tag{5.123}$$

Aus der letzten Gleichung folgen die Elektronenschwingungen

$$\delta n_e = \delta n_i - \frac{i k \varepsilon_0}{e} \delta E \; . \tag{5.124}$$

Verwendet man dies in der Impulsbilanz der Elektronen, finden wir die elektrischen Feldoszillationen in Relation zu den Ionenoszillationen,

$$\delta E = -\frac{i k T_e}{e n_o \left(1 + k^2 \lambda_{De}^2 \right)} \delta n_i \; . \tag{5.125}$$

Unter Verwendung der Impulsbilanz der Ionen drücken wir die Ionengeschwindigkeit in Bezug auf die Ionendichteoszillationen aus,

$$- m_i n_0 \omega \delta u_i = -\frac{k T_e}{\left(1 + k^2 \lambda_{De}^2 \right)} \delta n_i \; . \tag{5.126}$$

Beim Einsetzen dieser Ergebnisse in die Kontinuitätsgleichung der Ionen führt eine kurze Umstellung für nichtverschwindende Ionenoszillationen zu

$$\boxed{\omega^2 \approx \frac{k^2 c_s^2}{1 + k^2 \lambda_{De}^2}} \; , \tag{5.127}$$

wobei wir die Ionenschallgeschwindigkeit

$$c_s = \sqrt{\frac{T_e}{m_i}} \; . \tag{5.128}$$

definiert haben. Offensichtlich gilt für $T_e \gg T_i$ die anfangs getroffene Annahme. ∎

Beispiel 5.5 (Elektromagnetische Wellen)
In einem unmagnetisierten Plasma können elektromagnetische Wellen propagieren, vorausgesetzt, $\omega > \omega_{pe}$. Um dies zu zeigen, koppeln wir die Maxwell-Gleichungen für eine reine elektromagnetische Welle,

$$\nabla \times \mathbf{E} = -\frac{\partial \mathbf{B}}{\partial t} \; , \quad \nabla \times \mathbf{B} = \mu_0 \mathbf{j} + \varepsilon_0 \mu_0 \frac{\partial \mathbf{E}}{\partial t} \; , \tag{5.129}$$

an die Bewegung der Elektronen im Plasma. Durch das Kombinieren der Maxwell-Gleichungen erhalten wir unmittelbar

$$\nabla \times (\nabla \times \mathbf{E}) \equiv \nabla(\nabla \cdot \mathbf{E}) - \nabla^2 \mathbf{E} = -\mu_0 \frac{\partial \mathbf{j}}{\partial t} - \varepsilon_0 \mu_0 \frac{\partial^2 \mathbf{E}}{\partial t^2} \; . \tag{5.130}$$

Die elektrische Stromdichte $\mathbf{j}$ wird berechnet aus

$$\mathbf{j} \equiv \delta \mathbf{j} \approx \sum_\alpha n_0 e_\alpha \delta \mathbf{u}_\alpha \; . \tag{5.131}$$

Durch Linearisierung der Bewegungsgleichungen für $p_\alpha \approx 0$ erhalten wir

$$m_\alpha \frac{\partial \delta \mathbf{u}_\alpha}{\partial t} \approx e_\alpha \delta \mathbf{E} \; , \tag{5.132}$$

oder

$$\frac{\partial \mathbf{j}}{\partial t} \approx \underbrace{\sum_\alpha \frac{e_\alpha^2 n_0}{m_\alpha}}_{\equiv \varepsilon_0 \omega_p^2} \delta \mathbf{E} \; . \tag{5.133}$$

Die Wellengleichung wird dann

$$\nabla(\nabla \cdot \mathbf{E}) - \nabla^2 \mathbf{E} = -\varepsilon_0 \mu_0 \mathbf{E} - \varepsilon_0 \mu_0 \frac{\partial^2 \mathbf{E}}{\partial t^2} \; . \tag{5.134}$$

Nach Fourier-Transformation erhalten wir mit $c^2 = 1/\varepsilon_0 \mu_0$

$$\mathbf{k}(\mathbf{k} \cdot \mathbf{E}) - k^2 \mathbf{E} = \frac{\omega^2 - \omega_p^2}{c^2} \mathbf{E} \; . \tag{5.135}$$

Transversale elektromagnetische Wellen haben $\mathbf{k} \perp \mathbf{E}$, sodass

$$\boxed{\omega^2 \approx \omega_p^2 + k^2 c^2} \tag{5.136}$$

als die elektromagnetische Dispersionsrelation erscheint. Im nichtrelativistischen Grenzfall $c \gg v_{th\,e}$ ist die Null-Druck-Annahme gerechtfertigt.

Andererseits liefert die Null-Druck-Näherung für elektrostatische Schwingungen mit $\mathbf{k} \parallel \mathbf{E}$ $\omega^2 \approx \omega_p^2$ in Übereinstimmung mit den früheren Resultaten. ∎

Driftmodell

Diskutieren wir nun kurz die Abschneideprozedur für Driftwellen unter der Voraussetzung $u_E \sim \delta v_{th}$. Die angenommene Verteilungsfunktion weicht von einer Maxwell-Verteilung

$$f_M(\mathbf{v}) = \frac{n\,m^{3/2}}{(2\pi T)^{3/2}}\, e^{-\frac{m v^2}{2T}} \tag{5.137}$$

in zwei Termen ab:

$$f \approx f_M(\mathbf{v}) \left[1 + 2\frac{u_\| v_\|}{v_{th}^2} \right] - \rho \cdot \nabla f_M + \mathcal{O}(\delta^2) \,. \tag{5.138}$$

Die erste liefert die Parallelgeschwindigkeit durch

$$\int d^3 v\, f_M(\mathbf{v})\, \frac{m\, v_\| \, u_\|}{T}\, v_\| = n\, u_\| \,, \tag{5.139}$$

während die zweite zu den Driftgeschwindigkeiten führt:

$$\int d^3 v\, (-\rho \cdot \nabla f_M)\, \mathbf{v}_\perp = \frac{p}{m\Omega}\mathbf{b} \times \left(\nabla \ln p + \frac{e\nabla\phi}{T} \right) \equiv n\, \mathbf{u}_\perp \,. \tag{5.140}$$

Die anderen Momente können ebenfalls ausgewertet werden, obwohl die Algebra recht mühsam ist. Daher präsentieren wir hier keine Details. Zusammenfassend lässt sich sagen, dass wir durch Anwendung der Driftordnung in allen Gleichungen schließlich im quasineutralen Fall für $P = p_e + p_i$, $p_e \approx p_i \approx p$ und $T_e \approx T_i \approx T$ zu folgendem (Drift-)Modell gelangen [58]

$$\boxed{\frac{dn}{dt} + n\, \nabla \cdot \mathbf{u} = 0 \,,} \tag{5.141}$$

$$\boxed{\frac{dP}{dt} - \mathbf{v}_{pi} \cdot \nabla P + \frac{5}{3}\, P\, \nabla \cdot \left(\mathbf{v}_{E\times B} + \mathbf{b}\, u_\| \right) = 0 \,,} \tag{5.142}$$

$$\boxed{m_i\, n \left[\frac{d\,\mathbf{v}_{E\times B}}{dt} + \frac{d}{dt}\,(\mathbf{b}\, u_\|) - \mathbf{v}_{pi} \cdot \nabla\, (\mathbf{b}\, u_\|) \right] + \nabla P - \mathbf{j} \times \mathbf{B} = 0 \,,} \tag{5.143}$$

$$\boxed{\mathbf{E} + \mathbf{u} \times \mathbf{B} + \frac{1}{en} \left(\frac{1}{2}\nabla P - \mathbf{j} \times \mathbf{B} \right) - \eta \left[\mathbf{j} - \frac{3}{4}\frac{n}{B}\mathbf{b} \times \nabla\frac{P}{n} \right] = 0 \,.} \tag{5.144}$$

Die Gleichungen

$$\nabla \times \mathbf{B} \approx \mu_0 \mathbf{j} \,, \quad \nabla \times \mathbf{E} = -\frac{\partial \mathbf{B}}{\partial t} \,, \tag{5.145}$$

$$\frac{d}{dt} = \partial_t + \mathbf{u} \cdot \nabla \,, \quad \mathbf{v}_{E\times B} = \frac{\mathbf{E} \times \mathbf{B}}{B^2} \tag{5.146}$$

müssen ergänzt werden. Die Polarisationsdrift der Ionen ist

$$\mathbf{v}_{pi} = \frac{1}{2\Omega_i\, m_i\, n}\, \mathbf{b} \times \nabla P \,. \tag{5.147}$$

Wir haben das Problem erneut vereinfacht, indem wir von der detaillierten Beschreibung im Konfigurations- und Geschwindigkeitsraum (über die Verteilungsfunktionen f^α) zu einer reduzierten Beschreibung nur im Konfigurationsraum übergegangen sind (mittels einer endlichen Anzahl von Momenten n, $\mathbf{u}$, P, $\mathbf{B}$, ...). Wenn wir uns nicht für detaillierte Wellen-Teilchen-Resonanzen interessieren und langsame (hydrodynamische) Prozesse im Fokus stehen, ist eine solche Reduktion ratsam. Die Bewegungsgleichungen enthalten dennoch wichtige Informationen, z.B. über nichtlineare Prozesse, kollektive Effekte usw. [59–62]. Um dies zu demonstrieren, erinnern wir uns als Beispiel an die elektrostatischen Driftwellen.

Beispiel 5.6 (Elektrostatische Driftwellen)
Innerhalb des Driftmodells ist es einfach, die Dispersion von niederfrequenten Driftwellen abzuleiten, die in inhomogenen Plasmen auftreten. Diskutieren wir hier den elektrostatischen Grenzfall mit $\mathbf{E} = -\nabla\phi$ in einem konstanten Magnetfeld (Index 0: $\mathbf{B} = \mathbf{B}_0$), sodass $\nabla_\parallel = \mathbf{b}_0 \cdot \nabla$ gilt. Schließlich werden wir den nichtresistiven Fall $\eta \approx 0$ erörtern und die Ionenpolarisationsdrift v_{pi} als klein betrachten. Aufgrund von $\nabla \cdot \mathbf{v}_{E\times B} = 0$, $\nabla \cdot \mathbf{v}_{pi} = -\mathbf{v}_{pi} \cdot \nabla \ln n$ und $\nabla \cdot (\mathbf{b}\, u_\parallel) = \mathbf{b}_0 \cdot \nabla u_\parallel = \nabla_\parallel u_\parallel$ können die grundlegenden Gl.(5.141)–(5.144) erheblich vereinfacht werden. Die Gl.(5.141) wird zu

$$\frac{\partial n}{\partial t} + (\mathbf{u} - \mathbf{v}_{pi}) \cdot \nabla n \approx -n\nabla_\parallel u_\parallel \,, \tag{5.148}$$

Die parallele Komponente von (5.143) wird

$$m_i n \left(\frac{\partial}{\partial t} + (\mathbf{u} - \mathbf{v}_{pi}) \cdot \nabla \right) u_\parallel + \nabla_\parallel u_\parallel \approx 0 \,. \tag{5.149}$$

Erneut wird die parallele Komponente, nun von (5.144), verwendet, um zu finden

$$-\nabla_\parallel \phi + \frac{1}{2en} \nabla_\parallel P \approx \eta j_\parallel \approx 0 \,. \tag{5.150}$$

Bei der Linearisierung in der sogenannten slab approximation („Schichtnäherung") erhalten die Größen der nullten Ordnung den Index 0, und die ersten Ordnung wird mit dem Index 1 bezeichnet. Wir verwenden $u_{\parallel 0} = 0$ und z.B.

$$\nabla n_0 = \hat{x} n_0' \,, \quad \nabla n_1 = i\mathbf{k} n_1 \,, \quad \frac{\partial n_1}{\partial t} = -i\omega n_1 \,. \tag{5.151}$$

Wir führen weiterhin $\mathbf{k}_\perp = (\mathbf{b} \times \hat{x}) \cdot \mathbf{k} = k_y$ und

$$\omega_* \equiv -k_y \frac{T}{eB_0} \frac{P_0'}{P_0} \,, \quad \omega_E \equiv k_y \frac{\phi_0'}{B_0} \tag{5.152}$$

ein. Das führt bei den Gl. (5.148) und (5.150) zu

$$-i(\omega - \omega_E)\frac{P_1}{P_0} + i\omega_* \frac{e\phi_1}{T} \approx -i\frac{5}{3}k_\parallel u_{\parallel 1} \,, \tag{5.153}$$

$$-i(\omega - \omega_E)u_{\parallel 1} \approx -ik_\parallel \frac{P_1}{m_i n_0} \,, \tag{5.154}$$

$$\frac{P_1}{P_0} \approx \frac{e\phi_1}{T} \,. \tag{5.155}$$

Die Lösbarkeitsbedingung für nichttriviale Lösungen des linearen homogenen Systems ist

$$1 - \frac{5}{3}\frac{2k_\parallel^2 T}{m_i(\omega - \omega_E)^2} = \frac{\omega_*}{\omega - \omega_E} \,, \tag{5.156}$$

mit der genäherten Lösung

$$\boxed{\omega \approx \omega_E + \omega_* \left[1 + \frac{5}{3}\frac{2k_\parallel^2 T}{m_i \omega_*^2}\right]} \,. \tag{5.157}$$

Wir beobachten eine Doppler-Verschiebung (ω_E). Darüber hinaus ist für kleine $k_\parallel$ die charakteristische Driftwellenfrequenz ω_*. ∎

Braginskii-Gleichungen

Bisher haben wir einfache Fluidmodelle betrachtet, die z. B. den Euler-Gleichungen für neutrale Flüssigkeiten entsprechen. Die Ableitung des allgemeinen Zwei-Flüssigkeiten-Modells ist die Kernaufgabe der Transporttheorie. Das systematische Verfahren wird in einem separaten Kapitel über die lineare Transporttheorie umrissen.

Hier präsentieren wir als Zusammenfassung das Ergebnis, das zuerst von Braginskii [63] erarbeitet wurde. Für die Elektronen lauten die Bilanzen für die Teilchendichte, den Impuls und den Druck

$$\frac{dn_e}{dt} + \nabla \cdot (n_e \mathbf{u}_e) = 0 \,, \tag{5.158}$$

$$m_e n_e \left(\frac{d\mathbf{u}_e}{dt} + \mathbf{u}_e \cdot \nabla \mathbf{u}_e\right) + \nabla p_e + \nabla \cdot \overleftrightarrow{\pi}_e + e n_e (\mathbf{E} + \mathbf{u}_e \times \mathbf{B}) = \mathbf{F} \,, \tag{5.159}$$

$$\frac{3}{2}\left(\frac{dp_e}{dt} + \mathbf{u}_e \cdot \nabla p_e\right) + \frac{5}{2}p_e \nabla \cdot \mathbf{u}_e + \overleftrightarrow{\pi}_e : \nabla \mathbf{u}_e + \nabla \cdot \mathbf{q}_e = W_e \,. \tag{5.160}$$

Ein ähnlicher Satz von Gleichungen tritt für die Ionen ($Z = 1$) auf:

$$\frac{\mathrm{d}n_i}{\mathrm{d}t} + \nabla \cdot (n_i \mathbf{u}_i) = 0 \,, \tag{5.161}$$

$$m_i n_i \left(\frac{\mathrm{d}\mathbf{u}_i}{\mathrm{d}t} + \mathbf{u}_i \cdot \nabla \mathbf{u}_i \right) + \nabla p_i + \nabla \cdot \overleftrightarrow{\pi}_i - e n_i \left(\mathbf{E} + \mathbf{u}_i \times \mathbf{B} \right) = -\mathbf{F} \,, \tag{5.162}$$

$$\frac{3}{2} \left(\frac{\mathrm{d}p_i}{\mathrm{d}t} + \mathbf{u}_i \cdot \nabla p_i \right) + \frac{5}{2} p_i \nabla \cdot \mathbf{u}_i + \overleftrightarrow{\pi}_i : \nabla \mathbf{u}_i + \nabla \cdot \mathbf{q}_i = W_i \,. \tag{5.163}$$

Wir sollten $n_e \approx n_i \equiv n$ für ein vollionisiertes Elektronen-Proton-Plasma haben. Der wichtige Punkt ist, dass die Transportkoeffizienten berechnet wurden.

Für ein unmagnetisiertes Plasma mit $\Omega_e \tau_e$, $\Omega_i \tau_i \ll 1$ haben wir [63]

$$\mathbf{F} = \frac{n e \mathbf{j}}{\sigma_\parallel} - 0{,}71 n \nabla T_e \,, \quad W_i = \frac{3 m_e}{m_i} \frac{n(T_e - T_i)}{\tau_e} \,, \quad W_e = -W_i + \frac{\mathbf{j} \cdot \mathbf{F}}{n e} \,, \tag{5.164}$$

$$\mathbf{j} = -n e (\mathbf{u}_e - \mathbf{u}_i) \,, \quad \sigma_\parallel = 1{,}96 \frac{n e^2 \tau_e}{m_e} \,, \tag{5.165}$$

$$\tau_e = \frac{6 \sqrt{2} \pi^{3/2} \varepsilon_0^2 \sqrt{m_e} T_e^{3/2}}{\ln \Lambda n e^4} \,, \quad \tau_i = \frac{12 \pi^{3/2} \varepsilon_0^2 \sqrt{m_i} T_i^{3/2}}{\ln \Lambda n e^4} \,, \tag{5.166}$$

$$\mathbf{q}_e = -\kappa_\parallel^e \nabla T_e - 0{,}71 \frac{T_e}{e} \mathbf{j} \,, \ \mathbf{q}_i = -\kappa_\parallel^i \nabla T_i \,, \tag{5.167}$$

$$\kappa_\parallel^e = 3{,}2 \frac{n \tau_e T_e}{m_e} \,, \quad \kappa_\parallel^i = 3{,}9 \frac{n \tau_i T_i}{m_i} \,, \tag{5.168}$$

$$(\pi_e)_{\alpha\beta} = -\eta_0^e \left(\frac{\mathrm{d}u_\alpha}{\mathrm{d}x_\beta} + \frac{\mathrm{d}u_\beta}{\mathrm{d}x_\alpha} - \frac{2}{3} \nabla \cdot \mathbf{u}_e \delta_{\alpha\beta} \right) \,, \tag{5.169}$$

$$(\pi_i)_{\alpha\beta} = -\eta_0^i \left(\frac{\mathrm{d}u_\alpha}{\mathrm{d}x_\beta} + \frac{\mathrm{d}u_\beta}{\mathrm{d}x_\alpha} - \frac{2}{3} \nabla \cdot \mathbf{u}_i \delta_{\alpha\beta} \right) \,, \tag{5.170}$$

$$\eta_0^e = 0{,}73 n \tau_e T_e \,, \quad \eta_0^i = 0{,}96 n \tau_i T_i \,. \tag{5.171}$$

Beachte, dass $\ln \Lambda$ von der Art der Stöße abhängt und typischerweise die Größenordnung 13 in einem Fusionsplasma hat.

Für ein magnetisiertes Plasma mit $\Omega_e \tau_e$, $\Omega_i \tau_i \geq 1$ sind die entsprechenden Werte ebenfalls bekannt [63]; sie sind z. B. in [33] zu finden.

5.4 Transporttheorie

Die Transporttheorie ist ein zentrales Thema der Theoretischen Plasmaphysik. Wir unterscheiden zwischen der linearen Transporttheorie (die im ersten Teil dieses Kapitels für gerade Magnetfeldlinien beschrieben wird) und dem nichtlinearen Transport, der notwendig wird, da die lineare Transporttheorie bei starken Fluktuationen versagt (was im zweiten Teil dieses Kapitels für den sogenannten stochastischen Transport behandelt wird). Magnetfeldtopologien, wie sie beispielsweise in Tokamaks und Stellaratoren realisiert werden, erfordern selbst im linearen Regime eine Transporttheorie, die über die hier betrachtete Annäherung an gerade Magnetfeldlinien hinausgeht. Bei der Präsentation nur der grundlegenden Ideen der Transporttheorie verzichten wir auf eine Darstellung der neoklassischen Theorie, die ein eigenes Thema ist; siehe z. B. [57].

Im letzten Kapitel haben wir den Fluidansatz vorgestellt, der eine geschlossene Beschreibung wird, nachdem einige *Ad-hoc*-Annahmen über die Verteilungsfunktion(en) getroffen wurden. Die lineare Transporttheorie bietet uns ein systematisches Verfahren zur Bestimmung von Transportkoeffizienten, indem die lineare kinetische Plasmaantwort berücksichtigt wird. Der Ausgangspunkt einer linearen Transporttheorie ist somit eine kinetische Gleichung. Hier werden wir die Landau-Fokker-Planck-Gleichung verwenden; das Ziel ist es, die Koeffizienten abzuleiten, die im Abschnitt über die Braginskii-Gleichungen zusammengefasst wurden. Da die Auswertung recht aufwendig ist und die Bewertung vieler Details erfordert, werden wir hier nur einen Überblick präsentieren können. Auch die praxisorientierteren Richtungen wie den neoklassischen Transport, der aus der driftkinetischen Gleichung für tokamak- und stellaratorähnliche Magnetfeldkonfigurationen entwickelt wurde, können hier aufgrund der bereits erwähnten Platzbeschränkungen nicht behandelt werden.

Im Prinzip unterscheiden wir in der Transporttheorie zwischen den hydrodynamischen Skalen (Zeitskala T_H und Längenskala L_H, auf denen die Variationen langsam und schwach sind) und den kollisionalen Skalen (die schnell sind).

Eine kinetische Gleichung enthält im Allgemeinen ein konvektives Glied ($\mathbf{v} \cdot \nabla f$), das hauptsächlich für die nichtlinearen Terme in den Bewegungsgleichungen verantwortlich ist, sowie Stoßterme K^α. Momente variieren auf den hydrodynamischen Skalen T_H und L_H, während der Stoßterm näherungsweise durch

$$\boxed{K^{\alpha\beta} \sim \frac{1}{\tau_{R\alpha\beta}} f^\alpha}\,, \tag{5.172}$$

beschrieben wird, wobei $\tau_{R\alpha\beta}$ die Relaxationszeit durch Stöße ist. Wie bereits diskutiert wurde, sollten wir zwischen schnellen Relaxationen innerhalb einer Komponente und langsamen Austauschen zwischen den Komponenten unterscheiden. Zur Abschätzung der Größenordnungen können wir die Beziehung $T_H \sim L_H/v_{th}$ zwischen den hydrodynamischen Skalen verwenden. Somit beginnt die lineare Plasmatransporttheorie mit einem Ansatz der nullten Ordnung, der die schnellen Austausche innerhalb der Komponenten erfüllt, und bestimmt dann mithilfe einer kinetischen Gleichung die (langsame und schwache) lineare Antwort auf äußere Kräfte.

Momente in der linearen Transporttheorie

Ausgehend von dem soeben skizzierten Schema untersuchen wir zunächst die Beiträge von K^{ee} und K^{ii}. Sie sind verantwortlich für die Annäherung der lokalen Verteilungsfunktion an eine gleichgewichtsähnliche Form. In nullter Ordnung ist

$$K^{\alpha\alpha} \approx 0 \quad \text{für } \alpha = e, i \tag{5.173}$$

der Startpunkt. Die Gleichungen werden erfüllt durch Maxwell-Verteilungen

$$f_0^\alpha = n_\alpha \left(\frac{m_\alpha}{2\pi k_B T_\alpha} \right)^{3/2} \exp\left[-\frac{m_\alpha |\mathbf{v} - \mathbf{u}^\alpha|^2}{2 k_B T_\alpha} \right] , \tag{5.174}$$

die noch Felder (Momente oder plasmadynamische Variablen) enthalten. Es ist leicht zu validieren, dass

$$\frac{1}{m_\alpha} \left(\frac{\partial}{\partial v_{1\nu}} - \frac{\partial}{\partial v_{2\nu}} \right) f_0^\alpha(\mathbf{v}_1) f_0^\alpha(\mathbf{v}_2) = -\frac{1}{k_B T_\alpha} g_\nu \, f_0^\alpha(\mathbf{v}_1) \, f_0^\alpha(\mathbf{v}_2) . \tag{5.175}$$

Außerdem verschwinden die Stoßterme wegen

$$G_{\mu\nu} g_\nu = \frac{g^2 \delta_{\mu\nu} - g_\mu g_\nu}{g^3} g_\nu = 0 . \tag{5.176}$$

Hier treten genau die plasmadynamischen Variablen n_α, T_α und $\mathbf{u}^\alpha$ auf. Die allgemeinen Formen der dynamischen Gleichungen für diese wurden bereits präsentiert. Wir nehmen an, dass die zeitlichen und räumlichen Variationen der plasmadynamischen Variablen auf hydrodynamischen Skalen erfolgen,

$$n_\alpha = n_\alpha(\mathbf{x}, t) , \quad T_\alpha = T_\alpha(\mathbf{x}, t) , \quad \mathbf{u}^\alpha = \mathbf{u}^\alpha(\mathbf{x}, t) . \tag{5.177}$$

Indem wir die allgemeine Lösung einer kinetischen Gleichung als

$$\boxed{ f^\alpha = f_0^\alpha [1 + \chi^\alpha] } \tag{5.178}$$

schreiben, führen wir die Abweichung $\chi^\alpha = \chi^\alpha(\mathbf{x}, \mathbf{v}, t)$ als Abweichung von der lokalen Maxwell-Verteilung f_0^α ein. Wenn wir im Folgenden χ^α bestimmen, fordern wir, dass die

Momente von f^α exakt mit den Momenten übereinstimmen, die in f_0^α erscheinen. Mit anderen Worten,

$$\boxed{\int d^3v\, f^\alpha = \int d^3v\, f_0^\alpha = n_\alpha(\mathbf{x}, t)\,,} \tag{5.179}$$

$$\boxed{\int d^3v\, \mathbf{v}\, f^\alpha = \int d^3v\, \mathbf{v}\, f_0^\alpha = n_\alpha(\mathbf{x}, t)\mathbf{u}^\alpha(\mathbf{x}, t)\,,} \tag{5.180}$$

$$\boxed{\frac{1}{3}m_\alpha \int d^3v|\mathbf{v} - \mathbf{u}^\alpha|^2\, f^\alpha = \frac{1}{3}m_\alpha \int d^3v|\mathbf{v} - \mathbf{u}^\alpha|^2\, f_0^\alpha = n_\alpha(\mathbf{x}, t)k_B T_\alpha(\mathbf{x}, t)\,.} \tag{5.181}$$

Bevor wir die Konsequenzen für $f_0^\alpha \chi^\alpha$ und χ^α besprechen, führen wir die Relativgeschwindigkeit $\mathbf{v} - \mathbf{u}^\alpha$ ein, die wir mit der thermischen Geschwindigkeit $v_{th\alpha} = (k_B T_\alpha)^{1/2}/m_\alpha^{1/2}$ für jede Komponente α normieren. Im Folgenden lassen wir den Index α weg, sofern keine größere Verwirrung zu erwarten ist. Dann noch die Definition[1]

$$\boxed{\mathbf{c} = \mathbf{c}^\alpha = \left(\frac{m_\alpha}{k_B T_\alpha}\right)^{1/2} (\mathbf{v} - \mathbf{u}^\alpha)\,.} \tag{5.182}$$

Ähnlich führen wir anstelle von f_0^α die normierte Funktion ϕ_0^α ein, und zwar durch

$$f_0^\alpha = n_\alpha \left(\frac{m_\alpha}{k_B T_\alpha}\right)^{1/2} \phi_0^\alpha\,, \quad \phi_0 = \phi_0^\alpha = \frac{1}{(2\pi)^{3/2}}e^{-\frac{1}{2}c^2}\,. \tag{5.183}$$

Wiederum werden nicht alle Indizes explizit angeschrieben, sofern keine Verwirrung zu erwarten ist.

Wir werden χ^α in Gauß-Hermite-Polynome entwickeln. Letztere sind definiert durch

$$\tilde{H}^{(m)}_{r_1\ldots r_m}(\mathbf{c}) = (-1)^m\, e^{c^2/2}\, \frac{\partial}{\partial c_{r1}}\cdots\frac{\partial}{\partial c_{rm}}\, e^{-c^2/2}\,. \tag{5.184}$$

Der obere Index bezeichnet die Ordnung $m = 0, 1, \ldots$; die unteren Indizes zeigen, welche m Komponenten bei den Ableitungen bezüglich der Geschwindigkeitskomponenten $r_1, \ldots, r_m$ verwendet werden.

Die Hermite-Polynome sind geeignet, da wir eine gaußsche (maxwellsche) Verteilung als Gewichtsfunktion haben. Die Entwicklung wird formal geschrieben als

---

[1] Bitte nicht mit der Vakuumlichtgeschwindigkeit verwechseln!

$$\chi^{\alpha}(\mathbf{x}, \mathbf{c}, t) = \sum_{m=0}^{\infty} \frac{1}{m!} \tilde{h}_{r_1...r_m}^{\alpha(m)}(\mathbf{x}, t) \tilde{H}_{r_1...r_m}^{(m)}(\mathbf{c}) \tag{5.185}$$

mit den Entwicklungskoeffizienten

$$\tilde{h}_{r_1...r_m}^{\alpha(m)}(\mathbf{x}, t) = \int d^3 c \, \phi_0(c) \chi^{\alpha}(\mathbf{x}, \mathbf{c}, t) \tilde{H}_{r_1...r_m}^{(m)}(\mathbf{c}) . \tag{5.186}$$

Die Einstein-Konvention zur Summation über wiederholte Geschwindigkeitsindizes $r_\nu = x, y, z$ wurde angewendet. Durch Kontraktion der Indizes erhalten wir z. B.

$$\hat{H}^{(2n)}(\mathbf{c}) = \sum_{s_1,...,s_n} \tilde{H}_{s_1 s_1 s_2 s_2 ... s_n s_n}^{(2n)}(\mathbf{c}) , \tag{5.187}$$

$$\hat{H}_r^{(2n+1)}(\mathbf{c}) = \sum_{s_1,...,s_n} \tilde{H}_{r s_1 s_1 ... s_n s_n}^{(2n+1)}(\mathbf{c}) , \tag{5.188}$$

$$\hat{H}_{r_1 r_2}^{(2n)}(\mathbf{c}) = \sum_{s_1,...,s_{n-1}} \tilde{H}_{r_1 r_2 s_1 s_1 ... s_{n-1} s_{n-1}}(\mathbf{c}) - \frac{1}{3}\delta_{r_1 r_2} \hat{H}^{(2n)}(\mathbf{c}) \tag{5.189}$$

und so weiter. In der sogenannten irreduziblen Darstellung nutzen wir

$$H^{(0)} = 1 \, , \quad H^{(2)} = \frac{1}{\sqrt{6}}(c^2 - 3) \, , \quad H^{(4)} = \frac{1}{2\sqrt{30}}(c^4 - 10c^2 + 15) \, , \ldots \tag{5.190}$$

$$H_r^{(1)} = c_r \, , \quad H_r^{(3)} = \frac{1}{\sqrt{10}}c_r(c^2 - 5) \, , \quad H_r^{(5)} = \frac{1}{2\sqrt{70}} \, c_r(c^4 - 14c^2 + 35) \, , \ldots \tag{5.191}$$

$$H_{rs}^{(2)} = \frac{1}{\sqrt{2}}(c_r c_s - \frac{1}{3}\delta_{rs}c^2) \, , \quad H_{rs}^{(4)} = \frac{1}{2\sqrt{7}}(c_r c_s - \frac{1}{3}\delta_{rs}c^2)(c^2 - 7) \, , \ldots \tag{5.192}$$

$$H_{rsp}^{(3)} = c_r c_s c_p - \frac{1}{5}c^2(c_r \delta_{sp} + c_s \delta_{rp} + c_p \delta_{rs}) \, \ldots \tag{5.193}$$

und so weiter. Diese sind jeweils skalare, vektorielle und tensorielle Größen. Da jeder symmetrische Tensor vom Rang ≥ 2 (hier $\tilde{H}_{r_1...r_m}^{(m)}$) eindeutig in irreduzible Komponenten zerlegt werden kann, können wir $\tilde{H}_{r_1...r_m}^{(m)}$ in Bezug auf die gerade definierten Größen $H_{r_1 r_2 ... r_\nu}^{(\nu+\mu)}$, $\nu = 0, 1, 2, \ldots, \mu = 0, 2, 4$ ausdrücken, z. B.

$$\tilde{H}_{rs}^{(2)} = \sqrt{2} \left(H_{rs}^{(2)} + \frac{1}{\sqrt{3}} H^{(2)} \delta_{rs} \right) . \tag{5.194}$$

Das führt zur Entwicklung

$$\chi^\alpha = \sum_{m=0}^{\infty} h^{\alpha(2m)}(\mathbf{x}, t) H^{(2m)}(\mathbf{c}) + \sum_{m=0}^{\infty} h_r^{\alpha(2m+1)}(\mathbf{x}, t) H_r^{(2m+1)}(\mathbf{c})$$

$$+ \sum_{m=1}^{\infty} h_{rs}^{\alpha(2m)}(\mathbf{x}, t) H_{rs}^{(2m)}(\mathbf{c}) + \dots \tag{5.195}$$

Die Koeffizienten h erfüllen

$$h_{r_1 \dots r_n}^{\alpha(m)} = \int d^3c\, \phi_0(c) \chi^\alpha(\mathbf{x}, \mathbf{c}, t) H_{r_1 \dots r_n}^{(m)}(\mathbf{c}) \ . \tag{5.196}$$

Aufgrund der Einschränkungen

$$\int d^3c\, \phi_0 \chi^\alpha = \int d^3c\, \phi_0 c_r\, \chi^\alpha = \int d^3c \phi_0\, c^2 \chi^\alpha = 0 \tag{5.197}$$

ergibt sich

$$h^{\alpha(0)} = h_r^{\alpha(1)} = h^{\alpha(2)} = 0 \ . \tag{5.198}$$

Da

$$\int d^3c\, 1\, H_{rs}^{(2)} \phi_0 = 0 \ , \tag{5.199}$$

kann der dissipative Anteil des Drucktensors π_{rs}^α ausgedrückt werden durch

$$\boxed{\pi_{rs}^\alpha = \sqrt{2}\, n_\alpha\, k_B T_\alpha\, h_{rs}^{\alpha(2)}} \ . \tag{5.200}$$

Ähnlich folgt für den Wärmefluss

$$\boxed{q_r^\alpha = \left(\frac{5}{2}\right)^{1/2} m_\alpha \left(\frac{k_B T_\alpha}{m_\alpha}\right)^{3/2} n_\alpha\, h_r^{\alpha(3)}} \ . \tag{5.201}$$

Bisher ist die Berechnung exakt. Die Koeffizienten auf der rechten Seite sind jedoch noch unbestimmt. Um fortzufahren, schneiden wir die Entwicklung ab und nehmen an, dass die vektoriellen und spurfreien Polynome zweiter Ordnung ausreichen, um schwach anisotrope Situationen zu beschreiben. Mit anderen Worten, wir werden nur die Polynome $H^{(\dots)}$, $H_r^{(\dots)}$ und $H_{rs}^{(\dots)}$ als Basisfunktionen verwenden. Dann lautet die endliche Entwicklung

$$\chi^\alpha(\mathbf{x}, \mathbf{c}, t) \approx \sum_r c_r B_r^\alpha(c; \mathbf{x}, t) + \sum_{r,s}(c_r c_s - \frac{1}{3} c^2 \delta_{rs}) C_{rs}^\alpha(c; \mathbf{x}, t) \ . \tag{5.202}$$

Die Koeffizienten B und C enthalten weiterhin die Summation über m.

Aus praktischen Gründen müssen wir auch diese Summation abschneiden. Innerhalb der *13-Momente-Approximation* verwenden wir nur

$$c_r B_r^\alpha \approx h_r^{\alpha(3)} H_r^{(3)} \,, \quad (c_r c_s - \frac{1}{3} c^2 \delta_{rs}) C_{rs}^\alpha \approx h_{rs}^{\alpha(2)} H_{rs}^{(2)} \,. \tag{5.203}$$

Die nächstbessere Approximation ist die *21-Momente-Approximation;* sie verwendet

$$c_r B_r^\alpha \approx h_r^{\alpha(3)} H_r^{(3)} + h_r^{\alpha(5)} H_r^{(5)} \,, \quad (c_r c_s - \frac{1}{3} c^2 \delta_{rs}) C_{rs}^\alpha \approx h_{rs}^{\alpha(2)} H_{rs}^{\alpha(2)} + h_{rs}^{\alpha(4)} H_{rs}^{(4)} \,.$$
$$\tag{5.204}$$

Der Genauigkeitsgrad kann weiter verbessert werden, z. B. durch die *29-Momente-Approximation*

$$c_r B_r^\alpha \approx h_r^{\alpha(3)} H_r^{(3)} + h_r^{\alpha(5)} H_r^{(5)} + h_r^{\alpha(7)} H_r^{(7)} \,, \tag{5.205}$$

$$(c_r c_s - \frac{1}{3} c^2 \delta_{rs}) C_{rs}^\alpha \approx h_{rs}^{\alpha(2)} H_{rs}^{\alpha(2)} + h_{rs}^{\alpha(4)} H_{rs}^{\alpha(4)} + h_{rs}^{\alpha(6)} H_{rs}^{\alpha(6)} \,, \tag{5.206}$$

die acht mehr Momente enthält.

Wie zählen wir die Momente? Die 13-Momente-Approximation besteht aus den fünf plasmadynamischen Variablen n_α, u_r^α und T_α, den drei Komponenten $h_r^{\alpha(3)}$ und den fünf unabhängigen Einträgen des symmetrischen und spurfreien Tensors $h_{rs}^{\alpha(2)}$. Offensichtlich wird die Vielzahl aufgrund der verschiedenen Spezies α nicht gezählt.

Die nächste Approximation enthält zusätzlich drei Vektor- und fünf Tensorkomponenten. Die Reihe der Approximationen würde 13, 21, 29, 37, ... Momente umfassen. Eine Erhöhung der Anzahl der Variablen um acht führt zu einer besseren Approximation; die Leistung der Approximation kann leicht überprüft werden. Die Unterschiede zwischen der 13-Momente-Approximation und der 21-Momente-Approximation sind im Allgemeinen signifikant, während die 29-Momente-Approximation normalerweise nicht viel verbessert.

Zusammenfassend führen wir zwei Schritte durch. Die Abweichungen von der Anisotropie werden nur über die vektoriellen und Rang-2-Tensoren berücksichtigt. Die Beiträge dieser beiden nichtskalaren Teile werden nacheinander in der 13-, 21- oder 29-Momente-Approximation berechnet. Zum Beispiel haben wir neben den plasmadynamischen Variablen $n_e, n_i, T_e, T_i, \mathbf{u}^e$ und $\mathbf{u}^i$ in der 13-Momente-Approximation zusätzlich $h_r^{\alpha(3)}$ und $h_{rs}^{\alpha(2)}$. In der 21-Momente-Approximation kommen neue Elemente hinzu: $h_r^{\alpha(3)}, h_r^{\alpha(5)}, h_{rs}^{\alpha(2)}, h_{rs}^{\alpha(4)}$. In der 29-Momente-Approximation werden $h_r^{\alpha(3)}, h_r^{\alpha(5)}, h_r^{\alpha(7)}, h_{rs}^{\alpha(2)}, h_{rs}^{\alpha(4)}$ und $h_{rs}^{\alpha(6)}$ hinzugefügt. In allen Fällen haben wir $h^{\alpha(0)} = h^{\alpha(2)} = h_r^{\alpha(1)} = 0$.

Einige der Momente sind privilegiert [44]. Wenn wir zu den hydrodynamischen Variablen ρ, $\sigma \approx 0$, $\mathbf{u}$, T_e, T_i und $\mathbf{j}$ übergehen, führen wir $j_r \equiv e n_e (T_e/m_e)^{1/2} h_r^{(1)}$ (neue Definition von $h_r^{(1)}$) ein und finden $\pi_{rs}^\alpha \sim h_{rs}^{\alpha(2)}$ und $q_r^\alpha \sim h_r^{\alpha(3)}$. Dies sind die privilegierten Momente im Vergleich zu $h_r^{\alpha(5)}$, $h_{rs}^{\alpha(4)}$, ... Der Grund für diese Bezeichnung wird bald offensichtlich werden.

Wir gehen nun auf die 21-Momente-Approximation im quasineutralen Fall $\sigma \approx 0$ ein. Der Verschiebungsstrom wird in den Maxwell-Gleichungen vernachlässigt, sodass $\nabla \cdot \mathbf{j} \approx 0$ und $\partial_t \sigma \approx 0$ folgen. Wir beginnen mit

$$\partial_t \rho + \nabla \cdot (\rho \mathbf{u}) = 0 \,, \tag{5.207}$$

$$\begin{aligned}
\partial_t (\rho u_r) = {}& - \nabla_s (\rho u_r u_s) - \frac{Z k_B}{m_i} \nabla_r \left[\rho \left(T_e + \frac{1}{Z} T_i \right) \right] \\
& - \sqrt{2} \frac{Z k_B}{m_i} \nabla_s \left[\rho \left(T_e\, h_{rs}^{e(2)} + \frac{1}{Z} T_i\, h_{rs}^{i(2)} \right) \right] + e \frac{Z \rho}{m_i} \left(\frac{k_B T_e}{m_e} \right)^{1/2} \varepsilon_{rsm} h_s^{(1)} B_m \,,
\end{aligned}$$
$$\tag{5.208}$$

$$\begin{aligned}
\partial_t T_e = {}& - \mathbf{u} \cdot \nabla T_e - \frac{2}{3} T_e \nabla \cdot \mathbf{u} + \left(\frac{k_B T_e}{m_e} \right)^{1/2} h_r^{(1)} \nabla_r T_e + \frac{2}{3} T_e \nabla_r \left[\left(\frac{k_B T_e}{m_e} \right)^{1/2} h_r^{(1)} \right] \\
& - \frac{2\sqrt{2}}{3} T_e\, h_{rs}^{e(2)} \nabla_r u_s + \frac{2\sqrt{2}}{3} T_e\, h_{rs}^{e(2)} \nabla_r \left[\left(\frac{k_B T_e}{m_e} \right)^{1/2} h_s^{(1)} \right] \\
& - \frac{\sqrt{10}}{3} \frac{1}{\rho} \nabla_r \left[\rho T_e \left(\frac{k_B T_e}{m_e} \right)^{1/2} h_r^{e(3)} \right] - \frac{1}{Z k_B} Q^{(2)} - \frac{2}{3} T_e\, h_n^{(1)} Q_n^{(1)} \,, \tag{5.209}
\end{aligned}$$

$$\begin{aligned}
\partial_t T_i = {}& - \mathbf{u} \cdot \nabla T_i - \frac{2}{3} T_i \nabla \cdot \mathbf{u} - \frac{2\sqrt{2}}{3} T_i\, h_{rs}^{i(2)} \nabla_r u_s \\
& - \frac{\sqrt{10}}{3} \frac{1}{\rho} \nabla_r \left[\rho\, T_i \left(\frac{k_B T_i}{m_i} \right)^{1/2} h_r^{i(3)} \right] + \frac{1}{k_B} Q^{(2)} \,. \tag{5.210}
\end{aligned}$$

Dabei sind

$$Q^{(2)} = \frac{2}{3} \frac{m_i}{\rho} Q^{ie} \,, \quad Q_r^{(1)} = - \frac{m_i}{Z \rho m_e} \left(\frac{m_e}{k_B T_e} \right)^{1/2} R_r^{ei} \,. \tag{5.211}$$

Zusätzlich haben wir die dynamischen Gleichungen für die Koeffizienten, nämlich

$$\partial_t h_r^{(1)} = \left(\frac{m_e}{k_B T_e}\right)^{1/2} \left[\frac{e}{m_e} E_r + \frac{1}{m_e n_e}\nabla_r(n_e k_B T_e) + \frac{e}{m_e}\varepsilon_{rmn} u_m B_n\right]$$
$$- \frac{e}{m_e}\varepsilon_{rmn} h_m^{(1)} B_n + Q_r^{(1)} + L_r^{(1)} + C_r^{(1)} + N_r^{(1)}, \tag{5.212}$$

wobei

$$L_r^{(1)} = \sqrt{2}\left(\frac{k_B T_e}{m_e}\right)^{1/2} \frac{1}{\rho k_B T_e}\nabla_s\left[\rho\left(k_B T_e\, h_{rs}^{e(2)} - Z\mu\, k_B T_i\, h_{rs}^{i(2)}\right)\right], \tag{5.213}$$

$$C_r^{(1)} = -\mathbf{u}\cdot\nabla h_r^{(1)} - h_m^{(1)}\nabla_m u_r + \frac{1}{3}h_r^{(1)}\nabla\cdot\mathbf{u}$$
$$+ \frac{\sqrt{2}}{3}h_r^{(1)} h_{mn}^{e(2)}\nabla_m\left[u_n - \left(\frac{k_B T_e}{m_e}\right)^{1/2} h_n^{(1)}\right], \tag{5.214}$$

$$N_r^{(1)} = \left(\frac{k_B T_e}{m_e}\right)^{1/2}\left[\frac{\sqrt{10}}{6}h_r^{(1)}\frac{1}{\rho\,(k_B T_e)^{3/2}}\nabla_m\left(\rho\,(k_B T_e)^{3/2}\, h_m^{e(3)}\right)\right. \tag{5.215}$$
$$\left. + h_m^{(1)}\nabla_m h_r^{(1)} - \frac{1}{3}h_r^{(1)}\frac{1}{(k_B T_e)^{1/2}}\nabla_m\left((k_B T_e)^{1/2} h_m^{(1)}\right)\right] - \frac{1}{3}h_r^{(1)} h_n^{(1)} Q_n^{(1)}\,.$$

Die übrigen nichtprivilegierten Momentegleichungen sind

$$\partial_t h_r^{\alpha(3)} = -\left(\frac{5}{2}\right)^{1/2}\left(\frac{k_B T_\alpha}{m_\alpha}\right)^{1/2}\frac{1}{T_\alpha}\nabla_r T_\alpha$$
$$+ \frac{e_\alpha}{m_\alpha}\varepsilon_{rmn} h_m^{\alpha(3)} B_n + Q_r^{\alpha(3)} + L_r^{\alpha(3)} + M_r^{(3)} + C_r^{\alpha(3)} + N_r^{\alpha(3)}\,, \tag{5.216}$$

$$\partial_t h_r^{\alpha(5)} = \frac{e_\alpha}{m_\alpha c}\varepsilon_{rmn} h_m^{\alpha(5)} B_n + Q_r^{\alpha(5)} + L_r^{\alpha(5)} + M_r^{(5)} + C_r^{\alpha(5)} + N_r^{\alpha(5)}\,, \tag{5.217}$$

$$\partial_t h_{rs}^{\alpha(2)} = -\frac{1}{\sqrt{2}}\tau_{rs|pq}\nabla_p u_q + \frac{2e_\alpha}{m_\alpha c}\tau_{rs|pq}\varepsilon_{pmn} h_{qm}^{\alpha(2)} B_n$$
$$+ Q_{rs}^{\alpha(2)} + L_{rs}^{\alpha(2)} + M_{rs}^{\alpha(2)} + C_{rs}^{\alpha(2)} + N_{rs}^{\alpha(2)}\,, \tag{5.218}$$

$$\partial_t h_{rs}^{\alpha(4)} = \frac{2e_\alpha}{m_\alpha c}\tau_{rs|pq}\varepsilon_{pmn} h_{qm}^{\alpha(4)} B_n + Q_{rs}^{\alpha(4)} + L_{rs}^{\alpha(4)} + M_{rs}^{\alpha(4)} + C_{rs}^{\alpha(4)} + N_{rs}^{\alpha(4)}\,. \tag{5.219}$$

Der Operator $\tau_{rs|pq}$ ist ein Symmetrisierungsoperator,

$$\tau_{rs|pq} = \frac{1}{2}\left(\delta_{rp}\delta_{sq} + \delta_{rq}\delta_{sp} - \frac{1}{3}\delta_{rs}\delta_{pq}\right); \tag{5.220}$$

die Stoßbeiträge sind in

$$Q^{\alpha(m)}_{r_1 r_2 \ldots} = \frac{1}{n_\alpha} \int d^3v \, H^{(m)}_{r_1 r_2 \ldots} \left[\left(\frac{m_\alpha}{k_B T_\alpha} \right)^{1/2} (\mathbf{v} - \mathbf{u}^\alpha) \right] K^\alpha \,. \tag{5.221}$$

enthalten. Weiter erkennen wir

$$Q^{(1)}_r, Q^{(2)} \sim \mathcal{O}\left(\frac{m_e}{m_i} \right) , \tag{5.222}$$

und wir werden diese Beiträge in der niedrigsten Ordnung vernachlässigen. Darüber hinaus, da wir eine lineare Transporttheorie entwickeln, werden nichtlineare Terme wie $-\frac{2}{3} T_e \, h^{(1)}_n \, Q^{(1)}_n$ oder $N^{(1)}_r$ zunächst ignoriert. Dies impliziert, dass die dynamischen Gleichungen für ρ, $\mathbf{u}$, T_e und T_i keine kollisionalen Terme explizit enthalten (ρ, $\mathbf{u}$, T_e und T_i sind quasierhaltene hydrodynamische Momente).

Die dynamischen Gleichungen für ρ, $\mathbf{u}$, T_e und T_i bilden eine *erste Gruppe* – die sogenannten *hydrodynamischen* Plasmagleichungen. Diese Gleichungen enthalten neben ρ, $\mathbf{u}$, T_e und T_i eine *zweite Gruppe* von Variablen, nämlich $h^{(1)}_r$, $h^{\alpha(2)}_{rs}$, $h^{\alpha(3)}_r$, die als *privilegierte nichthydrodynamische* Momente bezeichnet werden.

Die dynamischen Gleichungen für $j_r \sim h^{(1)}_r$ (generalisiertes ohmsches Gesetz) und $q^\alpha_r \sim h^{\alpha(3)}_r$ (Wärmeleitungsgleichung) sowie für den dissipativen Teil des Drucktensors $\pi^\alpha_{rs} \sim h^{\alpha(2)}_{rs}$ bilden die *zweite Gruppe* von Gleichungen. Im Vergleich zum Rest ist die zweite Gruppe privilegiert, da sie Quellterme enthält. Letztere sind Gradienten von ρ, $\mathbf{u}$, T_e, T_i sowie die elektrodynamischen Felder. In einer allgemeineren Terminologie werden sie als thermodynamische Kräfte bezeichnet. Wie wir sehen werden, sind die Quellterme in den Gleichungen für $h^{(1)}$, $h^{\alpha(2)}_{rs}$ und $h^{\alpha(3)}_r$ der Grund für die funktionale Abhängigkeit der privilegierten nichthydrodynamischen Variablen von den hydrodynamischen Variablen, was ein sinnvolles Abschneiden der Hierarchie nahelegt.

Bevor wir in weitere Details gehen, wollen wir die Terme Q, L, M, C und N qualifizieren. Wir beginnen mit den Stoßbeiträgen $Q^{(2)}$, $Q^{(1)}_r$, ..., $Q^{\alpha(m)}_{r_1 r_2}$ .... Sie sind klar definiert in Bezug auf die Verteilungsfunktionen f^α, die im Stoßterm K^α der kinetischen Gleichung auftreten. Wenn wir dort die Entwicklung der Verteilungsfunktion in Bezug auf Hermite-Polynome einsetzen, stehen wir vor einem unkomplizierten, aber algebraisch überladenen Problem, das wir hier nicht in allen Einzelheiten darstellen. Die endgültigen Ergebnisse [44] beginnen mit

$$Q^{(2)} = -\frac{2Z}{\tau_e} \frac{m_e}{m_i} k_B (T_i - T_e) \,, \tag{5.223}$$

was von der Ordnung m_e/m_i ist wegen

$$\tau_e = \frac{3(4\pi\varepsilon_0)^2}{4\sqrt{2\pi}}\,\frac{m_e^{1/2}T_e^{3/2}}{n_i\,Z^2\,e^4\,\ln\Lambda_B}\,, \tag{5.224}$$

bei

$$\ln\Lambda_B = 4\pi\varepsilon_0\frac{3(T_e+T_i)\lambda_D}{2Ze^2}\,,\quad \lambda_D = \left[\frac{Ze^2(n_eT_e+n_iT_i)}{\varepsilon_0T_eT_i(1+Z)}\right]^{-12}. \tag{5.225}$$

Die anderen Terme werden in Standardnotation [44] geschrieben, indem wir $Q_r^{e(1)} = Q_r^{(1)}$ und $h_r^{e(1)} = h_r^{(1)}$ einführen. Innerhalb einer linearen Approximation folgt

$$Q_r^{e(2n+1)} = \sum_{m=0}^{3} C_{2n+1,2m+1}\,h_r^{e(2m+1)}\,,\quad Q_r^{i(2n+1)} = \sum_{m=1}^{3}\overline{C}_{2n+1,2m+1}h_r^{i(2m+1)}\,, \tag{5.226}$$

$$Q_{rs}^{e(2n)} = \sum_{m=1}^{3} C_{2n,2m}h_{rs}^{e(2m)}\,,\quad Q_{rs}^{i(2n)} = \sum_{m=1}^{3}\overline{C}_{2n,2m}h_{rs}^{i(2m)}\,, \tag{5.227}$$

für $n = 0, 1, 2, 3$. Hier sind $C_{v,\mu}$ und $\overline{C}_{v,\mu}$ [44] als Produkte von numerischen Konstanten mit τ_e^{-1} (für Elektronen) oder τ_i^{-1} (für Ionen) angegeben. Beachte, dass

$$\tau_i = \left(\frac{m_i}{m_e}\right)^{1/2}Z^{-2}\left(\frac{T_i}{T_e}\right)^{3/2}\tau_e\,. \tag{5.228}$$

Die *hierarchischen* Terme L enthalten höhere Momente. Später werden wir die Terme

$$L_{rs}^{\alpha(2)} = -\frac{2}{\sqrt{5}}\tau_{rs|pq}\left(\frac{k_BT_\alpha}{m_\alpha}\right)^{1/2}\frac{1}{n_\alpha T_\alpha^{3/2}}\nabla_p\left(n_\alpha\,T_\alpha^{3/2}\,h_q^{\alpha(3)}\right)\,, \tag{5.229}$$

$$L_r^{\alpha(3)} = -\left(\frac{14}{5}\frac{k_BT_\alpha}{m_\alpha}\right)^{1/2}\frac{1}{n_\alpha T_\alpha^2}\nabla_m\left(n_\alpha\,T_\alpha^2\,h_{rm}^{\alpha(4)}\right) \tag{5.230}$$

genauer betrachten. Die Terme M enthalten Ableitungen niedrigerer Momente. Wir werden später insbesondere die Terme

$$M_{rs}^{\alpha(2)} = \begin{cases}\sqrt{2}\tau_{rs|pq}\left(\frac{k_BT_e}{m_e}\right)^{1/2}\nabla_p h_q^{(1)} & \text{für } \alpha = e,\\ 0 & \text{für } \alpha = i,\end{cases} \tag{5.231}$$

und

$$M_r^{\alpha(3)} = -\frac{2}{\sqrt{5}}\left(\frac{k_BT_\alpha}{m_\alpha}\right)^{1/2}T_\alpha^{-7/2}\nabla_m\left(T_\alpha^{7/2}\,h_{rm}^{\alpha(2)}\right) \tag{5.232}$$

genauer betrachten. Die *konvektiven* Terme C enthalten Momente gleicher oder niedrigerer Ordnung sowie $\mathbf{u}^\alpha$ und dessen Ableitungen. In der folgenden Diskussion werden insbesondere

$$C_{rs}^{\alpha(2)} = -\mathbf{u}^\alpha \cdot \nabla h_{rs}^{\alpha(2)} + \frac{2}{3} h_{rs}^{\alpha(2)} \nabla \cdot \mathbf{u}^\alpha - 2\tau_{rs|pq} h_{pm}^{\alpha(2)} \nabla_m u_q^\alpha + \frac{2\sqrt{2}}{3} h_{rs}^{\alpha(2)} h_{mn}^{\alpha(2)} \nabla_n u_m^\alpha \quad (5.233)$$

und

$$C_r^{\alpha(3)} = -\mathbf{u}^\alpha \cdot \nabla h_r^{\alpha(3)} - \frac{7}{5} h_m^{\alpha(3)} \nabla_m u_r^\alpha - \frac{2}{5} h_m^{\alpha(3)} \nabla_r u_m^\alpha + \frac{3}{5} h_r^{\alpha(3)} \nabla \cdot \mathbf{u}^\alpha + \sqrt{2} h_r^{\alpha(3)} h_{ns}^{\alpha(2)} \nabla_n u_s^\alpha$$

$$(5.234)$$

relevant. Wie schon früher bemerkt, werden die nichtlinearen Terme N ignoriert.

Das hydrodynamische Regime in der (linearen) Transporttheorie

Wir beginnen nun mit einer Reduktion der grundlegenden Gleichungen. Wir stellen fest, dass die hydrodynamischen Gleichungen für ρ, $\mathbf{u}$, T_e und T_i keine Stoßbeiträge enthalten, sofern $Q^{(2)}$ für $T_i \approx T_e$ und $m_e \ll m_i$ vernachlässigt wird. Der Rest der Gleichungen enthält zwei charakteristische Zeitmaßstäbe: die kollisionalen, $\tau_{coll} = \max(\tau_e, \tau_i)$, wobei normalerweise $\tau_{coll} \approx \tau_i$ ist, und die hydrodynamische Zeit $\tau_H = T_H$. Letztere tritt in die Gleichungen für die privilegierten nichthydrodynamischen Momente über die thermodynamischen Kräfte (z. B. Gradienten der hydrodynamischen Variablen) ein. Wir definieren

$$\frac{1}{\tau_{T_\alpha}} = v_{th\,\alpha} |\nabla \ln T_\alpha| \,, \quad \frac{1}{\tau_\rho} = v_{th\,e} |\nabla \ln \rho| \,, \quad \frac{1}{\tau_u} = |\nabla u| \,, \quad \frac{1}{\tau_E} = \frac{e}{m_e v_{th\,e}} E \,. \quad (5.235)$$

Die hydrodynamische Zeit τ_H ist dann von der Größenordnung

$$\boxed{\tau_H \sim \min(\tau_\rho, \tau_{T_\alpha}, \tau_u, \tau_E)} \,. \quad (5.236)$$

Das Verhältnis von τ_{coll} und τ_H bildet den Kleinheitsparameter

$$\boxed{\lambda_H = \tau_{coll}/\tau_H \ll 1} \,, \quad (5.237)$$

welcher in der linearen Transporttheorie verwendet wird.

Um zu analysieren, wie Stoßeffekte zur Entwicklung der hydrodynamischen Variablen beitragen, schreiben wir formal, z. B.

$$\partial_t h^{(1)} = \frac{\tilde{H}}{\tau_H} - \frac{\tilde{B} h^{(1)}}{\tau_B} + \frac{\tilde{Q}^{(1)}}{\tau_{coll}} + L^{(1)} + C^{(1)} + N^{(1)} \,. \quad (5.238)$$

Der Ausdruck $\tilde{H}$ steht für den Quellterm der hydrodynamischen Variablen, $\tilde{B}$ ist der Beitrag der magnetischen Felder, $\tilde{Q}^{(1)}$ ist der Stoßbeitrag, $L^{(1)}$ der hierarchische, $C^{(1)}$ der konvektive und $N^{(1)}$ der nichtlineare Beitrag (sofern überhaupt betrachtet). Eine neue Zeit, τ_B, die die Gyration im externen Magnetfeld erfasst, erscheint. Sie kann durch $\tau_B \approx |\Omega_e^{-1}|$ oder

$\tau_B \approx \Omega_i^{-1}$ abgeschätzt werden, je nach betrachteter Spezies. Grundsätzlich könnten wir τ_B im Verhältnis zu τ_{coll} einordnen. Wir verzichten darauf und lassen den Term $\tilde{B}$ ohne eine zusätzliche Ordnung (sagen wir, von der Größenordnung eins). Das Gleichgewicht des $\tilde{Q}^{(1)}$-Terms mit dem $\tilde{H}$-Term deutet auf die Skalierung

$$h^{(1)} \sim \mathcal{O}(\lambda_H) \,, \tag{5.239}$$

hin, da $\tilde{H}$ im Gegensatz zu $\tilde{Q}$ keinen Beitrag von $h^{(1)}$ enthält. Bis zur ersten Ordnung in λ_H erhalten wir

$$\partial_t h^{(1)} + \frac{\tilde{B} h^{(1)}}{\tau_B} \approx \frac{\tilde{H}}{\tau_H} + \frac{\tilde{Q}^{(1)}}{\tau_{coll}} \,. \tag{5.240}$$

Die Terme $L^{(1)}$, $C^{(1)}$ und $N^{(1)}$ sind von höherer Ordnung (wie aus (5.238) nach der Multiplikation mit τ_{coll} ersichtlich ist: $h^{(1)} \sim \lambda_H$, $N^{(1)} \tau_{coll} \sim \lambda_H^2$ usw.).

Die Gleichungen für die nichthydrodynamischen Momente lauten nun in der 21-Momente-Approximation

$$\partial_t h_r^{(1)} - \Omega_e \, \varepsilon_{rmn} h_m^{(1)} b_n = -\frac{1}{\tau_e} \left[c_{11} h_r^{(1)} + c_{13} h_r^{e(3)} + c_{15} h_r^{e(5)} \right]$$
$$+ \left(\frac{m_e}{k_B T_e} \right)^{1/2} \left[\frac{e}{m_e} E_r + \frac{1}{m_e \rho} \nabla_r (\rho k_B T_e) + \frac{e}{m_e c} \varepsilon_{rmn} u_m B_n \right] , \tag{5.241}$$

$$\partial_t h_r^{e(3)} - \Omega_e \, \varepsilon_{rmn} h_m^{e(3)} b_n = -\frac{1}{\tau_e} \left[c_{31} h_r^{(1)} + c_{33} h_r^{e(3)} + c_{35} h_r^{e(5)} \right]$$
$$- \left(\frac{5}{2} \right)^{1/2} \left(\frac{k_B T_e}{m_e} \right)^{1/2} \frac{1}{T_e} \nabla_r T_e, \tag{5.242}$$

$$\partial_t h_r^{e(5)} - \Omega_e \, \varepsilon_{rmn} h_m^{e(5)} b_n = -\frac{1}{\tau_e} \left[c_{51} h_r^{(1)} + c_{53} h_r^{e(3)} + c_{55} h_r^{e(5)} \right], \tag{5.243}$$

$$\partial_t h_{rs}^{e(2)} - \Omega_e \left(\varepsilon_{rmn} h_{sm}^{e(2)} + \varepsilon_{smn} h_{rm}^{e(2)} \right) b_n$$
$$= -\frac{1}{\tau_e} \left[c_{22} h_{rs}^{e(2)} + c_{24} h_{rs}^{e(4)} \right] - \sqrt{2} \tau_{rs|pq} \nabla_p u_q, \tag{5.244}$$

$$\partial_t h_{rs}^{e(4)} - \Omega_e \left(\varepsilon_{rmn} h_{sm}^{e(4)} + \varepsilon_{smn} h_{rm}^{e(4)} \right) b_n = -\frac{1}{\tau_e} \left[c_{42} h_{rs}^{e(2)} + c_{44} h_{rs}^{e(4)} \right], \tag{5.245}$$

$$\partial_t h_r^{i(3)} - \Omega_i \, \varepsilon_{rmn} h_m^{i(3)} b_n = -\frac{1}{\tau_i} \left[\bar{c}_{33} h_r^{i(3)} + \bar{c}_{35} h_r^{i(5)} \right] - \left(\frac{5}{2} \right)^{1/2} \left(\frac{k_B T_i}{m_i} \right)^{1/2} \frac{1}{T_i} \nabla_r T_i \,, \tag{5.246}$$

$$\partial_t h_r^{i(5)} - \Omega_i \, \varepsilon_{rmn} h_m^{i(5)} b_n = -\frac{1}{\tau_i} \left[\bar{c}_{53} h_r^{i(3)} + \bar{c}_{55} h_r^{i(5)} \right], \tag{5.247}$$

$$\partial_t h_{rs}^{i\,(2)} - \Omega_i \left(\varepsilon_{rmn} h_{sm}^{i\,(2)} + \varepsilon_{smn} h_{rm}^{i\,(2)} \right) b_n = -\frac{1}{\tau_i} \left[\overline{c}_{22} h_{rs}^{i\,(2)} + \overline{c}_{24} h_{rs}^{i\,(4)} \right] - \sqrt{2}\tau_{rs|pq} \nabla_p u_q \,,$$

$$\tag{5.248}$$

$$\partial_t h_{rs}^{i\,(4)} - \Omega_i \left(\varepsilon_{rmn} h_{sm}^{i\,(4)} + \varepsilon_{smn} h_{rm}^{i\,(4)} \right) b_n = -\frac{1}{\tau_i} \left[\overline{c}_{42} h_{rs}^{i\,(2)} + \overline{c}_{44} h_{rs}^{i\,(4)} \right] . \tag{5.249}$$

Abgekürzt wurde

$$b_n = \frac{B_n}{B} \,, \quad C_{...} = -\frac{1}{\tau_e} c_{...} \,, \quad \overline{C}_{...} = -\frac{1}{\tau_i} \overline{c}_{...} \,. \tag{5.250}$$

Die Gyrofrequenzen enthalten ein Vorzeichen, d. h. $\Omega_e = -(eB/m_e)$ und $\Omega_i = (ZeB/m_i)$. Wir haben nicht alle bekannten Konstanten aufgelistet, z. B. $c_{11} = 1$, $c_{13} = 3/\sqrt{10}$, $\overline{c}_{33} = 2\sqrt{2}/5$ usw.

Die vektoriellen Momentegleichungen entkoppeln von den tensoriellen. Als Nächstes werden wir vereinfachen, indem wir die bereits erwähnte Ordnung $\mu = m_e/m_i \ll 1$, $\sigma \approx 0$, $\tau_{coll}/\tau_H \ll 1$, $h_{...}^\alpha \sim \lambda_H$ usw. verwenden.

Es wäre praktisch unmöglich und glücklicherweise physikalisch bedeutungslos, wenn die Transporttheorie erfordern würde, das Anfangswertproblem der gerade genannten Differentialgleichungen exakt zu lösen.

Der physikalische Grund dafür ist recht einfach. Wenn die nichthydrodynamischen Variablen nur funktional über die hydrodynamischen Variablen von der Zeit abhängen, kann die Struktur der Gleichungen wie folgt verkürzt werden:

$$\tau_{coll} \partial_t h_{...}^{\alpha\,(m)} \sim \frac{\tau_{coll}}{\tau_H} \lambda_H = \lambda_H^2 \ll \lambda_H \,, \tag{5.251}$$

was bedeutet, dass wir effektiv algebraische Gleichungen lösen können, nachdem wir die linken Seiten ignoriert haben:

$$\partial_t h_{...}^{\alpha\,(m)} \approx 0 \,. \tag{5.252}$$

Beispiel 5.7 (Anfangswerte bei der Lösung der Momentegleichungen)
Das mathematische Argument ist wie folgt. Wir fassen die zuvor erwähnte Struktur der Gleichungen zusammen (jetzt mit einer einzelnen Gleichung und nicht für ein Gleichungssystem; Letzteres kann mit ähnlichen Argumenten und Schlussfolgerungen diskutiert werden) in der Form

$$\partial_t y = -\frac{|c|}{\tau_{coll}} y + q \,, \tag{5.253}$$

wobei q der Quellterm ist, der die thermodynamischen Kräfte enthält. Die Lösung des homogenen Teils der Gleichung ist

$$y = \alpha \exp\left(-\frac{|c|t}{\tau_{coll}}\right) . \tag{5.254}$$

Variation der Konstanten führt zu

$$y(t) = y(0)\,\exp\left(-\frac{|c|t}{\tau_{coll}}\right) + \int_0^t d\tau\, q(\tau)e^{-|c|(t-\tau)/\tau_{coll}} . \tag{5.255}$$

Da $|c| > 0$ von der Größenordnung eins ist, verschwindet der Einfluss der Anfangswerte nach $t \gg \tau_{coll}$. Die zeitliche Variation des Quellterms $q(t)$ erfolgt auf der Skala $\tau_H \gg \tau_{coll}$. Daher können wir annähern

$$\int_0^t d\tau\, q(\tau)e^{-|c|(t-\tau)/\tau_{coll}} = \int_0^t d\sigma\, q(t-\sigma)e^{-|c|\sigma/\tau_{coll}} \approx \int_0^\infty d\sigma\, q(t-\sigma)e^{-|c|\sigma/\tau_{coll}} , \tag{5.256}$$

für $t \gg \tau_{coll}$. Wir entwickeln q für $t \gg \tau_{coll}$,

$$q(t-\sigma) \approx q(t) + \mathcal{O}\left(\frac{\tau_{coll}}{\tau_H}\right), \tag{5.257}$$

und erhalten das Ergebnis

$$y(t) \approx \frac{\tau_{coll}}{|c|}q(t) \quad \text{für } t \gg \tau_{coll} . \tag{5.258}$$

Diese angenäherte Lösung folgt für (5.253), wenn wir (5.253) durch eine algebraische Gleichung approximieren, die formal erhalten wird, indem wir $\partial_t y \approx 0$ setzen. ∎

Zusammenfassend lässt sich sagen, dass im sogenannten hydrodynamischen Regime

$$\tau_{coll} \ll t \sim \mathcal{O}(\tau_H) \tag{5.259}$$

die Gleichungen für die nichthydrodynamischen Variablen einfach werden, d.h. (lineare) algebraische Gleichungen, die sich problemlos lösen lassen. Das Einsetzen der Lösungen in die Gleichungen für die hydrodynamischen Variablen führt zu den (linearen) Transportgleichungen.

Zusammenfassung der (linearen) Transportgleichungen

Wir fassen die Ergebnisse der in den beiden vorherigen Absätzen skizzierten Transportberechnungen zusammen. Wir beginnen mit den Gleichungen für die hydrodynamischen Variablen und nehmen an, dass $\sigma \approx 0$. Dann folgt

$$\partial_t \rho + \nabla \cdot (\rho \mathbf{u}) = 0 \, , \tag{5.260}$$

$$\begin{aligned}
\rho \partial_t u_r = & - \rho u_s \nabla_s u_r - \frac{Z}{m_i} \nabla_r \left[\rho \left(k_B T_e + \frac{1}{Z} k_B T_i \right) \right] \\
& - \sqrt{2} \frac{Z}{m_i} \nabla_s \left[\rho \left(k_B T_e h_{rs}^{e(2)} + \frac{1}{Z} k_B T_i h_{rs}^{i(2)} \right) \right] \\
& + e \frac{Z\rho}{m_i} \left(\frac{k_B T_e}{m_e} \right)^{1/2} \varepsilon_{rsm} h_s^{(1)} B_m \, ,
\end{aligned} \tag{5.261}$$

$$\begin{aligned}
\partial_t T_e = & - \mathbf{u} \cdot \nabla T_e - \frac{2}{3} T_e \nabla \cdot \mathbf{u} \\
& + \left(\frac{k_B T_e}{m_e} \right)^{1/2} h_r^{(1)} \nabla_r T_e + \frac{2}{3} T_e \nabla_r \left[\left(\frac{k_B T_e}{m_e} \right)^{1/2} h_r^{(1)} \right] \\
& - \frac{2\sqrt{2}}{3} T_e h_{rs}^{e(2)} \nabla_r u_s + \frac{2\sqrt{2}}{3} T_e h_{rs}^{e(2)} \nabla_r \left[\left(\frac{k_B T_e}{m_e} \right)^{1/2} h_s^{(1)} \right] \\
& - \frac{\sqrt{10}}{3} \frac{1}{\rho} \nabla_r \left[\rho T_e \left(\frac{k_B T_e}{m_e} \right)^{1/2} h_r^{e(3)} \right] \, ,
\end{aligned} \tag{5.262}$$

$$\begin{aligned}
\partial_t T_i = & - \mathbf{u} \cdot \nabla T_i - \frac{2}{3} T_i \nabla \cdot \mathbf{u} - \frac{2\sqrt{2}}{3} T_i \, h_{rs}^{i(2)} \nabla_r u_s \\
& - \frac{\sqrt{10}}{3} \frac{1}{\rho} \nabla_r \left[\rho T_i \left(\frac{k_B T_i}{m_i} \right)^{1/2} h_r^{i(3)} \right] \, .
\end{aligned} \tag{5.263}$$

Sie enthalten die privilegierten nichthydrodynamischen Koeffizienten $h_r^{(1)}$, $h_{rs}^{(2)}$ und $h_r^{\alpha(3)}$, die mit der elektrischen Stromdichte $\mathbf{j}$, dem dissipativen Teil des Drucktensors π_{rs}^a und dem Wärmefluss $\mathbf{q}^\alpha$ durch die folgende Beziehung verknüpft sind:

$$j_r = e n_e \left(\frac{k_B T_e}{m_e} \right)^{1/2} h_r^{(1)} \, , \quad \pi_{rs}^\alpha = \sqrt{2} n_\alpha \, k_B T_\alpha h_{rs}^{\alpha(2)} \, ,$$

$$q_r^\alpha = \left(\frac{5}{2} \right)^{1/2} m_\alpha \left(\frac{k_B T_\alpha}{m_\alpha} \right)^{3/2} n_\alpha \, h_r^{\alpha(3)} \, . \tag{5.264}$$

Die Teilchendichten sind annähernd $n_e \approx Z\rho/m_i$ und $n_i \approx \rho/m_i$. Die Größen $\mathbf{j}$, π_{rs}^e, q_r^e, π_{rs}^i und q_r^i können in Abhängigkeit von den thermodynamischen Kräften ausgedrückt werden. Je nach Grad der Approximation ändern sich die numerischen Faktoren. Wir stellen das Ergebnis für die elektrische Stromdichte in folgender Form dar:

$$\mathbf{j} = \mathbf{b} \left\{ \sigma_\| \hat{\mathbf{E}} \cdot \mathbf{b} + \alpha_\| (-\nabla k_B T_e) \cdot \mathbf{b} \right\} + \mathbf{b} \times \left\{ \sigma_\wedge \hat{\mathbf{E}} + \alpha_\wedge (-\nabla k_B T_e) \right\}$$
$$+ \, \mathbf{b} \times \left\{ \sigma_\perp (\hat{\mathbf{E}} \times \mathbf{b}) + \alpha_\perp (-\nabla k_B T_e) \times \mathbf{b} \right\} \, . \tag{5.265}$$

Hier ist

$$\hat{\mathbf{E}} = \mathbf{E} + (\mathbf{u} \times \mathbf{B}) + \frac{1}{e\rho} \nabla (\rho k_B T_e) \, . \tag{5.266}$$

Die Koeffizienten sind

$$\sigma_A = \frac{e^2 Z \rho}{m_e m_i} \tau_e \, \tilde{\sigma}_A \, , \quad \alpha_A = \left(\frac{5}{2} \right)^{1/2} \frac{e Z \rho}{m_e m_i} \tau_e \, \tilde{\alpha}_A \, , \tag{5.267}$$

mit dem Index A, der die Richtung in Bezug auf das externe Magnetfeld charakterisiert:
$A = \|$, d. h. parallel zu $\mathbf{b}$; $A = \wedge$, d. h. entlang $\mathbf{b} \times \nabla \cdots$; $A = \perp$, d. h. entlang $\mathbf{b} \times [(\nabla \cdots) \times \mathbf{b}]$.
Numerische Werte von $\tilde{\sigma}_A$, $\tilde{\alpha}_A$, $\tilde{\kappa}_A^e$ können berechnet werden (siehe unten).

Die Wärmeflüsse sind

$$\mathbf{q}^e = \mathbf{b} \left\{ \alpha_\| k_B T_e (\hat{\mathbf{E}} \cdot \mathbf{b}) + \kappa_\|^e (-\nabla k_B T_e) \cdot \mathbf{b} \right\} + \mathbf{b} \times \left\{ \alpha_\wedge k_B T_e \hat{\mathbf{E}} + \kappa_\wedge^e (-\nabla k_B T_e) \right\}$$
$$+ \, \mathbf{b} \times \left\{ \alpha_\perp k_B T_e (\hat{\mathbf{E}} \times \mathbf{b}) + \kappa_\perp^e (-\nabla k_B T_e) \times \mathbf{b} \right\} \, , \tag{5.268}$$

$$\mathbf{q}^i = -\kappa_\|^i \mathbf{b} (\mathbf{b} \cdot \nabla k_B T_i) - \kappa_\wedge^i (\mathbf{b} \times \nabla k_B T_i) - \kappa_\perp^i \{ \mathbf{b} \times [(\nabla k_B T_i) \times \mathbf{b}] \} \, , \tag{5.269}$$

mit den zusätzlichen Koeffizienten

$$\kappa_A^e = \frac{5}{2} \frac{Z \rho k_B T_e}{m_e m_i} \tau_e \, \tilde{\kappa}_A^e \, , \quad \kappa_A^i = \frac{5}{2} \frac{\rho k_B T_i}{m_i^2} \tau_i \, \tilde{\kappa}_A^i \, . \tag{5.270}$$

Mit

$$\nu_{rs} = 2 \tau_{rs|pq} \nabla_p u_q \, , \tag{5.271}$$

kann man die Komponenten des dissipativen Teils des Drucktensors wie folgt schreiben:

$$\pi_{zz}^\alpha = -\eta_\|^\alpha \, \nu_{zz} \, , \tag{5.272}$$

$$\pi_{xz}^\alpha = -\eta_2^\alpha \, \nu_{xz} + \eta_1^\alpha \, \nu_{yz} \, , \tag{5.273}$$

$$\pi_{yz}^\alpha = -\eta_1^\alpha \, \nu_{xz} - \eta_2^\alpha \, \nu_{yz} \, , \tag{5.274}$$

$$\pi_{xx}^\alpha = -\frac{1}{2} \left(\eta_\|^\alpha + \eta_4^\alpha \right) \nu_{xx} - \frac{1}{2} \left(\eta_\|^\alpha - \eta_4^\alpha \right) \nu_{yy} + \eta_3^\alpha \nu_{xy} \, , \tag{5.275}$$

$$\pi_{yy}^\alpha = -\frac{1}{2} \left(\eta_\|^\alpha - \eta_4^\alpha \right) \nu_{xx} - \frac{1}{2} \left(\eta_\|^\alpha + \eta_4^\alpha \right) \nu_{yy} - \eta_3^\alpha \nu_{xy} \, , \tag{5.276}$$

$$\pi_{xy}^\alpha = -\frac{1}{2} \eta_3^\alpha \, \nu_{xx} + \frac{1}{2} \eta_3^\alpha \, \nu_{yy} - \eta_4^\alpha \nu_{xy} \, , \tag{5.277}$$

wobei

$$\eta_A^e = \frac{Z\rho}{m_i} k_B T_e \tau_e \, \tilde{\eta}_A^e \, , \quad \eta_A^i = \frac{\rho}{m_i} k_B T_i \tau_i \, \tilde{\eta}_A^i \, , \quad A = \|, 1, 2, 3, 4 \, . \tag{5.278}$$

Traditionell werden die folgenden Größen als Transportkoeffizienten für die Komponenten $\alpha = e, i$ bezeichnet: drei Koeffizienten für die elektrische Leitfähigkeit σ (oder Widerstand η), drei Koeffizienten für die Wärmeleitfähigkeit κ^α, drei thermoelektrische Koeffizienten α und fünf Viskositätskoeffizienten η^α. Die dimensionslosen Größen $\tilde{\sigma}, \tilde{\alpha}, \tilde{\kappa}^e, \tilde{\kappa}^i, \tilde{\eta}^e, \tilde{\eta}^i$ hängen von Z und $\Omega_\alpha \tau_\alpha$ ab (außer für $\|$).

Im Folgenden fassen wir für $Z = 1$ die charakteristischen Werte zusammen. Wir beginnen mit $A = \|$. Die folgenden Werte wurden (bis zur 29-Momente-Entwicklung) erhalten:

$$\tilde{\sigma}_\| \approx 1{,}9 \, , \quad \tilde{\alpha}_\| \approx -0{,}8 \, , \quad \tilde{\kappa}_\|^e \approx 1{,}6 \, ,$$

$$\tilde{\kappa}_\|^i \approx 2{,}2 \, , \quad \tilde{\eta}_\|^e \approx 0{,}7 \, , \quad \tilde{\eta}_\|^i \approx 1{,}3 \, . \tag{5.279}$$

Für die senkrechten Koeffizienten $(\wedge, \perp)$ zeigt sich ein nichttriviales Verhalten mit Variationen in $\Omega_\alpha \tau_\alpha$. $\tilde{\sigma}_\perp$ nimmt monoton ab und hat den charakteristischen Wert 0,4 bei $|\Omega_e|\tau_e = 1$. $\tilde{\sigma}_\wedge$ zeigt ein Maximum bei $|\Omega_e|\tau_e \approx 0{,}3$ und den Wert 0,7 bei $|\Omega_e|\tau_e = 1$. $\tilde{\alpha}_\perp$ nimmt monoton zu und erreicht den Wert 0,02 bei $|\Omega_e|\tau_e = 1$. $\tilde{\alpha}_\wedge$ hat ein Minimum bei $|\Omega_e|\tau_e \approx 0{,}3$ und den Wert $-0{,}3$ bei $|\Omega_e|\tau_e = 1$. $\tilde{\kappa}_\perp^e$ nimmt monoton ab und hat den Wert 0,3 bei $|\Omega_e|\tau_e = 1$. $\tilde{\kappa}_\wedge^e$ zeigt ein Maximum bei $|\Omega_e|\tau_e \approx 0{,}3$ und den Wert 0,5 bei $|\Omega_e|\tau_e = 1$. $\tilde{\eta}_2^e$ nimmt monoton ab und hat den Wert 0,2 bei $|\Omega_e|\tau_e = 1$. Ein ähnliches Verhalten zeigt sich bei $\tilde{\eta}_4^e$ mit einem Wert von 0,4 bei $|\Omega_e|\tau_e = 1$. $\tilde{\eta}_1^e$ zeigt ein Maximum bei $|\Omega_e|\tau_e \approx 0{,}3$ und hat den Wert 0,3 bei $|\Omega_e|\tau_e = 1$. Das Maximum von $\tilde{\eta}_3^e$ ist weniger ausgeprägt; ein charakteristischer Wert ist 0,3 bei $|\Omega_e|\tau_e = 1$.

Das Verhalten von $\tilde{\kappa}^i$ und $\tilde{\eta}^i$ für Ionen ist ähnlich dem für Elektronen; charakteristische Werte bei $\Omega_i \tau_i = 1$ sind $\tilde{\kappa}_\perp^i \approx 0{,}4$, $\tilde{\kappa}_\wedge^i \approx -0{,}7$, $\tilde{\eta}_2^i \approx 0{,}2$, $\tilde{\eta}_4^i \approx 0{,}4$, $\tilde{\eta}_1^i \approx -0{,}4$ und $\tilde{\eta}_3^i \approx -0{,}6$.

Für starke Magnetfelder ($|\Omega_\alpha|\tau_\alpha \gg 1$) sind die folgenden Formeln asymptotisch korrekt:

$$\tilde{\sigma}_\perp \approx \frac{1}{(\Omega_e \tau_e)^2} \, , \quad \tilde{\sigma}_\wedge \approx -\frac{1}{\Omega_e \tau_e} \, , \tag{5.280}$$

$$\tilde{\alpha}_\perp \approx \frac{3/\sqrt{10}}{(\Omega_e \tau_e)^2} \, , \quad \tilde{\alpha}_\wedge \approx 0, \tag{5.281}$$

$$\tilde{\kappa}_\perp^\alpha \approx \frac{c_{33}^\alpha}{(\Omega_\alpha \tau_\alpha)^2} \, , \quad \tilde{\kappa}_\wedge^\alpha \approx -\frac{1}{\Omega_\alpha \tau_\alpha}, \tag{5.282}$$

$$\tilde{\eta}_2^\alpha \approx \frac{c_{22}^\alpha}{4(\Omega_\alpha \tau_\alpha)^2} \, , \quad \tilde{\eta}_1^\alpha \approx -\frac{1}{\Omega_\alpha \tau_\alpha} \, , \tag{5.283}$$

$$\tilde{\eta}_4^\alpha \approx \frac{c_{22}^\alpha}{(\Omega_\alpha \tau_\alpha)^2} \, , \quad \tilde{\eta}_3^\alpha \approx -\frac{1}{2\Omega_\alpha \tau_\alpha} \, . \tag{5.284}$$

Korrekturen sind von der Ordnung $(\Omega_\alpha \tau_\alpha)^{-3}$. Beachte auch die folgenden Abkürzungen

$$c_{22}^\alpha = \begin{cases} \frac{3}{5}\left(2 + \sqrt{2}\frac{1}{Z}\right) & \text{für } \alpha = e \ , \\ \frac{3\sqrt{2}}{5} & \text{für } \alpha = i \ , \end{cases} \tag{5.285}$$

$$c_{33}^\alpha = \begin{cases} \frac{1}{10}\left(13 + 4\sqrt{2}\frac{1}{Z}\right) & \text{für } \alpha = e \ , \\ \frac{2\sqrt{2}}{5} & \text{für } \alpha = i \ . \end{cases} \tag{5.286}$$

Für weitere Details verweisen wir auf die speziellere Literatur, z. B. [33, 44].

Abschließend diskutieren wir den Transport in Abwesenheit eines externen Magnetfelds, d. h. $\mathbf{B} = 0$. Im Fall $\mathbf{B} = 0$ ist das System isotrop, und die Transportkoeffizienten sind Skalare. Wir haben

$$\mathbf{j} = \sigma_\parallel \hat{\mathbf{E}} + \alpha_\parallel (-\nabla k_B T_e) \ , \tag{5.287}$$

$$\mathbf{q}^{\,e} = \alpha_\parallel k_B T_e \hat{\mathbf{E}} + \kappa_\parallel^e (-\nabla k_B T_e) \ , \tag{5.288}$$

$$\mathbf{q}^{\,i} = \kappa_\parallel^i (-\nabla k_B T_i) \ , \tag{5.289}$$

$$\pi_{rs}^\alpha = -\eta_\parallel^\alpha \, v_{rs} \ , \tag{5.290}$$

mit der Abkürzung

$$\hat{\mathbf{E}} = \mathbf{E} + \frac{1}{en_e}\nabla p_e \ . \tag{5.291}$$

Formal stimmen diese Gleichungen mit den vorherigen überein für $\sigma_\perp = \sigma_\parallel$, $\sigma_\wedge = 0$, $\eta_2^\alpha = \eta_4^\alpha = \eta_\parallel^\alpha$, $\eta_1^\alpha = \eta_3^\alpha = 0$. Offensichtlich kann ein Temperaturgradient einen elektrischen Strom (thermoelektrischen Strom) verursachen, und ein elektrisches Feld wird einen Wärmefluss anregen. Die Wärmeleitung wird hauptsächlich von Elektronen getragen,

$$\boxed{\kappa_\parallel^i \ll \kappa_\parallel^e} \ , \tag{5.292}$$

wenn $T_e \geq T_i$. Andererseits dominieren bei dem Impulstransport und damit bei der Viskosität die Ionen, was sich widerspiegelt in

$$\boxed{\eta_\parallel^i \gg \eta_\parallel^e} \ . \tag{5.293}$$

Wir beschließen diesen Abschnitt, indem wir einen weiteren Transportkoeffizienten erwähnen, nämlich die Diffusion.

Beispiel 5.8 (Diffusionskoeffizient)
Die einfachste Abschätzung eines Diffusionskoeffizienten D in einem ruhenden, nichtmagnetisierten Plasma kann über die Random-Walk-Formel erfolgen:

$$D \equiv \chi_{\parallel} = \frac{(\Delta x)^2}{2\Delta t} \approx \nu \lambda_{\mathrm{mfp}}^2 \approx \frac{v_{th}^2}{\nu} \,, \tag{5.294}$$

wobei λ_{mfp} die mittlere freie Weglänge, v_{th} die thermische Geschwindigkeit und ν die Stoßfrequenz ist. Hier geben wir die Teilchenspezies nicht explizit an, was leicht durch die Einführung entsprechender Indizes (z. B. e für Elektronen und i für Ionen) geschehen könnte. Es ist offensichtlich, wie dieses Verfahren auf den Transport senkrecht zu einem externen Magnetfeld verallgemeinert werden kann. Die charakteristische Schrittweite ist der (thermische) Larmor-Radius ρ_L, was zu Folgendem führt:

$$D \equiv \chi_{\perp} = \frac{(\Delta x)^2}{2\Delta t} \approx \nu \rho_L^2 \approx v_{th}^2 \frac{\nu}{\Omega_L^2} \,, \tag{5.295}$$

wobei $\Omega_L = \frac{eB}{m}$ die Zyklotronfrequenz ist. Offensichtlich lässt sich hieraus vorhersagen (wobei die Temperatur T in eV gemessen wird):

$$\chi_{\perp} = \frac{\nu m T}{e^2 B^2} \sim \frac{T}{B^2} \,, \tag{5.296}$$

wie es auch für andere Transportkoeffizienten im Grenzfall starker Magnetfelder gemacht wurde. In den meisten Fusionsmaschinen stimmen Größe und Skalierung des Transports jedoch nicht mit der B^{-2}-Vorhersage überein. Der ambipolare Diffusionskoeffizient kann einen anomalen Faktor von 10^2 aufweisen. Zudem weicht die elektronische Wärmeleitfähigkeit häufig um den Faktor 10 bis 1000 von den theoretischen Vorhersagen ab, und die ionische Wärmeleitfähigkeit kann um den Faktor 10 unterschiedlich sein. ∎

5.5 Einfache Diffusionsmodelle für den Transport

Nach den „heftigen", mathematisch geprägten Ausarbeitungen einer linearen Transporttheorie „erholen" wir uns jetzt bei einfachen physikalisch motivierten Modellen. Trotz der Einfachheit haben sie beträchtliches Anwendungspotenzial.

Stoßbestimmte Modelle

Beispiel 5.9 (Photonentransport in der Sonne)
Wir untersuchen jetzt, wie schnell Photonen aus dem Inneren der Sonne an die Oberfläche kommen. Statt einer genaueren Rechnung begnügen wir uns an dieser Stelle mit einer groben

Abschätzung. Mit dem Thomson-Querschnitt für die Streuung von Photonen an Elektronen schätzen wir die mittlere freie Weglänge ab,

$$\lambda = \frac{1}{n\sigma_T} \approx 1{,}5 \times 10^{24}\,\mathrm{cm}^{-2}\,\frac{1}{n}\ . \tag{5.297}$$

Die Teilchendichte n in der Sonne ist größenordnungsmäßig

$$n \le \frac{\rho_c}{\bar{m}} \approx \frac{1{,}5 \times 10^2\,\mathrm{g\,cm}^{-3}}{m_{\mathrm{Proton}}} \approx 10^{26}\,\mathrm{cm}^{-3}\ . \tag{5.298}$$

Damit folgt unmittelbar

$$\lambda \ge 1{,}5 \times 10^{-2}\,\mathrm{cm} \tag{5.299}$$

bzw.

$$\lambda \sim O(\mathrm{mm})\ . \tag{5.300}$$

Wie lange braucht nun ein Photon, um vom Zentrum an die Peripherie der Sonne zu gelangen? Wir berechnen die entsprechende Zeit im Rahmen eines Diffusionsmodells (s. Abb. 5.1).

Diffundiert ein Photon (aufgrund von Streuung) in einem Medium, so legt es zwischen dem ν-ten und dem $(\nu + 1)$-ten Streuprozess das Wegstück $\mathbf{l}_\nu$ zurück. Der gesamte („Zickzack"-)Weg ist

$$\mathbf{L} = \sum_{\nu=1}^{N} \mathbf{l}_\nu\ . \tag{5.301}$$

Das Quadrat $(\mathbf{L})^2$ mitteln wir und nehmen an, dass die Richtungsänderungen willkürlich erfolgen:

$$\boxed{\ \langle (\mathbf{L})^2 \rangle \equiv D^2 = \left\langle \sum_{\nu,\mu} \mathbf{l}_\nu \cdot \mathbf{l}_\mu \right\rangle \approx \sum_{\nu=1}^{N} l_\nu^2 \approx N\lambda^2\ } . \tag{5.302}$$

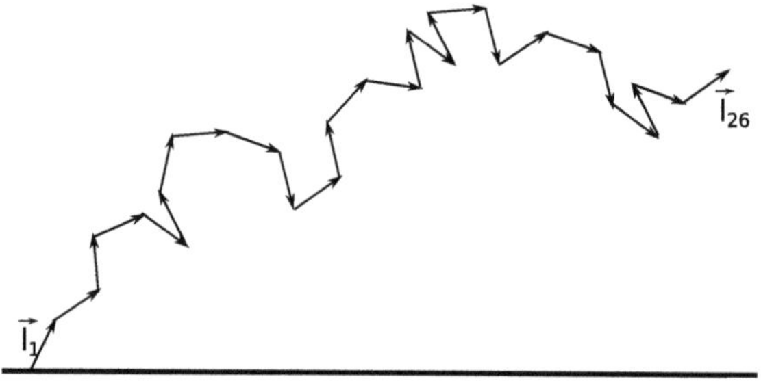

Abb. 5.1 Skizze eines „random walk" zur Berechnung von Photonendiffusion. Die einzelnen Wegschritte sind mit $\mathbf{l}_\nu$ gekennzeichnet

D^2 ist das mittlere Abstandsquadrat nach N Streuungen, wobei wir der Einfachheit halber die mittlere Distanz zwischen zwei Streuungen durch die mittlere freie Weglänge λ abgeschätzt haben. Wenn nun

$$D \approx R_\odot \tag{5.303}$$

erreicht werden soll, ergibt sich bei

$$N \approx \frac{R_\odot^2}{\lambda^2} \tag{5.304}$$

Stößen eine gemittelte Flugzeit

$$t_{\mathrm{diff}} \approx \frac{\lambda}{c}\, N \approx \frac{R_\odot^2}{\lambda c}\,, \tag{5.305}$$

um an die Oberfläche zu kommen. Das ist im Vergleich zu der ungestörten Flugzeit

$$t_{\mathrm{direkt}} \approx \frac{R_\odot}{c} \approx 2\ \mathrm{s} \tag{5.306}$$

sehr viel, genauer um den Faktor

$$\boxed{\frac{R_\odot}{\lambda} \approx 10^{12}}\,, \tag{5.307}$$

länger. Ein Photon braucht mehr als 60 000 Jahre, um vom Inneren der Sonne an den Rand zu kommen. ∎

Beispiel 5.10 (Wärmetransport durch Elektronen und Ionen)
Wir wollen jetzt den klassischen Wärmetransport durch Teilchen, die miteinander wechselwirken (aneinander stoßen), einfacher berechnen. Dazu benutzen wir den folgenden Ansatz: Die zeitliche Änderung der lokalen inneren Energiedichte u sei durch einen klassischen Wärmefluss $\mathbf{j}$ gegeben:

$$\frac{\partial u}{\partial t} + \nabla \cdot \mathbf{j} = 0\,. \tag{5.308}$$

Der Wärmefluss wird durch einen Temperaturgradienten (im einfachsten Fall) getrieben. In einem eindimensionalen kartesischen Modell betrachten wir einen Fluss durch eine Fläche (senkrecht zur x-Achse) bei x. Teilchen erreichen bzw. verlassen die Fläche mit unterschiedlichen Energiewerten aus einem mittleren Abstand, der durch die mittlere freie Weglänge l abgeschätzt werden kann. In der Bilanz nehmen wir der Einfachheit halber an, dass ein Sechstel der Teilchen einen Sprung um l in die positive x-Richtung machen (s. Abb. 5.2) [bzw. umgekehrt] und dabei ihre Energie mitnehmen. Dann folgt

$$\begin{aligned}
j_x(x) &\approx \frac{1}{6}\, v\, u(x-l) - \frac{1}{6}\, v\, u(x+l) \approx -\frac{1}{3}\, v\, l\, \frac{du}{dx}\\
&\approx -\frac{1}{3}\, v\, l\, C\, \frac{dT}{dx} \approx -K\, \frac{dT}{dx}\,,
\end{aligned} \tag{5.309}$$

wobei $C = du/dT$ die Wärmekapazität und

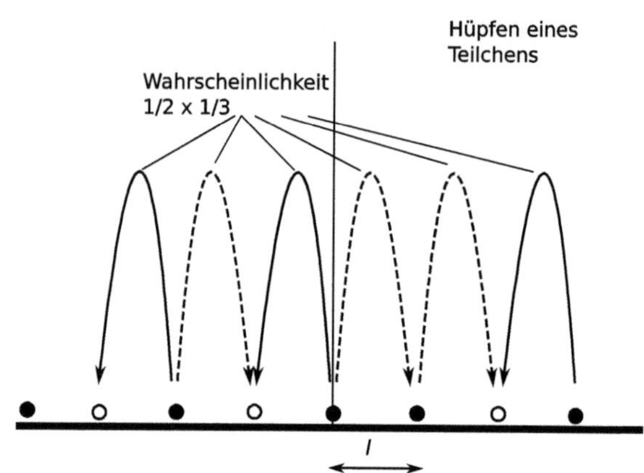

Abb. 5.2 Veranschaulichung eines dreidimensionalen diffusiven Transports, wenn das „Hüpfen" nur entlang der x-Achse dargestellt wird

$$K = \frac{1}{3}\,\mathrm{v}\,l\,C \tag{5.310}$$

die Wärmeleitfähigkeit ist. Setzen wir charakteristische Werte für die Elektronen ein,

$$\mathrm{v} \approx \sqrt{\frac{3kT_e}{m_e}} \quad , \quad u_e \approx \frac{3}{2}n_e k\,T_e \quad , \quad C_e \approx \frac{3}{2}n_e k \,, \tag{5.311}$$

und berechnen

$$l \approx \frac{1}{n_i\,\sigma} \tag{5.312}$$

für energetisch dominierende Elektronen-Ionen-Stöße, so fehlt uns noch der Wirkungsquerschnitt. Letzteren schätzen wir über

$$\sigma \approx \pi r^2 \quad , \quad \frac{Ze^2}{4\pi\varepsilon_0 r} \approx k\,T \tag{5.313}$$

ab. Damit folgt die klassische Formel für die Wärmeleitfähigkeit durch Elektronen

$$K_e = \frac{kn_e}{2\pi n_i}\sqrt{\frac{3kT}{m_e}}\left(\frac{4\pi\varepsilon_0 kT}{Ze^2}\right)^2 . \tag{5.314}$$

Ein Vergleich zeigt, dass die Ionenwärmeleitung sehr viel kleiner ist,

$$K_i = \frac{1}{Z^2}\sqrt{\frac{m_e}{m_i}}K_e \ll K_e \,. \tag{5.315}$$

Das sind – größenordnungsmäßig – die richtigen Werte für den stoßbestimmten Wärmetransport durch Elektronen bzw. Ionen. ∎

Beispiel 5.11 (Wärmetransport durch Photonen)
Wenn Elektronen und Photonen im Gleichgewicht sind, kann sich die Temperatur auch durch
Photonentransport ändern. Wir übertragen jetzt die Ergebnisse des einfachen Modells für
Elektronen oder Ionen auf Photonen. Dabei erwarten wir, dass sich die Gleichung

$$\mathbf{F} = -\frac{c}{3\kappa\rho}\,\nabla(aT^4) \equiv -\frac{4}{3}\,aT^3\,lc\,\nabla T \tag{5.316}$$

ergibt und damit die Wärmeleitfähigkeit durch Photonen als

$$K_P = \frac{4}{3}\,a\,l\,c\,T^3 \tag{5.317}$$

gegeben ist. Im Rahmen der Übertragung der Ergebnisse unseres einfachen Diffusionsmodells auf Photonen (Index P) setzen wir

$$v = c \quad,\quad u_P = a\,T^4 \quad,\quad C_P = 4a\,T^3\,. \tag{5.318}$$

Damit ergibt sich dann die Wärmeleitfähigkeit

$$K_P \approx \frac{4}{3}\,c\,l_P\,a\,T^3 \approx \frac{4acT^3}{3\kappa\rho}\,. \tag{5.319}$$

Wenn wir $l_P = 1/\sigma n_e$ mit dem Thomson-Querschnitt

$$\sigma_T = \frac{8\pi}{3}\left[\frac{e^2}{4\pi\varepsilon_0 m_e c^2}\right]^2 \tag{5.320}$$

ausrechnen, so folgt

$$\boxed{K_P = \frac{1}{2\pi}\,\frac{acT^3}{n_e}\left[\frac{4\pi\varepsilon_0 m_e c^2}{e^2}\right]^2.} \tag{5.321}$$

$\blacksquare$

Beispiel 5.12 (Wärmetransport in der Sonne)
Jetzt können wir die Wärmeleitfähigkeit durch Photonen mit der für Elektronen vergleichen.
Eine Möglichkeit besteht darin, die Drücke

$$P_P = \frac{1}{3}u = \frac{1}{3}\,a\,T^4 \tag{5.322}$$

und

$$P_e = n_e\,k\,T \tag{5.323}$$

zu benutzen und

$$\frac{K_P}{K_e} \approx \sqrt{3}Z^2\,\frac{P_P}{P_e}\left[\frac{m_e c^2}{kT}\right]^{5/2} \tag{5.324}$$

zu finden. Nehmen wir jetzt typische Parameter für das Sonneninnere, $T = 6 \times 10^6$ K, $\rho = 1{,}4 \times 10^3$ kg m^{-3}, so folgt

$$kT = 10^{-3}\, m_e\, c^2 \,, \tag{5.325}$$

$$P_P = 3 \times 10^{11}\ \text{Pa} \,, \tag{5.326}$$

$$P_e = 7 \times 10^{13}\ \text{Pa} \tag{5.327}$$

und damit

$$K_P \approx 2 \times 10^5\, K_e \,. \tag{5.328}$$

Die Wärmeleitfähigkeit im Sonneninneren wird also durch die Photonen bestimmt. ∎

Die Modelle können mit weiteren Prozessen erweitert werden. Wir wenden uns jedoch anstelle einer quantitativen Verbesserung des stoßbestimmten Transports einer qualitativ neuen Form des Transports zu.

Konvektiver Transport

Es gibt neben dem klassischen (stoßbestimmten) Transport (einschließlich Photonentransport) noch einen weiteren wichtigen Transportmechanismus: Konvektion.

> Konvektion setzt dann ein, wenn der „klassische" Transport einen bestimmten Temperaturgradienten nicht mehr aufrechterhalten kann. Verwiesen sei beispielsweise auf das Sieden von Wasser. Es besteht die Aufgabe, den kritischen Temperaturgradienten zu bestimmen, ab dem (also bei größeren Temperaturunterschieden) Konvektion einsetzt. Man kann recht genau ein Instabilitätskriterium für das Einsetzen konvektiver Zellen bei der Rayleigh-Benard-Instabilität herleiten. In diesem Abschnitt verzichten wir allerdings auf eine detaillierte Rechnung dazu.

Rayleigh-Benard-Instabilität tritt bei einer von unten geheizten Flüssigkeit auf (s. Abb. 5.3). In der folgenden einfachen (adiabatischen) Modellrechnung präsentieren wir eine physikalisch anschauliche Herleitung des Instabilitätskriteriums, wobei wir Variationen in der Massendichte ρ zulassen. Allerdings bleibt das Kriterium qualitativ und daher quantitativ unvollständig.

Das inhomogene System sei durch die Randbedingungen für Temperatur T, Druck P und Massendichte ρ bei

$$\text{Höhe } z : T, \quad P, \quad \rho \,, \tag{5.329}$$

$$\text{Höhe } z + \Delta z : T + \Delta T, \quad P + \Delta P, \quad \rho + \Delta\rho \,, \tag{5.330}$$

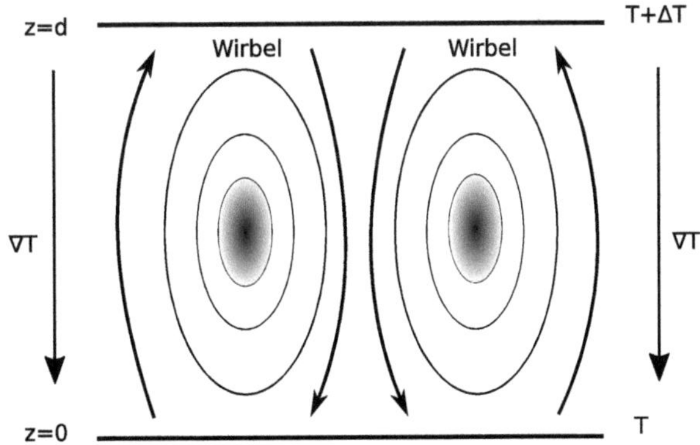

Abb. 5.3 Veranschaulichung der Entstehung konvektiver Zellen beim Rayleigh-Benard-Experiment. Am Boden sei die Temperatur größer, also ist $\Delta T < 0$

charakterisiert. ΔT, ΔP und $\Delta \rho$ sind nicht unabhängig. Aus $P = nkT = \rho kT/\bar{m}$ folgt

$$\Delta P = \frac{P}{\rho}\Delta\rho + \frac{P}{T}\Delta T \ . \tag{5.331}$$

Wir nehmen ferner ΔT, ΔP und $\Delta \rho < 0$ an. Wir führen jetzt eine virtuelle Verrückung einer „Blase" durch, wobei wir beim Verschieben um δz annehmen, dass sich der Druck „instantan" der Umgebung anpasst. Bezeichnen wir die Änderungen bei der Verrückung um $\delta z = \Delta z > 0$ mit dem Symbol δ, so soll bezüglich des Druckes gelten:

$$\delta P = \Delta P \ . \tag{5.332}$$

Ein Wärmeaustausch soll (so schnell) nicht möglich sein, sodass eine adiabatische Änderung stattfindet. Mit $P \sim \rho^{\gamma}$ gilt dann

$$\frac{\delta P}{P} = \gamma \frac{\delta\rho}{\rho} \ . \tag{5.333}$$

Nach dem Archimedischen Prinzip wird die „Blase" weiter steigen, wenn

$$\delta\rho < \Delta\rho \tag{5.334}$$

ist, d. h.

$$\delta\rho = \frac{1}{\gamma}\frac{\rho}{P}\Delta P < \Delta\rho = \rho\left(\frac{\Delta P}{P} - \frac{\Delta T}{T}\right) \tag{5.335}$$

oder

$$\frac{\Delta T}{T} < \frac{\gamma - 1}{\gamma}\frac{\Delta P}{P} \ . \tag{5.336}$$

Da $\gamma \geq 0$ und ΔT, $\Delta P < 0$, können wir die Bedingung auch in der Form

$$\left|\frac{dT}{dz}\right| > \frac{\gamma - 1}{\gamma}\frac{T}{P}\left|\frac{dP}{dz}\right| \tag{5.337}$$

schreiben. Kennen wir also den Druckgradienten und haben wir einen Temperaturgradienten, der den obigen kritischen Wert (rechte Seite) übersteigt, so tritt Konvektion ein. Die obige Bedingung können wir auch in die Form

$$\boxed{\frac{d \ln P}{d \ln T} < \frac{\gamma}{\gamma - 1}} \tag{5.338}$$

umschreiben. Bei $\gamma = \frac{5}{3}$ ist die rechte Seite 2,5.

Beispiel 5.13 (Konvektion in der Sonne)
Wenn wir die Gleichung für ein hydrostatisches Gleichgewicht

$$\frac{dP}{dr} = -\frac{Gm(r)\rho(r)}{r^2} \tag{5.339}$$

mit der Gleichung

$$\frac{dT}{dr} = -\frac{3\rho(r)\kappa}{4acT^3} \frac{L}{4\pi r^2} \tag{5.340}$$

für einen Gradienten bei Wärmeleitung durch Photonen kombinieren, erhalten wir den Betrag für eine kritische Leuchtkraft,

$$\frac{3\kappa}{4acT^3} \frac{L_c(r)}{4\pi r^2} = \frac{\gamma - 1}{\gamma} \frac{T}{P} \frac{Gm(r)}{r^2} . \tag{5.341}$$

Mit

$$P_P = \frac{1}{3} aT^4 \tag{5.342}$$

können wir zu

$$\left[\frac{L(r)}{m(r)}\right]_c = \frac{\gamma - 1}{\gamma} \frac{16\pi Gc}{\kappa} \frac{P_P}{P} \tag{5.343}$$

umformen. Für die Variation der Leuchtkraft im energieerzeugenden Bereich setzen wir

$$\frac{dL}{dr} = 4\pi r^2 \varepsilon(r) \tag{5.344}$$

an, wobei $\varepsilon(r)4\pi r^2 dr$ die Leistung in einer Kugelschale ist. Mit den Zahlenwerten $\gamma = \frac{5}{3}$, $P = 1,7 \times 10^{16}\,\mathrm{Pa}$, $T = 13,7 \times 10^6\,\mathrm{K}$, $\kappa = 0,138\,\mathrm{m^2\,kg^{-1}}$ finden wir den kritischen Wert

$$\boxed{\left[\frac{L(r)}{m(r)}\right]_c \approx 1,5 \times 10^{-3}\,\mathrm{W\,kg^{-1}}} . \tag{5.345}$$

Im Sonnenzentrum haben wir einen Wert $L/m \approx 1,35 \times 10^{-3}\,\mathrm{W\,kg^{-1}}$, also ist keine Konvektion im Kern zu erwarten. Allerdings findet Konvektion in äußeren Bereichen statt.

Wenn man dieses Beispiel nun weiter auswertet, gewinnt man ein immer differenzierteres Bild vom Aufbau eines Sterns. Am Beispiel der Sonne verdeutlichen wir das an der

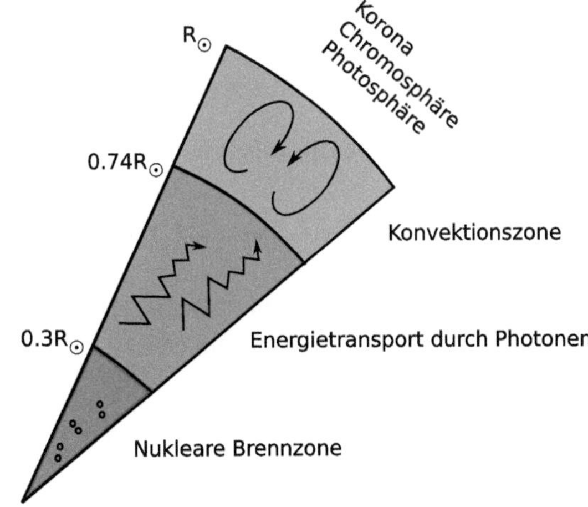

Abb. 5.4 Schematischer Aufbau unserer Sonne mit den charakteristischen Modellzonen

Abb. 5.4. Der innerste Kern, mit sehr hoher Temperatur und sehr hoher Massendichte, erfüllt das Kriterium zum thermonuklearen Brennen. Fusion liefert Energie, die einerseits das kontinuierliche Brennen im Kern weiter ermöglicht, andererseits aber auch an die Oberfläche gelangt. Der Energie- und Wärmetransport wird durch zwei prinzipiell unterschiedliche Mechanismen bewerkstelligt.

In Kernnähe ist der Energietransport durch Photonen dominant. Ein entsprechendes Sonnenmodell sagt sogar voraus, dass diese Region bis ca. $0{,}74\,R_\odot$ reicht. Daran anschließend, bis kurz unter die Oberfläche, ist Konvektion der dominante Transportmechanismus. Man beachte die enorme Temperaturdifferenz zwischen Kern und Oberfläche.

Mit Oberfläche ist hier noch das Übergangsgebiet fest/gasförmig gemeint. Über den eigentlichen Sonnenradius $R_\odot$ hinaus erstrecken sich noch Photosphäre, Chromosphäre und Korona, die für die von uns beobachtete Abstrahlung besonders relevant sind. Man beobachtet dort enorme Temperaturvariationen. ∎

5.6   MHD-Modell

Bislang haben wir die Plasmakomponenten (Elektronen, Ionen, ...) separat durch entsprechende Momente (Elektronendichte, Ionendichte, ...) beschrieben und dafür die (makroskopischen) Transportgleichungen hergeleitet. Jetzt fragen wir, ob wir nicht noch einen Schritt weiter gehen können und das Plasma insgesamt durch Größen wie (gesamte) Massendichte, (lokale) Plasmageschwindigkeit, ... beschreiben können. Das ist – wie wir zeigen werden – für bestimmte Fragestellungen (und bei entsprechenden Einschränkungen) tatsächlich möglich. Resultat ist das magnetohydrodynamische (MHD) Modell, das wir nun vorstellen.

Bisher definierten wir plasmadynamische Momente für jede Spezies. Wir erinnern uns an die Teilchendichte

$$n_\alpha(\mathbf{r}, t) = \int d^3v \, f^\alpha(\mathbf{r}, \mathbf{v}; t) \tag{5.346}$$

der Spezies $\alpha = e, i$. Die Teilchenstromdichte der einzelnen Komponenten

$$\boldsymbol{\Gamma}_\alpha(\mathbf{r}, t) \equiv n_\alpha(\mathbf{r}, t)\mathbf{u}_\alpha(\mathbf{r}, t) = \int d^3v \, \mathbf{v} \, f^\alpha(\mathbf{r}, \mathbf{v}; t) \tag{5.347}$$

enthält die mittlere Geschwindigkeit $\mathbf{u}_\alpha$. Die Energiedichte wird zunächst mit der Gesamtgeschwindigkeit in der Form definiert

$$n_\alpha \mathcal{E}_\alpha = \frac{1}{2} m_\alpha \int d^3v \, v^2 \, f^\alpha(\mathbf{r}, \mathbf{v}; t) \, . \tag{5.348}$$

Unter Berücksichtigung der mittleren Geschwindigkeit der Komponente α wird die thermische Energiedichte mit der (zufälligen) Relativgeschwindigkeit definiert, sodass

$$n_\alpha \varepsilon_\alpha = \frac{1}{2} m_\alpha \int d^3v |\mathbf{v} - \mathbf{u}_\alpha|^2 \, f^\alpha(\mathbf{r}, \mathbf{v}; t) \, . \tag{5.349}$$

Offensichtlich gilt

$$n_\alpha \mathcal{E}_\alpha = \frac{1}{2} m_\alpha n_\alpha |\mathbf{u}_\alpha|^2 + n_\alpha \varepsilon_\alpha \, . \tag{5.350}$$

Im thermodynamischen Gleichgewicht und für $\Lambda \gg 1$ erwarten wir

$$p_\alpha = \frac{2}{3} n_\alpha \varepsilon_\alpha \tag{5.351}$$

bei einem idealen Gas. Das legt die Definition

$$p_\alpha(\mathbf{r}, t) = \frac{1}{3} m_\alpha \int d^3v |\mathbf{v} - \mathbf{u}_\alpha|^2 \, f^\alpha(\mathbf{r}, \mathbf{v}; t) \tag{5.352}$$

für den skalaren Druck nahe. Wir definieren den Drucktensor via

$$\overleftrightarrow{P}_\alpha = m_\alpha \int d^3v (\mathbf{v} - \mathbf{u}_\alpha)(\mathbf{v} - \mathbf{u}_\alpha) f^\alpha(\mathbf{r}, \mathbf{v}; t) \, . \tag{5.353}$$

Vor dem Hintergrund der Gleichgewichtsrelation

$$\varepsilon_\alpha = \frac{3}{2} k_B T_\alpha \tag{5.354}$$

definieren wir die Temperatur T_α über

$$n_\alpha k_B T_\alpha(\mathbf{r}, t) = \frac{1}{3} m_\alpha \int d^3v \, |\mathbf{v} - \mathbf{u}_\alpha|^2 \, f^\alpha(\mathbf{r}, \mathbf{v}; t) \, . \tag{5.355}$$

Die Variablen n_α, $\mathbf{u}_\alpha$, T_α (für $\alpha = e, i$) sind die plasmadynamischen Variablen in einer Zwei-Flüssigkeiten-Beschreibung eines Plasmas.

Durch geeignetes Addieren und Subtrahieren können wir jedoch neue „Variablen" wie die Massendichte

$$\rho(\mathbf{r}, t) = \sum_\alpha m_\alpha n_\alpha , \qquad (5.356)$$

die Ladungsdichte

$$\Sigma(\mathbf{r}, t) = \sum_\alpha e_\alpha n_\alpha , \qquad (5.357)$$

die totale Impulsdichte und damit die Schwerpunktsgeschwindigkeit $\mathbf{u}$,

$$\rho\mathbf{u}(\mathbf{r}, t) = \sum_\alpha m_\alpha n_\alpha \mathbf{u}_\alpha , \qquad (5.358)$$

die elektrische Stromdichte

$$\mathbf{j}(\mathbf{r}, t) = \sum_\alpha e_\alpha n_\alpha \mathbf{u}_\alpha , \qquad (5.359)$$

und die Energiedichte

$$\rho\mathcal{E} = \sum_\alpha n_\alpha \mathcal{E}_\alpha = \frac{1}{2}\rho u^2 + \rho\varepsilon \qquad (5.360)$$

einführen.

Beachte, dass im Allgemeinen ε nicht mit $\sum_\alpha \varepsilon_\alpha$ übereinstimmt. Wir behalten die beiden Temperaturen T_e und T_i bei, wobei wir eine schnelle Thermalisierung innerhalb jeder Komponente annehmen, aber nur einen geringen Energieaustausch zwischen den Komponenten. Das Set der hydrodynamischen Variablen ρ, $\mathbf{u}$, T_e, T_i plus elektrodynamische Variablen Σ und $\mathbf{j}$ ist natürlich äquivalent zum vollständigen Satz der plasmadynamischen Variablen n_α, $\mathbf{u}_\alpha$, $T_\alpha(\alpha = e, i)$. Letztere können aus den hydrodynamischen plus elektrodynamischen Variablen ρ, $\mathbf{u}$, T_e, T_i, Σ, $\mathbf{j}$ erhalten werden. Setzen wir $e_i = Ze$ und $e_e = -e$, so gilt

$$\boxed{n_e = \frac{Ze\rho - m_i\Sigma}{e(m_i + Zm_e)} , \quad n_i = \frac{e\rho + m_e\Sigma}{e(m_i + Zm_e)} ,} \qquad (5.361)$$

$$\boxed{\mathbf{u}_e = \frac{Ze\rho\mathbf{u} - m_i\mathbf{j}}{Ze\rho - m_i\Sigma} , \quad \mathbf{u}_i = \frac{\rho e\mathbf{u} + m_e\mathbf{j}}{e\rho + m_e\Sigma} .} \qquad (5.362)$$

So können wir die Gleichungen für n_α, $\mathbf{u}_\alpha$, $T_\alpha(\alpha = e, i)$ problemlos in solche für ρ, $\mathbf{u}$, T_e, T_i, Σ, $\mathbf{j}$ übersetzen, ohne dass sich eine Vereinfachung ergibt. In bestimmten Parameterbereichen sind jedoch einige der letzteren Variablen wichtiger als die anderen, und es kann eine signifikante Vereinfachung möglich werden.

Wir führen zunächst die vielbenutzte MHD(Magnetohydrodynamik)-Vereinfachung auf Ad-hoc-Weise ein. Wir nehmen an, dass das Modell auf großen räumlichen Skalen L gültig sein sollte. Groß bedeutet im Vergleich zur Debye-Länge und dem (Ion-)Larmor-Radius. Dann wird

$$\boxed{\Sigma \approx 0}$$

verwendet. Nehmen wir ferner an, dass die Temperaturen vergleichbar sind, $T_e \approx T_i \sim T$. Die Ein-Flüssigkeiten-Beschreibung geht weiterhin davon aus, dass Elektronen und Ionen mehr oder weniger gemeinsam reagieren. Die Zeitskalen τ sollten lang sein, z. B. im Vergleich zu dem Kehrwert der Ionengyrofrequenz. Um die synchronisierte Reaktion von Elektronen und Ionen besser zu verstehen, betrachten wir das Impulsgleichgewicht der Spezies α, das umformuliert werden kann als

$$n_\alpha \mathbf{u}_{\alpha\perp} = \frac{1}{m_\alpha \Omega_\alpha} \mathbf{b} \times \left[\partial_t (m_\alpha\, n_\alpha\, \mathbf{u}_\alpha) + \nabla \cdot \overset{\leftrightarrow}{\mathcal{P}}_\alpha - e_\alpha n_\alpha \mathbf{E} - \mathbf{R}_\alpha \right] , \qquad (5.363)$$

wobei $\overset{\leftrightarrow}{\mathcal{P}}_\alpha$ der Spannungstensor und $\mathbf{b}$ der Einheitsvektor des Magnetfelds ist. Elektronen und Ionen reagieren gemeinsam, wenn auf der rechten Seite die $E \times B$-Geschwindigkeit

$$\mathbf{u}_\perp \approx \frac{\mathbf{E} \times \mathbf{B}}{B^2} \equiv \mathbf{u}_{E \times B} \qquad (5.364)$$

dominieren. Die diamagnetische Drift sollte kleiner sein als die $E \times B$-Drift. Daher sollte man große (senkrecht zum Magnetfeld) elektrische Felder zulassen. Die resultierende $E \times B$-Geschwindigkeit $\mathbf{u}_{E \times B}$ kann von der Größenordnung der thermischen Geschwindigkeiten sein. Die entsprechende MHD-Näherung erlaubt somit die Möglichkeit einer schnellen und sehr gewaltsamen Bewegung. In der Folge dominiert im Allgemeinen der elektromagnetische Beitrag über den elektrostatistischen.

Beispiel 5.14 (Vergleich des elektrostatischen mit dem elektromagnetischen Beitrag)
Dies kann wie folgt gesehen werden. Mit dem elektrischen Feld $\mathbf{E} = -\nabla \phi - \partial_t \mathbf{A}$, können wir die verschiedenen Beiträge unter der Voraussetzung

$$\frac{e\phi}{T_e} \sim \mathcal{O}(1) , \quad A \sim \mathcal{O}(BL) , \quad \frac{L}{\tau} \sim \mathcal{O}(v_{th}) \qquad (5.365)$$

bei $v_{th} \sim v_{the} \sim v_{thi}$ leicht abschätzen. Dazu führen wir noch

$$\delta_\alpha \equiv \frac{\rho_\alpha}{L} \ll 1 , \quad \rho_\alpha = \frac{v_{th\alpha}}{|\Omega_\alpha|} . \qquad (5.366)$$

ein. Die Einordnungen

$$\frac{|\frac{e_\alpha}{m_\alpha}\nabla\phi|}{|\Omega_\alpha|} \sim \frac{T_\alpha}{Lm_\alpha|\Omega_\alpha|} \sim \frac{\rho_\alpha}{L}\, v_{th\alpha} \sim \delta_\alpha\, v_{th\alpha}\,, \qquad \frac{|\frac{e_\alpha}{m_\alpha}\partial_t\mathbf{A}|}{|\Omega_\alpha|} \sim \frac{L}{\tau} \sim v_{th} \qquad (5.367)$$

folgen.   ■

Beachte: $A \sim \mathcal{O}(BL)$ und $E \sim |\partial A/\partial t| \sim v_{th} B$ sind wesentlich. Das Abschneiden der Momentehierarchie erfolgt dann mit Maxwell-Verteilungen (Index M) für jede Komponente,

$$f^\alpha \approx f_M^\alpha\,(\mathbf{v}-\mathbf{u}) + \mathcal{O}(\delta_\alpha)\,, \qquad (5.368)$$

wobei $\mathbf{u} \approx \mathbf{u}_{E\times B} + \mathbf{b}u_\parallel$ ist. Bisher ist der Parallelfluss $u_\parallel$ noch nicht spezifiziert [29]. Die Annahme von Maxwell-Verteilungen impliziert, dass der Drucktensor isotrop ist und der Wärmestrom vernachlässigbar wird. Im Folgenden werden wir zeigen, dass diese Annahmen zu dem folgenden System führt:

$$\boxed{\frac{d\rho}{dt} + \rho\nabla\cdot\mathbf{u} = 0}\,, \qquad (5.369)$$

$$\boxed{\rho\frac{d\mathbf{u}}{dt} - \mathbf{j}\times\mathbf{B} + \nabla p = 0}\,, \qquad (5.370)$$

$$\boxed{\mathbf{E} + \mathbf{u}\times\mathbf{B} = \eta\mathbf{j}}\,, \qquad (5.371)$$

$$\boxed{\nabla\times\mathbf{E} + \partial_t\mathbf{B} = 0}\,, \qquad (5.372)$$

$$\boxed{\nabla\times\mathbf{B} - \mu_0\mathbf{j} = 0}\,, \qquad (5.373)$$

$$\boxed{\frac{dp}{dt} + \frac{5}{3}p\nabla\cdot\mathbf{u} = 0}\,. \qquad (5.374)$$

Dabei ist

$$\frac{d}{dt} = \frac{\partial}{\partial t} + \mathbf{u}\cdot\nabla\,, \qquad (5.375)$$

und p ist der Gesamtdruck.

In der idealen MHD wird der Widerstand ignoriert, d. h. $\eta \approx 0$. Beachte, dass zwei Gleichungen sofort verwendet werden können, um $\mathbf{E}$ und $\mathbf{j}$ zu eliminieren. Übrig bleiben dann acht skalare Gleichungen für acht Komponenten von ρ, p, $\mathbf{u}$, $\mathbf{B}$.

Systematische Herleitung

Um die MHD-Gleichungen systematisch „herzuleiten" [64], beginnen wir mit der kinetischen Gleichung, z. B. der Landau-Fokker-Planck-Gleichung ohne Teilchenquellen und -senken. Binäre Kollisionen werden berücksichtigt. Wir werden dabei auf die entsprechenden Erhaltungsgesetze während der (elastischen) Kollisionen achten. Wir kürzen die kinetische Gleichung ab:

$$\boxed{\partial_t f^\alpha + \mathbf{v} \cdot \nabla f^\alpha + \frac{e_\alpha}{m_\alpha}(\mathbf{E} + \mathbf{v} \times \mathbf{B}) \cdot \partial_\mathbf{v} f^\alpha = K^\alpha \equiv \sum_\beta K^{\alpha\beta}} \,, \qquad (5.376)$$

mit $f^\alpha \equiv f^\alpha(\mathbf{r}, \mathbf{v}; t)$. Wir multiplizieren mit Potenzen der Geschwindigkeit $\mathbf{v}$, summieren über die Spezies α und integrieren schließlich über den Geschwindigkeitsraum. Natürlich müssen die resultierenden Momentegleichungen durch die Maxwell-Gleichungen ergänzt werden,

$$\nabla \cdot \mathbf{E} = \frac{1}{\varepsilon_0} \sum_\alpha e_\alpha \int d^3v \, f^\alpha \,, \qquad (5.377)$$

$$\nabla \times \mathbf{E} = -\frac{\partial \mathbf{B}}{\partial t} \,, \qquad (5.378)$$

$$\nabla \cdot \mathbf{B} = 0 \,, \qquad (5.379)$$

$$\nabla \times \mathbf{B} = \mu_0 \varepsilon_0 \frac{\partial \mathbf{E}}{\partial t} + \mu_0 \sum_\alpha e_\alpha \int d^3v \, \mathbf{v} \, f^\alpha \,. \qquad (5.380)$$

Für das nullte Moment ist die Berechnung einfach. Unter Berücksichtigung der Erhaltungseigenschaften des Stoßterms erhalten wir sofort

$$\frac{\partial \rho}{\partial t} + \nabla \cdot (\rho \mathbf{u}) = 0 \,, \qquad (5.381)$$

Anschließend betrachten wir

$$\int d^3v \sum_\alpha m_\alpha \mathbf{v} \left[\partial_t f^\alpha + \mathbf{v} \cdot \nabla f^\alpha + \frac{e_\alpha}{m_\alpha}(\mathbf{E} + \mathbf{v} \times \mathbf{B}) \cdot \partial_\mathbf{v} f^\alpha \right] = \sum_{\alpha\beta} \int d^3v \, \mathbf{v} K^{\alpha\beta} = 0 \,. \qquad (5.382)$$

Bevor wir die zufällige Geschwindigkeit $\mathbf{v}' = \mathbf{v} - \mathbf{u}$ relativ zur mittleren Massenstromgeschwindigkeit $\mathbf{u} = \mathbf{u}(\mathbf{r}, t)$ einführen, nutzen wir die Unabhängigkeit von $t, \mathbf{r}, \mathbf{v}$. Wir führen den Drucktensor ein:

$$\boxed{P_{rs} = \sum_\alpha m_\alpha \int d^3v (v_r - u_r)(v_s - u_s) f^\alpha(\mathbf{r}, \mathbf{v}; t)} \,, \qquad (5.383)$$

was grundsätzlich nicht mit der Summe über die Drucktensoren der Komponenten übereinstimmt,

$$P_{rs} \neq \sum_\alpha P_r^\alpha s \tag{5.384}$$

Der gesamte skalare Druck folgt über

$$p = \frac{1}{3}\mathrm{Tr}\overleftrightarrow{P} \, , \tag{5.385}$$

sodass $P_{rs} = p\delta_{rs} + \pi_{rs}$, wenn die Situation in erster Ordnung isotrop ist. Der dissipative Teil des Drucktensors,

$$\pi_{rs} = \sum_\alpha m_\alpha \int d^3v(v_r - u_r)(v_s - u_s)f^\alpha(\mathbf{r}, \mathbf{v}; t)$$
$$- \frac{1}{3}\sum_\alpha m_\alpha \int d^3v|\mathbf{v} - \mathbf{u}|^2 \, f^\alpha(\mathbf{r}, \mathbf{v}; t)\,\delta_{rs} \tag{5.386}$$

wird in der MHD-Näherung als von höherer Ordnung angenommen.

Auf ähnliche Weise definieren wir den Wärmestromvektor

$$\boxed{\mathbf{q}(\mathbf{r}, t) = \frac{1}{2}\sum_\alpha m_\alpha \int d^3v \, (\mathbf{v} - \mathbf{u})|\mathbf{v} - \mathbf{u}|^2 \, f^\alpha(\mathbf{r}, \mathbf{v}; t)} \, . \tag{5.387}$$

Eine kurze Rechnung führt zu

$$\frac{d\mathbf{u}}{dt} + \nabla \cdot (\rho\mathbf{u}\mathbf{u}) = \left[\sum_\alpha n_\alpha e_\alpha\right]\mathbf{E} + \mathbf{j} \times \mathbf{B} - \nabla \cdot \overleftrightarrow{P} \, . \tag{5.388}$$

Zunächst wird angenommen, dass das Plasma durch $\Sigma(\mathbf{r}, t) = \sum_\alpha e_\alpha n_\alpha \approx 0$ im Wesentlichen neutral ist. Beachte, dass wir die MHD auf großräumige Phänomene anwenden werden. Zweitens können wir, ähnlich wie für die Zwei-Flüssigkeiten-Gleichungen, (5.381) verwenden, um die Terme umzustellen, mit dem Ergebnis

$$\rho\frac{d\mathbf{u}}{dt} - \mathbf{j} \times \mathbf{B} + \nabla p = 0 \, . \tag{5.389}$$

Eine einfache Form des ohmschen Gesetzes für die Stromdichte $\mathbf{j}$ ergibt sich aus der Impulsgleichung der Elektronen,

$$m_e\left(\frac{d\mathbf{u}_e}{dt} + \mathbf{u}_e \cdot \nabla\mathbf{u}_e\right) \approx -e(\mathbf{E} + \mathbf{u}_e \times \mathbf{B}) - \frac{1}{n_e}\nabla p_e - \nu_{ei}m_e(\mathbf{u}_e - \mathbf{u}_i) \, . \tag{5.390}$$

Innerhalb der MHD-Skalierung können wir die Terme auf der linken Seite vernachlässigen. Sie sind im Vergleich zum magnetischen Kraftterm auf der rechten Seite klein:

$$\left|\frac{d\mathbf{u}_e}{dt} + \mathbf{u}_e \cdot \nabla \mathbf{u}_e\right| \sim \frac{v_{th\,e}}{\tau} \ll v_{th\,e}|\Omega_e| \sim \frac{e}{m_e}|\mathbf{u}_e \times \mathbf{B}| \ . \tag{5.391}$$

Weiterhin ersetzen wir

$$\mathbf{u}_e = \mathbf{u}_i - \frac{1}{en_e}\mathbf{j} \approx \mathbf{u} - \frac{1}{en_e}\mathbf{j} \tag{5.392}$$

und schreiben (5.390) als

$$\mathbf{E} + \mathbf{u} \times \mathbf{B} - \frac{1}{en_e}\mathbf{j} \times \mathbf{B} + \frac{1}{en_e}\nabla p_e \approx \eta\mathbf{j} \ , \tag{5.393}$$

mit der Resistivität

$$\eta = \frac{m_e v_{ei}}{e^2 n_e} \ . \tag{5.394}$$

Beispiel 5.15 (Vernachlässigung des Hall-Terms)

Außer im sogenannten Hall-MHD-Modell wird der Hall-Term $\frac{1}{en_e}\mathbf{j} \times \mathbf{B}$ normalerweise weggelassen. Für diese Annahme lassen sich Argumente finden, indem man den Hall-Term entweder mit dem resistiven Term (auf der rechten Seite) oder mit dem Druckterm vergleicht. In der resistiven MHD ist das Verhältnis des Hall-Terms zum resistiven Term von der Größenordnung

$$\frac{|\Omega_e|}{v_{ei}} \ll 1 \ . \tag{5.395}$$

Andernfalls, wenn (5.389) zu $j \sim \rho v_{th}/(\tau B)$ führt, vergleichen wir den Hall-Term mit $\mathbf{u} \times \mathbf{B}$, um das Verhältnis

$$\frac{1}{|\Omega_i|\tau} \ll 1 \tag{5.396}$$

im Rahmen der MHD-Skalierung zu erhalten. Daher ist der Hall-Term vernachlässigbar, wenn der Druckterm in der MHD-Bewegungsgleichung (5.389) klein ist. In diesem Fall schreiben wir das ohmsche Gesetz als

$$\mathbf{E} + \mathbf{u} \times \mathbf{B} = \eta\mathbf{j} \ . \tag{5.397}$$

Vergleichen wir in (5.389) den Druckterm mit dem magnetischen Kraftterm. Wir finden

$$\frac{|\nabla p|}{|\mathbf{j} \times \mathbf{B}|} \sim \frac{p}{\frac{B^2}{2\mu_0}} \equiv \beta \ . \tag{5.398}$$

Das Verhältnis des Plasmadrucks zum magnetischen Druck ist als Plasma-β bekannt. Für $\beta \ll 1$ wird auch der Hall-Term klein sein. Wenn wir Maxwells Induktionsgleichung (faradaysches Gesetz) hinzufügen

$$\nabla \times \mathbf{E} + \partial_t \mathbf{B} = 0 \ , \tag{5.399}$$

und durch das ampèresche Gesetz

$$\nabla \times \mathbf{B} - \mu_0 \mathbf{j} = 0 \,, \tag{5.400}$$

ergänzen, vernachlässigen wir für ausreichend langsame Prozesse (Phasengeschwindigkeiten, die viel kleiner als die Lichtgeschwindigkeit sind) den Verschiebungsstrom. ■

Wir sind fast fertig mit der Herleitung des abgeschlossenen Satzes der MHD-Gleichungen. Für den Druck können wir das adiabatische Gesetz verwenden:

$$\frac{dp}{dt} + \frac{5}{3} p \nabla \cdot \mathbf{u} \equiv \frac{dp}{dt} + \frac{5}{3} \frac{p}{\rho} \frac{d\rho}{dt} = 0 \,. \tag{5.401}$$

Dabei erinnern wir an

$$\frac{d}{dt} = \frac{\partial}{\partial t} + \mathbf{u} \cdot \nabla \tag{5.402}$$

als totale Ableitung im Ein-Fluid-System. Schließlich können wir annehmen, dass die diagonalen Terme im Drucktensor dominieren, sodass die MHD-Gleichungen (5.369)–(5.374) folgen.

Beispiel 5.16 (Zustandsgleichungen)
Wir sollten beachten, dass anstelle von (5.374), welche die adiabatische Zustandsgleichung ausdrückt,

$$\frac{d}{dt} \left(\frac{p}{\rho^{5/3}} \right) = 0 \,, \tag{5.403}$$

auch andere Abschlussbedingungen verwendet werden. Die isotherme Zustandsgleichung lautet

$$\frac{d}{dt} \left(\frac{p}{\rho} \right) = 0 \,. \tag{5.404}$$

In einigen Situationen kann Inkompressibilität die bessere Wahl sein. Wenn

$$\nabla \cdot \mathbf{u} = 0 \tag{5.405}$$

gilt, führt Eq. (5.374) zu

$$\frac{d}{dt} p = 0 \,. \tag{5.406}$$

■

Wir schließen mit einigen zusätzlichen Anmerkungen. Die Kontinuitätsgleichung der Ladungsdichte

$$\partial_t \Sigma + \nabla(\mathbf{j}) = 0 \tag{5.407}$$

ist konsistent mit dem abgeleiteten Satz der MHD-Gleichungen. Die Vernachlässigung des dissipativen Teils des Drucktensors hängt mit der Tatsache zusammen, dass

$$\pi_{rs} \sim \mathcal{O}(\delta) \,. \tag{5.408}$$

Ausführlichere Modelle werden manchmal verwendet, z.B. die sogenannte Elektronen-MHD.

> Die Literatur über MHD ist umfangreich. Wichtige Probleme füllen viele Bücher. Wir verweisen auf [65, 66] und die dortigen Verweise für einen umfassenden Überblick über MHD.

Inhaltsverzeichnis

Zusammenfassung

Ausgehend von einem zeitunabhängigen (stationären) Zustand eines Plasmas kann man die Frage untersuchen, wie sich das Plasma bei (kleinen) Störungen dynamisch verhält. Im Grunde haben wir – im Rahmen der Vlasov-Beschreibung – bereits mit der Bearbeitung dieses Problems begonnen, als wir die Plasmadispersionsfunktion hergeleitet haben und Konsequenzen für die Plasmaschwingungen in Form der Landau-Dämpfung diskutierten. Wenn wir in diesem Abschnitt die Stabilitätsfrage wieder aufgreifen, so wollen wir das unter allgemeineren Gesichtspunkten tun, also nicht immer als ungestörten Zustand eine Maxwell-Verteilung voraussetzen. Beibehalten werden wir die lineare Näherung, und somit werden wir hier nicht auf die Problematik der nichtlinearen Stabilität eingehen. Außerdem legen wir hier ebenfalls das Vlasov-Modell zugrunde.

6.1 Grundlagen

Die Stabilitätstheorie ist eine recht weit entwickelte mathematische Theorie – allerdings hauptsächlich in dem Bereich der gewöhnlichen Differentialgleichungen. Bei partiellen Differentialgleichungen sind die Prinzipien zwar klar formuliert, doch bringt

© Der/die Autor(en), exklusiv lizenziert an Springer-Verlag GmbH, 277
DE, ein Teil von Springer Nature 2025
K.-H. Spatschek, *Theoretische Plasmaphysik*,
https://doi.org/10.1007/978-3-662-71426-3_6

fast jede praktische Auswertung immer wieder neue Schwierigkeiten mit sich. Das ist mit ein Grund, weshalb wir uns in diesem Abschnitt nicht auf den rigorosen Standpunkt stellen, dass man Stabilität nur mit Lyapunov-Funktionalen und Instabilität nur aufgrund von Variationsprinzipien zeigen sollte. Unter diesen Einschränkungen bieten sich noch immer genug Verfahren an, die Schlüsse auf Stabilität oder Instabilität zulassen. Wir werden hier die Normalmodenanalyse („normal mode analysis") für Instabilität und Aussagen für Stabilität aufgrund von Erhaltungsgrößen besonders herausstellen.

Beginnen wir jedoch mit einer etwas genaueren Analyse der Plasmadispersionsgleichung, die wir bereits hergeleitet haben. Dort ergab sich in (4.90), mit einer ungestörten Verteilungsfunktion g,

$$\boxed{k^2 = G\left(\frac{\omega}{k}\right) \equiv \omega_{pe}^2 \int \frac{dg}{du} \frac{du}{u - \frac{\omega}{k}}}, \tag{6.1}$$

wobei die Landau-Vorschrift für den Integrationsweg gewählt werden muss. Die Beziehung (6.1) ist relevant für ein einkomponentiges System mit einem ausgeschmierten Ionenhintergrund. Da wir $\omega = ip$ benutzt haben, stellt sich für eine Instabilitätsaussage die Frage, ob Lösungen mit

$$\operatorname{Im} \omega > 0 \tag{6.2}$$

existieren. Wenn ja, können wir auf exponentiell anwachsende Moden schließen. Unter der Bedingung (6.2) kann der Integrationsweg in (6.1) entlang der reellen u-Achse (von $-\infty$ bis $+\infty$) gewählt werden. Auf der reellen u_p-Achse, mit der Phasengeschwindigkeit

$$u_p = \frac{\omega}{k} = \frac{\operatorname{Re} \omega}{k}, \tag{6.3}$$

gilt

$$\boxed{G(u_p + i0) = \omega_{pe}^2 \left\{ \mathcal{P} \int_{-\infty}^{+\infty} \frac{g'(u)}{u - u_p} du + i\pi g'(u_p) \right\}}. \tag{6.4}$$

Die Idee beim weiteren Vorgehen ist die folgende. Gl. (6.1) und (6.4) können wir als Abbildung der oberen u_p-Halbebene auf eine Fläche in der (komplexen) G-Ebene ansehen. Diese Fläche wird durch die Kurve (6.4) berandet, wobei die obere Halbebene in das Innere abgebildet wird. Begründet wird diese Aussage durch die Tatsache, dass $G(R + i0)$ beschränkt und stetig und $G(u_p)$ eine holomorphe Funktion in der oberen u_p-Ebene ist. Die gerichtete Kurve $G(u_p)$ startet und endet wegen $G(\pm\infty) = 0$ bei $G = 0$, wenn u_p von $-\infty$ bis $+\infty$ variiert. Wenn G_0 irgendein Punkt ist, der nicht auf $G(R + i0)$ liegt, dann windet sich die Kurve (6.4) so oft (gegen den Uhrzeigersinn) um G_0 wie $G(u_p)$ den Wert G_0 in der oberen u_p-Ebene annimmt.

Instabilitäten (d. h. Lösungen mit $\operatorname{Im} \omega > 0$) sind möglich, wenn die gerichtete Kurve (6.4) die positive reelle G-Achse schneidet, da dann Lösungen von (6.1) in der oberen

ω-Halbebene existieren. Beim überqueren der reellen G-Achse (von unten nach oben) muss natürlich $g'(u_p)$ sein Vorzeichen wechseln.

Man kann deshalb nach Penrose ein Stabilitätskriterium in der folgenden Weise formulieren: Notwendig und hinreichend für (exponentielle) Instabilität sind die beiden Bedingungen:
(a) Die Verteilungsfunktion g hat mindestens ein Minimum.
(b) Bei diesem Minimum ist

$$\mathcal{P} \int_{-\infty}^{+\infty} \frac{g'(u)}{u - u_p} du > 0 \, . \tag{6.5}$$

Dass der Extremalwert ein Minimum sein muss, folgt aus dem Übergang der Grenzkurve (6.4) [in der G-Ebene] von der unteren G-Halbebene in die obere (damit positive reelle Werte links von ihr liegen). Mit wachsendem u_p ist $g'(u_p)$ zunächst negativ und dann positiv.

Das Penrose-Kriterium erlaubt es, einer recht einfachen Darstellung anzusehen, ob instabile Moden existieren. Zuvor schreiben wir jedoch die recht unhandliche Bedingungsgleichung (6.5) um. Nach partieller Integration finden wir

$$\begin{aligned} \mathcal{P} &\int_{-\infty}^{+\infty} \frac{g'(u)}{u - u_p} du \\ &= \lim_{\varepsilon \to 0} \left[\left\{ \int_{-\infty}^{u_p-\varepsilon} + \int_{u_p+\varepsilon}^{\infty} \right\} \left\{ \frac{g(u)}{(u - u_p)^2} du \right\} - \frac{g(u_p - \varepsilon)}{\varepsilon} - \frac{g(u_p + \varepsilon)}{\varepsilon} \right] \\ &= \mathcal{P} \int_{-\infty}^{+\infty} \frac{g(u) - g(u_p)}{(u - u_p)^2} du + \lim_{\varepsilon \to 0} \left[\frac{g(u_p) - g(u_p - \varepsilon)}{\varepsilon} - \frac{g(u_p + \varepsilon) - g(u_p)}{\varepsilon} \right] \\ &= \int_{-\infty}^{+\infty} \frac{g(u) - g(u_p)}{(u - u_p)^2} du \end{aligned} \tag{6.6}$$

wegen

$$g(u_p) \lim_{\varepsilon \to 0} \left\{ \int_{-\infty}^{u_p-\varepsilon} + \int_{u_p+\varepsilon}^{\infty} \right\} \left\{ \frac{du}{(u - u_p)^2} \right\} = 2 \lim_{\varepsilon \to 0} \frac{g(u_p)}{\varepsilon} \, . \tag{6.7}$$

Bei dem Ergebnis (6.6) können wir das Zeichen $\mathcal{P}$ für den Hauptwert weglassen, da an der interessierenden Stelle $u_p = u_p^*$ die Funktion g ein Minimum haben soll. Das Kriterium (6.5), an der Minimalstelle u_p^* von $g(u_p)$ ausgewertet, lautet somit

$$\boxed{\int_{-\infty}^{+\infty} \frac{g(u) - g(u_p^*)}{(u - u_p^*)^2} du > 0} \, . \tag{6.8}$$

Wir geben jetzt zwei Beispiele.

Beispiel 6.1 (Auswertung für eine Maxwell-Verteilung)

Zunächst sei für g eine Maxwell-Verteilung

$$g(u) = \frac{1}{(2\pi)^{1/2} v_t} \exp\left[-u^2/2v_t^2\right] \tag{6.9}$$

angenommen, die zu

$$G(u_p + i0) = -\frac{\omega_{pe}^2 \, v_t^{-3}}{(2\pi)^{1/2}} \left\{ \mathcal{P} \int_{-\infty}^{+\infty} \frac{u \, \exp(-u^2/2v_t^2)}{u - u_p} du \right.$$

$$\left. + i\pi \, u_p \exp\left[-\frac{u_p^2}{2v_t^2}\right] \right\} \tag{6.10}$$

führt. Offensichtlich lässt sich kein Schnitt mit der positiven reellen G-Achse konstruieren. Das Bild von (6.10) in der komplexen G-Ebene ist in Abb. 6.1 dargestellt. ∎

Beispiel 6.2 (Auswertung für zwei überlagerte Dirac-Verteilungen)

Die direkte Verallgemeinerung dieses Beispiels führt uns zu dem nächsten Fall zweier überlagerter Maxwell-Verteilungen, deren Maxima nicht aufeinanderfallen. Die gesamte Verteilungsfunktion kann dann ein Minimum besitzen, und das Penrose-Kriterium lässt Instabilität zu. Da im allgemeinen Fall eine Analyse nur numerisch erfolgen kann, beschränken wir uns

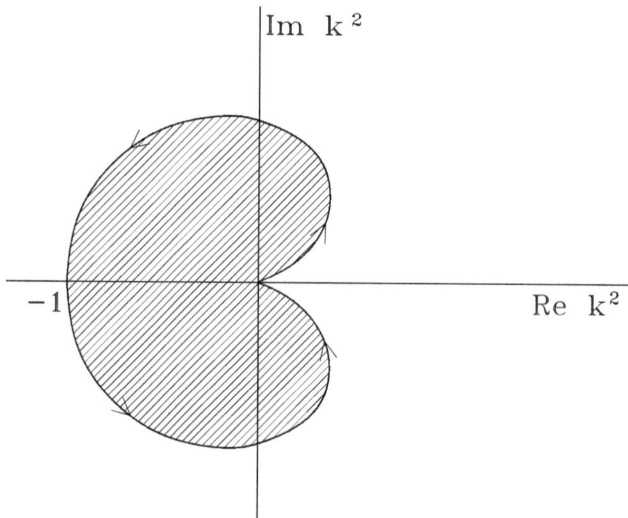

Abb. 6.1 Abbildung der oberen u_p-Ebene in die k^2-Ebene (inneres gestricheltes Gebiet) über $G(R + i0)$ für eine Maxwell-Verteilung

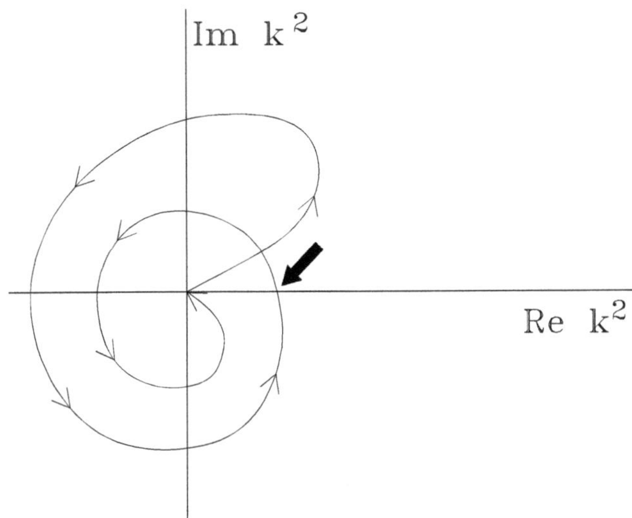

Abb. 6.2 $G(u_p + i0)$ in der komplexen k^2-Ebene für ein instabile Verteilungsfunktion mit zwei Maxima

hier auf einen Grenzfall, der noch analytisch traktabel ist. Wir lassen die thermische Breite der Maxwell-Verteilungen zu null schrumpfen, d. h., wir gehen zu diracschen Deltafunktionen über,

$$g \approx [\delta(u - U) + \delta(u + U)] . \tag{6.11}$$

Wegen der Symmetrie ist natürlich klar, dass ein Minimum bei

$$u = 0 \tag{6.12}$$

vorliegt; an dieser Minimalstelle ist $g(0) = 0$. Bei der Diskussion von (6.8) muss das Integral

$$\int_{-\infty}^{+\infty} \frac{g(u)}{u^2} du = \frac{2}{U^2} > 0 \tag{6.13}$$

ausgewertet werden. Das Ergebnis lässt uns eindeutig auf Instabilität schließen. [In Abb. 6.2 ist die Kurve (6.4) für zwei Maxwell-Verteilungen, die zu einem Minimum führen, aufgetragen. Man erkennt klar den Schnitt mit der positiven G-Achse, der auf Instabilität schließen lässt.] ∎

Beispiel 6.3 (Direkte Lösung für zwei Dirac-Verteilungen)

In dem Grenzfall (6.11) ist die allgemeine Dispersionsrelation auch direkt auswertbar. Das Ergebnis haben wir bereits in (4.71) angegeben, allerdings darf dort ν nur 1 und 2 gesetzt werden. Die Landau-Dämpfung, die bei der Wahl von Maxwell-Verteilungen mit endlichen thermischen Breiten durchaus wesentlich wird, spielt hier keine entscheidende Rolle, und wir können direkt

$$\omega_{pe}^2 \left[\frac{1}{(kU - \omega)^2} + \frac{1}{(kU + \omega)^2} \right] = 1 \tag{6.14}$$

auswerten. Für

$$|k| < \sqrt{2}\,\frac{\omega_{pe}}{U} \tag{6.15}$$

gibt es nur zwei rein reelle Lösungen der Gl. (6.14), die von vierter Ordnung ist. Es existieren dann zusätzlich zwei komplexe Lösungen, die zu exponentiell anwachsenden bzw. exponentiell gedämpften Lösungen gehören. Die Instabilität, auch unter dem Namen Zwei-Strom-Instabilität („two-beam instability") bekannt, hat eine maximale Anwachsrate

$$\gamma = \omega_{pe}/2 \; . \tag{6.16}$$

(Endliche thermische Breiten ändern das Ergebnis natürlich!) Wir werden später darauf noch einmal zurückkommen, wenn wir die Normalmodenanalyse der linearisierten Vlasov-Gleichung im Zusammenhang diskutieren. ∎

An dieser Stelle sei eine andere Frage in den Vordergrund gestellt, nämlich die, wie man – in dem zugegebenermaßen einfachen Fall räumlich homogener Grundzustände – das (komplementäre) Stabilitätsproblem angehen könnte. Dazu versuchen wir, ein Argument zu finden, das zeitlich anwachsende Moden ausschließt.

Die Linearisierung der Vlasov-Gleichung geht von einem bestimmten stationären Zustand aus, den wir hier als isotrope Verteilung im Geschwindigkeitsraum festlegen. Ein äußeres elektrisches Feld sei nicht vorhanden, wohingegen ein äußeres konstantes Magnetfeld $\mathbf{B}_0$ zugelassen sei. Die (an sich beliebige) Funktion

$$g = g\left(\frac{m_e}{2} v^2 \right) \tag{6.17}$$

ist dann eine exakte Lösung der stationären Vlasov-Gleichung in nullter Ordnung. Beim Linearisieren der vollständigen Vlasov-Gleichung um den stationären Zustand g, d. h.

$$\boxed{f = g + \delta f}\, , \tag{6.18}$$

treten in erster Ordnung elektrische und magnetische Felder $\mathbf{E}_1$ und $\mathbf{B}_1$ auf. Man beachte jedoch, dass wegen unserer Wahl des stationären Ausgangszustands g

$$\frac{q_e}{m_e}\mathbf{v} \times \mathbf{B}_1 \cdot \partial_{\mathbf{v}} g = 0 \tag{6.19}$$

gilt. Die linearisierte Vlasov-Gleichung lautet dann

$$\boxed{\partial_t \delta f + \mathbf{v} \cdot \partial_{\mathbf{r}} \, \delta f + \frac{q_e}{m_e} \mathbf{E}_1 \cdot \partial_{\mathbf{v}} \, g + \frac{q_e}{m_e} (\mathbf{v} \times \mathbf{B}_0) \cdot \partial_{\mathbf{v}} \, \delta f = 0} \, . \qquad (6.20)$$

Multiplizieren wir beide Seiten dieser Gleichung mit δf und dividieren durch

$$g' = \frac{d}{d\varepsilon} g(\varepsilon) \, , \qquad (6.21)$$

mit $\varepsilon = \frac{1}{2} m_e v^2$, so folgt nach Integration über die Geschwindigkeiten und anschließender kurzer Rechnung

$$\partial_t \int d^3 v \, \frac{(\delta f)^2}{g'} + 2 q_e \int d^3 v \mathbf{E}_1 \cdot \mathbf{v} \, \delta f = 0 \, . \qquad (6.22)$$

Wegen der Annahme einer isotropen Verteilungsfunktion g verschwindet der Magnetfeldanteil. Eine entsprechende Rechnung können wir in einem (mehrkomponentigen) Plasma für jede einzelne Komponente $\alpha(= e, i)$ durchführen. Aufsummation der entsprechenden Beiträge (6.22) führt zu

$$\partial_t \sum_\alpha \int \frac{(\delta f_\alpha)^2}{g'_\alpha} d^3 v + 2 \mathbf{E}_1 \cdot \mathbf{j}_1 = 0 \qquad (6.23)$$

mit der elektrischen Stromdichte $\mathbf{j}_1$. Aufgrund der Maxwell-Gleichungen

$$\mu_0 \mathbf{j}_1 = \nabla \times \mathbf{B}_1 - \mu_0 \varepsilon_0 \partial_t \mathbf{E}_1 \, , \qquad (6.24)$$

$$\partial_t \mathbf{B}_1 = -\nabla \times \mathbf{E}_1 \qquad (6.25)$$

und der Beziehung

$$\int \mathbf{B}_1 \cdot (\nabla \times E_1) d^3 r = \int \mathbf{E}_1 \cdot (\nabla \times \mathbf{B}_1) d^3 r \qquad (6.26)$$

folgt schließlich nach Integration über den Ortsraum

$$\partial_t \left[\sum_\alpha \int d^3 v \, d^3 r \, \frac{(\delta f_\alpha)^2}{g'_\alpha} - \varepsilon_0 \int d^3 r \, (\mathbf{E}_1^2 + c^2 \mathbf{B}_1^2) \right] = 0 \, , \quad c^2 = \frac{1}{\varepsilon_0 \mu_0} \, . \qquad (6.27)$$

Die auf der linken Seite in eckigen Klammern stehende Größe ist also eine Erhaltungsgröße. Für

$$\boxed{g'_\alpha < 0} \qquad (6.28)$$

ist sie negativ definit. Aus

$$\sum_\alpha \int d^3 v \, d^3 r \, \frac{(\delta f_\alpha)^2}{(-g'_\alpha)} + \varepsilon_0 \int d^3 r \, (\mathbf{E}_1^2 + c^2 \mathbf{B}_1^2) = const \qquad (6.29)$$

folgt dann, dass es unter der Voraussetzung (6.28) keine exponentiell anwachsenden (instabilen) Moden $\sim \exp(\gamma t)$ geben kann. Dies stimmt mit der Aussage des Penrose-Kriteriums

überein, nach der Verteilungsfunktionen ohne Minimum („single-humped distributions")
stabil sind.

> Die gerade wiedergegebene Argumentation lässt sich auch thermodynamisch moti-
> vieren. Aus der Gleichgewichtsthermodynamik kennen wir das Stabilitätskriterium,
> das ein Minimum der freien Energie im stabilen Zustand fordert.

Übertragen wir die Ansätze der Gleichgewichtsthermodynamik streng auf unser System, so
müssen wir von Maxwell-Verteilungen für g_α ausgehen und $\mathbf{E}_0$ sowie $\mathbf{B}_0$ gleich null setzen.
Die innere Energie ist durch

$$U = \sum_\alpha \int d^3v\, d^3r\, \frac{m_\alpha}{2} v^2 f_\alpha + \frac{\varepsilon_0}{2} \int d^3r\, (\mathbf{E}^2 + c^2\mathbf{B}^2) \tag{6.30}$$

gegeben, während die Entropie S zu

$$S = -k_B \sum_\alpha \int d^3v\, d^3r\, f_\alpha\, \ln\, f_\alpha \tag{6.31}$$

angeschrieben werden kann. Variieren wir die freie Energie

$$\boxed{F = U - TS}, \tag{6.32}$$

so finden wir aus der Gleichgewichtsbedingung ($\delta F = 0$) in erster Ordnung

$$f_{\alpha 0} = g_\alpha, \tag{6.33}$$

d. h. die Maxwell-Verteilungen, und in zweiter Ordnung

$$\delta^2 F = \sum_\alpha \int d^3v\, d^3r\, k_B T_\alpha \frac{(\delta f_\alpha)^2}{g_\alpha} + \frac{\varepsilon_0}{2} \int d^3r [(\delta\mathbf{E})^2 + c^2(\delta\mathbf{B})^2] . \tag{6.34}$$

Ohne Zweifel ist die Maxwell-Verteilung in einem System ohne äußere Felder stabil! Um
nun allgemeinere Verteilungen g_α untersuchen zu können, müssen wir die Anschrift für die
Entropie (6.31) verallgemeinern. Wir wählen

$$\boxed{S = -k_B \sum_\alpha \int d^3v\, d^3r\, F_\alpha(f_\alpha)} \tag{6.35}$$

mit einem noch näher zu bestimmenden Funktional F_α. Aus der ersten Variation der freien
Energie F folgt

$$F_\alpha'(g_\alpha) = -\frac{1}{2} m_\alpha v^2 . \tag{6.36}$$

Hierbei bedeutet der Strich (') die Differentiation nach dem Argument. Damit (6.36) invertierbar und die Lösung g_α für große v lokalisiert ist, muss

$$F_\alpha'' > 0 \tag{6.37}$$

gelten. Der Ansatz (6.36) beschränkt uns auf isotrope Verteilungsfunktionen. Wenn wir die Lösung $g_\alpha = g_\alpha(+\frac{1}{2}m_\alpha v^2)$ als bekannt voraussetzen, so folgt aus (6.36) durch Differentiation nach dem Argument $\frac{1}{2}m_\alpha v^2$

$$F_\alpha'' g_\alpha' = -1 \,, \tag{6.38}$$

und die zweite Variation der freien Energie kann als

$$\delta^2 F = \sum_\alpha \int d^3v\, d^3r \frac{1}{2} \frac{(\delta f_\alpha)^2}{(-g_\alpha')} + \frac{\varepsilon_0}{2} \int d^3r \left[(\delta \mathbf{E})^2 + c^2 (\delta \mathbf{B})^2 \right] \geq 0 \tag{6.39}$$

geschrieben werden. Wir sehen wiederum, dass für Verteilungsfunktionen ohne Minimum keine instabilen Moden existieren können.

Die bislang skizzierten Überlegungen sollten uns einen Einblick darin geben, wie man im Prinzip notwendige und hinreichende (lineare) Stabilitätskriterien aufstellen kann. Sie zeigen allerdings auch, dass es nicht leicht ist, in allen relevanten Fällen tatsächlich notwendige und hinreichende Bedingungen, die sich lückenlos aneinander anschließen, zu finden. Wir beleuchten diesen Aspekt noch etwas stärker für räumlich homogene Vlasov-Systeme.

Im räumlich homogenen Fall ohne äußeres Magnetfeld $\mathbf{B}_0$ kann zunächst jede beliebige (allerdings im mathematischen und physikalischen Sinn wohl definierte) Funktion von der Geschwindigkeit $\mathbf{v}$, d. h. $g = g(\mathbf{v})$, stationäre Lösung sein. Bei der Anwesenheit eines äußeren Magnetfelds $\mathbf{B}_0 = const$ wird diese Klasse zwar auf beliebige Funktionen von $v_\parallel$ ($\parallel$ bedeutet parallel zu $\mathbf{B}_0$) und $v_\perp^2$ ($\perp$ bedeutet senkrecht zu $\mathbf{B}_0$) eingeschränkt, doch ist die Vielfalt noch immer gewaltig.

Die Beweise für Stabilität, so wie sie weiter oben in einem Beispiel angedeutet wurden, gelten nur für isotrope Verteilungsfunktionen, d. h. $g = g(v^2)$. Das Penrose-Kriterium haben wir für Systeme ohne äußere Felder, die allein x-abhängigen elektrostatischen Störungen $\delta f_\alpha(\mathbf{v}, x, t)$ unterworfen sind, hergeleitet. Wir wollen jetzt diese Situation von der Stabilitätsseite erfassen. Dazu gehen wir von

$$\partial_t \delta f_\alpha + \mathbf{v} \cdot \partial_\mathbf{r}\, \delta f_\alpha + \frac{q_\alpha}{m_\alpha} \mathbf{E}_1 \cdot \partial_\mathbf{v}\, g_\alpha = 0 \tag{6.40}$$

aus und integrieren im Ortsraum über y und z sowie im Geschwindigkeitsraum über v_y und v_z. Man beachte, dass in (6.40) der Lorentz-Term wegen der elektrostatischen Näherung fehlt. (Dieser Term würde auch fehlen, wenn wir die elektrostatische Näherung aufgäben, dafür aber isotrope stationäre Grundzustände $g_\alpha(v^2)$ annähmen.) Mit

$$\delta \tilde{f}_\alpha = \int dv_y \, dv_z \, dy \, dz \, \delta f_\alpha \, , \tag{6.41}$$

$$\tilde{E}_1 = \int dy \, dz \, E_{1x} \, , \tag{6.42}$$

$$\tilde{g}_\alpha = \int dv_y \, dv_z \, g_\alpha \tag{6.43}$$

erhalten wir

$$\partial_t \delta \tilde{f}_\alpha + v_x \partial_x \delta \tilde{f}_\alpha + \frac{q_\alpha}{m_\alpha} \tilde{E}_1 \frac{\partial}{\partial v_x} \tilde{g}_\alpha = 0 \, . \tag{6.44}$$

Die jetzt schon übliche Umformung – Multiplikation mit $m_\alpha v_x \delta \tilde{f}_\alpha$, Division durch $d\tilde{g}_\alpha/dv_x$ und Integration über die x- und v_x-Koordinaten – liefert schließlich

$$\sum_\alpha \int \int dx dv_x \left(-m_\alpha v_x \left(\frac{d\tilde{g}_\alpha}{dv_x} \right)^{-1} (\delta \tilde{f}_\alpha)^2 \right) + \varepsilon_0 \int dx \, \tilde{E}_1^2 = const \, , \tag{6.45}$$

sodass wir bei eindeutigem Vorzeichen des ersten Terms auf der linken Seite von (6.45) Übereinstimmung mit dem Penrose-Kriterium erhalten.

Eine Anmerkung ist in diesem Zusammenhang interessant. Bis zur Gl. (6.44) gilt – wie bereits vermerkt – die obige Rechnung auch für nichtelektrostatische, aber nur x-abhängige Störungen, sofern der Grundzustand g_α isotrop in $\mathbf{v}$ ist. Dann zeigt die einfache Umrechnung

$$\tilde{g}_\alpha = 2\pi \int_0^\infty dv_\perp v_\perp \, g_\alpha \left[\frac{m_\alpha}{2} (v_x^2 + v_\perp^2) \right]$$

$$= \frac{4\pi}{m_\alpha} \int_{\varepsilon_x}^\infty d\varepsilon_\perp \, g_\alpha(\varepsilon_\perp) \tag{6.46}$$

bei

$$\varepsilon_x = \frac{m_\alpha}{2} v_x^2 \, , \qquad \varepsilon_\perp = \frac{m_\alpha}{2} v_\perp^2 \, , \tag{6.47}$$

dass

$$g_\alpha'(\varepsilon_x) < 0 \tag{6.48}$$

ist. Nach einer ähnlichen Rechnung wie bei (6.27), allerdings hier mit

$$\hat{e}_x \cdot [\nabla \times \mathbf{B}_1(x, t)] = 0 \, , \tag{6.49}$$

erhalten wir jetzt

$$\sum_\alpha \int dx dv_x \frac{(\delta f_\alpha)^2}{(-g_\alpha')} + \varepsilon_0 \int dx \, E_1^2 = const. \tag{6.50}$$

Die Stabilität folgt jetzt unmittelbar – wegen (6.48) ohne weitere Einschränkungen!

Sofern – selbst in räumlich homogenen Ausgangssystemen – die Verteilungsfunktion von den bisherigen Annahmen abweicht, wissen wir bislang – abgesehen vom Penrose-Kriterium – sehr wenig. Dieses Defizit wollen wir in den nächsten Abschnitten teilweise beheben.

6.2 Dispersion in homogenen Vlasov-Systemen

In diesem Abschnitt untersuchen wir das Stabilitätsverhalten in Vlasov-Systemen, wobei wir besonderes Gewicht auf solche Systeme legen, die nicht durch die bisherigen Betrachtungen erfasst wurden. Wir gehen von einem homogenen Plasma in einem homogenen Magnetfeld $\mathbf{B}_0 = B_0\hat{z}$ und mit verschwindendem äußeren elektrischen Feld in nullter Ordnung ($\mathbf{E}_0 = 0$) aus. Verschiedene Moden werden diskutiert.

Die stationäre Vlasov-Gleichung lässt in nullter Ordnung, d. h. für g_α beliebige Funktionen der parallelen Geschwindigkeit v_z und des Betrags der senkrechten (zu $\mathbf{B}_0$) Geschwindigkeitskomponente $v_\perp$ zu, sofern kein äußeres elektrisches Feld vorhanden ist.

Wir schreiben

$$g_\alpha = g_\alpha(v_\perp^2, v_z) \,. \tag{6.51}$$

Nach einer Linearisierung vermöge

$$f_\alpha = g_\alpha + \delta f_\alpha \,, \tag{6.52}$$

einer Fourier-Transformation der linearisierten Gleichung im Ort und einer Beschränkung auf

$$\text{Normalmoden} \sim \exp(-i\omega t + i\mathbf{k} \cdot \mathbf{r}) \tag{6.53}$$

erhalten wir

$$\boxed{i(\mathbf{k} \cdot \mathbf{v} - \omega)\delta f_\alpha + (\mathbf{v} \times \mathbf{\Omega}_\alpha) \cdot \partial_\mathbf{v} \delta f_\alpha = -\frac{q_\alpha}{m_\alpha}(\mathbf{E}_1 + \mathbf{v} \times \mathbf{B}_1) \cdot \partial_\mathbf{v} g_\alpha} \,. \tag{6.54}$$

Hierbei haben wir

$$\mathbf{\Omega}_\alpha = \frac{q_\alpha \mathbf{B}_0}{m_\alpha} = \Omega_\alpha \hat{z} \tag{6.55}$$

eingeführt. Ohne Beschränkung der Allgemeinheit können wir

$$\mathbf{k} = k_x \hat{x} + k_z \hat{z} \tag{6.56}$$

und

$$v_x = v_\perp \cos\varphi \,, \qquad v_y = v_\perp \sin\varphi \tag{6.57}$$

setzen. Ein einfache Umrechnung führt zu

$$(\mathbf{v} \times \boldsymbol{\Omega}_\alpha) \cdot \partial_\mathbf{v}\, \delta f_\alpha = -\Omega_\alpha \frac{\partial\, \delta f_\alpha}{\partial\varphi} \,, \tag{6.58}$$

sodass der homogene Anteil von (6.54) als

$$i(\omega - k_x v_\perp \cos\varphi - k_z v_z)\delta f_\alpha^h + \Omega_\alpha \frac{\partial}{\partial\varphi}\delta f_\alpha^h = 0 \tag{6.59}$$

geschrieben werden kann. Die Lösung davon ist

$$\delta f_\alpha^h = h(v_\perp, v_z)e^{ik_x v_\perp \sin\varphi/\Omega_\alpha}\, e^{-i(\omega - k_z v_z)\varphi/\Omega_\alpha} \,; \tag{6.60}$$

sie lässt sich nach der Methode der „Variation der Konstanten $h(v_\perp, v_z)$" zur Berechnung der allgemeinen Lösung von (6.54) benutzen. Kürzen wir die rechte Seite von (6.54) durch $I_\alpha(v_\perp \cos\varphi, v_\perp \sin\varphi, v_z)$ ab, so folgt

$$\boxed{\begin{aligned} \delta f_\alpha &= \frac{1}{\Omega_\alpha} \int^{\varphi} d\varphi'\, I_\alpha(v_\perp \cos\varphi', v_\perp \sin\varphi', v_z)e^{i(k_x v_\perp/\Omega_\alpha)(\sin\varphi - \sin\varphi')} \\ &\quad \times e^{-i(\omega - k_z v_z)(\varphi - \varphi')/\Omega_\alpha} \,. \end{aligned}} \tag{6.61}$$

Im Fall von (exponentieller) Instabilität können wir $\operatorname{Im}\omega > 0$ voraussetzen. Ferner ist es uns unbenommen, in die spezielle Lösung (6.61) formal $\varphi' = \infty$ als untere Grenze einzusetzen. Mit der Substitution

$$\tau := (\varphi - \varphi')/\Omega_\alpha \tag{6.62}$$

erhalten wir aus (6.61)

$$\begin{aligned} \delta f_\alpha = -\int_{-\infty}^{0} d\tau\, I_\alpha\big[v_\perp \cos(\varphi - \Omega_\alpha\tau),\; v_\perp \sin(\varphi - \Omega_\alpha\tau),\; v_z\big] \\ \times e^{i(k_x v_\perp/\Omega_\alpha)[\sin\varphi - \sin(\varphi - \Omega_\alpha\tau)]}e^{i(k_z v_z - \omega)\tau} \,. \end{aligned} \tag{6.63}$$

Zur weiteren Auswertung befassen wir uns etwas eingehender mit dem Ausdruck

$$I_\alpha(v_x, v_y, v_z) = -\frac{q_\alpha}{m_\alpha}\left(\mathbf{E}_1 + \mathbf{v} \times \mathbf{B}_1\right) \cdot \partial_\mathbf{v} g_\alpha$$

$$= -\frac{q_\alpha}{m_\alpha}\left\{\frac{1}{v_\perp}\left[(\mathbf{E}_1 \cdot \mathbf{v}_\perp) + \frac{1}{\omega}(\mathbf{k} \cdot \mathbf{v}_\perp)(\mathbf{E}_1 \cdot \mathbf{v}) - \frac{1}{\omega}(\mathbf{v} \cdot \mathbf{k})(\mathbf{E}_1 \cdot \mathbf{v}_\perp)\right]\frac{\partial g_\alpha}{\partial v_\perp}\right.$$

$$\left. + \left[E_{1z} + \frac{1}{\omega}k_z(\mathbf{E}_1 \cdot \mathbf{v}) - \frac{1}{\omega}E_{1z}(\mathbf{v} \cdot \mathbf{k})\right]\frac{\partial g_\alpha}{\partial v_z}\right\}$$

$$= -\frac{q_\alpha}{m_\alpha}\left\{\frac{1}{v_\perp}\mathbf{E}_1 \cdot \mathbf{v}_\perp\left(1 - \frac{k_z v_z}{\omega}\right)\frac{\partial g_\alpha}{\partial v_\perp} + \mathbf{E}_1 \cdot \mathbf{v}_\perp\frac{k_z}{\omega}\frac{\partial g_\alpha}{\partial v_z}\right.$$

$$\left. + E_{1z}\left[\left(1 - \frac{\mathbf{k}_\perp \cdot \mathbf{v}_\perp}{\omega}\right)\frac{\partial g_\alpha}{\partial v_z} + \frac{1}{\omega}\mathbf{k}_\perp \cdot \mathbf{v}_\perp\frac{v_z}{v_\perp}\frac{\partial g_\alpha}{\partial v_\perp}\right]\right\}. \tag{6.64}$$

Bei dieser Umformung ging wesentlich die Maxwell-Gleichung $\mathbf{B}_1 = \frac{1}{\omega}\mathbf{k} \times \mathbf{E}_1$ ein. Wenn wir (6.64) in den Integranden auf der rechten Seite von (6.63) einsetzen, müssen wir berücksichtigen, dass bei den Komponenten (6.57) von $\mathbf{v}_\perp$ die Verschiebung $\varphi \rightarrow \varphi - \Omega_\alpha \tau$ vorgenommen werden muss. Außerdem können wir die Relation

$$e^{i\kappa[\sin\varphi - \sin(\varphi - \chi)]} = \sum_{m,n=-\infty}^{+\infty} J_m(\kappa)J_n(\kappa)e^{i(m-n)\varphi + in\chi} \tag{6.65}$$

benutzen, um Integrationen zu vereinfachen. Aus (6.63)–(6.65) lässt sich ein geschlossener Ausdruck für δf_α bilden. Über die Definition

$$\mathbf{j}_1 = \sum_\alpha q_\alpha \int \mathbf{v}\,\delta f_\alpha\,d^3v \tag{6.66}$$

folgt dann der lineare Strom. Setzen wir diesen wiederum in das elektrodynamische Ergebnis

$$\mathbf{k} \times (\mathbf{k} \times \mathbf{E}_1) + \mu_0\varepsilon_0\omega^2\mathbf{E}_1 + i\omega\mu_0\mathbf{j}_1 = 0 \tag{6.67}$$

ein, so ergibt sich das homogene Gleichungssystem

$$\boxed{\mathcal{D} \cdot \mathbf{E}_1 = 0}. \tag{6.68}$$

Allgemeine Dispersionsrelation

Nichttriviale Lösungen für $\mathbf{E}_1$ existieren, sofern

$$\boxed{\det \mathcal{D} = 0} \tag{6.69}$$

ist. Die Beziehung (6.69) stellt die Dispersionsrelation dar. Die Berechnung der einzelnen Elemente von $\mathcal{D}$ ist zwar mühsam, doch ohne prinzipielle Schwierigkeiten durchführbar. Das Ergebnis ist beispielsweise in dem Handbuchartikel von R.C. Davidson [67] angegeben:

$$D_{xx}(\mathbf{k}, \omega) = 1 - \frac{c^2 k_z^2}{\omega^2} + \sum_\alpha \frac{\omega_{p\alpha}^2}{\omega} \sum_{n=-\infty}^{\infty} \int d^3 v \; v_\perp \frac{(n^2/b_\alpha^2) J_n^2(b_\alpha)}{(\omega - n\Omega_\alpha - k_z v_z)}$$
$$\times \left[\frac{\partial F_\alpha}{\partial v_\perp} - \frac{k_z v_z}{\omega} \left(\frac{\partial F_\alpha}{\partial v_\perp} - \frac{v_\perp}{v_z} \frac{\partial F_\alpha}{\partial v_z} \right) \right] , \tag{6.70}$$

$$D_{xy}(\mathbf{k}, \omega) = i \sum_\alpha \frac{\omega_{p\alpha}^2}{\omega} \sum_{n=-\infty}^{\infty} \int d^3 v \; v_\perp \frac{(n/b_\alpha) J_n(b_\alpha) J_n'(b_\alpha)}{(\omega - n\Omega_\alpha - k_z v_z)}$$
$$\times \left[\frac{\partial F_\alpha}{\partial v_\perp} - \frac{k_z v_z}{\omega} \left(\frac{\partial F_\alpha}{\partial v_\perp} - \frac{v_\perp}{v_z} \frac{\partial F_\alpha}{\partial v_z} \right) \right]$$
$$= - D_{yx}(\mathbf{k}, \omega) , \tag{6.71}$$

$$D_{xz}(\mathbf{k}, \omega) = \frac{c^2 k_z k_\perp}{\omega^2} + \sum_\alpha \frac{\omega_{p\alpha}^2}{\omega} \sum_{n=-\infty}^{\infty} \int d^3 v \; v_\perp \frac{(n/b_\alpha) J_n^2(b_\alpha)}{(\omega - n\Omega_\alpha - k_z v_z)}$$
$$\times \left[\frac{\partial F_\alpha}{\partial v_z} + \frac{n\Omega_\alpha}{\omega} \left(\frac{v_z}{v_\perp} \frac{\partial F_\alpha}{\partial v_\perp} - \frac{\partial F_\alpha}{\partial v_z} \right) \right] , \tag{6.72}$$

$$D_{yy}(\mathbf{k}, \omega) = 1 - \frac{c^2 (k_z^2 + k_\perp^2)}{\omega^2} + \sum_\alpha \frac{\omega_{p\alpha}^2}{\omega} \sum_{n=-\infty}^{\infty} \int d^3 v \; v_\perp \frac{\left[J_n'(b_\alpha) \right]^2}{(\omega - n\Omega_\alpha - k_z v_z)}$$
$$\times \left[\frac{\partial F_\alpha}{\partial v_\perp} - \frac{k_z v_z}{\omega} \left(\frac{\partial F_\alpha}{\partial v_\perp} - \frac{v_\perp}{v_z} \frac{\partial F_\alpha}{\partial v_z} \right) \right] , \tag{6.73}$$

$$D_{yz}(\mathbf{k}, \omega) = - i \sum_\alpha \frac{\omega_{p\alpha}^2}{\omega} \sum_{n=-\infty}^{\infty} \int d^3 v \; v_\perp \frac{J_n(b_\alpha) J_n'(b_\alpha)}{(\omega - n\Omega_\alpha - k_z v_z)}$$
$$\times \left[\frac{\partial F_\alpha}{\partial v_z} + \frac{n\Omega_\alpha}{\omega} \left(\frac{v_z}{v_\perp} \frac{\partial F_\alpha}{\partial v_\perp} - \frac{\partial F_\alpha}{\partial v_z} \right) \right] , \tag{6.74}$$

$$D_{zx}(\mathbf{k}, \omega) = \frac{c^2 k_z k_\perp}{\omega^2} + \sum_\alpha \frac{\omega_{p\alpha}^2}{\omega} \sum_{n=-\infty}^{\infty} \int d^3 v \; v_z \frac{(n/b_\alpha) J_n^2(b_\alpha)}{(\omega - n\Omega_\alpha - k_z v_z)}$$
$$\times \left[\frac{\partial F_\alpha}{\partial v_\perp} - \frac{k_z v_z}{\omega} \left(\frac{\partial F_\alpha}{\partial v_\perp} - \frac{v_\perp}{v_z} \frac{\partial F_\alpha}{\partial v_z} \right) \right] , \tag{6.75}$$

$$D_{zy}(\mathbf{k}, \omega) = i \sum_{\alpha} \frac{\omega_{p\alpha}^2}{\omega} \sum_{n=-\infty}^{\infty} \int d^3v\, v_z \frac{J_n(b_\alpha)\, J_n'(b_\alpha)}{(\omega - n\Omega_\alpha - k_z v_z)}$$

$$\times \left[\frac{\partial F_\alpha}{\partial v_\perp} - \frac{k_z v_z}{\omega} \left(\frac{\partial F_\alpha}{\partial v_\perp} - \frac{v_\perp}{v_z} \frac{\partial F_\alpha}{\partial v_z} \right) \right], \tag{6.76}$$

$$D_{zz}(\mathbf{k}, \omega) = 1 - \frac{c^2 k_\perp^2}{\omega^2} + \sum_{\alpha} \frac{\omega_{p\alpha}^2}{\omega} \sum_{n=-\infty}^{\infty} \int d^3v\, v_z \frac{J_n^2(b_\alpha)}{(\omega - n\Omega_\alpha - k_z v_z)}$$

$$\times \left[\frac{\partial F_\alpha}{\partial v_z} + \frac{n\Omega_\alpha}{\omega} \left(\frac{v_z}{v_\perp} \frac{\partial F_\alpha}{\partial v_\perp} - \frac{\partial F_\alpha}{\partial v_z} \right) \right]. \tag{6.77}$$

Hierbei haben wir die Dichteabhängigkeit der Verteilungsfunktionen über

$$g_\alpha = n_\alpha F_\alpha \tag{6.78}$$

herausgezogen,

$$b_\alpha = k_\perp v_\perp / \Omega_\alpha \tag{6.79}$$

definiert und $k_x = k_\perp$ gesetzt. Der Strich $(')$ an den Bessel Funktionen J_n bedeutet eine Differentiation nach dem Argument. Die Dispersionsrelation (6.69) enthält eine Fülle von Informationen, die wir nicht alle hier im Detail diskutieren können. Einige typische Beispiele werden im Folgenden eingehender dargestellt.

Vereinfachung für Ausbreitung in Richtung von $\mathbf{B}_0$

Erfolgt die Wellenausbreitung vorwiegend in Richtung von $\mathbf{B}_0$, dann können wir $k_\perp \to 0$ gehen lassen und erhalten unmittelbar

$$D_{xz} = D_{zx} = D_{yz} = D_{zy} = 0. \tag{6.80}$$

Die restlichen Elemente vereinfachen sich zu

$$D_{xx} = D_{yy} \tag{6.81}$$

$$= 1 - \frac{c^2 k_z^2}{\omega^2} + \frac{1}{4} \sum_{\alpha} \frac{\omega_{p\alpha}^2}{\omega} \int d^3v\, v_\perp \left[\frac{\partial F_\alpha}{\partial v_\perp} - \frac{k_z v_z}{\omega} \left(\frac{\partial F_\alpha}{\partial v_\perp} - \frac{v_\perp}{v_z} \frac{\partial F_\alpha}{\partial v_z} \right) \right]$$

$$\times \left[\frac{1}{\omega - \Omega_\alpha - k_z v_z} + \frac{1}{\omega + \Omega_\alpha - k_z v_z} \right],$$

$$D_{xy} = -D_{yx} \tag{6.82}$$

$$= i \sum_\alpha \frac{\omega_{p\alpha}^2}{\omega} \int d^3v \; v_\perp \left[\frac{\partial F_\alpha}{\partial v_\perp} - \frac{k_z v_z}{\omega} \left(\frac{\partial F_\alpha}{\partial v_\perp} - \frac{v_\perp}{v_z} \frac{\partial F_\alpha}{\partial v_z} \right) \right]$$

$$\times \left[\frac{1}{\omega - \Omega_\alpha - k_z v_z} - \frac{1}{\omega + \Omega_\alpha - k_z v_z} \right] ,$$

$$D_{zz} = 1 + \sum_\alpha \frac{\omega_{p\alpha}^2}{\omega} \int d^3v \frac{v_z \, \partial F_\alpha / \partial v_z}{\omega - k_z v_z} . \tag{6.83}$$

Der letzte Ausdruck ist uns schon bei der Plasmadispersionsfunktion (in magnetfeldfreien Plasmen) begegnet.

Insgesamt erhalten wir neben dem elektrostatischen Zweig

$$D_{zz} = 0 \tag{6.84}$$

noch den elektromagnetischen Zweig

$$D_{xx} D_{yy} + D_{xy}^2 = 0 , \tag{6.85}$$

den wir auch in der Form

$$(D_{xx} + i D_{xy})(D_{xx} - i D_{xy}) \equiv D^+ D^- = 0 \tag{6.86}$$

schreiben können. Daraus finden wir sofort die Dispersionsgleichung

$$D^\pm(k_z, \omega) = 1 - \frac{c^2 k_z^2}{\omega^2} \tag{6.87}$$

$$+ \sum_\alpha \frac{\omega_{p\alpha}^2}{\omega} \int d^3v \frac{v_\perp}{2} \left[\frac{\partial F_\alpha}{\partial v_\perp} - \frac{k_z v_z}{\omega} \left(\frac{\partial F_\alpha}{\partial v_\perp} - \frac{v_\perp}{v_z} \frac{\partial F_\alpha}{\partial v_z} \right) \right] \frac{1}{\omega \pm \Omega_\alpha - k_z v_z} = 0 .$$

Auf die Diskussion der verschiedenen Lösungen dieser Gleichungen kommen wir später zurück.

Vereinfachung für Ausbreitung senkrecht zu $\mathbf{B}_0$

Die Ausbreitung senkrecht zu $\mathbf{B}_0$, d. h. den Grenzfall $k_z \to 0$, behandeln wir unter der zusätzlichen Annahme, dass kein Teilchenstrom parallel zu $\mathbf{B}_0$ vorhanden ist,

$$\int_{-\infty}^{+\infty} dv_z v_z F_\alpha(v_\perp, v_z) = 0 . \tag{6.88}$$

Dann verschwinden die Elemente

$$D_{xz} = D_{zx} = D_{yz} = D_{zy} = 0 \,, \tag{6.89}$$

und die restlichen Ausdrücke lauten

$$D_{xx} = 1 + \sum_{\alpha} \frac{\omega_{p\alpha}^2}{\omega} \sum_{n=-\infty}^{+\infty} \int d^3 v \; v_\perp \frac{n^2 J_n^2(b_\alpha)/b_\alpha^2}{\omega - n\Omega_\alpha} \frac{\partial F_\alpha}{\partial v_\perp} \,, \tag{6.90}$$

$$D_{xy} = -D_{yx} = i \sum_{\alpha} \frac{\omega_{p\alpha}^2}{\omega} \sum_{n=-\infty}^{+\infty} d^3 v \; v_\perp \frac{n J_n(b_\alpha) J_n'(b_\alpha)/b_\alpha}{\omega - n\Omega_\alpha} \frac{\partial F_\alpha}{\partial v_\perp} \,, \tag{6.91}$$

$$D_{yy} = 1 - \frac{c^2 k_\perp^2}{\omega^2} + \sum_{\alpha} \frac{\omega_{p\alpha}^2}{\omega} \sum_{n=-\infty}^{+\infty} \int d^3 v \; v_\perp \frac{[J_n'(b_\alpha)]^2}{\omega - n\Omega_\alpha} \frac{\partial F_\alpha}{\partial v_\perp} \,, \tag{6.92}$$

$$D_{zz} = 1 - \frac{c^2 k_\perp^2}{\omega^2} - \sum_{\alpha} \frac{\omega_{p\alpha}^2}{\omega^2} + \sum_{\alpha} \frac{\omega_{p\alpha}^2}{\omega^2} \sum_{n=-\infty}^{+\infty} \int d^3 v \frac{n\Omega_\alpha J_n^2(b_\alpha)}{\omega - n\Omega_\alpha} \frac{v_z^2}{v_\perp} \frac{\partial F_\alpha}{\partial v_\perp} \,. \tag{6.93}$$

Wiederum zerfällt die Dispersionsrelation in zwei Zweige, nämlich

$$D_{zz} = 0 \tag{6.94}$$

sowie

$$D_{xx} D_{yy} + D_{xy}^2 = 0 \,, \tag{6.95}$$

wobei der erste die gewöhnliche („ordinary") Mode mit transversaler elektromagnetischer Polarisation und der zweite die außergewöhnliche („extraordinary") Mode mit gemischter Polarisation enthält.

Zwei weitere Grenzfälle der allgemeinen Dispersionsfunktion sind von Interesse.

Im Fall rein *elektrostatischer* Störungen erhalten wir die Dispersionsrelation aus der Beziehung

$$D_{elst}(\mathbf{k}, \omega) = 1 + \sum_{\alpha} \frac{\omega_{p\alpha}^2}{k^2} \sum_{n=-\infty}^{+\infty} \int d^3 v \frac{J_n^2(b_\alpha)}{\omega - n\Omega_\alpha - k_z v_z}$$

$$\times \left[k_z \frac{\partial F_\alpha}{\partial v_z} + \frac{n\Omega_\alpha}{v_\perp} \frac{\partial F_\alpha}{\partial v_\perp} \right] = 0 \,. \tag{6.96}$$

> Der elektrostatische Grenzfall folgt aus der allgemeinen Dispersionsrelation in der Grenze $\omega^2 \ll k^2 c^2$ bzw. $\omega_{p\alpha}^2 \ll k^2 c^2$.

Vereinfachung für die magnetfeldfreie Situation

Letztlich diskutieren wir noch den Fall, dass *kein äußeres Feld* $\mathbf{B}_0$ vorhanden ist. Wenn die Verteilungsfunktion F_α in v_x und v_y isotrop ist, erhält man

$$D_{xx} = D_{yy} = 1 - \frac{c^2 k_z^2}{\omega^2} \tag{6.97}$$
$$+ \sum_\alpha \frac{\omega_{p\alpha}^2}{\omega} \int d^3 v \, \frac{v_\perp^2/2}{\omega - k_z v_z} \left[\left(1 - \frac{k_z v_z}{\omega} \right) \frac{\partial F_\alpha}{\partial v_\perp^2} + \frac{k_z}{\omega} \frac{\partial F_\alpha}{\partial v_z} \right],$$

während andernfalls

$$D_{xx} = 1 - \frac{c^2 k_z^2}{\omega^2} \tag{6.98}$$
$$+ \sum_\alpha \frac{\omega_{p\alpha}^2}{\omega} \int d^3 v \, \frac{v_x}{\omega - k_z v_z} \left[\left(1 - \frac{k_z v_z}{\omega} \right) \frac{\partial F_\alpha}{\partial v_x} + \frac{k_z v_x}{\omega} \frac{\partial F_\alpha}{\partial v_z} \right]$$

und

$$D_{yy} = 1 - \frac{c^2 k_z^2}{\omega^2} \tag{6.99}$$
$$+ \sum_\alpha \frac{\omega_{p\alpha}^2}{\omega} \int d^3 v \, \frac{v_y}{\omega - k_z v_z} \left[\left(1 - \frac{k_z v_z}{\omega} \right) \frac{\partial F_\alpha}{\partial v_y} + \frac{k_z v_y}{\omega} \frac{\partial F_\alpha}{\partial v_z} \right]$$

gilt. Die Nichtdiagonalelemente verschwinden, z. B.

$$D_{xy} = D_{yx} = 0 \,, \quad \text{usw. ;} \tag{6.100}$$

D_{zz} hat dieselbe Form (6.83) wie bei der Ausbreitung parallel zu $\mathbf{B}_0$.

Bevor wir später zu den instabilen Lösungen in homogenen Vlasov-Plasmen übergehen, wollen wir die charakteristischen Oszillationen in stabilen Systemen zusammenfassen.

Lösungen bei $\mathbf{B}_0 = 0$

Beispiel 6.4 (Elektrostatische Oszillationen)

Im feldfreien Fall $B_0 = 0$ ergeben sich aus der *elektrostatischen* Beziehung $D_{zz} = 0$ die hochfrequenten Langmuir-Oszillationen

$$\boxed{\omega_r^2 \approx \omega_{pe}^2(1 + 3k^2\lambda_{De}^2)}$$ (6.101)

für den Realteil ω_r von ω bei $\omega_r/k \gg (k_B T_e/m_e)^{1/2}$. Der Imaginärteil ω_i ist durch die Landau-Dämpfung bestimmt,

$$\omega_i \approx -\left(\frac{\pi}{8}\right)^{1/2}\frac{\omega_{pe}}{k^3\lambda_{De}^3}\exp\left(-\frac{1}{2k^2\lambda_{De}^2}-\frac{3}{2}\right).$$ (6.102)

Für $T_e \gg T_i$ und

$$(k_B T_i/m_i)^{1/2} \ll \omega_r/k \ll (k_B T_e/m_e)^{1/2}$$ (6.103)

treten ionenakustische Moden mit

$$\boxed{\omega_r^2 \approx \frac{k^2 c_s^2}{1 + k^2\lambda_{De}^2}}$$ (6.104)

und Elektronen-Landau-Dämpfung

$$\omega_i \approx -\left(\frac{\pi}{8}\right)^{1/2}\left(\frac{m_e}{m_i}\right)^{1/2}(1 + k^2\lambda_{De}^2)^{-3/2}|\omega_r|$$ (6.105)

auf.   ∎

Beispiel 6.5 (Elektromagnetische Wellen)
Die *elektromagnetischen* Moden folgen beispielsweise aus (6.98), d. h.

$$D_{xx}(k_z,\omega) = 1 - \frac{c^2 k_z^2}{\omega^2} - \sum_\alpha \frac{\omega_{p\alpha}^2}{\omega^2}$$ (6.106)

$$+ \sum_\alpha \frac{\omega_{p\alpha}^2}{\omega^2}\int d^3v \frac{v_x^2}{\omega - k_z v_z}k_z\frac{\partial F_\alpha}{\partial v_z} = 0.$$

Führt man $\omega_p^2 = \sum_\alpha \omega_{p\alpha}^2$ und

$$F = \sum_\alpha \frac{\omega_{p\alpha}^2}{\omega_p^2}\int dv_x\, dv_y \frac{v_x^2}{W^2}F_\alpha(\mathbf{v})$$ (6.107)

ein, wobei W die mittlere transversale Geschwindigkeit ist, so folgt

$$\omega^2 = \omega_p^2 + k_z^2 c^2 + \omega_p^2\,\widehat{G}(\omega/k_z).$$ (6.108)

Hier ist

$$\widehat{G}(u) = W^2\int_{-\infty}^{+\infty}dv\frac{F'(v)}{v-u} = W^2\int_{-\infty}^{+\infty}dv\frac{F(v)}{(v-u)^2}.$$ (6.109)

Wegen $\omega/k_z \geq c$ können wir in (6.108) den letzten Term auf der rechten Seite vernachlässigen und erhalten

$$\boxed{\omega^2 \approx \omega_{pe}^2 + c^2 k_z^2} \; . \tag{6.110}$$

■

Lösungen bei $\mathbf{B}_0 \neq 0$

Beispiel 6.6 (Ordinary Mode)

Bei $\mathbf{B}_0 = B_0 \hat{z} \neq 0$ und $k_z = 0$ (Ausbreitung senkrecht zu einem äußeren Magnetfeld) folgt aus (6.94) die Ausbreitung einer elektromagnetischen Welle, deren E-Vektor parallel zu $\mathbf{B}_0$ verläuft, während der Ausbreitungsvektor $\mathbf{k} = k_x \hat{x}$ senkrecht auf $\mathbf{B}_0$ steht. Die Lösung von (6.94) ist im Allgemeinen recht kompliziert. Man kann jedoch Ausschau danach halten, dass jeweils nur ein Term in der Summe über n beiträgt. Für Wellenlängen wesentlich größer als die Gyroradien erhalten wir außer für $n = 0$ nur Beiträge, wenn ω nahe bei $n\Omega_\alpha$ liegt. Ähnliches gilt für $k^2 c^2 \gg \omega_{pe}^2$. Für $n = 0$ erhält man

$$\omega^2 \approx c^2 k^2 + \omega_{pe}^2 \tag{6.111}$$

und für $n \neq 0$

$$\omega \approx n\Omega_\alpha \; . \tag{6.112}$$

■

Beispiel 6.7 (Bernstein Mode)

Im Gegensatz zur gewöhnlichen („ordinary") Mode (6.111) wird bei der Dispersion (6.95) die Elektronendynamik durch das Magnetfeld stark beeinflusst. Wenn $\omega_{pe}^2 \ll k^2 c^2$ ist, können wir D_{xy} vernachlässigen, und die beiden Zweige $D_{xx} \approx 0$ und $D_{yy} \approx 0$ stellen approximative Lösungen dar. Es ist klar, dass der erste von den beiden wegen $\mathbf{k} = k_x \hat{x}$ fast elektrostatische Oszillationen beschreibt und dementsprechend auch durch (6.96) genähert werden kann. Beide Ausdrücke führen zu

$$k^2 + \sum_\alpha \sum_{n=1}^\infty \frac{\omega_{p\alpha}^2 n^2 \Omega_\alpha^2}{\omega^2 - n^2 \Omega_\alpha^2} \int J_n^2(b_\alpha) \frac{\partial F_\alpha}{\partial v_\perp^2} d^3 v = 0 \; . \tag{6.113}$$

Diese Gleichung ist als Dispersionsgleichung für Bernstein-Moden bekannt. Die Bernstein-Wellen breiten sich in Frequenzbereichen aus, die zwischen Harmonischen der Zyklotronfrequenzen Ω_α liegen. Zur Auswertung des Integrals in (6.113) für Maxwell-Verteilungen benutzt man die Formel

$$\int_0^\infty \exp(-a^2 x^2) \, x \, J_n(px) J_n(qx) dx = \frac{1}{2a^2} \exp\left(-\frac{p^2 + q^2}{4a^2}\right) I_n\left(\frac{pq}{2a^2}\right) \; ; \tag{6.114}$$

I_n ist die modifizierte Bessel-Funktion in n-ter Ordnung,

$$I_n(z) = e^{-i\pi n/2} \, J_n\left(e^{i\pi/2} \, z\right) . \tag{6.115}$$

Entwickelt man dann für kleine k-Werte, so findet man für die erste Lösung

$$\omega_H \approx \sqrt{\omega_{pe}^2 + \Omega_e^2} , \tag{6.116}$$

d. h. die obere Elektronenhybridfrequenz, während alle anderen in der Nähe der Harmonischen der Zykotronfrequenz liegen (jeweils für Elektronen und Ionen), z. B.

$$\omega_n \approx n\Omega_e \quad \text{für } n \geq 2 . \tag{6.117}$$

Falls $\omega_H > 2|\Omega_e|$ ist (bei hohen Plasmadichten), tritt die niedrigste Frequenz etwas unterhalb der doppelten Zyklotronfrequenz auf, und alle weiteren sind in der Nähe (oberhalb oder unterhalb, je nach Dichte des Plasmas) der höheren Harmonischen der Zyklotronfrequenz angesiedelt. ∎

Beispiel 6.8 (Zyklotronwellen)
Die sogenannten elektromagnetischen Zyklotronwellen oder außerordentlichen Moden folgen aus (6.92) und $D_{yy} \approx 0$, d. h.

$$k^2 c^2 - \omega^2 - 2\pi\omega \sum_\alpha \sum_n \omega_{p\alpha}^2 \int dv_z dv_\perp^2 \frac{v_\perp^2 \left[J_n'(b_\alpha)\right]^2}{\omega - n\Omega_\alpha} \frac{\partial F_\alpha}{\partial v_\perp^2} = 0 . \tag{6.118}$$

Die transversalen Moden ($\mathbf{k} = k_x\hat{x}$, $\mathbf{E} \approx E_y\hat{y}$) für $n = \pm 1$ erfüllen

$$k^2 c^2 - \omega^2 + \sum_\alpha \frac{\omega^2 \omega_{p\alpha}^2}{\omega^2 - \Omega_\alpha^2} \approx 0 , \tag{6.119}$$

d. h. im niederfrequenten Grenzfall ($\omega < \Omega_i$)

$$\omega^2 = \frac{k^2 v_A^2}{1 + v_A^2/c^2} . \tag{6.120}$$

Es handelt sich dann um magnetosonische Wellen mit der Alfvén-Geschwindigkeit

$$v_A = \frac{B_0}{\sqrt{\mu_0 n_{e0} m_i}} . \tag{6.121}$$

Bei höheren Frequenzen ($\Omega_i < \omega < |\Omega_e| < \omega_{pe}$) gilt

$$\omega \approx (\Omega_i |\Omega_e|)^{1/2} . \tag{6.122}$$

Bei der Wellenausbreitung parallel zu dem äußeren Magnetfeld $\mathbf{B}_0$, d.h. für $k_\perp = 0$, gilt (6.84). Sie beschreibt Langmuir-Wellen oder ionenakustische Moden, die sich, unbeeinflusst von B_0, entlang des Magnetfelds ausbreiten können.

Beispiel 6.9 (Whistlermode)
Die kinetischen Dispersionsgleichungen $D^\pm = 0$, identisch mit

$$
\begin{aligned}
\omega^2 =&\, k^2 c^2 + 2\pi\omega \sum_\alpha \omega_{p\alpha}^2 \int dv_\perp dv_z v_\perp^3 \, (k_z v_z - \omega \pm \Omega_\alpha)^{-1} \\
&\times \left[\frac{\partial F_\alpha}{\partial v_\perp^2} \left(1 - \frac{k_z v_z}{\omega} \right) + \frac{k_z v_z}{\omega} \frac{\partial F_\alpha}{\partial v_z^2} \right] ,
\end{aligned}
\tag{6.123}
$$

reduzieren sich in der Näherung kalter Plasmen $\left[F_\alpha \sim \delta\left(v_z\right) \right]$ auf die hydrodynamische Form

$$
\frac{c^2 k_z^2}{\omega^2} = \varepsilon_\pm ,
\tag{6.124}
$$

mit

$$
\varepsilon_+ = \varepsilon_1 + \varepsilon_2 ,
\tag{6.125}
$$

$$
\varepsilon_- = \varepsilon_1 - \varepsilon_2 ,
\tag{6.126}
$$

$$
\varepsilon_1 = 1 + \frac{\omega_{pe}^2}{\Omega_e^2 - \omega^2} + \frac{\omega_{pi}^2}{\Omega_i^2 - \omega^2} ,
\tag{6.127}
$$

$$
\varepsilon_2 = -\frac{\Omega_e}{\omega} \frac{\omega_{pe}^2}{\Omega_e^2 - \omega^2} - \frac{\Omega_i}{\omega} \frac{\omega_{pi}^2}{\Omega_i^2 - \omega^2} .
\tag{6.128}
$$

Für große Frequenzen, d.h. $\omega \gg \Omega_i$, finden wir die beiden Lösungen

$$
k = \frac{\omega}{c} \left(1 - \frac{\omega_{pe}^2}{\omega(\omega \mp |\Omega_e|)} \right)^{1/2} .
\tag{6.129}
$$

Sie gehören zu zirkular polarisierten elektromagnetischen Wellen (genauer gesagt: das obere Vorzeichen gehört zu rechtszirkular polarisierten Wellen, bei denen die Drehrichtung mit der Zyklotronbewegung der Elektronen übereinstimmt; das untere Vorzeichen gehört zu linkszirkular polarisierten Wellen). Für die rechtszirkular polarisierte Welle (oberes Vorzeichen) erkennen wir die Zyklotronresonanz $\omega \approx |\Omega_e|$, bei der kinetische Effekte wesentlich werden.

Für Frequenzen im Bereich

$$
\Omega_i < \omega \ll |\Omega_e|
\tag{6.130}
$$

ist nur die Ausbreitung einer rechtszirkular polarisierten Welle möglich, mit

$$k \approx \frac{\omega_{pe}}{c} \left(\frac{\omega}{|\Omega_e|} \right)^{1/2} . \qquad (6.131)$$

Die Wellen mit dieser Dispersion werden Whistler genannt. Bei einer breitbandigen Anregung bewegen sich hochfrequente Anteile schneller als niederfrequente, sodass Störungen in der Ionosphäre mit einem charakteristischen Pfeifton gehört werden können. ∎

Beispiel 6.10 (Alfvén-Wellen)
Gl. (6.131) ist nur approximativ richtig, da wir bei niederfrequenten Phänomenen die Ionendynamik nicht vernachlässigen können. Exakter gilt

$$k^2 = \frac{\omega^2}{c^2} \left[1 - \frac{\omega_{pe}^2 + \omega_{pi}^2}{(\omega \pm \Omega_i)(\omega \mp |\Omega_e|)} \right] , \qquad (6.132)$$

und daraus erkennen wir, dass für $\omega \ll \Omega_i$ der neue Zweig

$$k^2 \approx \frac{\omega^2}{c^2} \left[1 + \frac{n_{e0}(m_e + m_i)}{\varepsilon_0 B_0^2} \right] \qquad (6.133)$$

auftritt. Mit der Alfvén-Geschwindigkeit (6.120) gilt

$$\frac{\omega}{k} = \frac{v_A}{(1 + v_A^2/c^2)^{1/2}} . \qquad (6.134)$$

Diese Geschwindigkeit hängt nicht von der Drehrichtung ab. Unterschiede treten erst in der Ordnung ω/Ω_i auf. ∎

Abschließend noch ein Wort zur Dämpfung. Für elektrostatische Wellen, die sich entlang $\mathbf{B}_0$ fortbewegen, können wir die früheren Ergebnisse zur Elektronen- und Ionen-Landau-Dämpfung übernehmen. Wellen mit $k_z = 0$ (exakt) werden nicht gedämpft, da die Wellen nicht synchron mit der Teilchenbewegung entlang B_0 fortschreiten. Für $k_z \neq 0$ kann neben der Landau-Dämpfung ein neues Phänomen auftreten: die Zyklotrondämpfung. Unter der Annahme $\omega_i \ll \omega_r$ können wir ähnliche Rechnungen wie zur Landau-Dämpfung im elektrostatischen Fall durchführen. Lediglich wird ω durch $\omega \mp \Omega_\alpha$ ersetzt, und die Dämpfung hängt von der Zahl der Teilchen mit einer Geschwindigkeit

$$v_z = \frac{\omega_r \mp \Omega_\alpha}{k_z} \qquad (6.135)$$

ab.

Beispiel 6.11 (Dämpfung von Alfvén-Wellen)

Als Beispiele wählen wir zunächst die Alfvén-Wellen (6.133). Unter der Annahme einer isotropen Maxwell-Verteilung folgt dann

$$\omega_i \approx -\frac{\omega_{pi}^2}{|k_z|}\,\frac{1}{1+c^2/v_A^2}\left(\frac{\pi m_i}{8k_B T_i}\right)^{1/2}\exp\left(-\frac{B_0^2}{2\mu_0 n_{eo}k_B T_i}\,\frac{\Omega_i^2}{\omega_r^2}\right). \tag{6.136}$$

Eine analoge Rechnung liefert dagegen für Whistlerwellen im Frequenzbereich $\Omega_i \ll \omega \ll |\Omega_e|$

$$\omega_i \approx -\frac{\omega_{pe}^2}{|k_z|}\left(\frac{m_e}{2k_B T_e}\right)^{1/2}\frac{1}{1+k^2c^2/\omega_r^2}\exp\left(-\frac{\Omega_e^2}{k_z^2}\,\frac{m_e}{2k_B T_e}\right), \tag{6.137}$$

mit ähnlichen Einschränkungen wie bei früheren approximativen Berechnungen von Dämpfungsraten. ∎

6.3   Instabilitäten in homogenen Vlasov-Systemen

Einen ersten Einblick in das mögliche instabile Verhalten eines Plasmas haben wir bereits in den früheren Abschnitten gewinnen können. Dort haben wir das Penrose-Kriterium für elektrostatische Moden bei $B_0 = 0$ diskutiert. (Aufgrund der vorangegangenen Überlegungen wissen wir, dass diese Aussagen auch bei $B_0 \neq 0$ für $k_\perp = 0$ gelten.) Die Rechnungen können wir leicht auf den elektromagnetischen Fall (6.106) bei $B_0 = 0$ erweitern. Man kann zum Beispiel dann leicht sehen, dass völlig isotrope Verteilungsfunktionen F_α keine Instabilität zulassen.

In diesem Abschnitt wollen wir uns der konkreten Auswertung bestimmter instabiler Konfigurationen zuwenden und dabei einige der bekanntesten Plasmainstabilitäten vorstellen.

Wir ordnen die folgende Darstellung nach den Quellen der freien Energie.

Magnetfeldfreies Plasma mit Strömung

Wir beginnen mit *magnetfeldfreien* homogenen Plasmen und benutzen zunächst die *elektrostatische* Näherung. Legen wir als Verteilungsfunktion in nullter Ordnung zwei überlagerte Maxwell-Verteilungen zugrunde, dann können wir relativ schnell zu konkreten Ergebnissen kommen. Die Überlagerung kann innerhalb einer Komponente vorhanden sein („bump on tail") oder die Summe der Verteilungsfunktionen verschiedener Komponenten α repräsentieren. Wählen wir etwa die normierte eindimensionale Verteilungsfunktion

$$F(v) = \frac{1}{\sqrt{\pi}} \left[\frac{1-\varepsilon}{v_T} e^{-v^2/v_T^2} + \frac{\varepsilon}{v_B} e^{-(v-v_D)^2/v_B^2} \right] \tag{6.138}$$

mit noch näher zu bestimmenden Koeffizienten ε, v_B, v_T und v_D. In den normierten Größen

$$\xi_1 = \frac{\omega}{k v_T} \tag{6.139}$$

und

$$\xi_2 = \left(\frac{\omega}{k} - v_D \right) / v_B \tag{6.140}$$

lautet die Dispersionsrelation

$$1 - \frac{\omega_p^2}{k^2} \left[\frac{1-\varepsilon}{v_T^2} Z'(\xi_1) + \frac{\varepsilon}{v_B^2} Z'(\xi_2) \right] = 0 \,. \tag{6.141}$$

Hierbei wurde $\omega_p^2 = \omega_{p\alpha}^2 + \omega_{p\beta}^2$ eingeführt, mit $\omega_{p\alpha}^2 = n_\alpha e^2/\varepsilon_0 m_\alpha$ und $n_\alpha = (1 - \varepsilon)\, n_{ges}$; $\omega_{p\beta}^2$ ist entsprechend definiert.

Zwei sinnvolle und analytisch traktable Grenzfälle, in denen sich die Z-Funktion entwickeln lässt, sind

$$|\xi_1| \gg 1 \quad \text{und} \quad |\xi_2| \ll 1 \,, \tag{6.142}$$

bzw.

$$|\xi_1| \gg 1 \quad \text{und} \quad |\xi_2| \gg 1 \,. \tag{6.143}$$

Befassen wir uns zunächst mit dem ersten Fall. Gl. (6.141) liefert approximativ

$$1 + 2\frac{\omega_p^2}{k^2} \left\{ \frac{1-\varepsilon}{v_T^2} \left[-\frac{1}{2}\xi_1^{-2} - \frac{3}{4}\xi_1^{-4} - \cdots \right] \right.$$
$$\left. + \frac{\varepsilon}{v_B^2} \left[1 - 2\xi_2^2 + i\sqrt{\pi}\, \xi_2 + \cdots \right] \right\} = 0 \,. \tag{6.144}$$

Jetzt interpretieren wir F als Überlagerung der Ionenverteilungsfunktion mit einer verschobenen Maxwell-Verteilung für Elektronen. Da wir für diese Anwendung

$$\varepsilon = \frac{\omega_{pe}^2}{\omega_p^2} \approx 1 \,, \quad 1 - \varepsilon = \frac{\omega_{pi}^2}{\omega_p^2} \approx \frac{m_e}{m_i} \tag{6.145}$$

und entsprechend

$$v_T = \sqrt{2}\, v_{ti} \,, \quad v_B = \sqrt{2}\, v_{te} \tag{6.146}$$

setzen, haben wir nur in dem Elektronenterm imaginäre Beiträge (zur Elektronen-Landau-Dämpfung) berücksichtigt. Ohne eine Drift v_D in der Elektronenkomponente wäre die jetzige Rechnung mit der Auswertung für ionenakustische Oszillationen identisch. Mit v_D kann eine sogenannte *ionenakustische Instabilität* auftreten. Zu ihrer Berechnung führen wir

$$u = \frac{\omega}{k} \tag{6.147}$$

als Abkürzung ein und erhalten aus (6.144) in niedrigster Ordnung

$$0 \approx 1 - \frac{\omega_{pi}^2}{u^2 k^2} + \frac{\omega_{pe}^2}{v_{te}^2 k^2} \tag{6.148}$$

mit der bekannten Lösung

$$u^2 \approx u_0^2 = \frac{c_s^2}{1 + k^2 \lambda_{De}^2} \, . \tag{6.149}$$

Korrekturen zu u_0 folgen in nächster Ordnung aus

$$0 \approx \frac{2\omega_{pi}^2}{u_0^3 k^2} u_1 + i \sqrt{\frac{\pi}{2}} \, \frac{\omega_{pe}^2}{v_{te}^3 k^2} (u_0 - v_D) \tag{6.150}$$

mit dem Ergebnis

$$u_1 = -i \sqrt{\frac{\pi}{8}} \, \frac{m_i}{m_e} \, \frac{u_0^3}{v_{te}^3} \, \frac{u_0 - v_D}{u_0} u_0 \, . \tag{6.151}$$

Man sieht deutlich, dass bei $v_D > u_0$ die Bedingung Im $\omega > 0$ für Instabilität erfüllt ist. Es muss jedoch die Relation $|\xi_2| \approx |c_s - v_D|/v_{te} \ll 1$ größenordnungsmäßig richtig sein.

Eine andere Interpretation von F ist für die Strahlinstabilität („bump on tail instability") möglich. Wir betrachten ein Elektronenplasma mit ausgeschmiertem Ionenhintergrund und beschreiben durch ε den Anteil der Elektronen, der mit der Geschwindigkeit v_D einen Strahl der Breite v_B repräsentiert. In nullter Ordnung in ε folgt dann aus (6.144)

$$1 \approx \frac{\omega_{pe}^2}{k^2} \left(\frac{1}{u^2} + 3 \frac{v_{te}^2}{u^4} \right) \tag{6.152}$$

mit der approximativen Lösung $\omega \approx \omega_{pe}$ oder

$$u^2 \approx u_0^2 = \frac{\omega_{pe}^2}{k^2} (1 + 3k^2 \lambda_{De}^2) \, . \tag{6.153}$$

Für $k\lambda_{De} \ll 1$ ist die Bedingung $\xi_1 \gg 1$ gut erfüllt.

In erster Ordnung in ε gilt

$$0 \approx -\varepsilon \left[-\frac{1}{2u_0^2} - \frac{3v_{te}^2}{2u_0^4} \right] + \frac{u_1}{u_0^3} + 6u_1 \frac{v_{te}^2}{u_0^5} + i\sqrt{\pi} \, \varepsilon \frac{u_0 - v_D}{v_B^3} \, , \tag{6.154}$$

woraus wir auf

$$\mathrm{Im}\,\omega = -\sqrt{\pi}\,k\varepsilon \left(\frac{u_0}{v_B}\right)^3 \frac{u_0 - v_D}{1 + 6\frac{v_{te}^2}{u_0^2}} \tag{6.155}$$

schließen können. Für $v_D > u_0$ tritt Instabilität auf. Diese Formel ist nur für $|\xi_2| \ll 1$ gültig, d. h.

$$\left|\frac{\frac{\omega_{pe}}{k} - v_D}{v_B}\right| \ll 1 \,. \tag{6.156}$$

In dem letzten Beispiel zu dieser Instabilitätsklasse greifen wir den Bereich (6.3.6) heraus. Wir diskutieren die *Bunemann-Instabilität* („electron-ion two-stream instability"), indem wir dieselben Identifikationen wie in (6.145) und (6.146) vornehmen, jedoch jetzt in dem Gebiet

$$v_{ti} \ll u \ll v_D \,, \tag{6.157}$$

$$v_{te} \ll v_D \tag{6.158}$$

auswerten.

Die Dispersionsrelation (6.141) lautet dann genähert

$$0 \approx 1 + \frac{2}{k^2}\left\{ \frac{\omega_{pi}^2}{v_{ti}^2}\left[-\frac{1}{2}\left(\frac{v_{ti}}{u}\right)^2 - \frac{3}{2}\left(\frac{v_{ti}}{u}\right)^4 + \dots \right]\right.$$
$$\left. + \frac{\omega_{pe}^2}{v_{te}^2}\left[-\frac{1}{2}\frac{v_{te}^2}{(u - v_D)^2} - \frac{3}{2}\frac{v_{te}^4}{(u - v_D)^4} + \dots \right]\right\} \,. \tag{6.159}$$

Aus den Beiträgen niedrigster Ordnung,

$$k^2 \approx \frac{\omega_{pi}^2}{u^2} + \frac{\omega_{pe}^2}{(u - v_D)^2} \,, \tag{6.160}$$

bestimmen wir das Stabilitätsverhalten. Ohne die Gleichung vierten Grades explizit zu lösen, setzen wir den k^2-Wert

$$k^2 = \frac{\omega_{pe}^2}{v_D^2} \tag{6.161}$$

voraus. Er entspricht, wie eine genauere Analyse zeigt, in etwa dem Wert bei der maximalen Anwachsrate. Aus (6.160) wird dann

$$\frac{m_e}{m_i} \approx \frac{u^2}{v_D^2}\left[1 - \left(1 - \frac{u}{v_D}\right)^{-2} \right] \,. \tag{6.162}$$

Definieren wir

$$x := \frac{-u}{v_D} \ll 1 \, , \tag{6.163}$$

so ergibt sich aus (6.162)

$$x^3 \approx \frac{m_e}{2m_i} \tag{6.164}$$

oder

$$x \approx \left(-\frac{1}{2} - i\frac{1}{2}\sqrt{3} \right) \left(\frac{m_e}{2m_i} \right)^{1/3} . \tag{6.165}$$

Die Anwachsrate ist also ebenso wie die reelle Frequenz proportional zu $(m_e/m_i)^{1/3}$.

Magnetfeldfreies Plasma mit Anisotropie

Alle bislang betrachteten Instabilitäten hatten ihre Ursache (d. h. die Quelle freier Energie) in der Strömung des Plasmas. Es ist zu erwarten, dass Anisotropien ebenfalls Plasmainstabilitäten verursachen können. Wir wollen hier nicht begründen, wie die Anisotropien (z. B. in der Temperatur) im Plasma aufrecht erhalten werden, sondern wenden uns direkt einigen Beispielen zu.

Eine anisotrope Verteilungsfunktion (der Komponente α) können wir beispielsweise in der Form

$$\begin{aligned}
F_\alpha =& \pi^{-3/2} (w_{\alpha\perp}^2 w_{\alpha\parallel})^{-1} \exp\left[-\frac{v_z^2}{w_{\alpha\parallel}^2} - \frac{v_y^2}{w_{\alpha\perp}^2} \right] \\
& \times \frac{1}{2} \left\{ \exp\left[-\frac{(v_x + v_\alpha)^2}{w_{\alpha\perp}^2} \right] + \exp\left[-\frac{(v_x - v_\alpha)^2}{w_{\alpha\perp}^2} \right] \right\}
\end{aligned} \tag{6.166}$$

wählen. Hierbei haben wir $w_{\alpha\parallel,\perp}^2 = 2(k_B T_{\alpha\parallel,\perp}/m_\alpha)$ gesetzt. Die Dispersionsrelation für elektromagnetische Störungen lautet dann ($B_0 = 0$, $k = k_\parallel$)

$$-\omega^2 + k^2 c^2 + \omega_p^2 - \sum_\alpha \omega_{p\alpha}^2 \frac{w_{\alpha\perp}^2 + 2v_\alpha^2}{w_{\alpha\parallel}^2} \left[1 + \xi_\alpha Z(\xi_\alpha) \right] = 0 \, . \tag{6.167}$$

Diese Dispersionsgleichung lässt zwei Typen von Lösungen zu: stabile Wellen mit einer großen Phasengeschwindigkeit ($> c$) und instabile, rein anwachsende Störungen. Letztere erhalten wir, wenn wir $\omega = i\gamma$ setzen und den Realteil von ω zu null annehmen. Da dann das Argument ξ_α ebenfalls rein imaginär ist und

$$\xi_\alpha Z(\xi_\alpha) < 0 \tag{6.168}$$

gilt, finden wir unmittelbar den Instabilitätsbereich für rein anwachsende Störungen zu

$$0 < k^2 < k_0^2 = \sum_\alpha \frac{\omega_{p\alpha}^2}{c^2} \left(\frac{w_{\alpha\perp}^2 + 2v_\alpha^2}{w_{\alpha\parallel}^2} - 1 \right) . \tag{6.169}$$

Die Instabilitätsbedingung lautet

$$\sum_\alpha \frac{\omega_{p\alpha}^2}{c^2} \left(\frac{w_{\alpha\perp}^2 + 2v_\alpha^2}{w_{\alpha\parallel}^2} - 1 \right) > 0 . \tag{6.170}$$

Legt man ein Plasma mit gleichem Ladungsbetrag für Ionen und Elektronen zugrunde, so schreibt sich die Bedingung (6.170) als

$$\frac{k_B T_{e\perp} + m_e v_e^2}{k_B T_{e\parallel}} + \frac{m_e}{m_i} \frac{k_B T_{i\perp} + m_i v_i^2}{k_B T_{i\parallel}} > 1 + \frac{m_e}{m_i} . \tag{6.171}$$

Eine weitere Konkretisierung für die *Weibel-Instabilität* erreichen wir durch die Vernachlässigung

$$v_e = v_i = 0 \tag{6.172}$$

und die Annahme isotrop verteilter Ionen ($T_{i\perp} = T_{i\parallel}$).

Dann reduziert sich der Instabilitätsbereich auf

$$k^2 < \frac{\omega_{pe}^2}{c^2} \left(\frac{T_{e\perp}}{T_{e\parallel}} - 1 \right) \tag{6.173}$$

mit der Bedingung $T_{e\perp} > T_{e\parallel}$. Die Anwachsrate wird aus der Dispersionsrelation (6.167) bestimmt. Unter der Annahme

$$\varepsilon^2 = |T_{e\perp} - T_{e\parallel}|/T_{e\parallel} \ll 1 \tag{6.174}$$

folgt

$$\gamma^2 + k^2 c^2 - \omega_{pe}^2 \varepsilon^2 - \omega_{pe}^2 \frac{T_{e\perp}}{T_{e\parallel}} \xi_e Z(\xi_e) - \omega_{pi}^2 \, \xi_i Z(\xi_i) = 0 . \tag{6.175}$$

Da $\xi_i = i\gamma/(\sqrt{2}\, k v_{ti})$ gilt und $|\xi_i| \gg 1$ vorausgesetzt werden kann, erhalten wir bei $|\xi_e| \ll 1$ und $\varepsilon^2 \omega_{pe}^2 \gg \omega_{pi}^2$

$$k^2 c^2 - \omega_{pe}^2 \varepsilon^2 + \sqrt{\pi} \, \frac{\gamma}{k w_{e\parallel}} \omega_{pe}^2 \frac{T_{e\perp}}{T_{e\parallel}} \approx 0 \tag{6.176}$$

mit der approximativen Lösung

$$\gamma \approx \frac{1}{\sqrt{\pi}} \frac{T_{e\parallel}}{T_{e\perp}} \left(\frac{k_0^2}{k^2} - 1 \right) \frac{c^2 k^2}{\omega_{pe}^2} k w_{e\parallel} . \tag{6.177}$$

Die maximale Anwachsrate (bei $k^2 = k_0^2/2$) ist

$$\gamma_{max} \approx \frac{1}{2} k_0 v_{te} \left(\frac{T_{e\parallel}}{T_{e\perp}} \right)^{1/2} \left| \frac{T_{e\perp}}{T_{e\parallel}} - 1 \right|^{1/2} . \tag{6.178}$$

Anisotropes Plasma mit äußerem Magnetfeld

Nach diesen Beispielen in magnetfeldfreien Plasmasituationen wenden wir uns typischen Instabilitäten in magnetisierten Plasmen zu. Wir betrachten nicht mehr die Situationen $\mathbf{k}$ parallel zu $B_0 \hat{z}$ und $D_{zz}(k, \omega) = 0$, da sie nichts Neues gegenüber dem feldfreien Fall ($B_0 = 0$) liefern. Gehen wir direkt zu (6.87) über. Hier haben wir für $k_\perp = 0$

$$D^{\pm}(k, \omega) = 1 - \frac{c^2 k^2}{\omega^2} \tag{6.179}$$

$$- \sum_\alpha \frac{\omega_{p\alpha}^2}{\omega^2} \int d^3 v \left\{ \left[(\omega - k_z v_z) F_\alpha - k_z \frac{v_x^2 + v_y^2}{2} \frac{\partial F_\alpha}{\partial v_z} \right] (\omega \pm \Omega_\alpha - k v_z)^{-1} \right\} = 0 .$$

Aus dieser Anschrift wird deutlich, dass die detaillierte Abhängigkeit der Verteilungsfunktion F_α von $v_\perp$ für die Instabilitätsrechnung gar nicht entscheidend ist. Wir schreiben deshalb

$$\boxed{F_\alpha = \pi^{-1/2} w_{\alpha\parallel}^{-1} \exp \left(-v_z^2 / w_{\alpha\parallel}^2 \right) G_\alpha(v_\perp^2)} \tag{6.180}$$

mit der normierten Verteilungsfunktion G_α,

$$\int d^2 v_\perp G_\alpha(v_\perp^2) = 1 . \tag{6.181}$$

Die effektive „senkrechte" Temperatur hängt mit $w_{\alpha\perp}$ über

$$k_B T_{\alpha\perp} = \frac{m_\alpha}{2} w_{\alpha\perp}^2 = \frac{m_\alpha}{2} \int d^2 v_\perp v_\perp^2 G_\alpha(v_\perp^2) \tag{6.182}$$

zusammen. Setzen wir (6.180) in (6.179) ein, so folgt (beachte $k = k_z$)

$$0 = 1 - \frac{k^2 c^2}{\omega^2} + \sum_\alpha \frac{\omega_{p\alpha}^2}{\omega^2} \left\{ \frac{\omega}{k w_{\alpha\parallel}} Z(\xi_\alpha^\pm) \right.$$

$$\left. - \left(1 - \frac{T_{\alpha\perp}}{T_{\alpha\parallel}} \right) \left[1 + \xi_\alpha^\pm Z(\xi_\alpha^\pm) \right] \right\} , \tag{6.183}$$

wobei

$$\xi^{\pm} = (\omega \pm \Omega_\alpha)/kw_{\alpha\|} \equiv \omega_\alpha^{\pm}/kw_{\alpha\|} \tag{6.184}$$

definiert wurde.

In Abhängigkeit von den äußeren Gegebenheiten ($T_{\alpha\|} > T_{\alpha\perp}$ oder $T_{\alpha\|} < T_{\alpha\perp}$) und dem betrachteten Wellenzahlenbereich gibt es verschiedene Instabilitäten, die durch (6.183) beschrieben werden. Beginnen wir mit $|\xi_\alpha| \gg 1$ für die sogenannte Feuerwehrschlauchinstabilität („firehose instability").

Dann approximieren wir (6.183) zu

$$0 \approx 1 - \frac{k^2 c^2}{\omega^2} - \sum_\alpha \frac{\omega_{p\alpha}^2}{\omega \omega_\alpha^{\pm}} + \sum_\alpha \frac{\omega_{p\alpha}^2}{\omega^2} \left(1 - \frac{T_{\alpha\perp}}{T_{\alpha\|}}\right) \frac{k^2 T_{\alpha\|}}{(\omega_\alpha^{\pm})^2 \, m_\alpha} \, . \tag{6.185}$$

Unter der Annahme, dass $|\omega| \ll |\Omega_\alpha|$ für alle α gilt, können wir weiter vereinfachen, insbesondere, wenn wir die Beziehungen

$$\sum_\alpha \frac{\omega_{p\alpha}^2}{\Omega_\alpha} = 0 \, , \tag{6.186}$$

$$\sum_\alpha \frac{\omega_{p\alpha}^2}{\Omega_\alpha^2} = \frac{c^2}{v_A^2} \tag{6.187}$$

und

$$\sum_\alpha \omega_{p\alpha}^2 k_B (T_{\alpha\|} - T_{\alpha\perp})/m_\alpha \Omega_\alpha^2 = \frac{1}{2} c^2 (\beta_\| - \beta_\perp) \tag{6.188}$$

ausnutzen. Hierbei ist β als das Verhältnis von kinetischem Druck zu magnetischem Druck definiert,

$$\beta \equiv 8\pi \sum_\alpha n_\alpha k_B T_\alpha / B_0^2 \equiv 8\pi \, p / B_0^2 \, .$$

Wir sehen dann, dass (6.185) in der Form

$$0 \approx 1 - \frac{c^2 k^2}{\omega^2} + \frac{c^2}{v_A^2} + \frac{c^2 k^2}{\omega^2} \frac{1}{2} (\beta_\| - \beta_\perp) \tag{6.189}$$

angeschrieben werden kann. Eine Lösung, mit $\omega = i\gamma$, ergibt sich als

$$\gamma^2 = \frac{1}{2} \frac{k^2 v_A^2}{1 + v_A^2/c^2} (\beta_\| - \beta_\perp - 2) \, ; \tag{6.190}$$

sie zeigt an, dass für

$$\beta_\parallel > \beta_\perp + 2 \qquad (6.191)$$

eine Instabilität mit rein anwachsenden Moden („purely growing instability") möglich ist. Die scheinbare Divergenz für große k ist nicht physikalisch; für größere k-Werte müssen wir höhere Terme in der Entwicklung der Z-Funktion nach ξ_i berücksichtigen!

Während zur Herleitung der gerade gefundenen Instabilität dieselben Voraussetzungen wie bei der Herleitung der Alfvén-Wellen gemacht wurden (bei $\beta_\parallel = \beta_\perp$ haben wir lediglich die Alfvén-Frequenz als reelle ω-Lösung), können wir auch Instabilitäten im Bereich der Elektronenzyklotron- und Ionenzyklotronfrequenzen suchen. In beiden Frequenzbereichen existieren bei Temperaturanisotropien Instabilitäten. Wir wollen auf die Einzelheiten hier nicht eingehen, sondern verweisen auf die Spezialliteratur.

Unseren Streifzug durch die Instabilitäten in Vlasov-Systemen beschließen wir mit einer Betrachtung von Moden, die sich senkrecht zu einem äußeren Magnetfeld ausbreiten können. Von den bekannten Fällen (elektromagnetische Instabilität der gewöhnlichen Mode, elektrostatische Instabilitäten bei einem Defizit in einem bestimmten Winkelbereich usw.) greifen wir die sogenannte „ordinary-mode electromagnetic instability" heraus.

Dann steht die Dispersionsrelation (6.94) zur Debatte, d. h.

$$1 - \frac{c^2 k^2}{\omega^2} - \sum_\alpha \frac{\omega_{p\alpha}^2}{\omega^2} + \sum_\alpha \frac{\omega_{p\alpha}^2}{\omega^2} \sum_{n=-\infty}^{+\infty} \frac{n\Omega_\alpha}{\omega - n\Omega_\alpha} \int d^3v \, J_n^2(b_\alpha) \frac{v_z^2}{v_\perp} \frac{\partial F_\alpha}{\partial v_\perp} = 0 \quad (6.192)$$

mit $b_\alpha = kv_\perp / \Omega_\alpha$. In dem jetzt betrachteten Fall haben wir $\mathbf{k} = k\hat{x}$ gesetzt; das Magnetfeld ist in z-Richtung, $\mathbf{B}_0 = B_0\hat{z}$. Führen wir für F_α eine anisotrope Verteilungsfunktion ein, z. B.

$$F_\alpha(v_\perp^2, v_z) = \pi^{-3/2} w_{\alpha\parallel}^{-1} \, w_{\alpha\perp}^{-2} \, \exp(-v_\perp^2/w_{\alpha\perp}^2) \exp(-v_z^2/w_{\alpha\parallel}^2) \,, \qquad (6.193)$$

und benutzen

$$\int_0^\infty dx\, x e^{-a^2 x^2} \, J_n(px) J_n(qx) = \frac{1}{2a^2} \exp\left[-\frac{p^2 + q^2}{4a^2}\right] I_n\left(\frac{pq}{2a^2}\right) \,, \qquad (6.194)$$

so schreibt sich (6.192) als

$$\omega^2 = k^2 c^2 + \sum_\alpha \omega_{p\alpha}^2 \left\{ 1 + \sum_{n=-\infty}^{+\infty} \frac{T_{\alpha\parallel}}{T_{\alpha\perp}} \frac{n\Omega_\alpha}{\omega - n\Omega_\alpha} \exp(-\lambda_\alpha) I_n(\lambda_\alpha) \right\} \,. \qquad (6.195)$$

Der Parameter λ_α ergibt sich zu

$$\lambda_\alpha = \frac{k^2 k_B T_{\alpha\perp}}{m_\alpha \Omega_\alpha^2} = \frac{1}{2}\frac{c^2 k^2}{\omega_{p\alpha}^2}\beta_\perp \, , \tag{6.196}$$

und I_n ist die modifizierte Bessel-Funktion der ersten Art und Ordnung n. Wie im Fall des magnetfeldfreien Plasmas gibt es neben der rein reellen hochfrequenten Lösung eine rein anwachsende Mode mit Re $\omega = 0$. Nutzen wir die folgenden Umformungen

$$I_n(x) = I_{-n}(x) \, , \tag{6.197}$$

$$\frac{n^2 \Omega_\alpha^2}{\gamma^2 + n^2 \Omega_\alpha^2} = 1 - \frac{\gamma^2}{\gamma^2 + n^2 \Omega_\alpha^2} \, , \tag{6.198}$$

$$\sum_n I_n(\lambda_\alpha) = e^{\lambda_\alpha} \, , \tag{6.199}$$

wobei wir $\omega = i\gamma$ gesetzt haben und den Imaginärteil γ als klein im Vergleich zu Ω_α annehmen, so lässt sich die Dispersionsrelation (6.195) in der Form

$$\gamma^2 L(k, \gamma^2) = R(k) \tag{6.200}$$

schreiben mit

$$L(k, \gamma^2) = 1 + \sum_\alpha \sum_{n\neq 0} \frac{T_{\alpha\|}}{T_{\alpha\perp}} \frac{\omega_{p\alpha}^2}{\gamma^2 + n^2 \Omega_\alpha^2} \exp(-\lambda_\alpha) I_n(\lambda_\alpha) \, , \tag{6.201}$$

$$R(k) = \sum_\alpha \omega_{p\alpha}^2 \left[\frac{T_{\alpha\|}}{T_{\alpha\perp}} - 1 - \frac{T_{\alpha\|}}{T_{\alpha\perp}} \exp(-\lambda_\alpha) I_0(\lambda_\alpha) \right] - c^2 k^2 \, . \tag{6.202}$$

Wegen $I_n(x) > 0$ gilt $L(k, \gamma^2) > 0$, und Instabilität erfordert

$$R(k) > 0 \, . \tag{6.203}$$

Diese Bedingung steckt bei vorgegebenen Plasmaparametern den instabilen k-Bereich ab. Im instabilen Bereich gilt

$$\gamma^2 \geq R(k)/L(k, 0) \, . \tag{6.204}$$

Wählt man $T_i = T_{i\|} = T_{i\perp}$ und lässt m_e/m_i gegen null gehen, so vereinfachen sich die Ausdrücke für L und R beträchtlich, z. B.

$$R(k) \approx \omega_{pe}^2 \frac{T_{e\|}}{T_{e\perp}} \left[1 - \frac{T_{e\perp}}{T_{e\|}} - G(\lambda_e) \right] \, , \tag{6.205}$$

wobei

$$G(\lambda_e) = \frac{2}{\beta_{e\|}}\lambda_e + \exp(-\lambda_e)\, I_0(\lambda_e) \tag{6.206}$$

ist. $\beta_{e\|}$ ist durch

$$\beta_{e\parallel} = 8\pi\, n_{eo} k_B T_{e\parallel}/B_0^2 \qquad\qquad (6.207)$$

definiert.

Analysiert man die Bestimmungsgleichung (6.200) für γ^2 im $T_{e\perp}/T_{e\parallel}, \beta_{e\parallel}$-Parameterraum, so findet man Instabilität für kleine $T_{e\perp}/T_{e\parallel}$ (≤ 1) und große $\beta_{e\parallel}$ (≥ 2). Wir beschließen damit unsere Demonstration von Plasmainstabilitäten in räumlich homogenen Systemen.

6.4   Stationäre inhomogene Vlasov-Systeme

Zu Anfang des Kapitels haben wir uns bereits mit Existenz- und Stabilitätsfragen in Vlasov-Systemen auseinandergesetzt – allerdings mit der wesentlichen Einschränkung auf räumlich homogene Anordnungen. Diese Beschränkung wollen wir hier fallen lassen und zu Aussagen in räumlich inhomogenen Systemen übergehen. Natürlich wird die Algebra dann noch schwieriger, und demgemäß beschränken wir uns jetzt nur auf einige grundsätzliche und typische Aussagen und Beispiele. Instabilitätsrechnungen erfordern die Kenntnis der Quellen freier Energie und eine exakte Beschreibung der Ausgangssituation. Wir diskutieren deshalb zunächst, unter welchen Bedingungen stationäre, räumlich inhomogene Anfangskonfigurationen existieren.

Stationäre Lösungen der Vlasov-Gleichung müssen

$$\left[\mathbf{v}\cdot\nabla + \frac{e_\alpha}{m_\alpha}\,(\mathbf{E} + \mathbf{v}\times\mathbf{B})\cdot\partial_\mathbf{v} \right] g_\alpha(\mathbf{q},\mathbf{v}) = 0 \qquad\qquad (6.208)$$

erfüllen. Physikalisch ist zu beachten, dass i. Allg. die Gleichgewichtszustände (manchmal auch Metagleichgewichte genannt) nur auf einer Zeitskala, die kleiner als die mittlere Stoßzeiten ist, quasistationär sein müssen.

Ganz allgemein können wir zunächst feststellen, dass die (zeitabhängige) Vlasov-Gleichung durch $f_\alpha(\mathbf{q},\mathbf{v};t) = f_\alpha(c_1,c_2,\ldots)$ gelöst wird, wenn $c_1,c_2,\ldots$ Konstanten der Teilchenbewegung [s. (6.209) und (6.210)] sind. Die Begründung ist einfach. Wir können nämlich abgekürzt für die Vlasov-Gleichung $df_\alpha/dt = \sum_i (\partial f_\alpha/\partial c_i)(dc_i/dt) = 0$ schreiben. Wenn die Konstanten der Bewegung c_i nicht explizit von der Zeit abhängen, $c_i = c_i(\mathbf{q},\mathbf{v})$, gewinnen wir aus $f_\alpha = g_\alpha(c_1,c_2,\ldots)$ Lösungen von (6.208). Mit anderen Worten: Wenn wir auf die formale Lösung der Vlasov-Gleichung mittels Integration längs der Trajektorien zurückgreifen, werden wir zu den Differentialgleichungen

$$\dot{\mathbf{q}}' = \mathbf{v}' , \tag{6.209}$$

$$\dot{\mathbf{v}}' = \frac{e_\alpha}{m_\alpha} \left[\mathbf{E} + \mathbf{v}' \times \mathbf{B} \right] \tag{6.210}$$

geführt. Wir bestimmen aus diesen den Orbit $\mathbf{q}'(t')$ und $\mathbf{v}'(t')$, der zur Zeit $t = t'$ mit $\mathbf{q}$ und $\mathbf{v}$ übereinstimmt. Wenn $a = a(\mathbf{q}', \mathbf{v}')$ und $b = b(\mathbf{q}', \mathbf{v}')$ Konstanten der Bewegung (6.209) und (6.210) sind, dann erfüllt

$$g_\alpha = g_\alpha [a(\mathbf{q}', \mathbf{v}'), b(\mathbf{q}', \mathbf{v}')] \tag{6.211}$$

die stationäre Vlasov-Gleichung (6.208). Aus der zu (6.209) und (6.210) gehörenden Hamilton-Funktion

$$H = \frac{1}{2m_\alpha} \left(\mathbf{p}' - e_\alpha \mathbf{A} \right)^2 + q_\alpha \phi \tag{6.212}$$

und der entsprechenden hamiltonschen Theorie wissen wir, dass im Fall der Zeitunabhängigkeit der Felder H selbst Erhaltungsgröße ist. Ist noch eine der Ortskomponenten q'_k zyklische Koordinate, dann ist auch die zugehörige generalisierte Impulskomponente p'_k eine Erhaltungsgröße.

Recht trivial wird die Beschreibung, wenn keine äußeren Felder vorhanden sind ($E_0 = B_0 = 0$), da in diesem Fall g_α eine beliebige Funktion der drei Geschwindigkeitskomponenten v'_x, v'_y und v'_z sein kann.

Anders sieht es beispielsweise in dem Fall $E_0 = 0$ und $\mathbf{B}_0(\mathbf{q})\hat{z}$ aus. Man kann leicht zeigen, dass

$$W_\alpha = \frac{1}{2} m_\alpha \left(v'^2_x + v'^2_y + v'^2_z \right) , \tag{6.213}$$

$$p'_{\alpha\parallel} = m_\alpha v'_z , \tag{6.214}$$

$$L_z = (\mathbf{q}' \times \mathbf{p}') \cdot \hat{z} , \tag{6.215}$$

$$\xi_y = v'_y + \frac{e_\alpha}{m_\alpha} \int B_0(\mathbf{q}') \, dq'_x , \tag{6.216}$$

$$\xi_x = v'_x - \frac{e_\alpha}{m_\alpha} \int B_0(\mathbf{q}') \, dq'_y \tag{6.217}$$

Konstanten der Bewegung (6.209) und (6.210) sind und g_α dementsprechend aus ihnen aufgebaut werden kann. Neben diesen Konstanten der Bewegung, die zur Charakterisierung der Gleichgewichtsverteilungsfunktionen herangezogen werden können, existieren noch weitere, z. B.

$$H_\alpha = \int G_\alpha(g_\alpha) \, d^3q \, d^3v , \tag{6.218}$$

wobei G_α ein beliebiges beschränktes Funktional von g_α mit endlicher Ableitung sein kann.
Wir haben früher die Entropie angeschrieben, siehe (6.31).

Konkret behandeln wir im Folgenden stationäre Zustände, bei denen die äußeren
Felder nicht explizit von der Zeit abhängen und eine Koordinate zyklisch ist. Für das
(äußere) skalare elektrische Potential ϕ^0 und das (äußere) Vektorpotential $\mathbf{A}^0$ nehmen
wir

$$\frac{\partial}{\partial q_k}\phi^0 = \frac{\partial}{\partial q_k}\mathbf{A}^0 = 0 \quad \text{für} \quad k = x \quad \text{oder} \quad y \qquad (6.219)$$

an.

Dann kann die stationäre Verteilungsfunktion g_α als

$$\boxed{g_\alpha = g_\alpha(\varepsilon_\alpha^0, p_{\alpha k}^0)} \qquad (6.220)$$

mit

$$\varepsilon_\alpha^0 = \frac{m_\alpha}{2}v^2 + e_\alpha \phi^0 \qquad (6.221)$$

und

$$p_{\alpha k}^0 = m_\alpha v_k + e_\alpha A_k^0 \qquad (6.222)$$

geschrieben werden. Durch Integration über den Geschwindigkeitsraum gelangen wir zu

$$\rho^0 = \sum_\alpha \int d^3v \; e_\alpha \; g_\alpha(\varepsilon_\alpha^0, \; p_{\alpha k}^0) \qquad (6.223)$$

und

$$j_k^0 = \sum_\alpha \int d^3v \; e_\alpha v_k \; g_\alpha(\varepsilon_\alpha^0, \; p_{\alpha k}^0) \; . \qquad (6.224)$$

Damit werden die Ladungsdichte ρ^0 und die Stromdichte $\mathbf{j}^0$ funktional abhängig von ϕ^0
und A_k^0, d.h.

$$\rho^0 = \rho^0(\phi^0, A_k^0) \; , \qquad (6.225)$$

$$j_k^0 = j_k^0(\phi^0, A_k^0) \; . \qquad (6.226)$$

Beide gehorchen den Differentialgleichungen

$$\nabla^2 \phi^0 = -\frac{1}{\varepsilon_0}\rho^0 \; , \qquad (6.227)$$

$$\nabla^2 A_k^0 = \mu_0 j_k^0 \; . \qquad (6.228)$$

Beispiel 6.12 (Erzeugende Funktion)
Für dieses Gleichgewicht existiert eine erzeugende Funktion

$$W = W(\phi^0, A_k^0) \, , \tag{6.229}$$

sodass

$$\frac{\partial W}{\partial \phi^0} = -\rho^0 \tag{6.230}$$

und

$$\frac{\partial W}{\partial A_k^0} = j_k^0 \tag{6.231}$$

gilt. Der Beweis ist einfach, da wir zeigen können, dass

$$\frac{\partial \rho^0}{\partial A_k^0} = - \frac{\partial j_k^0}{\partial \phi^0} \tag{6.232}$$

ist. ∎

Soviel zur Existenz von Gleichgewichten (besser: stationären Lösungen) in inhomogenen Vlasov-Systemen.

Eine hinreichende Bedingung für Stabilität lässt sich für derartige Systeme ebenfalls formulieren. Lyapunov-Funktionale spielen dabei eine herausragende Bedeutung.

Wir benutzen die stationäre Verteilung (6.220) und die zeitabhängige Verteilungsfunktion $f_\alpha = g_\alpha + \delta f_\alpha$, wobei wir jedoch der Übersichtlichkeit halber nur x als relevante Ortsvariable zulassen, y als zyklisch voraussetzen ($k = y$) und z unterdrücken (d. h. physikalisch gesprochen, räumlich zweidimensionale Anordnungen betrachten). Man beachte, dass $\partial_y = 0$ auch für die zeitabhängigen, gestörten Zustände gelten soll. Ein Lyapunov-Funktional bauen wir aus den Konstanten

$$E = \sum_\alpha \int d^3q \, d^3v \frac{m_\alpha}{2} v^2 f_\alpha + \frac{\varepsilon_0}{2} \int d^3q \, (\mathbf{E}^2 + c^2 \mathbf{B}^2) \, , \quad c^2 = \frac{1}{\varepsilon_0 \mu_0} \tag{6.233}$$

und

$$H = \sum_\alpha \int d^3q \, d^3v \, G_\alpha(f_\alpha, p_{\alpha y}) \tag{6.234}$$

auf, wobei G_α später festgelegt wird.

Wir zeigen nun, dass

$$\boxed{L := E + H} \tag{6.235}$$

für ein hinreichendes Stabilitätskriterium genutzt werden kann. Genauer gesagt: Wir zeigen, dass der stationäre Zustand g_α stabil ist, wenn L dafür ein Minimum besitzt.

Die erste Variation δL von L muss verschwinden. Wir finden wegen (6.235) und $f_\alpha = g_\alpha + \delta f_\alpha$

$$\delta L = \sum_\alpha \int d^3q \, d^3v \left\{ \frac{\partial G_\alpha}{\partial g_\alpha} \delta f_\alpha + \frac{m_\alpha}{2} v^2 \delta f_\alpha + \frac{\partial G_\alpha}{\partial p_{\alpha y}} e_\alpha \delta A_y \right\}$$
$$+ \varepsilon_0 \int d^3q \left\{ \mathbf{E}^0 \cdot \delta \mathbf{E} + c^2 \mathbf{B}^0 \cdot \delta \mathbf{B} \right\} . \tag{6.236}$$

Die hier in erster Ordnung auftretenden Koeffizienten werden mit den Werten der nullten Ordnung $[\phi^0(x), \mathbf{A}^0(x), \mathbf{E}^0, \varepsilon_\alpha^0, p_{\alpha y}^0]$ berechnet. In dem letzten Integral auf der rechten Seite von (6.236) bietet sich eine partielle Integration an. Außerdem können wir

$$m_\alpha \frac{\partial}{\partial p_{\alpha y}^0} G_\alpha(g_\alpha, \ p_{\alpha y}^0) = \frac{\partial}{\partial v_y} G_\alpha \left(g_\alpha, \ m_\alpha v_y + q_\alpha A_y^0 \right)$$
$$- \frac{\partial g_\alpha}{\partial v_y} \frac{\partial}{\partial g_\alpha} G_\alpha(g_\alpha, \ p_{\alpha y}^0) \tag{6.237}$$

nutzen, um (6.236) als

$$\delta L = \sum_\alpha \int d^3q \, d^3v \left\{ \left[\frac{\partial G_\alpha}{\partial g_\alpha} + \frac{m_\alpha}{2} v^2 \right] \delta f_\alpha - \frac{e_\alpha}{m_\alpha} \delta A_y \frac{\partial G_\alpha}{\partial g_\alpha} \frac{\partial g_\alpha}{\partial v_y} \right\}$$
$$+ \varepsilon_0 \int d^3q \left\{ \phi^0 \, \nabla \cdot \delta \mathbf{E} + c^2 \delta \mathbf{A} \cdot (\nabla \times \mathbf{B}_0) \right\}$$
$$= \sum_\alpha \int d^3q \, d^3v \left\{ \left[\frac{\partial G_\alpha}{\partial g_\alpha} + \varepsilon_\alpha^0 \right] \delta f_\alpha - \frac{e_\alpha}{m_\alpha} \delta A_y \frac{\partial G_\alpha}{\partial g_\alpha} \frac{\partial g_\alpha}{\partial v_y} \right\}$$
$$+ \int d^3q \, \delta \mathbf{A} \cdot \mathbf{j}^0 \tag{6.238}$$

zu schreiben. Eine einfache Umschrift führt zu

$$\delta L = \sum_\alpha \int d^3q \, d^3v \left\{ \left[\frac{\partial G_\alpha}{\partial g_\alpha} + \varepsilon_\alpha^0 \right] \delta f_\alpha \right. \tag{6.239}$$
$$\left. + e_\alpha \delta A_y \left[\frac{1}{m_\alpha} \frac{\partial}{\partial v_y} \left(\frac{\partial G_\alpha}{\partial g_\alpha} \right) + v_y \right] g_\alpha \right\} .$$

Diese Gleichung benutzen wir zur Festlegung von G_α mit der Absicht, $\delta L = 0$ zu erreichen. Wenn wir

$$\boxed{\frac{\partial G_\alpha}{\partial g_\alpha} = -\varepsilon_\alpha^0}$$
(6.240)

setzen, verschwindet in (6.239) nicht nur der Koeffizient von δf_α, sondern wegen (6.221) auch der Term proportional zu δA_y.

Sei $\tilde{g}_\alpha$ die Umkehrfunktion von g_α bezüglich $-\varepsilon_\alpha^0$, d. h.

$$-\varepsilon_\alpha^0 = \tilde{g}_\alpha(g_\alpha,\ p_{\alpha y}^0)\,,$$
(6.241)

so können wir damit (6.240) lösen. Es gilt

$$G_\alpha = G_\alpha(g_\alpha,\ p_{\alpha y}^0) = \int_0^{g_\alpha} d\xi\ \tilde{g}_\alpha(\xi,\ p_{\alpha y}^0)\,.$$
(6.242)

Alles hängt nun vom Vorzeichen der zweiten Variation $\delta^2 L$ ab. Aus (6.235) folgt

$$\boxed{\begin{aligned}
\delta^2 L = &\frac{1}{2}\sum_\alpha \int d^3q\, d^3v\, \left\{ \frac{\partial^2 G_\alpha}{\partial g_\alpha^2}(\delta f_\alpha)^2 + 2e_\alpha\,\frac{\partial^2 G_\alpha}{\partial g_\alpha \partial p_{\alpha y}}\,\delta f_\alpha\,\delta A_y \right. \\
&\left. + e_\alpha^2\,\frac{\partial^2 G_\alpha}{\partial p_{\alpha y}^2}\,(\delta A_y)^2 \right\} + \frac{\varepsilon_0}{2}\int d^3q\,\left[(\delta \mathbf{E})^2 + c^2(\delta \mathbf{B})^2\right].
\end{aligned}}$$
(6.243)

Benutzt man die Ausdrücke

$$\delta \mathbf{E} = -\nabla \phi - \frac{\partial}{\partial t}\delta \mathbf{A}\,,$$
(6.244)

$$(\delta \mathbf{B})^2 = \left(\delta B_y\right)^2 + \left(\nabla \delta A_y\right)^2\,,$$
(6.245)

mit der Eichung

$$\nabla \cdot \delta \mathbf{A} = 0\,,$$
(6.246)

so folgt aus (6.243)

$$\begin{aligned}
\delta^2 L = &\frac{1}{2}\sum_\alpha \int d^3q\, d^3v\, \left\{ \frac{\partial^2 G_\alpha}{\partial g_\alpha^2}\left[\delta f_\alpha + \frac{(\partial^2 G_\alpha/\partial g_\alpha \partial p_{\alpha y})}{(\partial^2 G_\alpha/\partial g_\alpha^2)}\,e_\alpha \delta A_y\right]^2 \right. \\
&+ \left[\frac{\partial^2 G_\alpha}{\partial p_{\alpha y}^2} - \frac{(\partial^2 G_\alpha/\partial g_\alpha \partial p_{\alpha y})^2}{(\partial^2 G_\alpha/\partial g_\alpha^2)}\right]\left(e_\alpha \delta A_y\right)^2 \bigg\} \\
&+ \frac{\varepsilon_0}{2}\int d^3q\, \left\{ (\nabla \delta \phi)^2 + c^2(\nabla \delta A_y)^2 + \left(\frac{\partial}{\partial t}\delta \mathbf{A}\right)^2 + c^2(\delta B_y)^2 \right\}.
\end{aligned}$$
(6.247)

Aus (6.240) und (6.241) ergibt sich

$$\frac{\partial^2 G_\alpha}{\partial g_\alpha^2} = \frac{\partial \tilde{g}_\alpha}{\partial g_\alpha} = -\left(\frac{\partial g_\alpha}{\partial \varepsilon^0}\right)^{-1} . \tag{6.248}$$

Wenn wir außerdem beide Seiten von (6.240) nach $p_{\alpha y}^0$ differenzieren, also

$$0 = \frac{\partial^2 G_\alpha}{\partial g_\alpha^2} \frac{\partial g_\alpha}{\partial p_{\alpha y}^0} + \frac{\partial^2 G_\alpha}{\partial g_\alpha \partial p_{\alpha y}} \tag{6.249}$$

bilden, finden wir

$$\frac{\partial^2 G_\alpha}{\partial g_\alpha \partial p_{\alpha y}} = -\frac{1}{e_\alpha} \frac{\partial^2 G_\alpha}{\partial g_\alpha^2} \frac{\partial g_\alpha}{\partial A_y^0} . \tag{6.250}$$

Ferner gilt

$$\sum_\alpha e_\alpha \int d^3 v \frac{\partial G_\alpha}{\partial p_{\alpha y}} = -\sum_\alpha \int d^3 v \frac{e_\alpha}{m_\alpha} \frac{\partial G_\alpha}{\partial g_\alpha} \frac{\partial g_\alpha}{\partial v_y} = -j_y^0 . \tag{6.251}$$

Daraus folgt nun weiter

$$\frac{\partial j_y^0}{\partial A_y^0} = -\sum_\alpha \int d^3 v \left[e_\alpha^2 \frac{\partial^2 G_\alpha}{\partial p_{\alpha y}^2} + e_\alpha \frac{\partial^2 G_\alpha}{\partial g_\alpha \partial p_{\alpha y}} \frac{\partial g_\alpha}{\partial A_y^0} \right] \tag{6.252}$$

oder

$$\frac{\partial j_y^0}{\partial A_y^0} = -\sum_\alpha \int d^3 v \, e_\alpha^2 \left[\frac{\partial^2 G_\alpha}{\partial p_{\alpha y}^2} - \frac{(\partial^2 G_\alpha/\partial g_\alpha \partial p_{\alpha y})^2}{(\partial^2 G_\alpha/\partial g_\alpha^2)} \right] . \tag{6.253}$$

Setzen wir all das in (6.247) ein, so erhalten wir $\delta^2 L$ in einer Form, die Stabilitätsargumenten zugänglich ist:

$$\begin{aligned}
\delta^2 L =&\frac{1}{2} \sum_\alpha \int d^3 q \, d^3 v \left\{ -\left(\frac{\partial g_\alpha}{\partial \varepsilon_\alpha^0}\right)^{-1} \left(\delta f_\alpha - \frac{\partial g_\alpha}{\partial A_y^0} \delta A_y\right)^2 \right\} \\
&+ \frac{\varepsilon_0}{2} \int d^3 q \left\{ (\nabla \delta \phi)^2 + c^2 (\nabla \delta A_y)^2 - \frac{1}{\varepsilon_0} \frac{\partial j_y^0}{\partial A_y^0} (\delta A_y)^2 \right. \\
&+ \left. (\partial_t \delta \mathbf{A})^2 + c^2 (\delta B_y)^2 \right\} .
\end{aligned} \tag{6.254}$$

Beispiel 6.13 (Monotone Verteilungsfunktion)

Als Beispiel wählen wir monotone Verteilungsfunktionen g_α, für die

$$\frac{\partial g_\alpha}{\partial \varepsilon_\alpha^0} < 0 \tag{6.255}$$

gilt. Dann erkennen wir, dass die Diskussion des Vorzeichens von $\delta^2 L$ die Lösung eines schrödingerschen Eigenwertproblems

$$- \nabla^2 \delta A_y - \mu_0 \, \frac{\partial j_y^0}{\partial A_y^0} \delta A_y = \lambda \, \delta A_y \qquad (6.256)$$

erfordert. Das „Potential" hängt von $\partial j_y^0 / \partial A_y^0$ ab. Die Eigenwertbedingung $\lambda \geq 0$ stellt ein hinreichendes Stabilitätskriterium dar. Wir können natürlich keineswegs erwarten, dass es auch notwendig ist. Auswertungen des Stabilitätskriteriums erfordern die Festlegung des stationären (Gleichgewichts-)Zustands. ∎

Weitergehende Überlegungen müssten die Frage der Notwendigkeit (bei einer allgemeineren Formulierung) ebenso klären wie das bislang ausgesparte Problem der relevanten Nachbarzustände g_α. Der zweite Problemkreis ist eng mit der Frage der Formstabilität, genauer gesagt: der Stabilität einer invarianten Menge, verknüpft. Eine entsprechende aufwendige Analyse würde hier jedoch zu weit führen.

6.5 Instabilitäten in inhomogenen Vlasov-Systemen

Auf Instabilität kann man – wie bereits in homogenen Vlasov-Systemen demonstriert – im Rahmen einer Normalmodenanalyse schließen. Es lässt sich auch in inhomogenen Vlasov-Systemen eine Dispersionsrelation det $\mathcal{D}(\mathbf{k}, \omega) = 0$ herleiten, die jedoch in lokaler Anschrift nur eine Näherung darstellt. Die bessere, wenn auch ungleich schwierigere Analyse, benutzt Integralgleichungen, auf die wir jedoch hier nicht eingehen wollen. Für die Darstellung beschränken wir uns ferner auf einfache Fälle.

Ähnlich wie im vorangegangenen Abschnitt sei x die einzig relevante Ortskoordinate (des stationären Zustands), ein äußeres Magnetfeld habe die Form $\mathbf{B}_0 = B_0(x)\widehat{z}$, sodass das Vektorpotential als $\mathbf{A}_0 = A_0(x)\widehat{y}$ angenommen werden kann. Ferner schließen wir ein äußeres elektrisches Feld aus, $\phi^0 \equiv \varphi_0 = 0$. Darüber hinaus behandeln wir hier nur Störungen in *elektrostatischer* Näherung $(\mathbf{E}_1 = -\nabla\delta\varphi)$.

Wir starten also mit der linearisierten Vlasov-Gleichung in der Form

$$\boxed{\partial_t \, \delta f_\alpha + \mathbf{v} \cdot \partial_\mathbf{q} \, \delta f_\alpha + \frac{e_\alpha}{m_\alpha}(\mathbf{v} \times \mathbf{B}_0) \cdot \partial_\mathbf{v} \, \delta f_\alpha = \frac{e_\alpha}{m_\alpha} \nabla\delta\varphi \cdot \partial_\mathbf{v} \, g_\alpha} \, , \qquad (6.257)$$

wobei um einen Zustand g_α linearisiert wird, der von $\varepsilon_{\alpha\perp} = \frac{1}{2} m_\alpha \left(v_x^2 + v_y^2 \right)$, $p_{\alpha y} = m_\alpha v_y + e_\alpha A_0(x)$ und v_z abhängen kann, d. h.

$$g_\alpha = g_\alpha(\varepsilon_{\alpha\perp}, p_{\alpha y}, v_z) \; . \tag{6.258}$$

Die Ortsabhängigkeit erscheint also über $p_{\alpha y}$ in der Verteilungsfunktion. Die Lösung von (6.257) erfolgt durch Integration längs der Trajektorien

$$\frac{d\mathbf{q}'}{dt'} = \mathbf{v}' \; , \tag{6.259}$$

$$\frac{d\mathbf{v}'}{dt'} = \frac{e_\alpha}{m_\alpha} \, \mathbf{v}' \times \mathbf{B}_0(\mathbf{q}') \tag{6.260}$$

mit den Anfangsbedingungen $\mathbf{q}'(t' = t) = \mathbf{q}$ und $\mathbf{v}'(t' = t) = \mathbf{v}$. Wir erhalten

$$\delta f_\alpha = \frac{e_\alpha}{m_\alpha} \int_{-\infty}^{t} dt' \, \nabla' \delta\varphi(\mathbf{q}', \mathbf{v}', t') \cdot \partial_{\mathbf{v}'} g_\alpha \; . \tag{6.261}$$

Bei dieser Anschrift ist wichtig, dass die Anfangsbedingungen die „Variablen" $\mathbf{q}$ und $\mathbf{v}$ enthalten. Da x die einzig relevante Ortskoordinate ist, bietet sich eine Fourier-Transformation in y und z an, ebenso wie eine Fourier- (oder Laplace-)Transformation in der Zeit. Dieses Verfahren ist äquivalent zur sogenannten Normalmodenanalyse, bei der

$$\delta f_\alpha(x, y, z, \mathbf{v}, t) = \delta f_\alpha(x, k_y, k_z, \mathbf{v}, t) \, \exp\left[ik_y y + ik_z z - i\omega t\right] \tag{6.262}$$

gesetzt wird. Anstelle von (6.261) erhalten wir deshalb für die Normalmode

$$\boxed{\delta f_\alpha = \frac{e_\alpha}{m_\alpha} \int_{-\infty}^{t} dt' \, \nabla' \delta\varphi \cdot \partial_{\mathbf{v}'} g_\alpha \, e^{ik_y(y'-y)+ik_z(z'-z)-i\omega(t'-t)}} \; . \tag{6.263}$$

Die weitere Rechnung basiert auf der Annahme, dass die Ortsabhängigkeit in der Verteilungsfunktion g_α nur schwach ist. Da die x-Variation über das Magnetfeld $B_0(x)$ eingeht, wird demnach eine schwache x-Abhängigkeit des Magnetfelds vorausgesetzt. Wir können deshalb $\widehat{B}$ mit $B_0(x) \approx \widehat{B} = const$ in der Nähe der Stelle x als sinnvolle Normierungskonstante benutzen.

Die Trajektoriengleichungen (6.259) und (6.260) haben die exakten Lösungen

$$v_z' = v_z \; , \quad z' - z = v_z(t' - t) \; , \quad v_\perp^2 \equiv v_x^2 + v_y^2 = v_x'^2 + v_y'^2 \tag{6.264}$$

sowie die genäherten Lösungen

$$\boxed{v_x' = v_\perp \cos(\Omega_\alpha \tau - \chi) \; ,} \tag{6.265}$$

$$\boxed{v_y' = -v_\perp \sin(\Omega_\alpha \tau - \chi) \; ,} \tag{6.266}$$

$$\boxed{x' = x + v_\perp[\sin(\Omega_\alpha \tau - \chi) + \sin \chi]/\Omega_\alpha \; ,} \tag{6.267}$$

$$\boxed{y' = y + v_\perp[\cos(\Omega_\alpha\tau - \chi) - \cos\chi]/\Omega_\alpha\,.} \qquad (6.268)$$

Hierbei ist $\tau = t' - t$, und es sei darauf hingewiesen, dass nicht überall der Index α für die Teilchensorte konsequent benutzt wurde.

Die schwache Ortsabhängigkeit der Verteilungsfunktion g_α bringen wir durch einen Kleinheitsparameter δ_α zum Ausdruck, mit dem wir die Abhängigkeit der Verteilungsfunktion g_α von $p_{\alpha y}$ skalieren. Wenn wir die im Moment nicht interessierenden Variablen $\varepsilon_{\alpha\perp}$ und v_z unterdrücken, schreiben wir

$$g_\alpha = g_\alpha\left[\ldots, \delta_\alpha\left(\frac{v_y}{\widehat{\Omega}_\alpha L} + \frac{A_0}{\widehat{B}L}\right)\right] \qquad (6.269)$$

mit $\widehat{\Omega}_\alpha = e_\alpha\widehat{B}/m_\alpha$ und einer charakteristischen Inhomogenitätslänge L. Für kleine δ_α gilt

$$g_\alpha \approx g_\alpha^{(0)}(\ldots) + \delta_\alpha\left(\frac{v_y}{\widehat{\Omega}_\alpha L} + \frac{A_0}{\widehat{B}L}\right) g_\alpha^{(1)}(\ldots)\,. \qquad (6.270)$$

Da $g_\alpha^{(0)}$ und $g_\alpha^{(1)}$ in v_y und v_x isotrop sind und das Plasma insgesamt ungeladen sein soll, können wir

$$\delta_i = \delta_e \equiv \delta \qquad (6.271)$$

setzen. $A_0(x)$ folgt aus der entsprechenden Maxwell-Gleichung

$$\partial_x^2 A_0 = \delta\sum_\alpha \int d^3v\, \frac{\mu_0 e_\alpha}{\widehat{\Omega}_\alpha L}\, v_y^2\, g_\alpha^{(1)}\,. \qquad (6.272)$$

Die rechte Seite können wir mit

$$\beta = \frac{2\mu_0 p}{\widehat{B}^2} \qquad (6.273)$$

zu $\delta\beta\widehat{B}/L$ abschätzen. Diese x-unabhängige Konstante ermöglicht es, die Lösung von (6.271) in der Form

$$A_0(x) = \frac{1}{2L}\delta\beta\widehat{B}x^2 + \widehat{B}x \qquad (6.274)$$

anzuschreiben. Wir erkennen, dass $\beta \ll 1$ eine sinnvolle Voraussetzung für das Näherungsverfahren ist. Wir können nun den anisotropen Anteil von g_α nach (6.270) auswerten und erhalten insgesamt

$$g_\alpha = g_\alpha^{(0)}(\ldots) + \delta\left(\frac{v_y}{\widehat{\Omega}_j L} + \frac{x}{L} + \frac{1}{2}\delta\beta\frac{x^2}{L^2}\right) g_\alpha^{(1)}(\ldots)\,. \qquad (6.275)$$

Zur Auswertung von (6.263) machen wir noch die weitere Voraussetzung

$$|\partial_x\delta\varphi| \ll |k_y\delta\varphi|\,, |k_z\delta\varphi|\,. \qquad (6.276)$$

Damit sind alle sinnvollen Approximationen und Hilfsmittel zusammengestellt, mit denen wir die linearisierte Vlasov-Gleichung lösen können. Wir starten mit

$$
\delta f_\alpha = i\frac{e_\alpha}{m_\alpha}\delta\varphi \int_{-\infty}^{0} d\tau \left[k_y\frac{\partial g_\alpha}{\partial v_y'} + k_z\frac{\partial g_\alpha}{\partial v_z'} \right] \exp\left\{ i\frac{v_\perp}{\Omega_\alpha}\left[\cos(\Omega_\alpha\tau - \chi) - \cos\chi\right] k_y \right\}
$$
$$
\times \exp\left\{ i(k_z v_z - \omega)\tau \right\} . \tag{6.277}
$$

In diesem Ausdruck müssen wir

$$
\frac{1}{m_\alpha}\frac{\partial g_\alpha}{\partial v_y'} = v_y'\frac{\partial g_\alpha}{\partial \varepsilon_{\alpha\perp}} + \frac{\partial g_\alpha}{\partial p_{\alpha y}} = -v_\perp \sin(\Omega_\alpha\tau - \chi)\frac{\partial g_\alpha}{\partial \varepsilon_{\alpha\perp}} + \frac{\partial g_\alpha}{\partial p_{\alpha y}} \tag{6.278}
$$

und

$$
\frac{\partial g_\alpha}{\partial v_z'} = \frac{\partial g_\alpha}{\partial v_z} \tag{6.279}
$$

berücksichtigen. Ferner nutzen wir die Formel

$$
\boxed{\; e^{i\xi\,\sin\delta} = \sum_{n=-\infty}^{\infty} J_n(\xi)e^{in\delta} \;} , \tag{6.280}
$$

um mit

$$
\xi_\alpha = k_y v_\perp / \Omega_\alpha \tag{6.281}
$$

nach einiger Rechnung

$$
\delta f_\alpha = \frac{e_\alpha}{m_\alpha}\delta\varphi \sum_{n=-\infty}^{\infty} \left[n\Omega_\alpha m_\alpha\frac{\partial g_\alpha}{\partial \varepsilon_{\alpha\perp}} + m_\alpha\frac{\partial g_\alpha}{\partial p_{\alpha y}}k_y + \frac{\partial g_\alpha}{\partial v_z}k_z \right]
$$
$$
\times \frac{\exp\left\{ in\left(\frac{\pi}{2} - \chi\right) - i\xi_\alpha\cos\chi \right\}}{k_z v_z - \omega + n\Omega_\alpha}J_n(\xi_\alpha) \tag{6.282}
$$

zu erhalten. Diesen letzten Ausdruck können wir auch anders schreiben, nämlich als

$$
\delta f_\alpha = \frac{e_\alpha}{m_\alpha}\delta\varphi \sum_{n=-\infty}^{\infty} \left[m_\alpha\frac{\partial g_\alpha}{\partial \varepsilon_{\alpha\perp}}J_n(\xi_\alpha) - G_\alpha\frac{J_n(\xi_\alpha)}{\omega - k_z v_z - n\Omega_\alpha} \right] e^{in\left(\frac{\pi}{2}-\chi\right)-i\xi_\alpha\cos\chi}
$$
$$
= \frac{e_\alpha}{m_\alpha}\delta\varphi \left\{ m_\alpha\frac{\partial g_\alpha}{\partial \varepsilon_{\alpha\perp}} - G_\alpha\sum_{n=-\infty}^{+\infty} \frac{J_n(\xi_\alpha)}{\omega - k_z v_z - n\Omega_\alpha}e^{in\left(\frac{\pi}{2}-\chi\right)-i\xi_\alpha\cos\chi} \right\} , \tag{6.283}
$$

wobei

$$
G_\alpha := \omega m_\alpha\frac{\partial g_\alpha}{\partial \varepsilon_{\alpha\perp}} + k_z\left(\frac{\partial g_\alpha}{\partial v_z} - v_z m_\alpha\frac{\partial g_\alpha}{\partial \varepsilon_{\alpha\perp}} \right) + k_y m_\alpha\frac{\partial g_\alpha}{\partial p_{\alpha y}} \tag{6.284}
$$

ist. Bei der letzten Umformung haben wir

$$e^{i\xi_\alpha \cos\chi} = \sum_{n=-\infty}^{\infty} J_n(\xi_\alpha) e^{in(\frac{\pi}{2}-\chi)} \tag{6.285}$$

benutzt. Unter der Annahme, dass die Funktion G_α nur schwach von $p_{\alpha y}$ abhängt, können wir

$$G_\alpha \approx G_\alpha\left(\varepsilon_{\alpha\perp}, v_z, \frac{e_\alpha}{m_\alpha}A_0\right) + m_\alpha v_y \frac{\partial G_\alpha}{\partial p_{\alpha y}}$$

$$= \widehat{G}_\alpha + m_\alpha v_y \frac{\partial \widehat{G}_\alpha}{\partial p_{\alpha y}} = \widehat{G}_\alpha + m_\alpha v_\perp \sin\chi \frac{\partial \widehat{G}_\alpha}{\partial p_{\alpha y}} \tag{6.286}$$

approximieren. Jetzt lässt sich δf_α über χ mitteln, mit dem Ergebnis

$$\boxed{\frac{1}{2\pi}\int_0^{2\pi} d\chi\, \delta f_\alpha = \frac{e_\alpha}{m_\alpha}\delta\varphi\left\{m_\alpha \frac{\partial \hat{g}_\alpha}{\partial \varepsilon_{\alpha\perp}} - \sum_{n=-\infty}^{+\infty} \frac{J_n^2(\xi_\alpha)}{\omega - k_z v_z - n\Omega_\alpha}G_{1\alpha}\right\}} , \tag{6.287}$$

wobei

$$\hat{g}_\alpha = g_\alpha\left(\varepsilon_{\alpha\perp}, v_z, \frac{e_\alpha}{m_\alpha}A_0\right) \tag{6.288}$$

und

$$G_{1\alpha} = \widehat{G}_\alpha + \frac{m_\alpha \Omega_\alpha}{k_y}n\frac{\partial \widehat{G}_\alpha}{\partial p_{\alpha y}} \approx \widehat{G}_\alpha + \frac{n}{k_y}\frac{\partial \widehat{G}_\alpha}{\partial x} \tag{6.289}$$

benutzt wurden. Bei der Herleitung dieses Ergebnisses wurde außerdem (6.285) herangezogen; ebenfalls wurde für die Bessel-Funktionen

$$J_{n-1}(\zeta) + J_{n+1}(\zeta) = \frac{2n}{\zeta}J_n(\zeta) \tag{6.290}$$

benutzt. Die rechte Seite der Beziehung (6.289) wird in niedrigster Ordnung aus den Formeln für $p_{\alpha y}$ und (6.274) verständlich.

Das Ergebnis (6.287) ermöglicht direkt, über die Poisson-Gleichung die elektrostatische Dispersionsgleichung in inhomogenen Plasmen anzuschreiben; es gilt

$$1 - \sum_\alpha \frac{4\pi e_\alpha^2}{m_\alpha k^2}\int d^3v\left\{\frac{\partial \hat{g}_\alpha}{\partial \varepsilon_\perp} - \sum_{n=-\infty}^{\infty} \frac{J_n^2(\xi_\alpha)}{\omega - n\Omega_\alpha - k_z v_z}G_{1\alpha}\right\} = 0 . \tag{6.291}$$

Zur Vereinfachung der Notation haben wir $\varepsilon_\perp = \varepsilon_{\alpha\perp}/m_\alpha$ eingeführt. In der Dispersionsgleichung (6.291) setzen wir $\hat{g}_\alpha = \hat{g}_\alpha(\varepsilon, e_\alpha A_0/m_\alpha)$ mit $A_0 \approx \widehat{B}_0 x$ ein, sodass für schwache x-Variationen

$$\hat{g} \approx \hat{g}(\varepsilon, 0) + x\partial_x \hat{g}(\varepsilon, 0) \tag{6.292}$$

folgt. Hier gilt $\varepsilon = \varepsilon_\perp + v_z^2/2$; wir haben die Vereinfachung vorgenommen, dass die Abhängigkeit nicht separat von $\varepsilon_\perp$ und v_z vorliegt, sondern nur von ε. Das hat zur Folge, dass in (6.284)

$$k_z \left(\frac{\partial g_\alpha}{\partial v_z} - v_z \frac{\partial g_\alpha}{\partial \varepsilon_\perp} \right) = 0 \tag{6.293}$$

wird. Wenn wir dann die Definitionen (6.284) und (6.292) zusammenfassen, folgt

$$\widehat{G}_\alpha = \omega \frac{\partial}{\partial \varepsilon} \left(\hat{g}_\alpha + x \hat{g}'_\alpha \right) + \frac{k_y}{\Omega_\alpha} \hat{g}'_\alpha \; ; \tag{6.294}$$

der Strich (') bedeutet Differentiation nach x. Die Funktion $G_{1\alpha}$ auf der rechten Seite von (6.291) folgt aus der Definition (6.289) zu

$$\begin{aligned} G_{1\alpha} &\approx \omega \frac{\partial}{\partial \varepsilon} \left(\hat{g}_\alpha + x \hat{g}'_\alpha \right) + \frac{k_y}{\Omega_\alpha} \hat{g}'_\alpha + \frac{n}{k_y} \omega \frac{\partial}{\partial \varepsilon} \hat{g}'_\alpha \\ &\approx \omega \frac{\partial}{\partial \varepsilon} \hat{g}_\alpha + \frac{k_y}{\Omega_\alpha} \hat{g}'_\alpha + \frac{n}{k_y} \omega \frac{\partial}{\partial \varepsilon} \hat{g}'_\alpha \; . \end{aligned} \tag{6.295}$$

Im letzten Schritt haben wir ganz entscheidend von der sogenannten lokalen Approximation Gebrauch gemacht, indem wir $x \approx 0$ gesetzt haben.

Bei konkreten Anwendungen spezifizieren wir $\hat{g}_\alpha$ weiter, z. B. in der Form

$$\hat{g}_\alpha = n_\alpha(x) \left[\frac{2\pi k_B T_\alpha}{m_\alpha} \right]^{-\frac{3}{2}} \exp \left[-\frac{m_\alpha v^2}{2 k_B T_\alpha} \right] , \tag{6.296}$$

sodass

$$\frac{\partial}{\partial \varepsilon} \hat{g}_\alpha = -\frac{m_\alpha}{k_B T_\alpha} \hat{g}_\alpha \tag{6.297}$$

und

$$\hat{g}'_\alpha = \frac{\partial \hat{g}_\alpha}{\partial x} = n'_\alpha \frac{\hat{g}_\alpha}{n_\alpha(x)} + T'_\alpha \frac{\partial \hat{g}_\alpha}{\partial T_\alpha} \tag{6.298}$$

gilt. Der Übersichtlichkeit halber setzen wir in der folgenden Präsentation $T'_\alpha = 0$. Nach (6.295) ergibt sich $G_{1\alpha}$ als

$$G_{1\alpha} \approx -\frac{\omega m_\alpha}{k_B T_\alpha} \left[1 + \left(\frac{n}{k_y} - \frac{k_y k_B T_\alpha}{\Omega_\alpha m_\alpha \omega} \right) \kappa \right] \hat{g}_\alpha , \tag{6.299}$$

wobei

$$\kappa = \partial_x \left[\ln n_\alpha(x) \right] \tag{6.300}$$

ist. Darüber hinaus führen wir den Parameter

$$z_\alpha := \frac{k_y^2 k_B T_\alpha}{m_\alpha \Omega_\alpha^2} = k_y^2 \rho_\alpha^2 \tag{6.301}$$

ein und beschränken uns im Folgenden auf niederfrequente Moden. Selbst wenn $z_\alpha < 1$ angenommen werden wird, sei

$$\frac{\Omega_\alpha z_\alpha}{\omega} \gg 1 \,. \tag{6.302}$$

Diese Annahme hat zur Folge, dass auf der rechten Seite von (6.299) der Term proportional zu n vernachlässigt werden kann. Wenn wir ferner

$$\int_0^\infty d\xi \, \xi e^{-a^2\xi^2} J_n^2(p\xi) = \frac{1}{2a^2} \, e^{-p^2/2a^2} \, I_n\left(\frac{p^2}{2a^2}\right) \tag{6.303}$$

ausnutzen, können wir die Dispersionsrelation (6.291) [für eine Maxwell-Verteilung] weiter vereinfachen. Das Ergebnis lautet

$$\boxed{1 + \sum_\alpha \frac{1}{k^2\lambda_{D\alpha}^2} \left\{ 1 + \frac{\omega - \omega_\alpha^*}{\sqrt{2}k_z v_{t\alpha}} \sum_{n=-\infty}^{\infty} Z\left(\frac{\omega - n\Omega_\alpha}{\sqrt{2}k_z v_{t\alpha}}\right) I_n(z_\alpha) \, e^{-z_\alpha} \right\} = 0} \tag{6.304}$$

mit

$$\omega_\alpha^* = k_y \rho_\alpha^2 \kappa \Omega_\alpha \,. \tag{6.305}$$

Wir werten nun die Dispersionsrelation (6.304) für zwei wichtige Fälle aus. Weitere Beispiele finden sich in der Spezialliteratur.

Beispiel 6.14 (Drift-Instabilität)
Die sogenannte niederfrequente Driftinstabilität tritt in dem Bereich

$$\omega \ll \Omega_i \ll |\Omega_e| \,, \tag{6.306}$$

$$k_z v_{t\alpha} \ll |\Omega_\alpha| \,, \quad \text{für} \quad \alpha = e, i \,, \tag{6.307}$$

$$k_z v_{ti} \ll \omega \ll k_z v_{te} \,, \tag{6.308}$$

$$k^2\lambda_{De}^2 \ll z_i \,, \tag{6.309}$$

$$z_e \ll 1 \,, \tag{6.310}$$

$$z_i < 1 \tag{6.311}$$

auf. Dann lässt sich die Plasmadispersionsfunktion Z durch Entwicklung asymptotisch auswerten. In niedrigster Ordnung erhält man für den Realteil der Dispersionsrelation

$$\omega^2 \left(1 + \frac{c_s^2 k_y^2}{\Omega_i^2} \right) - \omega\omega_e^* - c_s^2 k_z^2 \approx 0 \,. \tag{6.312}$$

Hier ist neben dem Driftzweig noch der Ionenschall enthalten; die Lösung von (6.312) kann in der Form

$$\omega \approx \frac{1}{2\delta} \left\{ k_y v_{de} \pm \left[(k_y v_{de})^2 + 4\delta c_s^2 k_z^2 \right]^{1/2} \right\} \tag{6.313}$$

geschrieben werden, wobei

$$\delta = 1 + \frac{c_s^2 k_y^2}{\Omega_i^2} \tag{6.314}$$

und

$$v_{de} = \omega_e^* / k_y \tag{6.315}$$

eingeführt wurden. Man bezeichnet $\omega_e^* = k_y v_{de}$ als Driftfrequenz.

Für kleine Anwachsraten γ können wir zur Berechnung von γ die Formel

$$\boxed{\gamma \approx -\frac{\mathrm{Im}\,\varepsilon(\omega_0, k)}{\partial \varepsilon / \partial \omega|_{\omega_0}}} \tag{6.316}$$

benutzen, wobei ω_0 die Beziehung $\mathrm{Re}\,\varepsilon(\omega_0, k) = 0$ erfüllt. Es gilt

$$\mathrm{Im}\,\varepsilon \approx \frac{4\pi^2 ec}{k_z k^2 B_0} n_{e0}(x) \left(\frac{m_e}{2\pi k_B T_e}\right)^{1/2} \exp\left[-\frac{m_e \omega_0^2}{2 k_B T_e k_z^2}\right]$$

$$\times \left(k_y \kappa - \frac{m_e \omega_0 \Omega_e}{k_B T_e}\right). \tag{6.317}$$

Bemerkenswert ist, dass die beiden Summanden in der letzten Klammer wegen $\omega_0 \approx \omega_e^*$ unterschiedliche Vorzeichen haben. Aus dem Realteil der Dispersionsgleichung erhält man

$$\left.\frac{\partial \varepsilon}{\partial \omega}\right|_{\omega_0} \approx \left(\frac{\delta}{k\lambda_{De}}\right)^2 \frac{1}{k_y v_{de}}, \tag{6.318}$$

sodass sich letztendlich für $k^2 v_{de}^2 \gg \delta c_s^2 k_z^2$ die Anwachsrate zu

$$\boxed{\gamma \approx (\pi \tilde{\beta})^{1/2}\, k_z^{-1} \left(\frac{k_y v_{de}}{\delta}\right)^2 \left(1 - \frac{1}{\delta}\right) \exp\left[-\tilde{\beta}\left(\frac{\omega}{k_z}\right)^2\right]} \tag{6.319}$$

ergibt. Es wurde $\tilde{\beta} = m_e/2 k_B T_e$ gesetzt. Eine genauere Auswertung muss auf die gesamte Z-Funktion zurückgreifen. Es zeigt sich, dass die maximale Anwachsrate für $k_y \rho_s$ von der Ordnung 1 auftritt und größenordnungsmäßig durchaus mit der Frequenz ω_0 vergleichbar ist. ∎

Beispiel 15. (Driftzyklotroninstabilität)

Als zweites Beispiel ziehen wir die sogenannte Driftzyklotroninstabilität im Bereich

$$\omega \sim \ell\,\Omega_i \sim \omega_i^*, \quad |\omega - \ell\,\Omega_i| \gg k_z v_{ti}, \tag{6.320}$$

$$\omega \gg k_z v_{te}, \quad z_i \gg 1, \quad z_e < 1 \tag{6.321}$$

heran. Die Suszeptibilitäten ($\varepsilon = 1 + \chi_e + \chi_i$) lauten dann approximativ

$$\chi_e \approx -(k_y \lambda_{Di})^{-2} \, (\omega_i^*/\omega) + \left(\omega_{pe}^2 / \Omega_e^2 \right) \, , \tag{6.322}$$

$$\chi_i \approx (k_y \lambda_{Di})^{-2} \left\{ 1 + \frac{\omega - \omega_i^*}{\omega - \ell \Omega_i} I_l(z_i) e^{-z_i} \right\} \, . \tag{6.323}$$

Eine entsprechende Analyse wie bei der Driftinstabilität liefert die Anwachsrate

$$\gamma \approx \frac{\ell^{3/2} \Omega_i}{(2\pi)^{1/4}} \left(\frac{m_e}{m_i} + \frac{\Omega_i}{\omega_{pi}} \right)^{1/2} \left(\frac{\kappa}{\rho_i} \right)^{1/2} \, . \tag{6.324}$$

Bezüglich weiterer Details sei z. B. auf den Handbuchartikel von Mikhailovskii [68] verwiesen. ∎

Welle-Plasma-Wechselwirkung

Inhaltsverzeichnis

Zusammenfassung

Die lineare Approximation, die wir bei der Untersuchung kollektiver Effekte bislang benutzt haben, kann sehr leicht zusammenbrechen. Endliche und nichtkleine Amplituden sind in der Regel bei experimentell erzeugten Wellen unvermeidbar und sogar oft erwünscht. Darüber hinaus können anfänglich durchaus kleine Wellenamplituden als Folge einer Instabilität anwachsen und schnell das lineare Regime verlassen. Verschiedene physikalische Prozesse gewinnen dann an Bedeutung. Offensichtlich ist die Beschreibung mittels einzelner Fourier-Moden i. Allg. nicht mehr angemessen, da Kopplungen (Faltungsintegrale) und nichtlineare Wechselwirkungen auftreten. Außerdem können Teilchen in den ausgeprägten Wellentälern regelrecht eingefangen werden („particle trapping"). Darüber hinaus verändert eine Welle großer Amplitude die wesentlichen Plasmadaten, wie z. B. lokale Teilchendichte, Temperatur usw. All diese Erscheinungen erfordern umfangreiche Analysen. Wir konzentrieren uns in diesem Kapitel auf einige wichtige Effekte bei kohärenten Wellenphänomenen, bei denen die Phaseninformation deterministisch verfolgt wird. Später werden wir bei der Laser-Plasma-Wechselwirkung auf Teile dieses Kapitels zurückgreifen.

© Der/die Autor(en), exklusiv lizenziert an Springer-Verlag GmbH, DE, ein Teil von Springer Nature 2025
K.-H. Spatschek, *Theoretische Plasmaphysik*,
https://doi.org/10.1007/978-3-662-71426-3_7

7.1 Maxwell-Fluid-Modell

In diesem Abschnitt stellen wir grundlegende Ausgangsgleichungen zusammen. Es handelt sich um Modelle, die die Ankopplung eines Plasmas an Wellen beschreiben. Elektromagnetische Wellen werden durch die Maxwell-Gleichungen beschrieben, in denen Ladungsdichten und elektrische Ströme als Quellen auftauchen. Letztere können mit plasmadynamischen Gleichungen erfasst werden. Eine Fluidbeschreibung ignoriert allerdings typische kinetische Effekte wie Landau-Dämpfung und Resonanzen.

Relativistisches Maxwell-Elektronenfluidmodell

Bei der Untersuchung hochfrequenter Plasmaphänomene berücksichtigen wir die Elektronenbewegung, ignorieren jedoch die Ionenbewegung (unbewegliche Ionennäherung).

Aus den Maxwell-Gleichungen in SI-Einheiten erhalten wir für das Vektorpotential $\mathbf{A}$ und das skalare Potential ϕ in der Coulomb-Eichung $\nabla \cdot \mathbf{A} = 0$

$$-\nabla^2 \mathbf{A} + \frac{1}{c^2}\frac{\partial^2 \mathbf{A}}{\partial t^2} = -\frac{1}{c^2}\frac{\partial \nabla\phi}{\partial t} + \mu_0 \mathbf{j} \,, \tag{7.1}$$

wobei wir verwendet haben: $\mathbf{B} = \nabla \times \mathbf{A}$, $\mathbf{E} = -\nabla\phi - \frac{\partial \mathbf{A}}{\partial t}$, $\nabla \times \nabla \times \mathbf{a} = \nabla(\nabla \cdot \mathbf{a}) - \nabla^2\mathbf{a}$, und $\varepsilon_0 \mu_0 = c^{-2}$.

Für unbewegliche Ionen ergibt sich die elektrische Stromdichte

$$\mathbf{j} \approx -e n_e \mathbf{v}_e \,; \tag{7.2}$$

sie folgt aus der Elektronengeschwindigkeit $\mathbf{v}_e$ und der Teilchendichte n_e. Die Wellengleichung ist an die Kontinuitätsgleichung für die Elektronendichte

$$\frac{\partial n_e}{\partial t} + \nabla \cdot (n_e \mathbf{v}_e) = 0 \tag{7.3}$$

und die Elektronenimpulsbilanz

$$\left(\frac{\partial}{\partial t} + \mathbf{v}_e \cdot \nabla\right)\mathbf{p}_e = -e\left[-\nabla\phi - \frac{\partial \mathbf{A}}{\partial t} + \mathbf{v}_e \times (\nabla \times \mathbf{A})\right] \tag{7.4}$$

gekoppelt, welche die nichtlineare Reaktion des Mediums beschreibt. Der Druckterm wurde vernachlässigt. Aufgrund des relativistischen Massenfaktors, bei

$$\mathbf{v}_e = \frac{\mathbf{p}_e}{m_e \, \gamma_e} \,, \tag{7.5}$$

wobei m_e die Ruhemasse des Elektrons und γ_e der relativistische Faktor

$$\gamma_e = \frac{1}{\sqrt{1 - \left(\frac{v_e}{c}\right)^2}} = \sqrt{1 + \left(\frac{\mathbf{p}_e}{m_e\,c}\right)^2} \tag{7.6}$$

ist, enthält die Impulsbilanz nichtlineare Terme.

Durch einige einfache Umformungen lässt sich die Impulsbilanz in folgender Form schreiben:

$$\frac{\partial}{\partial t}\left(\mathbf{p}_e - e\mathbf{A}\right) = e\,\nabla\phi - m_e c^2\,\nabla\gamma_e + \frac{1}{m_e\gamma_e}\mathbf{p}_e \times \left[\nabla \times \left(\mathbf{p}_e - e\mathbf{A}\right)\right], \tag{7.7}$$

wobei wir von der Vektoridentität

$$\mathbf{a} \times (\nabla \times \mathbf{a}) = \frac{1}{2}\nabla a^2 - \mathbf{a} \cdot \nabla\mathbf{a} \tag{7.8}$$

Gebrauch gemacht haben.

Um die Gleichungen zu normieren, verwenden wir eine konstante Dichte n_0 (beispielsweise die konstante Ionendichte, die mit der Elektronendichte nullter Ordnung identisch sein sollte), die Länge $L = c\omega_{pe}^{-1}$ und die Zeit $T = \omega_{pe}^{-1}$, wobei

$$\omega_{pe} \equiv \sqrt{\frac{n_0 e^2}{\varepsilon_0 m_e}} \tag{7.9}$$

die Elektronenplasmafrequenz ist. Das skalare Potential wird in Einheiten von $m_e c^2/e$ gemessen, während das Vektorpotential in Einheiten von $m_e c/e$ gemessen wird. Geschwindigkeiten werden in Einheiten von c gemessen, und Impulse werden mit $m_e c$ normiert. Von nun an lassen wir den Index e für Elektronen weg.

Unter Verwendung der Normierung kann das Maxwell-Elektronenfluidmodell für ein Plasma mit immobilen Ionen in folgender Form geschrieben werden:

$$\boxed{\frac{\partial^2 \mathbf{A}}{\partial t^2} - \nabla^2 \mathbf{A} + \frac{\partial \nabla\phi}{\partial t} = -n\frac{\mathbf{p}}{\gamma}\,,} \tag{7.10}$$

$$\boxed{\nabla^2\phi = n - 1\,,} \tag{7.11}$$

$$\boxed{\frac{\partial n}{\partial t} + \nabla \cdot \left(n\frac{\mathbf{p}}{\gamma}\right) = 0\,,} \tag{7.12}$$

$$\frac{\partial}{\partial t}(\mathbf{p} - \mathbf{A}) - \frac{\mathbf{p}}{\gamma} \times \nabla \times (\mathbf{p} - \mathbf{A}) = \nabla(\phi - \gamma) \, , \tag{7.13}$$

wo $\gamma = \sqrt{1 + \mathbf{p}^2}$ der relativistische Faktor ist. Wir verwenden die Coulomb-Eichung $\nabla \cdot \mathbf{A} = 0$.

Relativistisches Maxwell-Zwei-Flüssigkeiten-Modell

Es ist ziemlich einfach, das Maxwell-Elektronenfluidmodell auf ein Zwei-Komponenten-Plasma mit mobilen Ionen zu verallgemeinern. Für viele Anwendungen können wir annehmen, dass das Plasma kalt ist (mit „verschwindenden" Ionen- und Elektronentemperaturen). Im Folgenden berücksichtigen wir jedoch einfache skalare Druckterme (bei endlichen Temperaturen) für eine spätere Verwendung in Stabilitätsüberlegungen. Die verwendeten Formen der Temperatur- (und Druck-)Terme gelten nur in schwach relativistischen ($A \ll 1$) Niedertemperaturbereichen ($T_e \ll 1$, was $k_B T_e \ll m_e c^2$ bedeutet). Außerdem ist die isotherme Zustandsgleichung (mit konstanten Temperaturen) nur geeignet, wenn die Phasengeschwindigkeiten der Phänomene kleiner als die thermischen Geschwindigkeiten sind. Andernfalls kann eine adiabatische Näherung angemessen sein. Dimensionslose Größen werden in derselben Form wie zuvor verwendet, wobei die Spezies nun durch α gekennzeichnet werden, und $\varepsilon = m_e/m_i$ als kleiner Parameter eingeführt wird. In der Coulomb-Eichung können die Maxwell-Gleichungen für die Vektor- und Skalarpotentiale $\mathbf{A}$ und ϕ, sowie die hydrodynamischen Gleichungen (Teilchen- und Impulsbilanz) für die Dichten n_α und den kanonischen Impuls P_α der Elektronen und Ionen, jeweils in dimensionsloser Form geschrieben werden als

$$\nabla^2 \mathbf{A} - \frac{\partial^2 \mathbf{A}}{\partial t^2} - \frac{\partial \nabla \phi}{\partial t} = n_e \mathbf{v}_e - n_i \mathbf{v}_i \, , \tag{7.14}$$

$$\nabla^2 \phi = n_e - n_i \, , \tag{7.15}$$

$$\frac{\partial n_\alpha}{\partial t} + \nabla \cdot (n_\alpha \mathbf{v}_\alpha) = 0 \, , \tag{7.16}$$

$$\frac{\partial \mathbf{P}_e}{\partial t} - \mathbf{v}_e \times \nabla \times \mathbf{P}_e = \nabla(\phi - \gamma_e) - T_e \nabla \ln n_e \, , \tag{7.17}$$

$$\frac{\partial \mathbf{P}_i}{\partial t} - \mathbf{v}_i \times \nabla \times \mathbf{P}_i = \nabla(-\phi - \gamma_i/\varepsilon) - T_i \nabla \ln n_i \, , \tag{7.18}$$

wo $\mathbf{P}_\alpha$ und γ_α mit dem kinetischen Impuls $\mathbf{p}_\alpha$ durch $\mathbf{P}_e = \mathbf{p}_e - \mathbf{A}$, $\mathbf{P}_i = \mathbf{p}_i + \mathbf{A}$, $\gamma_e = \sqrt{1 + \mathbf{p}_e^2}$, $\gamma_i = \sqrt{1 + \varepsilon^2 \mathbf{p}_i^2}$ verbunden sind, wobei $\mathbf{v}_e = \mathbf{p}_e/\gamma_e$ und $\mathbf{v}_i = \varepsilon \mathbf{p}_i/\gamma_i$ die (dimensionslosen) Fluidgeschwindigkeiten sind. Der Faktor $\varepsilon = m_e/m_i$ erscheint aufgrund der Normierung $\mathbf{p}_e/m_ec \to \mathbf{p}_e$ und $\mathbf{p}_i/m_ec \to \mathbf{p}_i$. Wie bereits erwähnt, werden wir die Druckterme (indem wir $T_e = T_i = 0$ setzen) in den meisten Anwendungen vernachlässigen.

Eindimensionale Propagation in x-Richtung

Wir schreiben nun die grundlegenden Gleichungen für unbewegliche Ionen unter der Annahme, dass die Welle in x-Richtung propagiert, sodass alle Variablen nur von einer Raumkoordinate abhängen, d. h.

$$\mathbf{A} = \mathbf{A}(x, t) , \quad n = n(x, t) , \quad \phi = \phi(x, t) . \tag{7.19}$$

Es gilt im Folgenden $p \equiv p_x$. In der Coulomb-Eichung wird die rein transversale Natur der Wellen ($A_x = 0$, $\mathbf{A} = \mathbf{A}_\perp$) offensichtlich. Die dimensionslose Form der Wellengleichung (7.10) für $\mathbf{A}_\perp$ wird nun

$$\frac{\partial^2}{\partial x^2}\mathbf{A}_\perp - \frac{\partial^2}{\partial t^2}\mathbf{A}_\perp = n\,\frac{\mathbf{p}_\perp}{\gamma} . \tag{7.20}$$

Der longitudinale Anteil der Wellengleichung vereinfacht sich zu

$$\frac{\partial^2\phi}{\partial t\,\partial x} + n\frac{p}{\gamma} = 0 . \tag{7.21}$$

Die senkrechte Komponente der Impulsbilanz der Elektronen

$$\frac{\partial}{\partial t}\,(\mathbf{p}_\perp - \mathbf{A}_\perp) + \left(\frac{p}{\gamma}\right)\frac{\partial\,(\mathbf{p}_\perp - \mathbf{A}_\perp)}{\partial x} = 0 \tag{7.22}$$

besitzt die spezielle Lösung

$$\boxed{\mathbf{p}_\perp = \mathbf{A}_\perp} . \tag{7.23}$$

Unter der Voraussetzung, dass die Anfangswerte entsprechend gewählt werden, vereinfacht die letzte Beziehung die longitudinale Elektronenimpulsbilanz

$$\frac{\partial p}{\partial t} = \mathbf{p}_\perp \cdot \frac{\partial\,(\mathbf{p}_\perp - \mathbf{A}_\perp)}{\partial x} + \frac{\partial\,(\phi - \gamma)}{\partial x} = \frac{\partial\,(\phi - \gamma)}{\partial x} . \tag{7.24}$$

Dies führt zum grundlegenden Gleichungssystem für die eindimensionale vollständig relativistische Wellenfortpflanzung in einem Plasma mit unbeweglichen Ionen:

$$\frac{\partial^2}{\partial x^2}\mathbf{A}_\perp - \frac{\partial^2}{\partial t^2}\mathbf{A}_\perp = n\,\frac{\mathbf{A}_\perp}{\gamma}\,, \tag{7.25}$$

$$\frac{\partial^2\phi}{\partial t\,\partial x} + n\frac{p}{\gamma} = 0\,, \tag{7.26}$$

$$\frac{\partial^2\phi}{\partial x^2} = n - 1\,, \tag{7.27}$$

$$\frac{\partial n}{\partial t} + \frac{\partial}{\partial x}\left(\frac{np}{\gamma}\right) = 0\,, \tag{7.28}$$

$$\frac{\partial p}{\partial t} = \frac{\partial(\phi - \gamma)}{\partial x}\,. \tag{7.29}$$

Die Gl. (7.27) und (7.28) führen zu

$$\frac{\partial}{\partial x}\left[\frac{\partial^2\phi}{\partial t\,\partial x} + n\frac{p}{\gamma}\right] = 0\,. \tag{7.30}$$

Prinzipiell erhalten wir durch Integration von (7.30) eine willkürliche Konstante auf der rechten Seite. Allerdings sollte die Konstante angesichts von (7.26) null sein.

Unter der Annahme von *linear polarisierten* Wellen ($\mathbf{A}_\perp = A\hat{y}$), mit $E = -\partial\phi/\partial x$, sowie unter Vernachlässigung der Ionenreaktion und der Annahme $T_e = T_i = 0$ stimmen diese Gleichungen mit dem Modell [69] überein.

$$\boxed{\frac{\partial E}{\partial t} = \frac{n_e p_e}{\gamma_e}\,, \qquad\qquad \frac{\partial E_y}{\partial t} + \frac{\partial B_z}{\partial x} = \frac{n_e A}{\gamma_e}\,,} \tag{7.31}$$

$$\boxed{\frac{\partial B_z}{\partial t} + \frac{\partial E_y}{\partial x} = 0\,, \qquad\qquad \frac{\partial A}{\partial t} = -E_y\,,} \tag{7.32}$$

$$\boxed{\frac{\partial n_e}{\partial t} = -\frac{\partial}{\partial x}\left(\frac{n_e p_e}{\gamma_e}\right)\,, \qquad \frac{\partial p_e}{\partial t} = -E - \frac{\partial\gamma_e}{\partial x}\,,} \tag{7.33}$$

$$\boxed{\gamma = \sqrt{1 + p_e^2 + A^2}\,.} \tag{7.34}$$

Neben der Diskussion des Zusammenspiels zwischen rückwärts- und vorwärtsgerichteter Raman-Streuung, der Modulation breiter Lichtpulse, der „Downkaskadierung" im Frequenzspektrum, der Photonenkondensation und der Aufspaltung des ursprünglichen Laserstrahls eignet sich dieses Modell auch zur Untersuchung von langsamen 1D-Solitonen auf der Elektronenzeitskala.

Das eindimensionale relativistische Maxwell-Zwei-Flüssigkeiten-Modell kann auf ähnliche Weise behandelt werden wie das zuvor besprochene Maxwell-Elektronen-Flüssigkeiten-Modell. Wir kürzen $\hat{x} \cdot \mathbf{p}_\alpha \equiv p_\alpha$ ab. Für einen Laserpuls, der im Vakuum startet, erhalten wir $\mathbf{P}_{\perp\alpha} = 0$. Das Gleichungssystem

$$\frac{\partial^2 \mathbf{A}_\perp}{\partial x^2} - \frac{\partial^2 \mathbf{A}_\perp}{\partial t^2} = n_e \frac{\mathbf{A}_\perp}{\gamma_e} + \varepsilon n_i \frac{\mathbf{A}_\perp}{\gamma_i} , \tag{7.35}$$

$$\frac{\partial^2 \phi}{\partial t \partial x} + \frac{n_e p_e}{\gamma_e} - \varepsilon \frac{n_i p_i}{\gamma_i} = 0 , \tag{7.36}$$

$$\frac{\partial^2 \phi}{\partial x^2} = n_e - n_i , \tag{7.37}$$

$$\frac{\partial n_e}{\partial t} + \frac{\partial}{\partial x}\left(\frac{n_e p_e}{\gamma_e}\right) = 0 , \tag{7.38}$$

$$\frac{\partial n_i}{\partial t} + \varepsilon \frac{\partial}{\partial x}\left(\frac{n_i p_i}{\gamma_i}\right) = 0 , \tag{7.39}$$

$$\frac{\partial p_e}{\partial t} = \frac{\partial(\phi - \gamma_e)}{\partial x} - T_e \frac{\partial \ln n_e}{\partial x} , \tag{7.40}$$

$$\frac{\partial p_i}{\partial t} = \frac{\partial(-\phi - \gamma_i/\varepsilon)}{\partial x} - T_i \frac{\partial \ln n_i}{\partial x} \tag{7.41}$$

bildet ein geschlossenes System, das das vorherige Eine-Flüssigkeit-Modell generalisiert. Ob wir eine isotherme Zustandsgleichung (wie hier angenommen) verwenden können, hängt von der Phasengeschwindigkeit im Verhältnis zur thermischen Geschwindigkeit ab.

Der schwach relativistische Grenzfall

Es ist nicht immer angemessen (natürlich ist es im Vakuum sogar unmöglich), die inverse Plasmafrequenz als Zeiteinheit zu verwenden. Es ist sinnvoll, die inverse Laserfrequenz ω_0^{-1} als neue Zeiteinheit zu nutzen. Formal können wir sie über eine Dichte, die sogenannte kritische Dichte n_c, folgendermaßen definieren:

$$\omega_0 \equiv \sqrt{\frac{n_c e^2}{\varepsilon_0 m_e}} . \tag{7.42}$$

Im Folgenden werden wir die inverse Laserfrequenz zur Zeitnormierung und $c\omega_0^{-1}$ zur Längennormierung verwenden. Mit diesen neuen Einheiten ändern sich die Maxwell-Flüssigkeitsgleichungen (7.10)–(7.13) in voller 3D-Raumdimension zu

$$\frac{\partial^2 \mathbf{A}}{\partial t^2} - \nabla^2 \mathbf{A} + \frac{\partial \nabla\phi}{\partial t} = -\frac{n_0}{n_c}n\frac{\mathbf{p}}{\gamma} \,, \tag{7.43}$$

$$\nabla^2\phi = -\frac{n_0}{n_c}(1-n) \,, \tag{7.44}$$

$$\frac{\partial n}{\partial t} + \nabla \cdot (n\frac{\mathbf{p}}{\gamma}) = 0 \,, \tag{7.45}$$

$$\frac{\partial}{\partial t}(\mathbf{p} - \mathbf{A}) - \frac{\mathbf{p}}{\gamma} \times \nabla \times (\mathbf{p} - \mathbf{A}) = \nabla(\phi - \gamma) \,, \tag{7.46}$$

wobei wir auf den Index e bei der Elektronendichte verzichten und den relativistischen Faktor $\gamma = \sqrt{1 + \mathbf{p}^2}$ verwendet haben. Wie zuvor haben wir die Coulomb-Eichbedingung $\nabla \cdot \mathbf{A} = 0$ angewendet. Das Vektorpotential $\mathbf{A}$ wird in der Einheit $e/m_e c$ gemessen, während wir für das dimensionslose elektrostatische Potential ϕ die Einheit $e/m_e c^2$ verwenden. Die Einheit der Dichte ist n_0. Prinzipiell kann diese beliebig sein, aber in Anwesenheit von Plasma wählen wir die Ionenhintergrunddichte, die im Allgemeinen von der kritischen Dichte n_c abweicht. Für die Ausbreitung des Lasers in einem unterdichten Plasma gilt $n_0/n_c < 1$. Der Impuls $\mathbf{p} \equiv \mathbf{p}_e$ wird in $m_e c$ gemessen, wobei m_e, e und c die Elektronenmasse, die Elementarladung und die Lichtgeschwindigkeit sind. Manchmal verwenden wir für den Laplace-Operator ∇^2 auch die Notation Δ.

Wir betonen noch einmal, dass im Vergleich zum vorherigen Abschnitt die Zeiteinheit von ω_{pe}^{-1} zu ω_0^{-1} geändert wurde. Dies hat den Vorteil, den Vergleich mit dem Vakuumfall $n_0 = 0$ zu erleichtern.

Die Impulsbilanz (7.46) kann weiter vereinfacht werden, indem man eine Anfangseichbedingung wählt (die natürlich die Allgemeingültigkeit nicht einschränken sollte).

Beispiel 7.1 (Aufspaltung mit Projektionsoperatoren)
Wir definieren die Projektionsoperatoren Π_c und Π_g, sodass ein beliebiges Vektorfeld $\mathbf{u}$ in $\mathbf{u} = \mathbf{v} + \mathbf{w}$ zerlegt wird, mit den folgenden Eigenschaften:

$$\Pi_c \mathbf{u} = \mathbf{v} \equiv \mathbf{u}_c \quad \nabla \times \mathbf{v} = 0 \,, \quad \text{aber allgemein} \quad \nabla \cdot \mathbf{v} \neq 0 \,, \tag{7.47}$$

$$\Pi_g \mathbf{u} = \mathbf{w} \equiv \mathbf{u}_g \,, \quad \nabla \cdot \mathbf{w} = 0 \,, \quad \text{aber allgemein} \quad \nabla \times \mathbf{w} \neq 0 \,, \tag{7.48}$$

wobei

$$\boxed{\Pi_c + \Pi_g = 1}\ . \tag{7.49}$$

Offensichtlich ist $\mathbf{v}$ ein Gradientenfeld, und $\mathbf{w}$ ist ein Rotationsfeld. Die Operatoren können wie folgt dargestellt werden:

$$\Pi_c = \nabla \Delta^{-1} \nabla \cdot \tag{7.50}$$

$$\Pi_g = 1 - \nabla \Delta^{-1} \nabla \cdot\ . \tag{7.51}$$

Die Anwendung der Projektionsoperatoren auf die Impulsbilanz (7.46) ermöglicht es, die Gleichung in einen divergenzfreien und einen wirbelfreien Teil zu zerlegen. Die Gleichung

$$\frac{\partial}{\partial t}(\mathbf{p}_g - \mathbf{A}) - \Pi_g \left[\frac{\mathbf{p}}{\gamma} \times \{\nabla \times (\mathbf{p}_g - \mathbf{A})\} \right] = 0 \tag{7.52}$$

beschreibt den konvektiven Transport des divergenzfreien Teils des kanonischen Impulses $\mathbf{P}_{\text{can}} = \mathbf{p} - \mathbf{A}$. Dies impliziert, dass bei der Anfangsbedingung $\mathbf{p}_g = \mathbf{A}$ der kanonische Impuls für alle Zeiten wirbelfrei bleibt, d. h.

$$\mathbf{P}_{\text{can}} = \mathbf{p}_g + \mathbf{p}_c - \mathbf{A} = \mathbf{p}_c\ . \tag{7.53}$$

Die Anfangsbedingung vereinfacht den wirbelfreien Teil,

$$\frac{\partial}{\partial t}\mathbf{p}_c = \nabla(\phi - \gamma)\ . \tag{7.54}$$

Da $\nabla \times \mathbf{p}_c = 0$ ist, kann $\mathbf{p}_c$ mit einem Clebsch-Potential geschrieben werden: $\mathbf{p}_c = \nabla \psi$. Die Integration von (7.54) führt dann zu

$$\frac{\partial \psi}{\partial t} = \phi - \gamma + 1\ . \tag{7.55}$$

Die Anwendung der Zerlegung mit Π_g und Π_c auf die Wellengleichung (7.43) für $\mathbf{A}$ ergibt unter der Bedingung $\mathbf{p}_g = \mathbf{A}$ für den divergenzfreien Teil

$$\frac{\partial^2 \mathbf{A}}{\partial t^2} - \nabla^2 \mathbf{A} = -\frac{n_0}{n_c}(1 - \nabla \Delta^{-1} \nabla \cdot) \left\{ \frac{n}{\gamma}(\mathbf{A} + \nabla \psi) \right\} \tag{7.56}$$

und für den wirbelfreien Teil

$$\frac{\partial}{\partial t}\nabla \phi = -\frac{n_0}{n_c}\nabla \Delta^{-1} \nabla \cdot \left\{ \frac{n}{\gamma}(\mathbf{A} + \nabla \psi) \right\}\ . \tag{7.57}$$

Vereinfachungen der Vektoroperationen auf der rechten Seite führen zu

$$\frac{\partial^2 \mathbf{A}}{\partial t^2} - \nabla^2 \mathbf{A} = -\frac{n_0}{n_c}\left[\frac{n}{\gamma}\mathbf{A} - \Delta^{-1}\left\{\nabla\left(\mathbf{A}\cdot\nabla\frac{n}{\gamma}\right) + \nabla\times\left[\left(\nabla\frac{n}{\gamma}\right)\times(\nabla\psi)\right]\right\}\right],$$

$$(7.58)$$

$$\frac{\partial \nabla\phi}{\partial t} = -\frac{n_0}{n_c}\left[\frac{n}{\gamma}\nabla\psi + \Delta^{-1}\left\{\nabla\left(\mathbf{A}\cdot\nabla\frac{n}{\gamma}\right) + \nabla\times\left[\left(\nabla\frac{n}{\gamma}\right)\times(\nabla\psi)\right]\right\}\right]. \quad (7.59)$$

Die Gleichungen für $\mathbf{A}$ und ϕ sind gekoppelt an n und ψ. Die Evolution von Letzterem wird durch (7.55) in der Form gegeben durch

$$\frac{\partial \psi}{\partial t} = \phi - \gamma + 1 = \phi - \sqrt{1 + [\mathbf{A} + \nabla\psi]^2} + 1. \quad (7.60)$$

Die Dichte n kann aus der Poisson-Gleichung (7.44) gewonnen werden,

$$n = 1 + \left(\frac{n_0}{n_c}\right)^{-1}\nabla^2\phi. \quad (7.61)$$

Im Folgenden werden wir die Maxwell-Flüssigkeitsgleichungen in der gerade präsentierten, reformulierten Weise verwenden, um einfachere Modelle abzuleiten. ∎

Betrachten wir den schwach relativistischen Grenzfall. Für kleine Amplituden skalieren wir die Variablen. Führen wir zunächst verschiedene Kleinheitsparameter ein. Wir skalieren die senkrechte Variation [mit Bezug auf die parallelen Änderungen in der Ausbreitungsrichtung x (Skalierungsparameter α)] und führen die Kleinheitsparameter ε, μ, β, ρ und δ für die Amplituden der physikalischen Variablen ein (beachte, dass ε ein allgemeiner Kleinheitsparameter ist und nicht mehr auf m_e/m_i festgelegt ist):

$$\mathbf{A}(\mathbf{r}, t) = \varepsilon\{\mathbf{A}_\perp(x, \alpha\mathbf{r}_\perp, t) + \mu\,\mathbf{e}_x\, A_\parallel(x, \alpha\mathbf{r}_\perp, t)\}, \quad (7.62)$$

$$n(\mathbf{r}, t) = 1 + \beta n_e^1(x, \alpha\mathbf{r}_\perp, t), \quad (7.63)$$

$$\phi(\mathbf{r}, t) = \rho\,\phi^1(x, \alpha\mathbf{r}_\perp, t), \quad (7.64)$$

$$\psi(\mathbf{r}, t) = \delta\,\psi^1(x, \alpha\mathbf{r}_\perp, t), \quad (7.65)$$

$$\gamma(\mathbf{r}, t) = \sqrt{1 + \left(\varepsilon\mathbf{A}_\perp + \varepsilon\mu\,\mathbf{e}_x\, A_\parallel + \delta\nabla\psi^1\right)^2}. \quad (7.66)$$

Die verschiedenen Kleinheitsparameter sind nicht völlig unabhängig voneinander:

$$\mu \sim \alpha \sim \varepsilon \ll 1 \quad \text{und} \quad \delta \sim \rho \sim \beta \sim \varepsilon^2 \ll 1. \quad (7.67)$$

Beispiel 7.2 (Relation zwischen Kleinheitsparametern)
Die Relationen werden wie folgt gerechtfertigt. Wegen der Coulomb-Eichung gilt

$$\nabla\cdot\mathbf{A} = \varepsilon\{\alpha\,\nabla_\perp\cdot\mathbf{A}_\perp + \mu\,\partial_x A_\parallel\} = 0 \quad \Rightarrow \quad \mu \sim \alpha, \quad (7.68)$$

außer wenn $A_\parallel \equiv 0$. Die Laplace-Gleichung (7.44) für ϕ führt zu

$$\rho\,\nabla^2\phi^1 = \frac{n_0}{n_c}(n-1) = \frac{n_0}{n_c}\,\beta\,n_e^1 \;\Rightarrow\; \rho \sim \beta\,. \tag{7.69}$$

Die reduzierte Impulsbilanz (7.55) ergibt

$$\delta\,\partial_t\psi^1 = \rho\,\phi^1 - (\gamma-1) = \rho\,\phi^1 + \mathcal{O}(\varepsilon^2) + \cdots \;\Rightarrow\; \delta \sim \rho \sim \varepsilon^2\,. \tag{7.70}$$

Eine Kombination der Poisson-Gleichung (7.69) mit der Kontinuitätsgleichung (7.45) führt zu

$$\rho\,\nabla\cdot\frac{\partial}{\partial t}\nabla\phi^1 = \frac{n_0}{n_c}\beta\,\frac{\partial}{\partial t}n_e^1 = -\frac{n_0}{n_c}\delta\,\nabla^2\psi^1 + \cdots \;\Rightarrow\; \rho \sim \delta\,, \tag{7.71}$$

was mit $\delta \sim \rho \sim \beta \sim \varepsilon^2$ konsistent ist. Die Skalierung ist dann auch kompatibel mit der Wellengleichung für $\mathbf{A}$, d.h.

$$\varepsilon\left\{\frac{\partial^2}{\partial t^2}\mathbf{A} - \frac{\partial^2}{\partial x^2}\mathbf{A} - \alpha^2\Delta_\perp\mathbf{A}\right\} = -\varepsilon\left\{\frac{n_0}{n_c}(1+\beta\,n_e^1)\left[1-\frac{\varepsilon^2}{2}\mathbf{A}^2\right]\mathbf{A}\right\} + \dots\,. \tag{7.72}$$

$\blacksquare$

Basierend auf den gerade präsentierten Argumenten für eine konsistente Skalierung führen wir nun einen Kleinheitsparameter ε ein und skalieren die physikalischen Größen wie folgt:

$$\boxed{\mathbf{A}(\mathbf{r},t) = \varepsilon\left\{\mathbf{A}_\perp(x,\varepsilon\mathbf{r}_\perp,t) + \varepsilon\,\mathbf{e}_x\,A_\parallel(x,\varepsilon\mathbf{r}_\perp,t)\right\}\,,} \tag{7.73}$$

$$\boxed{n(\mathbf{r},t) = 1 + \varepsilon^2\delta n(x,\varepsilon\mathbf{r}_\perp,t)\,,} \tag{7.74}$$

$$\boxed{\phi(\mathbf{r},t) = \varepsilon^2\,\delta\phi(x,\varepsilon\mathbf{r}_\perp,t)\,,} \tag{7.75}$$

$$\boxed{\psi(\mathbf{r},t) = \varepsilon^2\,\delta\psi(x,\varepsilon\mathbf{r}_\perp,t)\,,} \tag{7.76}$$

$$\boxed{\gamma(\mathbf{r},t) = \sqrt{1 + \left(\varepsilon\mathbf{A}_\perp + \varepsilon^2\,\mathbf{e}_x\,A_\parallel + \varepsilon^2\nabla\delta\psi\right)^2} \approx 1 + \frac{\varepsilon^2}{2}\mathbf{A}_\perp^2 + \mathcal{O}(\varepsilon^3)\,.} \tag{7.77}$$

Wegen

$$\nabla\frac{n}{\gamma} = \varepsilon^2\left(\nabla\delta n - n_e^0\nabla\frac{\mathbf{A}_\perp^2}{2}\right) + \mathcal{O}(\varepsilon^3) \tag{7.78}$$

und

$$\mathbf{A}\cdot\nabla = \varepsilon^2\mathbf{A}_\perp\cdot\nabla_\perp + \varepsilon^2 A_\parallel\,\partial_x \tag{7.79}$$

folgt

$$\nabla\left(\mathbf{A}\cdot\nabla\frac{n}{\gamma}\right) = \mathcal{O}(\varepsilon^4) \tag{7.80}$$

und

$$\nabla \times \left[\left(\nabla \frac{n}{\gamma} \right) \times (\nabla \psi) \right] = \mathcal{O}(\varepsilon^5) \, . \tag{7.81}$$

Der inverse Laplace-Operator ändert nicht die Ordnung der dominierenden Terme, da

$$\Delta^{-1} \hat{=} \mathcal{F}^{-1} \frac{1}{k_\parallel^2 + \varepsilon^2 k_\perp^2} \approx \mathcal{F}^{-1} \frac{1}{k_\parallel^2} \left(1 - \varepsilon^2 \frac{k_\perp^2}{k_\parallel^2} \right) \hat{=} \left(\frac{\partial^2}{\partial x^2} \right)^{-1} + \mathcal{O}(\varepsilon^2) \, , \tag{7.82}$$

wobei $\mathcal{F}^{-1}$ die inverse Fourier-Transformation ist.

Um konsistente Gleichungen zu erhalten, schließen wir alle Terme bis zur Ordnung ε^3 ein und vernachlässigen Terme der Ordnung ε^4 und höher.

Aus der Kontinuitätsgleichung (7.45) erhalten wir mit $\mathbf{p} = \mathbf{A} + \nabla \psi$ nach kurzer Berechnung

$$\varepsilon^2 \frac{\partial^2 \delta n}{\partial t^2} \approx -\varepsilon^2 \frac{\partial}{\partial t} \nabla^2 \delta \psi + \mathcal{O}(\varepsilon^4) \, . \tag{7.83}$$

Andererseits erhalten wir durch Anwendung des Laplace-Operators auf (7.55) in Verbindung mit der Poisson-Gleichung (7.61)

$$\varepsilon^2 \frac{\partial}{\partial t} \nabla^2 \delta \psi = \frac{n_0}{n_c} \varepsilon^2 \delta n - \frac{\varepsilon^2}{2} \nabla^2 \mathbf{A}_\perp^2 + \mathcal{O}(\varepsilon^4) \, . \tag{7.84}$$

Durch Kombination ergibt sich in niedrigster Ordnung

$$\frac{\partial^2 \delta n}{\partial t^2} + \frac{n_0}{n_c} \delta n \approx \frac{1}{2} \nabla^2 \mathbf{A}_\perp^2 \, . \tag{7.85}$$

Zusammen mit der (senkrechten Komponente der) Wellengleichung

$$\frac{\partial^2 \mathbf{A}_\perp}{\partial t^2} - \nabla^2 \mathbf{A}_\perp \approx -\frac{n_0}{n_c} \left\{ 1 - \frac{1}{2} \mathbf{A}_\perp^2 + \delta n \right\} \mathbf{A}_\perp \tag{7.86}$$

erhalten wir ein geschlossenes System von zwei Gleichungen. Anstelle einer Reihenentwicklung können wir den vollen γ-Faktor beibehalten, wobei wir am Ende die gültige Genauigkeit der Ergebnisse im Auge behalten. Bei der Anfangsbedingung $A_\parallel = 0$ wird die parallele Komponente während der zeitlichen Entwicklung annähernd null bleiben.

Einige Erklärungen sind notwendig, um (7.86) vollständig zu verstehen. Aufgrund der Dispersionsrelation nullter Ordnung finden wir bis zur niedrigsten Ordnung

$$\frac{\partial^2 \mathbf{A}_\perp}{\partial t^2} - \frac{\partial^2 \mathbf{A}_\perp}{\partial x^2} + \frac{n_0}{n_c} \mathbf{A}_\perp = \varepsilon \, 0 + \mathcal{O}(\varepsilon^3) \, , \tag{7.87}$$

was zeigt, dass das System tatsächlich in der beabsichtigten Ordnung korrekt geschlossen ist.

Das schwach relativistische Modell für eine *linear* polarisierte elektromagnetische Welle mit $\mathbf{A} \approx \mathbf{A}_\perp = a\hat{\mathbf{e}}_z$ ist

$$\frac{\partial^2 a}{\partial t^2} = \nabla^2 a - \frac{n_0}{n_c}\frac{(1+\delta n)}{\gamma}\, a \,, \tag{7.88}$$

$$\frac{\partial^2 \delta n}{\partial t^2} = -\frac{n_0}{n_c}\delta n + \nabla^2 \gamma \,, \tag{7.89}$$

wobei γ der relativistische Faktor ist,

$$\gamma \approx 1 + \frac{1}{2}a^2 \quad \text{und} \quad \gamma^{-1} \approx 1 - \frac{1}{2}a^2 \,. \tag{7.90}$$

Die Konsistenz des Modells erfordert die Verwendung der letztgenannten approximativen Ausdrücke und ein konsistentes Abschneiden bei den Ordnungen ε^3 und ε^2.

Für die zirkulare Polarisation ist es möglich, für das komplexwertige skalare Feld a zu schreiben

$$a(\mathbf{r}, t) = A_y(\mathbf{r}, t) + i A_z(\mathbf{r}, t) \quad \text{mit} \quad \mathbf{A}^2 = |a|^2 \,. \tag{7.91}$$

Dann folgt

$$\frac{\partial^2 a}{\partial t^2} = \nabla^2 a - \frac{n_0}{n_c}\frac{(1+\delta n)}{\gamma}\, a \,, \tag{7.92}$$

$$\frac{\partial^2 \delta n}{\partial t^2} = -\frac{n_0}{n_c}\delta n + \nabla^2 \gamma \tag{7.93}$$

wobei der relativistische Faktor die Form hat

$$\gamma \approx 1 + \frac{1}{2}|a|^2 \quad \text{und} \quad \gamma^{-1} \approx 1 - \frac{1}{2}|a|^2 \,. \tag{7.94}$$

Beachte den Unterschied im relativistischen Faktor im Vergleich zum Modell für lineare Polarisation.

Zusammenfassend bewirken die räumlichen Variationen des γ-Faktors Dichtemodulationen und treiben Plasmaoszillationen an. Die Ionenbewegung wird für eine schnelle Ausbreitung vernachlässigt. Der Parameter n_0/n_c (Ionenhintergrunddichte zur kritischen Dichte) sollte kleiner als 1 sein für die Wellenausbreitung in einem unterdichten Medium und größer als $1/4$, um Raman-Instabilität zu vermeiden. Beachte, dass im Vakuum $n_0 \equiv 0$ ist und daher $\delta n \equiv n_0\delta n \equiv 0$.

Schwach relativistisches 1D-Maxwell-Zwei-Flüssigkeiten-Modell

Betrachten wir kurz Gl. (7.87) erneut. Für ein physikalisches Verständnis rekapitulieren wir die wichtigsten Schritte ihrer Herleitung. Man beginnt mit der Wellengleichung in Coulomb-Eichung

$$\nabla^2 \mathbf{A}_\perp - \mu_0 \varepsilon_0 \frac{\partial^2 \mathbf{A}_\perp}{\partial t^2} = -\mu_0 \mathbf{j}_\perp \tag{7.95}$$

und den Näherungen

$$\mathbf{j}_\perp \approx -en_e \mathbf{v}_{e\perp} = -\frac{en_e}{m_e \gamma} \mathbf{p}_{e\perp} \approx -\frac{e^2 n_e}{m_e \gamma} \mathbf{A}_\perp \, , \tag{7.96}$$

wobei die letzte Beziehung aus

$$\frac{d\mathbf{p}_{e\perp}}{dt} \approx e \frac{\partial \mathbf{A}_\perp}{\partial t} \leftrightarrow \mathbf{p}_{e\perp} \approx e\mathbf{A}_\perp \tag{7.97}$$

folgt. Da $\gamma \equiv \gamma_e \approx \sqrt{1 + e^2 \mathbf{A}_\perp^2}$, führt die Entwicklung des γ-Faktors zu der zuvor hergeleiteten Form (7.87). Nun führen wir

$$\mathbf{A}_\perp \approx \frac{1}{e} \mathbf{p}_{e\perp} \approx \frac{m_e}{e} \mathbf{v}_{e\perp} \left(1 + \frac{1}{2c^2} \mathbf{v}_{e\perp}^2 \right) \tag{7.98}$$

und $\mathbf{v}_\perp \equiv \mathbf{v}_{e\perp}$ ein, um in 1D zu erhalten

$$c^2 \frac{\partial^2 \mathbf{v}_\perp}{\partial x^2} - \frac{\partial^2 \mathbf{v}_\perp}{\partial t^2} - \omega_{pe}^2 \mathbf{v}_\perp \approx -\frac{1}{2} \frac{\partial^2 \mathbf{v}_\perp^3}{\partial x^2} + \frac{1}{2c^2} \frac{\partial^2 \mathbf{v}_\perp^3}{\partial t^2} + \frac{\omega_{pe}^2}{n_0} \delta n_e \, \mathbf{v}_\perp \, , \tag{7.99}$$

wobei $\mathbf{v}_\perp^3 = (\mathbf{v}_\perp \cdot \mathbf{v}_\perp) \mathbf{v}_\perp$. Diese Form wurde erstmals von Gorbunov und Kirsanov [70] hergeleitet.

Die andere Gl. (7.85) beschreibt die *hochfrequente* Elektronenantwort. Erinnern wir uns, dass wir sie ausschließlich aus der Elektronendynamik mit unbeweglichen Ionen abgeleitet haben. Eine vereinfachte Herleitung für den eindimensionalen Fall beginnt mit der Kontinuitätsgleichung der Elektronen

$$\frac{\partial n_e}{\partial t} + \frac{\partial}{\partial x} \left(\frac{n_e p_{ex}}{m_e \gamma} \right) = 0 \tag{7.100}$$

und der Impulsbilanz in x-Richtung

$$\frac{\partial p_{ex}}{\partial t} + v_{ex} \frac{\partial}{\partial x} p_{ex} = -eE_x - e \left[\mathbf{v}_e \times \mathbf{B} \right]_x \, . \tag{7.101}$$

Mit der genäherten Lösung $\mathbf{p}_{e\perp} \approx e\mathbf{A}_{e\perp}$ wird der letzte Term auf der rechten Seite

$$- e \left[\mathbf{v}_e \times \mathbf{B} \right]_x \approx - \mathbf{v}_{e\perp} \cdot \frac{\partial}{\partial x} \mathbf{p}_{e\perp} \, . \tag{7.102}$$

Insgesamt erhalten wir

$$\frac{\partial p_{ex}}{\partial t} \approx - e E_x - m_e c^2 \frac{\partial \gamma}{\partial x} \, . \tag{7.103}$$

Kombinieren wir mit der Ableitung von (7.100), so ergibt sich im schwach relativistischen Fall

$$\boxed{\frac{\partial^2 \delta n_e}{\partial t^2} + \frac{\omega_{pe}^2}{\gamma} \delta n_e \approx \frac{n_0 c^2}{\gamma} \frac{\partial^2 \gamma}{\partial x^2}} \, . \tag{7.104}$$

Wenn man in der gleichen Weise wie zuvor besprochen vorgeht, folgt unmittelbar (7.85).

Die Frage bleibt, wann eine niederfrequente Ionenantwort einbezogen werden sollte. Klar ist, dass bei der Transformation vom Laborsystem mit x, t in ein bewegtes Bezugssystem mit $\tau = t$, $\xi = x - V t$ die partielle Zeitableitung bei konstantem ξ zu $\partial / \partial \tau$ wird, und die Zeitableitung im Laborsystem $\partial / \partial t$ (bei konstantem x) sich wie folgt transformiert:

$$\frac{\partial}{\partial t} \rightarrow \frac{\partial}{\partial \tau} - V \frac{\partial}{\partial \xi} \, . \tag{7.105}$$

Zum Beispiel, wenn wir stehende Wellen oder Pulse in einem bewegten Bezugssystem betrachten, kann für

$$\left| V \frac{\partial}{\partial \xi} \right| \sim \frac{V}{L} \gg \omega_{pi} \tag{7.106}$$

die Reaktion der Ionen vernachlässigt werden. Diese Bedingung ist für schnell bewegte und ausreichend schmale Pulse (charakteristische Länge L) erfüllt. Ist die Bedingung nicht erfüllt, so spielt die Ionendynamik für $\tau > \omega_{pi}^{-1}$ eine Rolle.

Die niederfrequente Ionenantwort (z. B. nichtrelativistisch) ergibt sich aus

$$\frac{\partial n_i}{\partial t} + \nabla \cdot (n_i \mathbf{v}_i) = 0 \, , \tag{7.107}$$

$$\frac{\partial \mathbf{v}_i}{\partial t} + \mathbf{v}_i \cdot \nabla \mathbf{v}_i = - \frac{e}{m_i} \nabla \phi - \frac{T_i}{m_i} \nabla \ln n_i \, , \tag{7.108}$$

wenn wir den Ionendruckterm mit einer isothermen Zustandsgleichung einbeziehen (siehe unten). Für geringe Ionentemperaturen (wobei $T_i \approx 0$ gesetzt wird) und kleine Ionengeschwindigkeiten (aufgrund der großen Ionenmasse) erhalten wir

$$\frac{\partial^2 n_i}{\partial t^2} + \nabla \cdot \frac{\partial}{\partial t}(n_i \mathbf{v}_i) \approx \frac{\partial^2 n_i}{\partial t^2} + \nabla \cdot \left\{ \mathbf{v}_i \nabla \cdot (n_i \mathbf{v}_i) - n_i \mathbf{v}_i \cdot \nabla \mathbf{v}_i - \frac{e}{m_i} n_i \nabla \phi \right\} \quad (7.109)$$

$$\approx \frac{\partial^2 n_i}{\partial t^2} - \frac{e}{m_i} n_0 \nabla^2 \phi \approx 0 \;.$$

Für niederfrequente Phänomene kann der Trägheitsterm der Elektronen in der Impulsbilanz der Elektronen vernachlässigt werden,

$$\frac{\partial}{\partial t}\mathbf{p}_e + \underbrace{m_e c^2 \nabla \tilde{\gamma} - \mathbf{v}_e \times \nabla \times \mathbf{p}_e}_{\mathbf{v}_e \cdot \nabla \mathbf{p}_e} \approx e\nabla\phi + e\frac{\partial \mathbf{A}}{\partial t} - e\mathbf{v}_e \times \nabla \times \mathbf{A} - T_e \nabla \ln n_e \;. \quad (7.110)$$

Mit $\mathbf{p}_e \approx e\mathbf{A}_\perp$ finden wir

$$m_e c^2 \nabla \tilde{\gamma} \approx e\nabla\phi - T_e \nabla \ln n_e \;, \quad (7.111)$$

wobei $\tilde{\gamma} = \sqrt{1 + \mathbf{a}^2}$ und $\mathbf{a} = e\mathbf{A}_\perp / m_e c$ sind. Die Quasineutralität $n_e \approx n_i$ sollte für niederfrequente Reaktionen gelten, sodass eine Kombination von (7.111) mit (7.109) zu

$$\boxed{\frac{\partial^2 \delta n}{\partial t^2} - c_s^2 \nabla^2 \delta n \approx \frac{m_e}{m_i} c^2 \frac{n_0}{2} \nabla^2 \mathbf{a}^2 \Big|_{\mathrm{lf}}} \quad (7.112)$$

führt, mit der Ionenschallgeschwindigkeit $c_s = \sqrt{T_e/m_i}$. Wir haben durch den Index „lf" angegeben, dass die Ionen nur auf den niederfrequenten (lf) Teil der Kräfte reagieren.

Beispiel 7.3 (Adiabatische Änderungen)

Untersucht man Phasengeschwindigkeiten, die größer sind als die thermische Elektronengeschwindigkeit, sollte anstelle des kinetischen Elektronendrucks P_e das adiabatische Gesetz $P_e \sim n_e^\gamma$ verwendet werden. Dabei ist zu beachten, dass γ hier der adiabatische Exponent ist und nicht mit dem relativistischen γ-Faktor verwechselt werden darf. Das bedeutet, wir sollten in (7.110) ersetzen

$$\underbrace{-T_e \nabla \ln n_e}_{\text{isotherm}} \longrightarrow \underbrace{-\gamma n_e^{\gamma-2} \frac{P_{e0}}{n_0^\gamma} \nabla n_e}_{\text{adiabatisch}} \;. \quad (7.113)$$

Dann erhalten wir anstelle von (7.111)

$$m_e c^2 \nabla \tilde{\gamma} \approx e\nabla\phi - \gamma T_0 \frac{1}{n_0} \nabla n_e \;, \quad (7.114)$$

mit dem Ergebnis

$$\boxed{\frac{\partial^2 \delta n}{\partial t^2} - c_s^2 \gamma \nabla^2 \delta n \approx \frac{m_e}{m_i} c^2 \frac{n_0}{2} \nabla^2 \mathbf{a}^2 \Big|_{\mathrm{lf}}} \quad (7.115)$$

für $|V/L| \le \omega_{pi}$. ■

Beide Gl. (7.112) sowie (7.115) haben zur Folge, dass auf der langsamen Zeitskala bereits schwach relativistische Laseramplituden

$$|\mathbf{a}| \sim \frac{v_{the}}{c} \tag{7.116}$$

Dichtelöcher erzeugen können, die einen bestimmten Raumbereich leeren. Nähern wir an mit $c \approx 3 \times 10^{10}$ cm/s und $v_{the} \approx 4{,}19 \times 10^7 \sqrt{T_e[\mathrm{eV}]}$ cm/s, so erkennen wir, dass Temperaturen der Größenordnung von 50 keV erforderlich sind, um eine vollständige Evakuierung bei $|\mathbf{a}| \approx 0{,}3$ zu vermeiden.

Wenn wir $-\omega_{pe}A \rightarrow E$ ersetzen und die isotherme Zustandsgleichung verwenden, wird sich Gl. (7.112) in

$$\frac{\partial^2 \delta n}{\partial t^2} - c_s^2 \nabla^2 \delta n \approx \varepsilon_0 \frac{\nabla^2 E^2}{2m_i} \tag{7.117}$$

ändern. Diese Gleichung wurde erstmals von Zakharov in einem Modell eingeführt, das unter dem Namen Zakharov-Gleichungen [71–75] bekannt ist.

Abschließend bemerken wir, dass die Gleichung, die die nichtlineare Dichtereaktion innerhalb einer Zwei-Feld-Beschreibung erfasst, je nach betrachteter Physik unterschiedliche Formen annehmen kann.

Nichtrelativistischer Grenzfall

Die in der vorhergehenden Untersektion gewählte Formulierung könnte uns glauben lassen, dass es keinen Einfluss auf die Dichte gibt, wenn relativistische Effekte fehlen ($\gamma \equiv 1$). Wir sollten jedoch vorsichtig sein, wenn wir den Übergang $\gamma \rightarrow 1$ durchführen. Das korrekte Vorgehen ist beispielsweise für die lineare Polarisation

$$\frac{\partial^2 a}{\partial t^2} = \nabla^2 a - \frac{n_0}{n_c}\frac{(1+\delta n)}{\gamma} a \;\rightarrow\; \nabla^2 a - \frac{n_0}{n_c}(1+\delta n)\, a \;, \tag{7.118}$$

$$\frac{\partial^2 \delta n}{\partial t^2} = -\frac{n_0}{n_c}\delta n + \nabla^2 \gamma \,\hat{=}\, -\frac{n_0}{n_c}\delta n + \frac{1}{2}\nabla \cdot \frac{\nabla a^2}{\gamma} \;\rightarrow\; -\frac{n_0}{n_c}\delta n + \frac{1}{2}\nabla^2 a^2 \;. \tag{7.119}$$

In der letzten Gleichung haben wir zunächst gezeigt, dass innerhalb der gegenwärtigen Skalierung der Effekt der elektromagnetischen Welle auf die Dichtestörung von der *relativistischen ponderomotorischen Kraft* ($\sim -\frac{1}{2\gamma}\nabla a^2$) ausgeht, die korrekt auf ihre bekannte nichtrelativistische Form reduziert wird. In diesem Sinne deutet der mathematisch korrekte Term $\nabla^2 \gamma$ (bis zur Ordnung a^2) auf einen etwas irreführenden Ursprung hin.

Ein-Feld-Modelle

> Die gekoppelten, schwach relativistischen Gleichungen erlauben manchmal eine weitere Reduktion auf Ein-Feld-Modelle. Im Fall der zirkularen Polarisation (7.92) und (7.93) ist der treibende Term in der Dichtegleichung niederfrequent, und man könnte das System auf eine Standardform der kubischen nichtlinearen Schrödinger-Gleichung reduzieren. Die Situation ist anders für die lineare Polarisation (7.88) und (7.89), bei der sowohl niederfrequente Reaktionen als auch höhere Harmonische auftreten.

Zirkulare Polarisation

Für niederfrequente Reaktionen müssen die gekoppelten schwach relativistischen Gl. (7.92) und (7.93) für zirkular polarisierte Wellen durch die Ionendichtedynamik ergänzt werden, sofern die Pulsdauer länger ist als ω_{pi}^{-1}. Andererseits kann bei kurzen Pulsen die rein elektronische Antwort verwendet werden.

Für die nahezu stationäre elektronische Antwort erhalten wir (unter Verwendung von ω_{pe}^{-1} zur Zeitnormierung)

$$\frac{\partial^2 a}{\partial t^2} = \frac{\partial^2 a}{\partial x^2} - \left(1 + \delta n - \frac{1}{2}|a|^2\right) a \,, \quad \delta n \approx \frac{1}{2}\frac{\partial^2 |a|^2}{\partial x^2} \,. \tag{7.120}$$

Das liefert in 1D das Ein-Feld-Modell

$$\boxed{\frac{\partial^2 a}{\partial t^2} - \frac{\partial^2 a}{\partial x^2} + a = \frac{1}{2}\left(\frac{\partial^2 |a|^2}{\partial x^2} - |a|^2\right) a} \,, \tag{7.121}$$

welches für $V/L \gg \omega_{pi}$ anwendbar ist.

Lineare Polarisation

Bei linearer Polarisation starten wir von (7.88)

$$\frac{\partial^2 a}{\partial t^2} - \frac{\partial^2 a}{\partial x^2} = -\left(1 + \delta n + \frac{1}{2}a^2\right) a \tag{7.122}$$

und (7.89) in der Form

$$\frac{\partial^2 \delta n}{\partial t^2} = -\delta n + \frac{1}{2}\frac{\partial^2 a^2}{\partial x^2} \tag{7.123}$$

mit ω_{pe}^{-1} zur Zeitnormierung. Das bedeutet, dass wir kurze Pulse mit $|V/L| \gg \omega_{pi}$ annehmen, sodass wir die Ionendynamik vernachlässigen können. Für die Dichte müssen wir eine Gleichung für einen getriebenen linearen Oszillator lösen. Das allgemeine Vorgehen wird im Abschnitt zur Erzeugung von Kielfeldern besprochen. Hier präsentieren wir einen weniger allgemeinen Ansatz.

Betrachten wir die Modifikation der ersten Harmonischen einer linearen transversalen Mode, indem wir schreiben

$$a \equiv a^{(0)} = \frac{1}{2}\left[A(x,t)e^{-i\omega_\perp^{(0)}t} + A^*(x,t)e^{+i\omega_\perp^{(0)}t}\right] . \tag{7.124}$$

Für die getriebene Dichteantwort machen wir den Ansatz

$$\delta n = N_0 + \frac{1}{2}\left(N_2 e^{-2i\omega_\perp^{(0)}t} + N_2^* e^{2i\omega_\perp^{(0)}t}\right) . \tag{7.125}$$

Die Frequenz der transversalen Mode wird mit $\omega_\perp^{(0)}$ bezeichnet; auf diese Definition werden wir später zurückkommen.

Indem wir (7.125) und (7.124) in (7.123) einsetzen, führt eine kurze Berechnung zu

$$N_0 = \frac{1}{4}\frac{\partial^2 |A|^2}{\partial x^2} , \quad N_2 = -\frac{1}{16\omega_\perp^{(0)\,2} - 4}\frac{\partial^2 A^2}{\partial x^2} . \tag{7.126}$$

Wir setzen (7.124) und (7.125) zusammen mit (7.126) in (7.122) ein, um nach einigen Berechnungen für den Koeffizienten, der proportional zu $\exp[-i\omega_\perp^{(0)}t]$ ist, zu erhalten

$$\boxed{\begin{aligned}&\frac{1}{2}\frac{\partial^2 A}{\partial t^2} - i\omega_\perp^{(0)}\frac{\partial A}{\partial t} + \frac{1}{2}(1-\omega_\perp^{(0)\,2})A - \frac{1}{2}\frac{\partial^2 A}{\partial x^2} + \frac{1}{8}\frac{\partial^2 |A|^2}{\partial x^2}A \\ &- \frac{1}{64\omega_\perp^{(0)\,2} - 16}\frac{\partial^2 A^2}{\partial x^2}A^* - \frac{3}{16}|A|^2 A = 0 . \end{aligned}} \tag{7.127}$$

Grundsätzlich sollte, da eine niederfrequente Dichteantwort auftritt, auch die Ionendynamik einbezogen werden. Bei kurzen Pulsen mit einer Pulsdauer, die kürzer ist als die Inverse der Ionenschwingungsfrequenzen, können die Ionen jedoch als unbeweglich betrachtet werden.

7.2 Relativistische parametrische Instabilitäten

Nichtlineare Effekte verhindern im Allgemeinen vollständige analytische Lösungen der Maxwell-Fluidsysteme. Daher muss meist eine genaue Stabilitätsanalyse relativistischer Wellenmodelle numerisch durchgeführt werden. Es sei denn, man linearisiert um eine einfache stationäre Lösung. Letztere sind z. B. konstante Wellen, oft auch Pumpwellen genannt. Man kann die gefundenen Instabilitäten als Verallgemeinerungen bekannter nichtrelativistischer Instabilitäten für ebene Wellenlösungen betrachten. Natürlich erzeugen relativistische Effekte auch neue Arten von Instabilitäten, wie die relativistische Modulationsinstabilität. Wellen in Plasmen sind die Quelle vieler Arten von Instabilitäten [24, 76, 77]. Es treten elektrostatische Zerfalls- und Modulationsinstabilitäten auf. Wenn elektromagnetische Moden hauptsächlich beteiligt sind, entwickeln sich die Zwei-Plasmonen-Zerfallsinstabilität sowie die Raman- und Brillouin-Streuinstabilitäten. Kinetische Grenzen, bei denen Quasimoden beteiligt sind, werden als Compton-Streuung bezeichnet. Aus der Vielzahl von Instabilitäten besprechen wir im Folgenden die Raman- und Brillouin-Instabilitäten.

Stimulierte Raman- und Brillouin-Streuung im klassischen Regime

Die Physik der Raman-Instabilität ist relativ leicht verständlich [24]. Wenn sich eine Lichtwelle in einem Plasma ausbreitet, kann sie in Ausbreitungsrichtung Dichtewellen erzeugen. Die oszillierenden Elektronen verursachen einen transversalen Strom, der eine gestreute Lichtwelle erzeugen kann, sofern die Wellenzahlen und -frequenzen richtig abgestimmt sind. Die gestreute Lichtwelle interferiert mit der einfallenden Lichtwelle und erzeugt einen ponderomotorischen Druck, der hauptsächlich auf die Elektronen wirkt und die erzeugten Dichtewellen beeinflusst. Durch diese Rückkopplungsschleife kann eine Instabilität entstehen.

Wir beginnen mit der Wellengleichung für das Vektorpotential $\mathbf{A}$ im Coulomb-Eichung $\nabla \cdot \mathbf{A} = 0$:

$$\boxed{\left(\frac{1}{c^2}\frac{\partial^2}{\partial t^2} - \nabla^2\right)\mathbf{A} = \mu_0\mathbf{j} - \mu_0\varepsilon_0\frac{\partial}{\partial t}\nabla\phi}\,. \tag{7.128}$$

Wir teilen die Stromdichte in der Wellengleichung in einen transversalen Teil $\mathbf{j}_\perp$ (assoziiert mit der Lichtwelle) und einen longitudinalen Teil $\mathbf{j}_\parallel$ auf. Der longitudinale Teil entsteht durch die Raumladungs-(Elektronendichte-)Oszillationen. Die Kontinuitätsgleichung für die Raumladung und die Poisson-Gleichung führen zu

$$\nabla \cdot \left(\frac{\partial}{\partial t}\nabla\phi - \frac{1}{\varepsilon_0}\mathbf{j}\right) \approx \nabla \cdot \left(\frac{\partial}{\partial t}\nabla\phi - \frac{1}{\varepsilon_0}\mathbf{j}_\parallel\right) = 0\,, \tag{7.129}$$

da in niedrigster Ordnung $\nabla \cdot \mathbf{j}_\perp = 0$. Gl. (7.128) reduziert sich dann auf

$$\left(\frac{1}{c^2}\frac{\partial^2}{\partial t^2} - \nabla^2\right)\mathbf{A} = \mu_0\mathbf{j}_\perp \approx -\mu_0 e n_e \mathbf{v}_{e\perp} \approx -\frac{e^2}{c^2\varepsilon_0 m_e}n_e\mathbf{A}\,, \tag{7.130}$$

wobei, wie in früheren Modellen, der nichtrelativistische Elektronenimpuls durch $\mathbf{p}_{e\perp} = m_e\mathbf{v}_{e\perp} \approx e\mathbf{A}\hat{=}e\mathbf{A}_\perp$ ersetzt wurde. Wir können diese Gleichung für die gestreute elektromagnetische Welle verwenden, nachdem wir $n_e = n_0 + \delta n$ und $\mathbf{A} = \mathbf{A}_0 + \delta\mathbf{A}$ eingesetzt haben, um in niedrigster Ordnung für $\delta\mathbf{A}$ zu erhalten:

$$\left(\frac{\partial^2}{\partial t^2} - c^2\nabla^2 + \omega_{pe}^2\right)\delta\mathbf{A} = -\frac{e^2}{\varepsilon_0 m_e}\delta n\mathbf{A}_0 \ . \tag{7.131}$$

Die Dichteantwort ergibt sich aus den Erhaltungsgesetzen für die Elektronendichte und den Impuls,

$$\frac{\partial n_e}{\partial t} + \nabla \cdot (n_e \mathbf{v}_e) = 0 \ , \tag{7.132}$$

$$\frac{\partial \mathbf{v}_e}{\partial t} + \mathbf{v}_e \cdot \nabla\mathbf{v}_e = -\frac{e}{m_e}(\mathbf{E} + \mathbf{v}_e \times \mathbf{B}) - \frac{1}{n_e m_e}\nabla p_e \ , \tag{7.133}$$

zusammen mit der adiabatischen Zustandsgleichung (für einen Freiheitsgrad) $p_e \sim n_e^3$.

Wenn wir $\mathbf{v}_e = \mathbf{v}_{e\parallel} + e\mathbf{A}/m_e$ setzen, führt die parallele Komponente von (7.133) zu

$$\frac{\partial \mathbf{v}_{e\parallel}}{\partial t} = \frac{e}{m_e}\nabla\phi - \frac{1}{2}\nabla\left(\mathbf{v}_{e\parallel} + \frac{e\mathbf{A}}{m_e}\right)^2 - \frac{1}{n_e m_e}\nabla p_e \ . \tag{7.134}$$

Durch die Identifizierung von $\mathbf{v}_{e\parallel} \equiv \delta\mathbf{v}$ und $\phi = \delta\phi$ erhalten wir für die Fluktuationen in niedrigster Ordnung

$$\frac{\partial\delta n}{\partial t} + n_0\nabla \cdot \delta\mathbf{v} = 0 \ , \tag{7.135}$$

$$\frac{\partial\delta\mathbf{v}}{\partial t} = \frac{e}{m_e}\nabla\delta\phi - \frac{e^2}{m_e^2}\nabla(\mathbf{A}_0 \cdot \delta\mathbf{A}) - \frac{3v_{the}^2}{n_0}\nabla\delta n \ . \tag{7.136}$$

Diese Gleichungen können kombiniert werden zu:

$$\left(\frac{\partial^2}{\partial t^2} + \omega_{pe}^2 - 3v_{the}^2\nabla^2\right)\delta n = \frac{n_0 e^2}{m_e^2}\nabla^2(\mathbf{A}_0 \cdot \delta\mathbf{A}) \ . \tag{7.137}$$

Die Gl. (7.131) und (7.137) sind die gekoppelten Gleichungen für die elektrostatischen (Langmuir-) und elektromagnetischen (gestreuten) Wellen. Für die Dispersionrelation der Raman-Instabilität setzen wir $\mathbf{A}_0 = \mathbf{A}_0\cos(\mathbf{k}_0 \cdot \mathbf{r} - \omega_0 t)$ [beachte die Änderung der Notation] und führen eine Fourier-Transformation durch,

$$\left(\omega^2 - c^2 k^2 - \omega_{pe}^2\right)\delta\mathbf{A}(\mathbf{k}, \omega) = \frac{e^2}{2\varepsilon_0 m_e}\mathbf{A}_0\left[\delta n(\mathbf{k} - \mathbf{k}_0, \omega - \omega_0) + \delta n(\mathbf{k} + \mathbf{k}_0, \omega + \omega_0)\right] \ , \tag{7.138}$$

$$\left(\omega^2 - \omega_k^2\right)\delta n(\mathbf{k}, \omega) = \frac{k^2 e^2 n_0}{2m_e^2}\mathbf{A}_0\left[\delta\mathbf{A}(\mathbf{k} - \mathbf{k}_0, \omega - \omega_0) + \delta\mathbf{A}(\mathbf{k} + \mathbf{k}_0, \omega + \omega_0)\right] \ , \tag{7.139}$$

mit $\omega_k = \sqrt{\omega_{pe}^2 + 3k^2 v_{te}^2}$. Wir berücksichtigen die Moden $\mathbf{k}, \omega$ mit $\Re\omega \approx \omega_{pe}$ (Plasmawelle) und die Seitenbänder $\mathbf{k} - \mathbf{k}_0, \omega - \omega_0$ und $\mathbf{k} + \mathbf{k}_0, \omega + \omega_0$ Unter der Annahme, dass die

Harmonischen $\mathbf{k} \pm 2\mathbf{k}_0$, $\omega \pm 2\omega_0$ nichtresonant sind, können wir $\delta\mathbf{A}$ in (7.139) leicht eliminieren, indem wir (7.138) verwenden, um für nichttriviale Lösungen ein Polynom sechster Ordnung in ω zu erhalten:

$$\omega^2 - \omega_k^2 = \frac{\omega_{pe}^2 k^2 v_0^2}{4}\left[\frac{1}{D_-} + \frac{1}{D_+}\right] . \tag{7.140}$$

Hierbei ist $v_0 = eE_0/m_e\omega_0 = eA_0/m_e$, $D_\pm = \omega_\pm^2 - k_\pm^2 c^2 - \omega_{pe}^2$, $\omega_\pm^2 = (\omega \pm \omega_0)^2$ und $k_\pm^2 = (\mathbf{k} \pm \mathbf{k}_0)^2$.

Die Streuung kann in alle Richtungen erfolgen. Für Rück- oder Seitwärtsstreuung vernachlässigen wir die nichtresonante, in der Frequenz aufwärts verschobene Lichtwelle als nichtresonant und machen den Ansatz $\omega = \omega_k + \delta\omega$ mit $\delta\omega \ll \omega_k$. Das maximale Wachstum tritt auf, wenn die gestreute Lichtwelle ebenfalls resonant ist ($D_- \approx 0$). Dann maximiert sich die Wachstumsrate $\gamma = -i\delta\omega$ bei der Rückstreuung (die das größte Wachstum aufweist) zu

$$\gamma = \frac{kv_0}{4}\sqrt{\frac{\omega_{pe}^2}{\omega_k(\omega_0 - \omega_k)}} \quad \text{bei} \quad k = k_0 + \frac{\omega_0}{c}\sqrt{1 - \frac{2\omega_{pe}}{\omega_0}} . \tag{7.141}$$

Es ist offensichtlich, dass $n \leq n_{\text{krit}}$ (viertelkritische Dichte) notwendig ist, damit die Rückstreuung bei Raman-Instabilität auftritt.

Weitere Details, insbesondere zur Vorwärts-Raman- und zur angeregten Compton-Streuung, finden sich in der spezialisierten Literatur [24, 76, 78, 79].

Die angeregte Raman-Streuung beschreibt die Streuung an einer hochfrequenten Elektronenplasmaoszillation (Langmuir-Welle).
Für die Brillouin-Instabilität ist die Dichtefluktuation δn eine niederfrequente Oszillation, die mit einer ionenakustischen Welle assoziiert ist.

Für die (mehr oder weniger unmittelbare) Elektronenreaktion können wir auch bei Brillouin-Streuung (7.136) verwenden, jedoch mit einer isothermen anstelle der adiabatischen Zustandsgleichung. Darüber hinaus ist die Elektronenträgheit vernachlässigbar, sodass

$$0 \approx \frac{e}{m_e}\nabla\delta\phi - \frac{e^2}{m_e^2}\nabla(\mathbf{A}_0 \cdot \delta\mathbf{A}) - \frac{v_{the}^2}{n_0}\nabla\delta n . \tag{7.142}$$

Das skalare Potential überträgt die ponderomotorische Kraft auf die Ionen. In den Ionengleichungen vernachlässigen wir zur Vereinfachung die Ionentemperatur; damit folgt

$$\frac{\partial n_i}{\partial t} + \nabla \cdot (n_i \mathbf{v}_i) = 0 \, , \tag{7.143}$$

$$\frac{\partial \mathbf{v}_i}{\partial t} + \mathbf{v}_i \cdot \nabla \mathbf{v}_i \approx -\frac{Ze}{m_i} \nabla \phi \, . \tag{7.144}$$

In niedrigster Ordnung finden wir für die Dichtestörung der Ionen

$$\frac{\partial \delta n_i}{\partial t} + n_0 \nabla \cdot \delta \mathbf{v}_i = 0 \, , \tag{7.145}$$

$$\frac{\partial \delta \mathbf{v}_i}{\partial t} = -\frac{Ze}{m_i} \nabla \delta \phi \, . \tag{7.146}$$

Daraus ergibt sich

$$\frac{\partial^2 \delta n_i}{\partial t^2} - \frac{n_0 Ze}{m_i} \nabla^2 \delta \phi = 0 \, . \tag{7.147}$$

Für quasineutrale Störungen gilt $Z\delta n_i \approx \delta n_e \equiv \delta n$, sodass wir $\delta \phi$ aus (7.142) eliminieren können, um schließlich zu erhalten:

$$\left(\frac{\partial^2}{\partial t^2} - c_s^2 \nabla^2 \right) \delta n = \frac{n_0 Ze^2}{m_e m_i} \nabla^2 (\mathbf{A}_0 \cdot \delta \mathbf{A}) \, , \tag{7.148}$$

wobei $c_s = \sqrt{ZT_e/m_i}$ die Ionenschallgeschwindigkeit ist. Die Gleichung für δn ist mit der Wellengleichung (7.131) gekoppelt,

$$\boxed{\left(\frac{\partial^2}{\partial t^2} - c^2 \nabla^2 + \omega_{pe}^2 \right) \delta \mathbf{A} = -\frac{e^2}{\varepsilon_0 m_e} \delta n \mathbf{A}_0} \, . \tag{7.149}$$

Die weitere Analyse ähnelt der für die Raman-Streuung. Wir erhalten nun die Dispersionrelation

$$\boxed{\omega^2 - k^2 c_s^2 = \frac{\omega_{pi}^2 k^2 v_0^2}{4} \left[\frac{1}{D_-} + \frac{1}{D_+} \right]} \, , \tag{7.150}$$

wobei $\omega_{pi} = \sqrt{Zn_0 e^2/\varepsilon_0 m_i}$ ist.

Fährt man wie zuvor fort, gelangt man zu dem Instabilitätsergebnis für die Rückstreuung

$$\boxed{\gamma = \frac{1}{2\sqrt{2}} \frac{k_0 v_0 \omega_{pi}}{\sqrt{\omega_0 k_0 c_s}} \quad \text{at} \quad k = 2k_0 - \frac{2\omega_0}{c} \frac{c_s}{c}} \, . \tag{7.151}$$

Zusammenfassend kann die allgemeine Form der Dispersionrelation, die das gesamte Spektrum der elektromagnetischen Anregungen (elektrostatische sowie elektromagnetische) berücksichtigt, in die Form gebracht werden [78]

$$1 + \chi_e(\mathbf{k}, \omega) + \chi_i(\mathbf{k}, \omega) \tag{7.152}$$

$$= -\chi_e(\mathbf{k}, \omega)[1 + \chi_i(\mathbf{k}, \omega)] \frac{k^2}{4} \left\{ \frac{|\mathbf{k}_+ \times \mathbf{v}_0|^2}{k_+^2 D_+} + \frac{|\mathbf{k}_- \times \mathbf{v}_0|^2}{k_-^2 D_-} - \frac{|\mathbf{k}_+ \cdot \mathbf{v}_0|^2}{k_+^2 \omega_+^2 \varepsilon_+} - \frac{|\mathbf{k}_- \cdot \mathbf{v}_0|^2}{k_-^2 \omega_-^2 \varepsilon_-} \right\} .$$

Hierbei gilt $\mathbf{v}_0 = e\mathbf{A}_0/m_e = e\mathbf{E}_0/m_e\omega_0$, χ_j bezeichnet die elektrischen Suszeptibilitäten in den jeweiligen Frequenzbereichen, und $\varepsilon_\pm = 1 + \chi_\pm$ ist die hochfrequente relative Permittivität. Im Fall der Raman-Streuung nehmen wir beispielsweise:

$$\chi_i(\mathbf{k}, \omega) \approx 0 \,, \quad \chi_e(\mathbf{k}, \omega) \approx -\frac{\omega_{pe}^2}{\omega^2} + \cdots \text{(thermal effects)} \,, \quad \varepsilon_\pm = 1 - \frac{\omega_{pe}^2}{\omega^2} \,. \tag{7.153}$$

Andererseits gilt für die Brillouin-Streuung

$$\chi_i(\mathbf{k}, \omega) \approx -\frac{\omega_{pi}^2}{\omega^2} \,, \quad \chi_e(\mathbf{k}, \omega) \approx \frac{1}{k^2 \lambda_{De}^2} \,, \quad 1 + \chi_e + \chi_i \approx \chi_e + \chi_i \,, \quad 1 + \chi_i \approx \chi_i \,, \tag{7.154}$$

und $\varepsilon_\pm$ ist wie zuvor. Die allgemeinere Formulierung (7.152) hat den Vorteil, dass Dämpfungseffekte leicht integriert werden können, um Schwellenwerte für die Streuinstabilitäten zu bestimmen [76].

Streuinstabilitäten im relativistischen Regime

Style3 Im schwach relativistischen Regime sollten wir die Ruhemasse durch die relativistische Masse ersetzen, die den relativistischen Faktor γ enthält. Abgesehen von dieser – eher trivialen – Substitution tritt in der Wellengleichung ein zusätzlicher Term auf, der aus einer Ableitung des γ-Faktors resultiert. Im Fall zirkularer Polarisation im schwach relativistischen Regime (solange sich die Ionen nichtrelativistisch verhalten), ist es einfach, die nichtrelativistischen Ergebnisse zu verallgemeinern. Wir sollten die hochfrequente Wellengleichung (7.131) durch

$$\left(\frac{\partial^2}{\partial t^2} - c^2 \nabla^2 + \omega_{pe}^2 \right) \delta\mathbf{A} = -\frac{e^2}{\varepsilon_0 m_e} \delta n \mathbf{A}_0 + \frac{e^2 n_0}{\varepsilon_0 m_e} \mathbf{A}_0 \frac{e^2}{m_e^2 c^2} (\mathbf{A}_0 \cdot \delta\mathbf{A}) \tag{7.155}$$

ersetzen. Der zweite Term auf der rechten Seite stammt von der Variation der relativistischen Masse. Die Reaktionen des Plasmas können durch die relativistischen Flüssigkeitsgleichungen (unter Verwendung des Impulses $\mathbf{p}_e$ anstelle der Geschwindigkeit $\mathbf{v}_e$) verfolgt werden, um ähnliche Ergebnisse wie im nichtrelativistischen Fall zu erhalten (natürlich wird am Ende die Ruhemasse durch die relativistische Masse ersetzt).

Im Fall der Raman-Streuung kann man die Referenzen [80–82] zu Rate ziehen, wo folgende Dispersionsrelation erhalten wurde:

$$\omega^2 - \frac{\omega_{pe}^2}{\gamma_e} = \frac{\omega_{pe}^2 k^2 v_0^2}{4\gamma_e^3} \underbrace{\left(\frac{k^2 c^2 - \omega^2 + \frac{\omega_{pe}^2}{\gamma_e}}{k^2 c^2} \right)}_{\approx 1 \ \text{for} \ c \to \infty} \left[\frac{1}{\tilde{D}_-} + \frac{1}{\tilde{D}_+} \right] , \qquad (7.156)$$

mit m_e als der Ruhemasse des Elektrons, $v_0 = eE_0/m_e\omega_0 = eA_0/m_e$, $\tilde{D}_\pm = \omega_\pm^2 - k_\pm^2 c^2 - \frac{\omega_{pe}^2}{\gamma_e}$, $\omega_\pm^2 = (\omega \pm \omega_0)^2$, $k_\pm^2 = (\mathbf{k} \pm \mathbf{k}_0)^2$ und $\gamma_e = \sqrt{1 + \frac{v_0^2}{2c^2}}$. Thermische Effekte wurden vernachlässigt.

Man beachte, dass sich diese Dispersionsrelation auf (7.140) reduziert, d.h.

$$\omega^2 - \omega_k^2 = \frac{\omega_{pe}^2 k^2 v_0^2}{4} \left[\frac{1}{D_-} + \frac{1}{D_+} \right] , \qquad (7.157)$$

wenn $\gamma_e \to 1$ und der nichtrelativistische Grenzfall für $c \to \infty$ angenommen wird. Die zeitliche Abhängigkeit des relativistischen Faktors ist nur bei zirkularer Polarisation „einfach". Daher sind die dargestellten Dispersionsrelationen nur für zirkulare Polarisation gültig. Andernfalls sollte man den relativistischen Faktor z.B. für kleine Amplituden entwickeln und passend in das Fourier-Matching einfügen. Die Amplitudenabhängigkeit der Dispersionsrelation im relativistischen Regime führt zu interessanten Schlussfolgerungen über die Möglichkeit realistischer Wellenfortpflanzung [82]. Die Schlussfolgerungen helfen, die numerisch erhaltenen Wachstumsraten zu interpretieren.

Das Schema für relativistische Effekte auf die Raman-Streuung kann (für zirkulare Polarisation) auf die Brillouin-Streuung übertragen werden. Dabei muss die relativistische Elektronenmasse in die Dispersionsrelation eingesetzt werden (solange die Ionen nichtrelativistisch behandelt werden können). Für die Brillouin-Streuung im (schwach) relativistischen Regime erhält man somit

$$\omega^2 - k^2 c_s^2 = \frac{\omega_{pi}^2 k^2 v_0^2}{4\gamma_e^2} \underbrace{\left(\frac{k^2 c^2 - \frac{m_i}{\gamma_e m_e}(\omega^2 - k^2 c_s^2)}{k^2 c^2} \right)}_{\approx 1 \ \text{for} \ c \to \infty} \left[\frac{1}{\tilde{D}_-} + \frac{1}{\tilde{D}_+} \right] , \qquad (7.158)$$

wobei $\omega_{pi} = \sqrt{Z n_0 e^2 / \varepsilon_0 m_i}$ und $c_s = \sqrt{T_e/m_i}$ ist. Die übrigen Bezeichnungen sind dieselben wie im Fall der Raman-Streuung, insbesondere sind m_e und m_i die Ruhemasse von Elektron bzw. Ion. Im nichtrelativistischen Grenzfall $\gamma_e \to 1$ und $c \to \infty$ reduziert sich diese Dispersionsrelation auf (7.150), d.h.

$$\omega^2 - k^2 c_s^2 = \frac{\omega_{pi}^2 k^2 v_0^2}{4} \left[\frac{1}{D_-} + \frac{1}{D_+} \right] . \qquad (7.159)$$

7.3   Drei-Wellen-Wechselwirkung

In diesem Abschnitt verallgemeinern wir die Sichtweise der parametrischen Instabilitäten, indem wir eine Rückwirkung der instabilen Moden auf die Pumpwelle zulassen. Auch gehen wir von den ebenen Wellen ab und betrachten Pulse endlicher Breite. Das führt uns zu einem Drei-Wellen-Wechselwirkungsmodell, das in der Optik und Plasmaphysik vielfältige Anwendungen findet.

Raman-Streuung mit Pumpwellenabschwächung

Wir beginnen mit einem Raman-Modell der Drei-Wellen-Wechselwirkung. Die hochfrequente Pumpe überträgt Energie auf einen niederfrequenteren Puls und eine Langmuir-Welle. Das folgende Drei-Wellen-Modell ist gut bekannt [24]:

$$\left(\frac{\partial^2}{\partial t^2} - c^2 \nabla^2 + \omega_{pe}^2\right) \mathbf{A}_0 = -\omega_{pe}^2 \frac{n}{n_0} \mathbf{A}_1, \tag{7.160}$$

$$\left(\frac{\partial^2}{\partial t^2} - c^2 \nabla^2 + \omega_{pe}^2\right) \mathbf{A}_1 = -\omega_{pe}^2 \frac{n}{n_0} \mathbf{A}_0, \tag{7.161}$$

$$\left(\frac{\partial^2}{\partial t^2} - 3v_{the}^2 \nabla^2 + \omega_{pe}^2\right) \frac{n}{n_0} = \frac{e^2}{c^2 m_e^2} \nabla^2 \left(\mathbf{A}_0 \cdot \mathbf{A}_1\right) . \tag{7.162}$$

Die Gleichungen werden für die Vektorpotentiale der Pumpwelle (Index 0) und der gestreuten Welle (Index 1) sowie für die niederfrequenten Dichtestörungen (n) formuliert. Im Folgenden betrachten wir einen räumlich eindimensionalen und linear polarisierten Fall und führen ein

$$\mathbf{A}_0 = \hat{y}\frac{m_e c^2}{2e} a_0(x,t) e^{i(k_0 x - \omega_0 t)} + c.c. , \tag{7.163}$$

$$\mathbf{A}_1 = \hat{y}\frac{m_e c^2}{2e} a_1(x,t) e^{i(-k_1 x - \omega_1 t)} + c.c. , \tag{7.164}$$

$$\frac{n}{n_0} = i\frac{ck_2}{2\omega_{pe}} \sqrt{\frac{\omega_0}{\omega_{pe}}} a_2(x,t) e^{i(k_2 x - \omega_2 t)} + c.c. . \tag{7.165}$$

Für die Rückstreuung wurde folgende Notation verwendet: $\omega_s \equiv \omega_1 = \omega_0 - \omega \equiv \omega_0 - \omega_2$, $\mathbf{k}_s = \mathbf{k}_0 - \mathbf{k}$, $\mathbf{k} \equiv k_2\hat{x}$, $\mathbf{k}_s \equiv -k_1\hat{x}$ und $\mathbf{k}_0 \equiv k_0\hat{x}$. Dies bedeutet, dass $k_0 = -k_1 + k_2$ gilt.

Unter der Annahme einer langsam veränderlichen Einhüllenden (slowly varying envelope approximation) gehen wir davon aus, dass die Amplituden sich langsam im Vergleich zu den Phasen ändern. Setzen wir die obigen Ausdrücke in die Wellengleichungen (7.160)–(7.162) ein und vernachlässigen die zweiten Ableitungen der Amplituden, erhalten wir

$$\left(\frac{\partial}{\partial t} + \frac{c^2 k_0}{\omega_0}\frac{\partial}{\partial x}\right) a_0 \approx \frac{ck_2}{4}\sqrt{\frac{\omega_{pe}}{\omega_0}}a_1 a_2 \,, \qquad (7.166)$$

$$\left(\frac{\partial}{\partial t} - \frac{c^2 k_1}{\omega_1}\frac{\partial}{\partial x}\right) a_1 \approx -\frac{ck_2}{4}\sqrt{\frac{\omega_{pe}\omega_0}{\omega_1^2}}a_1 a_2^* \,, \qquad (7.167)$$

$$\left(\frac{\partial}{\partial t} + i\delta\omega\right) a_2 \approx -\frac{ck_2}{4}\frac{\omega_{pe}}{\omega_0}\sqrt{\frac{\omega_{pe}}{\omega_0}}a_0 a_1^* \,. \qquad (7.168)$$

Hier gilt $\delta\omega \approx \omega_L - \omega_2$ mit $\omega_L = \sqrt{\omega_{pe}^2 + 3k_2^2 v_{the}^2}$, sodass $\omega_L^2 - \omega_2^2 \approx 2\delta\omega\omega_L \approx 2\delta\omega\omega_2$. Im resonanten Fall nehmen wir an, dass $\delta\omega \approx 0$.

Für die Rückstreuung mit $k_2 \approx 2k_0$ und im Fall $\omega_0 \approx \omega_1 \gg \omega_{pe}$ ist die weitere Vereinfachung naheliegend. Aber selbst im leicht unterkritischen Fall können wir durch eine Änderung der Notation vereinfachen zu

$$\frac{a_0}{\sqrt{\omega_0\omega_1}} \equiv \tilde{a}_0 \,, \quad \frac{a_1}{\omega_0} \equiv \tilde{a}_1 \,, \quad \frac{a_2}{\sqrt{\omega_0\omega_1}} \equiv \tilde{a}_2 \,. \qquad (7.169)$$

Wir führen die Gruppengeschwindigkeiten c_{pump} und c_{seed} der Pumpwelle und einer „Saatwelle" (im Folgenden auch Seedpuls genannt) ein. Dann können wir schreiben:

$$\left(\frac{\partial}{\partial t} + c_{\text{pump}}\frac{\partial}{\partial x}\right) \tilde{a}_0 = \frac{\sqrt{\omega_0\omega_{pe}}}{2}\tilde{a}_1\tilde{a}_2 \,, \qquad (7.170)$$

$$\left(\frac{\partial}{\partial t} - c_{\text{seed}}\frac{\partial}{\partial x}\right) \tilde{a}_1 = -\frac{\sqrt{\omega_0\omega_{pe}}}{2}\tilde{a}_0\tilde{a}_2^* \,, \qquad (7.171)$$

$$\left(\frac{\partial}{\partial t} + i\delta\omega\right) \tilde{a}_2 = -\frac{\sqrt{\omega_0\omega_{pe}}}{2}\tilde{a}_0\tilde{a}_1^* \,. \qquad (7.172)$$

Wenn die Zeit in der Einheit $2/\sqrt{\omega_0\omega_{pe}}$ und die Raumkoordinate x in $2c_{\text{pump}}/\sqrt{\omega_0\omega_{pe}}$ gemessen wird, erhalten wir für

$$\tilde{a}_0 \equiv E_p \,, \quad \tilde{a}_1 \equiv E_s \,, \quad \tilde{a}_2 \equiv -N^* \,, \quad \delta\omega \equiv 0 \qquad (7.173)$$

die Drei-Wellen-Wechselwirkungsgleichungen in Standardform

$$\left(\frac{\partial}{\partial t} + \frac{\partial}{\partial x}\right) E_p = -N^* E_s \,, \tag{7.174}$$

$$\left(\frac{\partial}{\partial t} - v_{sp}\frac{\partial}{\partial x}\right) E_s = E_p N \,, \tag{7.175}$$

$$\frac{\partial N}{\partial t} = E_s E_p^* \,. \tag{7.176}$$

Wir haben das Verhältnis $v_{sp} = \frac{c_{\text{seed}}}{c_{\text{pump}}} = \frac{\sqrt{1-\omega_{pe}^2/\omega_1^2}}{\sqrt{1-\omega_{pe}^2/\omega_0^2}} \neq 1$ der entsprechenden Gruppengeschwindigkeiten für Fälle eingeführt, in denen die Frequenz der Langmuir-Welle im Vergleich zur Pumpfrequenz nicht klein ist. In den folgenden Demonstrationen wird das Verhältnis der Plasmadichte zur kritischen Dichte $n/n_c = 0{,}04$ gewählt, was bedeutet, dass $\omega_0/\omega_{pe} = 5$ ist. Darüber hinaus nehmen wir $\omega_1/\omega_0 = 0{,}79$ an.

Es sollte beachtet werden, dass die Gleichung für den „Saatpuls" manchmal verallgemeinert wird zu

$$\left(\frac{\partial}{\partial t} - v_{sp}\frac{\partial}{\partial x}\right) E_s = E_p N - i\kappa\frac{\partial^2 E_s}{\partial t^2} + i\chi |E_s|^2 E_s \,. \tag{7.177}$$

Die Gleichung enthält zwei zusätzliche Effekte [83] im Vergleich zur einfacheren Form. Erstens könnte die Gruppengeschwindigkeitsdispersion eine Rolle spielen. Dies kann durch einen zusätzlichen Term berücksichtigt werden, der den Dispersionsterm der Gruppengeschwindigkeit κ enthält.

Zweitens sollten im relativistischen Regime die Nichtlinearitäten aufgrund der relativistischen Massenvariation berücksichtigt werden, die zu Selbstinteraktion führen. All diese Effekte könnten in den aktuellen Simulationen des Drei-Wellen-Modells einbezogen werden, aber in allen Demonstrationen werden wir $\kappa = \chi = 0$ für Vergleiche wählen.

Das lineare Regime

Zunächst betrachten wir für die kleine Signal-Raman-Verstärkung von Pulsen die Pumpwelle als konstant, $E_p = const$, und „vergessen" in (7.174)–(7.176) die erste Gleichung für die Pumpwelle E_p. Da es sich um ein „klassisches" lineares Anfangswertproblem handelt, können die verbleibenden beiden Gleichungen beispielsweise durch Integraltransformationen gelöst werden.

Es sollte angemerkt werden, dass Lösungen des linearen Anfangswertproblems in Form von greenschen Funktionen präsentiert wurden [84–86].

Nach der Fourier-Transformation im Raum und der Laplace-Transformation in der Zeit erhalten wir

$$\left(p - ik - \frac{|E_p|^2}{p} \right) E_s(k, p) = E_s(k, t = 0) \, . \tag{7.178}$$

Die zeitliche Entwicklung einer Fourier-Mode des Pulses wird durch $E_s(k, t) = A_k(t) E_s(k, t = 0)$ beschrieben. Offensichtlich ist der Koeffizient $A_k(t)$ äquivalent zu $\exp(\gamma_R t)$, der in der parametrischen Verstärkung von ebenen Wellen erscheint. Für die Demonstration verwenden wir gaußsche Anfangspulse

$$E_s(x, t = 0) \approx a e^{-x^2/D^2} \, . \tag{7.179}$$

Es ist unkompliziert, $A_k(t)$ zu berechnen. Zum Beispiel haben wir für $\kappa = \chi = 0$ und $v_{sp} = 1$

$$A_k(t) = e^{\frac{1}{2}ikt} \left[\cosh\left(\frac{1}{2}|E_p|t\sqrt{4 - \frac{k^2}{|E_p|^2}} \right) + i\frac{k}{|E_p|} \frac{\sinh\left(\frac{1}{2}|E_p|t\sqrt{4 - \frac{k^2}{|E_p|^2}} \right)}{\sqrt{4 - \frac{k^2}{|E_p|^2}}} \right] \, . \tag{7.180}$$

Der nächste Schritt ist die Fourier-Rücktransformation, die ebenfalls unkompliziert durchgeführt werden kann. Für die Rücktransformation multiplizieren wir mit e^{ikx}. Dieser Faktor kann mit einem exponentiellen Faktor kombiniert werden, der in $A_k(t)$ erscheint, d.h. $e^{\frac{1}{2}ikt} e^{ikx} = e^{ik(x + \frac{1}{2}t)} \equiv e^{ikz}$ mit $z = x + \frac{1}{2}t$. Dann erhalten wir

$$E_s(z, t) = \frac{1}{\sqrt{2\pi}} \int_{-\infty}^{\infty} \tilde{E}_s(k, t) e^{ikz} dk \, , \tag{7.181}$$

mit

$$\tilde{E}_s(k, t) = \cosh\left(\frac{1}{2}t\sqrt{4 - k^2} \right) + ik\frac{\sinh\left(\frac{1}{2}t\sqrt{4 - k^2} \right)}{\sqrt{4 - k^2}} \, . \tag{7.182}$$

Wir stellen fest, dass für $|k| \geq 2$ gilt: $\sqrt{4 - k^2} = i\sqrt{k^2 - 4}$ sowie $\cosh(ix) = \cos(x)$ und $\sinh(ix) = i\sin(x)$. Dies führt zu dem Ergebnis, dass (für die hier angenommenen anfänglich symmetrischen gaußschen Pulsformen) nach der Rücktransformation nur reelle Werte von $E_s(z, t)$ erscheinen.

Aus der Einführung der Koordinate z können wir schließen, dass der verstärkte Seed nach links mit einer Geschwindigkeit von $\frac{1}{2}$ propagiert. Innerhalb des z-Koordinatensystems breitet sich die Vorderkante mit der (zusätzlichen) approximativen Geschwindigkeit von $\frac{1}{2}$ aus. Dies steht in vollem Einklang mit Ergebnissen aus den Arbeiten [87, 88].

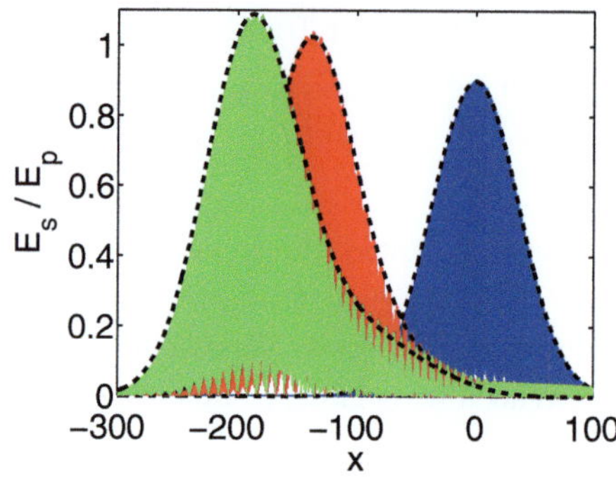

Abb. 7.1 Wachstum eines breiten Seedpulses mit $D = 52{,}5$ im linearen Regime, wie aus der analytischen Lösung der linearen Raman-Gleichungen (für $\chi = \kappa = 0$) [schwarze durchgezogene Linie] und aus dem Vlasov-Code gefunden, für $E_p = 0{,}005$ zu den Zeitpunkten $t = 0$, $t = 141$ und $t = 192$

Betrachten wir nun zwei qualitativ unterschiedliche Anfangsseedkonfigurationen.

Zunächst beginnen wir zu $t = 0$ mit einem relativ breiten Seedpuls mit $a = 0{,}9$ und $D = 52{,}5$. Die konstante Pumpwelle ist $E_p = 0{,}005$. Die zeitliche Entwicklung des Seeds ist in Abb. 7.1 dargestellt. Nach einer anfänglichen (geringen) Umstrukturierung bewegt sich der Puls nach links, verbreitert sich und wird verstärkt.

Das analytisch vorhergesagte Verhalten wird vollständig für kleine Zeiten reproduziert, wenn die 1D-Version des Codes PDE2D verwendet wird, um (7.174)–(7.176) zu lösen. Darüber hinaus stimmen die in Abb. 7.1 gezeigten Vlasov-Simulationen im linearen Regime mit diesen Ergebnissen überein.

Als Nächstes reduzieren wir die Breite des anfänglichen Seeds, indem wir D auf $D = 5{,}25$ ändern. Wie in Abb. 7.2 gezeigt, ist das Verhalten im Vergleich zur breiten Seedsituation in Abb. 7.1 völlig anders.

Der schmale anfängliche Seedpuls bei $t = 0$ wird zu Beginn weniger verstärkt, erzeugt jedoch einen breiten Sekundärpuls. Die Breite von Letzterem kann eine ähnliche (oder sogar größere) Weite erreichen wie die anfänglich breiten Pulse, die im ersten Fall verwendet wurden. Der breite Sekundärpuls wird dann verstärkt. Es benötigt jedoch viel längere Zeiten, um eine ähnliche Amplitudenverstärkung zu erreichen wie im Fall, der in Abb. 7.1 gezeigt wird.

Somit gibt es für eine effektive Raman-Seedverstärkung im *linearen* Regime eine untere Grenze für die Breite des anfänglichen ($t = 0$) Seedpulses.

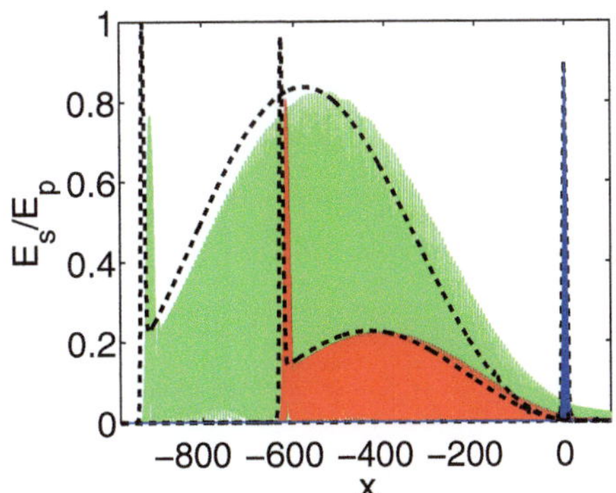

Abb. 7.2 Dasselbe wie in Abb. 7.1, jedoch für einen schmalen Seedpuls mit $D = 5{,}25$ und zu den Zeitpunkten $t = 0$, $t = 627$ und $t = 930$

Die wesentlichen Unterschiede zwischen den Abb. 7.1 und 7.2 können mithilfe von (7.180) verstanden werden. Beachte, dass die effektive Anfangswachstumszeit $T \equiv |E_p|t$ ist und anstelle von k das Verhältnis $K \equiv k/|E_p|$ auftritt. Wenn man diese Variablen wählt, ist $A_K(T)$ eine universelle Funktion. Der Logarithmus ihres reellen Wertes, geteilt durch t, kann als die effektive Wachstumsrate $\gamma(K)$ im K-Raum interpretiert werden.

Die Fourier-Transformation eines anfänglichen gaußschen Seeds ist $E_s(K, t = 0) = \frac{aD}{\sqrt{2}} \exp[-D^2 |E_p|^2 K^2/4]$. Dies zeigt, dass die Breite $W_s \sim 2/D|E_p|$ mit der (festen) Breite W_γ von $\gamma(K)$ verglichen werden muss. Für schmale und breite anfängliche Seedpulse ist ein solcher Vergleich in Abb. 7.3 dargestellt. Der breite Anfangspuls in Abb. 7.3(a) wird direkt verstärkt, während ein schmaler anfänglicher Seed zuerst einen Puls der Breite $\sim 1/W_\gamma$ (im x-Raum) erzeugt, der später weiter wachsen sollte. Dies erklärt die Umstrukturierungen während der „Start-up-Periode", die in Ref. [89] berichtet wurden.

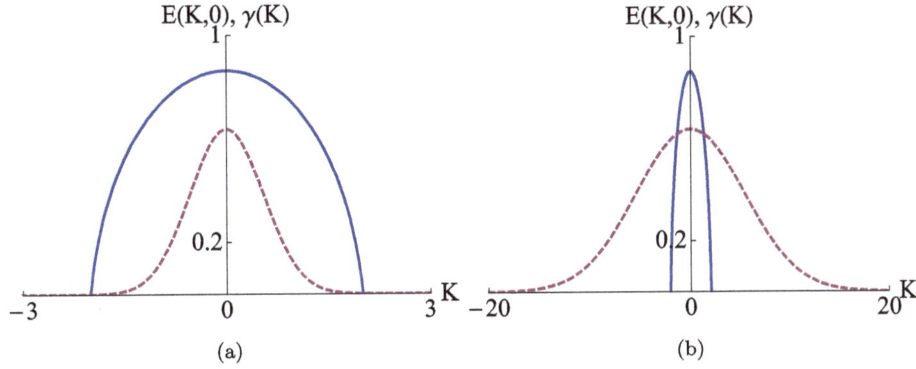

Abb. 7.3 Vergleich der Fourier-Transformierten $E_s(K, t = 0)$ (gestrichelte Linie) mit der effektiven (universellen) Wachstumsrate $\gamma(K)$ (durchgezogene Linie) für (**a**) einen breiten Puls mit $D = 52{,}5$ und (**b**) einen schmalen Puls mit $D = 5{,}25$. Wir haben $E_p = 0{,}05$ gewählt. Die Fourier-Verteilungen wurden in der Amplitude normiert

Das interessante Ergebnis des linearen Regimes (mit nahezu exponentiellem Wachstum) ist daher Folgendes: Ein anfänglich sehr schmaler Seedpuls kann sich zu einem breiten Puls entwickeln, während ein breiter anfänglicher Seed im Allgemeinen breit bleibt. Der Unterschied zwischen schmalen und breiten anfänglichen Seedpulsen hängt vom Verhältnis von W_s zu W_γ ab. Letzteres hängt von der Dichte und der Pumpstärke ab.

Selbstähnliche Lösung

Nun fassen wir das Verfahren zusammen, um eine Familie von selbstähnlichen Lösungen für die Verstärkung eines Raman-Seedpulses zu erhalten. Die selbstähnliche Lösung für das Drei-Wellen-Wechselwirkungsmodell von Raman (7.174)–(7.176) ist gut bekannt [86, 87, 90]. Wir präsentieren hier die Hauptschritte der Herleitung und fügen eine Verallgemeinerung hinzu, die auf andere Typen der Drei-Wellen-Wechselwirkung, wie z. B. die Brillouin-Seedpulsverstärkung [91], angewendet werden kann. Die allgemeine Formalisierung wird mit dem „Standard"formalismus für π-Pulse bei der Raman-Rückstreuung verglichen.

Zur Vereinfachung setzen wir $v_{sp} = 1$ in (7.174)–(7.176) und führen die Zeitkoordinate $\zeta = t + x$ sowie die Raumkoordinate $\tau = -x$ ein. In diesem Koordinatensystem lauten die grundlegenden Gleichungen für $a_0 \equiv E_p$, $a_1 \equiv E_s$ und $a_2 \equiv -N^*$

$$\left(2\frac{\partial}{\partial \zeta} - \frac{\partial}{\partial \tau} \right) a_0 = a_1 a_2 \, , \tag{7.183}$$

$$\frac{\partial}{\partial \tau} a_1 = -a_0 a_2^* \, , \tag{7.184}$$

$$\frac{\partial}{\partial \zeta} a_2 = -a_0 a_1^* \, . \tag{7.185}$$

Während einer fortgeschrittenen nichtlinearen Phase, in der die Verstärkungslänge des gepumpten Pulses viel größer ist als die Pulsdauer, kann man in der ersten Gleichung die Ableitung nach τ im Vergleich zur Ableitung nach ζ vernachlässigen, um zu erhalten

$$\boxed{2\frac{\partial}{\partial \zeta} a_0 = a_1 a_2 \, ,} \tag{7.186}$$

$$\boxed{\frac{\partial}{\partial \tau} a_1 = -a_0 a_2^* \, ,} \tag{7.187}$$

$$\boxed{\frac{\partial}{\partial \zeta} a_2 = -a_0 a_1^* \, .} \tag{7.188}$$

Bevor wir einige spezielle Eigenschaften des Systems verwenden, gehen wir in einer recht allgemeinen Weise vor. Wir führen die selbstähnliche Variable

$$\xi = 2\zeta^\alpha \tau^\beta \tag{7.189}$$

ein, was (mit den neuen Variablen ξ und τ) zu folgenden Substitutionen führt:

$$\left.\frac{\partial}{\partial \tau}\right|_\zeta \rightarrow \left.\frac{\partial}{\partial \tau}\right|_\xi + \beta \tau^{-1}\xi \left.\frac{\partial}{\partial \xi}\right|_\tau , \tag{7.190}$$

$$\left.\frac{\partial}{\partial \zeta}\right|_\tau \rightarrow 2^{1/\alpha}\alpha \xi^{(\alpha-1)/\alpha}\tau^{\beta/\alpha} \left.\frac{\partial}{\partial \xi}\right|_\tau . \tag{7.191}$$

Ferner machen wir den Ansatz für selbstähnliche Lösungen

$$a_0 = \tau^\gamma A_0(\xi) , \quad a_1 = \tau^\delta A_1(\xi) , \quad a_2 = \tau^\lambda B(\xi) . \tag{7.192}$$

Die bisher freien Parameter α, β, γ, δ und λ werden so bestimmt, dass alle expliziten τ-Abhängigkeiten verschwinden. Eine kurze Berechnung führt zu den linearen Gleichungen

$$\frac{\beta}{\alpha} = \delta + \lambda , \tag{7.193}$$

$$\delta - 1 = \gamma + \lambda , \tag{7.194}$$

$$\lambda + \frac{\beta}{\alpha} = \gamma + \delta . \tag{7.195}$$

Für $\gamma = 0$ erhält man

$$\beta = \alpha , \quad \delta = 1 , \quad \lambda = 0 . \tag{7.196}$$

Ohne Beschränkung der Allgemeinheit können wir

$$\beta = \alpha = \frac{1}{2} \tag{7.197}$$

wählen, was zu

$$4\xi^{-1}\frac{dA_0}{d\xi} = A_1 B , \tag{7.198}$$

$$A_1 + \frac{1}{2}\xi\frac{dA_1}{d\xi} = -A_0 B^* , \tag{7.199}$$

$$2\xi^{-1}\frac{dB}{d\xi} = -A_0 A_1^* , \tag{7.200}$$

für die selbstähnlichen Funktionen $A_0(\xi)$, $A_1(\xi)$ und $B(\xi)$ führt. Für kleine ξ entwickeln wir:

Abb. 7.4 Zwei Beispiele für die selbstähnlichen Lösungen $A_0(\xi)$ und $A_1(\xi)$. Die blauen Kurven sind für $\varepsilon = 0{,}1$: A_0 (gestrichelte Linie) und A_1 (durchgezogene Linie). Die roten Kurven sind für $\varepsilon = 0{,}01$: A_0 (strichpunktierte Linie) und A_1 (gepunktete Linie)

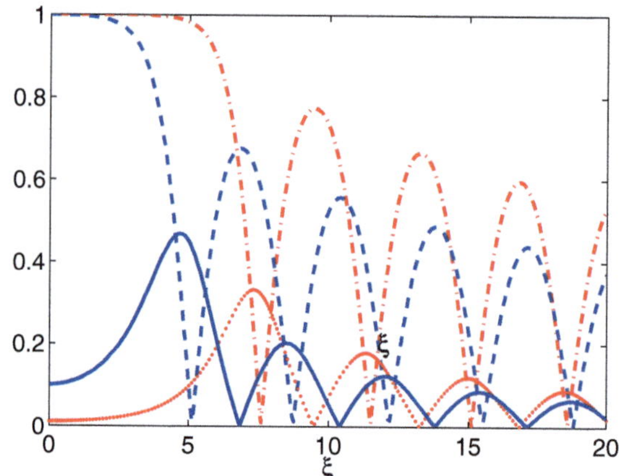

$$A_0 = 1 + a_{01}\xi + a_{02}\xi^2 + \cdots , \tag{7.201}$$

$$A_1 = \varepsilon + a_{11}\xi + a_{12}\xi^2 + \cdots , \tag{7.202}$$

$$B = b_0 + b_1\xi + b_2\xi^2 + \cdots . \tag{7.203}$$

Einsetzen in (7.198)–(7.200) zeigt, dass eine eindimensionale Familie von Lösungen existiert mit

$$A_1(\xi = 0) = \varepsilon , \quad \varepsilon \text{ freier Parameter} . \tag{7.204}$$

Da $b_0 = -\varepsilon$ gelten sollte, zeigt die Abb. 7.4 für zwei Werte des Parameters ε die Lösungen des Systems (7.198)–(7.200).

Beispiel 7.4 (Umschrift zur Sinus-Gordon-Gleichung)

Ein „standardisiertes Verfahren", um die selbstähnliche Raman-Lösung zu bestimmen, beginnt direkt mit (7.186)–(7.188) und dem Ansatz

$$a_0(\zeta, \tau) = \cos\left(\frac{u(\zeta, \tau)}{2}\right) , \quad a_2 = \sqrt{2}\sin\left(\frac{u(\zeta, \tau)}{2}\right) , \tag{7.205}$$

der die Erhaltung von $2a_0^2 + a_2^2$ berücksichtigt. Offensichtlich ist dann

$$a_1 = -\frac{1}{\sqrt{2}}\frac{\partial u}{\partial \zeta} . \tag{7.206}$$

Anschließend führt (7.187) zur Sine-Gordon-Gleichung (wir benutzen diese Bezeichnung, da sie auch im Deutschen gebräuchlich ist)

$$\boxed{\frac{\partial^2 u(\zeta, \tau)}{\partial \zeta \partial \tau} = \sin u(\zeta, \tau)} , \tag{7.207}$$

die weiter analysiert werden kann. Für die Sinus-Gordon-Gleichung ist bekannt, dass in bestimmten Regionen eine selbstähnliche Lösung als Attraktor wirkt. Wir wiederholen die Analyse der Selbstähnlichkeit nicht und stellen lediglich fest, dass die Variablen

$$\xi = 2\sqrt{\zeta\tau}\,, \quad u(\zeta,\tau) \to U(\xi) \tag{7.208}$$

eingeführt werden. Mit

$$\frac{\partial}{\partial\zeta} = 2\frac{\tau}{\xi}\frac{\partial}{\partial\xi}\,, \quad \frac{\partial}{\partial\tau} = 2\frac{\zeta}{\xi}\frac{\partial}{\partial\xi} \tag{7.209}$$

und

$$\frac{\partial^2 U}{\partial\tau\partial\zeta} = \frac{\partial}{\partial\tau}\left(\frac{\sqrt{\tau}}{\sqrt{\zeta}}\frac{\partial U}{\partial\xi}\right) = \frac{1}{\xi}\frac{\partial U}{\partial\xi} + \frac{\sqrt{\tau}}{\sqrt{\zeta}}2\frac{\zeta}{\xi}\frac{\partial^2 U}{\partial\xi^2} \tag{7.210}$$

kommen wir letztendlich zu der gewöhnlichen Differentialgleichung

$$\boxed{\frac{d^2 U}{d\xi^2} + \frac{1}{\xi}\frac{dU}{d\xi} = \sin U} \tag{7.211}$$

für $U = U(\xi)$.

Wir können dieses Verfahren direkt auf die vorliegende Formulierung mit den Drei-Wellen-Gleichungen „übersetzen". Im Fall der Drei-Wellen-Raman-Gleichungen erfüllen die Gl. (7.198) und (7.200) den Erhaltungssatz

$$\frac{d}{d\xi}(2A_0^2 + B^2) = 0\,, \tag{7.212}$$

der es erlaubt, A_0 und B umzuschreiben:

$$A_0(\xi) = \cos\left(\frac{U(\xi)}{2}\right)\,, \quad B(\xi) = \sqrt{2}\sin\left(\frac{U(\xi)}{2}\right)\,. \tag{7.213}$$

Dann führt (7.198) oder (7.200) zu

$$A_1(\xi) = -\frac{\sqrt{2}}{\xi}\frac{dU(\xi)}{d\xi}\,. \tag{7.214}$$

Letztendlich führt (7.199) zu

$$\frac{d^2 U(\xi)}{d\xi^2} + \frac{1}{\xi}\frac{dU(\xi)}{d\xi} = \sin U(\xi)\,, \tag{7.215}$$

was mit (7.211) übereinstimmt. ∎

Beispiel 7.5 (Eine einparametrige Familie)
Wir haben gezeigt, dass der freie Anfangswert ε, wie in (7.204) definiert, eine einparametrige Familie selbstähnlicher Lösungen erzeugt. Nun diskutieren wir die Beziehung zur

physikalisch relevanten Variable a_1. Die Funktion $U(\xi)$ spielt eine zentrale Rolle im Vergleich. Für großes ξ gilt $U(\xi) = -\pi + \delta U$ mit $\delta U \sim J_0(\xi)$, während wir für kleines ξ haben $U(\xi) \sim I_0(\xi)$. Ein Faktor bleibt noch frei. Wir werden ihn in der Form festlegen

$$U(\xi) \sim -\sqrt{2}\varepsilon I_0(\xi) \sim -\sqrt{2}\varepsilon \quad \text{für } \xi \to 0 \,, \tag{7.216}$$

da dann

$$\frac{dU}{d\xi} \sim -\sqrt{2}\varepsilon I_1(\xi) \sim -\frac{\varepsilon}{\sqrt{2}}\xi \quad \text{für } \xi \to 0 \,. \tag{7.217}$$

Gleichung (7.214) ist konsistent zu (7.204).

Andererseits führen die Gl. (7.216) und (7.206) unmittelbar zu

$$u(\zeta, \tau = 0) = -\sqrt{2}\varepsilon = -\sqrt{2}\int a_1(\zeta, \tau = 0)\,d\zeta \,, \tag{7.218}$$

was für ε bedeutet

$$\varepsilon = \int a_1(\zeta, \tau = 0)\,d\zeta \,. \tag{7.219}$$

Für einen „schmalen" anfänglichen Seed ergibt sich

$$a_1(x = 0, t) = \varepsilon\delta(t) = a_1(\zeta, \tau = 0) = \varepsilon\delta(\zeta) \,. \tag{7.220}$$

Damit gehören die Mitglieder der Familie, die durch den Parameter ε unterschieden werden, zu unterschiedlichen Bereichen der anfänglichen Seedpulse. ∎

Brillouin-Streuung mit Pumpwellenreaktion

Hier fassen wir das verwendete Drei-Wellen-Wechselwirkungsmodell für Brillouin-Streuung kurz zusammen. Das grundlegende Drei-Wellen-Wechselwirkungsmodell ist wohlbekannt [24]. Aufgrund der jüngsten Anwendungen der Laser-Plasma-Wechselwirkung zur Erzeugung von Hochintensitätslaserstrahlen konzentrieren wir uns auf die Brillouin-Streuung im stark gekoppelten (sc) Regime.

Für eine Standardbetrachtung der Drei-Wellen-Wechselwirkung können die Ausgangsgleichungen in Ref. [24] gefunden werden [siehe z. B. Gl. (8.1) und (8.8) von [24]]. Sie werden üblicherweise für die Vektorpotentiale der Pumpwelle (Index 0) und der gestreuten Welle (Index 1) formuliert:

$$\left(\frac{\partial^2}{\partial t^2} - c^2\nabla^2 + \omega_{pe}^2\right)\mathbf{A}_0 = -\omega_{pe}^2\frac{n}{n_0}\mathbf{A}_1, \tag{7.221}$$

$$\left(\frac{\partial^2}{\partial t^2} - c^2 \nabla^2 + \omega_{pe}^2 \right) \mathbf{A}_1 = -\omega_{pe}^2 \frac{n}{n_0} \mathbf{A}_0, \tag{7.222}$$

$$\left(\frac{\partial^2}{\partial t^2} - c_s^2 \nabla^2 \right) \frac{n}{n_0} = \frac{Ze^2}{c^2 m_e m_i} \nabla^2 \left(\mathbf{A}_0 \cdot \mathbf{A}_1 \right) . \tag{7.223}$$

Die hochfrequenten Wellen sind an niederfrequente Dichtestörungen n gekoppelt. Hierbei ist Z der Ionenladungszustand, $c_s = \sqrt{\frac{ZT_e}{m_i}}$ die Ionenschallgeschwindigkeit, und n_0 ist die ungestörte Elektronen- (und Ionen-)Dichte. Im Folgenden betrachten wir eine räumlich eindimensionale und linear polarisierte Situation.

Als Nächstes führen wir elektrische Felder $\mathbf{E} = -\frac{\partial \mathbf{A}}{\partial t}$ ein und machen eine langsam variierende Enveloppennäherung für die elektromagnetischen Wellen. Die Phasenfaktoren werden eingeführt durch $E_0 \sim \exp[i(k_0 x - \omega_0 t)]$, $E_1 \sim \exp[i(-k_1 x - \omega_1 t)]$ und $\frac{n}{n_0} \sim \frac{\tilde{n}}{n_0} \exp(i k_2 x)$. Die Ausbreitung der Pumpwelle wird in positiver x-Richtung angenommen, während die rückgestreute Welle in negativer x-Richtung verläuft; Wellenvektoren werden mit k, und Frequenzen mit ω bezeichnet.

Zum Vergleich mit anderen aktuellen Veröffentlichungen [91] über die Brillouin-Seedverstärkung ändern wir zunächst die Notation $E_0 \to E_p^*$ und $E_1 \to E_s^*$. Danach definieren wir $\frac{\tilde{n}}{n_0} = -\frac{\delta n_p^*}{n_0} \equiv -\frac{\delta n^*}{n_0}$. Andreev et al. [91] verwendeten $\delta n_p = \delta n_s^* \equiv \delta n$. Wir modifizieren dies leicht, indem wir $\delta \tilde{n} \equiv \frac{\delta n^*}{n_e}$ einführen und die äquivalente Form

$$\left(\frac{\partial}{\partial t} + v_g \frac{\partial}{\partial x} \right) E_p = -i \frac{\omega_{pe}^2}{2\omega_0} \delta \tilde{n}^* E_s , \tag{7.224}$$

$$\left(\frac{\partial}{\partial t} - v_g \frac{\partial}{\partial x} \right) E_s = -i \frac{\omega_{pe}^2}{2\omega_0} \delta \tilde{n} E_p , \tag{7.225}$$

$$\left(\frac{\partial^2}{\partial t^2} - c_s^2 \frac{\partial^2}{\partial x^2} \right) \delta \tilde{n} = - \frac{Ze^2}{c^2 m_e m_i} E_p^* E_s \tag{7.226}$$

für die Einhüllenden E_p der Pumpwelle und E_s der rückgestreuten Welle. Hier ist v_g die Gruppengeschwindigkeit der hochfrequenten Wellen. Beachte, dass keine exakte Frequenzresonanz mit einer niederfrequenten Ionenschallwelle angenommen wurde, sondern $\omega_1 \approx \omega_0$ verwendet wird, da wir an niederfrequenten Oszillationen streuen. Die Dichtegleichung bleibt fast unverändert.

Als Nächstes führen wir die Einheiten t_{unit}, $x_{\text{unit}} \equiv v_g t_{\text{unit}}$, $E_{\text{unit}} \equiv |E_p^{\text{typical}}|$ und $\delta \tilde{n}_{\text{unit}}$ für Zeit, Raum, elektrisches Feld und Dichtestörungen ein. Die neuen Variablen sind

$$\frac{t}{t_{\text{unit}}} \to t , \quad \frac{x}{x_{\text{unit}}} \to x , \quad \frac{E}{E_{\text{unit}}} \to E , \quad \frac{\delta \tilde{n}}{\delta \tilde{n}_{\text{unit}}} \to N . \tag{7.227}$$

Postulierend (um einfache Gleichungen wie unten gezeigt zu erhalten)

$$\frac{\omega_{pe}^2}{2\omega_0} t_{\text{unit}} \delta\tilde{n}_{\text{unit}} = 1 \;, \qquad \frac{t_{\text{unit}}^2}{\delta\tilde{n}_{\text{unit}}} \frac{Ze^2}{c^2 m_e m_i} |E_p^{\text{typical}}|^2 = 1 \;, \tag{7.228}$$

finden wir die Einheiten

$$\frac{1}{t_{\text{unit}}} = \sqrt[3]{\frac{\omega_0 \omega_{pi}^2}{2} \frac{v_{osc}^2}{c^2}} \sim \gamma_B^{sc} \;, \quad \delta\tilde{n}_{\text{unit}} = \frac{2\omega_0}{t_{\text{unit}} \omega_{pe}^2} \;. \tag{7.229}$$

Für $|E_p^{\text{typical}}|$ verwenden wir die anfängliche Pumpamplitude. Als Nebenbemerkung sei erwähnt, dass wir gemäß Kruer [24] auch $E_{\text{unit}} \equiv |E_p^{\text{typical}}| \equiv k_0 A_p^{\text{Kruer}}$ und $v_{osc} \equiv a\,c = \frac{eA_p^{\text{Kruer}}}{m_e c}$ einführen können.

Unter Anwendung dieser Einheiten lauten die endgültigen dimensionslosen Drei-Wellen-Wechselwirkungsgleichungen

$$\boxed{\left(\frac{\partial}{\partial t} + \frac{\partial}{\partial x}\right) E_p = -i N^* E_s \;,} \tag{7.230}$$

$$\boxed{\left(\frac{\partial}{\partial t} - \frac{\partial}{\partial x}\right) E_s = -i N E_p \;,} \tag{7.231}$$

$$\boxed{\left(\frac{\partial^2}{\partial t^2} - \frac{c_s^2}{v_g^2} \frac{\partial^2}{\partial x^2}\right) N = -E_s E_p^* \;.} \tag{7.232}$$

Ein kurzer Vergleich mit den bereits diskutierten Drei-Wellen-Wechselwirkungsgleichungen für die Raman-Streuung:

$$\left(\frac{\partial}{\partial t} + \frac{\partial}{\partial x}\right) E_p = -N^* E_s \;, \tag{7.233}$$

$$\left(\frac{\partial}{\partial t} - \frac{\partial}{\partial x}\right) E_s = E_p N \;, \tag{7.234}$$

$$\frac{\partial N}{\partial t} = E_s E_p^* \;. \tag{7.235}$$

Der Hauptunterschied zwischen (7.230)–(7.232) für Brillouin und (7.233)–(7.235) für Raman ist die fehlende (langsam variierende) Enveloppennäherung in (7.232). Außerhalb des stark gekoppelten Falles, wenn die Stokes-Komponente resonant wird, könnten wir (7.232) ersetzen durch

$$i \frac{\partial N}{\partial t} = -E_s E_p^* \;. \tag{7.236}$$

Mathematisch werden die Systeme (7.230)–(7.231) und (7.236) einerseits und (7.233)–(7.235) andererseits äquivalent. Dies wird ersichtlich, wenn man von Raman zu Brillouin übergeht, indem man $N \to iN^*$, $E_s \to iE_s^*$ und $E_p \to iE_p^*$ ersetzt.

Physikalisch gibt es natürlich einen wesentlichen Unterschied. Alle nichtrelativistischen Streuinstabilitäten erfordern unterdichte Plasmen, und zusätzlich tritt Raman-Streuung nur unterhalb der viertelkritischen Dichte auf. Diese wohlbekannte Tatsache folgt aus den Frequenz- und Wellenzahlresonanzbedingungen. Zudem weisen wir auf die unterschiedliche Normierungen der Dichtestörungen hin:

$$\delta\tilde{n}_{\text{unit}}^{\text{Brillouin}} = \sqrt[3]{\frac{\omega_0\omega_{pi}^2}{2}\frac{v_{osc}^2}{c^2}\frac{2\omega_0}{\omega_{pe}^2}} \ll \delta\tilde{n}_{\text{unit}}^{\text{Raman}} = \frac{ck_0}{\omega_{pe}}\sqrt{\frac{\omega_0}{\omega_{pe}}}\,. \tag{7.237}$$

Brillouin-Verstärkung und Pulsformänderungen

Als Nächstes untersuchen wir die Verstärkung eines Seedpulses im stark gekoppelten Regime. Wir gehen von den Gl. (7.230)–(7.232) aus. Wir betrachten die Pumpwelle als konstant, $E_p = 1$, und „vergessen" die erste Gleichung für die Größe E_p. Dann erhalten wir im Kleinsignalfall, d. h. wenn die Pumpamplitude als konstant angesehen wird, einfache lineare Gleichungen. Im stark gekoppelten (sc) Fall lauten die Gleichungen (siehe auch [92]) für $c_s^2 \ll v_g^2$

$$\left(\frac{\partial}{\partial t} - \frac{\partial}{\partial x}\right) E_s = -iN\,, \tag{7.238}$$

$$\frac{\partial^2}{\partial t^2}N = -E_s\,. \tag{7.239}$$

Für einen anfänglichen Seedpuls

$$E_s(x, t = 0) \approx ae^{-x^2/D^2}\,, \tag{7.240}$$

ist die Fourier-Transformierte

$$E_s(k, t = 0) \approx \frac{aD}{\sqrt{2}}e^{-D^2k^2/4}\,. \tag{7.241}$$

Das lineare Anfangswertproblem kann durch Fourier-Transformation im Raum und Laplace-Transformation in der Zeit gelöst werden. Wenn wir zuerst die Fourier-Transformation im Raum und dann die Laplace-Transformation in der Zeit durchführen, erhalten wir

$$(p - ik)\, E_s(k, p) = -iN(k, p) + E_s(k, t = 0)\,, \tag{7.242}$$

$$p^2 N(k, p) = -E_s(k, p)\,, \tag{7.243}$$

was kombiniert werden kann:

$$\left(p - ik - \frac{i}{p^2} \right) E_s(k, p) = E_s(k, t = 0) \, . \tag{7.244}$$

Für die Laplace-Rücktransformation nutzen wir

$$\frac{1}{2\pi i} \int_{\sigma - i\infty}^{\sigma + i\infty} \frac{1}{p - ik - \frac{i}{p^2}} e^{pt} dp = - \sum_{j=1}^{3} \frac{\alpha_j e^{\alpha_j t}}{-3\alpha_j + 2ik} \equiv A_k(t) \, , \tag{7.245}$$

wobei α_j die drei Wurzeln von $\alpha_j^3 - ik\alpha_j^2 - i = 0$ für $j = 1, 2, 3$ sind. Diese Wurzeln
können leicht durch symbolische Programme, z. B. MATHEMATICA, bestimmt werden.
Bereits bevor solche Programme verfügbar waren, wurden die Transformationen vollständig
analytisch durchgeführt, was jedoch viel Algebra erforderte [93].

Für die Zeitentwicklung einer Fourier-Mode finden wir $E_s(k, t) = A_k(t)E_s(k, t = 0)$. Offensichtlich ist der Koeffizient $A_k(t)$ äquivalent zu dem Faktor $\exp(\gamma t)$, der in der
parametrischen Verstärkung von ebenen Wellen erscheint.

Der nächste Schritt, die Fourier-Rücktransformation, kann ebenfalls durch symbolische
Programme wie MATHEMATICA durchgeführt werden. Die Ergebnisse sind in Abb. 7.5 für
zwei Fälle dargestellt. In jedem Fall wird der Seedpuls verstärkt, verändert seine Form und
breitet sich nach links aus. Seine Geschwindigkeit ist jedoch kleiner, als man hätte erwarten
können. Neben der Verstärkung, der Verbreiterung und der Ausbreitung ändert sich die
Pulsform. Ein Vergleich mit den Vlasov-Simulationen und den Lösungen des Drei-Wellen-
Wechselwirkungsmodells, beide zu frühen Zeiten, zeigt vollständige Übereinstimmung.

In Abb. 7.5 präsentieren wir zwei qualitativ unterschiedliche Seedkonfigurationen zum
Zeitpunkt $t = 0$.

Zunächst starten wir in Teilabbildung (a) bei $t = 0$ mit einem relativ breiten Seedpuls
mit $a = 0,1$ und $D = 1$. Die zeitliche Entwicklung des Seeds wird im linearen Regime
gezeigt. Nach einer anfänglichen (geringfügigen) Umordnung bewegt sich der Puls
nach links, breitet sich aus und wird verstärkt.

Das analytisch vorhergesagte Verhalten wird für kleine Zeiten vollständig durch den Drei-
Wellen-Wechselwirkungscode und die Vlasov-Simulationen reproduziert.

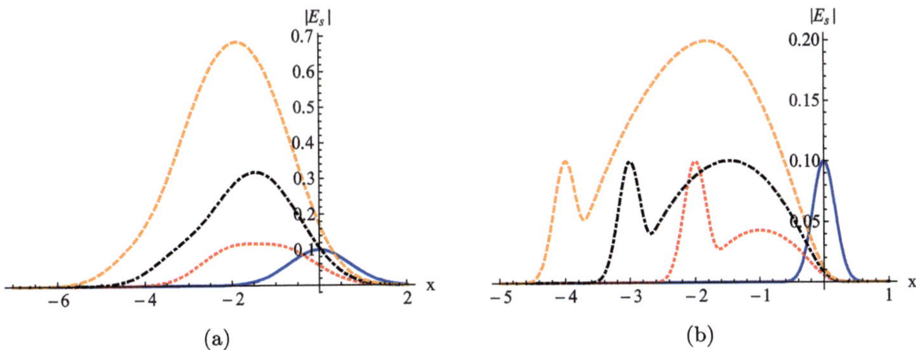

Abb. 7.5 Entwicklung des Seedpulses, erhalten durch Fourier-Laplace-Transformation der linearisierten Drei-Wellen-Wechselwirkungsgleichungen. Die anfängliche maximale Amplitude des Seeds beträgt ein Zehntel der Pumpamplitude. Der anfängliche Seedpuls hat die Form einer Gauß-Funktion $0,1 \exp[-x^2/D^2]$ mit (**a**) $D = 1$ und (**b**) $D = 0,25$. In jeder Teilabbildung wird die zeitliche Entwicklung zu den Zeitpunkten $t = 0$ (blaue durchgezogene Linie), $t = 2$ (rote gepunktete Linie), $t = 3$ (schwarz gestrichelte gepunktete Linie) und $t = 4$ (orange gestrichelte Linie) dargestellt

In Teilabbildung (b) verkleinern wir die Breite des anfänglichen Seeds, indem wir D auf $D = 0,25$ ändern. Das Verhalten ist im Vergleich zur breiten Seedsituation in (a) völlig anders. Der schmale anfängliche Seedpuls bei $t = 0$ wird zu Beginn nur geringfügig verstärkt, erzeugt aber hauptsächlich einen breiten Sekundärpuls.

Dessen Breite kann eine ähnliche (oder sogar breitere) Breite erreichen wie die anfänglich breiten Pulse in (a). Der breite Sekundärpuls wird dann verstärkt. Es benötigt ähnliche Zeiten, um die gleiche Amplitudenverstärkung wie im Fall (a) zu erreichen. Daher zeigt die *lineare* Entwicklung, dass die Breite des verstärkten Pulses im Allgemeinen nicht mit der anfänglichen Breite identisch ist.

Die wesentlichen Unterschiede zwischen den Fällen (a) und (b) lassen sich durch den Vergleich der Bandbreiten des anfänglichen Seedpulses mit der Bandbreite der sc-Brillouin-Instabilität erklären. Letztere kann aus (7.245) bestimmt werden. Die Funktion $A_k(t)$ hat eine bestimmte Breite im k-Raum, die mit der Breite von $E_s(k, t = 0) = \frac{aD}{\sqrt{2}} \exp[-D^2 k^2/4]$ verglichen werden sollte. Der breite Anfangspuls in Abb. 7.5(a) hat eine schmale Verteilung im k-Raum und wird daher eine relativ gleichmäßige Verstärkung erfahren. Andererseits gehört eine breite Verteilung im k-Raum zu der schmalen anfänglichen Seedverteilung, die in Abb. 7.5(b) gewählt wurde. Der Verstärkungsfaktor $A_k(t)$ wird eine schmale Region zur Verstärkung herausfiltern. Dies ähnelt den Umordnungen während der „Startphase", die in Ref. [89] für die Raman-Verstärkung berichtet wurden.

Zusammenfassend zeigt sich im linearen Regime (mit nahezu exponentiellem Wachstum), dass ein anfänglich sehr schmaler Seedpuls zu einem breiten Puls werden kann, während ein breiter anfänglicher Seed im Allgemeinen breit bleibt. Die (relative) Terminologie „schmal" und „breit" (im x-Raum) ergibt sich aus dem Vergleich der Bandbreite des Seeds mit der Bandbreite des sc-Brillouin-Wachstums im konjugierten k-Raum.

Beispiel 7.6 (Selbstähnliche Lösung für Brillouin-Streuung)

Das in den numerischen Simulationen beobachtete Verhalten wird durch eine selbstähnliche Lösung [91] des Drei-Wellen-Wechselwirkungsmodells interpretiert. Zur Herleitung der selbstähnlichen Lösung beginnt man mit den Gl. (7.230)–(7.232). Wir transformieren in das mit dem Seed bewegte Bezugssystem, indem wir $\zeta = x + t$ und $\tau = -x$ einführen. Während einer fortgeschrittenen nichtlinearen Phase, in der die Verstärkungslänge des gepumpten Pulses viel größer ist als die Pulsdauer, kann die τ-Ableitung im Vergleich zur ζ-Ableitung vernachlässigt werden. Die neuen Gleichungen lauten

$$\boxed{2\frac{\partial}{\partial \zeta}E_p(\zeta, \tau) = -iN^*(\zeta, \tau)E_s(\zeta, \tau)\,,} \tag{7.246}$$

$$\boxed{\frac{\partial}{\partial \tau}E_s(\zeta, \tau) = -iN(\zeta, \tau)E_p(\zeta, \tau)\,,} \tag{7.247}$$

$$\boxed{\frac{\partial^2}{\partial \zeta^2}N(\zeta, \tau) = -E_s(\zeta, \tau)E_p^*(\zeta, \tau)\,.} \tag{7.248}$$

Nun fahren wir mit einem selbstähnlichen Ansatz fort. Die grundlegende Idee wurde von Andreev et al. [91] veröffentlicht. Hier fassen wir das Verfahren kurz zusammen, hauptsächlich um den freien Parameter ε zu identifizieren, der eine Familie selbstähnlicher Lösungen erzeugt.

Mit dem Ansatz

$$\boxed{\xi = \zeta^\alpha \tau^\beta} \tag{7.249}$$

erhält man nach einem Wechsel von ζ, τ zu ξ, τ

$$\frac{\partial}{\partial \tau}\bigg|_\zeta \rightarrow \frac{\partial}{\partial \tau}\bigg|_\xi + \frac{\partial}{\partial \xi}\frac{\partial \xi}{\partial \tau}\bigg|_\zeta = \frac{\partial}{\partial \tau}\bigg|_\xi + \beta\tau^{\beta-1}\zeta^\alpha\frac{\partial}{\partial \xi}\,, \tag{7.250}$$

$$\frac{\partial}{\partial \zeta} \to \tau^{\beta} \alpha \zeta^{\alpha-1} \frac{\partial}{\partial \xi} \, , \tag{7.251}$$

$$\frac{\partial^2}{\partial \zeta^2} \to \tau^{\beta} \alpha(\alpha-1)\zeta^{\alpha-2}\frac{\partial}{\partial \xi} + \tau^{2\beta}\alpha^2\zeta^{2\alpha-2}\frac{\partial^2}{\partial \xi^2} \, . \tag{7.252}$$

Dann setzen wir an:

$$\boxed{E_s = \tau^{\delta_r} A_{sr}(\xi) + i\tau^{\delta_i} A_{si}(\xi) \, ,} \tag{7.253}$$

$$\boxed{E_p = \tau^{\gamma_r} A_{pr}(\xi) + i\tau^{\gamma_i} A_{pi}(\xi) \, ,} \tag{7.254}$$

$$\boxed{N = \tau^{\lambda_r} b_r(\xi) + i\tau^{\lambda_i} b_i(\xi) \, ,} \tag{7.255}$$

Die Parameter $\delta_r, \delta_i, \gamma_r, \gamma_i, \lambda_r, \lambda_i$ sind noch frei.

Setzt man diesen Ansatz in die Gl. (7.246)–(7.248) ein, führt dies zu Gleichungen, die immer noch sowohl ξ als auch τ enthalten. (In Ausdrücken, die ursprünglich ζ enthalten, setzen wir $\zeta^{\alpha} = \xi\tau^{-\beta}$ ein.)

Als Nächstes postulieren wir, dass die explizite τ-Abhängigkeit verschwinden soll. Direkte Berechnungen ergeben

$$\lambda_r = \lambda_i \, , \quad \delta_r = \delta_i \, , \quad \gamma_r = \gamma_i \, . \tag{7.256}$$

Das Fazit ist, dass wir eine komplexe Notation verwenden können, bei der Real- und Imaginärteile dieselbe τ-Abhängigkeit haben. Daher können wir den selbstähnlichen Ansatz zu der Form vereinfachen, wie sie in [91] beschrieben wird:

$$\boxed{E_s = \tau^{\delta} A_s(\xi) \, ,} \tag{7.257}$$

$$\boxed{E_p = \tau^{\gamma} A_p(\xi) \, ,} \tag{7.258}$$

$$\boxed{N = \tau^{\lambda} B^*(\xi) \, .} \tag{7.259}$$

Dieser Ansatz führt zu fünf Gleichungen, die sich im Wesentlichen auf die folgenden vereinfachen lassen:

$$\frac{\beta}{\alpha} = \lambda + \delta \, , \quad \delta - 1 = \lambda + \gamma \, , \quad \lambda + 2\frac{\beta}{\alpha} = \delta + \gamma \, . \tag{7.260}$$

Man kann schnell finden:

$$\lambda = -\frac{1}{4} \, , \quad \gamma = -\frac{3}{4} + \delta \, , \quad \frac{\beta}{\alpha} = -\frac{1}{4} + \delta \, . \tag{7.261}$$

Die Werte von α und δ sind noch frei. Ohne Verlust der Allgemeinheit kann man $\alpha = 1$ wählen. Der Pumppuls sollte sich nicht mit der Zeit verstärken. Für $\delta = \frac{3}{4}$ bleibt die maximale Amplitude des Pumppulses konstant, was zu $\beta = \frac{1}{2}$ führt. Auf diese Weise gelangen wir zur Skalierung von Andreev et al. [91]

$$\xi = z\sqrt{t}\,, \quad E_s = t^{3/4} A_s(\xi)\,, \quad E_p = A_p(\xi)\,, \quad N = t^{-1/4} B^*(\xi)\,. \tag{7.262}$$

Somit werden die gewöhnlichen Differentialgleichungen für die Amplituden

$$\boxed{2\frac{dA_p}{d\xi} = -i\,B A_s\,,} \tag{7.263}$$

$$\boxed{\frac{\xi}{2}\frac{dA_s}{d\xi} + \frac{3}{4} A_s = -i\,B^* A_p\,,} \tag{7.264}$$

$$\boxed{\frac{d^2 B}{d\xi^2} = -A_p A_s^*\,.} \tag{7.265}$$

Mit der Wahl $A_p(0) = 1$ und $A_s(0) = \varepsilon$ (freier Parameter), $B(0) = -i\frac{3}{4}\varepsilon$ machen wir eine Entwicklung für kleine ξ. Da dann die Dichte proportional zu $B^* + B$ ist, verschwindet der Anfangswert für die selbstähnliche Dichtevariable.

Zusammenfassend kann eine eindimensionale Familie selbstähnlicher Lösungen (abhängig von ε) aus (7.263)–(7.265) mit den folgenden Anfangswerten konstruiert werden.

$$A_p(\xi = 0) = 1\,, \tag{7.266}$$

$$A_s(\xi = 0) = \varepsilon\,, \tag{7.267}$$

$$B(\xi = 0) = -i\frac{3}{4}\varepsilon\,, \tag{7.268}$$

$$\left.\frac{dB}{d\xi}\right|_{\xi=0} = 0\,, \tag{7.269}$$

wobei ε ein freier Parameter ist. In Abb. 7.6 sind typische Lösungen dargestellt.

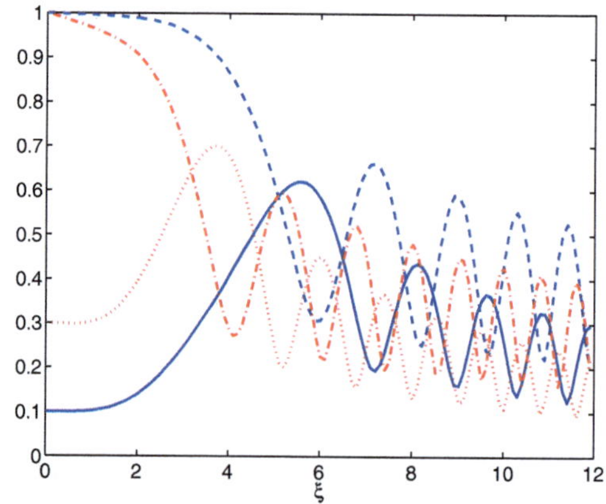

Abb. 7.6 Zwei selbstähnliche Lösungen, die aus der Integration der Gl. (7.263)–(7.265) erhalten wurden. Gezeigt sind die Pumpenamplituden A_p (gestrichelte blaue Linie, gestrichelt-rotgepunktete Linie) und die Saatamplituden A_s (durchgezogene blaue Linie, gepunktete rote Linie) für $\varepsilon = 0{,}3$ bzw. $\varepsilon = 0{,}1$

In Abb. 7.6 haben wir zwei verschiedene Werte für den freien Parameter ε gewählt. Bei kleinerem ε zeigt die selbstähnliche Lösung für die Saat einen niedrigeren Maximalwert. Beachte, dass sich im Rahmen der Saat mit der „Raumkoordinate τ" die Breiten der Oszillationen mit der Zeit verringern, da $\xi = \zeta\sqrt{\tau}$. Die Amplitude des Feldes E_s wird mit $\tau^{3/4}$ wachsen. ∎

7.4 Anregung von Kielfeldern („wakefields")

Die Diskussion der Maxwell-Fluidmodelle hat gezeigt, dass eine starke Kopplung zwischen elektromagnetischen und elektrostatischen Komponenten besteht. Ursprünglich rein transversales Laserlicht (im Vakuum) kann elektrostatische Oszillationen in einem Plasma anregen. Bei einem intensiven Laserpuls entstehen am Maximum des elektromagnetischen Feldes elektrostatische Oszillationen. Neben dem erwarteten lokalen Verhalten können auch nichtlokale Phänomene wie die Erregung von Kielfeldern (im Folgenden Wakefields genannt) auftreten.

Anregung von quasistationären Kielfeldern

Dichtereaktionen werden von einem intensiven Laserfeld angetrieben. Im schwach relativistischen Grenzfall ergibt sich die angeregte Dichte z. B. aus Gl. (7.85). Im Fall der linearen Polarisation enthält die rechte Seite höhere Harmonische und muss separat behandelt werden. Betrachten wir zunächst stationäre Lösungen im bewegten Bezugssystem $\xi = x - Vt$ für zirkulare Polarisation. Unter Verwendung der dimensionsbehafteten Form (7.104) in den neuen Variablen $\tau = t$ und ξ, erhalten wir

$$\left(\frac{\partial}{\partial\tau} - V\frac{\partial}{\partial\xi}\right)^2 \delta n_e + \omega_{pe}^2 \delta n_e \approx \frac{n_0 e^2}{2m_e^2}\frac{\partial^2 \mathbf{A}_\perp^2}{\partial\xi^2} . \tag{7.270}$$

Beispiel 7.7 (Inhomogene Oszillatorgleichung)
Für $\partial/\partial\tau \equiv 0$ kann die Gl. (7.270) als eine angeregte Oszillatorengleichung abgekürzt werden:

$$V^2\ddot{y} + \tilde{\omega}^2 y = \ddot{f} , \tag{7.271}$$

wobei der Punkt die Ableitung nach ξ darstellt, $\tilde{\omega} \equiv \omega_{pe}$ ist und $\ddot{f}$ den anregenden Term auf der rechten Seite von (7.270) bezeichnet. Der homogene Teil der Differentialgleichung beschreibt Plasmaoszillationen $y \sim \exp[i(\tilde{\omega}/V)\xi]$. Um die angeregten (erzwungenen) Oszillationen zu bestimmen, nutzen wir die Methode der Variation der Parameter. Wir führen

$$y(\xi) = Y(\xi)e^{i(\tilde{\omega}/V)\xi} \tag{7.272}$$

in (7.271) ein. Einmalige Integration führt zu

$$V^2\dot{Y} + 2i\tilde{\omega}VY = \int_\infty^\xi d\xi' \, \ddot{f} e^{-i(\tilde{\omega}/V)\xi'} \, . \tag{7.273}$$

Umformung des letzten Terms auf der rechten Seite führt zu

$$\int_\infty^\xi d\xi' \, \ddot{f} e^{-i(\tilde{\omega}/V)\xi'} = \dot{f} e^{-i(\tilde{\omega}/V)\xi} + i\frac{\tilde{\omega}}{V} f e^{-i(\tilde{\omega}/V)\xi} - \frac{\tilde{\omega}^2}{V^2} \int_\infty^\xi d\xi' \, f e^{-i(\tilde{\omega}/V)\xi'} \, . \tag{7.274}$$

Wir haben angenommen, dass die Integrationskonstanten bei $\xi = \infty$ verschwinden. Wenn sich die Laserfront von links nach rechts entlang der x-Achse ausbreitet, erfordert dies für endliche Zeiten, dass weit voraus noch nichts geschehen ist. Als Nächstes erfolgt die Änderung der Notation in

$$Y(\xi) = W(\xi) e^{-2i(\tilde{\omega}/V)\xi} \, . \tag{7.275}$$

Sie führt zu

$$V^2\dot{W} = \frac{d}{d\xi}\left[f e^{i(\tilde{\omega}/V)\xi} \right] - \frac{\tilde{\omega}^2}{V^2} e^{2i(\tilde{\omega}/V)\xi} \int_\infty^\xi d\xi' \, f e^{-i(\tilde{\omega}/V)\xi'} \, . \tag{7.276}$$

Die Integration und die Umformulierung des letzten Terms (partielle Integration) führt zu

$$W(\xi) = \frac{1}{V^2} f e^{i(\tilde{\omega}/V)\xi} + \frac{\tilde{\omega}}{V^3} f e^{i(\tilde{\omega}/V)\xi} \int_\infty^\xi d\xi' f \sin[k_p(\xi' - \xi)] \, , \tag{7.277}$$

wobei

$$k_p = \frac{\tilde{\omega}}{V} \equiv \frac{\omega_{pe}}{V} \, . \tag{7.278}$$

∎

Für *zirkulare* Polarisation nutzen wir

$$a = \frac{e}{m_e c}(A_y + iA_z) \, , \quad \frac{e^2}{m_e^2 c^2}\mathbf{A}_\perp^2 = |a|^2 \, , \quad f = \frac{n_0 e^2}{2m_e^2}\mathbf{A}_\perp^2 = \frac{n_0 c^2}{2}|a|^2 \, ; \tag{7.279}$$

dies führt zu

$$\frac{\delta n_e}{n_0} = \frac{c^2}{2V^2}\left\{ |a(\xi)|^2 - k_p \int_\infty^\xi d\xi' |a(\xi')|^2 \sin[k_p(\xi - \xi')] \right\} \, . \tag{7.280}$$

In diesem Fall haben wir nur eine niederfrequente treibende Kraft, für die die Annahme $a = a(\xi)$ sinnvoll ist. Die obige Lösung kann zur Erregung von Wakefields verwendet werden. Verschiedene Grenzfälle verdeutlichen den physikalischen Gehalt der Lösung.

Erstens, für schmale Laserpulse, z. B. in der einfachen Näherung (Breite $l \to 0$)

$$|a(\xi')|^2 = |\tilde{a}|^2 \delta(\xi')\tilde{L} \, , \qquad (7.281)$$

mit $V \approx v_{gr}$ als Gruppengeschwindigkeit des Lasers, erhalten wir für endliche Wellenzahlen k_p das konstante einhüllende Wakefield

$$\frac{\delta n_e}{n_0} = -\frac{c^2 k_p}{2V^2}|\tilde{a}|^2 \tilde{L} \sin(k_p x - \omega_{pe} t) \approx -\frac{c^2 k_p \tilde{L}}{2 v_{gr}^2}|\tilde{a}|^2 \sin(k_p x - \omega_{pe} t) \, . \quad (7.282)$$

Im Allgemeinen verschwindet die Wakefielderzeugung, wenn $k_p l \gg 1$ ist, wobei l die Breite des Treibers darstellt. Signifikante Beiträge treten auf für

$$k_p l \sim \mathcal{O}(1) \, . \qquad (7.283)$$

Andererseits erhalten wir im Grenzfall $k_p \to 0$, und bei endlichem V,

$$\frac{\delta n_e}{n_0} = \frac{c^2}{2V^2}|a|^2 \, , \qquad (7.284)$$

d. h. einen Dichtehügel anstelle der durch die ponderomotorische Kraft verursachten Dichtesenke.

Schließlich, für $V \approx \frac{c^2 k}{\omega_{pe}} \to 0$, ω_{pe} endlich und $k_p \to \infty$, können wir aus (7.280) die ponderomotorische Dichteabsenkung durch einen sich bewegenden Laserpuls

$$\frac{\delta n_e}{n_0} = \frac{c^2}{2V^2 k_p^2}\frac{d^2|a|^2}{d\xi^2} \qquad (7.285)$$

gewinnen [94, 95].

Das Argument ist wie folgt. Eine erste partielle Integration in (7.280) führt zu

$$\frac{\delta n_e}{n_0} = \frac{c^2}{2V^2}\int_\infty^\xi d\xi' \, \frac{d|a(\xi')|^2}{d\xi'}\cos[k_p(\xi - \xi')] \, . \qquad (7.286)$$

Führen wir eine zweite durch, so folgt

$$\frac{\delta n_e}{n_0} = \frac{c^2}{2V^2} \frac{1}{k_p} \int_\infty^\xi d\xi' \, \frac{d^2 |a(\xi')|^2}{d\xi'^2} \sin[k_p(\xi - \xi')] \,. \tag{7.287}$$

Eine nächste partielle Integration ergibt

$$\frac{\delta n_e}{n_0} = \frac{c^2}{2V^2 k_p^2} \left\{ \frac{d^2 |a|^2}{d\xi^2} - \int_\infty^\xi d\xi' \, \frac{d^3 |a(\xi')|^2}{d\xi'^3} \cos[k_p(\xi - \xi')] \right\}$$

$$\approx \frac{c^2}{2V^2 k_p^2} \frac{d^2 |a|^2}{d\xi^2} + \mathcal{O}\left(\frac{1}{k_p}\right) \,. \tag{7.288}$$

Dieses Ergebnis wurde schon früher in der Solitonenphysik erzielt.

Bei *linearer* Polarisation schreiben wir

$$\mathbf{A}_\perp(x,t) = A_\perp(x,t)\hat{\mathbf{e}}_z \,, \quad a = \frac{eA_\perp}{m_e c} \tag{7.289}$$

und machen den Ansatz

$$a(x,t) = \frac{1}{2}\left[\tilde{a}(\xi)e^{-i\omega t + ikx} + \tilde{a}^*(\xi)e^{i\omega t - ikx} \right] \,, \tag{7.290}$$

der zu

$$\boxed{a^2 = \underbrace{\frac{1}{2}|\tilde{a}|^2}_{\text{low-frequency}} + \underbrace{\frac{1}{4}\tilde{a}^2 e^{-2i\omega t + 2ikx} + \frac{1}{4}\tilde{a}^{*2} e^{2i\omega t - 2ikx}}_{\text{high-frequency}}} \tag{7.291}$$

führt.

Da wir unterschiedliche Frequenzen im treibenden Term haben, zerlegen wir die Dichtestörung δn_e in zwei Teile: $\delta n_e = \delta n_e^{(0)} + \delta n_e^{(2)}$, wobei der Index 0 den niederfrequenten Teil anzeigt und der Index 2, dass auch eine Störung der zweiten Harmonischen auftreten wird. Aus dem niederfrequenten Dichteanteil $\delta n_e^{(0)}$ erhalten wir einen ähnlichen Ausdruck wie im Fall der zirkularen Polarisation, d. h., wir können verwenden

$$f \sim \frac{n_0 e^2}{2m_e^2}\mathbf{A}_\perp^2 \sim \frac{n_0 c^2}{4}|\tilde{a}|^2 \,, \tag{7.292}$$

und damit

$$\boxed{\frac{\delta n_e^{(0)}}{n_0} = \frac{c^2}{4V^2}\left\{ |\tilde{a}(\xi)|^2 - k_p \int_\infty^\xi d\xi' |\tilde{a}(\xi')|^2 \sin[k_p(\xi - \xi')] \right\}} \,. \tag{7.293}$$

Beispiel 7.8 (Dominierender hochfrequenter Anteil)

Für den hochfrequenten Dichteanteil $\delta n_e^{(2)}$ kehren wir zu Gl. (7.104) zurück, die dann wie folgt lautet:

$$\boxed{\frac{\partial^2 \delta n_e^{(2)}}{\partial t^2} + \omega_{pe}^2 \delta n_e^{(2)} \approx \frac{n_0 c^2}{8} \frac{\partial^2}{\partial x^2} \left\{ \tilde{a}^2 e^{-2i\omega t + 2ikx} + c.c. \right\}}\;. \tag{7.294}$$

Wir kürzen ab (einschließlich des $c.c.$ Teils):

$$\ddot{y} + \tilde{\omega}^2 y = \left[h e^{-2i\omega t + 2ikx} \right]'' \;, \tag{7.295}$$

wobei der Punkt für eine partielle Zeitableitung steht, der Apostroph die Raumableitung darstellt, $y = \delta n_e^{(2)}$, $\tilde{\omega} = \omega_{pe}$ und $h = n_0 c^2 \tilde{a}^2 / 8$. Die Gl. (7.295) wird erneut mit der Methode der Variation der Konstanten gelöst. Wir führen ein:

$$y(x,t) = Y(x,t) e^{i\tilde{\omega} t} \;. \tag{7.296}$$

Integration führt zu

$$\dot{Y} + 2i\tilde{\omega} Y = \int_{-\infty}^{t} dt' \left[h e^{-2i\omega t' + 2ikx} \right]'' e^{-i\tilde{\omega} t'} \;. \tag{7.297}$$

Mit

$$Y(x,t) = W(x,t) e^{-2i\tilde{\omega} t} \tag{7.298}$$

können wir schreiben

$$W = \int_{-\infty}^{t} dt'' \, e^{2i\tilde{\omega} t''} \int_{-\infty}^{t''} dt' \left[h(x,t') e^{-2i\omega t' + 2ikx} \right]'' e^{-i\tilde{\omega} t'} \;. \tag{7.299}$$

Bei der Auswertung der Integrale beginnen wir mit einer systematischen Entwicklung für bei einer schwachen Raumabhängigkeit von h. In niedrigster Ordnung nähern wir

$$\int_{-\infty}^{t''} dt' \left[h(x,t') e^{-2i\omega t' + 2ikx} \right]'' e^{-i\tilde{\omega} t'} \approx -4k^2 \, h e^{2ikx} \int_{-\infty}^{t''} dt' e^{-i(2\omega + \tilde{\omega})t'} \tag{7.300}$$

$$= -4i k^2 \, h e^{2ikx} \frac{e^{-i(2\omega + \tilde{\omega})t''}}{2\omega + \tilde{\omega}} \;.$$

Indem wir das in den Ausdruck für W einsetzen, finden wir

$$W \approx -\frac{4i k^2 \, h e^{2ikx}}{2\omega + \tilde{\omega}} \int_{-\infty}^{t} dt'' \, e^{-i(2\omega - \tilde{\omega})t''} = \frac{4k^2 \, h}{4\omega^2 - \tilde{\omega}^2} e^{2ikx} e^{-i(2\omega - \tilde{\omega})t} \;. \tag{7.301}$$

In niedrigster Ordnung erhalten wir also

$$\frac{\delta n_e^{(2)}}{n_0} \approx \frac{c^2 k^2}{2} \frac{1}{4\omega^2 - \tilde{\omega}^2} \tilde{a}^2 e^{-2i\omega t + 2ikx} \;. \tag{7.302}$$

Für $\omega \gg \tilde{\omega} \equiv \omega_{pe}$ können wir wie folgt nähern:

$$\frac{1}{4\omega^2 - \tilde{\omega}^2} \approx \frac{1}{4\omega^2}\left(1 + \frac{\omega_{pe}^2}{4\omega^2}\right), \qquad (7.303)$$

was zu

$$\delta n_e^{(2)} \approx \frac{n_0 c^2 k^2}{8\omega^2} e^{-2i\omega t + 2ikx} \tilde{a}^2 \left(1 + \frac{\omega_{pe}^2}{4\omega^2}\right) + c.c. \qquad (7.304)$$

führt, wenn wir das bisher unterdrückte $c.c.$ einbeziehen.   ■

Beispiel 7.9 (Korrekturen)

Die Hauptnäherung in der aktuellen Auswertung bestand in der Gl. (7.300). Grundsätzlich führt der Klammerausdruck im Integranden

$$\left[h(x, t')e^{-2i\omega t' + 2ikx}\right]'' = \left[h'' + 4ikh' - 4k^2 h\right] e^{-2i\omega t' + 2ikx} \qquad (7.305)$$

zu mehr Beiträgen als bisher betrachtet. Der letzte Term in der Klammer auf der rechten Seite von (7.305) wurde bislang betrachtet, indem das Integral (nach partieller Integration)

$$\int_{-\infty}^{t} dt'\, h e^{-i(2\omega - \tilde{\omega})t'} = h \int_{-\infty}^{t} dt'\, e^{-i(2\omega - \tilde{\omega})t'} - \int_{-\infty}^{t} dt'\, \frac{\partial h}{\partial t'} \frac{e^{-i(2\omega - \tilde{\omega})t'}}{-i(2\omega - \tilde{\omega})} \qquad (7.306)$$

nur durch den ersten Beitrag approximiert wurde. Allerdings kann im Rahmen einer systematischen Expansion in Bezug auf die Ableitungen von h im nächsten Ordnungsschritt der zweite Term wie folgt einbezogen werden:

$$\int_{-\infty}^{t} dt'\, \frac{\partial h}{\partial t'} \frac{e^{-i(2\omega - \tilde{\omega})t'}}{-i(2\omega - \tilde{\omega})} \approx V \frac{\partial h}{\partial \xi} \frac{1}{i(2\omega - \tilde{\omega})} \int_{-\infty}^{t} dt'\, e^{-i(2\omega - \tilde{\omega})t'}. \qquad (7.307)$$

Zusätzlich sollte der zweite Term in der Klammer auf der rechten Seite von (7.305) ebenfalls berücksichtigt werden. Wenn wir dies tun, erhalten wir für $\omega \gg \tilde{\omega} \equiv \omega_{pe}$

$$\delta n_e^{(2)} \approx \frac{n_0 c^2 k}{8\omega^2} e^{-2i\omega t + 2ikx} \left[k\tilde{a}^2\left(1 + \frac{\omega_{pe}^2}{4\omega^2}\right) - i\left(1 - \frac{kV}{\omega}\right)\frac{d\tilde{a}^2}{d\xi}\right] + c.c. \qquad (7.308)$$
$$+ \mathcal{O}\left(\frac{d^2\tilde{a}^2}{d\xi^2}\right).$$

Die Definition $V = v_{gr} \equiv \frac{c^2 k}{\omega}$ ausnutzend, können wir weiter nähern

$$\left(1 - \frac{kV}{\omega}\right) \approx \frac{\omega_{pe}^2}{\omega^2}. \qquad (7.309)$$

Die nächsten Korrekturen der Ordnung $\frac{d^2\tilde{a}^2}{d\xi^2}$ sind nicht dargestellt. Sie könnten jedoch im Grenzfall $k \to 0$ wichtig werden. In diesem Fall führt die Auswertung zu

$$\left.\frac{\delta n_e^{(2)}}{n_0}\right|_{k\to 0} \approx -\frac{c^2}{32\omega^2}\left(1+\frac{\omega_{pe}^2}{4\omega^2}\right)\frac{d^2\tilde{a}^2}{d\xi^2}e^{-2i\omega t+2ikx} + c.c. \tag{7.310}$$

Wir erinnern an die Definition $\xi = x - Vt$.　　■

Beim Vergleich der Beiträge der nullten Harmonischen mit denjenigen der zweiten Harmonischen erkennen wir grob, dass

$$\frac{\delta n_e^{(0)}}{n_0} \sim \frac{c^2}{V^2}\tilde{a}^2 \,, \qquad \frac{\delta n_e^{(2)}}{n_0} \sim \frac{c^2 k^2}{\omega^2}\tilde{a}^2 \,, \tag{7.311}$$

sodass für $V \approx v_{gr}$ (Gruppengeschwindigkeit) und $v_{ph} = \omega/k$ das Verhältnis

$$\frac{\delta n_e^{(2)}}{\delta n_e^{(0)}} \sim \frac{V^2 k^2}{\omega^2} \sim \frac{v_{gr}^2}{v_{ph}^2} \sim \frac{v_{gr}^4}{c^4} \ll 1 \tag{7.312}$$

in vielen Anwendungen vernachlässigbar ist.

Zusammenfassend stellen wir zunächst fest, dass die Phasengeschwindigkeit des angeregten Wakefields mit der Gruppengeschwindigkeit v_{gr} des Laserpulses übereinstimmt.

Wenn wir die Laserfrequenz ω_L aus der Gleichung $\omega_L^2 = \omega_p^2 + k^2 c^2$ bestimmen, finden wir

$$v_{gr} = \frac{kc^2}{\omega_L} \hat{=} v_{phase}^{wake} \equiv v_{ph} \,. \tag{7.313}$$

Indem wir den Ausdruck für die Laserfrequenz einsetzen und anschließend die Wellenzahl über die Laserfrequenzformel ersetzen, erhalten wir

$$v_{gr} = c\sqrt{1 - \frac{\omega_p^2}{\omega_L^2}} \,. \tag{7.314}$$

Für die Teilchenbeschleunigung können wir Teilchengeschwindigkeiten in der Nähe der Phasengeschwindigkeit der Welle betrachten (Teilchen, die auf der Welle surfen) und einführen

$$\beta_p = \frac{v_{ph}}{c} = \frac{v_{gr}}{c} = \sqrt{1 - \frac{\omega_p^2}{\omega_L^2}} \,. \tag{7.315}$$

Für die Teilchen ist der Gammafaktor

$$\gamma_p = \frac{1}{\sqrt{1-\beta_p^2}} = \frac{\omega_L}{\omega_p} = \sqrt{\frac{n_c}{n_0}} \,; \tag{7.316}$$

er ist vollständig durch die Elektronendichte n_0 und die kritische Dichte n_c bestimmt, bei der die Laserfrequenz der Plasmafrequenz entspricht. Das Plasma sollte stark unterkritisch sein ($n_0 < n_c$), um hohe Geschwindigkeiten zu erreichen.

Stark relativistische nichtlineare Wakefields

Bislang haben wir die Amplitude der angeregten Dichteoszillationen im schwach relativistischen Regime berechnet. Gehen wir nun zum stark relativistischen Fall über. Da das angeregte Wakefield hauptsächlich hochfrequent und elektrostatistisch ist, beginnen wir mit einem *elektrostatistischen* Maxwell-Elektronen-Flüssigkeiten-Modell:

$$\boxed{\frac{\partial n}{\partial t} + \frac{\partial}{\partial x}(nv) = 0 \, ,} \tag{7.317}$$

$$\boxed{\left(\frac{\partial}{\partial t} + v\frac{\partial}{\partial x}\right)(\gamma m v) = -eE \, ,} \tag{7.318}$$

$$\boxed{\frac{\partial E}{\partial x} = \frac{1}{\varepsilon_0}e(n_0 - n) \, .} \tag{7.319}$$

Wir haben den Index e (für Elektronen) weggelassen. Außerdem haben wir Temperatureffekte im Modell für die 1D-Ausbreitung (kaltes Plasma) ignoriert. Wir verwenden

$$\gamma = \frac{1}{\sqrt{1 - \beta^2}} \, , \quad \beta = \frac{v}{c} \, , \tag{7.320}$$

zusammen mit den Annahmen

$$n(x, t) = n(\tau) \, , \quad v(x, t) = v(\tau) \, , \quad E(x, t) = E(\tau) \, , \tag{7.321}$$

bei

$$\tau = \omega_p\left(t - \frac{x}{V}\right) \, , \quad V \approx v_{gr} \, . \tag{7.322}$$

Wir normieren

$$\frac{n}{n_0} \to n \, , \quad \frac{v}{c} \to v \,\hat{=}\, \beta \, , \quad \frac{eE}{m\omega_p c} \to E \tag{7.323}$$

und erhalten aus (7.317)–(7.319)

$$\boxed{n\left(1 - \frac{\beta}{\beta_p}\right) = const \equiv 1 \, ,} \tag{7.324}$$

$$\boxed{\left(1 - \frac{\beta}{\beta_p}\right)\frac{d(\beta\gamma)}{d\tau} = -E \,,}\tag{7.325}$$

$$\boxed{\frac{d\,E}{d\tau} = \frac{\beta}{1 - \frac{\beta}{\beta_p}} \cdot}\tag{7.326}$$

Kombination der beiden letzten Gleichungen führt zu

$$E\frac{d\,E}{d\tau} \equiv \frac{d}{d\tau}\left(\frac{E^2}{2}\right) = -\beta\frac{d\beta\gamma}{d\tau} \,.\tag{7.327}$$

Mit

$$-\frac{d\gamma}{d\tau} = -\frac{\beta\gamma}{1 - \beta^2}\frac{d\beta}{d\tau}\tag{7.328}$$

und

$$-\beta\frac{d(\beta\gamma)}{d\tau} = -\frac{\beta}{1 - \beta^2}\gamma\frac{d\beta}{d\tau}\tag{7.329}$$

finden wir

$$\frac{d}{d\tau}\left(\frac{E^2}{2}\right) = -\frac{d\gamma}{d\tau} \,.\tag{7.330}$$

Das heißt, wir haben eine Erhaltungsgröße gefunden, die wir in der Form ausdrücken:

$$\boxed{E = E(\gamma) = \sqrt{2(\gamma_m - \gamma)}} \,.\tag{7.331}$$

Hier ist γ_m die Integrationskonstante. Wir haben $E = 0$ bei $\gamma = \gamma_m$. Die Konstante γ_m entspricht der maximalen Fluidgeschwindigkeit v_m mit $\beta_m = v_m/c$ und

$$\gamma_m = \frac{1}{\sqrt{1 - \beta_m^2}} \cdot\tag{7.332}$$

Das maximale elektrische Feld

$$E_m = \sqrt{2(\gamma_m - 1)}\tag{7.333}$$

tritt an Orten auf, wo $v = 0$ und $\gamma = 1$. Aus den Gl. (7.325) und (7.331) erhalten wir

$$\boxed{\pm d\tau = \frac{\left(1 - \frac{\beta}{\beta_p}\right)d(\beta\gamma)}{\sqrt{2(\gamma_m - \gamma)}}} \,.\tag{7.334}$$

Beispiel 7.10 (Grenzfälle)

Zum Vergleich mit dem schwach relativistischen Fall

$$\beta \ll 1 \,, \quad \gamma \approx 1 \,, \quad \sqrt{2(\gamma_m - \gamma)} \approx \sqrt{\beta_m^2 - \beta^2}\tag{7.335}$$

nähern wir

$$\frac{\left(1 - \frac{\beta}{\beta_p}\right) d(\beta\gamma)}{\sqrt{2(\gamma_m - \gamma)}} \approx \frac{\left(1 - \frac{\beta}{\beta_p}\right) d(\beta/\beta_m)}{\sqrt{(1 - (\beta/\beta_m)^2}} \ . \tag{7.336}$$

Durch die Verwendung dieser Beziehung und die Einführung der Abkürzung $x = \beta/\beta_m$ können wir (7.334) umformulieren als

$$\pm d\tau \approx \frac{dx}{\sqrt{1 - x^2}} - \frac{\beta_m}{\beta_p} \frac{x\,dx}{\sqrt{1 - x^2}} \ , \tag{7.337}$$

was zu

$$\pm (\tau - \tau_0) \approx \arcsin\left(\frac{\beta}{\beta_m}\right) + \frac{\beta_m}{\beta_p}\sqrt{1 - \left(\frac{\beta}{\beta_m}\right)^2} \tag{7.338}$$

führt. Für kleine Wellenamplituden $\beta_m \ll \beta_p$ kann die Gl. (7.338) invertiert werden, und man erhält das lineare Wellenresultat

$$\beta \approx \beta_m \sin(\tau - \tau_0) \ , \tag{7.339}$$

$$n \approx \frac{1}{1 - \beta/\beta_p} + \frac{\beta_m}{\beta_p} \sin(\tau - \tau_0) \ , \tag{7.340}$$

$$E \approx \sqrt{\beta_m^2 - \beta^2} \approx \beta_m \cos(\tau - \tau_0) \ . \tag{7.341}$$

■

> Die Extrema von $\beta(\tau)$, $n(\tau)$ und $E(\tau)$ verschieben sich nicht in τ, wenn β_m erhöht wird, während die Nullstellen von $\beta(\tau)$ und $n(\tau)$ sowie die Extrema von $E(\tau)$ so verschoben werden, dass im nichtlinearen Hochamplitudenregime Geschwindigkeit und Dichte scharfe Wellenkämme mit breiten Tälern dazwischen entwickeln. Das elektrische Feld nimmt eine Sägezahnform an. In den Halbwellen mit negativem $E(\tau)$ können Elektronen beschleunigt werden. Dieser Effekt wird für Plasmawellenbeschleuniger genutzt.

7.5   Wellenbrechen bei großen Wellenamplituden

> Das Wellenbrechen ist ein wichtiger und grundlegender Prozess in der nichtlinearen Wellendynamik. Es wird besonders relevant, wenn die Elektronenbeschleunigung in elektrostatischen Plasmaoszillationen angeregt wird, deren Phasengeschwindigkeiten nahe der Lichtgeschwindigkeit liegen. Für eine schnelle Elektronenbeschleunigung

müssen Stabilitätskriterien für lokalisierte (inhomogene) und relativistische nichtlineare elektrostatische Felder bekannt sein. Wellenbrechungskriterien definieren die Stabilität angeregter Kielfelder. Das Wellenbrechen kann auch zu einem effizienten Injektionsmechanismus führen. Daher werden allgemeine Kriterien für das Wellenbrechen sowohl für ein besseres Verständnis grundlegender Plasmaprozesse als auch für Anwendungen in der Beschleunigerphysik dringend benötigt.

Eine geschickte Injektion von Teilchen in das Kielfeld eines kurzen Laserpulses [96] kann dazu führen, dass sie in dem elektrostatischen Feld gefangen werden. Die Teilchen können dann zu hohen Energien beschleunigt werden, da die Phasengeschwindigkeit der Kielfeldoszillationen nahe an der Lichtgeschwindigkeit liegt. Die Erzeugung von Nachlauffeldern [70] wurde zu einem sehr interessanten Phänomen in der Physik von Kurzpulslasern, mit großem Potenzial für praktische Anwendungen. Laser-Plasmabeschleuniger wurden als nächste Generation kompakter Beschleuniger vorgeschlagen, da sie große elektrische Felder aufrechterhalten können [97–99].

In herkömmlichen Beschleunigern sind die Beschleunigungsfelder aufgrund von Materialzerstörungen an den Wänden auf Energiegewinne von wenigen MeVm^{-1} begrenzt. Laser-Plasmabeschleuniger können hingegen Felder von $100\,\mathrm{GeVm}^{-1}$ und mehr aufrechterhalten [97]. Allerdings stellt die Strahlqualität, einschließlich großer Energiespreizungen, das Hauptproblem dar [100–106].

Neben Zerstörungsphänomenen wird die maximale Beschleunigungsrate durch die maximale Amplitude der Oszillation bestimmt, die vom Plasma über genügend lange Zeiträume aufrechterhalten werden kann. Das Wellenbrechen ist eine bekannte Begrenzung. Es tritt im Allgemeinen auf, wenn die Amplitude der Welle den Punkt erreicht, an dem der Wellenkamm sich überschlägt. Dieses Bild stammt von Wasseroberflächenwellen. Für andere Wellen, wie z. B. elektromagnetische Wellen, existieren ebenfalls Definitionen der Brechung [107]. Diese wurden auf Wellen mit langsam variierenden Hüllen angewendet. Ein neues, stark nichtlineares Regime tritt bei Laserpulsen auf, die kürzer sind als $\lambda_p = 2\pi c/\omega_{pe}$ (wobei ω_{pe} die Plasmafrequenz der Elektronen ist) und deren relativistische Intensitäten hoch genug sind, um die Plasmawelle bereits bei der ersten Oszillation zu brechen [108, 109].

Es gibt viele sehr interessante Arbeiten, in denen Wellenbrechungs- und Injektionsmechanismen in Plasmawellen diskutiert wurden. Die maximale Amplitude relativistischer Plasmaoszillationen in einem thermischen Plasma wurde in einer Kombination von eindimensionalem Wasserbeutelmodell („waterbag model") und Fluidmodell ermittelt [110]. Bedingungen für den Beginn des Wellenbrechens wurden sowohl für die führenden als auch für die nachlaufenden Pulse angegeben [111]. Das Einfangen und Beschleunigen eines

Testelektrons in einer nichtlinearen Plasmawelle wurde eindimensional mithilfe der hamiltonschen Dynamik analysiert [112]. Die transversale Wellenbrechung [113], die Elektroneninjektion in Plasmafelder durch kollidierende Laserpulse [114] sowie Injektionsmechanismen aufgrund nichtlinearer Wakefieldwellenbrechung [115] wurden diskutiert. Die Struktur und Dynamik des Wakefields (Kielfelds) in einer Plasmasäule [116–118] wurde analytisch und numerisch untersucht und erklärt beispielsweise die Kanalbildung. Kürzlich wurden theoretisch die Vor- und Nachteile verschiedener Injektionsmechanismen von Teilchen in Nachlauffelder untersucht [119–124]. Die grundlegenden Beschleunigungsmechanismen wurden auf Positronen, Photonen und Ionen verallgemeinert [122, 125–127].

Die Analyse des Wellenbrechens geht auf klassische Arbeiten von Dawson [128] sowie Davidson und Schram [129] zurück. Es wurde gezeigt, dass ebene Oszillationen in einem gleichförmigen Plasma unterhalb einer kritischen Amplitude stabil sind. Bei größeren Amplituden setzt bereits bei der ersten Oszillation ein Mischungsprozess ein. Später wurde eine eindimensionale, nichtlineare, relativistische Differentialgleichung zweiter Ordnung für die Elektronenfluidgeschwindigkeit in Ref. [130] in Lagrange-Koordinaten abgeleitet. Diese Formulierung ermöglicht die Analyse der Dynamik bis zum Wellenbrechen. Die Lagrange-Analyse, kombiniert mit einer geeigneten numerischen Integration der Differentialgleichung zweiter Ordnung, lieferte weitere Einblicke in den Wellenbrechungsprozess.

Nichtrelativistisches Wellenbrechen

Die folgende Lagrange-Analyse basiert auf Dawsons Darstellung [128], nach der longitudinales Wellenbrechen in einem kalten eindimensionalen (1D) Plasma auftritt, wenn sich Elemente des Elektronenfluids, die anfangs unterschiedliche Positionen hatten, gegenseitig einholen. Aus der Literatur [131] zitieren wir, dass dieses Überholen sowohl in nichtrelativistischen als auch in relativistischen Plasmen geschieht, wenn die maximale Fluidgeschwindigkeit der Phasengeschwindigkeit der Plasmawelle entspricht [128, 132].

Die klassische, nichtrelativistische Analyse des Wellenbrechens beginnt mit den einfachen Elektronenfluidgleichungen

$$\frac{\partial n_e}{\partial t} + \frac{\partial}{\partial x} n_e v_e = 0 \, , \tag{7.342}$$

$$\frac{\partial v_e}{\partial +} v_e \frac{\partial v_e}{\partial x} = -\frac{e}{m_e} E \, , \tag{7.343}$$

$$\frac{\partial E}{\partial x} = \frac{e}{\varepsilon_0} (n_o - n_e) \, . \tag{7.344}$$

Thermische Effekte, verursacht durch einen Druckgradienten in (7.343), wurden vernachlässigt (s. u.). Einfache stationäre Lösungen in einem mit u gegen das Laborsystem bewegten Bezugssystem lassen sich in der Form $n_e = n_e(\xi)$, $v_e = v_e(\xi)$, $\phi = \phi(\xi)$ bei $\xi = x - ut$ finden. Die Gl. (7.342) und (7.343) lauten dafür

$$\frac{\partial}{\partial \xi}\left[n_e(v_e - u)\right] = 0, \tag{7.345}$$

$$\frac{\partial}{\partial \xi}\left[\frac{m_e}{2}(v_e - u)^2 - e\phi\right] = 0. \tag{7.346}$$

Lösungen lassen sich unmittelbar angeben (beachte $v_e = 0$ und $n_e = n_0$ bei $\phi = 0$) :

$$n_e(v_e - u) = -n_0 u, \tag{7.347}$$

$$(v_e - u) = -\left[\frac{2e\phi}{m_e} + u^2\right]^{1/2} ; \tag{7.348}$$

sie werden anschließend in (7.344) benutzt,

$$\boxed{\frac{d^2\phi}{d\xi^2} = -\frac{1}{\varepsilon_0}en_0\left[1 - u\left(\frac{2e\phi}{m_e} + u^2\right)^{-1/2}\right]}. \tag{7.349}$$

Nach Multiplikation mit dem Faktor $d\phi/d\xi$ können wir integrieren. Die dabei auftauchende Integrationskonstante bestimmen wir so, dass bei $d^2\phi/d\xi^2 = 0$ das elektrische Feld $E = -d\phi/d\xi$ extremal und gleich E_m sein soll, also

$$\frac{1}{2}\left(\frac{d\phi}{d\xi}\right)^2 + 4\pi n_0 m_e\left[\frac{e\phi}{m_e} - u\left(\frac{2e\phi}{m_e} + u^2\right)^{1/2}\right]$$

$$= \frac{E_m^2}{2} - 4\pi n_0 m_e u^2. \tag{7.350}$$

Schreiben wir diese letzte Gleichung in der Form

$$\boxed{\frac{1}{2}\left(\frac{d\phi}{d\xi}\right)^2 + V(\phi) = 0}, \tag{7.351}$$

dann wird die Analogie zu der Bewegung eines newtonschen Teilchens in einem Potential offensichtlich [ϕ entspricht dem Ort, ξ der Zeit, $\frac{1}{2}\left(\frac{d\phi}{d\xi}\right)^2$ ist die kinetische Energie und $V(\phi)$ die potentielle Energie]. Wir haben

$$V(\phi) = 4\pi n_0 m_e u^2\left[\frac{e\phi}{m_e u^2} + 1 - \frac{E_m^2}{8\pi n_0 m_e u^2} - \left(\frac{2e\phi}{m_e u^2} + 1\right)^{1/2}\right]. \tag{7.352}$$

Man beachte, dass wir das Minus-Vorzeichen auf der rechten Seite von (7.348) gewählt haben, was dann bei (7.351) und (7.352) in der Grenze $e\phi/m_e u^2 \ll 1$ Lösungen zulässt. Für eine detaillierte Diskussion führen wir die dimensionslosen Variablen

$$\psi := \frac{2e\phi}{m_e u^2} \quad , \quad \theta := \frac{E_m^2}{4\pi n_0 m_e u^2} \, , \tag{7.353}$$

$$\zeta := (2\xi/u)(4\pi n_0 e^2/m_e)^{1/2} \tag{7.354}$$

ein, um (7.351) als

$$\left(\frac{d\psi}{d\zeta}\right)^2 + \psi + 2 - \theta - 2(1+\psi)^{1/2} = 0 \tag{7.355}$$

schreiben zu können. Das Potential $V(\psi;\theta)$ ist in Abb. 7.7 dargestellt.

Wir erkennen, dass für $0 \le \theta \ll 1$ fast symmetrische periodische Lösungen mit $\psi_{min} \approx -2\sqrt{\theta}$ und $\psi_{max} \approx +2\sqrt{\theta}$ auftreten. Kleine θ entsprechen kleinen Amplituden des elektrischen Feldes E. Mit $\theta \to 1$ werden die Oszillationen zunehmend größer und asymmetrischer. Beim „Feld" $d\psi/d\zeta$ erkennen wir ein deutliches Aufsteilen der periodischen Bewegung. Das liegt daran, dass bei $\psi = -1$ der Anstieg des Potentials $V(\psi)$ unendlich ist und mit $\theta \to 1$ die linke Nullstelle $\theta - 2\sqrt{\theta}$ gegen $\psi = -1$ strebt. Jenseits von $\theta = 1$ ist die Bedingung $\psi + 2 - \theta > 0$ bei $\psi = \theta - 2\sqrt{\theta}$ nicht mehr erfüllt, d. h., die „Nullstelle" $\psi = \theta - 2\sqrt{\theta}$ gehört zur negativen Wurzel in (7.355), und es existieren keine periodischen Lösungen mehr. An dem kritischen Wert $\theta = 1$ wird, für $u = \omega/k \approx \omega_{pe}/k$,

$$\boxed{\frac{e^2 E_m^2 k^2}{m_e^2 \omega_{pe}^4} \approx 1,} \tag{7.356}$$

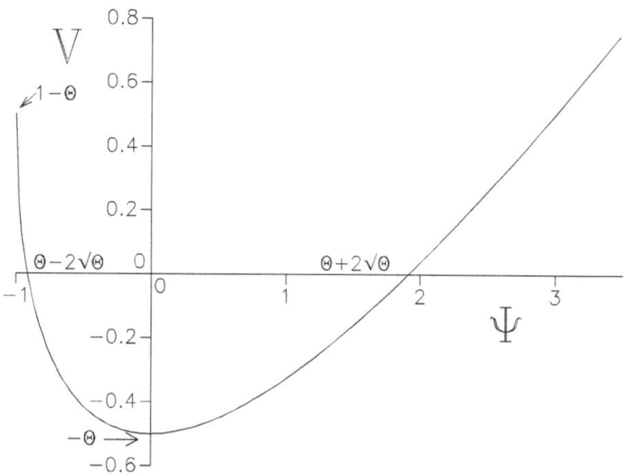

Abb. 7.7 Skizze des Potentials (7.352) nach Einführung der dimensionslosen Variablen (7.353) und (7.354) für $\theta = 0{,}5$

d. h. die mittlere Amplitude der Elektronenschwingungen $(eE_m/m_e\omega_{pe}^2)$ vergleichbar mit der Wellenlänge $(\sim k^{-1})$. Das Phänomen des Wellenaufsteilens und Wellenbrechens wird also dadurch verständlich, dass die Wellenlänge eine Funktion der Wellenamplitude wird. Damit wird die Phasengeschwindigkeit ebenfalls amplitudenabhängig, und der Wellenberg eilt dem Wellental stärker voraus.

Man kann dieses Verhalten mathematisch genauer sehen, wenn man zu den sogenannten Lagrange-Koordinaten ξ und τ (im Gegensatz zu den Euler-Koordinaten x und t im Laborsystem) übergeht.

Im Gegensatz zu den Euler-Koordinaten x und t messen die Lagrange-Koordinaten ξ und τ die Position jedes Fluidelements in Bezug auf seine Anfangsposition. Wir definieren

$$\boxed{\tau = t \quad , \quad \xi = x - \int_0^\tau d\tau' v_e(\xi, \tau')} \ . \tag{7.357}$$

Die Kettenregel führt zu

$$\frac{\partial}{\partial \xi} = \frac{\partial x}{\partial \xi}\frac{\partial}{\partial x} \quad , \quad \frac{\partial}{\partial \tau} = \frac{\partial t}{\partial \tau}\frac{\partial}{\partial t} + \frac{\partial x}{\partial \tau}\frac{\partial}{\partial x} \ . \tag{7.358}$$

Damit findet man sofort

$$\frac{\partial}{\partial x} = \left[1 + \int_0^\tau d\tau'\frac{\partial v_e(\xi, \tau')}{\partial \xi}\right]^{-1}\frac{\partial}{\partial \xi} \ , \tag{7.359}$$

$$\frac{\partial}{\partial t} = \frac{\partial}{\partial \tau} - v_e(\xi, \tau)\left[1 + \int_0^\tau d\tau'\frac{\partial v_e(\xi, \tau')}{\partial \xi}\right]^{-1}\frac{\partial}{\partial \xi} \ . \tag{7.360}$$

Transformation von (7.342) in Lagrange-Koordinaten führt zu

$$\frac{\partial}{\partial \tau}\left\{n_e\left[1 + \int_0^\tau d\tau'\frac{\partial v_e(\xi, \tau')}{\partial \xi}\right]\right\} = 0 \ . \tag{7.361}$$

Ähnlich bei (7.343):

$$\frac{\partial v_e(\xi, \tau)}{\partial \tau} = -\frac{e}{m_e}E(\xi, \tau) \ . \tag{7.362}$$

Letztendlich bilden wir die τ-Ableitung von (7.344),

$$\frac{\partial}{\partial \tau}\frac{\partial E}{\partial \xi} = \frac{1}{\varepsilon_0}e\frac{\partial}{\partial \tau}\left\{\left[1 + \int_0^\tau d\tau'\frac{\partial v_e(\xi, \tau')}{\partial \xi}\right](n_0 - n_e)\right\} = \frac{en_0}{\varepsilon_0}\frac{\partial v_e(\xi, \tau)}{\partial \xi} \ , \tag{7.363}$$

um eine einfache Oszillatorgleichung zu erhalten:

$$\boxed{\frac{\partial^2 v_e(\xi, \tau)}{\partial \tau^2} + \omega_{pe}^2 v_e(\xi, \tau) = 0} \; . \tag{7.364}$$

Auf den ersten Blick ist dies eher überraschend. Ausgehend von einem nichtlinearen System landen wir bei einer linearen Gleichung. Leider müssen wir die nichtlineare Transformation (7.358) anwenden, um zur Euler-Koordinate x zurückzukehren.

Die Lösung von (7.364) kann wie folgt geschrieben werden:

$$v_e(\xi, \tau) = V_e(\xi) \cos(\omega_{pe}\tau) + \omega_{pe} X_e(\xi) \sin(\omega_{pe}\tau) \; . \tag{7.365}$$

Für

$$v_e(\xi, \tau = 0) = V_e(\xi) \equiv 0 \tag{7.366}$$

führt die Impulsbilanz (7.362) zu

$$E(\xi, \tau) = -\frac{m_e}{e} \omega_{pe}^2 X_e(\xi) \cos(\omega_{pe}\tau) \; . \tag{7.367}$$

Als Nächstes folgt aus der Poisson-Gleichung (7.363) zum Zeitpunkt $\tau = 0$

$$\frac{\partial X_e(\xi)}{\partial \xi} = \frac{n_e(\xi, \tau = 0)}{n_0} - 1 \; . \tag{7.368}$$

Nun kann die Dichtekontinuitätsgleichung (7.361) umgeschrieben werden als

$$n_e(\xi, \tau) = \frac{n_e(\xi, 0)}{\left\{ 1 + \frac{\partial X_e(\xi)}{\partial \xi} \left[1 - \cos(\omega_{pe}\tau) \right] \right\}} \; . \tag{7.369}$$

Wenn die freie Funktion $X_e(\xi)$ in der Form angenommen wird

$$X_e(\xi) = \frac{\Delta}{k} \sin(k\xi) \; , \tag{7.370}$$

enthält sie die Parameter Δ und k. Ihre Bedeutung wird aus der entsprechenden anfänglichen Dichteverteilung offensichtlich:

$$n_e(\xi, 0) = n_0 \left[1 + \Delta \cos(k\xi) \right] \; . \tag{7.371}$$

In Lagrange-Koordinaten sind v_e, E und n_e einfache harmonische Funktionen von τ. Die Rücktransformation zu den Labor-(Euler-)Koordinaten erfolgt durch

$$t = \tau, \quad x = \xi + \frac{2\Delta}{k} \sin^2(\omega_{pe}\tau/2) \sin(k\xi) \,. \tag{7.372}$$

Alles wird linear für $\Delta \to 0$; andernfalls ist es nichtlinear. Für $|\Delta| > \frac{1}{2}$ ist die Transformation nicht eindeutig, was dem Wellenbrechen entspricht.

Beispiel 7.11 (Explizite Form von E(x,t))
Werfen wir einen expliziten Blick auf die Lösung $E(x, t)$. Wir entwickeln

$$\sin[k\xi(x, t)] = \sum_{n=1}^{\infty} a_n(t) \sin(nkx) \,, \tag{7.373}$$

wobei die Koeffizienten sind:

$$a_n(t) = \frac{k}{\pi} \int_0^{2\pi/k} dx \, \sin(nkx) \sin[k\xi(x, t)] \,. \tag{7.374}$$

Beim Auswerten des Integrals auf der rechten Seite verwenden wir $dx = d\xi \, [1 + \alpha \cos(k\xi)]$ mit $\alpha = 2\Delta \sin^2(\omega_{pe}\tau/2) \equiv \alpha(t)$. Neben den Additionstheoremen für Sinus- und Kosinusfunktionen wird die Darstellung der Bessel-Funktionen J_n n-ter Ordnung

$$J_n(z) = \frac{1}{\pi} \int_0^{\pi} \cos[z \sin\theta - n\theta]d\theta \tag{7.375}$$

genutzt. Wir erinnern an

$$J_{-n}(z) = (-1)^n J_n(z) \tag{7.376}$$

und

$$J_{v-1}(z) + J_{v+1}(z) = \frac{2v}{z} J_v(z) \,. \tag{7.377}$$

Eine kurze Berechnung der Koeffizienten führt zu

$$a_n(t) = (-1)^{n+1} \frac{2}{n\alpha(t)} J_n[n\alpha(t)] \,. \tag{7.378}$$

Dann können wir das elektrische Feld wie folgt darstellen:

$$E(x, t) = -\frac{m_e}{e} \frac{\omega_{pe}^2}{k} \sum_{n=1}^{\infty} (-1)^{n+1} \frac{1}{n \sin^2(\omega_{pe}t/2)} J_n[2n\Delta \sin^2(\omega_{pe}t/2)] \tag{7.379}$$
$$\times \sin(nkx) \cos(\omega_{pe}t) \,.$$

Dies ist keine reine harmonische Funktion. Höhere Harmonische in k treten auf, und auch die Zeitabhängigkeit ist recht kompliziert. Natürlich macht die Beschreibung nur Sinn, solange $|\Delta| < \frac{1}{2}$. ∎

Relativistische Formulierung

Dawson [128] zeigte, dass Wellenbruch (innerhalb der ersten Periode) auftreten kann, vorausgesetzt, dass die vom Fluid mit der maximalen Fluidgeschwindigkeit V zurückgelegte Strecke in der Zeit T, die etwa der inversen Plasmafrequenz entspricht, die Inhomogenitätslänge L (die etwa der inversen Wellenzahl k entspricht) übersteigt. In diesem Szenario ist die Wellenbrechzeit T auf die erste Periode beschränkt. Für ein gegebenes k existiert eine Amplitudenschwelle A der Welle ($V \sim A$). Wenn wir unterhalb dieser Schwelle sind, sollte kein Wellenbrechen auftreten [128].

Allerdings erzeugt die relativistische Nichtlinearität eine nichtlineare Frequenzverschiebung, die raumabhängig werden kann. Dadurch entsteht eine nichtlineare Inhomogenitätslänge L, die von der Amplitude der Oszillation und damit von A abhängt. Die Bedingung $VT > L$ kann nun ohne Schwelle erfüllt werden. Für kleine Amplituden A kann die Brechzeit T groß werden und für $A \to 0$ wie $T \sim 1/A^3$ skalieren.

Wir beginnen mit einer Beschreibung mittels eines kalten Fluids und Lagrange-Koordinaten in einer Raumdimension. Das Fluidelement befand sich bei x_0 zum Zeitpunkt $t = 0$ und befindet sich bei x_L zum Zeitpunkt t, d. h., die Lagrange-Koordinate ist $x_L = x_L(x_0, t)$ mit $x_L(x_0, t = 0) = x_0$. Außerdem definieren wir den Lagrange-Impuls der Elektronen $p_L = p_L(x_0, t) = p(x_L, t)$, das Lagrange-Elektrostatikfeld $E_L = E_L(x_0, t) = E(x_L, t)$ und die Elektronendichte $n_L = n_L(x_0, t) = n(x_L, t)$. Die Ionendichte N wird als konstant angenommen.

Die Maxwell-Gleichungen (wir betrachten elektrostatistische Kielfelder und vernachlässigen die Magnetfelder) führen zu

$$\frac{\partial E_L}{\partial t} = \frac{1}{\varepsilon_0} e n_L v_L \; . \tag{7.380}$$

Die totale Zeitableitung von E_L ist

$$\frac{dE_L}{dt} = \frac{\partial E}{\partial x_L}\frac{dx_L}{dt} + \frac{\partial E}{\partial t} \; . \tag{7.381}$$

Aus der Poisson-Gleichung

$$\frac{\partial E}{\partial x_L} = \frac{1}{\varepsilon_0}(N - n_L)e \tag{7.382}$$

sowie wegen der Definition

$$\boxed{\frac{dx_L}{dt} = v_L = \frac{p_L}{m\gamma}}$$
(7.383)

erhalten wir zusammen mit (7.380)

$$\frac{dE_L}{dt} = \frac{1}{\varepsilon_0} N e v_L \,.$$
(7.384)

Beispiel 7.12 (Konstante Ionendichte)
Wir behandeln zunächst den Fall einer homogenen Ionendichte N. Nach der Integration erhalten wir

$$E_L = \frac{1}{\varepsilon_0} N e x_L + E_0(x_0) - \frac{1}{\varepsilon_0} N e x_0 \,,$$
(7.385)

wobei wir $E_0(x_0) = E_L(x_0, t = 0)$ definiert haben. Gl. (7.385) ist eine grundlegende Beziehung, die wir im Folgenden verwenden werden. Die (longitudinale) Impulsbilanz lautet

$$\boxed{\frac{dp_L}{dt} = -eE_L = -\frac{1}{\varepsilon_0} N e^2 x_L - e E_0(x_0) + \frac{1}{\varepsilon_0} N e^2 x_0}\,.$$
(7.386)

Zusammen mit Gl. (7.383) bilden diese die grundlegenden Bewegungsgleichungen für konstante Ionendichte. Hier ist

$$\gamma = \sqrt{1 + \frac{p_L^2}{m^2 c^2}}\,.$$
(7.387)

∎

Beispiel 7.13 (Inhomogene Ionendichte)
Wenn die Ionendichteverteilung nicht homogen ist (aber die Ionendynamik weiterhin vernachlässigt wird), gilt $N_L = N_L(x_0, t) = N(x_L)$. Die Verallgemeinerung von Gl. (7.384) lautet

$$\frac{dE_L}{dt} = \frac{1}{\varepsilon_0} N_L e \frac{dx_L}{dt}\,.$$
(7.388)

Führen wir die Funktion $Y_i(\xi)$ über

$$N(x_L) = \left.\frac{dY_i}{d\xi}\right|_{\xi = x_L}$$
(7.389)

ein, so finden wir

$$E_L = \frac{1}{\varepsilon_0} e \left[Y_i(x_L) - Y_i(x_0) \right] + E_0(x_0) \,,$$
(7.390)

die die vorherige Gl. 7.385) ersetzt. Nun lässt sich die Gl. (7.386) verallgemeinern zu

$$\boxed{\frac{dp_L}{dt} = -\frac{1}{\varepsilon_0} e^2 \left[Y_i(x_L) - Y_i(x_0) \right] - e E_0(x_0)}\,,$$
(7.391)

die zusammen mit (7.383) das Grundgleichungssystem für inhomogene Plasmen bildet. ∎

Relativistisches Wellenbrechen für N=const

Wir veranschaulichen nun das Wellenbrechen für $N = $ const; die Schlussfolgerungen und Berechnungen sind für inhomogene Situationen $N(x)$ ähnlich. Unter Verwendung der Poisson-Gleichung erhalten wir

$$\frac{\partial E_L}{\partial x_0} = \frac{\partial E}{\partial x_L}\frac{\partial x_L}{\partial x_0} = \frac{1}{\varepsilon_0}(N - n_L)e\frac{\partial x_L}{\partial x_0} \ . \tag{7.392}$$

Andererseits gilt

$$\frac{\partial E_L}{\partial x_0} = \frac{\partial}{\partial x_0}\left(\frac{1}{\varepsilon_0}Nex_L + E_0(x_0) - \frac{1}{\varepsilon_0}Nex_0\right) \ . \tag{7.393}$$

Eine kurze Rechnung führt zu

$$\frac{\partial E_L}{\partial x_0} = \frac{1}{\varepsilon_0}e\left(\frac{\partial x_L}{\partial x_0}N - n_0\right) \ , \tag{7.394}$$

wobei wir

$$\frac{\partial E_0}{\partial x_0} = \frac{1}{\varepsilon_0}e(N - n_0) \tag{7.395}$$

benutzt haben, mit $n_0 = n_L(x_0, t = 0)$. Vergleichen wir die rechten Seiten von (7.392) und (7.394), so folgt

$$n_L = \frac{n_0}{\frac{\partial x_L}{\partial x_0}} \ . \tag{7.396}$$

Die Bedingung

$$\boxed{\frac{\partial x_L}{\partial x_0} = 0} \tag{7.397}$$

definiert das Wellenbrechen. Die Beziehung (7.396) zeigt, dass „unendliche" Dichte dem Wellenbrechen entspricht.

Bei $N = $ const setzen wir in (7.386) die folgende Definition ein:

$$y_L := \frac{1}{\varepsilon_0}Ne^2x_L + eE_0 - \frac{1}{\varepsilon_0}e^2x_0N \ . \tag{7.398}$$

Wir können die grundlegenden Bewegungsgleichungen dann schreiben als

$$\frac{dy_L}{dt} = \frac{Ne^2}{\varepsilon_0 m}\frac{p_L}{\gamma} \ , \tag{7.399}$$

$$\frac{dp_L}{dt} = -y_L \ . \tag{7.400}$$

Wegen des Auftretens von γ handelt es sich um eine Gleichung für einen nichtlinearen Oszillator. Anstelle von ω_{pe0} erscheint allgemein eine amplitudenabhängige Frequenz.

Beispiel 7.14 (Nichtlinearer Oszillator)
Aus der Gleichung des nichtlinearen Oszillators

$$\frac{d^2 p}{dt^2} = -\frac{p}{\sqrt{1 + p^2}} \tag{7.401}$$

berechnen wir die nichtlineare Frequenz. Impuls und Zeit sind nun durch mc bzw. ω_{pe}^{-1} normiert. Die amplitudenabhängige Frequenz kann durch Störungstheorie bestimmt werden. Zunächst entwickeln wir die Quadratwurzel für kleine Amplituden, um für den Oszillator (mit linearer Frequenz $\omega = 1$) zu erhalten

$$\frac{d^2 p}{dt^2} + \omega^2 p = -(1 - \omega^2)p - \frac{1}{2}p^3. \tag{7.402}$$

Die Multiplikation beider Seiten mit $\cos(\omega t)$ und die Integration über t von $-\pi/\omega$ bis $+\pi/\omega$, sowie die Näherung $p(t) \approx \tilde{A} \cos(\omega t)$ innerhalb der Integrale führen zu dem näherungsweisen Ergebnis für die Frequenz bei kleinen Amplituden:

$$\omega^2 \approx 1 - \frac{3}{8}\tilde{A}^2 \tag{7.403}$$

Dies ist das Ergebnis, das in Gl. (7.424) genutzt werden wird. Es ist in Abb. 7.8 durch die Kreuze dargestellt. Wir können sogar eine bessere Näherung erhalten, die für größere Amplituden gültig ist, wenn wir die Quadratwurzel nicht entwickeln. Indem wir die gleichen Schritte wie zuvor ausführen, gelangen wir zu

$$\omega^2 \approx \frac{1}{\pi} \int_{-\pi}^{\pi} d\tau \frac{\cos^2(\tau)}{\sqrt{1 + \tilde{A}^2 \cos^2(\tau)}} \tag{7.404}$$

Dieses Ergebnis ist ebenfalls in Abb. 7.8 durch die leicht gestrichelte Kurve dargestellt. Im Vergleich zum exakten numerischen Ergebnis erkennen wir eine ausgezeichnete Übereinstimmung bis zu ziemlich großen Amplituden. ■

Für inhomogene $N = N(x)$ ist eine angenäherte Berechnung möglich, z. B. wenn $|x_L - x_0| \ll 1$. Dann beginnen wir mit den Gleichungen

$$\frac{dp_L}{dt} = -\frac{1}{\varepsilon_0}e^2 N(x_0)\,[x_L - x_0] - eE_0(x_0) \equiv -\tilde{y}_L , \tag{7.405}$$

$$\frac{d\tilde{y}_L}{dt} = \frac{e^2 N(x_0)}{\varepsilon_0 m \gamma} p_L . \tag{7.406}$$

Abb. 7.8 Amplitudenabhängigkeit der Frequenz des nichtlinearen Oszillators (7.401). Das exakte Ergebnis (durch die durchgezogene Linie dargestellt) wird mit der Näherung für kleine Amplituden (7.403) (Kreuze) und (7.404) (gestrichelte Kurve) verglichen [133]

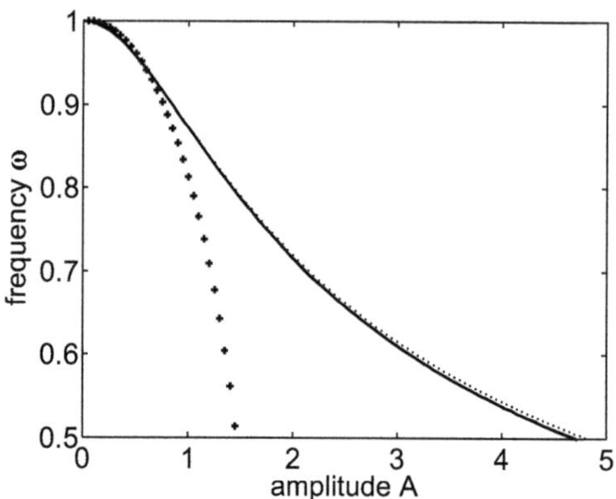

Jetzt ist die Frequenz nicht nur amplituden-, sondern auch raumabhängig. Die Lösungen für $\tilde{y}_L$ und $x_L - x_0$ sind einfach zu erhalten.

Dynamische Ionen mit $N = N(x, t)$ können nur numerisch erfasst werden.

Nichtrelativistischer Grenzfall für $\gamma = 1$ und N=const

Für die nichtrelativistische Grenze beginnen wir mit einem harmonischen Feld bei $t = 0$

$$E_0 = A(x_0) \sin(kx_0 + \varphi) \tag{7.407}$$

und dem Impuls

$$p_0 = -\sqrt{\frac{\varepsilon_0 m}{N}} A(x_0) \cos(kx_0 + \varphi) \, , \tag{7.408}$$

wobei φ eine beliebige Phase ist. Wir können die Wellenlösung wie folgt schreiben:

$$E_L = A(x_0) \sin(kx_0 - \omega_{pe0} t + \varphi) \, . \tag{7.409}$$

Der Grund dafür ist, dass sich in diesem Fall die Gl. (7.399) und (7.400) vereinfachen zu

$$\frac{d^2 E_L}{dt^2} = -\omega_{pe0}^2 E_L \, . \tag{7.410}$$

Dann führt die grundlegende Beziehung (7.385) zu

$$x_L = x_0 + \frac{\varepsilon_0}{Ne} A(x_0) \left[\sin(kx_0 - \omega_{pe0} t + \varphi) - \sin(kx_0 + \varphi) \right] \, , \tag{7.411}$$

und für konstante Amplituden $A(x_0) = A$ erhalten wir

$$\frac{\partial x_L}{\partial x_0} = 1 + \frac{\varepsilon_0 k}{Ne} A \left[\cos(kx_0 - \omega_{pe0} t + \varphi) - \cos(kx_0 + \varphi) \right] \, . \tag{7.412}$$

Die notwendige Bedingung für Wellenbrechen wird

$$\boxed{\frac{\varepsilon_0 k}{Ne} A \geq \frac{1}{2}\,,} \tag{7.413}$$

was dem vorherigen Ergebnis [128] entspricht (beachte den Faktor 2).

Wellenbrechen tritt auf, wenn die Änderung der maximalen Fluidgeschwindigkeit größer ist als die Phasengeschwindigkeit, d. h.

$$\Delta v_L|_{max} = \frac{2\varepsilon_0 A \omega_{pe0}}{Ne} > \frac{\omega_{pe0}}{k}\,. \tag{7.414}$$

Dawson [128] hat das Ergebnis $\varepsilon_0 A/Ne \geq 1/k$ für spezifische Anfangsbedingungen erhalten.

Folgendes ist zu dem berühmten Ergebnis (7.413) zu sagen. Zunächst können wir (7.413) verwenden, um den Beginn des Wellenbrechens in Abhängigkeit von z. B. der Amplitude A zu bestimmen. Indem wir $T = \omega_{pe0}^{-1}$, $V = \Delta v_L|_{max}$ und $L = k^{-1}$ einführen, erhalten wir aus

$$VT \approx L \tag{7.415}$$

die Schwellenamplitude für festes k. Wenn wir für Kielfelder (wakefields) näherungsweise $\frac{\omega_{pe0}}{k} \approx c$ setzen und die normierte maximale Feldamplitude $a = \frac{\varepsilon_0 A \omega_{pe0}}{Nec}$ (normiert mit mc) verwenden, lautet das Kriterium (7.413):

$$a \geq \frac{1}{2}\,. \tag{7.416}$$

Nach (7.413) führen kleine Amplituden daher nicht zum Wellenfeldbrechen. Andererseits erfordert (7.416) für Kielfelder eine relativistische Behandlung.

Im homogenen, nichtrelativistischen Grenzfall (nicht notwendigerweise für Kielfelder) kann man die Schwellenvorhersage (7.413) für das Wellenbrechen in endlicher Zeit mit numerischen Simulationen vergleichen und findet eine ausgezeichnete Übereinstimmung [133].

Relativistische Rechnung für $\gamma = 1$ und N=const

In der vollständig relativistischen Beschreibung erhalten wir anstelle von (7.411) eine nichtlineare Oszillatorlösung, die wir in der Form abkürzen:

$$x_L = x_0 + \frac{\varepsilon_0}{Ne} A \sin(kx_0)\left[F(\omega t, x_0) - 1\right]\,, \tag{7.417}$$

wobei ω die nichtlineare Frequenz ist, die im schwach relativistischen Grenzfall $\omega \approx \omega_{pe0}$ entspricht. Die Funktion F ist weiterhin endlich und 2π-periodisch, d.h., es gilt $F(y \equiv \omega t + 2\pi, x_0) = F(y \equiv \omega t, x_0)$. Beginnen wir mit $E_0 = A \sin(k x_0)$, so führt das Ableiten nun zu

$$\frac{\partial x_L}{\partial x_0} = 1 + \frac{\varepsilon_0}{Ne} \left\{ \frac{\partial E_0}{\partial x_0} [F(y \equiv \omega t, x_0) - 1] + E_0 \frac{\partial F(y \equiv \omega t, x_0)}{\partial y} \frac{\partial \omega}{\partial x_0} t \right.$$
$$\left. + E_0 \frac{\partial F(y \equiv \omega t, x_0)}{\partial x_0} \right\} . \tag{7.418}$$

Die rechte Seite enthält zusätzlich zum Dawson-Kriterium (7.413) eine zweite Ursache für das Wellenbrechen. In jedem Fall wird für $t \to \infty$ der linear in t wachsende Term dominieren. Für ein gegebenes

$$\frac{\partial \omega}{\partial x_0} \neq 0 \tag{7.419}$$

können wir immer eine Reihe von Intervallen finden, sodass

$$\frac{\varepsilon_0}{Ne} E_0 \frac{\partial F(y \equiv \omega t, x_0)}{\partial y} \frac{\partial \omega}{\partial x_0} < 0 \tag{7.420}$$

und Wellenbrechen ohne Schwelle auftreten kann.

Dies ändert die Aussage von [131], dass „für nichtrelativistische und relativistische Plasmen dieses Überholen eintritt, wenn die maximale Fluidgeschwindigkeit der Phasengeschwindigkeit entspricht". Das hier betrachtete Brechen muss möglicherweise nicht bei der ersten Oszillation auftreten, sondern erst später, d. h. nach vielen Elektronenplasmaperioden. Allgemein ermöglicht (7.420) eine Abschätzung der Zeit bis zum Brechen. Wir möchten betonen, dass die Zeit für das Wellenbrechen nun aus

$$V T \approx L \tag{7.421}$$

folgt [siehe (7.415), die dort für die Amplitudenschwelle verwendet wurde], wobei jetzt jedoch die Inhomogenitätslänge

$$L \approx \left| \left[\frac{\partial \ln \omega}{\partial x_0} \right]^{-1} \right| \tag{7.422}$$

verwendet werden sollte. Quantitative Vorhersagen erfordern eine genaue Kenntnis der nichtlinearen Oszillation.

Offensichtlich wird die Frequenz x_0-abhängig, wenn das Plasma inhomogen ist. Ebenso kann eine Nichtlinearität eine raumabhängige Frequenz einführen. Dies zeigen wir analytisch, indem wir beispielsweise die (erweiterte) Gleichung

$$\frac{d^2 p_L}{dt^2} = -\frac{\omega_{pe0}^2}{\gamma} p_L \approx -\omega_{pe0}^2 \left(1 - \frac{1}{2} \frac{p_L^2}{m^2 c^2} \right) p_l \tag{7.423}$$

für kleine Amplituden lösen. Nehmen wir $p_0 \sim \tilde{A}$ an, so folgt näherungsweise

$$\omega^2 \approx \omega_{pe0}^2 \left(1 - \frac{3}{8}\frac{\tilde{A}^2}{m^2 c^2}\right) . \tag{7.424}$$

Beispielsweise können wir mit $\tilde{A} = \tilde{A}(x_0) = A(x_0)\cos(kx_0)$ die explizite Raumabhängigkeit der Frequenz bestimmen.

Wenden wir dies auf das Wakefield (Kielfeld) an, das durch einen pulsierenden Laserstrahl angeregt wird, stellen wir fest, dass das anfänglich angeregte Wakefield eine raumabhängige Frequenz aufweist. Folglich wird das Wakefield (früher oder später, abhängig von der Stärke des angeregten Feldes) brechen, selbst wenn (7.413) nicht erfüllt ist. Für $\gamma \to 1$ strebt die Zeit bis zum Brechen gegen unendlich. Die Skalierung ist

$$T \sim a^{-3} \tag{7.425}$$

im kleinen Amplitudenlimit. Hier ist $a = \frac{e\tilde{A}}{mc} \,\hat{=}\, \frac{E_0 e}{\omega_{pe} mc}$. Das Ergebnis (7.413) kann als die (nichtrelativistische) Vorhersage für das Brechen von (allgemeinen) elektrostatistischen Oszillationen in endlicher Zeit verstanden werden. Wenn wir relativistische Wellenfelder wählen, zeigen numerische Simulationen immer Wellenbrechen in Übereinstimmung mit den analytischen Vorhersagen.

Endliche Längen

Dawson [128] betrachtete ein nichtrelativistisches Feld unendlicher Länge. Um den Einfluss einer endlichen Feldlänge zu untersuchen, kann man mit einem elektrischen Feld bei $t = 0$ in folgender Form beginnen:

$$E_L = A_\infty e^{-x_0^2/\sigma^2} \cos(kx_0) \sin(\omega_{pe0} t) . \tag{7.426}$$

Das grundsätzliche Ergebnis (7.385) führt zu

$$x_L = x_0 + \frac{\varepsilon_0 A_\infty}{Ne} \cos(kx_0) \sin(\omega_{pe0} t) e^{-x_0^2/\sigma^2} \tag{7.427}$$

und liefert nach Differentiation

$$\frac{\partial x_L}{\partial x_0} = 1 - \frac{\varepsilon_0 A_\infty}{Ne}\left(k\sin(kx_0) + 2\frac{x_0}{\sigma^2}\cos(kx_0)\right)\sin(\omega_{pe0} t) e^{-x_0^2/\sigma^2} . \tag{7.428}$$

Daher erwarten wir Wellenbrechen für

$$\frac{\varepsilon_0 A_\infty}{Ne}\left(k\sin(kx_0) + 2\frac{x_0}{\sigma^2}\cos(kx_0)\right) e^{-x_0^2/\sigma^2} \geq 1 . \tag{7.429}$$

Abb. 7.9 Grafik von ϕ als Funktion von σ für $\frac{kc}{\omega_{pe}} = 2$.

Felder mit $\frac{\varepsilon_0 A_\infty k}{Ne} \geq \Phi$ sollten brechen [133]

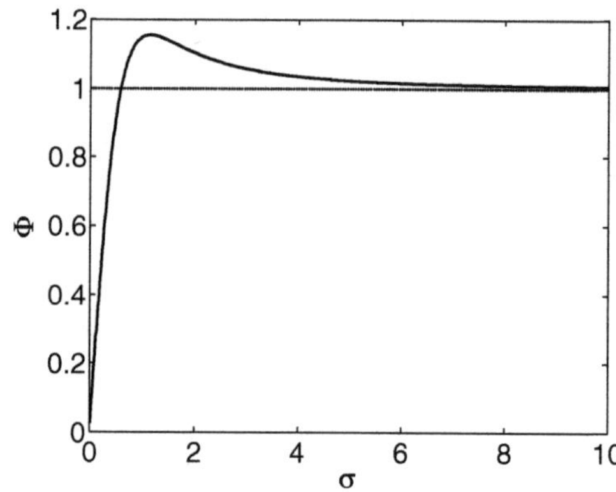

Für $\sigma \to \infty$ erhalten wir Dawsons Kriterium [128] für das Brechen, nämlich $\frac{\varepsilon_0 A_\infty k}{Ne} \geq 1$. Im Grenzfall $\sigma \to 0$ wird erwartet, dass das Feld sogar bei willkürlich kleinen Feldamplituden bricht. Zwischen diesen beiden Grenzen ist es am praktischsten, die Ungleichung (7.429) numerisch zu evaluieren. Wir definieren

$$\Phi = \frac{1}{\max\limits_{x_0} \tilde{f}} \,, \quad \text{mit} \quad \tilde{f} \equiv \tilde{f}(x_0; k, \sigma) = \left(\sin(kx_0) + 2\frac{x_0}{k\sigma^2} \cos(kx_0) \right) e^{-x_0^2/\sigma^2} \,. \quad (7.430)$$

In Abb. 7.9 ist Φ als Funktion von σ für $\frac{kc}{\omega_{pe}} = 2$ dargestellt. Das Brechkriterium lautet

$$\boxed{\frac{\varepsilon_0 A_\infty k}{Ne} \geq \Phi} \,, \quad (7.431)$$

wobei wir der Einfachheit halber k als Parameter betrachten. Für sehr breite Felder, d. h. große σ, ähnelt das Kriterium Dawsons Ergebnis [128]. Wenn σ kleiner wird, werden einige Felder mit Amplituden A_∞, die die Brechbedingung für unendliche Länge erfüllen, im nichtrelativistischen Limit nicht mehr brechen. Für sehr kleine σ können selbst im nichtrelativistischen Fall Felder mit sehr kleinen Amplituden vom Brechen betroffen sein.

Nichtlineare Schwingungen in Plasmen 8

Inhaltsverzeichnis

Zusammenfassung

In diesem Kapitel stellen wir allgemeine Methoden vor, um Wellen in Plasmen mit größerer Amplitude, wir nennen sie dann nichtlinear, modellmäßig zu erfassen. Im Grunde müssten wir das für jeden einzelnen Wellentyp gesondert tun. Wir exemplifizieren gängige Methoden aber nur an wenigen Typen (ionenakustische Oszillationen, Langmuir-Schwingungen und Driftwirbel), in der Erwartung, wenn einmal das prinzipielle Verfahren an einigen Moden demonstriert ist, dann sollten Übertragungen und Verallgemeinerungen auf andere Moden nicht allzu schwer sein. Zentral ist dann natürlich, ob die so gefunden nichtlinearen Schwingungszustände auch beobachtbar, d. h. vom mathematischen Standpunkt aus stabil, sind. Wir stellen mit der inversen Streumethode u. a. exakte Lösungen vor. Während sich der größte Teil des Kapitels auf kohärente Zustände bezieht, gehen wir am Schluss noch auf turbulente Zustände ein. Dies allerdings ohne jeden Anspruch auf eine breite Darstellung der wichtigen, aber auch extrem schwierigen aktuellen Turbulenzansätze.

© Der/die Autor(en), exklusiv lizenziert an Springer-Verlag GmbH, DE, ein Teil von Springer Nature 2025
K.-H. Spatschek, *Theoretische Plasmaphysik*,
https://doi.org/10.1007/978-3-662-71426-3_8

8.1   Ionen-akustische Solitonen und KdV-Gleichung

> Einige nichtlineare Wellenkonfigurationen werden Solitonen oder solitäre Wellen
> genannt. Bezüglich der Solitonen spielte die Plasmaphysik für die gesamte Physik
> eine Vorreiterrolle. Im Bereich der Plasmaphysik wurden nämlich die ionenakusti-
> schen Wellen physikalisch intensiv untersucht; diese Arbeiten führten zu einem ent-
> scheidenden Einblick in das Verhalten nichtlinearer Wellen mit Dispersion. Und insbe-
> sondere zu einem neuen mathematischen Verfahren, exakte zeitabhängige Lösungen
> zu finden. Im Folgenden stellen wir das hydrodynamische Modell für ionenakustische
> nichtlineare Wellen vor und diskutieren seine Auswirkungen.

KDV-Gleichung

Nehmen wir einmal an, dass die Ionentemperatur T_i sehr viel kleiner ist als die Elektronentemperatur T_e. Wir beschränken uns ferner auf niederfrequente Phänomene ($\omega \ll \omega_{pe}$) und
können deshalb in guter Näherung für die Elektronen eine Boltzmann-Verteilung annehmen. (Aus offensichtlichen Gründen wird ein solches Modell oft als „$m_e \to$ 0-Näherung"
bezeichnet. Man beachte, dass die Boltzmann-Verteilung aus der Elektronenimpulsbilanz
bei vernachlässigbarer Elektronenträgheit folgt, wenn man die Nichtlinearität aufgrund der
konvektiven Ableitung unberücksichtigt lässt.) Aus Gründen der Einfachheit werde ferner
die isotherme Zustandsgleichung

$$p_e = n_e k_B T_e \tag{8.1}$$

bei $T_e = const$ zugrunde gelegt. Die niederfrequente Dynamik wird im Wesentlichen durch
die Ionenbewegung bestimmt. Letztere folgt aus der Impulsbilanz (eindimensional)

$$\partial_t v_i + v_i \partial_x v_i = -\frac{e}{m_i} \partial_x \phi, \tag{8.2}$$

wobei das ambipolare Potential ϕ über die Poisson-Gleichung

$$\partial_x^2 \phi = \frac{1}{\varepsilon_0} e[n_e - n_i] \tag{8.3}$$

eine Verbindung zwischen den Ionen- und Elektronendichten, n_i bzw. n_e, herstellt. Die
Ionendichte folgt aus der Teilchenbilanz

$$\partial_t n_i + \partial_x (n_i v_i) = 0, \tag{8.4}$$

während die Elektronendichte

$$n_e = n_0 \exp(e\phi / k_B T_e) \tag{8.5}$$

nach Boltzmann verteilt ist. Die Gl. (8.2)–(8.5) stellen ein geschlossenes System für n_i, v_i und ϕ dar. An dieser Stelle ist es ratsam, dimensionslose Variablen vermöge

$$\boxed{x/\lambda_{De} \to x, \quad t\omega_{pi} \to t, \quad e\phi/k_B T_e \to \phi, \quad n_i/n_0 \to n, \quad v_i/c_s \to v} \tag{8.6}$$

einzuführen, wobei die charakteristische Längenskala die Elektronen-Debye-Länge λ_{De}, die charakteristische Zeit die inverse Ionenplasmafrequenz ω_{pi}^{-1} und die charakteristische Geschwindigkeit die Ionenschallgeschwindigkeit $c_s = \lambda_{De}\omega_{pi}$ ist. Die räumlich homogene mittlere Dichte sei n_0. Die Ausgangsgleichungen lauten in den neuen Variablen

$$\partial_t n + \partial_x (nv) = 0, \tag{8.7}$$

$$\partial_t v + v\partial_x v = -\partial_x \phi, \tag{8.8}$$

$$\partial_x^2 \phi = e^\phi - n. \tag{8.9}$$

Die Dispersionsrelation

$$\boxed{\omega = k/(1+k^2)^{1/2} \approx k} \tag{8.10}$$

folgt unmittelbar nach Linearisierung und Fourier-Transformation. (In dimensionsbehafteten Größen gilt $\omega \approx kc_s$. Da die Schallgeschwindigkeit sehr viel kleiner als die thermische Geschwindigkeit v_{te} der Elektronen ist, wird nachträglich die Boltzmann-Verteilung für Elektronen gerechtfertigt.)

Im Rahmen einer schwach nichtlinearen Theorie nehmen wir an, dass die Abweichungen von den stationären und räumlich homogenen Werten $n = 1$, $\phi = 0$ und $v = 0$ klein sind. Wir berücksichtigen dies durch einen (später noch näher zu untersuchenden) Kleinheitsparameter ε und entwickeln

$$n = 1 + \varepsilon n^{(1)} + \varepsilon^2 n^{(2)} + \dots \ , \tag{8.11}$$

$$\phi = \varepsilon \phi^{(1)} + \varepsilon^2 \phi^{(2)} + \dots \ , \tag{8.12}$$

$$v = \varepsilon v^{(1)} + \varepsilon^2 v^{(2)} + \dots \ . \tag{8.13}$$

Zusätzlich müssen wir die Orts- und Zeitabhängigkeiten skalieren. Wir tun dies in der Form

$$\xi = \varepsilon^{1/2}(x - t), \tag{8.14}$$

$$\tau = \varepsilon^{3/2} t. \tag{8.15}$$

Dieser letzte Schritt muss noch motiviert werden. Man kann sich einmal auf einen recht formalen Standpunkt stellen und für die neue Orts- bzw. Zeitvariable ξ bzw. τ neue Kleinheitsparameter ε bzw. μ einführen. Eine ε-μ-Relation lässt sich dann aufgrund von nichttrivialen

Lösbarkeitsbedingungen auffinden. Wir gehen hier einen – in der Praxis oft eingeschlagenen – anderen Weg, indem wir zunächst stationäre lokalisierte Lösungen von (8.7)–(8.9) aufsuchen.

Stationäre Lösung

Mit der Machzahl M schreiben wir

$$\partial_t = -M\partial_x,\tag{8.16}$$

und finden aus (8.7) unmittelbar

$$n = M/(M - v).\tag{8.17}$$

Dabei haben wir direkt die Randbedingung $n \to 1$, $v \to 0$, $\phi \to 0$ für $x \to \pm\infty$ erfüllt. Gleichzeitig ergibt (8.8)

$$(M - v)^2 = M^2 - 2\phi.\tag{8.18}$$

Wir können jetzt vermöge der beiden letzten Beziehungen v und n durch ϕ ausdrücken. Wenn wir beide Seiten von (8.9) dann mit $\partial_x\phi$ multiplizieren und integrieren, erhalten wir

$$\boxed{\frac{1}{2}(\partial_x\phi)^2 = -V(\phi) \equiv e^{\phi} + M(M^2 - 2\phi)^{1/2} - (M^2 + 1)}\ .\tag{8.19}$$

Eine Skizze des „Potentials" V als Funktion von ϕ findet sich in Abb. 8.1. Aufgrund der Analogie zu der Bewegung eines newtonschen Teilchens im „Potential" V erkennt man leicht, dass eine lokalisierte Lösung ($\phi \to 0$ für $x \to \pm\infty$) existiert, deren maximale Amplitude ϕ_{max} ist.

Uns interessiert im Moment nur der schwach nichtlineare Fall, in dem wir die e-Funktion entwickeln können,

$$e^{\phi} \approx 1 + \phi + \frac{1}{2}\phi^2 + \frac{1}{6}\phi^3 + \dots\ .\tag{8.20}$$

Darüber hinaus erwarten wir nur eine kleine Abweichung von der linearen Ausbreitungsgeschwindigkeit ($\omega/k \approx 1$) und setzen deshalb

Abb. 8.1 Potential $V(\phi)$ als Funktion von ϕ für $M = 1.2$

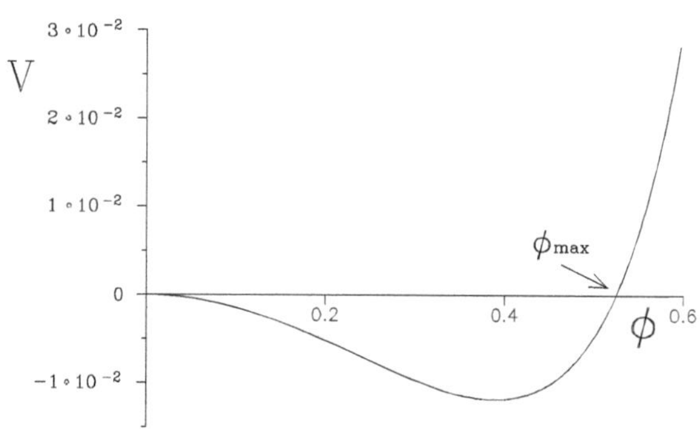

$$0 < \delta M \equiv M - 1 \ll 1. \tag{8.21}$$

Wegen

$$(M^2 - 2\phi)^{1/2} = [1 + 2\delta M + (\delta M)^2 - 2\phi]^{1/2}$$

$$\approx 1 + \delta M - \phi + \frac{1}{2}(\delta M)^2 - \frac{1}{2}(\delta M - \phi)^2 \tag{8.22}$$

$$- \frac{1}{2}(\delta M - \phi)(\delta M)^2 + \frac{1}{2}(\delta M - \phi)^2 - \ldots$$

erhalten wir unter Berücksichtigung der niedrigsten Ordnungen in δM und ϕ

$$V \approx -\frac{2}{3}\phi^2(3\delta M - \phi). \tag{8.23}$$

Die Gleichung

$$(\partial_x \phi)^2 = \frac{2}{3}\phi^2(3\delta M - \phi) \tag{8.24}$$

kann sofort integriert werden; wir finden die solitäre Wellenlösung

$$\boxed{\phi = 3\delta M \operatorname{sech}^2\left[\left(\frac{1}{2}\delta M\right)^{1/2}(x - Mt)\right].} \tag{8.25}$$

Da

$$(\delta M)^{1/2}(x - Mt) = (\delta M)^{1/2}(x - t) - (\delta M)^{3/2}\, t \tag{8.26}$$

ist, wird die Skalierung (8.14) und (8.15) unmittelbar evident. Darüber hinaus haben wir mit $\varepsilon \sim \delta M$ auch sofort eine anschauliche Bedeutung des Entwicklungsparameters ε.

KdV-Gleichung

Nach dieser Zwischenbetrachtung können wir mit der Skalierung (8.11)–(8.15) weiterarbeiten. Setzen wir in (8.7)–(8.9) ein, so erhalten wir Gleichungen, die in den verschiedenen Ordnungen von ε einzeln erfüllt sein müssen. Unter Berücksichtigung von

$$\partial_x = \varepsilon^{1/2}\partial_\xi, \tag{8.27}$$

$$\partial_t = \varepsilon^{3/2}\partial_\tau - \varepsilon^{1/2}\partial_\xi \tag{8.28}$$

ergibt sich in den niedrigsten Ordnungen ε und $\varepsilon^{3/2}$

$$\phi^{(1)} = n^{(1)}, \tag{8.29}$$

$$\partial_\xi n^{(1)} = \partial_\xi v^{(1)}. \tag{8.30}$$

Die Randbedingungen für lokalisierte Lösungen lassen nur

$$n^{(1)} = \phi^{(1)} = v^{(1)} \tag{8.31}$$

zu. Die nächsten Ordnungen in ε liefern

$$\partial_\xi^2 \phi^{(1)} = \phi^{(2)} - \frac{1}{2}\left[\partial_\xi \phi^{(1)}\right]^2 - n^{(2)}, \tag{8.32}$$

$$- \partial_\xi n^{(2)} + \partial_\tau n^{(1)} + \partial_\xi \left[n^{(1)} v^{(1)}\right] + \partial_\xi v^{(2)} = 0, \tag{8.33}$$

$$- \partial_\xi v^{(2)} + \partial_\tau v^{(1)} + v^{(1)} \, \partial_\xi v^{(1)} = -\partial_\xi \phi^{(2)}. \tag{8.34}$$

Natürlich können wir hier unmittelbar (8.31) benutzen. In den nächsten Schritten lösen wir (8.32) nach $n^{(2)}$ auf und setzen in (8.34) ein. Wenn wir noch $\partial_\xi v^{(2)}$ aus (8.33) substituieren, fällt „glücklicherweise" $\partial_\xi \phi^{(2)}$ heraus.

Wir verbleiben mit einer geschlossenen Gleichung für $n^{(1)}$,

$$\partial_\tau n^{(1)} + n^{(1)} \partial_\xi n^{(1)} + \frac{1}{2}\partial_\xi^3 n^{(1)} = 0. \tag{8.35}$$

Gl. (8.35) ist die Korteweg-de-Vries-(KdV-)Gleichung, deren einfachste stationäre (Ein-Solitonen-)Lösung

$$n^{(1)}(\xi - c\tau) = 3c\,\mathrm{sech}^2\left[\left(\frac{1}{2}c\right)^{1/2}(\xi - c\tau)\right] \quad \text{mit einer Konstanten } c \tag{8.36}$$

ist.

Die Übereinstimmung mit (8.25) war zu erwarten. Aufgrund der Skalierungen, sowohl der Amplitude als auch der Ortsabhängigkeit, ist die KdV-Gleichung ein eindimensionales Modell für schwach nichtlineare und schwach dispersive ($k^2 \ll 1$) ionenakustische Wellen in unmagnetisierten Plasmen.

An dieser Stelle sei ein kurzer Einschub gestattet, in dem wir die wesentlichen Erscheinungen, die in der KdV-Gleichung verborgen sind, exemplifizieren. Dazu vergleichen wir die KdV-Gleichung (8.35), jetzt in etwas übersichtlicherer Notation

$$u_t + u u_x + \kappa u_{xxx} = 0 \tag{8.37}$$

geschrieben, mit den vereinfachten Gleichungen

$$u_t + cu_x = 0, \tag{8.38}$$

$$u_t + uu_x = 0, \tag{8.39}$$

$$u_t + cu_x + \kappa u_{xxx} = 0. \tag{8.40}$$

Hierbei sind κ und c Konstanten.

Beispiel 8.1 Vergleich mit (8.38)
Trivial zu lösen ist die erste Vereinfachung (8.38), bei der die nichtlinearen und dispersiven Beiträge vernachlässigt sind. Die allgemeine Lösung

$$u = f(x - ct) \tag{8.41}$$

kann mit einer beliebigen differenzierbaren Funktion f geschrieben werden, die durch die Anfangsbedingung festgelegt wird. Fordern wir beispielsweise

$$u(x, 0) = \begin{cases} a^2 - x^2 & \text{für} \quad |x| < a, \\ 0 & \text{für} \quad |x| \geq a, \end{cases} \tag{8.42}$$

so gilt zur Zeit t

$$u(x, t) = \begin{cases} a^2 - (x - ct)^2 & \text{für} \quad |x - ct| < a, \\ 0 & \text{für} \quad |x - ct| \geq a. \end{cases} \tag{8.43}$$

Das bedeutet, dass ein anfänglicher Puls formunverändert im Raum fortschreitet. $\blacksquare$

Beispiel 8.2 Vergleich mit (8.39)
Im Modell (8.39) ist gegenüber (8.38) die Nichtlinearität zugelassen. Die allgemeine Lösung

$$u = f(x - ut) \tag{8.44}$$

zeigt, dass u entlang der Charakteristik $dx/dt = u$ erhalten bleibt. Aber im Gegensatz zum vorangegangenen Beispiel (mit $dx/dt = c$) sind die Charakteristiken nicht parallel zueinander. Wenn wir wiederum von der Anfangsverteilung (8.42) starten, erhalten wir jetzt

$$u(x, t) = \begin{cases} a^2 - (x - ut)^2 & \text{für} \quad |x - ut| < a, \\ 0 & \text{für} \quad |x - ut| \geq a. \end{cases} \tag{8.45}$$

Diese Gleichung stellt eine quadratische Gleichung für u dar, deren Lösungen

$$u(x, t) = \frac{1}{2t^2} \left[(2xt - 1) \pm (1 - 4xt + 4a^2t^2)^{1/2} \right] \tag{8.46}$$

für $|x - ut| < a$ sind. In (8.46) wählen wir das positive Vorzeichen für $t \to 0$ und $|x| < a$. Schauen wir uns jetzt die erste Ableitung u_x an, so gilt

$$u_x(x, t) = \frac{1}{2t^2} \left\{ 2t - \frac{2t}{[1 - 4xt + 4a^2t^2]^{1/2}} \right\}, \tag{8.47}$$

und speziell

$$u_x(a, t) = \frac{1}{2t^2} \left[2t - \frac{2t}{1 - 2at} \right]. \tag{8.48}$$

Erinnern wir uns an $u_x(a, 0) = -2a$, so erkennen wir, dass zur Zeit $T = 1/(2a)$ das Vorzeichen der Ableitung wechselt. Wir haben dieses Phänomen bereits als Wellenbrechen identifiziert. Für $t > T$ werden beide Vorzeichen in (8.46) relevant. ∎

Beispiel 8.3 Vergleich mit (8.40)

Letztlich unterscheidet sich (8.40) von der gerade diskutierten Gleichung dadurch, dass die Nichtlinearität fehlt, dafür jedoch der dispersive Term berücksichtigt wird. Die dispersiven Terme werden beim Aufsteilen der Wellenfronten relevant. Die Lösung der linearen Wellengleichung (8.40) mit Dispersion zeigt eine dispersive Verbreiterung. Wir erinnern an den Lösungsweg mittels Fourier-Transformation. Mit $\omega(k) = ck - \kappa k^3$ können wir die Lösung von (8.40) als

$$u(x, t) = \int_{-\infty}^{\infty} A(k) \exp\{i[kx - \omega(k)t]\}\, dk \tag{8.49}$$

schreiben, wobei die Funktion $A(k)$ durch die Anfangsverteilung gegeben ist. Die Auswertung des Integrals auf der rechten Seite, z. B. mit der Sattelpunktsmethode („method of steepest descent"), zeigt die bekannte dispersive Verbreiterung. ∎

Mehrere Raumdimensionen

Wir stellen uns jetzt die Fragen, welche Modellgleichung für ionenakustische Moden in mehreren Raumdimensionen bzw. in magnetisierten Plasmen gültig sind.

Wir behandeln die Fragen gleichzeitig, da sie methodisch stark verwandt sind. Dazu gehen wir zu den Ausgangsgleichungen (8.7)–(8.9) zurück und fügen die Lorentz-Kraft auf der rechten Seite von (8.8) hinzu. In den bereits dimensionslos gewählten Variablen haben wir dann anstelle von (8.8)

$$\partial_t \mathbf{v} + \mathbf{v} \cdot \nabla \mathbf{v} + \nabla \phi + \Omega \hat{z} \times \mathbf{v} = 0, \tag{8.50}$$

wobei

$$\Omega = \Omega_i / \omega_{pi} = eB/(m_i\, \omega_{pi}) \tag{8.51}$$

für ein Magnetfeld in z-Richtung ist. In der dreidimensionalen Verallgemeinerung sind ferner

$$\partial_t n + \nabla \cdot (n\mathbf{v}) = 0 \tag{8.52}$$

und

$$\nabla^2 \phi = e^\phi - n \tag{8.53}$$

zu benutzen. Schauen wir uns zunächst nochmals den magnetfeldfreien Fall ($\Omega = 0$) an. Natürlich ist dann die lineare Dispersionsgleichung wiederum durch (8.10) gegeben, wobei jedoch jetzt

$$k = (k_x^2 + k_y^2 + k_z^2)^{1/2} \equiv (k_\perp^2 + k_z^2)^{1/2} \tag{8.54}$$

ist; $\hat{z}$ kennzeichnet eine – im magnetfeldfreien Fall willkürlich gewählte – Vorzugsrichtung. Für kleine k und schwache transversale Abhängigkeiten (k_x^2, $k_y^2 \ll k_z^2$) reduziert sich die lineare Dispersionsbeziehung auf

$$\omega \approx k\left(1 - \frac{1}{2}k^2\right) \approx k_z\left(1 + \frac{1}{2}\frac{k_\perp^2}{k_z^2}\right)\left[1 - \frac{1}{2}k_z^2\left(1 + \frac{k_\perp^2}{k_z^2}\right)\right]$$

$$\approx k_z - \frac{1}{2}k_z^2 + \frac{1}{2}\frac{k_\perp^2}{k_z}. \tag{8.55}$$

Diese Vorüberlegungen lassen uns jetzt gezielter die Aufstellung einer mehrdimensionalen Modellgleichung in Angriff nehmen. Bezüglich der Größen n, ϕ, v_z [$\hat{=} v$ (eindimensional)], z [$\hat{=} x$ (eindimensional)] und t können wir die Skalierungen (8.11)–(8.15) übernehmen. Zusätzlich müssen wir $\mathbf{v}_\perp$, x und y skalieren.

Die Annahme einer schwachen transversalen Abhängigkeit, die jedoch nicht so schwach sein darf, dass die entsprechenden Terme in den relevanten Ordnungen überhaupt nicht auftauchen, lässt uns zusätzlich [beachte $\xi = \varepsilon^{1/2}(z - t)$]

$$\boxed{\zeta = \varepsilon x \quad \text{und} \quad \eta = \varepsilon y} \tag{8.56}$$

sowie

$$\boxed{\mathbf{v}_\perp = \varepsilon^{3/2}\,\mathbf{v}_\perp^{(1)} + \varepsilon^{5/2}\,\mathbf{v}_\perp^{(2)} + \dots} \tag{8.57}$$

ansetzen.

Bis zur Ordnung $\varepsilon^{3/2}$ erhält man

$$n^{(1)} = \phi^{(1)} = v_z^{(1)} \tag{8.58}$$

ähnlich wie im eindimensionalen Fall. In der Ordnung ε^2 folgt

$$\partial_\xi v_y^{(1)} = \partial_\eta \phi^{(1)}, \tag{8.59}$$

$$\partial_\xi v_x^{(1)} = \partial_\zeta \phi^{(1)}, \tag{8.60}$$

$$n^{(2)} = \phi^{(2)} - \partial_\xi^2 \phi^{(1)} + \frac{1}{2}\left[\phi^{(1)}\right]^2. \tag{8.61}$$

Letztlich müssen wir bis zur Ordnung $\varepsilon^{5/2}$ gehen. Die entsprechenden Gleichungen lauten

$$-\partial_\xi n^{(2)} + \partial_\tau n^{(1)} + \partial_\xi \left[n^{(1)} v_z^{(1)} \right] + \partial_\xi v_z^{(2)}$$
$$+ \partial_\zeta v_x^{(1)} + \partial_\eta v_y^{(1)} = 0, \tag{8.62}$$

$$-\partial_\xi v_z^{(2)} + \partial_\tau v_z^{(1)} + v_z^{(1)} \partial_\xi v_z^{(1)} = -\partial_\xi \phi^{(2)}. \tag{8.63}$$

Wenn wir (8.61) nach ξ differenzieren und das Ergebnis für $\partial_\xi n^{(2)}$, ebenso wie $\partial_\xi v_z^{(2)}$ aus (8.63), in (8.62) einsetzen, erhalten wir nach kurzer Rechnung

$$\boxed{\partial_\tau n^{(1)} + n^{(1)} \partial_\xi n^{(1)} + \frac{1}{2}\partial_\xi^3 n^{(1)} + \frac{1}{2}\int^{\xi} d\xi'(\partial_\zeta^2 + \partial_\eta^2)n^{(1)}(\xi') = 0} . \tag{8.64}$$

Diese Gleichung wird Kadomtsev-Petviashvili-Gleichung genannt. Wenn wir mit (8.35) vergleichen, erkennen wir einen zusätzlichen (transversalen) dispersiven Term, der durch die rechte Seite von (8.55) nahegelegt wird.

Gehen wir jetzt zu $\Omega \neq 0$ über. Eine einfache Rechnung liefert die lineare Dispersionsrelation

$$\omega^2 = \frac{1}{2}\left(\Omega^2 + \frac{k^2}{1+k^2}\right) \pm \left[\frac{1}{4}\left(\Omega^2 + \frac{k^2}{1+k^2}\right)^2 - \frac{k_z^2}{1+k^2}\Omega^2\right]^{1/2}. \tag{8.65}$$

Untersuchen wir zunächst Parameterwerte $\Omega \sim \mathcal{O}(1)$, wobei für $k \ll 1$ auch $\omega \ll \Omega$ sein soll. Ohne eine Größenordnungsbeziehung zwischen k_z und $k_\perp$ festzulegen (die z-Richtung ist durch $\mathbf{B}$ ausgezeichnet), gilt

$$\boxed{\omega \approx k_z \left[1 - \frac{1}{2}k_z^2 - \frac{1}{2}(1 + \Omega^{-2})k_\perp^2\right]} . \tag{8.66}$$

Um die nichtlineare Gleichung herzuleiten, die zu der Mode (8.66) gehört, benutzen wir die Skalierung

$$\xi = \varepsilon^{1/2}(z - t), \quad \zeta = \varepsilon^{1/2}x, \quad \eta = \varepsilon^{1/2}y, \quad \tau = \varepsilon^{3/2}t, \tag{8.67}$$

$$n = 1 + \varepsilon n^{(1)} + \varepsilon^2 n^{(2)} + \dots , \tag{8.68}$$

$$v_z = \varepsilon v_z^{(1)} + \varepsilon^2 v_z^{(2)} + \dots , \tag{8.69}$$

$$\mathbf{v}_\perp = \varepsilon^{3/2} \mathbf{v}_\perp^{(1)} + \varepsilon^2 \mathbf{v}_\perp^{(2)} + \dots , \tag{8.70}$$

$$\phi = \varepsilon \phi^{(1)} + \varepsilon^2 \phi^{(2)} + \dots . \tag{8.71}$$

Man beachte, dass im Vergleich zu der vorangegangenen Skalierung x und y wie $\varepsilon^{1/2}$ skalieren (um so die $E \times B$-Drift richtig zu erfassen) und $\mathbf{v}_\perp$ in Stufen $\varepsilon^{1/2}$ geordnet ist (um die Polarisationsdrift richtig zu beschreiben).

Bis zur Ordnung $\varepsilon^{3/2}$ ergibt sich

$$n^{(1)} = v_z^{(1)} = \phi^{(1)} \tag{8.72}$$

zusammen mit der $E \times B$-Drift

$$\Omega v_y^{(1)} = \partial_\zeta \phi^{(1)}, \tag{8.73}$$

$$\Omega v_x^{(1)} = -\partial_\eta \phi^{(1)}. \tag{8.74}$$

Die nächste Ordnung ε^2 liefert

$$\partial_\xi v_y^{(1)} = \Omega v_x^{(2)}, \tag{8.75}$$

$$- \partial_\xi v_x^{(1)} = \Omega v_y^{(2)}, \tag{8.76}$$

$$n^{(2)} = \phi^{(2)} - \left(\partial_\xi^2 + \partial_\zeta^2 + \partial_\eta^2 \right) \phi^{(1)} + \frac{1}{2} \left[\phi^{(1)} \right]^2. \tag{8.77}$$

Letztlich erhält man in der Ordnung $\varepsilon^{5/2}$

$$- \partial_\xi n^{(2)} + \partial_\tau n^{(1)} + \partial_\xi \left[n^{(1)} v_z^{(1)} \right] + \partial_\xi v_z^{(2)} + \partial_\zeta v_x^{(2)} + \partial_\eta v_y^{(2)} = 0, \tag{8.78}$$

$$- \partial_\xi v_z^{(2)} + \partial_\tau v_z^{(1)} + v_z^{(1)} \partial_\xi v_z^{(1)} = -\partial_\xi \phi^{(2)}. \tag{8.79}$$

Die Kombination all dieser Gleichungen führt zu der Zakharov-Kuznetsov-Gleichung

$$\boxed{2\partial_\tau n^{(1)} + \partial_\xi^3 n^{(1)} + 2n^{(1)} \partial_\xi n^{(1)} + (1 + \Omega^{-2})\partial_\xi (\partial_\zeta^2 + \partial_\eta^2) n^{(1)} = 0} \, . \tag{8.80}$$

Offensichtlich ist diese Gleichung eine gute Näherung für nichtlineare ionenakustische Wellen in starken Magnetfeldern. Ohne äußere Felder gilt die Kadomtsev-Peviashvili-Gleichung (8.64).

Den Übergang zwischen den beiden Modellgleichungen kann man auch diskutieren, indem man Ω selbst skaliert. Setzen wir Ω von der Ordnung $\varepsilon^{1/2}$ an und benutzen ansonsten die Skalierung der Kadomtsev-Petviashvili-Gleichung, so ergibt eine Rechnung – ähnlich wie wir sie oben bereits mehrfach durchgeführt haben – das Ergebnis

$$\boxed{2\partial_\tau n^{(1)} + \partial_\xi^3 n^{(1)} + 2n^{(1)} \partial_\xi n^{(1)} + \left(\partial_\xi^2 + \Omega^2 \right)^{-1} \partial_\xi \left(\partial_\zeta^2 + \partial_\eta^2 \right) n^{(1)} = 0} \, . \tag{8.81}$$

Eine äquivalente Form ist

$$2\partial_\tau n^{(1)} + \partial_\xi^3 n^{(1)} + 2n^{(1)}\partial_\xi n^{(1)} + \int^\xi d\xi' \cos[\Omega(\xi - \xi')](\partial_\zeta^2 + \partial_\eta^2)n^{(1)}(\xi') = 0. \quad (8.82)$$

Man sieht sofort, dass sich für $\Omega = 0$ die Kadomtsev-Petviashvili-Gleichung ergibt. Dagegen geht die Gleichung für $\Omega^2 \gg \partial_\xi^2$ in eine Form über, die der Zakharov-Kuznetsov-Gleichung entspricht.

Elektrostatische Näherung

Abschließend diskutieren wir noch kurz die elektrostatische Approximation, die bei allen bisherigen Modellen gewählt wurde. Die Frage nach der Gültigkeit der elektrostatischen Approximation ist deshalb relevant, weil wir schwach nichtlineare Korrekturen berücksichtigt haben, aber die elektromagnetischen Komponenten aufgrund eines nichtverschwindenden Vektorpotentials außer Acht gelassen haben.

Wir beantworten die Frage auf die einfachste – allerdings nicht ganz vollständige – Art, indem wir für $\omega/\Omega_i \ll 1$ die Beiträge zur linearen Dispersionsgleichung diskutieren. Zur Vereinfachung vernachlässigen wir hier die Kompressionseffekte, indem wir für das Vektorpotential $\mathbf{A} \approx A(x, y, t)\hat{z}$ schreiben. Kompressionseffekte werden wiederum proportional zu β (Verhältnis von hydrodynamischem Druck zu magnetischem Druck) sein, wobei sich im Folgendem sowieso herausstellen wird, dass $\beta \ll m_e/m_i$ sein muss.

In der Driftapproximation ($\omega/\Omega_i \ll 1$) gilt

$$\mathbf{v}_{i\perp} \approx \frac{m_i}{eB_0^2}\frac{\partial \mathbf{E}_\perp}{\partial t} + \frac{1}{B_0^2}\mathbf{E} \times \mathbf{B}_0, \quad (8.83)$$

wobei der Index 0 die äußeren Felder kennzeichnet. Die Impulsbilanz in z-Richtung,

$$\partial_t v_{iz} \approx -\frac{e}{m_i}(\partial_z\phi + \partial_t A), \quad (8.84)$$

liefert dann unmittelbar mit (8.83) in der Kontinuitätsgleichung für die Ionendichte

$$\partial_t^2 n_i - \frac{n_0}{B_0\Omega_i}\partial_t^2\nabla_\perp^2\phi + n_0\partial_z\left[-\frac{e}{m_i}(\partial_z\phi + \partial_t A)\right] = 0. \quad (8.85)$$

Für $\omega/k_z \ll v_{te}$ lautet die Elektronenimpulsbilanz

$$0 \approx \frac{e}{m_e}\partial_z\phi - \frac{k_B T_e}{m_e}\partial_z n_e + \frac{e}{m_e}\partial_t A. \quad (8.86)$$

Da wir momentan nicht weiter an höheren dispersiven Effekten interessiert sind, nehmen wir Quasineutralität $n_i \approx n_e$ an. Aus der Gleichung

$$\nabla \times \nabla \times A\hat{z} \approx \mu_0\mathbf{j}, \quad (8.87)$$

d. h. ohne Verschiebungsstrom für niederfrequente Vorgänge, ergibt sich dann nach einigen einfachen Umformungen

$$\partial_z \nabla_\perp^2 A \approx -\frac{1}{v_A^2} \partial_t \nabla^2 \phi. \tag{8.88}$$

Hierbei ist $v_A = B_0/(\mu_0 n_0 m_i)^{1/2}$ die Alfvén-Geschwindigkeit. Wir können daraus

$$\boxed{\left| \frac{\partial A}{\partial t} \right| \approx \frac{m_i}{m_e} \beta |\nabla \phi|} \tag{8.89}$$

abschätzen. Das heißt aber, dass für $\beta \ll m_e/m_i$ elektromagnetische Beiträge in der linearen Dispersionsgleichung vernachlässigt werden können. Eine genauere Rechnung liefert die Dispersionsbeziehung

$$\left(\omega^2 - \frac{k_z^2 c_s^2}{1 + k_\perp^2 \rho_s^2} \right) \left[\omega^2 - k_z^2 v_A^2 (1 + k_\perp^2 \rho_s^2) \right] = \frac{\omega^2}{\omega_{pi}^2} \frac{k_z^2 k_\perp^2 c_s^2 c^2 \beta}{1 + k_\perp^2 \rho_s^2}, \quad \beta = \frac{p}{\frac{B^2}{2\mu_0}}, \tag{8.90}$$

und daraus folgt wieder der elektrostatische Zweig in der Grenze $\beta \to 0$.

Wenn wir mit den (zusätzlichen) schwachen Nichtlinearitäten vergleichen, können wir die Vernachlässigung der elektromagnetischen Korrekturen auf $\beta \leq \varepsilon m_e/m_i$ präzisieren.

Integrabilität der KdV-Gleichung

Um das Jahr 1965 lösten Zabusky und Kruskal numerisch das zeitliche Anfangswertproblem der KdV-Gleichung für räumlich periodische Randbedingungen. Aus einer sinusförmigen Anfangsverteilung entwickelten sich lokalisierte Pulse, die recht stabil aussahen und deren Geschwindigkeiten sich als proportional zur Amplitude erwiesen. Aus Stößen gingen die Pulse praktisch formunverändert hervor. Zu dieser Zeit wurde der Name *Soliton* geprägt, um das teilchenartige Verhalten der Pulse zu charakterisieren.

1967 präsentierten Gardner, Greene, Kruskal und Miura den Beweis für die Integrabilität der KdV-Gleichung mit der inversen Streutransformation (IST). Die IST kann als eine verallgemeinerte Fourier-Transformation aufgefasst werden. Verallgemeinerung deshalb, weil die Fourier-Transformation (bzw. Laplace-Transformation) nur für lineare partielle Differentialgleichungen zur Lösung des Anfangswertproblems durch Integration herangezogen werden kann.

Eine lineare partielle Differentialgleichung [für $u(x, t)$] mit der Dispersionsrelation $\omega = \omega(k)$ erlaubt folgendes Vorgehen. Zunächst wird aus der Anfangsverteilung $u(x, 0)$ das Spektrum

$$u(k,0) = \frac{1}{\sqrt{2\pi}} \int_{-\infty}^{+\infty} u(x,0)e^{ikx}dx \qquad (8.91)$$

zur Zeit $t = 0$ bestimmt. Dann wird mithilfe der linearen Dispersionsbeziehung das Spektrum zur Zeit t ermittelt,

$$u(k,t) = u(k,0)e^{i\omega(k)t}. \qquad (8.92)$$

Letztlich lässt sich über die inverse Fourier-Transformation

$$u(x,t) = \frac{1}{\sqrt{2\pi}} \int_{-\infty}^{+\infty} u(k,t)e^{-ikx}\,dk \qquad (8.93)$$

die Lösung $u(x,t)$ gewinnen.

> Die IST für die KdV-Gleichung läuft nun nach folgender formal ähnlichen Vorschrift ab. Zuerst wird ein schrödingersches Streuproblem für das Potential $u = u(x,0)$ gelöst, d.h. die Streudaten zur Zeit $t = 0$ (Reflexions-, Transmissionskoeffizienten, diskrete Eigenwerte) bestimmt. Anschließend lassen sich die Streudaten zur Zeit t über gewöhnliche Differentialgleichungen ermitteln. Letztlich wird das „Potential" $u(x,t)$, d.h. die Lösung zur Zeit t, aus den Streudaten zur Zeit t rekonstruiert.

Beispiel 8.4 (Modifizierte KdV-Gleichung)

Bevor wir das Verfahren im Detail diskutieren, sei kurz der historische Hintergrund für dieses zunächst sehr überraschende Vorgehen erhellt. Auf der Suche nach Konstanten der Bewegung fand Miura, dass die modifizierte KdV-Gleichung

$$\boxed{v_t + 6v^2 v_x + v_{xxx} = 0} \qquad (8.94)$$

auf einfache Weise mit der KdV-Gleichung

$$q_t + 6q q_x + q_{xxx} = 0 \qquad (8.95)$$

zusammenhängt. Die Transformation

$$q = v^2 - iv_x \qquad (8.96)$$

liefert nämlich

$$q_t + 6q q_x + q_{xxx} = (2v - i\partial_x)[v_t + 6v^2 v_x + v_{xxx}]. \qquad (8.97)$$

Gl. (8.96) kann man als Riccati-Gleichung für v interpretieren. Eine Riccati-Gleichung lässt sich mit der Variable ϕ linearisieren, wobei

$$v = v(x,t) = -i\frac{\phi_x}{\phi} \qquad (8.98)$$

ist. Dann wird aus (8.96) eine lineare Schrödinger-Gleichung [zum Energieeigenwert null]. Beachtet man die Galilei-Invarianz der KdV-Gleichung (mit $q \to q + \lambda$), so bleibt für $\phi = \phi(x; t)$ die Lösung von

$$\phi_{xx} + [\lambda + q(x, t)]\phi = 0. \tag{8.99}$$

Es lag nahe zu fragen, wie sich der Eigenwert λ und die Eigenfunktion ϕ mit der Zeit entwickeln, wenn $q = q(x, t)$ eine zeitabhängige Lösung der KdV-Gleichung (8.95) darstellt.   ∎

Wir wenden uns jetzt dem exakten Beweis zu. Gegenüber (8.95) benutzen wir die Variable $u = -q$, d.h.

$$\boxed{u_t - 6uu_x + u_{xxx} = 0}. \tag{8.100}$$

Zur Zeit t sei $u(x, 0)$ gegeben; die Lösung $u(x, t)$ ist gesucht für $t > 0$ und $-\infty < x < +\infty$. Natürlich darf $u(x, 0)$ nicht gänzlich willkürlich sein, sondern muss gewisse Integrabilitätsbedingungen erfüllen, z.B.

$$\int_{-\infty}^{+\infty} \left| \frac{d^n u}{dx^n} \right|^2 dx < \infty \quad \text{für} \quad n = 0, 1, 2, 3, 4, \tag{8.101}$$

$$\int_{-\infty}^{+\infty} (1 + |x|)|u|dx < \infty. \tag{8.102}$$

Mit der Forderung, dass u für $x \to \pm\infty$ hinreichend schnell gegen null geht, können wir die asymptotische Form des Streuproblems (8.99), bzw. von

$$\boxed{L\psi \equiv [-\partial_x^2 + u(x, t)]\psi = \lambda\psi}, \tag{8.103}$$

mit

$$\psi_{xx} \simeq -\lambda\psi \quad \text{für} \quad x \to \pm\infty \tag{8.104}$$

ansetzen. ψ ist dann im asymptotischen Bereich durch eine Kombination von $\exp(\pm i\sqrt{\lambda}x)$ darstellbar.

Wir müssen zwei Fälle unterscheiden: $\lambda < 0$ für gebundene Zustände und $\lambda > 0$ im Kontinuum.

Beginnen wir mit den gebundenen Zuständen und definieren

$$\kappa = \sqrt{-\lambda} > 0. \tag{8.105}$$

Wenn

$$\psi(x) \simeq \alpha e^{\kappa x} \quad \text{für} \quad x \to -\infty \tag{8.106}$$

angesetzt wird, wird im Allgemeinen

$$\psi(x) \simeq \beta e^{\kappa x} + \gamma e^{-\kappa x} \quad \text{für} \quad x \to +\infty \tag{8.107}$$

sein. Die Konstanten β und γ sind proportional zu α und hängen von κ und der Form des Potentials u ab. Nur für spezielle Werte von κ (diskrete Eigenwerte λ) wird ψ für $x \to +\infty$ beschränkt bleiben. Wenn κ^2 größer als $-u$ (bei einem negativen „Potential" u) für alle x ist, folgt aus (8.103) $\psi_{xx}/\psi > 0$ für alle x, und ψ kann nicht auf beiden Seiten verschwinden. Deshalb muss

$$\boxed{0 < \kappa^2 < -u_{min}} \tag{8.108}$$

sein, damit die Randbedingung $\psi < \infty$ bei $x \to \pm\infty$ erfüllbar ist. Wir wissen ferner, dass für $u_{min} < 0$ eine endliche Zahl $p > 0$ diskreter Eigenwerte λ_n mit quadratintegrablen Eigenfunktionen ψ_n existiert, für die

$$u_{min} < \lambda_1 < \lambda_2 < ... < \lambda_p < 0 \tag{8.109}$$

gilt. ψ_n hat $n - 1$ (endliche) Nullstellen. Für die Normierung der Eigenfunktionen wählen wir

$$\psi_n \simeq e^{\kappa_n x} \quad \text{für} \quad x \to -\infty, \tag{8.110}$$

woraus

$$\boxed{\psi_n \simeq b_n(t)e^{-\kappa_n x} \quad \text{für} \quad x \to +\infty} \tag{8.111}$$

folgt.

Wir kommen nun zum kontinuierlichen Eigenwertspektrum. Für $\lambda > 0$ ist das asymptotische Verhalten harmonisch (Sinus- oder Kosinusfunktionen) und die Beschränktheit ist automatisch erfüllt. Daher existieren für alle $\lambda > 0$ beschränkte, aber nicht quadratintegrable Eigenfunktionen. Jede Lösung kann als Superposition einer [z. B. von rechts ($x = +\infty$)] einfallenden, einer reflektierten und einer durchgehenden Welle interpretiert werden. Wenn wir $k = \sqrt{\lambda} > 0$ setzen, heißt das

$$\boxed{\psi \simeq \begin{cases} e^{-ikx} + R(k,t)e^{ikx} & \text{für} \quad x \to +\infty, \\ T(k,t)e^{-ikx} & \text{für} \quad x \to -\infty \end{cases}} \tag{8.112}$$

mit dem Durchgangskoeffizienten T und dem Reflexionskoeffizienten R.

Die Menge, bestehend aus κ_n, b_n ($n = 1, ..., p$), $R(k,t)$ und $T(k,t)$, bezeichnet man als Streudaten.

Wir zeigen nun das auf Lax zurückgehende Resultat, dass λ unabhängig von t ist, wenn u der KdV-Gleichung gehorcht.

Dazu substituieren wir aus (8.103)

$$u = \frac{\psi_{xx}}{\psi} + \lambda \tag{8.113}$$

in die KdV-Gleichung (8.100). Es gilt

$$u_t = \frac{\psi_{xxt}}{\psi} - \frac{\psi_{xx}\psi_t}{\psi^2} + \lambda_t, \tag{8.114}$$

$$u_x = \frac{\psi_{xxx}}{\psi} - \frac{\psi_{xx}\psi_x}{\psi^2} \tag{8.115}$$

usw. Letztlich folgt aus (8.100)

$$\lambda_t \psi^2 + [\psi Q_x - \psi_x Q]_x = 0 \tag{8.116}$$

mit

$$Q = \psi_t + \psi_{xxx} - 3(u + \lambda)\psi_x, \tag{8.117}$$

wobei u durch (8.113) zu ersetzen ist. Wenn ψ für $x \to \pm\infty$ verschwindet und quadratintegrabel ist, folgt

$$\boxed{\lambda_t = 0}. \tag{8.118}$$

Weiter ergibt sich damit aus (8.116), dass $\psi Q_x - \psi_x Q$ nur von der Zeit abhängen kann. Es gilt

$$\psi Q_{xx} - Q\psi_{xx} = 0, \tag{8.119}$$

$$Q_{xx} - \frac{\psi_{xx}}{\psi} Q = Q_{xx} + (\lambda - u)Q = 0. \tag{8.120}$$

Daher erfüllt Q selbst die Schrödinger-Gleichung. Eine Lösung ist deshalb $Q = c\psi$. Da die Schrödinger-Gleichung von zweiter Ordnung ist, gibt es noch eine zweite Lösung, die allerdings nicht beschränkt ist. Mit der Methode der Variation der Konstanten, $Q = X\psi$, folgt aus (8.120) und (8.103)

$$\frac{X_{xx}}{X_x} + \frac{2\psi_x}{\psi} = 0. \tag{8.121}$$

Die Lösung ist

$$X_x = \frac{D}{\psi^2} \tag{8.122}$$

bzw.

$$X = D \int \frac{dx}{\psi^2} + C. \tag{8.123}$$

Für Q haben wir damit neben $Q = c\psi$ die zweite unabhängige Form

$$Q = \psi \int^x \frac{dx}{\psi^2}. \tag{8.124}$$

Die untere Grenze im Integral auf der rechten Seite von (8.124) wählen wir so klein ($\rightarrow$ $-\infty$), dass die asymptotische Entwicklung von ψ bereits gut wird. Jetzt wissen wir, dass Q [definiert in (8.117)] eine Linearkombination der beiden unabhängigen Lösungen sein muss; die Koeffizienten nennen wir C und D:

$$\psi_t + \psi_{xxx} - 3(u + \lambda)\psi_x = C\psi + D\psi \int \frac{dx}{\psi^2}. \tag{8.125}$$

Für die diskreten Eigenwerte $\lambda = \lambda_n$ verschwindet $\psi = \psi_n$ für $x \rightarrow \pm\infty$. Deshalb muss

$$D = D_n \equiv 0 \tag{8.126}$$

sein. Die Normierung (8.110) der gebundenen Zustände ($x \rightarrow -\infty$) führt, zusammen mit $\psi_{nt} = 0$ für $x \rightarrow -\infty$, zu

$$C = C_n = 4(-\lambda_n)^{3/2}. \tag{8.127}$$

Nutzen wir all dies in (8.125) aus, so folgt

$$\boxed{\psi_{nt} + \psi_{nxxx} - 3\frac{\psi_{nxx}\psi_{nx}}{\psi_n} - 6\lambda_n\psi_{nx} = 4(-\lambda_n)^{3/2}\psi_n}. \tag{8.128}$$

Diese Gleichung diskutieren wir jetzt in der Grenze $x \rightarrow +\infty$. Wir erhalten die Zeitentwicklung des Koeffizienten b_n über

$$\begin{aligned} b_{nt} &= \left[\kappa_n^3 - 3\kappa_n^3 - 6\lambda_n\kappa_n + 4(-\lambda_n)^{3/2}\right] b_n \\ &= 8(-\lambda_n)^{3/2}b_n \end{aligned} \tag{8.129}$$

mit der Lösung

$$\boxed{b_n(t) = b_n(0)\exp\left[8\left(-\lambda_n\right)^{3/2} t\right]}. \tag{8.130}$$

Für die kontinuierlichen Eigenwerte $\lambda = k^2$ können wir wiederum von (8.125) ausgehen, wobei wir jetzt allerdings die Randbedingungen (8.112) ausnutzen. Für $x \rightarrow -\infty$ ergibt sich

$$T_t + 4ik^3 T = CT + \frac{D}{T} \int^x dx\, e^{2ikx}. \tag{8.131}$$

Da alle Terme bis auf den letzten unabhängig von x sind, muss $D = 0$ sein, und für die Zeitentwicklung von T folgt

$$T_t - (C - 4ik^3)T = 0. \tag{8.132}$$

Für $x \rightarrow +\infty$ legt die Randbedingung (8.112) in (8.125)

$$(R_t - 4ik^3 R - CR)e^{ikx} + (4ik^3 - C)e^{-ikx} = 0 \qquad (8.133)$$

fest. Das hat natürlich

$$C = 4ik^3, \qquad (8.134)$$

$$R_t = 8ik^3 R \qquad (8.135)$$

zur Folge.

Damit liefert (8.132) $T_t = 0$ mit der Lösung

$$\boxed{T(k,t) = T(k,0)} \;. \qquad (8.136)$$

Zusammen mit

$$\boxed{R(k,t) = R(k,0)\exp(8ik^3 t)\,, \qquad \lambda_n(t) = \lambda_n(0)} \qquad (8.137)$$

haben wir die Zeitabhängigkeiten sämtlicher Streudaten bestimmt.

Beispiel 8.5 (Normierung)

Bevor wir mit der IST weiter fortfahren, diskutieren wir noch kurz die Normierungsintegrale
für die gebundenen Zustände. Definieren wir

$$c_n(t) = \left[\int_{-\infty}^{+\infty} \psi_n^2 dx \right]^{-1}, \qquad (8.138)$$

so folgt

$$\begin{aligned}
\frac{d}{dt}(c_n^{-1}) &= 2 \int_{-\infty}^{+\infty} \psi_n \psi_{nt} dx \\
&= -2 \int_{-\infty}^{+\infty} \psi_n \psi_{nxxx} dx + 6 \int_{-\infty}^{+\infty} \psi_{nxx} \psi_{nx} \\
&\quad + 12\lambda_n \int_{-\infty}^{+\infty} \psi_n \psi_{nx} dx + 8(-\lambda_n)^{3/2} \int_{-\infty}^{+\infty} \psi_n \psi_n dx \\
&= 8(-\lambda_n)^{3/2} c_n^{-1} \qquad (8.139)
\end{aligned}$$

mit der Lösung

$$\boxed{c_n(t) = c_n(0)\exp[-8(-\lambda_n)^{3/2} t]} \;. \qquad (8.140)$$

■

Eine zweite Bemerkung ist ebenfalls angebracht. Wir haben nicht vorausgesetzt, dass die von uns definierten Streudaten κ_n, b_n, R und T den minimalen Satz von Daten darstellen, die das Potential eindeutig charakterisieren. Und in der Tat kann der Transmissionskoeffizient aus den restlichen Daten gewonnen werden. Eine, allerdings nichthinreichende, Beziehung hierfür stellt die aus der Quantenmechanik bekannte Relation

$$\boxed{1 = |R|^2 + |T|^2} \tag{8.141}$$

dar. Deshalb darf es uns auch nicht wundern, wenn man nicht alle Streudaten braucht, um das Potential zu rekonstruieren.

> Das Problem, eine Potentialverteilung aus Streuexperimenten zu gewinnen, wurde schon vor geraumer Zeit (insbesondere im Hinblick auf atom- und kernphysikalische Fragestellungen) von Physikern und Mathematikern gelöst. Die wesentlichen Ideen dazu gehen auf Gel'fand, Levitan und Marchenko sowie Kay und Moses zurück. Wir fassen hier nur die Ergebnisse zusammen.
>
> Die *lineare* Integralgleichung
>
> $$K(x, y, t) + B(x + y, t) + \int_x^\infty K(x, z, t)B(y + z, t)\,dz = 0 \tag{8.142}$$
>
> für $y > x$ wird als Gel'fand-Levitan-Marchenko-Gleichung für K bezeichnet.

Dabei ist der Kern B durch

$$B(x + y, t) = \sum_{n=1}^{p} c_n(t)e^{-\kappa_n(x+y)} + \frac{1}{2\pi} \int_{-\infty}^{+\infty} R(k, t)e^{ik(x+y)}\,dk \tag{8.143}$$

gegeben. Die Lösung der KdV-Gleichung (in der Sprache der Atom- und Kernphysiker: das Potential) folgt dann aus

$$\boxed{u(x, t) = -2\partial_x K(x, x, t)}\,, \tag{8.144}$$

wobei wir in der Lösung $K(x, y, t)$ von (8.142) zunächst $y = x$ setzen und dann bezüglich x differenzieren. Es würde in diesem Plasmaphysikkurs zu weit führen, die Beziehungen (8.142)–(8.144) herzuleiten und die Lösungen der Integralgleichung zu diskutieren, zumal das in jeder Vorlesung über nichtlineare Wellen einen breiten Raum einnimmt. Hier nur eine Anmerkung.

Die Solitonen folgen aus der Existenz des diskreten Spektrums. Zu jedem diskreten Eigenwert gehört ein Soliton, welches – isoliert betrachtet – eine Höhe, eine Breite und eine Geschwindigkeit hat, die proportional zu $-\lambda_n$, $\sqrt{-\lambda_n}$ bzw. $-\lambda_n$ sind. Zum kontinuierlichen Spektrum gehört die sogenannte Strahlung.

Lax-Formalismus

Wir ordnen jetzt die gerade dargestellte Lösungsmethode in den Lax-Formalismus ein. Wir haben gezeigt, dass die KdV-Gleichung (8.100) als Integrabilitätsbedingung für zwei *lineare* Gleichungen aufgefasst werden kann. Die erste Gleichung,

$$(-L + \lambda)\psi \equiv \psi_{xx} + [\lambda - u(x, t)]\psi = 0, \tag{8.145}$$

ist mit (8.103) identisch. Die zweite folgt für $D = 0$ aus (8.125),

$$\psi_t = -4\psi_{xxx} + 3u\psi_x + 3(u\psi)_x + C\psi, \tag{8.146}$$

wobei wir wegen (8.145) $\lambda\psi_x$ durch

$$\lambda\psi_x = -\psi_{xxx} + (u\psi)_x \tag{8.147}$$

ersetzt haben. Lax hat dieses Ergebnis insofern allgemeiner formuliert, als er erkannte, dass die KdV-Gleichung mit dem Kommutator [,] auch in der Form

$$\boxed{L_t = AL - LA \equiv [A, L]} \tag{8.148}$$

geschrieben werden kann, wobei die Operatoren L und A (das sogenannte Lax-Paar) durch

$$L = -\partial_x^2 + u \tag{8.149}$$

und

$$A = -4\partial_x^3 + 3(u\partial_x + \partial_x u) + C \tag{8.150}$$

definiert sind. Natürlich ist die Übereinstimmung mit den in (8.145) und (8.146) erscheinenden Operatoren nicht zufällig.

Vorteilhaft an der Formulierung (8.148) ist, dass man für eine ganze Klasse von Flüssen $u(x, t)$ die Zeitunabhängigkeit des Spektrums von L $[L\psi = \lambda\psi]$ zeigen kann. Dazu die folgenden, von (8.148) ausgehenden Rechenschritte:

$$L_t\psi = A\lambda\psi - LA\psi, \tag{8.151}$$

$$\partial_t(L\psi) - L\psi_t = \lambda A\psi - LA\psi, \tag{8.152}$$

$$\lambda_t\psi + \lambda\psi_t - L\psi_t = (\lambda - L)A\psi, \tag{8.153}$$

$$\lambda_t \psi = (\lambda - L)(A\psi - \psi_t).\tag{8.154}$$

Wenn also die Zeitabhängigkeit der Eigenfunktionen durch

$$\psi_t = A\psi \tag{8.155}$$

[vergl. (8.146)] gegeben ist, folgt $\lambda_t = 0$. Wir können (8.154) auch anders interpretieren. Nach Multiplikation mit ψ^* und anschließender Integration folgt für die diskreten Zustände

$$\lambda_t \int \psi^* \psi \, dx = 0,\tag{8.156}$$

sofern L selbstadjungiert ist. Dann ist die Zeitentwicklung der Eigenzustände ψ durch die lineare Differentialgleichung (8.155) gegeben, und die Lösung mittels der IST ist möglich.

Erhaltungssätze

Eine integrable Gleichung sollte ihren Freiheitsgraden entsprechend viele Erhaltungsgrößen besitzen. Im Fall der KdV-Gleichung erwarten wir also unendlich viele Konstanten der Bewegung. Die IST liefert ein konstruktives Verfahren zu ihrer Bestimmung. Wir präsentieren hier jedoch eine vereinfachte Rechenvorschrift.

Wenn wir in der KdV-Gleichung (8.100) u durch

$$u = -w - \varepsilon w_x + \varepsilon^2 w^2,\tag{8.157}$$

d. h. eine Riccati-Gleichung für w, ersetzen, folgt

$$
\begin{aligned}
-(u_t - 6uu_x + u_{xxx}) &= w_t + \varepsilon w_{xt} - 2\varepsilon^2 ww_t \\
&\quad + 6(w + \varepsilon w_x - \varepsilon^2 w^2)(w_x + \varepsilon w_{xx} - 2\varepsilon^2 ww_x) \\
&\quad + w_{xxx} + \varepsilon w_{xxxx} - 2\varepsilon^2 (ww_x)_{xx} \\
&= (1 + \varepsilon \partial_x - 2\varepsilon^2 w)[w_t + 6(w - \varepsilon^2 w^2)w_x + w_{xxx}].
\end{aligned}\tag{8.158}
$$

Hierbei ist ε ein reeller Parameter. Aus (8.158) können wir schließen, dass die KdV-Gleichung durch $u(x, t)$ erfüllt wird, wenn w die sogenannte Gardner-Gleichung

$$w_t + 6(w - \varepsilon^2 w^2)w_x + w_{xxx} = 0 \tag{8.159}$$

löst. Diese Gleichung hat die Form $\partial_t w + \partial_x \{...\} = 0$, d. h. die Form eines lokalen Erhaltungssatzes. Jetzt versuchen wir eine Lösung von (8.157) mittels Potenzreihenansatz (für $\varepsilon \to 0$),

$$w = \sum_{n=0}^{\infty} \varepsilon^n w_n(u).\tag{8.160}$$

Koeffizientenvergleich in (8.157) führt zu

$$w_0 = -u \,, \tag{8.161}$$

$$w_1 = -w_{0x} = u_x \,, \tag{8.162}$$

$$w_2 = -w_{1x} + w_0^2 = -u_{xx} + u^2 \tag{8.163}$$

usw. Setzen wir dies in (8.159) ein, so erhalten wir sukzessive

$$u_t + (-3u^2 + u_{xx})_x = 0, \tag{8.164}$$

$$(-u_x)_t + (6uu_x - u_{xxx})_x = 0, \tag{8.165}$$

$$(u_{xx} - u^2)_t + (4u^3 - 8uu_{xx} - 5u_x^2 + u_{xxxx})_x = 0 \tag{8.166}$$

usw. Für lokalisierte Funktionen u ergeben sich aus den Gleichungen in gerader Ordnung in ε die Konstanten der Bewegung

$$\boxed{\int_{-\infty}^{+\infty} u \, dx = const} \,, \tag{8.167}$$

$$\boxed{\int_{-\infty}^{+\infty} u^2 dx = const} \,, \tag{8.168}$$

$$\boxed{\int_{-\infty}^{+\infty} \left(u^3 + \frac{1}{2}u_x^2\right) dx = const} \tag{8.169}$$

usw. Dieses Verfahren funktioniert in allen Ordnungen in ε und liefert sämtliche Erhaltungsgrößen. Auf eine detailliertere Begründung verzichten wir aus Platzgründen.

Abschließend sei noch einmal auf das physikalisch äußerst interessante Ergebnis bei der Dynamik von Solitonen hingewiesen. Solitonen sind stabile nichtlineare Wellenlösungen, die sogar den Wechselwirkungsprozess formunverändert überstehen. Im Rahmen einer eindimensionalen KdV-Gleichung kann dieses überraschende Phänomen [mit der IST] mathematisch sauber begründet werden. Solitonen bieten sich deshalb als Bausteine einer nichtlinearen Dynamik an.

8.2   Langmuir Oszillationen und NLS-Gleichung

In einem voll ionisierten und unmagnetisierten Plasma gibt es neben den ionen-akustischen Wellen Langmuir-Schwingungen, deren charakteristische Frequenz die Elektronenplasmafrequenz ω_{pe} ist. In diesem Abschnitt diskutieren wir nichtlineare Modelle für diese nahezu elektrostatischen und – im Gegensatz zu den ionenakustischen Wellen – hochfrequenten Vorgänge. Dabei tritt eine nichtlineare Kopplung mit der niederfrequenten Plasmadynamik auf. Charakteristische Modellgleichungen sind die Zakharov-Gleichungen, die sich im einfachsten Fall auf die kubisch nichtlineare Schrödinger-Gleichung reduzieren. Wir stellen deren Integrabilität vor.

Modellgleichungen

Ausgangsgleichungen sind die Maxwell-Gleichungen zusammen mit den Dichtekontinui-tätsgleichungen für Elektronen und Ionen sowie die Elektronen- und Ionenimpulsbilanzen. In den letzteren wird von Zustandsgleichungen $p_{i,e} \sim n_{i,e}^{\gamma_{i,e}}$ Gebrauch gemacht. Für adiabatische Zustandsänderungen ist der Exponent $\gamma_{i,e}$ durch das Verhältnis der spezifischen Wärmen gegeben [$\gamma_{i,e} = (2 + N)/N$, wenn N die Anzahl der Freiheitsgrade ist]. Für isotherme Zustandsänderungen ist $\gamma_{i,e} = 1$.

Da sich die koppelnden Wellentypen in den Frequenzen stark unterscheiden, werden alle Größen wie folgt in hochfrequente (h) und niederfrequente (s) Anteile aufgespalten:

$$\boxed{n_{i,e} = n_0 + n_{i,e}^s + n_{i,e}^h \, ,} \tag{8.170}$$

$$\boxed{\mathbf{v}_{i,e} = \mathbf{v}_{i,e}^s + \mathbf{v}_{i,e}^h \, ,} \tag{8.171}$$

$$\boxed{\mathbf{E} = \mathbf{E}^s + \mathbf{E}^h \, .} \tag{8.172}$$

Da wir hier ein unmagnetisiertes Plasma betrachten, berücksichtigen wir beim Magnetfeld $\mathbf{B}$ nur die hochfrequenten Beiträge $\mathbf{B}^h$. Ferner spalten wir bei jedem hochfrequenten Anteil die schnelle Zeitveränderung ab, z. B.

$$n_{i,e}^h = \frac{1}{2} \left[\tilde{n}_{i,e}(\mathbf{r}, t) e^{-i\omega t} + c.c. \right], \tag{8.173}$$

wobei die verbleibenden Amplituden $\tilde{n}_{i,e}$, $\tilde{\mathbf{v}}_{i,e}$, $\tilde{\mathbf{E}}$, $\tilde{\mathbf{B}}$ nur schwach von der Zeit abhängen sollen. Führt man dann in den Ausgangsgleichungen eine Mittelung $\langle ... \rangle$ über die hochfrequenten Oszillationen durch, so erhält man

$$\nabla \cdot \mathbf{E}^s = \frac{1}{\varepsilon_0} e(n_i^s - n_e^s), \tag{8.174}$$

$$\nabla \times \mathbf{E}^s = 0, \tag{8.175}$$

$$\mathbf{j}^s + \varepsilon_0 \frac{\partial \mathbf{E}^s}{\partial t} = 0, \tag{8.176}$$

$$\frac{\partial n_e^s}{\partial t} + \nabla \cdot \left[(n_0 + n_e^s)\, \mathbf{v}_e^s + \left\langle n_e^h \mathbf{v}_e^h \right\rangle \right] = 0, \tag{8.177}$$

$$\frac{\partial n_i^s}{\partial t} + \nabla \cdot \left[(n_0 + n_i^s)\, \mathbf{v}_i^s + \left\langle n_i^h \mathbf{v}_i^h \right\rangle \right] = 0, \tag{8.178}$$

$$\frac{\partial \mathbf{v}_e^s}{\partial t} + \mathbf{v}_e^s \cdot \nabla \mathbf{v}_e^s = -\frac{e}{m_e} \left\{ \mathbf{E}^s + \left\langle \mathbf{v}_e^h \times \mathbf{B}^h \right\rangle \right\} - \left\langle \mathbf{v}_e^h \cdot \nabla \mathbf{v}_e^h \right\rangle$$
$$- \frac{\gamma_e k_B}{m_e} \left\langle T_e \nabla \ln \left(n_0 + n_e^s \right) \right\rangle, \tag{8.179}$$

$$\frac{\partial \mathbf{v}_i^s}{\partial t} + \mathbf{v}_i^s \cdot \nabla \mathbf{v}_i^s = \frac{e}{m_i} \left\{ \mathbf{E}^s + \left\langle \mathbf{v}_i^h \times \mathbf{B}^h \right\rangle \right\} - \left\langle \mathbf{v}_i^h \cdot \nabla \mathbf{v}_i^h \right\rangle$$
$$- \frac{\gamma_i k_B}{m_i} \left\langle T_i \nabla \ln(n_0 + n_i^s) \right\rangle. \tag{8.180}$$

Aus (8.175) ergibt sich, dass das niederfrequente elektrische Feld durch ein Potential ϕ^s in der Form

$$\boxed{\mathbf{E}^s = -\nabla \phi^s} \tag{8.181}$$

darstellbar ist.

Ganz analog folgen die Gleichungen für die hochfrequenten Komponenten. Vernachlässigt man in diesen die höheren Harmonischen, so erhält man

$$\nabla \cdot \mathbf{E}^h = 4\pi e(n_i^h - n_e^h)\,, \tag{8.182}$$

$$\nabla \times \mathbf{E}^h = -\frac{\partial \mathbf{B}^h}{\partial t}\,, \tag{8.183}$$

$$\nabla \times \mathbf{B}^h = \mu_0 \mathbf{j}^h + \mu_0 \varepsilon_0 \frac{\partial \mathbf{E}^h}{\partial t}\,, \tag{8.184}$$

$$\frac{\partial n_e^h}{\partial t} + \nabla \cdot \left((n_0 + n_e^s)\mathbf{v}_e^h + n_e^h \mathbf{v}_e^s \right) = 0\,, \tag{8.185}$$

$$\frac{\partial n_i^h}{\partial t} + \nabla \cdot \left((n_0 + n_i^s)\mathbf{v}_i^h + n_i^h \mathbf{v}_i^s \right) = 0\,, \tag{8.186}$$

$$\frac{\partial \mathbf{v}_e^h}{\partial t} + \mathbf{v}_e^h \cdot \nabla \mathbf{v}_e^s + \mathbf{v}_e^s \cdot \nabla \mathbf{v}_e^h + \frac{e}{m_e}\mathbf{E}^h + \frac{e}{m_e}\mathbf{v}_e^s \times \mathbf{B}^h + \frac{\gamma_e k_B}{m_e}\left(\frac{T_e \nabla n_e}{n_e} \right)^h = 0, \tag{8.187}$$

$$\frac{\partial \mathbf{v}_i^h}{\partial t} + \mathbf{v}_i^h \cdot \nabla \mathbf{v}_i^s + \mathbf{v}_i^s \cdot \nabla \mathbf{v}_i^h - \frac{e}{m_i}\mathbf{E}^h - \frac{e}{m_i}\mathbf{v}_i^s \times \mathbf{B}^h + \frac{\gamma_i k_B}{m_i}\left(\frac{T_i \nabla n_i}{n_i}\right)^h = 0 \ . \quad (8.188)$$

Für nicht zu große Amplituden sind die niederfrequenten (gerichteten) Geschwindigkeiten der Elektronen und Ionen immer klein gegen die thermische Geschwindigkeit
der Elektronen,

$$v_{i,e}^s \ll v_{te}, \qquad (8.189)$$

während die Phasengeschwindigkeiten v_{ph} immer größer als v_{te} sind. Wir können
also problemlos Terme der Größenordnung $v_{i,e}^s/v_{ph}$ gegen eins vernachlässigen.

Das sind in der hochfrequenten Impulsbilanz die konvektiven Terme und die Kraftdichte,
die vom hochfrequenten Magnetfeld herrührt; im Einzelnen heißt das

$$|\mathbf{v}^s \cdot \nabla \mathbf{v}^h| \le \mathcal{O}\left(\frac{v^s}{v_{ph}}\right)\left|\partial \mathbf{v}^h/\partial t\right| , \qquad (8.190)$$

$$|\mathbf{v}^h \cdot \nabla \mathbf{v}^s| \le \mathcal{O}\left(\frac{v^s}{v_{ph}}\right)|\partial \mathbf{v}^h/\partial t| , \qquad (8.191)$$

$$\left|\frac{e}{m_{i,e}}\mathbf{v}^s \times \mathbf{B}^h\right| \le \mathcal{O}\left(\frac{v^s}{v_{ph}}\right)\left|\frac{e}{m_{i,e}}\mathbf{E}^h\right|, \qquad (8.192)$$

wobei wir hier und im Folgenden voraussetzen, dass alle charakteristischen Längen größer
als die Elektronen-Debye-Länge sind.

Wird in der Kontinuitätsgleichung der Term

$$\left|\nabla\left(n_{e,i}^h \mathbf{v}_{e,i}^s\right)\right| \le \mathcal{O}\left(\frac{v_{e,i}^s}{v_{ph}}\right)\left|\partial n_{e,i}^h/\partial t\right| \qquad (8.193)$$

vernachlässigt, so folgt

$$\nabla \cdot \mathbf{E}^h = \frac{1}{\varepsilon_0}e\left(n_i^h - n_e^h\right) , \qquad (8.194)$$

$$\nabla \times \mathbf{E}^h = -\frac{\partial \mathbf{B}^h}{\partial t} , \qquad (8.195)$$

$$\nabla \times \mathbf{B}^h = \mu_0 \mathbf{j}^h + \mu_0 \varepsilon_0 \frac{\partial \mathbf{E}^h}{\partial t} , \qquad (8.196)$$

$$\nabla \cdot \mathbf{B}^h = 0 \qquad (8.197)$$

$$\frac{\partial n_e^h}{\partial t} + \nabla \cdot \left[(n_0 + n_e^s)\mathbf{v}_e^h\right] = 0 , \qquad (8.198)$$

$$\frac{\partial n_i^h}{\partial t} + \nabla \cdot \left[(n_0 + n_i^s)\mathbf{v}_i^h\right] = 0 , \qquad (8.199)$$

$$\frac{\partial \mathbf{v}_e^h}{\partial t} + \frac{e}{m_e}\mathbf{E}^h + \frac{\gamma_e k_B}{m_e}\left(\frac{T_e \nabla n_e}{n_e}\right)^h = 0 \, , \tag{8.200}$$

$$\frac{\partial \mathbf{v}_i^h}{\partial t} - \frac{e}{m_i}\mathbf{E}^h + \frac{\gamma_i k_B}{m_i}\left(\frac{T_i \nabla n_i}{n_i}\right)^h = 0 \, . \tag{8.201}$$

Aus (8.198) und (8.199) kann man

$$n_e^h \sim \mathcal{O}\left(\frac{n_0 + n_e^s}{v_{ph}}v_e^h\right) \, , \tag{8.202}$$

$$n_i^h \sim \mathcal{O}\left(\frac{n_0 + n_i^s}{v_{ph}}v_i^h\right) \tag{8.203}$$

entnehmen. Damit kann die Größenordnung der Druckterme in den Impulsbilanzen angegeben werden:

$$\frac{\gamma_e k_B}{m_e}\left(T_e\frac{\nabla n_e}{n_e}\right)^h \sim \mathcal{O}\left(\frac{v_{te}^2}{v_{ph}^2}\right)\frac{\partial v_e^h}{\partial t} \, , \tag{8.204}$$

$$\frac{\gamma_i k_B}{m_i}\left(T_i\frac{\nabla n_i}{n_i}\right)^h \sim \mathcal{O}\left(\frac{v_{ti}^2}{v_{ph}^2}\right)\frac{\partial v_i^h}{\partial t} \, . \tag{8.205}$$

Wir betrachten im Folgenden nur Moden, deren Temperaturfluktuationen vernachlässigt werden können. Weiter kann man aus den Impulsbilanzen (8.200) und (8.201) ersehen, dass sowohl die hochfrequente Ionengeschwindigkeit als auch die Ionendichte um den Faktor m_e/m_i kleiner sind als die entsprechenden Größen für die Elektronen.

In der weiteren Rechnung werden wir Terme, die von der Größenordnung m_e/m_i sind, und Terme, die kleiner sind als v_{te}^2/v_{ph}^2, nicht berücksichtigen.

Unter diesen Annahmen reduzieren sich die relevanten hochfrequenten Gleichungen zu

$$\nabla \cdot \mathbf{E}^h = -\frac{1}{\varepsilon_0}en_e^h \, , \tag{8.206}$$

$$\nabla \times \mathbf{E}^h = -\frac{\partial \mathbf{B}^h}{\partial t} \, , \tag{8.207}$$

$$\frac{\partial^2 \mathbf{E}^h}{\partial t^2} + c^2\nabla \times \nabla \times \mathbf{E}^h = -\frac{1}{\varepsilon_0}\frac{\partial \mathbf{j}^h}{\partial t} \, , \tag{8.208}$$

$$\frac{\partial \mathbf{v}_e^h}{\partial t} + \frac{e}{m_e}\mathbf{E}^h + \frac{\gamma_e k_B T_e}{m_e}\frac{\nabla n_e^h}{(n_0 + n_e^s)} = 0. \tag{8.209}$$

Die zeitliche Ableitung der elektrischen Stromdichte ist

$$\frac{\partial \mathbf{j}^h}{\partial t} = \frac{\partial}{\partial t} \left[e(n_i \mathbf{v}_i - n_e \mathbf{v}_e) \right]^h \tag{8.210}$$

oder

$$\frac{\partial \mathbf{j}^h}{\partial t} = e \frac{\partial}{\partial t} \left[(n_0 + n_i^s) \mathbf{v}_i^h + n_i^h \mathbf{v}_i^s - (n_0 + n_e^s) \mathbf{v}_e^h - n_e^h \mathbf{v}_e^s \right]. \tag{8.211}$$

Die Terme $(n_0 + n_i^s)\mathbf{v}_i^h$, $n_i^h \mathbf{v}_i^s$ können vernachlässigt werden, da sie um den Faktor m_e/m_i kleiner sind als die entsprechenden Terme für die Elektronen. Vernachlässigt man weiterhin den Term

$$n_e^h v_e^s \leq \mathcal{O}\left(\frac{v_e^s}{v_{ph}} \right) (n_0 + n_e^s) v_e^h \tag{8.212}$$

und berücksichtigt bei der Ableitung nach der Zeit, dass $\omega^h \gg \omega^s$ ist, so folgt

$$\frac{\partial \mathbf{j}^h}{\partial t} \approx -e(n_0 + n_e^s) \frac{\partial \mathbf{v}_e^h}{\partial t}. \tag{8.213}$$

Setzen wir diesen Ausdruck in die Gl. (8.208) für das hochfrequente elektrische Feld ein und berücksichtigen Gl. (8.206) und (8.209), so ergibt sich

$$\boxed{\frac{\partial^2 \mathbf{E}^h}{\partial t^2} + c^2 \nabla \times \nabla \times \mathbf{E}^h + \omega_{pe}^2 \left(1 + \frac{n_e^s}{n_0} \right) \mathbf{E}^h - 3 v_{te}^2 \nabla \nabla \cdot \mathbf{E}^h = 0} \, , \tag{8.214}$$

wobei für hochfrequente Veränderungen die adiabatische Zustandsgleichung sinnvoll ist.

Um (8.214) zu vervollständigen, benötigen wir die Gleichungen für die niederfrequenten Komponenten, aus denen die unbekannte niederfrequente Dichte n_e^s zu bestimmen ist. Nach offensichtlichen Vereinfachungen lauten sie

$$\nabla \cdot \mathbf{E}^s = \frac{1}{\varepsilon_0} e(n_i^s - n_e^s) \, , \tag{8.215}$$

$$\frac{\partial \mathbf{v}_i^s}{\partial t} + \mathbf{v}_i^s \cdot \nabla \mathbf{v}_i^s = -\frac{e}{m_i} \nabla \phi^s - \frac{\gamma_i k_B T_i}{m_i} \nabla \ln(n_0 + n_i^s) \, , \tag{8.216}$$

$$\frac{\partial n_i^s}{\partial t} + \nabla \cdot \left[(n_0 + n_i^s) \mathbf{v}_i^s \right] = 0 \, , \tag{8.217}$$

$$\frac{\gamma_e k_B T_e}{m_e} \nabla \ln (n_0 + n_e^s) = \frac{e}{m_e} \nabla \phi^s - \mathbf{F}_e. \tag{8.218}$$

In der Kontinuitätsgleichung (8.217) wurde der Term $\langle n_i^h \mathbf{v}_i^h \rangle$ und in der Elektronenimpulsbilanz (8.218) der Trägheitsterm $\frac{\partial \mathbf{v}_e^s}{\partial t} + \mathbf{v}_e^s \cdot \nabla \mathbf{v}_e^s$ vernachlässigt, da diese Terme größenordnungsmäßig um den Faktor m_e/m_i kleiner sind als die restlichen. (Das zeigt man einfach, indem man z. B. nach dem ambipolaren Potential ϕ^s auflöst.)

Die Wechselwirkung zwischen der hochfrequenten Welle und dem Plasma wird durch die ponderomotorische Kraft

$$\mathbf{F}_e = \langle \mathbf{v}_e^h \cdot \nabla \mathbf{v}_e^h \rangle + \frac{e}{m_e} \langle \mathbf{v}_e^h \times \mathbf{B}^h \rangle \tag{8.219}$$

beschrieben. Da die ponderomotorische Kraft auf die Ionen um den Faktor m_e/m_i kleiner ist als die auf die Elektronen wirkende, haben wir diesen Ionenbeitrag in (8.216) nicht aufgenommen. Mithilfe der Gl. (8.207) und (8.209) in niedrigster Ordnung $\left(\frac{v_{te}^2}{v_{ph}^2} \right) \ll 1$,

$$\frac{\partial \mathbf{v}_e^h}{\partial t} \approx -\frac{e}{m_e} \mathbf{E}^h, \tag{8.220}$$

sowie der Aufspaltung (8.173) ergibt sich

$$\mathbf{B}^h \sim -\frac{1}{\omega} \nabla \times \mathbf{E}^h \ , \tag{8.221}$$

$$\mathbf{v}_e^h \sim -\frac{e}{\omega m_e} \mathbf{E}^h \ . \tag{8.222}$$

Damit erhält man die ponderomotorische Kraft

$$\mathbf{F}_e \approx \frac{\omega_{pe}^2}{4\pi n_0 m_e \omega^2} \left\langle \mathbf{E}^h \cdot \nabla \mathbf{E}^h + \mathbf{E}^h \times \nabla \times \mathbf{E}^h \right\rangle. \tag{8.223}$$

Die Ausdrücke (8.221)–(8.223) sind insofern etwas salopp geschrieben, als wir nach Harmonischen $\exp(-i\omega t)$ und $\exp(i\omega t)$ aufspalten müssen [mit $\partial_t = -i\omega$ bzw. $\partial_t = +i\omega$] und anschließend bei der Produktbildung nur die niederfrequenten Beiträge $\exp(-i\omega t + i\omega t)$ sammeln dürfen. In diesem Sinne sind die weiteren Umformungen zu verstehen. Der Ausdruck (8.223) kann unter Verwendung der Vektoridentität $\nabla(\mathbf{a} \cdot \mathbf{a}) = 2[\mathbf{a} \cdot \nabla \mathbf{a} + \mathbf{a} \times (\nabla \times \mathbf{a})]$ und mit $\langle \mathbf{E}^h \cdot \mathbf{E}^h \rangle = \frac{1}{2} |\tilde{\mathbf{E}} \cdot \tilde{\mathbf{E}}^*|$ zu

$$\mathbf{F}_e = \frac{\omega_{pe}^2}{16\pi \omega^2} \frac{\nabla |\tilde{\mathbf{E}} \cdot \tilde{\mathbf{E}}^*|}{n_0 m_e} \tag{8.224}$$

vereinfacht werden. Dies wird im Folgenden in (8.218) benutzt. Entsprechend schreiben wir (8.214) auf die neue Notation um und setzen $\omega \approx \omega_{pe}$; dann folgt

$$-2i\omega_{pe} \frac{\partial \tilde{\mathbf{E}}}{\partial t} + c^2 \nabla \times \nabla \times \tilde{\mathbf{E}} + \omega_{pe}^2 \frac{n_e^s}{n_0} \tilde{\mathbf{E}} - 3v_{te}^2 \nabla\nabla \cdot \tilde{\mathbf{E}} = 0. \tag{8.225}$$

Hier ist berücksichtigt worden, dass $\tilde{\mathbf{E}}$ nur schwach zeitabhängig ist. Deshalb wird

$$\frac{\partial^2 \tilde{\mathbf{E}}}{\partial t^2} \ll 2\omega_{pe}\frac{\partial \tilde{\mathbf{E}}}{\partial t} \tag{8.226}$$

vernachlässigt.

Wir führen nun dimensionslose Größen ein: die Länge $\sqrt{3}\,\lambda_{De}$, die Zeit $\sqrt{3}/\omega_{pi}$, das Potential $k_B T_e/e$, die Dichte n_0, das elektrische Feld $(16\pi n_0 k_B T_e)^{1/2}$ und die Geschwindigkeit $c_s = (k_B T_e/m_i)^{1/2}$ werden als Einheiten definiert. Es ergibt sich das Gleichungssystem

$$i\varepsilon\frac{\partial \mathbf{E}}{\partial t} + \nabla^2\mathbf{E} - Q\nabla \times \nabla \times \mathbf{E} - (n_e - 1)\mathbf{E} = 0\,, \tag{8.227}$$

$$\frac{\partial n_i}{\partial t} + \nabla(n_i \mathbf{v_i}) = 0\,, \tag{8.228}$$

$$\frac{\partial \mathbf{v}_i}{\partial t} + \mathbf{v}_i \cdot \nabla\mathbf{v}_i = -\nabla\phi - \frac{T_i}{T_e}\nabla\ln n_i\,, \tag{8.229}$$

$$\frac{\nabla n_e}{n_e} = \nabla\phi - \nabla|\mathbf{E}|^2\,, \tag{8.230}$$

$$\frac{1}{3}\nabla^2\phi = n_e - n_i\,. \tag{8.231}$$

Der Index s wurde fortgelassen; außerdem haben wir die Notation vereinfacht: $n_{i,e} \mathrel{\widehat{=}} 1 + n_{i,e}^s/n_0$ und $\mathbf{E} \mathrel{\widehat{=}} \tilde{\mathbf{E}}$. Ferner ist $\varepsilon = 2(m_e/3m_i)^{1/2}$ und $Q = (m_e c^2/k_B T_e) - 1$.

Bisher wurden keine Aussagen über die niederfrequente Zustandsänderung der Elektronen und Ionen gemacht. Für die Elektronen kann die Beziehung

$$\frac{\omega^s}{k^s v_{te}} \approx M\frac{c_s}{v_{te}} \ll 1 \tag{8.232}$$

angegeben werden, wobei M die Mach-Zahl ist. (M ist die in c_s gemessene Geschwindigkeit der Solitonen.) Hieraus kann man ablesen, dass die Vorgänge für die Elektronen so langsam ablaufen, dass man sie immer isotherm beschreiben kann. Andererseits gilt für die Ionen die Gleichung

$$\frac{\omega^s}{k^s v_{ti}} = M\frac{c_s}{v_{ti}} = M\left(\frac{T_e}{T_i}\right)^{1/2}\,. \tag{8.233}$$

Wegen des im Allgemeinen großen Faktors $(T_e/T_i)^{1/2}$ müssen wir zwei Fälle unterscheiden: Für

$$M < \left(\frac{T_i}{T_e}\right)^{1/2} \tag{8.234}$$

können die Ionen isotherm beschrieben werden. Wenn die Ionen adiabatisch beschrieben werden müssen, ist der Druckterm im Allgemeinen klein. In diesem Fall gilt

$$M > \left(\frac{T_i}{T_e}\right)^{1/2} ,\tag{8.235}$$

und die Näherung „$T_i = 0$" ist gut.

In der Vergangenheit wurden viele Theorien für Langmuir-Solitonen aufgestellt. Wir diskutieren in diesem Abschnitt Modelle kleiner Amplituden. Dazu gehen wir von den Grundgleichungen (8.227)–(8.231) aus, die sich im eindimensionalen Fall auf

$$i\varepsilon \frac{\partial E}{\partial t} + \frac{\partial^2 E}{\partial x^2} - (n_e - 1)E = 0 ,\tag{8.236}$$

$$\frac{\partial n_i}{\partial t} + \frac{\partial}{\partial x}(n_i v_i) = 0 ,\tag{8.237}$$

$$\frac{\partial v_i}{\partial t} + v_i \frac{\partial v_i}{\partial x} = -\frac{\partial \phi}{\partial x} ,\tag{8.238}$$

$$\frac{\partial n_e}{\partial x} = n_e \left[\frac{\partial \phi}{\partial x} - \frac{\partial |E|^2}{\partial x}\right] ,\tag{8.239}$$

$$\frac{1}{3} \frac{\partial^2 \phi}{\partial x^2} = n_e - n_i \tag{8.240}$$

reduzieren. Hier ist angenommen worden, dass die Ionen adiabatisch beschrieben werden können.

NLS-Gleichung

Es gibt verschiedene bekannte Modellgleichungen, die wir jetzt im Rahmen unterschiedlicher Skalierungen herleiten können. Der Ordnungsparameter der Skalierung ist ε. Für

$$n_e = 1 + \varepsilon^2 n_e^{(1)} + \varepsilon^3 n_e^{(2)} + ... ,\tag{8.241}$$

$$n_i = 1 + \varepsilon^2 n_i^{(1)} + \varepsilon^3 n_i^{(2)} + ... ,\tag{8.242}$$

$$v_i = \varepsilon^2 v_i^{(1)} + \varepsilon^3 v_i^{(2)} + ... ,\tag{8.243}$$

$$\phi = \varepsilon^2 \phi^{(1)} + \varepsilon^3 \phi^{(2)} + ... ,\tag{8.244}$$

$$E = \varepsilon E^{(1)} + \varepsilon^2 E^{(2)} + ... ,\tag{8.245}$$

$$\xi = \varepsilon(x - Mt) ,\tag{8.246}$$

$$\tau = \varepsilon^2 t \tag{8.247}$$

folgt nach kurzer Rechnung die kubisch nichtlineare Schrödinger-Gleichung

$$\boxed{\begin{aligned} i\varepsilon\partial_\tau E^{(1)} - iM\partial_\xi E^{(1)} + \partial_\xi^2 E^{(1)} - n_e^{(1)} E^{(1)} = 0 \ , \\ n_e^{(1)} = -|E^{(1)}|^2/(1 - M^2) \ . \end{aligned}} \tag{8.248}$$

Dass hier im ersten Term der Kleinheitsparameter ε noch explizit auftaucht, ist ein Relikt der historischen Entwicklung. Die folgenden Umformungen zeigen auch, wie man diesen „Schönheitsfehler" reparieren kann.

Die stationären Lösungen lassen sich in der Form

$$E^{(1)} = E_s \exp\left\{ i\left[\left(\frac{\eta^2}{\varepsilon} + \frac{M^2\varepsilon}{4}\right)\tau + \frac{M\varepsilon}{2}\xi \right]\right\} \tag{8.249}$$

und

$$n_e^{(1)} = -E_s^2/(1 - M^2) \tag{8.250}$$

schreiben, wobei

$$\boxed{E_s = \sqrt{2}\sqrt{1 - M^2}\ \eta\ \text{sech}(\eta\xi)} \tag{8.251}$$

ist. Damit erhält man das ambipolare Potential

$$\phi^{(1)} = -\frac{2\eta^2 M^2}{(1 - M^2)}\,\text{sech}^2(\eta\xi). \tag{8.252}$$

Die Lösungen E_s und $n_e^{(1)}$ sind in Abb. 8.2 bzw. Abb. 8.3 aufgezeichnet. Die Lösung E_s hat die Form einer Glocke und $n_e^{(1)}$ die einer invertierten Glocke.

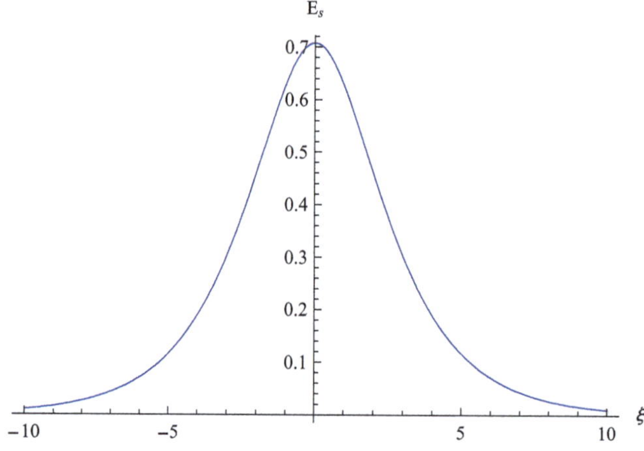

Abb. 8.2 Einhüllendes elektrisches Feld E_s eines „Glockensolitons" (8.251) als Funktion von ξ

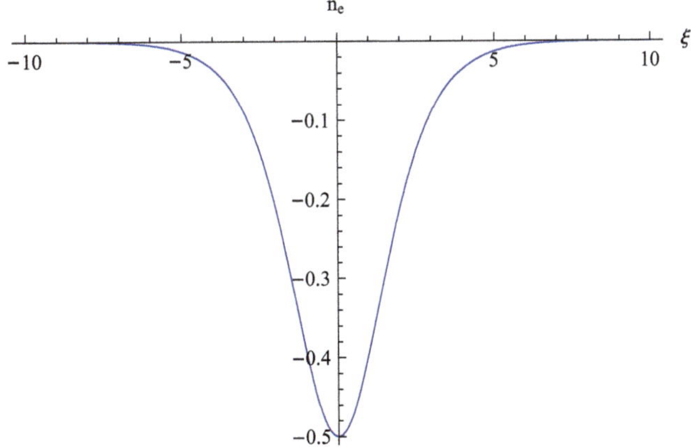

Abb. 8.3 Dichtedepression $n_e = n_e^{(1)}$ bei einem „Glockensoliton"

Zakharov-Gleichungen
Ändert man die Skalierung (8.246)–(8.247) bezüglich x und t in

$$\xi = \varepsilon x, \tag{8.253}$$

$$\tau = \varepsilon t \tag{8.254}$$

ab, so gelangt man nach kurzer Rechnung zu den (eindimensionalen) Zakharov-Gleichungen

$$\boxed{i\partial_t E^{(1)} + \partial_\xi^2 E^{(1)} - n_e^{(1)} E^{(1)} = 0 \,,} \tag{8.255}$$

$$\boxed{\partial_\tau^2 n_e^{(1)} - \partial_\xi^2 n_e^{(1)} = \partial_\xi^2 |E^{(1)}|^2 \,,} \tag{8.256}$$

deren stationäre Lösungen denen der Schrödinger-Gleichung entsprechen. Lediglich die Ionendynamik ist jetzt ebenfalls erfasst.

KdV-artige Gleichungen
Für Geschwindigkeiten in der Nähe der Ionenschallgeschwindigkeit, also für $M \to 1$, kann man ebenfalls einfache Modellgleichungen herleiten. Mit der Skalierung

$$n_e = 1 + \varepsilon n_e^{(1)} + \varepsilon^2 n_e^{(2)} + \dots \,, \tag{8.257}$$

$$n_i = 1 + \varepsilon n_i^{(1)} + \varepsilon^2 n_i^{(2)} + \dots \,, \tag{8.258}$$

$$v_i = \varepsilon v_i^{(1)} + \varepsilon^2 v_i^{(2)} + \dots \tag{8.259}$$

$$\phi = \varepsilon \phi^{(1)} + \varepsilon^2 \phi^{(2)} + \dots \; , \tag{8.260}$$

$$E = \varepsilon E^{(1)} + \varepsilon^2 E^{(2)} + \dots \; , \tag{8.261}$$

$$\xi = \varepsilon^{1/2}(x - t) \; , \tag{8.262}$$

$$\tau = \varepsilon^{3/2} t \tag{8.263}$$

folgt in niedrigster Ordnung (ε) $n_e^{(1)} = n_i^{(1)}$. In der nächsten Ordnung $(\varepsilon^{3/2})$ ergibt sich

$$\partial_\xi n_i^{(1)} = \partial_\xi v_i^{(1)}, \tag{8.264}$$

$$\partial_\xi v_i^{(1)} = \partial_\xi \phi^{(1)}, \tag{8.265}$$

$$\partial_\xi n_e^{(1)} = \partial_\xi \phi^{(1)}. \tag{8.266}$$

Als lokalisierte Lösung erhalten wir

$$n_e^{(1)} = n_i^{(1)} = v_i^{(1)} = \phi^{(1)}. \tag{8.267}$$

In der Ordnung ε^2 lauten die Beiträge (man beachte, dass wir noch eine schnellere Phasenvariation zulassen)

$$i\varepsilon^{3/2}\partial_\tau E^{(1)} - \varepsilon^{1/2}\partial_\xi E^{(1)} + \partial_\xi^2 E^{(1)} - n_e^{(1)} E^{(1)} = 0, \tag{8.268}$$

$$\frac{1}{3}\partial_\xi^2 \phi^{(1)} = n_e^{(2)} - n_i^{(2)}. \tag{8.269}$$

Erst in der Ordnung $\varepsilon^{5/2}$ folgt ein geschlossenes Gleichungssystem:

$$\partial_\tau n_i^{(1)} - \partial_\xi n_i^{(2)} + \partial_\xi (n_i^{(1)} v_i^{(1)}) + \partial_\xi v_i^{(2)} = 0, \tag{8.270}$$

$$\partial_\tau v_i^{(1)} - \partial_\xi v_i^{(2)} + v_i^{(1)}\partial_\xi v_i^{(1)} + \partial_\xi \phi^{(2)} = 0, \tag{8.271}$$

$$\partial_\xi n_e^{(2)} = n_e^{(1)}\partial_\xi \phi^{(1)} + \partial_\xi \phi^{(2)} - \partial_\xi |E^{(1)}|^2. \tag{8.272}$$

Durch Kombination der Gl. (8.270)–(8.272) können wir

$$2\,\partial_\tau n_e^{(1)} + \partial_\xi \left[n_e^{(1)} \right]^2 + \frac{1}{3}\partial_\xi^3 n_e^{(1)} + \partial_\xi |E^{(1)}|^2 = 0 \tag{8.273}$$

erhalten. Es handelt sich um eine KdV-artige Gleichung. Die Gl. (8.268) und (8.273) beschreiben fast sonische Langmuir-Solitonen.

Gehen wir in ein insgesamt mit der Mach-Zahl M mitbewegtes Koordinatensystem und schreiben die stationäre Lösung $E^{(1)}$ in der Form

$$E^{(1)} = E_s(\xi) \exp\left[i \left(\frac{\eta^2}{\varepsilon^{3/2}} + \frac{M\varepsilon^{1/2}}{4} \right) \tau + \frac{M\varepsilon^{1/2}}{2}\xi \right], \tag{8.274}$$

so ergeben sich für die stationären Lösungen die Gleichungen

$$\partial_\xi^2 E_s - \eta^2 E_s - n_e^{(1)} E_s = 0 \,, \tag{8.275}$$

$$\frac{1}{3}\partial_\xi^2 n_e^{(1)} + \left[n_e^{(1)}\right]^2 - 2(M-1)n_e^{(1)} + |E^{(1)}|^2 = 0, \tag{8.276}$$

wobei $n_e^{(1)}$ die stationäre Dichte ist. Lösungen von (8.275) und (8.276) sind

$$E_s = \sqrt{48}\ \eta^2 \mathrm{sech}(\eta\xi)\tanh(\eta\xi), \tag{8.277}$$

$$n_e^{(1)} = -6\eta^2 \mathrm{sech}^2(\eta\xi). \tag{8.278}$$

Es muss außerdem die Relation

$$\eta^2 = \frac{3}{10}(1-M) \tag{8.279}$$

zwischen η^2 und M erfüllt sein. Man erkennt sofort, dass es sich bei (8.277) um eine ungerade Lösung handelt, deren Form in Abb. 8.4 dargestellt ist. 8.5 zeigt die entsprechende Dichteverteilung.

Es gibt noch weitere eindimensionale Modelle für nichtlineare Langmuir-Oszillationen kleiner Amplitude; wir wollen jedoch hier aus Platzgründen nicht weiter darauf eingehen. Stattdessen zum Abschluss noch ein Wort zu der mehrdimensionalen Formulierung.

Räumlich mehrdimensionale Formulierung
Wir wählen das Zakharov-Modell, das wir in Anlehnung an die eindimensionalen Betrachtungen, die zu (8.255) und (8.256) führten, sofort in der Form

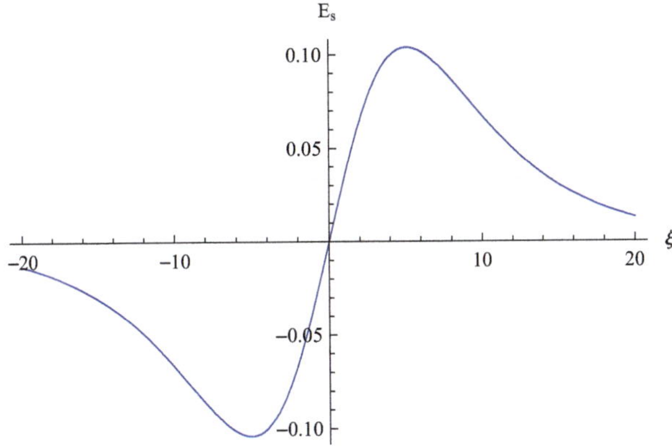

Abb. 8.4 Einhüllendes elektrisches Feld (8.277) in seiner räumlichen Verteilung

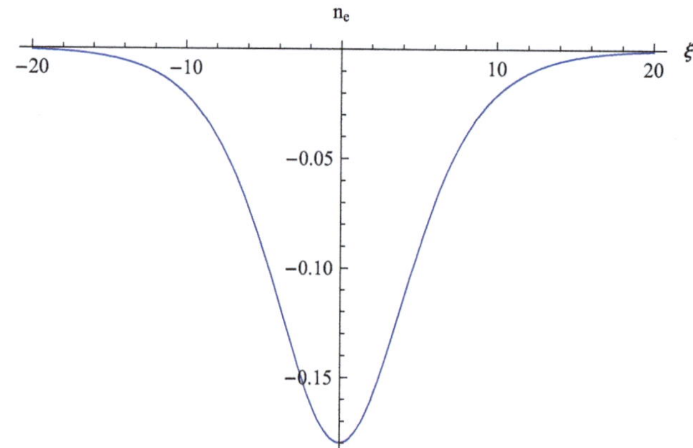

Abb. 8.5 Dichtedepression $n = n_e^{(1)}$ als Funktion von ξ

$$i\partial_\tau \mathbf{E} + \nabla^2 \mathbf{E} - Q\nabla \times \nabla \times \mathbf{E} - \delta n\mathbf{E} = 0 \,, \tag{8.280}$$

$$\partial_t^2 \delta n - \nabla^2 \delta n = \nabla^2 |\mathbf{E}|^2 \tag{8.281}$$

anschreiben können. Da Q in nichtrelativistischen Plasmen ein großer Parameter ist, bietet es sich an, (8.280) in der Form

$$\nabla \times \nabla \times \mathbf{E} = \frac{1}{Q}\left[i\partial_\tau \mathbf{E} + \nabla^2 \mathbf{E} - \delta n\mathbf{E}\right] \tag{8.282}$$

zu schreiben. Entwickeln wir $\mathbf{E}$ nach Q^{-1} mit

$$\mathbf{E} = -\nabla\varphi + \frac{1}{Q}\mathbf{E}_1 + ..., \tag{8.283}$$

so folgt in niedrigster Ordnung

$$-\nabla \times \nabla \times \mathbf{E}_1 = i\partial_\tau \nabla\varphi + \nabla^2 \nabla\varphi - \delta n\nabla\varphi. \tag{8.284}$$

Die Lösbarkeitsbedingung dieser Gleichung für $\mathbf{E}_1$ fordert, dass die Divergenz der rechten Seite verschwindet. Das heißt

$$\nabla \cdot \left[i\partial_\tau \nabla\varphi + \nabla^2 \nabla\varphi - \delta n\nabla\varphi\right] = 0 \,. \tag{8.285}$$

Diese Gleichung müssen wir zusammen mit

$$\partial_t^2 \delta n - \nabla^2 \delta n = \nabla^2 |\nabla\varphi|^2 \tag{8.286}$$

lösen. In adiabatischer Näherung, d. h. ohne den Trägheitsterm der Ionen, finden wir eine verallgemeinerte kubisch nichtlineare Schrödinger-Gleichung

$$\boxed{\nabla \cdot \left[i\partial_t \nabla\varphi + \nabla^2\nabla\varphi + |\nabla\varphi|^2\nabla\varphi \right] = 0} \,. \tag{8.287}$$

Man beachte den gravierenden Unterschied zu der oft fälschlicherweise für Langmuir-Solitonen benutzten Gleichung

$$i\partial_\tau\varphi + \nabla^2\varphi + |\varphi|^2\varphi = 0. \tag{8.288}$$

Im nächsten Abschnitt kommen wir auf die mehr formalen Aspekte der Schrödinger-Gleichung zurück.

Die kubisch nichtlineare Schrödinger-Gleichung

Nachdem wir im letzten Abschnitt gesehen haben, dass sich im allereinfachsten Fall und unter sehr einschneidenden Voraussetzungen die eindimensionale, kubisch nichtlineare Schrödinger-Gleichung ergibt, diskutieren wir jetzt etwas detaillierter deren Struktur. Wir wählen das einfache Beispiel auch in der Hoffnung, dass sich die grundlegenden Ergebnisse bei komplizierteren Verallgemeinerungen wiederfinden.

Während die KdV-Gleichung für Moden mit der (linearen) Dispersionsgleichung $\omega = ak + bk^3$ im schwach nichtlinearen Fall anwendbar ist, gilt die Schrödinger-Gleichung für Wellen mit der (linearen) Dispersion $\omega = a + bk^2$. Die Schrödinger-Gleichung beschreibt die Einhüllende (Enveloppe) $\tilde{E}$ des Feldes

$$E(x,t) = \tilde{E}(x,t)e^{i(kx-\omega t)} + c.c., \tag{8.289}$$

wobei die Orts- und Zeitabhängigkeiten von $\tilde{E}$ nur schwach sein sollen (verglichen mit der Phasenvariation). Wir präsentieren nun drei vereinfachte Herleitungen der Schrödinger-Gleichung in der Absicht, dabei deren Universalität deutlicher herauszuarbeiten.

Beispiel 8.6 (Entwicklung einer nichtlinearen Dispersionsfunktion)
Schreibt man die lineare Dispersionsbeziehung als

$$\varepsilon_L(\omega, k; \alpha_{j0})E(k, \omega) = 0 \tag{8.290}$$

mit Plasmaparametern α_j (z.B. n, T, usw.), so erwartet man für endliche Amplituden eine Modifikation der Größen α_j. Die Werte α_{j0} sollen unabhängig von den Wellenamplituden sein. Wir setzen die nichtlineare Dispersionsrelation formal in der Form

$$e^{i(kx-\omega t)} \varepsilon_{NL} \left\{ \left(\omega + i\frac{\partial}{\partial t} \right), \left(k - i\frac{\partial}{\partial x} \right); (\alpha_{j0} + \Delta\alpha_j) \right\} \tilde{E}(x,t) = 0 \qquad (8.291)$$

an. Die Ableitungen nach x und t berücksichtigen die (schwache) Modifikation aufgrund der nichtlinearen Änderungen der Plasmaparameter. Im Rahmen einer Taylor-Entwicklung von ε_{NL},

$$\begin{aligned}
\varepsilon_{NL} \approx \varepsilon_L &+ i\frac{\partial\varepsilon_L}{\partial\omega}\frac{\partial}{\partial t} - i\frac{\partial\varepsilon_L}{\partial k}\frac{\partial}{\partial x} - \frac{1}{2}\frac{\partial^2\varepsilon_L}{\partial k^2}\frac{\partial^2}{\partial x^2} - \frac{1}{2}\frac{\partial^2\varepsilon_L}{\partial\omega^2}\frac{\partial^2}{\partial t^2} \\
&+ \frac{\partial^2\varepsilon_L}{\partial\omega\partial k}\frac{\partial}{\partial x}\frac{\partial}{\partial t} + \sum_j \Delta\alpha_j\frac{\partial\varepsilon_L}{\partial\alpha_{j0}} + \dots ,
\end{aligned} \qquad (8.292)$$

können wir nun systematisch im Rahmen einer Störungstheorie die Dynamik von $\tilde{E}$ berechnen. Da $\varepsilon_L(\omega, k; \alpha_{j0}) = 0$ ist und wir vermöge $\xi = x - v_g t$, $\tau = t$ in ein mit der Gruppengeschwindigkeit

$$v_g = \left.\frac{d\omega}{dk}\right|_{\varepsilon_L=0} = -\frac{\partial\varepsilon_L/\partial k}{\partial\varepsilon_L/\partial\omega} \qquad (8.293)$$

bewegtes Koordinatensystem transformieren können, folgt für die Einhüllende der Harmonischen $\exp\{i(kx - \omega t)\}$ in erster Ordnung in ∂_τ und in zweiter Ordnung in ∂_ξ

$$i\frac{\partial\tilde{E}}{\partial\tau} + \frac{1}{2}\frac{\partial^2\omega}{\partial k^2}\frac{\partial^2\tilde{E}}{\partial\xi^2} - \frac{\partial\omega}{\partial|\tilde{E}|^2}|\tilde{E}|^2\tilde{E} = 0. \qquad (8.294)$$

Dabei haben wir

$$\begin{aligned}
\frac{\partial^2\omega}{\partial k^2} &= \left.\frac{\partial}{\partial k}\frac{\partial\omega}{\partial k}\right|_{\varepsilon_L=0} = -\frac{\partial}{\partial k}\left(\frac{\partial\varepsilon_L/\partial k}{\partial\varepsilon_L/\partial\omega}\right)_{\varepsilon_L=0} \\
&= -\frac{\partial^2\varepsilon_L/\partial k^2}{\partial\varepsilon_L/\partial\omega} - \frac{\partial^2\varepsilon_L/\partial\omega^2}{\partial\varepsilon_L/\partial\omega}\frac{(\partial\varepsilon_L/\partial k)^2}{(\partial\varepsilon_L/\partial\omega)^2} + 2\frac{\partial^2\varepsilon_L/\partial\omega\partial k}{\partial\varepsilon_L/\partial\omega}\frac{\partial\varepsilon_L/\partial k}{\partial\varepsilon_L/\partial\omega}
\end{aligned} \qquad (8.295)$$

benutzt und außerdem

$$\sum_j \frac{\partial\varepsilon_L}{\partial\alpha_{j0}}\left(\frac{\partial\varepsilon_L}{\partial\omega}\right)^{-1}\Delta\alpha_j = -\frac{\partial\omega}{\partial|\tilde{E}|^2}|\tilde{E}|^2 \qquad (8.296)$$

für $\Delta\alpha_j \sim |\tilde{E}|^2$ gesetzt. Die Beziehung (8.296) lässt sich im einfachsten Fall für die ponderomotorische Kraft bei $n = n_0 - \delta|\tilde{E}|^2$ und $\varepsilon_L(k = 0) = \varepsilon_L = 1 - 4\pi ne^2/(m_e\omega^2)$ explizit nachrechnen. Normieren wir ferner die Zeit vermöge

$$\frac{\partial^2\omega}{\partial k^2}\tau \to \tau, \qquad (8.297)$$

so erhalten wir die kubisch nichtlineare Schrödinger-Gleichung in Standardform

$$i\frac{\partial \tilde{E}}{\partial \tau} + \frac{1}{2}\frac{\partial^2 \tilde{E}}{\partial \xi^2} + \kappa|\tilde{E}|^2\tilde{E} = 0 \tag{8.298}$$

mit

$$\kappa = -\frac{\partial \omega}{\partial |\tilde{E}|^2}\Big/\frac{\partial^2 \omega}{\partial k^2}. \tag{8.299}$$

∎

Beispiel 8.7 (Rückkopplung der Harmonischen)

Die zweite Demonstration startet von einer nichtlinearen Modellgleichung

$$u_{tt} - c^2 u_{xx} + \omega_p^2 u = \frac{1}{6}\omega_p^2 u^3 , \tag{8.300}$$

die wir stellvertretend für kompliziertere Modelle behandeln. Mit dem Ansatz

$$u = \sum_{\nu=-\infty}^{\infty}\sum_{\mu=|\nu|}^{\infty} \varepsilon^{\mu} u_{\nu\mu}(\xi,\tau)e^{i\nu(kx-\omega t)} , \tag{8.301}$$

wobei ω die lineare Dispersionsgleichung $\omega^2 = \omega_p^2 + c^2 k^2$ erfüllt, gehen wir in (8.300) ein. Dabei ist $\tau = \varepsilon^2 t$ und $\xi = \varepsilon(x - v_g t)$; beide Variablen kennzeichnen die schwache Zeit- und Ortsabhängigkeit der Einhüllenden. Da u reell sein soll, muss

$$u_{-\nu\mu} = u_{\nu\mu}^* \tag{8.302}$$

sein. In der Ordnung ε^1 erhalten wir $u_{01} = 0$, und die verbleibende Gleichung für u_{11} ist wegen der linearen Dispersionsgleichung trivialerweise erfüllt. In der Ordnung ε^2 können wir nach den verschiedenen Harmonischen $\nu = 0, 1, 2$ ordnen. Beginnen wir mit $\nu = 0$. Man sieht sofort $u_{02} = 0$. Die Beiträge der ersten Harmonischen ($\nu = 1$) liefern

$$(-\omega^2 + c^2 k^2 + \omega_p^2)u_{12} = 2i(c^2 k - \omega v_g)\partial_\xi u_{11}, \tag{8.303}$$

wobei

$$\partial_t = \varepsilon^2 \partial_\tau - \varepsilon v_g \partial_\xi - i\nu\omega \tag{8.304}$$

und

$$\partial_x = \varepsilon \partial_\xi + i\nu k \tag{8.305}$$

benutzt wurden. Die Gruppengeschwindigkeit ist

$$v_g = \frac{d\omega}{dk} = \frac{c^2 k}{\omega}; \tag{8.306}$$

deshalb ist (8.303) identisch erfüllt. Für die zweite Harmonische folgt eine ähnliche Gleichung, mit dem gravierenden Unterschied, dass der Koeffizient auf der linken Seite nicht wie bei (8.303) exakt gleich null ist. Deshalb muss $u_{22} = 0$ sein.

In der Ordnung ε^3 müssen wir $\nu = 0, 1, 2, 3$ berücksichtigen. $\nu = 0$ führt zu

$$(v_g^2 - c^2)\partial_\xi^2 u_{01} + \omega_p^2 u_{03} = 0, \tag{8.307}$$

woraus

$$u_{03} = 0 \tag{8.308}$$

folgt. Die Beiträge der ersten Harmonischen ($\nu = 1$) ergeben

$$(-\omega^2 + c^2 k^2 + \omega_p^2)u_{13} - 2i(c^2 k - \omega v_g)u_{12} - 2i\omega\partial_\tau u_{11}$$
$$+ v_g^2\partial_\xi^2 u_{11} - c^2\partial_\xi^2 u_{11} = \tfrac{1}{6}\omega_p^2\, 3u_{11}^2 u_{11}^*. \tag{8.309}$$

Für

$$U = u_{11} \tag{8.310}$$

erhält man deshalb die geschlossene Gleichung

$$\boxed{\partial_\tau U - \frac{i\omega''}{2}\partial_\xi^2 U - \frac{i\omega_p^2}{4\omega}|U|^2 U = 0}, \tag{8.311}$$

wobei

$$\frac{c^2 - v_g^2}{\omega} = \frac{c^2\omega_p^2}{\omega^3} = \frac{d^2\omega}{dk^2} = \omega'' \tag{8.312}$$

eingesetzt wurde. Damit haben wir wiederum die kubisch nichtlineare Schrödinger-Gleichung gewonnen – allerdings auf eine mehr systematische Art und Weise. [Eigentlich haben wir an einem einfachen Beispiel geklärt, wie man die nichtlineare Dispersionsbeziehung (8.291) herleiten kann.] ∎

Beispiel 8.8 (Mehrskalenformalismus)

An dem nun folgenden dritten Weg demonstrieren wir, dass der Übergang von (8.300) nach (8.311) mit der gleichen Methode des Mehrskalenformalismus erreicht werden kann, die schon früher bei der kinetischen Beschreibung angewandt wurde. Wir müssen lediglich die Dominanz der ersten Harmonischen fordern, was in dem Ansatz

$$\boxed{\begin{aligned}u &= \varepsilon u_1(\xi_1, \xi_2, \ldots; \tau_1, \tau_2, ..) \exp[i(kx - \omega t)] \\ &\quad + \varepsilon^2 u_2(x, \xi_1, \xi_2, \ldots; t, \tau_1, \tau_2, \ldots) + \ldots + c.c.\end{aligned}} \tag{8.313}$$

zum Ausdruck kommt. Wir haben verschiedene Orts- und Zeitskalen $\xi_1, \xi_2, \ldots; \tau_1, \tau_2; \ldots$ mit

$$\partial_x \to \partial_x + \varepsilon\partial_{\xi_1} + \varepsilon^2\partial_{\xi_2} + \ldots, \tag{8.314}$$

$$\partial_t \rightarrow \partial_t + \varepsilon \partial_{\tau_1} + \varepsilon^2 \partial_{\tau_2} + \dots . \tag{8.315}$$

Die Skalierung ist so gemacht, dass wir in der Ordnung ε^1 die lineare Dispersionsbeziehung erhalten. In der Ordnung ε^2 folgt

$$\left[\partial_t^2 - c^2 \partial_x^2 + \omega_p^2\right] u_2 = \left[2i\omega \partial_{\tau_1} u_1 + 2ikc^2 \partial_{\xi_1} u_1\right] e^{i(kx - \omega t)}. \tag{8.316}$$

Bezüglich der Variablen x und t ist die rechte Seite proportional zu $\exp\{i(kx - \omega t)\}$. Entweder ist dann u_2 ebenfalls ein reiner Beitrag zur ersten Harmonischen (die wir aber auch in u_1 unmittelbar berücksichtigen können), oder die Lösung u_2 wächst linear an („secular growth"), z.B.

$$u_2(x, t, \dots) \sim \frac{[\dots]t}{-2i\omega} e^{i(kx - \omega t)}, \tag{8.317}$$

wobei wir den Koeffizienten der Exponentialfunktion auf der rechten Seite von (8.316) durch [...] abgekürzt haben. Um solche, die Ordnungsrelationen sprengende Entwicklungen zu vermeiden, muss [...] = 0 sein. In jedem Fall muss die rechte Seite von (8.316) verschwinden, d.h.

$$\partial_{\tau_1} u_1 = -\frac{c^2 k}{\omega} \partial_{\xi_1} u_1 = -v_g \partial_{\xi_1} u_1 \tag{8.318}$$

sein, und o.B.d.A. setzen wir $u_2 = 0$.

In der Ordnung ε^3 folgt

$$\left[\partial_t^2 - c^2 \partial_x^2 + \omega_p^2\right] u_3 = \frac{\omega_p^2}{6} u_1^3 \, e^{3i(kx - \omega t)}$$

$$+ \left[2i\omega \partial_{\tau_2} u_1 - \partial_{\tau_1}^2 u_1 + c^2 \partial_{\xi_1}^2 u_1 + \frac{1}{2}\omega_p^2 |u_1|^2 u_1\right] e^{i(kx - \omega t)}. \tag{8.319}$$

Jetzt können wir die gleichen Überlegungen wie im vorangegangenen Fall bezüglich eines Beitrags $u_3 \sim \exp\{i(kx - \omega t)\}$ durchführen. Außer wenn

$$2i\omega \partial_{\tau_2} u_1 - \partial_{\tau_1}^2 u_1 + c^2 \partial_{\xi_1}^2 u_1 + \frac{1}{2}\omega_p^2 |u_1|^2 u_1 = 0 \tag{8.320}$$

gilt, existieren anwachsende Lösungen, die dem ursprünglichen Ansatz (8.313) widersprechen („secular growth"). u_3 wird deshalb nur einen Beitrag $\sim \exp\{3i(kx - \omega t)\}$ besitzen, und unter Berücksichtigung von (8.318) erhalten wir aus (8.320) genau die Form (8.311).∎

An diesen drei Beispielen konnten wir die Universalität der kubisch nichtlinearen Schrödinger-Gleichung für Wellen, deren lineare Dispersion durch $\omega^2 \approx \omega_p^2 + c^2 k^2 + \dots$ gegeben ist, im Fall schwacher Nichtlinearität und schwacher Dispersion demonstrieren. Im Folgenden beschäftigen wir uns noch mit (einfachen stationären) Lösungen der Schrödinger-Gleichung.

Wir gehen zu der Form (8.298) zurück und vereinfachen etwas die Notation,

$$i\phi_\tau + \frac{1}{2}\phi_{\xi\xi} + \kappa|\phi|^2\phi = 0 \qquad (8.321)$$

mit $\kappa = -(\partial\omega/\partial|\phi|^2)/(\partial^2\omega/\partial k^2)$. Für die komplexe Einhüllende ϕ setzen wir

$$\boxed{\phi = \rho^{1/2}e^{i\sigma}} \qquad (8.322)$$

an; das führt in (8.321) zu den Real- und Imaginärteilen

$$\rho_\tau + (\rho\sigma_\xi)_\xi = 0, \qquad (8.323)$$

$$\kappa\rho - \frac{1}{8}\frac{1}{\rho^2}\left(\frac{\partial\rho}{\partial\xi}\right)^2 + \frac{1}{4}\frac{1}{\rho}\frac{\partial^2\rho}{\partial\xi^2} = \frac{\partial\sigma}{\partial\tau} + \frac{1}{2}\left(\frac{\partial\sigma}{\partial\xi}\right)^2. \qquad (8.324)$$

Eine stationäre Lösung definieren wir durch $\rho_\tau = 0$. (Über σ kann noch eine nichtlineare Wellenzahl- und Frequenzverschiebung auftreten.) Integration von (8.323) liefert dann

$$\rho\sigma_\xi = c(\tau). \qquad (8.325)$$

Die Gl. (8.324) legt ferner

$$\sigma_\tau + \frac{1}{2}\sigma_\xi^2 = f(\xi) \qquad (8.326)$$

fest, wobei c und f noch bislang unbestimmte Funktionen von τ bzw. ξ sind.

Beispiel 8.9 (Festlegung der Konstanten in (8.325))
Wir beweisen jetzt, dass $c = const$ die einzig erlaubte Wahl ist. Aus (8.326) und (8.325) folgt

$$\sigma_{\tau\tau\xi} = -\frac{1}{2}\frac{\partial^2}{\partial\xi\partial\tau}\left(\frac{\partial\sigma}{\partial\xi}\right)^2 = -\frac{1}{2}\frac{\partial^2}{\partial\xi\partial\tau}\frac{c^2}{\rho^2}$$

$$= \frac{1}{\rho^3}\frac{d\rho}{d\xi}\frac{dc^2}{d\tau} = \frac{1}{\rho}\frac{d^2c}{d\tau^2}. \qquad (8.327)$$

Daraus ergibt sich mit getrennten Variablen (sofern $c_\tau \neq 0$ ist)

$$\left(\frac{d^2c}{d\tau^2}\right)\left(\frac{dc^2}{d\tau}\right)^{-1} = \frac{1}{\rho^2}\frac{d\rho}{d\xi}. \qquad (8.328)$$

Da die Lösungsmöglichkeit $\rho^{-2}\rho_\xi = const$ zu

$$\rho = \frac{1}{\rho_0^{-1} + const(\xi - \xi_0)} \qquad (8.329)$$

führt, wofür $\int \rho \, d\xi$ divergiert, müssen wir

$$c(\tau) = const = c_1 \tag{8.330}$$

verlangen. ∎

Die Integration von (8.325) führt dann zu

$$\sigma = \int^{\xi} \frac{c_1}{\rho} d\xi' + A(\tau). \tag{8.331}$$

Da wegen (8.325) σ_ξ jetzt nur noch eine Funktion von ξ ist, wird wegen (8.326) σ_τ nur noch eine Funktion von ξ. Das bedeutet aber

$$\frac{dA}{d\tau} = \Omega = const. \tag{8.332}$$

Setzen wir nun die Lösung

$$\sigma = \int^{\xi} \frac{c_1}{\rho} d\xi' + \Omega\tau \tag{8.333}$$

in (8.324) ein, so bekommen wir

$$\kappa\rho - \frac{1}{8} \frac{1}{\rho^2} \left(\frac{d\rho}{d\xi}\right)^2 + \frac{1}{4} \frac{1}{\rho} \frac{d^2\rho}{d\xi^2} = \Omega + \frac{1}{2} \left(\frac{c_1}{\rho}\right)^2. \tag{8.334}$$

Nach Multiplikation mit $8\rho_\xi$ entspricht dies

$$\frac{d}{d\xi} \left[\frac{1}{\rho} \left(\frac{d\rho}{d\xi}\right)^2 \right] = -4\kappa \frac{d\rho^2}{d\xi} + 8\Omega \frac{d\rho}{d\xi} - 4c_1^2 \frac{d}{d\xi} \frac{1}{\rho}. \tag{8.335}$$

Diese Gleichung können wir unter Berücksichtigung von $\rho_\xi = 0$ für $\xi \to \pm\infty$ integrieren. Anschließende Multiplikation mit ρ führt zu

$$\left(\frac{d\rho}{d\xi}\right)^2 = -4\kappa\rho^3 + 8\Omega\rho^2 + c_2\rho - 4c_1^2$$

$$= -4\kappa(\rho - \rho_\infty)^2(\rho - \rho_s). \tag{8.336}$$

c_2 ist die Integrationskonstante, und ρ_ξ soll nur an zwei Stellen verschwinden: am Extremum ρ_s und bei ρ_∞ für $\xi \to \pm\infty$.

$\kappa > 0$

Betrachten wir zuerst den Fall $\kappa > 0$. Wegen $\rho \geq 0$ und $-4c_1^2 = 4\kappa\rho_\infty^2\rho_s \geq 0$ folgt $c_1 = \rho_\infty = 0$. Das hat natürlich $c_2 = 0$ zur Folge und aus (8.336) wird

$$\left(\frac{d\rho}{d\xi}\right)^2 = -4\kappa\rho^2(\rho - \rho_s) \tag{8.337}$$

mit

$$\rho_s = 2\Omega/\kappa. \tag{8.338}$$

Die Lösung ist

$$\boxed{\rho = \rho_s \operatorname{sech}^2\left[(\kappa\rho_s)^{1/2}\xi\right]}. \tag{8.339}$$

Für σ folgt dann aus (8.333)

$$\sigma = \Omega\tau. \tag{8.340}$$

Berücksichtigen wir $\xi = x - v_g t$, so erkennen wir zunächst, dass die Amplituden der solitären Lösung (8.339) unabhängig (und frei wählbar) von der Geschwindigkeit sind. Die Schrödinger-Gleichung ist darüber hinaus galileiinvariant, d. h. wenn $\phi(\xi, \tau)$ eine Lösung der (zeitabhängigen) Schrödinger-Gleichung ist, dann trifft das auch für

$$\phi'(\xi, \tau) = \phi(\xi - u\tau, \tau)e^{i(u\xi - \frac{1}{2}u^2\tau)} \tag{8.341}$$

zu.

$\kappa < 0$

Als nächsten Fall behandeln wir $\kappa < 0$. Jetzt ist $c_1 \neq 0$ akzeptabel, und wir erhalten anstelle von (8.336)

$$\left(\frac{d\rho}{d\xi}\right)^2 = 4|\kappa|(\rho - \rho_\infty)^2(\rho - \rho_s). \tag{8.342}$$

Lösungen sind

$$\rho = \rho_\infty\left\{1 - a^2\operatorname{sech}^2\left[(|\kappa|\rho_\infty)^{1/2}a\xi\right]\right\} \tag{8.343}$$

mit

$$a^2 = \frac{\rho_\infty - \rho_s}{\rho_\infty} \leq 1, \tag{8.344}$$

$$c_1^2 = |\kappa|\rho_\infty^3(1 - a^2), \tag{8.345}$$

$$|\kappa|\rho_\infty(3 - a^2) = -2\Omega, \tag{8.346}$$

$$\sigma = \sin^{-1}\left\{a\tanh\left[(|\kappa|\rho_\infty)^{1/2}a\xi\right]\big/\left[1 - a^2\operatorname{sech}^2((|\kappa|\rho_\infty)^{1/2}a\xi)\right]\right\} + \Omega\tau. \tag{8.347}$$

Im Gegensatz zu dem Enveloppensoliton (8.339) bezeichnet man (8.343) als Enveloppenloch. Letzteres hat einen zusätzlichen freien Parameter a. Für $a = 1$ gilt

$$\boxed{\rho = \rho_\infty \tanh^2\left[(|\kappa|\rho_\infty)^{1/2}\xi\right]}. \tag{8.348}$$

Bewegte Lösungen kann man wiederum über eine Galilei-Transformation erzeugen.

Die Lösungen (8.343) sind in Abb. 8.6 für verschiedene Parameterwerte von a dargestellt.

Ebenso wie die KdV-Gleichung ist die kubisch nichtlineare Schrödinger-Gleichung vollständig integrabel. Wir werden darauf im Kap. 9 zurückkommen.

Abb. 8.6 Einhüllende $\sqrt{\rho}$ nach (8.343), d.h. $\sqrt{1 - a^2\,\mathit{sech}^2}$, zusammen mit der schnellen Phasenvariation für $a^2 = 0.5$

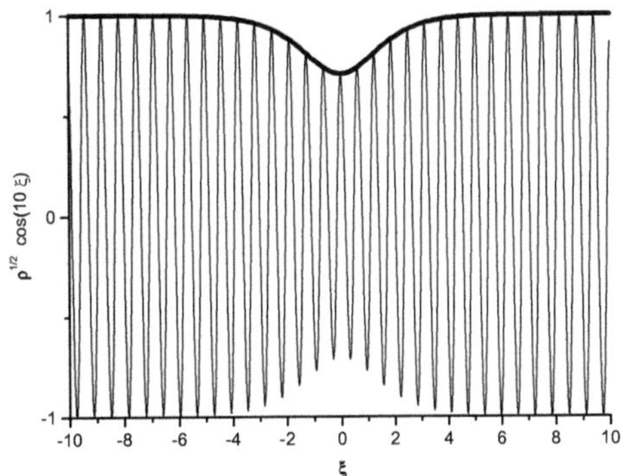

Modulationsinstabilität

> Wir wenden uns noch der Modulationsinstabilität zu, so wie sie im Rahmen einer Schrödinger-Beschreibung folgt. Dazu untersuchen wir die Dynamik eines Wellenzugs (mit anfänglich konstanter Amplitude).

Wegen der Randbedingungen $\phi \to \phi_0$ für $\xi \to \pm\infty$ starten wir jetzt von

$$i\phi_\tau + \frac{1}{2}\phi_{\xi\xi} + \kappa(|\phi|^2 - |\phi_0|^2)\phi = 0 \ . \tag{8.349}$$

Am einfachsten sehen wir dieses Modell ein, wenn wir die Herleitung von (8.294) wiederholen und dabei eine Entwicklung um die kleinen Werte $|\tilde{E}_0|^2$ mit der Abweichung $|\tilde{E}|^2 - |\tilde{E}_0|^2$ berücksichtigen. Es sollte jedoch betont werden, dass dieses Argument nicht unproblematisch ist, da ja eigentlich in der Dispersionsrelation $|\tilde{E}_0 + \Delta\tilde{E}|^2$ auftaucht. Wir betrachten deshalb (8.349) lediglich als vereinfachtes Demonstrationsmodell.

Linearisieren wir mit dem Ansatz

$$\begin{pmatrix} \rho \\ \sigma \end{pmatrix} = \begin{pmatrix} \rho_0 \\ 0 \end{pmatrix} + \mathrm{Re}\begin{pmatrix} \rho_1 \\ \sigma_1 \end{pmatrix}\exp[i(K\xi - \Omega\tau)] \tag{8.350}$$

und gehen wir von den gekoppelten Gleichungen

$$\rho_\tau + (\rho\sigma_\xi)_\xi = 0, \tag{8.351}$$

$$\kappa(\rho - \rho_0) + \frac{\rho_{\xi\xi}}{4\rho} - \sigma_\tau - \frac{1}{2}(\sigma_\xi)^2 - \frac{1}{8}\frac{\rho_\xi^2}{\rho^2} = 0 \tag{8.352}$$

aus, so führt eine kurze Rechnung zu

$$\boxed{\Omega^2 = \frac{1}{4}K^4 - \kappa\rho_0 K^2}\;. \tag{8.353}$$

Für $\kappa > 0$ und $K \to 0$ erkennt man sofort, dass $\Omega^2 < 0$ wird. Das bedeutet Instabilität (für große Wellenlängen der Störungen); wegen der Modulation des ursprünglichen Wellenzugs heißt sie Modulationsinstabilität („modulational instability"). Die maximale Anwachsrate

$$\gamma_{max} = \kappa\rho_0 \equiv \kappa\,|\phi_0|^2 \tag{8.354}$$

tritt bei

$$K_{max} = (2\kappa\rho_0)^{1/2} \tag{8.355}$$

auf.

Die Modulationsinstabilität erfordert $\kappa > 0$. In diesem Fall ist das effektive Potential in (8.349) anziehend. Wenn man die Quasiteilchendichte $|\phi|^2$ erhöht, wächst die Potentialtiefe. Die Anziehung wird daraufhin stärker, mehr Quasiteilchen werden angezogen und eine Selbstverstärkung setzt ein.

Integrabilität der nichtlinearen Schrödinger-Gleichung

Die Lax-Formulierung $L_t = [A, L]$ mit dem Schrödinger-Operator $L = -\partial_x^2 + u$ brachte, wie wir im letzten Abschnitt gezeigt haben, einen wesentlichen Fortschritt bei der Lösung der KdV-Gleichung. Jedoch schon für die zweite bedeutende nichtlineare Wellengleichung in der Plasmaphysik, die kubisch nichtlineare Schrödinger-Gleichung (NLS), konnte über mehrere Jahre keine IST gefunden werden. Der Grund liegt darin, dass der NLS-Gleichung ein anderes Streuproblem zugrunde liegt. Wir schildern hier nicht die ursprünglich von Zakharov und Shabat vorgestellte Lösung, sondern eine Verallgemeinerung, die auf Ablowitz, Kaup, Newell und Segur zurückgeht.

Anstelle der Formulierung

$$L\psi = \lambda\psi, \tag{8.356}$$

$$\psi_t = A\psi \tag{8.357}$$

mit skalaren Funktionen ψ verallgemeinern wir jetzt auf n-komponentige Vektoren $\mathbf{v}$ und schreiben mit $n \times n$-Matrizen $\mathcal{X}$ und $\mathcal{T}$

$$\mathbf{v}_x = \mathcal{X}\mathbf{v}, \tag{8.358}$$

$$\mathbf{v}_t = \mathcal{T}\mathbf{v}. \tag{8.359}$$

Die Lösbarkeitsbedingung $\mathbf{v}_{xt} = \mathbf{v}_{tx}$ resultiert in der Kompatibilitätsforderung

$$\mathcal{X}_t - \mathcal{T}_x + [\mathcal{X}, \mathcal{T}] = 0. \tag{8.360}$$

In Analogie zur Lax-Formulierung sollte $\mathcal{X}$ einen Parameter (ζ) enthalten, der die Rolle des Eigenwerts spielt und für den $\zeta_t = 0$ gilt. Da – wie wir mittlerweile wissen – die NLS-Gleichung bereits in einer zweikomponentigen Theorie gelöst werden kann, beschränken wir uns im Folgenden auf diesen einfachsten Fall. Wir machen deshalb für (8.358) den Ansatz

$$v_{1x} = -i\zeta v_1 + q v_2, \tag{8.361}$$

$$v_{2x} = i\zeta v_2 + r v_1, \tag{8.362}$$

der für $r = -1$ und $q = -u$ das schrödingersche Streuproblem

$$\boxed{v_{2xx} - u v_2 = -\zeta^2 v_2} \tag{8.363}$$

enthält. Die allgemeinste *lineare* Zeitentwicklung (8.359) lautet explizit

$$\boxed{v_{1t} = A v_1 + B v_2\,,} \tag{8.364}$$

$$\boxed{v_{2t} = C v_1 + D v_2} \tag{8.365}$$

mit skalaren Funktionen A, B, C und D, die aber nicht von $\mathbf{v}$ abhängen dürfen. Dieser lineare Ansatz garantiert, dass die verallgemeinerten Streudaten ebenfalls linearen Gleichungen gehorchen.

Die Kompatibilitätsbedingung (8.360) ergibt

$$A_x = qC - rB, \tag{8.366}$$

$$B_x + 2i\zeta B = q_t - (A - D)q, \tag{8.367}$$

$$C_x - 2i\zeta C = r_t + (A - D)r, \tag{8.368}$$

$$-D_x = qC - rB\,. \tag{8.369}$$

Aus (8.366) und (8.369) folgt

$$D = -A + const. \tag{8.370}$$

Ohne Beschränkung der Allgemeinheit können wir die Konstante gleich null setzen. Der Grund ist einfach: Führen wir (8.370) in (8.367) und (8.368) ein, so lässt sich durch die Umdefinition $2A' = 2A - const$ die Konstante eliminieren. Zu lösen bleiben also die gekoppelten Gleichungen

$$A_x = qC - rB, \tag{8.371}$$

$$B_x + 2i\zeta B = q_t - 2Aq, \tag{8.372}$$

$$C_x - 2i\zeta C = r_t + 2Ar. \tag{8.373}$$

Beispiel 8.10 (Potenzreihenansatz für A, B und C)
Ein möglicher Lösungsweg besteht in einer Entwicklung nach Potenzen von ζ. Wir demonstrieren dies mit dem Ansatz

$$\boxed{A = A_2\zeta^2 + A_1\zeta + A_0\,,} \tag{8.374}$$

$$\boxed{B = B_2\zeta^2 + B_1\zeta + B_0\,,} \tag{8.375}$$

$$\boxed{C = C_2\zeta^2 + C_1\zeta + C_0\,.} \tag{8.376}$$

Nach Einsetzen in (8.371)–(8.373) und sammeln der Potenzen $\zeta^3, \zeta^2, \zeta^1$ und ζ^0 erhalten wir

$$B_2 = C_2 = 0, \quad A_2 = const\,, \tag{8.377}$$

$$B_1 = iA_2q\,, \tag{8.378}$$

$$C_1 = iA_2r\,, \tag{8.379}$$

$$A_1 = const = 0\ (!)\,, \tag{8.380}$$

$$B_0 = -A_2q_x/2, \tag{8.381}$$

$$C_0 = A_2r_x/2, \tag{8.382}$$

$$A_0 = A_2qr/2 + const = A_2qr/2\ (!)\,. \tag{8.383}$$

Letztlich ergeben (8.372) und (8.373) noch

$$-\frac{1}{2}A_2q_{xx} = q_t - A_2q^2r, \tag{8.384}$$

$$\frac{1}{2}A_2r_{xx} = r_t + A_2qr^2. \tag{8.385}$$

Wenn wir hier

$$r = \mp q^* \tag{8.386}$$

setzen und $A_2 = 2i$ rein imaginär wählen, enden wir bei der NLS-Gleichung

$$\boxed{iq_t = q_{xx} \pm 2q^2q^*}\,. \tag{8.387}$$

Damit ist für die NLS-Gleichung der entscheidende Durchbruch gelungen. Wir müssen „nur" noch das Streuproblem vollständig ausarbeiten. Bevor wir das tun, sei ein kurzer Abstecher gestattet, der uns zu anderen wichtigen nichtlinearen Wellengleichungen führt.

Beispiel 8.11 (Verallgemeinerung mit dritten Potenzen von ζ)
Wenn wir den Ansatz (8.374)–(8.376) auch auf dritte Potenzen von ζ erweitern, folgt nach einiger Rechnung

$$A = A_3\zeta^3 + \frac{1}{2}A_3 qr\zeta - \frac{i}{4}A_3(qr_x - q_x r), \qquad (8.388)$$

$$B = iA_3 q\zeta^2 - \frac{1}{2}A_3 q_x\zeta + \frac{i}{2}A_3 q^2 r - \frac{i}{4}A_3 q_{xx}, \qquad (8.389)$$

$$C = iA_3 r\zeta^2 + \frac{1}{2}A_3 r_x\zeta + \frac{i}{2}A_3 qr^2 - \frac{i}{4}A_3 r_{xx} \qquad (8.390)$$

mit $A_3 = const.$ In (8.372) und (8.373) führt das zu

$$q_t + \frac{i}{4}A_3(q_{xxx} - 6qrq_x) = 0, \qquad (8.391)$$

$$r_t - \frac{1}{4}A_3(r_{xxx} - 6qrr_x) = 0. \qquad (8.392)$$

Für $r = -1$, $A_3 = -4i$ und $q = -u$ entsteht die KdV-Gleichung. Die integrable modifizierte KdV-Gleichung

$$\boxed{q_t \pm 6q^2 q_x + q_{xxx} = 0} \qquad (8.393)$$

ergibt sich für $A_3 = 4i$ und $r = \pm q$.

Beispiel 8.12 (Verallgemeinerung mit Potenzen von ζ^{-1})
Letztlich können wir auch eine Entwicklung nach Potenzen von ζ^{-1} vornehmen. Setzen wir z. B.

$$A = \frac{a(x,t)}{\zeta}, \qquad (8.394)$$

$$B = \frac{b(x,t)}{\zeta}, \qquad (8.395)$$

$$C = \frac{c(x,t)}{\zeta} \qquad (8.396)$$

an, so liefert die uns mittlerweile gut bekannte Rechnung

$$a_x = \frac{i}{2}(qr)_t, \qquad (8.397)$$

$$q_{xt} = -4iaq, \tag{8.398}$$

$$r_{xt} = -4iar. \tag{8.399}$$

Mit

$$a = \frac{i}{4}\cos u, \tag{8.400}$$

$$b = c = \frac{i}{4}\sin u, \tag{8.401}$$

$$q = -r = -\frac{u_x}{2} \tag{8.402}$$

haben wir die Integrabilität der Sinus-Gordon-Gleichung

$$\boxed{u_{xt} = \sin u} \tag{8.403}$$

gezeigt.   ∎

Streudaten

Jetzt aber zurück zur nichtlinearen Schrödinger-Gleichung (8.387) und zur Ausarbeitung des Streuproblems. Wir nehmen an, dass q und r hinreichend schnell für $x \to \pm\infty$ verschwinden. Das Streuproblem kann für reelle ζ und zwei unabhängige (zweikomponentige) Lösungssätze ϕ und $\overline{\phi}$ [oder ψ und $\overline{\psi}$] mit den Randbedingungen

$$\phi \simeq \begin{pmatrix} 1 \\ 0 \end{pmatrix} e^{-i\zeta x}, \quad \text{für}\ \ x \to -\infty, \tag{8.404}$$

$$\overline{\phi} \simeq \begin{pmatrix} 0 \\ -1 \end{pmatrix} e^{i\zeta x}, \quad \text{für}\ \ x \to -\infty \tag{8.405}$$

oder

$$\psi \simeq \begin{pmatrix} 0 \\ 1 \end{pmatrix} e^{i\zeta x}, \quad \text{für}\ \ x \to +\infty, \tag{8.406}$$

$$\overline{\psi} \simeq \begin{pmatrix} 1 \\ 0 \end{pmatrix} e^{-i\zeta x}, \quad \text{für}\ \ x \to +\infty \tag{8.407}$$

formuliert werden. Die Lösungen ϕ und $\overline{\phi}$ oder ψ und $\overline{\psi}$ bilden die natürlichen Lösungen des potentialfreien Problems (8.361) und (8.362).

Wenn

$$u = \begin{pmatrix} u_1 \\ u_2 \end{pmatrix} \quad \text{und}\ \ v = \begin{pmatrix} v_1 \\ v_2 \end{pmatrix} \tag{8.408}$$

zwei Lösungen von (8.361) und (8.362) sind [die wir oben (und im Folgenden) mit ϕ und $\overline{\phi}$ oder ψ und $\overline{\psi}$ abgekürzt haben], lautet die Wronski-Determinante

$$W(u, v) \equiv u_1 v_2 - u_2 v_1. \tag{8.409}$$

Man rechnet leicht

$$\frac{d}{dx} W(u, v) = 0 \tag{8.410}$$

nach und kann deshalb den Wert der Wronski-Determinante aus dem asymptotischen Bereich ermitteln. Für ϕ und $\overline{\phi}$ bzw. ψ und $\overline{\psi}$ hat das

$$W(\phi, \overline{\phi}) = -W(\psi, \overline{\psi}) = -1 \tag{8.411}$$

zur Folge.

Die Streudaten $a, b, \overline{a}$ und $\overline{b}$ werden über den linearen Zusammenhang zwischen den beiden Sätzen unabhängiger Lösungen definiert,

$$\phi = a(\zeta)\overline{\psi} + b(\zeta)\psi, \tag{8.412}$$

$$\overline{\phi} = -\overline{a}(\zeta)\psi + \overline{b}(\zeta)\overline{\psi}. \tag{8.413}$$

Jetzt müssten wir einen längeren Abschnitt einfügen, in dem wir die mathematischen Eigenschaften der Streudaten analysieren. Wir verzichten aus Platzgründen auf eine ausführliche Darstellung und verweisen bezüglich Details auf die Spezialliteratur. Nur einige wenige Andeutungen mögen genügen.

Mithilfe der Integraldarstellungen lässt sich zeigen, dass $\phi_i e^{i\zeta x}$, $\psi_i e^{-i\zeta x}$ ($i = 1, 2$) und $a(\zeta)$ in der oberen komplexen ζ-Halbebene analytisch sind.

Die Nullstellen von $a(\zeta)$ [für $\zeta = \zeta_k, k = 1, 2, ...$] gehören zu den gebundenen Zuständen (mit diskreten Eigenwerten). Für den Schrödinger-Fall mit $r = \pm q^*$ gilt explizit

$$\overline{\psi}(x, \zeta) = \begin{pmatrix} \psi_2^*(x, \zeta^*) \\ \pm\psi_1^*(x, \zeta^*) \end{pmatrix}, \tag{8.414}$$

$$\overline{\phi}(x, \zeta) = \begin{pmatrix} \mp\phi_2^*(x, \zeta^*) \\ -\phi_1^*(x, \zeta^*) \end{pmatrix}, \tag{8.415}$$

$$\overline{a}(\zeta) = a^*(\zeta^*), \tag{8.416}$$

$$\overline{b}(\zeta) = \pm b^*(\zeta^*), \tag{8.417}$$

$$\overline{\zeta}_\kappa = \zeta_\kappa^*. \tag{8.418}$$

Inverses Problem

Nach dieser kurzen Zusammenfassung der wichtigsten mathematischen Eigenschaften kommen wir zu dem inversen Problem, d. h. der Rekonstruktion des Potentials aus den Streudaten. Wenn man

$$\psi = \begin{pmatrix} 0 \\ 1 \end{pmatrix} e^{i\zeta x} + \int_x^\infty K(x,s)e^{i\zeta s}ds \tag{8.419}$$

und

$$\overline{\psi} = \begin{pmatrix} 1 \\ 0 \end{pmatrix} e^{-i\zeta x} + \int_x^\infty \overline{K}(x,s)e^{-i\zeta s}ds \tag{8.420}$$

definiert, kann man zeigen, dass die Kerne

$$K = \begin{pmatrix} K_1(x,s) \\ K_2(x,s) \end{pmatrix} \tag{8.421}$$

und $\overline{K}$ unabhängig von ζ sind.

Die Kerne gehorchen den Integralgleichungen

$$\boxed{\overline{K}(x,y) + \begin{pmatrix} 0 \\ 1 \end{pmatrix} F(x+y) + \int_x^\infty K(x,s)F(s+y)ds = 0 \,,} \tag{8.422}$$

$$\boxed{K(x,y) - \begin{pmatrix} 1 \\ 0 \end{pmatrix} \overline{F}(x+y) - \int_x^\infty \overline{K}(x,s)\overline{F}(s+y)ds = 0} \tag{8.423}$$

mit

$$F(x) := \frac{1}{2\pi} \int_C \frac{b(\zeta)}{a(\zeta)} e^{i\zeta x} d\zeta \tag{8.424}$$

$$= \frac{1}{2\pi} \int_{-\infty}^{+\infty} \frac{b(\xi)}{a(\xi)} e^{i\xi x} d\xi - i \sum_{j=1}^{n} \Gamma_j \exp(i\zeta_j x), \tag{8.425}$$

$$\overline{F}(x) := \frac{1}{2\pi} \int_{\overline{C}} \frac{\overline{b}(\zeta)}{\overline{a}(\zeta)} e^{-i\zeta x} d\zeta \tag{8.426}$$

$$= \frac{1}{2\pi} \int_{-\infty}^{+\infty} \frac{\overline{b}(\xi)}{\overline{a}(\xi)} e^{-i\xi x} d\xi + i \sum_{j=1}^{\overline{n}} \overline{\Gamma}_j \exp(-i\zeta_j x). \tag{8.427}$$

Zu den letzten Umformungen muss noch Folgendes erklärt werden. Der Weg C verläuft oberhalb aller Nullstellen von $a(\zeta)$ von $-\infty + i0$ bis $+\infty + i0$. Andererseits liegt der Weg $\overline{C}$ unterhalb aller Nullstellen von $\overline{a}(\zeta)$ in der komplexen ζ-Ebene. Bei der Auswertung der Integrale wurden einfache isolierte Nullstellen vorausgesetzt und dementsprechend die Residuen

$$\Gamma_\kappa = \frac{b(\zeta_k)}{\dot{a}(\zeta_k)} \tag{8.428}$$

und

$$\overline{\Gamma}_\kappa = \frac{\overline{b}(\overline{\zeta}_k)}{\dot{\overline{a}}(\overline{\zeta}_k)} \tag{8.429}$$

definiert. Wenn $r = \pm q^*$ ist, gilt

$$\overline{F}(x) = \mp F^*(x), \tag{8.430}$$

$$\overline{K}(x, y) = \begin{pmatrix} K_2^*(x, y) \\ \pm K_1^*(x, y) \end{pmatrix}, \tag{8.431}$$

und die gekoppelten Integralgleichungen (8.422) und (8.423) reduzieren sich z. B. auf

$$K_1(x, y) \pm F^*(x + y) \mp \int_x^\infty \int_x^\infty K_1(x, z) F(z + s) F^*(s + y) ds\, dz = 0\,. \tag{8.432}$$

Der Lohn für die gesamte Mühe ist dann die Lösung

$$\boxed{q(x) = -2K_1(x, x)}\,, \tag{8.433}$$

womit die Integrabilität der Schrödinger-Gleichung konstruktiv gezeigt ist.

Natürlich fehlt für die vollständige Lösung noch die Zeitabhängigkeit der Größen a und b. Diese finden wir – im Übrigen sehr ähnlich wie im letzten Kapitel für die KdV-Gleichung – aus den linearen Zeitentwicklungsgleichungen (8.364) und (8.365) der Streufunktionen (8.361) und (8.362). Eine kurze Rechnung liefert

$$a(\zeta_k, t) = a(\zeta_k, 0)\,, \tag{8.434}$$

$$a(\xi, t) = a(\xi, 0), \tag{8.435}$$

$$\partial_t b(\zeta_k, t) = -4i\zeta_k^2 b(\zeta_k, t), \tag{8.436}$$

$$\partial_t b(\xi, t) = -4i\xi^2 b(\xi, t). \tag{8.437}$$

Erhaltungssätze

Abschließend geben wir noch eine Konstruktionsvorschrift für den Satz der unendlich vielen Erhaltungsgrößen. Dazu notieren wir wegen (8.434) und aufgrund der Randbedingungen (8.404)–(8.407)

$$a(\zeta) = \lim_{x \to \infty} \phi_1 e^{i\zeta x}. \tag{8.438}$$

$a(\zeta)$ ist analytisch für Im $\zeta > 0$ und strebt gegen 1 für $|\zeta| \to \infty$. Darüber hinaus ist $a(\zeta)$ zeitunabhängig [siehe (8.434) und (8.436)]. In dem Streuproblem (8.361) und (8.362)

$$\phi_{1x} = -i\zeta\phi_1 + q\phi_2, \tag{8.439}$$

$$\phi_{2x} = i\zeta\phi_2 + r\phi_1 \tag{8.440}$$

eliminieren wir ϕ_2,

$$q\left(q^{-1}\phi_{1x} + i\zeta q^{-1}\phi_1\right)_x = i\zeta\left(\phi_{1x} + i\zeta\phi_1\right) + rq\phi_1. \tag{8.441}$$

Führen wir die neue Variable h durch

$$\phi_1 = \exp[-i\zeta x + h] \tag{8.442}$$

ein, so gilt

$$2i\zeta h_x = (h_x)^2 - qr + q\left(\frac{h_x}{q}\right)_x. \tag{8.443}$$

Da h für $|\zeta| \to \infty$ und Im $\zeta > 0$ verschwindet, können wir die Entwicklung

$$h_x = \sum_{n=0}^{\infty} \frac{g_n(x,t)}{(2i\zeta)^{n+1}} \tag{8.444}$$

benutzen und in (8.443) nach Potenzen von $1/\zeta$ ordnen.

Sukzessive erhalten wir

$$g_0 = -qr, \tag{8.445}$$

$$g_1 = -qr_x, \tag{8.446}$$

$$g_{n+1} = q\left(\frac{g_n}{q}\right)_x + \sum_{k=0}^{n-1} g_k\, g_{n-k-1} \quad \text{für} \quad n \geq 1 \tag{8.447}$$

und damit eine eindeutige Rekursionsformel für die g_n. Jetzt schließen wir aus (8.438), (8.442) und (8.444)

$$\ln a(\zeta) = h(x = +\infty) = \sum_{n=0}^{\infty} \frac{1}{(2i\zeta)^{n+1}} \int_{-\infty}^{+\infty} g_n\, dx. \tag{8.448}$$

Da $\ln a(\zeta)$ für alle ζ mit Im $\zeta > 0$ zeitunabhängig ist, können wir

$$\int_{-\infty}^{+\infty} g_n dx = C_n = const \tag{8.449}$$

folgern. Die so mit (8.445)–(8.447) berechneten Integrale stellen die voneinander unabhängigen Erhaltungsgrößen der nichtlinearen Schrödinger-Gleichung dar.

Die Solitonenlösungen der kubisch nichtlinearen Schrödinger-Gleichung zeigen in einer Raumdimension das gleiche Stabilitätsverhalten, das wir schon von Solitonen der KdV-Gleichung kennen. Auch gegenüber starken Störungen der Anfangsverteilung, ja sogar gegenüber Stößen mit anderen Solitonen, erweisen sich die NLS-Solitonen als robust und formstabil. Dieses Ergebnis der IST lässt die Langmuir-Solitonen als attraktive nichtlineare Gebilde im Plasma erscheinen, die zu qualitativ neuen Erscheinungen führen können. Im Bereich der Lichtleiter und optischen Datenübermittlung spielen Schrödinger-Solitonen noch heute eine bedeutende und für die Praxis relevante Rolle.

8.3 Driftwirbel

In diesem Abschnitt wenden wir uns der nichtlinearen Theorie von Driftwellen zu. Wir wählen den hydrodynamischen Ansatz und die Driftnäherung für die Bewegung senkrecht zu **B**. Eine neue Modellgleichung neuen Typs wird in Form der Hasegawa-Mima-Gleichung hergeleitet. Deren Wirbellösungen werden – einschließlich der Stabilität – kurz diskutiert.

Als lineare Geschwindigkeiten benutzen wir in der Driftnäherung

$$\mathbf{v}_E = \frac{1}{B_0}\hat{z} \times \nabla\varphi = \mathbf{v}_{E\times B}\,, \tag{8.450}$$

$$\mathbf{v}_{pe} = \frac{1}{B_0|\Omega_e|}\partial_t\nabla_\perp\varphi\,, \tag{8.451}$$

$$\mathbf{v}_{pi} = -\frac{1}{B_0\Omega_i}\partial_t\nabla_\perp\varphi\,, \tag{8.452}$$

$$\mathbf{v}_{De} = -\frac{v_{te}^2}{|\Omega_e|}\hat{z} \times \nabla\ln n_e\,, \tag{8.453}$$

$$\mathbf{v}_{Di} = \frac{v_{ti}^2}{\Omega_i}\hat{z} \times \nabla\ln n_i. \tag{8.454}$$

Bei den Polarisationsdriften $\mathbf{v}_{pi}$ und $\mathbf{v}_{pe}$ fällt auf, dass die Ionenpolarisationsdrift $\mathbf{v}_{pi}$ wesentlich größer als die Elektronenpolarisationsdrift $\mathbf{v}_{pe}$ ist. Das ist der wesentliche Grund dafür, dass bei den nichtlinearen Verallgemeinerungen (wenn man die Trägheitsterme $\mathbf{v}\cdot\nabla\mathbf{v}$ in der Driftnäherung ebenfalls berücksichtigt) nur die sogenannte nichtlineare Ionenpolarisationsdrift

$$\tilde{\mathbf{v}}_{pi} = \mathbf{v}_{pi} - \frac{1}{\Omega_i}\{\mathbf{v}_E \cdot \nabla_\perp\mathbf{v}_E + \mathbf{v}_E \cdot \nabla_\perp\mathbf{v}_{Di} + \mathbf{v}_{Di} \cdot \nabla_\perp\mathbf{v}_E + \mathbf{v}_{Di} \cdot \nabla_\perp\mathbf{v}_{Di}\} \times \hat{z}$$
$$\tag{8.455}$$

Bedeutung gewinnt. Dazu eine kurze Plausibilitätsbetrachtung zur Wiederholung.

Beispiel 8.13 (Nichtlineare Ionenpolarisationsdrift)
Wenn wir eine Bewegungsgleichung der Form

$$\partial_t\mathbf{v} + \mathbf{v}\cdot\nabla\mathbf{v} = \frac{q}{m}\left(\mathbf{E} + \mathbf{v}\times\mathbf{B}\right) - \frac{1}{nm}\nabla p \tag{8.456}$$

iterativ lösen, so multiplizieren wir vektoriell mit **B** von links, um

$$\mathbf{B} \times \partial_t \mathbf{v} + \mathbf{B} \times \mathbf{v} \cdot \nabla \mathbf{v} = \frac{q}{m}\,(\mathbf{B} \times \mathbf{E}) + \frac{q}{m}\,B^2 \mathbf{v} - \frac{1}{nm}\mathbf{B} \times \nabla p \tag{8.457}$$

zu erhalten. Geben wir den Termen auf der linken Seite für $\partial_t \ll \Omega$ und kleine Amplituden eine höhere Ordnung, so folgt zunächst

$$\mathbf{v}^{(0)} = \frac{1}{B^2}\mathbf{E} \times \mathbf{B} + \frac{1}{qnB^2}\mathbf{B} \times \nabla p \mathrel{\widehat{=}} \mathbf{v}_E + \mathbf{v}_D. \tag{8.458}$$

Benutzen wir diese nullte Ordnung auf der linken Seite von (8.457) , so folgt

$$\mathbf{v}^{(1)} = \frac{1}{B\Omega}\left[\mathbf{B} \times \partial_t \mathbf{v}^{(0)} + \mathbf{B} \times \mathbf{v}^{(0)} \cdot \nabla \mathbf{v}^{(0)}\right]. \tag{8.459}$$

Dieser Ausdruck entspricht (8.455). ■

Gleichzeitig haben wir aus dieser Betrachtung gelernt, wie wir einen viskosen Dämpfungsterm $\mu \nabla^2 \mathbf{v}$ auf der rechten Seite von (8.456) in die erste Ordnung einbeziehen können. Zusätzlich zu den Beiträgen (8.459) erhalten wir $-(\mu/B\Omega)\nabla^2 \mathbf{E}_\perp$. Konkret auf die nichtlineare Ionenpolarisationsdrift bezogen heißt dies, dass wir im Folgenden von

$$\mathbf{v}'_{pi} = \tilde{\mathbf{v}}_{pi} + \frac{\mu_i}{B_0\Omega_i}\nabla_\perp^2 \nabla_\perp \varphi \tag{8.460}$$

mit

$$\mu_i = 0,3 k_B T_i \nu_i / m_i \Omega_i^2 \tag{8.461}$$

für die nichtlineare Ionenpolarisationsdrift ausgehen werden.

> Bei dem jetzt abzuleitenden geschlossenen Modell beschränken wir uns nicht von Anbeginn auf die elektrostatische Näherung, obwohl sie bei den Auswertungen im Zentrum des Interesses stehen wird.

Wir beginnen mit der Gleichung für die Wirbelstärke („vorticity equation"), die wir aus der Poisson-Gleichung durch Ableitung nach der Zeit gewinnen,

$$-\partial_t \nabla^2 \varphi = -\frac{1}{\varepsilon_0}\nabla_\parallel j_\parallel - \frac{1}{\varepsilon_0}\nabla_\perp \cdot \mathbf{j}_\perp. \tag{8.462}$$

Hierbei ist $\mathbf{j} = \mathbf{j}_\parallel + \mathbf{j}_\perp$ die Gesamtstromdichte

$$\mathbf{j} = \mathbf{j}_i + \mathbf{j}_e = en_i \mathbf{v}_i - en_e \mathbf{v}_e \tag{8.463}$$

und

$$\boxed{\nabla_\parallel := \partial_z + \frac{\mathbf{B}_\perp}{B_0}\cdot \nabla_\perp}. \tag{8.464}$$

Die Ableitung $\nabla_\parallel$ ist also entlang des Gesamtmagnetfelds $\mathbf{B}$ (wobei elektromagnetische Feldkomponenten neben dem äußeren Magnetfeld $B_0\hat{z}$ berücksichtigt werden). Gl. (8.464) folgt aus

$$\nabla_\parallel = \hat{b}(\hat{b} \cdot \nabla) \approx \hat{z}\left(\partial_z + \frac{\mathbf{B}_\perp}{B_0} \cdot \nabla_\perp\right), \tag{8.465}$$

wobei $\hat{b}$ der Einheitsvektor in Richtung von $\mathbf{B}$ (gesamt) ist.

Wir benutzen diese genauere Unterscheidung zwischen ∂_z und $\nabla_\parallel$, da sich die Dynamik entlang des Gesamtfelds (und nicht nur entlang $\hat{z}$) von der Dynamik senkrecht zum Magnetfeld grundsätzlich unterscheidet. Wir müssen diesen an sich kleinen Unterschied berücksichtigen, da wir später u. U. die z-Variation als gering annehmen werden und deshalb nicht generell $B_0^{-1}\mathbf{B}_\perp \cdot \nabla_\perp$ vernachlässigbar gegen ∂_z ist. Anders sieht es bei der senkrechten Variation $\nabla_\perp = \mathbf{b}_\perp(\mathbf{b}_\perp \cdot \nabla)$ aus, die wir gut durch $\hat{x}\partial_x + \hat{y}\partial_y$ approximieren können, da im Folgenden nie die x- und y-Abhängigkeiten als schwach angenommen werden.

Bezeichnen wir mit ψ die parallele Komponente von $\mathbf{A}$, so folgt aus der Maxwell-Gleichung $\nabla \times \mathbf{B} = \mu_0\mathbf{j} + \mu_0\varepsilon_0\dot{\mathbf{E}}$

$$\mu_0 j_\parallel = -\nabla^2\psi - \partial_t E_\parallel. \tag{8.466}$$

Dabei sollte man beachten, dass für elektromagnetische Schwingungen die transversale Komponente $\mathbf{B}_\perp$ als wesentlich von null verschieden angenommen wird. Es gilt dann bei schwachen Variationen entlang $\hat{z}$ die Näherung $\mathbf{B}_\perp \approx \nabla\psi \times \hat{z}$, und wir erhalten $\hat{b} \cdot \nabla \times \mathbf{B}_\perp \approx \hat{z} \cdot \nabla \times \mathbf{B}_\perp \approx -\nabla_\perp^2\psi$. In der Driftnäherung ergibt sich ($e = e_i = -e_e$)

$$\mathbf{j}_\perp = e\mathbf{v}_E(n_i - n_e) - en_i\frac{1}{\Omega_i}[\partial_t + (\mathbf{v}_E + \mathbf{v}_{Di}) \cdot \nabla_\perp](\mathbf{v}_E + \mathbf{v}_{Di}) \times \hat{z}$$

$$+ en_i\frac{1}{B_0\Omega_i}\mu_i\nabla_\perp^2\nabla_\perp\varphi, \tag{8.467}$$

wobei wegen $m_e/m_i \ll 1$ die Elektronenpolarisationsdrift nur in niedrigster Ordnung berücksichtigt wurde. Setzen wir die einzelnen Driften in (8.467) ein, so folgt

$$\mathbf{j}_\perp = -\varepsilon_0\mathbf{v}_E\nabla^2\varphi - en_i\frac{1}{B_0\Omega_i}(\partial_t + \mathbf{v}_E \cdot \nabla_\perp)\nabla_\perp\varphi$$

$$- en_i\frac{v_{ti}^2}{\Omega_i^2}\frac{1}{L_nB_0}\partial_y\nabla_\perp\varphi + en_i\frac{1}{B_0\Omega_i}\mu_i\nabla_\perp^2\nabla_\perp\varphi. \tag{8.468}$$

Da wir im Weiteren die Näherung $\omega_{pi}^2 \gg \Omega_i^2$ benutzen wollen, vernachlässigen wir den ersten Term auf der rechten Seite von (8.468) [z. B. gegenüber dem dritten]. Zur vollständigen Bestimmung des Stroms $j_\parallel$ merken wir noch an, dass

$$E_\| = -(\hat{b} \cdot \nabla)\varphi - \frac{\partial \psi}{\partial t} \qquad (8.469)$$

ist. Die Ausdrücke (8.466) [zusammen mit (8.469)] und (8.468) können wir jetzt in (8.462) einsetzen. Berücksichtigen wir gleichzeitig, dass wiederum für $\omega_{pi}^2 \gg \Omega_i^2$ die Divergenz des Ionenpolarisationsstroms gegenüber Beiträgen aufgrund von Abweichung von der Quasineutralität [linke Seite von (8.462)] dominiert, so wird letztlich aus (8.462)

$$\boxed{\begin{aligned} 0 \approx &c^2(\hat{b} \cdot \nabla)\nabla_\perp^2 \psi + \frac{\omega_{pi}^2}{\Omega_i^2}\left[\partial_t - \frac{1}{B_0}(\nabla_\perp\varphi \times \hat{z}) \cdot \nabla_\perp\right]\nabla_\perp^2\varphi \\ &+ \frac{\omega_{pi}^2}{\Omega_i^2}\frac{v_{ti}^2}{L_n\Omega_i}\partial_y\nabla_\perp^2\varphi - \frac{\omega_{pi}^2}{\Omega_i^2}\mu_i\nabla_\perp^2\nabla_\perp^2\varphi. \end{aligned}} \qquad (8.470)$$

Dies ist die erste Gleichung des verallgemeinerten Driftwirbelmodells, die φ und ψ miteinander verknüpft.

Eine weitere Beziehung erhalten wir aus den Impulsbilanzen, die wir in offensichtlicher Weise zu einem verallgemeinerten ohmschen Gesetz kombinieren,

$$\boxed{\frac{m_e}{e^2}\frac{d}{dt}\left(\frac{j_\| - j_{i\|}}{n_e}\right) - \frac{1}{en_e}(\hat{b} \cdot \nabla)p_e = E_\| - \eta(j_\| - j_{i\|})} \qquad (8.471)$$

mit

$$\eta \approx \frac{m_e \nu_{ei}}{n_e e^2} \qquad (8.472)$$

und

$$\frac{d}{dt} = \partial_t + \mathbf{v}_E \cdot \nabla_\perp + v_{e\|}(\hat{b} \cdot \nabla). \qquad (8.473)$$

Unter Berücksichtigung der bereits in (8.466) gegebenen Anschrift für $j_\|$ fehlen uns jetzt noch Gleichungen für p_e und $j_{i\|}$.

Für isotherme (weil langsam veränderliche) Prozesse gilt $p_e \sim n_e^\gamma$ mit $\gamma = 1$. Ferner haben wir

$$\frac{dp_e}{dt} = \frac{p_e}{n_e}\frac{dn_e}{dt} = -p_e\nabla \cdot \mathbf{v}_e \, . \qquad (8.474)$$

Die Beziehung

$$\frac{dp_e}{dt} = \frac{p_e}{e}\hat{b} \cdot \nabla\frac{j_\| - j_{i\|}}{n_e} - p_e\nabla_\perp \cdot \mathbf{v}_{e\perp} \qquad (8.475)$$

kann einfach ausgewertet werden, wenn man sich $\nabla \cdot \mathbf{v}_E = 0$ in Erinnerung ruft. Außerdem wechseln wir die Notation, indem wir $p_e = p_{e0}(x) + \delta p_e \rightarrow p_{e0} + p_e$ schreiben; p_e kennzeichnet im Folgenden nur noch die Druckabweichungen. Damit wird (8.475)

$$\frac{\partial}{\partial t}p_e + \frac{1}{B_0}\hat{z}\times\nabla\varphi\cdot\nabla p_e - \frac{1}{B_0}p_{e0}\frac{1}{L_n}\partial_y\varphi - \frac{(p_e+p_{e0})}{e}(\hat{b}\cdot\nabla)\frac{j_\| - j_{i\|}}{n_e}$$
$$- \frac{j_\| - j_{i\|}}{en_e}(\hat{b}\cdot\nabla)p_e = 0. \tag{8.476}$$

Dabei gilt $p_{e0} = n_{e0}k_BT_e$. Die letzte noch fehlende Gleichung gewinnen wir aus der Ionen-impulsbilanz entlang des Magnetfelds

$$\partial_t j_{i\|} + \frac{e^2 n_i}{m_i}(\hat{b}\cdot\nabla)\varphi + \mathbf{v}_E\cdot\nabla_\perp j_{i\|} = 0. \tag{8.477}$$

Spätestens an dieser Stelle wird klar, dass diesen Rechnungen eine bestimmte Skalierung zugrunde liegt. Die Bewegung entlang des Magnetfelds wird ebenso wie die Variation entlang des Magnetfelds nur in niedrigster Ordnung mitgenommen. Wir verzichten hier jedoch auf eine explizite Darstellung der formalen Prozedur, um die physikalischen Prozesse nicht zu verschleiern.

Die Gl. (8.470), (8.471), (8.476) und (8.477) stellen unsere Grundgleichungen dar. Wir vereinfachen sie noch, indem wir $j_\| - j_{i\|} = -en_e v_{e\|}$ einführen, und bedenken, dass wir für isotherme Prozesse die Dichteschwankungen leicht in Druckschwankungen p_e umrechnen können. Für die Variablen p_e, $v_{e\|}$, $j_{i\|}$ und φ erhalten wir dann – noch einmal zusammen-gefasst – die folgenden Gleichungen:

$$\frac{\omega_{pi}^2}{\Omega_i^2}\left[\partial_t - \frac{1}{B_0}(\nabla_\perp\varphi\times\hat{z})\cdot\nabla_\perp\right]\nabla_\perp^2\varphi + c^2(\hat{b}\cdot\nabla)\nabla_\perp^2\psi$$

$$+ \frac{\omega_{pi}^2}{\Omega_i^2}\frac{v_{ti}^2}{L_n\Omega_i}\partial_y\nabla_\perp^2\varphi - \frac{\omega_{pi}^2}{\Omega_i^2}\mu_i\nabla_\perp^2\nabla_\perp^2\varphi = 0, \tag{8.478}$$

$$-\frac{m_e}{e}\left[\partial_t + \frac{1}{B_0}(\hat{z}\times\nabla\varphi)\cdot\nabla_\perp + v_{e\|}(\hat{b}\cdot\nabla)\right]v_{e\|} - \frac{1}{en_e}(\hat{b}\cdot\nabla)p_e$$

$$+ (\hat{b}\cdot\nabla)\varphi + \frac{\partial\psi}{\partial t} = en_e\eta v_{e\|}, \tag{8.479}$$

$$\left[\frac{\partial}{\partial t} + \frac{1}{B_0}(\hat{z}\times\nabla\varphi)\cdot\nabla_\perp\right]p_e - \frac{1}{B_0}k_BT_e n_{e0}\frac{1}{L_n}\partial_y\varphi$$

$$+ k_BT_e n_e(\hat{b}\cdot\nabla)v_{e\|} + v_{e\|}(\hat{b}\cdot\nabla)p_e = 0, \tag{8.480}$$

$$\left[\frac{\partial}{\partial t} + \frac{1}{B_0}(\hat{z}\times\nabla\varphi)\cdot\nabla_\perp\right]j_{i\|} + \frac{n_i e^2}{m_i}(\hat{b}\cdot\nabla)\varphi = 0. \tag{8.481}$$

Hier müssen wir noch aufgrund von (8.466) für niederfrequente Prozesse zusätzlich die Relation

$$\mu_0(j_{i\|} - en_e v_{e\|}) = -\nabla_\perp^2\psi \tag{8.482}$$

vermerken. Bezüglich $\nabla_\parallel$ verweisen wir auf (8.465); wir schreiben

$$\nabla_\parallel = \partial_z + \frac{1}{B_0}(\nabla\psi \times \hat{z}) \cdot \nabla_\perp. \tag{8.483}$$

Ferner haben wir eine Skalierung im Sinn, bei der alle Koeffizienten in den obigen Gleichungen (insbesondere n_{e0}, $L_n^{-1} = \partial_x \ln n_{e0}(x)$, T_e) als konstant angesehen werden können.
Wenn wir die Größen

$$\phi = \frac{e\varphi}{k_B T_e}, \qquad\qquad \nabla = \rho_s \nabla_\perp, \qquad\qquad \nabla_\parallel = \frac{v_A}{\Omega_i}\hat{b} \cdot \nabla, \tag{8.484}$$

$$v_e = v_{e\parallel}/v_A, \qquad j_i = j_{i\parallel}/en_0 v_A, \qquad \tilde{\mu} = \frac{\mu_i}{c_s \rho_s}, \tag{8.485}$$

$$\frac{e\psi}{k_B T_e}\frac{\Omega_i}{\omega_{pi}} \to \psi, \quad v_A = B_0/(\mu_0 m_i n_0)^{1/2}, \quad \kappa_n = \rho_s/L_n, \tag{8.486}$$

$$\tilde{\eta} = \eta\Omega_e/\mu_0 v_{te}^2, \qquad\qquad \delta = T_i/T_e, \qquad\qquad t\Omega_i \to t \tag{8.487}$$

einführen, lauten die Grundgleichungen

$$\boxed{[\partial_t + \hat{z} \times \nabla\phi \cdot \nabla]\nabla^2\phi + \nabla_\parallel\nabla^2\psi + \delta\kappa_n\partial_y\nabla^2\phi - \tilde{\mu}\nabla^2\nabla^2\phi = 0\,,} \tag{8.488}$$

$$\boxed{-[\partial_t + \hat{z} \times \nabla\phi \cdot \nabla + v_e\nabla_\parallel]v_e + \frac{v_{te}^2}{v_A^2}\partial_t\psi - \frac{v_{te}^2}{v_A^2}\nabla_\parallel(p_e - \phi) = \frac{v_{te}^2}{v_A^2}\tilde{\eta}v_e,} \tag{8.489}$$

$$\boxed{[\partial_t + \hat{z} \times \nabla\phi \cdot \nabla]p_e - \kappa_n\partial_y\phi + \nabla_\parallel v_e + v_e\nabla_\parallel p_e = 0,} \tag{8.490}$$

$$\boxed{[\partial_t + \hat{z} \times \nabla\phi \cdot \nabla]j_i + \frac{c_s^2}{v_A^2}\nabla_\parallel\phi = 0,} \tag{8.491}$$

$$\boxed{j_i - v_e = -\nabla^2\psi.} \tag{8.492}$$

Jetzt ist $\nabla_\parallel = \partial_z + (\nabla\psi \times \hat{z}) \cdot \nabla$. Vernachlässigen wir höhere Ordnungen in den Termen mit v_e (was nach den vorangegangenen Approximationen nur konsequent ist) und führen

$$d_t := \partial_t + \hat{z} \times \nabla\phi \cdot \nabla \tag{8.493}$$

als neuen Operator ein, so lauten die obigen Grundgleichungen

$$d_t\nabla^2\phi + \nabla_\parallel\nabla^2\psi + \delta\kappa_n\partial_y\nabla^2\phi - \tilde{\mu}\nabla^2\nabla^2\phi = 0, \tag{8.494}$$

$$\frac{v_A^2}{v_{te}^2}d_t v_e - \partial_t\psi = \nabla_\parallel(\phi - p_e) - \tilde{\eta}v_e, \tag{8.495}$$

$$d_t p_e - \kappa_n\partial_y\phi + \nabla_\parallel v_e = 0, \tag{8.496}$$

$$\frac{v_A^2}{c_s^2} d_t j_i + \nabla_\parallel \phi = 0, \tag{8.497}$$

wobei

$$v_e = \nabla^2 \psi + j_i \tag{8.498}$$

gilt.

Wir gehen jetzt zum elektrostatischen Grenzfall über, bei dem $\psi \to 0$ geht. Wir müssen jedoch insofern aufpassen, als Ströme aufgrund der Maxwell-Gleichungen Magnetfelder zur Folge haben. Die elektrostatische Näherung bedeutet, dass diese induzierten Magnetfeldkomponenten sehr klein sind. Wir gehen zum elektrostatischen Grenzfall formal über, indem wir die dimensionslosen Größen umskalieren,

$$V_e = \frac{v_A}{v_{te}} v_e, \quad J_i = \frac{v_A}{c_s} j_i, \quad \frac{v_{te}}{v_A} \nabla_\parallel = \partial_z, \tag{8.499}$$

und damit (8.492) in der Form

$$V_e = \frac{v_A}{v_{te}} \nabla^2 \psi + \left(\frac{m_e}{m_i}\right)^{1/2} J_i \tag{8.500}$$

schreiben. Dann lassen wir $\psi \to 0$ und $v_{te}/v_A \to 0$ gehen, um

$$d_t \nabla^2 \phi + \partial_z \left[V_e - \left(\frac{m_e}{m_i}\right)^{1/2} J_i \right] + \delta \kappa_n \partial_y \nabla^2 \phi - \tilde{\mu} \nabla^2 \nabla^2 \phi = 0, \tag{8.501}$$

$$d_t V_e = \partial_z (\phi - p_e) - \tilde{\tilde{\eta}} V_e, \tag{8.502}$$

$$d_t p_e - \kappa_n \partial_y \phi + \partial_z V_e = 0, \tag{8.503}$$

$$d_t J_i + \left(\frac{m_e}{m_i}\right)^{1/2} \partial_z \phi = 0 \tag{8.504}$$

zu erhalten. Es ist jetzt $\tilde{\tilde{\eta}} = (v_{te}^2/v_A^2)\tilde{\eta}$. Ferner bedeutet die Umskalierung lediglich, dass wir die (parallele) Elektronengeschwindigkeit v_e in Einheiten von v_{te}, die (parallele) Ionengeschwindigkeit in Einheiten c_s und die charakteristische Länge entlang des Magnetfelds in v_{te}/Ω_i messen. Die übrigen Einheiten blieben unverändert.

Die Dynamik nichtlinearer Driftwellen wird transparenter, wenn wir *alle* Geschwindigkeiten (also von Ionen und Elektronen) in Einheiten c_s und alle Längen (senkrecht und parallel zum Magnetfeld) in Einheiten ρ_s messen. Dann wird aus (8.501)–(8.504)

$$\boxed{d_t \nabla^2 \phi + \partial_Z (V - J) + \delta \kappa_n \partial_y \nabla^2 \phi - \tilde{\mu} \nabla^2 \nabla^2 \phi = 0 \,,} \tag{8.505}$$

$$\boxed{d_t V = \frac{m_i}{m_e} \partial_Z (\phi - P) - \tilde{\tilde{\eta}} V \,,} \tag{8.506}$$

$$\boxed{d_t P - \kappa_n \partial_y \phi + \partial_Z V = 0\,,} \tag{8.507}$$

$$\boxed{d_t J + \partial_Z \phi = 0\,,} \tag{8.508}$$

wobei wir zur Unterscheidung von dem vorangegangenen Gleichungssatz die neuen Variablen $V = (v_{te}/c_s)V_e$, $J = J_i$, $P = p_e$ und $Z = (v_{te}/c_s)z$ gewählt haben.

Wir sind jetzt in der Lage, bekannte Modellgleichungen unmittelbar als Vereinfachungen des allgemeinen Gleichungssystems (8.505)–(8.508) zu gewinnen. Aus Gründen der Übersichtlichkeit lassen wir im Folgenden die „Tilden" über den dissipativen Koeffizienten weg (d. h. $\tilde{\tilde{\eta}} \to \eta$ und $\tilde{\mu} \to \mu$).

Setzen wir $\partial_Z \equiv 0$, so folgt

$$d_t \nabla^2 \phi + \delta \kappa_n \partial_y \nabla^2 \phi - \mu \nabla^2 \nabla^2 \phi = 0 \tag{8.509}$$

als Gleichung für die sogenannten konvektiven Zellen.

Die Hasegawa-Mima-Gleichung erhält man, wenn man (8.506) in niedrigster Ordnung durch $\phi \approx P$ löst und anschließend (8.507) von (8.505) subtrahiert,

$$d_t (1 - \nabla^2)\phi - \kappa_n (1 + \delta \nabla^2)\partial_y \phi + \mu \nabla^2 \nabla^2 \phi = 0. \tag{8.510}$$

Diese Formulierung enthält nur dämpfende Terme. Um den Instabilitätsmechanismus aufgrund von Stößen („collisional drift instability") zu erfassen, verfahren wir folgendermaßen. In niedrigster Ordnung benutzen wir zwar nach wie vor $P \approx \phi$; um Korrekturen anzubringen, lösen wir (8.506) approximativ und setzen in (8.507) ein:

$$V \approx \frac{1}{\eta}\,\frac{m_i}{m_e}\partial_z(\phi - P) \approx 0, \tag{8.511}$$

$$\partial_t \phi - \kappa_n \partial_y \phi + \frac{1}{\eta}\,\frac{m_i}{m_e}\partial_Z^2(\phi - P) \approx 0. \tag{8.512}$$

Aus der letzten Gleichung erhalten wir

$$P \approx \phi - \frac{\eta m_e}{k_\parallel^2 m_i}(\partial_t - \kappa_n \partial_y)\phi. \tag{8.513}$$

Natürlich ist der Übergang zu (8.513) nur genähert möglich, da wir nur für die linearen Zusammenhänge von einer Fourier-Zerlegung sinnvoll ausgehen können. Die Wellenzahl $k_\parallel$ repräsentiert eine mittlere charakteristische Z-Abhängigkeit. [Ähnlich prozediert man auch bei der stoßfreien Dämpfung, wenn $\delta n_e \approx n_{e0}\left(\dfrac{e\phi}{k_B T_e}\right)(1 - \delta_k)$ angesetzt wird, wobei δ_k aus der linearisierten Vlasov-Gleichung gewonnen wird.]

Wenn wir (8.513) in (8.507) einsetzen, anschließend (8.505) subtrahieren, um $\partial_Z V$ zu eliminieren, $J \equiv 0$ setzen, d.h. keine ionenakustischen Moden betrachten, erhalten wir schließlich

$$\partial_t \left[1 - \nabla^2 - \frac{\eta m_e}{k_\parallel^2 m_i} \left(\partial_t - \kappa_n \partial_y \right) \right] \phi$$

$$- \kappa_n \partial_y \phi - \delta \kappa_n \partial_y \nabla^2 \phi + \mu \nabla^2 \nabla^2 \phi = (z \times \nabla \phi) \cdot \nabla \nabla^2 \phi. \tag{8.514}$$

Im Vergleich zu (8.510) ist in dieser Gleichung der Anregungsmechanismus (über die Instabilitätsrate) für Driftwellen enthalten, weshalb sie sich für selbstkonsistente Rechnungen besonders gut eignet.

Wegen der grundsätzlichen Bedeutung der Hasegawa-Mima-Gleichung (8.510), die man in der Regel für $\mu = \delta = 0$ in der Form

$$\boxed{\partial_t (1 - \nabla^2)\phi - \kappa_n \partial_y \phi - (\hat{z} \times \nabla \phi) \cdot \nabla \nabla^2 \phi = 0} \tag{8.515}$$

diskutiert, geben wir im Folgenden noch eine verkürzte Herleitung an, die insofern einen Vorteil gegenüber der Deduktion aus dem allgemeinen Modell besitzt, als die wesentlichen physikalischen Annahmen leicht transparent werden. Anschließend diskutieren wir Dipollösungen von (8.515).

Beispiel 8.14 (Hasegawa-Mima-Gleichung)

Unter den Annahmen der Quasineutralität, $n_e \approx n_i$, und nach Boltzmann verteilter Elektronen,

$$n_e \approx n_0 \exp(e\varphi/k_B T_e), \tag{8.516}$$

können wir aus der Teilchenbilanz und der Driftnäherung für Ionen sehr schnell die Hasegawa-Mima-Gleichung gewinnen. Mit

$$\frac{d}{dt} = \partial_t + \mathbf{v}_i \cdot \nabla \tag{8.517}$$

und einem lediglich zweidimensionalen Modell (man spricht manchmal auch von einer $2\frac{1}{2}$-dimensionalen Beschreibung, da die Boltzmann-Verteilung der Elektronen aufgrund ihrer schnellen Bewegung in der dritten Dimension entlang des Magnetfelds zustande kommt) schreiben wir die Teilchenbilanz der Ionen als

$$\frac{d}{dt} \ln n_i + \nabla_\perp \cdot \mathbf{v}_{i\perp} \approx 0. \tag{8.518}$$

Die Geschwindigkeit der Ionen in der Ebene senkrecht zu dem äußeren Magnetfeld nähern wir durch

$$\mathbf{v}_{i\perp} \approx \frac{\hat{z} \times \nabla \varphi}{B_0} - \frac{1}{B_0 \Omega_i} \left(\partial_t + \frac{\hat{z} \times \nabla \varphi}{B_0} \cdot \nabla_\perp \right) \nabla_\perp \varphi. \tag{8.519}$$

Die Kombination der beiden letzten Gleichungen führt zu

$$\partial_t \left(\frac{1}{\rho_s^2} - \nabla_\perp^2 \right) \varphi - u \partial_\eta \left[\left(\frac{1}{\rho_s^2} + \frac{\Omega_i \kappa_n}{u} \right) \varphi \right]$$

$$+ u \partial_\eta \nabla^2 \varphi - \frac{1}{B_0} (\hat{z} \times \nabla \varphi) \cdot \nabla_\perp \nabla_\perp^2 \varphi + \frac{\kappa_T}{\rho_s^2 B_0} \varphi \partial_\eta \varphi = 0, \qquad (8.520)$$

wobei wir direkt in ein bewegtes Koordinatensystem $\eta = y - ut$ übergegangen sind. Hierbei ist $\kappa_T = \partial_x \ln T_e(x)$ der Beitrag eines Temperaturgradienten, den wir bislang noch nicht berücksichtigt haben. Für $u = \kappa_T = 0$ stimmt (8.520) mit (der allerdings in dimensionslosen Variablen geschriebenen) Gl. (8.515) überein. ∎

Das Problem der Temperaturabhängigkeit soll hier nicht vollständig behandelt werden; die folgenden kurzen Anmerkungen mögen genügen. Wenn $\kappa_T \neq 0$ ist, d. h. $T_e = T_e(x)$, liegt der Gedanke nahe, $\rho_s = \rho_s(x)$ zu fordern und somit bei einer recht schwierigen Modellgleichung zu enden. Auf den ersten Blick mag $\kappa_T \neq 0$ und $\rho_s = const$ inkonsistent erscheinen. Dass das aber tatsächlich nicht für die meisten praktischen Anwendungen der Fall ist, erklärt eine systematische Analyse basierend auf einem Mehrskalenformalismus. Alle Rechnungen mit $\kappa_T \neq 0$ und $\rho_s = const$ sind gültig, wenn die Variation der Temperatur auf einer Längenskala erfolgt, die groß gegenüber ρ_s ist. Eine systematische Analyse zeigt dann für $T_e = T_e(\varepsilon x)$, dass (8.520) einschließlich des letzten Terms auf der linken Seite mit $\kappa_T = const \neq 0$ und $\rho_s = const$ die Variation des Potentials auf der ρ_s-Skala richtig beschreibt. [Ein ähnliches Problem tritt übrigens auch schon bei alleiniger Dichteinhomogenität auf. Auch dann dürfen wir $\kappa_n = const \neq 0$ und $n_{e0} = const$ in den Koeffizienten wählen, sofern die Dichte auf einer Skala variiert, die groß gegenüber ρ_s ist.]

Gl. (8.520) enthält zwei Typen von Nichtlinearitäten: die sogenannte skalare Nichtlinearität $\sim \varphi \partial_y \varphi$ und die sogenannte Vektornichtlinearität $\sim (\hat{z} \times \nabla \varphi) \cdot \nabla \nabla^2 \varphi$. Erstere dominiert für breite Strukturen und führt zu Monopolwirbeln, während letztere bei Variationen auf der ρ_s-Skala überwiegt und der Grund für Dipolwirbel ist.

Wir beschäftigen uns jetzt abschließend mit Lösungen der Hasegawa-Mima-Gleichung

$$\partial_t (1 - \nabla^2)\phi - \{\phi, \nabla^2 \phi\} + u \frac{\partial}{\partial \eta} \nabla^2 \phi - u \left(1 + \frac{\kappa_n}{u} \right) \frac{\partial}{\partial \eta} \phi = 0 \qquad (8.521)$$

in einem bewegten Koordinatensystem.

Die Poisson-Klammer ist als

$$\{a, b\} = \frac{\partial a}{\partial x} \frac{\partial b}{\partial \eta} - \frac{\partial a}{\partial \eta} \frac{\partial b}{\partial x} \qquad (8.522)$$

definiert. Für stationäre Lösungen $\phi = \phi_s$ (im mit der Geschwindigkeit u bewegten Koordinatensystem) setzen wir $\partial_t = 0$. Die stationäre Form der Gl. (8.521) können wir auch in der Gestalt

$$\boxed{\hat{z} \times \nabla(\phi_s - ux) \cdot \nabla\left[(1 - \nabla^2)\phi_s + \kappa_n x\right] = 0} \tag{8.523}$$

schreiben. Offensichtlich wird diese Gleichung durch

$$(1 - \nabla^2)\phi_s + \kappa_n x = F(\phi_s - ux) \tag{8.524}$$

gelöst, wenn F eine beliebige (aber differenzierbare) Funktion ihres Arguments ist. Je nach Wahl dieser Funktion kann es verschiedene Lösungen geben. In dem nun folgenden Fall können sogar analytisch Lösungen angegeben werden.

Für lokalisierte Lösungen ($\phi_s, \nabla^2\phi_s \to 0$ für $x, \eta \to \pm\infty$) liefert (8.524)

$$\kappa_n x \simeq F(-ux), \quad x, \eta \to \pm\infty. \tag{8.525}$$

[Dies gilt übrigens auch für $\eta \to \pm\infty$ und endliche x.] Wir verlangen nun (8.525) für das gesamte Gebiet $r = (x^2 + \eta^2)^{1/2} > a$, wobei a ein (beliebiger) Radius ist, an dem die äußere Lösung später an die innere Lösung angepasst wird:

$$F(\xi) \equiv F_>(\xi) = -\frac{\kappa_n}{u}\xi \quad \text{für} \quad r > a. \tag{8.526}$$

Im inneren Bereich $r < a$ kann für F eine beliebige andere Abhängigkeit $F_<(\xi)$ gewählt werden, wobei $F_<(a) \neq F_>(a)$ sein kann. Die einfachste Wahl besteht in

$$F(\xi) \equiv F_<(\xi) = d\xi \quad \text{für} \quad r < a \,; \tag{8.527}$$

d ist eine noch festzulegende Konstante. Mit der Wahl (8.526) bzw. (8.527) gelangt man zu den Bestimmungsgleichungen

$$\nabla^2\phi_s = \begin{cases} \left(1 + \frac{\kappa_n}{u}\right)\phi_s, & r > a, \\ (1 - d)\phi_s + (\kappa_n + ud)x, & r < a. \end{cases} \tag{8.528}$$

Lösungen dieser Gleichungen sind lokalisiert, wenn

$$\rho^2 := 1 + \frac{\kappa_n}{u} > 0 \tag{8.529}$$

gilt. Für $r \to 0$ besitzt die Lösung eine negative Krümmung, falls

$$-\lambda^2 = 1 - d < 0 \tag{8.530}$$

ist. Auch ρ^2 und λ^2 sind wie κ_n, u und d Konstanten. In Polarkoordinaten $x = r\cos\theta$, $\eta = r\sin\theta$ lautet die zugehörige Lösung

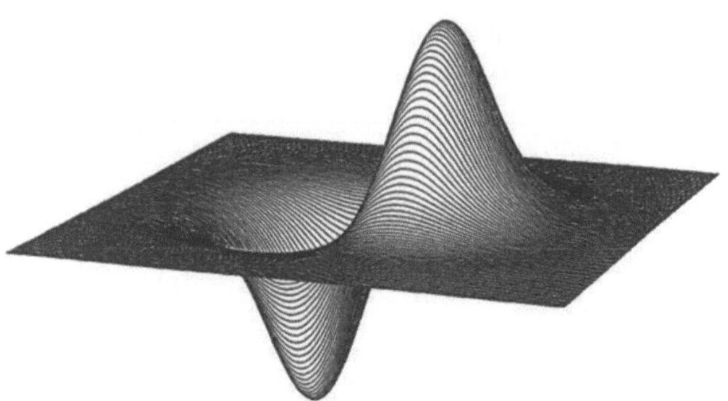

Abb. 8.7 $3D$-Plot eines Modons als Lösung der Hasegawa-Mima-Gleichung

$$\phi_s = \begin{cases} \dfrac{u+\kappa_n}{\rho^2}\, a\, \dfrac{K_1(\rho r)}{K_1(\rho a)}\cos\theta, & r > a, \\[2ex] -\dfrac{u+\kappa_n}{\lambda^2}\left[a\dfrac{J_1(\lambda r)}{J_1(\lambda a)} - \left(1+\dfrac{\lambda^2}{\rho^2}\right)r\right]\cos\theta, & r < a. \end{cases} \tag{8.531}$$

J_1 und K_1 sind die Bessel-Funktion bzw. modifizierte Bessel-Funktion erster Ordnung. Die Vorfaktoren sind bereits so gewählt, dass ϕ_s und $\nabla^2\phi_s$ an der Stelle $r = a$ stetig übergehen. Damit auch die ersten Ableitungen die Stetigkeitsforderung erfüllen, muss die „Dispersionsrelation"

$$-\frac{1}{\lambda a}\,\frac{J_2(\lambda a)}{J_1(\lambda a)} = \frac{1}{\rho a}\,\frac{K_2(\rho a)}{K_1(\rho a)} \tag{8.532}$$

erfüllt sein. Bei vorgegebenen Werten für a, κ_n und u legt (8.532) über (8.529) und (8.530) die Konstante d fest. Offenbar existieren Bänder von Lösungen; Grundzustände sind für

$$j_{1,1} \le \lambda a \le j_{2,1} \tag{8.533}$$

definiert, wenn ρa im Bereich

$$0 \le \rho a \le \infty \tag{8.534}$$

variiert. Dabei bezeichnet $j_{m,1}$ die erste Nullstelle der Bessel-Funktion m-ter Ordnung J_m. Abb. 8.7 zeigt eine 3D-Darstellung. Wegen ihrer speziellen Gestalt werden diese Lösungen als Dipole oder „Modonen" bezeichnet. Es sei bemerkt, dass diese Wirbellösungen nach Konstruktion zweifach stetig differenzierbar sind. Bereits die dritte Ableitung besitzt an der Stelle $r = a$ in radialer Richtung einen endlichen Sprung.

Die Geschwindigkeiten werden durch (8.529) eingeschränkt. Offensichtlich sind in den (zu Phasengeschwindigkeiten linearer Driftwellen $0 > \omega/k > -\kappa_n$ komplementären) Bereichen

$$u > 0 \tag{8.535}$$

und

$$u < -\kappa_n < 0 \tag{8.536}$$

nichtlineare Lösungen möglich. Beachte die Wahl $\kappa_n = \partial_x \ln n_{e0} > 0,$.

Lineare Stabilitätsrechnungen führen zu dem Ergebnis der Stabilität für $\rho^2 < 1$, d.h. $u < -\kappa_n < 0$. In der Atmosphärenphysik wird $\kappa_n < 0$ angenommen, sodass wir $u < 0$ bzw. $u > -\kappa_n > 0$ als Existenzbereiche haben. Die stabilen Lösungen mit $\rho^2 < 1$ entsprechen $u > -\kappa_n > 0$, d.h. westwärts fortschreitenden Dipolen.

Mehrere Anmerkungen sind an dieser Stelle angebracht.

Die strenge Kopplung zwischen Elektronendichte und Potential über die Boltzmann-Verteilung ist zwar i. Allg. für die Bestimmung der Potentialverteilung eine recht gute Annahme, jedoch für die Berechnung der Dichte aus dem Potentialverlauf nicht immer angebracht. Insbesondere bei der Ermittlung des Plasmatransports in Anwesenheit nichtlinearer Driftwellen müssen bessere Modelle (bzw. Iterationen der bestehenden Modelle) herangezogen werden, um einen endlichen Beitrag der Driftwellenturbulenz zu erhalten.

Numerische Simulationen zeigen sowohl Monopol- als auch Dipolwirbel. Bei endlichen Temperaturgradienten [vergl. (8.456)] tritt in den Grundgleichungen eine skalare Nichtlinearität auf, die für die Existenz von Monopolen verantwortlich gemacht werden kann.

Dann wird die Frage der Stabilität wichtig, wobei wir zwischen zwei grundsätzlich unterschiedlichen Stabilitätsanalysen unterscheiden müssen: Einmal die sogenannte Lyapunov-Stabilität gegenüber Störungen in den Anfangsverteilungen und zum anderen die sogenannte Strukturstabilität gegenüber strukturellen Störungen in den Grundgleichungen selbst. Die bislang erwähnten Stabilitätsaussagen gelten z. B. für Hasegawa-Mima-Dipole bei Störungen in der Anfangsverteilung.

Fügen wir jedoch zur Hasegawa-Mima-Gleichung strukturelle Störungen in Form einer skalaren Nichtlinearität (bei endlichen Temperaturgradienten) hinzu, so zerfallen die Dipole, d.h., sie sind strukturell instabil. Die dann möglichen Monopollösungen sind jedoch stabil!

Letztlich sei noch darauf hingewiesen, dass in der Atmosphärenphysik (sei es der Erde oder des Jupiters) sehr ähnliche Grundgleichungen auftreten, die zu ähnlichen theoretischen Untersuchungen wie bei nichtlinearen Driftwellen führen. Ein seit langer Zeit beobachteter recht stabiler Wirbel ist der rote Fleck des Jupiters, der sein Analogon auch in terrestrischen Plasmasystemen haben sollte.

8.4   BGK-Moden

Wir beschließen diesen Überblick über grundlegende Modelle nichtlinearer Wellen mit einer kurzen Diskussion typischer kinetischer Effekte und deren Auswirkung auf Modenstrukturen. Dabei stützen wir uns auf eine klassische Arbeit von Bernstein, Greene und Kruskal [BGK] über periodische Potentialverteilungen in Vlasov-Poisson-Systemen.

BGK-Moden könnten eine spezielle Art von „dissipationsfreien Wellenlösung" in einem Plasma darstellen. Es zeigt sich nämlich, dass es in einem Plasma stationäre, nichtlineare Wellen gibt, die sich aus einer speziellen Verteilungsfunktion konstruieren lassen. Die BGK-Lösungen beschreiben elektrostatische Potentialwellen, bei denen Elektronen und Ionen sich so verteilen, dass eine selbstkonsistente, stationäre Struktur entsteht. Diese Moden wären insofern bemerkenswert, weil sie keine Landau-Dämpfung haben sollten und langfristig stabil sein könnten.

BGK-Moden sollten Landau-Dämpfung entgehen, weil sie stationäre, selbstkonsistente, nichtlineare Lösungen sind, bei denen sich die Geschwindigkeitsverteilung so anpasst, dass keine effektive Nettoenergieübertragung von der Welle auf die Teilchen stattfindet. Besonders das Trapping der Teilchen in den Potentialwellen sollte die klassische Landau-Resonanz verhindern.

Eine einfache selbstkonsistente Lösung
Das Vorgehen ist schnell an dem einfachsten Fall skizziert. Wir beschränken uns auf ein räumlich eindimensionales Modell mit örtlichen Variationen nur in x-Richtung. In der Ein-Teilchen-Verteilungsfunktion denken wir uns eine Integration über die v_y- und v_z-Abhängigkeiten ausgeführt; wir nennen $v_x = v$. Dann lautet die Vlasov-Gleichung für stationäre Lösungen der Teilchensorte s

$$\boxed{\left(v\partial_x - \frac{q_s}{m_s}\frac{d\varphi}{dx}\partial_v \right) f_s(x,v) = 0}\ . \tag{8.537}$$

Das Potential φ muss die Poisson-Gleichung

$$\boxed{\frac{d^2\varphi}{dx^2} = \frac{1}{\varepsilon_0}e\left[\int_{-\infty}^{\infty} dv\, f_e(x,v) - \int_{-\infty}^{\infty} dv\, f_i(x,v)\right]} \qquad (8.538)$$

erfüllen, wobei wir ein zweikomponentiges Elektronen-Ionen-System ($s = e, i$) angenommen haben. Die Gl. (8.537) und (8.538) stellen ein gekoppeltes System dar. Die Lösungen von (8.537) können jedoch recht allgemein als

$$f_s = f_s\left[v^2 + 2(q_s/m_s)\varphi(x)\right] \qquad (8.539)$$

geschrieben werden, wobei die funktionale Form noch unbestimmt ist. Wählen wir zwei Lösungen für $s = e, i$ mit zunächst beliebigen Funktionen f_e und f_i aus und setzen in (8.538) ein, so erhalten wir die Integrodifferentialgleichung

$$\frac{d^2\varphi}{dx^2} = \frac{1}{\varepsilon_0}e\left\{\int_{-\infty}^{+\infty} dv\, f_e[v^2 - 2e\varphi(x)/m_e] - \int_{-\infty}^{+\infty} dv\, f_i[v^2 + 2e\varphi(x)/m_i]\right\}.$$
$$(8.540)$$

Die Randbedingungen haben wir bislang noch nicht spezifiziert. Wir legen sie jetzt als periodisch fest. [Man könnte andererseits auch nach solitonenartigen Zuständen suchen.] Um die Gl. (8.540) traktabler zu machen, konzentrieren wir uns im Folgenden auf ein weitere Vereinfachung. Wir setzen f_e als Verteilung eines scharfen Elektronenstrahls an,

$$f_e(x,v) = 2n_{e0}v_e\delta\left[v^2 - 2e\varphi(x)/m_e - v_e^2\right], \qquad (8.541)$$

wobei v_e eine Konstante ist. Für v vereinbaren wir ferner nur positive Werte, d.h., bei der Auflösung nach v im Argument der Deltafunktion wählen wir die positive Wurzel. Eine weitere, physikalisch äußerst wichtige Anmerkung verdient besonderes Interesse. Wenn wir

$$v_e^2 > -\min_x\left\{\frac{2e\varphi(x)}{m_e}\right\} \qquad (8.542)$$

fordern, schließen wir Teilcheneinfang aus.

$$v = +\left[v_e^2 + 2e\varphi(x)/m_e\right]^{1/2} \equiv v_{e0} \qquad (8.543)$$

ist die relevante Nullstelle des Arguments in der Deltafunktion (8.541). Wegen

$$\delta(v^2 - v_{e0}^2) = \frac{\delta(v - v_{e0})}{2v_{e0}} \qquad (8.544)$$

folgt

$$f_e(x,v) = n_{e0}\frac{v_e}{v_{e0}}\delta(v - v_{e0}). \qquad (8.545)$$

Ähnlich gehen wir für Ionen vor:

$$f_i(x,v) = 2n_{i0}v_i\delta\left[v^2 + 2e\varphi(x)/m_i - v_i^2\right], \qquad (8.546)$$

$$v_i^2 > \max_{x} \left\{ \frac{2e\varphi(x)}{m_i} \right\},$$
(8.547)

$$v_{i0} \equiv + \left[v_i^2 - 2e\varphi(x)/m_i \right]^{1/2}$$
(8.548)

und damit

$$f_i(x, v) = n_{i0} \frac{v_i}{v_{i0}} \delta(v - v_{i0}).$$
(8.549)

Im Folgenden setzen wir $n_{i0} = n_{e0} = n_0$. Aus (8.545) und (8.549) können wir unmittelbar die Dichteverteilungen

$$n_e(x) = n_0 \frac{v_e}{v_{e0}(x)},$$
(8.550)

$$n_i(x) = n_0 \frac{v_i}{v_{i0}(x)}$$
(8.551)

gewinnen. Die Poisson-Gleichung (8.540) wird

$$\frac{d^2\varphi}{dx^2} = \frac{1}{\varepsilon_0} n_0 e \left\{ \left[1 + \frac{2e\varphi(x)}{m_e v_e^2} \right]^{-1/2} - \left[1 - \frac{2e\varphi(x)}{m_i v_i^2} \right]^{-1/2} \right\}.$$
(8.552)

Wir führen die Abkürzungen $\tau_e = m_e v_e^2$, $\tau_i = m_i v_i^2$, $\phi = e\varphi$ und $X = (n_0 e/\varepsilon_0)^{1/2} x$ ein, um (8.552) vereinfacht als

$$\frac{d^2\phi}{dX^2} = \left[1 + \frac{2\phi}{\tau_e} \right]^{-1/2} - \left[1 - \frac{2\phi}{\tau_i} \right]^{-1/2}$$
(8.553)

schreiben zu können. In Anlehnung an die newtonsche Bewegung eines Teilchens in einem Potential definieren wir das Pseudopotential $V(\phi)$,

$$\frac{d^2\phi}{dX^2} = -\frac{\partial V(\phi)}{\partial \phi}$$
(8.554)

mit

$$V(\phi) = -\left\{ \tau_e \left[1 + \frac{2\phi}{\tau_e} \right]^{1/2} + \tau_i \left[1 - \frac{2\phi}{\tau_i} \right]^{1/2} \right\}.$$
(8.555)

Dieses Potential ist für $\tau_e = \tau_i = 1$ in Abb. 8.8 dargestellt. Teilcheneinfang erlaubt dieses Beispiel nur für $-\frac{1}{2} \leq \phi \leq \frac{1}{2}$. Mit einer maximalen Amplitude $\phi_0 < \frac{1}{2}$ sind Oszillationen, d. h. periodische Lösungen $\varphi(x)$, möglich. Die Größe der Amplitude ϕ_0 richtet sich nach der Integrationskonstanten, die wir als „Pseudoenergie" bezeichnen können. Für kleine Amplituden wird (8.552)

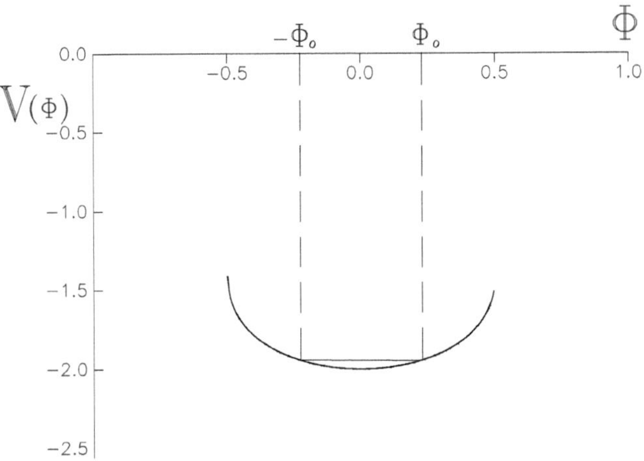

Abb. 8.8 Darstellung von (8.555) als Funktion von ϕ

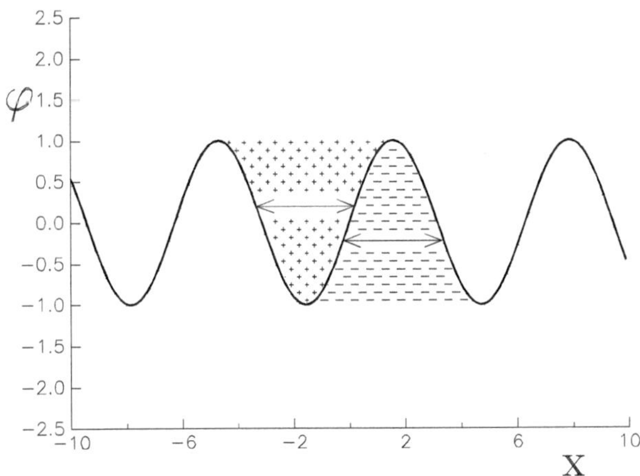

Abb. 8.9 Bereiche gefangener Ionen bzw. Elektronen in einer vorgegebenen Potentialverteilung $\varphi(x)$

$$\frac{d^2\varphi}{dx^2} + \frac{1}{\varepsilon_0}n_0 e^2 \left(\tau_e^{-1} + \tau_i^{-1}\right)\varphi \approx 0\,, \tag{8.556}$$

und die Lösung ist eine harmonische Schwingung.

Gefangene Teilchen

Wir wenden uns jetzt dem Problem der Berechnung von Verteilungsfunktionen gefangener Teilchen („trapped particles") zu. Abb. 8.9 veranschaulicht bei einer gegebenen Potentialverteilung $\varphi(x)$ Bereiche eingefangener Ionen bzw. Elektronen. Es deutet sich dabei bereits an, dass eine Diskussion in Abhängigkeit von der Energie sinnvoller ist. Mit

$$E = \frac{1}{2}m_s v^2 + q_s \varphi \qquad (8.557)$$

und

$$dE = m_s v\, dv = [2m_s(E - q_s\varphi)]^{1/2}\, dv \qquad (8.558)$$

gilt

$$f_s(v)dv = f_s[v(E)]dv = \frac{f_s(E)dE}{[2m_s(E - q_s\varphi)]^{1/2}}. \qquad (8.559)$$

Gl. (8.558) gilt für Teilchen mit $v > 0$. Wenn wir eine gleiche Anzahl von Teilchen mit negativer wie positiver Geschwindigkeit annehmen, können wir die Dichte über

$$
\begin{aligned}
n_s(x) &= \int_{-\infty}^{+\infty} dv\, f_s(x, v) = 2\int_0^{\infty} dv\, f_s(x, v) \\
&= 2\int_{q_s\varphi}^{\infty} dE\, \frac{f_s(x, E)}{[2m_s(E - q_s\varphi)]^{1/2}}
\end{aligned}
\qquad (8.560)
$$

berechnen. Die untere Grenze $q_s\varphi$ erklärt sich daraus, dass kein Teilchen eine Energie kleiner als $q_s\varphi$ besitzen kann; die kinetische Energie ist nämlich positiv definit.

Abb. 8.9 verdeutlicht uns, dass jedes Ion ($q_i = +e$) mit einer Energie E kleiner als $e\varphi_{max}$ zwischen benachbarten Potentialbergen eingefangen wird. Wegen $q_e = -e$ „sehen" die Elektronen das Potential gespiegelt, d. h., Elektronen mit einer Energie $E < -\varphi_{min}$ werden zwischen benachbarten Potentialminima eingefangen. Nehmen wir nun an, dass die gesamte Ionenverteilung $f_i(E)$ ebenso gegeben ist wie die Verteilung der „freien" Elektronen $f_e(E)$ für $E > -e\varphi_{min}$. Dann fordert die Poisson-Gleichung

$$
\begin{aligned}
\frac{d^2\varphi}{dx^2} &= -\frac{e}{\varepsilon_0}\int_{e\varphi}^{\infty} dE\, \frac{2f_i(E)}{[2m_i(E - e\varphi)]^{1/2}} + \frac{e}{\varepsilon_0}\int_{-e\varphi_{min}}^{\infty} dE\, \frac{2f_e(E)}{[2m_e(E + e\varphi)]^{1/2}} \\
&\quad + \frac{e}{\varepsilon_0}\int_{-e\varphi}^{-e\varphi_{min}} dE\, \frac{2f_e(E)}{[2m_e(E + e\varphi)]^{1/2}}.
\end{aligned}
\qquad (8.561)
$$

Der letzte Term auf der rechten Seite enthält $f_e(E)$ für $E < -e\varphi_{min}$, d. h. die Verteilung für gefangene Elektronen. Wir schreiben die Gl. (8.561) in die Form

$$\int_{-e\varphi}^{-e\varphi_{min}} dE\, 2f_e(E)[2m_e(E + e\varphi)]^{-1/2} = g(e\varphi) \qquad (8.562)$$

um, wobei

$$
\begin{aligned}
g(e\varphi) &:= -\varepsilon_0 N(e\varphi)/e + \int_{e\varphi}^{\infty} dE\, 2f_i(E)[2m_i(E - e\varphi)]^{-1/2} \\
&\quad - \int_{-e\varphi_{min}}^{\infty} dE\, 2f_e(E)[2m_e(E + e\varphi)]^{-1/2}
\end{aligned}
\qquad (8.563)
$$

bei vorgegebenem $\varphi(x)$ [und f_i bzw. f_e für $E > -e\varphi_{min}$] eine bekannte Inhomogenität ist. $g(e\varphi)$ kennzeichnet die Dichte der gefangenen Elektronen am Ort x; $N(e\varphi)$ ist durch $-d^2\varphi/dx^2$ bestimmt. Gl. (8.562) ist eine Integralgleichung für $f_e(E)$, die durch Differentiation gelöst werden kann. Mit den Variablensubstitutionen

$$E = \tilde{E} - e\varphi_{min} , \tag{8.564}$$

$$x = e(\varphi - \varphi_{min}) , \tag{8.565}$$

$$y = -\tilde{E} \tag{8.566}$$

gelangen wir zu

$$\int_0^x dy\, 2f_e(-y - e\varphi_{min})(2m_e)^{-1/2} \frac{1}{\sqrt{x-y}} = g(x + e\varphi_{min}). \tag{8.567}$$

Beispiel 8.15 (Abelsche Integralgleichung)
Wir haben jetzt die klassische Form einer abelschen Integralgleichung (oder volterraschen Integralgleichung erster Art) vorliegen, deren Kern für $y = x$ unendlich wird. Wir multiplizieren beide Seiten von (8.567) mit $1/\sqrt{\eta - x}$ und integrieren von 0 bis η bezüglich x,

$$\int_0^\eta \frac{1}{\sqrt{\eta - x}} \left[\int_0^x dy \frac{2f_e(-y - e\varphi_{min})}{\sqrt{x-y}} \right] dx = (2m_e)^{1/2} \int_0^\eta \frac{g(x + e\varphi_{min})}{\sqrt{\eta - x}} dx. \tag{8.568}$$

Die auf der linken Seite stehende doppelte Integration ist dabei so auszuführen, dass zunächst in y-Richtung von 0 bis x integriert wird. Das Integrationsgebiet des Doppelintegrals ist demnach das oberhalb der Diagonale $x = y$ gelegene Dreieck in der y, x-Ebene. Vertauscht man die Integrationsreihenfolge, so hat man zunächst in x-Richtung von $x = y$ bis $x = \eta$ zu integrieren und danach in y-Richtung von $y = 0$ bis $y = \eta$. Berücksichtigt man

$$\int_y^\eta \frac{dx}{\sqrt{\eta - x}\sqrt{x - y}} = \pi, \tag{8.569}$$

so ergibt sich, wenn wir η durch y ersetzen,

$$\int_0^y 2f_e(-y' - e\varphi_{min})dy' = \frac{(2m_e)^{1/2}}{\pi} \int_0^y \frac{g(x + e\varphi_{min})}{\sqrt{y - x}} dx. \tag{8.570}$$

Auf der rechten Seite integrieren wir partiell, wobei wir $g(e\varphi_{min}) = 0$ ausnutzen. Anschließend differenzieren wir bezüglich y und setzen $E = -y - e\varphi_{min}$, um mit $X = x + E\varphi_{min}$

$$2f_e(E) = \frac{(2m_e)^{1/2}}{\pi} \int_{e\varphi_{min}}^{-E} dX \frac{dg(X)}{dX} \frac{1}{\sqrt{-E - X}} \tag{8.571}$$

als Lösung zu erhalten. ∎

Damit ist bewiesen, dass man zu einer vorgegebenen Potentialverteilung, bei bekannten f_i (gesamt) und f_e (für die freien Elektronen), die Verteilungsfunktion der eingefangenen Elektronen selbstkonsistent bestimmen kann.

Wenn man (8.563) in (8.571) einsetzt, lassen sich noch einige Integrale ausführen, und das endgültige Ergebnis ist

$$
f_e(E) = \frac{(2m_e)^{1/2}}{8\pi^2 e} \int_{e\varphi_{min}}^{-E} \frac{dX}{[-E-X]^{1/2}} \frac{dN(X)}{dX}
$$

$$
+ \frac{1}{\pi} \int_{-e\varphi_{min}}^{\infty} dX \frac{f_e(X)}{X-E} \left[\frac{e\varphi_{min}-E}{X-e\varphi_{min}}\right]^{1/2} \tag{8.572}
$$

$$
+ \frac{1}{\pi}\left(\frac{m_e}{m_i}\right)^{1/2} \int_{e\varphi_{min}}^{\infty} dX \frac{df_i(X)}{dX} \frac{1}{2} \ln\left\{\frac{(E+X)^2}{[(X-e\varphi_{min})^{1/2}-(-E-e\varphi_{min})^{1/2}]^4}\right\}
$$

für $E < -e\varphi_{min}$. Entsprechend könnte man natürlich auch die Verteilungsfunktion für gefangene Ionen bestimmen.

Abschließend diskutieren wir, wie man mit dem von Bernstein, Greene und Kruskal vorgeschlagenen Verfahren praktisch jede Potentialverteilung konstruieren kann, die eine stetige zweite Ableitung besitzt. Wir geben eine beliebige Verteilung vor, z. B. diejenige, die in Abb. 8.10 dargestellt ist. Die x-Achse wird in Abschnitte (AB, BC, CD usw.) unterteilt, wobei die Endpunkte jeweils durch die Stellen mit $d\varphi/dx = 0$ charakterisiert sind. In jedem Abschnitt ist φ monoton. Nehmen wir nun an, dass wir für $x \leq B$ konsistente Verteilungsfunktionen f_e und f_i konstruiert haben. Im Abschnitt BC muss (da bei B ein Potentialminimum vorhanden sein soll) die Verteilung der *eingefangenen Elektronen nicht* mit der Verteilung der eingefangenen Elektronen in AB übereinstimmen, während die Energieabhängigkeiten der Verteilungsfunktionen für *alle Ionen* und die *freien Elektronen* in den

Abb. 8.10 Skizze einer Potentialverteilung mit Gebieten gefangener Teilchen

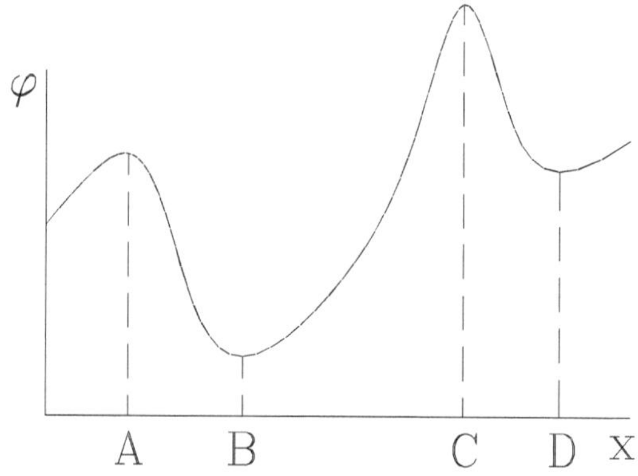

Abschnitten BC und AB übereinstimmen müssen. Die Verteilung $f_e(E)$ für gefangene Elektronen in BC kann nach dem oben geschilderten Verfahren aus den übrigen Daten gewonnen werden. Gehen wir anschließend zum Abschnitt CD weiter, so wiederholt sich der Konstruktionsvorgang, nur dass jetzt alle Verteilungsfunktionen bis auf die der gefangenen Ionen aus BC übernommen werden können. Für die gefangenen Ionen in CD können wir aber ebenfalls das oben geschilderte Konstruktionsverfahren für gefangene Teilchen (für f_i anstelle von f_e) übernehmen. Die Verteilungsfunktionen lassen sich so für immer größere x-Werte konsistent bestimmen.

Die „Botschaft" dieser Skizze von BGK-Moden ist, dass Plasmen kohärente, nichtlineare Wellenstrukturen bilden könnten, die ohne Dissipation existieren und als Gleichgewichte zwischen Teilchenverteilung und elektrischen Feldern erhalten bleiben. Die Frage nach der Stabilität der so konstruierten BGK-Moden drängt sich natürlich an dieser Stelle auf. Sie ist allerdings schwierig zu beantworten bzw. zum größten Teil noch ungelöst. Wir können hier nicht näher darauf eingehen.

8.5 Kollaps in NLS- und KdV-Systemen

In den vorangegangenen Abschnitten haben wir die Integrabilität der kubisch nichtlinearen Schrödinger-(NLS-)Gleichung und der Korteweg-de-Vries-Gleichung gezeigt. Wir müssen jedoch auf eine wesentliche Einschränkung bei beiden integrablen Modellgleichungen hinweisen: Nichtlineare Langmuir-Wellen bzw. ionenakustische Moden wurden nur in räumlich *ein*dimensionalen Systemen studiert. In räumlich zwei- und dreidimensionalen Systemen besteht ein wesentlicher Unterschied zu den eindimensional aufgezeigten Phänomenen. Es können zwar noch immer stabile solitäre Wellen existieren, aber es ist i. Allg. nicht mehr garantiert, dass recht beliebige Anfangsverteilungen in stabile solitonenartige Zustände einlaufen. Als neue Erscheinung tritt der Kollaps auf, den wir in diesem Abschnitt genauer untersuchen wollen.

Kollaps in NLS-Systemen

Wir beginnen mit der mehrdimensionalen NLS-Gleichung in einfachster Form,

$$\boxed{i\partial_t \psi + \nabla^2 \psi + |\psi|^p \psi = 0\,,}$$

(8.573)

wobei ∇^2 der Laplace-Operator in d räumlichen Dimensionen sein soll. Früher haben wir die NLS-Gleichung für $p = 2$ im eindimensionalen Fall ($d = 1$) untersucht. Die Verallgemeinerung auf den Exponenten p soll hier für spätere Ähnlichkeitsbetrachtungen vorgenommen werden. Man könnte sogar noch weiter gehen und $|\psi|^p$ durch eine erst später zu spezifizierende Funktion $f(|\psi|^2)$ ersetzen; über weite Strecken der folgenden Diskussion wäre das ohne wesentliche Einschränkungen möglich. Wir wollen jedoch aus Gründen der Übersichtlichkeit hier darauf verzichten.

Erhaltungsgrößen

Für eine Diskussion der Lösungsmannigfaltigkeit von (8.573) in d Dimensionen ist es hilfreich, Symmetrien und Erhaltungsgrößen zu bestimmen. Dazu greifen wir auf das noethersche Theorem für Lagrange-Systeme zurück. Für (8.573) lautet das Wirkungsintegral

$$S\{\psi\} = \int \mathcal{L}(\psi, \psi_t, \psi_x, \psi_y, ...)dt \, d^d r \tag{8.574}$$

mit der Lagrange-Dichte

$$\boxed{\mathcal{L} = \frac{i}{2}\left(\psi^*\psi_t - \psi\psi_t^*\right) - |\nabla\psi|^2 + \frac{2}{p+2}|\psi|^{p+2}} \, ; \tag{8.575}$$

hierbei ist $d^d r \equiv d\Gamma$ das d-dimensionale Volumenelement. $\psi = v + iw$ ist eine komplexwertige Funktion; deshalb kann (8.573) als Zusammenfassung zweier reeller Gleichungen aufgefasst werden. Da in $S\{\psi\}\widehat{=}S\{v, w\}$ die Funktionen v und w mit ψ und ψ^* über $v = (\psi + \psi^*)/2$ und $w = (\psi - \psi^*)/2i$ zusammenhängen, können wir formal ψ und ψ^* als unabhängige Variablen behandeln und die Variationen der Wirkung über

$$\frac{\delta S}{\delta v} = \frac{\delta S}{\delta \psi} + \frac{\delta S}{\delta \psi^*}, \tag{8.576}$$

$$\frac{\delta S}{\delta w} = i\left(\frac{\delta S}{\delta \psi} - \frac{\delta S}{\delta \psi^*}\right) \tag{8.577}$$

ausrechnen. Dabei wird die Funktionalableitung über

$$\frac{\delta S}{\delta v} = \frac{\partial \mathcal{L}}{\partial v} - \frac{\partial}{\partial x_j}\frac{\partial \mathcal{L}}{\partial v/\partial x_j} \tag{8.578}$$

ausgewertet, mit einer Summation über j, die von der Dimension d abhängt (bei $x_0 = t$, $x_1 = x$, $x_2 = y$, $x_3 = z$). Diese Vorgehensweise zeigt im Übrigen die Äquivalenz zwischen den Systemen $\delta S/\delta v = 0$ und $\delta S/\delta w = 0$ einerseits und $\delta S/\delta\psi$ und $\delta S/\delta\psi^*$ andererseits.

Beispiel 8.16 (Noether-Theorem)

Das noethersche Theorem besagt nun: Ist das Funktional $S\{\psi\}$ invariant unter den Transformationen

$$x_i' = x_i + \sum_k \varepsilon_k \varphi_i^{(k)}(x_0, x_1, ..., x_d, \psi, \partial_{x_0}\psi, \partial_{x_1}\psi, ...), \tag{8.579}$$

$$\psi' = \psi + \sum_k \varepsilon_k \chi^{(k)}(x_0, x_1, ..., x_d, \psi, \partial_{x_0}\psi, \partial_{x_1}\psi, ...) \tag{8.580}$$

mit infinitesimal kleinen Parametern ε_k, dann gilt

$$\sum_{j=0}^{d} \frac{\partial I_j^{(k)}}{\partial x_j} = 0 \tag{8.581}$$

für

$$I_j^{(k)} = \frac{\partial \mathcal{L}}{\partial(\partial\psi/\partial x_j)} \left[\sum_{l=0}^{d} \frac{\partial \psi}{\partial x_l}\varphi_l^{(k)} - \chi^{(k)} \right]$$

$$+ \frac{\partial \mathcal{L}}{\partial(\partial\psi^*/\partial x_j)} \left[\sum_{l=0}^{d} \frac{\partial \psi}{\partial x_l}\varphi_l^{(k)} - \chi^{(k)} \right]^* - \mathcal{L}\varphi_j^{(k)}. \tag{8.582}$$

∎

Die Gl. (8.581) hat die Form einer Kontinuitätsgleichung $\partial_t I_0 + \nabla \cdot \mathbf{I} = 0$. Wenn wir annehmen, dass $I_j^{(k)}$ für $j = 1, ..., d$ am Rand (z. B. im Unendlichen) verschwindet, liefert eine Integration von (8.581) die Erhaltung

$$\frac{d}{dt} \int I_0^{(k)} d\Gamma = 0. \tag{8.583}$$

Beispiel 8.17 (Plasmonenerhaltung)
Da $\mathcal{L}$ [s. (8.575)] eichinvariant ist, d. h. unverändert bei infinitesimalen Translationen in der Phase

$$\psi' = \psi e^{i\varepsilon} \approx \psi + \varepsilon i \psi \tag{8.584}$$

bleibt, erhalten wir

$$\partial_t \mathcal{N} + \nabla \cdot \mathbf{J} = 0, \tag{8.585}$$

$$\mathcal{N} = |\psi|^2, \tag{8.586}$$

$$\mathbf{J} = i(\psi \nabla \psi^* - \psi^* \nabla \psi), \tag{8.587}$$

d. h. die Plasmonenerhaltung $N = \int \mathcal{N} d\Gamma = const.$ ∎

Als Nächstes untersuchen wir Translationen in der Zeit und im Ort,

$$x_j = x_j + \varepsilon \delta_{ji}. \tag{8.588}$$

Beispiel 8.18 (Energieerhaltung)

Für $i = 0$, d. h. Verschiebungen in der Zeit, folgt die Energieerhaltung:

$$\partial_t \mathcal{H} + \nabla \cdot \mathbf{Q} = 0, \tag{8.589}$$

$$\mathcal{H} = |\nabla \psi|^2 - \frac{2}{p+2} |\psi|^{p+2}, \tag{8.590}$$

$$\mathbf{Q} = -\psi_t \nabla \psi^* - \psi_t^* \nabla \psi, \tag{8.591}$$

d. h. $H = \int \mathcal{H} d\Gamma = const.$ ∎

Beispiel 8.19 (Impulserhaltung)

Für $i = 1, 2$ oder 3, d. h. Ortsverschiebungen, ergibt sich die Impulserhaltung:

$$\partial_t \mathcal{P} + \nabla \cdot \underline{\underline{\mathcal{W}}} = 0, \tag{8.592}$$

$$\mathcal{P} = \frac{i}{2}(\psi^* \nabla \psi - \psi \nabla \psi^*), \tag{8.593}$$

$$\underline{\underline{\mathcal{W}}} = -2(\nabla \psi)(\nabla \psi^*) - \mathcal{L}\underline{\underline{1}}, \tag{8.594}$$

d. h., $\mathbf{P} = \int \mathcal{P} d\Gamma = const$ $\underline{\underline{1}}$ ist der Einheitstensor. ∎

Für Rotationen im dreidimensionalen Raum kann man auf gleiche Weise die Invarianz des Drehimpulses

$$\mathbf{M} = \int \mathbf{r} \times \mathcal{P} d\Gamma \tag{8.595}$$

folgern.

Es ist ferner anzumerken, dass die NLS-Gleichung weitere Symmetrien (gegenüber Galilei-Transformationen und Drehungen) besitzt, die jedoch das Wirkungsintegral nicht invariant lassen und deshalb nicht nach dem noetherschen Theorem zu weiteren Erhaltungsgrößen führen.

Beispiel 8.20 (Konforme Invarianz)

Im sogenannten kritischen Fall $pd = 4$ existiert die (konforme) Invarianz

$$t' = \beta - \frac{1}{\alpha^2 t}, \quad \mathbf{r}' = \frac{\mathbf{r}}{\alpha t}, \tag{8.596}$$

$$\psi' = (\alpha t)^{d/2} \psi \exp(-i|\mathbf{r}|^2/4t), \tag{8.597}$$

wobei α und β Konstanten sind. Wenn wir $\beta = 0$ setzen und in

$$H = \int \left[|\nabla' \psi'|^2 - \frac{2}{p+2} |\psi'|^{p+2} \right] d\Gamma' = const \tag{8.598}$$

die Transformationen (8.596) und (8.597) einsetzen, erhalten wir

$$\int \left[|\mathbf{r}\psi + 2it\nabla\psi|^2 - \frac{8t^2}{p+2}|\psi|^{p+2} \right] d\Gamma = const . \tag{8.599}$$

∎

Es ist interessant, die Transformationen (8.596) und (8.597) noch etwas allgemeiner zu schreiben. Mit

$$\mathbf{r}' = \frac{\mathbf{r}}{a+bt}, \quad t' = \frac{c+\delta t}{a+bt}, \quad a\delta - bc = 1 \tag{8.600}$$

finden wir neben $\psi(\mathbf{r}, t)$ eine weitere exakte Lösung

$$\psi(\mathbf{r}, t) = (a + bt)^{-\frac{d}{2}}\psi(\mathbf{r}', t') \exp\left[\frac{ib|\mathbf{r}|^2}{4(a+bt)} \right]. \tag{8.601}$$

[Für $a = 0$, $b = \alpha$, $\beta = \delta/\alpha$, $c = -1/\alpha$ liegt der Fall (8.596) und (8.597) vor.] Setzen wir nun $a = t_c$, $b = -1$ und $\delta = 0$, so transformiert sich eine stationäre Lösung

$$\psi_s(\mathbf{r}, t) = G(\mathbf{r}; \lambda)e^{i\lambda t} \tag{8.602}$$

vermöge (8.601) in

$$\psi(\mathbf{r}, t) = (t_c - t)^{-d/2}G\left(\frac{\mathbf{r}}{t_c - t}; \lambda \right) \exp\left[-\frac{i(|\mathbf{r}|^2 - 4\lambda)}{4(t_c - t)} \right], \tag{8.603}$$

die eine Singularität nach einer endlichen Verlaufszeit t_c aufweist. Eine solche Lösung nennen wir kollabierende Lösung.

Den Hinweis auf einen Kollaps kann man bereits (grob) aus den folgenden qualitativen Argumenten bekommen. Aufgrund der Plasmonenerhaltung

$$N = \int |\psi|^2 d\Gamma = const \tag{8.604}$$

wird eine Lösung wie $\psi \sim L^{-d/2}$ skalieren, wobei L eine typische Breitenskala ist. Der nichtlineare Term $|\psi|^p\psi$ skaliert daher wie $L^{-d(p+1)/2}$, während der dispersive Term $\nabla^2\psi \sim L^{-(d/2)-2}$ ist. Wenn $pd \geq 4$ gilt, kann ein Aufsteilen aufgrund der Nichtlinearität nicht mehr durch den dispersiven Beitrag aufgehalten werden.

Zakharov hat dieses Phänomen als erster mathematisch sauber erklärt. Das folgende Virialtheorem lässt sich herleiten. Wir definieren

$$I := N\left\langle |\mathbf{r} - \langle\mathbf{r}\rangle|^2 \right\rangle, \tag{8.605}$$

wobei der Mittelwert $\langle\ldots\rangle$, z. B.

$$\langle \mathbf{r} \rangle = N^{-1} \int \mathbf{r}\, |\psi|^2 d\Gamma, \tag{8.606}$$

mit $|\psi|^2$ als Gewichtsfunktion bestimmt wird. Die erste Zeitableitung

$$i = \frac{d}{dt} \int |\psi|^2 [\mathbf{r}^2 - \langle \mathbf{r} \rangle^2] d\Gamma \tag{8.607}$$

führt über (8.585)–(8.587) zu

$$i = -\int (\nabla \cdot \mathbf{J})[|\mathbf{r}|^2 - \langle \mathbf{r} \rangle^2] d\Gamma - 2N\langle \mathbf{r} \rangle \cdot \langle \dot{\mathbf{r}} \rangle \, . \tag{8.608}$$

Wenn wir

$$\langle \dot{\mathbf{r}} \rangle = -N^{-1} \int \mathbf{r}(\nabla \cdot \mathbf{J})d\Gamma = N^{-1} \int \mathbf{J}\, d\Gamma$$
$$= -2N^{-1}\mathbf{P} \tag{8.609}$$

nach partieller Integration und wegen (8.592)–(8.594) beachten, folgt

$$i = -\int (\nabla \cdot \mathbf{J})|\mathbf{r}|^2 d\Gamma + 4\mathbf{P} \cdot \langle \mathbf{r} \rangle. \tag{8.610}$$

Die zweite Zeitableitung berechnet sich mit ähnlichen Argumenten zu

$$\ddot{I} = -2 \int [\nabla \cdot (\nabla \cdot \underline{\underline{W}})]|\mathbf{r}|^2 d\Gamma - 8N^{-1}|\mathbf{P}|^2. \tag{8.611}$$

Den ersten Term auf der rechten Seite können wir wieder partiell integrieren,

$$\ddot{I} = -4 \int \underline{\underline{1}} : \underline{\underline{W}}\, d\Gamma - 8N^{-1}|\mathbf{P}|^2, \tag{8.612}$$

und es bleibt, den „Druckterm" $\underline{\underline{W}}$ so umzuformen, dass (8.612) traktabel wird. Über $\mathcal{L}$ enthält $\underline{\underline{W}}$ nämlich noch die Zeitableitungen ψ_t und ψ_t^*, die wir mittels der NLS Gleichung erst einmal eliminieren.

Eine kurze Rechnung liefert

$$\underline{\underline{W}} = -2(\nabla\psi)(\nabla\psi^*) + \underline{\underline{1}} \left\{ \frac{p}{p+2}|\psi|^{p+2} + \nabla \cdot [\mathrm{Re}(\psi\nabla\psi^*)] \right\}. \tag{8.613}$$

Setzen wir dies in (8.612) ein, so folgt

$$\ddot{I} = 4 \left\{ 2\int |\nabla\psi|^2 d\Gamma - \frac{pd}{p+2} \int |\psi|^{p+2} d\Gamma - 2N^{-1}|\mathbf{P}|^2 \right\}. \tag{8.614}$$

Nutzen wir jetzt (8.590) aus, so lässt sich (8.614) in

$$\ddot{I} = 4 \left\{ 2H - 2N^{-1}|\mathbf{P}|^2 + \frac{4 - pd}{p + 2} \int |\psi|^{p+2} d\Gamma \right\} \tag{8.615}$$

umformen.

Die beiden ersten Terme auf der rechten Seite sind Konstanten der Bewegung, während der letzte zeitabhängig ist.

Da

$$N^{-1}|\mathbf{P}|^2 \geq 0 \tag{8.616}$$

ist, können wir

$$\ddot{I} \leq 8H + 4\frac{4 - pd}{p + 2} \int |\psi|^{p+2} d\Gamma \tag{8.617}$$

abschätzen. Anstatt mit der Ungleichung (8.617), werden wir direkt mit (8.615) operieren, wobei wir die Abkürzungen

$$H_0 := H - N^{-1}|\mathbf{P}|^2, \tag{8.618}$$

$$A = 4\frac{4 - pd}{p + 2} \int |\psi|^{p+2} d\Gamma \tag{8.619}$$

einführen. Zweimalige Zeitintegration führt zu

$$I = 4H_0 t^2 + Bt + C + \int_0^t dt' \int_0^{t'} A(t'')dt'' \tag{8.620}$$

mit

$$B = \dot{I}(t = 0) = 4 \operatorname{Im} \int \mathbf{r} \cdot (\psi_0^* \nabla \psi_0) d\Gamma \,, \tag{8.621}$$

$$C = I(t = 0) = \int |\mathbf{r}|^2 |\psi_0|^2 d\Gamma. \tag{8.622}$$

Hierbei haben wir der Einfachheit halber $\langle \mathbf{r} \rangle (t = 0) = 0$ gesetzt und mit $\psi_0 = \psi(\mathbf{r}, t = 0)$ den Anfangswert von ψ bezeichnet. Es ist wichtig, in Erinnerung zu behalten, dass H_0 eine Konstante der Bewegung ist und deshalb auch mit ψ_0 berechnet werden kann. Eine letzte Bemerkung betrifft (8.616) und (8.618). Da $H_0 \leq H$ ist, können wir von (8.620) zu einer Ungleichung $I \leq 4Ht^2 + \dots$ übergehen und die folgenden hinreichenden Kriterien für einen Kollaps auch mit $H\{\psi_0\}$ formulieren.

Wenn $H_0 < 0$ und $A \leq 0$ sind, besagt (8.620), dass die mittlere Breite der Lösung schrumpft. Wegen $N = const$ muss dann die Amplitude von ψ mit der Zeit anwachsen. Es ist anschaulich klar, dass wir ein solches Lösungsverhalten mit kollabierend beschreiben können.

Die Ergebnisse einer genaueren Analyse von (8.620) können wir wie folgt zusammenfassen: Wenn $A \leq 0$, also $pd \geq 4$, ist und *eine* der Bedingungen

$$H_0 < 0, \tag{8.623}$$

$$H_0 = 0 \quad \text{und} \quad B < 0, \tag{8.624}$$

$$H_0 > 0 \quad \text{und} \quad B \leq -4(H_0 C)^{1/2} \tag{8.625}$$

erfüllt ist, wird sich in endlicher Verlaufszeit eine Singularität ausbilden.

Wir zeigen jetzt, dass für $pd \geq 4$ bereits für die solitären Wellenlösungen (8.602) $H_0 \leq 0$ gilt.

Zunächst verschwindet dafür der mittlere Impuls $\mathbf{P}$,

$$\mathbf{P} = 0 \, , \tag{8.626}$$

und es gilt $H = H_0$. Als Nächstes multiplizieren wir beide Seiten der Gleichung

$$-\lambda G + \nabla^2 G + G^{p+1} = 0 \tag{8.627}$$

für die solitären Wellen $G = G(\mathbf{r})$ mit G und integrieren über den (d-dimensionalen) Raum;

$$\int (\nabla G)^2 d\Gamma = \int G^{p+2} d\Gamma - \lambda \int G^2 d\Gamma \tag{8.628}$$

ist die Folge. Schauen wir uns das Funktional

$$S\{G\} = -\left[H\{G\} + \lambda N\{G\}\right] \, , \tag{8.629}$$

das in der ersten Variation $\delta S = 0$ genau (8.627) liefert, einmal für Testfunktionen $G_\alpha(\mathbf{r}) = G(\mathbf{r}/\alpha)$ mit einem reellen Parameter α an.

Es gilt

$$-S\{G_\alpha\} = \alpha^{d-2} T\{G\} + \alpha^d [\lambda N\{G\} - I_0\{G\}] \tag{8.630}$$

mit

$$T\{\phi\} = \int (\nabla \phi)^2 d\Gamma, \tag{8.631}$$

$$I_0\{\phi\} = \frac{2}{p+2} \int \phi^{p+2} d\Gamma. \tag{8.632}$$

Da G eine Lösung von $\delta S\{G\} = 0$ ist, muss

$$-\frac{d}{d\alpha} S\{G_\alpha\} \bigg|_{\alpha=1} = (d-2) T\{G\} + d[\lambda N\{G\} - I_0\{G\}] = 0 \tag{8.633}$$

gelten. Zusammen mit (8.628), d. h.

$$T\{G\} = \frac{p+2}{2} I_0\{G\} - \lambda N\{G\},$$ (8.634)

haben wir somit zwei Gleichungen für T, N und I_0, die es uns erlauben,

$$H\{G\} = T\{G\} - I_0\{G\}$$ (8.635)

allein durch N auszudrücken:

$$H = \frac{4 - pd}{pd - 2(p + 2)} \lambda N.$$ (8.636)

Bei der Zwischenrechnung haben wir für lokalisierte Lösungen $\lambda > 0$ und demgemäß $p(d - 2) < 4$ vorausgesetzt.

Man erkennt also für $d = 1$ und $p > 4$ einen Kollaps. Für $d = 2$ und $p = 2$ kollabieren Zustände mit $\psi \approx G$, für die $H < 0$ wird [beachte: in diesem Fall ist $H\{G\} - 0$]. Für $p - 2$ und $d - 3$ haben verschiedene numerische Rechnungen den Kollaps verifiziert.

Der Kollaps ist aus physikalischer Sicht deshalb besonders wichtig, weil er einen neuartigen (nichtlinearen) Dissipationsmechanismus darstellt. Das Szenario ist das folgende: Die schwache Turbulenztheorie sagt eine „Bose-Kondensation" der Langmuir-Wellenenergie bei $k \approx 0$ voraus. In diesem langwelligen Bereich ist die Landau-Dämpfung vernachlässigbar; es bilden sich jedoch aufgrund der Modulationsinstabilität lokalisierte Strukturen aus, die kollabieren. Wenn die Breite der Strukturen in die Größenordnung der Elektronen-Debye-Länge kommt, kann eine effektive Dämpfung über Teilchen-Welle-Wechselwirkung einsetzen und zu signifikanten Verlusten führen.

Kollektive Koordinaten
Abschließend präsentieren wir noch ein approximatives, aber sehr mächtiges Verfahren zur Bestimmung der kritischen Exponenten im Kollapsfall. Es wird manchmal als „Methode der kollektiven Koordinaten" bezeichnet. Setzt man die Testfunktion

$$\psi(\mathbf{r}, t) \equiv A(t) f[B(t)\mathbf{r}] e^{-i[\phi_0(t) + |\mathbf{r}|^2 \phi_2(t)]}$$ (8.637)

in die Lagrange-Dichte (8.575) ein, so erhält man nach Integration über den Ortsraum

$$L = \int \mathcal{L} d\Gamma = \alpha \frac{A^2}{B^d}\dot{\phi}_0 + \beta \frac{A^2}{B^{d+2}}\dot{\phi}_2 - \gamma \frac{A^2}{B^{d-2}}$$
$$- 4\beta \frac{A^2}{B^{d+2}}\phi_2^2 + \frac{2\delta}{p+2}\frac{A^{p+2}}{B^d}, \tag{8.638}$$

$$\alpha = \int d\Gamma\, [f(\mathbf{r})]^2, \qquad \beta = \int d\Gamma\, |\mathbf{r}|^2 [f(\mathbf{r})]^2, \tag{8.639}$$

$$\gamma = \int d\Gamma [\nabla f(\mathbf{r})]^2, \qquad \delta = \int d\Gamma\, [f(\mathbf{r})]^{p+2}. \tag{8.640}$$

Die Funktion f muss ein Element aus dem Sobolev-Raum $W^{1,2}$ sein, in dem die Norm

$$\| f \|_{W^{1,2}} \equiv \left[\int |f|^2 d\Gamma + \int |\nabla f|^2 d\Gamma \right]^{1/2} < \infty \tag{8.641}$$

eingeführt ist.

Die Existenz eines Kollapses sollte sich in $A(t) \to \infty$, $B(t) \to \infty$ für $t \to t_c$ äußern. Die Größen A, B, ϕ_0, ϕ_2 nennen wir kollektive Koordinaten, von denen man annimmt, dass sie über (8.637) die relevanten Freiheitsgrade des unendlichdimensionalen Systems (8.573) richtig beschreiben.

Das (qualitative) Ergebnis darf nicht wesentlich von der Form von f abhängen; man setzt zum Beispiel für $f(\mathbf{r})$ eine Gauß-Funktion $\sim \exp(-|\mathbf{r}|^2)$ an. Die Lagrange-Funktion $L(A, B, \phi_0, \phi_2, \dot{A}, \dot{B}, ...)$ ist eine Funktion der verallgemeinerten Koordinaten und Impulse. Die Lagrange-Gleichungen lauten dafür

$$\dot{C} = 0, \tag{8.642}$$

$$\alpha \dot{\phi}_0 = 2\gamma D^{-1} - \frac{\delta[p(d+2)+4]}{2(p+2)} C^{\frac{p}{2}} D^{-\frac{pd}{4}}, \tag{8.643}$$

$$\dot{D} = -8D\phi_2, \tag{8.644}$$

$$\beta \dot{\phi}_2 = 4\beta \phi_2^2 - \gamma D^{-2} + \frac{\delta pd}{2(p+2)} C^{\frac{p}{2}} D^{-\frac{pd+4}{4}}, \tag{8.645}$$

wobei wir $C = A^2 B^{-d}$ und $D = B^{-2}$ eingeführt haben. Die beiden Integrale

$$C \equiv C_0 (= const) \tag{8.646}$$

und

$$E \equiv 4\beta D\phi_2^2 + \gamma D^{-1} - \frac{2\delta}{p+2} C_0^{\frac{p}{2}} D^{-\frac{pd}{4}} (= const) \tag{8.647}$$

spiegeln die Plasmonen- und Energieerhaltung wider. Eine Analyse der Gl. (8.642)–(8.645) liefert zunächst das erwartete Ergebnis, dass für $pd < 4$ kein Kollaps erfolgt. Um das zu zeigen, lösen wir (8.644) nach ϕ_2 auf und setzen anschließend dieses ϕ_2 in (8.647) ein. Wir erhalten

$$\frac{\beta}{16}\dot{D}^2 = ED - \gamma + \frac{2\delta C_0^{\frac{p}{2}}}{p+2} D^{-\frac{pd-4}{4}}. \tag{8.648}$$

Da $\beta > 0$ und $\gamma > 0$ sind [siehe (8.639) und (8.640)], würde nun im Fall $pd < 4$ die Kollapsbedingung $D \to 0$ [beachte $B(t) \to \infty$ und $D = B^{-2}$] für $t \to t_c$ den Widerspruch $\dot{D}^2 < 0$ für $t \le t_c$ zur Folge haben.

Eine weitere Analyse der Gl. (8.642)–(8.645) führt nach einiger Rechnung zu den leicht verifizierbaren Zeitabhängigkeiten für die kollektiven Koordinaten C, ϕ_0, D, ϕ_2 bzw. A, B, ϕ_0, ϕ_2. Im kritischen Fall $pd = 4$ gibt es zwei unterschiedliche Verhaltensweisen, je nach Anfangsbedingungen. Entweder ist

$$A(t) = \frac{C_0^{\frac{1}{2}}\tilde{E}}{4}(t_c - t)^{-\frac{d}{2}} \quad , \quad B(t) = \frac{\tilde{E}}{4}(t_c - t)^{-1}, \tag{8.649}$$

$$\phi_0(t) = \mu_1(t_c - t)^{-1} \quad , \quad \phi_2(t) = \frac{1}{4}(t_c - t)^{-1} \tag{8.650}$$

bei wohldefinierten Konstanten $\tilde{E}$, μ_1 und t_c oder

$$A(t) \sim (t_c - t)^{-\frac{d}{4}} \quad , \quad B(t) \sim (t_c - t)^{-\frac{1}{2}}, \tag{8.651}$$

$$\phi_0(t) \sim \ln(t_c - t) \quad , \quad \phi_2(t) \sim (t_c - t)^{-1} \tag{8.652}$$

für $t \to t_c$. Im überkritischen Fall $pd > 4$ ist die Voraussage für $t \to t_c$ eindeutig,

$$A(t) \sim (t_c - t)^{-\frac{2d}{pd+4}} \quad , \quad B(t) \sim (t_c - t)^{-\frac{4}{pd+4}}, \tag{8.653}$$

$$\phi_0(t) \sim (t_c - t)^{-\frac{p(2d-1)-4}{p+4}} \quad , \quad \phi_2(t) \sim (t_c - t)^{-1}. \tag{8.654}$$

Am einfachsten verifiziert man durch Einsetzen. Es wurden große numerische Simulationsprogramme an verschiedenen Instituten entwickelt, die eine Antwort auf die Frage liefern sollen, wie effektiv der Kollaps als Dissipationsmechanismus ist. Wir haben ja bereits diskutiert, dass nicht alle Anfangszustände – selbst im überkritischen Fall – kollabieren, was sich auch in der Numerik zeigt. Es sollte betont werden, dass für die kritischen Exponenten noch keine endgültigen und allgemein akzeptierten Werte vorliegen.

Kollaps in KdV-Systemen

Während der Kollaps in NLS-Systemen bereits vor langer Zeit untersucht wurde, hat eine entsprechende Diskussion für niederfrequente Moden, beschrieben durch eine KdV-artige

Gleichung, erst später ein breiteres Interesse gefunden. Wir legen als Modellgleichung

$$\boxed{q_t + q^p q_x + (\nabla^2 q)_x = 0}$$

(8.655)

zugrunde [$\nabla^2 = \partial_x^2 + \nabla_\perp^2$, wobei $\nabla_\perp^2 = 0$, ∂_y^2 oder $\partial_y^2 + \partial_z^2$ für $d = 1, 2$ oder 3 ist]. Für (8.655) existiert *keine* hierarchische Struktur von Erhaltungsgrößen der Gestalt

$$\partial_t \mathcal{N} + \nabla \cdot \mathbf{J} = 0,$$

(8.656)

$$-\frac{1}{2}\partial_t \mathbf{J} + \nabla \cdot \underline{\underline{\mathcal{W}}} = 0 .$$

(8.657)

Dies mag erklären, warum lange Zeit nichts über das dynamische Verhalten von (8.655) bekannt war. Die Struktur (8.656) und (8.657) war ganz wesentlich bei der Herleitung eines Virialtheorems für NLS-Systeme. Trotzdem deutet ein (grobes) Skalierungsargument auch für (8.655) bei $pd \geq 4$ auf einen Kollaps hin.

Die Erhaltungsgröße

$$N_0^2 = \int q^2 d\Gamma$$

(8.658)

bestimmt die Skalierung $q \sim L^{-d/2}$ [beachte $d\Gamma = d^d r$]. Vergleichen wir nun den dispersiven Term ($\sim L^{-3} q$) mit dem nichtlinearen Term ($\sim L^{-1-pd/2} q$), so erkennen wir wiederum, dass ein Aufsteilen für $pd \geq 4$ durch die Dispersion nicht aufgehalten werden kann.

Ein ähnliches – aber mathematisch fundierteres – Ergebnis liefert eine Stabilitätsanalyse für solitäre Wellen. Wir beschränken uns in diesem Abschnitt auf (8.655), obgleich auch andere Verallgemeinerungen der KdV-Gleichung denkbar sind. Die hier diskutierten Methoden lassen sich überwiegend auch auf andere Modelle anwenden.

Neben N_0^2 ist noch die Energie

$$H = -\int \left[\frac{1}{(p+1)(p+2)} q^{p+2} - \frac{1}{2}q_x^2 - \frac{1}{2}q_y^2 - \frac{1}{2}q_z^2 \right] d\Gamma$$

(8.659)

eine Invariante, wobei die Terme q_y^2 bzw. q_z^2 nur bei entsprechend hoher Dimensionszahl in H auftauchen. Nebenbei sei bemerkt, dass (8.655) die hamiltonsche Struktur

$$\frac{\partial q}{\partial t} = \frac{\partial}{\partial x} \frac{\delta H}{\delta q}$$

(8.660)

besitzt.

Wir beginnen unsere Diskussion mit dem Beweis, dass für $pd < 4$ *kein* Kollaps auftritt. Dabei fordern wir für einen Kollaps

$$\int d\Gamma (\nabla q)^2 \to \infty \tag{8.661}$$

für $t \to t_c$. Da die Gesamtenergie (8.659) eine (endliche) Erhaltungsgröße ist, folgt im Kollapsfall auch die Divergenz des Integrals

$$I_{p+2} = \int d\Gamma q^{p+2}. \tag{8.662}$$

Im eindimensionalen Fall ($d = 1$) benutzen wir anstelle von (8.661) das Maß

$$N_1^2 = \int d\Gamma (q_x)^2. \tag{8.663}$$

Wenn es uns gelingt, eine endliche obere Grenze von N_1^2 anzugeben, die nur von Konstanten der Bewegung abhängt, ist der Kollaps ausgeschlossen. Im eindimensionalen Fall schreiben wir (8.659) als

$$H = -\frac{1}{(p+1)(p+2)} I_{p+2} + \frac{1}{2} N_1^2. \tag{8.664}$$

Zur weiteren Abschätzung sind Beziehungen zwischen I_{p+2}, N_0^2 und N_1^2 sinnvoll. Die schwarzsche Ungleichung liefert

$$I_3 \le N_0 I_4^{1/2}; \tag{8.665}$$

I_4 können wir durch

$$I_4 \le \max_x (q^2) N_0^2 \le 2 \int_{-\infty}^{+\infty} |q q_x| dx \, N_0^2 \le 2 N_0^3 N_1 \tag{8.666}$$

abschätzen. Das reicht bereits für $p = 2$ aus. Ausgehend von den beiden letzten Relationen können wir sukzessive nach dem gleichen Verfahren fortfahren und

$$I_{p+2} \le 2 N_0 N_1 I_p \tag{8.667}$$

abschätzen, was beispielsweise

$$I_5 \le 2\sqrt{2} N_0^{7/2} N_1^{3/2}, \tag{8.668}$$

$$I_6 \le 4 N_0^4 N_1^2 \tag{8.669}$$

bedeutet. Setzen wir (8.665) und (8.667) in (8.664) ein, so folgt für $p = 1$

$$\boxed{H \ge -\frac{1}{6}\sqrt{2} N_0^{5/2} N_1^{1/2} + \frac{1}{2} N_1^2 \equiv f_1(N_1)}. \tag{8.670}$$

Da H und N_0 (durch die Anfangsbedingungen festgelegte) Konstanten sind, kann N_1 nicht unbeschränkt wachsen.

Beispiel 8.21 (Abschätzungen bei $d = 1$ für $p = 2, 3, 4$ und 5)
Für $p = 2$ folgt eine ähnliche Abschätzung,

$$H \geq f_2(N_1) \equiv -\frac{1}{6}N_0^{3/2}N_1^{1/2} + \frac{1}{2}N_1 \,, \tag{8.671}$$

während $p = 3$

$$H \geq f_3(N_1) \equiv -\frac{1}{10}\sqrt{2}N_0^{7/4}N_1^{3/4} + \frac{1}{2}N_1 \tag{8.672}$$

liefert. Anders sieht es bereits für $p = 4$ aus. In

$$H \geq f_4(N_1) \equiv N_1^2\left[\frac{1}{2} - \frac{2}{15}N_0^4\right] \tag{8.673}$$

können wir nicht $N_0^4 < \frac{15}{4}$ annehmen, da bereits für die Solitonenlösungen

$$q = (15v)^{1/4}\mathrm{sech}^{1/2}(2v^{1/2}x) \tag{8.674}$$

$$N_0^2 = \frac{1}{2}\sqrt{15}\int_{-\infty}^{+\infty}\mathrm{sech}\, z\, dz = \frac{1}{2}\pi\sqrt{15} > \frac{1}{2}\sqrt{15} \tag{8.675}$$

ist. Für $d = 1$ und $p = 4$ ist somit ein Kollaps nicht mehr auszuschließen; weitere Abschätzungen, z. B.

$$H \geq f_5(N_1) \equiv -\frac{2}{21}\sqrt{2}N_0^{11/2}N_1^{5/2} + \frac{1}{2}N_1^2 \tag{8.676}$$

für $p = 5$, zeigen, dass das auch für größere p-Werte nicht mehr möglich ist. ∎

Beispiel 8.22 (Abschätzungen bei $d = 2$ oder 3)
Für die Argumentation bei $d = 2$ und $d = 3$ benötigen wir die Abschätzungen

$$\begin{aligned}
I_4 &\leq \left[\int dy \max_x(q^2)\right]\left[\int dx \max_y(q^2)\right] \\
&\leq 4\left[\int dxdy|qq_x|\right]\left[\int dxdy|qq_y|\right] \\
&\leq 4N_0^2 N_1 N_2 \leq 2N_0^2\left(N_1^2 + N_2^2\right)
\end{aligned} \tag{8.677}$$

für $d = 2$, bzw.

$$I_4 \leq 4 \int dz \left\{ \left[\int dxdy\, q^2 \right] \left[\int dxdy |q_x|^2 \right]^{1/2} \left[\int dxdy |q_y|^2 \right]^{1/2} \right\}$$

$$\leq 4 \left[\max_z \int dxdy\, q^2 \right] \int dz \left\{ \left[\int dxdy |q_x|^2 \right] \left[\int dxdy |q_y|^2 \right] \right\}$$

$$\leq 8 N_0 N_3 N_2 N_1 \leq \frac{8}{\sqrt{6}} N_0 (N_1^2 + N_2^2 + N_3^2)^{3/2} \tag{8.678}$$

für $d = 3$. ∎

Mit diesen Ergebnissen ist es leicht, für $p = 1$ und $d = 2$

$$H \geq g_1(X = N_1^2 + N_2^2) \equiv \frac{1}{2} X - \frac{1}{6} \sqrt{2} N_0^2 X^{1/2} \tag{8.679}$$

abzuschätzen, während bereits bei $p = 2$ und $d = 2$

$$H \geq g_2(X) \equiv \frac{1}{2} X - \frac{1}{3} N_0^2 X \tag{8.680}$$

folgt. Dabei haben wir N_2^2 analog zu (8.663) für die y-Ableitung definiert. Mit (8.679) können wir einen Kollaps ausschließen, während solch ein Schluss für $d = 2$ und $p \geq 2$ nicht mehr möglich ist.

Entsprechende Rechnungen für $d = 3$ und $p = 1$,

$$H \geq h_1(Y \equiv N_1^2 + N_2^2 + N_3^2)$$

$$\equiv \frac{1}{2} Y - \frac{\sqrt{2}}{3 \times 6^{1/4}} N_0^{3/2} Y^{3/4}, \tag{8.681}$$

bzw. für $d = 3$ und $p = 2$,

$$H \geq h_2(Y) \equiv \frac{1}{2} Y - \frac{4}{3\sqrt{6}} Y^{3/2}, \tag{8.682}$$

beweisen unsere Behauptung, dass für $pd < 4$ kein Kollaps möglich ist.

Kollektive Koordinaten
Um die Möglichkeit eines Kollapses für $pd > 4$ aufzuzeigen, benutzen wir die im letzten Abschnitt diskutierte Methode der kollektiven Koordinaten. Mit

$$q \equiv \phi_x \tag{8.683}$$

lautet für $d = 1$ (und nur diese Dimension untersuchen wir im folgenden Demonstrationsbeispiel) die Lagrange-Dichte

$$\boxed{\mathcal{L} = \phi_t \phi_x - \phi_{xx}^2 + \frac{2}{(p+1)(p+2)} \phi_x^{p+2}} . \tag{8.684}$$

Setzen wir die Testfunktionen

$$q(x,t) = A(t)B(t)g\{B(t)[x - C(t)]\}$$
$$+ D(t)B(t)u\{B(t)[x - C(t)]\} \tag{8.685}$$

mit einem geraden (g) und einem ungeraden (u) Anteil in die Lagrange-Dichte ein und integrieren über den Ort (beachte: d = 1),

$$L = \int \mathcal{L} dx, \tag{8.686}$$

so gewinnen wir eine Lagrange-Funktion mit den „Koordinaten" A, B, C, D und den „Geschwindigkeiten" $\dot{A}$, $\dot{B}$, $\dot{C}$, $\dot{D}$. Die Funktionen g und u sollen lokalisiert sein; die Annahme gleicher Breite B^{-1} ist nicht notwendig, aber wie sich zeigen wird, völlig ausreichend. Eine kurze Rechnung liefert

$$\boxed{\begin{aligned} L = & a_1 A D \frac{\dot{B}}{B} - a_2 A^2 B \dot{C} - a_3 D^2 B \dot{C} \\ & + a_4(\dot{A}D - A\dot{D}) - B^2(a_5 A^2 B + a_6 D^2 B) \\ & + B^{p/2} \sum_{n=0}^{N} a_{7+n} (A^2 B)^{(p+2)/2-n} (D^2 B)^n . \end{aligned}} \tag{8.687}$$

Hierbei ist

$$N = \begin{cases} \frac{1}{2}(p+2) & \text{für gerade } p, \\ \frac{1}{2}(p+1) & \text{für ungerade } p \end{cases} \tag{8.688}$$

und

$$a_1 = 2 \int_{-\infty}^{\infty} y u(y) g(y) dy, \quad a_2 = \int_{-\infty}^{+\infty} g^2(y) dy , \tag{8.689}$$

$$a_3 = \int_{-\infty}^{+\infty} u^2(y) dy, \quad a_4 = -\int_{-\infty}^{\infty} g(y) \int_{-\infty}^{y} u(y') dy' dy, \tag{8.690}$$

$$a_5 = \int_{-\infty}^{\infty} \left(\frac{dg}{dy}\right)^2 dy, \quad a_6 = \int_{-\infty}^{\infty} \left(\frac{du}{dy}\right)^2 dy, \tag{8.691}$$

$$a_{7+n} = \frac{2}{(p+1)(p+2)} \binom{p+2}{2n} \int_{-\infty}^{+\infty} g^{p+2-2n}(y) u^{2n}(y) dy. \tag{8.692}$$

Führen wir die neuen Variablen

$$X = A^2 B, \tag{8.693}$$

$$K = D^2 B + \frac{a_2}{a_3} X \tag{8.694}$$

ein, so folgt die Lagrange-Funktion

$$L = L_0 \frac{\dot{K}}{B} + L_1(X, K) \frac{\dot{X}}{B} - a_3 K \dot{C}$$
$$- B^2 L_2(X, K) + B^{p/2} L_3(X, K), \tag{8.695}$$

wobei

$$L_0 = \frac{1}{2} \sigma (a_1 - a_4) X [X(K - \alpha X)]^{-1/2}, \tag{8.696}$$

$$L_1 = \frac{1}{2} \sigma [(a_1 + a_4) K - 2\alpha a_1 X][X(K - \alpha X)]^{-1/2}, \tag{8.697}$$

$$L_2 = (a_5 - \alpha a_6) X + \alpha_6 K , \tag{8.698}$$

$$L_3 = \sum_{n=0}^{N} a_{7+n} X^{p/2+1-n} (K - \alpha X)^n \tag{8.699}$$

definiert wurde; σ ist eine Abkürzung für das Vorzeichen der Quadratwurzel in L_1, und $\alpha = a_2/a_3$.

Die Variationen von L bezüglich C, K, X und B liefern die Euler-Lagrange-Gleichungen

$$\boxed{\dot{K} = 0,} \tag{8.700}$$

$$\boxed{\begin{aligned} a_3 \dot{C} = {}&\left(\frac{\partial L_1(X, K)}{\partial K} - \frac{\partial L_0}{\partial X} \right) \frac{\dot{X}}{B} - B^2 \frac{\partial L_2(X, K)}{\partial K} \\ &+ B^{p/2} \frac{\partial L_3(X, K)}{\partial K} + L_0 \frac{\dot{B}}{B^2}, \end{aligned}} \tag{8.701}$$

$$\boxed{\frac{L_1 \dot{B}}{B^2} = B^2 \frac{\partial L_2(X, K)}{\partial X} - B^{p/2} \frac{\partial L_3(X, K)}{\partial X},} \tag{8.702}$$

$$\boxed{L_1 \frac{\dot{X}}{B^2} = -2B L_2 + \frac{1}{2} p B^{p/2-1} L_3.} \tag{8.703}$$

$K = const$ reflektiert die Konstanz von N_0. Es gilt nämlich

$$N_0^2 = \int_{-\infty}^{+\infty} q^2 dx = a_3 D^2 B + a_2 A^2 B = a_3 K. \tag{8.704}$$

Wenn wir darüber hinaus beide Seiten von (8.702) mit $\dot{X}$ und beide Seiten von (8.703) mit $\dot{B}$ multiplizieren und anschließend subtrahieren, erhalten wir

$$B^2 L_2(X, K) - B^{p/2} L_3(X, K) = const \tag{8.705}$$

$$= \frac{1}{2} \int_{-\infty}^{+\infty} dx \left[q_x^2 - \frac{2}{(p+1)(p+2)} q^{p+2} \right] \equiv H. \tag{8.706}$$

Dieses Ergebnis, d.h. die Energieerhaltung, zeigt die Brauchbarkeit unseres Ansatzes (8.685).

Beispiel 8.23 (Lösung der Euler-Lagrange-Gleichungen für $d = 1$ und $p = 4$)
Es ist nicht schwierig, die Gl. (8.701)–(8.703) numerisch zu lösen. Die numerische Lösung zeigt auch tatsächlich den Kollaps ($B \to \infty$ für $t \to t_c$) für $p \geq 4$. Im Folgenden versuchen wir, diese Aussage analytisch zu begründen. Beginnen wir mit $p = 4$ und einer Anfangsverteilung mit $H = 0$. Dann folgt aus (8.705)

$$L_2(X, K) = L_3(X, K); \tag{8.707}$$

diese Gleichung denken wir uns nach X aufgelöst,

$$X = X_0(K) = const. \tag{8.708}$$

Eingesetzt in (8.702) liefert diese Lösung

$$B(t) = \left[\frac{L_1(X_0, K)}{3 \partial P(X, K)/\partial X|_{X_0}} \right]^{1/3} (t_c - t)^{-1/3} \tag{8.709}$$

mit

$$P(X, K) = L_2(X, K) - L_3(X, K). \tag{8.710}$$

Die Breite B^{-1} nimmt also (kollabierend) ab und die Amplituden

$$AB = X_0^{1/2} B^{1/2} \sim (t_c - t)^{-1/6}, \tag{8.711}$$

$$DB = (K - \alpha X_0)^{1/2} B^{1/2} \sim (t_c - t)^{-1/6} \tag{8.712}$$

wachsen gegen unendlich.   ∎

Der Fall $p = 4$ und $H \neq 0$ kann ähnlich behandelt werden (allerdings ist der algebraische Aufwand größer); wir erhalten dann ebenfalls

$$B(t) \sim (t_c - t)^{-1/3}. \tag{8.713}$$

Beispiel 8.24 (Lösung der Euler-Lagrange-Gleichungen für $d = 1$ und $p > 4$)
Für $p > 4$ zeigen wir, dass konsistente und für $t \to t_c$ singuläre Lösungen existieren. Unter der Annahme $B \to \infty$ für $t \to t_c$ lehrt uns (8.705) $L_3(X, K) \to 0$ für $t \to t_c$ und $p > 4$. Die relevante Nullstelle von L_3 sei $X = X_0$. Für $t \to t_c$ schreiben wir dann

$$X(t) = X_0 + \beta(t_c - t)^{\gamma}. \tag{8.714}$$

Setzen wir dies in die Energieerhaltung (8.705) ein und bilanzieren die führenden divergierenden Terme, so folgt

$$B \sim (t_c - t)^{-2\gamma/(p-4)}. \tag{8.715}$$

Die Gl. (8.703) wird dann i. Allg. konsistent erfüllt sein, wenn

$$\gamma = \frac{p-4}{p+2} \tag{8.716}$$

ist. Das bedeutet

$$B \sim (t_c - t)^{-2/(p+2)} \tag{8.717}$$

für $t \to t_c$ und $p > 4$. Man beachte, dass auch die Geschwindigkeit

$$\dot{C} \sim (t_c - t)^{-p/(p+2)} \tag{8.718}$$

für $t \to t_c$ divergiert. Wegen des Erhaltungssatzes (8.705) ist die Gl. (8.702) automatisch erfüllt. ∎

Diese analytischen Überlegungen sind insofern noch nicht vollständig, als nur die führenden Divergenzen betrachtet werden. Sie sind jedoch ein guter Hinweis für numerische Lösungen der Gl. (8.655), die die angegebenen Potenzgesetze im Wesentlichen bestätigen. In Abb. 8.11 zeigen wir eine numerische Lösung für $d = 1$ und $p = 4$.

Die anfängliche Verteilung

$$q(x, t = 0) = (2,02 - 2,2x)e^{-x^2} \tag{8.719}$$

zeigt in dem mit $\dot{C}$ bewegten Koordinatensystem eine zeitliche und räumliche Entwicklung, die den analytischen Vorhersagen entspricht.

In der Endphase des Kollapses bricht – wie schon bei der NLS-Gleichung – das Modell zusammen. Dämpfungsterme, höhere Nichtlinearitäten und zusätzliche dispersive Terme spielen dann ebenfalls eine entscheidende Rolle. Es ist jedoch zweifelsfrei, dass der Kollaps für bestimmte niederfrequente Moden eine entscheidende Rolle als Dissipationsmechanismus und bei der Ausbildung von Schockfronten spielt. Dies ist vor dem Hintergrund des Kriteriums $pd \geq 4$ für den Kollaps zu sehen. Moden, die durch eine modifizierte KdV-Gleichung beschrieben werden, z.B. ionenakustische Wellen in magnetisierten Plasmen mit negativen Ionen und Alfvén-Wellen, die sich nahe eines kritischen Winkels ausbreiten, kollabieren in räumlich mehrdimensionalen Situationen.

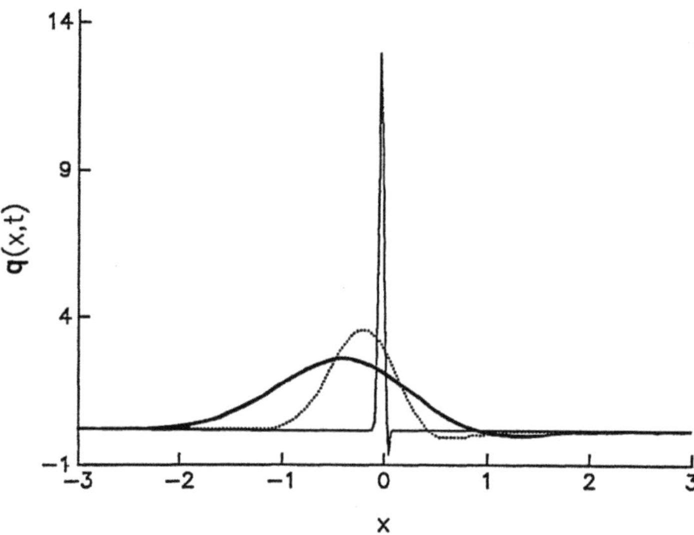

Abb. 8.11 Numerische Lösung der KdV-Gleichung $q_t + q^4 q_x + q_{xxx} = 0$ im mit $\dot{C}$ bewegten System. Die Ortsverteilungen sind zu den Zeiten $t = 0$ (dick), $t = 0,176$ (punktiert) und $t = 0,2$ (dünn) gezeigt

8.6 Chaos in Schrödinger-Systemen

Bislang haben wir dissipative und äußere treibende Terme in den Modellgleichungen für nichtlineare Wellen in Plasmen *nicht* berücksichtigt. Wir diskutieren jetzt ein einfaches Modell, bei dem derartige Terme auftreten. Wir untersuchen (eindimensionale) Langmuir-Wellen mit Stoßdämpfung, die unter dem Einfluss eines äußeren (homogenen) elektrischen Feldes $E_0 \exp(-i\omega_0 t) + c.c.$ stehen. Interessanterweise können räumlich kohärente Strukturen eine recht typische zeitliche Dynamik aufweisen.

Wir normieren so, dass wir alle Zeiten in ω_{pe}^{-1}, alle Orte in λ_{De}, Geschwindigkeiten in v_{te}, Dichten in $n_0 = const$ und elektrische Felder in $m_e \omega_{pe} v_{te}/e$ messen. Dann lauten die Teilchen- und Impulsbilanzen für Elektronen (die normierten Größen tragen keine Indizes)

$$\partial_t n + \partial_x (nv) = 0, \tag{8.720}$$

$$\partial_t v + v \partial_x v = -E - E_0 e^{-i\omega_0 t} - \nu_e v - \partial_x n. \tag{8.721}$$

Das elektrische Feld berechnen wir (elektrostatisch) über

$$\partial_t E = nv, \tag{8.722}$$

wobei wegen der hohen Frequenzen ($\omega \approx \omega_{pe}$) die Ionen als immobiler Hintergrund angenommen werden können. Die äußeren Einflüsse und die Dämpfung sollen klein sein, was wir durch den Kleinheitsparameter

$$\delta^2 = \frac{|\omega_{pe} - \omega_0|}{\omega_{pe}} \ll 1 \tag{8.723}$$

in der Form

$$E_0 \sim \delta^3 \quad , \quad \nu_e \sim \delta^2 \tag{8.724}$$

zum Ausdruck bringen. Wir verzichten auf eine ausführliche Skalierung, da sich mittlerweile das weitere Vorgehen schon recht deutlich abzeichnet. Zunächst differenzieren wir (8.722) nach der Zeit und setzen (8.720) und (8.721) ein. Dann spalten wir die schnelle Zeitabhängigkeit ab (beachte: $\omega_{pe}t \hat{=} t$ in dimensionslosen Zeiten),

$$E = \delta E^{(1)}(x, t)e^{-it}, \tag{8.725}$$

wobei die Amplitude $\delta E^{(1)}$ noch schwach vom Ort und der Zeit abhängen soll. Dies können wir formal durch die neuen Variablen $X = \delta x$ und $T = \delta^2 t$ berücksichtigen. Bis zur Ordnung δ^3 erhalten wir

$$i\partial_T E^{(1)} - \frac{\Delta n}{2\delta^2} E^{(1)} - \frac{E_0}{2\delta^3} e^{i\omega T} + i\frac{\nu_e}{2\delta^2} E^{(1)} + \frac{1}{2}\partial_X^2 E^{(1)} = 0, \tag{8.726}$$

wobei

$$\omega = \frac{\omega_{pe} - \omega_0}{\delta^2 \omega_{pe}} \sim \mathcal{O}(1) \tag{8.727}$$

gesetzt wurde. In einer adiabatischen Approximation bestimmen wir $\Delta n = n - 1$ zu

$$\Delta n = \delta^2 n^{(1)} \approx -\delta^2 |E^{(1)}|^2 \tag{8.728}$$

und führen die neuen Variablen

$$q = -\frac{i}{2}E^{(1)}, \quad \gamma = \frac{\nu_e}{2\delta^2}, \quad a = \frac{E_0}{4\delta^3}, \tag{8.729}$$

$$T \to t, \quad \sqrt{2}\,X \to x \tag{8.730}$$

ein. Aus (8.726) gewinnen wir so die Modellgleichung

$$iq_t + q_{xx} + 2|q|^2 q = -i\gamma q - iae^{i\omega t}. \tag{8.731}$$

Die explizite Zeitabhängigkeit lässt sich mit einer Transformation $q \to q \exp(i\omega t)$ heraustransformieren; die äquivalente Gleichung lautet nach dieser Umschrift

$$\boxed{iq_t + q_{xx} + 2|q|^2 q - \omega q = -i\gamma q - ia}. \tag{8.732}$$

Wir können o. B. d. A. bei numerischen Berechnungen $\omega = 1$ setzen, da $q = \omega^{1/2}Q$, $x = \omega^{-1/2}X$, $t = \omega^{-1}T$, $a = \omega^{3/2}A$ und $\gamma = \omega\Gamma$ auf

$$iQ_T + Q_{XX} + 2|Q|^2Q - Q = -iA - i\Gamma Q \tag{8.733}$$

führt. Vor diesem Hintergrund werden wir im Folgenden (8.732), zum Teil mit $\omega = 1$, benutzen.

Analytische Abschätzungen

Gegenüber der ungestörten (integrablen) NLS-Gleichung können wir nicht mehr annehmen, dass die Lösung q im Unendlichen verschwindet. Deshalb studieren wir zunächst die Randbedingungen, die aus $q_x \to 0$ für $x \to \pm\infty$ folgen.

Räumlich homogene Verteilung
Die im Ort konstante Lösung bezeichnen wir mit c. Sie wird durch

$$ic_t + 2|c|^2c - \omega c = -i\gamma c - ia \tag{8.734}$$

bestimmt. Mit $c = |c|\exp(i\phi)$ wird daraus

$$|c|_t = -a\cos(\phi) - \gamma|c|, \tag{8.735}$$

$$\phi_t = 2|c|^2 - \omega + \frac{a}{|c|}\sin(\phi), \tag{8.736}$$

und für stationäre Lösungen finden wir eine kubische Gleichung in $|c|^2$,

$$[(2|c|^2 - \omega)^2 + \gamma^2]|c|^2 = a^2 . \tag{8.737}$$

Je nachdem, ob die Diskriminante positiv oder negativ ist, besitzt diese Gleichung eine oder drei reelle Lösungen. Für kleine Werte von a gibt es nur die eine Lösung

$$c \approx i\frac{a}{\omega}, \tag{8.738}$$

die wir im Folgenden benutzen wollen. Eine Stabilitätsanalyse zeigt darüber hinaus, dass der Zweig (8.738) stabil ist.

Beispiel 8.25 (Ortsunabhängige Stabilitätsanalyse)

Linearisieren wir die Gl. (8.735) und (8.736) um die Lösung (8.738) [im Folgenden als $|c_0|\exp(i\phi_0)$ geschrieben] in der Form

$$|c| = |c_0| + d, \tag{8.739}$$

$$\phi = \phi_0 + \varphi, \tag{8.740}$$

so erhalten wir

$$d_t = \Gamma d = -\gamma d + (\omega|c_0| - 2|c_0|^3)\varphi, \tag{8.741}$$

$$\varphi_t = \Gamma\varphi = \left(6|c_0| - \frac{\omega}{|c_0|}\right) d - \gamma\varphi. \tag{8.742}$$

Die Eigenwerte des Stabilitätsproblems sind

$$\Gamma = -\gamma \pm \sqrt{-12|c_0|^4 + 8\omega|c_0|^2 - \omega^2}$$
$$= -\gamma \pm \sqrt{\gamma^2 - \frac{\partial a^2}{\partial|c_0|^2}}. \tag{8.743}$$

Da für (8.738) $\partial|a|^2/\partial|c_0|^2 > 0$ ist, folgt im Rahmen des Modells (8.734) Stabilität.   ■

Beispiel 8.26 (Ortsabhängige Stabilitätsanalyse)
Wir müssen aber auch die Stabilität von (8.738) gegenüber x-abhängigen Störungen untersuchen. Dazu linearisieren wir (8.732) in der Form

$$q(x,t) = c + \delta q(x,t) \tag{8.744}$$

und erhalten

$$i\delta q_t + \delta q_{xx} + 4|c|^2\delta q + 2c^2\delta q^* - \omega\delta q + i\gamma\delta q = 0. \tag{8.745}$$

Als Modulation setzen wir an:

$$\delta q(x,t) = q_1 e^{i(\Omega t - kx) + \Gamma t} + q_2^* e^{-i(\Omega t - kx) + \Gamma t}. \tag{8.746}$$

Damit ergibt sich

$$0 = \left[\left(i\Gamma - \Omega - k^2 + 4|c|^2 - \omega + i\gamma\right)q_1 + 2c^2 q_2\right] e^{i(\Omega t - kx) + \Gamma t}$$
$$+ \left[\left(i\Gamma + \Omega - k^2 + 4|c|^2 - \omega + i\gamma\right)q_2^* + 2c^2 q_1^*\right] e^{-i(\Omega t - kx) + \Gamma t}. \tag{8.747}$$

Die Bedingung für die Existenz nichttrivialer Lösungen ist das Verschwinden der Determinante dieses Gleichungssystems, also

$$(4|c|^4 - k^2 - \omega)^2 - (\Omega - i(\Gamma + \gamma))^2 - 4|c|^4 = 0. \tag{8.748}$$

Die Anwachsrate Γ ist genau dann positiv, wenn

$$4|c|^4 - (4|c|^2 - k^2 - \omega)^2 - \gamma^2 > 0 \tag{8.749}$$

ist. Diese Gleichung kann offenbar nur für ein k^2-Intervall endlicher Breite erfüllt werden, dessen Grenzen

$$k_{1,2}^2 = 4|c|^2 - \omega \pm \sqrt{4|c|^4 - \gamma^2}$$

$$= 4|c|^2 - \omega \pm \sqrt{(4|c|^2 - \omega)^2 - \frac{\partial a^2}{\partial |c|^2}} \tag{8.750}$$

sind. Die Ungleichung (8.749) hat nur dann reelle Lösungen k, wenn wenigstens $k_1^2 \geq 0$ ist. Für $\partial a^2/\partial |c|^2 \approx \omega^2 > 0$ und $|c|^2 \ll \omega$ (d. h. kleine a) besitzt (8.750) keine positiven Lösungen k_1^2, und deshalb ist der Zweig (8.738) [mit $|c| \equiv |c_0|$] auch gegenüber Modulationen stabil. ∎

Wir beschließen diese Diskussion des räumlich homogenen Systems (8.734) mit zwei Bemerkungen. Die Lösungen von (8.734) können kein chaotisches Verhalten zeigen, da sie aus einem autonomen System mit zwei Freiheitsgraden folgen. Die Lösung (8.738) stellt einen stabilen Fixpunkt dar.

Solitäre Fixpunkte

Es stellt sich jetzt die Frage, ob neben dem trivialen Fixpunkt (8.738), d. h.

$$c = |c|e^{i\phi_c} \equiv c_0 e^{i\phi_c} \tag{8.751}$$

mit $c_0 \approx a/\omega$ und $\phi_c \approx \pi/2$, noch andere nichttriviale stabile Lösungen existieren, bei denen die x-Abhängigkeit eine entscheidende Rolle spielt.

Dazu schauen wir uns zunächst die Solitonenlösung von (8.732) für $\gamma = a = 0$ an. Mit der freien Amplitude 2η und der Geschwindigkeit -4ξ lautet sie

$$q(x,t) = 2\eta e^{-2i\xi x} e^{i[4(\eta^2 - \xi^2)t - \omega t - \psi_0 - \pi/2]} \text{sech}[2\eta(x - x_0) + 8\eta\xi t]; \tag{8.752}$$

o. B. d. A. setzen wir $\xi = 0$. Außerdem erwarten wir eine Phasenkopplung mit dem äußeren Treiber, die $\omega = 4\eta^2$ zur Folge haben sollte. Kürzen wir ferner $\varphi_0 = \psi_0 + \pi/2$ ab, so müsste die spezielle Lösung

$$q(x,t) = \sqrt{\omega}\,\text{sech}(\sqrt{\omega}x)e^{-i\varphi_0} \tag{8.753}$$

in Resonanz mit dem äußeren Treiber sein. Der Ansatz (8.753) ist für die vollständige Gl. (8.732) noch zu naiv, da er für $x \to \pm\infty$ völlig falsch wird. Wir setzen deshalb

$$\boxed{q = (r + c_0)e^{i\phi_c - i\varphi_0}} \tag{8.754}$$

an und erwarten, dass r – bis auf die Phase – durch (8.753) gut genähert wird. Setzen wir dies in (8.732) ein, so erhalten wir

$$\boxed{ir_t + r_{xx} + 2|r|^2 r - \omega r = -4|r|^2 c_0 - 2r^2 c_0 - 4r\,c_0^2 - 2c_0^2 r^* - i\gamma r}\,. \qquad (8.755)$$

Eine Aufspaltung in Real- und Imaginärteil $r = A + iB$ liefert

$$
\begin{aligned}
A_t = {}& -B_{xx} - 2A^2 B - 2B^3 + \omega B \\
& - 2c_0 A^2 \sin(\varphi_0) - 6c_0 B^2 \sin(\varphi_0) - 4c_0 AB \cos(\varphi_0) \\
& - 4c_0^2 B - 2c_0^2 A \sin(2\varphi_0) + 2c_0^2 B \cos(2\varphi_0) - \gamma A,
\end{aligned} \qquad (8.756)
$$

$$
\begin{aligned}
B_t = {}& A_{xx} + 2A^3 + 2AB^2 - \omega A \\
& + 6c_0 A^2 \cos(\varphi_0) + 2c_0 B^2 \cos(\varphi_0) + 4c_0 AB \sin(\varphi_0) \\
& + 4c_0^2 A + 2c_0^2 A \cos(2\varphi_0) + 2c_0^2 B \sin(2\varphi_0) - \gamma B.
\end{aligned} \qquad (8.757)
$$

Beispiel 8.27 (Stationäre Lösungsanteile in nullter Ordnung)
Die stationären Lösungen $A_s + iB_s$ dieser Gleichungen bestimmen wir nun in einer Entwicklung nach γ und c_0. Dabei skalieren wir wie folgt:

$$A_s = A_0 + A_1 + \dots \quad \text{mit} \quad A_i = \mathcal{O}(\gamma^i, a^i), \qquad (8.758)$$

$$B_s = B_0 + B_1 + \dots \quad \text{mit} \quad B_i = \mathcal{O}(\gamma^i, a^i). \qquad (8.759)$$

Die nullte Ordnung von (8.756) und (8.757) bestimmt sich aus

$$0 = -B_{0xx} - 2A_0^2 B_0 - 2B_0^3 + \omega B_0, \qquad (8.760)$$

$$0 = A_{0xx} + 2A_0^3 + 2B_0^2 A_0 - \omega A_0; \qquad (8.761)$$

ihre Lösung liefert das ungestörte Soliton

$$\boxed{A_0 = \sqrt{\omega}\,\operatorname{sech}(\sqrt{\omega}x),\ \ B_0 = 0}\,. \qquad (8.762)$$

∎

Beispiel 8.28 (Stationäre Lösungsanteile in erster Ordnung)
Mit den Operatoren

$$\widehat{H}_+ = -\partial_{xx} + \omega - 2A_0^2, \qquad (8.763)$$

$$\widehat{H}_- = -\partial_{xx} + \omega - 6A_0^2 \qquad (8.764)$$

nimmt die erste Ordnung die Form

$$\widehat{H}_- A_1 = 6c_0 A_0^2 \cos(\varphi_0), \qquad (8.765)$$

$$\widehat{H}_+ B_1 = 2c_0 A_0^2 \sin(\varphi_0) + \gamma A_0 \tag{8.766}$$

an. Diese Gleichungen sind lösbar, wenn die Inhomogenitäten senkrecht auf den Kernen der zu $\widehat{H}_\pm$ adjungierten Operatoren stehen. Bezüglich des Skalarprodukts

$$\langle f | g \rangle = \int_{-\infty}^{\infty} fg\, dx \tag{8.767}$$

sind $\widehat{H}_+$ und $\widehat{H}_-$ selbstadjungiert auf dem Raum der normierbaren Funktionen. Die Kerne sind eindimensional und durch

$$\widehat{H}_+ A_0 = 0, \ \widehat{H}_- A_{0x} = 0 \tag{8.768}$$

bestimmt. Die Lösbarkeitsbedingung für die erste Gl. (8.765), d. h.

$$6c_0 \cos(\varphi_0) \langle A_{0x} A_0^2 \rangle = 0, \tag{8.769}$$

ist trivial erfüllt, da $A_{0x} A_0^2$ eine ungerade Funktion des Ortes ist. Die Lösung

$$\boxed{A_1 = -\frac{2}{\omega} c_0 \cos(\varphi_0) A_0^2 + \alpha_1 A_{0x}} \tag{8.770}$$

ist nur bis auf eine Kernfunktion von $\widehat{H}_-$ eindeutig, d. h. α_1 bleibt in dieser Ordnung unbestimmt. Die Lösbarkeitsbedingung für die zweite Gl. (8.766) ist

$$2c_0 \sin(\varphi_0) \langle A_0^3 \rangle + \gamma \langle A_0^2 \rangle = 0. \tag{8.771}$$

∎

Nach Auswertung der Integrale erhalten wir

$$\sin(\varphi_0) = -\frac{2\gamma}{\pi \sqrt{\omega} c_0}. \tag{8.772}$$

Insbesondere ist diese Lösbarkeitsbedingung nur für

$$\gamma \leq \frac{\pi \sqrt{\omega} c_0}{2} \tag{8.773}$$

erfüllbar. Dann gibt es allerdings zwei wesentliche Fixpunkte, die sich in φ_0 (modulo 2π) unterscheiden. Wir bezeichnen sie als phasengekoppelte Solitonen.

Stabilität der Fixpunkte

Die bis hier berechnete erste Ordnung der Störungstheorie reicht bereits aus, um auch die Stabilität der Fixpunkte störungstheoretisch zu untersuchen. Dazu ist die in Real- und Imaginärteil aufgespaltene Schrödinger-Gleichung (8.756) und (8.757) um den jeweiligen Fixpunkt $A_s + i B_s$ zu linearisieren.

Mit

$$A = A_s + \alpha, \qquad B = B_s + \beta \tag{8.774}$$

folgt

$$\alpha_t = +H_+\beta - 4(A_s + c_0 \cos(\varphi_0))(B_s + c_0 \sin(\varphi_0))\alpha - \gamma\alpha, \tag{8.775}$$

$$\beta_t = -H_-\alpha + 4(A_s + c_0 \cos(\varphi_0))(B_s + c_0 \sin(\varphi_0))\beta - \gamma\beta, \tag{8.776}$$

wobei die Operatoren $H_\pm$ über

$$H_+ = -\partial_{xx} - 2(A_s + c_0 \cos(\varphi_0))^2 - 6(B_s + c_0 \sin(\varphi_0))^2 + \omega \,, \tag{8.777}$$

$$H_- = -\partial_{xx} - 6(A_s + c_0 \cos(\varphi_0))^2 - 2(B_s + c_0 \sin(\varphi_0))^2 + \omega \tag{8.778}$$

definiert sind. Die Gl.(8.775) und (8.776) lösen wir – wie bereits angedeutet – störungstheoretisch. Dazu entwickeln wir

$$\alpha = \alpha_0 + \alpha_1 + ..., \quad \alpha_j = \mathcal{O}(c_0^{j/2}, \gamma^{j/2}), \tag{8.779}$$

$$\beta = \beta_0 + \beta_1 + ..., \quad \beta_j = \mathcal{O}(c_0^{j/2}, \gamma^{j/2}), \tag{8.780}$$

$$\Gamma = \Gamma_0 + \Gamma_1 + ..., \quad \Gamma_j = \mathcal{O}(c_0^{j/2}, \gamma^{j/2}), \tag{8.781}$$

wobei wir die Zeitabhängigkeit von α und $\beta \sim e^{\Gamma t}$ angenommen haben. In nullter Ordnung erhalten wir

$$\Gamma_0\alpha_0 = +\widehat{H}_+\beta_0, \tag{8.782}$$

$$\Gamma_0\beta_0 = -\widehat{H}_-\alpha_0. \tag{8.783}$$

Dieses Differentialgleichungssystem besitzt ein diskretes Spektrum, das sich aus zwei Moden zum Eigenwert $\Gamma_0 = 0$ zusammensetzt, sowie ein Kontinuum mit imaginären Eigenwerten. Die diskreten Moden sind analytisch bekannt – um sie werden wir entwickeln. Dies reicht für ein hinreichendes Kriterium für Instabilität aus. Die beiden Moden zum Eigenwert $\Gamma_0 = 0$ sind

$$\alpha_0 = 0, \quad \beta_0 = A_0, \tag{8.784}$$

$$\alpha_0 = A_{0x}, \quad \beta_0 = 0. \tag{8.785}$$

Wir untersuchen im Folgenden die erste (8.784), die gerade in x ist.

In erster Ordnung ($c_0^{1/2}, \gamma^{1/2}$) gilt dann

$$0 = \widehat{H}_+\beta_1, \tag{8.786}$$

$$\Gamma_1 A_0 = -\widehat{H}_-\alpha_1 \tag{8.787}$$

mit den Lösungen

$$\beta_1 = A_0, \tag{8.788}$$

$$\alpha_1 = -\Gamma_1 \widehat{H}_-^{-1} A_0. \tag{8.789}$$

Die zweite Ordnung liefert

$$\Gamma_1 \alpha_1 = \widehat{H}_+ \beta_2 - 4A_0^2 (A_1 + c_0 \cos(\varphi_0)), \tag{8.790}$$

$$\Gamma_2 \beta_0 + \Gamma_1 \beta_1 = -\widehat{H}_- \alpha_2 + 4A_0^2 (B_1 + c_0 \sin(\varphi_0)) - \gamma A_0. \tag{8.791}$$

In dieser Ordnung gibt es erstmals nichttriviale Lösbarkeitsbedingungen. Die zweite Bedingung ist stets erfüllt, da das modifizierte Soliton in allen Ordnungen der Störungsrechnung eine gerade Funktion von x ist. Der Kern von $\widehat{H}_-$ ist aber ungerade, sodass alle Integrale verschwinden.

Die Lösbarkeitsbedingung von (8.790) ist nach dem Einsetzen

$$\boxed{\begin{aligned} \Gamma_1^2 &= 4c_0 \cos(\varphi_0) \frac{\langle A_0^3 \rangle - \frac{2}{\omega} \langle A_0^5 \rangle}{\langle A_0 | \widehat{H}_-^{-1} A_0 \rangle} \\ &= 2\pi \omega^{3/2} c_0 \cos(\varphi_0). \end{aligned}} \tag{8.792}$$

Die beiden Lösungen (8.772) für φ_0 unterscheiden sich in dem Vorzeichen von $\cos \varphi_0$. Ist $\cos(\varphi_0) > 0$, gibt es eine positive Anwachsrate $\Gamma_1 > 0$, und der zugehörige Fixpunkt ist instabil. Umgekehrt liefert (8.792) für $\cos(\varphi_0) < 0$ keine instabile Mode; im Gegenteil: Die dritte Ordnung, die wir hier nicht mehr explizit berechnen, liefert ein Dämpfungsdekrement.

Numerische Simulationen

Wir beenden damit die Darstellung des analytischen Teils und wenden uns der numerischen Lösung von (8.732) zu.

Zunächst muss betont werden, dass die Numerik die Existenz und Stabilität der Fixpunkte wie oben beschrieben widerspiegelt. Insbesondere existiert ein phasengekoppeltes Soliton als stabiler Fixpunkt in einem bestimmten Parameterbereich.

In Abb. 8.12 demonstrieren wir das raumzeitliche Verhalten für $a = 0,1$ und $\gamma = 0,11$. Wir haben dazu die partielle Differentialgleichung (8.732) mit dem phasengekoppelten Soliton (oder einer Verteilung in der Nähe dieses resonanten Solitons) als Anfangsverteilung gelöst;

Abb. 8.12 Raumzeitliches
Verhalten einer
solitonenartigen Lösung von
(8.732) für $a = 0,1$ und
$\gamma = 0,11$

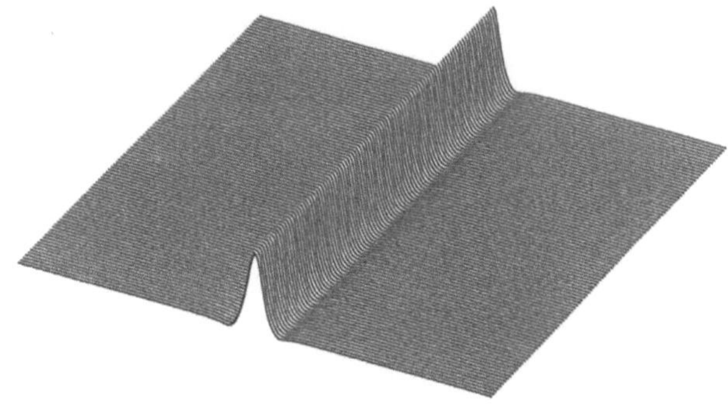

die Lösung läuft für $a \approx 0,1$ und $\gamma = 0,11$ in die in Abb. 8.12 gezeigte Verteilung als
Attraktor.

Erhöhen wir jedoch (bei festgehaltenem Dämpfungsdekrement γ) die Amplitude a
des Treibers (z. B. auf $a = 0,155$ in Abb. 8.13, so ändert sich das Verhalten qualitativ. Das phasengekoppelte Soliton wird instabil (Hopf-Bifurkation), und eine zeitlich
modulierte Lösung wird der neue Attraktor. Interessanterweise bleibt die räumliche
Kohärenz jedoch weitgehend bestehen, was man in etwa auch in der raumzeitlichen
Darstellung 8.13 erkennen kann.

Es stellt sich die Frage nach dem zeitlichen Verhalten bei der räumlichen Kohärenz. Die
Numerik zeigt, dass das System zeitlich chaotisch wird (z. B. abzulesen an Frequenzspek-
tren). Den Übergang via Periodenverdopplung à la Feigenbaum veranschaulichen wir in
den Figuren 8.14–8.16. Dort ist in einem reduzierten Phasenraum die Amplitude gegen die
Phase der Lösung bei $x = 0$ aufgetragen. Abb. 8.14 veranschaulicht noch einmal die Hopf-
Bifurkation, d. h. den Übergang von dem Fixpunkt (phasengekoppeltes Soliton) zu dem
Grenzzyklus (mit *einer* Frequenz modulierte räumlich kohärente Lösung). In Abb. 8.15 ist

Abb. 8.13 Raumzeitliches
Verhalten einer
solitonenartigen Lösung von
(8.732) für $a = 0,155$ und
$\gamma = 0,11$

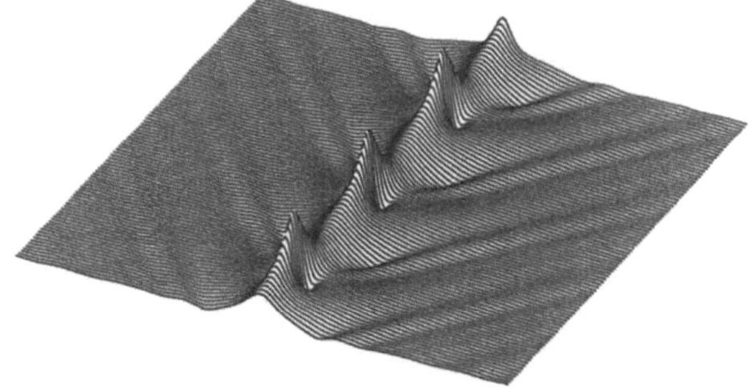

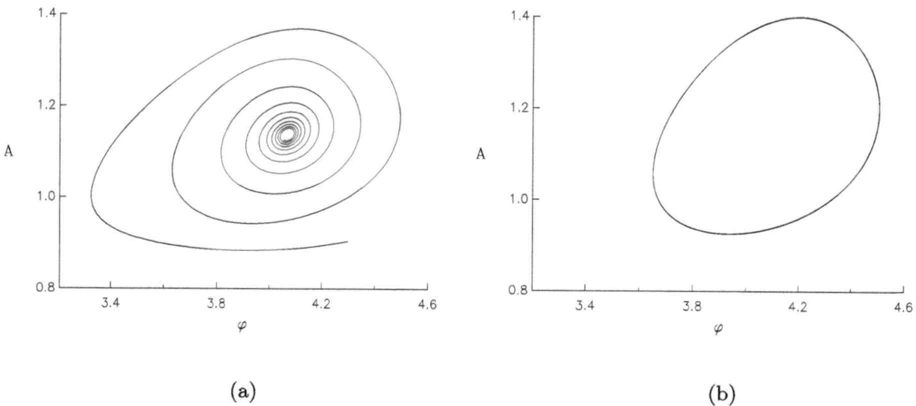

(a)									(b)

Abb. 8.14 Reduzierte Phasenportraits aus den numerischen Lösungen von (8.732) für $a = 0, 10$ (links) und $a = 0, 11$ (rechts) bei $\gamma = 0, 11$

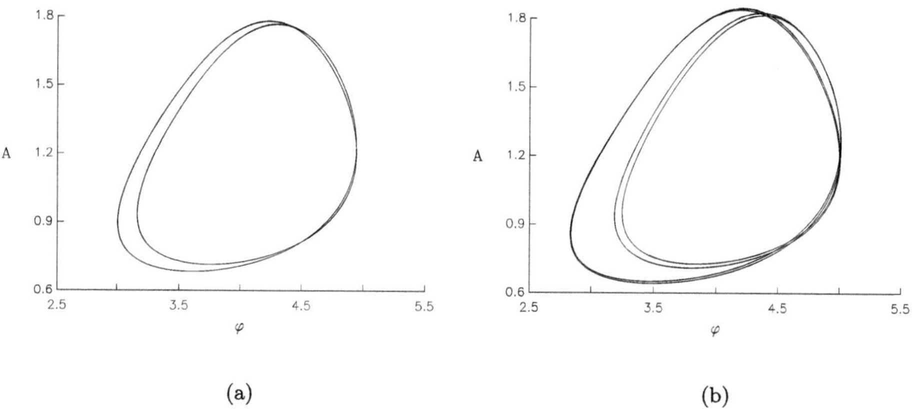

(a)									(b)

Abb. 8.15 Reduzierte Phasenportraits aus den numerischen Lösungen von (8.732) für $a = 0, 14$ (links) und $a = 0, 148$ (rechts) bei $\gamma = 0, 11$

dann für die Werte $a \approx 0, 14$ bzw. $0, 148$ die Periodenverdopplung im Grenzzyklus veranschaulicht, während Abb. 8.16 für $a \approx 0, 1504$ bzw. $a \approx 0, 16$ einen 8-Zyklus bzw. das zeitliche Chaos präsentiert.

Poincaré-Abbildung

Dieser Übergang lässt sich mit vielen diagnostischen Verfahren genau analysieren. Wir diskutieren hier nur eine besonders anschauliche Auswertung, die zu dem Feigenbaum-Diagramm, Abb. 8.17, führt. In der Nähe einer periodischen Lösung einer Differentialgleichung lässt sich eine Poincaré-Abbildung wie folgt definieren. Man wählt dazu eine Hyperfläche $\sum$ im Phasenraum, die den periodischen Orbit an einer Stelle schneidet.

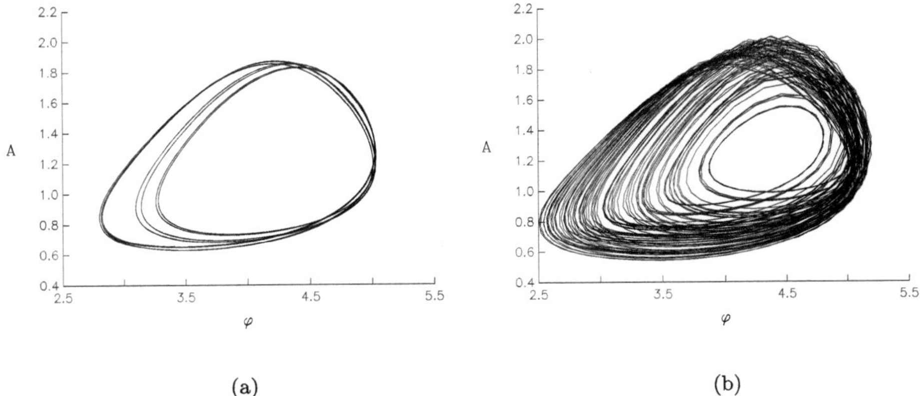

(a)   (b)

Abb. 8.16 Reduzierte Phasenportraits aus den numerischen Lösungen von (8.732) für $a = 0,1504$ (links) und $a = 0,16$ (rechts) bei $\gamma = 0,11$

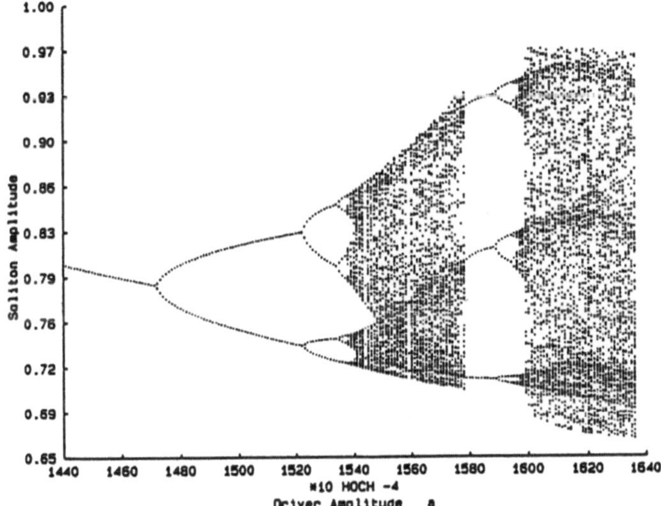

Abb. 8.17 Weg zum Chaos mit „Solitonen" über Periodenverdopplung

Dem periodischen Orbit benachbarte Trajektorien schneiden $\sum$ ebenfalls. Die Poincaré-Abbildung P ordnet nun einem solchen Schnittpunkt (n) den nächsten Schnittpunkt $(n+1)$ der Trajektorie mit $\sum$ zu.

Die Hyperfläche $\sum$ können wir numerisch über die Bedingung

$$\frac{\partial}{\partial t} \arg(q(x = 0, t_{Pn})) = 0 \quad \text{und} \quad \frac{\partial^2}{\partial t^2} \arg(q(x = 0, t_{Pn})) > 0 \tag{8.793}$$

festlegen. Praktisch an dieser Wahl ist, dass in jedem periodischen Orbit zwangsläufig einmal $\arg(q(x = 0, t))$ minimal ist, $\sum$ also global definiert ist. Außerdem lässt sich die Phase der Lösung leicht verfolgen.

Die Reduktion auf eine Abbildung gestattet eine sehr kompakte Darstellung. Ein Grenzzyklus ist ein Fixpunkt der Poincaré-Abbildung P, ein Periode-n-Zyklus ein sog. n-periodischer Punkt von P, d.h. $P^n(q) = q$. Tragen wir $|q(x = 0, t_P)|$ dieser periodischen Punkte für verschiedene Werte des Bifurkationsparameters auf, so erhalten wir ein Bifurkationsdiagramm, wie es in Abb. 8.17 dargestellt ist. Dort wurde für festes $\gamma = 0,11$ der Treiber a variiert. Die Feigenbaum-Skalierung lässt sich daran ablesen. Auch das Auftreten von Periode-3-Fenstern usw. stimmt mit Ergebnissen einfacher dynamischer Systeme (z.B. bei logistischen Abbildungen) gut überein.

Kollektive Koordinaten

Zum Abschluss wollen wir noch kurz auf ein theoretisches Modell eingehen, das die gerade aufgezeigten Phänomene recht gut erklärt. Es zeigt sich sehr schnell, dass ein einzelnes Soliton ohne weitere Störungen nicht zur Festlegung der relevanten kollektiven Koordinaten ausreicht. Ausgehend von der Zwei-Solitonen-Lösung

$$q(x, t) = 4ia \frac{e^{-i\phi_1} \eta_1 \cosh(2\eta_2 x) + e^{-i\phi_2} \eta_2 \cosh(2\eta_1 x)}{a^2 \cosh(2(\eta_1 - \eta_2)x) + \cosh(2(\eta_1 + \eta_2)x) + b \cos(\phi_1 - \phi_2)} \tag{8.794}$$

mit

$$a = \frac{\eta_1 - \eta_2}{\eta_1 + \eta_2}, \qquad b = \frac{4\eta_1 \eta_2}{(\eta_1 + \eta_2)^2}, \tag{8.795}$$

$$\phi_i = -4\eta_i^2 t + \phi_{i,0}, \ \eta_1 > \eta_2 \geq 0 \tag{8.796}$$

können wir für kleine η_2

$$q(x, t) = 2i\eta_1 e^{-i\phi_1} \operatorname{sech}(2\eta_1 x)$$
$$- 2i\eta_2 \left(e^{-2i\phi_1 + i\phi_2} \operatorname{sech}^2(2\eta_1 x) - e^{-i\phi_2} \tanh^2(2\eta_1 x) \right) \tag{8.797}$$

gewinnen. Den zweiten Anteil auf der rechten Seite von (8.797) interpretieren wir als „$k = 0$ Strahlung".

Mit

$$\rho = 2i\frac{\pi}{f}\eta_2 e^{i\phi_2}\,, \tag{8.798}$$

$\eta_1 = \eta$ und $\phi_1 = \chi + \pi$ können wir

$$r(x,t) = -i2\eta(t)\mathrm{sech}(2\eta(t)x)e^{-i\chi(t)}$$

$$-\frac{f}{\pi}\left[\rho(t)e^{-2i\chi(t)}\mathrm{sech}^2(2\eta(t)x) + \rho^*(t)\tanh^2(2\eta(t)x)\right] \tag{8.799}$$

anschreiben und für einen Lösungsansatz die kollektiven Koordinaten η, χ, ρ und ρ^* einführen, wobei f ein freier Parameter ist, der [in dem tatsächlich immer endlichen Gebiet] eine Normierungskonstante darstellt.

Wenn wir (8.799) in die zu (8.755) gehörende Lagrange-Dichte

$$\mathcal{L} = \left\{\frac{i}{2}(r_t r^* - r_t^* r) + |r|^4 - |r_x|^2 - \omega|r|^2\right.$$

$$\left. +2c_0|r|^2(r^* + r) + c_0^2(r^{*2} + r^2) + 4c_0^2|r|^2\right\}e^{2\gamma t} \tag{8.800}$$

einsetzen und anschließend

$$L = \int_{-\infty}^{+\infty}\mathcal{L}dx \tag{8.801}$$

bilden, folgt

$$L = \left\{4\eta(\chi_t - \omega) + \frac{16}{3}\eta^3 - 8\pi c_0\eta^2\sin(\chi) - 8\pi c_0^2\eta\cos(2\chi) + 16c_0^2\eta\right.$$

$$+ f\frac{d}{dt}(|\rho|\cos(\chi - \varphi)) + \frac{f}{\pi}|\rho|^2(\varphi_t - \omega)$$

$$\left. -16\frac{f}{\pi}c_0\eta|\rho|\cos(2\chi - \varphi)\right\}e^{2\gamma t}. \tag{8.802}$$

Hieraus ergeben sich mit $\rho = \rho_r + i\rho_i$ die Bewegungsgleichungen

$$\boxed{\begin{aligned}\eta_t &= 2\gamma\eta - 2\pi c_0\eta^2\cos(\chi) + 4c_0^2\eta\sin(2\chi)\\ &+ \gamma\frac{f}{2}(\rho_r\sin(\chi) - \rho_i\cos(\chi)) + 8\frac{f}{\pi}c_0\eta[\rho_r\sin(2\chi) - \rho_i\cos(2\chi)],\end{aligned}} \tag{8.803}$$

$$\boxed{\begin{aligned}\chi_t &= \omega - 4\eta^2 + 4\pi c_0\eta\sin(\chi) + 2c_0^2\cos(2\chi) - 4c_0^2\\ &+ 4\frac{f}{\pi}c_0[\rho_r\cos(2\chi) + \rho_i\sin(2\chi)],\end{aligned}} \tag{8.804}$$

$$\boxed{\rho_{rt} = -\omega\rho_i - \gamma\rho_r - \pi\gamma\sin(\chi) - 8\eta c_0\sin(2\chi),} \tag{8.805}$$

$$\boxed{\rho_{it} = \omega\rho_r - \gamma\rho_i + \pi\gamma\cos(\chi) + 8\eta c_0\cos(2\chi).}$$ (8.806)

Offenbar bestehen diese Gleichungen einen ersten Konsistenztest. Sie reproduzieren die exakte Zeitabhängigkeit der Parameter eines Solitons in Wechselwirkung mit „$k = 0$-Strahlung" für den ungedämpften und nichtgetriebenen Fall ($c_0 = 0$, $\gamma = 0$) :

$$\eta_t = 0, \quad \chi_t = \omega - 4\eta^2, \quad \rho_t = i\omega\rho.$$ (8.807)

Darüber hinaus reproduzieren sie in überraschend guter Weise die Ergebnisse der partiellen Differentialgleichung. Fixpunkte, Hopf-Bifurkation, Periodenverdopplung und Chaos stimmen sogar quantitativ mit den numerischen Werten aus der partiellen Differentialgleichung überein.

Mittlerweile kennen wir in Schrödinger-Systemen mit anderen Störtermen weiteres generisches Verhalten wie Intermittenz und den quasiperiodischen Übergang zum Chaos. Aus Platzgründen möge das hier ausführlich dargestellte Beispiel als Einblick in dieses neue und faszinierende Gebiet genügen.

8.7 Theorie der schwachen Turbulenz

Die bislang in diesem Kapitel aufgezeigten Ansätze stammen vornehmlich aus dem sich seit Jahrzehnten stetig entwickelnden Gebiet der nichtlinearen Dynamik. Mit deren Methodik wird der Einsatz von Turbulenz zugänglich und vieles spricht dafür, dass das statistische Phänomen der voll entwickelten Turbulenz als Nichtlinearitätsstochastik der (nichtlinearen) Grundgleichungen zu interpretieren ist. Für Plasmen existieren Theorien, die bereits vor vielen Jahrzehnten entwickelt wurden und trotz ihrer teilweise recht ad hoc eingebrachten Annahmen eine erstaunlich gute Übereinstimmung mit experimentellen Ergebnissen aufweisen. Zwei wesentliche Annahmen werden bei der schwachen Turbulenz in Plasmen gemacht: Die Existenz eines Ensembles *statistisch* fluktuierender Felder wird (als Folge einer linearen Instabilität) stets vorausgesetzt, und das Verhältnis der Energiedichte der Felder zu der thermischen Energiedichte der Plasmateilchen wird als kleiner Entwicklungsparameter benutzt.

Die Beschreibung und das Verständnis nichtlinearer Prozesse ist selbst heute – ca. 35 Jahre nach Erscheinen der ersten Auflage – noch keineswegs vollständig bzw. abgeschlossen. Mit einiger Sicherheit sind in den nächsten Jahren gerade in diesem Bereich entscheidende Fortschritte zu erwarten. Das gilt für die Turbulenzforschung im Allgemeinen und natürlich auch für die Theorie des sogenannten turbulenten Plasmas im Besonderen. Selbst unter der

Annahme „schwacher" Turbulenz ist eine quantitative Theorie noch äußerst kompliziert, da mehrere Prozesse gleichzeitig ablaufen. Zum besseren und übersichtlicheren Verständnis diskutieren wir hier einzelne Prozesse getrennt und geben einen kurzen Überblick über
– die Welle-Teilchen-Wechselwirkung im Rahmen einer quasilinearen Theorie, – die induzierte Streuung von Wellen an Teilchen (z. B. nichtlineare Landau-Dämpfung),
– Aspekte der Welle-Welle-Wechselwirkung im Rahmen der schwachen Turbulenz.

Aus formalen Gründen formulieren wir die entsprechenden Ansätze nur räumlich eindimensional.

Quasilineare Theorie der Welle-Teilchen-Wechselwirkung

Wir beginnen mit der einfachsten Vorstellung, wie nichtlineare turbulente Prozesse bei der Entwicklung instabiler Moden Berücksichtigung finden können. Denken wir z. B. an das Instabilitätskriterium

$$\gamma_k \sim \left.\frac{\partial f}{\partial v}\right|_{v=\frac{w_r}{k}} > 0 \tag{8.808}$$

im Rahmen einer linearen Vlasov Theorie, so fällt auf, dass – solange sich die Ein-Teilchen-Verteilungsfunktion mit der Zeit nicht ändert – die Anregungsrate resonanter Wellen ($\omega_r = kv$) zeitlich konstant ist.

Die instabilen Moden wachsen aufgrund der Instabilität exponentiell an. Wegen des Energiesatzes kann eine Rückwirkung auf die Plasmateilchen (und deren thermische Energie) nicht ausbleiben. Demnach wird f, das in (8.808) erscheint, langfristig nicht unverändert bleiben. Genau diesen – und nur diesen – Aspekt erfasst die quasilineare Theorie.

Wir exemplifizieren die quasilineare Theorie am Beispiel der Vlasov-Gleichung für Elektronen, wobei die Ionen nur als stationärer Hintergrund auftreten, der dafür sorgt, dass alle elektrischen Felder in nullter Ordnung verschwinden. Für hochfrequente Wellenphänomene ist dieses Modell gerechtfertigt.

In der Vlasov-Gleichung für Elektronen ($f = f^e$)

$$\boxed{\partial_t f + v \partial_x f - \frac{e}{m_e} E \partial_v f = 0} \tag{8.809}$$

wurde bereits über die Geschwindigkeiten v_y und v_z integriert und $v_x \equiv v$ gesetzt. Wir spalten die Verteilungsfunktion $f = f(x, v; t)$ in

$$f(x, v; t) = f_0(v; t) + f_1(x, v; t) \tag{8.810}$$

auf, wobei f_0 die räumlich gemittelte (Hintergrund-)Verteilungsfunktion

$$f_0(v; t) = \langle f(x, v; t) \rangle = \lim_{L \to \infty} \frac{1}{L} \int_{-L/2}^{L/2} dx f(x, v; t) \tag{8.811}$$

ist. Es gelte

$$\langle E \rangle = 0, \tag{8.812}$$

d. h., das elektrische Feld soll nur durch f_1 hervorgerufen werden, und es sei kein äußeres Feld vorhanden, weshalb $E = E_1$ durch

$$\boxed{\partial_x E = -\frac{e}{\varepsilon_0} \int_{-\infty}^{+\infty} dv f_1(x, v; t)} \tag{8.813}$$

bestimmt werden kann. Durch Mittelung von (8.809) erhalten wir

$$\partial_t \langle f \rangle + v \langle \partial_x f \rangle - \frac{e}{m_e} \langle E \partial_v f \rangle = 0. \tag{8.814}$$

Der zweite Term auf der linken Seite

$$v \langle \partial_x f \rangle = v \lim_{L \to \infty} \frac{1}{L} \left[f\left(x = \frac{L}{2}\right) - f\left(x = -\frac{L}{2}\right) \right] = 0 \tag{8.815}$$

kann mit den entsprechenden Randbedingungen vernachlässigt werden, so dass aus (8.814)

$$\boxed{\partial_t f_0(v; t) = \frac{e}{m_e} \partial_v \langle E f_1(x, v; t) \rangle} \tag{8.816}$$

wird. Gl. (8.813) und (8.816) stellen die wesentlichen nichtlinearen Beiträge dar; der Zusammenhang zwischen f_1 und E wird genauso wie in der linearisierten Vlasov-Theorie angesetzt. Das heißt insbesondere, dass wir eine Lösung der (linearen) Dispersionsrelation [vergl. (4.2.65)] für $k > 0$ zu

$$\omega(k; t) = \omega_{pe} \left(1 + \frac{3}{2} k^2 \lambda_{De}^2\right) + i \frac{\pi}{2} \frac{\omega_{pe}^3}{k^2} \left.\frac{\partial g}{\partial v}\right|_{v = \frac{w_r}{k}} \tag{8.817}$$

berechnen. Dazu ein erklärendes Wort.

Die Funktion $g(v; t) = n_0^{-1} f_0(v; t)$ ist die Verteilungsfunktion nullter Ordnung, die zur Zeit $t = 0$ eine positive Anwachsrate $\gamma = \mathrm{Im}\,\omega$ nach (8.817) hervorrufen soll. Die angeregten Wellen wirken auf die Verteilungsfunktion auf der Zeitskala $T \sim \gamma^{-1}$ zurück. Wir haben trotzdem unter der Voraussetzung $\gamma \ll \omega_r$ eine Fourier-Transformation (temporär auf einer Skala $\tau \ll T$) durchgeführt. Die Rechtfertigung dafür liefert ein Mehrskalenformalismus. Ändert sich die Verteilungsfunktion f_0 langsam, so ist damit eine Modifikation des Instabilitätskriteriums verbunden, die bis zum Verschwinden der Instabilität führen kann.

Eine Fourier-Transformation der mit dem Ansatz (8.810) um f_0 linearisierten Vlasov-Gleichung (8.809) führt mit der Definition

$$
\begin{aligned}
f_1(x, v; t) &= \int_{-\infty}^{\infty} dk\; f_1(k, v; t) e^{ikx} \\
&= \int_{-\infty}^{\infty} dk\; \tilde{f}_1(k, v) e^{-i\omega(k; t)t + ikx}
\end{aligned}
\tag{8.818}
$$

zu

$$
f_1(k, v; t) = -\frac{(e/m_e)}{i[\omega(k; t) - kv]}[\partial_v f_0(v; t)] E(k; t),
\tag{8.819}
$$

wobei $E(x; t)$ in Analogie zu (8.818) nach Fourier dargestellt wurde.

Jetzt berechnen wir

$$
\begin{aligned}
\langle E f_1 \rangle &= \lim_{L \to \infty} \frac{1}{L} \int_{-L/2}^{L/2} dx\; E(x; t) f_1(x, v; t) \\
&= \lim_{L \to \infty} \frac{1}{L} \int_{-L/2}^{L/2} dx \int_{-\infty}^{\infty} dk_1 f_1(k_1, v; t) \int_{-\infty}^{\infty} dk_2 E(k_2; t) e^{i(k_1+k_2)x} \\
&= 2\pi \frac{1}{L_\infty} \int_{-\infty}^{\infty} dk\; f_1(k, v; t) E(-k; t),
\end{aligned}
\tag{8.820}
$$

wobei wir mit $L_\infty (\to \infty)$ die Länge des Systems bezeichnet haben. Unter Berücksichtigung von (8.819) ergeben damit (8.816) und (8.820)

$$
\partial_t f_0(v; t) = -\frac{e^2}{m_e^2} \frac{2\pi}{L_\infty} \partial_v \int_{-\infty}^{+\infty} dk\; E(-k; t) E(k; t) \frac{\partial_v f_0(v; t)}{i(\omega - kv)}.
\tag{8.821}
$$

Diese Gleichung schreiben wir suggestiver als

$$
\boxed{\partial_t f_0 = \partial_v D \partial_v f_0}
\tag{8.822}
$$

mit

$$D = \frac{2\pi e^2}{m_e^2 L_\infty} \int_{-\infty}^{+\infty} dk \frac{|E(k;t)|^2}{(-i\omega + ikv)} .$$

$$(8.823)$$

Man beachte, dass wegen des reellen Feldes $E(x;t)$ und der Eigenschaften der Fourier-Transformation $\omega_r(-k) = -\omega_r(k)$, $\omega_i(-k) = \omega_i(k)$ und $E(k;t) = E^*(-k;t)$ gilt.

Wir definieren die spektrale Energiedichte des Feldes,

$$\mathcal{E}(k;t) := \frac{1}{4L_\infty}|E(k;t)|^2 ,$$

$$(8.824)$$

aus der sich die gemittelte Energiedichte des Feldes

$$\left\langle \frac{E^2}{8\pi} \right\rangle = \frac{1}{8\pi} \lim_{L\to\infty} \frac{1}{L} \int_{-L/2}^{L/2} dx\, E^2(x;t)$$

$$= \int_{-\infty}^{+\infty} dk\, \mathcal{E}(k;t)$$

$$(8.825)$$

durch Integration gewinnen lässt. Anstelle von (8.823) benutzen wir jetzt

$$D = D(v;t) = -\frac{8\pi e^2}{m_e^2} \int_{-\infty}^{+\infty} dk \frac{\mathcal{E}(k;t)}{i[\omega(k;t) - kv]}$$

$$(8.826)$$

in (8.822). Die zeitliche Entwicklung von $\mathcal{E}(k;t)$ ist wegen

$$E(k;t) = \tilde{E}(k)\exp[-i\omega(k;t)t],$$

$$(8.827)$$

$$\partial_t E(k;t) \approx -i\omega(k;t)E(k;t) ,$$

$$(8.828)$$

$$\omega(k;t) = -\omega^*(-k;t)$$

$$(8.829)$$

durch

$$\partial_t \mathcal{E}(k;t) = 2\omega_i(k;t)\mathcal{E}(k;t)$$

$$(8.830)$$

$(\gamma = \omega_i)$ mit der Lösung

$$\mathcal{E}(k;t) = \mathcal{E}(k;t=0)\exp\left\{2\int_0^t \omega_i(k;t')dt'\right\}$$

$$(8.831)$$

gegeben.

Die Gl. (8.822) und (8.831) stellen die Basisgleichungen der quasilinearen Theorie dar, wobei zu jedem Zeitpunkt D aus (8.826) berechnet wird und $\omega_i(k;t)$ jeweils aus der um f_0 linearisierten Vlasov-Gleichung folgt.

Beispiel 8.29 (Reeller Diffusionskoeffizient)
Der Diffusionskoeffizient (8.826) ist reell, da wir

$$D = \frac{8\pi e^2}{m_e^2} \int_{-\infty}^{+\infty} \frac{i\mathcal{E}(k;t)[\omega_r - kv - i\omega_i]}{(\omega_r - kv)^2 + \omega_i^2} dk \tag{8.832}$$

schreiben können und $\mathcal{E}(k;t) = \mathcal{E}(-k;t)$ gilt. Zusammen mit (8.829) folgt dann

$$D = \frac{8\pi e^2}{m_e^2} \int_{-\infty}^{+\infty} dk \frac{\mathcal{E}(k;t)\omega_i(k;t)}{[\omega_r(k;t) - kv]^2 + [\omega_i(k;t)]^2}. \tag{8.833}$$

∎

Beispiel 8.30 (Beiträge zum Diffusionskoeffizienten)
Eine andere Anmerkung ergibt sich aus der Auswertung von (8.826) für $\omega_i \to 0$. Mit der
Plemelj-Formel

$$\lim_{\varepsilon \to 0} \frac{1}{a + i\varepsilon} = \mathcal{P}\frac{1}{a} - i\pi\delta(a) \tag{8.834}$$

können wir in die Beiträge resonanter Teilchen (wegen der Dirac-Funktion) und nichtre-
sonanter Teilchen (Beitrag des Hauptwerts $\mathcal{P}$) aufspalten. Wir finden für $\omega_i \to 0$

$$D = \frac{8\pi e^2}{m_e^2} \int_{-\infty}^{+\infty} dk \left[i\mathcal{P}\left\{ \frac{\mathcal{E}(k;t)}{\omega_r - kv} \right\} + \pi\delta(\omega_r - kv)\mathcal{E}(k;t) \right]$$

$$\approx \frac{16\pi^2 e^2}{m_e^2} \frac{1}{v}\mathcal{E}(k = \frac{\omega_r}{v};t) \quad \text{für} \quad \omega_i \to 0. \tag{8.835}$$

Der nichtresonante Anteil [$\sim \omega_i$, vergl. (8.833)] verschwindet für $\omega_i \to 0$. Es ist jedoch bei
Bilanzen zu beachten, dass i. Allg. wesentlich mehr nichtresonante Teilchen als resonante
vorhanden sind. Dadurch kann ein Effekt aufgrund des nichtresonanten Anteils auftreten,
obwohl der resonante Anteil des Diffusionskoeffizienten dominiert.

Die quasilineare Beschreibung leistet das, was wir von ihr erwartet haben. Wir verdeutlichen diese Aussage an den folgenden Beispielen. ∎

Multiplizieren wir (8.822) für eine instabile Situation mit f_0, so erhalten wir für das positive
Funktional

$$H = \frac{1}{2} \int dv(f_0)^2 \tag{8.836}$$

$$\frac{dH}{dt} = -\int dv\, D(\partial_v f_0)^2 = -\int dv \frac{8\pi e^2}{m_e^2} \int dk \frac{\mathcal{E}(k;t)\omega_i}{[\omega_r - kv]^2 + w_i^2}(\partial_v f_0)^2. \tag{8.837}$$

Da $H > 0$ und $dH/dt < 0$ ist [wegen $\mathcal{E} > 0$ für $\omega_i > 0$ und $\mathcal{E} = 0$ sonst], nimmt H kontinuierlich ab, solange das System instabil ist. Im zeitasymptotischen Grenzfall muss $dH/dt = 0$
sein, was den marginal stabilen Fall bedeutet. [Wir müssen dazu noch $E(k)\partial_v f_0 = 0$, aber

$\omega_i \neq 0$ ausschließen: Nach (8.819) würde das aber $f_1(k, v; t) = 0$ und damit keine angeregten Wellen in diesem Gebiet zur Folge haben.]

Die quasilinearen Gleichungen erfüllen die Teilchen-, Impuls- und Energieerhaltung.

Beispiel 8.31 (Impulserhaltung)
Wegen $\langle f_1 \rangle = 0$ folgt aus

$$\frac{d}{dt} \int dv f_0 = \int dv \partial_v D \partial_v f_0 = 0 \tag{8.838}$$

die Erhaltung von $\langle n \rangle$. Um die Impulserhaltung zu zeigen, berechnen wir

$$m_e \int dv v \frac{\partial f_0}{\partial t} = -m_e \int dv D \partial_v f_0 = \frac{8\pi e^2}{m_e} \int dk\, \mathcal{E} \int \frac{\partial_v f_0}{i[\omega - kv]} dv$$

$$= 2i \int_{-\infty}^{+\infty} dk \mathcal{E}(k; t) k = 0, \tag{8.839}$$

wobei sich die vorletzte Umformung aus der Dispersionsrelation (4.168) ergibt. Da $\mathcal{E}(k; t)$ in k gerade ist, verschwindet der Ausdruck und damit

$$\boxed{\frac{d}{dt} \langle p \rangle = 0} . \tag{8.840}$$

[Beachte: die elektrostatischen Moden haben keinen Impuls!] ∎

Beispiel 8.32 (Energieerhaltung)
Für den Nachweis der Energieerhaltung formen wir wie folgt um:

$$\frac{d}{dt} \int dv \frac{1}{2} m_e v^2 f_0 = -m_e \int dv\, vD\, \partial_v f_0$$

$$= \frac{8\pi e^2}{m_e} \int dv \int_{-\infty}^{+\infty} dk \frac{1}{k} \mathcal{E}(k; t) \frac{(\partial_v f_0)[kv - \omega + \omega]}{i[\omega - kv]}$$

$$= -2\omega_i \int_{-\infty}^{+\infty} dk\, \mathcal{E}(k; t), \tag{8.841}$$

wobei wiederum die lineare Dispersionsrelation einging. Unter Berücksichtigung von (8.830) können wir das gerade erhaltene Resultat auch als

$$\boxed{\frac{d}{dt} \left[\int dv \frac{1}{2} m_e v^2 f_0 + \int dk \mathcal{E}(k; t) \right] = 0} \tag{8.842}$$

schreiben; die Summe aus (kinetischer) Teilchenenergie und (elektrostatischer) Wellenenergie ist also konstant. ∎

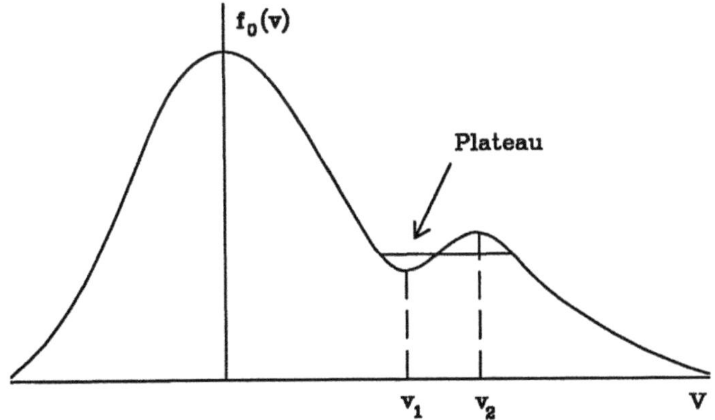

Abb. 8.18 Schematische Darstellung einer instabilen Verteilungsfunktion mit Plateauformation im Rahmen der quasilinearen Theorie

Beispiel 8.33 („bump on tail" Instabilität)

Die quasilineare Theorie wenden wir jetzt auf eine Situation („weak bump on tail instability") an, bei der eine Verformung der Verteilungsfunktion (s. Abb. 8.18) zu einer schwachen Instabilität ($\gamma/\omega_r \ll 1$) Anlass gibt. Dem Geschwindigkeitsintervall $v_1 < v < v_2$ der Abb. 8.18 entsprechen wegen $\omega_r \approx \omega_{pe}$ im k-Raum die Intervalle $k_2 < k < k_1$ und $-k_1 < k < -k_2$; dabei gilt $\omega_{pe}/k_1 \approx v_1$ und $\omega_{pe}/k_2 \approx v_2$. Aufgrund der Anwachsrate

$$\boxed{\omega_i \approx \frac{\pi}{2}\omega_k \frac{\omega_{pe}^2}{|k|^3}k \frac{1}{n_0} \left.\frac{\partial f_0}{\partial v}\right|_{v=\omega_k/k}} \tag{8.843}$$

wachsen in den gerade erwähnten k-Intervallen Moden an.

Der Diffusionskoeffizient D (8.826) lässt sich aufgrund der Plemelj-Formel (8.834) in einen resonanten und einen nichtresonanten Anteil aufspalten. Der resonante Anteil [vergl. (8.835)]

$$D^r \approx \frac{16\pi^2 e^2}{m_e^2} \frac{1}{v}\mathcal{E}\left(k = \frac{\omega_r}{v}; t\right) \tag{8.844}$$

führt in (8.822) zu einer „Ausschmierung" der Gradienten der Verteilungsfunktion, d. h. es ist $\omega_i \to 0$ für $t \to \infty$ zu erwarten.

Der nichtresonante Anteil [vergl. (8.833)]

$$D^{nr} \approx \frac{8\pi e^2}{m_e^2} \int_{-\infty}^{+\infty} dk \, \frac{\mathcal{E}(k;t)\omega_i}{[\omega_r - kv]^2}$$

$$\approx \frac{2}{n_0 m_e} \int_{-\infty}^{+\infty} dk \, \omega_i \mathcal{E}(k;t)$$

$$\approx \frac{1}{n_0 m_e} \frac{\partial}{\partial t} \int_{-\infty}^{+\infty} dk \mathcal{E}(k;t) \tag{8.845}$$

für $v \ll \omega_r/k$ bei $k^2 \lambda_{De}^2 \ll 1$ führt zu

$$\partial_t f_0 = \frac{1}{n_0 m_e} \left[\frac{\partial}{\partial t} \int_{-\infty}^{+\infty} dk \, \mathcal{E}(k;t) \right] \partial_v^2 f_0. \tag{8.846}$$

Mit der neuen Variable

$$\tau(t) = \frac{2}{n_0} \int_{-\infty}^{+\infty} dk \, \mathcal{E}(k;t) \tag{8.847}$$

schreibt sich (8.846) als

$$\partial_\tau f_0(v;\tau) = \frac{1}{2m_e} \partial_v^2 f_0(v;\tau),$$

d. h. als Standarddiffusionsgleichung. Mithilfe der greenschen Funktion G schreiben wir die Lösung des Anfangswertproblems als

$$f_0(v;\tau(t)) = \int dv' f_0(v';\tau(0)) G(v',v;\tau(t)) \tag{8.848}$$

mit

$$G(v',v;\tau(t)) = \left\{ \frac{m_e}{2\pi[\tau(t) - \tau(0)]} \right\}^{1/2} \exp \left\{ \frac{m_e(v' - v)^2}{2[\tau(t) - \tau(0)]} \right\}. \tag{8.849}$$

Für die nichtresonanten Teilchen können wir für f_0 eine Maxwell-Verteilung annehmen, sodass (8.848) einfach mit dem Ergebnis

$$\boxed{f_0(v;t) = \left\{ \frac{m_e}{2\pi[k_B T_e + \tau(t) - \tau(0)]} \right\}^{1/2} \exp \left\{ \frac{m_e v^2}{2[k_B T_e + \tau(t) - \tau(0)]} \right\}} \tag{8.850}$$

ausgewertet werden kann. Wir erkennen eine Verbreiterung der Verteilungsfunktion, wie sie schematisch in Abb. 8.19 dargestellt ist. Der Übergang

$$\frac{1}{2} k_B T_e \rightarrow \frac{1}{2} k_B T_e + \Delta W \tag{8.851}$$

zeigt uns, dass die nichtresonanten Teilchen die Energie

$$\Delta W \equiv \frac{1}{n_0} \int_{-\infty}^{+\infty} dk \, [\mathcal{E}(k;\infty) - \mathcal{E}(k;0)] \tag{8.852}$$

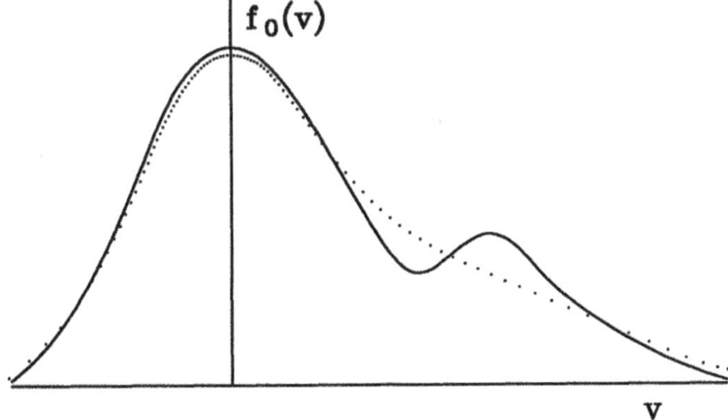

Abb. 8.19 Schematische Darstellung des Einflusses der quasilinearen Diffusion im Geschwindigkeitsraum auf die Verteilungsfunktion

gewinnen. Aufgrund des Energiesatzes (8.842) bedeutet dies, dass die resonanten Teilchen die Energie $-2\Delta W$ *verlieren.* In der nichtresonanten Diffusion haben wir wieder ein Beispiel, bei dem der Einzelprozess pro Teilchen verschwindend klein ist, sich aber aufgrund der großen Anzahl von Teilchen eine Aufsummation zu endlichen Beiträgen vollzieht. ■

Induzierte Streuung von Wellen an Teilchen

Der gerade untersuchte Prozess der quasilinearen Diffusion beruht auf der Teilchen-Welle-Wechselwirkung und deren Rückwirkung auf die gemittelte Verteilungsfunktion f_0. Man kann sich aber leicht weitere nichtlineare Prozesse vorstellen, die in einem (schwach) turbulenten Plasma eine Rolle spielen. In diesem Abschnitt diskutieren wir, ob u. U. die Wechselwirkung eines Teilchens mit zwei Wellen qualitativ neue Effekte hervorrufen kann.

Für einen derartigen (turbulenten) Elementarprozess wird die Resonanzbedingung

$$\boxed{\omega_1 - \omega_2 = (k_1 - k_2)v} \tag{8.853}$$

lauten, wenn ω_1, k_1 zur ersten und ω_2, k_2 zu einer zweiten Welle gehören. Resonanzen, z. B. mit den Ionen, dürfen wir im verstärkten Maße erwarten, wenn

$$\frac{\omega_1 - \omega_2}{k_1 - k_2} \sim \mathcal{O}(v_{ti}) \tag{8.854}$$

im Bereich der thermischen Geschwindigkeit der Ionen liegt. Gl. (8.854) ist zum Beispiel für zwei (hochfrequente) Langmuir-Schwingungen erfüllbar. Aus früheren Kapiteln wissen wir, wie wir derartige Prozesse im Prinzip behandeln müssen. Die Langmuir-Schwingungen beschreiben wir durch ein hydrodynamisches Modell, während die niederfrequenten Störungen (wegen der Teilchen-Welle-Wechselwirkung) kinetisch erfasst werden müssen.

Im Einzelnen bedeutet dies

$$\boxed{\partial_t n_e + \partial_x (n_e v_e) = 0,} \tag{8.855}$$

$$\boxed{m_e n_e \left[\partial_t v_e + v_e \partial_x v_e\right] = -\gamma_e k_B T_e \partial_x n_e - e n_e E,} \tag{8.856}$$

$$\boxed{\partial_x E = -4\pi e n_e,} \tag{8.857}$$

$$\boxed{\partial_t \delta f_i + v \partial_x \delta f_i + \frac{e}{m_i} E \partial_v f_{i0} = 0.} \tag{8.858}$$

Dazu die folgenden Erklärungen.

(8.855)–(8.857) sind die hydrodynamischen Ausgangsgleichungen für (hochfrequente) Langmuir-Oszillationen, bei denen die Ionen nur die Rolle eines „ausgeschmierten Hintergrunds" spielen. Wir benutzen sie auch zur Beschreibung des Elektronenanteils der niederfrequenten Störungen. Bezüglich der Elektronen sollen keine Resonanzen entscheidend eingehen, während (8.854) eine kinetische Beschreibung der (niederfrequenten) Ionenkomponente erfordert. Die Ionen werden durch die Vlasov-Gleichung (8.858) beschrieben, wobei bei der Aufspaltung $f_i = f_{i0}(v) + \delta f_i$ der Term $\partial_v \delta f_i$ gegen $\partial_v f_{i0}$ vernachlässigt wurde.

Die (beiden) hochfrequenten Felder werden durch

$$E = E_1 e^{-i\omega_1 t + i k_1 x} + E_2 e^{-i\omega_2 t + i k_2 x} + c.c. \tag{8.859}$$

dargestellt. E_1 sei im Vergleich zu E_2 groß; die Frequenz ω_1 wird als reell angenommen. Für die Störung machen wir einen Ansatz $\sim \exp(-i\omega_3 t + i k_3 x) + c.c.$, und es gelte

$$\omega_1 - \omega_2 = \omega_3^*, \tag{8.860}$$

$$k_1 - k_2 = k_3 \tag{8.861}$$

mit $\omega_1 \approx \omega_{2r} \gg \omega_{3r}$.

Zunächst diskutieren wir die Mode 2 mit der Frequenz ω_2 und dem Wellenzahlvektor k_2. Wir kennzeichnen die entsprechenden Beiträge durch den Index 2. Die Gl. (8.855) und (8.856) liefern für die Harmonische $\exp(-i\omega_2 t + i k_2 x)$

$$-i\omega_2 n_2 + ik_2(n_0 v_2 + n_1 v_3^* + n_3^* v_1) = 0, \tag{8.862}$$

$$-i\omega_2 v_2 - ik_3 v_3^* v_1 + ik_1 v_1 v_3^* = -3ik_2 \frac{k_B T_e}{m_e n_0} n_2 - \frac{e}{m_e} E_2\,. \tag{8.863}$$

Mit ähnlichen Argumenten wie in früheren Kapiteln wurden Nichtlinearitäten im Druckterm vernachlässigt. Außerdem wurde nur die Drei-Moden-Wechselwirkung berücksichtigt.

Setzen wir (8.863) in (8.862) ein, so folgt

$$-i\omega_2 n_2 = -ik_2 \left\{ v_3^* \left[n_1 - n_0 \frac{k_3}{\omega_2} v_1 + n_0 \frac{k_1}{\omega_2} v_1 \right] + n_3^* v_1 \right.$$
$$\left. + \frac{3k_2 v_{te}^2 n_2}{\omega_2} + \frac{n_0 e}{i\omega_2 m_e} E_2 \right\}\,. \tag{8.864}$$

Beispiel 8.34 (Größenordnungen)

Auf der rechten Seite dieser Gleichung gilt für den ersten Term $v_3^*[...] \ll n_3^* v_1$. Der Grund ist

$$n_1 \approx n_0 \frac{k_1}{\omega_1} v_1 \approx n_0 \frac{k_1}{\omega_2} v_1, \tag{8.865}$$

und deshalb

$$v_3^*[...] \approx \frac{v_3^* v_1 n_0}{\omega_2}(k_1 - k_3 + k_1)$$
$$= \frac{v_3^* v_1 n_0}{\omega_2}(k_1 + k_2). \tag{8.866}$$

Andererseits haben wir $n_3^* \approx n_0 v_3^* k_3 / \omega_3^*$, woraus

$$n_3^* v_1 \approx n_0 v_3^* v_1 k_3 / \omega_3^* \tag{8.867}$$

folgt. Vergleichen wir (8.866) und (8.867) unter der Voraussetzung $\omega_3 \ll \omega_1, \omega_2$ und $k_1 \approx k_2 \approx k_3$, so wird die oben angegebene Vernachlässigung nahegelegt. ∎

Das hochfrequente elektrische Feld E_2 ergibt sich aus (8.857) zu

$$ik_2 E_2 = -4\pi e n_2\,. \tag{8.868}$$

Einfache Umformungen liefern dann aus (8.864)

$$\boxed{\left(\omega_2^2 - 3k_2^2 v_{te}^2\right)\varepsilon(\omega_2, k_2)n_2 = \omega_2 k_2 n_3^* v_1}\;; \tag{8.869}$$

ε ist die (hochfrequente) Dielektrizitätskonstante

$$\varepsilon(\omega, k) \approx 1 - \frac{\omega_{pe}^2}{\omega^2 - 3k^2 v_{te}^2}\,. \tag{8.870}$$

Zur weiteren Auswertung von (8.869) benötigen wir einen Zusammenhang zwischen der (niederfrequenten) Dichtestörung n_3 und n_2, v_1. In niedrigster Ordnung folgt für v_1 aus der Impulsbilanz der Elektronen

$$v_1 \approx \frac{eE_1}{i\omega_1 m_e}. \tag{8.871}$$

Die Größe $n_3 = n_{e3} \approx n_{i3}$ bestimmt sich bei niederfrequenten (isothermen: $\gamma_e = 1$) Veränderungen aus

$$-i\omega_3 v_3 - v_1 ik_2 v_2^* + ik_1 v_1 v_2^* = -i\frac{k_B T_e}{n_0 m_e} k_3 n_3 - \frac{e}{m_e} E_3 \tag{8.872}$$

bzw.

$$E_3 \approx -\frac{k_B T_e}{e n_0} ik_3 n_3 - \frac{im_e}{n_0 e}\frac{k_3}{k_2} v_1 \omega_2^* n_2^*. \tag{8.873}$$

Letztlich liefert die Vlasov-Gleichung für Ionen den niederfrequenten Beitrag (beachte die Normierung bei der eindimensionalen Vlasov-Gleichung)

$$\begin{aligned}
n_3 &= \int_{-\infty}^{+\infty} dv \, \delta f_{i3} = E_3 \int_{-\infty}^{+\infty} dv \frac{e/m_i}{i(\omega_3 - k_3 v)} \partial_v f_{i0} \\
&= -\frac{m_e v_1 \omega_2^* n_2^*}{k_2 k_B T_e} \frac{W}{1+W},
\end{aligned} \tag{8.874}$$

wenn wir E_3 über (8.873) ausdrücken und

$$W = \frac{k_3 k_B T_e}{m_i n_0} \int_{-\infty}^{+\infty} dv \frac{\partial_v f_{i0}}{\omega_3 - k_3 v} \tag{8.875}$$

definieren. Setzen wir (8.874) in (8.869) ein, so ergibt sich eine nichtlineare Dispersionsrelation

$$\boxed{\varepsilon_{NL} \equiv \varepsilon(\omega_2, k_2) + \frac{|v_1|^2}{v_{te}^2} \frac{\omega_2^2}{\omega_2^2 - 3k_2^2 v_{te}^2} \frac{W^*}{1+W^*} = 0}. \tag{8.876}$$

Interessant ist nun, dass bei endlichem $|v_1|^2 \sim |E_1|^2$ Instabilität auftreten kann. Dazu berechnen wir den Imaginärteil von W (mit der Plemelj-Formel für $\omega_{3i} \ll \omega_{3r}$)

$$\mathrm{Im}\, W = W_i = -\frac{c_s^2}{n_0} \pi \partial_v f_{i0} \Big|_{\omega_3/k_3}. \tag{8.877}$$

Wegen

$$\mathrm{Im}\, \frac{W^*}{1+W^*} \approx -\frac{W_i}{(1+W_r)^2} \tag{8.878}$$

finden wir

$$\mathrm{Im}\,\varepsilon_{NL} = \frac{1}{(1+W_r)^2}\frac{|v_1|^2}{v_{te}^2}\frac{\pi c_s^2}{n_0}\partial_v f_{i0}\bigg|_{\omega_3/k_3}. \tag{8.879}$$

Zusammen mit

$$\frac{\partial \varepsilon_r}{\partial \omega}\bigg|_{\omega_{2r}} \approx \frac{2}{\omega_{pe}} \tag{8.880}$$

ergibt sich

$$\boxed{\omega_{3i} = \omega_{2i} \approx \frac{-\mathrm{Im}\,\varepsilon_{NL}}{\partial \varepsilon_r/\partial \omega|_{\omega_{2r}}} \approx -\frac{1}{(1+W_r)^2}\frac{\omega_{pe}}{2}\frac{|v_1|^2}{v_{te}^2}\frac{\pi c_s^2}{n_0}\partial_v f_{i0}\bigg|_{\omega_{3r}/k_3}}. \tag{8.881}$$

ω_{3r}/k_3 ist die Phasengeschwindigkeit der Differenzwelle und wegen (8.860) und (8.861) gleich $(\omega_1 - \omega_{2r})/(k_1 - k_2)$.

Formel (8.881) lehrt uns, dass bei zwei Langmuir-Wellen 1 und 2, für die

$$\frac{\omega_1 - \omega_{2r}}{k_1 - k_2} \sim \mathcal{O}(v_{ti}) \tag{8.882}$$

gilt, eine Instabilität auftritt, wenn der Anstieg $\partial_v f_{i0}$ der Ionenverteilung negativ ist (wie z. B. bei einer Maxwell-Verteilung).

Soweit ist der Prozess der induzierten Streuung von Langmuir-Wellen (1) an Ionen, bei der eine Langmuir-Welle (2) entsteht [sofern (8.882) erfüllt ist], recht isoliert betrachtet. Es wird klar, dass wir derartige Prozesse in eine vollständige (schwache) Turbulenztheorie – ähnlich wie im ersten Abschnitt – einbeziehen müssen. Für die Langmuir-Turbulenz hat das wichtige Konsequenzen. Bei jeder Streuung einer Langmuir-Welle an den Ionen wird ein Teil der Energie der Langmuir-Welle auf ein Ion übertragen. Gleichzeitig findet ein Transport von Langmuir-Energie in den langwelligen Bereich statt, wo eine direkte resonante Absorption der Wellenenergie durch die Teilchen grundsätzlich unmöglich wird. Dieses Problem der „Bose-Kondensation" kann durch den Langmuir-Kollaps gelöst werden.

Es würde aber den Rahmen dieses Buches sprengen, darauf weiter im Detail einzugehen. Deshalb verlassen wir diesen Aspekt jetzt und wenden uns einem weiteren wichtigen Elementarprozess zu.

Welle-Welle-Wechselwirkung

Da wir bislang die nichtlineare Wechselwirkung der Wellen untereinander noch nicht explizit berücksichtigt haben, wenden wir uns jetzt diesem Teilaspekt zu. Wir gehen im Folgenden davon aus, dass die Basisgleichungen höchstens quadratische Terme enthalten; ein typisches System stellen die Zakharov-Gleichungen (8.255) und (8.256) dar. Aus Demonstrationsgründen wählen wir eine einfachere Form, die kein System von Gleichungen beinhaltet.

Die (einzige) Ausgangsgleichung habe die Modellstruktur

$$\boxed{\partial_t \tilde{C}(x;t) + L\tilde{C}(x;t) = A\tilde{C}^2(x;t)} \, . \tag{8.883}$$

Hierbei sei L ein linearer Operator, der bei Abwesenheit der Nichtlinearitäten ($A \equiv 0$) der linearen Dispersion Rechnung trägt. Die Einschränkung auf die erste Zeitableitung ist nicht einschneidend, da wir nach einer Fourier-Transformation im Ort sowieso die Annahme langsam variierender Amplituden („slowly varying envelope approximation") machen werden. Das kommt dadurch zum Ausdruck, dass die Fourier-Transformierte (im Ort) von $\tilde{C}(x;t)$ als

$$\tilde{C}(k;t) = C(k;t)e^{-i\omega(k)t} \tag{8.884}$$

angesetzt wird, wobei der „schnellen" Zeitveränderung durch den Faktor $\exp[-i\omega(k)t]$ Genüge getan wird und die Amplitude $C(k;t)$ noch schwach von der Zeit abhängen soll. Der nichtlineare Term auf der rechten Seite von (8.883) verursacht bei der Fourier-Transformation ein Faltungsintegral, sodass (8.883) in

$$\boxed{\begin{aligned} \partial_t C(k;t) = \int_{-\infty}^{\infty} dk'\, V(k,k',k-k')C(k';t)C(k-k';t) \\ \times \exp\{i[\omega(k) - \omega(k') - \omega(k-k')]t\} \end{aligned}} \tag{8.885}$$

übergeht.

Diese Gleichung, mit einem allgemeinen Matrixelement V, steht stellvertretend für viele kompliziertere Modellgleichungen, die sich aus speziellen Fragestellungen ergeben. Wir suchen nicht nach *einer kohärenten* Lösung, sondern beabsichtigen eine Aussage für ein (statistisches) turbulentes Ensemble von Wellen.

Im Rahmen der schwachen Turbulenztheorie nehmen wir die Kopplung über das Matrixelement V als klein an und entwickeln

$$C(k; t) = C^0(k; t) + C^{(1)}(k; t) + C^{(2)}(k; t) + \dots \tag{8.886}$$

nach der Wechselwirkung. In nullter Ordnung folgt aus (8.885)

$$\partial_t C^{(0)}(k; t) = 0 \,, \tag{8.887}$$

d. h., $C^{(0)}(k; t) = C^{(0)}(k)$ ist zeitlich konstant. Die Gleichung erster Ordnung

$$\partial_t C^{(1)}(k; t) = \int_{-\infty}^{+\infty} dk' V(k, k', k - k') C^{(0)}(k') C^{(0)}(k - k')$$
$$\times e^{i[\omega(k) - \omega(k') - \omega(k-k')]t} \tag{8.888}$$

kann direkt integriert werden. Wegen der Zeitunabhängigkeit der $C^{(0)}$ erhalten wir

$$C^{(1)}(k; t) = \int_{-\infty}^{+\infty} dk' \int_{-\infty}^{+\infty} dk'' C^{(0)}(k') C^{(0)}(k'') \int_0^t dt' F(k, k', k'', t') \,, \tag{8.889}$$

wobei

$$F(k, k', k'', t) = V(k, k', k'') \delta(k - k' - k'') e^{i[\omega(k) - \omega(k') - \omega(k'')]t} \tag{8.890}$$

aus Symmetriegründen eingeführt wurde. Die zweite Ordnung in V (oder F) lautet (in etwas abgekürzter Schreibweise)

$$\partial_t C^{(2)}(k; t) = \int_{-\infty}^{\infty} dk' \int_{-\infty}^{\infty} dk'' F(k, k', k''; t) \left\{ C^{(0)}(k') \int_{-\infty}^{\infty} dk''' \int_{-\infty}^{\infty} dk'''' \right.$$
$$\times C^{(0)}(k''') C^{(0)}(k'''') \int_0^t dt' F(k'', k''', k''''; t')$$
$$\left. + k' \leftrightarrow k'' \right\} \,. \tag{8.891}$$

Die Lösung dieser Differentialgleichung erster Ordnung ist

$$C^{(2)}(k; t) = \int dk' \dots dk'''' \int_0^t dt' \int_0^{t'} dt'' F(k, k', k''; t') \{ F(k'', k''', k''''; t'') $$
$$\times C^{(0)}(k') C^{(0)}(k''') C^{(0)}(k'''') + k' \leftrightarrow k'' \}. \tag{8.892}$$

Im Prinzip können wir so sukzessive alle höheren Ordnungen bestimmen. Wir unterbrechen jedoch diese Berechnung an dieser Stelle, um die Zusatzinformation statistisch verteilter Felder einzubringen. Formal schreiben wir

$$C^{(0)}(k) = |C^{(0)}(k)| e^{i\varphi(k)}, \tag{8.893}$$

wobei $\varphi(k)$ eine willkürlich im Intervall $0 \leq \varphi(k) < 2\pi$ verteilte Phase ist. Dieser Ansatz bedeutet, dass wir eine bestimmte Konfiguration zur Zeit t als eine Realisierung in einem Ensemble von Systemen betrachten, wobei sich die einzelnen Ensemblemitglieder durch die (willkürlich gewählten und statistisch unabhängigen) Phasen unterscheiden. Die Amplituden $|C^{(0)}|$ variieren nicht. Das Symbol $\langle ... \rangle = \int_0^{2\pi} d\varphi(k).../2\pi$ soll eine Mittelung über das Ensemble bedeuten, wobei für $k \neq k'$

$$\langle e^{i\varphi(k) \pm i\varphi(k')} \rangle = \frac{1}{4\pi^2} \int_0^{2\pi} d\varphi(k) \int_0^{2\pi} d\varphi(k') e^{i\varphi(k) \pm i\varphi(k')} = 0 \tag{8.894}$$

gilt und für $k = k'$

$$\langle e^{i\varphi(k) - i\varphi(k')} \rangle = \frac{1}{2\pi} \int_0^{2\pi} e^{i0} d\varphi(k) = 1 \tag{8.895}$$

gesetzt werden kann. Dies erlaubt uns, eine Intensität $n^{(0)}$ über

$$\langle C^{(0)}(k) C^{(0)*}(k') \rangle = n^{(0)}(k) \delta(k - k') \tag{8.896}$$

einzuführen. Analog gilt

$$\boxed{\langle C(k; t) C^*(k'; t) \rangle = n(k; t) \delta(k - k')} . \tag{8.897}$$

Diesen letzten Ausdruck berechnen wir jetzt systematisch bis zur zweiten Ordnung, indem wir (8.886) und die nachfolgenden Ergebnisse einsetzen. Eine etwas umfangreiche, aber im Prinzip einfache Rechnung führt zu

$$\langle C(k; t) C^*(k; t) \rangle = |C^{(0)}(k)|^2 + \langle C^{(1)}(k; t) C^{(1)*}(k; t) \rangle \tag{8.898}$$

bzw.

$$\left[n(k; t) - n^{(0)}(k) \right] \delta((k - k') = 0)$$

$$= \int dk' dk'' dk''' dk'''' \int_0^t dt' F(k, k', k''; t') \int_0^t dt'' F^*(k, k''', k''''; t'')$$

$$\times \langle C^{(0)}(k') C^{(0)}(k'') C^{(0)*}(k''') C^{(0)*}(k'''') \rangle . \tag{8.899}$$

Im Integranden auf der rechten Seite erhalten wir nur Beiträge für $k' = k'''$ und $k'' = k''''$ oder $k' = k''''$ und $k'' = k'''$. Das bedeutet

$$\langle C^0(k') C^{(0)}(k'') C^{(0)*}(k''') C^{(0)*}(k'''') \rangle \tag{8.900}$$

$$= n^{(0)}(k') n^{(0)}(k'') [\delta(k' - k''') \delta(k'' - k'''') + \delta(k' - k'''') \delta(k'' - k''')].$$

Berücksichtigen wir dies in (8.899), so folgt

$$[n(k;t) - n^{(0)}(k)]\delta(0) = \int_{-\infty}^{+\infty} dk' \int_{-\infty}^{+\infty} dk'' \int_0^t dt' \int_0^t dt'' \, F(k,k',k'';t')$$
$$\times n^{(0)}(k')n^{(0)}(k'') \left\{ F^*(k,k',k'';t'') + F^*(k,k'',k';t'') \right\}. \tag{8.901}$$

Besitzt das Matrixelement V die Symmetrie

$$V(k,k',k'') = V(k,k'',k') \, , \tag{8.902}$$

so findet sie sich auch in F wieder, und (8.901) kann in der Form

$$[n(k;t) - n^{(0)}(k;t)]\delta(0) = 2 \int dk' \int dk'' n^{(0)}(k')n^{(0)}(k'')$$
$$\times \left| \int_0^t dt' F(k,k',k'';t') \right|^2 \tag{8.903}$$

geschrieben werden. Ähnlich wie bei Fermis goldener Regel für Übergänge in der Quantenelektrodynamik beachten wir

$$\lim_{t \to \infty} \left| \int_0^t dt' e^{i\Delta\omega t'} \right|^2 = 2\pi t\delta(\Delta\omega), \tag{8.904}$$

sodass für große t

$$\boxed{\left| \int_0^t dt' F \right|^2 = \left| V(k,k',k'') \right|^2 2\pi t\delta[\omega(k) - \omega(k') - \omega(k'')]\delta(k - k' - k'')\delta(0)} \tag{8.905}$$

gesetzt werden kann.

Die Gl. (8.903) können wir daher auch als

$$\frac{n(k;t) - n^{(0)}(k)}{t} = 4\pi \int dk' \int dk'' |V(k,k',k'')|^2$$
$$\times n^{(0)}(k')n^{(0)}(k'')\delta[\omega(k) - \omega(k') - \omega(k'')]\delta(k - k' - k'') \tag{8.906}$$

schreiben. Obwohl t groß werden kann, ist in der Grenze $V \to 0$ $\quad |n - n^{(0)}| \ll n^{(0)}$, und wir können deshalb die linken Seiten durch den Differentialquotienten ersetzen. Ferner betrachten wir (8.906) als Iterationsvorschrift in der Zeit. Wir starten zur Zeit $t = 0$ mit $n(k;t = 0) = n^{(0)}(k)$. Dann folgt aus (8.906) $n(k;t)$, das wir wiederum als neuen Startwert [für $n^{(0)}(k)$ auf der rechten Seite von (8.906)] einsetzen können, um $n(k,T)$ für $T > t$ zu berechnen usw.

Das führt zu der Grundgleichung der schwachen Turbulenz für Welle-Welle-Wechselwirkung

$$\partial_t n(k; t) = 4\pi \int dk' \int dk'' |V(k, k', k'')|^2 n(k'; t) n(k''; t)$$

$$\times \delta[\omega(k) - \omega(k') - \omega(k'')]\delta(k - k' - k''). \tag{8.907}$$

Die Dirac-Funktion mit dem Argument $\Delta\omega$ drückt die Energieerhaltung aus, und die Dirac-Funktion mit dem Argument Δk beinhaltet die Impulserhaltung.

In dieser einfachen Formulierung [mit nur einem Wellentyp und der Frequenz $\omega(k)$] setzt (8.907), wenn die Aussage nicht leer sein soll, ein Spektrum vom Zerfallstyp („decay spectrum") $\omega(k' + k'') = \omega(k') + \omega(k'')$ voraus. Das ist nicht für alle Wellentypen erfüllt. Wir sollten jedoch bedenken, dass wir nur eine einfache Modellgleichung behandelt haben. Gekoppelte Systeme (z. B. die Zakharov-Gleichungen) lassen Kopplungen zwischen verschiedenen Wellentypen zu, die zu äußerst interessanten Ergebnissen führen können. Die „$k \to 0$-Kondensation" der schwachen Langmuir-Turbulenz ist ein Beispiel hierfür.

Inhaltsverzeichnis

Zusammenfassung

In diesem Kapitel untersuchen wir die Stabilität von Plasmaanordnungen auf der Basis einer magnetohydrodynamischen Beschreibung. Das ist für die verschiedensten Konfigurationen deshalb so wichtig, da beim Streben nach Stabilität als Erstes schnelle Instabilitätsmechanismen ausgeschlossen werden müssen, die auf der globalen magnetohydrodynamischen Skala ablaufen. Zunächst entwickeln wir ein allgemeines Stabilitätskriterium. Es handelt sich um ein Variationsprinzip. In den dann folgenden Abschnitten wenden wir beispielhaft das Prinzip auf verschiedene Konfigurationen an. Wir beginnen mit einfachen Pinchkonfigurationen, um dann nach allgemeinen Aussagen zu Austauschinstabilitäten noch als letztes Beispiel resistive Instabilitäten zu behandeln.

9.1 Hydrodynamisches Stabilitätskriterium

In diesem Abschnitt befassen wir uns mit der Stabilität magnetohydrodynamischer Systeme in idealer Näherung ($\eta = 0$). Die entsprechenden Grundgleichungen wurden bereits hergeleitet. Konkret behandeln wir jetzt im Rahmen der idealen MHD das Problem, wann ein Gleichgewicht ($\partial_t = 0$) stabil ist, indem wir ein Variationsprinzip (Energieprinzip) vorstellen.

K.-H. Spatschek, *Theoretische Plasmaphysik*, https://doi.org/10.1007/978-3-662-71426-3_9

Das Gleichgewicht sei durch $u_0 = 0$ und

$$\nabla p_0 = \frac{1}{\mu_0}(\nabla \times \mathbf{B}_0) \times \mathbf{B}_0 \qquad (9.1)$$

gegeben. Kleine Störungen erfüllen (in linearer Näherung) die Bewegungsgleichung

$$\rho_0 \partial_t \mathbf{u} = -\nabla p + \frac{1}{\mu_0}(\nabla \times \mathbf{B}_0) \times \mathbf{B} + \frac{1}{\mu_0}(\nabla \times \mathbf{B}) \times \mathbf{B}_0 \ . \qquad (9.2)$$

Alle Größen ohne Index stellen die Störungen dar, während der Index 0 die Gleichgewichtswerte kennzeichnet. Durch Nachdifferenzieren nach der Zeit gewinnen wir

$$\begin{aligned}\rho_0 \partial_t^2 \mathbf{u} = &-\nabla \dot{p} + \frac{1}{\mu_0}(\nabla \times \mathbf{B}_0) \times \nabla \times (\mathbf{u} \times \mathbf{B}_0)\\ &+ \frac{1}{\mu_0}[\nabla \times \nabla \times (\mathbf{u} \times \mathbf{B}_0)] \times \mathbf{B}_0 \ .\end{aligned} \qquad (9.3)$$

Über die Zustandsgleichung

$$\frac{d}{dt}\left(\frac{p}{\rho^\gamma}\right) = 0 \qquad (9.4)$$

und die Kontinuitätsgleichung für ρ lässt sich $\dot{p}$ in niedrigster Ordnung durch

$$\dot{p} = -\mathbf{u} \cdot \nabla p_0 - \gamma p_0 \nabla \cdot \mathbf{u} \qquad (9.5)$$

ausdrücken, sodass wir nach Einsetzen in (9.3) eine geschlossene Gleichung für $\mathbf{u}$ erhalten. Letztere wird häufig in der Lagrange-Variable ξ anstelle von $\mathbf{u}$ geschrieben. Im Rahmen der linearen Theorie können wir näherungsweise $\mathbf{u} = \dot{\xi}$ setzen, wie die folgende Diskussion zeigt.

Beispiel 9.1 (Euler- versus Lagrange-Darstellung)
Die eulersche Darstellung der Geschwindigkeitshistorie an einem festen Ort $\mathbf{r}$, d. h. $\mathbf{u}(\mathbf{r}, t)$, hängt für kleine Abweichungen vom Gleichgewicht mit der Lagrange-Geschwindigkeit $\dot{\xi}(\mathbf{r}_0, t)$ eines bestimmten Fluidelements, das zur Zeit t_0 am Ort $\mathbf{r}_0$ war, über die Taylor-Entwicklung

$$\begin{aligned}\dot{\xi}(\mathbf{r}_0, t) = \mathbf{u}(\mathbf{r}, t) &\approx \mathbf{u}(\mathbf{r}_0, t) + \xi \cdot \nabla \mathbf{u} + \ldots\\ &\approx \mathbf{u}(\mathbf{r}_0, t)\end{aligned} \qquad (9.6)$$

zusammen. Somit können wir in (9.3) $\mathbf{u} = \dot{\xi}$ setzen und einmal bezüglich der Zeit integrieren. ∎

Aus der Gleichgewichtsbedingung folgt $\xi(\mathbf{r}_0, 0) = \ddot{\xi}(\mathbf{r}_0, 0) = 0$, und die Bewegungsgleichung für die Abweichung vom Gleichgewicht lautet

$$\rho_0 \ddot{\xi} = \nabla\,(\xi \cdot \nabla p_0 + \gamma\, p_0 \nabla \cdot \xi) + \frac{1}{\mu_0} \{\nabla \times [\nabla \times (\xi \times \mathbf{B}_0)]\} \times \mathbf{B}_0$$

$$+ \frac{1}{\mu_0}\,(\nabla \times \mathbf{B}_0) \times [\nabla \times (\xi \times \mathbf{B}_0)]\,. \tag{9.7}$$

Gewöhnlich führt man den (komplizierten) zeitunabhängigen linearen Operator $\mathbf{F}$ ein, mit dem (9.7) in der Form

$$\boxed{\rho_0 \ddot{\xi} = \mathbf{F}(\xi)} \tag{9.8}$$

geschrieben wird. Diese Anschrift soll nicht darüber hinwegtäuschen, dass die Bestimmungsgleichung für ξ nicht einfach zu lösen ist.

Erste Schlüsse können wir nach einem Separationsansatz $\xi(\mathbf{r}_0, t) = \xi_k(r_0)\tau_k(t)$ ziehen. Wegen

$$\rho_0 \xi_k\,\ddot{\tau}_k = \mathbf{F}(\xi_k)\tau_k \tag{9.9}$$

lässt sich dann z. B.

$$\tau_k \sim \exp[i(\omega_k t \mid \varphi_k)] \tag{9.10}$$

schreiben, wobei sich ω_k^2 aus der Eigenwertgleichung

$$\boxed{-\rho_0 \omega_k^2\,\xi_k = \mathbf{F}(\xi_k)} \tag{9.11}$$

ergibt. Wegen der Linearität des Problems können wir über alle k summieren, um

$$\xi(\mathbf{r}_0, t) = \sum_k a_k\,\xi_k(\mathbf{r}_0)\exp[i(\omega_k t + \varphi_k)] \tag{9.12}$$

zu erhalten.

Dieses Vorgehen liefert die allgemeine Lösung, sofern $\mathbf{F}$ ein vollständiger Operator ist. Leider ist diese Voraussetzung nicht immer erfüllt und ein allgemeineres Vorgehen ist nötig. Wenn wir aber noch einen Augenblick bei (9.11) und (9.12) verweilen, so erkennt man leicht, dass unter der bereits erwähnten Voraussetzung der Vollständigkeit das Stabilitätskriterium gilt: *Ein hydromagnetisches Gleichgewicht ist dann und nur dann stabil, wenn alle Eigenwerte von $\rho_0^{-1}\,\mathbf{F}$ negativ sind.*

Vorsicht ist jedoch auch deshalb geboten, weil die Gleichung $\mathbf{F}(\xi_0) = 0$ durch beliebig viele Eigenfunktionen

$$\xi_0 = \alpha(p_0)\,\mathbf{B}_0 + \beta(p_0)\,\nabla \times \mathbf{B}_0 \tag{9.13}$$

erfüllt wird und aufgrund von Entartung algebraische Moden in t auftreten können. (Man beachte, dass die obige Formulierung des Stabilitätskriteriums exponentielle Instabilität annimmt.)

Im Rahmen der idealen MHD liegt der Verdacht nahe, dass der Operator $\mathbf{F}$ hermitesch ist. Da wir keine Dissipation und keine äußeren Quellen im (konservativen) idealen MHD-System haben, sollte ω_k^2 reell sein. Diese allgemeine Aussage für die Eigenwerte ω_k^2 in konservativen Systemen schließt sowohl rein gedämpfte wie auch oszillatorisch anwachsende Moden aus. Man begründet sie im Allgemeinen, indem man ein konservatives System der Gesamtenergie $E = T + V$ betrachtet. Bei einer oszillierenden Bewegung gilt an den Umkehrpunkten $V = E$. Wächst nun die Oszillationsamplitude an, so verschiebt sich der Umkehrpunkt im Laufe der Zeit kontinuierlich vom Minimum der potentiellen Energie V weg, im Gegensatz zu den festen Umkehrpunkten, die sich aus $V = E$ für nur ortsabhängige potentielle Energien ergeben. Hermitesche Operatoren haben reelle Eigenwerte und daher die Vermutung, dass $\mathbf{F}$ hermitesch ist.

Beispiel 9.2 (Hermitescher Operator F)

Ein relativ einfaches Plausibilitätsargument erhärtet den Verdacht. Interpretieren wir (9.8) als „newtonsche Gleichung" mit der „Kraftdichte" $\mathbf{F}$, so erhalten wir wegen der Linearität

$$- \int_0^{\xi} \mathbf{F}() \cdot d = -\frac{1}{2}\xi \cdot \mathbf{F}(\xi) \tag{9.14}$$

als Änderung der potentiellen Energiedichte. Für die zeitliche Änderung der gesamten Energie,

$$\frac{\partial}{\partial t} \int \left[\frac{1}{2}\rho_0 \, \dot{\xi}^2 - \frac{1}{2}\xi \cdot \mathbf{F}(\xi) \right] d^3 r = 0 \,, \tag{9.15}$$

fordern wir das Verschwinden aus dem Energieerhaltungssatz. Einfache Umformungen der linken Seite liefern zusammen mit (9.8)

$$\int \dot{\xi} \cdot \mathbf{F}(\xi) \, d^3 r = \int \xi \cdot \mathbf{F}(\dot{\xi}) \, d^3 r \,. \tag{9.16}$$

Die Differentialgleichung (9.8) ist einem System zweier Differentialgleichungen erster Ordnung äquivalent, sodass wir $\dot{\xi}$ und ξ als unabhängig auffassen können. Mit entsprechenden Randbedingungen legt (9.16) die Hermitizität nahe. ∎

Wir werden weiter unten diese mathematische Eigenschaft sauberer beweisen. Zuvor noch ein Wort zur potentiellen Energie

$$W = -\frac{1}{2} \int \xi \cdot \mathbf{F}(\xi) \, d^3 r \,. \tag{9.17}$$

Wenn W negativ werden kann, liegt Instabilität vor. Dies ist eine Vorform des noch genauer zu formulierenden Variationsprinzips. Entwickeln wir ξ in der Form (9.12), bzw. mit $\tau_k \sim$

$\cos(\omega_k t + \varphi_k)$, um den reellen Charakter von ξ zu betonen, nach Eigenfunktionen von $\mathbf{F}$, so folgt aus der Orthonormalität der Eigenfunktionen hermitescher Operatoren

$$W = \sum_k a_k^2 \cos^2(\omega_k t + \varphi_k)\, \omega_k^2 \, . \tag{9.18}$$

Wenn W negativ ist, muss mindestens ein ω_k^2 negativ sein, und das bedeutet Instabilität. Die Umkehrung der obigen Aussage (für Stabilität) würde wieder die Vollständigkeit der Eigenfunktionen voraussetzen.

Wir beweisen jetzt allgemeiner das Energieprinzip, nach dem *notwendig und hinreichend für Stabilität ist, dass die potentielle Energie W keine negativen Werte annehmen kann.*

Relativ einfach ist die Begründung für positive Werte von W. Gl. (9.15) legt es nahe,

$$K = \int \frac{1}{2} \rho_0 \, \dot{\xi}^{\,2} \, d^3 r = E - W \tag{9.19}$$

als positiv definites Funktional für eine Norm zu benutzen, die im Rahmen eines sauberen Stabilitätsbegriffs eingeführt werden muss. Für $W > 0$ folgt wegen

$$K < E \tag{9.20}$$

die Beschränktheit der Norm der Störung. Umgekehrt können wir zeigen, dass

$$\boxed{I := \frac{1}{2} \int \rho_0 \xi^{\,2} d^3 r} \tag{9.21}$$

exponentiell mit der Zeit anwächst, falls W negativ gemacht werden kann. Dazu differenzieren wir (9.21) zweimal nach der Zeit; eine kurze Rechnung liefert

$$\ddot{I} = 2K - 2W. \tag{9.22}$$

Damit können wir schreiben

$$\frac{d^2}{dt^2} \ln I = \frac{1}{I}\left[2K - 2W - \frac{1}{I}\left(\int \rho_0 \xi \cdot \dot{\xi}\, d^3 r \right)^2 \right], \tag{9.23}$$

wobei aufgrund der schwarzschen Ungleichung

$$\left(\int \rho_0\, \xi \cdot \dot{\xi}\, d^3 r \right)^2 \leq 4\, I\, K \tag{9.24}$$

abgeschätzt werden kann. In (9.23) eingesetzt, folgt somit

$$\boxed{\frac{d^2}{dt^2}\ln I \geq -\frac{2E}{I}}. \tag{9.25}$$

Gibt es nun ein $\xi := \mathbf{v}_0(\mathbf{r})$, für das $W < 0$ ist, so untersuchen wir das Anfangswertproblem $\xi(t = 0) = \mathbf{v}_0(\mathbf{r})$ und $\dot{\xi}(t = 0) = 0$. Offensichtlich folgt dafür $E < 0$; wir schreiben formal

$$E := -2v^2 I(0). \tag{9.26}$$

Mit der Hilfsgröße

$$y := \ln\left[I(t)/I(0)\right] \tag{9.27}$$

lautet dann (9.25)

$$\ddot{y} \geq 2v^2 e^{-y}. \tag{9.28}$$

Die Anfangsbedingungen folgen zu $y(0) = \dot{y}(0) = 0$.

Die Funktion $Y(t)$ erfülle dieselben Anfangsbedingungen und gehorche der Differentialgleichung

$$\ddot{Y} = 2v^2 e^{-Y}. \tag{9.29}$$

Offensichtlich gilt zu allen Zeiten $y \geq Y$. Die Differentialgleichung (9.29) besitzt die Lösung

$$Y(t) = \ln(\cosh vt)^2, \tag{9.30}$$

woraus jetzt unmittelbar

$$\boxed{I(t) \geq I(0)\frac{e^{2vt} + 2 + e^{-2vt}}{4} \to \infty} \tag{9.31}$$

für $t \to \infty$ folgt. Das instabile Verhalten (bei $W < 0$) wird aufgrund der Definition (9.21) evident.

Die Schwachstelle bei der bisherigen Argumentation liegt in der Annahme der Hermitizität [siehe (9.16)] von $\mathbf{F}$. Wir wollen sie jetzt durch eine exaktere Rechnung beheben.

Beispiel 9.3 (Struktur von F)

Im Folgenden formen wir den Term $\xi' \cdot \mathbf{F}(\xi)$ unter Berücksichtigung der relevanten Randbedingungen um. Dies erfordert recht unübersichtliche Vektoroperationen, die wir aber nichtsdestotrotz hier im Detail vorführen, um einen Einblick in die recht typische Problematik zu ermöglichen.

Zunächst führen wir die Abkürzungen

$$\mathbf{Q} := \nabla \times (\xi \times \mathbf{B}_0) \tag{9.32}$$

und

$$\mathbf{Q}' := \nabla \times (\xi\,' \times \mathbf{B}_0) \tag{9.33}$$

ein. Wenn man ferner (9.1) benutzt, lässt sich die Vektoridentität

$$\nabla(\xi \cdot \nabla p_0) + (1/\mu_0)(\nabla \times \mathbf{B}_0) \times \mathbf{Q}$$
$$= (\nabla \xi) \cdot \nabla p_0 + \xi \cdot \nabla \nabla p_0 + (1/\mu_0)(\nabla \times \mathbf{B}_0) \times \mathbf{Q}$$
$$= [(\nabla p_0) \times \nabla] \times \xi + (\nabla \cdot \xi)\nabla p_0 + \xi \cdot \nabla \nabla p_0 + (1/4\pi)(\nabla \times \mathbf{B}_0) \times \mathbf{Q}$$
$$= (1/\mu_0)\{[(\nabla \times \mathbf{B}_0) \times \mathbf{B}_0] \times \nabla\} \times \xi + (\nabla \cdot \xi)\nabla p_0$$
$$\quad + \xi \cdot \nabla \nabla p_0 + (1/4\pi)(\nabla \times \mathbf{B}_0) \times \mathbf{Q}$$
$$= (1/4\pi)[\mathbf{B}_0(\nabla \times \mathbf{B}_0) \cdot \nabla - (\nabla \times \mathbf{B}_0)\mathbf{B}_0 \cdot \nabla] \times \xi + \nabla \cdot \xi \nabla p_0$$
$$\quad + \xi \cdot \nabla \nabla \rho_0 + (1/\mu_0)(\nabla \times \mathbf{B}_0) \times [\mathbf{B}_0 \cdot \nabla \xi - \xi \cdot \nabla \mathbf{B}_0 - \mathbf{B}_0 \nabla \cdot \xi]$$
$$= (1/\mu_0)\{\mathbf{B}_0 \times [(\nabla \times \mathbf{B}_0) \cdot \nabla \xi] - \mathbf{B}_0 \times [\xi \cdot \nabla(\nabla \times \mathbf{B}_0)]$$
$$\quad - \xi \cdot \nabla[(\nabla \times \mathbf{B}_0) \times \mathbf{B}_0] + \mathbf{B}_0 \times (\nabla \times \mathbf{B}_0)\nabla \cdot \xi\}$$
$$\quad + (\nabla \cdot \xi)\nabla p_0 + \xi \cdot \nabla \nabla p_0$$
$$= (1/\mu_0)\mathbf{B}_0 \times \{\nabla \times [\xi \times (\nabla \times \mathbf{B}_0)]\} + (1/\mu_0)\mathbf{B}_0 \times (\nabla \times \mathbf{B}_0)\nabla \cdot \xi$$
$$= (1/\mu_0)\mathbf{B}_0 \times \{\nabla \times [\xi \times (\nabla \times \mathbf{B}_0)]\} - (\nabla \cdot \xi)\nabla p_0 \tag{9.34}$$

beweisen. Damit lässt sich die folgende Umformung durchführen:

$$\xi\,' \cdot \mathbf{F}\{\xi\} = \xi\,' \cdot [\nabla(\gamma p_0 \nabla \cdot \xi + \xi \cdot \nabla p_0) + (1/\mu_0)(\nabla \times \mathbf{Q}) \times \mathbf{B}_0$$
$$\quad + (1/\mu_0)(\nabla \times \mathbf{B}_0) \times \mathbf{Q}]$$
$$= \xi\,' \cdot [\nabla(\gamma p_0 \nabla \cdot \xi) + (1/\mu_0)(\nabla \times \mathbf{Q}) \times \mathbf{B}_0$$
$$\quad + (1/\mu_0)\mathbf{B}_0 \times \{\nabla \times [\xi \times (\nabla \times \mathbf{B}_0)]\} - (\nabla \cdot \xi)\nabla p_0]$$
$$= \nabla \cdot \{\xi\,'\gamma p_0 \nabla \cdot \xi - (1/\mu_0)\mathbf{Q} \times (\xi\,' \times \mathbf{B}_0)$$
$$\quad + (1/\mu_0)[\xi \times (\nabla \times \mathbf{B}_0)] \times (\xi\,' \times \mathbf{B}_0)\}$$
$$\quad - \gamma p_0(\nabla \cdot \xi)(\nabla \cdot \xi\,') - (1/\mu_0)\mathbf{Q} \cdot \mathbf{Q}'$$
$$\quad + (1/\mu_0)[\xi \times (\nabla \times \mathbf{B}_0)] \cdot \mathbf{Q}' - (\nabla \cdot \xi)\xi\,' \cdot \nabla p_0$$
$$= \nabla \cdot (\xi\,'\gamma p_0 \nabla \cdot \xi - (1/\mu_0)\mathbf{Q} \times (\xi\,' \times \mathbf{B}_0)$$
$$\quad + \xi\,'(1/\mu_0)\xi \cdot (\nabla \times \mathbf{B}_0) \times \mathbf{B}_0 - (1/\mu_0)\mathbf{B}_0\xi\,' \times \xi \cdot \nabla \times \mathbf{B}_0\}$$
$$\quad - (1/\mu_0)\mathbf{Q} \cdot \mathbf{Q}' + \xi \cdot (1/\mu_0)(\nabla \times \mathbf{B}_0) \times \mathbf{Q}' - (\nabla \cdot \xi)(\gamma p_0 \nabla \cdot \xi\,' + \xi\,' \cdot \nabla p_0)$$
$$= \nabla \cdot \{\xi\,'\gamma p_0 \nabla \cdot \xi - \xi\gamma p_0 \nabla \cdot \xi\,' - (1/\mu_0)\mathbf{Q} \times (\xi\,' \times \mathbf{B}_0)$$
$$\quad + (1/\mu_0)\mathbf{Q}' \times (\xi \times \mathbf{B}_0) + \xi\,'\xi \cdot \nabla p_0 - \xi\xi\,' \cdot \nabla p_0 - \xi\,' \times \xi \cdot \nabla p_0\}$$
$$\quad + \nabla \cdot [\xi(\gamma p_0 \nabla \cdot \xi\,' + \xi\,' \cdot \nabla p_0) - (1/\mu_0)\mathbf{Q}' \times (\xi \times \mathbf{B}_0)]$$
$$\quad - (1/\mu_0)\mathbf{Q} \cdot \mathbf{Q}' + \xi \cdot (1/\mu_0)(\nabla \times \mathbf{B}_0) \times \mathbf{Q}'$$
$$\quad - (\nabla \cdot \xi)(\gamma p_0 \nabla \cdot \xi\,' + \xi\,' \cdot \nabla p_0) \tag{9.35}$$

bzw.

$$\xi' \cdot \mathbf{F}\{\xi\} = \nabla \cdot \left\{\xi'[\gamma p_0 \nabla \cdot \xi - (1/\mu_0)\mathbf{Q} \cdot \mathbf{B}_0 + \xi \cdot \nabla p_0]\right.$$
$$+\mathbf{B}_0((1/\mu_0)(\xi' \cdot \mathbf{Q} - \xi \cdot \mathbf{Q}') + \xi \times \xi' \cdot \nabla p_0)$$
$$\left.-\xi[\gamma p_0 \nabla \cdot \xi' - (1/\mu_0)\mathbf{Q}' \cdot \mathbf{B}_0 + \xi' \cdot \nabla p_0]\right\}$$
$$+\xi \cdot [\nabla(\gamma p_0 \nabla \cdot \xi' + \xi' \cdot \nabla p_0) + (1/\mu_0)(\nabla \times \mathbf{B}_0) \times \mathbf{Q}'$$
$$+(1/\mu_0)(\nabla \times \mathbf{Q}') \times \mathbf{B}_0]$$
$$= \nabla \cdot \left\{\xi'[\gamma p_0 \nabla \cdot \xi - (1/\mu_0)(\mathbf{Q} \cdot \mathbf{B}_0 + \xi \cdot (\nabla \mathbf{B}_0) \cdot \mathbf{B}_0) + \xi \cdot \nabla(p_0 + B_0^2/2\mu_0)]\right.$$
$$-\xi[\gamma p_0 \nabla \cdot \xi' - (1/\mu_0)(\mathbf{Q}' \cdot \mathbf{B}_0 + \xi' \cdot (\nabla \mathbf{B}_0) \cdot \mathbf{B}_0) + \xi' \cdot \nabla(p_0 + B_0^2/2\mu_0)]$$
$$\left.+\mathbf{B}_0((1/\mu_0)(\xi' \cdot \mathbf{Q} - \xi \cdot \mathbf{Q}') + \xi \times \xi' \cdot \nabla p_0)\right\} + \xi \cdot \mathbf{F}\{\xi'\} \ . \tag{9.36}$$

Damit wird erstmals die Struktur klarer. ∎

Die linke Seite von (9.36) führt mit dem letzten Term der rechten Seite von (9.36) unmittelbar zur Hermitizität. Die restlichen Terme der rechten Seite führen nach einer Volumenintegration zu Oberflächenbeiträgen, deren Verschwinden wir jetzt nachweisen müssen. Wichtig werden dabei die Randbedingungen auf der Oberfläche S, die das Volumen V umschließt.

Beispiel 9.4 (Randbeiträge)
Wir nehmen an, dass das Plasma (Volumen V) durch ein Vakuummagnetfeld $\mathbf{B}_v$ eingeschlossen wird. Wegen $\nabla \cdot \mathbf{B} = 0$ folgt die Stetigkeit der Normalkomponente von $\mathbf{B}$, deren Verschwinden wir in der Form $\mathbf{n} \cdot \mathbf{B}_0 = 0$ auf S annehmen können, wobei $\mathbf{n}$ der Normalenvektor von S ist. (Dies gilt auch für bewegte Oberflächen; s. u.) Aus (9.36) können wir daher

$$\int d^3r \left[\xi' \cdot \mathbf{F}\{\xi\} - \xi \cdot \mathbf{F}\{\xi'\}\right]$$
$$= \int d^2r \, \mathbf{n} \cdot \left\{\xi'\left[\gamma p_0 \nabla \cdot \xi - \frac{1}{\mu_0}(\mathbf{Q} \cdot \mathbf{B}_0 + \xi \cdot (\nabla \mathbf{B}_0) \cdot \mathbf{B}_0)\right.\right.$$
$$\left.+ \xi \cdot \nabla\left(p_0 + \frac{B_0^2}{2\mu_0}\right)\right]$$
$$-\xi\left[\gamma p_0 \nabla \cdot \xi' - \frac{1}{\mu_0}(\mathbf{Q}' \cdot \mathbf{B}_0 + \xi' \cdot (\nabla \mathbf{B}_0) \cdot \mathbf{B}_0)\right.$$
$$\left.\left.+\xi' \cdot \nabla\left(p_0 + \frac{B_0^2}{2\mu_0}\right)\right]\right\} \tag{9.37}$$

herleiten. Bei verschwindender Verschiebung $\mathbf{n} \cdot \xi$ auf dem Rand ist die Hermitizität bereits nachgewiesen. ∎

Leider ist diese Randbedingung für Plasmaanwendungen nicht sehr sinnvoll. Der Plasma-Vakuum-Rand ist in der Regel variabel; erst das Vakuum wird weiter außen durch eine feste leitende Oberfläche S' begrenzt. Unter diesen Umständen diskutieren wir die Formeln

$$\boxed{\mathbf{n} \cdot \mathbf{B}_0|_S = 0} \tag{9.38}$$

und

$$\boxed{-\gamma p_0 \nabla \cdot \xi + \frac{\mathbf{B}_0}{\mu_0} \cdot [\mathbf{Q} + (\xi \cdot \nabla)\mathbf{B}_0] = \frac{\mathbf{B}_v}{\mu_0} \cdot [\delta \mathbf{B}_v + (\xi \cdot \nabla)\mathbf{B}_v]} \tag{9.39}$$

auf S ausführlich.

Beispiel 9.5 (Beweis von (9.38))

Gl. (9.38) wurde bei der Umschrift auf (9.37) benutzt. Zunächst gilt auf der Oberfläche S

$$\mathbf{n} \cdot [\mathbf{B}] = 0, \tag{9.40}$$

wobei die eckigen Klammern [...] in üblicher Weise die Differenz zwischen Plasma- (exakt: ohne Index, linear: Index o) und Vakuumwerten (Index v) an der Oberfläche kennzeichnen. Wenn nun anfangs $\mathbf{n} \cdot \mathbf{B}_v = 0$ ist, gilt anfangs auch $\mathbf{n} \cdot \mathbf{B}_0 = 0$. Darüber hinaus folgt dann (9.38) zu allen Zeiten mit den folgenden Argumenten. Wir berechnen

$$\frac{d}{dt}(\mathbf{n} \cdot \mathbf{B}_0) = \mathbf{B}_0 \cdot \frac{d\mathbf{n}}{dt} + \mathbf{n} \cdot \frac{d\mathbf{B}_0}{dt} \tag{9.41}$$

und benutzen dabei

$$\begin{aligned}
\frac{d\mathbf{B}_0}{dt} &= \frac{\partial \mathbf{B}_0}{\partial t} + \mathbf{u} \cdot \nabla \mathbf{B}_0 \\
&= \nabla \times \mathbf{E} + \mathbf{u} \cdot \nabla \mathbf{B}_0 \\
&= \nabla \times (\mathbf{u} \times \mathbf{B}_0) + \mathbf{u} \cdot \nabla \mathbf{B}_0 \\
&= \mathbf{B}_0 \cdot \nabla \mathbf{u} - \mathbf{B}_0 \nabla \cdot \mathbf{u} .
\end{aligned} \tag{9.42}$$

Andererseits gilt

$$\frac{d}{dt}\mathbf{n} = -\mathbf{n}(\nabla \cdot \mathbf{u}) + \mathbf{n}\mathbf{n} \cdot (\nabla \mathbf{u}) \cdot \mathbf{n} . \tag{9.43}$$

Zum Beweis dieser Beziehung gehen wir von einem Oberflächenelement $d^2\mathbf{r} = \mathbf{n}d^2r = d\mathbf{r} \times d\mathbf{r}'$ auf S aus. Eine Verschiebung um ξ ändert $d\mathbf{r}$ um $\delta d\mathbf{r} = d\mathbf{r} \cdot \nabla \xi$ (und $d\mathbf{r}'$ entsprechend). Damit folgt

$$\begin{aligned}
\delta d^2\mathbf{r} &= (d\mathbf{r} \cdot \nabla \xi) \times d\mathbf{r}' + d\mathbf{r} \times (d\mathbf{r}' \cdot \nabla \xi) \\
&= -[(d\mathbf{r} \times d\mathbf{r}') \times \nabla] \times \xi \tag{9.44}
\end{aligned}$$

in linearer Ordnung in ξ. Die linke Seite können wir aufgrund der Definition von $d^2\mathbf{r}$ umformen und erhalten

$$d^2r\,\delta\mathbf{n} + \mathbf{n}\,\delta d^2r = -d^2r\,(\mathbf{n}\times\nabla)\times\xi\;. \tag{9.45}$$

Skalare Multiplikation mit $\mathbf{n}$ liefert wegen $\mathbf{n}\cdot\delta\mathbf{n}=0$ die Gleichung

$$\delta d^2r = -d^2r\,\mathbf{n}\cdot(\mathbf{n}\times\nabla)\times\xi = -d^2r\,\mathbf{n}\times(\mathbf{n}\times\nabla)\cdot\xi\;. \tag{9.46}$$

Setzen wir dies in (9.45) ein, so folgt

$$\begin{aligned}
\delta\mathbf{n} &= -(\mathbf{n}\times\nabla)\times\xi + \mathbf{n}\mathbf{n}\times(\mathbf{n}\times\nabla)\cdot\xi\\
&= -(\nabla\xi)\cdot\mathbf{n} + \mathbf{n}\mathbf{n}\cdot(\nabla\xi)\cdot\mathbf{n}\;.
\end{aligned} \tag{9.47}$$

Mit $\xi=\mathbf{u}\delta t$ und $\dot{\mathbf{n}}\delta t=\delta\mathbf{n}$ folgt aus (9.41)–(9.47) die lineare Differentialgleichung erster Ordnung

$$\frac{d}{dt}(\mathbf{n}\cdot\mathbf{B}_0) = \mathbf{n}\cdot\mathbf{B}_0\,\mathbf{n}\times(\mathbf{n}\times\nabla)\cdot\mathbf{u} \tag{9.48}$$

für $n\cdot\mathbf{B}_0$. Der Anfangswert $\mathbf{n}\cdot\mathbf{B}_0\,|_S=0$ führt dann zu (9.38) für alle Zeiten.   ∎

Beispiel 9.6 (Beweis von (9.39))
Soweit der Beweis der ersten Hilfsformel (9.38); wir kommen nun zur zweiten Gl. (9.39). Diese beinhaltet eine Sprungbedingung als Folge der Impulsbilanz. Mit

$$\sigma := \rho\mathbf{u} \tag{9.49}$$

und

$$\mathcal{G} := \rho\mathbf{u}\mathbf{u} + \left(p + \frac{B^2}{2\mu_0}\right)I - \frac{\mathbf{B}\mathbf{B}}{\mu_0} \tag{9.50}$$

schreiben wir die Impulserhaltung im Rahmen der idealen MHD als

$$\frac{\partial\sigma}{\partial t} + \nabla\cdot\mathcal{G} = 0\;. \tag{9.51}$$

Die letzte Gleichung kann völlig äquivalent auch als

$$\begin{aligned}
\mathbf{n}\cdot\nabla[\mathbf{n}\cdot(\mathcal{G}-\mathbf{u}\sigma)] = {}&-\frac{d\sigma}{dt} - \sigma\mathbf{n}\cdot\nabla(\mathbf{n}\cdot\mathbf{u})\\
&+ \mathbf{n}\times(\mathbf{u}\times\mathbf{n})\cdot\nabla\sigma + \mathbf{n}\cdot(\nabla\mathbf{n})\cdot\mathcal{G}\\
&+ \mathbf{n}\times(\mathbf{n}\times\nabla)\cdot\mathcal{G}
\end{aligned} \tag{9.52}$$

geschrieben werden. Diese Form eignet sich zur Berechnung einer Sprungbedingung, da auf der rechten Seite keine zu $\mathbf{n}$ parallelen Gradienten der Größen σ und $\mathcal{G}$ auftreten. Integration entlang ds mit $\mathbf{n}\cdot\nabla=\partial_s$ führt zu

$$[\mathbf{n}\cdot(\mathcal{G}-\mathbf{u}\sigma)] = 0\;. \tag{9.53}$$

Wegen $\mathbf{n} \cdot \mathbf{B} = 0$ folgt damit aus den expliziten Ausdrücken für σ und $\mathcal{G}$

$$\left[p + \frac{B^2}{2\mu_0} \right] = 0 \; ; \tag{9.54}$$

für die Tangentialkomponenten fordern wir deshalb

$$\mathbf{n} \times \nabla \left(p_0 + \frac{B_0^2}{2\mu_0} - \frac{B_v^2}{2\mu_0} \right) = 0 \; . \tag{9.55}$$

Die Linearisierung der Stetigkeitsbedingung (9.54) für den Druck liefert im Plasma wegen

$$\frac{d\mathbf{B}}{dt} = \frac{\partial \mathbf{B}}{\partial t} + \mathbf{u} \cdot \nabla \mathbf{B}$$
$$= \nabla \times (\mathbf{u} \times \mathbf{B}) + \mathbf{u} \cdot \nabla \mathbf{B}, \tag{9.56}$$

$$\mathbf{B}(\mathbf{r}, t) - \mathbf{B}(\mathbf{r}_s, 0) \approx \mathbf{Q}(\mathbf{r}_s) + (\xi \cdot \nabla)\mathbf{B}(\mathbf{r}_s) \tag{9.57}$$

für Verschiebungen $\mathbf{r} = \mathbf{r}_s + \xi$ in der Zeit t. Analog erhalten wir aus

$$\frac{dp}{dt} = -\gamma p \nabla \cdot \mathbf{u} \tag{9.58}$$

$$p(\mathbf{r}, t) - p(\mathbf{r}_s, 0) = -\gamma p(r_s, 0) \, \nabla \cdot \xi \; . \tag{9.59}$$

Im Vakuum setzen wir $p = 0$ und

$$\mathbf{B}_v(\mathbf{r}, t) = \mathbf{B}_v(\mathbf{r}_s, 0) + \delta \mathbf{B}_v + \xi \cdot \nabla \mathbf{B}_v(\mathbf{r}_s) \; . \tag{9.60}$$

Man beachte, dass wir in der letzten Formel bei einer Verschiebung um ξ' (anstelle von ξ) ξ durch ξ' und $\delta\mathbf{B}_v$ durch $\delta\mathbf{B}'_v$ ersetzen müssen. Damit folgt in erster Ordnung (9.39) aus (9.54) und eine entsprechende Formel für die gestrichenen Größen. ■

Jetzt sind wir endlich in der Lage, die Oberflächenbeiträge in (9.37) weiter zu behandeln. Wir setzen für

$$p_0 + \frac{B_0^2}{2\mu_0} = \left(p_0 + \frac{B_0^2}{2\mu_0} - \frac{B_v^2}{2\mu_0} \right) + \frac{B_v^2}{2\mu_0} \tag{9.61}$$

und nutzen (9.55) sowie (9.39) aus. Aus (9.37) wird dann

$$\boxed{\begin{aligned} \mu_0 \int d^3r \left[\xi' \cdot \mathbf{F}\{\xi\} - \xi \cdot \mathbf{F}\{\xi'\} \right] \\ = \int_S d^2r \, \mathbf{n} \left[-\xi' \mathbf{B}_v \cdot \nabla \times \delta\mathbf{A} + \xi \mathbf{B}_v \cdot \nabla \times \delta\mathbf{A}' \right] \; , \end{aligned}} \tag{9.62}$$

wobei $\delta\mathbf{B}_v = \nabla \times \delta\mathbf{A}$ bzw. $\delta\mathbf{B}'_v = \nabla \times \delta\mathbf{A}'$ gesetzt wurde.

Beispiel 9.7 (Vektorpotential $\delta\mathbf{A}$)

Zum besseren Verständnis dieses Vektorpotentials $\delta\mathbf{A}$ gehen wir zu den Sprungbedingungen der Elektrodynamik zurück. Die Aussage, dass die Tangentialkomponente des elektrischen Feldes stetig übergeht, gilt in dieser Form nur für $\mathbf{u} = 0$ am Rand; bei $\mathbf{u} \neq 0$ gilt

$$\mathbf{n} \times [\mathbf{E}] = \mathbf{n} \cdot \mathbf{u} \, [\mathbf{B}] \,. \tag{9.63}$$

Für unsere Verhältnisse umgeschrieben heißt dies

$$\mathbf{n} \times \delta\mathbf{E}_v + \mathbf{n} \times (\mathbf{u} \times \mathbf{B}) = (\mathbf{n} \cdot \mathbf{u}) \, \mathbf{B}_v - (\mathbf{n} \cdot \mathbf{u}) \, \mathbf{B} \,, \tag{9.64}$$

oder in erster Ordnung in den Störungen bei $\mathbf{n} \cdot \mathbf{B} = 0$:

$$\mathbf{n} \times \delta\mathbf{E}_v = (\mathbf{n} \cdot \mathbf{u})\mathbf{B}_v \,. \tag{9.65}$$

Im Rahmen der Coulomb-Eichung haben wir

$$\delta\mathbf{E}_v = -\delta\dot{\mathbf{A}}, \tag{9.66}$$

sodass letztlich

$$-\,\mathbf{n} \times \delta\mathbf{A} = (\mathbf{n} \cdot \xi)\mathbf{B}_v \tag{9.67}$$

folgt; eine entsprechende (gestrichene) Gleichung gilt bei Verschiebungen $\xi\,'$. ∎

Nutzen wir dies in (9.62) aus, so ergibt sich

$$\mu_0 \int d^3 r \left[\xi\,' \cdot \mathbf{F}\{\xi\} - \xi \cdot \mathbf{F}\{\xi\,'\} \right]$$
$$= \int_S d^2 r \left[(\mathbf{n} \times \delta\mathbf{A}\,') \cdot (\nabla \times \delta\mathbf{A}) - (\mathbf{n} \times \delta\mathbf{A}) \cdot (\nabla \times \delta\mathbf{A}\,') \right] . \tag{9.68}$$

Wir können auf der rechten Seite ein entsprechendes Integral über die (äußere, leitende) Oberfläche S' (mit demselben Integranden) ohne Wertänderung dazufügen, da auf S' die Tangentialkomponente des elektrischen Feldes ($\sim \mathbf{n} \times \delta\mathbf{A}$) verschwindet.

Es folgt damit aus (9.68)

$$\mu_0 \int d^3r \left[\xi' \cdot \mathbf{F}\{\xi\} - \xi \cdot \mathbf{F}\{\xi'\} \right]$$

$$= \int_{S+S'} \left[(d\mathbf{F} \times \delta\mathbf{A}') \cdot (\nabla \times \delta\mathbf{A}) - (d\mathbf{F} \times \delta\mathbf{A}) \cdot (\nabla \times \delta\mathbf{A}') \right]$$

$$= \int_{S+S'} d\mathbf{F} \cdot \left[\delta\mathbf{A}' \times (\nabla \times \delta\mathbf{A}) - \delta\mathbf{A} \times (\nabla \times \delta\mathbf{A}') \right]$$

$$= -\int_{V_v} d^3r \left[\delta\mathbf{A}' \cdot \nabla \times \nabla \times \delta\mathbf{A} - \delta\mathbf{A} \cdot \nabla \times \nabla \times \delta\mathbf{A}' \right]. \tag{9.69}$$

Hierbei ist V_v das Volumen des Vakuums, das sich zwischen Plasma und leitender Wand befindet. Bei der Anwendung des gaußschen Satzes ist die Vorzeichenänderung des Normalenvektors auf der Oberfläche zu beachten. Das Verschwinden der rechten Seite von (9.69) folgt nun aus der Stromfreiheit des Vakuums. Damit ist die Hermitizität von $\mathbf{F}$ endgültig bewiesen.

Die umfangreichen Rechnungen erlauben uns auch, den Ausdruck (9.17) für die potentielle Energie entsprechend umzuformulieren. Neben dem Volumenbeitrag im Plasma treten noch Oberflächen- und Vakuumbeiträge auf, die wir geeignet umformen werden.

Wegen

$$\nabla \cdot \left[(\xi \cdot \nabla p_0 + \gamma p_0 \nabla \cdot \xi) \xi \right] = \xi \cdot \nabla (\xi \cdot \nabla p_0 + \gamma p_0 \nabla \cdot \xi)$$
$$+ (\nabla \cdot \xi)(\xi \cdot \nabla p_0 + \gamma p_0 \nabla \cdot \xi), \tag{9.70}$$

$$\nabla \cdot [(\xi \times \mathbf{B}_0) \times \mathbf{Q}] = \mathbf{Q} \cdot \nabla \times (\xi \times \mathbf{B}_0) - (\xi \times \mathbf{B}_0) \cdot \nabla \times \mathbf{Q}$$
$$= \mathbf{Q}^2 + \xi \cdot [(\nabla \times \mathbf{Q}) \times \mathbf{B}_0], \tag{9.71}$$

$$\xi [(\nabla \times \mathbf{B}_0) \times \mathbf{Q}] = -(\nabla \times \mathbf{B}_0) \cdot (\xi \times \mathbf{Q}) \tag{9.72}$$

ergeben sich der Volumenbeitrag im Plasma zu

$$\boxed{W_F = \frac{1}{2} \int_{V_p} \left[\frac{Q^2}{\mu_0} + \frac{1}{\mu_0} (\nabla \times \mathbf{B}_0) \cdot (\xi \times \mathbf{Q}) \right. \\ \left. + (\nabla \cdot \xi)\xi \cdot \nabla p_0 + \gamma p_0 (\nabla \cdot \xi)^2 \right] d^3r} \tag{9.73}$$

sowie die Differenzterme zu

$$W - W_F = -\frac{1}{2} \int_S \left[\frac{1}{\mu_0} (\xi \times \mathbf{B}_0) \times \mathbf{Q} + \xi(\xi \cdot \nabla p_0 + \gamma p_0 \nabla \cdot \xi) \right] \cdot d^2\mathbf{r}. \tag{9.74}$$

Letztere lassen sich mit ähnlichen Argumenten wie beim Beweis der Hermitizität in

$$W - W_F = -\frac{1}{2} \int_S (\xi \cdot \mathbf{n})^2 \, \mathbf{n} \cdot \nabla \left(p_0 + \frac{B_0^2}{2\mu_0} - \frac{B_v^2}{2\mu_0} \right) d^2 r$$

$$+ \frac{1}{2\mu_0} \int_S \mathbf{B}_v \cdot \delta\mathbf{B}_v \, \xi \cdot d^2\mathbf{r} \equiv W_S + W_v \tag{9.75}$$

umformen. W_v ist der Beitrag zur potentiellen Energie aufgrund von Änderungen des Vakuummagnetfelds. Mit ähnlichen Schritten wie in (9.69) können wir schreiben

$$\boxed{W_v = \frac{1}{2\mu_0} \int_{V_v} (\delta\mathbf{B}_v)^2 \, d^3 r} \,, \tag{9.76}$$

wobei V_v das Vakuumvolumen ist.

9.2   Stabilität einer Pinchentladung

In diesem Abschnitt wollen wir die Praktikabilität des gerade abgeleiteten Stabilitätskriteriums an einigen ganz einfachen Beispielen demonstrieren. Zu denen gehören pinchähnliche Konfigurationen.

Als erste wählen wir eine Situation, bei der das Plasma unmittelbar an eine leitende Wand anschließt. Vakuumbeiträge sind dann nicht vorhanden. Ferner setzen wir $\gamma = 0$, was im Falle der Stabilität nicht so einschneidend ist: Wenn das Plasma für $\gamma = 0$ stabil ist, ändert $\gamma \neq 0$ nichts an dieser grundlegenden Aussage. Die Gleichgewichtskonfiguration sei kräftefrei, d. h., wir wählen

$$\boxed{\nabla \times \mathbf{B}_0 = \alpha \mathbf{B}_0} \tag{9.77}$$

bei $\nabla p_0 = 0$. Wegen $\mathbf{n} \cdot \xi = 0$ an der festen Oberfläche genügt es, allein W_F zu diskutieren. Unser Ausgangspunkt in diesem einfachen Beispiel ist also

$$\boxed{W_F = \frac{1}{2} \int \left[\frac{\mathbf{Q}^2}{\mu_0} + \frac{1}{\mu_0} (\nabla \times \mathbf{B}_0) \cdot (\xi \times \mathbf{Q}) \right] d^3 r} \,. \tag{9.78}$$

Mit (9.77) und

$$\mathbf{R} := \xi \times \mathbf{B}_0 \tag{9.79}$$

erhält man

$$W_F = \frac{1}{2\mu_0} \int \left[(\nabla \times \mathbf{R})^2 - \alpha \mathbf{R} \cdot \nabla \times \mathbf{R} \right] d^3 r \,. \tag{9.80}$$

Die Variation bezüglich $\mathbf{R}$ bietet sich ganz natürlich an. Wir müssen aber bedenken, dass wegen (9.79) nur die Beiträge senkrecht zu $\mathbf{B}_0$ erfasst sind.

Eine weitere vereinfachende Annahme ist bei der Normierung möglich. Zunächst ist man versucht, die naheliegende Normierung

$$\int |\xi|^2 d^3 r = 1 \tag{9.81}$$

zu wählen. Es ist jedoch ratsam, die zur Verfügung stehende Freiheit voll auszunutzen. Wir können auch

$$\boxed{\int \mathbf{R} \cdot \nabla \times \mathbf{R} \, d^3 r = const} \tag{9.82}$$

verwenden. Die Konstante in (9.82) kann positiv, negativ oder null sein. Im letzteren Fall folgt unmittelbar $W_F > 0$, sodass wir im Weiteren diesen singulären Fall o. B. d. A. ausschließen können. Die Normierung (9.82) hat den Vorteil, die Variation von (9.80) unter einer sehr geeignet formulierten Nebenbedingung [nämlich (9.82)] mit dem Lagrange-Multiplikator $\alpha\lambda$ einfach durchführen zu können. Wir fordern

$$\delta \int L \, d^3 r = \delta \int \left[(\nabla \times \mathbf{R})^2 - (\lambda + 1)\alpha \mathbf{R} \cdot \nabla \times \mathbf{R} \right] d^3 r = 0 \tag{9.83}$$

und bestimmen das Extremum aus den Euler-Gleichungen. Letzteres ist möglich, da wegen der Normierung (9.82) das Funktional L nach unten beschränkt ist. Abgekürzt schreiben wir die Euler-Gleichungen in der Form

$$\frac{\partial L}{\partial R_i} = \sum_k \frac{\partial}{\partial x_k} \frac{\partial L}{\partial R_{i,k}}, \tag{9.84}$$

wobei $R_{i,k} := \partial R_i / \partial x_k$ gesetzt wurde. Die Berechnung der einzelnen Ableitungen ist zwar etwas umständlich, aber ohne Weiteres durchführbar. Das Ergebnis der Algebra ist

$$\boxed{\nabla \times \nabla \times \mathbf{R}_{min} = (\lambda + 1)\alpha \nabla \times \mathbf{R}_{min}} \,. \tag{9.85}$$

Im Folgenden lassen wir wieder den Index „min" für die minimalisierende Testfunktion $\mathbf{R}$ weg. In (9.85) spielt λ die Rolle eines Eigenwerts. Einsicht in das Stabilitätsverhalten gewinnen wir, indem wir mithilfe von (9.85) das Minimum von W_F bestimmen. Dazu multiplizieren wir (9.85) skalar mit $\mathbf{R}$, um nach kurzer Rechnung

$$\alpha \mathbf{R} \cdot \nabla \times \mathbf{R} = \frac{1}{\lambda + 1} \left\{ (\nabla \times \mathbf{R})^2 + \nabla \cdot [(\nabla \times \mathbf{R}) \times \mathbf{R}] \right\} \tag{9.86}$$

zu erhalten. In (9.80) eingesetzt folgt

$$\min W_F = \frac{1}{2\mu_0} \int \left[\frac{\lambda}{\lambda + 1} (\nabla \times \mathbf{R})^2 - \frac{1}{\lambda + 1} \nabla \cdot ((\nabla \times \mathbf{R}) \times \mathbf{R}) \right] d^3 r. \tag{9.87}$$

Beispiel 9.8 (Verschwinden des Oberflächenbeitrags)
Der Oberflächenbeitrag, der von dem letzten Term in (9.87) herrührt, verschwindet aus dem folgenden Grund. In dem entsprechenden Oberflächenintegral tritt der Integrand $\mathbf{n} \cdot [(\nabla \times \mathbf{R}) \times \mathbf{R}]$ auf der Oberfläche auf. Erinnern wir uns an die Definition (9.79) und an die Vereinbarung, dass ξ und $\mathbf{B}_0$ tangential auf der Oberfläche verlaufen, so folgt auf der Oberfläche $\mathbf{R} \parallel \mathbf{n}$ und somit das Verschwinden des Integranden. ∎

Wir stellen fest, dass

$$\boxed{\min W_F = \frac{\lambda}{2\mu_0(\lambda + 1)} \int (\nabla \times R)^2 \, d^3r} \tag{9.88}$$

positiv für $\lambda > 0$ und für $\lambda < -1$ ist.

Jetzt ist eine Analyse von (9.85) notwendig, um unter Berücksichtigung der geeigneten Randbedingungen das Eigenwertspektrum zu finden.

Beispiel 9.9 (Auswertung für Kastengeometrie)
Wir wählen, ganz im Sinne eines Übungsbeispiels, periodische Randbedingungen für einen Kasten. Aus (9.85) folgt dann für $\mathbf{Q} = \nabla \times \mathbf{R}$

$$\frac{i}{\alpha}(k_z Q_y - k_y Q_z) = (\lambda + 1)Q_x, \tag{9.89}$$

$$\frac{i}{\alpha}(k_x Q_z - k_z Q_x) = (\lambda + 1)Q_y, \tag{9.90}$$

$$\frac{i}{\alpha}(k_y Q_x - k_x Q_y) = (\lambda + 1)Q_z. \tag{9.91}$$

Nichttriviale Lösungen existieren für

$$(\lambda + 1)^2 = \frac{k^2}{\alpha^2}. \tag{9.92}$$

Daraus erkennen wir, dass für kleine k, $\mathbf{k} = (k_x, k_y, k_z)$, Lösungen mit

$$-1 < \lambda < 0 \tag{9.93}$$

existieren. Ist das System also groß genug ($L \sim 2\pi/k$), kann sich eine Instabilität ausbilden. ∎

Instabile Pinchentladung

Als zweites, realistischeres Beispiel diskutieren wir die Stabilität einer Pinchentladung. Starten wir mit der naiven Frage, ob ein reines B_θ-Feld ein zylindrisches Plasma einschließen kann. Im Plasma fließe kein Strom und es herrsche ein feldfreier Zustand. Das B_θ-Feld werde durch Oberflächenströme entlang des Zylindermantels ($r = r_0$) hervorgerufen,

$$\boxed{B_\theta = B_0 \frac{r_0}{r}} \ . \tag{9.94}$$

Dann bleibt von der Bewegungsgleichung (9.8) lediglich

$$-\rho_0 \omega^2 \xi = \gamma\, p_0 \nabla \nabla \cdot \xi \ . \tag{9.95}$$

Diese Gleichung ist so einfach, dass wir sie ohne Umschweife direkt lösen. Wir können in θ und z nach Fourier transformieren. Setzen wir also

$$\xi \sim \xi(r) e^{im\theta + ikz} \tag{9.96}$$

in (9.95) ein, so ergeben einige elementare Umformungen

$$\boxed{\frac{d^2 \xi_z}{dr^2} + \frac{1}{r} \frac{d\xi_z}{dr} - \left(\alpha^2 + \frac{m^2}{r^2} \right) \xi_z = 0} \tag{9.97}$$

mit

$$\alpha^2 = \frac{-\omega^2 \rho_0}{\gamma\, p_0} + k^2. \tag{9.98}$$

Wir setzen für den Moment einmal $\alpha^2 > 0$ bei $\omega^2 < 0$ voraus und prüfen nach, ob konsistente Lösungen existieren. Die Differentialgleichung (9.97) hat modifizierte Bessel-Funktionen als Lösungen,

$$\xi_z = A_{mk}\, I_m(\alpha r) e^{im\theta + ikz} \ . \tag{9.99}$$

Um die Eigenwerte (ω^2) bestimmen zu können, benötigen wir die Randbedingungen für den Übergang zum Vakuumfeld $\mathbf{B}_\theta + \delta\mathbf{B}$. Im Vakuum fließt kein Strom, sodass $\nabla \times \delta\mathbf{B} = 0$ gilt. Solange wir nicht einen Weg durch die stromführende Mantelfläche wählen, können wir deshalb

$$\delta\mathbf{B} = \nabla \psi \tag{9.100}$$

durch ein skalares Potential ψ ausdrücken, das durch

$$\nabla^2 \psi = 0 \tag{9.101}$$

bestimmt ist. Mit dem Ansatz

$$\psi \sim \psi(r) e^{i(kz + m\theta)} \tag{9.102}$$

finden wir die abklingenden Lösungen

$$\psi = C_{mk}\,K_m(kr)\,e^{im\theta+ikz}. \tag{9.103}$$

Daraus folgt $\delta\mathbf{B}$ über (9.100) direkt.

Jetzt können wir die Randbedingungen explizit formulieren. Dazu benötigen wir die Lage des Randes, die durch ξ in der Form [vergl. (9.95)]

$$\begin{aligned}
r &= r_0 + \xi_r = r_0 + \frac{1}{ik}\frac{d}{dr}\xi_z \\
&= r_0 + \frac{\alpha}{ik}A_{mk}\,I'_m(\alpha r_0)\,e^{ikz+im\theta}
\end{aligned} \tag{9.104}$$

gegeben ist. Das heißt, die Gleichung für die Oberfläche geht von $r - r_0 = 0$ in $\varphi(\mathbf{r}) = 0$ über, wobei φ durch

$$\varphi := r_0 + r_1\,e^{im\theta+ikz} - r \tag{9.105}$$

definiert ist, mit $r_1 = (\alpha/ik)A_{mk}\,I'_m(\alpha r_0)$ aus (9.104). Der Vektor (in einem Zylinderkoordinatensystem)

$$\nabla\varphi = \left(-1,\;\frac{imr_1}{r_0}\,e^{im\theta+ikz},\;ikr_1\,e^{im\theta+ikz}\right) \tag{9.106}$$

ist parallel zum Normalenvektor der Oberfläche. Das gesamte Magnetfeld auf der Vakuumseite berechnen wir dann aufgrund der Formel

$$\mathbf{B}(\mathbf{r},t) = \mathbf{B}(r_0) + \delta\mathbf{B} + (\xi \cdot \nabla)\mathbf{B}(r_0) \tag{9.107}$$

und mittels (9.94) zu

$$\mathbf{B}(\mathbf{r},t) = B_0\widehat{\theta} + \delta\mathbf{B} + \xi_r(-1)\frac{B_0}{r_0}\,\widehat{\theta}. \tag{9.108}$$

Die Randbedingung, nach der $\mathbf{B}(\mathbf{r},t)$ senkrecht auf der Oberfläche stehen muss, schreibt sich als

$$\nabla\varphi \cdot \mathbf{B} = 0 \approx -\delta B_r + \frac{im}{r_0}B_0 r_1\,e^{im\theta+ikz}. \tag{9.109}$$

Mit den bisherigen Lösungen (9.103) und (9.104) ergibt (9.109) unmittelbar

$$\frac{C_{mk}}{A_{mk}} = \frac{B_0}{r_0}\,\frac{\alpha m}{k^2}\,\frac{I'_m(\alpha r_0)}{K'_m(kr_0)}. \tag{9.110}$$

Benutzen wir ferner die Stetigkeit des gesamten Druckes, die wir bereits früher in (9.39) als

$$-\gamma p_0 \nabla \cdot \xi + \frac{\mathbf{B}}{\mu_0}\cdot[\mathbf{Q} + (\xi\cdot\nabla)\mathbf{B}] = \frac{\mathbf{B}_v}{\mu_0}\cdot[\delta\mathbf{B}_v + (\xi\cdot\nabla)\mathbf{B}_v] \tag{9.111}$$

angeschrieben haben, jetzt für $\mathbf{B} = 0$ im Plasma, so ergibt sich daraus an der Oberfläche

$$\frac{\rho_0 \omega^2}{ik} I_m(\alpha r_0) = \frac{B_0}{\mu_0 r_0}\left[\frac{C_{mk}}{A_{mk}} im K_m(kr_0) + i B_0 \frac{\alpha}{k} I_m'(\alpha r_0)\right].\qquad(9.112)$$

Zusammen mit (9.110) erhalten wir die Dispersionsrelation

$$\boxed{-\frac{\omega^2 r_0 \rho_0}{2\alpha p_0}\frac{I_m(\alpha r_0)}{I_m'(\alpha r_0)} = 1 + \frac{m^2}{kr_0}\frac{K_m(kr_0)}{K_m'(kr_0)}}.\qquad(9.113)$$

Am einfachsten sieht man, dass Instabilitäten auftreten, indem man $m = 0$ setzt, d. h. Moden betrachtet, die θ-unabhängig sind. Es existieren dann Lösungen $\omega^2 < 0$ der Dispersionsrelation

$$-\frac{\omega^2 r_0 \rho_0}{2\alpha p_0}\frac{I_0(\alpha r_0)}{I_1(\alpha r_0)} = 1.\qquad(9.114)$$

Dieses Ergebnis findet man aufgrund einer Kurvendiskussion, wobei $I_0 > 0$ und $I_0' = I_1 > 0$ für Variationen von $-\omega^2$ zwischen 0 und $+\infty$ vorausgesetzt werden kann. Die linke Seite von (9.114) nimmt in diesem Wertebereich von $-\omega^2$ Werte zwischen 0 und $+\infty$ an. Eine detaillierte Diskussion zeigt, dass für alle k Lösungen möglich sind. Dieser Typ von Instabilität ist unter dem Namen „Sausage"-(„Würstchen"-)Instabilität bekannt. Analysiert man darüber hinaus für $m = 1$, so findet man die sogenannte „Kink"-(„Knick"-)Instabilität.

Eine Veranschaulichung der beiden Instabilitäten findet sich in Abb. 9.1

Stabilisierte Pinchentladung

Die folgende Rechnung soll nun zeigen, dass die gerade beschriebene Pinchanordnung durch ein inneres axiales B_z-Feld und einen äußeren Leiter stabilisiert werden kann.

Das innere (im Plasma) B_z-Feld soll die $m = 0$-Instabilität verhindern, und der äußere, die gesamte Anordnung umgebende Leiter soll die „Kink"instabilität ausschließen. Zur Vereinfachung führen wir die folgenden Bezeichnungen ein:

$$\mathbf{B}_{aussen} = B_\theta \widehat{\theta} + B_{z,Vakuum}\,\hat{z} = B_0 \frac{r_0}{r}\widehat{\theta} + b_v \hat{z},\qquad(9.115)$$

$$\mathbf{B}_{innen} = b_i \hat{z}.\qquad(9.116)$$

Der äußere leitende Zylinder befinde sich bei $R_0 = \Upsilon r_0$, $\Upsilon > 1$. Wir benutzen im Folgenden das Energieprinzip und nicht mehr die Bewegungsgleichung, die (9.95) entspricht.
Fluidanteil

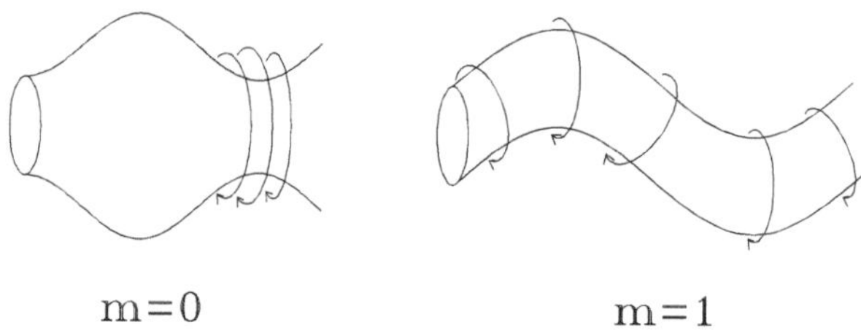

Abb. 9.1 Veranschaulichung der $m = 0$-(„Sausage"-) und $m = 1$-(„Kink"-)Instabilitäten

Unter den Annahmen $p_0 = const$ und $\nabla \times b_i \hat{z} = 0$ im Plasmainneren, folgt für die potentielle Energie des Fluidanteils

$$\boxed{W_F = \frac{1}{2\mu_0} \int \left[\mathbf{Q}^2 + \mu_0 \gamma \, p_0 (\nabla \cdot \xi)^2 \right] d^3 r} \, . \tag{9.117}$$

Dieser Ausdruck kann nicht negativ werden. Die Aussage stimmt mit unseren früheren Schlussfolgerungen überein, nach denen Instabilität – wenn überhaupt – nur durch einen negativen Beitrag der restlichen Terme kommen kann. Es darf dann allerdings $\mathbf{n} \cdot \xi$ nicht verschwinden. Ein Blick auf die restlichen Terme überzeugt uns nämlich, dass bei $\mathbf{n} \cdot \xi = 0$ nur positive Terme dazukommen. (Beachte, dass für die „Kink"- und „Sausage"instabilitäten $\xi_r \neq 0$ ist!) Wir lassen deshalb alle möglichen Zustände mit $\mathbf{n} \cdot \xi \neq 0$ zu. Wenn das gesamte Energieintegral für alle beliebig auf der Oberfläche vorgegebenen Verteilungen von $\mathbf{n} \cdot \xi$ positiv bleibt, können wir auf Stabilität schließen. Deshalb berechnen wir jetzt die einzelnen Anteile W_F, W_v und W_s bei vorgegebenem $\mathbf{n} \cdot \xi$. Die Form (9.117) lässt sich mit der bereits in (9.84) benutzten Notation als

$$W_F = \frac{1}{2\mu_0} \int \sum_{i,k} \left\{ b_k \, \xi_{i,k} \, Q_i - \sum_l b_l \xi_{i,k} Q_l \delta_{ik} \right.$$
$$\left. - \xi_i \, b_{k,i} Q_k + \mu_0 \gamma \, p_0 \delta_{ik} \xi_{i,k} \nabla \cdot \xi \right\} \tag{9.118}$$

schreiben, wobei vorübergehend der Index i für innen weggelassen wurde. Zur Bestimmung des Minimums werden die Euler-Gleichungen herangezogen. Nach einigen einfachen Umformungen folgt die kompakte Form

$$\frac{1}{\mu_0} (\nabla \times \mathbf{Q}) \times \mathbf{B}_{innen} + \gamma \, p_0 \nabla \nabla \cdot \xi = 0 \, . \tag{9.119}$$

Das ist genau die Gleichung $\mathbf{F}(\xi) = 0$, da wir keine Normierung für ξ bislang benutzt haben. Letztere ist auch bei dieser Rechnung nicht nötig, da wir $\mathbf{n} \cdot \xi$ am Rand festhalten und deshalb kein Faktor in ξ mehr frei ist. Mithilfe der Euler-Gleichungen (9.119) für das minimalisierende ξ können wir das Minimum von W_F berechnen. Es gilt

$$\min W_F = \frac{1}{2} \int \left(\gamma \, p_0 \nabla \cdot \xi - \frac{\mathbf{B}_{innen} \cdot \mathbf{Q}}{\mu_0} \right) \xi \cdot d\mathbf{F}, \tag{9.120}$$

weil $\mathbf{B}_{innen}$ auf der Normalen der Plasmaoberfläche senkrecht steht.

Bislang haben wir nur die Gl. (9.119), und nicht deren Lösung, bei den Umformungen benutzt. Für die Lösung machen wir den Ansatz

$$\xi = \xi(r) e^{im\theta + ikz}. \tag{9.121}$$

Wegen $\mathbf{B}_{innen} \parallel \hat{z}$ folgt für $k \neq 0$ aus (9.119) unmittelbar

$$\nabla \cdot \xi = 0. \tag{9.122}$$

Der Fall $k = 0$ muss separat behandelt werden. Wegen (9.122) geht (9.119) nach Divergenzbildung in

$$\nabla^2 (b_i Q_z) = 0 \tag{9.123}$$

über. Mit einer noch zu bestimmenden Konstanten A lautet die Lösung

$$Q_z = \frac{A}{b_i} I_m(kr) e^{im\theta + ikz}. \tag{9.124}$$

Eingesetzt in (9.120) folgt damit

$$\min W_F = -\frac{A}{2\mu_0} I_m(kr_0) \int \xi_r(r = r_0) \, e^{im\theta + ikz} \, dz \, r_0 \, d\theta \,. \tag{9.125}$$

Zur Bestimmung von $\xi_r(r_0)$ führen wir die folgenden Überlegungen durch. $\mathbf{Q}$ hängt aufgrund seiner Definition und wegen (9.116) und (9.122) mit ξ in der Form

$$\mathbf{Q} = ikb_i \xi \tag{9.126}$$

zusammen. Die Beziehung (9.119) liefert

$$\nabla (b_i Q_z) = ikb_i \mathbf{Q}. \tag{9.127}$$

Kombinieren wir die beiden letzten Gleichungen, so folgt

$$\xi = -\frac{1}{k^2 b_i^2} \nabla (b_i Q_z)$$

$$= -\frac{A}{k^2 b_i^2} \nabla \left[I_m(kr) e^{im\theta + ikz} \right]. \tag{9.128}$$

Daraus lässt sich unmittelbar $\xi_r(r = r_0) \equiv r_1 \exp[-i(m\theta + ikz)]$ berechnen und in den Integranden von (9.125) einsetzen. Gl. (9.125) liefert dann

$$\boxed{\min W_F = \frac{\pi r_0 L k b_i^2 r_1^2}{2\mu_0} \, \frac{I_m(kr_0)}{I_m'(kr_0)}} \tag{9.129}$$

mit $r_1 = -A \, I_m'(kr_0)/kb_i^2$. Zwei Anmerkungen sind nötig. Erstens sind natürlich im Integranden auf der rechten Seite von (9.125) nur die Harmonischen $\xi_r(r_0) \sim \exp(-im\theta - ikz)$ von Bedeutung. Die θ-Integration liefert den Faktor 2π; da wir aber nur die Realteile von ξ in komplexer Schreibweise berücksichtigen dürfen, tritt ein zusätzlicher Faktor $\frac{1}{2}$ auf. Zweitens haben wir das Integral über z durch die Länge L ersetzt.

Vakuumanteil

Als Nächstes wenden wir uns dem Vakuumbeitrag W_v zu. Mit

$$\delta \mathbf{B}_v = \nabla \phi \tag{9.130}$$

und

$$(\nabla \phi)^2 = \nabla \cdot (\phi \nabla \phi) - \phi \nabla^2 \phi \tag{9.131}$$

bleibt lediglich der Oberflächenbeitrag

$$\boxed{W_v = \frac{1}{2\mu_0} \int \phi \nabla \phi \cdot d\mathbf{F}} \tag{9.132}$$

zu berechnen. Die minimierende Funktion ϕ folgt aus den Euler-Gleichungen, die zu (9.130) gehören. Die Lösungen von

$$\frac{\partial}{\partial x_k} \frac{\partial}{\partial \phi_{,k}} \frac{1}{2} \phi_{,k} \, \phi_{,k} = \frac{\partial}{\partial x_k} \phi_{,k} = \nabla^2 \phi = 0 \tag{9.133}$$

im beiderseits (durch Plasma bzw. leitende Wand) begrenzten Vakuumbereich $r_0 < r < R_0$ lauten

$$\phi = C I_m(kr) e^{im\theta + ikz} + D K_m(kr) e^{im\theta + ikz} \tag{9.134}$$

mit noch freien Koeffizienten C und D. Diese Konstanten müssen durch die Randbedingungen festgelegt werden.

Zunächst soll an der Leiter-Vakuum-Grenze das gesamte **B**-Feld keine Normalkomponente besitzen,

$$\frac{\partial \phi}{\partial r}\bigg|_{r=R_0} = 0 = C k I_m'(kR_0) e^{im\theta + ikz} + D k K_m'(kR_0) e^{im\theta + ikz} \, . \tag{9.135}$$

Darüber hinaus soll an der Plasma-Vakuum-Grenze das gesamte **B**-Feld tangential verlaufen. Mit (9.106) und (9.115) formulieren wir diese Bedingung als

$$\nabla \varphi \cdot \mathbf{B} = 0 = -\frac{\partial \phi}{\partial r}\bigg|_{r_0} + \frac{imr_1}{r_0} B_0 + ikr_1 \, b_v \, . \tag{9.136}$$

Ausgewertet liefert sie uns eine zweite Gleichung für die Koeffizienten C und D,

$$Ck I'_m(kr_0) + Dk K'_m(kr_0) = ikr_1 b_v + \frac{imr_1}{r_0} B_0 \, . \tag{9.137}$$

Die Gl. (9.135) und (9.137) bilden ein inhomogenes Gleichungssystem, dessen Lösungen für C und D in (9.134) eingesetzt werden können. Die so gefundene minimalisierende Lösung ϕ kann zur Berechnung des Minimums von (9.132) verwendet werden. Eine kurze Rechnung liefert

$$\boxed{\begin{aligned} \min W_v &= \frac{\pi r_0 L k}{2\mu_0} \left(b_v + \frac{m B_0}{kr_0} \right)^2 \\ &\times \frac{K'_m(k R_0) I_m(kr_0) - I'_m(k R_0) K_m(kr_0)}{K'_m(k R_0) I'_m(kr_0) - I'_m(k R_0) K'_m(kr_0)} r_1^2 \, . \end{aligned}} \tag{9.138}$$

Oberflächenanteil

Letztlich haben wir noch den ursprünglichen Oberflächenanteil W_S zu minimalisieren. An der Grenze zwischen Plasma und Vakuum muss ein Kräftegleichgewicht herrschen, das wir wegen der Stetigkeit des Druckes in der Form

$$\nabla \left(p_0 + \frac{b_i^2}{2\mu_0} \right) = -\nabla \frac{B_0^2}{2\mu_0} \frac{r_0^2}{r^2} = \frac{B_0^2}{\mu_0 r_0} \hat{r} \tag{9.139}$$

anschreiben. Interessanterweise wird somit

$$\boxed{\min W_S = -\frac{B_0^2 L}{2\mu_0} \pi r_1^2} \tag{9.140}$$

stets negativ. Lediglich die Kombination von W_F, W_v und W_S kann zu positiven Werten und damit Stabilität führen.

Die Ergebnisse numerischer Auswertungen zeigen, dass eine Stabilisierung erreicht werden kann. Am schwierigsten sind die Stabilitätskriterien für die $m = 0$- und $m = 1$-Moden zu erfüllen. Bezüglich der Details müssen wir auf die Spezialliteratur verweisen. Nur eine Anmerkung sei hier noch gemacht. In der Grenze $R_0 \to \infty$ wird das Stabilitätskriterium Kruskal-Shafranov-Bedingung genannt.

9.3 Die Austauschinstabilität und ihre Bedeutung

Eine der unmittelbarsten Anwendungen des Energieprinzips stellt die Austauschinstabilität („interchange instability") magnetisch eingeschlossener Plasmen dar. Wir werden demonstrieren, dass konkav gekrümmte Plasmaoberflächen im Gegensatz zu konvex gekrümmten Plasmaoberflächen beim magnetischen Einschluss zu Instabilitäten neigen.

Wir schauen uns eine recht plausible Veränderung an, bei der zwei benachbarte Flussröhren (s. u.) vertauscht werden, ohne den Rest des Systems zu stören. In diesem einfachen Fall kann man schnell berechnen, ob das System dadurch in einen Zustand niedrigerer Energie übergehen kann, d. h. instabil ist. Es wird vorausgesetzt, dass die Plasmadynamik tatsächlich so ablaufen kann, dass der energetisch günstigere Zustand erreicht wird. Diese Bemerkungen sollen andeuten, dass nicht immer eine vollständige analytische Berechnung der minimierenden Störungen nötig ist. Oft ist es angebracht, durch globale Überlegungen zunächst Plausibilitätsargumente zu finden. Für quantitative Zwecke (Schwellwerte usw.) muss man jedoch stets auf detailliertere Rechnungen zurückgreifen.

Im Rahmen der idealen Magnetohydrodynamik findet man die potentielle Energie

$$W = \int \left(\frac{p}{\gamma - 1} + \frac{B^2}{2\mu_0} \right) d^3r \,, \tag{9.141}$$

die sich für eine inkompressible Flüssigkeit ($\gamma \to \infty$) auf die magnetische Energie

$$W_m = \int \frac{B^2}{2\mu_0}\, d^3r \tag{9.142}$$

reduziert. Im Folgenden diskutieren wir vornehmlich diesen Beitrag, insbesondere auch, weil wir schon wissen, dass eine kompressible Flüssigkeit mindestens ebenso instabil ist.

Zwei Flussröhren werden einschließlich des enthaltenen Plasmas miteinander vertauscht, d. h., wir betrachten zwei infinitesimal benachbarte Zustände, die durch Vertauschung zweier Bereiche auseinander hervorgehen.

Unter einer Flussröhre verstehen wir ein Volumen $V = \int F\, dl$, eingeschlossen von einer „Stirnfläche" F und der „Mantelfläche", in der die Magnetfeldlinien liegen, die durch die Umrandung von F gehen.

Das „Höhenelement" über F sei dl. Kennzeichnen wir zwei benachbarte Flussröhren durch $F_1 = A_1$ und dl_1 bzw. $F_2 = A_2$ und dl_2, so fordern wir bei Inkompressibilität

$$\boxed{A_1 dl_1 = A_2 dl_2} \; . \tag{9.143}$$

Der magnetische Fluss ϕ ist durch $\phi = BA$ definiert. Er ist innerhalb einer Flussröhre konstant. Wegen der unendlichen Leitfähigkeit (im Rahmen der idealen MHD) gilt darüber hinaus

$$\frac{d\phi}{dt} = 0 \; , \tag{9.144}$$

d. h., der Fluss bleibt konstant. Durch Vertauschen zweier Flussröhren ändert sich die magnetische Energie (9.142) wie folgt:

$$\delta W_m = \delta \int \frac{B^2}{2\mu_0} A dl = \delta \left[\frac{\phi^2}{2\mu_0} \int \frac{dl}{A} \right] \; . \tag{9.145}$$

Bei der Berechnung des letzten Ausdrucks berücksichtigen wir, dass der Fluss ϕ_2 vorher durch A_2 und nachher durch A_1 geht; für ϕ_1 gilt genau das Umgekehrte. Daraus folgt

$$\begin{aligned} \delta W_m &= \frac{1}{2\mu_0} \left[\phi_2^2 \left(\int \frac{dl_1}{A_1} - \int \frac{dl_2}{A_2} \right) + \phi_1^2 \left(\int \frac{dl_2}{A_2} - \int \frac{dl_1}{A_1} \right) \right] \\ &- \frac{1}{2\mu_0} \left(\phi_2^2 - \phi_1^2 \right) \left(\int \frac{dl_1}{A_1} - \int \frac{dl_2}{A_2} \right) = \frac{\delta\phi^2}{2\mu_0} \delta \int \frac{dl}{A} \; . \end{aligned} \tag{9.146}$$

Wegen (9.143) können wir auch schreiben

$$\boxed{\delta W_m = \frac{1}{2\mu_0} \left(\phi_2^2 - \phi_1^2 \right) \int \left[1 - \left(\frac{dl_2}{dl_1} \right)^2 \right] \frac{dl_1}{A_1}} \; . \tag{9.147}$$

Wenn also z. B. bei einer Maschine in der äußeren Plasmarandschicht das Magnetfeld schnell genug nach außen zunimmt, sodass gleichzeitig $\phi_2^2 > \phi_1^2$ und $dl_2/dl_1 > 1$ erfüllt sind, so können wir auf $\delta W_m < 0$ schließen. [Im Folgenden charakterisiert der Index 2 immer die (im Vergleich zu 1) weiter außen liegende Flussröhre.] Dies bedeutet Instabilität, da es einen benachbarten Zustand mit geringerer potentieller Energie gibt.

Unter dieser Einschränkung ist die Aussage gültig, dass konkave Konfigurationen ($dl_2/dl_1 > 1$) instabil sind. Es kann aber offensichtlich auch konkave Konfigurationen geben, bei denen trotz $dl_2/dl_1 > 1$ für die Flüsse $\phi_2 < \phi_1$ gilt. Für diese erwarten wir demnach (bei $\gamma \to \infty$) Stabilität. Es zeigt sich jedoch, dass dann in der Regel bei endlichen Werten von γ Instabilität eintritt.

Krümmungsinstabilitäten

Um einen detaillierteren Einblick in den Sachverhalt mit endlichem γ zu gewinnen, müssen wir (für endliches γ) zusätzlich die freie Energie

$$W_p = \int \frac{p}{\gamma - 1} dV \tag{9.148}$$

berücksichtigen. Bei adiabatischen Veränderungen $[d(pdV^\gamma)/dt = 0]$ gilt für infinitesimale Volumenelemente der Flussröhren

$$\delta dW_p = \frac{1}{\gamma - 1} \delta(pdV) = \frac{1}{\gamma - 1} \delta \left(\frac{pdV^\gamma}{dV^{\gamma-1}} \right)$$

$$= \frac{1}{\gamma - 1} \left\{ p_2 dV_2^\gamma \left[\frac{1}{dV_1^{\gamma-1}} - \frac{1}{dV_2^{\gamma-1}} \right] + p_1 dV_1^\gamma \left[\frac{1}{dV_2^{\gamma-1}} - \frac{1}{dV_1^{\gamma-1}} \right] \right\}$$

$$= \frac{1}{\gamma - 1} \left[p_2 dV_2^\gamma - p_1 dV_1^\gamma \right] \left(\frac{1}{dV_1^{\gamma-1}} - \frac{1}{dV_2^{\gamma-1}} \right) \tag{9.149}$$

oder

$$\delta dW_p = \frac{\delta(pdV^\gamma)}{dV^\gamma} \delta dV \ . \tag{9.150}$$

Wenn wir die Vertauschung zweier Flussröhren in der Nähe des Plasmarandes, wo $p \to 0$ geht, vornehmen, so können wir

$$\delta(pdV^\gamma) \approx \delta p dV^\gamma \tag{9.151}$$

approximieren, sofern dort

$$\left| \frac{\delta p}{p} \right| \gg \left| \frac{\delta dV}{dV} \right| \tag{9.152}$$

gilt. Bei $\delta dV > 0$ und $\delta p = p_2 - p_1 < 0$ erkennen wir wegen $\delta dW_p \approx \delta p \delta dV$ die destabilisierende Tendenz.

Folgende Aussagen können deshalb zusammenfassend gemacht werden:

1. Für $\gamma \to \infty$ (und damit erst recht für endliche Werte von γ) haben wir bereits bei $dl_2/dl_1 > 1$ Instabilität für $\phi_2 > \phi_1$ bzw. $B_2/B_1 > A_1/A_2 = dl_2/dl_1$, d.h. für

$$\delta \int \frac{dl}{B} < 0 \tag{9.153}$$

gefunden.

2. Wenn für die beiden Flussröhren $\phi_2 = \phi_1$ (d.h. $\delta W_m = 0$) gilt, ist das System unter den Voraussetzungen $\delta p < 0$ für

$$\delta \int \frac{dl}{B} > 0 \tag{9.154}$$

instabil. Das Kriterium (9.154) folgt aus (9.150) und (9.151), wenn wir $\delta W_p < 0$ bei $\delta p < 0$ fordern; dann muss nämlich

$$\delta dV = \delta \int A dl = \phi \, \delta \int \frac{dl}{B} > 0 \tag{9.155}$$

sein.

Somit haben wir, wenn (9.153) erfüllt ist, bei $dl_2 > dl_1$ Instabilität, da wir Flussröhren mit $\phi_2 > \phi_1$ vertauschen können. Andererseits können wir, wenn dagegen (9.154) gilt, Vertauschungen von Flussröhren vornehmen, für die $\phi_2 = \phi_1$ bei $p_2 < p_1$ erfüllt ist. Inkompressibilität ist jetzt nicht mehr vorausgesetzt. Aus $p_2 < p_1$ folgern wir $B_2 > B_1$ (aufgrund eines Druckgleichgewichts in nullter Ordnung), so dass wegen $dl_2/B_2 > dl_1/B_1$ nach (9.154) für diese Vertauschungen ebenfalls $dl_2/dl_1 > 1$ erfüllt sein muss. Das Instabilitätskriterium

$$\boxed{dl_2 > dl_1} \tag{9.156}$$

gilt somit recht allgemein. Es bricht lediglich bei verscherten Magnetfeldern zusammen. Darüber hinaus erfordert das Instabilitätskriterium (9.156) noch eine separate Behandlung des Falles

$$\delta \int \frac{dl}{B} = 0 \; . \tag{9.157}$$

In diesem Fall können wir schreiben

$$\delta W = \delta W_m + \delta W_p = \frac{1}{2\mu_0} \left(\phi_2^2 - \phi_1^2 \right) \int \left(\frac{dl_1}{A_1} - \frac{dl_2}{A_2} \right) + \delta p \, \delta \int A dl \; . \tag{9.158}$$

Betrachten wir jetzt den Austausch von Flussröhren, für die

$$\frac{dl_1}{A_1} = \frac{dl_2}{A_2} \tag{9.159}$$

gilt. Zusammen mit (9.157) folgt

$$\frac{A_1^2}{\phi_1} = \frac{A_2^2}{\phi_2} \tag{9.160}$$

und $\delta W_m = 0$. Die Gl. (9.158) können wir jetzt in

$$\boxed{\delta W = \delta p \int \left[\left(\frac{A_2}{A_1} \right)^2 - 1 \right] A_1 dl_1 = \delta p \int \left[\left(\frac{dl_2}{dl_1} \right)^2 - 1 \right] A_1 dl_1} \tag{9.161}$$

umschreiben, sodass auch jetzt bei $\delta p < 0$ $(B_2 > B_1)$ und $dl_2 > dl_1$ Instabilität wegen $\delta W < 0$ folgt.

In einfachen Fällen lassen sich die gerade abgeleiteten Ergebnisse der Austauschinstabilität auch leicht mithilfe der im Abschn. 9.1 abgeleiteten hydromagnetischen Stabilitätskriterien begründen. Wählen wir das Modell eines durch Magnetfelder eingeschlossenen Plasmas, für das (approximativ) im Inneren der Druck und das Magnetfeld konstant seien. Wegen $\nabla \times \mathbf{B} = 0$ und $\nabla p = 0$ im Plasma können wir

$$W \equiv W_F + W_S + W_v > W_s = -\frac{1}{2} \int dF \, (\mathbf{n} \cdot \xi)^2 \, \mathbf{n} \cdot \nabla \left(p + \frac{B^2}{2\mu_0} - \frac{B_v^2}{2\mu_0} \right) \tag{9.162}$$

abschätzen. Mithilfe des Krümmungsradius $\mathbf{R}$ für Magnetfelder folgt

$$\mathbf{n} \cdot \nabla \left(-\frac{B_v^2}{2\mu_0} \right) = \frac{B_v^2}{\mu_0} \, \frac{(\mathbf{R} \cdot \mathbf{n})}{R^2} \; . \tag{9.163}$$

> Bei den weiteren Abschätzungen setzen wir den Gesamtdruck im Plasma als konstant an. Für
>
> $$\mathbf{n} \cdot \mathbf{R} < 0 \tag{9.164}$$
>
> folgt somit sofort *Stabilität*. Diese Bedingung besagt, dass der Normalenvektor $\mathbf{n}$ (gerichtet vom Plasma in das Vakuum) die umgekehrte Richtung wie der Krümmungsradius $\mathbf{R}$ der Magnetfeldlinien (gerichtet vom Mittelpunkt des Krümmungskreises zu den Magnetfeldlinien) haben muss. Derartige (stabile) Konfigurationen sind konvex gekrümmt („curved away from the fluid"); siehe Abb. 9.2.

Für das Verständnis der Austauschinstabilität ist die Verwandtschaft zur Rayleigh-Taylor-Instabilität sehr hilfreich. Wir wissen, dass eine schwere Flüssigkeit, die sich im Schwerefeld über einer leichteren Flüssigkeit befindet, nach Rayleigh und Taylor instabil ist. Einem gekrümmten Magnetfeld können wir aufgrund der Zentrifugalbeschleunigung eine effektive Kraftwirkung zuordnen. Die Kraft ist parallel zu $\mathbf{R}$. Ist $\mathbf{n} \cdot \mathbf{R} > 0$, so befindet sich in diesem Bild das schwerere Plasma über dem Vakuum. Die Instabilität bei falscher Krümmung („bad curvature instability") wird also auch auf diesem Weg verständlich.

Abb. 9.2 Konkav bzw. konvex gekrümmte Anordnungen, die im Rahmen der MHD instabil bzw. stabil sind

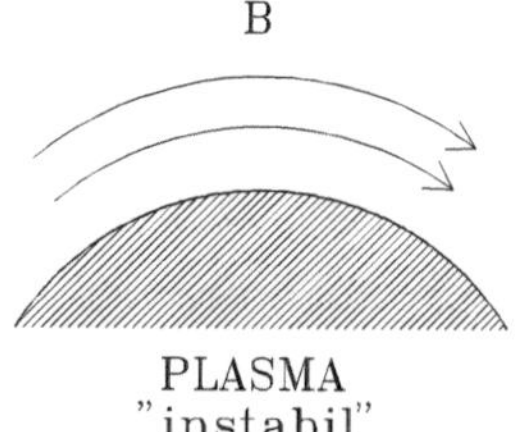

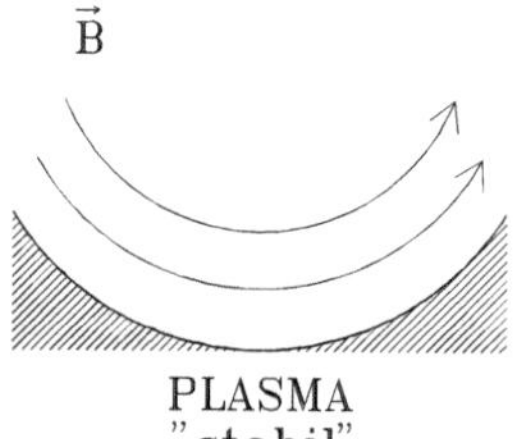

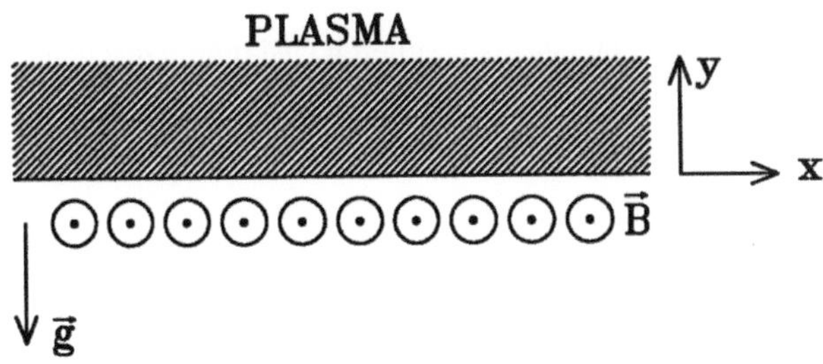

Abb. 9.3 Geometrie bei der hydromagnetischen Rayleigh-Taylor-Instabilität

Hydromagnetische Rayleigh-Taylor-Instabilität

Aus Vollständigkeitsgründen berechnen wir jetzt die Anwachsrate für die hydromagnetische Rayleigh-Taylor-Instabilität; siehe Abb. 9.3

Wir betrachten den Fall eines Plasmas im äußeren Magnetfeld $\mathbf{B}_0 = \hat{z} B_0(y)$, wobei in y-Richtung ein (effektives) Gravitationsfeld mit $\mathbf{g}_0 = -\hat{y} g_0$ wirken soll. Die Gleichgewichtssituation ist dann durch

$$\frac{\partial}{\partial y}\left(p_0 + \frac{B_0^2}{2\mu_0}\right) = -\rho_0\, g_0 \tag{9.165}$$

gekennzeichnet. In die Bewegungsgleichung (9.7) für die Störungen müssen wir jetzt noch die Gravitationskraft aufnehmen. Das lässt sich leicht bewerkstelligen, wenn man die folgenden Zwischenschritte beachtet: Zunächst taucht die Kraftdichte in der Bewegungsgleichung

$$\rho_0\dot{\mathbf{u}} = \cdots + \rho\mathbf{g}_0 \tag{9.166}$$

auf, wobei die durch ... gekennzeichneten Beiträge auf der rechten Seite von (9.166) bereits explizit behandelt sind. Beim Nachdifferenzieren nach der Zeit setzen wir für $\dot{\rho} = -\nabla(\rho_0\mathbf{u})$, und damit wird klar, dass auf der rechten Seite von (9.7) noch zusätzlich der Term

$$-\mathbf{g}_0\nabla\cdot(\rho_0\xi) = \hat{y} g_0\nabla\cdot(\rho_0\xi) = \hat{y} g_0\left[\xi\cdot\nabla\rho_0 + \rho_0\nabla\cdot\xi\right] \tag{9.167}$$

erscheinen muss. Wir schreiben deshalb anstelle von (9.7)

$$-\rho_0\omega^2\xi = \nabla\left(\xi\cdot\nabla p_0 + \gamma p_0\nabla\cdot\xi\right) + \frac{1}{\mu_0}\left[(\nabla\times\mathbf{Q})\times\mathbf{B}_0\right.$$
$$\left. + (\nabla\times B_0)\times Q\right] + \hat{y} g_0\nabla\cdot(\rho_0\xi)\,. \tag{9.168}$$

Zur Vereinfachung der weiteren Diskussion machen wir die folgenden Einschränkungen. Wir untersuchen erstens nur Störungen, die nicht explizit von der z-Koordinate abhängen, und zweitens wählen wir nur inkompressible Störungen aus ($\nabla \cdot \xi = 0$).

Diese und die bereits erwähnten Festlegungen führen zu

$$\mathbf{Q} = -\xi_y \frac{dB_0}{dy}\widehat{z} \, , \tag{9.169}$$

$$(\nabla \times \mathbf{Q}) \times \mathbf{B}_0 + (\nabla \times \mathbf{B}_0) \times \mathbf{Q} = -\nabla(\mathbf{B}_0 \cdot \mathbf{Q}) \, , \tag{9.170}$$

$$\xi := \xi(y)e^{ikx} \, , \tag{9.171}$$

$$\rho_0\omega^2\xi_x = ik\left(\xi \cdot \nabla p_0 + \frac{1}{\mu_0}\mathbf{B}_0 \cdot \mathbf{Q}\right) \, , \tag{9.172}$$

$$\rho_0\omega^2\xi_y = \frac{d}{dy}\left(\xi \cdot \nabla p_0 + \frac{1}{\mu_0}\mathbf{B}_0 \cdot \mathbf{Q}\right) - g_0\xi_y\frac{d\rho_0}{dy} \, . \tag{9.173}$$

Zunächst kombinieren wir die beiden letzten Gleichungen zu

$$\rho_0\omega^2\xi_y = \frac{\omega^2}{ik}\frac{d}{dy}(\rho_0\xi_x) - g_0\xi_y\frac{d\rho_0}{dy} \, . \tag{9.174}$$

Differenziert man beide Seiten dieser Gleichung nach x und nutzt die Inkompressibilität aus, so lässt sich ξ_x eliminieren; das Ergebnis ist

$$\boxed{\frac{d^2\xi_y}{dy^2} + \left(\frac{1}{\rho_0}\frac{d\rho_0}{dy}\right)\frac{d\xi_y}{dy} - k^2\left(1 + \frac{g_0}{\omega^2}\frac{1}{\rho_0}\frac{d\rho_0}{dy}\right)\xi_y = 0} \, . \tag{9.175}$$

Im Allgemeinen ist das Eigenwertproblem nicht einfach zu lösen. Für zwei einfache Fälle lassen sich die Lösungen jedoch direkt anschreiben.

Beispiel 9.10 (Inhomogenes Plasma)
Bei einer exponentiellen Dichtevariation, $d\ln\rho_0/dy = \kappa = const$, ist eine Möglichkeit

$$\frac{d^2\xi_y}{dy^2} = \frac{d\xi_y}{dy} = 0 \, . \tag{9.176}$$

Nichttriviale Lösungen folgen für

$$\boxed{\omega^2 = -g_0\kappa} \, . \tag{9.177}$$

Für $\kappa > 0$, wenn also die Dichte in Richtung der Gravitationskraft abnimmt, erhalten wir Instabilität. Das ist die bekannte Rayleigh-Taylor-Instabilität. ∎

Beispiel 9.11 (Kruskal-Schwarzschild-Instabilität)
Ähnlich sieht das Ergebnis für ein homogenes Plasma mit einer scharfen Berandung aus,

$$\rho_0 = \begin{cases} \rho_{00} = const \text{ für } & y \geq 0, \\ 0 & \text{für } \ y < 0. \end{cases} \tag{9.178}$$

Für $y > 0$ hat die Differentialgleichung

$$\frac{d^2 \xi_y}{dy^2} = k^2 \xi_y \tag{9.179}$$

die Lösung

$$\xi_y = \xi_y^{(0)} e^{-ky} \, . \tag{9.180}$$

Bei $y = 0$ haben wir einen wesentlichen Beitrag von der Ableitung von ρ_0,

$$\frac{d\rho_0}{dy} = \rho_0 \delta(y), \tag{9.181}$$

die unstetig ist. Integrieren wir deshalb die Differentialgleichung (9.175) über y von $-\varepsilon$ bis $+\varepsilon$ und lassen anschließend $\varepsilon \to 0$ gehen, so ergibt sich aus

$$\int_{-\varepsilon}^{+\varepsilon} \frac{d}{dy}\left(\rho_0 \frac{d\xi_y}{dy}\right) dy = \int_{-\varepsilon}^{+\varepsilon} k^2 \left(\rho_0 + \frac{g_0}{\omega^2}\frac{d\rho_0}{dy}\right) \xi_y \, dy \tag{9.182}$$

die Relation

$$\left. \frac{k^2 g_0}{\omega^2}\rho_0 \, \xi_y \right|_{y=0} = \lim_{\varepsilon \to +0} \rho_0 \left. \frac{d\xi_y}{dy}\right|_{y=\varepsilon} . \tag{9.183}$$

Fordern wir Stetigkeit von ξ_y an der Stelle $y = 0$, so folgt aus (9.180)

$$\boxed{\omega^2 = -kg_0} \, . \tag{9.184}$$

■

Die Wahl (9.178) für die Dichteverteilung bei $\mathbf{g_0} = -\widehat{y}g_0$ lässt uns diese Instabilität wiederum als Analogon der Rayleigh-Taylor-Instabilität erkennen. Im Bereich der Plasmaphysik heißt sie auch – bezogen auf spezielle Plasmaanordnungen im Magnetfeld – Kruskal-Schwarzschild-Instabilität.

Derartige Instabilitäten spielen in der Plasmaphysik ganz entscheidende Rollen. Als Erstes fällt einem der magnetische Einschluss zur Erreichung der Kernfusion ein. Viele einfach erscheinende Anordnungen müssen aufgrund des Krümmungsarguments direkt ausgeschlossen werden, oder es müssen recht trickreiche Änderungen zur Stabilisierung ersonnen werden. Näheres dazu findet man in der Spezialliteratur über Kernfusion magnetisch eingeschlossener Plasmen („magnetic confinement fusion").

Auch bei der seit mehreren Jahren angestrebten Trägheitsfusion („inertial confinement fusion") treten wesentliche Stabilitätsprobleme auf. Bei der geplanten Fusion mittels Laser- oder Teilchenstrahlen versucht man, ein möglichst symmetrisches Kügelchen („pellet") auf hohe Dichten zu komprimieren, sodass im Inneren Fusionsprozesse ablaufen können. Wesentliche plasmaphysikalische Prozesse finden dabei in der Hülle („corona") statt, deren Symmetrie jedoch schnell durch eine Rayleigh-Taylor-Instabilität gestört werden kann. Die damit verbundenen Veränderungen in der Absorption der Laser- oder Teilchenstrahlen stellen ein ernsthaftes Problem für die Verwirklichung einer kontrollierten Fusion dar.

Abschließend sollte vielleicht noch einmal betont werden, dass die Magnetohydrodynamik nur ein sehr grobes Modell für ein Plasma darstellt. Um so wichtiger sind dann jedoch Instabilitätsaussagen zu nehmen, denn sie stellen recht robuste Aussagen dar, die nicht durch marginale Änderungen ins Gegenteil verkehrt werden können.

9.4 Resistive Instabilitäten

Wir verlassen jetzt die ideale Magnetohydrodynamik und lassen endliche Leitfähigkeiten (nichtverschwindende Widerstände oder Resistivitäten) zu. In diesem Bereich ist die Theorie, was Variationsprinzipien betrifft, weniger weit fortgeschritten und dementsprechend wird bei den meisten Rechnungen im Folgenden eine Normalmodenanalyse („normal mode analysis") benutzt.

Das MHD-Modell wurde bereits vorgestellt. Es besteht aus einer Kontinuitätsgleichung für ρ, dem ohmschen Gesetz und der Impulsbilanz, ergänzt durch die maxwellschen Gleichungen für div $\mathbf{B}$, rot $\mathbf{B}$ und rot $\mathbf{E}$. Der Einfachheit halber rechnen wir inkompressibel,

$$\nabla \cdot \mathbf{u} = 0. \tag{9.185}$$

Die Resistivität η soll nur von den Plasmavariablen abhängen, so dass wir

$$\boxed{\frac{d}{dt}\eta = \dot{\eta} + \mathbf{u} \cdot \nabla\eta = 0} \tag{9.186}$$

setzen. Aus Gründen der Übersichtlichkeit fassen wir die Ausgangsgleichungen hier noch einmal zusammen:

$$\dot{\rho} + \mathbf{u} \cdot \nabla\rho = 0, \tag{9.187}$$

$$\boxed{\eta\mathbf{j} = \mathbf{E} + \mathbf{u} \times \mathbf{B}}\ , \tag{9.188}$$

$$\rho\dot{\mathbf{u}} = \mathbf{j} \times \mathbf{B} - \nabla p + \rho\mathbf{g}, \tag{9.189}$$

$$\nabla \cdot \mathbf{B} = 0, \tag{9.190}$$

$$\nabla \times \mathbf{E} = -\dot{\mathbf{B}}, \tag{9.191}$$

$$\nabla \times \mathbf{B} = \mu_0\mathbf{j}. \tag{9.192}$$

In die Impulsbilanz (9.189) haben wir die Kraftdichte $\rho\mathbf{g}$ in einem (effektiven) Gravitationsfeld aufgenommen, um später Effekte gekrümmter Magnetfeldlinien simulieren zu können.

> Gegenüber der Stabilitätsanalyse in idealen Systemen ($\eta = 0$) können neue Effekte dadurch auftreten, dass das Plasma nicht mehr an die Magnetfeldlinien starr gekoppelt ist („frozen in magnetic field lines"). Moden, die sonst stabil sind, können aufgrund der endlichen Resistivität instabil werden.

Dazu zunächst eine Plausibilitätsbetrachtung.

Für $\mathbf{E} = 0$ liefert (9.188) zusammen mit (9.189) die Kraftdichte

$$\mathbf{F}_s = \frac{(\mathbf{u} \times \mathbf{B}) \times \mathbf{B}}{\eta} = \frac{\mathbf{B}(\mathbf{u} \cdot \mathbf{B}) - \mathbf{u}B^2}{\eta}, \tag{9.193}$$

die für $\eta \to 0$ (bei $\mathbf{u} \cdot \mathbf{B} \neq uB$) unendlich wird und die Abkopplung des Plasmaflusses von den Magnetfeldlinien verhindert, d. h. $\mathbf{u} \cdot \mathbf{B} = uB$ erzwingt. Ist jedoch eine kleine, aber endliche Resistivität $\eta \neq 0$ vorhanden, wird F_s klein in den Bereichen, in denen B klein wird. Die folgende Rechnung wird zeigen, dass $\mathbf{k} \cdot \mathbf{B}$ für Störungen mit dem Wellenzahlvektor $\mathbf{k}$ die entscheidende Größe (anstelle von B) ist, d. h., für $\mathbf{k} \cdot \mathbf{B} \to 0$ können neue Effekte Platz greifen.

Beispiel 9.12 Ripplinginstabilität

Linearisieren wir beispielsweise (9.186) und (9.188) und machen einen Exponentialansatz $\exp(st)$ für die zeitliche Entwicklung, so erhalten wir für $\mathbf{E} = 0$, $p \approx 0$, $g = 0$ *zusätzlich* zu (9.193)

$$\eta_1 \approx -\frac{1}{s}\mathbf{u}_1 \cdot \nabla\eta_0, \tag{9.194}$$

$$\mathbf{j}_1 \approx -\frac{\eta_1}{\eta_0}\mathbf{j}_0\ , \tag{9.195}$$

$$\mathbf{F}_r \approx \frac{\mathbf{u}_1 \cdot \nabla\eta_0}{s\eta_0}\ \mathbf{j}_0 \times \mathbf{B}_0\ . \tag{9.196}$$

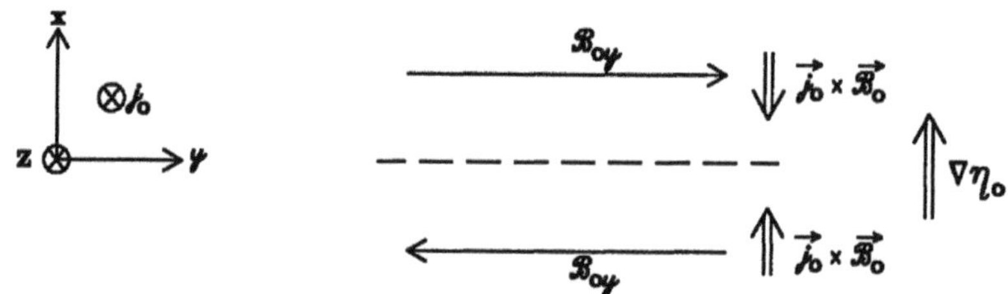

Abb. 9.4 Magnetfeldtopologie und Kraftrichtungen bei der „rippling instability"

Veranschaulichen wir uns die Richtungen (s. Abb. 9.4), so folgt, wenn $x = 0$ die Linie $B_{0y} = 0$ kennzeichnet,

$$F_{rx} \sim \begin{cases} -u_{1x} \text{ für } x > 0, \\ u_{1x} \text{ für } x < 0. \end{cases} \tag{9.197}$$

Das heißt aber, dass Störungen für $x < 0$ verstärkt werden können. Die genaue Rechnung führt zur „rippling instability". ∎

Beispiel 9.13 (Gravitationsinstabilität)

Eine ähnliche Überlegung ist für die Gravitationsinstabilität („gravitational instability") möglich, wenn in (9.189) der Term $\rho\mathbf{g}$ auf der rechten Seite überwiegt. Man findet analog

$$\mathbf{F} \approx \rho_1 \mathbf{g} \approx -\frac{\mathbf{u} \cdot \nabla \rho_0}{s}\mathbf{g}, \tag{9.198}$$

was für $\mathbf{g} \cdot \nabla\rho_0 < 0$ zu einer Anfachung von anfänglichen Störungen führt. ∎

Beispiel 9.14 (Tearing Instabilität)

Komplizierter ist die Instabilität, die mit einem Abreißen der Feldlinien des magnetischen Feldes („tearing instability") verbunden ist, da bei langwelligen Störungen elektrische Felder induziert werden, die im ohmschen Gesetz (9.188) berücksichtigt werden müssen. Aus (9.191) folgt für Fourier-Moden $\sim \exp(ik_y\, y)$

$$E_{1z} \approx -\frac{s\, B_{1x}}{ik_y}. \tag{9.199}$$

Zusammen mit $j_{1z} \approx E_{1z}/\eta_0$ aus (9.188) ergibt sich aus (9.189) eine zusätzliche treibende Kraft

$$F_{tx} \approx \frac{s\, B_{0y}B_{1x}}{ik_y\eta_0}, \tag{9.200}$$

die die Inselbildung bei fast symmetrischen Anordnungen begünstigt. Schematisch ist das in Abb. 9.5 dargestellt. ∎

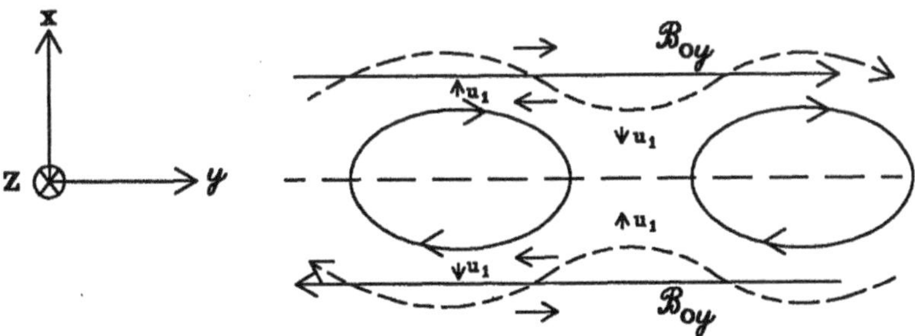

Abb. 9.5 Inselbildung durch Abreißen der Magnetfeldlinien bei der „Tearing"instabilität

Der folgende stationäre Zustand ($\partial_t = 0$, Index 0) kann als Ausgangslösung benutzt werden:

$$\mathbf{u}_0 = 0, \quad \rho_0 = \rho_0(x), \quad \eta_0 = \eta_0(x), \quad \mathbf{g} = g\widehat{x}, \tag{9.201}$$

wobei das Magnetfeld eine Verscherung in der Form

$$\boxed{\mathbf{B}_0 = B_{0y}(x)\widehat{y} + B_{0z}(x)\widehat{z}} \tag{9.202}$$

besitzen darf. Um keinen Widerspruch zwischen (9.188) und (9.191) zu erhalten, muss

$$\nabla \times [\eta_0 \nabla \times \mathbf{B}_0] = 0 \tag{9.203}$$

sein. Dies hat, zusammen mit dem Ansatz (9.202), die Konsequenz

$$\eta_0 \partial_x \mathbf{B}_0 = const = \mathbf{c} \ . \tag{9.204}$$

Wenn wir nun diesen Ausgangszustand stören und in den Störungen (Index 1) anschließend linearisieren, erhalten wir für $\mathbf{B}_1$ aus (9.191) und (9.188)

$$\boxed{\dot{\mathbf{B}}_1 = \nabla \times \left\{ \mathbf{u}_1 \times \mathbf{B}_0 - \frac{1}{\mu_0} \left[\eta_1 \left(\nabla \times B_0 \right) + \eta_0 \left(\nabla \times \mathbf{B}_1 \right) \right] \right\}} \ . \tag{9.205}$$

Die Rotation der Impulsbilanz (9.189) führt andererseits zu

$$\boxed{\nabla \times (\rho_0 \dot{\mathbf{u}}_1) = \nabla \times \left\{ \frac{1}{\mu_0} \left[(\mathbf{B}_0 \cdot \nabla) \mathbf{B}_1 + B_{1x} \left(\partial_x \mathbf{B}_0 \right) \right] + \rho_1 g\widehat{x} \right\}} \ . \tag{9.206}$$

Da der stationäre Zustand nur von x abhängt, können wir in y und z nach Fourier transformieren. Insgesamt machen wir den Normalmodenansatz für eine gestörte Größe f_1,

$$f_1 = f_1(x) \exp(i\mathbf{k} \cdot \mathbf{r} + st), \tag{9.207}$$

wobei

$$\mathbf{k} = \begin{pmatrix} 0 \\ k_y \\ k_z \end{pmatrix} \tag{9.208}$$

gilt. Aus (9.205) ergibt sich für die x-Komponente von $\mathbf{B}_1$ nach kurzer Rechnung

$$s B_{1x} = i(\mathbf{k} \cdot \mathbf{B}_0)u_{1x} + \frac{\eta_0}{\mu_0}\left(\partial_x^2 B_{1x} - k^2 B_{1x}\right) - i\frac{\eta_1}{\mu_0}(\mathbf{k} \cdot \partial_x \mathbf{B}_0)\,. \tag{9.209}$$

Eine zweite Gleichung für B_{1x} erhalten wir aus (9.206) durch die folgenden Umformungen. Wir bilden zunächst die Rotation und nutzen die vektoranalytische Beziehung $\nabla \times \nabla \times = \nabla\nabla\cdot - \nabla^2$ aus. Anschließend diskutieren wir die x-Komponente der Gleichung. Dabei findet man

$$\widehat{x} \cdot [\nabla \times \nabla \times (\rho_0 \mathbf{u}_1)] = -\partial_x\left[\rho_0\left(\partial_x u_{1x}\right)\right] + k^2 \rho_0 u_{1x} \tag{9.210}$$

sowie

$$\widehat{x} \cdot \{\nabla \times \nabla \times [(\mathbf{B}_0 \cdot \nabla)\mathbf{B}_1 + B_{1x}\,(\partial_x \mathbf{B}_0)]\}$$
$$= -i\varphi\left(\partial_x^2 B_{1x}\right) + i\left(\partial_x^2 \varphi\right) B_{1x} + ik^2 \varphi\, B_{1x}, \tag{9.211}$$

wobei wir die Hilfsgröße

$$\boxed{\varphi := \mathbf{k} \cdot \mathbf{B}_0} \tag{9.212}$$

eingeführt haben. Berücksichtigt man noch die linearisierte Form von (9.186), d. h.

$$s\eta_1 + u_{1x}\left(\partial_x \eta_0\right) = 0 \tag{9.213}$$

und

$$\widehat{x} \cdot [\nabla \times \nabla \times (\rho_1 \widehat{x})] = k^2 \rho_1, \tag{9.214}$$

so können wir aus (9.206) und (9.209)–(9.214) das folgende System gewinnen:

$$\boxed{\eta_0 \partial_x^2 B_{1x} = \left(\mu_0 s + k^2 \eta_0\right) B_{1x} - i\left[\mu_0 \varphi + \frac{1}{s}\left(\partial_x \eta_0\right)\left(\partial_x \varphi\right)\right] u_{1x},} \tag{9.215}$$

$$\boxed{\begin{aligned} \varphi\, \partial_x^2 B_{1x} &= \left[\left(\partial_x^2 \varphi\right) + k^2 \varphi\right] B_{1x} + \mu_0 i k^2 \left[s\rho_0 + \frac{g}{s}\left(\partial_x \rho_0\right)\right] u_{1x} \\ &\quad - \mu_0 i s\, \partial_x\left[\rho_0 \partial_x(u_{1x})\right]\,. \end{aligned}} \tag{9.216}$$

Aus diesen beiden Gleichungen eliminieren wir $\partial_x^2 B_{1x}$, indem wir die erste Gleichung mit φ und die zweite mit η_0 multiplizieren und anschließend subtrahieren. Das Ergebnis lautet

$$B_{1x}\left(\mu_0 s\varphi - \eta_0\varphi''\right) = i\mu_0 s\left[u_{1x}\varphi^2 s^{-1}\left(1 + \frac{\eta_0'\varphi'}{\mu_0 s\varphi}\right)\right.$$

$$\left. + u_{1x}k^2\eta_0\left(\rho_0 + g\rho_0' s^{-2}\right) - \eta_0\left(\rho_0 u_{1x}'\right)'\right]. \qquad (9.217)$$

Der Strich bedeutet Differentiation nach x.

Wir diskutieren an dieser Gleichung, zusammen mit (9.215), das Eigenwertproblem.

Zunächst bemerken wir, dass sich die Eigenschaft (9.204) der stationären Lösung in der Form

$$\eta_0\varphi' = c_0 \qquad (9.218)$$

schreiben lässt. Wir betrachten im Folgenden Störungen der stationären Lösungen, die

$$\varphi(x = 0) = 0 \quad , \quad \varphi' > 0 \qquad (9.219)$$

erfüllen. Die charakteristische Länge L_s („shear length") von $\varphi = \mathbf{k} \cdot \mathbf{B}_0$ benutzen wir bei dem nun folgenden Schritt des Dimensionslosmachens. Es seien

$$\psi := \frac{B_{1x}}{B_0} \quad , \quad W := -iu_{1x}\, k\tau_R \quad , \quad \boxed{F := \frac{\varphi}{k B_0}} \quad ,$$

$$\alpha := kL_s \quad , \quad \xi := \frac{x}{L_s} \quad , \quad L_s \approx \left(\frac{\partial F}{\partial x}\right)^{-1} , \qquad (9.220)$$

wobei eine resistive Zeit τ_R („diffusion time") über

$$\tau_R := \mu_0 \frac{L_s^2}{\langle\eta_0\rangle} \qquad (9.221)$$

definiert ist. Die analoge hydrodynamische Zeit τ_H („Alfvén-wave transit time") ist durch

$$\tau_H = \frac{L_s}{B_0}\sqrt{\mu_0\langle\rho_0\rangle} \qquad (9.222)$$

gegeben. Das Verhältnis

$$\boxed{S = \frac{\tau_R}{\tau_H}} \qquad (9.223)$$

kann als magnetische Reynolds-Zahl aufgefasst werden. Die Größen $\langle\eta_0\rangle$ bzw. $\langle\rho_0\rangle$ stellen mittlere Werte von η_0 bzw. ρ_0 dar, die sinnvollerweise zur Normierung benutzt werden können. Es liegt nahe, die Anwachsrate s mit τ_R dimensionslos zu machen und dafür

$$p = s\tau_R \qquad (9.224)$$

einzuführen. Darüber hinaus kürzen wir

$$\tilde{\rho} = \rho_0/\langle\rho_0\rangle \quad , \quad \tilde{\eta}_0 = \eta_0/\langle\eta_0\rangle \tag{9.225}$$

ab und wählen $\langle\eta_0\rangle$ so, dass in (9.218) $c_0 = 1$ gesetzt werden kann. Das ist möglich, da F' von der Ordnung 1 ist; es hat

$$\tilde{\eta}_0 = F'^{-1} \tag{9.226}$$

zur Folge, wobei wir $B_0 = |\mathbf{B}_0| \approx const$ voraussetzen.

Die beiden Gl. (9.215) und (9.217) liefern dann nach einigen Umformungen

$$\boxed{p\psi'' - p\psi\left(\alpha^2 + \frac{F''}{F}\right) = (p\psi + WF)\left(pF' - \frac{F''}{F}\right),} \tag{9.227}$$

$$\boxed{\frac{p^2}{\alpha^2 S^2 F}\left[(\tilde{\rho}_0 W')' + \alpha^2 W\left(\frac{S^2 G}{p^2} - \tilde{\rho}_0\right)\right] = (p\psi + WF)\left(pF' - \frac{F''}{F}\right),} \tag{9.228}$$

wobei jetzt die Differentiation nach ξ durch einen Strich gekennzeichnet ist und

$$\boxed{G := -\tau_H^2\, g\, \frac{d\rho_0}{dx}\, \frac{1}{\langle\rho_0\rangle}} \tag{9.229}$$

abgekürzt wurde.

Die beiden Eigenwertgleichungen (9.227) und (9.228) sind noch immer recht kompliziert. Bei der weiteren Bearbeitung macht man sich zunutze, dass S im Allgemeinen eine sehr große Zahl ist.

Schauen wir uns den Grenzfall $S \to \infty$, $p \to \infty$, $p/S \to 0$ einmal genauer an. Außerhalb einer kleinen Umgebung um $\xi = 0$ (nur in einer kleinen Umgebung um $\xi = 0$ werde F sehr klein), folgt

$$\psi'' - \psi\left(\alpha^2 + \frac{F''}{F}\right) \approx (p\psi + WF)F', \tag{9.230}$$

$$W\frac{G}{F} \approx (p\psi + WF)F'\, p\,. \tag{9.231}$$

In der Ordnung p^0 bedeutet dies

$$WF \approx -p\psi. \tag{9.232}$$

Aus (9.231) ergibt sich dann unmittelbar

$$(p\psi + WF)F' \approx -\psi\frac{G}{F^2}. \tag{9.233}$$

Setzen wir das auf der rechten Seite von (9.230) ein, so erhalten wir (außerhalb von der kleinen Umgebung um $\xi = 0$, in der $F \approx 0$ werden kann)

$$\psi'' - \left(\alpha^2 + \frac{F''}{F} - \frac{G}{F^2}\right)\psi = 0. \tag{9.234}$$

In der Nähe von $F = 0$ approximieren wir $F \approx F'\xi$ und lösen die dabei aus (9.227) und (9.228) entstehenden Differentialgleichungen. Sehen wir im Moment von den technischen Details ab, so dürfen wir von existierenden Lösungen in komplementären Ortsbereichen ausgehen.

Im äußeren Bereich ($F \neq 0$) finden wir Lösungen ψ_1 mit $\psi_1 \to 0$ für $\xi \to -\infty$ und ψ_2 mit $\psi_2 \to 0$ für $\xi \to +\infty$. Um diese Lösungen sinnvoll in dem Bereich $\xi \approx 0$ verbinden zu können, muss dort die Steigung von ψ sehr stark variieren. Genauer gesagt, wenn wir die äußeren Lösungen bis $\xi = 0$ durchziehen würden, fänden wir eine sprunghafte Änderung von ψ' bei $\xi = 0$. Lediglich Stetigkeit $\psi_1 = \psi_2$ bei $\xi = 0$ ließe sich o. B. d. A. fordern. Eine formale Lösung von (9.234) hilft in diesem Zusammenhang. Mit den gerade diskutierten Randbedingungen gilt nämlich

$$\psi_1 = e^{\alpha\xi}\left[\int_{-\infty}^{\xi} dx\, e^{-2\alpha x}\int_{-\infty}^{x} dy\left(\frac{F''}{F} - \frac{G}{F^2}\right)\psi_1\, e^{\alpha y} + A\right], \tag{9.235}$$

$$\psi_2 = e^{-\alpha\xi}\left[\int_{+\infty}^{\xi} dx\, e^{2\alpha x}\int_{\infty}^{x} dy\left(\frac{F''}{F} - \frac{G}{F^2}\right)\psi_2\, e^{-\alpha y} + B\right]. \tag{9.236}$$

Beispiel 9.15 (Lösung für $G = 0$ und $F = \tanh\xi$)
Um eine etwas konkretere Vorstellung zu besitzen, wählen wir als Demonstrationsbeispiel $G = 0$ (für $g = 0$) und

$$\boxed{F = \tanh\xi}. \tag{9.237}$$

Dann lauten die Lösungen ψ_1 und ψ_2 explizit

$$\psi_1 = (\tanh\xi - \alpha)e^{\alpha\xi}, \tag{9.238}$$

$$\psi_2 = -(\tanh\xi + \alpha)e^{-\alpha\xi}. \tag{9.239}$$

An der Stelle $\xi = 0$ (d. h. schon außerhalb des eigentlichen Gültigkeitsbereichs) gilt $\psi_1 = \psi_2 = -\alpha$ und

$$\psi_1' = 1 - \alpha^2\,, \ \ \psi_2' = -1 + \alpha^2. \tag{9.240}$$

Die Größe

$$\Delta' := \left.\frac{\psi_2' - \psi_1'}{\psi_1}\right|_{\xi=0} = 2\left(\frac{1}{\alpha} - \alpha\right) \tag{9.241}$$

nimmt für $0 < \alpha < \infty$ alle Werte an; die Variation $\infty > \Delta' > -\infty$ ist in diesem Fall monoton mit α. Diese Aussage gilt für praktisch alle relevanten Beispiele. ∎

Im allgemeinen Fall (9.235) und (9.236) gilt

$$\Delta' \approx -2\alpha - \frac{1}{\psi_1} \int_{-\infty}^{+\infty} dx \, e^{-\alpha|x|} \, \psi \frac{F''}{F} + \mathcal{O}\left[\frac{G}{(F')^2 \xi_0}\right], \tag{9.242}$$

wobei ξ_0 die ungefähre Breite des Bereichs ist, in dem sich ψ' (der exakten Lösung) schnell ändert.

Bezüglich der äußeren Lösung machen wir keinen großen Fehler, wenn wir den „Matchingpunkt" bei $\xi = 0$ legen. (Tatsächlich muss er bei $\xi_0 \neq 0$ liegen, aber zwischen ξ_0 und 0 variieren ψ_1 und ψ_2 nicht stark.) Für die innere Lösung müssen wir eine neue Skala $\xi_1 = \varepsilon^{-1}\xi$ einführen. Für große Werte von ξ_1 muss sich die innere Lösung an die äußere stetig anschließen. Wir werden deshalb für die innere Lösung ebenfalls Δ' berechnen und ohne großen Fehler den Eigenwert p aus der Bedingung

$$\Delta'_{\text{äußere Lösung}}(\xi = 0) \overset{!}{=} \Delta'_{\text{innere Lösung}}(|\xi_1| \to \infty) \tag{9.243}$$

bestimmen. Es bleibt also zur Durchführung dieses Programms die Berechnung der inneren Lösung und des entsprechenden Δ'.

In der Umgebung von $\xi = 0$ seien ebenfalls F'', $\tilde{\eta}$, $\tilde{\eta}'$, G und $\tilde{\rho}_0$ (nahezu) konstant. Dann gilt $\tilde{\rho}_0' W' \ll \tilde{\rho}_0 W''$ und aus (9.228) folgt mit $\xi = \varepsilon\xi_1$

$$W'' + \varepsilon^2 \alpha^2 \left(\frac{S^2 G}{p^2 \tilde{\rho}_0} - 1\right) W - \varepsilon^2 \frac{\alpha^2 S^2}{p^2 \tilde{\rho}_0} F' \varepsilon\xi_1 \left[p(F')^2 \varepsilon\xi_1 - F''\right] W$$

$$= \frac{\alpha^2 S^2}{p^2 \tilde{\rho}_0^2} \varepsilon^2 p \psi \left[p(F')^2 \varepsilon\xi_1 - F''\right]. \tag{9.244}$$

Wählt man

$$\varepsilon = \left[\frac{p \tilde{\rho}_0 \tilde{\eta}_0}{4\alpha^2 S^2 (F')^2}\right]^{1/4} \tag{9.245}$$

und

$$\xi_1 = \theta + \frac{1}{2}\,\frac{F''}{p\varepsilon(F')^2} = \theta - \frac{1}{2}\,\frac{\tilde{\eta}_0'}{p\varepsilon}\,, \tag{9.246}$$

so vereinfacht sich (9.244) auf

$$W'' + \left(\Upsilon - \frac{1}{4}\theta^2\right)W = \frac{p}{4\varepsilon F'}\left(\theta + \frac{\eta_0'}{2p\varepsilon}\right)\psi \tag{9.247}$$

mit

$$\Upsilon = \frac{S^2\alpha^2\varepsilon^2 G}{p^2\tilde{\rho}_0} - \varepsilon^2\alpha^2 + \frac{\left(\tilde{\eta}_0'\right)^2}{16\varepsilon^2 p^2}\,; \tag{9.248}$$

der Strich bedeutet jetzt natürlich die Ableitung nach θ.

Eine entsprechende Variablensubstitution muss man auch in (9.227) durchführen. Definiert man gleichzeitig die neuen Größen

$$U := \frac{4\varepsilon F'}{p}W \quad,\quad \Omega := \frac{p\varepsilon}{4\tilde{\eta}_0}\quad,\quad \delta := -\frac{\tilde{\eta}_0'}{2p\varepsilon}\,, \tag{9.249}$$

so erhält man nach kurzer Rechnung

$$\boxed{\psi'' - \varepsilon^2\alpha^2\psi = \varepsilon\Omega\left[4\psi + U(\theta - \delta)\right],} \tag{9.250}$$

$$\boxed{U'' + \left(\Upsilon - \frac{1}{4}\theta^2\right)U = (\theta - \delta)\psi.} \tag{9.251}$$

In der ersten dieser beiden Gleichungen taucht die kleine Größe ε noch auf; im Vergleich zu (9.251) entnehmen wir deshalb aus (9.250), dass U in θ wesentlich schneller variiert als dies bei ψ der Fall ist. Ferner bietet sich in (9.250) noch eine Vereinfachung aufgrund von $\varepsilon^2\alpha^2 \ll 4\varepsilon\Omega$ an. Die Differenz der Gradienten folgt dann aus

$$\begin{aligned}
\Delta' &= \lim_{x\to\infty}\left\{\frac{1}{\varepsilon\psi(x)}\int_{-x}^{x}d\theta\,\psi''\right\}\\
&\approx \frac{\Omega}{\psi_1}\int_{-\infty}^{+\infty}[4\psi + U(\theta - \delta)]d\theta.
\end{aligned} \tag{9.252}$$

Gl. (9.251) legt nun nahe, die Funktionen ψ und U nach Hermite-Polynomen u_n zu entwickeln. Die Differentialgleichung für u_n lautet nämlich

$$u_n'' + \left(n + \frac{1}{2} - \frac{1}{4}\theta^2\right)u_n = 0. \tag{9.253}$$

Wenn wir also

$$U = \sum_n a_n u_n\,, \tag{9.254}$$

$$\psi = \sum_n b_n u_n \tag{9.255}$$

setzen, so folgt wegen der schwachen Variation von ψ $[\varepsilon |\psi'/\psi| \sim \varepsilon |\Delta'| \ll 1]$

$$\frac{b_n}{\psi_1} = \frac{1}{\psi_1} \int_{-\infty}^{+\infty} d\theta \, \psi u_n \approx \int_{-\infty}^{+\infty} d\theta u_n \tag{9.256}$$

$$= \begin{cases} 2^{3/4} \left[\Gamma\left(\tfrac{1}{2}n + \tfrac{1}{2}\right) / \Gamma\left(\tfrac{1}{2}n + 1\right) \right]^{1/2} & \text{für } n \text{ gerade,} \\ 0 & \text{für } n \text{ ungerade.} \end{cases}$$

Andererseits liefert (9.251)

$$\frac{a_n}{\psi_1} \approx \frac{1}{\Upsilon - \left(n + \tfrac{1}{2}\right)} \int_{-\infty}^{+\infty} d\theta u_n (\theta - \delta) \tag{9.257}$$

$$= \frac{1}{\Upsilon - \left(n + \tfrac{1}{2}\right)} \begin{cases} -\delta \, 2^{3/4} \left[\Gamma\left(\tfrac{1}{2}n + \tfrac{1}{2}\right) / \Gamma\left(\tfrac{1}{2}n + 1\right) \right]^{1/2}, & n \text{ gerade,} \\ 2^{9/4} \left[\Gamma\left(\tfrac{1}{2}n + 1\right) / \Gamma\left(\tfrac{1}{2}n + \tfrac{1}{2}\right) \right]^{1/2}, & n \text{ ungerade.} \end{cases}$$

Berücksichtigt man all dies, so ergibt sich aus (9.252)

$$\Delta' = 2^{7/2} \pi \, \Omega \left[\frac{\Gamma\left(\tfrac{3}{4} - \tfrac{1}{2}\Upsilon\right)}{\Gamma\left(\tfrac{1}{4} - \tfrac{1}{2}\Upsilon\right)} - \frac{\delta^2}{8} \frac{\Gamma\left(\tfrac{1}{4} - \tfrac{1}{2}\Upsilon\right)}{\left(\tfrac{3}{4} - \tfrac{1}{2}\Upsilon\right)} \right]. \tag{9.258}$$

> Die rechte Seite dieser Gleichung muss mit der rechten Seite von (9.242) übereinstimmen, z. B. im Spezialfall (9.237) mit der rechten Seite von (9.241). Aus dieser Forderung resultiert eine Bestimmungsgleichung für den Eigenwert p.

Da Δ' aufgrund des Ausdrucks (9.250) auf jeden Fall zwischen $-\infty$ und $+\infty$ variiert, wenn Υ endlich bleibt und den Bereich

$$n + \frac{1}{2} < \Upsilon < n + \frac{3}{2}, \qquad n = 0, 1, 2, \dots \tag{9.259}$$

durchläuft, kann man bei vorgegebenem Wert von Δ' unendlich viele Eigenwerte aus

$$\Upsilon \approx 1, 2, 3, \dots \tag{9.260}$$

finden. Eine veranschaulichende Skizze des Sachverhalts findet sich in Abb. 9.6.

Mit der Definition (9.248) wird die Bestimmung von p relativ einfach.

Schauen wir uns jetzt einige Spezialfälle genauer an.

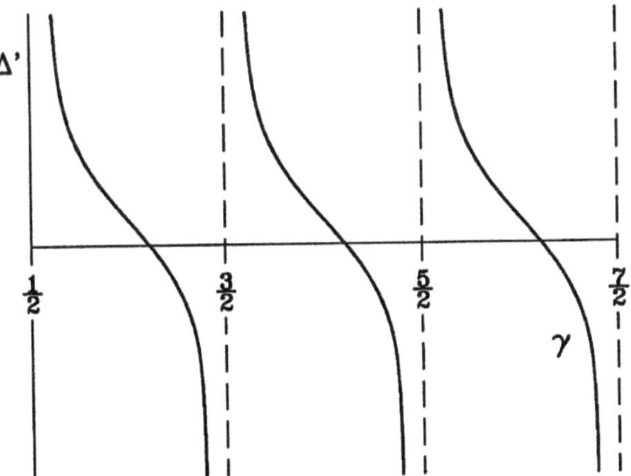

Abb. 9.6 Darstellung des Zusammenhangs (9.258)

Beispiel 9.16 (Ripplinginstabilität)
Wenn in (9.248) der Gradient in der Resistivität die dominierende Rolle spielt, also

$$\Upsilon \approx \frac{(\tilde{\eta}_0')^2}{16\varepsilon^2 p^2} \tag{9.261}$$

ist, und Υ endlich bleibt, folgt zusammen mit (9.245)

$$p = \left(\frac{(\tilde{\eta}_0')^4 \alpha^2 S^2 (F')^2}{64 \Upsilon^2 \tilde{\rho}_0 \tilde{\eta}_0} \right)^{1/5}. \tag{9.262}$$

Die maximale Anwachsrate p wird für minimale Υ $\left(\frac{1}{2} \leq \Upsilon \leq \frac{3}{2} \right)$ und kleine Wellenlängen $(\alpha \gg 1)$ erzielt. Diese Instabilität heißt wegen der kleinen Wellenlängen Kräuselinstabilität („rippling instability"). Allerdings sollte man beachten, dass wegen der verschiedenen Näherungen α nicht beliebig groß werden darf. Zum Beispiel folgt aus (9.260), wenn wir mit (9.248) vergleichen,

$$\alpha^2 \varepsilon^2 \ll \Upsilon \approx 1 \tag{9.263}$$

oder $\alpha \ll 1/\varepsilon$, sodass die Anwachsrate (9.261) nicht unendlich groß werden kann. Auch die Wellenlänge der instabilsten Mode bleibt endlich. ∎

Beispiel 9.17 (Gravitationsaustauschinstabilität)
Ein ähnlich gelagerter Fall tritt auf, wenn die Gravitation (oder die Krümmung des Magnetfelds) in (9.248) die dominierende Rolle spielt, also

$$\Upsilon \approx S^2 \alpha^2 \varepsilon^2 G / p^2 \tilde{\rho}_0 \tag{9.264}$$

gilt. Man beachte, dass für Instabilität $G > 0$ sein muss. Die Anwachsrate für diese Gravitationsaustauschinstabilität („gravitational interchange instability") kann ähnlich wie bei der „rippling mode" bestimmt werden. ∎

Abschließend beschäftigen wir uns noch mit dem Fall nahezu symmetrischer Grundzustände (um $\xi = 0$). Dann sei $\tilde{\eta}_0' \approx 0$, $G \approx 0$ und $|\Upsilon| \ll \frac{1}{2}$. In diesem Fall vereinfacht sich (9.258) zu

$$\Delta' = \Omega(12 - 13\delta^2) \approx 12\Omega. \tag{9.265}$$

Die Instabilitätsbedingung ist dann offensichtlich

$$\Delta' > 0 \,, \tag{9.266}$$

und Ω folgt aus dem nach (9.241) oder (9.242) vorgegebenen Δ'. Benutzen wir jetzt (9.226), (9.245) und (9.249), so folgt

$$\boxed{p \approx 4 \left(\Omega^2 \alpha S \, \tilde{\rho}_0^{-\frac{1}{2}} \, \tilde{\eta}_0^{\frac{1}{2}} \right)^{2/5}}. \tag{9.267}$$

Die Anwachsrate p ist demnach proportional zu $(\Delta')^{4/5}$ und $\alpha^{2/5} \left[= (kL_s)^{2/5} \right]$. Aus dem konkreten Beispiel (9.241) folgt $(\Delta')^{4/5} \sim \alpha^{-4/5}$ für $\Delta' > 0$, sodass der Ausdruck (9.267) maximal für $\alpha \ll 1$ wird. Es gibt jedoch eine untere Grenze für α aufgrund der Approximation $\varepsilon|\Delta'| \ll 1$, die zu (9.256) führte. Mit $\Delta' \approx 2/\alpha$ folgt

$$\alpha^4 \gg \rho_0^{1/2} \tilde{\eta}_0^2 / S. \tag{9.268}$$

Damit haben wir natürlich noch nicht alle Instabilitäten behandelt, bei denen eine endliche Resistivität eine Rolle spielt. Insbesondere solche mit endlichem $k_\parallel$ („ballooning modes") haben in letzter Zeit erheblich an Bedeutung gewonnen. Für ihr Studium muss jedoch aus Platzgründen auf die Spezialliteratur verwiesen werden.

Teil II

Aktuelle Forschungsgebiete

Plasmaeinschluss und anomaler Transport

Inhaltsverzeichnis

Zusammenfassung

In diesem Kapitel ergänzen wir die allgemeinen Grundlagen um einige (wesentliche) Aspekte, die beim magnetischen Einschluss mit dem Ziel einer Energie gewinnenden Kernfusion auftreten. Die Fusion in toroidalen Anordnungen wie Tokamak, Stellarator usw. ist ein wichtiges physikalisches und technisches Langzeitprojekt, das viele sehr interessante Problemkreise der Theoretischen Physik berührt. Wir gehen hier nur auf einige wenige ein. Das Auswahlkriterium ist der unmittelbare Zusammenhang mit den in früheren Kapiteln diskutierten allgemeinen Grundlagen. Deshalb bleiben manch andere wichtige Themenkreise außen vor. Diesbezüglich müssen wir auf die Spezialliteratur verweisen.

10.1   Teilchenbewegung in toroidaler Geometrie

Wir beginnen damit, wie die Einzelteilchenbewegung durch die toroidale Geometrie beeinflusst wird. Das ist keineswegs lediglich eine Übungsaufgabe, denn durch die charakteristische Bewegung können wir – wie im einleitenden Kapitel bereits – wichtige Schlüsse auf den grundsätzlichen Teilcheneinschluss ziehen.

© Der/die Autor(en), exklusiv lizenziert an Springer-Verlag GmbH, DE, ein Teil von Springer Nature 2025
K.-H. Spatschek, *Theoretische Plasmaphysik*,
https://doi.org/10.1007/978-3-662-71426-3_10

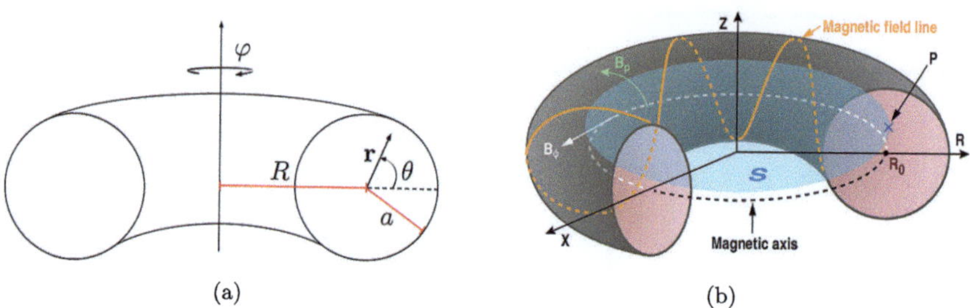

Abb. 10.1 (**a**) Toroidale Koordinaten, (**b**) toroidale Magnetfeldkonfiguration

Eine toroidale Anordnung heißt axisymmetrisch, wenn sie, wie bei einem Tokamak, eine bestimmte Symmetrie um ihre Achse (z-Achse) aufweist. Das bedeutet, dass physikalische Eigenschaften wie das Magnetfeld, die Dichte und die Temperatur des Plasmas radialsymmetrisch um die zentrale Achse des Tokamaks angeordnet sind. Das Plasma besitzt in einem Tokamak in Bezug auf seine Hauptachse eine Rotationssymmetrie. Diese Symmetrie ist für die Stabilität und Kontrolle des Plasmas wichtig. Zur relativ übersichtlichen Beschreibung führt man toroidale (R, φ) und poloidale (r, θ) Koordinaten ein, die in Abb. 10.1(a) skizziert sind.

Die Hauptachse (große Halbachse) eines Tokamaks wird als Torusachse oder magnetische Achse bezeichnet. Die Achse verläuft durch das Zentrum des ringförmigen Plasmagefäßes und bildet den Mittelpunkt der rotationssymmetrischen Struktur des Plasmas.

Magnetische Flächen

Die Hauptspulen eines Tokamaks erzeugen ein starkes Magnetfeld, das um die Hauptachse (Symmetrieachse) verläuft. Zusätzlich wird nach dem Transformatorprinzip durch das Plasma selbst ein elektrischer Strom induziert, der ebenfalls ein Magnetfeld erzeugt, das zur Stabilisierung und zum Einschluss des Plasmas beiträgt. Das Magnetfeld, das um die Hauptachse des Tokamaks verläuft und das Plasma in der ringförmigen Bahn hält, nennt man toroidales Magnetfeld. Dieses Feld ist notwendig, um das Plasma von den Wänden des Tokamaks fernzuhalten. Das zusätzliche poloidale Magnetfeld läuft auf kleineren Kreisen innerhalb des Plasmas, also senkrecht zur magnetischen Achse. Abb. 10.1(b) zeigt eine Skizze.

Die magnetischen Feldlinien erfüllen die Gleichung

$$\frac{dx}{B_x} = \frac{dy}{B_y} = \frac{dz}{B_z} = \frac{dl}{B} \,, \quad dl = \sqrt{dx^2 + dy^2 + dz^2} \,. \tag{10.1}$$

Magnetische Oberflächen können wir in der Form

$$\boxed{\psi(\mathbf{r}) = \text{const}, \quad [\nabla\psi(\mathbf{r})]\cdot\mathbf{B} = 0}$$ (10.2)

charakterisieren.

Beispiel 10.1 (Magnetfeldkonfigurationen)

Im Falle eines geraden Zylinders mit den Zylinderkoordinaten r, θ, z ergibt sich das magnetische Feld $\mathbf{B} = \nabla \times \mathbf{A}$ aus den Komponenten des Vektorpotentials $\mathbf{A}$ über

$$B_r = \frac{1}{r}\frac{\partial A_z}{\partial\theta} - \frac{\partial A_\theta}{\partial z}, \quad B_\theta = \frac{\partial A_r}{\partial z} - \frac{\partial A_z}{\partial r}, \quad B_z = \frac{1}{r}\frac{\partial(r A_\theta)}{\partial r} - \frac{1}{r}\frac{\partial A_r}{\partial\theta},$$ (10.3)

und für eine *axisymmetrische* Konfiguration mit $\partial/\partial\theta \equiv 0$ sind die magnetischen Flächen durch

$$\boxed{\psi(r, z) = r A_\theta(r, z) = \text{const}}$$ (10.4)

bestimmt. Es gilt nämlich

$$B_r \frac{\partial(r A_\theta)}{\partial r} + 0 + B_z \frac{\partial(r A_\theta)}{\partial z} = 0 .$$ (10.5)

Für eine *translatorische* Konfiguration mit $\partial/\partial z \equiv 0$ ist

$$\boxed{\psi(r, \theta) = A_z(r, \theta)} .$$ (10.6)

Bei *helischer* Symmetrie ist

$$\boxed{\psi(r, \theta - \alpha z) = A_z(r, \theta - \alpha z) + \alpha r A_\theta(r, \theta - \alpha z)} ,$$ (10.7)

wobei α der Steigungswinkel ist. ∎

Wenn wir einen Torus wie in Abb. 10.1 (d. h. mit kreisförmigen Querschnitt) analytisch beschreiben wollen, können wir verschiedene Koordinatensysteme benutzen:

$$R , z , \varphi \quad \text{zylindrisches KS,}$$ (10.8)
$$r , \theta , \varphi \quad \text{toroidales KS.}$$ (10.9)

Wir führen $h(r, \theta)$ über

$$R = h(r, \theta) R_0 , \quad h(r, \theta) = 1 + \frac{r}{R_0}\cos\theta \equiv 1 + \varepsilon\cos\theta$$ (10.10)

ein. Der toriodale Plasmastrom erzeugt ein toroidales Vektorpotential und ein poloidales Magnetfeld:

$$\mathbf{A} = A_\varphi \hat{\varphi} \quad \rightsquigarrow \quad B_\theta = (\nabla \times \mathbf{A}) \cdot \hat{\theta} = \frac{1}{h} \frac{\partial}{\partial r}(h A_\varphi) \,. \tag{10.11}$$

Im Anhang stellen wir vektoranalytische Beziehungen vor und geben Beispiele sowohl für Zylinderkoordinaten als auch für toroidale Koordinaten.

Es folgt z. B. in toroidalen Koordinaten

$$\nabla \cdot \mathbf{B}_\theta = \frac{R_0}{r} \frac{\partial}{\partial \theta}(h B_\theta) = 0 \quad \rightsquigarrow \quad B_\theta(r, \theta) = \frac{B_\theta^0(r)}{h(r, \theta)} \quad \rightsquigarrow \quad A_\varphi(r, \theta) = \frac{A_\varphi^0(r)}{h(r, \theta)} \,. \tag{10.12}$$

Das bereits vermutete Verschwinden der radialen Komponente folgt aus

$$B_r = (\nabla \times \mathbf{A}) \cdot \hat{r} = -\frac{1}{hr} \frac{\partial}{\partial \theta}(h A_\varphi) = 0 \,. \tag{10.13}$$

Die magnetischen Flussflächen ergeben sich einfach aus

$$\boxed{\psi(r, \theta) = h(r, \theta) R_0 A_\varphi(r, \theta) = R_0 A_\varphi^0(r) = \text{const}} \,. \tag{10.14}$$

Es sind, wie ebenfalls erwartet, konzentrische Kreise. Zum Beweis berechnet man

$$\mathbf{B} \cdot \nabla \psi = (B_\varphi \hat{\varphi} + B_\theta \hat{\theta}) \cdot \left(R_0 \frac{\partial A_\varphi^0}{\partial r} \hat{r} + \frac{R_0}{r} \frac{\partial A_\varphi^0}{\partial \theta} \hat{\theta} \right) = 0 \,. \tag{10.15}$$

Beispiel 10.2 (Explizite Form magnetischer Flussflächen)
Weitere Aufschlüsse über die Struktur der magnetischen Flussflächen können wir genähert wie folgt erhalten. Es gilt

$$\mu_0 j_\varphi(r, \theta) = (\nabla \times \mathbf{B}) \cdot \hat{\varphi} = \frac{1}{r} \frac{\partial(r B_\theta)}{\partial r} = \frac{1}{r} \frac{\partial}{\partial r} \left[\frac{r}{h} \frac{\partial}{\partial r}(h A_\varphi) \right] \,. \tag{10.16}$$

Setzen wir B_θ ein, so finden wir

$$\mu_0 j_\varphi(r, \theta) = \frac{1}{h(r, \theta)} \left[\frac{B_\theta^0(r)}{r} + \frac{\partial B_\theta^0(r)}{\partial r} - \frac{B_\theta \cos \theta}{R_0} \right] \,. \tag{10.17}$$

Vernachlässigen wir für kleine Aspektverhältnisse a/R_0, wobei a der kleine Radius ist, d. h. für

$$r \leq a \ll R_0, \tag{10.18}$$

den letzten Term in der eckigen Klammer, so können wir formal die Abhängigkeit

$$j_\varphi(r, \theta) \approx \frac{j_\varphi^0(r)}{h(r, \theta)} \tag{10.19}$$

kennzeichnen. Bestimmen wir jetzt A_φ aus (10.16), so nehmen wir für diese Rechnung an, dass die toroidale Stromstärke über die Querschnittsfläche mit dem kleinen Radius $r \leq a$ praktisch konstant ist. Dann liefert die Integration

$$A_\varphi(r, \theta) \approx \frac{\mu_0}{4} \frac{j_\varphi^0(r) r^2}{h(r, \theta)} \quad \rightsquigarrow \quad B_\theta(r, \theta) \approx \frac{\mu_0}{2} \frac{r j_\varphi^0(r)}{h(r, \theta)} \ . \tag{10.20}$$

Die magnetischen Flussflächen werden durch

$$\boxed{\psi(r, \theta) = R A_\varphi = R_0 h A_\varphi \approx \frac{\mu_0}{4} j_\varphi^0(r) r^2 R_0 \sim R_0 r^2 = \text{const}} \tag{10.21}$$

bestimmt. ∎

Driften im Torus

Jetzt wenden wir uns der (genäherten) Teilchenbewegung zu. Wir nehmen weiterhin Bezug auf Abb. 10.1, d. h. eine toroidale Magnetfeldkonfiguration

$$B_r = 0 \ , \quad B_\varphi = \frac{B_0 R_0}{R} \ , \tag{10.22}$$

die um das poloidale Feld

$$\mathbf{B}_{pol} \equiv B_\theta \hat{\theta} \tag{10.23}$$

erweitert ist. Soweit die Darstellung in toroidalen Koordinaten, die wir auch für die magnetischen Flächen benutzt haben.

Jetzt kehren wir zu Zylinderkoordinaten R, φ, z zurück und nutzen, dass für axisymmetrische Situationen die φ-Koordinate zyklisch ist. Dann ist in der hamiltonschen Theorie der zugeordnete kanonische Teilchenimpuls

$$P_\varphi = m R^2 \dot\varphi + q R A_\varphi = \text{const.} \tag{10.24}$$

Wichtiges Ergebnis der folgenden Überlegung wird nun sein, dass sich die Teilchen „im Wesentlichen" auf den magnetischen Flächen bewegen. Die Abweichungen sind von der Größenordnung von Gyroradien, gebildet mit dem poloidalen Magnetfeld.

Eine magnetische Fläche sei in Zylinderkoordinaten R, φ, z durch die Koordinatenbeziehung

$$R^* A_\varphi(R^*, z^*) = C_m \equiv \text{const} \tag{10.25}$$

für die Koordinaten $R = R^*$ und $z = z^*$ gekennzeichnet. Wählen wir nun $C_m = \frac{P_\varphi}{q}$, so folgt

$$RA_\varphi(R, z) - R^* A_\varphi(R^*, z^*) = -\frac{m}{q} R^2 \dot{\varphi} \ . \tag{10.26}$$

Mit der Definition

$$\boxed{\delta = (R - R^*)\hat{R} + (z - z^*)\hat{z}} \tag{10.27}$$

schreiben wir (10.26) als erste Taylor-Näherung von

$$\delta \cdot \nabla(RA_\varphi) \approx -\frac{m}{q} R^2 \dot{\varphi} \ . \tag{10.28}$$

Wegen

$$RB_R \approx \frac{\partial(RA_\varphi)}{\partial z} \ , \quad RB_z \approx \frac{\partial(RA_\varphi)}{\partial R} \tag{10.29}$$

lautet (10.28)

$$\left[\mathbf{B}_{pol} \times \delta\right]_\varphi \approx -\frac{m}{q} R\dot{\varphi} \ . \tag{10.30}$$

Betragsmäßig können wir schreiben

$$\boxed{B_{pol}\delta \approx \frac{m}{q} v_\varphi \quad \rightsquigarrow \quad \delta = \mathcal{O}\left(\rho_{pol}\right)} , \tag{10.31}$$

mit dem poloidalen Gyrationsradius ρ_{pol} für die Abweichung. Das Vorzeichen der Abweichung von der Flussfläche hängt – so deutet es sich zumindest an – vom Vorzeichen von v_φ ab.

Die Teilchen bewegen sich also „nahezu" auf Flussflächen, mit Abweichungen von der Größenordnung der poloidalen Gyrationsradien. Die Flussflächen werden „approximativ" durch $r = const$ bestimmt. Die $Grad - B$-Drift und die Krümmungsdriften verursachen keine mittleren radialen Abweichungen.

Mehr oder weniger folgen die Teilchen den helischen Magnetfeldlinien (für Abweichungen siehe die folgenden Abschnitte) und bewegen sich daher in Bereichen unterschiedlicher Magnetfeldstärke (innen bzw. außen). Die Magnetfeldstärken sind größer auf der Innenseite ($\theta = \pi$) als auf der Außenseite ($\theta = 0$). Das führt für einen Teil der Teilchen zu einem magnetischen Einfang („trapping").

Welche Teilchen eingefangen werden, bestimmt sich aus dem Energiesatz mit der kinetischen Energie W und dem elektrostatischen Potential ϕ. Letzteres werden wir aber gleich aus Übersichtlichkeitsgründen nicht mehr anschreiben, da wir seine poloidale Variation vernachlässigen wollen. Im statischen Feldfall ist die gesamte Energie E konstant, sodass wir die parallele Geschwindigkeitskomponente $v_\parallel$ aus

$$v_{\|}(\theta) = \sqrt{\frac{2}{m}\left(E - \frac{\bar{\mu}B^0}{h(\theta)} - q\phi\right)} \quad \text{bei } r \approx const. \tag{10.32}$$

Das mittlere magnetische Moment wird mit $\bar{\mu}$ bezeichnet. Bei der magnetischen Feldstärke approximieren wir

$$B^0 = \sqrt{(B_\theta^0)^2 + (B_\varphi^0)^2} \approx B_\varphi^0 . \tag{10.33}$$

Wenn also

$$\frac{\bar{\mu}B^0}{E - q\phi} \geq h(\theta = \pi) = 1 - \varepsilon , \quad \varepsilon = \frac{r}{R_0} , \tag{10.34}$$

gilt, wird das Teilchen an der Stelle $v_{\|} = 0$ reflektiert. Außen, bei $\theta = \pi$, ist die magnetische Feldstärke kleiner, nämlich $B \approx B^0(1 - \varepsilon)$, während sie innen, bei $\theta = 0$, größer, nämlich $B \approx B^0(1 + \varepsilon)$, ist.

Wir diskutieren jetzt detaillierter (für $\phi = 0$) und nutzen $v_\perp^2 \sim \bar{\mu}B$ sowie $\bar{\mu} \approx const$ für das magnetische Moment. Es ergibt sich direkt

$$v_\perp(\theta) = v_\perp(\theta = 0)\sqrt{\frac{B(\theta)}{B(\theta - 0)}} . \tag{10.35}$$

Den Winkel im Geschwindigkeitsraum (pitch angle) α_θ definieren wir an der Außenseite über

$$\tan \alpha_0 = \left.\frac{v_\perp}{v_{\|}}\right|_{\theta=0} . \tag{10.36}$$

Kürzen wir die Beiträge zur kinetischen Energie mit $W = W_\perp + W_{\|} = const$ ab. Dann führt $\sin\alpha = \frac{\tan\alpha}{\sqrt{1+\tan^2\alpha}}$ zu

$$\sin \alpha_0 = \sqrt{\frac{W_\perp(\theta = 0)}{W}} = \sqrt{\frac{B(\theta = 0)}{B(\theta)}}\,\sin\alpha_\theta . \tag{10.37}$$

Mit zunehmendem θ von außen nach innen wird also $\sin\alpha_\theta$ größer, darf allerdings nicht größer als eins werden. Falls doch, kehrt das Teilchen vorher um. Letzteres trifft auf Teilchen mit

$$\sin \alpha_0 > \sqrt{\frac{B_{min}}{B_{max}}} = \sqrt{\frac{1-\varepsilon}{1+\varepsilon}} \tag{10.38}$$

zu.

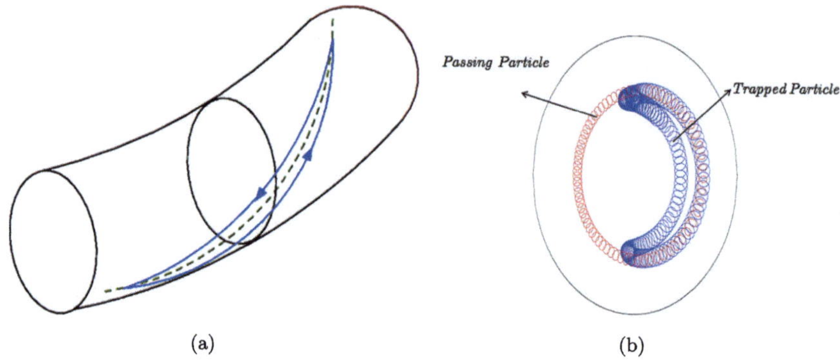

Abb. 10.2 (a) Vollständiger Orbit getrappter Teilchen im Torus (b) Bananaorbit in der Projektion

Zusammen mit der bereits diskutierten Abweichung der Bewegung von den exakten Flussflächen ergibt sich für ein so eingefangenes (getrapptes) Teilchen die in Abb. 10.2 skizzierte Bahn. Wegen ihrer Form, insbesondere in der Projektion (b), wird sie Bananenbahn genannt.

10.2 Kernfusion

Thermonukleare Fusion ist die wesentliche Energiequelle der Sterne. Kernfusion ist ein Prozess, bei dem leichte Atomkerne miteinander verschmelzen und als Endprodukt schwerere Kerne bilden. Dabei wird i. Allg. Energie als kinetische Energie des neu entstandenen Kerns und weiterer Reaktionsprodukte (Neutronen, γ-Strahlung) frei.

Wegen der Energiereduktion gehen die Reaktionspartner von einem weniger stabilen in einen stabileren Zustand über. Die Masse des neuen Atomkerns ist kleiner als die Summe der Massen seiner Bauteile. Die Massendifferenz Δm (Massendefekt) entspricht dem Energiebetrag $\Delta E \equiv B = \Delta m\, c^2$. Die Energie, die bei der Bildung von Atomkernen aus Protonen und Neutronen frei wird, ist die Energie, die aufzubringen ist, um die Nukleonen eines Atomkerns voneinander zu trennen. Die Bindungsenergie ist eine Funktion der Anzahl (Massenzahl) A der Nukleonen. Trägt man die Bindungsenergie pro Nukleon B/A gegen die Nukleonenzahl auf, ergibt sich das in Abb. 10.3 dargestellte Bild.

Die Bindungsenergie pro Nukleon zeigt ein Maximum. Damit ist einerseits Energiegewinn durch Fusion leichter Elemente und andererseits Energiegewinn durch Spaltung schwerer Elemente möglich.

Abb. 10.3 Bindungsenergie pro Nukleon B/A als Funktion der Nukleonenzahl A

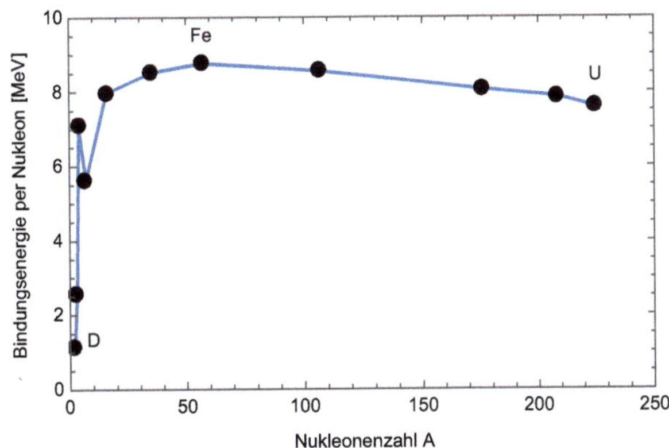

Da die Atomkerne erst durch Zufuhr ihrer Bindungsenergie wieder zerlegt werden können, sind die Kerne in der Umgebung von $A \approx 56$ besonders stabil. Es handelt sich um Chrom, Mangan, Eisen, Nickel, Kobalt und Kupfer.

Positiv geladene Kerne stoßen sich ab. Für eine Annäherung an den Abstand r_c benötigen wir die Energie

$$\boxed{E = \frac{Z_A Z_B e^2}{4\pi\varepsilon_0 r_c} \approx \frac{1{,}4\, Z_A Z_B}{(r_c \text{ in Fermi})}\ \text{MeV}}\,, \tag{10.39}$$

wobei 1 Fermi $= 10^{-15}$ m. In der Nähe der Atomkerne schlägt Abstoßung in Anziehung um. Bildlich gesprochen: Die Atome fallen in einen „Potentialtopf", wenn die Geschwindigkeit stimmt.

Die Zentraltemperatur der Sonne haben wir bereits zu $1{,}7 \times 10^7$ K abgeschätzt. Bei einer Temperatur von 10^7 K ($\hat{=}1$ keV) stehen trivialerweise nur extrem wenige MeV-Teilchen zur Verfügung. Die wenigen schnellen Teilchen im Schwanz der Maxwell-Verteilung stellen nur einen winzigen Bruchteil der Gesamtteilchenzahl dar. Diesen Bruchteil können wir durch $\exp(-1000)$ abschätzen.

Trotzdem ist Fusion im keV-Bereich möglich, da ein Durchtunneln der Coulomb-Barriere quantenmechanisch möglich ist.

Wir werden auf diesen Effekt, der auf den Gamov-Faktor

$$e^{-\sqrt{E_G/E}} \approx e^{-22} \quad \text{bei} \quad kT \approx 1\ \text{eV} \tag{10.40}$$

mit

$$E_G = (\pi\alpha Z_A Z_B)^2\, 2mc^2 \tag{10.41}$$

führt, noch eingehend zu sprechen kommen. Insgesamt ist die Fusionswahrscheinlichkeit proportional zu

$$e^{-E/kT} \times e^{-(E_G/E)^{1/2}} \; ; \tag{10.42}$$

sie hat ein Maximum bei 2×10^7 K für Wasserstoffbrennen. Genaueres – insbesondere zu Fusionsquerschnitten – diskutieren wir etwas später in diesem Abschnitt.

„Irdische" Deuterium-Tritium-Fusion

Bei der kontrollierten Kernfusion auf der Erde will man die Deuterium-Tritium-Verschmelzung zu Helium (plus Neutron) nutzen. Dass man diese Reaktion, z. B. im Gegensatz zur Deuterium-Deuterium-Verschmelzung, hier einsetzen will, liegt hauptsächlich an dem niedrigeren Wirkungsquerschnitt. Deuterium kann man aus Meerwasser gewinnen. Das Tritium muss aus ^6Li gebrütet werden. Man kann sich die positive Perspektive der kontrollierten Kernfusion auf der Erde daran veranschaulichen, dass nur wenige Liter Meerwasser und einige Steine (für das Deuterium bzw. Lithium) nötig sein werden, um den Energieverbrauch einer vierköpfigen Familie für ein Jahr sicherzustellen.

Die relativ große Bindungsenergie von etwa 28 MeV macht ^4He zu einem Fusionsprodukt, das für die Energiegewinnung besonders attraktiv ist. Praktisch ist es jedoch nicht wahrscheinlich, zwei Neutronen und zwei Protonen unmittelbar miteinander zu verschmelzen, da der gleichzeitige Zusammenstoß zu unwahrscheinlich ist. Es gibt jedoch Kernreaktionen, die sukzessive ^4He erzeugen.

Bei der „irdischen" Kernfusion geht man von Deuterium und Tritium aus, um dann mittels der $D - T$-Reaktion

$$\boxed{D + T \rightarrow \; ^4He \; (3{,}517 \text{ MeV}) + n \; (14{,}069 \text{ MeV})} \tag{10.43}$$

Fusionsenergie zu gewinnen.

Die Zahlen in Klammern geben den Anteil der freigesetzten Energie an. Insgesamt gewinnen wir ungefähr 17,6 MeV. Im Vergleich zu den 28 MeV Bindungsenergie bei ^4He haben wir bereits ungefähr 10 MeV Bindungsenergie in D und T. Der Vorteil ist, dass wir es jetzt nur noch mit einem (wahrscheinlichen) Zweierstoß von D- und T-Kernen zu tun haben. Der Nachteil ist, dass wir Tritium erst erbrüten müssen. Dies geschieht über

$$\boxed{^6Li + n \rightarrow \; ^4He + T} \; . \tag{10.44}$$

Ernest Rutherford hat 1919 bereits die ersten Fusionsprozesse diskutiert, also viel früher als 1938 Otto Hahn und Fritz Strassmann die Kernspaltung. Die Perspektive der kontrollierten Kernfusion auf der Erde hat sich in den letzten Jahrzehnten kontinuierlich verbessert. Dennoch sind wir noch weit von ihrer Nutzung im großen Stil entfernt. Dagegen hat Enrico Fermi bereits 1942 eine nukleare Kettenreaktion realisiert und Spaltungsreaktoren laufen schon seit Jahrzehnten. Das zeigt, welche großen Probleme bei der kontrollierten Kernfusion durch magnetischen oder Trägheitseinschluss auf der Erde zu überwinden sind. Die Natur hat die Kernfusion durch Gravitationseinschluss bereits seit Jahrmilliarden gelöst.

Fusionstemperatur
Fusionsprozesse laufen bei niedrigeren Temperaturen ab, als eine naive Abschätzung (fälschlicherweise) nahelegt. Die naive Abschätzung berechnet die Energie, die nötig ist, um die Coulomb-Abstoßung bis zum Abstand von 1 Fermi $= 10^{-15}$ m zu überwinden. Die starke Wechselwirkung, die anziehend zur Fusion führt, wird bei Abständen ≤ 1 Fermi wirksam. Naiv benötigt man für die Überwindung der Coulomb-Barrieren den bereits angegebenen Wert

$$E = \frac{1{,}4\,Z_A Z_B}{(r_N \text{ in Fermi})}\ \text{MeV} \,. \tag{10.45}$$

Beispiel 10.3 (Annäherung geladener Teilchen)
Die Idee, die hinter einer besseren Abschätzung steckt, können wir an der Wechselwirkungsenergie U von zwei Atomkernen als Funktion ihres Abstands r veranschaulichen; s. Abb. 10.4. Für sehr große Abstände $r \to \infty$ geht $U \to 0$, da keine Wechselwirkung stattfindet. Bei kleineren Abständen dominiert zunächst die Coulomb-Wechselwirkung

$$U \sim \frac{q_1 q_2}{r} \,. \tag{10.46}$$

Wegen $q_1, q_2 > 0$ gilt $dU/dr < 0$, und die Kerne stoßen sich ab. Die Coulomb-Wechselwirkung dominiert bis zu einem minimalen Abstand r_K,

$$r_K \approx r_0\,A^{1/3} \,, \quad r_0 \approx 1{,}3 \times 10^{-13}\ \text{cm} \,. \tag{10.47}$$

Bei Radien kleiner als der Kernradius r_K überwiegt die Anziehung durch Kernkräfte.

Ein Kern, der also auf einen anderen zufliegt, sieht sich einem „Energiewall" gegenüber, dessen Spitze für $D - T$-Wechselwirkung bei ungefähr

$$r_m \approx 3{,}7 \ \text{Fermi}$$

liegt. Die Spitze ist ungefähr $U_m \approx 0{,}4\,\text{MeV}$ hoch. Die meisten Kerne prallen an ihren Coulomb-Wällen voneinander ab. Die Kerne werden also in der Regel elastisch gestreut. Eine Abschätzung zeigt, dass bei $T \approx 10$ keV im Mittel auf eine Fusionsreaktion 8000 elastische Streuungen kommen. ∎

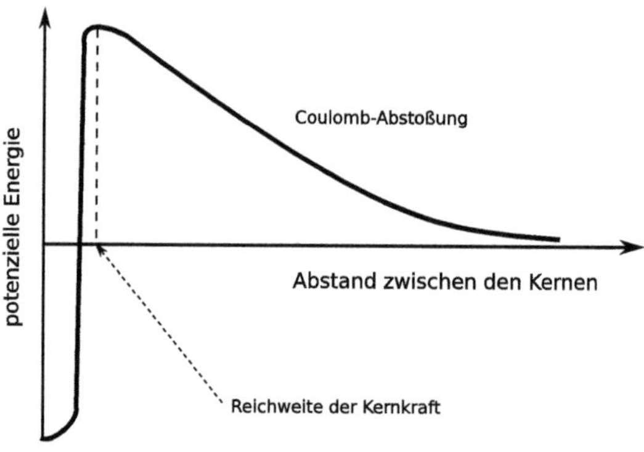

Abb. 10.4 Schematische Darstellung der Wechselwirkungsenergie U von zwei Atomkernen als Funktion ihres Abstands r

Fusion läuft bereits bei $10\,\text{Mio.}\,\text{K} = 10^7\,\text{K} \hat{=} 1$ keV ab, und nicht erst bei MeV. Der wesentliche Grund dafür ist der Tunneleffekt.

Um die Größenordnung abzuschätzen, gehen wir davon aus, dass Atomkerne bereits verschmelzen, wenn ihre Wellenfunktionen überlappen. Das tritt ein, wenn ihr Abstand von der Größenordnung ihrer De-Broglie-Wellenlänge λ_{dB} ist. Aus der Gleichsetzung

$$\frac{1}{4\pi\varepsilon_0}\frac{Z_A Z_B e^2}{\lambda_{dB}} \approx \frac{(h/\lambda_{dB})^2}{2\mu_m}\,,\quad \lambda_{dB} = \frac{h}{\sqrt{mkT}}\,, \tag{10.48}$$

folgt nach Auflösung nach $T = T_{\text{Tunnel}}$

$$T_{\text{Tunnel}} = \frac{Z_A^2 Z_B^2 e^4 \mu_m}{12\pi^2\varepsilon_0^2 h^2 k} \approx 10^7\,\text{K}\ \ \text{für } Z_A = Z_B = 1,\ \mu_m = \frac{m_p}{2}\,. \tag{10.49}$$

Die genauere Rechnung zur Wahrscheinlichkeit für ein Durchdringen der Coulomb-Barriere liefert

$$P \sim e^{-\sqrt{E_G/E}} \tag{10.50}$$

mit der Gamov-Energie

$$E_G = \frac{m_r Z_A^2 Z_B^2 \alpha^2 c^2}{8\varepsilon_0^2} \hat{=} (\pi\alpha Z_A Z_B)^2\, 2m_r\, c^2$$

$$\approx 493\,\text{keV} \tag{10.51}$$

für Protonen. Ein geringer Bruchteil T_{12} durchtunnelt den Coulomb-Wall,

$$T_{12} \sim \exp\left[\frac{-4\pi^2 Z_1 Z_2 e^2}{2h}\sqrt{\frac{2m_r}{E}}\right]\,. \tag{10.52}$$

Die Feinstrukturkonstante ist

$$\alpha = \frac{e^2}{\hbar c} \; ; \tag{10.53}$$

m_r ist die reduzierte Masse,

$$\mu_m \equiv m_r = \frac{m_1 m_2}{m_1 + m_2} \, , \tag{10.54}$$

wobei m_1 bzw. m_2 die Massen der Kerne sind.

> Die Tunnelwahrscheinlichkeit T_{12} fällt stark mit den Ordnungszahlen Z_1 bzw. Z_2.
> Setzen wir
>
> $$E = \frac{1}{2} \, m_r \, v^2 \, , \tag{10.55}$$
>
> so sehen wir, dass T_{12} mit wachsender Differenzgeschwindigkeit v ansteigt. Fusions-
> reaktionen finden praktisch nur bei leichten Kernen (kleine Z) und hohen Relativge-
> schwindigkeiten statt.

Für zwei Protonen bei 1 keV ist die Durchdringungswahrscheinlichkeit ungefähr e^{-22}. Mithilfe dieser Wahrscheinlichkeit und einer Maxwell-Verteilung für die Energie (= kinetische
Energie) der Teilchen lassen sich Fusionswirkungsquerschnitte ausrechnen. Nach der Durch-
tunnelung findet nicht immer eine Fusion der Kerne statt, sondern nur mit einer (weiteren)
Wahrscheinlichkeit p_{12}, die von den Details der Kernstruktur abhängt.

Reaktionsparameter und Fusionsleistungsdichte
Wir berechnen jetzt die Anzahl R_{12} der Fusionsreaktionen pro Raum- und Zeiteinheit.
Modellmäßig erfassen wir einen Kern durch eine Kugel, die mit der Querschnittsfläche Q_{12}
„gesehen" wird. In der Zeiteinheit überstreicht Kern 1 mit dieser Fläche das Volumen $Q_{12}v$.
Kerne 2 in diesem Volumen beeinflussen Kern 1. Mit der räumlichen Dichte n_2 finden wir pro
Zeiteinheit $n_2 Q_{12} v$ Wechselwirkungen. Zur Fusion führt davon nur der Bruchteil $T_{12} p_{12}$.
Verfolgt man nicht nur Kern 1, sondern alle n_1 Kerne pro Volumeneinheit, so ergibt sich die
Reaktionsrate

$$\boxed{R_{12} = n_1 \, n_2 \, Q_{12} \, T_{12} \, p_{12} \, v \, ,} \tag{10.56}$$

d. h. die Anzahl der Fusionen pro Zeit- und Volumeneinheit. Die Größe

$$\boxed{\sigma = Q_{12} \, T_{12} \, p_{12}} \tag{10.57}$$

nennt man den Wirkungsquerschnitt für Fusion.

Beispiel 10.4 (Wirkungsquerschnitt und mittlere freie Weglänge)
Den Zusammenhang zwischen Wirkungsquerschnitt und mittlerer freier Weglänge findet
man wie folgt: Die Wahrscheinlichkeit einer Reaktion nach der Distanz Δx ist $\sigma n \Delta x$,
wenn n die Dichte der Targetteilchen ist. Keine Reaktion tritt mit der Wahrscheinlichkeit

$1 - \sigma n \Delta x$ auf. Das gilt für infinitesimale Abschnitte. Endliche Distanzen $x = N \Delta x$ führen zur Multiplikation der Wahrscheinlichkeiten, d.h.

$$\lim_{N \to \infty} \left[1 - \sigma n \frac{x}{N} \right]^N = e^{-\sigma n x} . \tag{10.58}$$

Damit lässt sich eine mittlere freie Weglänge

$$l = \int_0^\infty x \, e^{-\sigma n x} \, dx = \frac{1}{n\sigma} \tag{10.59}$$

definieren. ∎

Zur Bestimmung des Wirkungsquerschnitts σ bei einer relativen Energie E der beteiligten Partner machen wir den Ansatz

$$\sigma(E) = \frac{S(E)}{E} e^{-\sqrt{E_G/E}} , \tag{10.60}$$

der gut mit gemessenen Werten übereinstimmt. Der Faktor $S(E)$ trägt der Kernphysik mit den entsprechenden Wechselwirkungen Rechnung. In vielen Fällen kann aber $S(E) = \text{const}$ angenommen werden. Die $1/E$-Abhängigkeit drückt den experimentellen Befund aus, dass der Wirkungsquerschnitt dem Quadrat der De-Broglie-Wellenlänge ($\lambda^2 = h^2/2m_r E$) proportional ist.

Beispiel 10.5 (Mittlere Reaktionsrate)
Von der Reaktionsrate R_{12} kommen wir zur mittleren Reaktionsrate. Für $\langle R_{12} \rangle$ muss man über alle Relativgeschwindigkeiten v mitteln. Wir erhalten zunächst die Beiträge

$$d R_{12} = dn_1 \, dn_2 \, \sigma(v)v \tag{10.61}$$

mit $v = |\mathbf{v}_1 - \mathbf{v}_2| = \sqrt{2E/m}$; dn_1 ist die Dichte der Teilchen im Geschwindigkeitsintervall $[\mathbf{v}_1, \mathbf{v}_1 + d^3 v_1]$. Entsprechendes gilt für dn_2.

Die beiden Größen dn_1 und dn_2 lassen sich bei der Gültigkeit von Maxwell-Verteilungen leicht berechnen. $\langle R_{12} \rangle$ folgt dann aus der Integration über alle Geschwindigkeiten,

$$\langle R_{12} \rangle = n_1 n_2 \, \langle \sigma v \rangle . \tag{10.62}$$

Diese Beziehung werten wir im Folgenden weiter aus. ∎

Die mittlere Zeit, die zwischen zwei Fusionsprozessen vergeht, ist proportional zu $l/v \sim 1/n\sigma v$, wobei wir über die relative Geschwindigkeitsverteilung mitteln.

Wir definieren den Reaktionsparameter

$$\langle \sigma v_r \rangle = \int_0^\infty \sigma \, v_r \, f(v_r) \, dv_r \tag{10.63}$$

und finden dann

$$\tau_A = \frac{1}{n_B \langle \rho v_r \rangle} \, . \tag{10.64}$$

Es handelt sich um die mittlere Zeit eines herausgegriffenen Kerns 1. Die Maxwell-Verteilung f bringt einen Faktor

$$f(v)d^3 v = \left[\frac{m_r}{2\pi kT} \right]^{3/2} \exp\left[-\frac{m_r v^2}{2kT} \right] 4\pi \, v^2 \, dv \, , \tag{10.65}$$

wobei wir noch $E = \frac{1}{2} m v^2$ setzen.

Die Umrechnung auf $E = p^2/2m$ erfolgt laut

$$f(E)dE \sim f(p)p^2 dp \sim f(p)E \frac{dp}{dE} dE \sim \sqrt{E} \exp(-E/kT)dE \, . \tag{10.66}$$

Da $v_r \sim \sqrt{E}$, erhalten wir insgesamt das Integral

$$\langle R_{12} \rangle = \left(\frac{2}{kT} \right)^{3/2} \frac{n_1 n_2}{\pi \mu_m} \int_0^\infty S(E) \exp\left[-\sqrt{\frac{E_G}{E}} \right] \exp\left[-\frac{E}{kT} \right] dE \, . \tag{10.67}$$

Die beiden Faktoren

$$e^{-E/kT} \times e^{-\sqrt{E_G/E}} \tag{10.68}$$

liefern um den Maximalwert $E_{max} = \left(\frac{\sqrt{E_G}kT}{2} \right)^{2/3}$ ein Fusionsfenster der Größe

$$\Delta = \frac{4}{3^{1/2} 2^{1/3}} E_G^{1/6} (kT)^{5/6} \, . \tag{10.69}$$

Dieses „Fenster" erklärt sich aus Abb. 10.5

Die Fusionsrate (Reaktionen pro Teilchen und Zeit- und Volumeneinheit)

$$\langle R_{12} \rangle = n_1 \, n_2 \, \langle \sigma v_r \rangle \tag{10.70}$$

hängt dann im Wesentlichen von drei Parametern ab: $S(E)$, kT und E_G. Für konstantes $S(E)$ findet man die wesentliche Abhängigkeit

$$R_{AB} \sim n_A \, n_B \, S(E_0) \, e^{-3(E_G/4kT)^{1/3}} \, . \tag{10.71}$$

Oft macht man auch eine Taylor-Entwicklung im Integranden mit dem Ergebnis

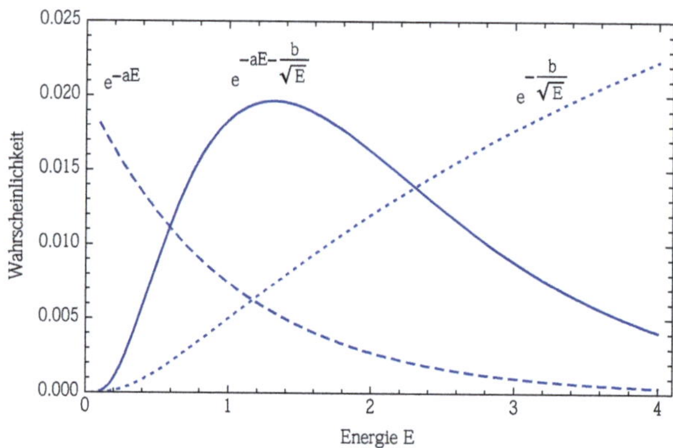

Abb. 10.5 Ermittlung eines Fusionsfensters aus Tunnelwahrscheinlichkeit und Maxwell-Verteilung

$$R_{AB} \approx r_0 X_A X_B \rho^2 T^\beta \; ; \tag{10.72}$$

r_0 ist eine Konstante,

$$X_i = n_i m_i / \rho \tag{10.73}$$

erfasst den relativen Anteil der Teilchensorten an der Gesamtmasse, und der Koeffizient $1 \leq \beta \leq 40$ approximiert die tatsächliche Verteilung.

Mithilfe dieser Formel(n) lässt sich z. B. sehr leicht abschätzen, dass die Reaktion

$$p + d \rightarrow {}^3He + \gamma \tag{10.74}$$

gegenüber der Reaktion

$$p + {}^{12}C \rightarrow {}^{13}N + \gamma \tag{10.75}$$

bei niedrigen Temperaturen (2×10^7 K) deutlich bevorzugt ist.

Wird in jeder Reaktion die Energie Q_{ij} freigesetzt, so folgt die Energieerzeugungsrate pro Masseneinheit durch

$$\boxed{\varepsilon \equiv \varepsilon_{nuc}^{ij} \approx Q_{ij} r_0 X_i X_j \rho T^\beta} \tag{10.76}$$

in erg g^{-1} s^{-1}.

Abb. 10.6 zeigt den Reaktionsparameter $\langle \sigma v \rangle$ als Funktion der Temperatur T für verschiedene Fusionsreaktionen. Ein Vergleich der verschiedenen Reaktionen zeigt, dass die D-T-Reaktion den weitaus größten Reaktionsparameter bei vergleichsweise geringer Temperatur hat. Das ist der Grund, weshalb man auf der Erde die $D - T$-Reaktion für kontrollierte Kernfusion bevorzugt. Da die Fusionsreaktionen durch die thermische Bewegung der Ionen in einem heißen Plasma ermöglicht werden, spricht man auch von thermonuklearer Fusion.

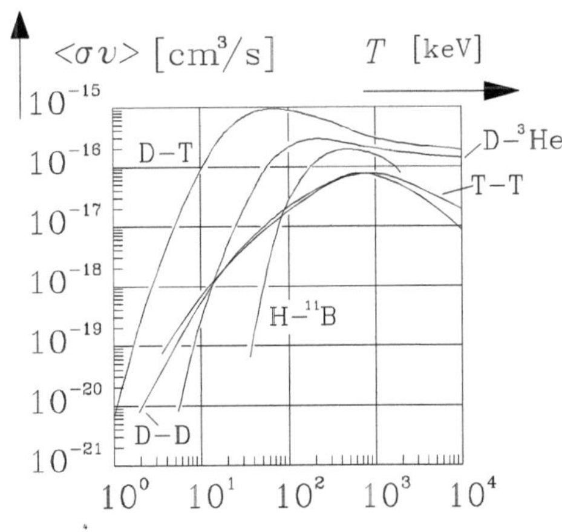

Abb. 10.6 Reaktionsparameter $\langle \sigma v \rangle$ als Funktion der Temperatur T für verschiedene Fusionsreaktionen

In magnetisch eingeschlossenen Plasmen wird dem Druck

$$P = P_1 + P_2 \approx n_1 kT_1 + n_2 kT_2 \approx (n_1 + n_2)kT \qquad (10.77)$$

durch magnetische Kräfte das Gleichgewicht gehalten. In solchen Systemen gilt

$$\boxed{n_i \sim \frac{1}{T}} \qquad (10.78)$$

und damit

$$\langle R_{12} \rangle \sim \frac{\langle \sigma v \rangle}{T^2} \,. \qquad (10.79)$$

Die Fusionsleistungsdichte P_{fus} ergibt sich durch Multiplikation mit der Reaktionsenergie E_{fus} ($\approx 16{,}6$ MeV bei $D - T$-Reaktionen),

$$\boxed{P_{\text{fus}} = n_1 n_2 \langle \sigma v \rangle \; E_{\text{fus}} \sim \frac{\langle \sigma v \rangle}{T^2} \, E_{\text{fus}}} \,. \qquad (10.80)$$

Abb. 10.7 zeigt die Leistungsdichten für verschiedene Fusionsreaktionen als Funktion der Temperatur T. Die Werte sind auf den Maximalwert nominiert, der für die $D - T$-Reaktion bei $T = 15$ keV auftritt. Dieser Referenzwert ist $P_{\text{fus}} \approx 1{,}85$ W cm^{-3} für die typischen Teilchendichten $n_D = n_T = 5 \times 10^{13}$ cm^{-3}. Ausgedrückt durch die gesamte Ionendichte

$$n = n_0 + n_T = 2n_D \qquad (10.81)$$

erhalten wir

$$P_{\text{fus}} = \frac{n^2}{4} \langle \sigma v \rangle \, E_{\text{fus}} \,. \qquad (10.82)$$

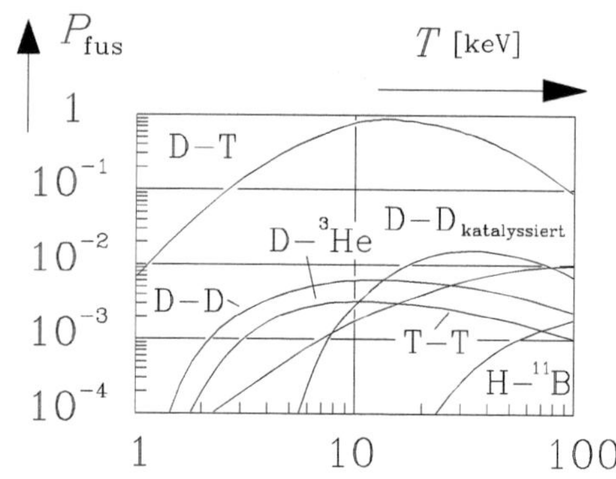

Abb. 10.7 Leistungsdichten für verschiedene Fusionsreaktionen als Funktion der Temperatur T. Die Kurven sind relativ zum Maximum bei $D - T$-Reaktionen zu sehen

Beispiel 10.6 (Leistungsdichten)

Vergleichen wir noch $P_{\text{fus}} \approx 1{,}85\ \text{W cm}^{-3}$ mit Leistungsdichten in anderen Anordnungen. Im Feuerraum eines Steinkohlekraftwerkdampfkessels liegen $0{,}2\ \text{W cm}^{-3}$ vor, für einen Leichtwasserreaktor ist der Wert $90\ \text{W cm}^{-3}$. Die heutigen Abschätzungen für das Sonnenzentrum liefern Bruchteile von mW cm^{-3} (gemittelt über das gesamte Sonnenvolumen nochmals reduziert um einen Faktor 10^{-1}). ∎

Zündbedingung

In einem Plasma mit gleicher Zahl von Elektronen und Ionen berechnet sich die gesamte thermische Energie zu

$$W = \int dV\ 3nT \equiv 3\,\overline{nT}\ V\ . \tag{10.83}$$

Die Energieverlustrate P_L definiert die Energieeinschlusszeit τ_E über

$$\boxed{P_L = \frac{W}{\tau_E}}\ . \tag{10.84}$$

Balancieren wir den Energieverlust durch zusätzliche Heizung, $P_H = P_L$, so folgt

$$\tau_E = \frac{W}{P_H}\ . \tag{10.85}$$

Nur ein Bruchteil der freigesetzten Energie geht auf die ^4He-Kerne (α-Teilchen) über. Die α-Teilchen sind geladen (im Gegensatz zu den Neutronen, die das Plasma ungehindert verlassen) und wechselwirken mit den anderen Plasmateilchen. Über Stöße können sie (Teile der) 3,5 MeV ($= E_\alpha$) auf die anderen Partner übertragen. Man definiert deshalb die sogenannte α-Teilchenheizung als

$$\boxed{P_\alpha = \frac{1}{4}\,\overline{n^2\,\langle \sigma v \rangle}\ V E_\alpha}\ . \tag{10.86}$$

Im Rahmen des Fusionsprogramms versucht man, mit zusätzlicher Heizung P_H ein Plasma auf Fusionsbedingungen zu bringen, sodass letztlich allein die α-Teilchenheizung die (unumgänglichen) Verluste ausgleicht. Mit zusätzlicher Heizung findet man die Brennbedingung

$$P_H + P_\alpha = P_L \tag{10.87}$$

oder für die zusätzliche Heizleistung

$$P_H = \left(\frac{3nT}{\tau_E} - \frac{1}{4}\, n^2 \, \langle \sigma v \rangle \, E_\alpha \right) V \;, \tag{10.88}$$

wobei wir der Einfachheit halber die Striche für die Volumenmittelung weggelassen haben.

Selbstständiges Brennen (Zündung bei $P_H = 0$) kann für

$$n\tau_E > \frac{12}{\langle \sigma v \rangle} \frac{T}{E_\alpha} \tag{10.89}$$

stattfinden. Die rechte Seite ist eine Funktion der Temperatur, die in Abb. 10.8 dargestellt ist. Aus dem Minimum bei $T \approx 30\,\mathrm{keV}$ findet man

$$\boxed{n\tau_E \geq 1{,}5 \times 10^{20} \; m^{-3} \; \mathrm{s} \;.} \tag{10.90}$$

Eine solche Abschätzung ist auch unter dem Namen Lawson-Kriterium bekannt.

Da τ_E selbst von den Plasmaparametern abhängt (also auch von der Temperatur, allgemeiner von den Transportkoeffizienten), ist die Brauchbarkeit eingeschränkt. Eine Umformulierung

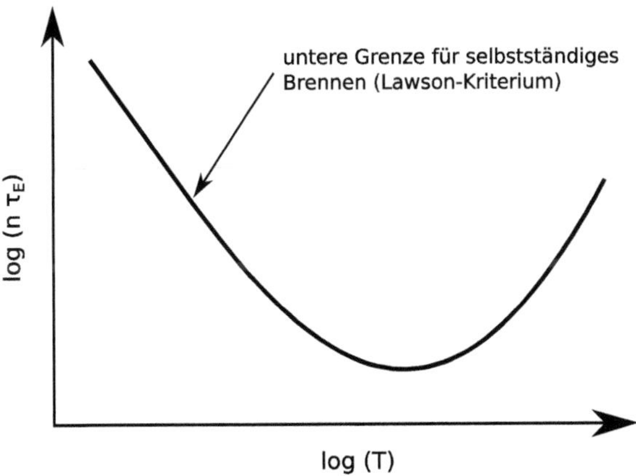

Abb. 10.8 $\frac{12}{\langle \sigma v \rangle} \frac{T}{E_\alpha}$ als Funktion der Temperatur T

macht sich zunutze, dass im Temperaturbereich

$$10\ keV \le T \le 20\ \text{keV} \tag{10.91}$$

$$\langle \sigma v \rangle \approx 1{,}1 \times 10^{-24}\ \text{T}^2\ \text{m}^3\ \text{s}^{-1} \tag{10.92}$$

ist, wenn T ebenfalls in keV angegeben wird. Dann kann man das Zündkriterium auch als

$$\boxed{n\,T\,\tau_E \ge 3 \times 10^{21}\ \text{m}^{-3}\ \text{keV s}} \tag{10.93}$$

schreiben.

Beispiel 10.7
Bei $n = 10^{20}$ m^{-3} und $T = 10$ keV folgt eine notwendige Energieeinschlusszeit von ungefähr 3 s. ∎

Als Maß für den Fortschritt bei der kontrollierten Kernfusion auf der Erde hat man

$$Q = \frac{5 P_\alpha}{P_H} \tag{10.94}$$

eingeführt. Der Faktor $5(17{,}5/3{,}5 = 5)$ rührt daher, dass man den gesamten Energiegewinn, und nicht nur den α-Anteil, in die Berechnung von Q eingehen lässt. $Q \to \infty$ bedeutet Zündung.

Fusionsprozesse in Sternen

Die stellare Fusion wurde bereits 1929 von Atkinson und Hontermans detailliert diskutiert. Nach der Entdeckung der ersten Fusionsreaktionen im Labor (1932–1934) wurden gegen Ende der 1930er-Jahre durch von Weizsäcker und Bethe die speziellen Fusionsreaktionen aufgeklärt, die neben der Wasserstofffusion für das Sternbrennen verantwortlich sind.

Wir unterscheiden zwischen massearmen und massereichen Sternen, wobei die Grenze ungefähr bei der Sonnenmasse liegt.

pp-Reaktionen

Bei massearmen Sternen beginnt die Fusion mit der Proton-Proton-Reaktion

$$\boxed{p + p \to D + e^+ + \nu,} \tag{10.95}$$

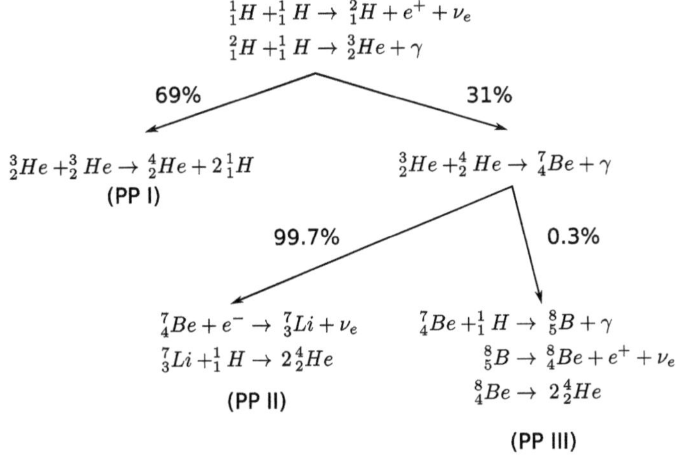

Abb. 10.9 Drei Zweige der pp-Reaktionen mit Wahrscheinlichkeiten für Sonnenparameter

um anschließend über

$$D + p \rightarrow {}^3He + \gamma \tag{10.96}$$

am häufigsten in die Reaktion

$$ {}^3He + {}^3He \rightarrow {}^4He + 2p \tag{10.97}$$

einzumünden; s. Abb. 10.9.

Kohlenstoffzyklus
Bei massereicheren Sternen reicht die Energiefreisetzung durch den $p - p$-Fusionsprozess nicht aus, um den notwendigen Innendruck aufrechtzuerhalten. Die Sterne komprimieren weiter, ihre Temperatur steigt dadurch wegen des Virialtheorems nach

$$E_{kin} \approx -\frac{1}{2} E_{gr} > 0 \tag{10.98}$$

weiter an, bis schließlich der sogenannte Kohlenstoffzyklus eine wesentlich höhere Fusionsleistung liefert. Der Kohlenstoffzyklus ist schematisch in Abb. 10.10 dargestellt.

Beim Kohlenstoffzyklus dient ein Kohlenstoffkern als Katalysator für den sukzessiven Einfang von vier Protonen. Die Gesamtbilanz ist auch hier die Fusion von vier Protonen zu ${}^4He$, allerdings in der in Abb. 10.10 dargestellten Form. Der Zyklus beginnt oben mit ${}^{12}C$, läuft im Uhrzeigersinn ab und endet wieder bei ${}^{12}C$. Die Anwendung des Kohlenstoffzyklus auf massereichere Sterne geht auf Bethe (im Jahr 1938) zurück. Der Einsatz bei höheren Temperaturen im Gegensatz zur pp-Kette ist nochmals in Abb. 10.11 illustriert.

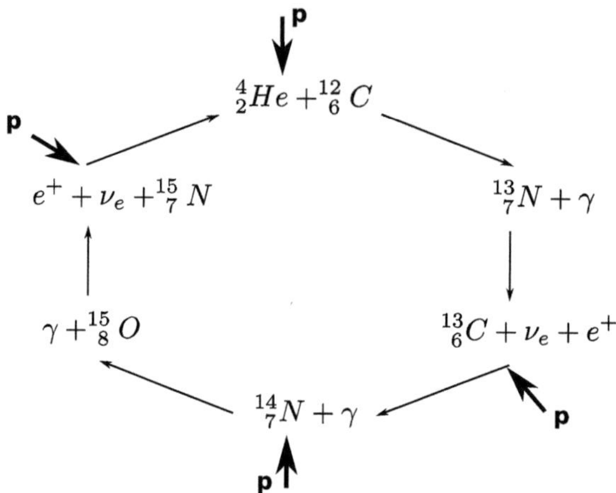

Abb. 10.10 Schematische Darstellung des Kohlenstoffzyklus. Die Reaktionskette ist von oben beginnend im Uhrzeigersinn zu lesen

Beispiel 10.8 (Erzeugungsraten ε)
Ungefähr 90 % aller Sterne (Hauptreihensterne) verbrennen Wasserstoff zu Helium. In diesem Fall kann man die Erzeugungsrate durch

$$\varepsilon \approx 1{,}07 \times 10^{-5} X^2 \rho \left[\frac{\mathrm{g}}{\mathrm{cm}^3}\right] \left(\frac{T}{10^6\,\mathrm{K}}\right)^4 \tag{10.99}$$

approximieren. Hier gibt X den relativen Wasserstoffanteil an. Die Formel wurde für Sonnenparameter angepasst.

Bei der CNO-Kette approximiert man

$$\varepsilon \approx 8{,}24 \times 10^{-24} X X_{CNO} \rho \left[\frac{\mathrm{g}}{\mathrm{cm}^3}\right] \left(\frac{T}{10^6\,\mathrm{K}}\right)^{19,9}. \tag{10.100}$$

∎

Die verschiedenen Fusionszyklen laufen unterschiedlich schnell ab. Zum Beispiel ist die D-T-Reaktion schnell im Vergleich zum Kohlenstoffzyklus. Dies, zusammen mit den unterschiedlichen Temperaturen, die für die „richtigen" Drücke bei Sternen sorgen, ist ganz wesentlich für die richtige Auswahl der relevanten Fusionszyklen. Bezüglich weiterer Details der relevanten Fusionszyklen in Sternen sei auf die Spezialliteratur verwiesen.

Zusammenfassend kann man feststellen, dass ein Stern verschiedene Stadien des Brennens durchläuft, wie die folgende Übersicht zeigt.
Nukleare Brennphasen können zeitlich und räumlich getrennt sein. Die räumliche Trennung zeigt sich in der sogenannten „Zwiebelstruktur" des Sterns in späteren Entwicklungspha-

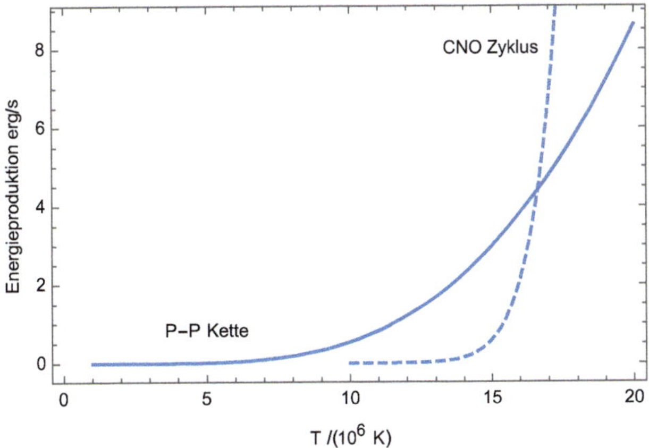

Abb. 10.11 Temperaturabhängigkeiten der Fusionsleistungen verschiedener Prozesse

$T = 10^7$ K $M > 0{,}08\,M_\odot$	Wasserstoff	$\rightarrow$	Helium
$T = 10^8$ K $M > \frac{1}{2}\,M_\odot$	Helium	$\rightarrow$	Kohlenstoff, Sauerstoff
$T = 5 \times 10^8$ K $M > 8\,M_\odot$	Kohlenstoff	$\rightarrow$	Sauerstoff, Neon usw.
$T = 10^9$ K	Neon	$\rightarrow$	Sauerstoff, Magnesium
$T = 2 \times 10^9$ K	Sauerstoff	$\rightarrow$	Magnesium bis Schwefel
$T = 3 \times 10^9$ K $M > 11\,M_\odot$	Silizium	$\rightarrow$	Eisen usw.

sen. Die Asche einer Brennphase wird zum Brennstoff der anschließenden. Ob eine weitere Brennphase stattfindet, hängt von der erreichbaren Maximaltemperatur und daher von der Sternmasse ab. Für $M \geq 8\,M_\odot$ werden praktisch alle möglichen thermonuklearen Brennphasen durchlaufen.

Interessant ist, dass in der kosmologischen Entwicklung die Temperaturen zwar groß genug waren, aber die Dichten zu gering, um Fusion zu ermöglichen. Erst die Formation massiver Sterne leitete die Fusion ein. Die Brennzyklen stoppen bei ^{56}Fe, da dort die Bindungsenergie pro Nukleon das Maximum hat.

Schwere Elemente entstehen durch Neutroneneinfang und anschließenden β-Zerfall (des Neutrons in ein Proton und ein Elektron) oder α-Reaktionen.

Neutrinos entstehen bei den Fusionsreaktionen. Neutrinoverluste spielen eine große Rolle in der Entwicklung massiver Sterne, lassen sich aber auch bei der Kühlung Weißer Zwerge nachweisen.

10.3   Gleichgewichte in toroidaler Geometrie

In diesem Abschnitt diskutieren wir grundsätzliche Aspekte für mögliche Einschlusskonfigurationen. Basis ist die Magnetohydrodynamik (MHD). Diese Theorie ist allerdings nur auf bestimmten Längen- und Zeitskalen angebracht, sodass manche Erscheinungen von Anfang an ausgeblendet werden.

Die Magnetohydrodynamik (MHD) ist die grundlegende Theorie für Fusionsplasmen. Daher ziehen Fusionsphysiker für spezielle Aspekte spezifischere Bücher heran, wie beispielsweise Hazeltine und Meiss (1992), Wesson (2004) oder Stacey (2005) [134–136], um nur einige zu nennen. Grundlegende Aspekte der MHD werden umfassend behandelt, etwa in den Arbeiten von Biskamp (1997) und Goedbloed (2010) [66, 137]. Im Folgenden werden wir die Leistungsfähigkeit der MHD anhand einiger Beispiele verdeutlichen.

Die Entwicklung eines Magnetfelds in einem Plasma mit konstanter elektrischer Leitfähigkeit wird durch die folgende Gleichung beschrieben:

$$\boxed{\frac{\partial \mathbf{B}}{\partial t} - \nabla \times (\mathbf{u} \times \mathbf{B}) \approx \frac{1}{\mu_0 \sigma} \nabla^2 \mathbf{B}} \,. \tag{10.101}$$

Die rechte Seite stellt einen Diffusionsterm dar. Für $\mathbf{u} \approx 0$ können wir die charakteristische Zeit für die Diffusion abschätzen durch

$$\tau \sim \mu_0 \sigma L^2 \,, \tag{10.102}$$

wobei L die charakteristische Länge für Variationen des Magnetfelds $\mathbf{B}$ ist. Wenn τ groß ist (z. B. im Grenzfall $\sigma \to \infty$), können wir den Diffusionsterm vernachlässigen. Ein großes τ bedeutet, dass es im Vergleich zur charakteristischen Zeit des betrachteten Phänomens groß ist.

Innerhalb der idealen MHD ($\sigma \to \infty$) haben wir

$$\frac{\partial \mathbf{B}}{\partial t} \approx \nabla \times (\mathbf{u} \times \mathbf{B}) \,, \tag{10.103}$$

Der letztere Fall beschreibt eingefrorene Magnetfeldlinien.

Um dies zu sehen, integrieren wir über eine Fläche, die mit dem Plasma (Magnetofluid) mitbewegt wird, um zu erhalten

$$\int \frac{\partial \mathbf{B}}{\partial t} \cdot d\mathbf{F} - \int (\mathbf{u} \times \mathbf{B}) \cdot d\mathbf{l} = \int \frac{\partial \mathbf{B}}{\partial t} \cdot d\mathbf{F} + \int \mathbf{B} \cdot (\mathbf{u} \times d\mathbf{l}) = \frac{d}{dt} \int \mathbf{B} \cdot d\mathbf{F} = 0. \tag{10.104}$$

Der magnetische Fluss ist dann also konstant.

Betrachten wir ideale MHD-Gleichgewichte im statischen Fall ($\partial_t = 0$, $\mathbf{u} = 0$):

$$\boxed{\nabla p = (\mathbf{j} \times \mathbf{B})\,, \quad \nabla \times \mathbf{B} = \mu_0 \mathbf{j}\,, \quad \nabla \cdot \mathbf{B} = 0} \,. \tag{10.105}$$

Aus offensichtlichen Gründen wird dieser Fall als ideale Magnetohydrostatik bezeichnet. Das Eliminieren von $\mathbf{j}$ führt zu

$$(\nabla \times \mathbf{B}) \times \mathbf{B} = \mu_0 \nabla p \,. \tag{10.106}$$

Schreiben wir die letzte Gleichung in der Form

$$\nabla \left(p + \frac{B^2}{2\mu_0} \right) = \mathbf{B} \cdot \nabla \mathbf{B} \,, \tag{10.107}$$

so können wir die Beziehung leicht als Druckausgleich interpretieren. Neben dem kinetischen Druck p tritt auch ein magnetischer Druck auf. Die rechte Seite zeigt, dass auch eine magnetische Spannung auftritt.

Der Fall $\nabla p = 0$ wird als kräftefreies Gleichgewicht bezeichnet, für das gilt

$$(\nabla \times \mathbf{B}) \times \mathbf{B} = 0 \,. \tag{10.108}$$

In einem kräftefreien Gleichgewicht sollte $\nabla \times \mathbf{B} \sim \mathbf{B}$ gelten. Wir erfassen das durch

$$\nabla \times \mathbf{B} = \alpha(\mathbf{r})\, \mathbf{B} \,. \tag{10.109}$$

Wegen der Divergenzfreiheit eines magnetischen Feldes folgt

$$\mathbf{B} \cdot \nabla \alpha = 0 \,. \tag{10.110}$$

Das bedeutet, dass die Magnetfeldlinien in den Flächen $\alpha = \text{const}$ liegen sollten, die als magnetische Flächen bezeichnet werden.

Wenn $\nabla p \neq 0$, führen ähnliche Betrachtungen zu

$$\mathbf{j} \cdot \nabla p = 0\,, \quad \mathbf{B} \cdot \nabla p = 0 \,. \tag{10.111}$$

Das bedeutet, dass die Flächen $p(\mathbf{r}) = \text{const}$ sowohl magnetische als auch Stromflächen sind.

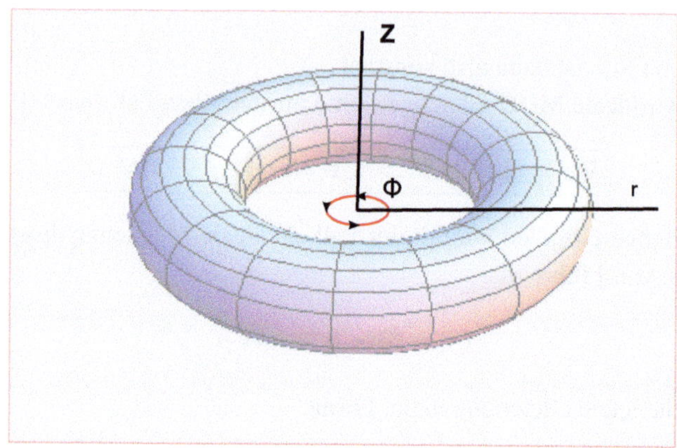

Abb. 10.12 Zylindrisches Koordinatensystem für eine axialsymmetrische Konfiguration

Aufgrund von $\nabla \cdot \mathbf{B} = 0$ und $\nabla \cdot \mathbf{j} = 0$ sind beide Felder, $\mathbf{B}(\mathbf{r})$ und $\mathbf{j}(\mathbf{r})$, entweder geschlossen oder erstrecken sich bis ins Unendliche. Somit sind die magnetischen Flächen $p(\mathbf{r}) = \text{const}$ entweder Röhren oder Tori.

Als Beispiel untersuchen wir nun die mögliche Magnetfeldkonfiguration unter der Annahme axialer Symmetrie und in der Näherung eines skalaren Druckes. Dazu führen wir ein zylindrisches Koordinatensystem r, ϕ, z ein und nehmen azimutale Symmetrie um die z-Achse an; siehe Abb. 10.12. Wie wir noch besprechen werden, kann aufgrund von $\nabla \cdot \mathbf{B} = 0$ das Magnetfeld $\mathbf{B}$ durch zwei Euler-Potentiale beschrieben werden. Die allgemeinste Form eines axialsymmetrischen Magnetfelds ist dann

$$\boxed{\mathbf{B} = \frac{1}{2\pi}(\nabla \psi \times \nabla \phi + \mu_0 I \nabla \phi) \equiv \mathbf{B}_{pol} + \mathbf{B}_{tor} \;, \quad \mathbf{B}_{tor} = \frac{1}{2\pi}\mu_0 I \nabla \phi} \tag{10.112}$$

Hierbei ist $I = I(r, z)$ ein Strom, der in z-Richtung fließt und mit einem Kreis des Radius r verbunden ist, dessen Mittelpunkt sich auf der Achse an der axialen Position z befindet. Durch Integration über die Fläche des Kreises ergibt sich

$$\int \nabla \times \mathbf{B}_{tor} \cdot d\mathbf{F} = \oint_C \mathbf{B}_{tor} \cdot d\mathbf{l} = \mu_0 I \;. \tag{10.113}$$

Als Nächstes bestimmen wir den poloidalen Fluss, den wir mit ψ identifizieren.

Dazu integrieren wir erneut über eine Fläche, die senkrecht zur Symmetrieachse steht. In zylindrischen Koordinaten verschwindet die azimutale Komponente des poloidalen Magnetfelds ($\mathbf{B}_{pol} \cdot \hat{\phi} = 0$). Die Integration führt zu:

$$\int \mathbf{B}_{pol} \cdot d\mathbf{F} = \frac{1}{2\pi}\int_0^r (\nabla \psi \times \nabla \phi) \cdot \hat{\mathbf{z}} 2\pi r' dr' = \int_0^r \frac{d\psi}{dr'}dr' = \psi \;. \tag{10.114}$$

Die Euler-Potentiale ermöglichen die einfache Identifikation des poloidalen Flusses mit ψ. In zylindrischen Koordinaten gilt $\nabla\phi = r^{-1}\hat{\phi}$ (wobei in Kugelkoordinaten, wie wir später sehen werden, $\nabla\phi = (r\sin\theta)^{-1}\hat{\phi}$ gilt).

Beispiel 10.9 (Stromdichten)

Nachdem die poloidalen und toroidalen Magnetfelder in einer axisymmetrischen Situation definiert wurden, können wir die entsprechenden Stromdichten über $\mu_0\mathbf{j} = \nabla\times\mathbf{B}$ berechnen, also

$$\mathbf{j}_{pol} \equiv \frac{1}{\mu_0}\nabla\times\mathbf{B}_{pol} = \frac{1}{2\pi}\nabla I \times \nabla\phi\,, \tag{10.115}$$

$$\mathbf{j}_{tor} \equiv \frac{1}{\mu_0}\nabla\times\mathbf{B}_{tor} = -\frac{r^2}{2\pi\mu_0}\nabla\cdot\left(\frac{1}{r^2}\nabla\psi\right)\nabla\phi\,. \tag{10.116}$$

Wie erwartet, liegt die toroidale Stromdichte in azimutaler Richtung, während die poloidale Stromdichte in der r,z-Ebene liegt. ∎

Als Nächstes setzen wir die Ergebnisse in $\nabla p = \mathbf{j}\times\mathbf{B}$ ein, was zu Folgendem führt:

$$\nabla p = \underbrace{\mathbf{j}_{pol}\times\mathbf{B}_{pol}}_{*} + \underbrace{\mathbf{j}_{tor}\times\mathbf{B}_{tor}}_{=0} + \mathbf{j}_{pol}\times\mathbf{B}_{tor} + \mathbf{j}_{tor}\times\mathbf{B}_{pol}\,. \tag{10.117}$$

In axisymmetrischen Situationen ($\frac{\partial}{\partial\phi} = 0$) sollte daher $(\nabla p)_\phi = 0$ sein. Schauen wir uns jetzt den Beitrag

$$* \sim (\nabla I \times \nabla\phi)\times(\nabla\psi\times\nabla\phi) \sim \nabla\phi \tag{10.118}$$

an, welcher der einzige Term auf der rechten Seite von (10.117) in Richtung von $\hat{\phi}$ ist. Daher erfordert die Achsensymmetrie, dass $* = 0$. Dies wird erfüllt, wenn I nur eine Funktion von ψ ist, d.h. $I = I(\psi)$, wobei $\nabla I = I'\nabla\psi$. Der poloidale Strom wird dann zu

$$\boxed{\mathbf{j}_{pol} = \frac{I'}{2\pi}\nabla\psi\times\nabla\phi}\,. \tag{10.119}$$

Die Auswertung von (10.117) ist nun einfach,

$$\nabla p = -\frac{1}{(2\pi)^2}\left[\frac{\mu_0 I\,I'}{r^2} + \frac{1}{\mu_0}\nabla\cdot\left(\frac{1}{r^2}\nabla\psi\right)\right]\nabla\psi\,. \tag{10.120}$$

Damit gilt $\nabla p \parallel \nabla\psi$, und für einen isotropen Druck p ist dieser nur eine Funktion von ψ, d.h. $p = p(\psi)$.

Indem wir $\nabla p = p'$, $\nabla \psi$ einführen, erhalten wir aus (10.120)

$$\nabla \cdot \left(\frac{1}{r^2} \nabla \psi \right) + \frac{\mu_0^2 I\, I'}{r^2} + 4\pi^2 \mu_0 p' = 0 \,, \qquad (10.121)$$

was als die Grad-Shafranov-Gleichung [138, 139] (in zylindrischen Koordinaten) genannt wird. Die Grad-Shafranov-Gleichung enthält die unbekannten Funktionen $I = I(\psi)$ und $p = p(\psi)$, die für ihre Lösung spezifiziert werden müssen.

Im Allgemeinen ist die Grad-Shafranov-Gleichung eine nichtlineare partielle Differentialgleichung. Es wurde von Solovev [140] gezeigt, dass bereits die lineare Grad-Shafranov-Gleichung nützliche Lösungen für die Tokamak-Physik liefert.

Beispiel 10.10 (Lineare Grad-Shafranov-Gleichung)
Angenommen, der Plasmadruck ist eine lineare Funktion von ψ, z.B. $p = p_0 + \lambda \psi$. Zusätzlich werde der Strom I als Leitungsstrom entlang der z-Achse modelliert, sodass $I' = 0$ innerhalb des Plasmas. Dann ist für $r > 0$ die (lineare) Grad-Shafranov-Gleichung

$$\boxed{\frac{\partial^2 \psi}{\partial r^2} - \frac{1}{r} \frac{\partial \psi}{\partial r} + \frac{\partial^2 \psi}{\partial z^2} + 4\pi^2 r^2 \mu_0 \lambda = 0} \,. \qquad (10.122)$$

Sie besitzt die exakte Lösung

$$\psi(r, z) = \psi_0 \frac{r^2}{r_0^4} (2r_0^2 - r^2 - 4\alpha^2 z^2) \,, \qquad (10.123)$$

mit Konstanten ψ_0, r_0 und α, die

$$\lambda = \frac{2\psi_0}{\pi^2 r_0^4 \mu_0} (1 + \alpha^2) \qquad (10.124)$$

ergeben. Ein typisches Konturbild im r, z-Diagramm ist in Abb. 10.13 gezeigt. Geschlossene Konturen, d. h. geschlossene magnetische Flächen $\psi = $ const, existieren. Die geschlossenen Konturen sind durch eine Separatrix $r^2 + 4\alpha^2 z^2 = 2r_0^2$ von den Konturen, die ins Unendliche gehen, getrennt. Der gemeinsame Mittelpunkt aller geschlossenen Flächen wird als magnetische Achse bezeichnet.

Für $I = 0$ existiert ein Analogon zu (10.122) in Kugelkoordinaten:

$$\frac{\partial^2 \psi}{\partial r^2} + \frac{1}{r^2} \frac{\partial^2 \psi}{\partial \theta^2} - \frac{\cot g\, \theta}{r^2} \frac{\partial \psi}{\partial \theta} = -4\pi^2 \mu_0 r^2 \sin^2 \theta \frac{dp}{d\psi} \,. \qquad (10.125)$$

Die homogene Gleichung ($p = 0$) besitzt eine Lösung mit einer Dipolstruktur $\psi \sim -r^{-1} \sin^2 \theta$. ∎

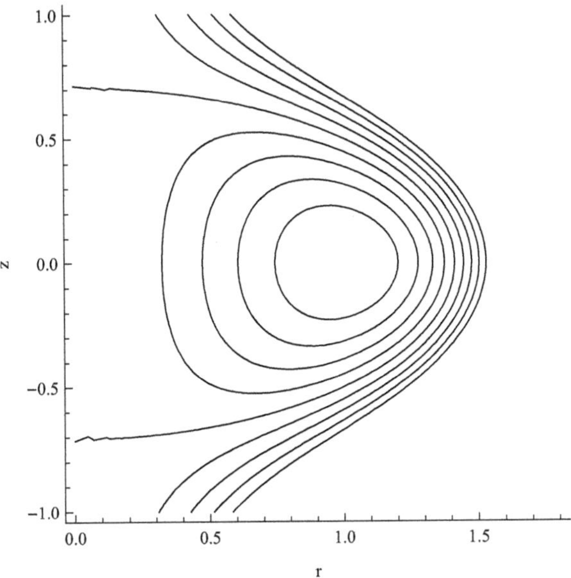

Abb. 10.13 Konturplot der Solovev-Lösung [140] der Grad-Shafranov Gleichung (10.121)

Beispiel 10.11 (Pinchentladung)

Nun betrachten wir eine gerade (lineare) Pinchentladungskonfiguration mit unendlicher Ausdehnung in z-Richtung. Wir nehmen zylindrische Symmetrie an, mit einem elektrischen Strom in z-Richtung, d. h. $\mathbf{j} = j(r)\hat{z}$. Der Strom erzeugt ein azimutales Magnetfeld $\mathbf{B} = B(r)\hat{\phi}$. Wieder betrachten wir den stationären Fall ($\partial_t = 0$) ohne mittlere Strömung ($\mathbf{u} = 0$). Das Druckgleichgewicht (10.107) vereinfacht sich zu (beachte, dass $[(\mathbf{B} \cdot \nabla)\mathbf{B}]_r = -B^2(r)/r$)

$$\frac{dp}{dr} = -\frac{1}{2\mu_0 r^2}\frac{d}{dr}(r^2 B^2) \, . \tag{10.126}$$

Die azimutale Magnetfeldkomponente ist dann

$$B(r) = \frac{\mu_0}{r}\int_0^r rj(r)dr \, . \tag{10.127}$$

Für eine einfache Anwendung spezifizieren wir $j(r)$ als konstant für $r < R$ und null für $r > R$. Dann gilt

$$B(r) = \frac{\mu_0}{2\pi}\frac{Ir}{R^2} \quad \text{for } r < R \, , \qquad B(r) = \frac{\mu_0}{2\pi}\frac{I}{r} \quad \text{for } r > R \, , \tag{10.128}$$

wobei I der gesamte Pinchstrom ist. Durch Integration folgt der Druck $p(r)$,

$$p(r) = \frac{\mu_0 I^2}{4\pi^2 R^2} \left(1 - \frac{r^2}{R^2}\right) \quad \text{für } r < R\,, \tag{10.129}$$

wenn wir die offensichtliche Randbedingung $p(r) = 0$ für $r > R$ anwenden. Es wird nun die Anzahl N der eingeschlossenen Teilchen mit dem Pinchstrom I in Beziehung gesetzt. Bei konstanter Temperatur und mit $p = nk_BT$ gilt

$$N = \int_0^R n(r)2\pi r dr\,, \tag{10.130}$$

sodass

$$Nk_BT = \frac{\mu_0 I^2}{8\pi}\,. \tag{10.131}$$

Die magnetischen Flächen $\psi = \text{const}$ sind Zylinder um die z-Achse.   ∎

Zusammenfassend haben wir exakte Gleichgewichtslösungen gefunden, obwohl die Terminologie aus thermodynamischer Sicht nicht ganz korrekt ist. Besser ist die Bezeichnung stationäre Lösungen. Der Grund dafür ist, dass die Lösungen nicht notwendigerweise stabil sein müssen.

10.4   Nichtlinearer Transport

Nichtlineare Signaturen von Teilchen- und Wärmetransport sind typisch, z. B. in der Fluiddynamik, Plasmaphysik und Astrophysik. Transportanomalien reichen von bohmartiger Diffusion in Gasentladungen bis hin zum Eindringen von niederenergetischen kosmischen Strahlen in die Heliosphäre. Im klassischen Bild reduzieren starke magnetische Leitfelder die senkrechte Diffusion entscheidend. Kollisionen erscheinen einerseits als Hindernis für die freie Bewegung entlang der Feldlinien und erhöhen andererseits den Transport in senkrechter Richtung.

Der spezifische Grund für das außerordentliche Interesse an den Mechanismen der Diffusion in stochastischen Feldern liegt in den unerwartet großen Verlusten, die durch anomalen Transport verursacht werden [12, 141]. Anomale Teilchen- und Wärmeverluste haben enorme Konsequenzen für praktische Anwendungen. Zum Beispiel müssen in magnetischen Fusionsanlagen die Wärmeströme relativ niedrig und gleichmäßig über die Wand verteilt sein, um tolerierbare lokale Leistungsdichten zu erreichen. Daher ist es wünschenswert, die grundlegenden Prozesse zu identifizieren, die anomale Verluste in offenen nichtlinearen (chaotischen) Systemen bestimmen.

Die Analyse des anomalen Transports gehört zu den zentralen Problemen in der Plasmaphysik mit Anwendungen in der Kernfusion [29]. In den letzten Jahrzehnten wurden bedeutende Fortschritte beim Verständnis der grundlegenden Eigenschaften erzielt [142].

Zunächst wurde die lineare Transporttheorie modifiziert, um geometrische Effekte und große mittlere freie Weglängen zu berücksichtigen. Die neoklassische Theorie (siehe [57] und dort zitierte Literatur) ist ein großer intellektueller und praktischer Erfolg. Dennoch ist sie nicht in der Lage, alle Probleme zu lösen.

Es ist bekannt [143], dass in vielen Fällen starke Abweichungen der Diffusionsrate von klassischen oder neoklassischen Vorhersagen auf nichtlineare Effekte zurückzuführen sind, die durch (elektrostatische und elektromagnetische) Fluktuationen verursacht werden. In der Vergangenheit wurden mehrere Ansätze für eine selbstkonsistente Theorie des nichtlinearen Transports unternommen; siehe [29, 144] und dort zitierte Literatur.

Die quasilineare Theorie und Transportabschätzungen basierend auf der schwachen Turbulenztheorie sind bei weitem die erfolgreichsten analytischen Ansätze. Es ist jedoch bekannt [143], dass ihre Anwendungsfelder begrenzt sind. Starke Plasmaturbulenz stellt ein äußerst komplexes und kompliziertes Problem dar. Die physikalische Kinetik der Plasmaturbulenz mit Schwerpunkt auf Quasiteilchenmodellen wurde bereits vor längerer Zeit zusammengefasst [145]. Analytische Auswertungen sind im Allgemeinen schwierig, weshalb numerische Simulationen zunehmend an Bedeutung gewinnen. Diese führen zu einer umfangreichen Datenbasis mit zahlreichen Hinweisen auf grundlegende Transportskalierungen.

Der anomale Transport geladener Teilchen ist auch ein langjähriges Problem in astrophysikalischen Fragestellungen [146–159]. Eine Vielzahl von Problemen, wie das Eindringen von niederenergetischen kosmischen Strahlen in die Heliosphäre, der Transport galaktischer kosmischer Strahlen in und aus dem interstellaren Magnetfeld, der Fermi-Beschleunigungsmechanismus und andere, stehen ganz oben auf der astrophysikalischen Agenda [160]. In den meisten Fällen ist der astrophysikalische Transport kollisionsfrei. Normalerweise existieren keine dominanten Leitfelder. Nichtlineare Effekte sind verantwortlich für die Unterschiede zwischen linearen theoretischen Vorhersagen und experimentellen Fakten.

Ein sehr einfaches Argument beleuchtet das Auftreten von Nichtlinearitäten in der Transporttheorie. Die Kontinuitätsgleichung für die Teilchenstromdichte Γ kann formal geschrieben werden als

$$\partial_t \Gamma = -\nabla \cdot (\mathbf{u}\Gamma) - \nabla P - \nabla \cdot \Pi + \frac{e}{m}\Gamma \times \mathbf{B} + \frac{e}{m}\mathbf{E} + \frac{1}{m}\mathbf{R}\,. \qquad (10.132)$$

Auf der rechten Seite erscheinen der konvektive Term, Beiträge des Drucks und der Felder sowie der resistive Term. Jede Variable wird in einen gemittelten und einen fluktuierenden Anteil zerlegt, beispielsweise

$$X := \langle X \rangle + \delta X\,. \qquad (10.133)$$

Nach kurzer Rechnung folgt die gemittelte x-Komponente der Stromdichte

$$\langle \Gamma_x \rangle = \underbrace{\frac{1}{m\Omega} \langle R_y \rangle}_{classical} + \underbrace{\frac{1}{\Omega} \left\langle (\hat{b} \times \nabla \cdot \Pi) \cdot \hat{x} \right\rangle}_{neo-classical} + \Gamma_x^{anomalous} + \Gamma_x^{time-dependent} \ .$$

(10.134)

Der erste Teil, verursacht durch den Reibungsterm, ist der klassische. Der zweite, vom Drucktensor stammende, Teil wird hauptsächlich in der neoklassischen Theorie diskutiert. Der dritte Teil auf der rechten Seite ist derjenige, der im nächsten Abschnitt im Fokus steht, nämlich

$$\Gamma_x^{anomalous} = \frac{1}{B} \langle \delta n \, \delta E_y \rangle + \frac{1}{B} \left\{ \langle \delta \Gamma_\parallel \delta B_x \rangle - \langle \delta \Gamma_x \delta B_\parallel \rangle \right\} \ . \tag{10.135}$$

Der vierte, zeitabhängige Term bleibt gewöhnlich unberücksichtigt.

Es sei betont, dass dieses einfache Argument den wichtigen Aspekt der Gyromittelung nicht abdeckt. Letzterer bildet den zentralen Bestandteil gyrokinetischer Modelle.

Fluktuationsspektren und Transport

Die schwache Turbulenztheorie erwies sich als ein sehr erfolgreicher Ansatz, der speziell für Plasmafluktuationen mit einer charakteristischen Frequenz entwickelt wurde. Im Wesentlichen ergibt sie sich in ihrer einfachsten Form aus der Störungstheorie. Sie ist daher auf schwache Fluktuationsniveaus beschränkt.

Für das zweite Moment fluktuierender elektrostatischer Potentiale können wir die Spektraldichte $n(\mathbf{k}, t)$ einführen,

$$\langle \delta \varphi_{\mathbf{k}} \delta \varphi_{\mathbf{k}'}^* \rangle = n(\mathbf{k}, t) \delta(\mathbf{k} - \mathbf{k}') \ , \tag{10.136}$$

für die man eine wellenkinetische Gleichung erhält [145]

$$\frac{\partial n(\mathbf{k}, t)}{\partial t} = \mathcal{I}(\mathbf{k}, t) + \Gamma(\mathbf{k}) n(\mathbf{k}, t) \ . \tag{10.137}$$

Auf der rechten Seite erscheinen ein nichtlinearer Term ($\mathcal{I}$) und ein Dämpfungsterm (Γ). Wenn die Dämpfung in einem bestimmten (inertialen) Bereich des $\mathbf{k}$-Raumes vernachlässigt werden kann, lässt sich für die spektrale Energiedichte $E(k)$ (s. u.) in isotroper Turbulenz schreiben

$$\frac{\partial E(k)}{\partial t} + \frac{\partial P(k)}{\partial k} = 0 \ . \tag{10.138}$$

Eine solche Gleichung kann zur Analyse von Wellenzahlspektren verwendet werden.

Dimensionsargumente erweisen sich oft als nützlich. Wiederholen wir die einfache dimensionsbasierte Analyse, die aus der Fluidtheorie bekannt ist. Im dreidimensionalen Raum können wir die Dimensionen von Energie E und der spektralen Energiedichte $E(k)$ wie folgt schreiben:

$$[E] = \left[\frac{gL^2}{T^2}\right] = \left[\frac{\rho L^5}{T^2}\right] \quad \Rightarrow \quad [E(k)] = \left[\frac{\rho L^3}{T^2}\right] \text{ und } [P(k)] = \left[\frac{\rho L^2}{T^3}\right],$$

$$(10.139)$$

wobei wir

$$\frac{E}{V} = \int E(k)dk \tag{10.140}$$

unabhängig von der Dimension des Systems ausnutzen. Das berühmte Argument von Kolmogorov [161] (mit Anwendung auf die Fluidturbulenz) besagt, dass die Zeit T durch die konstante Transferfunktion P eliminiert werden kann, was zu folgendem Ausdruck führt:

$$\boxed{[E(k)] = \left[\frac{\rho L^3}{T^2}\right] \sim \rho^{1/3}\, P^{2/3}\, k^{-3+\frac{4}{3}} \sim k^{-5/3}}, \tag{10.141}$$

d. h. zu dem bekannten Kolmogorov-Spektrum.

Wenn in Plasmen eine charakteristische Frequenz auftritt, ist die Situation anders. Die charakteristische Zeit ergibt sich aus der endlichen Frequenz $\omega = \omega(k)$, und wir können eine dimensionslose Variable ξ in der Form formulieren:

$$\xi = \frac{Pk^2}{\rho\omega^3}. \tag{10.142}$$

Nun erscheint mehr Freiheit, da wir eine beliebige Funktion f der dimensionslosen Größe einführen können, um für die spektrale Dichte zu erhalten

$$E(k) \sim \rho\omega^2(k)k^{-3}f(\xi) \tag{10.143}$$

Falls $f(\xi) \sim \xi^{1/3}$ ist, werden einige fundamentale Aspekte der Driftwellenturbulenz offensichtlich. Im strengen Sinne ist jedoch diese funktionale Form nicht eindeutig vorgeschrieben.

Es gibt viele Versuche, die schwache Turbulenztheorie auf starke Plasmaturbulenz durch Renormalisierungsverfahren zu verallgemeinern [162–165]. Obwohl diese intellektuell überzeugend sind, ist die Auswertung für praktische Anwendungen in den meisten Fällen technisch sehr anspruchsvoll (und vielleicht zeitraubender als die Lösung des ursprünglichen gyrokinetischen Problems).

Besonders für Driftwellenturbulenz existieren semiempirische Modelle, die unter verschiedenen Namen wie Mischlängentheorie, marginale Stabilisierungsszenarien usw. veröffentlicht wurden [13].

Für elektrostatische Turbulenz ist die nichtlineare Stromdichte in radialer Richtung r gegeben durch

$$\Gamma_r \approx \langle \delta n\, \delta u_r \rangle \,\hat{=}\, - D \frac{\langle n \rangle}{L_n}\,, \tag{10.144}$$

wobei auf der rechten Seite die Stromdichte als effektiver Diffusionsstrom mit einem Diffusionskoeffizienten D und einer Inhomogenitätslänge L_n ausgedrückt wird. Für Driftwellen sind die lineare Wachstumsrate, Frequenz, Dichtefluktuation beziehungsweise $E \times B$-Geschwindigkeit

$$\frac{\gamma_k}{\omega_k} \sim \delta_k,\quad \omega_k \approx \frac{kT}{eBL_n},\quad \delta n_k \approx \langle n \rangle \frac{e\phi_k(1-i\delta_k)}{T},\quad \delta u_r \approx ik\frac{\phi_k}{B}\,. \tag{10.145}$$

Wenn wir dies alles berücksichtigen, folgt

$$\Gamma_r \approx \langle n \rangle \frac{T}{eB} \sum_k k\delta_k \left| \frac{\delta n_k}{\langle n \rangle} \right|^2\,. \tag{10.146}$$

Der letzte Ausdruck enthält das noch unbekannte Fluktuationsspektrum. Für das Niveau dieses Spektrums nehmen wir an, dass es ansteigt, bis die entsprechende lokale Dichteänderung den die Instabilität antreibende Dichtegradienten eliminiert,

$$\nabla \delta n \,\hat{=}\, k\delta n_k \sim \frac{\langle n \rangle}{L_n}\,. \tag{10.147}$$

Damit erhalten wir letztendlich

$$D \approx \frac{\gamma_{\max}}{k_{\max}^2}\,, \tag{10.148}$$

wenn wir die Summe durch ihren maximalen Term approximieren. Dieser Ausdruck wird häufig für Abschätzungen von Diffusionsprozessen verwendet. Er steht im Zusammenhang mit der Mischungslänge. Nach Prandtl kann der turbulente Diffusionskoeffizient als

$$D \approx \frac{L_r^2}{\tau_c} \tag{10.149}$$

geschrieben werden, wobei L_r die charakteristische Länge (die radiale Korrelationslänge der Moden) und τ_c die Eddyumschlagszeit (Autokorrelationszeit für das turbulente Feld) ist.

Nun können wir zwei äußerst unterschiedliche Szenarien haben. Erstens, kleinskalige Turbulenz mit $L_r \approx \rho_s \sim \rho_i$ und der diamagnetischen Frequenz

$$\boxed{\tau_c^{-1} \approx \omega_T^* \equiv \frac{k_\theta T}{B L_T} \sim \frac{v_{thi}}{a}, \quad k_\theta \approx \rho_i^{-1}}.$$ (10.150)

In diesem Fall gilt

$$D \sim \rho_i^2\, \omega_T^* \sim D_{Bohm}\frac{\rho^*}{L_T^*} \sim T^{3/2} B^{-2},$$ (10.151)

was als Gyro-Bohm-Skalierung bekannt ist.

Andererseits, für großskalige Turbulenz, z. B. mit $L_r \approx \sqrt{a\rho_s}$, wobei a die Dimension des Systems (der minimale Radius des Tokamaks) ist, schätzen wir ab

$$\boxed{D \sim \rho_i v_{ti} \sim D_{Bohm}\left[\frac{m^2}{s}\right] = \frac{T[eV]}{16 B[T]} \sim T B^{-1}}.$$ (10.152)

Das ist die berühmte Bohm-Skalierung.

Es wurden zusätzlich andere Skalierungen vorgeschlagen. Zum Beispiel das Goldstone-Regime $D \sim \sqrt{\rho_i}$ im L-Regime eines Tokamaks.

Die Hauptfrage bleibt: Wie können wir die charakteristischen Skalen vorhersagen? Im Laufe der letzten Jahrzehnte wurden mehrere Verfahren vorgeschlagen. Ein ziemlich überzeugendes ist die folgende Selbstorganisationshypothese:

Sei ein System durch eine nichtlineare partielle Differentialgleichung mit Dissipation für das Feld u modelliert. Das System enthält (mindestens) zwei quadratische oder höhere konservierte Größen in Abwesenheit von Dissipation. Eine der konservierten Größen, sagen wir $A(u)$, zerfällt schneller als die andere(n), z.B. $B(u)$. Es wird erwartet, dass die modale Kaskade einen quasistationären Zustand erreicht, der A bei konstantem B minimiert, d.h. $\delta A - \lambda\,\delta B = 0$.

Diese Formulierung sowie Argumente dafür sind im Übersichtsartikel von Hasegawa [166] zu finden.

Neben den offensichtlichen Fortschritten in der analytischen Theorie sollte man im Hinterkopf behalten, dass (wirklich) selbstkonsistente Modelle im Allgemeinen sehr schwer zu lösen sind und oft ihre Stärke nur qualitativ zeigen, d. h. in Skalierungsprognosen. Heuristische, quasiselbstkonsistente Modelle sind oft ad hoc, eignen sich gut für grobe Interpretationen, sind aber strikt genommen nicht prädiktiv. Nichtlokalität, Intermittenz, Interaktionen mit kohärenten Strukturen usw. sind offene Probleme, die bisher nicht in voller Allgemeinheit gelöst werden konnten. Viele neue Erkenntnisse beruhen auf numerischen Simulationen. Der Fortschritt bei numerischen Codes ist enorm; leider hinkt die analytische Theorie hinterher, bleibt aber unverzichtbar.

10.5   Stochastische Magnetfelder

Ein möglicher Ansatz zur Lösung des Problems des anomalen Plasmatransports besteht darin, die (passive) Bewegung von (Test-)Teilchen unter dem Einfluss gegebener Störungen zu betrachten; siehe [167] und die dort angegebene Literatur. Eine solche Herangehensweise ist in der Fluidturbulenz weit verbreitet [168], wo die passive Bewegung von Skalaren, Vektoren, Teilchen usw. umfassend untersucht wurde.

In der Magnetfusionforschung gibt es einen zusätzlichen, qualitativ wichtigen Grund, die Teilchenbewegung in gegebenen stochastischen Feldern zu analysieren. Störungen in der Magnetfeldstruktur sind aufgrund von Fehlern in der Anordnung der Spulen der Geräte mehr oder weniger unvermeidlich. Außerdem, und dieser Aspekt hat in letzter Zeit stark an Bedeutung gewonnen, werden in Tokamaks doch zusätzliche Spulen installiert, um die Teilchen- und Wärmelasten an den Wänden durch magnetische Stochastisierung des Plasmarandes zu kontrollieren [169–173]. Mit dem Begriff „stochastischer Transport" meinen wir Transport in stochastischen Feldern, die durch externe Mittel erzeugt werden. In diesem Abschnitt diskutieren wir Modelle für Magnetfeldfluktuationen.

Die Stärke der Magnetfeldfluktuationen kann sehr klein sein, z. B. weniger als ein Zehntelprozent des Einschlussfelds in nullter Ordnung (welches die *parallele* Richtung definiert). Dennoch haben Magnetfeldfluktuationen einen starken Einfluss auf den *senkrechten* Transport. Teilchen bewegen sich in der senkrechten Richtung deutlich schneller als von der klassischen Theorie vorhergesagt, wie in inzwischen klassischen Arbeiten gezeigt wurde [146, 148, 149, 174, 175]. Nach diesen Erkenntnissen zeigt der senkrechte Diffusionskoeffizient eine entscheidende Abhängigkeit vom parallelen Diffusionskoeffizienten. Dies liegt daran, dass senkrechte Fluktuationen im Magnetfeld kleine Kanäle für parallele Diffusivität in senkrechter Richtung schaffen.

Die Kinetik der Testteilchendiffusion mit besonderem Blick auf die stoßbestimmte Grenze wurde in einer modifizierten Störungstheorie untersucht [176]. Myra et al. [177] zeigten sowohl analytisch als auch durch Monte-Carlo-Simulation, dass der Diffusionskoeffizient empfindlich auf die spektrale Breite der magnetischen Turbulenz reagieren kann. Ein allgemeines Variationsprinzip für Teilchendiffusion über verflochtene („braided") Magnetflächen wurde von Laval entwickelt [178]. Modelle für Magnetfeldlinienkonfigurationen wurden von verschiedenen Autoren diskutiert, z. B. in [64, 179–181]. Die statistische Plasmatransporttheorie [182–184] erlebte vielfach starkes Interesse [185, 186].

Das Langevin-Gleichungsmodell [183] wurde zur Analyse des subdiffusiven Verhaltens geladener Teilchen in stochastischen Magnetfeldern genutzt [187, 188]. Der Zusammenhang mit kontinuierlichen Zufallswegen („random walk") wurde beleuchtet [189]. Der Übergang von Euler- zu Liouville-Korrelationsfunktionen erwies sich als ein sehr wichtiger Schritt [188, 190–194]. Effekte zeitabhängiger Magnetfeldfluktuationen [195] und von Plasmabewegungen [196] auf die Teilchendiffusion wurden untersucht. Trajektorienstrukturen und Transport wurden zu einem Hauptthema [197–209]. Larmor-Radiuseffekte erwiesen sich im perkolativen Regime als wichtig [210–212]. Neue Prozesse wie ein Ratschenstrom („ratchet current") in Plasmaeinrichtungen wurden diskutiert, siehe z. B. [213–215] und die dort zitierte Literatur.

Für die Berechnung des effektiven senkrechten Transports benötigt man den parallelen Diffusionskoeffizienten. Im stoßfreien Fall sagt die klassische Theorie einen superdiffusiven Transport in paralleler Richtung vorher. Tatsächlich tritt dieser Transport nicht auf, solange magnetische Störfelder als zusätzliche Quelle für kollisionsähnliche Wechselwirkungen vorhanden sind. Auch ohne Zweierstöße sollte die parallele Bewegung diffusives Verhalten zeigen. Dieses Verhalten wurde kürzlich für Plasmen im Kontext magnetischer Fluktuationen diskutiert.

Das gesamte Gebiet des „nichtlinearen Transports" ist riesig. Eine globale Übersicht würde den Rahmen eines einzelnen Kapitels sprengen. Glücklicherweise existieren bereits mehrere spezialisierte Bücher, z. B. [13, 28, 144, 145], die konsultiert werden sollten, wenn alle Aspekte des nichtlinearen Transports von Interesse sind.

In diesem Kapitel konzentrieren wir uns auf ein einziges Unterthema, nämlich die „stochastische Transporttheorie" in fluktuierenden Magnetfeldern. Dieses Thema hat mehrere Anwendungen in der Kernfusion und Astrophysik. Es bietet zusätzlich den Vorteil, dass „einfache" analytische Modelle entwickelt werden können, die tiefere Einblicke in nichtlineare Transportprozesse erlauben. Das Folgende kann daher als Tutorial zu grundlegenden Aspekten des nichtlinearen Plasmatransports betrachtet werden. Für fortgeschrittene Aspekte des nichtlinearen Transports verweisen wir auf die weiterhin wachsende Literatur, einschließlich der zunehmend wichtigen numerischen Simulationen.

Ein erster Ansatz zur Beschreibung des anomalen Transports in stochastischen Magnetfeldern kann auf dem folgenden fluiddynamischen Bild basieren. Angenommen, im Plasma sind Magnetfeldfluktuationen vorhanden, sodass das Gesamtfeld aus einem (starken) Beitrag nullter Ordnung $\mathbf{B}_0$ und Fluktuationen $\delta\mathbf{B}$ besteht,

$$\boxed{\mathbf{B} = \mathbf{B}_0 + \delta\mathbf{B}, \quad \text{mit } \mathbf{b} = \frac{\delta\mathbf{B}}{B}}\ . \tag{10.153}$$

Wir nehmen an, dass lokal Komponenten des schwankenden Magnetfelds $\delta\mathbf{B}$ existieren, die senkrecht zum nullten (Haupt-)Magnetfeld $\mathbf{B}_0$ stehen. Um Probleme der Ambipolarität zu vermeiden, betrachten wir den Wärmetransport. In nullter Ordnung erfolgt der Wärmetransport hauptsächlich entlang des Magnetfelds nullter Ordnung; $\kappa_\perp \ll \kappa_\parallel$ gilt für die linearen Wärmeleitfähigkeiten. Unter Berücksichtigung der magnetischen Störungen können wir die dominierenden Terme in der Wärmeleitungsgleichung wie folgt formulieren:

$$\frac{\partial T}{\partial t} \approx \kappa_\parallel (\hat{n} \cdot \nabla)^2 T\ . \tag{10.154}$$

Der Richtungsvektor $\hat{n}$ zeigt in die Richtung des gesamten Magnetfelds. Es gilt

$$\hat{n} \equiv \frac{\mathbf{B}}{B}\ , \quad \hat{n}_0 \equiv \frac{\mathbf{B}_0}{B_0}\ , \quad \kappa_\parallel \approx \frac{v_{th}^2}{v_{coll}} \gg \kappa_\perp\ , \tag{10.155}$$

wobei v_{coll} die Zweierstoßfrequenz ist. Durch die Einführung von Fluktuationen erhalten wir einen zusätzlichen Wärmetransport in die Richtung senkrecht zum Magnetfeld nullter Ordnung. Unter der Annahme, dass auf den magnetischen Flächen nullter Ordnung die Temperatur gleichmäßig ist, können wir für die Änderung der (über die magnetischen Flächen nullter Ordnung) gemittelten Temperatur $\langle T \rangle$ bis zur zweiten Ordnung schreiben:

$$\boxed{\frac{\partial \langle T \rangle}{\partial t} = \kappa_\parallel \langle b^2 \rangle \frac{\partial^2 \langle T \rangle}{\partial x_\perp^2} + 2\kappa_\parallel \left\langle b \frac{\partial}{\partial x_\perp} (\hat{n}_0 \cdot \nabla)\delta T \right\rangle}\ . \tag{10.156}$$

Der erste Term auf der rechten Seite zeigt bereits, dass durch die (senkrechten) Fluktuationen ein durchaus effektiver senkrechter Transport auftreten kann, der durch eine effektive parallele Wärmeleitung verursacht wird.

Die bisher zusammengefassten Phänomene führten zu dem oft verwendeten Paradigma: Plasmastochastizität, die überwiegend aus Plasmainstabilitäten im hochdimensionalen Phasenraum entsteht, wirkt kontraproduktiv für eine gute Einschließung, d. h., es treten erhöhte Verluste auf (durch Mikroinstabilitäten, MHD-Instabilitäten, Rippleverluste usw.).

Hamilton-Formalismus für stochastische Magnetfelder

Die nichtlineare Dynamik lehrt uns, dass bereits Systeme mit wenigen Freiheitsgraden stochastisch werden können. In Plasmen sind Quellen magnetischer Stochastizität z. B. unvollkommene Spulen für Einschluss, Heizung, Formgebung sowie Korrekturspulen, MHD-Kontrollspulen und Randgebietsspulen, ergodische Divertorspulen und andere.

In einer „neuen" Sichtweise kann die Stochastisierung positive Aspekte haben, da sie in gewissem Maße beherrschbar ist und zur Minderung von Edge Localized Modes (ELMs) beitragen kann [170, 216, 217]. Außerdem kann sie nützlich sein für den Partikelausstoß, zonale Strömungen [218], radiale elektrische Felder und Transportbarrieren [219–222], das Verständnis von Fluchtgeschwindigkeiten schneller Teilchen [223–225], Wärmeströmungsmuster [226, 227] und andere Phänomene. Spezielle Spulenanordnungen wurden bereits in Tore-Supra, W7-AS (Inseldivertor), DIII-D, Textor, JET und ASDEX-U getestet und sind für den ITER-Betrieb vorgesehen.

Im Folgenden präsentieren wir die grundlegenden Techniken zur Beschreibung und Untersuchung stochastischer Magnetfelder.

Für das Magnetfeld verwenden wir die Clebsch-Darstellung [228].

$$\boxed{\mathbf{B} = \nabla\psi \times \nabla\theta - \nabla H \times \nabla\varphi} \,. \tag{10.157}$$

Diese Darstellung ergibt sich beispielsweise aus dem Vektorpotential in zylindrischen Koordinaten, wobei $\varphi \,\hat{=}\, z$ (toroidale „Höhe"), θ (poloidale Koordinate) und ρ (radiale Koordinate im poloidalen Querschnitt) sind,

$$\boxed{\mathbf{A} = A_\rho \nabla\rho + A_\theta \nabla\theta + A_\varphi \nabla\varphi} \,. \tag{10.158}$$

Mit

$$A_\rho = \frac{\partial G(\rho, \theta, \varphi)}{\partial\rho} \tag{10.159}$$

und den Definitionen

$$\psi = A_\theta - \frac{\partial G(\rho, \theta, \varphi)}{\partial\theta} \,, \quad -H = A_\varphi - \frac{\partial G(\rho, \theta, \varphi)}{\partial\varphi} \,, \tag{10.160}$$

gelangen wir zur Clebsch-Form.

Beispiel 10.12 (Clebsch-Darstellung)
Um dies zu zeigen, setzen wir die Komponenten des Vektorpotentials, wie in (10.159) und (10.160) definiert, in $\mathbf{B} = \nabla \times \mathbf{A}$ ein und verwenden für zylindrische Koordinaten

$$(\nabla \times \mathbf{A})_\rho = \frac{1}{\rho}\frac{\partial A_z}{\partial \theta} - \frac{\partial A_\theta}{\partial z} \, , \tag{10.161}$$

$$(\nabla \times \mathbf{A})_\theta = \frac{\partial A_\rho}{\partial z} - \frac{\partial A_z}{\partial \rho} \, , \tag{10.162}$$

$$(\nabla \times \mathbf{A})_z = \frac{1}{\rho}\frac{\partial(\rho A_\theta)}{\partial \rho} - \frac{1}{\rho}\frac{\partial A_\rho}{\partial \theta} \, . \tag{10.163}$$

■

Unter Verwendung der Clebsch-Darstellung wird deutlich, dass das System der Magnetfeldlinien eine hamiltonsche Form aufweist. Ausgehend von den Differentialen

$$d\psi = \mathbf{B} \cdot \nabla\psi = -(\nabla H \times \nabla\varphi) \cdot \nabla\psi \tag{10.164}$$

$$= -\left(\frac{\partial H}{\partial \theta}\nabla\theta \times \nabla\varphi\right) \cdot \nabla\psi = -\frac{\partial H}{\partial \theta}(\nabla\psi \times \nabla\theta) \cdot \nabla\varphi \, , \tag{10.165}$$

$$d\theta = \mathbf{B} \cdot \nabla\theta = -(\nabla H \times \nabla\varphi) \cdot \nabla\theta \tag{10.166}$$

$$= -\left(\frac{\partial H}{\partial \psi}\nabla\psi \times \nabla\varphi\right) \cdot \nabla\theta = \frac{\partial H}{\partial \psi}(\nabla\psi \times \nabla\theta) \cdot \nabla\varphi \, , \tag{10.167}$$

$$d\varphi = \mathbf{B} \cdot \nabla\varphi = (\nabla\psi \times \nabla\theta) \cdot \nabla\varphi \, , \tag{10.168}$$

erhalten wir sofort die symplektische Struktur

$$\boxed{\frac{d\psi}{d\varphi} = -\frac{\partial H}{\partial \theta} \, , \qquad \frac{d\theta}{d\varphi} = \frac{\partial H}{\partial \psi}} \, . \tag{10.169}$$

Beispiel 10.13 (Aufbrechen von Flussflächen)

Im Vergleich zur klassischen Mechanik entspricht φ der „Zeit", und ψ ist der zugehörige „konjugierte Impuls" zur „Koordinate" θ. Innerhalb des hamiltonschen Formalismus können Wirkungs- (im Folgenden durch J bezeichnet) und Winkelkoordinaten (im Folgenden durch θ bezeichnet) eingeführt werden. Allgemein gesprochen besteht der Hamiltonian aus einem integrablen Teil H_0 (der zu geschlossenen magnetischen Flächen führt) und einer Störung

$$H(J, \theta) = H_0(J) + \delta H(J.\theta) \, . \tag{10.170}$$

Die zugehörigen kanonischen Gleichungen sind

$$\frac{\partial H}{\partial J} = \dot{\theta} = \mathbf{\Omega}(J) + \frac{\partial \delta H}{\partial J} \, , \qquad \frac{\partial H}{\partial \theta} = -\dot{J} = \frac{\partial \delta H}{\partial \theta} \, . \tag{10.171}$$

Nach Fourier-Entwicklung

$$\delta H(J, \theta) = \sum_{\mathbf{m}} e^{i\mathbf{m} \cdot \theta} H_{\mathbf{m}} \tag{10.172}$$

ergeben sich die folgenden genäherten Lösungen

$$\theta \approx \theta_0 + \mathbf{\Omega} t \,, \qquad \Delta J = -\int dt \frac{\partial \delta H}{\partial^{\,\cdot}} \approx -i \sum_{\mathbf{m}} \frac{\mathbf{m} H_{\mathbf{m}} e^{i\mathbf{m}\cdot\,0}\left(e^{i\mathbf{m}\cdot\mathbf{\Omega} t} - 1\right)}{\mathbf{m}\cdot\mathbf{\Omega}} \,, \qquad (10.173)$$

mit Resonanzen bei $\mathbf{m}\cdot\mathbf{\Omega}(J) = 0$. Wie bekannt ist, führen Resonanzen zum Aufbrechen magnetischer Flächen. Es kann zu stochastischer Bewegung der Feldlinien kommen. ∎

Für Anwendungen in Tokamaks können die Störungsterme mit toroidalen und poloidalen Modenzahlen in der Form $\delta H \sim H_{mn} \cos(m\theta + n\varphi + \chi_{m0})$ geschrieben werden. Resonanzen treten an der rationalen magnetischen Fläche ψ_{mn} mit $q(\psi_{mn}) = m/n$ auf, wodurch Ketten von Inseln entstehen. Die Breite der Inseln ist [30]

$$W_{mn} = 4 \left| \frac{\varepsilon H_{mn}(\psi_{mn})}{dq^{-1}/d\psi} \right|^{1/2} \,, \qquad (10.174)$$

und Chaos setzt ein bei

$$\sigma_{Chir} = \frac{W_{mn} + W_{m+1n}}{|\psi_{m+1n} - \psi_{mn}|} \geq 1 \,. \qquad (10.175)$$

Diese (qualitative) theoretische Vorhersage wurde in vielen numerischen Anwendungen erfolgreich getestet und ist auch sehr hilfreich für die Interpretation experimenteller Ergebnisse.

Betrachten wir nun das zylindrische Koordinatensystem (R, φ, Z), wobei R der Hauptradius, φ der toroidale Winkel und Z die vertikale Koordinate ist. Die Feldliniengleichungen in diesem Koordinatensystem lauten

$$\boxed{\frac{1}{R}\frac{dZ}{d\varphi} = \frac{B_Z}{B_\varphi}, \qquad \frac{1}{R}\frac{dR}{d\varphi} = \frac{B_R}{B_\varphi}} \,. \qquad (10.176)$$

Die magnetischen Feldkomponenten B_R, B_φ, B_Z können durch das Vektorpotential $\mathbf{A}$ bestimmt werden. Die Koordinaten (R, φ, Z) sind über die zuvor definierten Koordinaten (r, θ, φ) wie folgt miteinander verbunden:

$$R = R_0 + r\cos\theta, \qquad Z = r\sin\theta. \qquad (10.177)$$

Wir wählen die radiale Komponente des Vektorpotentials A_R als null, d.h. $A_R = 0$. Der Grund für diese Wahl ist die Eichinvarianz des Vektorpotentials. Wir nehmen an, dass die Z-Komponente des Vektorpotentials (A_Z), die das toroidale Feld $B_\varphi = -\partial A_Z/\partial R$ bestimmt, in der Form $A_Z = -B_0 R_0/R$ vorliegt, d.h. $B_\varphi = B_0 R_0/R$, wobei B_0 die Stärke des Magnetfelds am Hauptradius des Torus $R = R_0$ ist. Wir nehmen außerdem an, dass das Gleichgewichtspoloidalfeld des Plasmas (B_R, B_Z) und das gestörte Magnetfeld von externen Spulen erzeugt werden, sodass sie vollständig durch die toroidale Komponente des Vektorpotentials $A_\varphi(R, \varphi, Z)$ beschrieben werden können:

$$B_Z = \frac{1}{R}\frac{\partial(R A_\varphi)}{\partial R}, \qquad B_R = -\frac{\partial A_\varphi}{\partial Z}. \qquad (10.178)$$

Wir führen nun die normierte Koordinate z und den kanonischen Impuls p_z ein:

$$z = \frac{Z}{R_0}, \qquad p_z = \ln \frac{R}{R_0},$$

Damit erscheinen die Gl. (10.176) in hamiltonscher Form

$$\boxed{\frac{dz}{d\varphi} = \frac{\partial H}{\partial p_z}, \qquad \frac{dp_z}{d\varphi} = -\frac{\partial H}{\partial z}}, \tag{10.179}$$

wobei die hamiltonsche Funktion $H = H(z, p_z, \varphi)$ die normierte φ-Komponente des Vektorpotentials ist, d. h.

$$H \equiv H(z, p_z, \varphi) = \frac{R(p_z) A_\varphi(R(p_z), \varphi, zR_0)}{B_0 R_0^2}, \tag{10.180}$$

mit $R = R_0 \exp(p_z)$.

Im axisymmetrischen Fall hängt das Magnetfeld nicht vom toroidalen Winkel φ ab, $A_\varphi = A_\varphi(R, Z)$, und somit gilt $H = H(z, p_z)$. In diesem Fall ist das hamiltonsche System (10.179) vollständig integrabel. Die Feldlinien liegen auf verschachtelten toroidalen Flächen, die durch die Flächenfunktion $H(z, p_z) = f(Z, R) = $ const bestimmt sind.

Der Schnitt einer toroidalen Fläche mit der Ebene $\varphi = $ const ist in Abb. 10.14 dargestellt. Man kann Wirkungs- und Winkelvariablen (I, ϑ) über

$$I = \frac{1}{2\pi} \oint_C p_z dz, \qquad \vartheta = \frac{\partial}{\partial I} \int^z p_z(z', I) dz', \tag{10.181}$$

einführen, wobei die Integration entlang der geschlossenen Kontur C erfolgt, die sich aus dem Schnitt der Flächenfunktion $f(R, Z) = $ const mit der poloidalen Ebene $\varphi = $ const ergibt (siehe Abb. 10.14). Die Wirkungsvariable I stimmt mit dem normierten toroidalen Fluss ψ überein, da

$$I = \frac{1}{2\pi} \oint_C p_z dz = \frac{1}{2\pi} \int_S dp_z dz = \frac{1}{2\pi R_0^2 B_0} \int_S B_\varphi(R, Z) dR dZ = \psi, \tag{10.182}$$

was die Bedeutung des normierten Flusses des toroidalen Feldes B_φ durch die Fläche S besitzt, die von der geschlossenen Kontur C auf der poloidalen Ebene $\varphi = $ const eingeschlossen wird. Die Winkelvariable ϑ ist genau der *intrinsische* poloidale Winkel.

In Wirkungswinkelvariablen (ψ, ϑ) ist die Hamilton-Funktion $H = H(\psi)$, und die Feldlinien gehorchen der Gl. (10.169).

Abb. 10.14 Magnetische Flussflächen $H(z, p_z) = f(Z, R) = \text{const}$

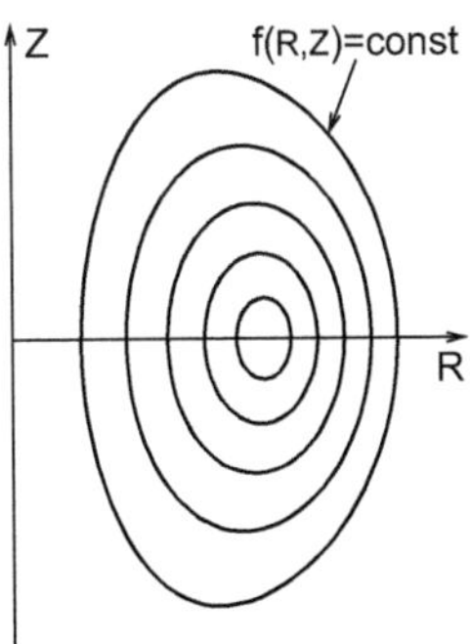

Der inverse Sicherheitsfaktor $q(\psi)$ wird durch $dH(\psi)/d\psi$ bestimmt. Er kann auch aus der Gleichung der Feldlinien (10.179) abgeleitet werden. Nach seiner Definition ist q gleich der Anzahl der toroidalen Umdrehungen pro poloidaler Umdrehung, d. h. $q = \Delta\varphi/2\pi$, wobei $\Delta\varphi$ die Änderung des toroidalen Winkels φ ist, wenn eine Feldlinie eine vollständige poloidale Umdrehung macht.

Aus der ersten Gl. (10.179) folgt dann, dass

$$q(\psi) = \frac{\Delta\varphi}{2\pi} = \int_C \frac{dz}{\partial H/\partial p_z}, \tag{10.183}$$

wobei die Integration entlang der geschlossenen Kontur C von $H = H_0(z, p_z) = \text{const}$ erfolgt.

Die geometrischen Koordinaten R, Z (oder r, θ) der Feldlinien sind periodische Funktionen der Winkelvariable ϑ, wobei gilt: $R(\vartheta, \psi) = R(\vartheta + 2\pi, \psi)$ und $Z(\vartheta, \psi) = Z(\vartheta + 2\pi, \psi)$. Daher können sie in einer Fourier-Reihe dargestellt werden,

$$Z(\vartheta, \psi) = \sum_m Z_m(\psi)e^{im\vartheta}, \qquad R(\vartheta, \psi) = \sum_m R_m(\psi)e^{im\vartheta}, \tag{10.184}$$

oder

$$r(\vartheta, \psi) = \sum_{m=0}^{\infty} \left(r_m^{(c)}(\psi) \cos m\vartheta + r_m^{(s)}(\psi) \sin m\vartheta \right), \tag{10.185}$$

$$\theta(\vartheta, \psi) = \vartheta + \sum_{m=0}^{\infty} \alpha_m(\psi) \sin m\vartheta. \tag{10.186}$$

Die Koeffizienten $R_m(\psi)$, $Z_m(\psi)$ (oder $r_m^{(c,s)}(\psi)$, $\alpha_m(\psi)$), die vom toroidalen Fluss ψ abhängen, können durch die Integration der hamiltonschen Feldgleichungen (10.179) bestimmt werden. Die Feldlinien $R(\varphi)$, $Z(\varphi)$ [oder $r(\varphi)$, $\theta(\varphi)$] im realen geometrischen Raum (R, Z) oder (r, θ) werden durch die Gl. (10.184) und (10.185) bestimmt, wenn man den intrinsischen poloidalen Winkel ϑ als $\vartheta = \varphi/q(\psi) + \vartheta_0$ nimmt.

Im Fall von nichtaxisymmetrischen magnetischen Störungen kann die toroidale Komponente des Vektorpotentials $A_\varphi(R, Z, \varphi)$ als eine Summe dargestellt werden,

$$A_\varphi = A_\varphi^{(0)}(R, Z) + A_\varphi^{(per)}(R, Z, \varphi). \tag{10.187}$$

In typischen Situationen ist der gestörte Teil der Komponente A_Z klein und kann im Vergleich zum ungestörten Teil $A_Z^{(0)}(R)$, der das toroidale Magnetfeld B_φ bestimmt, vernachlässigt werden. Dann hat die magnetische Störung $\delta\mathbf{B}(R, Z, \varphi)$ nur zwei Nicht-Null-Komponenten, nämlich δB_R und δB_Z. Letztere, gemäß (10.178), werden durch den gestörten Teil des Vektorpotentials $A_\varphi^{(per)}(R, Z, \varphi)$ ausgedrückt als

$$\delta\mathbf{B}(R, Z, \varphi) = \left(-\hat{e}_R \frac{1}{R} \frac{\partial}{\partial Z} + \hat{e}_Z \frac{1}{R} \frac{\partial}{\partial R} \right) R A_\varphi^{(per)}(R, Z, \varphi). \tag{10.188}$$

Die Einführung des toroidalen Flusses ψ und des intrinsischen poloidalen Winkels ϑ gemäß (10.181) für das Gleichgewichtsmagnetfeld führt zu den hamiltonschen Gleichungen für die gestörten Feldlinien, die sich wie folgt darstellen:

$$\boxed{\frac{d\vartheta}{d\varphi} = \frac{1}{q(\psi)} + \varepsilon \frac{\partial H_1}{\partial \psi}, \qquad \frac{d\psi}{d\varphi} = -\varepsilon \frac{\partial H_1}{\partial \vartheta}.} \tag{10.189}$$

Die gestörte Hamilton-Funktion $\varepsilon H_1 \equiv H_1(\psi, \vartheta, \varphi)$ ist

$$H_1(\psi, \vartheta, \varphi) = \frac{R(\psi, \vartheta)}{R_0^2 B_0} A_\varphi^{(per)} \left(R(\psi, \vartheta), Z(\psi, \vartheta), \varphi \right), \tag{10.190}$$

mit $R(\psi, \vartheta) = R_0 + r(\psi, \vartheta) \cos\theta(\psi, \vartheta)$. Für

$$A_\varphi^{(per)}(r, \theta, \varphi) = \varepsilon B_0 R_0 a(r, \theta, \varphi), \tag{10.191}$$

$$a(r, \theta, \varphi) = \sum_m a_{mn}(r, \theta) \cos(m\theta + n\varphi + \chi_{m0}) \tag{10.192}$$

ergibt sich die Fourier-Entwicklung

$$H_1(\psi, \vartheta, \varphi) = \varepsilon \sum_m H_{mn}(\psi) \cos(m\vartheta + n\varphi + \chi_{m0}). \tag{10.193}$$

Der dimensionslose Störungsparameter ε charakterisiert die Stärke der Störungen. Gemäß (10.191) sind die Fourier-Komponenten $H_{m,n}(\psi)$ durch Integrale gegeben,

$$H_{mn}(\psi) = \mathrm{Re} \int\!\!\!\int_0^{2\pi} \frac{R(\psi,\vartheta)}{(2\pi)^2 R_0^2 B_0 \varepsilon} A_\varphi^{(per)}\left(R(\psi,\vartheta), Z(\psi,\vartheta), \varphi\right) e^{-im\vartheta - in\varphi} d\vartheta d\varphi$$

$$= \mathrm{Re} \int\!\!\!\int_0^{2\pi} \frac{R(\psi,\vartheta)}{(2\pi)^2 R_0} a\left(r(\psi,\vartheta), \theta(\psi,\vartheta), \varphi\right) e^{-im\vartheta - in\varphi} d\vartheta d\varphi \, .$$

$$(10.194)$$

Man kann auch das gestörte Magnetfeld $\delta\mathbf{B}$ in eine Fourier-Reihe in Bezug auf den intrinsischen poloidalen Winkel ϑ und den toroidalen Winkel φ entwickeln. Dies erfolgt ähnlich zu der Expansion des Störungshamiltonians H_1, wie sie durch die Gl. (10.193) gegeben ist. Wir erhalten

$$\delta\mathbf{B}(\psi,\vartheta,\varphi) = \sum_m \mathbf{B}_{mn}(\psi) \sin(m\vartheta + n\varphi + \chi_{m0}). \qquad (10.195)$$

Häufig verwendet man die Fourier-Komponenten $\mathbf{B}_{mn}(\psi)$, um die Breite von magnetischen Inseln abzuschätzen, die in Anwesenheit von magnetischen Störungen entstehen.

Die Beziehung zwischen den Fourier-Komponenten des Störungshamiltonians $H_{mn}(\psi)$ und dem Störungsfeld $\mathbf{B}_{mn}(\psi)$ kann mithilfe der Gl. (10.188) und (10.190) hergeleitet werden. Angenommen, $|dH_{mn}/d\psi| \ll m|H_{mn}|$, dann ergibt sich

$$|\mathbf{B}_{mn}(\psi)| \approx \varepsilon m H_{mn}(\psi) B_0 \equiv m H_{mn}(\psi) B_c \, , \quad \text{mit } \varepsilon = B_c/B_0 \, . \qquad (10.196)$$

Diffusionsprozesse

Grundlegende statistische Annahmen für schwankende Felder, die häufig in der Theorie sowohl für qualitative Vorhersagen als auch für quantitative Abschätzungen verwendet werden, fassen wir nun zusammen. Die Modelle erscheinen einfach, und es sollte jedem bewusst sein, dass sie nicht alle Details abdecken können, die in komplexen Plasmasystemen auftreten. Die Situation ist ambivalent: Modelle sollten nicht zu sehr von realistischen Bedingungen abweichen, andererseits aber einfach genug sein, um analytische Berechnungen so weit wie möglich zu ermöglichen. In diesem Abschnitt liegt der Schwerpunkt auf der analytischen Handhabbarkeit.

Beginnen wir mit der Stromdichte für einen dreidimensionalen Diffusionsprozess

$$\boxed{\mathbf{\Gamma} = - \overset{\leftrightarrow}{D}\, \nabla n}\, , \qquad (10.197)$$

mit dem Diffusionstensor $\overset{\leftrightarrow}{D}$, der im gyrotropen Fall wie folgt geschrieben werden kann:

$$\overset{\leftrightarrow}{D} = \chi_\perp(\hat{e}_x \hat{e}_x + \hat{e}_x \hat{e}_x) + \chi_{zz}\hat{e}_z \hat{e}_z \, . \qquad (10.198)$$

Die Kontinuitätsgleichung für die Teilchendichte führt zu

$$\frac{\partial n}{\partial t} = \left[\chi_\perp (\nabla_x^2 + \nabla_y^2) + \chi_{zz} \nabla_z^2 \right] n \ . \tag{10.199}$$

Mit der Teilchendichte n, die auf die Gesamtteilchenzahldichte N normiert ist, verbinden wir die Wahrscheinlichkeit, ein Teilchen zu einem bestimmten Zeitpunkt t an einer bestimmten Position $\mathbf{r}$ zu finden. Dann bestimmen wir Mittelwerte über

$$\langle \cdots \rangle = \frac{1}{N} \int d^3 r \ \cdots \ n \ . \tag{10.200}$$

Für rein diffusive Prozesse gilt

$$\frac{d}{dt} \langle \mathbf{r} \rangle = 0 \ . \tag{10.201}$$

Mit der Differenz

$$\delta \mathbf{r} = \mathbf{r}(t) - \langle \mathbf{r}(t) \rangle \tag{10.202}$$

führen wir die mittlere quadratische Abweichung ein:

$$\langle (\delta \mathbf{r})^2 \rangle = \langle (\mathbf{r})^2 \rangle - \langle \mathbf{r} \rangle^2 \ . \tag{10.203}$$

Im Fall von (lediglich) Diffusion gilt dann

$$\frac{d}{dt} \langle (\delta \mathbf{r})^2 \rangle = \frac{d}{dt} \left[\langle (\mathbf{r})^2 \rangle - \langle \mathbf{r} \rangle^2 \right] = \frac{d}{dt} \langle (\mathbf{r})^2 \rangle \ . \tag{10.204}$$

Die rechte Seite berechnen wir wie folgt:

$$\frac{d}{dt} \langle (\mathbf{r})^2 \rangle = \frac{1}{N} \int d^3 r \ \mathbf{r}^2 \frac{\partial n}{\partial t} = \frac{1}{N} \int d^3 r \ \mathbf{r}^2 \left[\chi_\perp (\nabla_x^2 + \nabla_y^2) + \chi_{zz} \nabla_z^2 \right] n \ . \tag{10.205}$$

Im Falle ortsunabhängiger Diffusionskoeffizienten integrieren wir partiell und erhalten nach einer kurzen Rechnung für die Verschiebungen in den verschiedenen Richtungen:

$$\chi_\perp(t) = \frac{1}{2} \frac{d}{dt} \langle x^2 \rangle = \frac{1}{2} \frac{d}{dt} \langle y^2 \rangle \ , \quad \chi_{zz}(t) = \frac{1}{2} \frac{d}{dt} \langle z^2 \rangle \ . \tag{10.206}$$

Man nennt sie zeitabhängige, laufende („running") Diffusionskoeffizienten

$$\boxed{\chi_\perp(t) = \frac{1}{2} \frac{d}{dt} \langle \delta x^2(t) \rangle = \frac{1}{2} \frac{d}{dt} \langle \delta y^2(t) \rangle \ , \quad \chi_{zz}(t) = \frac{1}{2} \frac{d}{dt} \langle \delta z^2(t) \rangle} \ . \tag{10.207}$$

Der Zusammenhang (10.207) kann auch für Advektions-Diffusions-Prozesse in der Form

$$\frac{\partial n}{\partial t} = -\mathbf{V}(t) \cdot \nabla n(\mathbf{r}, t) + \left[\chi_\perp (\nabla_x^2 + \nabla_y^2) + \chi_{zz} \nabla_z^2 \right] n(\mathbf{r}, t) \tag{10.208}$$

genutzt werden, wenn

$$\frac{d}{dt}\langle \mathbf{r}\rangle = \mathbf{V}(t) \neq 0 \,. \tag{10.209}$$

Wir haben die berühmten Einstein-Relationen (10.207) zwischen den mittleren quadratischen Verschiebungen und den laufenden Diffusionskoeffizienten gefunden. Hieraus können wir unmittelbar die Green-Kubo-Formel ableiten.

Werfen wir einen genaueren Blick auf die mittlere quadratische Verschiebung (10.203). Diese können wir durch Integration auswerten. Demonstrieren wir dies anhand der z-Komponente eines rein diffusen Prozesses mit

$$\delta z(t) = z(t) - \langle z(t)\rangle \,, \quad \langle z(t)\rangle = \text{const} \,, \quad \frac{dz(t)}{dt} = v_z(t) \,, \tag{10.210}$$

in der Form

$$z(t) = \underbrace{z(t_0 = 0)}_{z_0} + \int_0^t dt' \, v_z(t') = z_0 + \delta z(t) \,. \tag{10.211}$$

Offensichtlich gilt $\langle \delta z(t)\rangle = 0$ und

$$\langle [\delta z(t)]^2\rangle = \int_0^t dt_1 \int_0^t dt_2 \, \underbrace{\langle v_z(t_1) v_z(t_2)\rangle}_{R_{zz}(t_1,t_2)} \,. \tag{10.212}$$

Für zeitlich homogene Situationen hängt die Geschwindigkeitskorrelationsfunktion R_{zz} nur von der Zeitdifferenz ab, also:

$$\langle v_z(t_1) v_z(t_2)\rangle \equiv R_{zz}(t_1, t_2) = R_{zz}(t_2 - t_1) \,. \tag{10.213}$$

In diesem Fall führt die Auswertung zu

$$\int_0^t dt_1 \int_0^t dt_2 \, R_{zz}(t_1, t_2) = 2 \int_0^t ds \int_0^s dt_2 \, R_{zz}(t_2 - s) = 2 \int_0^t ds \int_{-s}^0 d\tau \, R_{zz}(\tau)$$

$$= 2 \int_0^t ds \int_0^s d\tau \, R_{zz}(\tau) = 2 \left[t \int_0^t d\tau \, R_{zz}(\tau) - \int_0^t ds \, s \, R_{zz}(s) \right]$$

$$= 2 \int_0^t ds \, (t - s) \, R_{zz}(s) \,, \quad t > 0 \,. \tag{10.214}$$

In Kombination mit (10.207) und durch Differentiation nach t erhalten wir

$$\chi_{zz}(t) = \int_0^t ds\, R_{zz}(s)\,, \quad \chi_{zz} \equiv \chi_{zz}(t \to \infty) = \int_0^\infty ds\, R_{zz}(s)\,, \qquad (10.215)$$

das heißt, die berühmte Green-Kubo-Formel, die den Diffusionskoeffizienten als Zeitintegral der Geschwindigkeitsautokorrelationsfunktion ausdrückt.

Natürlich kann das vorliegende Ergebnis auf andere Diffusionskoeffizienten verallgemeinert werden, z. B.

$$\chi_\perp = \int_0^\infty ds\, R_{xx}(s)\,, \quad R_{xx}(t_1, t_2) \equiv R_{xx}(t_2 - t_1) = \langle v_x(t_1) v_x(t_2) \rangle\,. \qquad (10.216)$$

Offensichtlich stellen die Green-Kubo-Formeln einen direkten Zugang zum Diffusionskoeffizienten χ_{zz} dar. Wir werden sie verwenden, um den parallelen Diffusionskoeffizienten störungstheoretisch zu bestimmen.

Eine sehr einfache Form der Geschwindigkeitsautokorrelationsfunktion kann aus den Langevin-Gleichungen für die Bewegung von Teilchen in einem externen Magnetfeld $B_0 \hat{z}$ im Falle von Kollisionen mit einer Stoßfrequenz ν und ohne magnetische Fluktuationen abgeleitet werden.

Die entsprechende Geschwindigkeit in nullter Ordnung wird mit $\mathbf{v} \equiv \eta$ bezeichnet. Die Langevin-Gleichungen lauten

$$\boxed{\frac{d\mathbf{r}}{dt} = \eta\,,} \qquad (10.217)$$

$$\boxed{\frac{d\eta_\perp}{dt} = \Omega \eta_\perp \times \hat{z} - \nu \eta_\perp + \mathbf{a}_\perp(t)\,,} \qquad (10.218)$$

$$\boxed{\frac{d\eta_\parallel}{dt} = -\nu \eta_\parallel + a_z(t)\,.} \qquad (10.219)$$

Beispiel 10.14 (Lösung für die Geschwindigkeitsautokorrelationsfunktion)
Wir lösen für die Geschwindigkeit in Abhängigkeit von dem Anfangswert η_0,

$$\eta(t) = G(t) \cdot \eta_0 + \int_0^t d\theta\, G(\theta) \cdot \mathbf{a}(t - \theta)\,, \qquad (10.220)$$

wobei

$$G(t) \equiv \begin{pmatrix} \exp(-\nu t)\cos(\Omega t) & \exp(-\nu t)\sin(\Omega t) & 0 \\ -\exp(-\nu t)\sin(\Omega t) & \exp(-\nu t)\cos(\Omega t) & 0 \\ 0 & 0 & \exp(-\nu t) \end{pmatrix}. \tag{10.221}$$

Wie bereits eingeführt, ist $\Omega = \frac{qB_0}{m}$ die Gyrofrequenz. Die stochastische Kraft $\mathbf{a}(t)$ wird als ein stationärer, deltakorrelierter gaußscher Prozess (weißes Rauschen) angenommen, sodass

$$\boxed{\langle a_i(t)\rangle = 0\,, \quad \langle a_i(t_0)a_j(t_o + t)\rangle = A\delta_{ij}\delta(t)\,, \quad i,j = x,y,z}\,. \tag{10.222}$$

Wegen der zufälligen stoßbedingten Kraft wird die Geschwindigkeit η ebenfalls zu einer Zufallsgröße. Wir werden sie in ihre senkrechte Komponente $\eta_\perp$ und ihre parallele Komponente $\eta_\parallel$ aufteilen. Wir definieren

$$\boxed{R_{ij}^{(0)} \equiv \langle \eta_i(t_1)\eta_j(t_2)\rangle} \tag{10.223}$$

als Geschwindigkeitsautokorrelationsfunktion nullter Ordnung zwischen den Komponenten i und j. Für eine feste Anfangsgeschwindigkeit η_0 mitteln wir über die stochastische Kraft, um zu erhalten

$$\langle \eta(t)\rangle = G(t) \cdot \eta_0\,, \tag{10.224}$$

und damit für $t_1 > t_2$

$$R_{xx}^{(0)} = \exp\left(-\nu(t_1 + t_2)\right)\left[\cos(\Omega t_1)\cos(\Omega t_2)v_{0x}^2 + \sin(\Omega t_1)\sin(\Omega t_2)v_{0y}^2\right]$$
$$+ \frac{A}{2\nu}\exp\left(-\nu(t_1 - t_2)\right)\left[1 - \exp\left(-2\nu t_2\right)\right]\cos(\Omega(t_1 - t_2))\,. \tag{10.225}$$

Als Nächstes mitteln wir über die Anfangsgeschwindigkeit η_0 mit der Wahrscheinlichkeitsverteilung

$$\varphi(\eta_0) = \frac{1}{\pi^{\frac{3}{2}} v_{th}^3}\exp\left(-\frac{\eta_0^2}{v_{th}^2}\right)\,, \tag{10.226}$$

mit dem Ergebnis

$$\overline{R_{xx}^{(0)}} = \frac{1}{2}\left[\frac{A}{\nu}\exp\left(-\nu|t_1 - t_2|\right) + \left(v_{th}^2 - \frac{A}{\nu}\right)\exp\left(-\nu(t_1 + t_2)\right)\right]$$
$$\times \cos(\Omega(t_1 - t_2))\,. \tag{10.227}$$

Da für stationäre Fluktuationen die Abhängigkeit von $t_1 + t_2$ unphysikalisch ist, setzen wir $A \equiv \nu v_{th}^2$ und erhalten

$$\boxed{\overline{R_{xx}^{(0)}} = \frac{1}{2}v_{th}^2\exp\left(-\nu|\tau|\right)\cos(\Omega\tau)\,, \quad \overline{R_{yy}^{(0)}} = \frac{1}{2}v_{th}^2\exp\left(-\nu|\tau|\right)\cos(\Omega\tau)\,,} \tag{10.228}$$

$$\overline{R_{xy}^{(0)}} = \frac{1}{2} v_{th}^2 \exp\left(-\nu\,|\tau|\right)\sin(\Omega\tau)\;,\quad \overline{R_{yx}^{(0)}} = -\frac{1}{2} v_{th}^2 \exp\left(-\nu\,|\tau|\right)\sin(\Omega\tau)\;, \tag{10.229}$$

$$\overline{R_{zz}^{(0)}} = \frac{1}{2} v_{th}^2 \exp\left(-\nu\,|\tau|\right)\;, \tag{10.230}$$

mit $\tau = t_1 - t_2$. ∎

Benutzen wir $R_{xx} = \overline{R_{xx}^{(0)}}$ in der Green-Kubo-Formel (10.216), so folgt

$$\chi_\perp(t) = \frac{v_{th}^2}{2}\,\frac{\nu + [\Omega\sin(\Omega t) - \nu\cos(\Omega t)]\exp(-\nu t)}{\nu^2 + \Omega^2}\;, \tag{10.231}$$

mit dem asymptotischen Wert

$$\chi_\perp = \frac{v_{th}^2}{2}\,\frac{\nu}{\nu^2 + \Omega^2}\;. \tag{10.232}$$

Eine ähnliche Rechnung, mit $R_{zz} = \overline{R_{zz}^{(0)}}$ in der Green-Kubo-Formel (10.215), führt zu

$$\chi_\parallel(t) \equiv \chi_{zz}(t) = \frac{v_{th}^2}{2}\,\frac{1 - \exp(-\nu t)}{\nu}\;, \tag{10.233}$$

mit dem asymptotischen Wert

$$\chi_\parallel \equiv \chi_{zz} = \frac{v_{th}^2}{2\nu}\;. \tag{10.234}$$

Korrelationsfunktionen für Magnetfeldfluktuationen

Im vorliegenden Unterabschnitt untersuchen wir mögliche Formen der magnetischen Fluktuationsautokorrelationsfunktionen. Im Gegensatz zu dem bisher betrachteten konstanten Magnetfeld nehmen wir an, dass das Magnetfeld eine fluktuierende Komponente **b** hat.

Wir führen ein

$$\mathbf{B} = B_0(b_0\hat{e}_z + \mathbf{b})\;, \tag{10.235}$$

wobei $B_0 = const$ aus Dimensionsgründen herausgezogen ist und $b_0 \equiv 1$ das konstante externe Magnetfeld darstellt. Die Herausforderung besteht darin, magnetische Autokorrelationsfunktionen zu formulieren, die nicht im Widerspruch zu der Einschränkung

$$\nabla\cdot\mathbf{B} = B_0\nabla\cdot\mathbf{b} = 0 \tag{10.236}$$

stehen, die durch die Maxwell-Gleichungen auferlegt wird. Wir führen die transversalen und longitudinalen Korrelationslängen $\lambda_\perp$ und $\lambda_\parallel$ ein. Die Raumkoordinaten normieren wir mit diesen Längen,

$$\frac{x}{\lambda_\perp} \to x \,, \quad \frac{y}{\lambda_\perp} \to y \,, \quad \frac{z}{\lambda_\parallel} \to z \,. \tag{10.237}$$

Im Folgenden sind x, y, z die dimensionslosen Werte, wobei x, y zu $\mathbf{x}_\perp$ kombiniert werden. Außerdem führen wir das Vektorpotential entsprechend ein,

$$\mathbf{A} = \mathbf{A}_0 + \delta\mathbf{A} \,, \tag{10.238}$$

mit

$$\boxed{\delta\mathbf{A} = \lambda_\perp B_0 \psi(x, y, z)\, \hat{e}_z \,, \quad \langle \psi \rangle = 0} \,. \tag{10.239}$$

Wegen $\mathbf{B} = \nabla \times \mathbf{A}$ findet man sofort

$$b_x = \frac{\partial \psi}{\partial y} \,, \quad b_y = -\frac{\partial \psi}{\partial x} \,. \tag{10.240}$$

Beachte, dass wir in der vorliegenden Formulierung $b_z = 0$ verwenden, da $b_z \ll b_0$ gilt. Durch die Vorgabe der Statistik des Vektorpotentials vermeiden wir Probleme mit der Divergenzfreiheit des Magnetfelds.

Die folgende Notation wird für die Korrelationsfunktion im realen Raum genutzt,

$$\boxed{\langle \psi(\mathbf{x}_{\perp 0}, z_0)\, \psi(\mathbf{x}_{\perp 0} + \mathbf{x}_\perp, z_0 + z) \rangle = \beta^2 C_\perp(\mathbf{x}_\perp)\, C_\parallel(z)} \,. \tag{10.241}$$

Nach Fourier-Transformation

$$\psi(\mathbf{x}_\perp, z) = \int d^2 k_\perp \int dk_\parallel e^{i\mathbf{k}_\perp \cdot \mathbf{x}_\perp + i k_\parallel z}\, \hat{\psi}(\mathbf{k}_\perp, k_\parallel) \tag{10.242}$$

ergibt sich als Korrelationsfunktion im Fourier-Raum

$$\langle \hat{\psi}(\mathbf{k}_\perp, k_\parallel)\, \hat{\psi}(\mathbf{k}'_\perp, k'_\parallel) \rangle = \beta^2 \hat{C}_\perp(\mathbf{k}_\perp)\, \hat{C}_\parallel(k_\parallel)\, \delta(\mathbf{k}_\perp + \mathbf{k}'_\perp) \delta(k_\parallel + k'_\parallel) \,. \tag{10.243}$$

Ohne weitere Informationen über das Fluktuationsfeld macht man meist den Ansatz

$$C_\perp(\mathbf{x}_\perp) = e^{-\frac{1}{2}(x^2+y^2)} \,, \quad C_\parallel(z) = e^{-\frac{1}{2}z^2} \,, \tag{10.244}$$

der zu

$$\hat{C}_\perp(\mathbf{k}_\perp) = \frac{1}{2\pi} e^{-\frac{1}{2}k_\perp^2} \,, \quad \hat{C}_\parallel(k_\parallel) = \frac{1}{\sqrt{2\pi}} e^{-\frac{1}{2}k_\parallel^2} \tag{10.245}$$

führt. Im nächsten Schritt berechnen wir

$$\boxed{\langle b_i(\mathbf{0}, 0)\, b_j(\mathbf{x}_\perp, z) \equiv \beta^2 E_{\perp ij}(\mathbf{x}_\perp)\, C_\parallel(z) \equiv E_{ij}(\mathbf{r}) \,, \quad i, j = x, y} \,. \tag{10.246}$$

Offensichtlich gilt dann unter den obigen Annahmen

$$E_{\perp xx}(\mathbf{x}_\perp) = -\frac{\partial^2}{\partial y^2}C_\perp(\mathbf{x}_\perp)\,,\quad E_{\perp yy}(\mathbf{x}_\perp) = -\frac{\partial^2}{\partial x^2}C_\perp(\mathbf{x}_\perp)\,,$$

$$E_{\perp xy}(\mathbf{x}_\perp) = E_{\perp yx}(\mathbf{x}_\perp) = \frac{\partial^2}{\partial x\partial y}C_\perp(\mathbf{x}_\perp)\,. \tag{10.247}$$

Der Ansatz (10.244) führt dann sofort zu

$$E_{\perp xx}(\mathbf{x}_\perp) = (1-y^2)e^{-\frac{1}{2}(x^2+y^2)}\,,\quad E_{\perp yy}(\mathbf{x}_\perp) = (1-x^2)e^{-\frac{1}{2}(x^2+y^2)}\,,$$

$$E_{\perp xy}(\mathbf{x}_\perp) = E_{\perp yx}(\mathbf{x}_\perp) = xy\,e^{-\frac{1}{2}(x^2+y^2)}\,. \tag{10.248}$$

Zurück zu dimensionsbehafteten Größen, schreiben wir

$$\boxed{\begin{aligned}
E_{ij}(\mathbf{r}) &\equiv \langle b_i(\mathbf{r})b_j(0)\rangle\\[1mm]
&=\beta^2\begin{pmatrix} 1-\frac{y^2}{\lambda_\perp^2} & \frac{xy}{\lambda_\perp^2}\\[2mm] \frac{xy}{\lambda_\perp^2} & 1-\frac{x^2}{\lambda_\perp^2}\end{pmatrix}\exp\left(-\frac{x^2+y^2}{2\lambda_\perp^2}-\frac{z^2}{2\lambda_\parallel^2}\right)\,,\quad i,j=1,2\,,
\end{aligned}} \tag{10.249}$$

wobei β die Stärke, $\lambda_\perp$ die transversale und $\lambda_\parallel$ die longitudinale Korrelationslänge bezeichnet.

> Diese Form der Autokorrelationsmatrix ist mit der Maxwell-Gleichung $\nabla \cdot \mathbf{B} = 0$ verträglich.

Man sollte bedenken, dass der Korrelationstensor einen Ensemblemittelwert darstellt. Für homogene statistische Systeme können wir das Mittel beispielsweise als Raummittelwert durchführen,

$$\langle\dots\rangle = \frac{1}{V}\int d^3x_0\,\dots\,. \tag{10.250}$$

Nach Fourier-Transformation von (10.249),

$$E_{ij}(\mathbf{k}) = \frac{1}{(2\pi)^3}\int E_{ij}(\mathbf{r})\exp(-i\mathbf{k}\cdot\mathbf{r})d^3r\,, \tag{10.251}$$

mit der entsprechenden Inversen (in asymmetrischer Form)

$$E_{ij}(\mathbf{r}) = \int d^3k\,E_{ij}(\mathbf{k})\exp(i\mathbf{k}\cdot\mathbf{r})\,, \tag{10.252}$$

erhält man direkt das Resultat

$$E_{ij}(\mathbf{k}) = (k_\perp^2\delta_{ij} - k_ik_j)A(\mathbf{k})\,, \tag{10.253}$$

$$A(\mathbf{k}) = \frac{\beta^2}{(2\pi)^{3/2}}\lambda_\parallel\lambda_\perp^4\exp\left(-\frac{1}{2}\lambda_\parallel^2k_\parallel^2 - \frac{1}{2}\lambda_\perp^2k_\perp^2\right)\,. \tag{10.254}$$

Die Lagrange-Form der Korrelationsfunktion für Magnetfeldlinien ist

$$\boxed{L_{mn}(\zeta) = \langle b_m(\mathbf{x}_\perp(\zeta), \zeta) b_n(\mathbf{x}_\perp(0), 0)\rangle , \quad m, n = x, y}, \tag{10.255}$$

wobei $\mathbf{x}_\perp(\zeta)$ die transversale Position der Magnetfeldlinie bezeichnet, die bei $\mathbf{x}_\perp(0)$ für $\zeta = 0$ startet.

Balescu und Mitarbeiter [192] führten die Corrsin-Näherung ein, indem sie (10.255) wie folgt umschrieben:

$$L_{mn}(\zeta) = \int d\rho_x d\rho_y \langle b_m(\rho_\perp, \zeta) b_n(\mathbf{x}_\perp(0), 0) \delta(\rho_\perp - \mathbf{x}_\perp(\zeta))\rangle , \quad m, n = x, y . \tag{10.256}$$

Anschließend wird der exakte Propagator $\delta(\rho_\perp - \mathbf{x}_\perp(\zeta))$ durch seinen Ensemblemittelwert ersetzt,

$$L_{mn}(\zeta) \approx \int dr_x dr_y \langle b_m(\mathbf{r}_\perp, \zeta) b_n(\mathbf{0}, 0)\rangle \langle \delta(\mathbf{r}_\perp - \delta\mathbf{x}_\perp(\zeta))\rangle , \quad m, n = x, y , \tag{10.257}$$

wobei $\mathbf{r}_\perp = \rho_\perp - \mathbf{x}_\perp(0)$ und $\delta\mathbf{x}_\perp(\zeta) = \mathbf{x}_\perp(\zeta) - \mathbf{x}_\perp(0)$ ist. Somit erscheint auf der rechten Seite der eulersche Korrelator der Magnetfeldfluktuationen. Zusammen mit dem gemittelten Propagator

$$\gamma(\mathbf{r}_\perp, \zeta) \equiv \langle \delta(\mathbf{r}_\perp - \delta\mathbf{x}_\perp(\zeta))\rangle , \quad m, n = x, y , \tag{10.258}$$

erscheint die Lagrange-Korrelation in der Form

$$L_{mn}(\zeta) \approx \int dr_x dr_y E_{mn}(\mathbf{r}_\perp, \zeta) \gamma(\mathbf{r}_\perp, \zeta) , \quad m, n = x, y . \tag{10.259}$$

Homogenität und Gyrotropie (d. h. Isotropie in Bezug auf die $\mathbf{B}_0$-Achse) implizieren die Eigenschaften [192]

$$\gamma(\mathbf{r}_\perp, \zeta) = \gamma(r_\perp, \zeta) , \quad \boxed{L_{mn} = L\delta_{mn}} , \quad m, n = x, y . \tag{10.260}$$

Zur Berechnung des gemittelten Propagators γ gehen wir zur Fourier-Repräsentation über,

$$\gamma(\mathbf{r}_\perp, \zeta) = \int dk_x dk_y e^{i\mathbf{k}_\perp \cdot \mathbf{r}_\perp} \left\langle e^{-i\mathbf{k}_\perp \cdot \delta\mathbf{x}_\perp(\zeta)}\right\rangle , \tag{10.261}$$

und machen eine Kumulantenentwicklung

$$\boxed{\left\langle e^{-i\mathbf{k}_\perp \cdot \delta\mathbf{x}_\perp(\zeta)}\right\rangle \approx e^{-\frac{1}{2}\sum_{r,s} k_r k_s \Gamma_{rs}(\zeta)}} \tag{10.262}$$

mit

$$\Gamma_{rs}(\zeta) = \langle \delta x_r(\zeta) \delta x_s(\zeta)\rangle , \quad r, s = x, y . \tag{10.263}$$

Beispiel 10.15 (Form der Korrelationsfunktion L_{mn})

Zum Beweis von $L_{mn} = L\delta_{mn}$ erinnern wir an die Green-Kubo-Formel

$$\Gamma_{mn} = \int_0^\zeta d\zeta_1 \int_0^\zeta d\zeta_2 \underbrace{L_{mn}(\zeta_1, \zeta_2)}_{L_{mn}(\zeta_2 - \zeta_1)} = 2 \int_0^\zeta d\zeta'(\zeta - \zeta') L_{mn}(\zeta') \,. \tag{10.264}$$

Offensichtlich erfüllt Γ_{mn} die Differentialgleichung

$$\frac{d^2 \Gamma_{mn}}{d\zeta^2} = 2L_{mn} \,. \tag{10.265}$$

Indem wir auf der rechten Seite (10.259) einsetzen, kommen wir zu

$$\frac{d^2 \Gamma_{mn}}{d\zeta^2} = 2 \int d^2 k_\perp \int dk_\parallel e^{ik_\parallel \zeta} E_{mn}(\mathbf{k}_\perp, k_\parallel) e^{-\frac{1}{2} \sum_{r,s} k_r k_s \Gamma_{rs}(\zeta)} \,. \tag{10.266}$$

Wir nehmen für die Euler-Korrelation eine Gauß-Form an und führen Abkürzungen ein:

$$\zeta = \lambda_\parallel \tau \,, \quad g_{mn} = \frac{\Gamma_{mn}(\lambda_\parallel \tau)}{\lambda_\perp^2} \,, \quad \alpha = \beta \frac{\lambda_\parallel}{\lambda_\perp} \,. \tag{10.267}$$

Dann ergibt sich

$$\frac{d^2 g_{mn}}{d\tau^2} = \frac{2\alpha^2 e^{-\tau^2/2}}{\{[1 + g_{xx}(\tau)][1 + g_{yy}(\tau)] - g_{xy}^2(\tau)\}^{3/2}} [\delta_{mn} + g_{mn}(\tau)] \,. \tag{10.268}$$

Die folgenden Anfangswerte folgen aus (10.263),

$$g_{mn}(0) = 0 \,, \quad \left. \frac{dg_{mn}}{d\tau} \right|_{\tau=0} = 0 \,. \tag{10.269}$$

Für $m \neq n$ hat die homogene Differentialgleichung die Form

$$y'' = f(\tau) y \,, \tag{10.270}$$

sodass einmal direkt integriert werden kann,

$$y' = \sqrt{f(\tau)} y \,. \tag{10.271}$$

Wenn anfangs $y = 0$, verschwindet die Variable zu allen Zeiten. Daher schlussfolgern wir

$$g_{mn}(\tau) = 0 \quad \text{für } m \neq n \,. \tag{10.272}$$

Andererseits führen wir für die Diagonalelemente $g(\tau) \equiv g_{xx} - g_{yy}$ ein, um für g erneut eine Differentialgleichung der Form (10.270) zu erhalten. Dieselben Argumente wie oben führen zu $g_{xx} = g_{yy}$ und somit schließlich zu (10.260).   ■

Unter Verwendung dieser Eigenschaften können wir (10.261) vereinfachen, mit dem Ergebnis

$$\gamma(r_\perp, \zeta) = \frac{1}{4\pi \int_0^\zeta d\zeta'(\zeta - \zeta')L(\zeta')} \exp\left\{-\frac{r_\perp^2}{4\int_0^\zeta d\zeta'(\zeta - \zeta')L(\zeta')}\right\} . \tag{10.273}$$

Das kann in (10.259) zusammen mit einem gaußförmigen Euler-Korrelator eingesetzt werden. Letztendlich erhält man für L die Integralgleichung

$$L(\zeta) = \beta^2 \frac{\lambda_\perp^4 e^{-\zeta^2/2\lambda_\parallel^2}}{\left[\lambda_\perp^2 + 2\int_0^\zeta d\zeta'(\zeta - \zeta')L(\zeta')\right]^2} . \tag{10.274}$$

Für $\lambda_\perp \to \infty$ stimmt die genäherte Lagrange-Korrelation

$$L(\zeta) = \beta^2 e^{-\zeta^2/2\lambda_\parallel^2} \tag{10.275}$$

mit der eulerschen Form überein.

Beispiel 10.16 (Korrelation der Ableitungen)
Im Zusammenhang mit der Divergenz von Magnetfeldlinien werden die Ableitungen der magnetischen Fluktuationen interessant. Für die Ableitungen der magnetischen Feldfluktuationen führen wir ein

$$\boxed{b_{m,\alpha} \equiv \frac{d}{dx_\alpha} b_m} , \quad \alpha = 1, 2 \hat{=} x, y , \quad \mathbf{r} = \begin{pmatrix} x_1 \\ x_2 \\ \zeta \end{pmatrix} \equiv \begin{pmatrix} x \\ y \\ \zeta \end{pmatrix} \equiv \begin{pmatrix} \mathbf{x}_\perp \\ \zeta \end{pmatrix} . \tag{10.276}$$

Der Euler-Korrelator für die Ableitungen wird aus dem für die Felder

$$E_{mn} = \langle b_m(\mathbf{r}) b_n(\mathbf{0}) \rangle \tag{10.277}$$

berechnet, indem wir zur Fourier-Transformation übergehen:

$$E_{mn}^{\alpha\beta} = \int d^3k e^{i\mathbf{k}\cdot\mathbf{r}} k_\alpha k_\beta E_{mn}(\mathbf{k}) . \tag{10.278}$$

Im Integranden verwenden wir (10.254) und (10.253). Wir erkennen sofort die Symmetrien

$$E_{mn}^{\alpha\beta} = E_{mn}^{\beta\alpha} = E_{nm}^{\alpha\beta} = E_{nm}^{\beta\alpha} . \tag{10.279}$$

Fünf unabhängige Komponenten bleiben übrig, nämlich

$$E_{xx}^{xx} = E_{yy}^{yy} = -E_{xy}^{xy} = \frac{\beta^2}{\lambda_\perp^2}\left(1 - \frac{x^2}{\lambda_\perp^2}\right)\left(1 - \frac{y^2}{\lambda_\perp^2}\right)\mathcal{E}\,, \tag{10.280}$$

$$E_{xx}^{yy} = \frac{\beta^2}{\lambda_\perp^2}\left(3 - 6\frac{y^2}{\lambda_\perp^2} + \frac{y^4}{\lambda_\perp^4}\right)\mathcal{E}\,, \quad E_{yy}^{xx} = \frac{\beta^2}{\lambda_\perp^2}\left(3 - 6\frac{x^2}{\lambda_\perp^2} + \frac{x^4}{\lambda_\perp^4}\right)\mathcal{E}\,, \tag{10.281}$$

$$E_{yy}^{xy} = -E_{yx}^{xx} = -\frac{\beta^2 xy}{\lambda_\perp^4}\left(3 - \frac{x^2}{\lambda_\perp^2}\right)\mathcal{E}\,, \quad E_{xx}^{xy} = -E_{yx}^{yy} = -\frac{\beta^2 xy}{\lambda_\perp^4}\left(3 - \frac{y^2}{\lambda_\perp^2}\right)\mathcal{E}\,, \tag{10.282}$$

wobei

$$\mathcal{E} \equiv \exp\left(-\frac{x^2 + y^2}{2\lambda_\perp^2} - \frac{\zeta^2}{2\lambda_\parallel^2}\right)\,. \tag{10.283}$$

Den Lagrange-Korrelator

$$\boxed{E_{mn}^{\alpha\beta} = \langle b_{m,\alpha}(\mathbf{x}_\perp(\zeta),\zeta)b_{n,\beta}(\mathbf{0},0)\rangle} \tag{10.284}$$

kann man ähnlich berechnen wie wir schon den Lagrange-Korrelator für die magnetischen Feldfluktuationen bestimmt haben. Mit dem gemittelten Propagator folgt

$$L_{mn}^{\alpha\beta}(\zeta) \approx \int dr_x dr_y\, E_{mn}^{\alpha\beta}(\mathbf{r}_\perp,\zeta)\gamma(\mathbf{r}_\perp,\zeta)\,, \quad m,n = x,y\,. \tag{10.285}$$

Alle nichtverschwindenden Komponenten können aus einer Funktion $K(\zeta)$ gebildet werden:

$$L_{xx}^{xx}(\zeta) = L_{yy}^{yy}(\zeta) = -L_{xy}^{xy}(\zeta) = -L_{xy}^{yx}(\zeta) \equiv K(\zeta)\,, \tag{10.286}$$

$$L_{xx}^{yy}(\zeta) = L_{yy}^{xx}(\zeta) = 3K(\zeta)\,, \quad L_{xx}^{xy}(\zeta) = L_{xy}^{xy}(\zeta) = L_{yy}^{xy}(\zeta) = L_{yx}^{xx}(\zeta) = 0\,. \tag{10.287}$$

Daher müssen wir explizit nur ein Element berechnen. Wählen wir $L_{xx}^{xx}(\zeta)$, das nach der Integration über die Winkel lautet

$$K(\zeta) = \beta^2\frac{2\pi}{\lambda_\perp^2}\frac{e^{-\zeta^2/2\lambda_\parallel^2}}{4\int_0^\zeta d\zeta'(\zeta - \zeta')L(\zeta')}\int dr_\perp r_\perp\left[1 - \frac{r_\perp^2}{\lambda_\perp^2} + \frac{r_\perp^4}{8\lambda_\perp^4}\right]$$
$$e^{-\frac{r_\perp^2}{4\int_0^\zeta d\zeta'(\zeta-\zeta')L(\zeta')}}\,e^{-\frac{r_\perp^2}{2\lambda_\perp^2}}\,. \tag{10.288}$$

Hier ist L der Lagrange-Korrelator für Magnetfeldlinien. Wir führen die $r_\perp$-Integration durch, mit dem Ergebnis

$$\boxed{K(\zeta) = \beta^2 e^{-\zeta^2/2\lambda_\parallel^2}\frac{\lambda_\perp^4}{\left[\lambda_\perp^2 + 2\int_0^\zeta d\zeta'(\zeta - \zeta')L(\zeta')\right]^3}}\,. \tag{10.289}$$

∎

Als Anwendung berechnen wir die Diffusion, die mit der örtlichen Variation von Magnetfeldlinien verbunden ist. Die Gleichung für eine Magnetfeldlinie (10.299) kann geschrieben werden als

$$\frac{dx}{dz} = b_x \ .$$
(10.290)

Diese Gleichung muss durch die statistischen Eigenschaften der magnetischen Fluktuationen ergänzt werden. Es handelt sich um eine Gleichung vom Langevin-Typ. Die Lösung für die mittlere quadratische Verschiebung folgt den Überlegungen zur Green-Kubo-Formel und ergibt

$$\langle \delta x^2(z) \rangle = \int_0^z dz' \int_0^z dz'' \langle b_x(z') b_x(z'') \rangle = 2 \int_0^z dz'(z - z') E_{xx}(z') \ .$$
(10.291)

In der quasilinearen Grenze $\lambda_\perp \to \infty$ benutzen wir

$$E_{xx} = E_{xx}(z) = \beta^2 \exp\left(-\frac{z^2}{2\lambda_\parallel^2}\right) \ ,$$
(10.292)

um letztlich zu erhalten

$$\langle \delta x^2(z) \rangle = 2\lambda_\parallel^2 \beta^2 \left\{ \sqrt{\frac{\pi}{2}} \frac{z}{\lambda_\parallel} \mathrm{erf}\left(\frac{z}{\sqrt{2}\lambda_\parallel}\right) + \left[\exp\left(-\frac{z^2}{2\lambda_\parallel^2}\right) - 1 \right] \right\} \ .$$
(10.293)

Für große z gilt

$$\langle \delta x^2(z) \rangle \sim 2\sqrt{\frac{\pi}{2}} \lambda_\parallel \beta^2 z \ ,$$
(10.294)

was zu folgendem magnetischen Diffusionskoeffizienten führt:

$$\boxed{D = \sqrt{\frac{\pi}{2}} \beta^2 \lambda_\parallel} \ .$$
(10.295)

Der Faktor $\sqrt{\frac{\pi}{2}}$ stammt aus der angenommenen exponentiellen Form der eulerschen Korrelationsfunktion. Daher wird bei einer weniger spezifischen Form des Korrelators die Form des magnetischen Diffusionskoeffizienten wie folgt angenommen:

$$D_{m(agnetic)} = \beta^2 \lambda_\parallel \ .$$
(10.296)

Divergenz von Magnetfeldlinien

Die Kolmogorov-Länge charakterisiert die exponentielle Divergenz benachbarter Magnetfeldlinien. Standardwerke über nichtlineare dynamische Systeme, siehe z. B. [32], geben einen Überblick über Ausdrücke für L_K.

Beispiel 10.17 (Die Standardabbildung für stochastische Magnetfelder)
Wir benutzen einen einfachen Ansatz für eine Abbildung, der es ermöglicht, einige analytische Abschätzungen durchzuführen. Auswertungen werden wir im vollständig stochastischen Bereich vornehmen. Die Magnetfeldkonfiguration hat kleine Abweichungen in der transversalen Richtung im Vergleich zu einem leitenden Feld nullter Ordnung,

$$\mathbf{B} = \mathbf{B}_0 + \delta\mathbf{B}_\perp \,, \quad B_0 \gg |\delta\mathbf{B}_\perp| \,. \tag{10.297}$$

Wie zuvor ist $\mathbf{B}_0$ ein konstantes Magnetfeld in z-Richtung, und $\delta\mathbf{B}_\perp$ ist das transversale Störfeld mit Komponenten in x- und y-Richtung. Die relativen Komponenten werden über $\mathbf{b}_\perp = \delta\mathbf{B}_\perp/B_0$ als b_x und b_y definiert.

Wenn wir einen Schritt entlang einer Magnetfeldlinie fortschreiten, sind die Komponenten dx, dy und dz des infinitesimalen Pfades näherungsweise durch folgende Beziehung verknüpft:

$$\boxed{\frac{dy}{\delta B_{\perp y}} \approx \frac{dz}{B_0} \approx \frac{dx}{\delta B_{\perp x}}} \,. \tag{10.298}$$

Wir können einen Parameter t einführen (der später mit der Zeit für die Teilchenbewegung identifiziert wird), zum Beispiel in der einfachen Form

$$\frac{dx}{dt} = b_x \frac{dz}{dt} \,, \tag{10.299}$$

$$\frac{dy}{dt} = b_y \frac{dz}{dt} \,, \tag{10.300}$$

$$\frac{dz}{dt} = \eta_\parallel \equiv const \,. \tag{10.301}$$

Diese Gleichungen zeigen bereits einige formale Ähnlichkeiten mit den Langevin-Gleichungen. An dieser Stelle ist jedoch noch keine stochastische Quelle eingeführt. Für tokamakähnliche Konfigurationen wurden mehrere einfache Formen des Störfelds diskutiert [229–232]. Ausgangspunkt ist die Fourier-Zerlegung der x-Komponente,

$$b_x = \sum_{m,n} b_{mn}(x)e^{i(2\pi my - 2\pi nz)} + c.c., \tag{10.302}$$

Wir können x mit einer normierten radialen Koordinate, y mit der normierten poloidalen und z mit der normierten toroidalen (Winkel-)Koordinate identifizieren. Die radiale Koordinate wird in der Scherlänge L_s gemessen, während y und z nach einer poloidalen bzw. toroidalen Umdrehung jeweils um 1 verändert werden. Es wird angenommen, dass die y-Komponente für die Scherung verantwortlich ist,

$$\delta B_{\perp y} = B_0 \frac{x}{L_s} \quad \rightarrow \quad b_y = x \,. \tag{10.303}$$

Im nächsten Schritt vereinfachen wir zu

$$m = 1, \qquad b_{1n} = \varepsilon \frac{e^{i2\pi\varphi_{10}}}{2i} \equiv \frac{\varepsilon}{2i} \,, \qquad b_{mn} = 0 \ \text{für}\ m \neq 1 \,, \tag{10.304}$$

mit konstanter Phase $\varphi_{10} \equiv 0$ (siehe unten). ε bestimmt die Stärke der Störung. Mit

$$\sum_n b_{1n} e^{i(2\pi y - 2\pi nz)} + c.c. = \varepsilon \sum_{n \in N} \sin(2\pi y - 2\pi nz) \tag{10.305}$$

und $\sin(2\pi y - 2\pi nz) = \sin(2\pi y)\cos(2\pi nz) - \cos(2\pi y)\sin(2\pi nz)$ bekommen wir

$$b_x = \varepsilon \sin(2\pi y) \left[1 + 2 \sum_{n \in N^+} \cos(2\pi nz) \right] . \tag{10.306}$$

Berücksichtigen wir die Identität (Poisson-Summenformel)

$$\sum_{n \in Z} \cos(2\pi nz) = \sum_{k \in Z} \delta(z - k) \,, \tag{10.307}$$

so ergibt sich

$$b_x = \varepsilon \sin(2\pi y) \sum_{k \in Z} \delta(z - k) \,. \tag{10.308}$$

Physikalisch bewirkt die Dirac-Deltafunktion δ „Stöße" jedes Mal, wenn sich z um $\Delta z \equiv 1$ ändert. Aufgrund von (10.299) und (10.300) führt ein „Stoß" zu Änderungen

$$\Delta x = \varepsilon \sin(2\pi y) \,, \quad \Delta y = x \,. \tag{10.309}$$

Mit anderen Worten können wir das Ergebnis in einem poloidalen Querschnitt (Poincaré-Schnitt) als die Änderungen der Penetrationspunkte der Magnetfeldlinien interpretieren, die bei jeder toroidalen Umdrehung auftreten. Die Gl. (10.309) sind äquivalent zur Standardabbildung, geschrieben für die $(t+1)$-te Iteration y_{t+1} und x_{t+1} in Bezug auf die t-te Iteration. Zur Vereinfachung können wir $2\pi x \to x$, $2\pi y \to y$ und $2\pi\varepsilon \to \varepsilon$ transformieren, um die Form aus [32] zu erhalten,

$$\boxed{x_{t+1} = x_t + \varepsilon \sin(y_t),} \tag{10.310}$$

$$\boxed{y_{t+1} = y_t + x_{t+1}.} \tag{10.311}$$

Abb. 10.15 zeigt einen Poincaré-Plot der Standardabbildung für $\varepsilon = 2{,}4$ in den Abb. (10.310) und (10.311). Wir haben 10 Anfangspunkte gewählt; die Anzahl der Iterationen betrug 1000. Man erkennt, dass für diesen relativ großen Kontrollparameter ε bereits ein recht großer stochastischer Bereich existiert. Eingebettet in das stochastische Meer befinden sich Inseln, darunter eine zentrale bei $(0, \pi)$ und vier bedeutende, die die zentrale Insel umgeben. Einige Flächen mit irrationalen Windungszahlen sind durch durchgezogene Linien gekennzeichnet.

Mehrere interessante Merkmale der Nichtlinearen Dynamik, die in der Standardabbildung verborgen sind, werden in der Literatur diskutiert; siehe z. B. [32, 233]. ∎

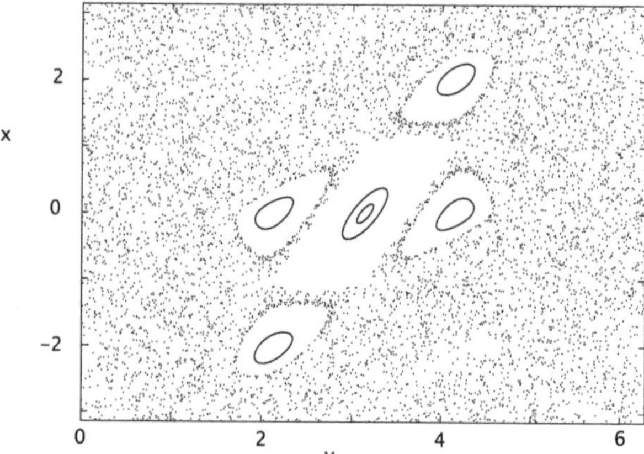

Abb. 10.15 Poincaré-Plot der Standardabbildung (10.310) und (10.311) für $\varepsilon = 2{,}4$

Im vorliegenden Zusammenhang sind die Divergenz der Feldlinien, der Lyapunov-Exponent und die Kolmogorov-Länge von Interesse. Die allgemeine Theorie dieser Werkzeuge findet sich in Standardwerken zur nichtlinearen Dynamik [234].

Beispiel 10.18 (Kolmogorov-Länge für die Standardabbildung)

Betrachtet man im Rahmen des Standardabbildungsmodells die Abweichungen zweier anfänglich benachbarter Feldlinien im stochastischen Gebiet, so ergibt sich eine Abweichungsformel

$$d\mathbf{I}_k = \begin{pmatrix} dx_k \\ dy_k \end{pmatrix}, \qquad d\mathbf{I}_{k+1} = J_k d\mathbf{I}_k, \qquad J_k = \begin{pmatrix} \frac{\partial x_{k+1}}{\partial x_k} & \frac{\partial x_{k+1}}{\partial y_k} \\ \\ \frac{\partial y_{k+1}}{\partial x_k} & \frac{\partial y_{k+1}}{\partial y_k} \end{pmatrix}, \tag{10.312}$$

die durch die Jacobi-Matrix J_k bestimmt ist. Für die Determinante gilt $\det J_k = 1$. Die Eigenwerte $\lambda_1^{(k)}$ und $\lambda_2^{(k)}$ der Jacobi-Matrix

$$\begin{vmatrix} \frac{\partial x_{k+1}}{\partial x_k} - \lambda_{1,2}^{(k)} & \frac{\partial x_{k+1}}{\partial y_k} \\ \\ \frac{\partial y_{k+1}}{\partial x_k} & \frac{\partial y_{k+1}}{\partial y_k} - \lambda_{1,2}^{(k)} \end{vmatrix} = 0 , \qquad \lambda^{(k)} = \max\left(\lambda_1^{(k)}, \lambda_2^{(k)} \right) , \tag{10.313}$$

bestimmen den Lyapunov-Exponenten. Wir können einen globalen Lyapunov-Exponenten für instabile Bahnen definieren,

$$\boxed{\lambda = \lim_{N \to \infty} \frac{1}{N} \ln \prod_{k=1}^{N} \lambda^{(k)} > 0} . \tag{10.314}$$

Aus Letzterem können wir eine lokale e-Faltungslänge (Kolmogorov-Länge) definieren:

$$L_K = \frac{1}{\lambda} \ . \tag{10.315}$$

Im Allgemeinen wird die Kolmogorov-Länge numerisch bestimmt, ausgehend vom Lyapunov-Exponenten λ. Verschiedene numerische Verfahren wurden vorgeschlagen [235–237]. Für die Standardabbildung ist die Chirikov-Methode [235] sehr effektiv. Dabei werden die Unterschiede zwischen den Feldlinien (x_t, y_t) bzw. (x'_t, y'_t) betrachtet, mit

$$\eta_t = x'_t - x_t \ , \quad \xi_t = y'_t - y_t \ . \tag{10.316}$$

Wir bestimmen die Unterschiede in jedem Schritt durch Iteration (siehe (10.310) und (10.311)). Für benachbarte Feldlinien verwenden wir

$$\lim_{y'_t \to y_t} \left(\frac{\sin(y'_t) - \sin(y_t)}{y'_t - y_t} \right) = \cos(y_t) \tag{10.317}$$

und erhalten

$$\eta_{t+1} \approx \eta_t + \varepsilon \xi_t \cos(y_t) \ , \tag{10.318}$$

$$\xi_{t+1} \approx \xi_t + \eta_{t+1} \ . \tag{10.319}$$

Der Abstand

$$\Delta r(t) = \sqrt{\eta_t^2 + \xi_t^2} \quad \text{mit Anfangswert } \Delta r(0) = \Delta r_0 \tag{10.320}$$

führt zum Lyapunov-Exponenten über

$$\lambda = \lim_{t \to \infty} \frac{1}{t} \ln \left(\frac{|\Delta r(t)|}{|\Delta r_0|} \right) \ . \tag{10.321}$$

Nach einer angemessenen Anzahl von Iterationen von (10.318) und (10.319) kann die exponentielle Divergenz geschrieben werden als

$$\langle [\Delta r(t)]^2 \rangle \sim [\Delta r(0)]^2 \exp \left\{ \frac{2t}{L_K} \right\} \ . \tag{10.322}$$

Allerdings sind die Gl. (10.318) und (10.319) nur für kleine Werte von η und ξ gültig. Daher wird während der Iteration von Zeit zu Zeit eine Reskalierung erforderlich. Als typischer Wert sind insgesamt 10^5 Iterationen in den meisten Fällen ausreichend für die Bestimmung des Lyapunov-Exponenten. Für relativ große Kontrollparameter ε hat Chirikov [235] den analytischen Grenzwert berechnet:

$$\boxed{L_K = \frac{1}{\ln\left(\frac{\varepsilon}{2}\right)}}\;. \tag{10.323}$$

∎

> Wir haben gerade die Kolmogorov-Länge (10.323) für die Standardabbildung im vollständig stochastischen Parameterregime ermittelt. Es handelt sich um ein stark vereinfachtes Modell. Im Folgenden vereinfachen wir nicht auf eine diskrete Abbildung, sondern wählen eine Kontinuumsbeschreibung für die Magnetfeldtrajektorien.

Wir bestimmen die Trennung von Magnetfeldlinien im quasilinearen Regime. Zwei verschiedene Feldlinien starten an unterschiedlichen Positionen. Die (longitudinale) Koordinate ζ wird als Parameter verwendet, um die (lateralen) Positionen $\mathbf{x}_{\perp 1}$ und $\mathbf{x}_{\perp 2}$ zu bestimmen. Die Komponenten Δx und Δy des Abstands $\Delta \mathbf{x}_\perp = \mathbf{x}_{\perp 2} - \mathbf{x}_{\perp 1}$ gehorchen den Gleichungen:

$$\frac{d\Delta x}{d\zeta} = b_x(\mathbf{x}_{\perp 2}(\zeta), \zeta) - b_x(\mathbf{x}_{\perp 1}(\zeta), \zeta)\,, \tag{10.324}$$

$$\frac{d\Delta y}{d\zeta} = b_y(\mathbf{x}_{\perp 2}(\zeta), \zeta) - b_y(\mathbf{x}_{\perp 1}(\zeta), \zeta)\,. \tag{10.325}$$

Nach Linearisierung folgt

$$\boxed{\frac{d\Delta x}{d\zeta} \approx b_{x,x}(\mathbf{x}_\perp(\zeta), \zeta)\Delta x + b_{x,y}(\mathbf{x}_\perp(\zeta), \zeta)\Delta y\,,} \tag{10.326}$$

$$\boxed{\frac{d\Delta y}{d\zeta} \approx b_{y,x}\,y(\mathbf{x}_\perp(\zeta), \zeta)\Delta x + b_{y,y}(\mathbf{x}_\perp(\zeta), \zeta)\Delta y\,.} \tag{10.327}$$

Die Ableitungen $b_{m,n}$ sind Funktionen der Koordinaten. Aufgrund der ζ-Abhängigkeit der Koeffizienten besitzen selbst die linearisierten Gleichungen für die Entfernung keine *einfachen* exponentiellen Lösungen. Wie bereits diskutiert wurde, sind die Ableitungen $b_{m,n}$ ebenfalls Zufallsfelder, und eine statistische Beschreibung ist angemessen. Von nun an verwenden wir (10.326) und (10.327) als Ausgangsgleichungen (wobei $\approx$ durch $=$ ersetzt wird). Einfache algebraische Manipulationen führen (mit der Notation $(\Delta x)^2 \equiv \Delta x^2$ und so weiter) zu

$$\frac{d\Delta x^2}{d\zeta} = 2b_{x,x}(\mathbf{x}_\perp(\zeta),\zeta)\Delta x^2 + 2b_{x,y}(\mathbf{x}_\perp(\zeta),\zeta)\Delta x\Delta y\,, \tag{10.328}$$

$$\frac{d\Delta y^2}{d\zeta} = 2b_{y,x}(\mathbf{x}_\perp(\zeta),\zeta)\Delta x\Delta y + 2b_{y,y}(\mathbf{x}_\perp(\zeta),\zeta)\Delta y^2\,, \tag{10.329}$$

$$\frac{d\Delta x\Delta y}{d\zeta} = b_{x,x}(\mathbf{x}_\perp(\zeta),\zeta)\Delta x\Delta y + b_{x,y}(\mathbf{x}_\perp(\zeta),\zeta)\Delta y^2$$
$$+ b_{y,x}(\mathbf{x}_\perp(\zeta),\zeta)\Delta x\Delta y + b_{y,y}(\mathbf{x}_\perp(\zeta),\zeta)\Delta y^2\,. \tag{10.330}$$

Für eine iterative, quasilineare Lösung integrieren wir diese Gleichungen formal über ζ, um die Quadrate auf der rechten Seite durch die formalen Lösungen zu ersetzen. Nach dem Mittelwertbilden erhalten wir

$$\frac{d\langle\Delta x^2\rangle}{d\zeta} \approx 4\bar{L}^{xx}_{xx}\langle\Delta x^2\rangle + 4\bar{L}^{xy}_{xx}\langle\Delta x\Delta y\rangle + 2\bar{L}^{yx}_{xx}\langle\Delta x\Delta y\rangle$$
$$+ 2\bar{L}^{yy}_{xx}\langle\Delta y^2\rangle + 2\bar{L}^{yx}_{xy}\langle\Delta x^2\rangle + 2\bar{L}^{yy}_{xy}\langle\Delta x\Delta y\rangle\,, \tag{10.331}$$

und ähnliche Gleichungen für $\frac{d\langle\Delta y^2\rangle}{d\zeta}$ und $\frac{d\langle\Delta x\Delta y\rangle}{d\zeta}$. Die Koeffizienten

$$\bar{L}^{\alpha\beta}_{mn} = \int_0^\infty d\zeta\, L^{\alpha\beta}_{mn}(\zeta) \tag{10.332}$$

folgen durch Integration der Korrelationsfunktion für die Ableitungen der Magnetfeldfluktuationen. Implizit haben wir angenommen, dass

$$\lambda_\parallel \ll L_K\,, \tag{10.333}$$

wobei L_K die charakteristische (Exponentiations-)Länge für die mittleren Quadrate ist. Unter Ausnutzung der Eigenschaften der Korrelationsfunktionen $L^{\alpha\beta}_{mn}(\zeta)$ und durch Einführung von

$$\mathcal{K} = \int_0^\infty K(\zeta)d\zeta \equiv \frac{1}{4L_K} \tag{10.334}$$

erhalten wir

$$\boxed{\frac{d\langle\Delta x^2\rangle}{d\zeta} = 2\mathcal{K}\langle\Delta x^2\rangle + 6\mathcal{K}\langle\Delta y^2\rangle\,,} \tag{10.335}$$

$$\boxed{\frac{d\langle\Delta y^2\rangle}{d\zeta} = 6\mathcal{K}\langle\Delta x^2\rangle + 2\mathcal{K}\langle\Delta y^2\rangle\,,} \tag{10.336}$$

$$\boxed{\frac{d\langle\Delta x\Delta y\rangle}{d\zeta} = -4\mathcal{K}\langle\Delta x\Delta y\rangle\,.} \tag{10.337}$$

Die Lösung dieses linearen Systems von gewöhnlichen Differentialgleichungen erster Ordnung mit konstanten Koeffizienten ist unkompliziert. Die Analyse zeigt, dass zwei Eigenwerte $-L_K^{-1}$ negativ (und entartet) sind, während einer positiv ist, was zu einem exponentiellen Wachstum führt,

$$\langle \Delta x^2 \rangle \sim \langle \Delta y^2 \rangle \sim \exp\left[2\frac{\zeta}{L_K}\right] ; \tag{10.338}$$

L_K ist die Exponentiationslänge (Kolmogorov-Länge). Allgemein ist es nicht einfach, sie zu bestimmen. Im Grenzfall sehr großer senkrechter Korrelationslängen $\lambda_\perp$, mit

$$K(\zeta) = \beta^2 e^{-\zeta^2/2\lambda_\parallel^2} \frac{\lambda_\perp^4}{\left[\lambda_\perp^2 + 2\int_0^\zeta d\zeta'(\zeta - \zeta')L(\zeta')\right]^3} \approx \frac{\beta^2}{\lambda_\perp^2} e^{-\zeta^2/2\lambda_\parallel^2} , \tag{10.339}$$

führt die Integration über ζ zu

$$\boxed{L_K \approx \sqrt{\frac{2}{\pi}\frac{\lambda_\perp^2}{4\beta^2\lambda_\parallel}}} . \tag{10.340}$$

Die Bedingung (10.333) bestimmt den Anwendungsbereich

$$4\sqrt{\frac{\pi}{2}}\beta^2\frac{\lambda_\parallel^2}{\lambda_\perp^2} \ll 1 , \tag{10.341}$$

was für kleine Kubo-Zahlen erfüllt ist.

10.6 Stochastischer Teilchentransport

Die folgenden Unterabschnitte stellen heuristische Theorien der Testteilchendiffusion in definierten stochastischen Magnetfeldern vor. Wir unterscheiden zwischen der räumlichen Diffusion von Magnetfeldlinien, charakterisiert durch einen magnetischen Diffusionskoeffizienten, und der Bewegung von Teilchen entlang sowie der Dekorrelation von Teilchen von einer gegebenen Linie, beispielsweise durch Stöße.

Wir beginnen mit vernachlässigbaren binären Stößen und diskutieren anschließend Modelle in Teilregimen mit zunehmenden Kollisionswirkungen. Die Ergebnisse können verwendet werden, um die thermische Elektronenleitfähigkeit in definierten, statischen, chaotischen Tokamakrandgebieten abzuschätzen. Ionentransporte und Ambipolarität werden nicht behandelt. Dies ist der Grund, warum die Modelle nur für die thermische Elektronenleitfähigkeit anwendbar sind, auch wenn wir die Ausdrücke als Teilchendiffusionskoeffizienten bezeichnen.

In einem kurzen historischen Rückblick stellen wir einige bahnbrechende Arbeiten zusammen, auf die wir teilweise Bezug nehmen. Jokipii [146] und Rosenbluth et al. [238] diskutierten die diffusive Bewegung von Magnetfeldlinien in gestörten Systemen. Stix [239] war vermutlich der Erste, der die Ideen der magnetischen Turbulenz auf Tokamaks anwandte

[240]. Jokipii und Parker [149] betonten die Bedeutung der magnetischen Stochastizität bei astrophysikalischen Transportproblemen. Rechester und Rosenbluth [174] berechneten den Elektronenwärmetransport in einem Tokamak mit zerstörten magnetischen Oberflächen. Gleichzeitig leiteten Kadomtsev und Pogutse [175] einen Diffusionskoeffizienten für stochastische Plasmen mit starken Kollisionen ab. Nach diesen bahnbrechenden Arbeiten haben viele Autoren, z. B. [176, 178, 191, 197–199, 241, 242] und viele andere, die Theorie weiterentwickelt, obwohl bis heute keine vollständige, konsistente Theorie des Transports in stochastischen Plasmen verfügbar ist.

Der Ausgangspunkt für eine einfache, aber systematische stochastische Theorie des senkrechten Transports von Elektronen und Ionen sind stochastische Differentialgleichungen. Die Details dieser Methode wurden in der ausgezeichneten Monografie [144] von Balescu ausführlich dargestellt, weshalb wir diese Berechnungen hier nicht wiederholen. Die folgenden Bemerkungen sollen lediglich einen Eindruck vermitteln, wie diese Art von Transporttheorie funktioniert.

Balescu und Mitarbeiter [144] trugen erheblich zum Fortschritt im Bereich des stochastischen Transports bei, indem sie die sogenannten V-Langevin-Gleichungen verwendeten:

$$\frac{dx_p(t)}{dt} = b_x[x_p(t), y_p(t), z_p(t)]\frac{dz_p(t)}{dt} + \eta_{\perp x}(t) , \qquad (10.342)$$

$$\frac{dy_p(t)}{dt} = b_y[x_p(t), y_p(t), z_p(t)]\frac{dz_p(t)}{dt} + \eta_{\perp y}(t) , \qquad (10.343)$$

$$\frac{dz_p(t)}{dt} = \eta_{\parallel}(t) . \qquad (10.344)$$

Die V-Langevin-Gleichungen nutzen den Guiding-Center-Ansatz für kleine Larmor-Radien der Teilchen. Ohne Kollisionen ($\eta_{\perp} = \eta_{\parallel} = 0$) folgen die Teilchenpositionen $\mathbf{r}_p(t)$ den Magnetfeldlinien. Kollisionen führen zu einer diffusen Bewegung entlang des magnetischen Feldes nullter Ordnung (Parallelrichtung) sowie zu Abweichungen von den gestörten Magnetfeldlinien in senkrechter Richtung.

Die V-Langevin-Gleichungen sind Vereinfachungen der A-Langevin-Gleichung (Acceleration Langevin Equation)

$$\frac{d\mathbf{v}}{dt} = \frac{Ze}{m}\mathbf{v} \times \mathbf{B} - \nu\mathbf{v} + \mathbf{a} , \qquad (10.345)$$

die verwendet werden muss, wenn endliche Larmor-Radien wichtig werden.

Die V-Langevin-Gleichungen ermöglichen einfache Abschätzungen der Teilchendiffusion. Unter Verwendung der Taylor-Green-Kubo-Formel [243–245] in 3D

$$D = \frac{1}{3} \int\limits_0^\infty d\tau \, \langle \mathbf{u}[\mathbf{x}(\tau), \tau] \cdot \mathbf{u}[0, 0] \rangle \,, \tag{10.346}$$

erhalten wir für den magnetischen Diffusionskoeffizienten in x-Richtung die bereits in der Auswertung des quasilinearen Ausdrucks verwendete Abschätzung, nämlich

$$\boxed{D_{m(agnetic)} \sim \int\limits_0^\infty d\zeta \, \langle b_x[\mathbf{x}_\perp(\zeta), \zeta] b_x[\mathbf{x}_\perp(0), 0] \rangle \sim b^2 L_{corr}} \,. \tag{10.347}$$

Dabei sollte man beachten, dass die Taylor-Green-Kubo-Formel die lagrangesche Korrelationsfunktion enthält,

$$L_{rs}[\zeta] = \langle b_r[\mathbf{x}_\perp(\zeta), \zeta] b_s[\mathbf{x}_\perp(0), 0] \rangle \,, \tag{10.348}$$

und nicht die (einfachere) eulersche Korrelationsfunktion. Sinnvolle Annahmen für Letztere wurden im letzten Abschnitt diskutiert.

Die Beziehung zwischen der lagrangeschen Korrelationsfunktion und der eulerschen Korrelationsfunktion ist eine schwierige Aufgabe, die prinzipiell die Kenntnis der exakten Dynamik erfordert. Alle Diskussionen auf den folgenden Seiten konzentrieren sich auf dieses Problem. Unter Heranziehung von Argumenten aus der Fluiddynamik wird häufig die Corrsin-Approximation [190] angewandt, bei der der exakte Propagator durch den gemittelten Propagator ersetzt wird. Der gemittelte Propagator kann weiter ausgewertet werden, indem eine Kumulantenentwicklung [168] verwendet wird.

Innerhalb der Corrsin-Approximation konnten Balescu und Mitarbeiter eine Integralgleichung für die lagrangesche Form der Korrelationsfunktion ableiten. Die Lösung der Integralgleichung führt z. B für den magnetischen Diffusionsprozess zu

$$D_m \approx \begin{cases} b^2 \lambda_\| & \text{for } \lambda_\perp \to \infty \\ b \lambda_\perp & \text{for } \lambda_\| \to \infty \end{cases} \,. \tag{10.349}$$

Diese Ausdrücke sowie allgemeinere Ergebnisse zur Teilchendiffusion senkrecht zu einem starken äußeren Magnetfeld werden im Folgenden auf der Grundlage heuristischer Argumente diskutiert.

Senkrechte Teilchendiffusion

Unter Verwendung des quasilinearen magnetischen Diffusionskoeffizienten können wir Random-Walk-Abschätzungen für den Teilchendiffusionskoeffizienten anwenden. Im stoßfreien Fall erhalten wir den Teilchendiffusionskoeffizienten in Abhängigkeit vom magnetischen (Feldlinien-)Diffusionskoeffizienten $D_m \equiv D_{m(agnetic)}$ in der Form

$$D_{\perp particle} \sim \frac{\langle (\Delta x)^2 \rangle}{\Delta \tau} \approx \frac{D_{m(agnetic)}l}{l/v_{th}} = D_{m(agnetic)}\, v_{th} \approx b^2 \lambda_{\parallel} v_{th} \quad . \tag{10.350}$$

Beispiel 10.19 (Teilchendiffusionskoeffizient für $\lambda_{\perp} \to \infty$)
Dieses stoßfreie quasilineare Ergebnis, das bei großen (unendlichen) Querkorrelationslängen ($\lambda_{\perp} \to \infty$) auftritt, basiert auf folgendem Bild. Für ein Teilchen, das eine Strecke $l \approx \lambda_{\parallel}$ entlang einer Magnetfeldlinie mit einer kleinen seitlichen Störung δB im Vergleich zum Feld nullter Ordnung B_0 zurücklegt, erhalten wir aus den Bewegungsgleichungen der Feldlinien für die transversale Verschiebung Δr

$$\frac{\Delta r}{\delta B} \approx \frac{\lambda_{\parallel}}{B_0} \quad . \tag{10.351}$$

Wenn das Teilchen eine ungefähr konstante, typische Geschwindigkeit $v \approx v_{th}$ hat, wird der Zeitschritt durch folgende Gleichung abgeschätzt:

$$\Delta \tau \approx \frac{\lambda_{\parallel}}{v_{th}} \quad . \tag{10.352}$$

In der Random-Walk-Approximation führt das zu

$$D_{\perp particle} \sim \frac{(\Delta r)^2}{\Delta \tau} \approx v_{th}\left(\frac{\delta B}{B_0}\right)^2 \lambda_{\parallel} \sim v_{th} D_m, \tag{10.353}$$

wie bereits in (10.350) zusammengefasst. ∎

Stöße beeinflussen das quasilineare Ergebnis. Für schwache Kollisionen ($\lambda_{coll} \gg \lambda_{\parallel}$) und große Querkorrelationslängen $\lambda_{\perp} \to \infty$ wird das Ergebnis ungefähr dem stoßfreien Fall entsprechen, d. h. (10.350).

Im nächsten Schritt berücksichtigen wir explizit endliche Querkorrelationslängen und geringe Stoßraten. Wir beginnen mit der Diffusion, die durch die Stochastizität der Magnetfeldlinien verursacht wird, wie sie durch die Formel für die magnetische Querdiffusion nach einer Strecke $L_{\parallel}$ gegeben ist:

$$(\Delta r)^2 \approx 2 D_m L_{\parallel} \quad . \tag{10.354}$$

Parallel zur starken Magnetfeldlinie mit $L_{\parallel}$ wird eine Dekorrelation erreicht. Die Dekorrelationslänge $L_{\parallel}$ sollte größer als die Kolmogorov-Länge L_K sein. Dann wird eine kleine anfängliche Querfeldverschiebung erheblich verstärkt. Die stoßbedingte Bewegung entlang der Magnetfeldlinien verknüpft die charakteristische Zeit $\Delta \tau$ mit der (parallelen) Länge $L_{\parallel}$ in der Form

$$L_{\parallel}^2 \approx 2 \chi_{\parallel} \Delta \tau \quad . \tag{10.355}$$

Der Zeitschritt $\Delta \tau$ ist die Dekorrelationszeit, während der die senkrechte Abweichung von 0 auf $\lambda_{\perp}$ wächst. Durch die Kombination von (10.354) mit (10.355) erhalten wir den senkrechten Teilchendiffusionskoeffizienten

$$D_\perp = \frac{1}{2}\frac{(\Delta r)^2}{\Delta \tau} \approx \frac{D_m\sqrt{2\chi_\parallel}}{\sqrt{\Delta \tau}} \,, \tag{10.356}$$

der Ausgangspunkt für die folgenden Abschätzungen sein wird.

Wenn wir den magnetischen Diffusionskoeffizienten D_m anwenden, befinden wir uns im Grenzfall

$$\frac{\lambda_\parallel}{\lambda_\perp} \ll 1 \,. \tag{10.357}$$

Außerdem nehmen wir an, dass der (klassische) parallele Diffusionskoeffizient viel größer ist als der senkrechte,

$$\frac{\chi_\perp}{\chi_\parallel} \ll 1 \,, \quad \leftrightarrow \quad \frac{v_{coll}}{\Omega} \ll 1 \,. \tag{10.358}$$

Für die charakteristischen Längen fordern wir [144]

$$\lambda_{coll} \ll L_K \lesssim L_\parallel \,. \tag{10.359}$$

Detaillierte Theorien [192] zeigen darüber hinaus, dass

$$\lambda_\parallel < L_K \tag{10.360}$$

für die markovsche Approximation benötigt wird, wenn man Integrale über Korrelationsfunktionen auswertet.

Innerhalb des Kadomtsev-Pogutse-Modells [175] wird der Zeitschritt $\Delta \tau \equiv \Delta \tau_{KP}$ bestimmt durch

$$\lambda_\perp^2 \approx 2\chi_\perp \Delta \tau_{KP} \,. \tag{10.361}$$

In Abb. 10.16 wird diese Situation schematisch dargestellt.

Stoßverbreiterung tritt um eine magnetische Feldlinie herum auf. Wenn die seitliche Verschiebung in die Größenordnung der senkrechten Korrelationslänge kommt, wird das Teilchen von der magnetischen Feldlinie dekorreliert. Dies definiert $L_\parallel$. Aufgrund der starken Feldlinienwanderung kann die mittlere Verschiebung Δr größer als die senkrechte Korrelationslänge sein. In diesem Bereich erhält man den senkrechten Teilchendiffusionskoeffizienten

$$D_{KP} \approx \frac{2D_m\sqrt{\chi_\parallel \chi_\perp}}{\lambda_\perp} \approx \frac{D_m v_{th}\rho}{\lambda_\perp} \,, \tag{10.362}$$

d. h. den sogenannten Kadomtsev-Pogutse-Diffusionskoeffizienten, der in der vorliegenden Form unabhängig von der Stoßfrequenz v_{coll} ist.

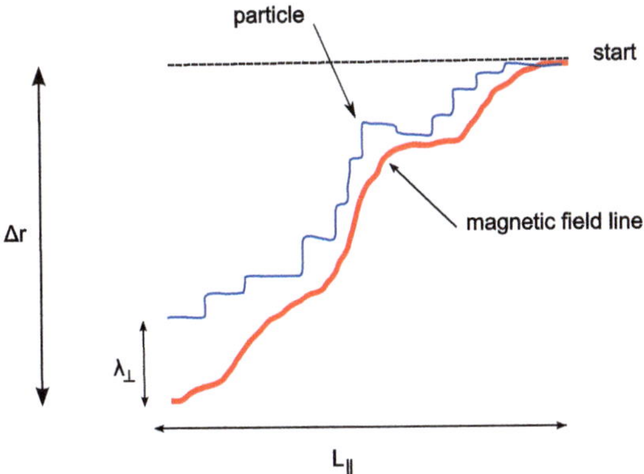

Abb. 10.16 Skizze der physikalischen Bedingungen für die Gültigkeit des Kadomtsev-Pogutse-Diffusionskoeffizienten

Wie wir noch sehen werden, kann er als der Grenzwert des Rechester-Rosenbluth-Diffusions koeffizienten D_{RR} (siehe unten) für große Kollisionsfrequenzen betrachtet werden.

Die vorliegende Form des Kadomtsev-Pogutse-Diffusionskoeffizienten sollte nicht mit $D_{KP}^{(II)} \approx b\lambda_\perp v_{th}$ verwechselt werden, was aus der zweiten Form von (10.362) stammt und manchmal ebenfalls als Kadomtsev-Pogutse-Diffusionskoeffizient bezeichnet wird. Die Form $D_{KP}^{(II)}$ wurde im Perkolationslimit abgeleitet, ohne auf den Teilcheneinfang (trapping) Rücksicht zu nehmen. Daher ist sie nicht korrekt.

Im vorliegenden Fall hat die Dekorrelationslänge die Form

$$L_\parallel \approx \lambda_\perp \sqrt{\frac{\chi_\parallel}{\chi_\perp}} \equiv L_{KP} \; ; \tag{10.363}$$

L_{KP} wird charakteristische Länge nach Kadomtsev-Pogutse genannt. Wir vermerken die Größenordnung

$$L_{KP} \approx \frac{\Omega}{v_{coll}} \lambda_\perp \gg \lambda_\perp \; . \tag{10.364}$$

Die Bestimmung des Zeitschritts $\Delta\tau \equiv \Delta\tau_{RR}$ innerhalb des Rechester-Rosenbluth-Modells [174] ist etwas komplexer, da nun angenommen wird, dass die Hauptdekorrelation aufgrund der exponentiellen Divergenz benachbarter Feldlinien erfolgt, wie in Abb. 10.17 skizziert.

Die Bedingung, dass der Dekorrelationsmechanismus durch das chaotische Feld gegenüber der Querfeldverlagerung durch Stöße überwiegt, lautet

$$L_\parallel < L_{KP} \; . \tag{10.365}$$

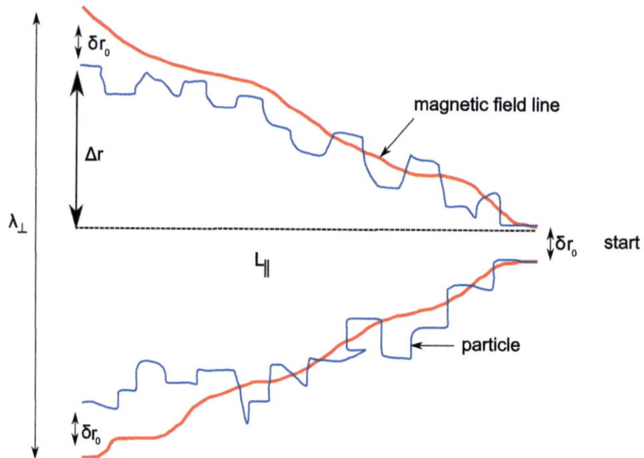

Abb. 10.17 Skizze des Szenarios für den Rechester-Rosenbluth-Diffusionskoeffizienten

Die Dekorrelation nach der exponentiellen Feldlinientrennung (mit der Kolmogorov-Länge L_K) endet, wenn die senkrechte Entfernung die senkrechte Korrelationslänge erreicht,

$$\lambda_\perp \approx \delta r_0 \exp\left\{\frac{L_\parallel}{L_K}\right\} . \tag{10.366}$$

Dann hat das Teilchen eine longitudinale Strecke $L_\parallel$ während der Zeit $\Delta\tau_{RR}$ zurückgelegt; beide Größen sind näherungsweise durch (10.355) miteinander verknüpft. Die anfängliche Breite δr_0 wird selbstkonsistent bestimmt, indem man berücksichtigt, dass der wiederholende Prozess (siehe Abb. 10.17) erfordert

$$\delta r_0^2 \approx 2\chi_\perp \Delta\tau_{RR} . \tag{10.367}$$

Hier wird angenommen, dass die kollisionsbedingte Verbreiterung verschiedene Teilchen auf unterschiedliche Feldlinien verteilt. Durch Kombination der letzten beiden Gleichungen zusammen mit (10.355) ergibt sich eine Gleichung für $\Delta\tau_{RR}$, nämlich

$$\lambda_\perp \approx \sqrt{2\chi_\perp}\sqrt{\Delta\tau_{RR}} \exp\left\{\frac{\sqrt{2\chi_\parallel}\sqrt{\Delta\tau_{RR}}}{L_K}\right\} . \tag{10.368}$$

Sie garantiert einerseits die Selbstkonsistenz, kann andererseits jedoch nicht explizit für $\Delta\tau_{RR}$ gelöst werden. Wir gehen davon aus, dass $\lambda_\perp$, $\chi_\perp$, $\chi_\parallel$ und L_K entweder bekannt sind oder für eine spezifische Situation leicht bestimmt werden können.

Nach Einführung der neuen Variable μ über [232]

$$\sqrt{\frac{\chi_\parallel}{\Delta\tau_{RR}}} = \frac{1}{\sqrt{2}}\frac{v_{th}}{\sqrt{\mu}} , \tag{10.369}$$

können wir (10.368) umschreiben:

$$L_K \ln\left[\frac{\lambda_\perp}{\rho\sqrt{\mu}}\right] \approx \lambda_{coll}\sqrt{\mu} \,. \tag{10.370}$$

Dies ist eine Gleichung für die Variable μ.

Ihre Lösung bestimmt den Rechester-Rosenbluth-Diffusionskoeffizienten in der Form

$$D_{RR} \approx \frac{D_m v_{th}}{\sqrt{\mu}} \,. \tag{10.371}$$

Beispiel 10.20 (Rechester-Rosenbluth-Diffusionskoeffizient)

Andere Reformulierungen der Rechester-Rosenbluth-Formel könnten nützlich sein. In ihrer ursprünglichen Form [174] wurde sie geschrieben als

$$D_{RR} \approx \frac{2D_m \chi_\parallel}{L_K \ln\left(\frac{\lambda_\perp}{L_K}\sqrt{\frac{\chi_\parallel}{\chi_\perp}}\right)} \sim \frac{D_m \chi_\parallel}{L_K} \,, \tag{10.372}$$

was aus Gl. (10.356) und der iterativen Lösung

$$\sqrt{\Delta\tau_{RR}} \approx \frac{L_K}{\sqrt{2\chi_\parallel}} \ln\sqrt{\frac{\lambda_\perp}{\sqrt{2\chi_\perp \Delta\tau_{RR}}}} \approx \frac{L_K}{\sqrt{2\chi_\parallel}} \ln\sqrt{\frac{\lambda_\perp\sqrt{2\chi_\parallel}}{\sqrt{2\chi_\perp}L_K}} \tag{10.373}$$

folgt. Mit (10.355) erhalten wir

$$L_\parallel \gg L_K \,, \tag{10.374}$$

wobei jedoch für Abschätzungen gern die etwas fragliche Näherung $L_\parallel \sim \mathcal{O}(L_K)$ benutzt wird. ∎

Nun führen wir die Kubo-Zahl ein. Im Allgemeinen ist die Kubo-Zahl das Verhältnis zwischen der zurückgelegten Strecke ℓ während einer Autokorrelationszeit und der Korrelationsdistanz ℓ_{corr},

$$K \approx \frac{\ell}{\ell_{corr}} \,. \tag{10.375}$$

Wenden wir diese Definition auf die Abweichungen in der senkrechten Richtung an. Sich in paralleler Richtung über die Strecke $\lambda_\parallel$ ausbreitend, ist für $b \ll 1$ die senkrechte Auslenkung $b\lambda_\parallel$, die wir mit $\lambda_\perp$ vergleichen sollten. Setzen wir daher $\ell \approx b\lambda_\parallel$ und $\ell_{corr} \approx \lambda_\perp$, erhalten wir

$$\boxed{K \approx \frac{b\lambda_{\parallel}}{\lambda_{\perp}} \cdot} \,.$$

(10.376)

Dies führt zu der Skalierung

$$D_{RR} \sim \chi_{\parallel}\, b^2\, K^2 \,,$$

(10.377)

d. h., der Diffusionskoeffizient nimmt mit dem Quadrat der Kubo-Zahl zu.

Wenn eine Feldlinie (oder ein Teilchen) gefangen ist, bleibt sie (oder es) an einer Insel in der Poincaré-Schnittfläche haften. Mit inselartigen Strukturen im Phasenraum ist das System nicht vollständig stochastisch. Dennoch wird für die Bewegung entlang einer gefangenen Feldlinie die zurückgelegte Strecke entlang der Feldlinie [es sei denn, sie breitet sich in den (senkrechten) unkorrelierten Bereich in senkrechter Entfernung $\lambda_{\perp}$ aus] sehr groß, sodass $K \gg 1$. Andererseits, wenn eine Feldlinie beim Fortschreiten um eine parallele Strecke $\lambda_{\parallel}$ keinen unkorrelierten senkrechten Bereich erkundet, dann gilt $K \approx \frac{\ell}{\lambda_{\perp}} \approx \frac{b\lambda_{\parallel}}{\lambda_{\perp}} \ll 1$.

Für die Kadomtsev-Pogutse-Formel erhalten wir die Skalierung

$$D_{KP} \approx \frac{b^2 \lambda_{\parallel}}{\lambda_{\perp}} \sqrt{\chi_{\parallel}\chi_{\perp}} \sim b\, K\, D_{Bohm} \,,$$

(10.378)

wobei der Bohm-Diffusionskoeffizient

$$D_{Bohm} \approx \frac{1}{16} \sqrt{\chi_{\parallel}\chi_{\perp}} \sim \frac{T}{eB}$$

(10.379)

eingeführt wurde. Wir erkennen die lineare Abhängigkeit von der Kubo-Zahl.

Wir werden auf die Rolle der Kubo-Zahl nach einem kurzen Vergleich der beiden Diffusionskoeffizienten zurückkommen.

Indem wir aus (10.361) den Zeitschritt im Kadomtsev-Pogutse-Modell einführen,

$$\Delta\tau_{KP} \approx \frac{\lambda_{\perp}^2}{2\chi_{\perp}} \,,$$

(10.380)

finden wir aus (10.368) für die Dekorrelationszeit $\Delta\tau_{RR}$ die implizite Gleichung

$$\sqrt{\Delta\tau_{KP}} \approx \sqrt{\Delta\tau_{RR}} \exp\left[\frac{\sqrt{\Delta\tau_{RR}}\sqrt{2\chi_{\parallel}}}{L_K}\right] \approx \sqrt{\Delta\tau_{RR}} \exp\left[\frac{\sqrt{\Delta\tau_{RR}}\, v_{th}}{\sqrt{v_{coll}}\, L_K}\right]$$

(10.381)

Hieraus folgen zwei Schlussfolgerungen. Erstens, es gilt immer

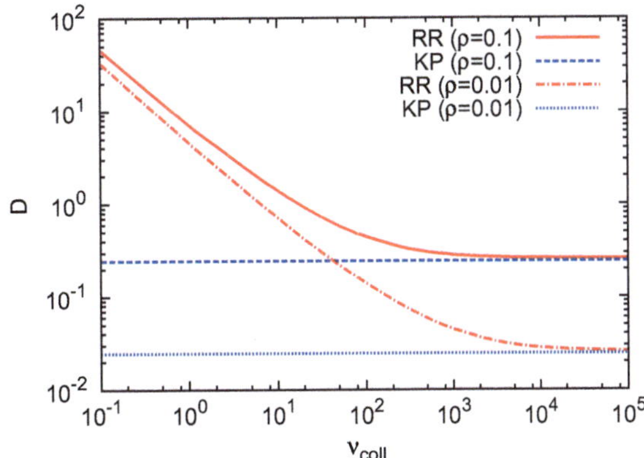

Abb. 10.18 Diffusionskoeffizienten als Funktion der Stoßfrequenz für den stochastischen Parameter $\varepsilon = 10$. Zur Veranschaulichung wurden zwei verschiedene Larmor-Radien, $\rho = 0{,}1$ und $\rho = 0{,}01$, gewählt. Gezeigt wird der Grenzprozess $D_{RR} \to D_{KP}$ für $v_{coll} \to \infty$

$$\Delta \tau_{RR} \leq \Delta \tau_{KP} \tag{10.382}$$

und daher

$$\boxed{D_{RR} \geq D_{KP}}, \tag{10.383}$$

d. h., der Rechester-Rosenbluth-Koeffizient ist immer (sofern die Modellannahmen gelten) der dominierende Transportprozess. Zweitens haben wir die Grenze

$$\boxed{D_{RR} \to D_{KP} \quad \text{für} \quad v_{coll} \to \infty}; \tag{10.384}$$

d. h., D_{KP} ist die untere Grenze für D_{RR} bei großen Stoßfrequenzen.

In Abb. 10.18 vergleichen wir die Kadomtsev-Pogutse- und Rechester-Rosenbluth-Diffusionsformeln miteinander. Für die Auswertungen sind mehrere Parameter des stochastischen Systems erforderlich.

Da wir bislang kein anderes System explizit vorgestellt haben, entnehmen wir sie der Standardabbildung. Das bedeutet, dass wir D_m mit dem Diffusionskoeffizienten der Standardabbildung (10.310) und (10.311) für $\varepsilon = 10$ identifizieren. Auch wird die Kolmogorov-Länge numerisch aus der Standardabbildung für $\varepsilon = 10$ ausgewertet. Die anderen Parameter sind $\lambda_\perp = 2\pi$ und $v_{th} = 1$. Zur Veranschaulichung wurden zwei verschiedene Larmor-Radien, $\rho = 0{,}1$ und $\rho = 0{,}01$, gewählt. Für kleinere Larmor-Radien sind höhere Stoßfrequenzen erforderlich, damit $D_{KP} \sim \mathcal{O}(D_{RR})$. Außerdem gilt: Je kleiner ρ, desto kleiner sind die (senkrechten) Diffusionskoeffizienten. Die Numerik bestätigt die Vorhersagen (10.383) und (10.384).

Beispiel 10.21 (Kadomtsev-Pogutse-Regime)

Die Parameterwerte, bei denen das Kadomtsev-Pogutse-Regime beginnt, können wie folgt geschätzt werden. Für D_{KP} benötigen wir für die Dekorrelationszeit

$$\Delta \tau_{KP} \approx \Delta \tau_{RR} \quad \leftrightarrow \quad \frac{\lambda_\perp^2}{2\chi_\perp} \gtrsim \frac{L_K^2}{2\chi_\parallel} \,. \tag{10.385}$$

Indem wir [192]

$$L_K \approx \sqrt{\frac{2}{\pi}} \frac{\lambda_\perp^2}{4\beta^2 \lambda_\parallel} \tag{10.386}$$

benutzen, können wir die Bedingung wie folgt umschreiben:

$$\boxed{\frac{v_{coll}}{\Omega} \gtrsim \beta K} \,, \tag{10.387}$$

wobei K nach wie vor die Kubo-Zahl ist.   ∎

Beispiel 10.22 (Stoßbestimmtes Fluidregime)
Ein weiterer stoßbestimmter Fall wurde in der Literatur [176, 239–242] behandelt. Im sogenannten stoßbestimmten Fluidlimit für starke Kollisionen nimmt man an, dass ein Fluidelement entlang der tatsächlichen Magnetfeldlinie transportiert wird, was aus rein geometrischen Überlegungen zu folgendem Ergebnis führt:

$$\Delta x \sim b \Delta z. \tag{10.388}$$

Daher wird

$$D_{\perp particle} \sim \frac{\langle (\Delta x)^2 \rangle}{\Delta \tau} \sim b^2 \frac{\langle (\Delta z)^2 \rangle}{\Delta \tau} \sim b^2 \frac{D_{\parallel particle}^{classical} \Delta \tau}{\Delta \tau} \sim b^2 \chi_\parallel \,. \tag{10.389}$$

Wir haben die klassischen (stoßbestimmten) Diffusionskoeffizienten

$$D_{\perp particle}^{classical} \equiv \chi_\perp = \frac{1}{2} \rho^2 v_{coll} \,, \quad D_{\parallel particle}^{classical} \equiv \chi_\parallel = \frac{1}{2} \lambda_{coll}^2 v_{coll} \tag{10.390}$$

benutzt, mit dem Larmor-Radius $\rho = \frac{v_{th}}{\Omega}$ und der mittleren freien Weglänge $\lambda_{coll} \approx \frac{v_{th}}{v_{coll}}$. Das Ergebnis (10.389) folgt auch aus der Sicht, dass bei starken Stößen Teilchen, die sich entlang stochastischer Feldlinien bewegen, effektiv nach einer Strecke von $\lambda_{coll} \approx v_{th}/v_{coll}$ von den Feldlinien dekorreliert werden:

$$\boxed{D_{\perp particle} \sim \frac{\langle (\Delta x)^2 \rangle}{\Delta \tau} \sim \frac{b^2 \lambda_{coll} \lambda_{coll}}{\tau_{coll}} \sim b^2 \lambda_{coll}^2 v_{coll} \sim b^2 \, D_{\parallel particle}^{classical}} \,. \tag{10.391}$$

∎

Für starke Stöße $\lambda_{coll} \ll \lambda_\parallel$ und vernachlässigbare Larmor-Radien (d. h. wenn keine signifikanten senkrechten Auslenkungen auftreten, abgesehen von der Divergenz der Magnetfeldlinien) führt die (stoßbestimmte) diffusive Bewegung entlang des Hauptmagnetfelds (z-Richtung) zu einer Verbreiterung

$$z^2 \approx 2\chi_{\parallel} t \tag{10.392}$$

während der Zeit $t \,\hat{=}\, \Delta\tau$. Wenn man die kollisionale Verbreiterung in der senkrechten Richtung vernachlässigt, erhalten wir die senkrechte Bewegung nur aufgrund des Fortschreitens der Feldlinien, d. h., für eine (parallele) Länge z ist die (quadratische) senkrechte Abweichung

$$(\Delta r)^2 \approx 2D_m z \approx 2D_m \sqrt{2\chi_{\parallel}} \sqrt{t} \ . \tag{10.393}$$

Eine Abschätzung in Random-Walk-Näherung führt zu

$$\frac{(\Delta r)^2}{t} \sim D_{RR}^{sub}(t) \sim \frac{D_m \sqrt{\chi_{\parallel}}}{\sqrt{t}} \to 0 \quad \text{für} \quad t \to \infty \ . \tag{10.394}$$

Dies ist das berühmte subdiffusive Verhalten im stark (unendlich) magnetisierten Fall ($\rho = 0$), das erstmals von Rechester und Rosenbluth [174] formuliert wurde.

Im Allgemeinen sind jedoch die Abweichungen der Teilchen von den Magnetfeldlinien wichtig. Die Vorhersage der subdiffusiven Natur ist gut fundiert. Allerdings ist der Wert $1/2$ für den Exponenten ν in $(\Delta r)^2 \sim t^\nu$ nicht ohne Bedenken, weil er auf doch recht groben Argumenten basiert, die wir zur Demonstration benutzt haben.

Paralleler Testteilchendiffusionskoeffizient

Die Bewegung von Teilchen entlang eines Magnetfelds nullter Ordnung wird ebenfalls durch Fluktuationen des magnetischen Feldes in der senkrechten Richtung beeinflusst. Die Abschätzung des longitudinalen Diffusionskoeffizienten (und des entsprechenden parallelen freien Weges) ist das Thema der folgenden Darstellung.

Wir berechnen die Teilchendiffusion in der Richtung eines starken externen Magnetfelds. Dieser physikalische Prozess wird mit „parallele Diffusion" abgekürzt. Prinzipiell können dieselben Methoden wie im vorherigen Abschnitt auf dieses Problem angewendet werden. Es hat sich jedoch gezeigt, dass für die parallele Diffusion elegantere Verfahren zur Verfügung stehen. Diese werden im Folgenden verwendet.

Zusammenhang mit der Pitchwinkeldiffusion
Wir beginnen mit der Ein-Teilchen-Verteilungsfunktion $f = f(z, \mu, t)$, wobei μ der Kosinus des Pitchwinkels und z die Raumkoordinate entlang des externen Magnetfelds ist. Es wird Isotropie in der Ebene senkrecht zum externen Magnetfeld angenommen. Aufgrund der Symmetrie des Problems hängt die Verteilungsfunktion f nur von der Koordinate z,

der Zeit t, der Geschwindigkeit v und dem Pitchwinkel μ ab. Die Variable v kann verborgen sein, da sie sich während der Wechselwirkung mit magnetischen Fluktuationen nicht ändert. Daher schreiben wir formal $f = f(z, \mu, t)$. Die kinetische Gleichung für f ist eine zweidimensionale Fokker-Planck-Gleichung (siehe unten), die aus der relativistischen Vlasov-Gleichung [160] abgeleitet werden kann, indem die Impulsdiffusion aufgrund der Annahme rein magnetischer Fluktuationen vernachlässigt wird. Aus f erhalten wir die über den Pitchwinkel gemittelte Teilchendichte

$$\boxed{M(z, t) = \frac{1}{2} \int_{-1}^{+1} d\mu\, f}\ . \tag{10.395}$$

Die Normierung erfolgt über

$$\int_{-\infty}^{+\infty} dz\, M(z, t) = 1\ . \tag{10.396}$$

Dann kann die Teilchenstromdichte

$$j_\parallel = \frac{1}{2} \int_{-1}^{+1} d\mu\, v \mu\, f \tag{10.397}$$

berechnet werden, wobei $\parallel$ die Richtung des externen Magnetfelds $\mathbf{B} \approx B_0 \hat{z}$ bezeichnet. Hierbei steht $\mathbf{v}$ für die Geschwindigkeit des Teilchens, die parallele Geschwindigkeitskomponente ist $v_\parallel$. Offensichtlich gilt für die parallele Geschwindigkeitskomponente

$$v_\parallel = v\mu\ , \quad \boxed{\mu = \cos(\vartheta)}\ , \tag{10.398}$$

wobei $\vartheta = \sphericalangle(\mathbf{v}, \mathbf{B})$ der Winkel zwischen $\mathbf{v}$ und $\mathbf{B}$ ist. Wenn nur magnetische Felder auf das Teilchen wirken, bleibt die Geschwindigkeit v unverändert, obwohl sich die Richtung von $\mathbf{v}$ ändert.

Das gesamte Magnetfeld setzt sich aus dem großen Hintergrundfeld $\mathbf{B}_0$ und den Fluktuationen zusammen,

$$\mathbf{B} = B_0 \hat{z} + \delta\mathbf{B} \hat{=} B_0(b_0 \hat{z} + \mathbf{b})\ , \quad b_0 \equiv 1\ . \tag{10.399}$$

Eine einfache Indizierung in der Form b_ν, $\nu = 0, 1, 2, 3$ kann verwendet werden, wobei $b_x = b_1, b_y = b_2, b_z = b_3$ gilt. Für starke Hintergrundfelder können wir $b_3 \ll b_0$ vernachlässigen. Prinzipiell können wir $b_0 = 1$ setzen; jedoch behalten wir manchmal b_0 bei, um einige Formeln übersichtlicher zu gestalten. Die Dimension des Magnetfelds ist stets in B_0 enthalten, und wir sollten im Hinterkopf behalten, dass $\delta\mathbf{B} = B_0\mathbf{b}$ gilt. Die nichtrelativistischen Bewegungsgleichungen lauten

$$\boxed{\dot{v}_x = \Omega v_y + \Omega\left(v_y \frac{\delta B_z}{B_0} - v_z \frac{\delta B_y}{B_0}\right)}\ , \tag{10.400}$$

$$\dot{v}_y = -\Omega v_x + \Omega \left(v_z \frac{\delta B_x}{B_0} - v_x \frac{\delta B_z}{B_0} \right) , \qquad (10.401)$$

$$\dot{v}_z = \Omega \left(v_x \frac{\delta B_y}{B_0} - v_y \frac{\delta B_x}{B_0} \right) , \qquad (10.402)$$

mit der Gyrofrequenz $\Omega = \frac{q B_0}{m}$. q ist die Ladung und m die (Ruhe-)Masse des Teilchens. Gl. (10.400) kann mit dem Larmor-Radius $\rho_L = \frac{v}{\Omega}$ geschrieben werden als

$$\dot{\mu} = \frac{1}{\rho_L} \left(v_x \frac{\delta B_y}{B_0} - v_y \frac{\delta B_x}{B_0} \right) . \qquad (10.403)$$

Jetzt kommen wir zur Berechnung des Diffusionskoeffizienten des Pitchwinkels

$$D_{\mu\mu} = \lim_{t \to \infty} \int_0^t dt' \langle \dot{\mu}(t') \dot{\mu}(0) \rangle . \qquad (10.404)$$

Mit einer Fokker-Planck-Beschreibung ergibt sich die Änderung der Verteilungsfunktion $f(z, \mu, t)$ aus

$$\frac{\partial f}{\partial t} + v\mu \frac{\partial f}{\partial z} = \frac{\partial}{\partial \mu} \left(D_{\mu\mu} \frac{\partial f}{\partial \mu} \right) . \qquad (10.405)$$

Die folgende Herleitung wird zeigen, dass die (quasilineare) Fokker-Planck-Streuung im Geschwindigkeitsraum zur Diffusionsnäherung im Konfigurationsraum führt.

Wir haben bereits erwähnt, dass die magnetischen Fluktuationen den Betrag der Teilchengeschwindigkeit nicht verändern. Sie können jedoch auf langen Zeitskalen zu einer vollständigen Isotropisierung führen:

$$t \to \infty : \quad f \to M(z, t) = \frac{1}{2} \int_{-1}^{+1} d\mu\, f . \qquad (10.406)$$

Aus der Fokker-Planck-Gleichung (10.405) erhalten wir

$$\frac{\partial M}{\partial t} + \frac{\partial j_\parallel}{\partial z} = 0 . \qquad (10.407)$$

Mit (10.405) finden wir

$$\frac{\partial f}{\partial \mu} = \frac{1}{D_{\mu\mu}} \int_{-1}^{\mu} dv \left[\frac{\partial f}{\partial t} + vv \frac{\partial f}{\partial z} \right] , \qquad (10.408)$$

was in die Gleichung für die Stromdichte eingebracht werden kann,

$$j_\parallel \equiv -\frac{v}{4} \int_{-1}^{+1} d\mu \frac{\partial \left(1 - \mu^2\right)}{\partial \mu} f = \frac{v}{4} \int_{-1}^{+1} d\mu \left(1 - \mu^2\right) \frac{\partial f}{\partial \mu} \,. \tag{10.409}$$

Beachte, dass $D_{\mu\mu}(\mu = \pm 1) = 0$ aufgrund von (10.404) und $\dot{\mu} \sim v_x$ (oder v_y) $\sim v\sqrt{1 - \mu^2}$. Durch Einsetzen von (10.408) in (10.409) erhalten wir

$$j_\parallel = \frac{v}{4} \int_{-1}^{+1} d\mu \frac{1 - \mu^2}{D_{\mu\mu}} \int_{-1}^{\mu} dv \frac{\partial f}{\partial t} + \frac{v^2}{4} \int_{-1}^{+1} d\mu \frac{1 - \mu^2}{D_{\mu\mu}} \int_{-1}^{\mu} dv v \frac{\partial f}{\partial z} \,. \tag{10.410}$$

Für große Zeiten t nehmen wir an, dass $f \to M$, und daher erhalten wir asymptotisch, indem wir f durch M ersetzen,

$$\begin{aligned} j_\parallel &\approx \frac{v}{4} \frac{\partial M}{\partial t} \int_{-1}^{+1} d\mu \frac{\left(1 - \mu^2\right)\left(1 + \mu\right)}{D_{\mu\mu}} - \frac{v^2}{8} \frac{\partial M}{\partial z} \int_{-1}^{+1} d\mu \frac{\left(1 - \mu^2\right)^2}{D_{\mu\mu}} \\ &\equiv \chi_{zt} \frac{\partial M}{\partial t} - \chi_{zz} \frac{\partial M}{\partial z} \,. \end{aligned} \tag{10.411}$$

Wir haben zwei Koeffizienten χ_{zt} und χ_{zz} definiert. Wenn wir die beiden Terme auf der rechten Seite von (10.411) vergleichen, können wir argumentieren, dass der zweite Term dominiert. Zur Rechtfertigung formulieren wir (10.411) um als

$$j_\parallel \approx \chi_{zt} \frac{\partial M}{\partial t} - \chi_{zz} \frac{\partial M}{\partial z} = -\frac{\partial}{\partial z} \left[\chi_{zt} j_\parallel + \chi_{zz} M\right] \,. \tag{10.412}$$

Wegen der Tendenz zur Isotropisierung ($f \to M$) sollte für große Zeiten gelten

$$t \to \infty: \quad j_\parallel = \frac{v}{2} \int_{-1}^{+1} d\mu \mu f \to \frac{Mv}{2} \int_{-1}^{+1} \mu d\mu = 0 \,. \tag{10.413}$$

Je kleiner $j_\parallel$ ist, desto weniger wichtig wird der erste Term in (10.411). Daher können wir (nach einer ausreichend langen Wartezeit) approximieren

$$\boxed{j_\parallel(z, t) \approx -\chi_{zz} \frac{\partial M(z, t)}{\partial z}} \,. \tag{10.414}$$

Wir sind bei der berühmten Diffusionsgleichung angekommen. Der Diffusionskoeffizient ist

$$\chi_{zz} = \frac{v^2}{8} \int_{-1}^{+1} \frac{\left(1 - \mu^2\right)^2}{D_{\mu\mu}} d\mu \,. \tag{10.415}$$

Das ist eine wichtige Beziehung zwischen dem Diffusionskoeffizienten in paralleler Richtung und dem Pitchwinkeldiffusionskoeffizienten $D_{\mu\mu}$.

Durch Einsetzen von (10.403) in die Definition von $D_{\mu\mu}$ können wir das Gesamtergebnis in die folgenden Beiträge zerlegen:

$$
\begin{aligned}
D_{\mu\mu} &= \int_0^\infty dt\, \langle \dot{\mu}(t)\dot{\mu}(0)\rangle \\
&= \frac{1}{\rho_L^2} \int_0^\infty dt\, \big\{ \langle v_x(t)v_x(0)b_y(t)b_y(0)\rangle + \langle v_y(t)v_y(0)b_x(t)b_x(0)\rangle \\
&\qquad - \langle v_x(t)v_y(0)b_y(t)b_x(0)\rangle - \langle v_y(t)v_x(0)b_x(t)b_y(0)\rangle \big\} \\
&\equiv D_{\mu\mu}^{(I)} + D_{\mu\mu}^{(II)} + D_{\mu\mu}^{(III)} + D_{\mu\mu}^{(IV)} \,.
\end{aligned}
\tag{10.416}
$$

Die vier Beiträge auf der rechten Seite werden im Folgenden separat berechnet.

Eigenschaften von χ_{zz}

Durch die Auswertung des parallelen Diffusionskoeffizienten χ_{zz} erhalten wir direkten Zugang zur (parallelen) mittleren freien Weglänge $\lambda_\parallel^{mfp}$. Die Beziehung

$$
\chi_{zz} = \frac{1}{3}\langle v\rangle \lambda_\parallel^{mfp}
\tag{10.417}
$$

gilt und wird im Folgenden gerechtfertigt.

Diffusion ist der physikalische Prozess der Teilchenausbreitung von einer Region höherer Konzentration zu einer Region niedrigerer Konzentration. Die durchschnittliche Entfernung, die ein Teilchen zwischen Kollisionen zurücklegt, wird als mittlere freie Weglänge bezeichnet. Die Beziehung

$$
\frac{\partial M}{\partial t} = \chi_{zz}\frac{\partial^2 M}{\partial z^2}
\tag{10.418}
$$

ist bekannt als zweites Ficksches Gesetz der Diffusion. Der Diffusionskoeffizient χ_{zz} hat die Einheit $m^2\,s^{-1}$ und gibt eine Maßzahl für die Anzahl der Teilchen an, die sich pro Zeiteinheit durch eine bestimmte Querschnittsfläche bewegen.

Der Diffusionskoeffizient ist über die Einstein-Smoluchowski-Gleichung mit dem mittleren freien Weg verbunden:

$$
\chi_{zz} \sim \frac{\lambda_\parallel^{mfp\,2}}{\tau} \,,
\tag{10.419}
$$

wobei τ die durchschnittliche Zeit zwischen Stößen ist. Wenn man annimmt, dass diese aus der durchschnittlichen Geschwindigkeit $\langle v\rangle$ und dem mittleren freien Weg $\lambda_\parallel^{mfp}$ berechnet werden kann, so gilt:

$$
\tau \sim \frac{\lambda_\parallel^{mfp}}{\langle v\rangle} \,.
\tag{10.420}
$$

Wir erhalten

$$
\chi_{zz} \sim \lambda_\parallel^{mfp}\langle v\rangle \,.
\tag{10.421}
$$

Um die Proportionalitätskonstante in (10.420) genau zu bestimmen, diskutieren wir die physikalischen Statistiken, die den soeben erwähnten Beziehungen zugrunde liegen, genauer. Wir betrachten die Selbstdiffusion in einem System identischer Teilchen (Gas) unter der Annahme, dass die Kollisionen im Gas zufällig stattfinden. Die Wahrscheinlichkeit, dass ein Teilchen eine Strecke z ohne Kollision zurücklegen kann, kann in der Form angenommen werden

$$\boxed{P_0(z) \approx \frac{1}{\lambda} e^{-z/\lambda}} \, , \tag{10.422}$$

mit der mittleren freien Weglänge $\lambda \equiv \lambda_\parallel^{mfp}$.

Beispiel 10.23 (Stoßwahrscheinlichkeit)
Berechnen wir die mittlere Strecke, die ein Teilchen im Mittel ohne Kollision zurücklegt,

$$\langle z \rangle = \int_0^\infty z P_0(z) dz = \lambda \, , \tag{10.423}$$

so wird diese als mittlere freie Weglänge bezeichnet. Die Verteilung (10.422) ergibt sich aus der Unabhängigkeit der Kollisionen nach folgendem Argument. Die durchschnittliche Anzahl von Kollisionen pro Längeneinheit beträgt $1/\lambda$, und die Wahrscheinlichkeit, dass eine Kollision in einem Intervall dz auftritt, beträgt dz/λ. Die Wahrscheinlichkeit, dass im Intervall $z + dz$ keine Kollision auftritt, ist

$$P_0(z + dz) \approx P_0(z) + dz \frac{dP_0}{dz} \approx \underbrace{P_0(z)}_{\text{no collision in z}} \underbrace{\left(1 - \frac{dz}{\lambda} \right)}_{\text{no collision in dz}} \, , \tag{10.424}$$

was zu folgender Differentialgleichung führt:

$$\frac{dP_0}{dz} \approx -\frac{1}{\lambda} P_0 \, . \tag{10.425}$$

Sie hat die normierte Lösung (10.422).   ∎

Als Nächstes führen wir die durchschnittliche Geschwindigkeit $\langle v \rangle$ und die durchschnittliche relative Geschwindigkeit $\langle v_r \rangle$ für ein Gas identischer Teilchen ein. Die beiden Geschwindigkeiten sind definiert als

$$\langle v \rangle = \int d^3 v f_M(\mathbf{v}) \, |\mathbf{v} - \mathbf{V}| \, , \tag{10.426}$$

$$\langle v_r \rangle = \int d^3 v_A d^3 v_B f_M(\mathbf{v}_A) f_M(\mathbf{v}_B) \, |\mathbf{v}_A - \mathbf{v}_B| \, , \tag{10.427}$$

wobei $\mathbf{V}$ die mittlere gerichtete Geschwindigkeit ist und f_M als Maxwell-Verteilung angenommen wird,

$$f_M(\mathbf{v}) = \left(\frac{m}{2\pi k_B T}\right)^{3/2} \exp\left(-\frac{m(\mathbf{v}-\mathbf{V})^2}{2k_B T}\right) . \tag{10.428}$$

T ist die Temperatur. Integration führt zu

$$\langle v_r \rangle = \sqrt{\frac{16 k_B T}{\pi m}} = \sqrt{2}\langle v \rangle . \tag{10.429}$$

Beispiel 10.24 (Mittlere freie Weglänge)
Im Schwerpunktsystem tritt für identische Teilchen die reduzierte Masse $m_r = m/2$ auf. Daher können wir bei der Berechnung von $\langle v_r \rangle$ die Formel für $\langle v \rangle$ verwenden, indem wir $m \to m_r$ ersetzen, was in der obigen Formel zum Faktor $\sqrt{2}$ führt. Unter der Annahme eines Stoßquerschnitts σ für Zweierstöße ergibt sich die Stoßfrequenz als

$$\nu_{\mathrm{coll}} \equiv \tau_{\mathrm{coll}}^{-1} \equiv n\sigma\langle v_r \rangle, \tag{10.430}$$

was für die mittlere freie Weglänge ergibt

$$\lambda = \langle v \rangle \tau_{\mathrm{coll}} = \frac{1}{\sqrt{2}n\sigma} . \tag{10.431}$$

∎

Beispiel 10.25 (Selbstdiffusion)
Für die Beziehung zum Selbstdiffusionskoeffizienten χ_{zz} identifizieren wir einige der (ansonsten identischen) Teilchen als „Tracerteilchen". Selbstdiffusion beschreibt den Transport von „Tracerteilchen" durch ein Gas aus ansonsten identischen Teilchen. Die Rate, mit der räumliche Inhomogenitäten der „Tracerteilchen" ausgeglichen werden, wird durch den Selbstdiffusionskoeffizienten χ bestimmt. Wir nehmen an, dass die Dichte der „Tracerteilchen" $n^T(z)$ in z-Richtung variiert, während die Gesamtdichte der Teilchen n konstant gehalten wird. Wir bestimmen den Nettostrom durch eine imaginäre Wand bei $z = 0$. Sei dS ein Segment der Wand. Der Ursprung der räumlichen Koordinaten sollte im Zentrum von dS liegen. Betrachten wir ein Volumenelement dV, das „Tracerteilchen" enthält, die die Wand von oben treffen. Es soll in Polarkoordinaten bei r, ϑ, φ zentriert sein. Die durchschnittliche Anzahl der „Tracerteilchen", die pro Zeiteinheit im Volumenelement dV Kollisionen erfahren, beträgt

$$\frac{n^T(z)\,dV}{\tau_{\mathrm{coll}}} = \frac{\langle v \rangle n^T}{\lambda}dV . \tag{10.432}$$

Nach den Stößen verlassen die „Tracerteilchen" das Volumenelement in zufällige Richtungen. Der Anteil, der sich zu dS bewegt, wird durch den Raumwinkel bestimmt, unter dem dS von dV aus gesehen wird, d. h.

$$\frac{d\Omega}{4\pi} = \frac{dS|\cos\vartheta|}{4\pi r^2} . \tag{10.433}$$

Die Wahrscheinlichkeit, dS vor einer neuen Kollision zu erreichen, ist $P_0(r)$. Daher ist die Anzahl der „Tracerteilchen", die in dV kollidieren und dS pro Zeiteinheit erreichen,

$$dn^T = \frac{\langle v \rangle \, n^T \, dV}{\lambda} \frac{dS |\cos \vartheta|}{4\pi r^2} e^{-r/\lambda} \, . \tag{10.434}$$

Die gesamte Anzahl der „Tracerteilchen", die pro Zeiteinheit eine Flächeneinheit der Wand von oben treffen, beträgt

$$\dot{N}_+ = \frac{\langle v \rangle}{4\pi\lambda} \int_0^\infty dr r^2 \int_0^{\pi/2} d\vartheta \, \sin\vartheta \int_0^{2\pi} d\varphi \, n^T(z) \, \cos\vartheta \, \frac{e^{-r/\lambda}}{r^2} \, . \tag{10.435}$$

Beachte, dass wir für konstantes n^T das bekannte Ergebnis erhalten würden, nämlich

$$\dot{N}_+ = \frac{n \langle v \rangle}{4} \quad \text{for } n^T = n = \text{const} \, . \tag{10.436}$$

Wenn wir die Teilchen betrachten, die sich von unten nach dS bewegen, erhalten wir einen ähnlichen Ausdruck, mit der Ausnahme, dass wir über ϑ von $\pi/2$ bis π integrieren müssen, und $|\cos\vartheta| = -\cos\vartheta$ ist, was zu folgendem Ergebnis führt:

$$\dot{N}_+ = -\frac{\langle v \rangle}{4\pi\lambda} \int_0^\infty dr r^2 \int_{\pi/2}^{\pi} d\vartheta \, \sin\vartheta \int_0^{2\pi} d\varphi \, n^T(z) \, \cos\vartheta \, \frac{e^{-r/\lambda}}{r^2} \, . \tag{10.437}$$

Die Nettorate ist daher

$$\dot{N}_+ - \dot{N}_- = \frac{\langle v \rangle}{4\pi\lambda} \int_0^\infty dr r^2 \int_0^{\pi} d\vartheta \, \sin\vartheta \int_0^{2\pi} d\varphi \, n^T(z) \, \cos\vartheta \, \frac{e^{-r/\lambda}}{r^2} \, . \tag{10.438}$$

Bei der Auswertung der rechten Seite entwickeln wir bis zur zweiten Ordnung mittels der Taylor-Reihe

$$n^T(z) \approx n^T(0) + z \, \frac{\partial n^T}{\partial z} + \frac{z^2}{2} \frac{\partial^2 n^T}{\partial z^2} \, . \tag{10.439}$$

Wir erhalten lediglich einen Beitrag vom zweiten Term der Taylor-Entwicklung (10.439), mit dem Ergebnis

$$\dot{N}_+ - \dot{N}_- \approx \frac{\langle v \rangle \lambda}{3} \frac{\partial n^T}{\partial z} \, . \tag{10.440}$$

Wenn die Dichte in z-Richtung zunimmt, also $\dot{N}_+ - \dot{N}_- > 0$, werden mehr Teilchen in die negative z-Richtung (von oben) propagieren. Daher können wir als Teilchenstromdichte

$$\Gamma(z) \approx -\left(\dot{N}_+ - \dot{N}_- \right) \equiv -\chi_{zz} \frac{\partial n^T(z)}{\partial z} \tag{10.441}$$

verwenden, und (10.417) folgt.

Die Kontinuitätsgleichung

$$\frac{\partial n^T}{\partial t} + \frac{\partial \Gamma}{\partial z} = 0 \tag{10.442}$$

führt schließlich zu

$$\boxed{\frac{\partial n^T}{\partial t} - \chi_{zz}\frac{\partial^2 n^T}{\partial z^2} = 0}\,, \tag{10.443}$$

d. h. (10.418). ∎

Auswertung von (10.416)

Der „Pitchwinkel" ist der Winkel zwischen der Geschwindigkeit eines Teilchens und der Richtung eines festgelegten Bezugssystems, typischerweise der Richtung eines Magnetfelds. In der Physik der Plasmen und in der Astrophysik beschreibt der Pitchwinkel, wie stark die Bewegung eines geladenen Teilchens entlang oder quer zu einem Magnetfeld ausgerichtet ist. Ein Pitchwinkel von 0 bedeutet, dass sich das Teilchen parallel zur Magnetfeldlinie bewegt, während ein Pitchwinkel von 90 Grad bedeutet, dass sich das Teilchen senkrecht zur Magnetfeldlinie bewegt. Jetzt sind wir bereit, den Pitchwinkeldiffusionskoeffizienten zu berechnen.

Gemäß (10.416) haben wir vier Beiträge; wir beginnen mit dem ersten. Wir werten ihn unter der folgenden Annahme aus: Es werden nur die Korrekturen erster Ordnung aufgrund von Magnetfeldfluktuationen berücksichtigt. Das bedeutet, wir nähern

$$D_{\mu\mu}^{(I)} \equiv \frac{1}{\rho_L^2}\int_0^\infty dt\,\langle v_x(t)v_x(0)b_y(t)b_y(0)\rangle \approx \frac{1}{\rho_L^2}\int_0^\infty dt\,\langle \eta_x(t)\eta_x(0)b_y(t)b_y(0)\rangle\,. \tag{10.444}$$

Da der Integrand bereits explizit die Magnetfeldfluktuationen bis zur zweiten Ordnung enthält, werden für die Geschwindigkeitskorrelationen nur Stöße berücksichtigt. Die Geschwindigkeitskomponente η_x muss zu einem Zeitpunkt t berechnet werden, wobei der Weg des Teilchens unter der Wirkung der zufälligen Stoßkraft **a** verfolgt wird. Wie bereits erwähnt, hat die Kraft eine senkrechte ($\perp$) und eine parallele ($\parallel$) Komponente. Zusätzlich drückt die totale Korrelation eine Mittelung über die Magnetfeldfluktuationen (b) aus. Daher können wir von einem dreifachen stochastischen Prozess sprechen, den wir durch die Notation kennzeichnen:

$$\langle \eta_x(t)\eta_x(0)b_y(t)b_y(0)\rangle \equiv \langle\langle\langle \eta_x(t)\eta_x(0)b_y(t)b_y(0)\rangle_\perp\rangle_\parallel\rangle_b\,. \tag{10.445}$$

Ein Teil der gesamten Mittelung kann separat durchgeführt werden. Zum Beispiel beeinflusst die Mittelung über die Magnetfeldfluktuationen nicht die Geschwindigkeitskomponente niedrigster Ordnung η_x. Wenn wir den Weg des Teilchens mit $\mathbf{R}(t)$ bezeichnen, der in der gegenwärtigen Näherung nur durch Kollisionen beeinflusst wird, betrachten wir zunächst

$$\langle b_i(t)b_j(0)\rangle_b = \left\langle \int_\infty^\infty E_{ij}(\mathbf{r})\delta\left[\mathbf{r} - \mathbf{R}(t)\right] d^3r \right\rangle_b . \tag{10.446}$$

Wir werten in der Corrsin-Näherung aus,

$$\left\langle \int_\infty^\infty E_{ij}(\mathbf{r})\delta\left[\mathbf{r} - \mathbf{R}(t)\right] d^3r \right\rangle_b \approx \int_\infty^\infty E_{ij}(\mathbf{r})\,\langle \delta\left[\mathbf{r} - \mathbf{R}(t)\right]\rangle_b\, d^3r . \tag{10.447}$$

Für den gemittelten Propagator $\langle \delta\left[\mathbf{r} - \mathbf{R}(t)\right]\rangle_b$ benutzen wir die Fourier-Darstellung der Deltafunktion

$$\delta\left[\mathbf{r} - \mathbf{R}(t)\right] = \frac{1}{(2\pi)^3} \int e^{-ik\cdot[\mathbf{r}-\mathbf{R}(t)]} d^3k . \tag{10.448}$$

Außerdem nutzen wir auch die Fourier-Transformierte von $E_{ij}(r)$, um zu erhalten

$$\langle b_i(t)b_j(0)\rangle_b = \int E_{ij}(\mathbf{k})\langle \exp[i\mathbf{k}\cdot\mathbf{R}(t)]\rangle_b\, d^3k . \tag{10.449}$$

In niedrigster Ordnung ist die Trajektorie

$$\mathbf{R}(t) \approx \int_0^t \eta(t')dt' . \tag{10.450}$$

Damit wird

$$\boxed{D_{\mu\mu}^{(I)} \approx \frac{1}{\rho_L^2} \int E_{yy}(\mathbf{k})\langle\langle \eta_y(t)\eta_y(0)\,\mathcal{E}\rangle_\perp\rangle_\parallel d^3kdt} . \tag{10.451}$$

Ganz ähnlich folgt

$$\boxed{D_{\mu\mu}^{(II)} \approx \frac{1}{\rho_L^2} \int E_{xx}(\mathbf{k})\langle\langle \eta_y(t)\eta_y(0)\,\mathcal{E}\rangle_\perp\rangle_\parallel d^3kdt} , \tag{10.452}$$

$$\boxed{D_{\mu\mu}^{(III)} \approx -\frac{1}{\rho_L^2} \int E_{yx}(\mathbf{k})\langle\langle \eta_x(t)\eta_y(0)\,\mathcal{E}\rangle_\perp\rangle_\parallel d^3kdt} , \tag{10.453}$$

$$\boxed{D_{\mu\mu}^{(IV)} \approx -\frac{1}{\rho_L^2} \int E_{xy}(\mathbf{k})\langle\langle \eta_y(t)\eta_x(0)\,\mathcal{E}\rangle_\perp\rangle_\parallel d^3kdt} , \tag{10.454}$$

mit der Definition

$$\mathcal{E} \equiv \exp\left[ik_x \int_0^t \eta_x(t')dt' + ik_y \int_0^t \eta_y(t')dt' + ik_z \int_0^t \eta_z(t')dt'\right] . \tag{10.455}$$

Wir wollen uns zunächst auf den (einfacheren) stoßfreien Fall für $\nu = 0$ konzentrieren. In diesem Fall sind die Geschwindigkeiten im externen Magnetfeld leicht in folgender Form zu bestimmen:

$$\eta_x = v_\perp \cos(\phi_0 - \Omega t) = \frac{v_\perp}{2}\left[e^{i(\phi_0 - \Omega t)} + e^{-i(\phi_0 - \Omega t)}\right],\qquad (10.456)$$

$$\eta_y = v_\perp \sin(\phi_0 - \Omega t) = \frac{v_\perp}{2i}\left[e^{i(\phi_0 - \Omega t)} - e^{-i(\phi_0 - \Omega t)}\right],\qquad (10.457)$$

$$\eta_z = v_\| \, .\qquad (10.458)$$

Hier ist ϕ_0 eine willkürliche Phase, die angewendet werden kann, um eine Ensemblemittelung durchzuführen. Es ist leicht zu erkennen, dass bei der Mittelung

$$\langle \cdots \rangle = \frac{1}{2\pi}\int_0^{2\pi} d\phi_0 \cdots \qquad (10.459)$$

die Korrelationsfunktionen (10.228)–(10.230) für $\nu = 0$ wiedergefunden werden. Im Folgenden verwenden wir $v_\perp = v\sqrt{1 - \mu^2}$ und $v_\| = v\mu$, da sich in Abwesenheit von Kollisionen die Geschwindigkeit v nicht ändert. Der Faktor $\mathcal{E}$, wie in (10.455) definiert, erfordert die Berechnungen

$$\int_0^t \eta_x(t')dt' = x_0 - \frac{v_\perp}{\Omega}\{\sin(\phi_0 - \Omega t) - \sin\phi_0\},\qquad (10.460)$$

$$\int_0^t \eta_y(t')dt' = y_0 + \frac{v_\perp}{\Omega}\{\cos(\phi_0 - \Omega t) - \cos\phi_0\},\qquad (10.461)$$

$$\int_0^t \eta_z(t')dt' = z_0 + v_\| t \, .\qquad (10.462)$$

Damit wird

$$\boxed{\mathcal{E} = \exp\{i\,\frac{k_\perp v_\perp}{\Omega}[\sin(\psi + \omega t - \phi_0) - \sin(\psi - \phi_0)] + ik_\| v_\| t\}}\, .\qquad (10.463)$$

Hier haben wir den azimutalen Winkel ψ im k-Raum eingeführt gemäß $k_x = k_\perp \cos\psi$, $k_y = k_\perp \sin\psi$, $k_z \equiv k_\|$. Die Anfangsposition wird als $\mathbf{r}_0 = (x_0, y_0, z_0)$ angenommen. Als Nächstes kombinieren wir die trigonometrischen Funktionen. Um die Mittelung durchzuführen, verwenden wir die Darstellung

$$\boxed{e^{iU\sin\alpha} = \sum_{n=-\infty}^{\infty} J_n(U)e^{in\alpha}}\qquad (10.464)$$

mit den Bessel-Funktionen J_n der Ordnung n. Nach kurzer Rechnung folgt

$$\mathcal{E} = \sum_{n=-\infty}^{\infty} \sum_{m=-\infty}^{\infty} J_n(W) J_m(W) e^{i(n-m)(\psi-\phi_0)+in\Omega t+ik_\parallel v_\parallel t} \tag{10.465}$$

mit $W := \frac{k_\perp v_\perp}{\Omega}$. Jetzt können wir weiter vereinfachen,

$$D_{\mu\mu}^{(I)} = \frac{1}{\rho_L^2} \int_0^\infty dt \int_{-\infty}^\infty d^3k\, E_{yy}(\mathbf{k}) \langle\langle \eta_x(t)\eta_x(0)\mathcal{E} \rangle_\perp \rangle_\parallel \,, \tag{10.466}$$

wobei wir einsetzen

$$\eta_x(t)\eta_x(0) = \frac{v_\perp^2}{4} \left[e^{i(2\phi_0-\Omega t)} + e^{-i\Omega t} + e^{i\Omega t} + e^{-i(2\phi_0-\Omega t)} \right] \,. \tag{10.467}$$

Die Mittelung über die Phase führen wir nach Multiplikation mit $\frac{1}{2\pi}\int_0^{2\pi} d\phi_0$ durch. Es folgt

$$D_{\mu\mu}^{(I)} = \frac{v_\perp^2}{4\rho_L^2} \int_0^\infty dt \int_{-\infty}^\infty d^3k\, E_{yy}(\mathbf{k}) \sum_{n=-\infty}^{\infty} e^{-in\Omega t+ik_\parallel v_\parallel t}$$
$$\times \left[J_{n+1}^2(W) + J_{n-1}^2(W) + J_{n+1}(W)J_{n-1}(W)(e^{i2\psi} + e^{-i2\psi}) \right] \,. \tag{10.468}$$

Beachte, dass die Integration über t leicht durchgeführt werden kann, vorausgesetzt, das Magnetfeldfluktuationsspektrum hängt nicht von der Zeit ab. Wir nutzen

$$\int_0^\infty dt\, e^{i(k_\parallel v_\parallel - n\Omega)t} = \pi\delta(ik_\parallel v_\parallel - n\Omega) \equiv R_n(\mathbf{k}) = R_n(k_\parallel) \,. \tag{10.469}$$

Für spätere Verallgemeinerungen haben wir die $k_\parallel$-Resonanzfunktion mit R_n abgekürzt. Mit dieser Definition erhalten wir

$$D_{\mu\mu}^{(I)} = \frac{v_\perp^2}{4\rho_L^2} \int_{-\infty}^\infty d^3k\, E_{yy}(\mathbf{k}) \sum_{n=-\infty}^{\infty} R_n(k_\parallel) \left[J_{n+1}^2 + J_{n-1}^2 + J_{n+1}J_{n-1}(e^{i2\psi} + e^{-i2\psi}) \right] \,. \tag{10.470}$$

Offensichtlich können die anderen Beiträge $D_{\mu\mu}^{(II)}$, $D_{\mu\mu}^{(III)}$ und $D_{\mu\mu}^{(VI)}$ ähnlich berechnet werden, wobei dann

$$\eta_y(t)\eta_y(0) = -\frac{v_\perp^2}{4} \left[e^{i(2\phi_0-\Omega t)} - e^{-i\Omega t} - e^{i\Omega t} + e^{-i(2\phi_0-\Omega t)} \right], \tag{10.471}$$

$$\eta_x(t)\eta_y(0) = \frac{v_\perp^2}{4i} \left[e^{i(2\phi_0-\Omega t)} - e^{-i\Omega t} + e^{i\Omega t} - e^{-i(2\phi_0-\Omega t)} \right], \tag{10.472}$$

$$\eta_y(t)\eta_x(0) = \frac{v_\perp^2}{4i} \left[e^{i(2\phi_0-\Omega t)} + e^{-i\Omega t} - e^{i\Omega t} - e^{-i(2\phi_0-\Omega t)} \right] \,. \tag{10.473}$$

Die Ergebnisse sind

$$D_{\mu\mu}^{(I)} = \frac{v_\perp^2}{4\rho_L^2} \int_{-\infty}^{\infty} d^3k\, E_{yy}(\mathbf{k}) \sum_{n=-\infty}^{\infty} R_n(k_\parallel)$$
$$\times \left[J_{n+1}^2(W) + J_{n-1}^2(W) + J_{n+1}(W)J_{n-1}(W)(e^{2i\psi} + e^{-2i\psi}) \right] ,$$

(10.474)

$$D_{\mu\mu}^{(II)} = \frac{v_\perp^2}{4\rho_L^2} \int_{-\infty}^{\infty} d^3k\, E_{xx}(\mathbf{k}) \sum_{n=-\infty}^{\infty} R_n(k_\parallel)$$
$$\times \left[J_{n+1}^2(W) + J_{n-1}^2(W) - J_{n+1}(W)J_{n-1}(W)(e^{2i\psi} + e^{-2i\psi}) \right] ,$$

(10.475)

$$D_{\mu\mu}^{(III)} = \frac{v_\perp^2}{i4\rho_L^2} \int_{-\infty}^{\infty} d^3k\, E_{yx}(\mathbf{k}) \sum_{n=-\infty}^{\infty} R_n(k_\parallel)$$
$$\times \left[-J_{n+1}^2(W) + J_{n-1}^2(W) + J_{n+1}(W)J_{n-1}(W)(e^{2i\psi} - e^{-2i\psi}) \right] ,$$

(10.476)

$$D_{\mu\mu}^{(IV)} = \frac{v_\perp^2}{i4\rho_L^2} \int_{-\infty}^{\infty} d^3k\, E_{xy}(\mathbf{k}) \sum_{n=-\infty}^{\infty} R_n(k_\parallel)$$
$$\times \left[J_{n+1}^2(W) - J_{n-1}^2(W) + J_{n+1}(W)J_{n-1}(W)(e^{2i\psi} - e^{-2i\psi}) \right] .$$

(10.477)

Beispiel 10.26 (Rechnung ohne Corrsin-Näherung)
Untersuchen wir erneut den stoßfreien Fall $v = 0$, ohne die Corrsin-Näherung explizit zu verwenden. Für die Geschwindigkeiten verwenden wir (10.456) und (10.457). Dann kann (10.403) wie folgt geschrieben werden:

$$\dot{\mu} = \frac{\Omega\sqrt{1-\mu^2}}{B_0} \left[\delta B_y \cos\phi - \delta B_x \sin\phi \right] ,$$

(10.478)

mit $\phi = \phi_0 - \Omega t$. Für die Magnetfeldfluktuationen verwenden wir die Darstellung

$$\delta B_L(\mathbf{r}, t) := \frac{1}{\sqrt{2}} \left(\delta B_x(\mathbf{r}, t) + i \delta B_y(\mathbf{r}, t) \right) \tag{10.479}$$

$$\delta B_R(\mathbf{r}, t) := \frac{1}{\sqrt{2}} \left(\delta B_x(\mathbf{r}, t) - i \delta B_y(\mathbf{r}, t) \right) . \tag{10.480}$$

Dann schreibt sich (10.403) als

$$\dot{\mu} = \frac{i\Omega}{\sqrt{2}B_0} \sqrt{1 - \mu^2} \left[\delta B_R e^{i\phi} - \delta B_L e^{-i\phi} \right] . \tag{10.481}$$

Daraus folgt der Pitchwinkeldiffusionskoeffizient (10.404) in der Form

$$D_{\mu\mu} = \frac{\Omega^2 (1 - \mu^2)}{2 B_0^2} \Re \int_0^\infty dt \left[\mathcal{E}_{RR} e^{-i\Omega t} - \mathcal{E}_{RL} e^{2i\phi_0 - i\Omega t} - \mathcal{E}_{LR} e^{-2i\phi_0 + i\Omega t} + \mathcal{E}_{LL} e^{i\Omega t} \right] , \tag{10.482}$$

mit

$$\mathcal{E}_{XY}(\mathbf{r}, t) = \left\langle \delta B_X(\mathbf{r}, t) \delta B_Y^*(\mathbf{r_0}, 0) \right\rangle , \quad \text{bei } X, Y = R, L. \tag{10.483}$$

Als Nächstes wenden wir eine Fourier-Zerlegung der Magnetfeldfluktuationen an,

$$\delta B_{L,R}(\mathbf{r}, t) = \int d^3 k \, \delta B_{L,R}(\mathbf{k}, t) e^{i\mathbf{k}\cdot\mathbf{r}(t)} , \tag{10.484}$$

die zu

$$\mathcal{E}_{XY} = \mathcal{E}_{XY}(\mathbf{r}, t, \mathbf{r_0}, 0) = \int d^3 k \int d^3 k' \left\langle \delta B_X(\mathbf{k}, t) \delta B_Y(\mathbf{k'}, 0) \right\rangle e^{i[\mathbf{k}\cdot\mathbf{r}(t) - \mathbf{k'}\cdot\mathbf{r_0}]} \tag{10.485}$$

führt. Nutzen wir nun Zylinderkoordinaten im k-Raum,

$$k_x = k_\perp \cos\psi, \; k_y = k_\perp \sin\psi, \; k_z = k_\parallel, \tag{10.486}$$

so ergibt sich schnell

$$\mathbf{k} \cdot \mathbf{r}(t) = \mathbf{k} \cdot \mathbf{r_0} + \frac{k_\perp v_\perp}{\Omega} \left[\sin(\psi - \phi_0 + \Omega t) - \sin(\psi - \phi_0) \right] + k_\parallel v_\parallel t. \tag{10.487}$$

Alles zusammengenommen, folgt im Ortsraum

$$\mathcal{E}_{XY}(\mathbf{r}, t, \mathbf{r_0}, 0) = \int d^3 k \, \mathcal{E}_{XY}(\mathbf{k}, t) e^{i W [\sin(\psi - \phi_0 + \Omega t) - \sin(\psi - \phi_0)] + i v_\parallel k_\parallel t} , \tag{10.488}$$

mit

$$W = \frac{k_\perp v_\perp}{\Omega} = k_\perp \rho_L \sqrt{1 - \mu^2} \tag{10.489}$$

und

$$\mathcal{E}_{XY}(\mathbf{k}, t) = \frac{1}{(2\pi)^3} \int d^3 r \, \mathcal{E}_{XY}(\mathbf{r}, t) e^{-i\mathbf{k}\cdot\mathbf{r}} . \tag{10.490}$$

Mit (10.464) lässt sich weiter schreiben

$$
D_{\mu\mu} = \frac{\Omega^2(1-\mu^2)}{2B_0^2}\Re\int_0^\infty dt\int d^3k\sum_{n,m=-\infty}^{\infty} J_n(W)J_m(W)e^{in(\psi-\phi_0+\Omega t)-im(\psi-\phi_0)+iv_\parallel k_\parallel t}
$$
$$
\times\left[\mathcal{E}_{RR}(\mathbf{k})e^{-i\Omega t}-\mathcal{E}_{RL}(\mathbf{k})e^{2i\phi_0-i\Omega t}-\mathcal{E}_{LR}(\mathbf{k})e^{-2i\phi_0+i\Omega t}+\mathcal{E}_{LL}(\mathbf{k})e^{i\Omega t}\right].
$$
$$(10.491)$$

Dann mitteln wir über alle anfänglichen Winkel, indem wir mit $\frac{1}{2\pi}\int_0^{2\pi}d\phi_0$ multiplizieren.
Die Mittelung führt zu

$$
D_{\mu\mu} = \frac{\Omega^2(1-\mu^2)}{2B_0^2}\Re\sum_{n=-\infty}^{\infty}\int d^3k\,R_n(k_\parallel)[J_{n+1}^2(W)\mathcal{E}_{RR}(\mathbf{k})+J_{n-1}^2(W)\mathcal{E}_{LL}(\mathbf{k})
$$
$$
-J_{n+1}(W)J_{n-1}(W)\left(\mathcal{E}_{RL}(\mathbf{k})e^{2i\psi}+\mathcal{E}_{LR}(\mathbf{k})e^{-2i\psi}\right)],
$$
$$(10.492)$$

wobei, ähnlich wie in (10.469),

$$
R_n(k_\parallel)=\int_0^\infty dt\,e^{i(k_\parallel v_\parallel+n\Omega)t}=\pi\delta(k_\parallel v_\parallel+n\Omega).
$$
$$(10.493)$$

Mithilfe von (10.490) ergibt eine kurze Rechnung

$$
\mathcal{E}_{RR}(\mathbf{k},t)=\frac{B_0^2}{2}\left[E_{xx}(\mathbf{k})-iE_{yx}(\mathbf{k})+iE_{xy}(\mathbf{k})+E_{yy}(\mathbf{k})\right],
$$
$$(10.494)$$

wobei $E_{ij}(\mathbf{k})$ aus (10.249) genutzt wird. Weiterhin ist $b_i=\frac{\delta B_i}{B_0}$. Ähnlich wie zuvor folgen

$$
\mathcal{E}_{LL}(\mathbf{k},t)=\frac{B_0^2}{2}\left[E_{xx}(\mathbf{k})+iE_{yx}(\mathbf{k})-iE_{xy}(\mathbf{k})+E_{yy}(\mathbf{k})\right],
$$
$$(10.495)$$

$$
\mathcal{E}_{RL}(\mathbf{k},t)=\frac{B_0^2}{2}\left[E_{xx}(\mathbf{k})-iE_{yx}(\mathbf{k})-iE_{xy}(\mathbf{k})-E_{yy}(\mathbf{k})\right],
$$
$$(10.496)$$

$$
\mathcal{E}_{LR}(\mathbf{k},t)=\frac{B_0^2}{2}\left[E_{xx}(\mathbf{k})+iE_{yx}(\mathbf{k})+iE_{xy}(\mathbf{k})-E_{yy}(\mathbf{k})\right].
$$
$$(10.497)$$

Indem wir die Ergebnisse in $D_{\mu\mu}$ einsetzen, können wir in Bezug auf die Beiträge von E_{ij}
eine Aufspaltung vornehmen, um folgende Ausdrücke zu erhalten:

$$
D_{\mu\mu}^{(I)}=\frac{v_\perp^2}{4\rho_L^2}\int d^3k\,E_{yy}(\mathbf{k})\sum_{n=-\infty}^{\infty}R_n(k_\parallel)
$$
$$
\times[J_{n+1}^2(W)+J_{n-1}^2(W)+J_{n+1}(W)J_{n-1}(W)\left(e^{2i\psi}+e^{-2i\psi}\right),
$$
$$(10.498)$$

$$D_{\mu\mu}^{(II)} = \frac{v_\perp^2}{4\rho_L^2} \int d^3k \, E_{xx}(\mathbf{k}) \sum_{n=-\infty}^{\infty} R_n(k_\parallel)$$

$$\times \left[J_{n+1}^2(W) + J_{n-1}^2(W) - J_{n+1}(W)J_{n-1}(W) \left(e^{2i\psi} + e^{-2i\psi} \right) \right] , \tag{10.499}$$

$$-D_{\mu\mu}^{(III)} = \frac{iv_\perp^2}{4\rho_L^2} \int d^3k \, E_{yx}(\mathbf{k}) \sum_{n=-\infty}^{\infty} R_n(k_\parallel)$$

$$\times \left[-J_{n+1}^2(W) + J_{n-1}^2(W) + J_{n+1}(W)J_{n-1}(W) \left(e^{2i\psi} - e^{-2i\psi} \right) \right] , \tag{10.500}$$

$$-D_{\mu\mu}^{(IV)} = \frac{iv_\perp^2}{4\rho_L^2} \int d^3k \, E_{xy}(\mathbf{k}) \sum_{n=-\infty}^{\infty} R_n(k_\parallel)$$

$$\times \left[J_{n+1}^2(W) - J_{n-1}^2(W) + J_{n+1}(W)J_{n-1}(W) \left(e^{2i\psi} - e^{-2i\psi} \right) \right] , \tag{10.501}$$

mit $\left(1 - \mu^2\right) = \frac{v_\perp}{v}$ und $\rho_L = \frac{v}{\Omega}$. Diese Formeln stimmen mit den zuvor abgeleiteten Ausdrücken überein. ∎

Parallele Diffusion in der quasilinearen Grenze $\lambda_\perp \to \infty$

Der sogenannte quasilineare Fall mit einem Slabmodell für das Magnetfeldfluktuationsspektrum wird in der Theorie des anomalen Transports häufig betrachtet. Er gilt im Grenzfall $\lambda_\perp \to \infty$ und für $v = 0$. In diesem Fall vereinfachen sich die Magnetfeldfluktuationen erheblich.

Für eine exponentielle Abhängigkeit in paralleler Richtung (beachte, dass insbesondere in der Astrophysik unterschiedliche Formen für das parallele Spektrum verwendet werden) machen wir den Ansatz

$$E_{ij}(\mathbf{k}) \equiv E_{ij}^{slab}(\mathbf{k}) = \frac{1}{\sqrt{2\pi}} \beta^2 \lambda_\parallel e^{-\frac{1}{2}\lambda_\parallel^2 k_\parallel^2} \delta(k_x)\delta(k_y)\,\delta_{ij} . \tag{10.502}$$

Es kann in der Literatur auch ein etwas anderer Ansatz,

$$E_{ij}(\mathbf{k}) = g^{slab}(k_\parallel) \frac{1}{k_\perp} \delta(k_\perp)\,\delta_{ij}, \tag{10.503}$$

gefunden werden, wobei unterschiedliche Funktionen $g^{slab}(k_\parallel)$ gebräuchlich sind [151, 156, 246]. Wir sollten beachten, dass in diesem Fall Zylinderkoordinaten im k-Raum verwendet werden und dass $dk_x \, dk_y \to k_\perp \, dk_\perp \, d\varphi$ gilt, sowie

$$\int_{-\infty}^{\infty} dk_x \int_{-\infty}^{\infty} dk_y \delta(k_x)\delta(k_y) = 1 \rightarrow \int_0^{2\pi} d\varphi \int_0^{\infty} dk_\perp \frac{1}{k_\perp \pi} \delta(k_\perp) k_\perp d\varphi = 1 \, .$$

(10.504)

Das Spektrum sollte normiert sein,

$$E_{ij}(\mathbf{r} = \mathbf{0}) = \beta^2 = \int d^3k \, E_{ij}(\mathbf{k}) \, .$$

(10.505)

Zunächst verwenden wir (10.498)–(10.501), obwohl im vorliegenden Spezialfall $\nu = 0$ und $\lambda_\perp \rightarrow \infty$ ein direkterer Ansatz verfügbar ist (siehe unten). Durch Einsetzen von (10.502) in (10.498) erhalten wir

$$D_{\mu\mu}^{(I)} = \frac{\sqrt{\pi}\lambda_\parallel \beta^2 v_\perp^2}{4\sqrt{2}\rho_L^2} \sum_{n=-\infty}^{\infty} \int_{-\infty}^{\infty} d^3k \, e^{-\frac{1}{2}\lambda_\parallel^2 k_z^2} \delta(k_x)\delta(k_y)\delta(k_z v_\parallel - n\Omega)$$
$$\times \left[J_{n-1}^2(W) + 2\cos(2\psi)J_{n-1}(W)J_{n+1}(W) + J_{n+1}^2(W) \right] \, ,$$

(10.506)

wobei $k_\perp = \sqrt{k_x^2 + k_y^2}$ und $k_\parallel = k_z$ ist. Die Integration über k_z führt zu

$$D_{\mu\mu}^{(I)} = \frac{\sqrt{\pi}\lambda_\parallel \beta^2 v_\perp^2}{4\sqrt{2}\rho_L^2 |v_\parallel|} \sum_{n=-\infty}^{\infty} \int_{-\infty}^{\infty} dk_x \int_{-\infty}^{\infty} dk_y e^{-\frac{1}{2}\lambda_\parallel^2 \left(\frac{n\Omega}{v_\parallel}\right)^2} \delta(k_x)\delta(k_y)$$
$$\times \left[J_{n-1}^2(W) + 2\cos(2\psi)J_{n-1}(W)J_{n+1}(W) + J_{n+1}^2(W) \right] \, .$$

(10.507)

Aufgrund der Eigenschaften von Bessel-Funktionen, z. B.

$$J_n(0) = 0 \quad \text{for } n \neq 0 \, , \quad J_0(0) = 1 \, ,$$

(10.508)

bekommen wir

$$D_{\mu\mu}^{(I)} = \frac{\sqrt{\pi}}{2\sqrt{2}} \frac{\beta^2 \lambda_\parallel v_\perp^2}{\rho_L^2 |v_\parallel|} e^{-\frac{1}{2}\lambda_\parallel^2 \frac{\Omega^2}{v_\parallel^2}} \, .$$

(10.509)

Auf ähnlichem Weg erhalten wir

$$\boxed{D_{\mu\mu}^{(II)} = D_{\mu\mu}^{(I)} \equiv D_{\mu\mu} \, , \quad D_{\mu\mu}^{(III)} = D_{\mu\mu}^{(IV)} = 0}$$

(10.510)

mit

$$\boxed{D_{\mu\mu} = \frac{\sqrt{\pi}\beta^2 \lambda_\parallel v_\perp^2}{\sqrt{2}\rho_L^2 |v_\parallel|} e^{-\frac{1}{2}\lambda_\parallel^2 \frac{\Omega^2}{v_\parallel^2}}}$$

(10.511)

Beispiel 10.27 (Direkte Integration)

Bevor wir das Ergebnis diskutieren, kehren wir zu dem Punkt zurück, dass unter den gegenwärtigen Annahmen der Diffusionskoeffizient direkt aus (10.451)–(10.454) berechnet werden kann. Zum Beispiel erhalten wir durch Einsetzen von (10.502) in (10.451)

$$D_{\mu\mu}^{(I)} \approx \frac{1}{\rho_L^2}\beta^2\lambda_\parallel \frac{v_\perp^2}{2\sqrt{2}\sqrt{\pi}} \int dt \int dk_\parallel \frac{1}{2}\left[e^{-i\Omega t} + e^{i\Omega t}\right] e^{ik_\parallel v_\parallel t} e^{-i\frac{1}{2}\lambda_\parallel^2 k_\parallel^2} . \tag{10.512}$$

Wegen

$$\int_0^\infty dt\, e^{i(k_\parallel v_\parallel \pm n\Omega)t} = \pi\delta(k_\parallel v_\parallel \pm n\Omega) \tag{10.513}$$

und

$$\int_{-\infty}^\infty dk_\parallel \delta(k_\parallel v_\parallel \pm n\Omega)\cdots = \frac{1}{|v_\parallel|}\int_{-\infty}^\infty dk_\parallel \delta\left(k_\parallel \pm \frac{n\Omega}{v_\parallel}\right)\cdots \tag{10.514}$$

kann man die Integration direkt mit dem Ergebnis

$$D_{\mu\mu}^{(I)} = \frac{\sqrt{\pi}}{2\sqrt{2}}\frac{\beta^2\lambda_\parallel v_\perp^2}{\rho_L^2 |v_\parallel|} e^{-\frac{1}{2}\lambda_\parallel^2 \frac{\Omega^2}{v_\parallel^2}} \tag{10.515}$$

durchführen. Das stimmt im angenommen Fall mit dem früheren Ergebnis überein. Die anderen Ausdrücke (10.452)–(10.454) ergeben sich ähnlich. ■

Gemäß einer Notation, die insbesondere in der Plasmaastrophysik gängig ist, führen wir als Nächstes die Steifigkeit („rigidity") ein.

$$\boxed{R = \frac{\rho_L}{l_{slab}} \sim \frac{\rho_L}{\lambda_\parallel}} , \tag{10.516}$$

wobei die sogenannte „Slab-Bendover-Länge" l_{slab} so definiert ist, dass die Fläche $l_{slab}\beta^2$ der Fläche unter der Korrelationsfunktion entspricht, also

$$l_{slab} = \int_0^\infty dz\, e^{-\frac{1}{2}\frac{z^2}{\lambda_\parallel^2}} = \sqrt{\frac{\pi}{2}}\lambda_\parallel . \tag{10.517}$$

Die Rigidity (Steifigkeit) bietet ein Maß für den Impuls eines Teilchens. Für große Rigiditywerte nähern

$$D_{\mu\mu} \approx \frac{\sqrt{\pi}\beta^2\lambda_\parallel v_\perp^2}{\sqrt{2}\rho_L^2 |v_\parallel|} = \frac{\sqrt{\pi}\beta^2\lambda_\parallel v}{\sqrt{2}\rho_L^2}\frac{1-\mu^2}{|\mu|} . \tag{10.518}$$

Durch Einsetzen in (10.415) können wir analytisch integrieren und erhalten

$$\chi_{zz} = \frac{v^2}{8}\int_{-1}^{+1}\frac{(1-\mu^2)^2}{D_{\mu\mu}}d\mu \approx \frac{1}{8\sqrt{2}\sqrt{\pi}}\frac{v^3}{\Omega^2\beta^2\lambda_\parallel} . \tag{10.519}$$

Abgesehen von einem numerischen Faktor stimmt dies mit dem Ergebnis überein, das auf der Grundlage einer kleinen Gyroentwicklung in [247] abgeleitet wurde.

In der genannten Arbeit wird die „magnetische Stoßfrequenz" definiert,

$$\nu_{\mathrm{mag}} = \sqrt{2}\Omega^2\beta^2 \frac{\lambda_\parallel}{v_{th}} \ ,$$

(10.520)

sodass die quasilinearen parallelen und senkrechten Diffusionskoeffizienten jeweils in Formen geschrieben werden können, die den klassischen Formen entsprechen, nämlich

$$\boxed{D_\parallel = \frac{v_{th}^2}{2\nu_{\mathrm{mag}}} \ , \quad D_\perp = \frac{v_{th}^2 \nu_{\mathrm{mag}}}{2\Omega^2}} \ .$$

(10.521)

Die Gl. (10.417) ermöglicht die Berechnung der parallelen mittleren freien Weglänge als

$$\lambda_\parallel^{mfp} = 3\frac{\chi_{zz}}{v} \approx \frac{3}{8\sqrt{2}\sqrt{\pi}} \frac{v^2}{\Omega^2\beta^2\lambda_\parallel} \sim R^2 \ .$$

(10.522)

Der mittlere freie Weg ist in der quasilinearen Näherung proportional zum Quadrat der Steifigkeit.

Ausgehend von der Beziehung (10.415) zwischen dem parallelen Diffusionskoeffizienten und dem Pitchwinkeldiffusionskoeffizienten sowie den Ausdrücken (10.451)–(10.454) für Letzteren, können allgemeinere Fälle betrachtet werden, z.B. $\nu \neq 0$ und endlich große $\lambda_\perp$. Die weiteren Einzelheiten würden den Rahmen dieses Buches sprengen.

Inhaltsverzeichnis

Zusammenfassung

Dieses Kapitel schließt an die bereits diskutierten Grundlagen der Laser-Plasma-Wechselwirkung an. Es umreißt aber jetzt moderne Entwicklungen, die sich nach der enormen Steigerung der Kurzpulslaserintensitäten eröffnet haben. Wir beginnen mit einer kurzen Schilderung der Historie und Perspektiven der Laserentwicklung. Anschließend greifen wir im Wesentlichen zwei aktuelle Forschungs- und Entwicklungszweige auf: Plasmabeschleuniger und Plasmaoptik. Wir könnten noch weitere hinzufügen, wie z. B. Plasmaspiegel, müssen aber aus Platzgründen darauf verzichten.

11.1 Laserentwicklung und Anwendungen

In diesem Abschnitt skizzieren wir, wie die Idee und Realisierung einer CPA („chirped-pulse amplification") die Laserentwicklung revolutioniert hat.

Die Wechselwirkung von hochintensiven Lasern mit Materie ist ein breites Forschungsfeld, das in den letzten drei Jahrzehnten eine explosive wissenschaftliche Entwicklung erfahren hat. Wellenlänge, Energie, Pulsdauer und Fokusgröße sind die vier „magischen Zahlen" [248], die die Laserentwicklung im Hinblick auf die nichtlineare Laserplasmaphysik charakterisieren. Die Wechselwirkung von hochintensiven Lasern mit langen Pulsen und Plasma

K.-H. Spatschek, *Theoretische Plasmaphysik*,
https://doi.org/10.1007/978-3-662-71426-3_11

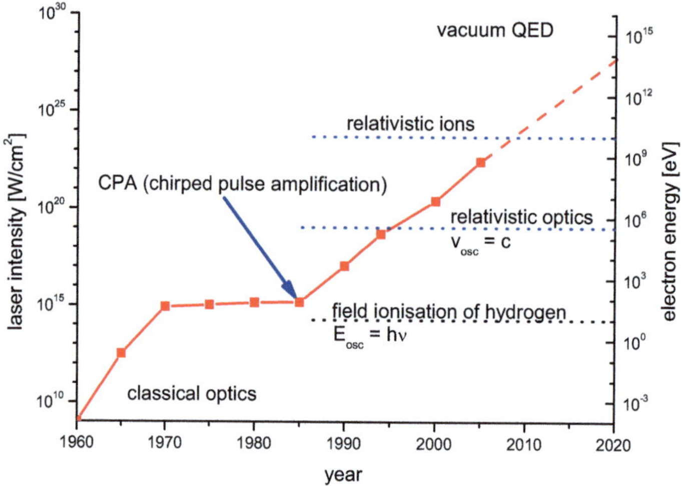

Abb. 11.1 Schematische Darstellung der historischen Entwicklung intensivster Laserpulse

ist vor allem für die Trägheitsfusion von Bedeutung. Seit der Erfindung der Chirped-Pulse-Amplification(CPA)-Technik [249] hat jedoch die Wechselwirkung von Lasern mit kurzen Pulsen ein völlig neues Forschungsgebiet eröffnet, das heute als relativistische Optik [250] bezeichnet wird. Femtosekunden- und sogar Attosekundenzeiträume (1 fs $=10^{-15}$ s, 1 as $=10^{-18}$ s) werden bei relativ hohen Leistungen zunehmend zugänglich. Abb. 11.1 bietet einen Überblick über die derzeit verfügbaren hochintensiven Laserpulse und die damit verbundenen neuen physikalischen Forschungsgebiete, die untersucht werden können.

Ein neues Forschungsgebiet der Laser-Plasma-Wechselwirkung begann vor etwa 40 Jahren, als Laserfelder stark genug wurden, um Materie direkt zu ionisieren. Mit Lasern, die bei Wellenlängen von 0,25 μm bis 13,4 μm betrieben werden, kann der photoelektrische Effekt bei normalem Material nicht effektiv sein, da die Photonenenergie $\hbar\omega$ viel kleiner ist als die atomare Potentialbarriere, die das Elektron in der Nähe des Kerns erfährt (z. B. 13,6 eV für den Grundzustand von Wasserstoff). Mit leistungsfähigeren Lasersystemen in den 1960er- und 1970er-Jahren wurde die Mehrphotonenionisation möglich. Die reichhaltige Physik, die bereits im schwach nichtlinearen Niedrigintensitätsbereich auftritt, wird beispielsweise in [24] zusammengefasst.

Vor der CPA-Ära war die direkte Verstärkung von Pulsen begrenzt, da Intensitäten von einigen GW/cm² das Verstärkungsmedium beschädigen würden. Das Strecken des Pulses auf kontrollierte (reversible) Weise durch Hinzufügen eines Chirps (zeitliche Variation der Frequenz) ist die erste Stufe in der CPA-Technik. Der gechirpte Puls wird dann verstärkt. Hierfür können in der Regel eine oder mehrere konventionelle Laserverstärkerstufen verwendet werden, um die Pulsenergie um den Faktor 10^7 bis 10^9 zu erhöhen. Schließlich führt ein Kompressor die genaue optische Umkehrung des Streckers durch, um einen verstärkten Puls mit der gleichen Dauer wie zu Beginn zu liefern. Die optische parametrische Verstärkung (OPCPA) in einem nichtlinearen Kristall verspricht sogar höhere Intensitäten als herkömmliche CPA.

Beispiel 11.1 (Daten zweier existierender Lasersysteme)

Ein Beispiel: Die „magischen Zahlen" des Jena-TW-Lasers sind [248]: Wellenlänge 800 nm, Energie 0,8 J, Pulsdauer 80 fs und Fokusgröße 5 μm^2, was zu einer ungefähren Intensität von 10^{20} W/cm^2 führt. In diesem Bereich wird das erzeugte Laserplasma relativistisch. Es ist praktisch, das Laserfeld durch den dimensionslosen Parameter $a_0 = eA_0/m_e c$ zu charakterisieren, wobei A_0 das Spitzenvektorpotential des Laserpulses ist. Da a_0 dem normierten (durch $m_e c$) maximalen transversalen Impuls eines Elektrons im Laserfeld entspricht, wird $a_0 \geq 1$ oft als Eintritt in die relativistische Optik bezeichnet (siehe unten). Einrichtungen wie der ARCTURUS-Laser an der Universität Düsseldorf können $a_0 \sim 10$ erzeugen. ∎

Ein nächster großer Schritt wird bei $a_0 \sim 1000$ erreicht sein, wenn auch Ionen auf relativistische Geschwindigkeiten beschleunigt werden. Bei noch höheren Intensitäten wird es möglich sein, sogar die Erzeugung von Elektron-Positron-Paaren und andere quantenelektrodynamische (QED) Effekte zu untersuchen.

Intensitäten von 10^{19} W/cm^2 sind mittlerweile in Tisch-Terawatt-Lasersystemen (Tera $\hat{=} 10^{12}$), die auf der chirped-pulse amplification basieren, verfügbar. Nehmen wir als typisches Beispiel ein Joule Licht, das in einer Picosekunde (pico $\hat{=} 10^{-12}$) komprimiert wird, um eine Spitzenleistung von einem Terawatt zu erzeugen. Der Laser kann auf wenige Quadrate der Wellenlänge fokussiert werden, z. B. 10 μm^2. Das führt zu einer Intensität von

$$I_0 \sim \frac{1\,\text{Joule}}{1\,\text{ps}\,10\,\mu\text{m}^2} \sim \frac{1}{10^{-12}\,10\,10^{-8}} \sim 10^{19} \left[\frac{\text{W}}{\text{cm}^2}\right]. \qquad (11.1)$$

Die Photonendichte $n_{\text{photon}} = N/V$ folgt mit der Photonenenergie

$$\hbar\omega \equiv \frac{hc}{\lambda} \approx \frac{6{,}6 \times 10^{-34}\,\text{Js}\,3 \times 10^8\,\text{ms}^{-1}}{10^{-6}\,\text{m}} \approx 2 \times 10^{-19}\,\text{J} \quad \text{bei } \lambda = 1\,\mu\text{m} \qquad (11.2)$$

zur Zahl $N = 5 \times 10^{18}$ und damit

$$n_{\text{photon}} = \frac{5 \times 10^{18}}{10 \times 10^{-8}\,\text{cm}^2\,3 \times 10^{10}\,\text{cm}\,\text{s}^{-1}\,10^{-12}\,\text{s}} \approx 1{,}6 \times 10^{27}\,\frac{\text{photons}}{\text{cm}^3}. \qquad (11.3)$$

Bereiche der relativistische Optik

Bei der Untersuchung der Bewegung eines einzelnen Teilchens (Elektrons) in einer ebenen elektromagnetischen Welle haben wir bereits mit der Diskussion über die Bedeutung relativistischer Effekte während der Laser-Teilchen-Wechselwirkung begonnen.

Die Gl. (2.286) ist in diesem Zusammenhang zentral. Daher wiederholen wir sie hier der Übersichtlichkeit halber:

$$I_0 \lambda^2 = \zeta \left[1{,}37 \times 10^{18} \frac{\mathrm{W}}{\mathrm{cm}^2} \, \mu\mathrm{m}^2 \right] a_0^2 \, . \tag{11.4}$$

Wenn wir die zirkulare Polarisation $\zeta = 2$ und die Wellenlänge $\lambda = 1\ \mu m$ spezifizieren, ergibt sich

$$I_0 \approx 2{,}7 \times 10^{18} \, a_0^2 \left[\frac{\mathrm{W}}{\mathrm{cm}^2} \right] \quad \text{für } \lambda = 1\ \mu\mathrm{m} \, , \ \zeta = 2 \, . \tag{11.5}$$

Für $\lambda = 1\ \mu$m führt das zur elektrischen Feldstärke E_{field} ausgedrückt in a_0,

$$E_{\mathrm{field}} \approx 3{,}14 \times 10^{12} \, a_0 \left[\frac{\mathrm{V}}{\mathrm{m}} \right] \quad \text{für } \lambda = 1\ \mu\mathrm{m} \, . \tag{11.6}$$

Damit lässt sich die Intensität auch schreiben als

$$I_0 \approx \frac{(E_{\mathrm{field}} \, [\mathrm{V/cm}])^2}{377 \, [\Omega]} \left[\frac{\mathrm{W}}{\mathrm{cm}^2} \right] \quad \text{für } \lambda = 1\ \mu\mathrm{m} \, , \ \zeta = 2 \, . \tag{11.7}$$

Da a_0^2 proportional zu $I_0 \lambda^2$ ist, sind relativistische Effekte bei großen Wellenlängen λ (oder kleinen Frequenzen ω) begünstigt. Höhere Frequenzen, die auf kleinere Flecken fokussiert werden können, sind daher nicht so gut geeignet zur Beobachtung relativistischer Effekte bei Ionen, könnten jedoch gut genutzt werden, um den QED-Bereich zu erreichen. Für Letzteres ist I_0 selbst wichtig. Höhere Harmonische an festen Oberflächen sind förderlich, den QED-Bereich viel einfacher zu erreichen.

Das schwach relativistische Regime

Aus der näherungsweisen Lösung der Bewegung eines einzelnen Elektrons in einem Laserfeld ergibt sich für $|\mathbf{v}| \ll c$ die Bedingung

$$a_0 = \frac{e A_0}{m_e c} \ll 1 \, . \tag{11.8}$$

In dieser Grenze kann man den γ-Faktor entwickeln,

$$\gamma = \sqrt{1 + \frac{|\mathbf{p}_e|^2}{m_e^2 c^2}} \approx \sqrt{1 + a_0^2} \approx 1 + \frac{a_0^2}{2} \,. \tag{11.9}$$

Im nichtrelativistischen Fall ist $\gamma = 1$.

Das Regime hoher Intensitäten

Die folgende Terminologie wurde von Mourou et al. [250] eingeführt. Das Hochintensitätsregime (für Elektronen) wird als der Bereich definiert, in dem

$$\hbar\omega \ll m_e c^2 \left[\sqrt{1 + a_0^2} - 1\right] < m_e c^2 \,, \tag{11.10}$$

wenn wir $\gamma \approx \sqrt{1 + a_0^2}$ verwenden. Relativistische Effekte sind hier sehr wichtig, aber in diesem Bereich ist die Physik noch nicht ultrarelativistisch. Offensichtlich liegt die obere Grenze bei $a_0 \approx 1$. Für $\lambda = 1\,\mu\mathrm{m}$ ergibt sich aus der Bedingung $a_0 = 1$ die Abschätzung

$$I_{0e} \approx 2{,}7 \times 10^{18} \frac{\mathrm{W}}{\mathrm{cm}^2} \,. \tag{11.11}$$

Höhere Intensitäten von der Ordnung

$$I_{0i} \approx 10^{25} \frac{\mathrm{W}}{\mathrm{cm}^2} \tag{11.12}$$

werden benötigt, damit die Ionenbewegung relativistisch wird. Eine erste Abschätzung führt zu dem Bereich

$$5 \times 10^{-6} \ll a_0^2 \le 1 \,,\,. \tag{11.13}$$

Führen wir einen Sicherheitsfaktor 100 für die untere Grenze ein, so folgt

$$2{,}2 \times 10^{-2} \le a_0 \le 1 \,. \tag{11.14}$$

Ausgedrückt durch Intensitäten haben wir

$$5 \times 10^{14} \left[\frac{\mathrm{W}}{\mathrm{cm}^2}\right] \le I_0 \le 2{,}7 \times 10^{18} \left[\frac{\mathrm{W}}{\mathrm{cm}^2}\right] \quad \text{für } \lambda = 1\,\mu\mathrm{m} \,. \tag{11.15}$$

Beachte, dass die numerischen Werte von der Laserwellenlänge abhängen. Wir haben $\lambda = 1\,\mu\mathrm{m}$ verwendet, wobei wir im Hinterkopf hatten, dass für einen Excimerlaser $\lambda \approx 248\,\mathrm{nm}$ eine obere Grenze in der Größenordnung von $10^{19}\,\mathrm{W/cm}^2$ ergibt, während für einen CO_2-Laser $\lambda \approx 10{,}6\,\mu\mathrm{m}$ eine obere Grenze in der Größenordnung von $10^{16}\,\mathrm{W/cm}^2$ für den Eintritt in das (nachfolgend diskutierte) sogenannte ultrahohe Intensitätsregime gilt.

Ultrahohe Intensitäten und ultrarelativistisches Regime

Das Ultrahochintensitätsregime – oberhalb des Hochintensitätsregimes (11.13) – umfasst den Bereich $a_0 > 1$ oder wird auch als *ultrarelativistisches Regime* bezeichnet. Dort gilt

$$eE_{\text{field}}\lambda > 2\pi m_e c^2 \,, \tag{11.16}$$

für das elektrische Feld E_{field} des Lasers. Abhängig von den dominierenden physikalischen Prozessen unterscheiden wir zwischen verschiedenen Bereichen:

Das relativ niedrigamplitudige ultrarelativistische Regime

Ein beschleunigtes relativistisches Elektron, das sich im Laserfeld bewegt, verliert Energie durch Synchrotronstrahlung. Unter Verwendung der standardmäßigen relativistischen Formel [251, 252] für die Strahlungsintensität,

$$P = \frac{2}{3}\frac{e^2}{4\pi\varepsilon_0 m^2 c^3}\gamma^2\omega^2|\mathbf{p}|^2 \,, \tag{11.17}$$

kann man für relativ niedrige Laseramplituden $|\mathbf{p}| \approx mca_0$ näherungsweise annehmen (siehe unten). Der Radius der Elektronenbahn ist ungefähr $R = c/\omega_0 = \lambda/2\pi$, wobei a_0 die normierte Amplitude des Vektorpotentials, $m \equiv m_e$ die Ruhemasse des Elektrons und ω_0 die Laserfrequenz ist. Zusätzlich gilt für $a_0 \gg 1$ und solange $|\mathbf{p}| \approx m_e ca_0$, dass $\gamma \approx a_0$. Nutzt man das, so erhalten wir

$$P \approx \underbrace{\frac{4\pi r_e}{3\lambda}}_{\varepsilon_{\text{rad}}} \omega_0 mc^2 a_0^4 \,, \tag{11.18}$$

mit

$$\varepsilon_{\text{rad}} = \frac{4\pi r_e}{3\lambda} \approx 1{,}2 \times 10^{-8} \quad \text{bei } \lambda = 1\,\mu\text{m} \tag{11.19}$$

und dem klassischen Elektronenradius

$$r_e = \frac{1}{4\pi\varepsilon_0}\frac{e^2}{mc^2} \approx 2{,}82 \times 10^{-13}\,\text{cm} \,. \tag{11.20}$$

Die Elektronenenergie

$$E = \gamma mc^2 \approx mc^2 a_0 \tag{11.21}$$

hängt von der Laseramplitude ab Auf Basis der Energieformel nähern wir die zeitliche Änderung durch

$$\frac{\partial E}{\partial t} \sim \omega_0 mc^2 a_0 \,. \tag{11.22}$$

Im Vergleich von (11.18) mit (11.22) stellen wir fest, dass die Strahlung dominant wird für

$$\varepsilon_{\text{rad}}a_0^3 \gg 1 \; . \tag{11.23}$$

In der Region unterhalb der oberen Grenze gilt dann

$$1 \le a_0 \le \frac{1}{\varepsilon_{\text{rad}}^{1/3}} \equiv a_{\text{radiation}} \approx 440 \quad \text{für} \quad \lambda = 1\,\mu\text{m} \; . \tag{11.24}$$

Es wird als das relativ niedrigamplitudige Regime bezeichnet. Oberhalb dieses Regimes werden die Strahlungseffekte wichtig. Am oberen Rand hat das elektrische Feld die Größenordnung

$$E_{\text{field}}^{\text{radiation}} \approx 1{,}4 \times 10^{15} \left[\frac{\text{V}}{\text{m}}\right] \; ; \tag{11.25}$$

die zugehörige Intensität ist

$$I_0^{\text{radiation}} \approx 5{,}2 \times 10^{23} \left[\frac{\text{W}}{\text{cm}^2}\right] \quad \text{bei } \lambda = 1\,\mu\text{m} \; . \tag{11.26}$$

Fassen wir zusammen:

$$2{,}7 \times 10^{18} \left[\frac{\text{W}}{\text{cm}^2}\right] \le I_0 \le 5{,}2 \times 10^{23} \left[\frac{\text{W}}{\text{cm}^2}\right] \quad \text{bei } \lambda = 1\,\mu\text{m} \tag{11.27}$$

charakterisiert die relativ niedrigintensive Region des ultrarelativistischen Regimes.

Das mittlere ultrarelativistische Regime

Bevor wir die neuen physikalischen Effekte, die bei noch größeren Amplituden auftreten, kehren wir zur Beziehung zwischen $|\mathbf{p}|$ und a_0 zurück. Ohne Beweis stellen wir fest (siehe [250])

$$|\mathbf{p}| \approx \begin{cases} m_e c a_0 & \text{für} \quad 1 < a_0 < a_{\text{radiation}} \; , \\ m_e c \left(a_0/\varepsilon_{\text{rad}}\right)^{1/4} & \text{für } a_{\text{radiation}} < a_0 < a_{\text{quantum}} \; . \end{cases} \tag{11.28}$$

Quanteneffekte werden wichtig, wenn die Photonen, die aufgrund der Compton-Streuung erzeugt werden, Energien in der Größenordnung (oder größer) der Elektronenenergie $E_e = \gamma m_e c^2$ haben. Die Energie eines Photons beträgt

$$E_{\text{photon}} = \hbar\omega_m \; . \tag{11.29}$$

Die Frequenz des Photons, das von einem mit der Frequenz ω rotierenden Elektron erzeugt wird, beträgt [253]

$$\omega_m = \gamma^3 \omega \; . \tag{11.30}$$

Gleichsetzen der Elektronenenergie mit der Photonenenergie $E = E_{\text{photon}}$ führt zu dem kritischen γ-Wert

$$\gamma_{\text{quantum}} \equiv \sqrt{\frac{m_e c^2}{\hbar \omega}} \, , \tag{11.31}$$

sodass für

$$\gamma > \gamma_{\text{quantum}} \approx 600 \quad \text{für} \quad \lambda = 1 \, \mu\text{m} \tag{11.32}$$

Quanteneffekte ins Spiel kommen. Unter Verwendung von (11.28) und

$$\gamma \approx (a_0/\varepsilon_{\text{rad}})^{1/4} \approx \left(\frac{3 a_0 \lambda}{4 \pi r_e}\right)^{1/4} \tag{11.33}$$

können wir die Bedingung auch umformulieren,

$$a_0 > a_{\text{quantum}} = \frac{1}{4 \pi \varepsilon_0} \frac{2 e^2 m_e c}{3 \hbar^2 \omega} = \frac{1}{3 \pi} \frac{r_e \lambda}{\bar{\lambda}_c^2} \approx 2000 \quad \text{für} \quad \lambda = 1 \, \mu\text{m} \, , \tag{11.34}$$

wobei

$$\bar{\lambda}_C = \frac{\hbar}{m_e c} \approx 3,86 \times 10^{-11} \, \text{cm} \tag{11.35}$$

die Compton-Wellenlänge ist.

Der Bereich

$$a_{\text{radiation}} \leq a_0 \leq a_{\text{quantum}} \tag{11.36}$$

wird als die mittlere (intermediäre) ultrarelativistische Region bezeichnet. Am oberen Rand hat das elektrische Feld die Größenordnung

$$E_{\text{field}}^{\text{quantum}} \approx \frac{1}{4 \pi \varepsilon_0} \frac{2 e m_e^2 c^2}{3 \hbar^2} \approx 6,5 \times 10^{15} \left[\frac{\text{V}}{\text{m}}\right] ; \tag{11.37}$$

die zugehörige Intensität ist

$$I_0^{\text{quantum}} \approx 10^{25} \left[\frac{\text{W}}{\text{cm}^2}\right] \quad \text{bei } \lambda = 1 \, \mu\text{m} \, . \tag{11.38}$$

Fassen wir zusammen:

$$5,2 \times 10^{23} \left[\frac{\text{W}}{\text{cm}^2}\right] \leq I_0 \leq 10^{25} \left[\frac{\text{W}}{\text{cm}^2}\right] \quad \text{bei } \lambda = 1 \, \mu\text{m} \tag{11.39}$$

charakterisiert die mittlere Region (Zwischenregion) des ultrarelativistischen Regimes.

Das ultrarelativistische QED Regime

Für noch größere Intensitäten erreichen wir den Bereich, in dem der Zusammenbruch des Vakuums mit spontaner Paarproduktion möglich wird. Dabei ist zu beachten, dass das Feld genügend Arbeit an einem virtuellen Elektron-Positron-Paar leisten kann, um den Zusammenbruch des Vakuums zu erzeugen, d. h.

$$eE_{\text{field}}\bar{\lambda}_C > 2m_e c^2 \tag{11.40}$$

sollte gelten und wir finden das Schwinger-Feld

$$E_{\text{field}}^{\text{Schwinger}} = \frac{m_e^2 c^3}{e\hbar} \approx 1{,}3 \times 10^{16} \left[\frac{\text{V}}{\text{cm}} \right] . \tag{11.41}$$

Das zugehörige normierte Vektorpotential ist

$$a_{\text{Schwinger}} = \frac{m_e c^2}{\hbar\omega} \approx 4 \times 10^5 . \tag{11.42}$$

Solche Felder werden bei Laserintensitäten erreicht, für die gilt

$$I_0^{\text{Schwinger}} \approx 4{,}5 \times 10^{29} \left[\frac{\text{W}}{\text{cm}^2} \right] \quad \text{für } \lambda = 1\,\mu\text{m} . \tag{11.43}$$

Bei dieser Intensität erreichen wir den nichtlinearen QED-Bereich.

Hawking-Unruh-Strahlung

Die ursprünglichen Arbeiten, die die Diskussion über Unruh-Strahlung einleiteten, sind die folgenden Referenzen: [254–257]. Anschließend erschienen viele Arbeiten zu diesem interessanten Thema, z. B. [258].

Die Existenz der Unruh-Strahlung wird nicht allgemein akzeptiert. Einige behaupten, dass sie bereits beobachtet wurde, während andere behaupten, dass sie überhaupt nicht emittiert wird. Während die Skeptiker akzeptieren, dass ein beschleunigtes Objekt bei der Unruh-Temperatur thermalisiert, glauben sie nicht, dass dies zur Emission von Photonen führt, da die Emissions- und Absorptionsraten des beschleunigten Teilchens im Gleichgewicht seien.

Hier folgen wir der Interpretation von K.T. McDonald [259]. Laut Hawking erfährt ein Beobachter außerhalb eines starken Gravitationsfelds, wie es in einem Schwarzen Loch auftritt, ein Bad aus thermischer Strahlung mit einer Temperatur T, gegeben durch

$$k_B T_{\text{Hawking}} = \frac{\hbar g}{2\pi c} \, , \tag{11.44}$$

wobei g die lokale Beschleunigung aufgrund der Gravitation ist. Das Gravitationsfeld interagiert mit den Quantenfluktuationen des elektromagnetischen Feldes, was dazu führt, dass Energie auf einen „Beobachter" übertragen werden kann. Wenn die Temperatur äquivalent zu 1 MeV oder mehr ist, treten virtuelle Elektron-Positron-Paare aus dem Vakuum als reale Teilchen hervor.

Die Idee von W.G. Unruh war, dass ähnlich wie bei der Hawking-Strahlung ein gleichmäßig beschleunigter Detektor ebenfalls ein thermisches Strahlungsbad erlebt. Ein beschleunigter Beobachter in einer gravitationsfreien Umgebung unterliegt (lokal) derselben Physik wie ein ruhender Beobachter in einem Gravitationsfeld. Die Temperatur sollte gegeben sein durch

$$k_B T_{\text{Unruh}} = \frac{\hbar a^*}{2\pi c} \, , \tag{11.45}$$

wobei a^* die Beschleunigung ist, die im momentanen Ruhesystem des Beobachters gemessen wird.

Der „Beobachter" könnte ein Elektron sein, das durch ein elektromagnetisches Feld E_{field} beschleunigt wird. Angenommen, die charakteristische Energie $k_B T_{\text{Unruh}}$ ist viel kleiner als 1 MeV. Dann würde die Thomson-Streuung des Elektrons an Photonen im scheinbaren thermischen Bad von einem Laborbeobachter als zusätzlicher Beitrag zur Strahlungsrate der beschleunigten Ladung interpretiert werden. Die Leistung der zusätzlichen (Unruh-)Strahlung berechnet sich dann aus

$$\frac{dU_{\text{Unruh}}}{dt} = F_{\text{Energiefluss}} \times \sigma_{\text{Thomson}} \, , \tag{11.46}$$

wobei

$$F_{\text{Energiefluss}} = U_{\text{Unruh}} \, c \, , \quad \sigma_{\text{Thomson}} = \frac{8\pi r_e^2}{3} \, . \tag{11.47}$$

Angenommen, die Strahlung befindet sich im thermischen Gleichgewicht, sodass die Energiedichte der thermischen Strahlung durch den Planck-Ausdruck gegeben sei,

$$\frac{dU_{\text{Unruh}}}{d\nu} = \frac{8\pi}{c^3} \frac{h\nu^3}{e^{h\nu/k_B T_{\text{Unruh}}} - 1} \, , \tag{11.48}$$

wobei ν die Frequenz ist. Beachte, dass diese Beziehungen im momentanen Ruhesystem des Elektrons gelten. Die Kombination von (11.46) mit (11.48) führt zu

$$\frac{dU_{\text{Unruh}}}{dt\,d\nu} = \frac{8\pi}{c^2} \frac{h\nu^3}{e^{h\nu/k_B T_{\text{Unruh}}} - 1} \frac{8\pi r_e^2}{3} \, . \tag{11.49}$$

Nach Integration über ν finden wir eine Stefan-Boltzmann-ähnliche Relation

$$\frac{dU_{\text{Unruh}}}{dt} = \frac{8\pi^3 \hbar r_e^2}{45c^2} \left(\frac{k_B T_{\text{Unruh}}}{\hbar}\right)^4 . \tag{11.50}$$

Mit (11.45) folgt letztendlich

$$\boxed{\frac{dU_{\text{Unruh}}}{dt} = \frac{\hbar r_e^2 a^{*4}}{90\pi c^6} \approx \frac{e^4 E_{\text{field}}^4 \hbar r_e^2}{90\pi m^4 c^6}} . \tag{11.51}$$

Wichtig ist die Proportionalität zur vierten Potenz von $a^* \approx eE_{\text{field}}/m$. Vergleicht man dies mit anderer Strahlung, z. B. der Larmor-Strahlung

$$\frac{dU_{\text{Larmor}}}{dt} = \frac{1}{4\pi\varepsilon_0} \frac{2e^2 a^{*2}}{3c^3} , \tag{11.52}$$

so findet man

$$\frac{dU_{\text{Unruh}}}{dt} \geq \frac{dU_{\text{Larmor}}}{dt} \tag{11.53}$$

für

$$\boxed{E_{\text{field}} \geq E_{\text{field}}^{\text{Unruh}} \equiv \sqrt{\frac{60\pi}{\alpha}} \frac{m^2 c^3}{e\hbar} \approx 3 \times 10^{18} \left[\frac{\text{V}}{\text{cm}}\right]} . \tag{11.54}$$

Hierbei ist $\alpha = e^2/4\pi\varepsilon_0\hbar c$ die Feinstrukturkonstante. Das für signifikante Unruh-Strahlung notwendige Feld ist wesentlich größer als das Schwinger-Feld. Die erforderliche Beschleunigung ist ebenfalls sehr groß, $a^{*\text{Unruh}} \approx \mathcal{O}(10^{31})g$.

Solche Felder sind in der Natur selten, sollen aber an der Oberfläche von Neutronensternen auftreten und könnten eine Rolle in der Pulsarphysik spielen. Kritische Felder können vorübergehend im Labor durch die Überlagerung von Coulomb-Feldern während der Kollision zweier schwerer Atomkerne erzeugt werden.

Es ist bekannt, dass Plasmakielfelder, die entweder durch einen Laserpuls oder einen intensiven Elektronenstrahl angeregt werden, theoretisch eine Beschleunigungsrate von bis zu 100 GeV/cm oder 10^{23} g ermöglichen können. Diese Beschleunigung beruht auf den kollektiven Störungen der Plasmadichte, die durch den antreibenden Puls angeregt und durch die unbeweglichen Ionen wiederhergestellt werden, und ist somit ein Effekt über eine Plasmaperiode hinweg.

Ein weiterer Aspekt der lasergetriebenen Elektronenbeschleunigung ist jedoch von Bedeutung: Wenn ein Laser ultrarelativistisch ist, kann ein Elektron unter direktem Einfluss des Lasers in jedem Laserzyklus sofort beschleunigt (und abgebremst) werden. Dies führt zu einer intermittierenden Beschleunigung, die viel heftiger ist als die durch Plasmakielfelder bereitgestellte.

Für Laser der Petawattklasse (peta $\hat{=} 10^{15}$), die beispielsweise auf $10\,\mu m^2$ fokussiert werden, was zu $I_0 \approx 10^{22} - 10^{23}$ W/cm^2 für $\lambda \sim \mathcal{O}(1\,\mu m)$ führt, ergeben sich Felder der Größenordnung $E_{field} \approx 6 \times 10^{12}$ V/cm. Die entsprechende Beschleunigung liegt in der Größenordnung von 2×10^{25} g.

Erfolgreiche Anwendungen [260]

Eine sehr schöne Zusammenfassung der Entwicklung in den letzten zwei Jahrzehnten haben kürzlich Riconda und Weber [260] geschrieben, die wir nun zum Teil wörtlich wiedergeben. Verweise auf einige ältere Literatur finden sich in Ref. [91]. Hier nun zunächst die Würdigung der Bedeutung im Allgemeinen:

„In den letzten zwei Jahrzehnten hat die Bedeutung vollständig ionisierter Plasmen für die kontrollierte Manipulation von hochleistungsfähigem kohärentem Licht erheblich zugenommen. Es wurden zahlreiche Ideen entwickelt, wie sich die Eigenschaften von Laserpulsen – etwa ihre Frequenz, ihr Spektrum, ihre Intensität und ihre Polarisation – steuern oder verändern lassen. Die entsprechende Wechselwirkung mit einem Plasma kann entweder selbstorganisiert oder durch vorherige Anpassung erfolgen. Während theoretische Studien und Simulationen umfangreiche Fortschritte erzielt haben, besteht derzeit ein Nachholbedarf an experimenteller Verifizierung und der damit verbundenen detaillierten Charakterisierung plasma-optischer Elemente. Vorhandene Machbarkeitsstudien müssen auf höhere Leistungsniveaus ausgeweitet werden. Es besteht kaum ein Zweifel daran, dass Plasmen ein enormes Potenzial für den zukünftigen Einsatz in der Hochleistungsoptik bieten.“

Anschließend stichwortartig die chronologische Entwicklung, entnommen aus dem bereits erwähnten Artikel von Riconda und Weber [260]:

- **1999:** Eine theoretische Analyse der auf stimulierter Raman-Streuung (SRS) basierenden Plasmaverstärkung wird vorgestellt [87]. Diese identifiziert eine selbstähnliche Lösung (oder ein nichtlineares Regime), die zu ultraintensiven und ultrakurzen Pulsen auf Basis elektronischer Zeitskalen führt. Dies ist ein Beispiel dafür, wie parametrische Instabilitäten vorteilhaft genutzt werden können [im Gegensatz zur Trägheitsfusion (ICF), bei der sie als schädlich für den Implosionsprozess angesehen werden].
- **2005:** Ein bemerkenswertes Experiment wird durchgeführt, das die Raman-Verstärkung im nichtlinearen Regime demonstriert [261].

- **2006:** Die Plasmaverstärkung wird unter Verwendung von ionenbasierten Gittern im sogenannten Starkkopplungsregime der stimulierten Brillouin-Streuung (sc-SBS) analysiert. Auch in diesem Regime wird eine selbstähnliche Lösung identifiziert [91].

- **2009:** Ein Mehrfarbschema für die kontrollierte Energieübertragung zwischen Strahlen zur Feinabstimmung der Implosionssymmetrie in ICF-Experimenten wird vorgeschlagen [262].

- **2010:** Es wird gezeigt, dass ellipsoide Plasmaspiegel verwendet werden können, um Hochleistungslaserstrahlen zur Intensitätsverstärkung neu zu fokussieren [263, 264].

- **2014:** Die Erzeugung räumlicher Strukturen in überdichten Plasmen an der Oberfläche ursprünglich glatter Festkörper durch optische Laser wird experimentell nachgewiesen. Die Wechselwirkung dieser transienten Strukturen mit einem ultraintensiven Laserpuls wird ebenfalls berichtet [265]. Plasmaspiegel und ihre optischen Eigenschaften, einschließlich harmonischer Erzeugung, werden vorgestellt [266].

- **2016:** Ein Schema zur Erzeugung transienter photonischer Kristalle für Hochleistungslaser durch Abstimmung gegenläufiger Laserstrahlen in einem Plasma im sc-SBS-Regime wird vorgeschlagen [267]. Ein experimenteller Nachweis einer Plasmawellenplatte („plasma wave plate"), basierend auf laserinduzierter Doppelbrechung, wird berichtet, bei der ein großflächiger, niederintensiver ($I = 10^{13}\,\text{W/cm}^2$) Laserstrahl mit einem zweiten Strahl in einem Gasstrahlplasma („gas-jet plasma") interagiert [268].

- **2017:** Extrem hoher Gewinn und erhebliche Energieübertragung mittels Raman-Verstärkung werden berichtet, wobei 170 mJ aus einem 70-J-Pumplaser gewonnen werden [269]. Es wird gezeigt, dass ein holografischer Vorpulsstrahl, der auf ein flaches Festkörperziel fokussiert wird, Modulationen erzeugt, die für Picosekunden bestehen und als Plasmahologramme genutzt werden können [270].

- **2018:** Es wird vorgeschlagen, dass die Energieumverteilung zwischen mehreren Energiestrahlen, die in einem Plasma interagieren, einen gut kollimierten Strahl erzeugen kann. Ein solcher plasmabasierter Strahlkombinierer wird an der National Ignition Facility experimentell nachgewiesen [271]. Frequenzumwandlung in ionisierten Medien (Plasmen) wird vorgeschlagen. Die Entwicklung der Wellenfrequenz, Amplitude und Energiedichte in einem Plasma mit zeitlich abnehmendem Brechungsindex wird untersucht [272].

- **2019:** Rekordenergieübertragung über das Joule-Niveau hinaus und eine sehr hohe Effizienz von bis zu 20 % bei der laserplasmenbasierten Verstärkung im sc-SBS-Regime werden experimentell nachgewiesen [273]. Ein Fluidmodell wird vorgeschlagen, um die nichtlineare Dynamik und Eigenschaften quasineutraler Gitter in einem räumlich periodischen ponderomotorischen Potential vorherzusagen. Solche Gitter können von zwei intensiven Lasern mit derselben Frequenz erzeugt werden und weisen typische Wachstumszeiten auf, die von der Laseramplitude abhängen [274].

- **2020:** Eine Übersicht experimenteller Ergebnisse zur plasmabasierten Verstärkung durch SRS und sc-SBS wird präsentiert. Durch die Analyse des nichtlinearen (oder selbstähnlichen) Regimes werden Kriterien vorgeschlagen, um die Effizienz des Schemas zu verbessern [275].

- **2021:** Ein neues Schema für plasmabasierte Frequenzkonversion und -verbreiterung durch dynamische Plasmagitter wird vorgeschlagen[276].
- **2022:** Ein theoretisches Schema zur Erzeugung einer holografischen Plasmalinse, die in einem unterdichten Plasma einen Probepuls fokussieren oder kollimieren kann, wird vorgeschlagen und experimentell nachgewiesen [277]. Plasmabasierte CPA wird vorgeschlagen, basierend auf einem kompakten Hochleistungslasersystem, das Plasmatransmissionsgitter mit derzeit erreichbaren Parametern nutzt [278].

11.2 Plasmabeschleuniger

Seit den innovativen Ideen von Dawson und Tajima [279] sowie Kollegen hat sich die Zuversicht durchgesetzt, mit Plasmabeschleunigern bald wesentlich kompaktere Maschinen bauen zu können, die – verglichen mit dem jetzigen Zustand – bis zu einem Faktor 1000 höhere elektrische Beschleunigungsfelder aushalten. Zwei verschiedene Ansätze zur Elektronenbeschleunigung mit Plasmabeschleunigern werden vorgestellt, und die Anforderungen an das Plasma- und Laserregime werden kurz diskutiert.

Neben dem „plasma beat wave accelerator"[1] ist heute insbesondere der „laser wakefield accelerator"[2] im „bubble regime"[3] im Fokus des Interesses. Wir beginnen mit dem älteren Konzept.

Plasma beat wave accelerator (PBWA)

Bevor die CPA-Technik („chirped-pulse amplification technique") erfunden wurde, war es nicht möglich, kurze Laserpulse sehr hoher Intensität zu erzeugen. Dawson und Tajima schlugen daher in den 1970-er Jahren vor, zwei lange Laserpulse mit den Frequenzen ω_1 bzw. ω_2 und den Wellenzahlen k_1 bzw. k_2 wechselwirken zu lassen und durch Resonanz eine Plasmaschwingung anzuregen, die sich mit großer Phasengeschwindigkeit bewegt.

---

[1] Nur unzureichend mit „Plasmaschwebungswellenbeschleuniger" übersetzt – wir bleiben daher beim englischen Ausdruck mit der Abkürzung PBWA.

[2] Nur unzureichend mit „Laserkielwellenbeschleuniger" übersetzt – wir bleiben daher beim englischen Ausdruck mit der Abkürzung LWFA.

[3] Nur unzureichend mit „Blasenbereich" übersetzt – wir bleiben daher beim englischen Ausdruck.

Beschreiben wir das normierte Vektorpotential der Laser durch

$$a = a_1 \cos(k_1 z - \omega_1 t) + a_2 \cos(k_2 z - \omega_2 t) \,, \tag{11.55}$$

so erzeugt das Quadrat a^2 in der ponderomotorischen Kraft $\nabla a^2/2$ Beiträge

$$(a^2)_{res} = a_1 a_2 \cos(\Delta k\, z - \Delta \omega\, t) \tag{11.56}$$

mit

$$\Delta k = k_1 - k_2 \,, \quad \Delta \omega = \omega_1 - \omega_2 \,. \tag{11.57}$$

Die Absicht ist,

$$\Delta \omega \approx \omega_{pe} \quad \text{und} \quad \Delta k \approx k_p \equiv \frac{\omega_{pe}}{c} \tag{11.58}$$

zu erreichen. Dann gelangt die Phasengeschwindigkeit der Schwebung in die Größenordnung der Gruppengeschwindigkeit der Laser, d. h.

$$\boxed{\frac{\Delta \omega}{\Delta k} \sim \mathcal{O}\left(v_g = c\left[1 - \frac{\omega_{pe}^2}{\omega_{1,2}^2}\right]\right) \sim \mathcal{O}(c)} \,. \tag{11.59}$$

Im Grunde wird die nun folgende theoretische Beschreibung ähnlich zu der bei der stimulierten Raman-Streuung. Wir können ein Fluid-Maxwell-System benutzen,

$$\frac{\partial n_e}{\partial t} + \nabla \cdot (n_e \mathbf{v}_e) = 0 \,, \tag{11.60}$$

$$\left(\frac{\partial}{\partial t} + \mathbf{v}_e \cdot \nabla\right)(\gamma_e \mathbf{v}_e) = -\frac{e}{m_e}(\mathbf{E} + \mathbf{v}_e \times \mathbf{B}) - \frac{3 k_B T_e}{n_0 m_e}\nabla n_e \,, \tag{11.61}$$

$$\nabla \times \mathbf{E} = -\frac{\partial \mathbf{B}}{\partial t} \,, \tag{11.62}$$

$$\nabla \times \mathbf{B} = \mu_0 \mathbf{j} + \mu_0 \varepsilon_0 \frac{\partial \mathbf{E}}{\partial t} \,, \tag{11.63}$$

$$\nabla \cdot \mathbf{E} = \frac{e}{\varepsilon_0}(n_e - n_0) \,. \tag{11.64}$$

Wir diskutieren die Reaktion nur auf der schnellen Elektronenzeitskale (e) und berücksichtigen für größere Amplituden (und daraus resultierende nichtlineare Effekte) den relativistischen Faktor

$$\gamma_e = \frac{1}{\sqrt{1 - \frac{v_e^2}{c^2}}} \,. \tag{11.65}$$

Da wir ähnliche Rechnungen schon mehrfach durchgeführt haben, kürzen wir die Erstellung eines reduzierten Modells unter der Annahme schwach variierender Amplituden ab und zitieren direkt Esarey, Schroeder und Leemans [280].

Für das normierte elektrostatische Potential $\phi \sim \delta n_e$ erhält man, ohne Berücksichtigung der Elektronennichtlinearität,

$$\left(\frac{\partial^2}{\partial t^2} + \omega_{pe}^2\right)\phi = \frac{\omega_{pe}^2}{2}a_1 a_2 \cos(\Delta k\, z - \Delta\omega\, t) \,. \tag{11.66}$$

Wenn die Resonanzbedingung $\Delta\omega = \omega_{pe}$ exakt erfüllt ist, zeigt die Lösung der Differentialgleichung zweiter Ordnung säkulares Anwachsen $\sim t$.

Mit Rosenbluth und Liu [281] schreiben wir die Lösung als

$$\phi = -\frac{1}{4}a_1 a_2 k_p |\underbrace{z - ct}_{\zeta}|\sin(\Delta k\, z - \Delta\omega\, t) \,. \tag{11.67}$$

Hier kann ζ als Distanz hinter der Laserfront interpretiert werden. Die Phasengeschwindigkeit der „elektrischen Welle" ist

$$v_{ph} = c\left(1 - \frac{\omega_{pe}^2}{\omega_1 \omega_2}\right) \,. \tag{11.68}$$

Im Blick auf den LWFA des folgenden Abschnitts können wir folgende Interpretation wagen: Die Laserschwebungswelle wirkt im Wesentlichen wie eine Reihe von Laserpulsen, von denen jeder eine Amplitude $a_1 a_2$ und eine Dauer $\Delta\tau = 2\pi/\Delta\omega$ hat. Jeder dieser Pulse erzeugt eine Kielwelle mit der Amplitude $\sim \frac{\pi}{2}a_1 a_2$. Über eine Länge $L = N\lambda_p$ summiert sich das Feld zu einer Amplitude $\sim N\frac{\pi}{2}a_1 a_2$ auf, wobei N die Anzahl der Perioden der Laserschwebungswelle innerhalb des Pulses ist.

Bezieht man nichtlineare Effekte aufgrund der relativistischen Massenveränderung mit ein, so erweitert sich (11.66) zu

$$\left(\frac{\partial^2}{\partial t^2} + \omega_{pe}^2\right)\phi = \frac{3}{8}\omega_{pe}^2\phi^3 + \frac{\omega_{pe}^2}{2}a_1 a_2 \cos(\Delta k\, z - \Delta\omega\, t) \,. \tag{11.69}$$

Bereits vor dem Wellenbrechen für die mit n_0 normierte Dichtestörung bei $\delta n \sim \mathcal{O}(1)$ findet eine Sättigung bei

$$\boxed{\phi_{sat} = (2\pi a_1 a_2)^{1/3}} \tag{11.70}$$

statt. Diese Sättigung erklärt sich aus dem nichtlinearen Anwachsen der Wellenperiode über größere Distanzen.

Beispiel 11.2 (Feldstärkewerte)
Schaut man sich theoretisch mögliche Werte an, so ergibt sich für $n \approx 10^{19}$ cm^{-3} eine maximale Feldstärke von

$$E \sim \mathcal{O}\left(10^9\right) \frac{\text{V}}{\text{cm}} \,, \tag{11.71}$$

die eine Beschleunigung auf GeV-Elektronen über die Strecke von 1 cm bewirken würde. Die Coulomb-Feldstärke eines Protons im Bohr-Abstand ist (allerdings nur) ungefähr fünfmal so groß. ∎

Zwei Einschränkungen müssen erwähnt werden. Erstens setzen die obigen Rechnungen voraus, dass trotz der relativen Länge alles schnell abläuft, d. h. bevor die Ionen ins Spiel kommen. Und zweitens, noch wichtiger, dass sich eine effektive Injektion von Teilchen in die Welle erreichen lässt. Letzteres ist experimentell eine große Herausforderung.

Laser wakefield accelerator (LWFA)

Der LWFA ist heute besonders aktuell, da mithilfe der CPA-Technik kurze, hochintensive Laserpulse ($\geq 10^{19}$ W cm^{-2} im Fokus) erzeugt werden können. Das Kielfeld („wakefield") hinter einem kurzen Laserpuls haben wir schon besprochen. Jetzt die Grundgleichungen für die Simulationspraxis [282].

Wir starten mit der bekannten Impulsbilanz für relativistische Elektronen, die wir jetzt ohne Druckterm für eine räumlich eindimensionale Elektronenbewegung anschreiben:

$$\frac{\partial \mathbf{p}}{\partial t} + v_z \frac{\partial \mathbf{p}}{\partial z} = -e\left(\mathbf{E} + \mathbf{v} \times \mathbf{B}\right) \,, \tag{11.72}$$

wobei

$$\mathbf{p} = m_e \gamma_e \mathbf{v} \,, \quad \gamma_e = \sqrt{1 + \frac{p^2}{m_e^2 c^2}} \,. \tag{11.73}$$

Die Propagationsrichtung ist z. Da der Laserpuls mit Vektorpotential $\mathbf{A}_\perp$ im Plasma ein ambipolares Feld ϕ verursacht, schreiben wir

$$\mathbf{E} = -\frac{\partial \mathbf{A}_\perp}{\partial z} - \hat{z}\frac{\partial \phi}{\partial z} \,, \quad \mathbf{A}_\perp = \hat{x}A_x + \hat{y}A_y \,, \quad \mathbf{B} = \nabla \times \mathbf{A}_\perp \,. \tag{11.74}$$

Wie schon früher diskutiert, können wir

$$\mathbf{p}_\perp = e\mathbf{A}_\perp \equiv m_e c\mathbf{a}(z, t) \tag{11.75}$$

folgern. Damit lässt sich dann auch γ_e umformen. Eine einfache Rechnung liefert

$$\gamma_e = \gamma_a\,\gamma_\| \,, \quad \gamma_a \equiv \sqrt{1+\mathbf{a}^2}\,, \quad \gamma_\| \equiv \sqrt{1-\frac{v_z^2}{c^2}}\,. \tag{11.76}$$

Die longitudinale Komponente der Impulsbilanz, die Elektronenkontinuitätsgleichung, die Poisson-Gleichung für $\varphi = \frac{e\phi}{m_e c^2}$ und die Wellengleichung für $\mathbf{a}$ liefern bei $\varepsilon_0\mu_0 = c^{-2}$

$$\boxed{\frac{1}{c}\frac{\partial}{\partial t}\left(\gamma_a\sqrt{\gamma_\|^2-1}\right) + \frac{\partial}{\partial z}(\gamma_a\gamma_\|) = \frac{\partial\varphi}{\partial z}}\,, \tag{11.77}$$

$$\boxed{\frac{1}{c}\frac{\partial n}{\partial t} + \frac{\partial}{\partial z}\left(n\frac{\sqrt{\gamma_\|^2-1}}{\gamma_\|}\right) = 0}\,, \tag{11.78}$$

$$\boxed{\frac{\partial^2\varphi}{\partial z^2} = \frac{\omega_{p0}^2}{c^2}\left(\frac{n}{n_0}-1\right)}\,, \tag{11.79}$$

$$\boxed{c^2\frac{\partial^2\mathbf{a}}{\partial z^2} - \frac{\partial^2\mathbf{a}}{\partial t^2} = \omega_{p0}^2\frac{n}{n_0}\frac{\mathbf{a}}{\gamma_a\gamma_\|}}\,. \tag{11.80}$$

Mit einem Ansatz für schwach variierende Amplituden

$$\mathbf{a}(z,t) = \frac{1}{2}\mathbf{a}_0(\xi,\tau)e^{-i\theta} + c.c.\,, \quad \xi = z - v_g t\,, \quad v_g = \frac{\partial\omega_0}{\partial k_0}\,, \quad \theta = \omega_0 t - k_0 z\,, \tag{11.81}$$

erhalten wir nach einiger Rechnung bei $\frac{\partial^2}{\partial\tau^2} \ll \omega_0^2$ aus (11.80)

$$\left[2\frac{\partial}{\partial\tau}\left(i\omega_0 a_0 + v_g\frac{\partial a_0}{\partial\xi}\right) + c^2\left(1-\frac{v_g^2}{c^2}\right)\frac{\partial^2 a_0}{\partial\xi^2} + 2i\omega_0\left(\frac{c^2 k_0}{\omega_0}-v_g\right)\frac{\partial a_0}{\partial\xi}\right]e^{-i\theta} + c.c.$$

$$= \left[c^2 k_0^2 - \omega_0^2 + \frac{n}{n_0}\omega_{p0}^2\gamma_a\gamma_\|\right]a_0 e^{-i\theta} + c.c. \tag{11.82}$$

Diese Gleichung zeigt die Veränderung des Pumppulses aufgrund der Anregung eines Kielfelds („wakefield"). Sie ist natürlich an das restliche Gleichungssystem gekoppelt, was man z. B. daran erkennt, dass n und $\gamma_\|$ darin auftauchen. Lediglich die höheren Zeitableitungen von a_0 wurden vernachlässigt.

Als quasistationäre Näherung (im Bezugssystem der Gruppengeschwindigkeit v_g) bezeichnet man die Annahme, dass die Abhängigkeit von z und t in den Gl. (11.77) und (11.78) nur über die Kombination $z - v_g t$ erfolgt. Dann kann jeweils einmal integriert werden. Nutzt man die Randbedingung

$$\text{bei } |a_0|^2 = 1 \text{ und } \gamma_a = 1:\quad n = n_0\,,\ \gamma_\| = 1\,,\ \varphi = 0\,, \tag{11.83}$$

so ergeben sich mit $\beta_0 = \frac{v_g}{c}$ die „Erhaltungssätze"

$$\gamma_a \left(\gamma_\| - \beta_0 \sqrt{\gamma_\|^2 - 1} \right) = \varphi + 1 \,, \tag{11.84}$$

$$n \left(\beta_0 \gamma_\| - \sqrt{\gamma_\|^2 - 1} \right) = n_0 \beta_0 \gamma_\| \,. \tag{11.85}$$

In der Poisson-Gleichung (11.79) taucht n auf, was wir über (11.85) in Bezug zu $\gamma_\|$ setzen können. Die Gl. (11.84) verbandelt $\gamma_\|$ mit φ (wobei wir a_0 als eine Variable stets beibehalten). Vor diesem Hintergrund wird in der Literatur das gekoppelte Gleichungssystem oft in der Form von Pulsgleichung (11.80) in „slowly varying envelope approximation" zusammen mit der Poisson-Gleichung angegeben, wobei implizit (11.84) vorausgesetzt wird:

$$\boxed{2 i \omega_0 \frac{\partial a_0}{\partial \tau} + 2 c \beta_0 \frac{\partial^2 a_0}{\partial \tau \partial \xi} + \frac{c^2 \omega_{p0}^2}{\omega_0^2} \frac{\partial^2 a_0}{\partial \xi^2} = -\omega_{p0}^2 \mathcal{H} a_0} \,, \tag{11.86}$$

$$\boxed{\frac{\partial^2 \varphi}{\partial \xi^2} = \frac{\omega_{p0}^2}{c^2} \mathcal{G}} \tag{11.87}$$

mit (11.84) und

$$\mathcal{H} = 1 - \frac{\beta_0}{\gamma_a \left(\beta_0 \gamma_\| - \sqrt{\gamma_\|^2 - 1} \right)} \,, \quad \mathcal{G} = \frac{\sqrt{\gamma_\|^2 - 1}}{\beta_0 \gamma_\| - \sqrt{\gamma_\|^2 - 1}} \,. \tag{11.88}$$

Leider sind die beiden Gleichungen für den Laserpuls a_0 und das Kielfeld φ nicht analytisch lösbar. Numerische Methoden gehören aber zum Standardrepertoire der Beschleunigercommunity.

Deutliche Verzerrung des hinteren Endes des Laserpulses treten auf. Die Verzerrungen treten dort auf, wo das Kielfeldpotential ein Minimum und die Dichte ein Maximum erreichen. Ein Spike entsteht, weil die Photonen mit der Inhomogenität der Plasmadichte interagieren, wobei einige Photonen beschleunigt (verlangsamt) werden, wenn sie entlang des Dichtegradienten nach unten (oben) wandern; dieser Effekt wird als Photonenbeschleunigung bezeichnet. Die Verzerrung des hinteren Endes nimmt mit zunehmendem Werten von ω_{p0}/ω_0 zu.

Das longitudinal variierende Potential ist dabei deutlich größer als die Felder, die in dem plasma beat wave accelerator (PBWA) erreicht werden, wo sie durch relativistische Entkopplung begrenzt sind. Eine solche Sättigung tritt im laser wakefield accelerator (LWFA) nicht auf.

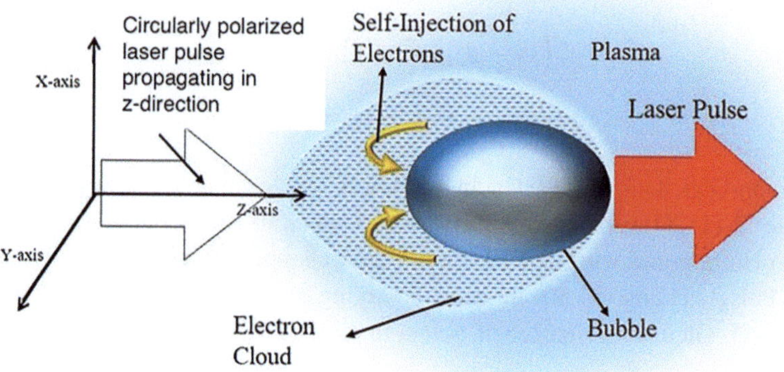

Abb. 11.2 Schematische Darstellung eines LWFA im (nichtlinearen) Bubbleregime

Ein besonderer Bereich tut sich für große Laserpulsintensitäten auf. Es hat sich – zunächst in numerischen Simulationen – gezeigt, dass alle Elektronen vollständig aus der Nähe der Achse verdrängt werden können. Dieses Regime wird als „Blow-out", „Bubble-" oder „Kavitationsregime" bezeichnet. Ein Teil der Plasmaelektronen kann wieder eingefangen werden und auf hohe Energien beschleunigt werden; s. Abb. 11.2. Ein Regime, bei dem die Plasmaelektronen vollständig aus einem Bereich um die Achse verdrängt werden, wurde sowohl für Laser- als auch für Elektronenstrahltreiber beobachtet und wird als *nichtlinearer* plasma wakefield accelerator bezeichnet.

> Im Blow-out-Regime können alle Plasmaelektronen aus der Nähe des Treibers und unmittelbar dahinter verdrängt werden. Das Blow-out-Gebiet der Kielwelle ist durch ein Beschleunigungsfeld gekennzeichnet, das als Funktion des Radius konstant ist und sich linear mit dem Abstand hinter dem Treiber ändert. Zudem gibt es ein Fokussierungsfeld, das linear mit dem Radius variiert. Dieses Regime kann vorteilhafte Beschleunigungseigenschaften aufweisen, da die Fokussierungskräfte linear sind; die normierte Emittanz eines beschleunigten Elektronenbündels bleibt dadurch erhalten.

In den Experimenten am SLAC führte das Blow-out-Kielfeld zu einem Energiegewinn von mehr als 40 GeV für einen Teil der Elektronen im hinteren Teil der Bubble. Die Mehrheit der Elektronen im Hauptteil der Bubble verlor jedoch Energie.

11.3 Plasmagitter

In diesem Abschnitt greifen wir Ideen auf, die schon bei den parametrischen Instabilitäten und auch beim LBWA skizziert wurden. Durch Laser wird über die ponderomotorische Kraft das Plasma beeinflusst. Es können bei der Wechselwirkung von Laserpulsen Wellen (Oszillationen) im Plasma entstehen. Falls diese Strukturen sich (kaum) bewegen, und auch auf einer längeren Zeitskala die Ionen ins Spiel kommen, werden wir zu neuen plasmaoptischen Komponenten, wie Plasmagitter, geführt.

Teilchenbewegung mit ponderomotorischer Kraft

Wir starten mit der Bewegungsgleichung eines Elektrons in elektromagnetischen Feldern,

$$\frac{d\mathbf{p}}{dt} = -e(\mathbf{E} + \mathbf{v} \times \mathbf{B}) \ . \tag{11.89}$$

In einer elektromagnetischen Welle wird die Elektronenbewegung durch die Schwingungen im transversalen elektrischen Feld dominiert. Innerhalb eines nichtrelativistischen Modells ergibt sich unmittelbar

$$\mathbf{p}_\perp \approx e\mathbf{A}_\perp \ ; \tag{11.90}$$

[siehe z. B. Sec 2.3 of Ref. [48]]. Der $\mathbf{v} \times \mathbf{B}$-Term erzeugt im Mittel eine ponderomotorische Kraft (Lichtdruck). Unter Einführung der dimensionslosen Form

$$\mathbf{a} = \frac{e}{m_e c}\mathbf{A} \tag{11.91}$$

finden wir

$$-e\mathbf{v} \times \mathbf{B} = -m_e c^2 \mathbf{a} \times \nabla \times \mathbf{a} = -m_e c^2 \left[\frac{1}{2}\nabla(\mathbf{a} \cdot \mathbf{a}) - (\mathbf{a} \cdot \nabla)\mathbf{a}\right] \approx -\frac{m_e c^2}{2}\nabla\mathbf{a}^2 \tag{11.92}$$

und damit die mittlere Kraft

$$\left\langle\frac{d\mathbf{p}}{dt}\right\rangle \approx -\nabla\phi_p \ , \tag{11.93}$$

mit dem ponderomotorischen Potential

$$\boxed{\phi_p = \frac{m_e c^2}{2}\langle\mathbf{a}^2\rangle} \ . \tag{11.94}$$

Wir zerlegen nun das gesamte Vektorpotential in Beiträge von zwei Pulsen: (0) und (1). Dann erhalten wir

$$\mathbf{a} = \mathbf{a}_0 + \mathbf{a}_1 \, , \quad \langle (\mathbf{a}_0 + \mathbf{a}_1)^2 \rangle = \langle \mathbf{a}_0^2 \rangle + \langle \mathbf{a}_1^2 \rangle + 2 \langle \mathbf{a}_0 \cdot \mathbf{a}_1 \rangle \, . \tag{11.95}$$

Zirkulare Polarisation

Im Fall von zirkularer Polarisation beginnen wir mit dem Ansatz

$$\mathbf{a}_1 = \frac{1}{2}(\mathbf{e}_y + i\mathbf{e}_z)a_1 e^{i\theta_1} + \text{c.c.}, \quad \mathbf{a}_0 = -\frac{1}{2}(\mathbf{e}_y + i\mathbf{e}_z)a_0 e^{i\theta_0} + \text{c.c.}, \tag{11.96}$$

wobei $\theta_1 = k_1 x - \omega_1 t$ und $\theta_0 = -k_0 x - \omega_0 t$. In dieser Notation bewegt sich eine (Pump-)Welle von rechts nach links, während sich die andere in die entgegengesetzte Richtung bewegt. Wir können die Amplitude des Laserpulses $a_0 = |a_0|$ als reell annehmen, während der Puls (1) eine zusätzlich langsam variierende Phase φ aufweisen kann, d. h.

$$a_1 = |a_1| e^{i\varphi} \, . \tag{11.97}$$

Dann führt eine kurze Rechnung zu [283]

$$\boxed{\frac{\phi_p}{m_e c^2} = \frac{|a_1|^2}{2} + \frac{a_0^2}{2} - |a_1| a_0 \cos(\psi + \varphi)} \, , \tag{11.98}$$

wobei

$$\psi \equiv \theta_1 - \theta_0 \approx 2k_1 x + \Delta\omega t \quad \text{für} \quad k_1 \approx k_0 \, , \quad \Delta\omega = \omega_0 - \omega_1 \ll \omega_1 \, . \tag{11.99}$$

Aus der Impulserhaltung ergibt sich $k = k_0 + k_1 \approx 2k_0$. Offensichtlich mitteln wir über die schnelle Bewegung mit der Frequenz $\omega_0 \sim \omega_1$, jedoch nicht über langsame Variationen, die durch $\Delta\omega \equiv \omega_0 - \omega_1$ charakterisiert sind.

> Beachte, dass die ponderomotorische Kraft auf Ionen um den Faktor m_e/m_i kleiner ist.

Lineare Polarisation

Bei linearer Polarisation beginnen wir mit

$$\mathbf{a}_1 = \mathbf{e}\left(\frac{a_1^*}{2} e^{i\theta_1} + c.c.\right), \quad \mathbf{a}_0 = -\mathbf{e}\left(\frac{a_0^*}{2} e^{i\theta_0} + c.c.\right), \tag{11.100}$$

was zu folgendem ponderomotorischen Potential führt:

$$\boxed{\frac{\phi_p}{m_e c^2} = \frac{|a_1|^2}{4} + \frac{a_0^2}{4} - \frac{1}{2}|a_1| a_0 \cos(\psi - \varphi)} \, . \tag{11.101}$$

Die Bewegungsgleichung eines einzelnen Elektrons lautet dann

$$\ddot{\psi}_j + \omega_b^2 \sin(\psi_j - \varphi) = 0 \,, \tag{11.102}$$

mit der Oszillationsfrequenz (im Folgenden Bouncefrequenz genannt)

$$\omega_b = \sqrt{2}\sqrt{|a_1|a_0}\,\omega_1 \,. \tag{11.103}$$

Wir untersuchen jetzt gegenläufige, linear polarisierte Pulse im Plasma bei Wellenlängen um die 800 nm. Die identischen Frequenzen seien $\omega_0 = 2{,}35 \times 10^{15}\,\mathrm{s}^{-1}$. Die normierten Vektorpotentiale $\mathbf{a} = \frac{e}{m_e c}\mathbf{A}$ werden mit (11.100) geschrieben mit $\theta_1 = k_1 x - \omega_1 t$ und $\theta_0 = -k_0 x - \omega_0 t$. Nochmals: Wir haben es mit zwei entgegengesetzt zueinander propagierenden Laserstrahlen zu tun, und wir verwenden zur Veranschaulichung der grundsätzlichen Prozedur lineare Polarisation der beiden Laserfelder mit dem Polarisationsvektor $\mathbf{e}$.

Ein ponderomotorisches Potential entsteht durch die beiden entgegengesetzt propagierenden Laserpulse; sein (räumlich relativ schnell) variierender Anteil ist

$$\boxed{\frac{\phi_p}{m_e c^2} \approx -\frac{1}{2}|a_1|a_0 \cos(\psi - \varphi)} \,, \tag{11.104}$$

mit $\psi = 2k_1 x$; φ ist eine Phasendifferenz. Wir nehmen $\omega_0 = \omega_1$, d. h. $\Delta\omega \equiv 0$, an.

Wie wir sehen werden, hängt die Reaktion des Plasmas von der Laserintensität, der Plasmadichte sowie der Elektronen- und Ionentemperatur ab. Allerdings reagiert das Plasma in jedem Fall auf zwei Zeitskalen. Zunächst, für kurze Zeiten, beobachten wir eine Reaktion ausschließlich der Elektronen. Diese Reaktion kann entweder kollektiv oder individuell erfolgen.

Kollektive Elektronenreaktion

Wenn Elektronen kollektiv reagieren, können sie in makroskopischen Begriffen modelliert werden. Für Zeiten in der Größenordnung der inversen Elektronenplasmafrequenz ω_{pe}^{-1} halten wir die Ionen fixiert.

Das einfachste *lineare* Modell (1D, verschwindende Temperatur) für die elektrostatischen Elektronendichtefluktuationen n_e und die Geschwindigkeitsfluktuationen v_e lautet

$$\frac{\partial n_e}{\partial t} + n_0 \frac{\partial v_e}{\partial x} = 0 \, , \tag{11.105}$$

$$\frac{\partial v_e}{\partial t} = \frac{e}{m_e} \frac{\partial \phi}{\partial x} - \frac{1}{m_e} \frac{\partial \phi_p}{\partial x} \, , \tag{11.106}$$

$$\frac{\partial^2 \phi}{\partial x^2} = 4\pi e n_e \, , \tag{11.107}$$

$$\phi_p = -\frac{1}{2} a_0 |a_1| \cos(\psi - \varphi) m_e c^2 \, . \tag{11.108}$$

Dabei ist ϕ das elektrostatische und ϕ_p das ponderomotorische Potential. Wenn wir

$$\delta n_e \equiv \frac{n_e}{n_0} \tag{11.109}$$

einführen, erhalten wir die folgende Gleichung für die normierten Dichteveränderungen:

$$\boxed{\frac{\partial^2 \delta n_e}{\partial t^2} + \omega_{pe}^2 \delta n_e = \omega_b^2 \cos(\psi - \varphi)} \, . \tag{11.110}$$

In dieser Gleichung konkurriert die Plasmafrequenz $\omega_{pe} = \sqrt{\frac{4\pi n_e e^2}{m_e}}$ mit der Bouncefrequenz $\omega_b = \sqrt{2|a_1|a_0}\,\omega_1$. Es sei darauf hingewiesen, dass das Modell leicht auf endliche Elektronentemperaturen T_e verallgemeinert werden kann. In diesem Fall muss die Elektronenplasmafrequenz durch die Bohm-Gross-Frequenz ersetzt werden:

$$\boxed{\omega_{pe} \quad \rightarrow \quad \omega_{ek} = \sqrt{\omega_{pe}^2 + \frac{3}{2} v_{the}^2 k^2}} \, , \tag{11.111}$$

wobei v_{the} die thermische Geschwindigkeit der Elektronen $\sqrt{\frac{T_e}{m_e}}$ ist. Ein Vergleich von ω_b mit ω_{ek} wird in Abb. 11.3 gezeigt.

Mehrere Parameter bestimmen das Verhältnis zwischen den beiden Frequenzen, nämlich die Hintergrunddichte n_0, die Elektronentemperatur T_e und die Pumpamplituden a_0, $|a_1|$. Zum Beispiel gilt: Je niedriger die Dichte und je stärker die (Pump-)Laser, desto früher befinden wir uns im Trappingregime. Für $\omega_b/\omega_{ek} < 1$ erwarten wir eine kollektive Elektronenreaktion, während für $\omega_b/\omega_{ek} > 1$ eine individuelle Elektronenreaktion zu erwarten ist.

Individuelle Elektronenreaktion

Wenn die ponderomotorischen Effekte dominieren, d. h. wenn die Bouncefrequenz größer wird als die Plasmafrequenz, sollte unmittelbar ein Trappingregime der Elektronen eintreten. Diese Abschätzung ergibt sich aus einem Vergleich der (kollektiven) Oszillationen mit der durch die ponderomotorische Kraft ausgeübten Bewegung.

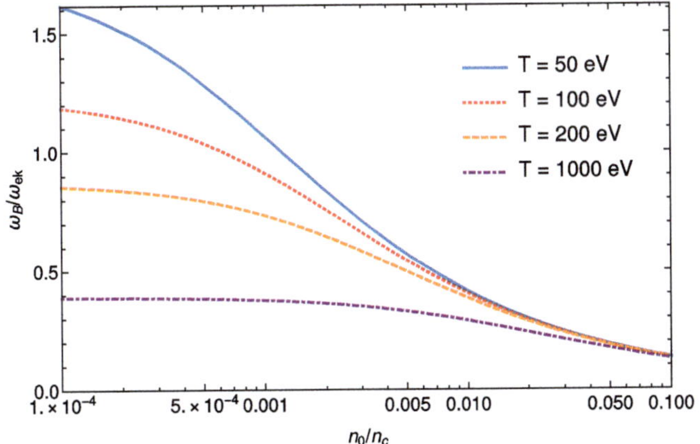

Abb. 11.3 Das Verhältnis der Bouncefrequenz $\omega_b = \sqrt{2a_0 a_1}\,\omega_0$ zur Bohm-Gross-Frequenz $\omega_{ek} = \sqrt{\omega_{pe}^2 + \frac{3}{2} v_{the}^2 k^2}$ mit $k = 2k_0\sqrt{1 - n_0/n_c}$ als Funktion der Plasmadichte n_0 (in Einheiten der kritischen Dichte n_c) für Elektronentemperaturen $T_e = 50\,\text{eV}$, $100\,\text{eV}$, $200\,\text{eV}$ und $1000\,\text{eV}$. Die Amplituden der linear polarisierten (Pump-)Laser sind $a_0 = |a_1| = 0{,}03$

Oszillierende Teilchen nehmen zu unterschiedlichen Zeiten unterschiedliche Regionen ein. An und nahe den Umkehrpunkten ist die Geschwindigkeit vernachlässigbar, und daher erreicht die Wahrscheinlichkeitsdichte an diesen Punkten ihr Maximum. Perfektes Bunching bedeutet, dass die Dichteverteilung $n(x, t)$ scharf mit einer Periode $\Delta x = \frac{\lambda_1}{2}$ ausgeprägt sein sollte.

Um die Dichteverteilung zu berechnen, beginnen wir mit der Position x_j des j-ten Teilchens. Durch Summation über alle Teilchen erhalten wir die diskrete Teilchendichte:

$$n_e(x, t) = \frac{1}{F} \sum_j \delta(x - x_j) , \tag{11.112}$$

wobei F die Einheitsfläche senkrecht zur x-Achse ist.

Für spätere Anwendungen (transparente Matchingbedingung innerhalb eines Drei-Wellen-Modells) entwickelt man die Dichte in eine Fourier-Reihe in Bezug auf die Phasendifferenz $\psi = \theta_1 - \theta_0 \approx 2k_1 x$,

$$\boxed{n_e(\psi, t) = n_0 + \sum_{l=-\infty}^{\infty} \hat{n}_l e^{il\psi} , \quad l \neq 0} . \tag{11.113}$$

Tatsächlich bedeutet dies, dass wir in dem ursprünglichen Dichteausdruck $x \to \frac{\psi}{2k_1}$ ersetzen, mit dem Ergebnis

$$n_e(\psi, t) = \frac{1}{F} \sum_j \delta\left(\frac{\psi}{2k_1} - x_j\right) . \tag{11.114}$$

Die Koeffizienten berechnen sich nach

$$\hat{n}_l(\psi_0, t) = \frac{1}{2\pi} \int_{\psi_0-\pi}^{\psi_0+\pi} n_e(\psi, t) e^{-il\psi} d\psi \ . \tag{11.115}$$

Beachte, dass sich die Periodenlänge in x aus der Periodizität von ψ ergibt, d. h.

$$\Delta \psi \equiv 2k_1 \Delta x \overset{!}{=} 2\pi \quad \rightarrow \quad \Delta x = \frac{\lambda_1}{2} \ . \tag{11.116}$$

Hierbei ist $\frac{\lambda_1}{2}$ die Periode des ponderomotorischen Potentials, das für die Mittelung verwendet wird; ψ_0 ist eine Position im Potentialtopf. Für ein unendliches und streng periodisches Schwebungsmuster würde $\hat{n}_l$ nicht von ψ_0 abhängen. Bei Pulsen mit endlicher Dauer tritt jedoch eine Abhängigkeit von ψ_0 auf.

Durch Einsetzen des Ausdrucks für die Dichte erhalten wir

$$\hat{n}_l(\psi_0, t) = \frac{2k_1}{2\pi F} \sum_j \int_{\psi_0-\pi}^{\psi_0+\pi} \delta(\psi - 2k_1 x_j) e^{-il\psi} d\psi$$

$$= \frac{1}{\frac{\lambda_1}{2} F n_0} n_0 \sum_{j, |\psi_j - \psi_0| < \pi} e^{-il\psi_j} \equiv n_0 \langle e^{-il\psi_j} \rangle_{\frac{\lambda_1}{2}} \ , \tag{11.117}$$

wobei $\psi_j = 2k_s x_j(t)$ und $\frac{\lambda_1}{2} F n_0$ die Anzahl der Teilchen mit Index j im Potentialtopf ist. Zusammenfassend:

$$\boxed{\hat{n}_l(\psi_0, t) = n_0 \langle e^{-il\psi_j} \rangle_{\frac{\lambda_1}{2}}} \ . \tag{11.118}$$

Im Fall unendlicher Ausdehnung und idealer Periodizität werden die Koeffizienten konstant sein.

Beispiel 11.3 (Feldentwicklung)
Ähnlich wie bei der Dichte entwickeln wir das longitudinale elektrische Feld in eine Fourier-Reihe:

$$E_x(\psi, t) = E_{x0} + \sum_{l=-\infty}^{\infty} \hat{E}_{xl} e^{il\psi} \ , \text{ for } l \neq 0 \ . \tag{11.119}$$

Über die Poisson-Gleichung finden wir die Relation für die Fourier-Koeffizienten,

$$2ilk_1 \hat{E}_{xl} = -4\pi e\hat{n}_l = -\frac{m_e \omega_{pe}^2}{e} \langle e^{-il\psi_j} \rangle_{\frac{\lambda_1}{2}} \ . \tag{11.120}$$

∎

Die durch diese Felder ausgeübte Kraft muss zur ponderomotorischen Kraft addiert werden. Die resultierende Bewegungsgleichung für ein Elektron lautet

$$\boxed{\ddot{\psi}_j + \underbrace{\omega_b^2 \sin(\psi_j + \varphi)}_{\text{bounce}} = \underbrace{-\mathrm{i}\omega_{pe}^2 \sum_{l=-\infty}^{\infty} \frac{\hat{n}_l}{l n_0} e^{\mathrm{i}l\psi_j}}_{\text{kollektiv}}} \ . \qquad (11.121)$$

In der einfachsten Version könnte die Bewegungsgleichung wie folgt aussehen:

$$\ddot{\psi}_j + \omega_b^2 \sin\psi_j = \omega_{pe}^2 \frac{\hat{n}_1}{n_0} \sin\psi_j \ . \qquad (11.122)$$

Durch den Vergleich der Vorfaktoren folgt das Kriterium für die dominierende Bouncebewegung.

Die kollektiven Oszillationen sind durch das Wellenbrechen begrenzt. In seiner einfachsten Form führt das Kriterium für das Wellenbrechen zu einer maximalen Dichtefluktuation [284]:

$$\left.\frac{\delta n_e}{n_0}\right|_{max} \approx \frac{1}{2} \ . \qquad (11.123)$$

Dies sollte zum genaueren Kriterium für Superradianz führen:

$$\omega_b^2 \geq \frac{1}{2}\omega_{pe}^2 \ . \qquad (11.124)$$

Viele Effekte, wie Temperaturen, Geschwindigkeiten, Variationen der Einhüllenden usw. [133] beeinflussen das Wellenbrechen. Wir sollten einen Übergang nur bei ungefähr $\omega_b \approx \omega_{pe}/\sqrt{2}$ von der kollektiven Bewegung des Plasmas hin zur Bewegung von einzelnen, unabhängig gefangenen Elektronen im ponderomotorischen Potential erwarten.

Ionenbewegung zu einer späteren Zeit

Auf der zweiten Zeitskala, die für spätere Zeiten in beiden Modellen geeignet ist, betrachten wir die Ionenbewegung. Gebündelte Elektronen erzeugen ein elektrostatisches Feld E_x, das sich aus der Poisson-Gleichung ergibt:

$$\frac{\partial}{\partial x}E_x = -4\pi e n_0 \delta n_e \ . \qquad (11.125)$$

Schnelle Variationen auf der Zeitskala der Elektronen (inverse Elektronenplasmafrequenz) beeinflussen die Ionen nicht. Letztere reagieren nur auf das mittlere Feld $\langle E_x \rangle$.

Unter Vernachlässigung der ponderomotorischen Kraft auf die Ionen haben wir eine Kraft in x-Richtung

$$\frac{dp_i}{dt} = Ze\langle E_x\rangle \,. \tag{11.126}$$

Nach einer typischen Zeit t_g (siehe unten) werden die Ionen die Elektronenladungsverteilung ungefähr ausgleichen.

Sobald die Angleichung an die Elektronen in den Dichtemaxima nahezu abgeschlossen ist, können die Elektronen allerdings noch weiter komprimiert werden. In der optimalen Phase haben wir gebündelte Elektronen zusammen mit Ionen. Die maximale Dichte, die in den Dichtemaxima in dieser Phase erreicht wird, wird durch die Ionentemperatur bestimmt. Je höher die Temperatur, desto geringer ist die maximale Dichte.

Teilchenverteilung im kollektiven Elektronenregime

Wir betrachten den Fall $\omega_{pe} > \omega_b \gg \omega_{pi}$ (wobei wir stets $\Delta\omega = 0$ annehmen) erneut im Detail, unter Verwendung typischer Parameter.

Im vorliegenden Fall unterscheiden wir zwischen schnellen Elektronenschwingungen mit der Elektronenplasmafrequenz ω_{pe} und langsamerem Rückprallverhalten in den ponderomotorischen Potentialtöpfen.

Ausgehend von $\psi = 2k_s x$ ist eine spezielle Lösung der inhomogenen Gl. (11.110) gegeben durch

$$\delta n_e(x) = \frac{\omega_b^2}{\omega_{pe}^2} \cos(2k_s x - \varphi) \,, \tag{11.127}$$

während die allgemeine Lösung der homogenen Gleichung eine Plasmaschwingung darstellt:

$$\delta n_e(x, t) = A(x) \cos(\omega_{pe} t + \varphi_1(x)) \,. \tag{11.128}$$

Für $t = 0$ sollte die Dichtevariation verschwinden, was auf die folgende Gesamtlösung hinweist:

$$\delta n_e(x) = \frac{\omega_b^2}{\omega_{pe}^2} \cos(2k_s x - \varphi)[1 - \cos(\omega_{pe} t)] \,, \tag{11.129}$$

die (11.110) erfüllt.

Wenn wir (z. B. für $\varphi \equiv 0$) die Variation von $\delta n_e(x)$ durch Verfolgen von $\cos(2k_s x)[1 - \cos(\omega_{pe} t)]$ zu verschiedenen Zeiten t analysieren, finden wir eindeutig eine resultierende Dichteverteilung, deren Minimum am Maximum der ponderomotorischen Potentialverteilung ϕ_p liegt; siehe Abb. 11.4(a).

Wenn über die schnellen Schwingungen gemittelt wird, bleibt eine Variation, die proportional zu $\cos(2k_s x)$ ist, d. h., eine durchschnittliche Bündelung der Elektronen ist vorhanden. Das Bündeln sowie die Oszillation mit der Bohm-Gross-Frequenz sind deutlich in nume-

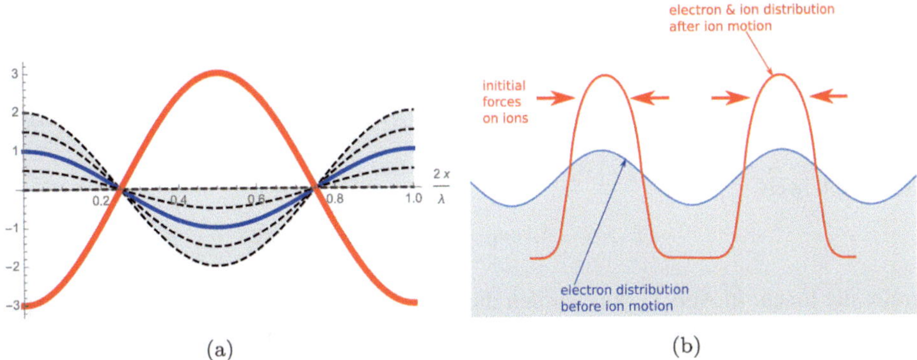

(a)   (b)

Abb. 11.4 (**a**) Skizze der Elektronendichteoszillation in der frühen Phase der zeitlichen Entwicklung. Die dicke blaue Kurve stellt die gemittelte Elektronendichteverteilung dar (gemittelt über schnelle Elektronenplasmaschwingungen). Die entsprechende Verteilung des ponderomotorischen Potentials ϕ_p ist in der Abbildung durch die (dicke) rote Kurve dargestellt (nicht maßstabsgetreu). (**b**) Gezeigt wird die Situation nach der anfänglichen Elektronenbündelung. Die gemittelte Elektronenverteilung aus (a) wird durch die blaue Linie dargestellt. Die elektrostatischen Kräfte (Pfeile) beschleunigen Ionen, die ihrerseits Elektronen anziehen und mitreißen. Dies führt schließlich zu einer verstärkten Bündelung sowohl der Elektronen als auch der Ionen, skizziert durch die rote Linie

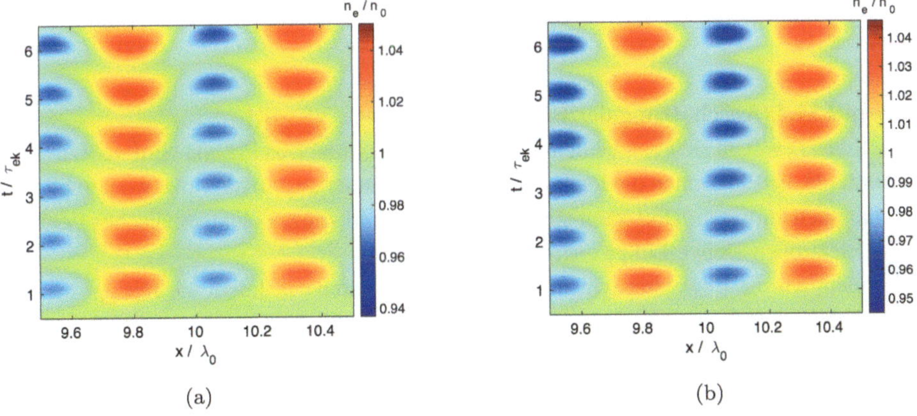

(a)   (b)

Abb. 11.5 Vlasov-Simulationen zeigen die zeitliche Entwicklung der Elektronendichte n_e/n_0 über zwei räumliche Perioden des ponderomotorischen Gitters, das durch zwei linear polarisierte Laser mit Amplituden $a_0 = |a_1| = 0{,}03$ erzeugt wird. Die anfängliche homogene Plasmadichte beträgt $n_0 = 0{,}1 n_c$, die Elektronentemperatur ist (**a**) $T_e = 50\,\mathrm{eV}$ und (**b**) $T_e = 200\,\mathrm{eV}$. Dichteoszillationen mit der Bohm-Gross-Periode $t_{ek} = 2\pi/\omega_{ek}$ sind deutlich zu beobachten

rischen Vlasov-Simulationen zu sehen, die in Abb. 11.5 dargestellt sind. Die erzwungenen Elektronenplasmaschwingungen werden deutlich, wenn sich auch die Ionen zu bewegen beginnen.

Unter Verwendung der Poisson-Gleichung (11.125) erhalten wir das longitudinale elektrische Feld.

$$E_x = -4\pi e n_0 \frac{\omega_b^2}{2k_s \omega_{pe}^2} \sin(2k_s x + \varphi)[1 - \cos(\omega_{pe} t)] \, . \tag{11.130}$$

Sein Mittelwert

$$\langle E_x \rangle = -4\pi e n_0 \frac{\omega_b^2}{2k_s \omega_{pe}^2} \sin(2k_s x + \varphi) \tag{11.131}$$

treibt die Ionen. In Abb. 11.4(a) würden die Kräfte vom Zentrum zu den Rändern zeigen; siehe auch Abb. 11.4(b). Zur Vereinfachung nehmen wir in der folgenden Diskussion an, dass $\varphi \equiv 0$. Das elektrische Feld ist genau in der Mitte von Abb. 11.4(a) bei $x = \frac{\lambda}{4}$ null, wie es aufgrund der Symmetrie sein sollte. Individuell haben wir die Bewegungsgleichung

$$\boxed{\frac{dp_i}{dt} \approx Ze\langle E_x \rangle} \tag{11.132}$$

für ein Ion, wenn die ponderomotorische Kraft auf das Ion vernachlässigt wird. Dies führt zu einer verstärkten Bündelung sowohl der Elektronen als auch der Ionen an den Stellen, an denen sich die Elektronen bereits angesammelt haben. Die resultierende Teilchenbündelung ist in Abb. 11.4(b) gezeigt. Die charakteristische Zeit für diesen Prozess wird im Folgenden abgeschätzt.

Beispiel 11.4 (Abschätzung der Ionenreaktionszeit)

Die Ionen bewegen sich von beiden Seiten zu den Maxima. Das Plasma wird nahezu quasineutral (da die Elektronen die Ionen kompensieren), außer an den Maxima, wo komplizierte Dynamiken auftreten. Dort kann sich ein schmales und spitzes elektrostatisches Feld über eine Elektronen-Debye-Länge erstrecken.

Indem wir die Bewegungsgleichung einmal integrieren (nachdem wir mit $\frac{dx_i}{dt}$ multipliziert haben), erhalten wir

$$\left(\frac{dx_i}{dt}\right)^2 = 2Z\frac{\omega_{pi}^2}{\omega_{pe}^2}\frac{\omega_b^2}{4k_s^2}[\cos(2k_s x_i) + 1] + v_0^2 \, , \tag{11.133}$$

wenn wir ein Ion betrachten, das am Maximum des elektrischen Feldes bei $x_i(t = 0) = \frac{3}{8}\lambda_s$ mit anfänglicher (thermischer) Geschwindigkeit v_0 startet. Führen wir nun Folgendes ein:

$$X_i = 2k_s x_i \, , \quad T = \sqrt{2Z\frac{m_e}{m_i}}\,\omega_b t \, , \quad V_0^2 = 1 + \frac{v_0^2}{Z\frac{m_e}{m_i}\frac{\omega_b^2}{2k_s^2}} \, , \tag{11.134}$$

so erhalten wir

$$\left(\frac{dX_i}{dT}\right)^2 = \cos X_i + V_0^2 \, . \tag{11.135}$$

Offensichtlich wird eine Trennung der Variablen möglich. Die Gleichung

$$T = \int_{\frac{3\pi}{2}}^{X_i} \frac{dX'}{\sqrt{V_0^2 + \cos X'}} \equiv E(X_i) \tag{11.136}$$

bestimmt implizit die Position X_i der Ionen als Funktion der Zeit T.

Das Integral auf der rechten Seite ist direkt mit dem elliptischen Integral erster Art

$$F(\phi, k) \equiv \int_0^{\phi} \frac{d\theta}{\sqrt{1 - k^2 \sin^2 \theta}} \, , \tag{11.137}$$

verbunden. Da in (11.136) die Identität $\cos X' = 1 - 2\sin^2\left(\frac{1}{2}X'\right)$ verwendet werden kann, variiert der rechte Teil von (11.136) zwischen 0 und 1,2.

Dann können wir mit Gl. (11.134) die (dimensionsbehaftete) Zeit t_g für den Aufbau des Ionengitters abschätzen,

$$t_g \sim \mathcal{O}\left(\sqrt{\frac{m_i}{Zm_e}}\,\omega_b^{-1}\right) \, . \tag{11.138}$$

$\blacksquare$

Fluidmodell für die zeitliche Entwicklung des Gitters

Nun diskutieren wir ein einfaches analytisches Modell, das die Hauptbefunde der vorherigen Untersektion erklärt. Sehr detaillierte Untersuchungen der nichtlinearen Dynamik von *homogenen* lasererzeugten Ion-Plasma-Gittern existieren bereits [274]. Für die Diskussion der *inhomogenen* Plasmagitter starten wir von einem vereinfachten homogenen Modell [285]. Es hat sich herausgestellt, dass das letztere Modell die Anfangsphase der homogenen Situation ziemlich gut beschreibt.

Wir werden die Frequenz ω mit der Pumpfrequenz ω_0, die Zeit t mit $2\pi/\omega_0$ (ca. 2,67 fs), Entfernungen mit der Laserwellenlänge λ_0 im Vakuum (800 nm) und Wellenzahlen k mit $k_0 \equiv 2\pi/\lambda_0$ normieren. Im Plasma ist die Pumpwellenzahl $k_1 = k_0 N_0$. Die mittlere Dichte n_0 wird für die Dichtenormierung verwendet, während die Lichtgeschwindigkeit c als Geschwindigkeitseinheit dient. Dann gilt $2k_1 x \rightarrow 4\pi N_0 x$ in dimensionsloser Form.

Ein Laserpuls breitet sich im Plasma mit der Gruppengeschwindigkeit $v_{g0} = cN_0$ aus. Normierte Vektorpotentiale $\mathbf{a} = \frac{e}{m_e c}\mathbf{A}$ werden verwendet.

Die Einzelpulshüllkurven werden angenommen als

$$\text{pump envelope} \sim \exp\left[-\frac{(x \mp x_0 \pm v_{g0}t)^2}{2\langle x^2 \rangle}\right] \, , \tag{11.139}$$

wobei $\langle x^2 \rangle$ die mittlere quadratische Breite der Pumppulse bezeichnet. Anfangs sind die beiden gegenläufigen Pumppulse gut getrennt, wenn sie um $\pm x_0$ zentriert sind. Das Überlappen zu späteren Zeiten führt zu dem Faktor

$$\mathcal{E}_{a_0 a_0} = e^{-\frac{-x^2}{\langle x^2 \rangle}} \; e^{-\frac{-v_{g0}^2 t^2}{\langle x^2 \rangle}} \tag{11.140}$$

für die kombinierte Wirkung, wenn wir den Nullpunkt der Zeitachse entsprechend zurücksetzen. Dann erscheint der Faktor $\mathcal{E}_{a_0 a_0}$ im ponderomotorischen Potential während der frontalen Kollision von zwei entgegengesetzt propagierenden Einzelpumppulsen.

Im Folgenden wird angenommen, dass die Variation der Hüllkurven auf der λ_0-Skala langsam ist. Erzeugt von zwei Pumppulsen mit Amplituden a_0, ist der schnell variierende Teil des ponderomotorischen Potentials ϕ_p (hier noch in dimensionaler Form) [286]

$$\frac{\phi_p}{m_e c^2} \approx -\frac{1}{2} a_0^2 \mathcal{E}_{a_0 a_0} \cos(2k_1 x - \varphi) \,, \tag{11.141}$$

wobei φ den Phasenunterschied darstellt. Raumladungen erzeugen ein gemitteltes elektrisches Feld

$$\langle E_x \rangle \approx -4\pi e n_0 \frac{\omega_{b0}^2}{2k_1 \omega_{pe}^2} \mathcal{E}_{a_0 a_0} \sin(2k_1 x + \varphi) \,, \tag{11.142}$$

das wir mit der Bouncefrequenz der Elektronen $\omega_{b0} = \sqrt{2} a_0 \omega_0$ angeschrieben haben. Gemäß Ma et al. [285] können wir eine Fluidgeschwindigkeit u_i der Ionen aus [285, 286] bestimmen,

$$m_i \frac{\partial u_i}{\partial t} \approx Ze\langle E_x \rangle \,. \tag{11.143}$$

Wir setzen $Z = 1$. Die dimensionslose Formulierung unter Verwendung der oben genannten Einheiten und der Einführung von

$$b = 2\pi a_0^2 N_0^{-1} \frac{m_e}{m_i} \,, \quad h = 4\pi N_0 \,, \tag{11.144}$$

folgt als

$$\boxed{\frac{\partial u_i}{\partial t} = -b \, e^{-N_0^2 t^2 / \langle x^2 \rangle} \, \sin(hx) \, e^{-x^2/\langle x^2 \rangle}} \,. \tag{11.145}$$

Tatsächlich sind die Pumplaser effektiv, solange $t \lesssim \sqrt{\langle x^2 \rangle}/N_0$. Da wir uns jedoch für die Ionenreaktion auf größeren Zeitskalen interessieren, etwa in der Größenordnung von $t \sim \mathcal{O}\left(\sqrt{\frac{m_i}{m_e} \frac{n_c}{n_0}}\right)$, können wir die vereinfachte Annahme treffen, dass die Ionengeschwindigkeit zu späteren Zeiten konstant bleibt, zumindest in der einfachsten Näherung. Unter Verwendung von $\int_{-\infty}^{\infty} e^{-N_0^2 t^2 / \langle x^2 \rangle} dt = \frac{\sqrt{\pi \langle x^2 \rangle}}{N_0}$, ergibt sich das Ergebnis nullter Ordnung

$$u_i^{(0)} \approx -b_0 \sin(hx) \, e^{-x^2/\langle x^2 \rangle} \,, \quad b_0 = 2\pi \sqrt{\pi} a_0^2 \sqrt{\langle x^2 \rangle} N_0^{-2} \frac{m_e}{m_i} \,. \tag{11.146}$$

Eine genauere Berechnung ist jedoch möglich, ausgehend von

$$u_i = -b \sin(hx) \, e^{-x^2/\langle x^2 \rangle} \int_{-\infty}^{t} e^{-N_0^2 t'^2 / \langle x^2 \rangle} dt' \,. \tag{11.147}$$

Wir lassen uns von der Formulierung von Ma et al. [285] leiten und nutzen die Dichtekontinuitätsgleichung

$$\frac{\partial n}{\partial t} + u_i \frac{\partial n}{\partial x} = -n \frac{\partial u_i}{\partial t} \, . \tag{11.148}$$

Beachte, dass die Exponentialfunktion $e^{-x^2/\langle x^2\rangle}$ im Vergleich zu $\sin(hx)$ und $\cos(hx)$ im Raum langsam variiert. Wir werden diesen Umstand nutzen, um eine approximative Lösung des Anfangswertproblems zu bestimmen. Zudem führen wir eine neue Zeit τ ein durch

$$d\tau = dt \int_{-\infty}^{t} e^{-N_0^2 t'^2/\langle x^2\rangle} dt' \, , \tag{11.149}$$

sodass

$$\tau = \int_0^t dt'' \int_{-\infty}^{t''} e^{-N_0^2 t'^2/\langle x^2\rangle} dt' \tag{11.150}$$

für $t \geq 0$ gilt, was zu der folgenden Relation führt:

$$\tau(t) = \frac{\sqrt{\pi \langle x^2\rangle}}{2N_0} t \left[1 + \mathrm{erf}\left(\frac{N_0 t}{\sqrt{\langle x^2\rangle}}\right) \right] + \frac{\langle x^2\rangle}{2N_0^2} \left[e^{-N_0^2 t^2/\langle x^2\rangle} - 1 \right] \, . \tag{11.151}$$

Ausführlich mit Bezug auf die Zeit τ geschrieben, wird die Näherungsgleichung für die Ionenkontinuität

$$\frac{\partial n}{\partial \tau} - b \, \sin(hx) \, e^{-x^2/\langle x^2\rangle} \frac{\partial n}{\partial x} \approx b \, h \, \cos(hx) \, e^{-x^2/\langle x^2\rangle} \, n \, . \tag{11.152}$$

Um die Koeffizienten h und b zu eliminieren, modifizieren wir in diesem Abschnitt die bereits dimensionslosen Variablen t und x zu

$$\tilde{t} = hb\tau \, , \quad \tilde{x} = hx \, . \tag{11.153}$$

Dann folgt

$$\frac{\partial n}{\partial \tilde{t}} - \tilde{\mathcal{E}} \, \sin(\tilde{x}) \frac{\partial n}{\partial \tilde{x}} \approx \tilde{\mathcal{E}} \, \cos(\tilde{x}) n \, , \tag{11.154}$$

mit

$$\tilde{\mathcal{E}} = e^{-\frac{\tilde{x}^2}{\langle \tilde{x}^2\rangle}} \, , \quad \langle \tilde{x}^2\rangle = h^2 \langle x^2\rangle \, . \tag{11.155}$$

Als Nächstes sollten wir uns mit folgendem anschaulichen Bild vertraut machen. Wir haben bereits angenommen, dass die Einhüllende sich im Raum nur langsam ändert. Das bedeutet, wir können eine lokale (raumabhängige) Zeit T einführen (und aus ästhetischen Gründen auch $X \equiv \tilde{x}$), d.h.

$$T = \tilde{t} e^{-\frac{\tilde{x}^2}{\langle \tilde{x}^2\rangle}} \, , \quad X \equiv \tilde{x} \, . \tag{11.156}$$

Diese *lokale* Zeit spiegelt wider, dass Pulse an verschiedenen Orten effektiv für unterschiedliche Zeitdauern interagieren. Die Grundgleichung wird nun zu

$$\boxed{\frac{\partial n}{\partial T} - \sin(X)\, \frac{\partial n}{\partial X} = \cos(X)\, n} \ . \tag{11.157}$$

Wir haben das Näherungssymbol durch ein Gleichheitszeichen ersetzt, in vollem Bewusstsein, dass wir lediglich eine Näherungslösung suchen. Solange wir uns nicht um die Anfangsbedingung kümmern, kann die Lösung dieser quasilinearen Differentialgleichung mit einer beliebigen Funktion F wie folgt geschrieben werden:

$$n(X, T) = \frac{F\left(-\ln\left[\csc(X) + \cot(X)\right] + T\right)}{\sin(X)} \ . \tag{11.158}$$

Zum Zeitpunkt $T = 0$ nehmen wir die Bedingung $n(X, 0) = 1$ an. Mit $z \equiv \sin(X)$ erhalten wir die Beziehung

$$z = F\left(-\ln\left[\frac{1 + \sqrt{1 - z^2}}{z}\right]\right) \equiv F\left(f(z)\right) \ . \tag{11.159}$$

Daher ist $f(z)$ die Inverse von $F(z)$. Aus

$$f(z) = F^{-1}(z) \quad \text{mit} \quad f^{-1}(z) = \frac{2e^z}{\left(e^z\right)^2 + 1} \tag{11.160}$$

erhalten wir

$$F(Z) = \frac{2e^Z}{e^{2Z} + 1} \ , \tag{11.161}$$

und damit

$$n(X, T) = \frac{1}{\sin(X)} \left. \frac{2e^Z}{e^{2Z} + 1} \right|_{Z = T - \ln[\csc(X) + \cot(X)]} \ . \tag{11.162}$$

Aus einer direkten Auswertung der rechten Seite folgt der endgültige Ausdruck

$$n(X, T) = 2e^T \frac{1 + \cos(X)}{[1 + \cos(X)]^2 + e^{2T} \sin^2(X)} \ . \tag{11.163}$$

Wir erinnern an (11.153) und (11.156), die die inhomogene Einhüllende zur Zeit t festlegen. Das führt zu

$$\boxed{n(x, t) = 2e^T \left. \frac{1 + \cos(X)}{[1 + \cos(X)]^2 + e^{2T} \sin^2(X)} \right|_{X = hx,\ T = h\, b\, \tau(t)\, e^{-x^2/\langle x^2 \rangle}}} \ . \tag{11.164}$$

Bevor wir die analytische Lösung mit einer numerischen vergleichen, wollen wir eine Näherung diskutieren, die zur Bewertung der in den folgenden Abschnitten vorgestellten einfachen Modelle verwendet wird. In diesen Modellen vernachlässigen wir Abweichungen vom rein harmonischen Verhalten, d. h., wir ignorieren höhere Harmonische.

Tab. 11.1 Fourier-Koeffizienten für die Harmonischen der niedrigsten Ordnung der analytischen Lösung für die Plasmadichte (11.164) bei $t = 560$. Beachte, dass alle β_m aufgrund der geraden Symmetrie der Plasmadichte $n(x, t)$ verschwinden

m	0	1	2	3	4	5
$\alpha_m(560)$	2,000	0,89	0,40	0,18	0,08	0,03

Offensichtlich besteht das Ergebnis (11.164) aus mehreren harmonischen Beiträgen $\sim \cos(mhx)$, $m = 1, 2 \ldots$ [und möglicherweise zusätzlichen Anteilen ungerader Parität $\sim \sin(mhx)$]. Um die Bedeutung jeder Fourier-Komponente abzuschätzen, definieren wir zeitabhängige Koeffizienten, nämlich

$$\alpha_m(t) = \frac{2}{L^*} \int_0^{L^*} \cos(mx)\, n(x, t)\, dx \,, \tag{11.165}$$

$$\beta_m(t) = \frac{2}{L^*} \int_0^{L^*} \sin(mx)\, n(x, t)\, dx \,, \tag{11.166}$$

wobei $L^* = 1/2N_0$ die Periodizität von $n(x, t)$ ist, wenn x in λ_0 gemessen wird. Diese Koeffizienten stammen aus dem homogenen Fall, d. h. aus $n(x, t)$ für $\langle x^2 \rangle \to \infty$. Wir bewerten ihre Bedeutung beispielsweise zum Zeitpunkt $t = 560$ (entsprechend 1,5 ps) anhand von Tab. 11.1.

Unter Verwendung der Fourier-Koeffizienten konstruieren wir folgendes einfaches Modell für die inhomogene Gitterdichte:

$$n_{approx}^{M}(x, t) = \frac{1}{2}\alpha_0(t) + \sum_{m=1}^{M} [\alpha_m(t)\, \cos(mhx) + \beta_m(t)\, \sin(mhx)]\, e^{-x^2/\langle x^2 \rangle} \,. \tag{11.167}$$

Selbst für kleine Werte von M liefert die Gl. (11.167) eine ausgezeichnete Näherung für $n(x, t)$. Die Gl. (11.167) wird verwendet, um die gekoppelten Modengleichungen zu bewerten und den effektiven Mediumansatz anzuwenden.

Für einen festen Wert von n_0/n_c sowie gegebenen Pumpamplituden a_0 und Breiten $\langle x^2 \rangle$ gibt es noch einen freien Parameter, der die Zeit t ist. Abb. 11.6 zeigt die Dichteverteilungen für $n_0/n_c = 0{,}05$, $a_0 = 0{,}0216$ und $\langle x^2 \rangle = 2300$. Die linke Unterabbildung zeigt die analytische Lösung (11.164) für $t = 560$, während die rechte Unterabbildung die angenäherte Lösung (11.167) für $M = 3$ zur gleichen Zeit zeigt.

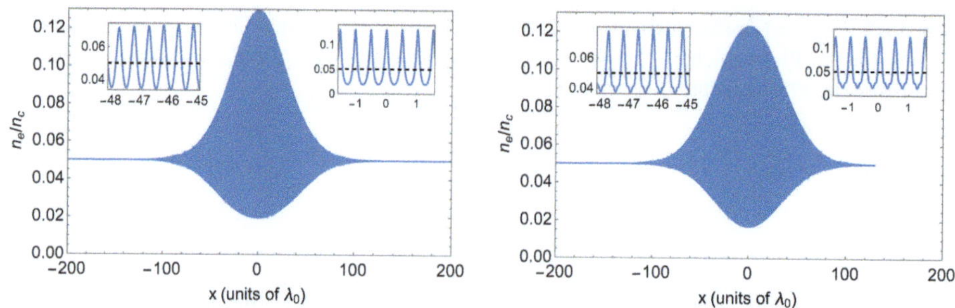

Abb. 11.6 Plasmagitterstrukturen für $n_0 = 0{,}05\,n_c$ und $\langle x^2 \rangle = 2300$. (**a**) Das analytische Ergebnis (11.164) bei $t = 560$. (**b**) Zum Vergleich das einfachere Modell (11.167) für $M = 3$. Die gestrichelte Linie in den Einfügungen stellt die anfängliche Dichte von $0{,}05\,n_c$ dar

Gittermodelle und mögliche Anwendungen

Photonische Kristalle sind Systeme, bei denen die Dielektrizitätsfunktion periodisch mit einer Periode in der Größenordnung einer optischen Wellenlänge moduliert wird. Die Modulation führt zu optischen Bandlücken. Letztere sind den elektronischen Bandlücken in Festkörpern mit diskreten Atomgittern ähnlich [287].

Ursprünglich wurden photonische Kristalle in Plasmen für Mikrowellenstrahlung eingeführt. In diesem Fall werden dünne Schichten aus Plasma und dielektrischem Material periodisch angeordnet, um einen Frequenzfilter zu bilden [288]. Die Umsetzung erfolgte in Form eines Arrays von Mikroplasmen [289]. Eine Zusammensetzung aus Metamaterial und Plasma ermöglicht Tarnung und nichtlineare Effekte im Mikrowellenbereich [290]. Der hier betrachtete transiente plasmabasierte photonische Kristall (TPPC) ordnet sich selbst in Anwesenheit von zwei entgegengesetzt propagierenden (und interagierenden) Laserstrahlen mit der Frequenz ω_0 an. Das entstehende Gitter ist auf der Zeitskala von einigen Picosekunden transient. Dennoch kann es verwendet werden, um kurze Laserpulse (von wenigen Femtosekunden Dauer) mit Wellenlängen im µm-Bereich zu manipulieren. Die Intensität des Probepulses kann groß sein (z. B. $10^{17}\,\mathrm{W/cm^2}$).

Die grundlegende Idee für einen TPPC wurde in den Referenzen [267, 291] veröffentlicht. Beginnt man mit zwei gegenläufig propagierenden, linear polarisierten Laserstrahlen, so kann eine stehende Welle entstehen. Die ponderomotorische Kraft verschiebt zunächst die Elektronen und führt zur Bildung eines elektrostatischen Feldes. Die Ionen reagieren zeitlich verzögert. Schließlich treiben die Ionen eine

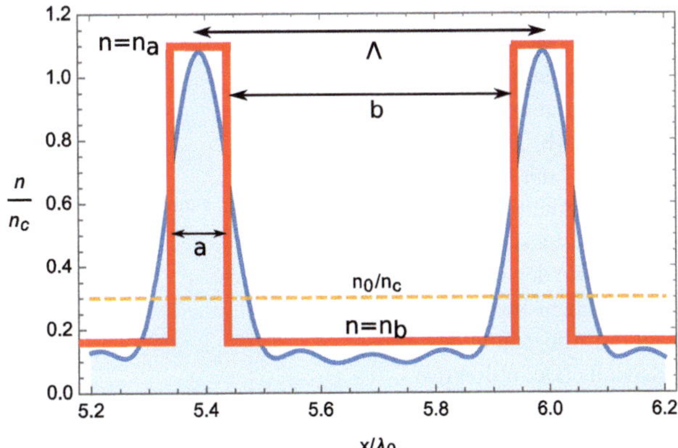

Abb. 11.7 Skizze eines einfachen Modells für die Dichteverteilung in einem Kristall, das durch eine stufenweise Dichtevariation entlang der x-Achse angenähert wird. Die gestrichelte Linie zeigt die ursprüngliche Dichte

ballistische Entwicklung der Plasmadichte an. Sobald die Laserinterferenz verschwindet, verschwindet auch das elektrische Feld fast vollständig, und die Elektronen- und Ionendichten werden nahezu gleich. Die Elektronen bleiben in den Knoten des ponderomotorischen Potentials gefangen, und die schnellsten gegenläufigen Ionen beginnen, ihre Bahnen zu kreuzen.

Abb. 11.7 zeigt in den schattierten Bereichen das Dichtemuster eines typischen eindimensionalen (1D) Kristalls [siehe z. B., Abb. 3 von Ref. [291]], wenn nur die ersten vier Fourier-Koeffizienten berücksichtigt werden. Die Abbildung zeigt die Dichtevariation in x-Richtung, wobei benachbarte Peaks durch Abstände von etwa $\lambda_0/2$ getrennt sind, wobei λ_0 die Laserwellenlänge ist. Die ursprüngliche Dichteverteilung n_0 war konstant und lag deutlich unter der kritischen Dichte n_c; im betrachteten Fall gilt $n_0 = 0{,}3\,n_c$. Die kritische Dichte n_c wird durch die Bedingung $\omega_0 = \omega_{p0}$ definiert, wobei $\omega_{p0} = \sqrt{n_0 e^2/\varepsilon_0 m_e}$ die Elektronenplasmafrequenz und ω_0 die Laserfrequenz ist. Das System ist in y- und z-Richtung homogen.

Als Nächstes konstruieren wir ein einfaches Modell für den TPPC. Abb. 11.7 dient als Orientierung, um die Dichte auf ein ideales Gitter zu reduzieren, wie in den Abb. 11.7 und 11.8(a) dargestellt. Auf Basis einer solchen Vereinfachung können wir das Potential des TPPC für verschiedene Anwendungen leicht abschätzen. Zum Beispiel werden wir das Verhalten des TPPC für verschiedene Einfallswinkel θ des Laserlichts untersuchen, wie im Schema in Abb. 11.8(c) skizziert.

Bevor wir jedoch neue Vorhersagen des Modells präsentieren, sollten wir zunächst die allgemeine Vorgehensweise untermauern. Um den Ansatz zu validieren, übernehmen wir Parameterwerte aus numerischen Simulationen und vergleichen die Bandstrukturvorhersagen des einfachen Modells [siehe Abb. 11.8] mit den in den Referenzen [267, 291] vorgestellten numerischen Simulationen. Bei der Betrachtung einer Gitterperiode $\Lambda = a + b$, wobei a und b die Bereiche hoher (n_a) bzw. niedriger Dichte (n_b) darstellen, legt Abb. 11.8

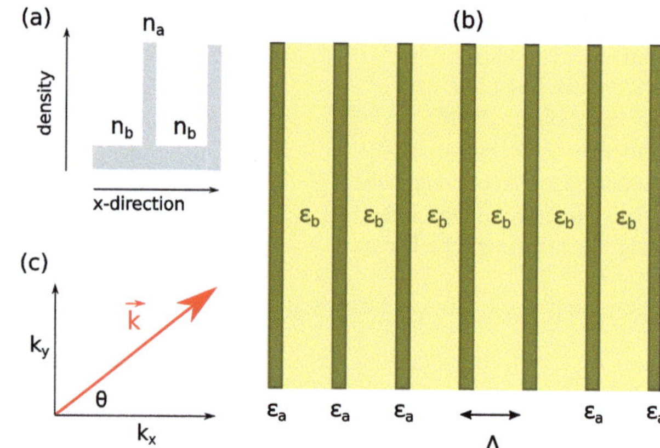

Abb. 11.8 Skizze eines einfachen Modells für ein TPPC. (**a**) Stufenweise Dichtevariation entlang der x-Achse; (**b**) Draufsicht auf das TPPC mit Gitterkonstante Λ und Variationen der Dielektrizitätskonstanten ε; (**c**) Geometrie der Laserlichtausbreitung in Bezug auf die Anordnung des Kristalls (Definition des Einfallswinkels θ)

nahe, dass

$$n_a = 1{,}1\, n_c \ , \quad n_b = 0{,}1736\, n_c \ , \quad a = 0{,}13644\, \Lambda \ , \quad b = 0{,}86356\, \Lambda \ . \tag{11.168}$$

Diese Werte erfüllen die Normierungsbedingung

$$\frac{a n_a + b n_b}{\Lambda} = n_0 \ . \tag{11.169}$$

Wie in den Referenzen [267, 291] diskutiert, ist die Basislänge Λ gegeben durch $\Lambda = \pi/k_1$, wobei k_1 die Wellenzahl im Plasma für eine Welle ist, die mit der Frequenz ω_0 und der Wellenzahl k_0 aus dem Vakuum eintritt. Da $k_1 = k_0\sqrt{1 - \frac{n_0}{n_c}}$, haben wir

$$\Lambda = \frac{\lambda_0}{2} \frac{1}{\sqrt{1 - \frac{n_0}{n_c}}} \ . \tag{11.170}$$

Für $\frac{n_0}{n_c} = 0{,}3$ erhalten wir $\Lambda = 0{,}6\,\lambda_0$. Wir geben Frequenzen in $2\pi c/\Lambda$ an. Dann wird die mittlere Elektronenplasmafrequenz

$$\Omega_{p0} = \frac{\omega_{p0}\Lambda}{2\pi c} = 0{,}6\frac{\omega_{p0}}{\omega_0} = 0{,}6\sqrt{\frac{n_0}{n_c}} \approx 0{,}3286 \ , \tag{11.171}$$

während die lokalen Plasmafrequenzen

$$\Omega_{pb} = \frac{\omega_{pb}\Lambda}{2\pi c} \approx 0{,}25 \ , \quad \Omega_{pa} = \frac{\omega_{pa}\Lambda}{2\pi c} \approx 0{,}63 \tag{11.172}$$

sind. Letztere werden jeweils mit den Dichten n_b und n_a berechnet. Die Wellenzahlen k werden entweder durch $2\pi/\Lambda$ oder durch k_1 normiert; beide Normierungen sind einfach miteinander verknüpft über

$$K \equiv \frac{k\Lambda}{2\pi} = \frac{1}{2}\frac{k}{k_1} \, . \tag{11.173}$$

Ähnlich erhalten wir

$$\Omega \equiv \frac{\omega\Lambda}{2\pi c} = \frac{\Lambda}{\lambda_0}\frac{\omega}{\omega_0} \, . \tag{11.174}$$

Innerhalb der einzelnen Schichten sind die Dielektrizitätswerte

$$\varepsilon_a = 1 - \frac{\omega_{pa}^2}{\omega^2} = 1 - \frac{\Omega_{pa}^2}{\Omega^2} \, , \quad \varepsilon_b = 1 - \frac{\omega_{pb}^2}{\omega^2} = 1 - \frac{\Omega_{pb}^2}{\Omega^2} \tag{11.175}$$

für eine Welle mit Frequenz ω, die sich dem Kristall nähert.

Transmission und Reflexion

Wir unterscheiden zwischen zwei Polarisationsrichtungen der einfallenden Welle. Die s-Welle ist auch als TE-Welle bekannt, wobei der elektrische Feldvektor $\mathbf{E} = E\hat{z}$ senkrecht zur Einfallsebene steht. Die Maxwell-Gleichungen führen zu

$$\left(\frac{\partial^2}{\partial x^2} + \frac{\partial^2}{\partial y^2}\right) E + \varepsilon\frac{\omega^2}{c^2} E - 0 \, . \tag{11.176}$$

Für die Lösungen fordern wir die Stetigkeit von E_y und H_z an den Grenzflächen.

Die p-Welle ist auch als TM-Welle bekannt, wobei der Magnetfeldvektor $\mathbf{H} = H\hat{z}$ senkrecht zur Einfallsebene steht. Die Maxwell-Gleichungen führen zu

$$\frac{\partial}{\partial x}\left(\frac{1}{\varepsilon}\frac{\partial H}{\partial x}\right) + \frac{\partial}{\partial y}\left(\frac{1}{\varepsilon}\frac{\partial H}{\partial y}\right) + \frac{\omega^2}{c^2} H = 0 \, . \tag{11.177}$$

Für die Lösungen fordern wir die Stetigkeit von E_z und H_y an den Grenzflächen.

Das Problem der Reflexion und Transmission elektromagnetischer Strahlung durch ein Mehrschichtsystem kann mittels der Matrixmethode analysiert werden. Wir folgen dem in Ref. [292] beschriebenen Verfahren und wenden die in Abb. 11.8 dargestellte Geometrie an.

Für TE-Moden (s-Polarisation) ergibt sich die Bandstruktur des periodischen Schichtmediums aus der Dispersionsrelation

$$\boxed{\begin{aligned} \cos(2\pi K_x) = {} & \cos\left(2\pi\frac{a}{\Lambda}K_{xa}\right)\cos\left(2\pi\frac{b}{\Lambda}K_{xb}\right) \\ & - \frac{1}{2}\left(\frac{K_{xa}}{K_{xb}} + \frac{K_{xb}}{K_{xa}}\right)\sin\left(2\pi\frac{a}{\Lambda}K_{xa}\right)\sin\left(2\pi\frac{b}{\Lambda}K_{xb}\right) \, , \end{aligned}} \tag{11.178}$$

wobei

$$K_{xa} = \sqrt{\Omega^2 - \Omega_{pa}^2 - K_y^2} \, , \quad K_{xb} = \sqrt{\Omega^2 - \Omega_{pb}^2 - K_y^2} \, . \tag{11.179}$$

Gl. (11.178) stellt eine Beziehung zwischen der normierten Frequenz $\Omega = \frac{\omega \Lambda}{2\pi c}$ und den Wellenvektorkomponenten $K_x = \frac{k_x \Lambda}{2\pi}$ und $K_y = \frac{k_y \Lambda}{2\pi}$ dar.

Für TM-Moden (p-Polarisation) erhalten wir die leicht abweichende Dispersionsrelation

$$
\begin{aligned}
\cos(2\pi K_x) = {}& \cos\left(2\pi \frac{a}{\Lambda} K_{xa}\right) \cos\left(2\pi \frac{b}{\Lambda} K_{xb}\right) \\
& - \frac{1}{2}\left(\frac{K_{xa}}{K_{xb}} \frac{\Omega^2 - \Omega_{pb}^2}{\Omega^2 - \Omega_{pa}^2} + \frac{K_{xb}}{K_{xa}} \frac{\Omega^2 - \Omega_{pa}^2}{\Omega^2 - \Omega_{pb}^2}\right) \\
& \times \sin\left(2\pi \frac{a}{\Lambda} K_{xa}\right) \sin\left(2\pi \frac{b}{\Lambda} K_{xb}\right) \,.
\end{aligned}
\tag{11.180}
$$

Man erkennt sofort, dass für $K_y = 0$, d. h. bei senkrechtem Einfall auf das Array, die beiden Dispersionsrelationen (11.178) und (11.180) identisch sind. Diese können leicht gelöst werden, z. B. mit MATHEMATICA. Das Ergebnis ist in Abb. 11.9 für $K_y = 0$ dargestellt. Wir haben $\frac{\omega}{\omega_0}$ gegen K_x aufgetragen, um einen direkten Vergleich mit Abb. 6(a) von [291] zu ermöglichen. Die Übereinstimmung zwischen dem hier vorgestellten Modell (stufenweise geschichtetes Material) und den numerischen Ergebnissen ist hervorragend. Nur Moden mit $\omega/\omega_0 > \sqrt{n_0/n_c}$ können sich ausbreiten.

Bei der Untersuchung der schrägen Ausbreitung beginnen wir mit den TE-Moden. Auch für diesen Fall liegen numerische Simulationen vor, beispielsweise die in Abb. 8 von Ref. [291] veröffentlichten. Bei der Auswertung der Dispersionsrelation (11.178) für die Parameter (11.168) erhalten wir die in Abb. 11.10 dargestellte Bandstruktur. Die schattierten Bereiche sind Zonen der erlaubten Bänder, in denen $|\cos(2\pi K_x)| < 1$ gilt. Diese stimmen

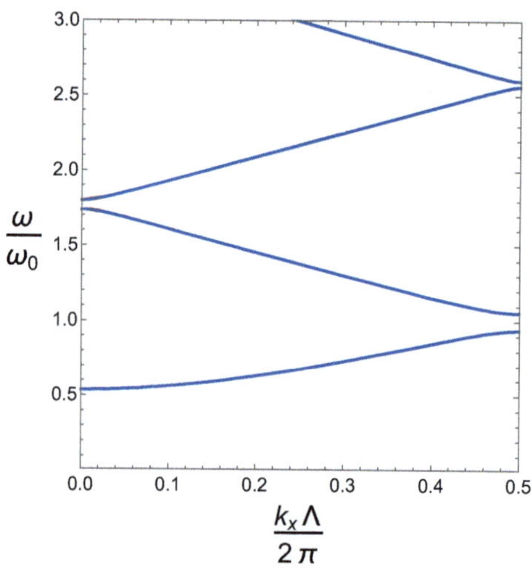

Abb. 11.9 Modellrechnung basierend auf den Dispersionsrelationen (11.178) und (11.180) für die Ausbreitung mit $k_y = 0$. TE- und TM-Moden führen zum gleichen Ergebnis. Dieses stimmt exakt mit Abb. 6(a) aus Ref. [291] überein

Abb. 11.10 Bandstruktur bei schrägem Einfall ($k_y \neq 0$) von TE-Moden, berechnet mit der Dispersionsrelation (11.178). Für TE-Moden finden wir vollständige Übereinstimmung mit den früher in Fig. 8 von Ref. [291] publizierten Ergebnissen

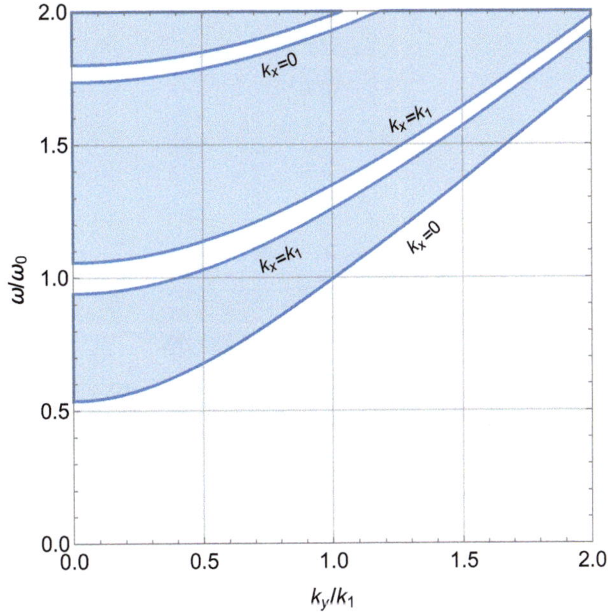

exakt mit der Bandstruktur überein, die in den numerischen Simulationen [267, 291] auftritt. Das analytische Modell (11.178) erklärt nun mühelos die Form der Bänder.

Da in (11.178) die Frequenz und die transversale Wellenzahl nur in der Kombination $\Omega^2 - K_y^2$ auftreten, sagt das analytische Modell für TE-Moden offensichtlich die Abhängigkeit

$$\Omega^2 = \Omega_0^2 + K_y^2 \tag{11.181}$$

voraus, die in Abb. 11.10 auftritt. Die Konstanten Ω_0 für die Grenzen der Bänder ergeben sich aus Abb. 11.9 (die für $K_y = 0$ gilt), wenn wir $|\cos(2\pi K_x)| = 1$ setzen.

Abschließend liefert die Entdeckung der Abhängigkeit (11.181) in den Simulationen für die schräge Ausbreitung von TE-Moden einen weiteren erfolgreichen Test unseres analytischen Modells.

Die unterschiedlichen Formen der Dispersionsrelationen (11.178) und (11.180) für $K_y \neq 0$ deuten darauf hin, dass die schräge Ausbreitung polarisationsabhängig (doppelbrechend) wird. Und tatsächlich zeigt die Analyse der TM-Wellen mit (11.180) für $K_y \neq 0$ ein anderes Verhalten. In Abb. 11.11 ist die Bandstruktur der TM-Moden dargestellt.

Es sind mehrere Punkte bemerkenswert. Zunächst finden wir signifikante Unterschiede in der Phasengeschwindigkeit zwischen TE- und TM-Moden.

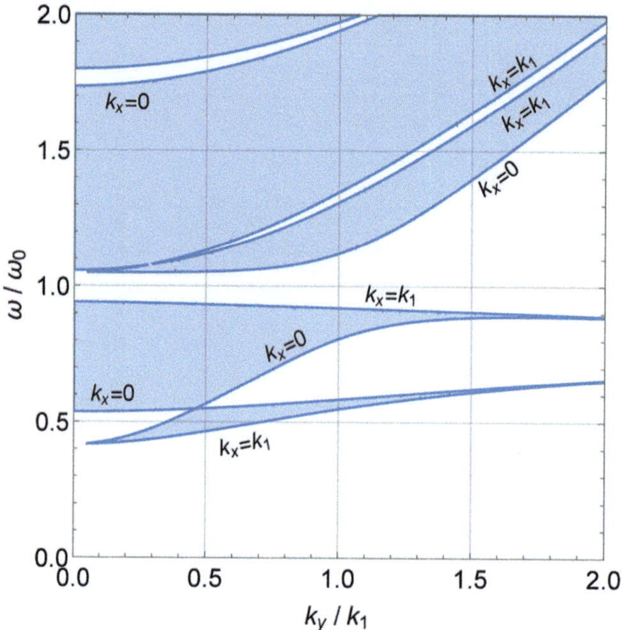

Abb. 11.11 Bandstruktur für die schräge Ausbreitung ($k_y \neq 0$) von TM-Moden, wie sie aus der Dispersionsrelation (11.180) erhalten wird

Dann entsteht eine Bandlücke um $\omega = \omega_0$. In diesem Frequenzbereich können TM-polarisierte Wellen unabhängig vom Einfallswinkel nicht im Kristall propagieren. Dieses Merkmal kann genutzt werden, um den Plasmakristall als Polarisator einzusetzen.

Schließlich sagt die Dispersionsrelation die Ausbreitung von TM-polarisiertem Licht für Frequenzen $\omega/\omega_0 < \sqrt{n_0/n_c}$ voraus. Die untere Frequenzgrenze für TM-Moden wird nun durch die Dichte n_b ($< n_0$) bestimmt, d. h., ω/ω_0 muss lediglich größer als $\sqrt{n_b/n_c}$ sein. Für solche Moden erscheint das anfangs homogene Plasma überdicht. Die unteren Dichtestreifen im Gitter erlauben jedoch eine Ausbreitung, solange sie unterdicht sind.

11.4 Plasmakompressor

Eine besonders wichtige Anwendung eines Plasmagitters könnte der Plasmakompressor werden, der bei sehr hohen Intensitäten seine Vorteile ausspielen sollte. Im Grunde ist dieser Plasmakompressor ein gechirptes Plasmagitter. In diesem Abschnitt stellen wir darüber hinaus mit den Modenkopplungsgleichungen ein geeignetes Werkzeug vor, mit dem man die Effektivität der plasmaoptischen Komponenten leicht berechnen kann.

Die Laserpulskompression ist eine Technologie, die in der Laserphysik und der Ultrakurzpulslaserforschung eingesetzt wird, um die Dauer von Laserpulsen zu verkürzen und ihre Energie zu erhöhen. Dieser Prozess spielt eine wichtige Rolle in verschiedenen wissenschaftlichen, industriellen und medizinischen Anwendungen. Die Kompression von Laserpulsen ist entscheidend, um intensive, ultrakurze Laserpulse zu erzeugen, die nur Femtosekunden (1 fs $= 10^{-15}$ s) oder Picosekunden (1 ps $= 10^{-12}$ s) dauern können. Solche ultrakurzen Pulse ermöglichen es, extrem hohe Leistungsdichten zu erreichen, was sie ideal für viele Anwendungen macht, darunter für

- Materialbearbeitung: Ultrakurzpulslaser können präzise Materialien schneiden, bohren und markieren, ohne dabei Wärme in die Umgebung zu leiten;
- medizinische Anwendungen: Ultrakurzpulslaser werden in der Augenchirurgie und anderen medizinischen Verfahren eingesetzt;
- Forschung: In der Grundlagenforschung ermöglichen ultrakurze Laserpulse das Studium von ultraschnellen Prozessen in Atomen und Molekülen.

Der plasmabasierte Laserpulskompressor soll die Eigenschaften eines Plasmas nutzen, um noch intensivere kurze Pulse zu erhalten. Eine erfolgreiche Entwicklung von plasmabasierten Laserpulskompressoren wird zu enormen Fortschritten in der Lasertechnologie führen und ermöglichen, eine Vielzahl von faszinierenden Anwendungen in verschiedenen Bereichen noch intensiver durchzuführen.

Um Schäden an optischen Komponenten in Hochleistungslasersystemen zu vermeiden, wurde die CPA(chirped-pulse amplification)-Technik entwickelt, die ohne jeden Zweifel höchst preiswürdig war [249, 293].

Bei der CPA-Methode wird ein Laserpuls vor der Verstärkung zeitlich gestreckt, typischerweise durch ein gechirptes Gitter. Der gestreckte Puls wird dann durch einen Verstärker (z. B. einen Festkörperverstärker) intensiviert, ohne das Material des Verstärkers zu beschädigen. Nach der Verstärkung wird der Puls durch ein zweites gechirptes Element wieder in seine ursprüngliche kurze Dauer komprimiert, was zu einem starken Anstieg der Intensität führt. Es ist das grundlegende Prinzip hinter fast allen leistungsstarken Laserquellen.

Grundsätzlich werden noch heute Pulsstreckung, Verstärkung und Kompression ausschließlich durch Paare konventioneller Festkörperkomponenten durchgeführt [294]. Die höchste Spitzenleistung ist durch die optische Schwelle der Kompressorkomponenten begrenzt. Im Vergleich zu Festkörpermaterialien leidet Plasma, das bereits ionisiert ist, nicht unter Durchbrüchen bei extremen Lichtintensitäten. Daher konzentriert sich heute das Interesse der Hochintensitätslasergemeinschaft zunehmend auf plasmabasierte Komponenten, um die Einschränkungen durch intensitätslimitierte Festkörperkomponenten zu überwinden [295–297]. Besonderes Interesse gilt der letzten Kompressorstufe in einer CPA-Kette [298].

Offensichtlich wird eine Intensitätssteigerung in der Grundlagenforschung, Materialbearbeitung [299], Lasermedizin [300, 301], Diagnostik ultraschneller Prozesse in Atomen und Molekülen [302], Laserfusion [303] und so weiter neue Perspektiven eröffnen. Dabei sollte ein plasmabasierter Laserpulskompressor die Eigenschaften eines Plasmagitters nutzen. Wie bereits diskutiert, ist ein Plasmagitter eine rein optisch erzeugte Plasmastruktur, die sich erst auf der Ionenzeitskala zeitlich ändert. Daher kann es zur Manipulation von kurzen, hochintensiven Laserpulsen verwendet werden. Die Bildung von Elektronen- und Ionendichtegittern durch die Wechselwirkung von zwei gegenläufigen Laserpulsen ist seit mindestens 20 Jahren bekannt [304–307]. Seitdem wurden viele grundlegende Eigenschaften erarbeitet [265, 267, 274, 285, 286, 291, 308–315].

Das Plasmagitter ist einstellbar, da seine Periode durch Änderung des Winkels zwischen den Pumppulsen variiert werden kann. Auf der anderen Seite erlaubt ein Plasma nicht die Herstellung eines Gitters mit scharfen Grenzen und einer ziemlich homogenen Amplitude. Typischerweise wird ein Gitter durch die Überlagerung von Pumplaserpulsen erzeugt. Deren Profile bestimmen die räumliche Hülle des erzeugten Gitters. Dadurch entstehen Gitterstrukturen mit konstanten Gitterperioden, aber raumabhängigen Hüllen [316, 317]. Ein strikt homogenes Plasmagitter mit konstanter Amplitude ist eine Idealvorstellung, deren Grenzen diskutiert wurden [318]. Das Verständnis der Unterschiede ermöglicht es, viele Modellaussagen, die mit konstanten Gitteramplituden erhalten wurden, auf inhomogene Gitter zu erweitern.

Für die Hochleistungslaserphysik ist die Herstellung von gechirpten Plasmagittern eine große Herausforderung für die Zukunft. Man kann dabei viel aus der Entwicklung der Glasfaseroptik lernen [294, 319–325].

Im Bereich der Glasfaseroptik wurden Brechungsindexmodifikationen für volumengechirpte Bragg-Gitter vorgeschlagen [294], indem die Wechselwirkung eines fokussierten mit einem defokussierten Schreiblaser betrachtet wurde. Es ist noch offen, ob diese Technik auf die Herstellung von gechirpten plasma-basierten Gittern übertragen werden kann. Zur Zeit bevorzugt man eine andere Idee. Ein gechirptes plasma-basiertes Gitter kann auftreten, wenn zwei entgegengesetzt propagierende gechirpte Pumplaser innerhalb einer Plasmaschicht interagieren. Es gibt auch eine dritte Idee [326], die darauf basiert, dass die Lichtreflexion von einem inhomogenen Plasma für verschiedene Frequenzen an verschiedenen Positionen erfolgt. Wir werden dies kurz kommentieren, wenn wir die gekoppelten Moden-Gleichungen für inhomogene Plasma analysieren. Die gekoppelten Moden-Gleichungen [327] zeigen eine direkte Analogie zwischen einem quadratisch gechirpten und einem linearen inhomogenen Gitter. Diese Entsprechung beruht jedoch auf einigen vereinfachenden Annahmen. Daher bleibt zu prüfen, ob die Vorhersagen tatsächlich für Plasma-Situationen zutreffen. Wenn ja, könnte dies potenziell einen einfachen Weg bieten, um einen Plasma-Laserpuls-Kompressor zu realisieren.

Die vorliegende Darstellung wurde stark von einem Artikel von Edwards und Michel [277] inspiriert. Sie schlugen ein realistisches Szenario für ein kompaktes CPA-System vor, bei dem die letzte Stufe aus einem homogenen Plasmagitter besteht. Dies soll eine geringe Winkeldispersion kompensieren. Hier stellen wir die Frage, ob und wie ein gechirptes Plasmagitter hergestellt und anschließend in einem CPA-System genutzt werden kann.

Gechirpte Plasmagitter könnten eine Möglichkeit bieten, gechirpte Hochleistungslaserpulse in Reflexion zu komprimieren, ähnlich wie konventionelle Festkörpergitter in CPA-Schemata. Festkörpergitter müssen normalerweise bei Energieflussdichten (Fluenzraten) unter 0,1 J/cm^2 für 30-fs-Pulse betrieben werden, was Spitzenintensitäten von etwa 10^{12} W/cm^2 entspricht. Solche Intensitäten liegen nahe an der Ionisationsschwelle von Festkörpermaterialien, weshalb die traditionellen Kompressorgitter entsprechend groß dimensioniert werden müssen (mehrere Hundert cm^2 für Petawattsysteme). Gleichzeitig sind die Wiederholraten von CPA-basierten Lasersystemen derzeit auf etwa 1 Hz (für PW-Laser) bis 10 Hz (für 0,1-PW-Laser) begrenzt. Höhere Wiederholraten sind wünschenswert, um die mittlere Leistung zu steigern, was wiederum die durchschnittliche Leistung beispielsweise lasergetriebener Strahlungs- oder Teilchenquellen erhöhen würde. Die aktuellen Begrenzungen der Wiederholrate sind hauptsächlich auf die Pumpprozesse des Lasers, die Kühlung der Verstärker, aber auch auf wärmebedingte Verformungen der Kompressorgitter zurückzuführen [328–330].

Plasmakompressionsgitter könnten für zwei Probleme eine Lösung bieten. Ihre Zerstörungsschwelle wird in der Regel dadurch bestimmt, dass die Dichtemodulation nicht durch das ponderomotorische Potential des Probepulses verändert werden sollte. Für typische unterdichte Plasmen entspricht dies Intensitäten in der Größenordnung von 10^{17} W/cm^2, also fünf Größenordnungen höher als bei Festkörpergittern. Gleichzeitig könnte für jeden Laserschuss ein frisches Plasmagitter verwendet werden, was Wiederholraten weit über einige Hertz hinaus ermöglichen würde.

Form eines gechirpten Plasmagitters

Ein gechirptes Plasmagitter wird durch gechirpte Laserpulse (Pumppulse) erzeugt. Das elektrische Feld eines gechirpten Laserpulses beschreiben wir als

$$E(\tau) = A e^{-B\tau^2} e^{i\omega_0(\tilde{\tau} + b\tilde{\tau}^2)} \tag{11.182}$$

mit

$$A = \frac{\sigma}{\sqrt{4i D_2 + \sigma^2}}, \quad B = \frac{\sigma^2}{16 D_2^2 + \sigma^4}, \quad b = \frac{1}{\omega_0} \frac{4D_2}{16 D_2^2 + \sigma^4}. \tag{11.183}$$

Hierbei ist D_2 der Koeffizient einer quadratischen Phase, die $\exp\left[-i D_2(\omega - \omega_0)^2\right]$ entspricht, und σ charakterisiert eine gaußförmige Einhüllende, die proportional zu $\frac{\sigma}{\sqrt{2}} \exp\left[-\frac{\sigma^2(\omega-\omega_0)^2}{4}\right]$ ist. Abhängig vom Vorzeichen von D_2 ergibt sich ein positiver ($b > 0$) oder negativer ($b < 0$) Chirp.

Die minimale Pulsdauer $\tau_{\min} = 2\sigma\sqrt{\ln(2)}$ wird für $D_2 = 0$ erreicht. Für endliches D_2 ist die FWHM-Dauer des gechirpten Pulses

$$\tau_{\text{ch}} = \tau_{\min} \sqrt{1 + \left(\frac{16 D_2 \ln(2)}{\tau_{\min}^2}\right)^2}. \tag{11.184}$$

Puls 1 soll von links nach rechts propagieren; seine retardierte Zeit sei

$$\tau \to \tau_1 = \bar{t} - \frac{1}{v_g}(x + x_0), \quad \tilde{\tau} \to \tilde{\tau}_1 = \bar{t} - \frac{k_0}{\omega_0}(x + x_0), \tag{11.185}$$

wenn der Startzeitpunkt $\bar{t} = 0$ bei $x = -x_0 < 0$ liegt. Hierbei ist v_g die Gruppengeschwindigkeit und $\frac{\omega_0}{k_0}$ die Phasengeschwindigkeit. Andererseits sollte sich Puls 2 von rechts nach links ausbreiten; zu ihm gehört die retardierte Zeit

$$\tau \to \tau_2 = \bar{t} + \frac{1}{v_g}(x - x_0), \quad \tilde{\tau} \to \tilde{\tau}_2 = \bar{t} + \frac{k_0}{\omega_0}(x - x_0), \tag{11.186}$$

wenn der Startzeitpunkt $\bar{t} = 0$ bei $x = x_0$ liegt. Wir könnten die Darstellung vereinfachen (was wir aber nicht tun wollen), indem wir annehmen, dass $n_0 \ll n_c$ gilt, sodass $\omega_0 \approx ck_0$ ist. In diesem Fall ist eine Unterscheidung zwischen τ und $\tilde{\tau}$ nicht mehr notwendig, und die Berechnung würde übersichtlicher werden.

Das ponderomotorische Potential ist proportional zum Produkt $E_1 E_2^* + \text{c.c.}$ Wir berechnen zunächst den Beitrag der Einhüllenden, beginnend mit den Fällen $B_1 = B_2 \equiv B$:

$$S_1 := e^{-B\tau_1^2} e^{-B\tau_2^2} = \exp\left[-\frac{\sigma^2}{16 D_2^2 + \sigma^4}\left(\frac{2}{v_g^2}x^2 + 2t^2\right)\right] \tag{11.187}$$

bei $t = \bar{t} - \frac{1}{v_g} x_0$. Andererseits erhalten wir bei $b_2 = 0$ und $b_1 \equiv b$

$$S_1 := e^{-B\tau_1^2}\, e^{-\sigma^{-2}\tau_2^2} = \exp\left[-\frac{16D_2^2 + 2\sigma^4}{(16D_2^2 + \sigma^4)\sigma^2}\left(\frac{1}{v_g^2}x^2 + t^2\right)\right]$$

$$\times \exp\left[\frac{-16D_2^2}{(16D_2^2 + \sigma^4)\sigma^2}\frac{2}{v_g}x\,t\right]. \tag{11.188}$$

Bei $t = 0$ überlappen sich die Pulse optimal.

Als Nächstes berechnen wir das Produkt der Phasenfaktoren

$$S_2 := e^{i\omega_0(\tilde{\tau}_1 + b_1\tilde{\tau}_1^2)}\, e^{-i\omega_0(\tilde{\tau}_2 + b_2\tilde{\tau}_s^2)}. \tag{11.189}$$

Eine kurze Rechnung führt zu

$$S_2 = \begin{cases} \exp\left\{-2ik_0 x\left[1 + 2b(t + t_\varepsilon)\right]\right\} & \text{for } b = b_1 = +b_2, \\ \exp\left\{-2ik_0 x\left(1 - \frac{k_0}{\omega_0}bx\right)\right\} e^{2ib\omega_0(t + t_\varepsilon)^2} & \text{for } b = b_1 = -b_2 \\ \exp\left\{-2ik_0 x\left[1 - \frac{k_0}{\omega_0}\frac{b}{2}x + b(t + t_\varepsilon)\right]\right\} e^{ib\omega_0(t + t_\varepsilon)^2} & \text{for } b = b_1,\ b_2 = 0, \end{cases}$$
$$\tag{11.190}$$

wobei

$$t_\varepsilon = \left(\frac{1}{v_g} - \frac{k_0}{\omega_0}\right) x_0 \approx 0. \tag{11.191}$$

In den meisten Fällen wird die Grenze $16D_2^2 \gg \sigma^4$ von besonderem Interesse sein, da diese Grenze die Situation mit signifikantem Chirp abdeckt.

Beispiel 11.5 (Der Fall $b = b_1 = -b_2 \neq 0$)
Die Prognose für diesen Fall interagierender gepulster Pumplaser mit entgegengesetztem Chirp ist eindeutig. Es sollte ein räumlich gechirptes Gitter mit linearem Chirp entstehen. Das Gitter sollte eine räumliche Dichtevariation aufweisen:

$$\frac{\delta n}{n_0} \sim a(x)\cos\left[2k_0 x\left(1 - \frac{k_0}{\omega_0}bx\right)\right]. \tag{11.192}$$

Für eine gaußartige Einhüllende

$$a(x) \sim \exp\left(-\frac{2}{v_g^2}\frac{\sigma^2}{16D_2^2 + \sigma^4}x^2\right) \approx \exp\left(-\frac{1}{v_g^2}\frac{\sigma^2}{8D_2^2}x^2\right) \tag{11.193}$$

wächst die Breite mit dem Chirpfaktor.

Zusammenfassend erscheint ein gechirptes Gitter mit variablem Wellenvektor $K = 2k_0 - \frac{2k_0^2 b}{\omega_0}x$. Das Gitter hat eine Gauß-Form mit einer Breite (FWHM), z. B. für $16D_2^2 \gg \sigma^4$

$$W = \sqrt{2\ln 2}\, v_g \frac{\sqrt{16D_2^2 + \sigma^4}}{\sigma} \approx 4\sqrt{2\ln 2}\, v_g \frac{|D_2|}{\sigma} \;. \tag{11.194}$$

Die Breite wächst mit dem Chirp der Pumplaser.   ∎

Beispiel 11.6 (Der Fall $b = b_1 = +b_2 \neq 0$)
In diesem Fall entsteht ein Gitter mit fester Gitterkonstante,

$$\frac{\delta n}{n_0} \sim a(x)\,\cos\left[2k_0 x\right] \;. \tag{11.195}$$

Für die Form der Einhüllenden sind zwei Faktoren aus (11.187) und (11.190) relevant, nämlich

$$\exp\left[-\frac{2\sigma^2 t^2}{16D_2^2 + \sigma^4}\right] \quad \text{und} \quad \exp\left[-4ik_0 bx(t + t_\varepsilon)\right] \;. \tag{11.196}$$

Im Folgenden benutzen wir das Integral

$$\int e^{-2Bt^2}\, \exp\left[-4ik_0 b(t + t_\varepsilon)x\right]\, dt \tag{11.197}$$

$$= \frac{1}{2\sqrt{2}}\sqrt{\frac{\pi}{B}}\exp\left\{-\frac{2k_0^2 b^2 x^2}{B}\right\}\operatorname{erf}\left(\sqrt{2B}t + i\frac{2k_0 bx}{\sqrt{2B}}\right)\exp(-4ik_0 bt_\varepsilon x) \;.$$

Die Überlagerung der Pulse erfolgt während einer kurzen Zeit im Vergleich zur Gesamtexistenzzeit des Gitters. Daher mitteln wir über die Zeit, sodass für $t_\varepsilon \approx 0$ die x-Abhängigkeit $\exp\left\{-\frac{2k_0^2 b^2 x^2}{B}\right\}$ zusammen mit einem konstanten Faktor erhalten bleibt. Wir kombinieren dies mit $\exp\left(-\frac{\sigma^2}{16D_2^2 + \sigma^4}\frac{2}{v_g^2}x^2\right)$ aus (11.187), um für das Produkt Folgendes zu erhalten:

$$\exp\left(-\frac{2k_0^2 b^2 x^2}{B}\right)\exp\left(-\frac{\sigma^2}{16D_2^2 + \sigma^4}\frac{2}{v_g^2}x^2\right) = \exp\left(-\frac{2x^2}{\sigma^2}\frac{1}{v_g^2}\right)e^{-\varepsilon x^2} \tag{11.198}$$

mit

$$\varepsilon = \frac{2}{\sigma^2}\frac{16D_2^2}{16D_2^2 + \sigma^4}\left(\frac{k_0^2}{\omega_0^2} - \frac{1}{v_g^2}\right) \approx 0\,\text{für}\,n_0 \ll n_c \;. \tag{11.199}$$

Zusammenfassend erscheint kein Chirp im Gitter. Das Gitter hat eine Gauß-Form mit einer Breite (FWHM)

$$W = \sqrt{2\ln 2}\, v_g \sigma \tag{11.200}$$

für $t_\varepsilon \sim \varepsilon \approx 0$. Seine Breite hängt nicht vom Chirp der Pumpwellen ab.   ∎

Beispiel 11.7 Der Fall $b_1 = b$, $b_2 = 0$
Dieser Fall umfasst beide Effekte, die in den vorhergehenden Unterabschnitten behandelt
wurden, nämlich Chirp und Längenänderung. Zunächst besteht eine räumliche Dichtevariation mit Chirp,

$$\frac{\delta n}{n_0} \sim a(x) \cos\left[2k_0 x \left(1 - \frac{k_0}{\omega_0}\frac{b}{2}x \right) \right] . \tag{11.201}$$

Für die Berechnung der Breite in x benötigen wir das Integral

$$\int e^{-(A_1 - iA_4)t^2 - (A_2 + iA_3)tx}\, dt \tag{11.202}$$

$$= \frac{1}{2}\sqrt{\frac{\pi}{A_1 - iA_4}} \exp\left\{ \frac{(A_2 + iA_3)^2 x^2}{4(A_1 - iA_4)} \right\} \operatorname{erf}\left(\sqrt{A_1 - 4A_4}\,t - \frac{A_2 + iA_3}{2\sqrt{A_1 - iA_4}}x \right) ,$$

mit entsprechenden Festlegungen von A_1, A_2, A_3 und A_4. Sie können mit (11.188) und
(11.190) erfolgen.

Ohne ähnliche Berechnungen wie zuvor zu wiederholen, fassen wir zusammen, dass
die Hüllkurve des Gitters eine Gauß-Form hat. Für $16D_2^2 \gg \sigma^4$ ist seine räumliche Breite
(FWHM)

$$W = 4\sqrt{\ln 2}\, v_g \frac{|D_2|}{\sigma} . \tag{11.203}$$

Die Situation, in der nur ein Puls gechirpt ist und der andere nicht, entspricht dem Fall von
zwei entgegengesetzt gechirpten Pulsen mit halbem Wert von b. ∎

Beispiel aus einer numerischen Simulation

> Wir zeigen beispielhaft für ein gechirptes Gitter eine numerische Simulation, in der nur
> das Laserfeld E_1 gechirpt ist, d. h. auf eine längere Dauer gestreckt wird. Der zweite
> Laserpuls E_2 wird als bandbreitenbegrenzt angenommen, d. h. mit einer FWHM-
> Dauer von 30 fs ($b_2 = 0$).

Der Puls E_1 ist so gechirpt, dass er 100-mal länger ist als der kurze Puls ($b_1 = 1{,}31 \times$
$10^{10}\,\text{s}^{-1}$, d. h. $D_2 = 8{,}1 \times 10^{-27}\,\text{s}^2$). Beide Pulse haben die gleiche Spitzenintensität von
$2{,}5 \times 10^{14}\,\text{W/cm}^2$, was bedeutet, dass der lange Puls 100-mal mehr Energie trägt als der
kurze Puls. Die Länge der gesamten Wechselwirkungsregion zwischen den beiden Pulsen
wird hauptsächlich durch die Länge des langen Pulses bestimmt und beträgt etwa 600 λ_0.

Das ponderomotorische Feld der sich überlappenden Laserpulse initiiert die Bildung
eines Elektronendichtegitters. Aufgrund des Chirps des langen Pulses variieren Wellenlänge
und Frequenz des Gitters räumlich.

Abb. 11.12 (oben) zeigt die Elektronendichte 12,6 ps nach der Wechselwirkung. In der
Wechselwirkungsregion ist die Plasmadichte durch schnelle Oszillationen mit Wellenzahlen

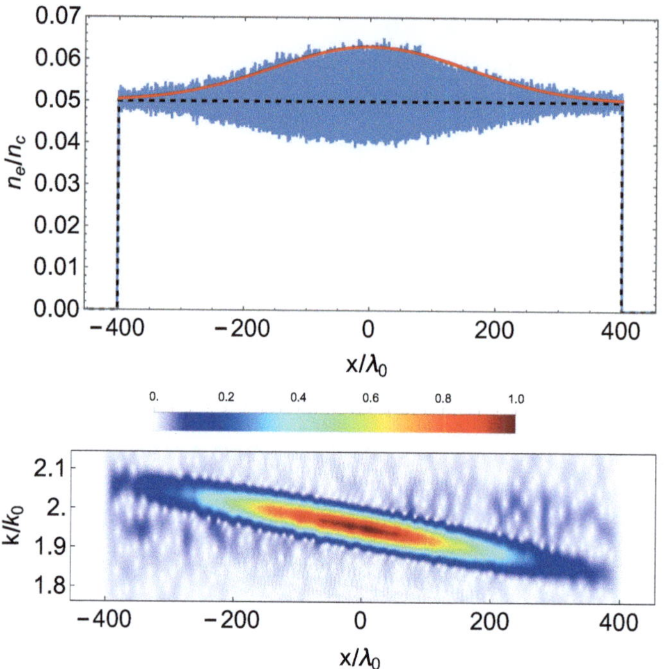

Abb. 11.12 oben: Elektronendichte (blau) n_e bei $t = 12{,}6\,\mathrm{ps}$. Schnelle Oszillationen auf der Skala von $\lambda_0/2$ sind aufgrund des Maßstabs nicht sichtbar. Die Hülle der Dichteschwankung ist als rote durchgezogene Linie dargestellt, das anfängliche Dichteprofil als schwarze gestrichelte Linie. unten: Normiertes Spektrogramm der Variation der Elektronendichte $\delta n_e = n_e - n_0$ für n_e, wie oben dargestellt. Es zeigt, welcher Wellenzahlbeitrag zur Dichteoszillation an welcher Position im Plasmagitter beiträgt. Es werden die entsprechenden Fourier-Amplituden auf einer linearen Skala dargestellt

$k = 2k_1$ moduliert, wobei $k_1 = k_0\sqrt{1 - n_0/n_c}$ ist. Aufgrund der zeitlichen gaußschen Hüllkurven der beiden Laserpulse ist auch die Hüllkurve der Dichtemodulation gaußförmig [318]. Ionen- und Elektronendichte sind nahezu identisch.

Abb. 11.12 (unten) zeigt ein Spektrogramm der Dichtemodulation, das die Änderungen der lokalen Wellenzahl sichtbar macht. Die Wechselwirkung zwischen den beiden Pulsen E_1 und E_2 beginnt bei $x = 400\,\lambda_0$, wo die niederfrequenten Komponenten von E_1 mit dem ungechirpten Puls E_2 interferieren. Gegen Ende der Wechselwirkung hat sich E_2 bis $x = -400\,\lambda_0$ ausgebreitet und interferiert dort mit den hochfrequenten Komponenten von E_1. Das Ergebnis ist ein linear gechirptes Plasmadichtegitter.

Modenkopplungsgleichungen für ein gechirptes Gitter

Ein gekoppeltes Modensystem kann dazu verwendet werden, um die Ausbreitung von Testpulsen in gechirpten Plasmagittern zu interpretieren. Die damit erhaltenen Ergebnisse können mit numerischen PIC-Simulationen verglichen werden. Zuerst stellen wir die grundlegenden Gleichungen auf. Anschließend erörtern wir geeignete Randbedingungen, um den Übertragungs- und Reflexionskoeffizienten zu bestimmen. Als Nebenprodukt der allgemeinen Formulierung können wir den Einfluss inhomogener Dichtevariationen im Vergleich zum Chirpeffekt ableiten. Die Untersuchung profitiert von früheren Arbeiten [305, 306, 321, 331, 332] zur Gruppengeschwindigkeit in Bragg-Gittern mit linearem Chirp.

Innerhalb einer gekoppelten Modenanalyse beginnen wir mit einfallenden ebenen Wellen. Die einzelnen Wellen können als spektrale Beiträge zu Pulsen interpretiert werden. Daher sind die hier gezeigten Reflexionen nicht direkt auf die reflektierten Pulse in einer PIC-Simulationen anwendbar. Sie werden jedoch äußerst hilfreich sein, um PIC-Ergebnisse zu interpretieren.

Wir betrachten eine ebene Testwelle $E \sim e^{-i\omega t}$ mit der Frequenz ω, sodass (vor der Normierung) die stationären Amplituden aus der folgenden Gleichung erhalten werden:

$$\boxed{\frac{d^2 E}{dx^2} + k^2 \frac{N^2}{N_0^2} E = 0}$$

(11.204)

mit

$$k \equiv \frac{\omega N_0}{c} \, , \quad N = \sqrt{1 - \frac{\omega_{pe}^2}{\omega^2}} \, .$$

(11.205)

N ist der Brechungsindex, und N_0 ist ein Referenzindex. Offensichtlich haben wir, wenn die Testwellenfrequenz der Pumpfrequenz näher kommt, d.h. für $\omega \to \omega_0$

$$k \to k_1 \equiv \frac{\omega_0 N_0}{c} \, , \quad N \to N_0 = \sqrt{1 - \frac{\omega_{pe}^2}{\omega_0^2}} \, .$$

(11.206)

Aus dem (dimensionsbehafteten) Wellenvektor k_1 und der (dimensionalen) Raumkoordinate x können wir eine dimensionslose Variable konstruieren:

$$\xi = k_1 x = \frac{k_1}{k_0} \underbrace{k_0 \lambda_0}_{2\pi} \frac{x}{\lambda_0} \hat{=} 2\pi N_0 x \, .$$

(11.207)

Dabei ist im letzten Term auf der rechten Seite x dimensionslos, d.h. normiert mit λ_0. Die Normierung erfolgt unter Verwendung der folgenden Einheiten.

Wir normieren die Frequenz ω durch die Pumpfrequenz ω_0, die Zeit t durch $2\pi/\omega_0$, Entfernungen mit der Laserwellenlänge λ_0 im Vakuum und Wellenzahlen k durch $k_0 \equiv \frac{2\pi}{\lambda_0}$. Im Plasma ist die Pumpwellenzahl $k_1 = k_0 N_0$ mit $N_0 = \sqrt{1 - n_0/n_c}$. Die (konstante) mittlere Dichte n_0 wird zur Dichtenormierung verwendet, während die Lichtgeschwindigkeit c als Geschwindigkeitseinheit dient. Dann gilt $2k_1 x \to 4\pi N_0 x$ in dimensionsloser Form. Für die (normierte) Frequenzabweichung Δ erhalten wir

$$\Delta = \omega - 1 \quad \rightsquigarrow \quad k^2 \approx k_1^2(1 + 2\Delta) \tag{11.208}$$

für $|\Delta| \ll 1$. Ebenso gilt

$$N^2 \approx N_0^2 \left(1 + \left[1 - \frac{1}{N_0^2} \right] \delta n_e - \left[1 - \frac{1}{N_0^2} \right] 2\Delta \right) , \tag{11.209}$$

und

$$k^2 \frac{N^2}{N_0^2} \approx k_1^2 \left(1 + \left[1 - \frac{1}{N_0^2} \right] \delta n_e + \frac{2}{N_0^2} \Delta \right) . \tag{11.210}$$

Die Variation der Elektronendichte δn_e wird durch die ponderomotorische Kraft angetrieben, und es kann (zumindest im ersten Teil der vorliegenden Diskussion) einen inhomogenen Beitrag $\delta n_e^{inh} \sim D$ geben. Wir schreiben den Ansatz in verallgemeinerter Form als

$$\delta n_e = \frac{1}{2} C(x) \left(e^{i\psi} + e^{-i\psi} \right) + D(x) , \tag{11.211}$$

wobei die Koeffizienten C und D noch ortsabhängig sein können. Weiterhin sei

$$\psi = 2\xi + \varphi(\xi) . \tag{11.212}$$

Wir erlauben eine (nichtlineare) Phase φ, die für gechirpte Gitter wesentlich wird. Zum Beispiel ist ein linearer Chirp äquivalent zu einer quadratischen Phase

$$\varphi(\xi) = \beta(\xi - \xi_0)^2 . \tag{11.213}$$

Die normierte Wellengleichung (11.204) lautet

$$\frac{d^2 E}{d\xi^2} + \{\, 1 + \frac{2}{N_0^2} \Delta + \left[1 - \frac{1}{N_0^2} \right] D(\xi)$$
$$+ \frac{1}{2} \left[1 - \frac{1}{N_0^2} \right] C(\xi) \left(e^{2i\xi + i\varphi} + e^{-2i\xi - i\varphi} \right) \} E = 0 . \tag{11.214}$$

Für das elektrische Feld E machen wir den Ansatz

$$\boxed{E(\xi) = a_+(\xi) e^{i\xi} + a_-(\xi) e^{-i\xi}} , \tag{11.215}$$

mit langsam variierenden Hüllkurven $a_\pm$. Später werden wir auf Trägerwellenzahlen $k \neq k_1$ verallgemeinern.

Wir nehmen im Folgenden an, dass die Einhüllenden nur schwach variieren, sodass

$$\frac{da_+}{dx} = i\pi N_0 \left[\frac{2}{N_0^2}\Delta + \left(1 - \frac{1}{N_0^2}\right) D\right] a_+ + i\frac{\pi N_0}{2}\left(1 - \frac{1}{N_0^2}\right) Ce^{i\varphi}a_- , \qquad (11.216)$$

$$\frac{da_-}{dx} = -i\pi N_0 \left[\frac{2}{N_0^2}\Delta + \left(1 - \frac{1}{N_0^2}\right) D\right] a_- - i\frac{\pi N_0}{2}\left(1 - \frac{1}{N_0^2}\right) Ce^{-i\varphi}a_+ . \qquad (11.217)$$

Wie bereits an mehreren Stellen erwähnt, ist x dimensionslos (normiert mit λ_0). Für die Amplituden u und v, die über

$$\boxed{a_+(\xi) = u(\xi)e^{i\varphi/2} , \quad a_-(\xi) = v(\xi)e^{-i\varphi/2}} \qquad (11.218)$$

definiert sind, ergeben sich die Modenkopplungsgleichungen

$$\boxed{\frac{du(\xi)}{d\xi} = i\left[\sigma(\xi)\,u(\xi) + \kappa(\xi)\,v(\xi)\right]} , \qquad (11.219)$$

$$\boxed{\frac{dv(\xi)}{d\xi} = -i\left[\sigma(\xi)\,v(\xi) + \kappa(\xi)\,u(\xi)\right]} . \qquad (11.220)$$

Hierbei sind

$$\sigma(\xi) = \frac{1}{N_0^2}\Delta + \frac{1}{2}\left(1 - \frac{1}{N_0^2}\right) D(\xi) - \frac{1}{2}\frac{d\varphi}{d\xi} , \qquad (11.221)$$

$$\kappa(\xi) = \frac{1}{4}\left(1 - \frac{1}{N_0^2}\right) C(\xi) . \qquad (11.222)$$

Beispiel 11.8 (Dichteinhomogenität)

In diesem Beispiel möchten wir auf einen interessanten allgemeinen Punkt hinweisen. Die Gl. (11.221) zeigt, dass zwei Terme nebeneinander auftreten, nämlich eine mögliche Inhomogenität in der Dichte und die Ableitung der Phase. Wenn wir die Entsprechung

$$\frac{1}{2}\left(1 - \frac{1}{N_0^2}\right) D(\xi)\hat{=} - \frac{1}{2}\frac{d\varphi}{d\xi} \qquad (11.223)$$

herstellen, können wir beobachten, dass ein linearer Chirp äquivalent zu einer linearen Dichtevariation ist.

Da Plasmagitter durch Pumppulse mit nichtkonstanten Hüllkurven erzeugt werden, könnte die Erzeugung eines reinen linearen Dichtegitters schwierig (oder sogar nur theoretisch vorstellbar) sein. In Experimenten treten meist (zusätzlich) exponentielle Variationen auf, d. h.

$$D(\xi) \sim \exp\left(-\frac{\xi^2}{\xi_0^2}\right) \,. \tag{11.224}$$

Diese entsprechen dann einer Phasenveränderung

$$\varphi(\xi) \sim -\int^{\xi} D(\xi')d\xi' \sim \frac{\sqrt{\pi}}{2}\mathrm{erf}\left(\frac{\xi}{\xi_0}\right) \,. \tag{11.225}$$

Für die Taylor-Entwicklung der Fehlerfunktion gilt

$$\mathrm{erf}(x) \approx \frac{2}{\sqrt{\pi}}x - \frac{2}{3\sqrt{\pi}}x^3 + \mathcal{O}(x^5) \,. \tag{11.226}$$

Von einer gaußschen Inhomogenität ist daher ein Phasenbeitrag dritter Ordnung zu erwarten, der minimiert werden sollte. Mit anderen Worten, es wird schwierig sein, ein Gitter mit einem rein linearen Chirp zu erzeugen. Korrekturen aufgrund eines quadratischen Chirps sind wegen der inhomogenen Hüllkurven immer zu erwarten.∎

Randbedingungen

Nun einige Bemerkungen zu den Randbedingungen und der Definition von Reflexions- sowie Transmissionskoeffizienten. Da in dimensionsloser Form

$$2\pi N_0(1 + \Delta)x = 2\pi k x \,, \tag{11.227}$$

können wir

$$\sigma = \Delta - \frac{1}{2}\frac{d\varphi}{d\xi} + \bar{\sigma} \,, \quad \tilde{u} = u\,e^{-i\Delta\xi + i\varphi/2} \,, \quad \tilde{v} = v\,e^{i\Delta\xi - i\varphi/2} \,, \tag{11.228}$$

einführen, um das elektrische Feld einer Testwelle (in dimensionsloser Form) mit der passenden Trägerwellenzahl k als

$$E = \tilde{u}(\xi)\,e^{2\pi i k x} + \tilde{v}(\xi)\,e^{-2\pi i k x} \tag{11.229}$$

zu erhalten. Die modifizierte Form der Modenkopplungsgleichungen ist dann

$$\frac{d\tilde{u}(\xi)}{d\xi} = i\left[\bar{\sigma}(\xi)\,\tilde{u}(\xi) + \kappa(\xi)\,e^{-2i\Delta\xi + i\varphi}\,\tilde{v}(\xi)\right] \,, \tag{11.230}$$

$$\frac{d\tilde{v}(\xi)}{d\xi} = -i\left[\bar{\sigma}(\xi)\,\tilde{v}(\xi) + \kappa(\xi)\,e^{2i\Delta\xi - i\varphi}\,\tilde{u}(\xi)\right] \tag{11.231}$$

mit

$$\bar{\sigma}(\xi) = 2\pi N_0 \left(1 - \frac{1}{N_0^2}\right) \left[\frac{1}{2} D(\xi) - \Delta\right] . \tag{11.232}$$

Beim Lösen der gekoppelten Modengleichungen für ein endliches Gitter erinnern wir daran, dass ω_0 die feste Frequenz der Pumplaser ist, die das Gitter erzeugen. Die variable Probenfrequenz ist ω. Daher ist die Transformation $\xi = 2\pi N_0 x$ in Bezug auf die Randbedingungen und die Ortsvariable zielführend; für festes n_0/n_c bleibt der Faktor N_0 konstant.

Für den Bereich $-L \leq x \leq L$ verwenden wir die Randbedingungen $\tilde{u}(x = -L) = 1$ und $\tilde{v}(x = L) = 0$. Dann ergeben sich der Reflexionskoeffizient R und der Transmissionskoeffizient T aus

$$\boxed{r = v(x = -L)e^{-i2\pi N_0 \Delta L + i\varphi(x = -L)/2} \rightarrow R \equiv |r|^2 = |v(x = -L)|^2 ,} \tag{11.233}$$

$$\boxed{t = u(L)e^{-i2\pi N_0 \Delta L + i\varphi(x = L)/2} \rightarrow T \equiv |t|^2 = |u(L)|^2 .} \tag{11.234}$$

Spektrale Eigenschaften eines homogenen Gitters mit linearem Chirp

Um die spektralen Eigenschaften eines gechirpten Gitters zu analysieren, beginnen wir mit den Standardgleichungen für gekoppelte Moden (11.219) und (11.220) unter den Annahmen

$$D \equiv 0 , \quad C = \text{const} , \quad \varphi(\xi) = \beta(\xi - \xi_0)^2 . \tag{11.235}$$

Wir nehmen propagierende ebene Wellen (Fourier-Moden) innerhalb der Näherung langsam variierender Hüllkurven an. Für die gilt

$$\boxed{\frac{du(\xi)}{d\xi} = i \left[\frac{1}{N_0^2}\Delta - \beta(\xi - \xi_0)\right] u(\xi) + iC_0 v(\xi) ,} \tag{11.236}$$

$$\boxed{\frac{dv(\xi)}{d\xi} = -i \left[\frac{1}{N_0^2}\Delta - \beta(\xi - \xi_0)\right] v(\xi) - iC_0 u(\xi) ,} \tag{11.237}$$

wobei β und $C_0 = \frac{1}{4}\left(1 - \frac{1}{N_0^2}\right) C < 0$ Konstanten sind. Die Variable u entspricht der Hüllkurve der einfallenden (und übertragenen) Welle, während v die reflektierte Welle beschreibt.

Wie zuvor ist der Frequenzunterschied Δ ein fester Parameter. In diesem Fall sind analytische Lösungen möglich.

Wir schreiben (11.236) und (11.237) um, mit

$$Z(\xi) = \frac{1}{N_0^2}\Delta\xi - \frac{1}{2}\varphi(\xi) \, , \quad Z'(\xi) = \frac{1}{N_0^2}\Delta - \beta(\xi - \xi_0) \, , \quad Z''(\xi) = -\beta \, , \qquad (11.238)$$

und führen ein

$$\bar{u} = ue^{-iZ} \, , \quad \bar{v} = ve^{iZ} \, . \qquad (11.239)$$

Dann folgt

$$\frac{d^2\bar{u}(\xi)}{d\xi^2} + 2iZ'\frac{d\bar{u}(\xi)}{d\xi} - C_0^2\bar{u} = 0 \, , \qquad (11.240)$$

$$\frac{d^2\bar{v}(\xi)}{d\xi^2} - 2iZ'\frac{d\bar{v}(\xi)}{d\xi} - C_0^2\bar{v} = 0 \, . \qquad (11.241)$$

Wir können dieses Gleichungssystem in die Standardformen für bekannte Polynome überführen, indem wir die dimensionslose Raumvariable

$$\zeta = C_0(\xi - \xi_0) - \frac{C_0}{\beta N_0^2}\Delta \, \rightsquigarrow \, \xi = \frac{\zeta}{C_0} + \frac{\Delta}{N_0^2\beta} + \xi_0 \, , \qquad (11.242)$$

definieren und die abhängigen Variablen umschreiben:

$$U(\zeta) \equiv \bar{u}(\xi) \, , \quad V(\zeta) \equiv \bar{v}(\xi) \, . \qquad (11.243)$$

Beachte, dass

$$V(\zeta) = -i\frac{dU(\zeta)}{d\zeta}e^{2iZ} \, , \qquad (11.244)$$

$$U(\zeta) = -i\frac{dV(\zeta)}{d\zeta}e^{-2iZ} \, . \qquad (11.245)$$

Wir erhalten den Satz von Gleichungen

$$\boxed{\frac{d^2U}{d\zeta^2} = i\chi_1\zeta\frac{dU}{d\zeta} + U \, ,} \qquad (11.246)$$

$$\boxed{\frac{d^2V}{d\zeta^2} = -i\chi_1\zeta\frac{dV}{d\zeta} + V \, ,} \qquad (11.247)$$

mit

$$\chi_1 = \frac{2\beta}{C_0^2} \, . \qquad (11.248)$$

Das System von Differentialgleichungen kann auf verschiedene Weisen gelöst werden. Hier im präsentieren wir eine Lösung mit Kummer-Funktionen. Alternativ kann man auch Hermite-Polynome verwenden.

Ausgehend von den Gl. (11.246) und (11.247) führen wir eine neue Koordinate ein,

$$z = \frac{i}{2}\chi_1\zeta^2 \,. \tag{11.249}$$

Dann ergibt sich

$$z\frac{d^2U}{dz^2} + \left(\frac{1}{2} - z\right)\frac{dU}{dz} + i\frac{1}{2\chi_1}U = 0 \,, \tag{11.250}$$

$$z\frac{d^2V}{dz^2} + \left(\frac{1}{2} + z\right)\frac{dV}{dz} + i\frac{1}{2\chi_1}V = 0 \,. \tag{11.251}$$

Für die erste Gleichung können zwei unabhängige Lösungen in Form von konfluenten hypergeometrischen Funktionen erster Art, auch bekannt als Kummer-Funktionen $M(a, b, z)$, geschrieben werden [321]:

$$U_1(\zeta) = M\left(-i\frac{1}{2\chi_1}, \frac{1}{2}, \frac{i}{2}\chi_1\zeta^2\right) \,, \tag{11.252}$$

$$U_2(\zeta) = \zeta\, M\left(\frac{1}{2} - i\frac{1}{2\chi_1}, \frac{3}{2}, \frac{i}{2}\chi_1\zeta^2\right) \,. \tag{11.253}$$

Ähnlich kann man bei der zweiten Gleichung vorgehen:

$$V_1(\zeta) = M\left(i\frac{1}{2\chi_1}, \frac{1}{2}, -\frac{i}{2}\chi_1\zeta^2\right) \,, \tag{11.254}$$

$$V_2(\zeta) = \zeta\, M\left(\frac{1}{2} + i\frac{1}{2\chi_1}, \frac{3}{2}, -\frac{i}{2}\chi_1\zeta^2\right) \,. \tag{11.255}$$

Daraus bilden wir die allgemeinen Lösungen mit zunächst beliebigen Koeffizienten A_1, A_2, B_1 und B_2, d. h.

$$U(\zeta) = A_1\, U_1(\zeta) + A_2\, U_2(\zeta) \,, \tag{11.256}$$

$$V(\zeta) = B_1\, V_1(\zeta) + B_2\, V_2(\zeta) \,,. \tag{11.257}$$

Zusätzlich nutzen wir (11.244) und (11.245) mit

$$Z = \frac{\Delta}{N_0^2}\left[\frac{1}{2}\frac{\Delta}{N_0^2\beta} + \xi_0\right] - \frac{\beta}{2C_0^2}\zeta^2 \,. \tag{11.258}$$

Die Randbedingung $V(\zeta_+) = 0$ führt zu

$$\rho \equiv \frac{B_2}{B_1} = -\frac{M\left(i\frac{1}{2\chi_1}, \frac{1}{2}, -\frac{i}{2}\chi_1\zeta_+^2\right)}{M\left(\frac{1}{2} + i\frac{1}{2\chi_1}, \frac{3}{2}, -\frac{i}{2}\chi_1\zeta_+^2\right)}, \tag{11.259}$$

bei $\xi_0 = 2\pi N_0 x_0$. Für weitere Beziehungen verwenden wir keinen normierten Input bei $\zeta = \zeta_-$. Stattdessen vergleichen wir die Reihenentwicklung von $U(\zeta)$ mit der von $V(\zeta)$ unter Verwendung von (11.244) und (11.245). Eine kurze Berechnung führt zu

$$\frac{A_1}{B_2} = i e^{-i\theta}, \qquad \frac{B_1}{A_2} = -i e^{i\theta}, \qquad \theta = 2\frac{\Delta}{N_0^2}\left[\frac{1}{2}\frac{\Delta}{N_0^2\beta} + \xi_0\right], \qquad \rho = \frac{B_2}{B_1} = \frac{A_1}{A_2}. \tag{11.260}$$

Zur Berechnung von Reflexion und Transmission nutzen wir die beiden Größen

$$r = \frac{\tilde{v}(\xi_-)}{\tilde{u}(\xi_-)} = \exp\left[-4\pi i N_0\Delta + i\frac{\Delta^2}{N_0^4\beta} - i\frac{\pi}{2}\right]\frac{V_1(\zeta_-) + \rho V_2(\zeta_-)}{\rho U_1(\zeta_-) + U_2(\zeta_-)}, \tag{11.261}$$

$$t = \frac{\tilde{u}(\xi_+)}{\tilde{u}(\xi_-)} = \exp\left[-4\pi i N_0\Delta\left(1 - \frac{1}{N_0^2}\right)L\right]\frac{\rho U_1(\zeta_+) + U_2(\zeta_+)}{\rho U_1(\zeta_-) + U_2(\zeta_-)}, \tag{11.262}$$

die mithilfe von (11.260) gewonnen werden. Dann ergeben sich Reflexionskoeffizient R und Transmissionskoeffizient T aus

$$\boxed{R = |r|^2 = \left|\frac{V_1(\zeta_-) + \rho\, V_2(\zeta_-)}{\rho\, U_1(\zeta_-) + U_2(\zeta_-)}\right|^2} \tag{11.263}$$

und

$$\boxed{T = |t|^2 = \left|\frac{\rho\, U_1(\zeta_+) + U_2(\zeta_+)}{\rho\, U_1(\zeta_-) + U_2(\zeta_-)}\right|^2.} \tag{11.264}$$

Diese Formeln führen zu Ergebnissen, die identisch mit (11.275) bzw. (11.276) sind.

Beispiel 11.9 (Lösung mit Hermite-Polynomen)

Hier präsentieren wir eine alternative Methode zur Lösung der grundlegenden Gl. (11.246) und (11.247). Es werden die Hermite-Polynome imaginärer Ordnung benutzt:

$$U(\zeta) = H_{i/\chi_1}\left(\pm\sqrt{i\frac{\chi_1}{2}}\zeta\right), \qquad V(\zeta) = H_{-i/\chi_1}\left(\pm\sqrt{i\frac{\chi_1}{2}}\zeta\right). \tag{11.265}$$

Sie werden im Bereich $-L \leq x \leq L$ angewendet, der für ζ zwischen den folgenden Grenzen liegt:

$$\zeta_\pm = C_0 2\pi N_0(\pm L - x_0) - \frac{C_0}{\beta N_0^2}\Delta. \tag{11.266}$$

Wie bereits besprochen, ergeben sich die entsprechenden Randbedingungen aus $\tilde{u}(x = -L) = 1$ und $\tilde{v}(x = L) = 0$. Diese müssen für $U(\zeta)$ und $V(\zeta)$ unter Berücksichtigung der Definition (11.243) ausgewertet werden. Aufgrund von

$$\tilde{u}(\xi) = U(\zeta)e^{-i\left(1-\frac{1}{N_0^2}\right)\Delta\xi} \tag{11.267}$$

$$\tilde{v}(\xi) = V(\zeta)e^{i\left(1-\frac{1}{N_0^2}\right)\Delta\xi} \tag{11.268}$$

erhalten wir

$$U(\zeta_-) = e^{-i\left(1-\frac{1}{N_0^2}\right)\Delta 2\pi N_0 L} \;, \quad V(\zeta_+) = 0 \;. \tag{11.269}$$

Nun schreiben wir die allgemeine Lösung als

$$U(\zeta) = c_1 \, H_{i/\chi_1}\left(\sqrt{i\frac{\chi_1}{2}}\,\zeta\right) + c_2 \, H_{i/\chi_1}\left(-\sqrt{i\frac{\chi_1}{2}}\,\zeta\right) \;, \tag{11.270}$$

und unter Benutzung von (11.244) und (11.245) folgt

$$V(\zeta) = \sqrt{\frac{2i}{\chi_1}}\left\{c_1 \, H_{i/\chi_1 - 1}\left(\sqrt{i\frac{\chi_1}{2}}\,\zeta\right) - c_2 \, H_{i/\chi_1 - 1}\left(-\sqrt{i\frac{\chi_1}{2}}\,\zeta\right)\right\} e^{2iZ} \;. \tag{11.271}$$

Die Randbedingungen (11.269) führen zu einem inhomogenen linearen Gleichungssystem für die Koeffizienten c_1 und c_2, das gelöst werden muss, um die richtige analytische Lösung zu finden. Wir erhalten

$$c_2 = \underbrace{\frac{H_{i/\chi_1 - 1}\left(\sqrt{i\frac{\chi_1}{2}}\,\zeta_+\right)}{H_{i/\chi_1 - 1}\left(-\sqrt{i\frac{\chi_1}{2}}\,\zeta_+\right)}}_{c_{211}} c_1 \equiv c_{211} c_1 \;, \tag{11.272}$$

$$c_1 = \frac{e^{-i\left(1-\frac{1}{N_0^2}\right)\Delta 2\pi N_0 L}}{H_{i/\chi_1}\left(\sqrt{i\frac{\chi_1}{2}}\,\zeta_-\right)} - c_{211}\, c_1 \underbrace{\frac{H_{i/\chi_1}\left(-\sqrt{i\frac{\chi_1}{2}}\,\zeta_-\right)}{H_{i/\chi_1}\left(\sqrt{i\frac{\chi_1}{2}}\,\zeta_-\right)}}_{c_{212}} \;, \tag{11.273}$$

bzw.

$$c_1 = \frac{1}{1 + c_{211}\, c_{212}} \frac{e^{-i\left(1-\frac{1}{N_0^2}\right)\Delta 2\pi N_0 L}}{H_{i/\chi_1}\left(\sqrt{i\frac{\chi_1}{2}}\,\zeta_-\right)} \;. \tag{11.274}$$

Nachdem die Koeffizienten c_1 und c_2 bestimmt wurden, können wir den Transmissionskoeffizienten T sowie den Reflexionskoeffizienten R aus (11.270) berechnen. Das Ergebnis lautet

$$\boxed{T = |\tilde{u}(x = +L)|^2 = |U(\zeta_+)|^2 \, ,} \tag{11.275}$$

$$\boxed{R = |\tilde{v}(x = -L)|^2 = |V(\zeta_-)|^2 \, .} \tag{11.276}$$

Die Formeln regen zwei Bemerkungen an. Erstens können wir abschätzen, inwieweit der Chirp die Effektivität des Gitters in der Reflexion im Vergleich zu einem ungechirpten Gitter verändert.

Darüber hinaus ist eine Untersuchung des Arguments in den Hermite-Polynomen aufschlussreich. Sie zeigt generell die Abhängigkeit der räumlichen Variation von dem Chirpparameter des Gitters. Folglich wird eine einfallende ebene Welle mit einer leichten Änderung in der effektiven Wellenlänge reflektiert. ∎

Beispiel 11.10 (Resonanzfrequenz im gechirpten Gitter)

Beachte, dass in (11.208) die normierte Frequenzdifferenz Δ in Bezug auf ω_0 definiert ist. Wenn jedoch $x_0 = -L$ gewählt wird, tritt die Resonanzfrequenz ω_0 am Eingang des Gitters auf, d. h. bei $x = -L$.

Sehr häufig wird die Frequenzabweichung in Bezug auf die Resonanzfrequenz in der Mitte des Gitters definiert, d. h. bei $x = 0$. In diesem Fall verschieben wir Δ um $2\pi N_0 |\beta| L$.

Diese Verschiebung wird aus (11.212) und (11.213) offensichtlich. Wir können in dimensionsloser Form schreiben

$$\psi = 4\pi N_0 x + 4\pi^2 N_0^2 \beta (x - x_0)^2 \, , \tag{11.277}$$

was über $k_{\text{eff}} = \partial \Psi / \partial x$ zur effektiven Wellenzahl

$$k_{\text{eff}} = 4\pi N_0 [1 + 2\pi N_0 \beta (x - x_0)] \tag{11.278}$$

des Gitters führt. Daher führen wir

$$\boxed{\tilde{\Delta} = \Delta + 2\pi N_0 |\beta| L} \tag{11.279}$$

für die folgenden Plots ein, bei denen die Resonanzfrequenz in der Mitte des Gitters auftritt. ∎

Parameterabhängigkeiten

Jetzt diskutieren wir die konkreten Eigenschaften eines realistischeren, gechirpten, plasmabasierten Gitters. Wir stellen die Frage nach der Effektivität, indem wir verschiedene Parameter variieren.

Das Gitter (für $b_1 = b$ und $b_2 = 0$) kann in der Form geschrieben werden:

$$\delta n_e = C \cos\left[4\pi N_0 x + 4\pi^2 N_0^2 \beta (x - x_0)^2\right] \, , \tag{11.280}$$

wobei die Dichtestörung δn_e mit n_0 normiert ist und x in λ_0 gemessen wird. Für die theoretische Prognose wird angenommen, dass das Gitter räumlich homogen ist und im Bereich $-L \leq x \leq L$ existiert.

Wir beginnen nun mit dem Parametersatz

$$L \equiv L_0 = 270\,, \quad \beta \equiv \beta_0 = -2{,}35 \times 10^{-5}\,, \quad C \equiv C_0 = 0{,}2\,, \tag{11.281}$$

und $n_0 = 0{,}05 n_c$. Die Anfangsposition ist $x_0 = -L$, wo das Gitter mit der Wellenzahl $2k_0$ beginnt. Die Resonanz wird durch Änderung von Δ zu $\tilde{\Delta}$ in die Mitte des Gitters verschoben. Das Vorzeichen des Gitterchirps ist so gewählt, dass der Probepuls auf der Seite des Gitters ankommt, wo die großen Wellenzahlen liegen. Wir verwenden (11.263) und (11.264), um zu untersuchen, wie Parametervariationen die Reflexion und Transmission beeinflussen. Zur Klarheit der Darstellung beschränken wir uns auf die Diskussion der Reflexion, da die Transmission über $T = 1 - R$ folgt.

Obwohl in einer realistischen Situation Gitteramplitude, Länge und Chirp voneinander abhängen, behandeln wir sie in diesem Abschnitt als unabhängig, um den Einfluss jedes einzelnen Parameters separat zu analysieren.

Beginnen wir mit einer Variation des Chirpparameters β; die Ergebnisse sind in Abb. 11.13(a) gezeigt. Wir beobachten eine klare Abhängigkeit von der Stärke des Chirpparameters sowohl für die Bandbreite als auch für die Stärke des Reflexionsverhaltens. Innerhalb der Reflexionsfenster werden verschiedene Frequenzen mit nahezu denselben Amplituden reflektiert. Die beobachteten Oszillationen im Reflexionskoeffizienten ähneln früheren Vorhersagen für Bragg-Gitter mit linearem Chirp [321, 325]. Offensichtlich vergrößert der Chirp die Fensterbreite (Bandbreite), während die Reflektivität verringert wird.

Als Nächstes variieren wir die Stärke des Gitters, d. h. den Parameter C. Die Ergebnisse sind in Abb. 11.13(b) gezeigt. Die Erhöhung der Gitteramplitude verändert offensichtlich nicht die Bandbreite in Δ für die Reflexion. Sie führt jedoch zu der erwarteten Erhöhung der Reflexionsrate.

Schließlich variieren wir die Gesamtlänge $2L$ des Gitters. Die Ergebnisse sind in Abb. 11.13(c) gezeigt. Die Variation der Gitterlänge führt zu einer Änderung des Reflexionsfensters. Längere Gitter ermöglichen eine größere Bandbreite in Δ. Die Länge beeinflusst jedoch die Stärke der Reflexion nicht signifikant.

Simulationsergebnisse

Um zu demonstrieren, dass eine Pulskompression möglich ist, untersuchen wir die Reflexionseigenschaften des gechirpten Gitters in einer numerischen Simulation. Sobald das Gitter vollständig ausgebildet ist senden wir einen gechirpten Laserpuls auf das Gitter. Die Chirprate dieses Probepulses entspricht der des gechirpten Treiberpulses. Wäre die Kompression perfekt, würde der reflektierte Puls eine 100-mal kürzere Dauer und gleichzeitig eine 100-mal höhere Intensität aufweisen. Zur Demonstration verwenden wir eine Probeintensität von 10^{14} W/cm^2.

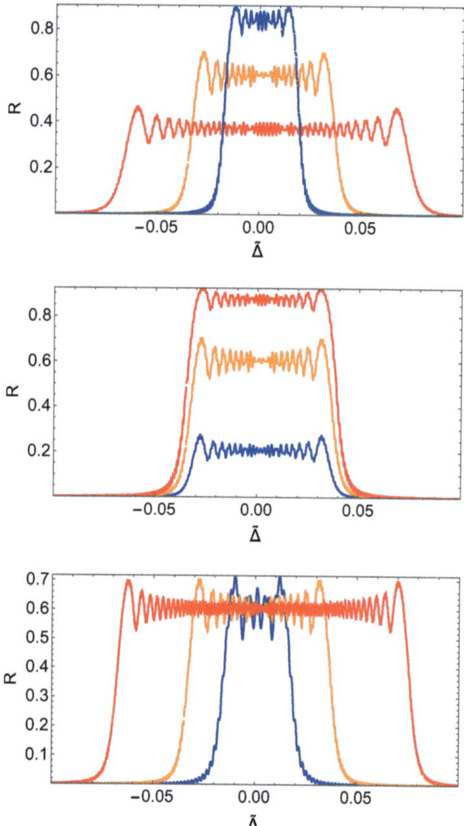

Abb. 11.13 (a) Lösungen, mit Kummer-Funktionen, von (11.246) und (11.247) für Chirpraten $\beta_0/2$ (blaue Linie), β_0 (orange Linie) und $2\beta_0$ (rote Linie). Die Gitteramplitude $C = 0{,}2$ und die Länge $L = 270$ sind festgelegt. (b) Ergebnisse für eine feste Chirprate β_0 und eine feste Gitterlänge L_0, jedoch mit Amplituden $C = 0{,}1$ (blaue Linie), $C = 0{,}2$ (orange Linie) und $C = 0{,}3$ (rote Linie). (c) Ergebnisse für die Variation der Gitterlänge $L = L_0/2$ (blaue Linie), $L = L_0$ (orange Linie) und $L = 2L_0$ (rote Linie). Die Gitteramplitude $C = 0{,}2$ und die Chirprate β_0 sind festgelegt. In allen Diagrammen ist der Reflexionskoeffizient R in Abhängigkeit von der Frequenzdifferenz $\Delta = \tilde{\Delta}$ dargestellt

Abb. 11.14 zeigt das elektrische Feld des einfallenden Probepulses (der sich von links nach rechts bewegt) sowie das des reflektierten Anteils des Pulses. Die Felder in Abb. 11.14 sind auf das Maximum des einfallenden Pulses normiert. Der reflektierte Puls ist deutlich kürzer als der einfallende Puls, jedoch ist das maximale elektrische Feld nur etwa fünfmal größer als das des einfallenden Pulses. Die Intensität des reflektierten Pulses ist etwa 27-mal höher. Der Hauptgrund dafür, dass keine Intensitätssteigerung um den Faktor 100 erreicht wird, liegt darin, dass etwa 50 % der einfallenden Laserenergie durch das Gitter transmittiert werden. Insbesondere die Energie der Frequenzen in den Flanken des Probespektrums wird nicht ausreichend reflektiert. Dies reduziert die effektive Bandbreite des Laserpulses. Dementsprechend messen wir eine FWHM-Dauer des reflektierten Pulses von etwa 50 fs.

Das Spektrum des reflektierten Pulses weist nahezu eine flache Phase auf, d. h. nur einen geringen Restchirp, der hauptsächlich quadratisch ist und auf die räumliche Inhomogenität der Gitteramplitude zurückzuführen ist. Insgesamt reflektiert das Gitter 50 % der Pulsenergie und führt zu einer spektralen Verengung, was wiederum eine Verlängerung der Pulsdauer bewirkt.

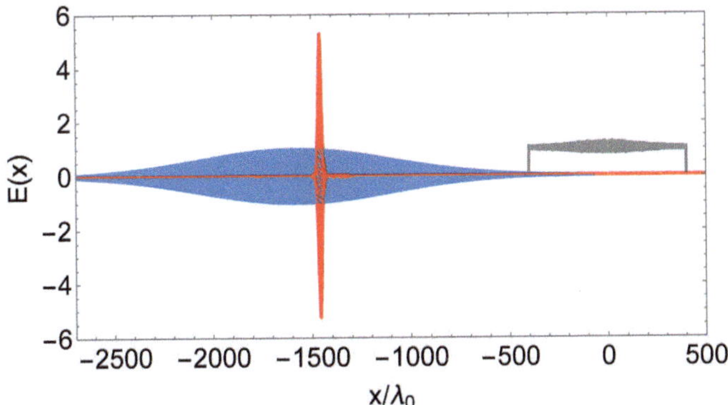

Abb. 11.14 Reflexion eines einfallenden gechirpten Pulses (blau) durch ein gechirptes Plasmagitter (Position durch graue Linie markiert), wodurch ein stark komprimierter reflektierter Puls (rote Linie) entsteht. Dargestellt sind die elektrischen Felder der Laserpulse, normiert auf das Maximum des einfallenden Laserpulses. Die Plasmadichte n_e/n_c wurde zur besseren Sichtbarkeit um den Faktor 20 skaliert. Der einfallende Laserpuls hat eine maximale Intensität von 10^{14} W/cm^2

Die gekoppelten Modengleichungen zeigen, dass sowohl die Reflexion als auch die effektive Bandbreite von gechirpten Plasmagittern optimierbare Parameter sind. Die spektrale Bandbreite des Gitters kann auf Kosten der Reflexionseffizienz erhöht werden.

Komplexe Plasmen 12

Inhaltsverzeichnis

Zusammenfassung

Dieses Kapitel soll eine Lücke zu einer bedeutenden Säule der Plasmaphysik schließen. Das kann nur sehr unvollständig gelingen, da komplexe Plasmen (auch als staubig, nichtideal oder kolloidal bezeichnet) einen wesentlich breiteren Rahmen verdienten, wenn man ihrer rasanten Entwicklung, sowohl wissenschaftlich wie auch technologisch, gerecht werden wollte. Aber wie schon beim magnetischen Einschluss (Kap. 10) und bei den Laserplasmen (Kap. 11) handelt es sich um ein weites Gebiet, das nur in speziellen Büchern vollständig abgedeckt werden kann. (Dass hier das Kapitel über „Komplexe Plasmen" kürzer als die beiden vorangegangen ausfällt, hat aber auch – unbeabsichtigt – damit zu tun, dass komplexe Plasmen nicht zum Forschungsschwerpunkt des Autors gehören. Die Kürze soll aber keineswegs eine geringere Bedeutung signalisieren.) Die Idee hinter der Anbindung hier ist aufzuzeigen, wie sich sich ein solches Forschungsgebiet auf den im Teil I vorgestellten Grundlagen aufbaut. Wir wählen drei Beispiele zur Demonstration: Aufladung schwerer Staubteilchen, eine neue Schwingungsmode, die durch die Anwesenheit einer dritten Komponente im Plasma erscheint, sowie die Kristallisation, wenn wir nicht mehr von idealen Plasmasituationen sprechen können.

© Der/die Autor(en), exklusiv lizenziert an Springer-Verlag GmbH,
DE, ein Teil von Springer Nature 2025
K.-H. Spatschek, *Theoretische Plasmaphysik*,
https://doi.org/10.1007/978-3-662-71426-3_12

12.1   Überblick

Wir beginnen mit einem kurzen Überblick und beziehen uns dabei auf Autoren wie Bonitz [333], Melzer [334] und Ishihara [335], die das Gebiet in den letzten Jahrzehnten geprägt haben.

Ein staubiges Plasma besteht aus mindestens drei Komponenten: Elektronen, Ionen und schweren Staubteilchen. Das ist als Erweiterung unserer bislang vornehmlich betrachteten zweikomponentigen Elektronen-Ionen-Plasmen zu sehen. Dabei wird die dritte Komponente nicht etwa durch zusätzliche Ionen gebildet, sondern von (in der Regel negativ) geladenen schweren Staubteilchen, die nicht durch direkte Elementarprozesse wie Ionisation in einem Gasgemisch entstanden sind.

Die Ladungen der Staubteilchen können ungefähr das Zehntausendfache einer Elementarladung betragen. Dadurch kommen wir in ein Regime, das wir schon ganz am Anfang dieses Buches als nichtideal bezeichnet haben. Der Aufladeprozess ist mittlerweile weitgehend verstanden. Auf eine Variante kommen wir im nächsten Abschnitt zurück. Allerdings ist die absolute Ladung eines Staubteilchens nicht unbedingt zeitlich konstant, was durchaus eine zusätzliche Komplexität bedingen kann.

Die Masse der Staubteilchen ist, z. B. gemessen in Protonenmassen, um Größenordnungen größer als eins. Das bedingt eine völlig neue Zeitskale im staubigen Plasma. Die Frage der Abschirmung muss neu diskutiert werden. Auch ist natürlich relevant, welche neuen Phänomene durch die qualitativ unterschiedliche dritte Komponente in einem mehrkomponentigen, nichtidealen Plasma an zusätzlicher Bedeutung gewinnen.

Dabei hat das Interesse an staubigen Plasmen durchaus unterschiedliche Gründe. Ursprünglich durch astrophysikalische Überlegungen (z. B. von L. Spitzer [336] oder H. Alfvèn [337]) getrieben, entwickelte sich bald ein technologisches Interesse, z. B. aus der Halbleiterindustrie. Mittlerweile haben staubige Plasmen, nicht zuletzt begleitet von Experimenten, einen eigenen Stand in der Grundlagenforschung erreicht.

Eine besondere Rolle spielt bei allen Überlegungen der Kopplungsparameter

$$\Gamma = \frac{\text{mittlere potentielle (Coulomb) Energie}}{\text{mittlere kinetische Energie}} . \tag{12.1}$$

Für ein Elektronen-Ionen-Plasma setzen wir

$$\Gamma_{e-i} \sim \frac{e^2}{4\pi\varepsilon_0 d k_B T_e} = 3^{-1/3}(4\pi n\lambda_D^3)^{-2/3} , \tag{12.2}$$

wobei d der mittlere Teilchenabstand und λ_D die Elektronen-Debye-Länge ist:

$$d \sim n^{-1/3} \,, \quad \lambda_D = \sqrt{\frac{\varepsilon_0 k_B T_e}{n e^2}} \,. \tag{12.3}$$

Ist die Zahl der Teilchen in einem Debye-Volumen groß, dann ist der Plasmakopplungsparameter klein und wir sprechen von einem idealen Plasma.

Drei Parameter gehen in den Kopplungsparameter ein: Temperatur, Dichte und Ladung. Große Kopplungsparameter signalisieren den Übergang in einen kristallinen Zustand.

In einem zweikomponentigen Plasma können wir mit der Dichte und Temperatur „spielen", um mit größerer Dichte oder geringerer Temperatur den Kopplungsparameter zu erhöhen. Allerdings macht uns bei einer Temperaturerniedrigung die Rekombination „einen Strich durch die Rechnung" beim Ziel, einen kristallinen Plasmazustand zu erreichen. Nichtneutrale Plasmen mögen da Ausnahmen zulassen.

Die Alternative für eine Coulomb-Kristallisation zweikomponentiger Plasmen besteht in der Erhöhung der Teilchendichte. Allerdings erfordern die notwendigen Größenordnungen

$$\boxed{\Gamma_{e-i} \geq \mathcal{O}(135)} \tag{12.4}$$

sehr hohe Dichten, die *klassisch* selbst in astrophysikalischen Umgebungen kaum erreicht werden.

Wir haben schon im Teil I diskutiert, dass *quantenmechanisch* die Situation anders aussieht und der Brueckner-Parameter eine entscheidende Rolle spielt. Grob unterscheiden wir klassische und quantenmechanische Gebiete mit dem Entartungsparameter χ_a für die Teilchensorte a, wobei χ_a mit der thermischen De-Broglie-Wellenlänge Λ_a definiert wird:

$$\chi_a \equiv n_a \Lambda_a^3 \,, \quad \Lambda_a = \sqrt{\frac{h^2}{2\pi m_a k_B T_a}} \,. \tag{12.5}$$

Ist die thermische De-Broglie-Wellenlänge größer als der mittlere Teilchenabstand, muss quantenmechanisch gerechnet werden. Bei der Abschätzung der potentiellen Energie gegenüber der kinetischen Energie müssen wir den quantenmechanischen Ausdruck für die kinetische Energie einsetzen. Das führt zu dem bereits diskutierten Brueckner-Parameter

$$\boxed{r_S \equiv \lambda_B \sim \frac{\text{mittlerer Teilchenabstand}}{\text{Bohr-Radius}}} \,. \tag{12.6}$$

Beispiel 12.1

Den quantenmechanischen Brueckner-Parameter erhalten wir von der Größenordnung 1 für Elektronendichten von der Größenordnung $n \approx 1{,}6 \times 10^{30}$ m^{-3}. Das sind Festkörperdichten. ∎

Zurück zum klassischen Fall. Wir müssen nämlich nicht in den quantenmechanischen Bereich vorstoßen, um bei staubigen Plasmen starke Nichtidealitätseffekte zu beobachten. Der Grund ist der dritte wählbare Parameter, neben Dichte und Temperatur, nämlich die Ladung.

Der Kopplungsparameter für staubige Plasmen ist

$$\Gamma_{Staub} \sim \frac{Z_d^2 e^2}{4\pi \varepsilon_0 d k_B T_d} \tag{12.7}$$

bzw.

$$\Gamma_{Staub} \quad \longrightarrow \quad \gamma_{Staub}^{eff} \equiv \Gamma_{Staub}\, e^{-\kappa}\, , \quad \kappa \approx \frac{d}{\lambda_D}, \tag{12.8}$$

wenn wir Abschirmung mit berücksichtigen. $d = \left(\frac{3}{4\pi n}\right)^{1/3}$ wird Wigner-Seitz-Radius genannt.

Beispiel 12.2

Für ein typisches staubiges Laborplasma nehmen wir $Z_d \approx 1000$, $d \approx 10^{-4}$ m und $k_B T_d \approx$ 0,03 eV an. Dann kommen wir auf $\Gamma_{Staub} \approx 500 \gg 1$. ∎

Die daraus resultierende und relativ einfach beobachtbare **Coulomb-Kristallisation** erlaubt, bedeutende Phänomene besonders anschaulich zu untersuchen und zu verstehen. Dazu gehört nicht nur die Ausbildung selbst, sondern die geometrische Form, die Dynamik, mögliche Phasenübergänge und vieles mehr.

Neben der Kristallisation ist die **effektive Wechselwirkung** von Staubteilchen ein äußerst interessantes statistisches Problem. Man erwartet natürlich eine Abschirmung von geladenen Staubteilchen in größerer Entfernung, ähnlich wie wir das schon bei Ionen in Zwei-Komponenten-Plasmen gefunden haben. Zusätzlich kommt jetzt noch dazu, dass der Einfluss des umgebenden Plasmas unter bestimmten Umständen zu einer Veränderung des **Abstoßungs- bzw. Anziehungsverhaltens** führen kann.

Wie bereits erwähnt, sind die **Aufladungsprozesse** bei Staubteilchen von besonderem Interesse. Wir werden hier nur einen wesentlichen vorstellen.

Einen weiteren Forschungsschwerpunkt nehmen die **Eigenmoden** komplexer Plasmen ein. Wegen der gewaltigen Ladungs- und Massenunterschiede von Staubteilchen treten hier nicht nur Verallgemeinerungen auf, die man schon aus mehrkomponentigen Plasmen kennt. Liegt Kristallisation vor, wird das kollektive Verhalten noch um **Gittermoden** erweitert.

> All dies zeigt das **breite Spektrum**, um das die Theoretische Plasmaphysik durch die staubigen Plasmen erweitert wird. Hinzu kommt noch die enorme **technologische Relevanz**. Wir können aus Platzgründen im Folgenden nur drei Aspekte beleuchten – ähnlich wie schon beim magnetischen Einschluss und den Laserplasmen – und müssen dann auf die umfangreiche weiterführende Literatur verweisen.

Die spezielle Literatur zu komplexen Plasmen ist mittlerweile sehr umfangreich. Hier eine kurze Auswahl:

Der Artikel von Ikezi [338] steht ziemlich am Anfang der Entwicklung. Er untersucht die Bildung von Coulomb-Solidstrukturen aus kleinen Partikeln in Plasmen. Ikezi beschreibt theoretische Modelle, die die Wechselwirkungen zwischen geladenen Partikeln in einem Plasma und die Bedingungen für die Bildung eines festen Coulomb-Systems erklären. Die Ergebnisse bieten wichtige Einsichten in die Physik von komplexen Plasmen, insbesondere in Bezug auf die Selbstorganisation und die Entstehung von Festkörperstrukturen unter bestimmten Bedingungen. Spätere Artikel [339–341] greifen diese Thematik auf.

Mittlerweile existiert eine breite Palette von Büchern, die das Forschungsgebiet „Komplexe Plasmen" für Studierende und Forschende hervorragend darstellen. Aus der Fülle sei auf folgende Bücher hingewiesen:

Das Buch von Shukla und Mamun [342] bietet eine umfassende Einführung in die Physik staubiger und selbstgravitierender Plasmen im Weltraum. Es behandelt theoretische Konzepte und mathematische Modelle zur Beschreibung solcher Systeme, insbesondere im Hinblick auf kollektive Effekte, Wellenausbreitung und Instabilitäten. Zudem werden astrophysikalische Anwendungen, wie Plasmaprozesse in planetaren Ringen, interstellaren Wolken und Akkretionsscheiben, diskutiert.

Das Buch von Huber [343] behandelt die physikalischen Grundlagen und experimentellen Methoden zur Untersuchung komplexer Plasmen und kolloidaler Dispersionen. Es kombiniert Konzepte aus der Plasmaphysik und der statistischen Physik, um kollektive Phänomene, Phasenübergänge und Selbstorganisation auf mikroskopischer Ebene zu analysieren. Dabei liegt ein besonderer Fokus auf partikelaufgelösten Experimenten, die es ermöglichen, Flüssigkeiten und Festkörper auf atomarer Ebene zu modellieren.

Das Buch von Thomas [344] befasst sich mit der experimentellen Untersuchung der Dynamik von Yukawa-Systemen in komplexen Plasmen. Es analysiert die grundlegenden physikalischen Mechanismen, die die Wechselwirkungen und kollektiven Phänomene in diesen Systemen bestimmen. Ein besonderer Fokus liegt auf der experimentellen Methodik zur Erfassung der Teilchendynamik sowie auf der Analyse von Phasenübergängen und Strukturbildung.

Das Buch „Complex and Dusty Plasmas: From Laboratory to Space" von Tsytovich et al. [345] bietet eine tiefgehende Analyse komplexer und staubiger Plasmen, einer speziellen Klasse von Plasmen, die geladene Staubpartikel enthalten. Es deckt sowohl theoretische Grundlagen als auch experimentelle und astrophysikalische Anwendungen ab. Das Buch kombiniert eine systematische Darstellung der Theorie mit einer Übersicht über experimentelle Befunde und reale Anwendungen. Die mathematische Behandlung ist anspruchsvoll, aber gut strukturiert, und zahlreiche Anwendungsbeispiele aus Labor- und Weltraumplasmen sorgen für Praxisbezug.

Das Buch von Franz [346] bietet eine umfassende Einführung in Niederdruckplasmen und ihre Anwendung in der Mikrostrukturtechnik. Es behandelt die physikalischen Grundlagen von Plasmen, ihre Wechselwirkungen mit Festkörperoberflächen sowie verschiedene technologische Anwendungen wie Ätz- und Beschichtungsprozesse. Die Darstellung ist sowohl theoretisch fundiert als auch praxisnah, sodass das Buch eine wertvolle Ressource für Wissenschaftler und Ingenieure in der Plasmatechnologie und Halbleiterfertigung darstellt.

Dieses Buch von Fortov und Morfill [347] bietet eine umfassende Darstellung komplexer und staubiger Plasmen, die sowohl in Laborumgebungen als auch im Weltraum vorkommen. Es behandelt die theoretischen Grundlagen, experimentelle Methoden und astrophysikalische Anwendungen solcher Plasmen. Besondere Schwerpunkte liegen auf kollektiven Effekten, nichtlinearen Phänomenen und technologischen Anwendungen.

Das Buch von Ivlev et al. [348] bietet eine detaillierte Untersuchung komplexer Plasmen und kolloidaler Dispersionen mit einem Fokus auf partikelaufgelöste Methoden. Es verbindet Konzepte der Plasmaphysik mit der statistischen Physik klassischer Flüssigkeiten und Festkörper. Dabei werden experimentelle Techniken sowie theoretische Modelle zur Beschreibung kollektiver Phänomene, Phasenübergänge und Selbstorganisation diskutiert.

Das Buch von Bonitz et al. [349] bietet eine umfassende Einführung in die Physik komplexer Plasmen und deckt sowohl theoretische als auch experimentelle Aspekte ab. Es behandelt grundlegende physikalische Konzepte, Wechselwirkungen zwischen geladenen Partikeln sowie kollektive Phänomene und Selbstorganisation. Neben klassischen Plasmamodellen werden moderne Entwicklungen und Anwendungen in Forschung und Technik diskutiert.

Das Buch von Melzer [350] bietet eine detaillierte Analyse dynamischer Prozesse in komplexen Plasmen, mit besonderem Fokus auf die Wechselwirkungen und das Verhalten von geladenen Teilchen in nichtidealen Systemen. Es werden sowohl theoretische Modelle als auch experimentelle Techniken behandelt, die es ermöglichen, die Dynamik von Teilchen in komplexen Plasmen zu verstehen.

Das Buch von Thoma [351] gibt einen umfassenden Überblick über komplexe Plasmen und deren wissenschaftliche sowie technologische Bedeutung. Es behandelt grundlegende physikalische Konzepte, experimentelle Methoden und moderne Anwendungen. Besondere Schwerpunkte sind kollektive Phänomene, Nichtgleichgewichtseffekte und innovative Technologien, die auf komplexen Plasmen basieren.

Dieses Buch von Ivlev [352] bietet eine umfassende Analyse komplexer Plasmen und hebt sowohl fundamentale wissenschaftliche Fragestellungen als auch technologische Anwendungen hervor. Es behandelt theoretische Konzepte, experimentelle Methoden und moderne Entwicklungen in der Plasmaphysik. Besondere Schwerpunkte sind kollektive Phänomene, Nichtgleichgewichtseffekte und innovative Anwendungen in Forschung und Industrie.

12.2 Aufladung

In diesem Abschnitt diskutieren wir ein einfaches Modell zur Aufladung eines Staubteilchens in einem (ansonsten) von Elektronen und Ionen gebildeten Plasma. Es handelt sich um das sogenannte OML(orbital motion limit)-Modell.

Das nun vorgestellte Modell stellt die einfachste Version von Strömen dar, die auf die Oberfläche eines Staubteilchens treffen können. Dazu ist nicht viel mehr als die Kenntnis der klassischen Version des Zwei-Körper-Problems nötig. Wir vernachlässigen viele zusätzliche Effekte, wie z. B. Stöße auf den Bahnen heranfliegender Elektronen oder Ionen, Absorption von Strahlung, Sekundärelektronenemission usw.

Die Idee ist, dass große Teilchen in einem Elektronen-Ionen-System durch heranfliegende Ladungsträger getroffen und damit aufgeladen werden. Schauen wir uns einen Zustand mit der Aufladung Q_d eines Staubteilchens an. Dann gilt im stationären Fall

$$\boxed{\frac{dQ_d}{dt} = \sum_l I_l = 0} \, , \tag{12.9}$$

wobei I_l die verschiedenen Ströme der Teilchensorte l kennzeichnet. Fangen wir mit einem (positiven) Ionenstrom auf ein bereits negativ geladenes Staubteilchen an. Das Staubteilchen besitzt dann ein (Floating-)Potential ϕ_p. Das Konzept des Floatingpotentials stammt aus der Sondentheorie. Das „floating potential" (deutsch: „Schwebepotential") beschreibt das elektrische Potential, das eine elektrisch isolierte Oberfläche (wie eine Sonde) annimmt, wenn sie sich im Plasma befindet und keine externen Stromflüsse zulässt. Das Floatingpotential ist das Potential einer isolierten, nicht leitend verbundenen Oberfläche im Plasma. Diese Oberfläche kann sich frei auf ein Potential einstellen, bei dem die Summe der Ströme der verschiedenen Plasmakomponenten (Elektronen und Ionen) gleich null ist.

Wenn ein (einfach geladenes) Ion aus dem Unendlichen mit der Anfangsgeschwindigkeit v_{i0} kommt, gilt für die jeweilige Geschwindigkeit v_i nach dem Energiesatz

$$\frac{1}{2}m_i v_{i0}^2 = \frac{1}{2}m_i v_i^2 + e\phi_p \, . \tag{12.10}$$

Der (wie üblich definierte) Stoßparameter (gemessen vom Zentrum eines hier kugelförmig angenommenen) Staubteilchens sei b. Es gibt einen kritischen Wert b_c, sodass für $b < b_c$ das Ion auf das Staubteilchen trifft. Der Drehimpuls beim kritischen Stoßparameter sei

$$L_c = |\mathbf{r} \times \mathbf{p}| = m_i v_{i0} b_c \, . \tag{12.11}$$

Im Augenblick des Kontakts mit dem Staubteilchen mit Radius a folgt beim kritischen Wert b_c, wenn also das einfallende Ion das Staubteilchen „geradeso" streift, haben wir auf der

Kugeloberfläche

$$L_c = m_i v_i a , \tag{12.12}$$

da wir Drehimpulserhaltung voraussetzen. Eine kurze Rechnung, unter Ausnutzung des Energiesatzes, liefert

$$\frac{1}{2} m_i v_{i0}^2 = \frac{1}{2} m_i v_{i0}^2 \left(\frac{v_i^2}{v_{i0}^2} + \frac{e\phi_p}{\frac{1}{2} m_i v_{i0}^2} \right) = \frac{1}{2} m_i v_{i0}^2 \left(\frac{b_c^2}{a^2} + \frac{e\phi_p}{\frac{1}{2} m_i v_{i0}^2} \right) \tag{12.13}$$

sowie

$$b_c^2 = a^2 \left(1 - \frac{2e\phi_p}{m_i v_{i0}^2} \right) . \tag{12.14}$$

Damit können wir einen Wirkungsquerschnitt definieren,

$$\boxed{\sigma_c = \pi b_c^2 = \pi a^2 \left(1 - \frac{2e\phi_p}{m_i v_{i0}^2} \right)} . \tag{12.15}$$

Da $\phi_p < 0$, ist der Wirkungsquerschnitt größer als beim Stoß auf ungeladene Teilchen. Das ist natürlich wegen der Anziehung verständlich.

Als Nächstes berechnen wir die Ladungsstromdichten (I_i für Ionen) durch Mittelung über alle Anfangskonfigurationen. Interpretieren wir $v_i \hat{=} v_{i0}$, so schreiben wir

$$dI_i = \sigma_c(v_i) n_i e v_i f(v_i) dv_i \tag{12.16}$$

mit einer isotropen Maxwell-Verteilung

$$f(v_i) = 4\pi v_i^2 \left(\frac{m_i}{2\pi k_B T_i} \right)^{3/2} e^{-\frac{m_i v_i^2}{2k_B T_i}} . \tag{12.17}$$

Wir erhalten den integralen Ausdruck

$$I_i = \int dI_i = 4\pi^2 a^2 n_i e \left(\frac{m_i}{2\pi k_B T_i} \right)^{3/2} \int_0^\infty \left(1 - \frac{2e\phi_p}{m_i v_i^2} \right) e^{-\frac{m_i v_i^2}{2k_B T_i}} dv_i . \tag{12.18}$$

Das Integral kann analytisch ausgewertet werden mit dem Ergebnis

$$\boxed{I_i = \pi a^2 n_i e \sqrt{\frac{8k_B T_i}{\pi m_i}} \left(1 - \frac{e\phi_p}{k_B T_i} \right)} . \tag{12.19}$$

Beispiel 12.3 (Auswertung mit einer verschobenen Maxwell-Verteilung)
Die Auswertung mit einer isotropen Maxwell-Verteilung ist nur gut, wenn die Strömungsgeschwindigkeit v_f der Ionen in normierter Form

$$u = \frac{v_f}{v_{Ti}} \quad \text{mit } v_{Ti} = \sqrt{\frac{8k_B T_i}{\pi m_i}} \tag{12.20}$$

vernachlässigbar ist. Wir können die Rechnung aber auch analytisch für eine verschobene Maxwell-Verteilung durchführen. Das Ergebnis ist dann

$$I_i = \pi a^2 n_i e \sqrt{\frac{8k_B T_i}{\pi m_i}} e^{-u^2} \left\{ \frac{1}{2} + \frac{\sqrt{\pi}}{2} \left[u + \frac{1}{2u} \left(1 - \frac{e\phi_p}{k_B T_i} \right) \right] e^{u^2} \operatorname{erf}(u) \right\}, \tag{12.21}$$

wobei für die Fehlerfunktion gilt

$$\operatorname{erf}(u) \xrightarrow[u \to 0]{} \frac{2}{\sqrt{\pi}} \left(u - \frac{u^3}{3} \right), \tag{12.22}$$

$$\operatorname{erf}(u) \xrightarrow[u \to \infty]{} 1. \tag{12.23}$$

Wir erkennen leicht, dass für $u \to 0$ der Ausdruck (12.21) in (12.19) übergeht. ∎

Ohne neu zu rechnen, können wir allerdings nicht einfach mit der Ersetzung $e \to -e$, $n_i \to n_e$, $T_i \to T_e$, $m_i \to m_e$ das Ergebnis für den entsprechenden Elektronenstrom angeben. Der Grund liegt darin, dass Elektronen mit kleiner Geschwindigkeit ($v_e \to 0$) das Staubteilchen gar nicht erreichen. Die Elektronen benötigen eine Minimalgeschwindigkeit

$$v_{min} = \sqrt{\frac{-2e\phi_p}{m_e}}, \tag{12.24}$$

und das Integral lautet

$$I_e = -4\pi^2 a^2 n_e e \left(\frac{m_e}{2\pi k_B T_e} \right)^{3/2} \int_{v_{min}}^{\infty} \left(1 + \frac{2e\phi_p}{m_e v_e^2} \right) e^{-\frac{m_e v_e^2}{2k_B T_e}} \, dv_e. \tag{12.25}$$

Die Auswertung liefert

$$\boxed{I_e = -\pi a^2 n_e e \sqrt{\frac{8k_B T_e}{\pi m_e}} e^{\frac{e\phi_p}{k_B T_e}}}. \tag{12.26}$$

Wenn wir die Ströme auf ein positiv geladenes Staubteilchen berechnen würden, sollten sich die funktionalen Formen für Elektronen und Ionen gerade umkehren.

Jetzt können wir uns der Berechnung (Abschätzung) der Ladung eines Staubteilchens im stationären Fall widmen. Aus der Bedingung $I_e + I_i = 0$ finden wir eine Gleichung für ϕ_p in Abhängigkeit von den Plasmaparametern:

$$1 - \frac{e\phi_p}{k_B T_i} = \sqrt{\frac{m_i}{m_e} \frac{T_e}{T_i} \frac{n_e}{n_i}} \, e^{\frac{e\phi_p}{k_B T_e}} \,. \tag{12.27}$$

Die Gleichung ist nicht analytisch, aber leicht numerisch lösbar.

Beispiel 12.4

Eine relevante Abschätzung für ein Elektronen-Protonen-Plasma in astrophysikalischen Situationen geht auf Spitzer zurück:

$$T_e \approx T_i \,, \quad n_e \approx n_i \,, \quad \frac{m_i}{m_e} \approx 1836 \,, \quad z \equiv -\frac{e\phi_p}{k_B T_e} \,. \tag{12.28}$$

Die Gleichung für z

$$(1 + z) \frac{1}{\sqrt{1836}} \approx e^{-z} \tag{12.29}$$

hat die recht gut passende Lösung $z \approx 2{,}5$ zur Folge. $\blacksquare$

Aus ϕ_p berechnen wir $Q_d \equiv Z_d e$. Dazu fassen wir das Staubteilchen als sphärischen Kondensator mit der Kapazität C auf. Es gilt

$$\boxed{C = \frac{Q_d}{\phi_p}} \,. \tag{12.30}$$

Aus der Elektrodynamik kennen wir die Kondensatorformel im Vakuum, die meist auch mit Abschirmung im Plasma wegen

$$C \approx 4\pi\varepsilon_0 a \left(1 + \frac{a}{\lambda_D}\right) \quad \rightarrow \quad C \approx 4\pi\varepsilon_0 a \tag{12.31}$$

für $a \ll \lambda_D$ genutzt werden kann. Dabei ist a der innere Radius; den äußeren haben wir ins Unendliche gelegt.

Für einen typischen Wert $\phi_p \sim \mathcal{O}(-2k_B T_e/e)$ folgt also

$$Q_d \approx -8\pi \frac{\varepsilon_0}{e} a k_B T e \,. \tag{12.32}$$

Nutzen wir

$$\frac{\varepsilon_0}{e} \approx 8{,}854 \times 10^{-12} \frac{\text{As}}{\text{eV m}} \,, \quad 1\text{As} \approx \frac{10^{19}}{1{,}6} e, \tag{12.33}$$

so finden wir nach kurzer Rechnung

$$Q_d \approx -1400\, a[\mu\mathrm{m}]\, T_e[\mathrm{eV}]\, e \ .$$ (12.34)

Abschließend noch ein Wort zur zeitlichen Entwicklung der Aufladung. Wegen der höheren Elektronenbeweglichkeit ist die charakteristische Aufladezeit durch Elektronen wesentlich kürzer als die für Ionen. Die gesamte Dauer der Aufladung wird demnach durch die Ionenströme bestimmt.

Ersetzen wir in dem Ionenstrom ϕ_p durch $\frac{Q_d}{4\pi\varepsilon_0 a}$, so folgt für $Q \equiv Q_d$ die Differentialgleichung

$$\frac{dQ}{dt} = \pi a^2 n_i e \sqrt{\frac{8 k_B T_i}{\pi m_i}} \left(1 - \frac{eQ}{4\pi\varepsilon_0 a k_B T_i}\right) \ .$$ (12.35)

Ohne die Differentialgleichung explizit zu lösen, können wir eine charakteristische Aufladezeit aus

$$\boxed{\tau_i = \frac{4\pi\varepsilon_0 a k_B T_i}{e\,\pi a^2 e n_i v_{thi}} = \sqrt{2\pi}\,\frac{\lambda_{Di}}{a}\,\omega_{pi}^{-1}}$$ (12.36)

finden.

Beispiel 12.5 (Lösung der Differentialgleichung)
Eine Differentialgleichung der Form

$$\dot{y} = C - \frac{y}{\tau}$$ (12.37)

lösen wir über Trennung der Variablen. Integration führt dann zu der Lösung

$$y = (y_0 - \tau C)e^{-t/\tau} + \tau C \quad \text{mit } y(t=0) = y_0 \ .$$ (12.38)

∎

Eine Rechnung für die Aufladung durch Elektronen liefert die charakteristische Zeit τ_e von der Ordnung

$$\boxed{\tau_e = \mathcal{O}\left(\frac{\lambda_{De}}{\lambda_{Di}}\frac{\omega_{pi}}{\omega_{pe}}\right)\tau_i}\ .$$ (12.39)

Sie ist also bedeutend kürzer, was die vornehmliche negative Ladung der Staubteilchen erklärt. Der Ladungsprozess ist allerdings erst auf der Zeitskala τ_i abgeschlossen.

12.3 Kräfte zwischen Staubteilchen

In diesem Abschnitt vergleichen wir bei Staubteilchen zunächst die elektromagnetische Wechselwirkung mit der gravitativen Wechselwirkung. Im Gegensatz zu „normalen" Elektronen-Ionen-Plasmen kann wegen der Größe und Schwere der zusätzlichen Staubteilchen die gravitative Anziehung bedeutend werden. Wir schätzen die relevanten Bereiche ab und erwähnen kurz die astrophysikalische Strukturentwicklung aus Staubwolken. Abschließend gehen wir kurz auf die durch Plasmaeffekte verursachte nichtgravitative Anziehung zwischen Staubteilchen ein.

Das elektrische Potential stark negativ geladener Staubteilchen wird – so können wir mit Fug und Recht nach Kenntnis der allgemeinen Grundlagen vermuten – nach außen hin abgeschirmt sein. Diesen Effekt, bezogen auf Ionen, haben wir bereits ausführlich im allgemeinen Teil erörtert. Eine Debye-Abschirmung, vornehmlich durch positive Ionen, ist für Staubteilchen zu erwarten. Die charakteristische Abschirmlänge in einem Debye-Hückel-Potential wird wiederum die Debye-Länge λ_D sein. Ohne vertiefte Diskussion setzen wir

$$\frac{1}{\lambda_D^2} = \frac{1}{\lambda_{De}^2} + \frac{1}{\lambda_{Di}^2} \,, \tag{12.40}$$

wobei wir hier nochmals für schnelle Abschätzung die Rechenvorschriften für Debye-Längen

$$\lambda_{De} \approx 74{,}3 \left(\frac{10^{16}\,\mathrm{m}^{-3}}{n_e}\right)^{1/2} \left(\frac{k_B T_e}{1\,\mathrm{eV}}\right)^{1/2} \mu\mathrm{m} \,, \tag{12.41}$$

$$\lambda_{Di} \approx 23{,}5 \frac{1}{z_i} \left(\frac{10^{16}\,\mathrm{m}^{-3}}{n_i}\right)^{1/2} \left(\frac{k_B T_i}{0{,}1\,\mathrm{eV}}\right)^{1/2} \mu\mathrm{m} \tag{12.42}$$

angeben. Das nach Debye abgeschirmte Potential eines Staubteilchens wird in der Form

$$\phi(r) = \frac{Q}{4\pi \varepsilon_0 r} \exp\left(-\frac{r}{\lambda_D}\right) \tag{12.43}$$

geschrieben.

Es sei erwähnt, dass das Debye-Hückel-Potential bei staubigen Plasmen auch meist Yukawa-Potential genannt wird.

Unter der Annahme der Radialsymmetrie berechnen wir das elektrische Feld

$$E_r = -\frac{\partial \phi}{\partial r} = \left(\frac{1}{r} + \frac{1}{\lambda_D}\right) \phi \,. \tag{12.44}$$

Wir finden jetzt leicht die im letzten Abschnitt bereits diskutierte Relation zwischen Ladung und Floatingpotential. Mit dem Zusammenhang zwischen Oberflächenladung ($r = a$) und Normalkomponente des elektrischen Feldes

$$Q = 4\pi\varepsilon_0 E_r \tag{12.45}$$

finden wir

$$\boxed{Q_d = 4\pi\varepsilon_0 a \left(1 + \frac{a}{\lambda_D}\right) \phi_p(a)} \ . \tag{12.46}$$

Das kennen wir aus (12.30) und (12.31).

Zur Erinnerung: Das Floatingpotential $\phi_p(a)$ ist als Differenz des Potentials der Oberflächenladung und des Bulkplasmapotentials (Bulk = Hauptvolumen) zu verstehen.

Coulomb-Abstoßung und gravitative Anziehung

Jetzt vergleichen wir für (isolierte) Staubteilchen die elektromagnetische mit der gravitativen Wechselwirkung. Nehmen wir zwei Staubteilchen (Indizes 1 und 2) im Abstand d, so sind die Kräfte unter der folgenden Bedingungen gleich:

$$\frac{|Q_1 Q_2|}{4\pi\varepsilon_0 d^2} e^{-d/\lambda_D} = G\frac{m_1 m_2}{d^2} \ , \tag{12.47}$$

was wir mit den Staubmassendichten $\rho_{1,2} = 3m_{1,2}/(4\pi a_{1,2}^3)$ in

$$\boxed{a_1 a_2 = \frac{3}{4\pi}\sqrt{\frac{4\pi\varepsilon_0}{G}\frac{\phi_1\phi_2}{\rho_1\rho_2}e^{-d/\lambda_D}}} \tag{12.48}$$

umschreiben können.

Nun können wir zwei Fälle unterscheiden: Beginnen wir mit $d \gg \lambda_D$. Gravitative Anziehung ist stets vorhanden. Allerdings stürzen die Staubteilchen nicht frontal aufeinander zu, sondern umkreisen sich und vereinigen sich gelegentlich, wenn der Drehimpuls langsam (durch welche Einflüsse auch immer) geringer wird. Eine Staubwolke bildet sich aus.

Im umgekehrten Fall $d \ll \lambda_D$ können wir den Abschirmungsfaktor vergessen und Anziehung findet statt, sofern

$$a \ge \left(\frac{9\varepsilon_0}{4\pi G}\right)^{1/4}\sqrt{\frac{\phi_p}{\rho}} \tag{12.49}$$

ist. Der Einfachheit halber haben wir gleiche Staubteilchen angenommen.

Beispiel 12.6 (Größe von Staubteilchen)

Für $\phi_p \approx 1$ V und $\rho \approx 10^4$ kg m^{-3} ergibt sich ein unterer Wert von $a \approx 6$ mm. Das ist relativ groß, sodass in diesem zweiten Fall die Gravitation meist vernachlässigt werden kann.   ∎

Beispiel 12.7 (Jeans-Kriterium aus einem Fluidmodell)

Wir wenden uns jetzt der astrophysikalisch interessanten Problemstellung zu, ob eine durch Eigengravitation hervorgerufene Staubwolke stabil ist oder weiter zerfällt. Diese Frage läuft unter dem Namen Jeans-Instabilität. Eine exakte Instabilitätsrechnung ist i. Allg. kompliziert. Man muss zunächst den Ausgangszustand genau kennen, den man auf Stabilität untersuchen will. Dann linearisiert man um den zu untersuchenden Zustand, was auf ein Eigenwertproblem führt. Letzteres ist i. Allg. nicht einfach zu lösen. Findet man jedoch eine instabile Mode, kann man auf Instabilität schließen. Noch schwieriger ist ein Stabilitätsbeweis, da man bei ihm *alle* instabilen Moden ausschließen muss.

> Wir versuchen jetzt, ein Instabilitätskriterium für eine Staubwolke aus einem Fluidmodell herzuleiten.

Dazu starten wir von den Fluidgleichungen

$$\frac{\partial \rho}{\partial t} + \nabla \cdot (\rho \mathbf{v}) = 0 \, , \tag{12.50}$$

$$\frac{\partial \mathbf{v}}{\partial t} + \mathbf{v} \cdot \nabla \mathbf{v} = -\frac{1}{\rho} \nabla P - \nabla \phi \, , \tag{12.51}$$

$$\nabla^2 \phi = 4\pi \, G \, \rho \tag{12.52}$$

für die Massendichte ρ, die Fluidgeschwindigkeit $\mathbf{v}$ und das Gravitationspotential ϕ der Staubkomponente. Ladungen werden (zunächst) vernachlässigt. Den Druck P diskutieren wir gleich.

Es liegt nun nahe, die an sich einfach ausschauenden Gleichungen um eine stationäre Lösung zu linearisieren. Ein Problem stellt die Ermittlung einer stationären Lösung dar. Wenn wir etwa

$$\rho_0 = \text{const}\, , \quad \mathbf{v}_0 = 0 \, , \quad P_0 = \text{const}\, , \quad \phi_0 = \text{const} \tag{12.53}$$

heranziehen wollen, so ist die Feldgleichung für das Gravitationspotential nicht erfüllt, außer wenn man $\rho_0 = 0$ setzen würde, was aber an unserer physikalischen Ausgangsfragestellung völlig vorbeiginge. Wenn man eine Lösung ($\rho_0 \neq 0$) trotzdem für eine Linearisierung benutzt, so bezeichnet man das als sogenannten Jeans-Schwindel (*„Jeans swindle"*). Das zeigt nur, wie schwierig Stabilitätsprobleme sind. Bei genaueren Untersuchungen greift man auf bessere Methoden (z. B. Variationsprinzipien) zurück.

Den „Jeans-Schwindel" kann man für zwei Fälle gut akzeptieren. Erstens, wenn die Längenskalen der Störungen wesentlich kürzer sind als die Ausdehnung der stationären Lösung. Und zweitens, wenn man das Gleichgewicht nicht durch Druckgradienten, sondern durch Rotation aufrechterhält. Dann kann man auch einen homogenen Zustand als Anfangswert betrachten.

Zum ersten Fall die folgende Anmerkung: Man geht dann von $\rho_0 = \rho_0(\varepsilon \mathbf{r})$ aus und kann in niedrigster Ordnung die räumliche Variation jeweils vernachlässigen (z. B. $\mathbf{v}_1 \cdot \nabla \rho_0 \ll \rho_0 \nabla \cdot \mathbf{v}_1$). Das Gleichgewicht wird dann durch

$$\mathbf{v}_0 = 0 \tag{12.54}$$

zusammen mit

$$0 = -\frac{1}{\rho_0} \nabla P_0 - \nabla \phi_0 \,, \tag{12.55}$$

$$\nabla^2 \phi_0 = 4\pi \, G \, \rho_0 \tag{12.56}$$

bestimmt.

Linearisierung um den Zustand (12.54)–(12.56) führt zu

$$\frac{\partial \rho_1}{\partial t} + \rho_0 \, \nabla \cdot \mathbf{v}_1 = 0 \,, \tag{12.57}$$

$$\frac{\partial \mathbf{v}_1}{\partial t} = -\nabla h_1 - \nabla \phi_1 \,, \tag{12.58}$$

$$\nabla^2 \phi_1 = 4\pi \, G \, \rho_1 \,. \tag{12.59}$$

Hierbei haben wir die Terme

$$\frac{\rho_1}{\rho_0^2} \, \nabla P_0 - \frac{1}{\rho_0} \, \nabla P_1 \equiv -\nabla h_1 \tag{12.60}$$

über die Enthalpiestörung h_1 ausgedrückt. Wir setzen voraus, dass der Druck nur von ρ abhängt, und schreiben

$$\frac{1}{\rho} \, \nabla P(\rho) = \frac{1}{\rho} \frac{dP}{d\rho} \, \nabla \rho = \nabla \int\limits_0^{\rho(\mathbf{r})} \frac{1}{\rho} \frac{dP}{d\rho} \, d\rho$$

$$= \nabla \int_0^{\rho} \frac{dP}{\rho} \equiv \nabla h \,. \tag{12.61}$$

Die adiabatische Schallgeschwindigkeit wird mit $\mathbf{v}_s = \sqrt{\gamma P/\rho}$ bezeichnet.
Damit folgt für h_1

$$h_1 = \int\limits_{\rho_0}^{\rho_0 + \rho_1} \frac{1}{\rho} \frac{dP}{d\rho}\, d\rho \approx \left.\frac{dP}{d\rho}\right|_0 \frac{\rho_1}{\rho_0} \equiv \mathrm{v}_s^2 \frac{\rho_1}{\rho_0}\; . \tag{12.62}$$

Die Gleichungen für die Störungen können dann zu

$$\frac{\partial^2 \rho_1}{\partial t^2} - \mathrm{v}_s^2\, \nabla^2 \rho_1 - 4\pi\, G\, \rho_0 \rho_1 = 0 \tag{12.63}$$

kombiniert werden. Nach Fourier-Transformation erhalten wir die Dispersionsbeziehung

$$\omega^2 = \mathrm{v}_s^2 k^2 - 4\pi\, G\, \rho_0 \; , \tag{12.64}$$

wobei aufgrund des Ansatzes

$$\rho \sim e^{i\mathbf{k}\cdot\mathbf{r} - i\omega t} \tag{12.65}$$

ein positiver Imaginärteil von ω exponentielles Anwachsen (Instabilität) bedeutet. Dieser Fall tritt ein für

$$\boxed{k^2 < k_J^2 \equiv \frac{4\pi\, G\, \rho_0}{\mathrm{v}_s^2}}\; . \tag{12.66}$$

Oft benennt man die auftretende neue Frequenz Jeans-Frequenz ω_J, wobei gilt:

$$\omega_J^2 = 4\pi G \rho_0 \; . \tag{12.67}$$

Im Lichte der früheren Resultate können wir das Instabilitätskriterium zu

$$\boxed{\lambda^2 \equiv \left(\frac{2\pi}{k}\right)^2 > \lambda_J^2 \equiv \frac{\pi \mathrm{v}_s^2}{G\, \rho_0}} \tag{12.68}$$

umschreiben. Es lässt sich eine Jeans-Masse definieren,

$$M_J = \frac{4\pi}{3} \rho_0 \left(\frac{1}{2}\lambda_J\right)^3 = \frac{1}{6}\pi\rho_0 \left(\frac{\pi \mathrm{v}_s^2}{G\, \rho_0}\right)^{3/2} \tag{12.69}$$

$$\sim 1{,}37 \times 10^5 M_\odot \left(\frac{T}{10^2\,\mathrm{K}}\right)^{3/2} \left(\frac{\rho}{10^{-24}\,\mathrm{g\,cm^{-3}}}\right)^{-1/2} \mu^{-3/2}\; .$$

Hierbei ist μ das mittlere Atomgewicht („mean molecular weight"), mit dem sich die Teilchendichte $n = \rho/\mu m_p$ ergibt. Erheben wir beide Seiten von (12.68) in die dritte Potenz und multiplizieren beide Seiten mit ρ_0^2, so folgt unmittelbar die Aussage: Wenn die Masse M der Wolke,

$$M = \frac{4\pi}{3} \rho_0 R^3 \; , \tag{12.70}$$

größer als die Jeans-Masse ist, kann sich eine Instabilität ausbilden. Die Zeitskala ist

$$\tau_d \approx \frac{1}{\sqrt{4\pi G \rho_0}} \, , \tag{12.71}$$

also praktisch identisch mit der Kollapszeit (Freifallzeit).   ■

Die Jeans-Instabilität gibt uns die Möglichkeit, die Ausbildung von Strukturen in astrophysikalischen Systemen verständlich zu machen. Die *stellaren* Zusammenballungen, die sich aufgrund der Jeans-Instabilität entwickeln, nennt man Protosterne.

> Zurück zu unserem aktuellen Thema. Im Fall $d \ll \lambda_D$ führt (12.47) zu der Gleichheit
>
> $$\omega_J^2 = \omega_d^2 \, , \tag{12.72}$$
>
> wobei ω_d die Staubplasmafrequenz ist,
>
> $$\omega_d^2 = \frac{n_d Z_d^2 e^2}{\varepsilon_0 m_d} \, . \tag{12.73}$$
>
> Überwiegt (bei $d < \lambda_D$ und ohne Berücksichtigung kollektiver Effekte durch Einfluss des Plasmas) die elektrostatische Anziehung, ist $\omega_J < \omega_d$.

Die Staubteilchen werden dann die Tendenz zum Auseinandertreiben haben, bis die Abschirmung wirksamer wird und wieder gravitative Effekte zunehmen. Die Staubplasmafrequenz lässt sich mit dem Havnes-Parameter

$$\boxed{P \equiv \frac{|Z_d| n_d}{n_e} \geq 1 \text{ für kollektive Effekte}} \tag{12.74}$$

und der Quasineutralitätsbedingung

$$n_d Z_d = z_i n_i - n_e \tag{12.75}$$

in der Form

$$\omega_d^2 = \frac{m_i}{m_e} \frac{Z_d}{z_i} \frac{P}{1+P} \omega_{pi}^2 \tag{12.76}$$

schreiben.

Kollektive Anziehung negativ geladener Staubteilchen

Kollektive Effekte spielen eine Rolle, wenn der Havnes-Ordnungsparameter P größer als 1 wird.

Elektrisch geladene Körper mit einer Ladung gleichen Vorzeichens stoßen sich ab. Dies ist natürlich allgemeingültig. In einem strömenden (komplexen) Plasma kann man jedoch beobachten, dass sich z. B. zwei negativ geladene Staubpartikel auch anziehen können.

Mit das bekannteste Beispiel resultiert aus der Umströmung von Staubteilchen durch Ionen im Plasma. Beim Umströmen erzeugen Ionen bei entsprechend hoher Strömungsgeschwindigkeit (Mach-Zahlen) ein stark oszillierendes elektrostatisches Potential hinter einem entgegengesetzt geladenen Staubpartikel. Ein ähnliches Phänomen, nämlich die Kielwelle, haben wir bereits bei kurzen Laserpulsen beobachtet. Hinter den Staubteilchen wechselt das Vorzeichen des Raumladungspotentials. Daher können nicht nur entgegengesetzt geladene, sondern – an geeigneter Stelle – auch Teilchen mit Ladung gleichen Vorzeichens darin eingefangen werden. Gehen wir in das Schwerpunktsystem der Ionen, so bewegen sich die Staubteilchen (wir denken an strömende Ionen im Laborsystem) mit der Geschwindigkeit v_d, und die Mach-Zahl definieren wir über

$$M = \frac{|v_d|}{c_S} \tag{12.77}$$

mit der Ionenschallgeschwindigkeit $c_s = \sqrt{k_B T_e / m_i}$. Die attraktiven Erscheinungen treten für $M > 1$ auf.

Die Theorie wurde von Ishihara, Tsytovich und vielen anderen entwickelt. Wegen des schon fortgeschrittenen Seitenvolumens verzichten wir hier auf eine Darstellung. Mehr Informationen findet man in Originalarbeiten oder Reviewartikeln, z. B. [335, 345, 353].

12.4 Plasmakristall

In diesem Abschnitt diskutieren wir die Bildung eines Plasmakristalls in staubigen Plasmen. Theoretische Vorhersagen – angelehnt an Wigner-Modelle in Festkörpern – sagten Gebiete für eine Coulomb-Kristallisation in komplexen Plasmen voraus. Experimente bestätigten die Idee. Im Gegensatz zur Darstellung anderer Gebiete stützen wir uns in diesem Abschnitt sehr stark, zu weiten Teilen auch wörtlich, auf (zwei) Arbeiten bzw. Autoren, die das Gebiet sehr geprägt haben: H. Ikezi [338] sowie H. Thomas, G.E. Morfill, V. Demmel, J. Goree, B. Feuerbacher und D. Möhlmann [354]. Die Originalzitate zeigen sehr schön das Zusammenspiel von Theorie und Experiment. Die folgende Übersicht ist auch stark durch das zusammenfassende Skript von A. Melzer [334] geprägt.

Die Suche nach Modellsystemen für kristalline Strukturen zur Untersuchung von Phasenübergängen wurde in den 1930er-Jahren von Wigner [355] mit der Theorie des Wigner-Kristalls begonnen. Seitdem wurden experimentelle Bestätigungen für mehrere spezifische Systeme erreicht. Auf atomarer Ebene sind dies Ionen- und Elektronenkristalle; auf makroskopischer Ebene kolloidale Kristalle in wässrigen Lösungen. Jedes dieser Systeme hat Vor- und Nachteile für die detaillierte Untersuchung des interessierenden Phasenübergangs, wie Bildung, Wachstum und Schmelzen kristalliner Strukturen [354].

Theoretische Vorhersage von Ikezi [338]

Bereits 1986 hat Ikezi die Coulomb-Kristallisation in staubigen Plasmen korrekt vorausgesagt. Dem Sinne nach schreibt er: „Wenn das Verhältnis zwischen der Coulomb-Energie und der kinetischen Energie eines geladenen Teilchensystems

$$\Gamma = \frac{q^2}{4\pi\varepsilon_0 b k_B T} \tag{12.78}$$

einen kritischen Wert überschreitet, $\Gamma_c \simeq 170$, wird ein Coulomb-Gitter gebildet. Hierbei ist q die (negative) elektrische Ladung eines (Staub-)Teilchens, b der Wigner-Seitz-Abstand zwischen den Teilchen, und T die Temperatur. Der Wigner-Seitz-Abstand b ist definiert als:

$$b = \left(\frac{3}{4\pi N}\right)^{1/3}, \tag{12.79}$$

wobei $N \equiv n_d$ die Teilchendichte (der geladenen Staubteilchen) ist. Verglichen mit einem gasförmigen Plasma, wenn q der Ladung *eines* Elektrons e entspricht, wird in Letzterem die Kristallisationsbedingung

$$\Gamma > \Gamma_c \tag{12.80}$$

nur in Systemen mit extrem hoher Dichte und sehr niedriger Temperatur erfüllt, was schwer zu erreichen ist. In staubigen Plasmen können relativ kleine Partikel (mit einem Radius von z. B. $a \approx 0,1\,\mu\text{m}$) jedoch z. B. 10^3 Elektronenladungen aufnehmen, und Γ kann größer als Γ_c werden."

Die typische Ladung eines Staubteilchens haben wir bereits abgeschätzt. Ein kleines, negativ geladenes Staubteilchen (Partikel) mit einem Radius a kleiner als die Debye-Länge

$$\lambda_D = \left(\frac{1}{\lambda_{D,e}^2} + \frac{1}{\lambda_{D,i}^2}\right)^{-1/2}, \quad \lambda_{De,i} = \sqrt{\frac{\varepsilon_0 k_B T_{e,i}}{n_{e,i} e^2}}, \tag{12.81}$$

besitzt das ungefähre Potential $q/4\pi\varepsilon_0 a$. Dieses Potential sollte gleich dem Floatingpotential $\phi_p \sim -2\,(k_b T_e/e)$ sein. Daraus ergibt sich eine Näherung für die Ladung:

$$\boxed{q = q_1 \approx -8\pi\varepsilon_0 \frac{ak_B T_e}{e}} \, . \tag{12.82}$$

Hier ist $n = n_i$ die Plasmadichte (bei einfach geladenen Ionen) und T_e bzw. T_i die Elektronen- bzw. Ionentemperatur. Ikezi fährt fort: „Wenn $a > \lambda_D$, dann ist das Potential des Partikels nicht $q/4\pi\varepsilon_0 a$, sodass (12.82) keine geeignete Näherung ist. Dieser Fall wird hier jedoch nicht weiter betrachtet. Ferner ist zu berücksichtigen, dass das System quasineutral sein soll. Ein Vergleich der Ionendichte $n = n_i$ (gleich ursprünglicher Plasmadichte) mit der Staubdichte $N = n_d$ der aufgeladenen Staubteilchen zeigt, dass $n \leq |q/e|N$ gelten muss. Für

$$q = q_2 = \frac{en_i}{N} \tag{12.83}$$

besteht das System nur aus negativ geladenen Staubteilchen und positiven Ionen mit der Dichte n_i (und keinerlei freien Elektronen). Größere Aufladungen als

$$Z_{c,\mathrm{lim}} = e\frac{n_i}{n_d} \tag{12.84}$$

sind also im Mittel nicht möglich.

Der Abschirmungseffekt muss in Erweiterung von (12.78) noch berücksichtigt werden.

Da das Plasma das Feld der Teilchen abschirmt, ist die Kristallisationsbedingung nur gültig, wenn $b \ll \lambda_D$. Um den Debye-Abschirmungseffekt zu berücksichtigen, ersetzen wir q^2/b durch das abgeschirmte Coulomb-Potential $q^2 \exp(-b/\lambda_D)/b$ und führen die Größe

$$\Gamma_{\mathrm{eff}} = \frac{Z_d^2 e^2 \exp(-b/\lambda_D)}{4\pi\varepsilon_0 b k_B T_d} \equiv \frac{q^2 \exp(-b/\lambda_D)}{4\pi\varepsilon_0 b k_B T} \equiv \Gamma \exp(-\kappa) \tag{12.85}$$

ein. Den kritischen Wert $\Gamma_{c,\mathrm{eff}}$ legen wir weiterhin durch

$$\Gamma_{c,\mathrm{eff}} \approx 170 \quad \text{(Schmelzlinie)} \tag{12.86}$$

fest. Für $\Gamma_{\mathrm{eff}} \geq \Gamma_{c,\mathrm{eff}}$ erwarten wir Coulomb-Kristallisation. Die Abschirmung wird im Wesentlichen durch die Ionen geleistet, d. h.

$$\lambda_D \approx \lambda_{D,i} \, . \tag{12.87}$$

Der kritische Wert $\Gamma_{c,\mathrm{eff}}$ ist möglicherweise nicht genau 170, wird jedoch hier für die folgende Diskussion verwendet, solange keine besseren Werte für den Fall abgeschirmter Wechselwirkungen verfügbar sind.“

Durch Kombination von

$$\Gamma_{\text{eff}} > \Gamma_{\text{c.eff}} \qquad (12.88)$$

mit dem Ausdruck für q [der entweder durch (12.82) oder (12.83) gegeben ist (je nach Beziehung zwischen n und N)] und den funktionalen Formen $\lambda_D(n)$ sowie $b(N)$ bei Parametern a und T kann ein Bereich von n und N gefunden werden, in dem Kristallisation stattfindet.

Ein Beispiel für ein solches Diagramm ist in Abb. 1 bei Ikezi [338] gezeigt. Die dort verwendeten Parameter sind $T_e = 3\,\text{eV}$, die Teilchentemperatur $T = T_i = 0{,}03\,\text{eV}$ und $m_i/m_e = 40 \times 1800$.

Nun, bei welchen Werten von Ionen- und Staubdichte kann Wigner-Kristallisation in staubigen Plasmen auftreten? Melzer [334] hat die Situation ausführlich beschrieben: „Die Ionendichte beeinflusst die Abschirmlänge λ_D und die Ladungsgrenze der Staubpartikel. Eine hohe Ionendichte bedeutet eine hohe maximale Staubladung, aber auch eine starke Abschirmung. Die Staubdichte beeinflusst ebenfalls die maximale Staubladung und den Abstand zwischen den Partikeln b. Hohe Staubdichten führen zu einer geringen maximalen Staubladung, aber auch zu kleinen Abständen zwischen den Partikeln, was eine starke Kopplung zur Folge hat. Beide Parameter haben daher gegenläufige Effekte.

Aus diesen Überlegungen ergibt sich, dass Wigner-Kristallisation im dunklen Bereich ABC von Abb. 12.1 möglich sein sollte. Die Grenze dieses Bereichs wird durch verschiedene Mechanismen dominiert. Von A bis B bleibt die Staubdichte nahezu konstant. Auch die Ladung Z_d bleibt konstant, es gibt keine Entleerungseffekte aufgrund der niedrigen Staubdichte. Auf der gesamten oberen Grenze von A über B nach C ist das Partikel auf seine Einzelpartikelladung aufgeladen (hier wird angenommen, dass $a = 10\,\mu\text{m}$ ist). Von A bis B ist die Debye-Länge viel größer als der Abstand zwischen den Partikeln, sodass Abschirmeffekte keine Rolle spielen.

In der Nähe von Punkt B ändert sich die Situation. Die Ionendichte wird so hoch, dass die Debye-Länge nun in der Größenordnung des Abstands zwischen den Partikeln liegt und Abschirmeffekte dominant werden. Daher biegt sich die Grenze hin zu viel höheren Staubdichten und damit zu kleineren Partikelabständen, bis Punkt C erreicht wird. An der Grenze von C nach A gibt es relativ hohe Staubdichten und niedrige Ionendichten. Hier werden Entleerungseffekte dominant. Die Ladung der Staubpartikel wird durch die verfügbaren freien Elektronen bestimmt, was den Kopplungsparameter begrenzt."

Ikezis Überlegungen zeigen, dass Coulomb-Kristallisation in staubigen Plasmen in einem Bereich von Ionen- und Staubdichten möglich ist, der mehrere Größenordnungen umfasst. Für typische Plasmaentladungen mit $n_i = 10^9$ bis $10^{10}\,\text{cm}^{-3}$ sollten Plasmakristalle für Staubdichten im Bereich von $n_d = 10^3$ bis $10^5\,\text{cm}^{-3}$ existieren.

Ikezi diskutierte auch bereits konkrete Möglichkeiten in Laborplasmen, weit vor der nachfolgend geschilderten Realisierung: „Ein teilweise ionisiertes Plasma mit den Parametern $T_e = 3\,\text{eV}$ und $n = 10^7 - 10^{10}\,\text{cm}^{-3}$ kann leicht in einem neutralen Gas mit einer

Dichte von $n_n = 10^{12} - 10^{13}\,\mathrm{cm}^{-3}$ erzeugt werden. Das Plasma wird durch die Stoßionisation von neutralem Gas durch Elektronen gebildet, die von heißen Filamenten oder durch HF-Felder injiziert werden. Wenn kleine Partikel in ein solches Plasma eingebracht werden, entspricht die Temperatur der Partikel der Temperatur des neutralen Gases, die in der Regel Raumtemperatur ist. Die Partikel-Neutralgas-Relaxationszeit ist nämlich viel kürzer ist als die Partikel-Elektronen-Relaxationszeit. Im Fall eines Argonplasmas ergibt z. B. (12.82) $q = 1{,}6 \times 10^{-6}$ esu, was $3{,}6 \times 10^3$ Elektronenladungen entspricht, wenn $a = 0{,}3\,\mu\mathrm{m}$ ist. Da der Plasmabehälter, der sich am Floatingpotential befindet, negativ in Bezug auf das Plasmapotential ist, werden die Teilchen elektrostatisch eingeschlossen.

Das Plasma, das den Zwischenraum zwischen den Teilchen ausfüllt, befindet sich in der Regel nicht in einem Gleichgewichtszustand. Die Elektronentemperatur entspricht der kinetischen Energie, die Elektronen bei der Stoßionisation erhalten. Sie liegt im Bereich von wenigen Elektronenvolt in dem hier beschriebenen Gerät. Die kinetische Energie der Ionen bei ihrer Entstehung entspricht der neutralen Gastemperatur. Das geladene Teilchensystem erzeugt Potentialwellen mit einer Amplitude von etwa $k_B T_e/e$. Die Ionen werden durch die Wellen beschleunigt und abgebremst. Da die Geburtsrate der Ionen im Raum gleichmäßig

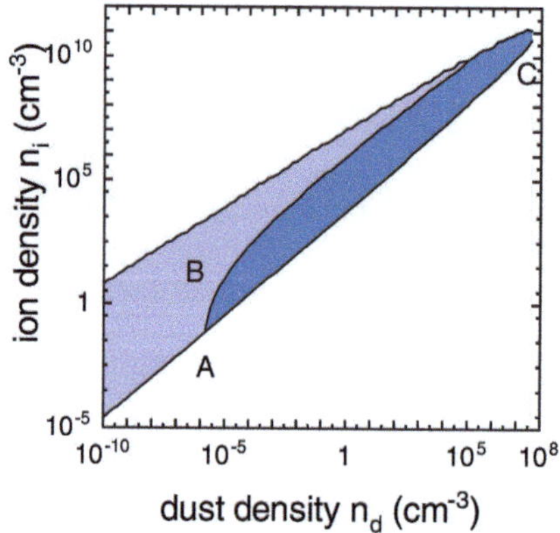

Abb. 12.1 Existenzdiagramm von Wigner-Kristallen in staubigen Plasmen. Im dunklen Bereich sollte für Partikel mit einem Radius von $10\,\mu\mathrm{m}$ eine Coulomb-Kristallisation möglich sein. Die verwendeten Parameter sind $T_e = 3\,\mathrm{eV}$, die Teilchentemperatur $T = T_i = 0{,}03\,\mathrm{eV}$ und $m_i/m_e = 40 \times 1800$. Im vollständig schattierten Bereich kann die Kristallisation für Partikel beliebiger Größe auftreten. Beachte die breite logarithmische Skala auf beiden Achsen. Das Diagramm ist der Arbeit von Ikezi nachempfunden und wurde von Melzer zu Demonstrationszwecken publiziert

ist, beträgt die durchschnittliche kinetische Energie der Ionen etwa $k_B T_e$. Teile der Ionen sind durch das Teilchenpotential gefangen, andere auch wieder nicht. Die gefangenen Ionen haben eine mittlere Lebensdauer von etwa

$$\tau_T = \frac{1}{3}\left(\frac{b}{a}\right)^2 \frac{1}{v_i}\,, \tag{12.89}$$

wobei τ_T durch

$$\tau_T = \frac{\text{Anzahl der Ionen in einer Einheitszelle}}{\text{Ionenzufluss auf die Oberfläche eines Teilchens}} \tag{12.90}$$

bestimmt wird. Hier ist v_i die mittlere Geschwindigkeit. Andererseits werden die Ionen durch Ladungsaustausch gekühlt. Das Verhältnis zwischen τ_T und der Ladungsaustauschzeit τ_{ex} ist genähert

$$\frac{\tau_T}{\tau_{\text{ex}}} = \left(\frac{n_n}{4\pi N}\right)\left(\frac{\sigma_{\text{ex}}}{a^2}\right)\,. \tag{12.91}$$

Hier ist σ_{ex} der Ladungsaustauschquerschnitt, der etwa $4 \times 10^{-15}\,\text{cm}^2$ für Argon beträgt. Wenn $\tau_T/\tau_{\text{ex}} \gg 1$ ist, entspricht die Ionentemperatur der Raumtemperatur. Im entgegengesetzten Fall gilt $T_i \simeq T_e$. Wenn die Neutralteilchendichte $n_n = 10^{13}\,\text{cm}^{-3}$, $N \equiv n_d == 4 \times 10^6\,\text{cm}^{-3}$ und $a = 3000\,\text{Å}$ verwendet werden, dann ergibt sich $\tau_T/\tau_{\text{ex}} = 1$. Die Temperatur der nichtgefangenen Ionen wird durch das Verhältnis zwischen der Größe des Plasmagefäßes und der freien Weglänge des Ladungsaustauschs bestimmt. Daher kann der Temperaturbereich von gefangenen und nichtgefangenen Ionen durch die Neutralgasdichte zwischen $T < T_i < T_e$ reguliert werden.

Der Plasmakristall steht unter dem Einfluss der Schwerkraft. Die ursprüngliche Kristallstruktur fällt auf den Boden des Gefäßes, wenn die Gravitationsenergie $\sim a^3 \rho g l$ größer als die Coulomb-Energie $\sim q^2 \exp(-b/\lambda_D)/b$ ist. Hier ist ρ die Massendichte des Partikelmaterials und l die Skalenlänge des Plasmas. Diese Bedingungen setzen eine obere Grenze für die Partikelgröße und eine untere Grenze für N. Wenn das Experiment in der Schwerelosigkeit durchgeführt wird, gibt es keine Einschränkung für die Partikelgröße. Ein Kristall mit einer großen Gitterkonstanten kann in Plasmen mit niedriger Dichte, wie interplanetarem Plasma, hergestellt werden, da nach (12.82) q proportional zu $a\sqrt{\rho}$ ist und $\Gamma \propto q^2 N^{1/3}$, sodass der untere Grenzwert von N, der die Kristallisationsbedingung erfüllt (Segment A-B in Abb. 12.1), proportional zu a^{-6} ist. Wie ein kolloidales Gitter sollte ein Plasmakristall in Laborplasmen sowohl mit optischer Mikroskopie als auch mit Lichtstreuung beobachtet werden."

Pionierexperiment von Thomas et al. [354]

Im Jahr 1994 veröffentlichten Thomas et al. [354] die erste experimentelle Realisierung eines Plasmakristalls. Sie schrieben (Abb. 12.2): „Ein makroskopischer Coulomb-Kristall aus festen Partikeln in einem Plasma wurde beobachtet. Bilder einer Wolke aus 7-µm-Staubpartikeln, die in einem schwach ionisierten Argonplasma geladen und schwebend

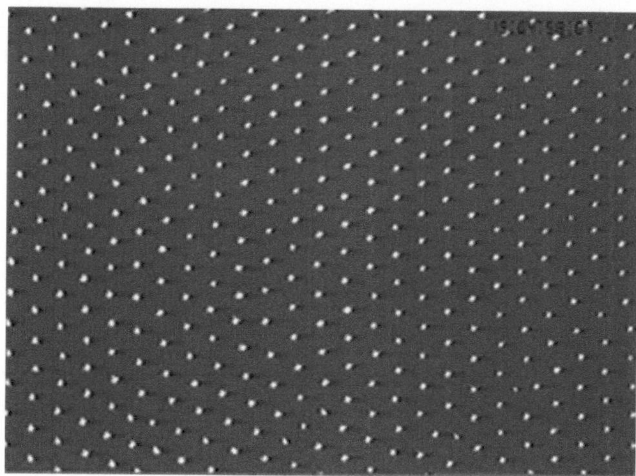

Abb. 12.2 Ansicht eines zweidimensionalen Plasmakristalls in den MPE-Laboratorien. Aufgrund elektrischer Wechselwirkungen bilden die geladenen Mikropartikel im Plasma regelmäßige Strukturen, wie das hier gezeigte Gitter. Mit freundlicher Genehmigung des MPE

gehalten werden, zeigen eine hexagonale Kristallstruktur. Der Kristall ist mit bloßem Auge sichtbar. Die Partikel werden durch das neutrale Gas auf 310 K gekühlt und tragen eine Ladung $q \geq 9800\,e$, was einem Coulomb-Kopplungsparameter von $\Gamma \geq 20.700$ entspricht. Bei einem so hohen Γ-Wert sagt die Theorie der stark gekoppelten Plasmen voraus, dass die Partikel sich zu einem Coulomb-Festkörper organisieren sollten, was mit unseren Beobachtungen übereinstimmt.

Im vorliegenden Experiment wird die Struktur einer Wolke geladener Partikel, die in einem schwach ionisierten Plasma schweben, untersucht. Ein Niedrigenergieargonplasma bei $2{,}05 \pm 0{,}05$ mbar wurde durch Anlegen eines 13,56-MHz-Signals an die untere Elektrode eines Parallelplattenreaktors erzeugt. Die untere Elektrode ist eine Scheibe mit einem Durchmesser von 8 cm, während die obere eine Ringelektrode ist, mit inneren und äußeren Durchmessern von 3 bzw. 10 cm. Der Elektrodenabstand beträgt 2 cm. Die Gleichspannung an der unteren Elektrode betrug $-14{,}5 \pm 0{,}5$ V, gemessen an der elektrischen Durchführung. Die HF-Leistung betrug $4{,}5 \pm 0{,}2$ W (vorwärts minus rückwärts), gemessen zwischen dem HF-Generator und dem Anpassungsnetzwerk. Diese Messung berücksichtigt keine Verluste im Anpassungsnetzwerk, in den Verbindungsleitungen oder in der Reaktorhardware. Diese Verluste könnten 90 % oder mehr betragen; daher schätzen wir die an das Plasma gekoppelte Leistung grob auf $0{,}4 \pm 0{,}3$ W.“

12.5 Akustische Staubmode

In diesem Abschnitt leiten wir die Dispersionsrelation für eine neue Mode [356] in einem Plasma mit negativ geladenen Staubteilchen her. Das Auftreten einer weiteren Mode mit der Erhöhung der Komponentenzahl ist prinzipiell nicht verwunderlich. In Teilen der Plasmacommunity wurde die Entdeckung einer „dust acoustic mode" auch noch Jahrzehnte später als Durchbruch gewürdigt [357], weil einerseits einfache Beobachtungen möglich waren und andererseits astrophysikalische Anwendungen im Raum stehen.

Das theoretische Modell ist einfach. Mit den Teilchendichten n_e für Elektronen, n_i für Ionen und n_d für Staubteilchen bestimmen wir die räumlich eindimensionale Dynamik der Staubteilchen aus

$$\frac{\partial n_d}{\partial t} + \frac{\partial}{\partial x}(n_d \, v_d) = 0 \, , \tag{12.92}$$

$$\frac{\partial v_d}{\partial t} + v_d \frac{\partial v_d}{\partial x} = \frac{Z_d}{m_d} \frac{\partial \phi}{\partial x} \, , \tag{12.93}$$

$$\frac{\partial^2 \phi}{\partial x^2} = -\frac{e}{\varepsilon_0}(n_i - n_e - Z_d n_d) \, . \tag{12.94}$$

Wegen der langsamen Dynamik der Staubteilchen können wir Gleichgewichtsverteilungen (Boltzmann-Verteilungen) für Elektronen und Ionen annehmen:

$$n_i = n_{i0} \exp\left(-\frac{e\phi}{k_B T_i}\right) \, , \tag{12.95}$$

$$n_e = n_{e0} \exp\left(\frac{e\phi}{k_B T_e}\right) \, . \tag{12.96}$$

Quasineutralität bei negativ geladenen Staubteilchen drückt sich durch die Beziehung

$$n_{i0} = n_{e0} + Z_d n_{d0} \tag{12.97}$$

aus.

Für die Dispersionsgleichung dürfen wir linearisieren. Eigentlich führen wir dazu

$$n_d = n_{d0} + \tilde{n}_d \, , \quad v_d = 0 + \tilde{v}_d \, , \quad \phi = 0 + \tilde{\phi} \tag{12.98}$$

ein, lassen im Folgenden wegen der Übersichtlichkeit aber die Tilde bei den Störungen weg. So starten wir mit

$$\frac{\partial n_d}{\partial t} = n_{d0} \frac{\partial v_d}{\partial x} \, , \tag{12.99}$$

$$\frac{\partial v_d}{\partial t} = \frac{Z_d}{m_d} \frac{\partial \phi}{\partial x} \, , \tag{12.100}$$

was sofort zu

$$\frac{\partial^2 n_d}{\partial t^2} = -\frac{e Z_d n_{d0}}{m_d} \frac{\partial^2 \phi}{\partial x^2} \tag{12.101}$$

führt.

Ergänzen wir um die Dichteänderung der Staubpartikel aus der Poisson-Gleichung,

$$n_d = \frac{1}{4\pi e Z_d} \frac{\partial^2 \phi}{\partial x^2} - \frac{e}{Z_d} \left(\frac{n_{i0}}{T_i} + \frac{n_{e0}}{T_e} \right) \phi \, , \tag{12.102}$$

so finden wir die Dispersionsbeziehung

$$\omega^2 \left[\frac{e}{Z_d} \left(\frac{n_{i0}}{T_i} + \frac{n_{e0}}{T_e} \right) + \frac{1}{4\pi e Z_d} k^2 \right] = \frac{e Z_d n_{d0}}{m_d} k^2 \, . \tag{12.103}$$

Mit den Parametern

$$\delta \equiv \frac{n_{i0}}{n_{e0}} \, , \quad \eta \equiv \frac{T_e}{T_i} \, , \quad \beta^2 \equiv \frac{Z_d(\delta - 1)}{1 + \delta\eta} \quad C_s^2 \equiv \frac{T_e}{m_d} \tag{12.104}$$

können wir die Dispersionsrelation umschreiben:

$$\boxed{\omega^2 = \beta^2 C_s^2 k^2 \frac{1}{1 + \frac{k^2 \lambda_{de}^2}{1 + \eta\delta}}} \, . \tag{12.105}$$

Die staubakustischen Moden propagieren nicht mit C_s, sondern besitzen die Phasengeschwindigkeit

$$\boxed{C_{DA} \equiv \beta C_s} \, . \tag{12.106}$$

Für $\eta \gg 1$ finden wir

$$C_{DA} = P \sqrt{\frac{n_{i0}}{n_{d0}} \frac{T_i}{m_d}} \tag{12.107}$$

mit dem Havnes-Parameter

$$P \equiv Z_d \frac{n_{d0}}{n_{i0}} \, . \tag{12.108}$$

Beispiel 12.8 (Größenordnungen)
Wählen wir

$$T_e = 2{,}5 \text{ eV} = 100 \, T_i \, , \quad T_d = 0{,}025 \text{ eV} \, , \quad n_{i0} = 10^{14} \text{ m}^{-3} \, , \quad n_{d0} = 10^{10} \text{ m}^{-3} \tag{12.109}$$

sowie

$$a = 0{,}5\,\mu\text{m}\,, \quad m_d = 10^{-15}\,\text{kg}\,, \quad Z_d = 2000\,, \tag{12.110}$$

so folgt

$$C_{DA} \approx 4\,\frac{\text{cm}}{\text{s}}\ \text{bei}\ \lambda = 0{,}5\,\text{cm}\,. \tag{12.111}$$

Die Frequenz ergibt sich zu

$$\omega \approx 8\,\text{Hz}\,. \tag{12.112}$$

∎

Der niedrige Frequenzbereich führte zur Namensgebung „dust *acoustic* mode". Obwohl erstmals von Rao et al. [356] hergeleitet, wird die Mode vornehmlich mit Padma Shukla († 2013) in Verbindung gebracht.

Hilfreiche Grundgleichungen **13**

Inhaltsverzeichnis

Zusammenfassung

In diesem Anhang werden einige wenige Grundgleichungen zur Verfügung gestellt, die insbesondere bei der physikalischen Formulierung und der mathematischen Auswertung hilfreich sein sollten. Generell ist das Hinzuziehen einer umfassenderen Formelsammlung sehr empfehlenswert. Eine sehr kompakte, auf plasmaphysikalische Anwendungen zugeschnittene Formelsammlung wird vom Naval Research Laboratory [33] herausgegeben.

13.1 Maßsysteme

Da ein Plasma aus elektrisch geladenen Teilchen besteht, fassen wir in diesem Abschnitt die elektromagnetischen Feldgleichungen (Maxwell-Gleichungen) zusammen. Bei den Maßsystemen entscheiden wir uns im Haupttext für das SI-Einheitensystem. Im Bereich der Elektrodynamik stimmt es mit dem (früheren) MKSA-System überein. Das SI-System ist in der Plasmaphysik nicht immer das bevorzugte System; oft wird das gaußsche Einheitensystem bevorzugt. Von den Unterschieden und Umrechnungen handelt dieser Abschnitt.

Die gebräuchlichsten Maßsysteme der Elektrodynamik sind das **SI-System (bzw. MKSA-System)** und das **gaußsche Einheitensystem.**

Die Abkürzung MKSA steht für Meter, Kilogramm, Sekunde und Ampère. Das SI-Einheitensystem ist praktisch eine Weiterentwicklung des MKSA-Systems, wurde 1960 eingeführt und umfasst auch zusätzliche Basiseinheiten für z. B. Temperatur (Kelvin), Stoff-menge (Mol) und Lichtstärke (Candela). In der klassischen Elektrodynamik (Maxwell-Gleichungen) gibt es keine inhaltlichen Unterschiede zwischen dem MKSA-System und dem SI-System.

Im **gaußschen System** haben die Maxwell-Gleichungen (im Vakuum) die Gestalt

$$\nabla \cdot \mathbf{E} = 4\pi\rho \ , \tag{13.1}$$

$$\nabla \times \mathbf{B} - \frac{1}{c}\frac{\partial \mathbf{E}}{\partial t} = \frac{4\pi}{c}\mathbf{j} \ , \tag{13.2}$$

$$\nabla \times \mathbf{E} + \frac{1}{c}\frac{\partial \mathbf{B}}{\partial t} = 0 \ , \tag{13.3}$$

$$\nabla \cdot \mathbf{B} = 0 \ . \tag{13.4}$$

Im **SI-System** haben wir entsprechend

$$\nabla \cdot \mathbf{E} = \frac{1}{\varepsilon_0}\rho \ , \tag{13.5}$$

$$\nabla \times \mathbf{B} = \mu_0\varepsilon_0\frac{\partial \mathbf{E}}{\partial t} + \mu_0\mathbf{j} \ , \tag{13.6}$$

$$\nabla \times \mathbf{E} = -\frac{\partial \mathbf{B}}{\partial t} \ , \tag{13.7}$$

$$\nabla \cdot \mathbf{B} = 0 \ . \tag{13.8}$$

Die elektrische Feldkonstante oder Permittivität des Vakuums („electric permittivity of free space") ε_0 ist

$$\varepsilon_0 \approx 8{,}854 \times 10^{-12} \, \frac{A\,s}{V\,m} \quad \text{(MKSA)} \ . \tag{13.9}$$

Die magnetische Feldkonstante oder Permeabilität des Vakuums („permeability of free space") μ_0 ist

$$\mu_0 = 4\pi \times 10^{-7} \, \frac{kg\,m}{A^2\,s^2} \approx 1{,}257 \times 10^{-6} \, \frac{H}{m} \quad \text{(MKSA)} \ . \tag{13.10}$$

Grundsätzlich gilt

$$\frac{1}{\varepsilon_0\mu_0} = c^2 \ , \tag{13.11}$$

wobei c die Vakuumlichtgeschwindigkeit ist (ca. 3×10^8 Meter pro Sekunde im MKSA-System).

Der Vollständigkeit halber seien auch die makroskopischen Formen (in Materie) angeschrieben. Im **gaußschen System** gilt

$$\nabla \cdot \mathbf{D} = 4\pi\rho \,, \tag{13.12}$$

$$\nabla \times \mathbf{H} = \frac{4\pi}{c}\mathbf{j} + \frac{1}{c}\frac{\partial \mathbf{D}}{\partial t} \,, \tag{13.13}$$

$$\nabla \times \mathbf{E} = -\frac{1}{c}\frac{\partial \mathbf{B}}{\partial t} \,, \tag{13.14}$$

$$\nabla \cdot \mathbf{B} = 0 \,. \tag{13.15}$$

Die dielektrische Verschiebung $\mathbf{D}$ ist mit der elektrischen Feldstärke $\mathbf{E}$ und der Polarisation $\mathbf{P}$ über

$$\mathbf{D} = \mathbf{E} + 4\pi\mathbf{P} \tag{13.16}$$

verknüpft. Die magnetische Feldstärke $\mathbf{H}$ hängt mit der magnetischen Induktion $\mathbf{B}$ über die Magnetisierung $\mathbf{M}$ in der Form

$$\mathbf{H} = \mathbf{B} - 4\pi\mathbf{M} \tag{13.17}$$

zusammen. Man beachte, dass in den Gleichungssätzen im Vakuum bzw. in Materie ρ und $\mathbf{j}$ nicht dieselbe Bedeutung haben. Die freie Ladungsdichte ρ in Materie ergibt sich aus der gesamten Ladungsdichte nach Abzug der Polarisationsladungsdichte $-\nabla \cdot \mathbf{P}$; die freie elektrische Stromdichte $\mathbf{j}$ in Materie unterscheidet sich von der totalen Stromdichte im Vakuum um die Magnetisierungsstromdichte $c\,\nabla \times \mathbf{M}$ und die Polarisationsstromdichte $\partial\mathbf{P}/\partial t$.

Im **SI-System** lauten die makroskopischen Maxwell-Gleichungen

$$\nabla \cdot \mathbf{D} = \rho \,, \tag{13.18}$$

$$\nabla \times \mathbf{H} = \mathbf{j} + \frac{\partial \mathbf{D}}{\partial t} \,, \tag{13.19}$$

$$\nabla \times \mathbf{E} = -\frac{\partial \mathbf{B}}{\partial t} \,, \tag{13.20}$$

$$\nabla \cdot \mathbf{B} = 0 \,, \tag{13.21}$$

wobei

$$\mathbf{D} = \varepsilon_0\mathbf{E} + \mathbf{P} \,, \quad \mathbf{H} = \frac{1}{\mu_0}\mathbf{B} - \mathbf{M} \tag{13.22}$$

gilt. Die Lorentz-Kraft schreibt sich im SI-System (MKSA-System) als

$$\mathbf{F}_L = q\,(\mathbf{E} + \mathbf{v} \times \mathbf{B})\ , \tag{13.23}$$

während wir im gaußschen System

$$\mathbf{F}_L = q\left(\mathbf{E} + \frac{\mathbf{v}}{c} \times \mathbf{B}\right) \tag{13.24}$$

haben. Die relativistisch korrekte Bewegungsgleichung eines Teilchens der Ruhemasse m_0 lautet damit

$$\frac{d}{dt}\left(\frac{m_0\mathbf{v}}{\sqrt{1 - \frac{v^2}{c^2}}}\right) = \mathbf{F}_L\ . \tag{13.25}$$

Man kann ein skalares Potential ϕ und ein Vektorpotential $\mathbf{A}$ einführen. Im MKSA-System geschieht das über

$$\mathbf{B} = \nabla \times \mathbf{A}\ , \quad \mathbf{E} = -\nabla\phi - \frac{\partial \mathbf{A}}{\partial t}\ . \tag{13.26}$$

Die Potentiale sind nicht eindeutig. Über

$$\mathbf{A}' = \mathbf{A} - \nabla\psi\ , \quad \phi' = \phi + \frac{\partial \psi}{\partial t} \tag{13.27}$$

können wir eine Umeichung mit einer Eichfunktion ψ durchführen, ohne die physikalisch relevanten Aussagen zu verändern.

Wellengleichungen im Vakuum haben zunächst die Form

$$\nabla \times \nabla\mathbf{A} + \frac{1}{c^2}\nabla\frac{\partial \phi}{\partial t} + \frac{1}{c^2}\frac{\partial^2 \mathbf{A}}{\partial t^2} = \mu_0\mathbf{j}\ , \tag{13.28}$$

$$\nabla^2\phi + \nabla\frac{\partial \mathbf{A}}{\partial t} = -\frac{1}{\varepsilon_0}\rho\ . \tag{13.29}$$

Wählen wir die Lorentz-Eichung $\frac{1}{c^2}\frac{\partial \phi}{\partial t} + \nabla \cdot \mathbf{A} = 0$, so vereinfachen sich die Wellengleichungen zur symmetrischen Form

$$\nabla^2\mathbf{A} - \frac{1}{c^2}\frac{\partial^2 \mathbf{A}}{\partial t^2} = -\mu_0\mathbf{j}\ , \tag{13.30}$$

$$\nabla^2 \phi - \frac{1}{c^2} \frac{\partial^2 \phi}{\partial t^2} = -\frac{1}{\varepsilon_0} \rho \,. \tag{13.31}$$

Eine andere gängige Eichung ist die Coulomb-Eichung $\nabla \cdot \mathbf{A} = 0$.

Ein Vorteil des SI(MKSA)-Systems ist die *leichte* Umrechenbarkeit, z. B. in das Gauß-System Für den Übergang von Gauß zu SI kann man sich der folgenden Relationen bedienen, wobei die mit einem Strich gekennzeichneten Größen im SI(MKSA)-System gemessen seien und die Größen ohne Strich im gaußschen System gelten:

$$\mathbf{E} \,\widehat{=}\, \sqrt{4\pi\varepsilon_0}\,\mathbf{E}' \,, \tag{13.32}$$

$$\mathbf{D} \,\widehat{=}\, \sqrt{\frac{4\pi}{\varepsilon_0}}\,\mathbf{D}' \,, \tag{13.33}$$

$$\rho \,\widehat{=}\, \frac{1}{\sqrt{4\pi\varepsilon_0}}\,\rho' \,, \tag{13.34}$$

$$\mathbf{j} \,\widehat{=}\, \frac{1}{\sqrt{4\pi\varepsilon_0}}\,\mathbf{j}' \,, \tag{13.35}$$

$$\mathbf{P} \,\widehat{=}\, \frac{1}{\sqrt{4\pi\varepsilon_0}}\,\mathbf{P}' \,, \tag{13.36}$$

$$\mathbf{B} \,\widehat{=}\, \sqrt{\frac{4\pi}{\mu_0}}\,\mathbf{B}' \,, \tag{13.37}$$

$$\mathbf{H} \,\widehat{=}\, \sqrt{4\pi\mu_0}\,\mathbf{H}' \,, \tag{13.38}$$

$$\mathbf{M} \,\widehat{=}\, \sqrt{\frac{\mu_0}{4\pi}}\,\mathbf{M}' \,. \tag{13.39}$$

Im vorliegenden Buch verwenden wir SI-Einheiten, obwohl besonders in der Plasmaphysik die gaußschen Einheiten weit verbreitet sind. Die Verwendung von SI-Einheiten basiert auf internationalen Empfehlungen. Jede Formel im SI-System lässt sich *leicht* in gaußsche Einheiten umrechnen, indem man die folgende Übersetzungstabelle verwendet (Größen auf der linken Seite sind in SI und Größen auf der rechten Seite sind im gaußschen System):

$$\text{SI} \quad \Rightarrow \quad \text{Gauß} \tag{13.40}$$

$$\varepsilon_0 \Rightarrow \frac{1}{4\pi} \,, \qquad\qquad \mu_0 \Rightarrow \frac{4\pi}{c^2} \,, \tag{13.41}$$

$$\mathbf{B} \Rightarrow \frac{1}{c}\mathbf{B}\,, \qquad\qquad \mathbf{H} \Rightarrow \frac{c}{4\pi}\mathbf{H}\,, \qquad (13.42)$$

$$\mathbf{D} \Rightarrow \frac{1}{4\pi}\mathbf{D}\,, \qquad\qquad \mathbf{M} \Rightarrow c\mathbf{M}\,, \qquad (13.43)$$

$$\Phi \Rightarrow \Phi\,, \qquad\qquad \mathbf{A} \Rightarrow \frac{1}{c}\mathbf{A}\,. \qquad (13.44)$$

Alle anderen Symbole wie $\rho, \mathbf{j}$, $\mathbf{E}$ und $\mathbf{P}$ bleiben bei der Umschrift unverändert.

13.2   Fourier- und Laplace-Transformationen

In diesem Abschnitt fassen wir kurz die wesentlichen Definitionen der Fourier- bzw. Laplace-Transformation zusammen, da sie im Text bei der Lösung linearer Probleme mehrfach benutzt werden. Dabei ist immer zu überprüfen, ob eine symmetrische oder asymmetrische Form für Hin- und Rücktransformation gewählt wurde. Für weitergehende Fragen wird auf die mathematische Literatur verwiesen.

Eine nichtperiodische Funktion $f(x)$ lässt sich nicht in eine Fourier-Reihe, unter bestimmten Voraussetzungen aber in ein Fourier-Integral entwickeln. Die Funktion $f(x)$ muss absolut integrierbar sein, d. h., es muss

$$\int_{-\infty}^{+\infty} |f(x)|\,dx < \infty \qquad (13.45)$$

gelten, und die Dirichlet-Bedingungen müssen erfüllt sein. Letztere besagen, dass sich jeder endliche Bereich in endlich viele Teilintervalle zerlegen lässt, in denen $f(x)$ stetig und monoton ist; ist x_0 eine Unstetigkeitsstelle von $f(x)$, so sollen $f(x_0 + 0)$ und $f(x_0 - 0)$ existieren. Unter diesen Voraussetzungen gilt für alle x

$$f(x) = \int_0^\infty [a(k)\cos kx + b(k)\sin kx]\,dk \qquad (13.46)$$

mit

$$a(k) = \frac{1}{\pi}\int_{-\infty}^\infty f(x')\cos kx'\,dx'\,, \qquad (13.47)$$

$$b(k) = \frac{1}{\pi}\int_{-\infty}^{+\infty} f(x')\sin kx'\,dx'\,. \qquad (13.48)$$

Die rechte Seite von (10.2.2) heißt Fourier-Integral von $f(x)$. Bei der Berechnung der Koeffizienten a und b wird an den Unstetigkeitsstellen von f

$$f(x) = \frac{1}{2}[f(x+0) + f(x-0)] \tag{13.49}$$

gesetzt. Das Fourier-Integral kann auch als

$$f(x) = \frac{1}{\pi} \int_0^\infty dk \int_{-\infty}^{+\infty} f(x') \cos[k(x'-x)]\, dx' \tag{13.50}$$

geschrieben werden, was die komplexe Form

$$f(x) = \frac{1}{2\pi} \int_{-\infty}^{+\infty} dk \int_{-\infty}^{+\infty} f(x')e^{ik(x'-x)}dx' \tag{13.51}$$

nahelegt.

Diese Formel kann als Superposition von

$$F(k) = \frac{1}{\sqrt{2\pi}} \int_{-\infty}^{+\infty} f(x)e^{ikx}dx, \tag{13.52}$$

$$f(x) = \frac{1}{\sqrt{2\pi}} \int_{-\infty}^{+\infty} F(k)e^{-ikx}dk \tag{13.53}$$

aufgefasst werden.

$F(k)$ heißt Fourier-Transformierte von $f(x)$, und der Übergang $f \to F$ wird als Fourier-Transformation bezeichnet. Die inverse Fourier-Transformation wird durch (13.53) beschrieben. Bei einer Fourier-Transformation im Ortsraum (x-Koordinate) bezeichnet man k als Wellenzahl, da das Fourier-Integral die Funktion $f(x)$ gleichsam als Summe unendlich vieler Schwingungen mit stetig variierender Wellenlänge $\lambda = 2\pi/k$ darstellt. Führt man eine Fourier-Transformation in der Zeit durch, so hat sich die Darstellung

$$F(\omega) = \frac{1}{\sqrt{2\pi}} \int_{-\infty}^{+\infty} f(t)e^{-i\omega t}dt \tag{13.54}$$

eingebürgert, da wir – physikalisch motiviert – die Phasen als

$$\theta = kx - \omega t \tag{13.55}$$

schreiben. Mehrere Anmerkungen sind angebracht:

1. Die Zerlegung von (13.51) in (13.52) und (13.53) ist nicht eindeutig. Man kann die Fourier-Transformation auch unsymmetrisch definieren, indem man den Faktor $1/2\pi$ anders aufteilt. Wir machen im Text davon mehrfach Gebrauch.

2. Die Verallgemeinerung in den R^3 ist offensichtlich, z.B. schreiben wir eine Fourier-Transformation im Ort (Ortsvektor $\mathbf{r}$) und in der Zeit t als

$$F(\mathbf{k}, \omega) = \frac{1}{\sqrt{2\pi}^3} \int_{R^3} d^3r \frac{1}{\sqrt{2\pi}} \int_{-\infty}^{+\infty} dt\; f(\mathbf{r}, t) e^{i(\mathbf{k}\cdot\mathbf{r}-\omega t)} \; . \tag{13.56}$$

3. Im Allgemeinen ist F auch für reelles f komplex. Die Ausgangsfunktion f kann auch eine komplexwertige Funktion des reellen Arguments x sein. Dabei ist das Integral in (13.52) im Sinne des Hauptwerts aufzufassen.

4. Man kann auch Fourier-Kosinus- und Fourier-Sinus-Transformationen definieren, z.B.

$$F_c(k) = \sqrt{\frac{2}{\pi}} \int_0^{\infty} f(x) \cos kx \; dx, \tag{13.57}$$

$$f(x) = \sqrt{\frac{2}{\pi}} \int_0^{\infty} F_c(k) \cos kx \; dk \; ; \tag{13.58}$$

für eine gerade Funktion gilt $F(k) = F_c(k)$.

5. Die Ableitungen spiegeln sich im Bildbereich der Fourier-Transformierten im Wesentlichen als Multiplikationen mit der unabhängigen Variable wider. Z.B. ist die Fourier-Transformierte von df/dx gleich $-ikF(k)$. Wir schreiben deshalb oft symbolisch

$$\nabla \rightarrow -i\mathbf{k}, \tag{13.59}$$

$$\partial_t \rightarrow +i\omega. \tag{13.60}$$

Mit der Fourier-Transformation hängt die Laplace-Transformation eng zusammen. Eine komplexe Funktion $f(t)$ der reellen Variable t heißt nach Laplace transformierbar, wenn sie für $t \geq 0$ definiert und über $(0, \infty)$ integrierbar ist sowie einer exponentiellen Wachstumsbeschränkung

$$|f(t)| \leq Ke^{ct} \tag{13.61}$$

unterliegt.

Ist p eine komplexe Veränderliche, so nennt man die Funktion

$$F(p) = \int_0^{\infty} e^{-pt} f(t) \, dt \tag{13.62}$$

die Laplace-Transformierte von $f(t)$. Das Integral konvergiert absolut für Re $p > c$, sodass $F(p)$ in der Halbebene Re $p \geq c_0$ mit $c_0 > c$ beschränkt bleibt.

Die Rücktransformation ist über

$$f(t) = \frac{1}{2\pi i} \int_{c_0 - i\infty}^{c_0 + i\infty} e^{pt}\, F(p)\, dp \tag{13.63}$$

definiert, wobei $c_0 > c$ gilt. Der Integrationsweg ist also eine Gerade parallel zur imaginären Achse in der komplexen p-Ebene, die rechts von der um c verschobenen imaginären Achse verläuft.

Die Darstellung (13.63) ist eindeutig, da $F(p)$ in der Halbebene Re $p > c$ analytisch ist. Die Rücktransformation (13.63) lässt sich über die Beziehung

$$\lim_{\varepsilon \to \infty} \frac{1}{\pi} \frac{\sin[(t' - t)/\varepsilon]}{t' - t} = \delta(t' - t) \tag{13.64}$$

verständlich machen.

Ein großer Vorteil der Laplace-Transformation liegt in der Lösung von Anfangswertproblemen gewöhnlicher linearer Differentialgleichungen. Man erhält die gesuchte spezielle Lösung direkt und muss nicht erst die allgemeine Lösung den gegebenen Anfangswerten anpassen.

Beispiel 13.1

Dieser wichtige Umstand lässt sich am besten an einem Beispiel erhellen. Die Lösung der Differentialgleichung

$$f'(t) + 2f(t) = t e^{-2t} \tag{13.65}$$

sei für die Anfangsbedingung $f(0) = 1$ gesucht. Nach Laplace-Transformation erhalten wir

$$pF(p) - 1 + 2F(p) = \frac{1}{(2 + p)^2} \tag{13.66}$$

bzw.

$$F(p) = \frac{1}{2 + p} + \frac{1}{(2 + p)^3} \,. \tag{13.67}$$

Anschließende Rücktransformation liefert die Lösung

$$f(t) = e^{-2t} + \frac{t^2}{2} e^{-2t} \,. \tag{13.68}$$

∎

Beispiel 13.2

Bei dem gerade diskutierten Beispiel können wir die Lösung auch sofort durch die Methode der Variation der Konstanten finden. Die homogene Lösung

$$f = Ae^{-2t} \tag{13.69}$$

liefert mit $A = A(t)$ nach Einsetzen in (13.65)

$$A(t) = A_0 + \frac{t^2}{2} \, . \tag{13.70}$$

Damit haben wir die allgemeine Lösung

$$f(t) = A_0 e^{-2t} + \frac{t^2}{2} e^{-2t} \, , \tag{13.71}$$

wobei die Konstante A_0 erst am Schluss aufgrund der Anfangsbedingung $f(0) = 1$ zu $A_0 = 1$ festgelegt wird.   ■

13.3   Vektoranalytische Beziehungen

In diesem Abschnitt geben wir einige wichtige Formeln für Vektoren und Vektoroperatoren an. Allerdings hängt das explizite Ergebnis einer Berechnung von dem gewählten Koordinatensystem ab. Diesbezüglich wird der Zugriff auf einschlägige Formelsammlungen empfohlen. Lediglich für die einen Torus beschreibenden Koordinatensysteme geben wir zwei einfache Beispiele.

Für Vektoren $\mathbf{A}$, $\mathbf{B}$ und $\mathbf{C}$ gilt

$$\mathbf{A} \cdot \mathbf{B} \times \mathbf{C} = \mathbf{A} \times \mathbf{B} \cdot \mathbf{C} = \mathbf{B} \cdot \mathbf{C} \times \mathbf{A} = \mathbf{B} \times \mathbf{C} \cdot \mathbf{A} = \mathbf{C} \cdot \mathbf{A} \times \mathbf{B} = \mathbf{C} \times \mathbf{A} \cdot \mathbf{B} \, , \tag{13.72}$$

$$\mathbf{A} \times (\mathbf{B} \times \mathbf{C}) = (\mathbf{C} \times \mathbf{B}) \times \mathbf{A} = (\mathbf{A} \cdot \mathbf{C})\mathbf{B} - (\mathbf{A} \cdot \mathbf{B})\mathbf{C} \, , \tag{13.73}$$

$$\mathbf{A} \times (\mathbf{B} \times \mathbf{C}) + \mathbf{B} \times (\mathbf{C} \times \mathbf{A}) + \mathbf{C} \times (\mathbf{A} \times \mathbf{B}) = 0 \, , \tag{13.74}$$

$$(\mathbf{A} \times \mathbf{B}) \cdot (\mathbf{C} \times \mathbf{D}) = (\mathbf{A} \cdot \mathbf{C})(\mathbf{B} \cdot \mathbf{D}) - (\mathbf{A} \cdot \mathbf{D})(\mathbf{B} \cdot \mathbf{C}) \, , \tag{13.75}$$

$$(\mathbf{A} \times \mathbf{B}) \times (\mathbf{C} \times \mathbf{D}) = (\mathbf{A} \times \mathbf{B} \cdot \mathbf{D})\mathbf{C} - (\mathbf{A} \times \mathbf{B} \cdot \mathbf{C})\mathbf{D} \, . \tag{13.76}$$

Sind f und g skalare und $\mathbf{A}$ sowie $\mathbf{B}$ vektorwertige Funktionen, dann bestehen die folgenden Zusammenhänge:

$$\nabla(fg) = \nabla(gf) = f\nabla g + g\nabla f \, , \tag{13.77}$$

$$\nabla \cdot (f\mathbf{A}) = f\nabla \cdot \mathbf{A} + \mathbf{A} \cdot \nabla f \, , \tag{13.78}$$

$$\nabla \times (f\mathbf{A}) = f\nabla \times \mathbf{A} + \nabla f \times \mathbf{A} \,, \tag{13.79}$$

$$\nabla \cdot (\mathbf{A} \times \mathbf{B}) = \mathbf{B} \cdot \nabla \times \mathbf{A} - \mathbf{A} \cdot \nabla \times \mathbf{B} \,, \tag{13.80}$$

$$\nabla \times (\mathbf{A} \times \mathbf{B}) = \mathbf{A}(\nabla \cdot \mathbf{B}) - \mathbf{B}(\nabla \cdot \mathbf{A}) + (\mathbf{B} \cdot \nabla)\mathbf{A} - (\mathbf{A} \cdot \nabla)\mathbf{B} \,, \tag{13.81}$$

$$\mathbf{A} \times (\nabla \times \mathbf{B}) = (\nabla\mathbf{B}) \cdot \mathbf{A} - (\mathbf{A} \cdot \nabla)\mathbf{B} \,, \tag{13.82}$$

$$\nabla(\mathbf{A} \cdot \mathbf{B}) = \mathbf{A} \times (\nabla \times \mathbf{B}) + \mathbf{B} \times (\nabla \times \mathbf{A}) + (\mathbf{A} \cdot \nabla)\mathbf{B} + (\mathbf{B} \cdot \nabla)\mathbf{A} \,, \tag{13.83}$$

$$\nabla^2 f = \nabla \cdot \nabla f \,, \tag{13.84}$$

$$\nabla^2 \mathbf{A} = \nabla(\nabla \cdot \mathbf{A}) - \nabla \times \nabla \times \mathbf{A} \,, \tag{13.85}$$

$$\nabla \times \nabla f = 0 \,, \tag{13.86}$$

$$\nabla \cdot \nabla \times \mathbf{A} = 0 \,. \tag{13.87}$$

Ist ein Volumen V durch S berandet, mit $d\mathbf{S} = \mathbf{n}\,dS$, wobei $\mathbf{n}$ der nach außen gerichtete Normalenvektor ist, so gilt

$$\int_V dV \nabla f = \int_S d\mathbf{S} f \,, \tag{13.88}$$

$$\int_V dV \nabla \cdot \mathbf{A} = \int_S d\mathbf{S} \cdot \mathbf{A} \,, \tag{13.89}$$

$$\int_V dV \nabla \cdot \underline{\underline{T}} = \int_S d\mathbf{S} \cdot \underline{\underline{T}} \,, \tag{13.90}$$

$$\int_V dV \nabla \times \mathbf{A} = \int_S d\mathbf{S} \times \mathbf{A} \,, \tag{13.91}$$

$$\int_V dV (f\nabla^2 g - g\nabla^2 f) = \int_S d\mathbf{S} \cdot (f\nabla g - g\nabla f) \,, \tag{13.92}$$

$$\int_V dV (\mathbf{A} \cdot \nabla \times \nabla \times \mathbf{B} - \mathbf{B} \cdot \nabla \times \nabla \times \mathbf{A})$$
$$= \int_S d\mathbf{S} \cdot (\mathbf{B} \times \nabla \times \mathbf{A} - \mathbf{A} \times \nabla \times \mathbf{B}) \,. \tag{13.93}$$

Hierbei ist $\underline{\underline{T}}$ ein Tensor zweiter Stufe.

Für offene Flächen S, die durch C (mit dem Linienelement $d\mathbf{l}$) berandet werden, existieren die folgenden Integralsätze

$$\int_S d\mathbf{S} \times \nabla f = \oint_C d\mathbf{l} f \,, \tag{13.94}$$

$$\int_S d\mathbf{S} \cdot \nabla \times \mathbf{A} = \oint_C d\mathbf{l} \cdot \mathbf{A} \,, \tag{13.95}$$

$$\int_S (d\mathbf{S} \times \nabla) \times \mathbf{A} = \oint_C d\mathbf{l} \times \mathbf{A} \,, \tag{13.96}$$

$$\int_S d\mathbf{S} \cdot (\nabla f \times \nabla g) = \oint_C f \, dg = -\oint_C g \, df \ . \tag{13.97}$$

Beispiel 13.3 (Torus in Zylinderkoordinaten)

In Abb. 10.1 haben wir Zylinderkoordinaten R, z und φ für einen Torus vorgestellt. Wir geben als Beispiel die Komponenten von $\nabla \times \mathbf{A}$ in diesen Koordinaten an:

$$(\nabla \times \mathbf{A})_R = \frac{1}{R} \frac{\partial A_z}{\partial \varphi} - \frac{\partial A_\varphi}{\partial z} \ , \tag{13.98}$$

$$(\nabla \times \mathbf{A})_\varphi = \frac{\partial A_R}{\partial z} - \frac{\partial A_z}{\partial R} \ , \tag{13.99}$$

$$(\nabla \times \mathbf{A})_z = \frac{1}{R} \frac{\partial (R A_\varphi)}{\partial R} - \frac{1}{R} \frac{\partial A_R}{\partial \varphi} \ . \tag{13.100}$$

■

Beispiel 13.4 (Torus in toroidalen Koordinaten)

In Abb. 10.1 haben wir toroidale Koordinaten r, θ und φ für einen Torus vorgestellt. R ist jetzt der konstante Radius zum Torusmittelpunkt. Wir geben wiederum als Beispiel die Komponenten von $\nabla \times \mathbf{A}$ in diesen Koordinaten an:

$$(\nabla \times \mathbf{A})_r = \frac{1}{R + r \cos\theta} \left\{ \frac{\partial A_\theta}{\partial \varphi} - \frac{1}{r} \frac{\partial [(R + r \cos\theta) A_\varphi]}{\partial \theta} \right\} \ , \tag{13.101}$$

$$(\nabla \times \mathbf{A})_\varphi = \frac{1}{r} \left\{ \frac{\partial A_r}{\partial \theta} - \frac{\partial (r A_\theta)}{\partial r} \right\} \ , \tag{13.102}$$

$$(\nabla \times \mathbf{A})_\theta = \frac{1}{R + r \cos\theta} \left\{ \frac{\partial \left[(R + r \cos\theta) A_\varphi \right]}{\partial r} - \frac{\partial A_r}{\partial \varphi} \right\} \ . \tag{13.103}$$

■

1. F. Chen. *Introduction to Plasma Physics*. Plenum, New York, 1984.
2. L. Spitzer, Jr. *The Physics of Fully Ionized Gases*. Interscience, 1956.
3. T.H. Stix. *The Theory of Plasma Waves*. McGraw-Hill, 1962.
4. R. Balescu. *Statistical Mechanics of Charged Particles*. Interscience, New York, 1963.
5. Yu.L. Klimontovich. *Kinetic Theory of Nonideal Gases and Nonideal Plasmas*. Pergamon Press, Oxford, 1982.
6. D.R. Nicholson. *Introduction to Plasma Physics*. Wiley, New York, 1983.
7. R.A. Cairns. *Plasma Physics*. Blackie, Glasgow, Scotland, 1985.
8. N.A. Krall and A.W. Trivelpiece. *Principles of Plasma Physics*. San Francisco Press, 1986.
9. K. Nishikawa and M. Wakatani. *Plasma Physics: Basic Theory with Fusion Applications*. Springer, Berlin, 1990.
10. K.H. Spatschek. *Theoretische Plasmaphysik*. Teubner, Stuttgart, 1990.
11. S. Ichimaru. *Statistical Plasma Physics*. Addison-Wesley, New York, 1992.
12. R. J. Goldston and P. H. Rutherford. *Introduction to Plasma Physics*. Institute of Physics, Philadelphia, 1995.
13. K. Itoh, S.-I. Itoh, and A. Fukuyama. *Transport and structural formation in plasmas*. Institute of Physics Publishing, Bristol, 1999.
14. L. C. Woods. *Physics of Plasmas*. Wiley-VCH, 2004.
15. W. M. Stacey. *Fusion Plasma Physics*. Wiley-VCH, Weinheim, 2005.
16. P.M. Bellan. *Fundamentals of plasma physics*. Cambridge UP, 2006.
17. Karl-Heinz Spatschek. *High Temperature Plasmas*. WILEY-VCH, 2012.
18. Karl-Heinz Spatschek. *Astrophysik (3rd edition)*. Springer, 2021.
19. U. Stroth. *Plasmaphysik: Phänomene, Modelle, Werkzeuge*. Springer, Berlin, 2018.
20. Karl-Heinz Spatschek. *Astrophysics*. Springer, 2024.
21. A. Hasegawa. *Plasma Instabilities and Nonlinear Effects*. Springer, Berlin, 1975.
22. B.W. Carroll and D.A. Ostlie. *Modern Astrophysics*. Addison-Wesley, Reading, 1996.
23. K.H. Spatschek. *Astrophysik*. Teubner, Stuttgart, 2003.
24. W. Kruer. *The Physics of Laser-Plasma Interaction*. Addison-Wesley, 1988.
25. S. Atzeni and J. Meyer ter Vehn. *The Physics of Inertial Fusion. Beam Plasma Interaction, Hydrodynamics, Hot Dense Matter*. Oxford Univ. Press, Oxford, 2004.

26. Ralph d'Agostino, Riccardo d'Agostino, Pietro Favia, Yoshinobu Kawai, Hideo Ikegami, Noriyoshi Sato, and Farzaneh Arefi-Khonsari. *Advanced Plasma Technology*. Wiley, Weinheim, 2007.

27. B.B. Kadomtsev. *Plasma Turbulence*. Academic Press, New York, 1965.

28. B.B. Kadomtsev. *Tokamak Plasma: a Complex Physical System*. IoP, 1993.

29. R. D. Hazeltine and J. D. Meiss. *Plasma confinement*. Addison-Wesley, Redwood City, Calif., 1992.

30. R.B. White. *The Theory of Toroidally Confined Plasmas*. Imperial College Press, London, 2001.

31. Meghnad Saha. On a physical theory of stellar spectra. *Proc. Roy.Soc. London, Series A*, 99:135–153, 1921.

32. L.E. Reichl. *A modern course in statistical physics*. Edward Arnold, 1980.

33. D. L. Book. *NRL Plasma Formulary*. Naval Research Lab, Washington, 1990.

34. R.W.P. McWhirter. *Plasma Diagnostic Techniques, R.H. Huddlestone and S.L. Leonard, eds.*, chapter Spectral Intensities. Academic Press, New York, 1965.

35. H.R. Griem. *Plasma Spectroscopy*. Academic Press, New York, 1966.

36. J.D. Lawson. Some criteria for a power producing thermonuclear reactor. *Proc. Phys. Soc.*, 70:6–10, 1957.

37. Herbert Goldstein. *Klassische Mechanik*. Akademische Verlagsgesellschaft, Frankfurt, 1963.

38. W. Nolting. *Grundkurs: Theoretische Physik – 3 Elektrodynamik*. Zimmermann-Neufang, Ulmen, 1993.

39. T. G. Northrop. *The adiabatic motion of charged particles*. Wiley, New York, 1963.

40. R. G. Littlejohn. *J. Math. Phys.*, 20:2445, 1979.

41. R. G. Littlejohn. *Phys. Fluids*, 24:1730, 1981.

42. R. G. Littlejohn. *J. Plasma Phys.*, 29:111, 1983.

43. R. G. Littlejohn. Differential forms and canonical variables for drift motion in toroidal geometry. *Phys. Fluids*, 28:2015, 1985.

44. R. Balescu. *Transport Processes in Plasmas Vol. 1: Classical Transport*. North Holland, Amsterdam, 1988.

45. R. Balescu. *Transport processes in plasmas: 2. Neoclassical transport theory*. North-Holland, Amsterdam, 1988.

46. R. Balescu. *Aspects of anomalous transport in plasmas*. Institute of Physics Publishing, Bristol, 2005.

47. E. Fermi. On the origin of the cosmic radiation. *Phys. Rev.*, 75:1169–1174, 1949.

48. K. H. Spatschek. *High Temperature Plasmas*. Wiley-VCH, 2012.

49. H. L. Friedman. *Ionic Solution Theory*. Wiley, 1962.

50. G. Ecker. *Theory of fully ionized plasmas*. Academic Press, New York, 1972.

51. Joseph Edward Mayer and Maria Goeppert-Mayer. *Statistical Mechanics*. Wiley, 2nd edition, 1977.

52. M. Baranger and B. Mozer. *Phys. Rev.*, 115:521, 1959.

53. J. Holtsmark. *Ann. Phys. (Leipzig)*, 58:577, 1919.

54. G. Ecker and K. G. Müller. *Z. Phys.*, 153:317, 1958.

55. B. Scott and J. Smirnov. *Phys. Plasmas*, 17:112302, 2010.

56. B. Scott. *Phys. Plasmas*, 17:102306, 2010.

57. R. Balescu. *Transport processes in plasmas: 2. Neoclassical transport theory*. North-Holland, Amsterdam, 1988.

58. R. D. Hazeltine and J. D. Meiss. *Plasma confinement*. Addison-Wesley, Redwood City, 1992.

59. A. Hasegawa and K. Mima. Pseudo-three-dimensional turbulence in magnetized nonuniform plasma. *Phys. Fluids*, 21:87, 1978.

60. V. Naulin, K. H. Spatschek, and A. Hasegawa. Selective decay within a one-field model of dissipative drift-wave turbulence. *Phys. Fluids B*, 4:2672–2674, 1992.

61. K. H. Spatschek and J. Uhlenbusch, editors. *Contributions to high-temperature plasma physics.* Akademie Verlag, Berlin, 1994.

62. V. Naulin, K. H. Spatschek, S. Musher, and L.I. Piterbarg. Properties of a two-nonlinearity model of driftwave turbulence. *Phys. Plasmas*, 2:2640–2652, 1995.

63. S. I. Braginskii. In M.A. Leontovich, editor, *Reviews of Plasma Physics*, volume 1, page 205. Consultants Bureau, 1965.

64. K. H. Spatschek, M. Eberhard, and H. Friedel. On models for magnetic field line diffusion. *Physicalia Mag.*, 20:85–93, 1998.

65. T.G. Cowling. *Magnetohydrodynamics.* Wiley, New York, 1957.

66. D. Biskamp. *Nonlinear Magnetohydrodynamics.* Cambridge UP, Cambridge, 1997.

67. R.C. Davidson. *Handbook of Plasma Physics.* North-Holland, Amsterdam, 1984.

68. A. B. Mikhailovskii. *Handbook of Plasma Physics*, page 587. North-Holland, Amsterdam, 1984.

69. K. Mima, M. S. Jovanović, Y. Sentoku, Z.-M. Sheng, M. M. Škorić, and T. Sato. Stimulated photon cascade and condensate in a relativistic laser-plasma interaction. *Phys. Plasmas*, 8(5):2349–2356, 2001.

70. L. M. Gorbunov and V. I. Kirsanov. Excitation of plasma waves by an electromagnetic wave packet. *Zh. Eksp. Teor. Fiz.*, 93:509, 1987.

71. V. E. Zakharov. *Sov. Phys. JETP*, 35:908–914, 1972.

72. V. E. Zakharov and E. A. Kuznetsov. *Sov. Phys. JETP*, 39:285, 1974.

73. V. E. Zakharov and A. M. Rubenchik. *Sov. Phys. JETP*, 38:494, 1975.

74. V. E. Zakharov and V. S. Synakh. *Sov. Phys. JETP*, 41:465, 1975.

75. V. E. Zakharov, E. A. Kuznetsov, and S. L. Musher. *JETP Lett.*, 41:154, 1985.

76. K. H. Spatschek. Parametrische Instabilitäten in Plasmen. *Fortschritte der Physik*, 24:687–729, 1976.

77. C. S. Liu and V. K. Tripathi. *Interaction of electromagnetic waves with electron beams and plasmas.* World Scientific, Singapore, 1994.

78. J. F. Drake, P. K. Kaw, Y. C. Lee, G. Schmidt, C. S. Liu, and M. N. Rosenbluth. Parametric instabilities of electromagnetic waves in plasmas. *Phys. Fluids*, 17:778, 1974.

79. D. W. Forslund, J. M. Kindel, and E. L. Lindman. Theory of stimulated scattering processes in laser-irradiated plasmas. *Phys. Fluids*, 18:1002, 1975.

80. C. S. McKinstrie and R. Bingham. Stimulated Raman scattering and the relativistic modulation instability of light waves in rarefied plasma. *Phys. Fluids B*, 4:2626, 1992.

81. A. S. Sakharov and V. I. Kirsanov. Theory of Raman scattering for a short ultrastrong laser pulse in a rarefied plasma. *Phys. Rev. E*, 49:3274–3282, 1994.

82. S. Guerin, G. Laval, P. Mora, J. C. Adam, A. Heron, and A. Bendip. Modulational and Raman instabilities in the relativistic regime. *Phys. Plasmas*, 2:2807, 1995.

83. Z. Toroker, V. M. Malkin, and N. J. Fisch. Seed laser chirping for enhanced backward Raman amplification in plasmas. *Phys. Rev. Lett.*, 109:085003, 2012.

84. Phillippe Mounaix, Denis Pesme, Wojcech Rozmus, and Michel Casanova. Space and time behavior of parametric instabilities for a finite pump duration in a bounded plasma. *Phys. Fluids B*, 5:3304, 1993.

85. G. Shvets, J. S. Wurtele, and B. A. Shadwick. Analysis and simulation of Raman backscatter in underdense plasmas. *Phys. Plasmas*, 4:1872, 1997.

86. N. A. Yampolsky, V. M. Malkin, and N. J. Fisch. Finite-duration seeding effects in powerful backward Raman amplifiers. *Phys. Rev. E*, 69:036401, 2004.

87. V. Malkin, G. Shvets, and N. J. Fisch. Fast compression of laser beams to highly overcritical powers. *Phys. Rev. Lett.*, 82:4448–4451, 1999.

88. V. M. Malkin, G. Shvets, and N. J. Fisch. Ultra-powerful compact amplifiers for short laser pulses. *Phys. Plasmas*, 7:2232, 2000.

89. R. M. G. M. Trines, F. Fiuza, R. Bingham, R. A. Fonseca, L. O. Silva, R. A. Cairns, and P. A. Norreys. Production of picosecond, kilojoule, and petawatt laser pulses via Raman amplification of nanosecond pulses. *Phys. Rev. Lett.*, 107:105002, 2011.

90. G. L. Lamb. Pi-pulse propagation in lossless amplifier. *Phys. Lett. A*, 29:507, 1969.

91. A. A. Andreev, C. Riconda, V. T. Tikhonchuk, and S. Weber. Short light pulse amplification and compression by stimulated Brillouin scattering in plasmas in the strong coupling regime. *Phys. Plasmas*, 13:053110, 2006.

92. P. N. Guzdar, C. S. Liu, and R. H. Lehmberg. Stimulated Brillouin scattering in the strong coupling regime. *Phys. Plasmas*, 3:3414–3419, 1996.

93. B. L. Bobroff and H. A. Haus. Impulse response of active coupled wave systems. *J. Appl. Phys.*, 38:390, 1967.

94. A. Mančić, Lj. Hadžievski, and M. Škorić. Dynamics of electromagnetic solitons in a relativistic plasma. *Phys. Plasmas*, 13:052305, 2006.

95. Lj. Hadžievski, M. S. Jovanović, M. M. Škorić, and K. Mima. Stability of one-dimensional electromagnetic solitons in relativistic laser plasmas. *Phys. Plasmas*, 9:2569, 2002.

96. R. Bingham, U. de Angelis, M. R. Amin, R. A. Cairns, and B. McNamara. Relativistic Langmuir waves generated by ultra-short pulse lasers. *Plasma Phys. Control. Fusion*, 34:557–567, 1992.

97. J. Faure, Y. Glinec, A. Pukhov, S. Kiselev, S. Gordienko, E. Lefebvre, J.-P. Rousseau, F. Burgy, and V. Malka. A laser-plasma accelerator producing monoenergetic electron beams. *Nature*, 431:541, 2004.

98. J. Faure, C. Rechatin, A. Norlin, A. Lifschitz, Y. Glinec, and V. Malka. Controlled injection and acceleration of electrons in plasma wakefields by colliding laser pulses. *Nature*, 444:737, 2006.

99. V. Malka, J. Faure, Y. Glinec, and A. F. Lifschitz. Laser-plasma accelerators: a new tool for science and for society. *Plasma Phys, Control. Fusion*, 47:481, 2005.

100. C. G. R. Geddes, Cs. Toth, J. van Tillborg, E. Esarey, C. B. Schroeder, D. Bruhwiler, C. Nieter, J. Cary, and W. P. Leemans. High-quality electron beams from a laser wakefield accelerator using plasma-channel guiding. *Nature*, 431:538, 2004.

101. F. Amiranoff, A. Antonietti, P. Audebert, D. Bernard, B. Cros, F. Dorchies, J. C. Gauthier, J. P. Geindre, G. Grillon, F. Jacquet, G. Matthieussent, J. R. Marquès, P. Mine, P. Mora, A. Modena, J. Morillo, F. Moulin, Z. Najmudin, A. E. Specka, and C. Stenz. Laser particle acceleration: beat-wave and wakefield experiments. *Plasma Phys. Control. Fusion*, 38:295, 1996.

102. R. Kodama, Y. Sentoko, Z. L. Chen, G. R. Kumar, S. P. Hatchett, Y. Toyama, T. E. Cowan, R. R. Freeman, J. Fuchs, Y. Izawa, M. H. Key, Y. Kitagawa, K. Kondo, T. Matsuoka, H. Nakamura, M. Nakatsutsumi, P. A. Norreys, T. Norimatsu, R. A. Snavely, R. B. Stephens, M. Tampo, K. A. Tanaka, and T. Yabuuchi. Plasma devices to guide and collimate a high density of MeV electrons. *Nature*, 432:1005, 2004.

103. S. V. Bulanov. New epoch in the charged particle acceleration by relativistically intense laser radiation. *Plasma Phys. Control. Fusion*, 48:29, 2006.

104. V. Malka, S. Fritzler, E. Lefebvre, M.-M. Aleonard, F. Burgy, J.-P. Chambaret, J.-F. Chemin, K. Krushelnick, G. Malka, S. P. D. Mangles, Z. Najmudin, M. Pittman, J.-P. Rousseau, J.-N. Sheurer, B. Walton, and A. E. Dangor. Electron acceleration by a wakefield forced by an intense ultrashort laser pulse. *Science*, 298:1596, 2002.

105. D. Kaganovich, A. Ting, D. F. Gordon, R. F. Hubbard, T. G. Jones, A. Zigler, and P. Sprangle. First demonstration of a staged all-optical laser wakefield acceleration. *Phys. Plasmas*, 12:100702, 2005.

106. K. Krushelnik, E. L. Clark, F. N. Beg, A. E. Dangor, Z. Najmudin, P. A. Norreys, M. Wei, and M. Zepf. High intensity laser-plasma sources of ions—physics and future applications. *Plasma Phys. Control. Fusion*, 47:451–463, 2005.

107. A. Modena, Z. Najmudin, A. E. Dangor, C. E. Clayton, K. A. Marsh, C. Joshi, V. Malka, C. B. Darrow, C. Danson, D. Neely, and F. N. Walsh. Electron acceleration from the breaking of relativistic plasma waves. *Nature*, 377:606–608, 1995.

108. A. Pukhov. Strong field interaction of laser radiation. *Rep. Prog. Phys.*, 66:47–101, 2003.

109. I. Kostyukov, A. Pukhov, and S. Kiselev. Phenomenological theory of laser-plasma interaction in "bubble" regime. *Phys. Plasmas*, 11(11):5256, 2004.

110. T. Katsouleas and W. B. Mori. Wave-breaking amplitude of relativistic oscillations in a thermal plasma. *Phys. Rev. Lett.*, 61(1):90–93, July 1988.

111. D. Teychenné, G. Bonnaud, and J.-L. Bobin. Wave-breaking limit to the wake-field effect in an underdense plasma. *Phys. Rev. E*, 48(5):3248–3251, 1993.

112. Eric Esarey and Mark Pilloff. Trapping and acceleration in nonlinear plasma waves. *Phys. Plasmas*, 2(5):1432–1436, 1995.

113. S. V. Bulanov, F. Pegoraro, A. M. Pukhov, and A. S. Sakharov. Transverse-wake wave breaking. *Phys. Rev. Lett.*, 78(22):4205–4208, 1997.

114. E. Esarey, R. F. Hubbard, W. P. Leemans, A. Ting, and P. Sprangle. Electron injection into plasma wake fields by colliding laser pulses. *Phys. Rev. Lett.*, 79:2682, 1997.

115. S. Bulanov, N. Naumova, F. Pegoraro, and J. Sakai. Particle injection into the wave acceleration phase due to nonlinear wake wave breaking. *Phys. Rev. E.*, 58:5257, 1998.

116. N. E. Andreev, B. Cros, L. M. Gorbunov, G. Matthieussent, P. Mora, and R. R. Ramazashvili. Laser wakefield structure in a plasma column created in capillary tubes. *Phys. Plasmas*, 9(9):3999–4009, 2002.

117. L. M. Gorbunov, P. Mora, and R. R. Ramazashvili. Laser surface wakefield in a plasma column. *Phys. Plasmas*, 10(11):4563–4566, 2003.

118. L. M. Gorbunov, P. Mora, and A. A. Solodov. Dynamics of a plasma channel created by the wakefield of a short laser pulse. *Phys. Plasmas*, 10(4):1124–1134, 2003.

119. P. Tomassini, M. Galimberti, A. Giulietti, L. A. Gizzi, and L. Labate. Production of high-quality electron beams in numerical experiments of laser wakefield acceleration with longitudinal wave breaking. *PRST-AB*, 6:121301, 2003.

120. G. Fubiani, E. Esarey, C. B. Schroeder, and W. P. Leemans. Beat wave injection of electrons into plasma using two interfering laser pulses. *Phys. Rev. E*, 70:016402, 2004.

121. N. J. Sircombe, T. D. Arber, and R. O. Dendy. Accelerated electron populations formed by Langmuir wave-caviton interactions. *Phys. Plasmas*, 12:012303, 2005.

122. C. S. Liu and V. K. Tripathi. Ponderomotive effect on electron acceleration by plasma wave and betatron resonance in short pulse laser. *Phys. Plasmas*, 12:043103, 2005.

123. T. Ohkubo, S. V. Bulanov, A. G. Zhidkov, T. Esirkepov, J. Koga, M. Uesaka, and T. Tajima. Wave-breaking injection of electrons to a laser wake field in plasma channels at the strong focusing regime. *Phys. Plasmas*, 13:103101, 2006.

124. S. Yu. Kalmykov, L. M. Gorbunov, P. Mora, and G. Shvets. Injection, trapping, and acceleration of electrons in a three-dimensional nonlinear laser wakefield. *Phys. Plasmas*, 13:113102, 2006.

125. C. Du and Z. Xu. Positron acceleration by a laser pulse in a plasma. *Phys. Plasmas*, 7:1582, 2000.

126. M. Borghesi, S. V. Bulanov, T. Zh. Esirkepov, S. Fritzler, S. Kar, T. V. Liseikina, V. Malka, F. Pegoraro, L. Romagnani, J. P. Rousseau, A. Schiavi, O. Willi, and A. V. Zayats. Plasma ion evolution in the wake of a high-intensity ultrashort laser pulse. *Phys. Rev. Lett.*, 94:195003, 2005.

127. T. Esirkepov, S. V. Bulanov, M. Yamagiwa, and T. Tajima. Electron, positron, and photon wakefield acceleration: trapping, wake overtaking, and ponderomotive acceleration. *Phys. Rev. Lett.*, 96:014803, 2006.

128. J. M. Dawson. Nonlinear electron oscillations in a cold plasma. *Phys. Rev.*, 113:383, 1959.

129. R. C. Davidson and P P. Schram. *Nucl. Fusion*, 8:183, 1968.

130. R. J. England, J. B. Rosenzweig, and N. Barov. Plasma electron fluid motion and wave breaking near a density transition. *Phys. Rev. E*, 66:016501, 2002.

131. R. M. G. M. Trines and P. A. Norreys. Wave-breaking limits for relativistic electrostatic waves in a one-dimensional warm plasma. *Phys. Plasmas*, 13:123102, 2006.

132. A. I. Akhiezer and R. V. Polovin. Theory of wave motion of an electron plasma. *Sov. Phys. JETP [Zh. Eksp. Teor. Fiz. 30, 915 (1956)]*, 3:696, 1956.

133. G. Lehmann, E. W. Laedke, and K. H. Spatschek. Localized wake-field excitation and relativistic wave-breaking. *Phys. Plasmas*, 14:103109, 2007.

134. R. D. Hazeltine and J. D. Meiss. *Plasma confinement*. Addison-Wesley, Redwood City, Calif., 1992.

135. J. Wesson. *Tokamaks*. Clarendon Press, Oxford, 2004.

136. W. M. Stacey. *Fusion Plasma Physics*. Wiley-VCH, Weinheim, 2005.

137. J. P. Goedbloed, R. Keppens, and S. Poedts. *Advanced Magnetohydrodynamics*. Cambridge U.P., 2010.

138. H. Grad and H. Rubin. MHD equilibrium in an axisymmetric toroid. In *Proceedings of the 2nd UN Conf. on the Peaceful Uses of Atomic Energy, Vol. 31, Vienna*, 1958.

139. V. D. Shafranov. On magnetohydrodynamical equilibrium configurations. *Sov. Phys. JETP*, 6:545, 1958.

140. L. S. Solovev. Hydromagnetic stability of closed magnetic configurations. *Rev. Plasma Phys.*, 6:239, 1976.

141. J. Wesson. *Tokamaks*. Clarendon Press, Oxford, 2004.

142. J. W. Connor. Transport in tokamaks: Theoretical models and comparison with experimental results. *Plasma Phys. Control. Fusion*, 37:119–133, 1995.

143. A. A. Galeev and R. Z. Sagdeev. *in: Handbook of Plasma Physics, Basic Plasma Physics I, A.A. Galeev and R.N. Sudan, eds., p. 679*. North-Holland, Amsterdam, 1984.

144. R. Balescu. *Aspects of anomalous transport in plasmas*. Institute of Physics Publishing, Bristol, 2005.

145. P. H. Diamond, S.-I. Itoh, and K. Itoh. *Modern Plasma Physics, Vol. 1: Physical Kinetics of Turbulent Plasmas*. Cambridge U.P., 2010.

146. J.R. Jokipii. Cosmic ray propagation: I. charged particles in a random magnetic field. *Astrophys. J.*, 146:480, 1966.

147. J. R. Jokipii. Addendum and erratum to cosmic-ray propagation. i. *Astrophys. Journal*, 152:671, 1968.

148. J. R. Jokipii and E. N. Parker. Cosmic-ray life and the stochastic nature of the galactic magnetic field. *Astrophys.l Journal*, 155:799, 1969.

149. J. R. Jokipii. The rate of separation of magnetic lines of force in a random magnetic field. *Astrophys. J.*, 183:1029, 1973.

150. F. Casse, M. Lemoine, and G. Pelletier. Transport of cosmic rays in chaotic magnetic fields. *Phys. Rev. D*, 65:023002, 2001.

151. G. Qin, W. H. Matthaeus, and J. W. Bieber. Perpendicular transport of charged particles in composite model turbulence: recovery of diffusion. *Astrophys. J*, 578:L117, 2002.

152. G. Qin, W. H. Matthaeus, and J. W. Bieber. Subdiffusive transport of charged particles perpendicular to the large scale magnetic field. *Geophys. Res. Lett.*, 29:7, 2002.

153. W. H. Matthaeus, G. Qin, J. W. Bieber, and G. P. Zank. Nonlinear collisionless perpendicular diffusion of charged particles. *Astrophys. J.*, 590:L000, 2003.

154. D. Ruffolo, W. H. Matthaeus, and P. Chuychai. Separation of magnetic field lines in two-component turbulence. *Astrophys. J.*, 614:420–434, 2004.

155. S. A. Khrapak and G. E. Morfill. Dust diffusion across a magnetic field due to random charge fluctuations. *Phys. Plasmas*, 9:619, 2002.

156. A. Shalchi, J. W. Bieber, W. H. Matthaeus, and G. Qin. Nonlinear parallel and perpendicular diffusion of charged cosmic rays in weak turbulence. *Astrophys. J.*, 616:617, 2004.

157. A. Shalchi, J. W. Bieber, W. H. Matthaeus, and R. Schlickeiser. Parallel and perpendicular transport of heliospheric cosmic rays in an improved dynamical turbulence model. *Astrophys. J.*, 642:230, 2006.

158. J. W. Bieber, W. H. Matthaeus, A. Shalchi, and G. Qin. Nonlinear guiding center theory of perpendicular diffusion: General properties and comparison with observation. *Geophys. Res. Lett.*, 31:101029, 2004.

159. P. Chuychai, D. Ruffolo, W. H. Matthaeus, and G. Rowlands. Suppressed diffusive escape of topologically trapped magnetic field lines. *Astrophys. J.*, 633:L49–L52, 2005.

160. Reinhard Schlickeiser. *Cosmic Ray Astrophysics*. Springer, Berlin, 2002.

161. A. N. Kolmogorov. The local structure of turbulence in incompressible viscous fluid for very large Reynolds number. *Doklady Akademii Nauk SSSR*, 30:301, 1941.

162. T. H. Dupree. Perturbation theory of strong plasma turbulence. *Phys. Fluids*, 9:1773, 1966.

163. T. H. Dupree. Nonlinear theory of drift-wave turbulence and enhanced diffusion. *Phys. Fluids*, 10:1049, 1967.

164. J. Weinstock. Formulation of a statistical theory of strong plasma turbulence. *Physics of Fluids*, 12:1045, 1969.

165. J. Weinstock. Turbulent plasmas in a magnetic field - a statistical theory. *Physics of Fluids*, 13:2308, 1970.

166. A. Hasegawa. Self-organization in continuous media. *Advances in Physics*, 34:1–42, 1985.

167. R. Balescu. *Statistical Dynamics: Matter out of Equilibrium*. Imperial College Press, London, 1977.

168. W. D. McComb. *The Physics of Fluid Turbulence*. Clarendon Press, Oxford, 1990.

169. T.E. Evans, R.A. Moyer, P.R. Thomas, J.G. Watkins, T.H. Osborne, J.A. Boedo, E.J. Doyle, M.E. Fenstermacher, K.H. Finken, R.J. Groebner, M. Groth, J.H. Harris, R.J. LaHaye, C.J. Lasnier, S. Masuzaki, N. Ohyabu, D. G. Pretty, T.L. Rhodes, H. Reimerdes, D.L. Rudakov, M.J. Schaffer, G. Wang, and L. Zeng. Suppression of large edge-localized modes in high-confinement DIII-D plasmas with a stochastic magnetic boundary. *Phys. Rev. Lett.*, 92:235003, 2004.

170. T. E. Evans, R. A. Moyer, K. H. Burrell, M. E. Fenstermacher, I. Joseph, A. W. Leonard, T. H. Osborne, G. D. Porter, M. J. Schaffer, P.B. Snyder, P.R. Thomas, J.G. Watkins, and W.P. West. *Nature Physics*, 2:419, 2006.

171. M.W. Jakubowski, O. Schmitz, S.S. Abdullaev, S. Brezinsek, K.H. Finken, A. Kraemer-Flecken, M. Lehnen, U. Samm, K.H. Spatschek, B. Unterberg, R. C. Wolf, and the TEXTOR team. Effect of the change in magnetic-field topology due to an ergodic divertor on the plasma structure and transport. *Phys. Rev. Lett.*, 96:035004, 2006.

172. K. H. Finken, S. S. Abdullaev, M. F. M. de Bock, M. von Hellermann, M. Jakubowski, R. Jaspers, H. R. Koslowski, A. Kraemer-Flecken, M. Lehnen, Y. Liang, A. Nicolai, R. C. Wolf, O. Zimmermann, M. de Baar, G. Bertschinger, W. Biel, S. Brezinsek, C. Busch, A. J. H. Donnacutee, H. G. Esser, E. Farshi, H. Gerhauser, B. Giesen, D. Harting, J. A. Hoekzema, G. M. D. Hogeweij, P. W. Huettemann, S. Jachmich, K. Jakubowska, D. Kalupin, F. Kelly, Y. Kikuchi, A. Kirschner, R. Koch, M. Korten, A. Kreter, J. Krom, U. Kruezi, A. Lazaros, A. Litnovsky, X. Loozen, N. J. Lopes Cardozo, A. Lyssoivan, O. Marchuk, G. Matsunaga, Ph. Mertens, A. Messiaen, O. Neubauer, N. Noda, V. Philipps, A. Pospieszczyk, D. Reiser, D. Reiter, A. L. Rogister, M. Sakamoto, A. Savtchkov, U. Samm, O. Schmitz, R. P. Schorn, B. Schweer, F. C. Schueller, G. Sergienko, K. H. Spatschek, G. Telesca, M. Tokar, R. Uhlemann, B. Unterberg, G. Van Oost, T. Van Rompuy, G. Van Wassenhove, E. Westerhof, R. Weynants, S. Wiesen, and Y. H. Xu. Toroidal plasma rotation induced by the dynamic ergodic divertor in the textor tokamak. *Phys. Rev. Lett*, 94:015003, 2005.

173. K. H. Finken, S. S. Abdullaev, M. W. Jakubowski, M. F. M. de Bock, S. Bozhenkov, C. Busch, M. von Hellermann, R. Jaspers, Y. Kikuchi, A. Kraemer-Flecken, M. Lehnen, D. Schege, O. Schmitz, K. H. Spatschek, B. Unterberg, A. Wingen, R. C. Wolf, O. Zimmermann, and the TEXTOR Team. Improved confinement due to open ergodic field lines imposed by the dynamic ergodic divertor in textor. *Phy. Rev. Lett.*, 98:065001, 2007.

174. A. B. Rechester and M. N. Rosenbluth. Electron heat transport in a tokamak with destroyed magnetic surfaces. *Phys. Rev. Lett.*, 40:38–41, 1978.

175. B. B. Kadomtsev and O. P. Pogutse. Electron heat conductivity of the plasma across a braided magnetic field. *in: Plasma Physics and Controlled Nuclear Fusion Research. Proc. 7th. Int. Conf. (Innsbruck, Austria, August 23–30, 1978)*, 1:649–662, 1979.

176. J. A. Krommes, C. Oberman, and R. G. Kleva. Plasma transport in stochastic magnetic fields. Part 3. Kinetics of test particle diffusion. *J. Plasma Phys.*, 30:11, 1983.

177. J. R. Myra, P. J. Catto, H. E. Mynick, and R. E. Duvall. Quasilinear diffusion in stochastic magnetic fields: Reconciliation of drift-orbit modification calculations. *Phys. Fluids B*, 5(5):1160–1163, 1993.

178. G. Laval. Particle diffusion in stochastic magnetic fields. *Phys. Fluids B*, 5:711, 1993.

179. M. De Rover, N. J. Lopes Cardozo, and A. Montvai. Hamiltonian description of the topology of drift orbits of relativistic particles in a tokamak. *Phys. Plasmas*, 3:4468–4477, 1996.

180. M. DeRover, N. J. Lopes Cardozo, and A. Montvai. Motion of relativistic particles in axially symmetric and perturbed magnetic fields in a tokamak. *Phys. Plasmas*, 3:4478, 1996.

181. M. DeRover, A. M. Schilham, A. Montvai, and N. J. Lopes Cardozo. *Phys. Plasmas*, 6:2443–2451, 1999.

182. R. Kubo. *J. Math. Phys.*, 4:174, 1963.

183. N.G. VanKampen. Stochastic differential equations. *Phys. Reports*, 24:171–228, 1976.

184. N. VanKampen. Stochastic processes in physics and chemistry. *Phys. Fluids*, 19:11, 1996.

185. R. Balescu. *Statistical Dynamics, Matter out of Equilibrium*. Imperial College Press, London, 2000.

186. Y. Elskens and D. Escande. *Microscopic dynamics of plasmas and chaos*. Institute of Physics Publishing, Bristol, 2003.

187. R. Balescu, H. D. Wang, and J. H. Misguich. Langevin equation versus kinetic equation: Subdiffusive behavior of charged particles in a stochastic magnetic field. *Phys. Plasmas*, 1:3826–3842, 1994.

188. E. Vanden-Eijnden and R. Balescu. Statistical description and transport in stochastic magnetic fields. *Phys. Plasmas*, 3:874, 1996.

189. R. Balescu. Anomalous transport in turbulent plasmas and continuous time random walk. *Phys. Rev. E*, 51:4807–4822, 1995.

190. S. Corrsin. Progress report on some turbulent diffusion research. *Atmospheric Diffusion and Air Pollution, Advances in Geophysics*, 6, 1959.

191. E. VandenEijnden and R. Balescu. Liouvillian theory of magnetic fluctuations. *J. Plasma Phys.*, 54:185–199, 1995.

192. H. D. Wang, E. Vanden-Eijnden, F. Spineanu, J. H. Misguich, and R. Balescu. Diffusive processes in a stochastic magnetic field. *Phys. Rev. E*, 51:4844, 1995.

193. E. Vanden-Eijnden and R. Balescu. Strongly anomalous diffusion in sheared magnetic configurations. *Phys. Plasmas*, 3:815–823, 1996.

194. M. Vlad and F. Spineanu. Trajectory structures and transport. *Phys. Rev. E*, 70:056304–1, 2004.

195. M. Vlad, F. Spineanu, and J. H. Misguich. Effects of stochastic drifts and time variation on particle diffusion in magnetic turbulence. *Phys. Rev. E*, 53:5302–5314, 1996.

196. M. Vlad, F. Spineanu, J. H. Misguich, and R. Balescu. Effects of plasma flow on particle diffusion in stochastic magnetic fields. *Phys. Rev. E*, 54:791, 1996.

197. M. B. Isichenko. Effective plasma heat conductivity in braided magnetic field-i: Quasilinear limit. *Plasma Phys. Controlled Fusion*, 33:795, 1991.

198. M. B. Isichenko. Effective plasma heat conductivity in braided magnetic field – II: Percolation limit. *Plasma Phys. Control. Fusion*, 33:809, 1991.

199. M. B. Isichenko. Percolation, statistical topography, and transport in random media. *Rev. Mod. Phys.*, 64:961, 1992.

200. J.-D. Reuss and J. H. Misguich. Low-frequency percolation scaling for particle diffusion in electrostatic turbulence. *Phys. Rev. E*, 54:1857–1869, 1996.

201. M. Vlad, F. Spineanu, J. H. Misguich, and R. Balescu. Diffusion with intrinsic trapping in two-dimensional incompressible stochastic velocity fields. *Phys. Rev. E*, 58:7359–7368, 1998.

202. M. Vlad, F. Spineanu, J. H. Misguich, and R. Balescu. Collisional effects on diffusion scaling laws in electrostatic turbulence. *Phys. Rev. E*, 61:3023–3032, 2000.

203. M. Vlad, F. Spineanu, J. H. Misguich, and R. Balescu. Diffusion in biased turbulence. *Phys. Rev. E*, 63:066304-1, 2001.

204. M. Vlad, F. Spineanu, J. H. Misguich, and R. Balescu. Electrostatic turbulence with finite parallel correlation length and radial diffusion. *Nucl. Fusion*, 42:157–164, 2002.

205. M. Vlad, F. Spineanu, J. H. Misguich, and R. Balescu. Magnetic line trapping and effective transport in stochastic magnetic fields. *Phys. Rev. E*, 67:026406, 2003.

206. R. Balescu, M. Vlad, F. Spineanu, and J. Misguich. Anomalous transport in plasmas. *Int. J. Quantum Chem.*, 98:125–130, 2004.

207. M. Vlad, F. Spineanu, J. H. Misguich, J.-D. Reuss, R. Balescu, K. Itoh, and S.-I. Itoh. Lagrangian versus eulerian correlations and transport scaling. *Plasma Phys. Control. Fusion*, 46:1051–1063, 2004.

208. O. G. Bakunin. Correlation effects and turbulent diffusion scalings. *Rep. Prog. Phys.*, 67:1, 2004.

209. O. G. Bakunin. Percolation models of turbulent transport and scaling estimates. *Chaos, Solitons and Fractals*, 23:1703, 2005.

210. M. Vlad and F. Spineanu. Larmor radius effects on impurity transport in turbulent plasmas. *Plasma Phys. Control. Fusion*, 47:281–294, 2005.

211. M. Neuer and K. H. Spatschek. Diffusion of test particles in stochastic magnetic fields for small Kubo numbers. *Phys. Rev. E*, 73:026404, 2006.

212. M. Neuer and K. H. Spatschek. Diffusion of test particles in stochastic magnetic fields in the percolative regime. *Phys. Rev. E*, 74:036401, 2006.

213. M. Vlad, F. Spineanu, and S. Benkadda. Impurity pinch from the ratchet effect. *Phys. Rev. Lett.*, 96:085001, 2006.

214. M. Vlad, F. Spineanu, and S. Benkadda. Collision and average velocity effects on the ratchet pinch. *Phys. Plasmas*, 15:032306, 2008.

215. A. B. Schelin and K. H. Spatschek. Directed chaotic transport in the tokamap with mixed phase space. *Phys. Rev. E*, 81:016205, 2010.

216. T. E. Evans, A. Wingen, J Watkins, and K.H. Spatschek. *Nonlinear Dynamics*, chapter A conceptual model for the nonlinear dynamics of edge-localized modes in tokamak plasmas, pages 59 –78. INTECH, Vukovar, Croatia, ISBN: 978-953-7619-61-9, 2010.

217. A. Wingen, T. E. Evans, C.J. Lasnier, and K.H. Spatschek. Numerical modeling of edge-localized-mode filaments on divertor plates based on thermoelectric currents. *Phys. Rev. Lett.*, 104:175001, 2010.

218. Z. Lin, T.S. Hahm, W.W. Lee, W.M. Tang, and R.B. White. Turbulent transport reduction by zonal flows: Massively parallel simulations. *Science*, 281:1835–1837, 1998.

219. K.H. Spatschek. Basic principles of stochastic transport. In S. Benkadda, editor, *Turbulent transport in fusion plasmas: First ITER International Summer School, AIP Conf. Proc. 1013, 250*, volume 1013 of *AIP Conf. Proc.*, page 250, Aix. France, 16-20 July 2007, 2008.

220. A. Wingen and K.H. Spatschek. Ambipolar stochastic particle diffusion and plasma rotation. *Phys. Plasmas*, 15:052305, 2008.

221. A. Wingen and K.H. Spatschek. Sheared plasma rotation in stochastic magnetic fields. *Phys. Rev. Lett.*, 102:185002, 2009.

222. A. Wingen and K.H. Spatschek. Influence of different ded base mode configurations on the radial electric field at the plasma edge of textor. *Nucl. Fusion*, 50:034009, 2010.

223. A. Wingen, S.S. Abdullaev, K.H. Finken, and K.H. Spatschek. Influence of stochastic magnetic fields on relativistic electrons. *Nucl. Fusion*, 46:941–952, 2006.

224. A. Wingen, S. Abdullaev, K. H. Finken, M. Jakubowski, and K. H. Spatschek. Influence of stochastic magnetic fields on relativistic electrons. *Nucl. Fusion*, 46:941–952, 2006.

225. A. Wingen, K.H. Spatschek, S.S. Abdullaev, and M. Jakubowski. Interpretation of heat losses from open chaotic systems. *Physics AUC*, 17:44–58, 2007.

226. A. Wingen, M. Jakubowski, S.S. Abdullaev, K.H. Spatschek, and K.H. Finken et al. Analysis of wall patterns and transport mechanisms in open chaotic systems by stable and unstable manifolds with applications to the textor-ded. 2006.

227. A. Wingen, M.A. Jakubowski, K.H. Spatschek, S.S. Abdullaev, K.H. Finken, M. Lehnen, and the TEXTOR team. Traces of stable and unstable manifolds in heat flux patterns. *Phys. Plasmas, submitted*, 2007.

228. A. H. Boozer. Physics of magnetically confined plasmas. *Rev. Mod. Phys.*, 76:1071–1141, 2004.

229. A. B. Rechester, M. N. Rosenbluth, and R. B. White. Calculation of the Kolmogorov entropy for motion along a stochastic magnetic field. *Phys. Rev. Lett.*, 42:1247, 1979.

230. A. B. Rechester and R. B. White. Calculation of turbulent diffusion for the Chirikov-Taylor model. *Phys. Rev. Lett.*, 44:1586, 1980.

231. A. B. Rechester, M. N. Rosenbluth, and R. B. White. Fourier-space paths applied to the calculation of diffusion for the Chirikov-Taylor model. *Phys. Rev. A*, 23:2664–2672, 1981.

232. J. M. Rax and R. B. White. Effective diffusion and nonlocal heat transport in a stochastic magnetic field. *Phys. Rev. Lett.*, 68:1523–1526, 1992.

233. E. Ott. *Chaos in Dynamical Systems*. Cambridge UP, Cambridge, 1994.

234. Heinz Georg Schuster. *Deterministisches Chaos*. VCH, 1994.

235. B.V. Chirikov. A universal instability of many-dimensional oscillator systems. *Phys. Reports*, 52:263–379, 1979.

236. A. Wolf, J. B. Swift, H. L. Swinney, and J. A. Vastano. Determining Lyapunov exponents from a time series. *Physica D: Nonlinear Phenomena*, 16(3):285–317, 1985.

237. S.-C. Zhang and J. Elgin. Application of Kolmogorov entropy to the self-amplified spontaneous emission free-electron lasers. *Phys. Plasmas*, 11(4):1663–1668, 2004.

238. M.N. Rosenbluth, R.Z. Sagdeev, G.B. Taylor, and G.M Zaslavsky. Destruction of magnetic surfaces by magnetic irregularities. *Nucl. Fusion*, 6:297, 1966.

239. T. H. Stix. *Phys. Rev. Lett.*, 30:833, 1973.

240. R.J. Bickerton. Magnetic turbulence and the transport of energy and part in tokamaks. *Plasma Phys. Control. Fusion*, 39:339–365, 1997.

241. J. F. Drake, N. T. Gladd, C. S. Liu, and C. L. Chang. *Phys. Rev. Lett.*, 44:994, 1980.

242. H. A. Rose. *Phys. Rev. Lett.*, 48:260, 1982.

243. G. I. Taylor. Diffusion by continuous movement. *Proc. London Math. Soc.*, 20:196, 1922.

244. M. S. Green. Brownian motion in a gas of noninteracting molecules. *J. Chem. Phys.*, 19:1036, 1951.

245. R. Kubo. Statistical-mechanical theory of irreversible processes. I. General theory and simple applications to magnetic and conduction problems. *J. Phys. Soc. Jpn.*, 12:570, 1957.

246. G. Qin, W.H. Matthaeus, and J.W. Bieber. Parallel diffusion of charged particles in strong two-dimensional turbulence. *Astrophys. Journal Lett.*, 640(1):L103–L106, 2006.

247. M. Neuer and K.H. Spatschek. Pitch angle scattering and effective collision frequency caused by stochastic magnetic fields. *Phys. Plasmas*, 15:022304, 2008.

248. P. Gibbon. *Short pulse laser interactions with matter*. Imperial College Press, 2005.

249. D. Strickland and G. Mourou. Compression of amplified chirped optical pulses. *Optics Communications*, 55:447–449, 1985.

250. Gerard A. Mourou, Toshiki Tajima, and Sergei V. Bulanov. Optics in the relativistic regime. *Reviews of Modern Physics*, 78:309, 2006.

251. W. K. H. Panofsky and M. Phillips. *Classical Electricity and Magnetism*. Addison-Wesley, Reading, 2nd edition edition, 1977.

252. J. D. Jackson. *Classical Electrodynamics*. Wiley, New York, 1999.

253. L. D. Landau and E. M. Lifshitz. *Lehrbuch der Theoretischen Physik II: Klassische Feldtheorie*. Akademie Verlag, Berlin, 1977.

254. S. W. Hawking. Black hole explosions? *Nature*, 248:30, 1974.

255. S. W. Hawking. Particle creation by black hole evaporation. *Comm. Math. Phys.*, 43:199, 1975.

256. W. G. Unruh. Notes on black hole evaporation. *Phys. Rev. D*, 14:870, 1976.

257. W. G. Unruh. Particle detectors and black hole evaporation. *Ann. N.Y. Acad. Sci.*, 302:186, 1977.

258. Pisin Chen and Toshi Tajima. Testing Unruh radiation with ultraintense lasers. *Phys. Rev. Lett.*, 83:256, 1999.

259. K. T. McDonalds. Positron production by laser light.

260. C. Riconda and S. Weber. Plasma optics: A perspective for high-power coherent light generation and manipulation. *Matter and Radiation at Extremes*, 8:02300110.1063/1.4943200, 2023.

261. W. Cheng, Y. Avitzour, Y. Ping, S. Suckewer, N. J. Fisch, M. S. Hur, and J. S. Wurtele. Reaching the nonlinear regime of Raman amplification of ultrashort laser pulses. *Phys. Rev. Lett.*, 94:045003, 2005.

262. P. Michel, L. Divol, E. A. Williams, S. Weber, C. A. Thomas, D. A. Callahan, S. W. Haan, J. D. Salmonson, S. Dixit, D. E. Hinkel, M. J. Edwards, B. J. MacGowan, J. D. Lindl, S. H. Glenzer, and L. J. Suter. Tuning the implosion symmetry of iCF targets via controlled crossed-beam energy transfer. *Phys. Rev. Lett.*, 102:025004, Jan 2009.

263. M. Nakatsutsumi, A. Kon, S. Buffechoux, P. Audebert, J. Fuchs, and R. Kodama. Fast focusing of short-pulse lasers by innovative plasma optics toward extreme intensity. *Opt. Lett.*, 35:2314, 2010.

264. R. Wilson, M. King, R. J. Gray, D. C. Carroll, R. J. Dance, C. Armstrong, S. J. Hawkes, R. J. Clarke, D. J. Robertson, D. Neely, and P. McKenna. Ellipsoidal plasma mirror focusing of high power laser pulses to ultra-high intensities. *Physics of Plasmas*, 23(3), March 2016.

265. S. Monchoce, S. Kahaly, A. Leblanc, L. Videau, P. Combis, F. Reau, D. Garzella, P. D'Oliveira, Ph. Martin, and F. Quere. Optically controlled solid-density transient plasma gratings. *Phys. Rev. Lett.*, 112:145008, 2014.

266. H. Vincenti, S. Monchoce, S. Kahaly, G. Bonnaud, Ph. Martin, and Quere F. Optical properties of relativistic plasma mirrors. *Nature Communications*, 5(1), March 2014.

267. G. Lehmann and K. H. Spatschek. Transient plasma photonic crystal for high-power lasers. *Phys. Rev. Lett.*, 116:225002, 2016.

268. D. Turnbull, P. Michel, T. Chapman, E. Tubman, B. B. Pollock, C. Y. Chen, C. Goyon, J. S. Ross, L. Divol, N. Woolsey, and J. D. Moody. High power dynamic polarization control using plasma photonics. *Phys. Rev. Lett.*, 116:205001, May 2016.

269. G. Vieux, S. Cipiccia, D. W. Grant, N. Lemos, P. Grant, C. Ciocarlan, B. Ersfeld, M. S. Hur, P. Lepipas, G. G. Manahan, G. Raj, D. Reboredo Gil, A. Subiel, G. H. Welsh, S. M. Wiggins, S. R. Yoffe, J. P. Farmer, C. Aniculaesei, E. Brunetti, X. Yang, R. Heathcote, G. Nersisyan, C. L. S. Lewis, A. Pukhov, J. M. Dias, and D. A. Jaroszynski. An ultra-high gain and efficient amplifier based on Raman amplification in plasma. *Scientific Reports*, 7(1), May 2017.

270. A. Leblanc, A. Denoeud, L. Chopineau, G. Mennerat, Ph. Martin, and F. Quéré. Plasma holograms for ultrahigh-intensity optics. *Nature Phys.*, 13:440, 2017.

271. R. K. Kirkwood, D. P. Turnbull, T. Chapman, S. C. Wilks, M. D. Rosen, R. A. London, L. A. Pickworth, W. H. Dunlop, J. D. Moody, D. J. Strozzi, P. A. Michel, L. Divol, O. L. Landen, B. J. MacGowan, B. M. Van Wonterghem, K. B. Fournier, and B. E. Blue. Plasma-based beam combiner for very high fluence and energy. *Nature Phys.*, 14:80, 10 2017.

272. K. Qu, Q. Jia, M. R. Edwards, and N. J. Fisch. Theory of electromagnetic wave frequency upconversion in dynamic media. *Phys. Rev. E*, 98:023202, 2018.

273. J.-R. Marquès, L. Lancia, T. Gangolf, M. Blecher, S. Bolanos, J. Fuchs, O. Willi, F. Amiranoff, R. L. Berger, M. Chiaramello, S. Weber, and C. Riconda. Joule-level high efficiency energy transfer to sub-picosecond laser pulses by a plasma-based amplifier. *Phys. Rev. X*, 9:021008, 2019.

274. H. Peng, C. Riconda, M. Grech, J.-Q. Su, and S. Weber. Nonlinear dynamics of laser-generated ion-plasma gratings: A unified description. *Phys. Rev. E*, 100:061201, 2019.

275. R. M. G. M. Trines, E. P. Alves, E. Webb, J. Vieira, F. Fiuza, R. A. Fonseca, L. O. Silva, R. A. Cairns, and R. Bingham. New criteria for efficient Raman and Brillouin amplification of laser beams in plasma. *Scientific Reports*, 10(1):19875, 2020.

276. H. Peng, C. Riconda, S. Weber, C.T. Zhou, and S.C. Ruan. Frequency conversion of lasers in a dynamic plasma grating. *Phys. Rev. Applied*, 15:054053, May 2021.

277. Matthew R. Edwards and Pierre Michel. Plasma transmission gratings for compression of high-intensity laser pulses. *Phys. Rev. Appl.*, 18:024026, Aug 2022.

278. M. R. Edwards, V. R. Munirov, A. Singh, N. M. Fasano, E. Kur, N. Lemos, J. M. Mikhailova, J. S. Wurtele, and P. Michel. Holographic plasma lenses. *Phys. Rev. Lett.*, 128:065003, Feb 2022.

279. T. Tajima and J. M. Dawson. Laser electron accelerator. *Phys. Rev. Lett.*, 43:267, 1979.

280. E. Esarey, C. B. Schroeder, and W. P. Leemans. Physics of laser-driven plasma-based electron accelerators. *Reviews of Modern Physics*, 81:1229, 2009.

281. M. N. Rosenbluth and C. S. Liu. *Phys. Rev. Lett.*, 29:701, 1972.

282. R. Bingham and R. Trines. Introduction to plasma accelerators: The basics. In *Proc. of the CAS-CERN accelerator school : plasma wake acceleration*, page 67, 2016.

283. M. Dreher. Superradiante Verstärkung ultrakurzer Laserpulse in Plasmen. Technical Report MPQ 250, Max-Planck, 2000.

284. R. C. Davidson. *Methods in Nonlinear Plasma Theory*. Academic, New York, 1972.

285. H. Ma, Su-Ming Weng, P. Li, X. Li, Y. Wang, S. Yew, Min Chen, Paul McKenna, and Z. Sheng. Growth, saturation and breaking down of laser-driven plasma density gratings. *Phys. Plasmas*, 27:073105, 2020.

286. G. Lehmann and K. H. Spatschek. Plasma photonic crystal growth in the trapping regime. *Phys. Plasmas*, 26:013106, 2019.

287. K. Ohtaka. Energy band of photons and low-energy photon diffraction. *Phys. Rev. B*, 19:5057, 1979.

288. H. Hojo and A. Mase. Dispersion relation of electromagnetic waves in one-dimensional plasma photonic crystals. *J. Plasma Fusion Res.*, 80:89, 2004.

289. Osamu Sakai, Takui Sakaguchi, and Kunihide Tachibana. Verification of a plasma photonic crystal for microwaves of millimeter wavelength range using two-dimensional array of columnar microplasmas. *Appl. Phys. Lett.*, 87:241505, 2005.

290. O Sakai, S Yamaguchi, A Bambina, A Iwai, Y Nakamura, Y Tamayama, and S Miyagi. Plasma metamaterials as cloaking and nonlinear media. *Plasma Phys. Control. Fusion*, 59:014042, 2017.

291. G. Lehmann and K. H. Spatschek. Laser-driven plasma photonic crystals for high-power lasers. *Phys. Plasmas*, 24:056701, 2017.

292. Pochi Yeh. *Optical waves in layered media.* Wiley Interscience, New York, 2005.

293. Gerard A. Mourou, Christopher P. J. Barry, and Michael D. Perry. Ultrahigh-intensity lasers: Physics on the extreme on a tabletop. *Phys. Today*, 51:22–28, 1998.

294. Leonid Glebov, Vadim Smirnov, Eugeniu Rotari, Ion Cohanoschi, Larissa Glebova, Oleg Smolski, Julien Lumeau, Christopher Lantigua, and Alexei Glebov. Volume-chirped Bragg gratings: Monolithic components for stretching and compression of ultrashort laser pulses. *Optical Engineering*, 53(5):051514, Feb 2014.

295. H. Peng, J.-R. Marquès, L. Lancia, F. Amiranoff, R. L. Berger, S. Weber, and C. Riconda. Plasma optics in the context of high intensity lasers. *Matter Radiat. Extremes*, 4:065401, 2019.

296. Y. Michine and H. Yoneda. Ultra high damage threshold optics for high power lasers. *Communications Physics*, 3:24, 2020.

297. P. Michel. Plasma photonics: Manipulating light using plasmas. Technical report, Lawrence Livermore Nat. Lab., 2021.

298. Matthew R. Edwards and Pierre Michel. Plasma transmission gratings for compression of high-intensity laser pulses. *Phys. Rev. Appl.*, 18:024026, Aug 2022.

299. J. Smith and A. Johnson. High-intensity lasers in advanced material processing. *J. Laser Applications*, 10:123–135, 2022.

300. Victor Malka, Jerome Faure, Yann A. Gauduel, Erik Lefebvre, Antoine Rousse, and Kim Ta Phuoc. Principles and applications of compact laser-plasma accelerators. *Nature Physics*, 4(6):447–453, June 2008.

301. Qisheng Peng, Asta Juzeniene, Jiyao Chen, Lars Svaasand, Trond Warloe, Karl-Erik Giercksky, and Johan Moan. Lasers in medicine. *Reports on Progress in Physics*, 71:056701, 04 2008.

302. Ference Krausz and Misha Ivanov. Attosecond physics. *Rev. Mod. Phys.*, 81:162, 2009.

303. H. Abu-Shawareb et al. (Indirect Drive ICF Collaboration). Lawson criterion for ignition exceeded in an inertial fusion experiment. *Physical Review Letters*, 129(7):075001, Aug 2022.

304. Z.-M. Sheng, J. Zhang, and D. Umstadter. Plasma density gratings induced by intersecting laser pulses in underdense plasmas. *Appl. Phys. B*, 77:673, 2003.

305. H.-C. Wu, Z.-M. Sheng, Q.-J. Zhang, Y. Cang, and J. Zhang. Controlling ultrashort intense laser pulses by plasma Bragg gratings with ultrahigh damage threshold. *Laser and Particle Beams*, 23:417–421, 2005.

306. Hui-Chun Wu, Zheng-Ming Sheng, Qiu-Ju Zhang, Yu Cang, and Jie Zhang. Manipulating ultrashort intense laser pulses by plasma Bragg gratings. *Phys. Plasmas*, 12(11):113103, Nov 2005.

307. Hui-Chu Wu, Zheng-Ming Sheng, and Jie Zhang. Chirped pulse compression in nonuniform plasma Bragg gratings. *Appl. Phys. Lett.*, 87:201502, 2005.

308. S. Suntsov, D. Abdollahpour, D. G. Papazoglou, and S. Tzortzakis. Femtosecond laser induced plasma diffraction gratings in air as photonic devices for high intensity laser applications. *Appl. Phys. Lett.*, 94:251104, 2009.

309. Magali Durand, Yi Liu, Benjamin Forestier, Aurélien Houard, and André Mysyrowicz. Experimental observation of a traveling plasma grating formed by two crossing filaments in gases. *Applied Physics Letters*, 98(12):121110, Mar 2011.

310. L.-L. Yu, Y. Zhao, L.-J. Qian, M. Chen, S.-M. Weng, Z.-M. Sheng, D.A. Jaroszynski, W.B. Mori, and J. Zhang. Plasma optical modulators for intense lasers. *Nat. Commun.*, 7:11839, 2016.

311. H. Peng, C. Riconda, M. Grech, C.-T. Zhou, and S. Weber. Dynamical aspects of plasma gratings driven by a static ponderomotive potential. *Plasma Phys. Contr. Fusion*, 62(11):115015, November 2020.

312. Chaojie Zhang, Zan Nie, Yipeng Wu, Mitchell Sinclair, Chen-Kang Huang, Ken A Marsh, and Chan Joshi. Ionization induced plasma grating and its applications in strong-field ionization measurements. *Plasma Phys. Control. Fusion*, 63:095011, 2021.

313. G. Lehmann and K.H. Spatschek. Reflection and transmission properties of a finite-length electron plasma grating. *Matter Radiat. Extremes*, 7:054402, 2022.

314. Gregory Vieux, Silvia Cipiccia, Gregor H. Welsh, Samuel R. Yoffe, Felix Gartner, Matthew P. Tooley, Bernhard Ersfeld, Enrico Brunetti, Bengt Eliasson, Craig Picken, Graeme McKendrick, MinSup Hur, Joao M. Dias, Thomas Kuehl, Goetz Lehmann, and Dino A. Jaroszynski. The role of transient plasma photonic structures in plasma-based amplifiers. *Communications Physics*, 6:9, 2023.

315. Y. X. Wang, X. L. Zhu, S. M. Weng, P. Li, X. F. Li, H. Ai, H. R. Pan, and Z. M. Sheng. Fast efficient photon deceleration in plasmas by using two laser pulses at different frequencies. *Matter and Radiation at Extremes*, 9:037201, 2024.

316. J.E. Sipe, L. Poladian, and M. deSterke. Propagation through nonuniform grating structures. *J. Opt. Soc. Am. A*, 11:1307, 1994.

317. L. Poladian. Graphical and WKB analysis of nonuniform Bragg gratings. *Phys. Rev. E*, 48:4758, 1993.

318. Goetz Lehmann and Karl H. Spatschek. Formation and properties of spatially inhomogeneous plasma density gratings. *Phys. Rev. E*, 108:055204, 2023.

319. R. Szipocs, K. Ferencz, Chr. Spielmann, and F. Krausz. Chirped multilayer coatings for broadband dispersion control in femtosecond lasers. *Optics Lett.*, 19:201, 1994.

320. M. Sumetsky, B.J. Eggleton, and C.M. deSterke. Theory of group delay ripple generated by chirped fiber gratings. *Optics Express*, 10:332, 2002.

321. O.V. Belai, E.V. Podivilov, and D.A. Shapiro. Group delay in Bragg grating with linear chirp. *Optics Communications*, 266(2):512–520, Oct 2006.

322. S. Kaim, S. Mokhov, B.Y. Zeldovich, and L.B. Glebov. Stretching and compressing of short laser pulses by chirped Bragg gratings: analytic and numerical modeling. *Optical Engineering*, 53:05150, 2014.

323. Zhuang Rongrong and Cai Ping. Analysis on the reflection characteristic and the dispersion compensation performance of linear chirped fiber grating. *Information Technology Journal*, 13(11):1868–1872, May 2014.

324. Zhenhua Tian and Lingyu Yu. Rainbow trapping of ultrasonic guided waves in chirped phononic crystal plates. *Scientific Reports*, 7(1):1, Jan 2017.

325. Ivan Ulyanov. Theoretical analysis of the stretched optical pulse ripple and novel chirped pulse retrieving algorithm. *Optics Express*, 27:28166, 2019.

326. Min Sup Hur, Bernhard Ersfeld, Hyojeong Lee, Hyunsuk Kim, Kyungmin Roh, Yunkyu Lee, Hyung Seon Song, Manoj Kumar, Samuel Yoffe, Dino A. Jaroszynski, and Hyyong Suk. Laser pulse compression by a density gradient plasma for exawatt to zettawatt lasers. *Nature Photonics*, 17:1074, 2023.

327. Herwig Kogelnik. Coupled wave theory for thick hologram gratings. *The Bell System Technical Journal*, 48:2909, 1969.

328. Luis Roso. High repetition rate petawatt lasers. *EPJ Web of Conferences*, 167:01001, 2018.

329. David A. Alessi, Paul A. Rosso, Hoang T. Nguyen, Michael D. Aasen, Jerald A. Britten, and Constantin Haefner. Active cooling of pulse compression diffraction gratings for high energy, high average power ultrafast lasers. *Optics Express*, 24(26):30015, 2016.

330. Vincent Leroux, Timo Eichner, and Andreas R. Maier. Description of spatio-temporal couplings from heat-induced compressor grating deformation. *Optics Express*, 28(6):8257, March 2020.

331. Z. Wu, Q. Chen, A. Morozov, and S. Suckewer. Compression of laser pulses by near-forward Raman amplification in plasma. *Physics of Plasmas*, 27(1):013104, 2020.

332. Zhaohui Wu, Yanlei Zuo, Xiaoming Zeng, Zhaoli Li, Zhimeng Zhang, Xiaodong Wang, Bilong Hu, Xiao Wang, Jie Mu, Jingqin Su, Qihua Zhu, and Yaping Dai. Laser compression via fast-extending plasma gratings. *Matter and Radiation at Extremes*, 7(6):064402, Nov 2022.

333. M. Bonitz, C. Henning, and D. Block. Complex plasmas: a laboratory for strong correlations. *Rep. Prog. Phys.*, 73:066501, 2010.

334. A. Melzer. Introduction to colloidal (dusty) plasmas. Technical report, EMA Universität Greifswald, 2016.

335. Osamu Ishihara and Noriyoshi Sato. Attractive force on like charges in a complex plasma. *Phys. Plasmas*, 12:070705, 2005.

336. L. Spitzer. *Physical Processes in the Interstellar Medium*. Wiley, New York, 1st edition, 1978.

337. Hannes Alfvén. *Cosmic Plasma*. D. Reidel Publishing Company, Dordrecht, 1981.

338. H. Ikezi. Coulomb solid of small particles in plasmas. *Phys. Fluids*, 29:1764, 1986.

339. Frank Verheest. Linear and nonlinear electrostatic waves in dusty plasmas: A review. *Physics Reports*, 361(3-4):157–259, 2000.

340. Osamu Ishihara. Complex plasma, dusty plasma: An overview and future perspective. *Journal of Physics D: Applied Physics*, 40(8):R121–R147, 2007.

341. Michael Bonitz, C. Henning, and D. Block. Dusty plasmas: The state of understanding from an experimental, theoretical, and computational perspective. *Plasma Physics and Controlled Fusion*, 54(12):124001, 2012.

342. P. K. Shukla and A. A. Mamun. *Dusty and Self-Gravitational Plasmas in Space*. Springer, Berlin, Heidelberg, 2002.

343. Peter Huber, Alexei Ivlev, and Gregor Morfill. *Complex Plasmas and Colloidal Dispersions: Particle-Resolved Studies of Classical Liquids and Solids*. Springer, Berlin, Heidelberg, 2007.

344. M. K. Thomas. *Complex Plasmas: Experimental Studies of Dynamics of Yukawa Systems*. VDM Verlag Dr. Müller, Saarbrücken, 2007.

345. V. N. Tsytovich, G. E. Morfill, H. Thomas, and S. V. Vladimirov. *Complex and Dusty Plasmas: From Laboratory to Space*. CRC Press, Boca Raton, 2008.

346. Gerhard Franz. *Niederdruckplasmen und Mikrostrukturtechnik*. Springer, Berlin, Heidelberg, 2009.

347. Vladimir E. Fortov and Gregor E. Morfill. *Complex and Dusty Plasmas: From Laboratory to Space*. CRC Press, Boca Raton, 2010.

348. Alexei V. Ivlev, Hartmut Löwen, Gregor E. Morfill, and Christoph P. Royall. *Complex Plasmas and Colloidal Dispersions: Particle-Resolved Studies of Classical Liquids and Solids*. World Scientific, Singapore, 2012.

349. Michael Bonitz, Jose Lopez, Kurt Becker, and Hauke Thomsen. *Physics of Complex Plasmas*. Springer, Cham, 2014.

350. Andre Melzer. *Dynamical Processes in Complex Plasmas*. Springer, Cham, 2019.

351. Marco Thoma. *Complex Plasmas: Scientific Challenges and Technological Opportunities*. Springer, Cham, 2021.

352. Andrey V. Ivlev. *Complex Plasmas: Scientific Challenges and Technological Opportunities*. Springer, Cham, 2022.

353. Osamu Ishihara. Complex plasma: dusts in plasma. *J. Phys. D: Appl. Phys.*, 40:R121, 2007.

354. H. Thomas, G. E. Morfill, V. Demmel, J. Goree, B. Feuerbacher, and D. Möhlmann. Plasma crystal: Coulomb crystallization in a dusty plasma. *Phys. Rev. Lett.*, 73:652, 1994.

355. E. Wigner. On the interaction of electrons in metals. *Physical Review*, 46(11):1002–1011, 1934.

356. N. N. Rao, P. K. Shukla, and M. Y. Yu. Dust-acoustic waves in dusty plasmas. *Planet. Space Sci.*, 38:543, 1990.

357. R. Merlino. 25 years of dust acoustic waves. *J. Plasma Phys.*, 80:773, 2014.

Stichwortverzeichnis

C

Chandrasekhar-Masse, 23
Chaos, 490
  Übergang, 504
  raumzeitliches, 499
Chapman-Enskog-Methode, 224
Chirp, 664
Chromosphäre, 21
Clusterintegral, 116
  irreduzibles, 116
  reduzibles, 116
CNO-Zyklus, 589
Compton-Wellenlänge, 670
Corrsin-Näherung, 652
Coulomb-Barriere, 577
Coulomb-Konstante, 112
Coulomb-Kristallisation, 729
Coulomb-Logarithmus, 188
CPA, 663, 664

D

De-Broglie-Wellenlänge, 10, 17
Debye-Abschirmung, 131, 137
Debye-Hückel-Theorie, 124
Debye-Länge, 7, 19, 21, 24
Deltafunktion, 652
Deuterium-Deuterium-Fusion, 578
Deuterium-Tritium-Fusion, 578
Diamagnetismus, 49
Dichtematrix, 109
Diffusion, 102
  parallele, 106, 643
  quasilineare, 658
  senkrechte, 106
Diffusionsgleichung, 102, 512
Diffusionskoeffizient, 100, 105, 258
  Bohm, 640
  Geschwindigkeitsraum, 185, 508
  Kadomtsev-Pogutse, 642
  klassisch, 642
  Rechester-Rosenbluth, 642
  running, 105, 615
Diffusionsmodell, 260
Dipolwirbel, 463
Dirac-Deltafunktion, 279
Dispersionsrelation
  elektromagnetischer Zweig, 292
  elektrostatischer Zweig, 292

inhomogene, 321
  magnetisierte Plasmen, 287
Drei-Wellen-Modell, 352
Dreicer-Feld, 42
Dreierkorrelation, 148
Dreierstoßrekombination, 12
Dreizehn-Momente-Approximation, 246
Drift
  elektrische, 60
  Gradienten, 60
  toroidale, 573
  zentrifugale, 60
Drift kinetic equation, 210
Driftfrequenz, 324
Driftgeschwindigkeit, 50
Driftinstabilität, 210, 323
Driftkinetische Gleichung, 210, 214
Driftkoordinaten, 67
Driftmodell, 236, 237
Driftnäherung, 451
Driftwelle, 238, 451
Driftwirbel, 463
Driftzyklotroninstabilität, 324
Druck
  kinetischer, 593
  magnetischer, 593
  skalarer, 268
  tensorieller, 268
Drucktensor, 204, 220
  dissipativer Anteil, 220, 231
Dunkle Energie, 4
Dunkle Materie, 4
Dust acoustic mode, 727, 751
Dynamische Reibung, 184

E

$E \times B$-Geschwindigkeit, 50
Effekt
  kollektiver, 6
Eigenzeit, 96
Ein-Feld-Modell, 344
Ein-Teilchen-Näherung, 133
Ein-Teilchen-Verteilungsfunktion, 144
Einstein-Beziehung, 99
Einstein-Formel, 93
Einstein-Relation, 615
Einstein-Smoluchowski-Beziehung, 647
Electric permittivity, 758

MIX
Papier aus verantwortungsvollen Quellen
Paper from responsible sources
FSC® C105338
www.fsc.org

If you have any concerns about our products,
you can contact us on
ProductSafety@springernature.com

In case Publisher is established outside the EU,
the EU authorized representative is:
**Springer Nature Customer Service Center GmbH
Europaplatz 3, 69115 Heidelberg, Germany**

Printed by Libri Plureos GmbH
in Hamburg, Germany